"十二五"国家重点图书出版规划项目

危险化学品安全技术大典

(第Ⅴ卷)

中国石油化工股份有限公司青岛安全工程研究院
国家安全生产监督管理总局化学品登记中心　组织编写

孙万付　主编

中国石化出版社

内 容 提 要

本书提供了危险化学品的标识、危害信息、危险性类别、燃烧与爆炸危险性、活性反应、禁忌物、毒性、中毒表现、侵入途径、职业接触限值、环境危害、理化特性、主要用途、包装与储运信息、中毒急救措施、灭火方法、泄漏应急处置等信息，分5大项20余小项，是危险化学品安全管理和技术人员必须重点掌握的信息。其中选录的化学品，是目前我国石油化学工业中生产、流通量大，最常用的化学品；也是列入我国一些重要的危险化学品管理名录、目录或标准，危害性大的化学品。

本书数据资料全面、准确、可靠，反映了国内外危险化学品安全管理和技术的新进展，可作为危险化学品登记、编制安全技术说明书的参考书，亦是化工和石油化工行业从事设计、生产、科研、供销、安全、环保、消防和储运等工作的专业人员必备的工具书。

图书在版编目（CIP）数据

危险化学品安全技术大典．第5卷／孙万付主编；中国石油化工股份有限公司青岛安全工程研究院，国家安全生产监督管理总局化学品登记中心组织编写．—北京：中国石化出版社，2017.12

ISBN 978-7-5114-4554-4

Ⅰ.①危… Ⅱ.①孙… ②中… ③国… Ⅲ.①化学品-危险物品管理-安全管理 Ⅳ.①TQ086.5

中国版本图书馆CIP数据核字（2017）第245444号

中国石化出版社出版发行

地址：北京市朝阳区吉市口路9号

邮编：100020　电话：(010)59964500

发行部电话：(010)59964526

http://www.sinopec-press.com

E-mail:press@sinopec.com

北京柏力行彩印有限公司印刷

全国各地新华书店经销

*

787×1092毫米 16开本 78.25印张 1895千字

2018年1月第1版　2018年1月第1次印刷

定价：388.00元

《危险化学品安全技术大典》
编写委员会

主　　任　蒋振盈

副 主 任　孙万付

委　　员（按姓氏笔画排序）

万世波　王志远　王绍民　王森林　王豫安
方　莹　方祥飞　卢世红　卢传敬　白永忠
孙　锐　牟善军　杜红岩　李祥寿　杨文德
谷彦坡　张光华　张志刚　张晓鹏　张海峰
陈　飞　陈　俊　俞新培　洪　宇　袁仲全
郭秀云　黄志华　曹永友　路念明

主　　编　孙万付

副 主 编　郭秀云　李运才

编写人员　慕晶霞　翟良云　李永兴　陈　军　陈金合
郭宗舟　郭　帅　纪国峰　孙吉胜　石燕燕
李　菁　姜　迎　李雪华　龚腊芬　王樟龄
彭湘潍　蒋　涛　杨春笋　姜春明　张嘉亮
张　海　郑雅梅　赵　灿　宋岱珉

前　　言

随着我国对危险化学品安全管理力度的不断加强，国家相继出台和修订了一系列危险化学品的管理法规和标准，同时，国内外有关危险化学品的安全技术、毒理、健康危害和环境影响方面的科学技术研究也发展较快。为反映这些新变化和新技术成果，适应管理部门和企业对危险化学品安全管理和技术的新需求，中国石油化工股份有限公司青岛安全工程研究院、国家安全生产监督管理总局化学品登记中心组织有关专业人员，在广泛搜集目前国内外化学品安全管理和技术最新资料和已出版的类似出版物的基础上，结合国内危险化学品管理的实践经验，联合编写了《危险化学品安全技术大典》。

本书选录化学品的原则为：目前我国生产、流通量大的化学品；列入我国重点管理危险化学品名录、目录或标准的化学品；危害性大的化学品。针对危险化学品管理和技术人员必须重点掌握的有关信息，每种物质均列出化学品标识、危害信息、理化特性与用途、包装与储运、紧急处置信息5大项；大项下列小项目20余项。

相信《危险化学品安全技术大典》的出版，会为从事危险化学品安全管理和安全技术研究的工作者，提供一本数据资料翔实、可靠、实用的专业参考工具书；会为我国危险化学品生产、使用、储存、运输、经营、废弃等各环节的安全管理及危害控制、化学事故应急救援提供重要的参考数据源；会为我国全面落实《安全生产法》《危险化学品安全管理条例》等法律法规发挥一定作用。

《危险化学品安全技术大典》由多卷构成，每卷文前设中文词目索引，文后设卷索引，以方便读者使用。

限于编者的水平，《危险化学品安全技术大典》可能存在一些错误和不足之处，敬请读者给予批评和指正。

目　　录

编写说明

Ⅰ．项目编写和解释

一、标识

包括下列项目：

（1）中文名称　化学品的中文名称。命名基本上是依据中国化学会1980年推荐使用的《有机化学命名原则》和《无机化学命名原则》进行的。

（2）英文名称　化学品的英文名称。命名是按国际通用的IUPAC（International Union of Pure & Applied Chemistry）推荐使用的命名原则进行的。

（3）别名　未包含在“中文名称”中的其他中文名称。

（4）分子式　指用元素符号表示的物质分子的化学成分。排列的规定为：有机化合物先按C、H、O、N顺序排列，其余按英文字顺排列；有机金属化合物把有机基团写在前，金属离子及络合水写在后；无机物按常规形式排列。

（5）结构式　用元素符号相互连接，表示出化合物分子中原子排列和结合方式的式子。

（6）CAS号　CAS是Chemical Abstract Service的缩写。CAS号是美国化学文摘社对化学物质登录的检索服务号。该号是检索化学物质有关信息资料最常用的编号。

（7）铁危编号　指《铁路危险货物品名表》规定的编号。

（8）UN号　是联合国《关于危险货物运输的建议书》对危险货物规定的编号。编号后注明“[海]”的，指《国际海运危险货物规则》的编号。

二、危害信息

（1）危险性类别　按《危险货物品名表》（GB 12268）和《危险货物分类和品名编号》（GB 6944）的分类依据编写，对于有多种危险性类别的物质，只标注主危险性。

（2）燃烧与爆炸危险性　简要描述化学品所具有的主要燃烧爆炸危险性。

（3）活性反应　活性反应主要指化学品本身固有的活性结构特点与其他化学品接触或受到外界环境条件（如光、热、高压、震动等）影响，或两种及多种物质混合时，所引起的能量释放而产生的危害（如燃烧、爆炸、分解、聚合等）；其中包括化学品与空气（主要是氧气或水）接触发生的活性反应；化学品在一定条件下与其他物质接触发生的活性反应等。本书中活性反应主要是与其他物质发生的危险反应。

（4）禁忌物　指与该化学品在化学性质上相抵触的物质，该化学品与这些物质混合或接触时，可能会发生燃烧爆炸或其他化学反应，酿成灾害。

（5）毒性　给出了化学品的动物毒性试验数据。采用了国际癌症研究机构（IARC）对化学品致癌性的分类数据和《欧盟物质和混合物的分类、标签和包装法规》（CLP法规）对化学品致癌性、生殖细胞突变性和生殖毒性的分类数据。对于列入《危险化学品目录》（2015版）并作为剧毒品管理的化学品，给予特别指出。

使用了以下毒性指标：

LD_{50}　半数致死剂量
LC_{50}　半数致死浓度
LD　致死剂量
LC　致死浓度

LDLo　最小致死剂量

LCLo　最小致死浓度

TDLo　最小中毒剂量

TCLo　最小中毒浓度

IARC 对化学品致癌性的分类：

G1——确认人类致癌物；

G2A——可能人类致癌物；

G2B——可疑人类致癌物。

(6) 中毒表现　简要描述化学毒物经不同途径侵入机体后引起的急慢性中毒的典型临床表现，以及毒物对眼睛和皮肤等直接接触部位的损害作用。很少涉及化验和特殊检查所见。对一些无人体中毒资料或人体中毒资料较少的毒物，以动物实验资料补充之。

(7) 侵入途径　化学毒物主要通过三种途径侵入机体而引起伤害，即吸入、食入和经皮吸收。在工业生产中，毒物侵入机体的主要途径为吸入和经皮吸收，食入的可能性较小。

(8) 职业接触限值　是对接触职业有害因素(如化学、生物和物理因素)所规定的容许(可接受的)接触水平，即限量标准。目前，各国家机构或团体所制定的车间空气中化学物质的职业接触限值的类型各不相同。本书采用的化学物质的职业接触限值为：

①《工作场所有害因素职业接触限值 第 1 部分：化学有害因素》(GBZ 2. 1—2007)

a. 时间加权平均容许浓度(PC-TWA)　以时间为权数规定的 8h 工作日、40h 工作周的平均容许接触浓度。

b. 短时间接触容许浓度(PC-STEL)　在遵守 PC-TWA 前提下容许短时间(15min)接触的浓度。

c. 最高容许浓度(MAC)　工作地点、在一个工作日内、任何时间有毒物质均不应超过的浓度。

② 美国政府工业卫生学家会议(ACGIH)阈限值(TLV)

a. 时间加权平均阈限值(TLV-TWA)　是指每日工作 8h 或每周工作 40h 的时间加权平均浓度，在此浓度下反复接触对几乎全部工人都不致产生不良效应。

b. 短时间接触阈限值(TLV-STEL)　是在保证遵守 TLV-TWA 的情况下，容许工人连续接触 15min 的最大浓度。此浓度在每个工作日中不得超过 4 次，且两次接触间隔至少 60min。它是 TLV-TWA 的一个补充。

c. 阈限值的峰值(TLV-C)　瞬时亦不得超过的限值。是专门对某些物质，如刺激性气体或以急性作用为主的物质规定的。

(9) 环境危害　简要描述化学品对环境的危害。

三、理化特性与用途

(1) 理化特性

① 外观与性状　是对化学品外观和状态的直观描述。主要包括常温常压下该物质的颜色、气味和存在的状态。同时还采集了一些难以分项的性质，如潮解性、挥发性等。

② pH 值　表示氢离子浓度的一种方法。其定义是氢离子活度的常用对数负值。

③ 熔点　晶体熔解时的温度称为熔点。一般情况填写常温常压的数值，特殊条件下得到的数值，标出技术条件。

④ 沸点　在 101. 3kPa 大气压下，物质由液态转变为气态的温度称为沸点。一般填写常温常压的沸点值，若不是在 101. 3kPa 大气压下得到的数据或者该物质直接从固态变成气态(升华)，或者在溶解(或沸腾)前就发生分解的，则在数据之后用“( )”标出技术条件。

⑤ 相对密度(水=1)　在给定的条件下，某一物质的密度与参考物质(水)密度的比值。填写 20℃时物质的密度与 4℃时水的密度比值。

⑥ 相对蒸气密度(空气=1) 在给定的条件下，某一物质的蒸气密度与参考物质(空气)密度的比值。填写0℃时物质的蒸气与空气密度的比值。

⑦ 饱和蒸气压 在一定温度下，真空容器中纯净液体与蒸气达到平衡量时的压力。用kPa表示，并标明温度。

⑧ 燃烧热 指1mol某物质完全燃烧时产生的热量，用kJ/mol表示。

⑨ 临界温度 物质处于临界状态时的温度。就是加压后使气体液化时所允许的最高温度，用℃表示。

⑩ 临界压力 物质处于临界状态的压力。就是在临界温度时使气体液化所需要的最小压力，也就是液体在临界温度时的饱和蒸气压，用MPa表示。

⑪ 辛醇/水分配系数 当一种物质溶解在辛醇/水的混合物中时，该物质在辛醇和水中浓度的比值称为分配系数，通常以10为底的对数形式($\lg K_{ow}$)表示。辛醇/水分配系数是用来预计一种物质在土壤中的吸附性、生物吸收、亲脂性储存和生物富集的重要参数。

⑫ 闪点 指在规定的条件下，试样被加热到它的蒸气与空气的混合气体接触火焰时，能产生闪燃的最低温度。闪点有开杯和闭杯两种值，书中的开杯值用(OC)标注，闭杯值用(CC)标注。闪点是评价液体物质燃爆危险性的重要指标，闪点越低，燃爆危险性越大。

⑬ 引燃温度 是指物质在没有火焰、火花等火源作用下，在空气或氧气中被加热而引起燃烧的最低温度。从引燃机理可知，引然温度是一个非物理常数，它受各种因素的影响，如可燃物浓度、压力 、反应容器、添加剂等。引燃温度越低，则该物质的燃爆危险性越大。

⑭ 爆炸极限 易燃和可燃气体、液体蒸气、固体粉尘与空气形成混合物，遇火源即能发生燃烧爆炸的最低浓度，称为该气体、蒸气或粉尘的爆炸下限；同时，易燃和可燃气体、蒸气或粉尘与空气形成混合物，遇火源即能发生燃烧爆炸的最高浓度，称为爆炸上限。上下限之间的浓度范围称为爆炸范围。爆炸极限通常用可燃气体或蒸气在混合气中的体积分数[%(V/V)]表示，粉尘的爆炸极限用mg/m^3表示。

爆炸极限是评价可燃气体、蒸气或粉尘能否发生爆炸的重要参数，爆炸下限越低，爆炸极限范围越宽，则该物质的爆炸危险性越大。

⑮ 溶解性 指在常温常压下该物质在溶剂(以水为主)中的溶解性，分别用混溶、易溶、溶于、微溶表示其溶解程度。

(2)主要用途 简述化学品的主要用途。大多数化学品的用途很广泛，此处只列举化工方面的主要用途。

四、包装与储运

(1) 包装标志 是指标示危险货物危险性的图形标志名称，通常按《危险货物品名表》(GB 12268)规定编写。

(2) 包装类别 根据危险性大小确定的包装级别。本栏目是依据《危险货物品名表》(GB 12268)和《危险货物运输包装类别划分原则》(GB/T 15098)进行编写的。

(3) 安全储运 主要根据《铁路危险货物运输管理规则》(2006版)的规定编写。

五、紧急处置信息

(1) 急救措施 主要给出的是机体受到化学毒物急性损害时所应采取的现场自救、互救、急救措施，一般不涉及就医后的进一步治疗措施。

在现场急救中应重点注意以下几个问题：①施救者要做好个体防护，佩戴合适的防护器具。②迅速将患者移至空气新鲜处，松开衣领和腰带，取出口中义齿和异物，保持呼吸道通畅。呼吸困难和有紫绀者给吸氧，注意保暖。③如有呼吸心跳停止者，应立即在现场进行人工呼吸和胸外心脏按压术，一般不要轻易放弃。对氰化物等剧毒物质中毒者，不要进行口对口人工呼吸。④某些毒物中毒的特殊解毒剂，应在现场即刻使用，如氰化物中毒，应吸入亚硝酸异戊酯。⑤皮肤接触强腐蚀性和易经皮肤吸收引起中毒的物质时，要迅速脱去污染的衣着，立即用大量流动清水彻底清洗，清洗时应注意头发、手足、指甲及皮肤皱褶处，冲洗时间一般不小于20min。⑥眼睛受污染时，用流水彻底冲洗。对强刺激和腐蚀性物质冲洗时间不少于15min。冲洗时应将眼睑分开，注意将结膜囊内的化学物质全部冲出，要边冲洗边转动眼球。⑦口服中毒患者，尤其是LD_{50}<200mg/kg且能被快速吸收的毒物，应立即催吐。在催吐前给饮水500~600mL(空胃不易引吐)，然后用手指或钝物刺激舌根部和咽后壁，即可引起呕吐。催吐要反复数次，直至呕吐物纯为饮入的清水为止。为防止呕吐物呛入气道，患者应取侧卧、头低体位。以下情况禁止催吐：意识不清的患者，或预计半小时内会出现意识障碍的患者；吞服强酸、强碱等腐蚀性毒物者；吞服低黏度有机溶剂，一旦呕吐物呛入呼吸道可造成吸入性肺炎者，也不能催吐。对于口服中毒应否催吐，本书主要以《国际化学品安全卡》的提法为依据。⑧迅速将患者送往就近医疗部门做进一步检查和治疗。在护送途中，应密切观察呼吸、心跳、脉搏等生命体征；某些急救措施，如输氧、人工心肺复苏术等亦不能中断。

(2) 灭火方法　描述灭火过程中应注意的有关事项，主要包括：①消防人员应配备的个人防护设备。②灭火过程中对火场容器的冷却与处理措施。③灭火过程中发生异常情况时消防人员应采取的安全、紧急避险措施。④化学品发生火灾后或化学品处于火场情况下，灭火时可选用的灭火剂及禁止使用的灭火剂。

(3) 泄漏应急处置　在化学品的生产、储运和使用过程中，常常发生一些意外的破裂、倒洒等事故，造成危险品的外漏，需要采取简单有效的应急措施和消除方法来消除或减小泄漏危害，即泄漏处理。

本栏目的主要内容为：

① 应急行动　包括切断点火源，疏散无关人员，隔离泄漏污染区等。如果泄漏物是易燃物，则必须首先消除泄漏污染区域的点火源。是否疏散和隔离，视泄漏物毒性和泄漏量的大小而定。本书中所谓的小量泄漏是指单个小包装(小于200L)、小钢瓶的泄漏或大包装(大于200L)的滴漏；大量泄漏是指多个小包装或大包装的泄漏。

② 应急人员防护　本书中给出了呼吸系统(呼吸器)和皮肤(防护服)的防护，但并未给出防护级别，所以实际应用时应根据具体情况，选择适当的防护用品。

③ 环保措施　介绍了在泄漏事故处理过程中应注意的事项及如何避免泄漏物对周围环境带来的潜在危害。

④ 消除方法　主要根据物质的物态(气、液、固)及其危险性(燃爆特性、毒性)给出具体的处置方法。

a. 气体泄漏物　应急人员能做的仅是止住泄漏。如果可能的话，用合理通风和喷雾状水等方法消除其潜在影响。

b. 液体泄漏物　在保证安全的前提下切断泄漏源。采用适当的收容方法、覆盖技术和转移工具消除泄漏物。

c. 固体泄漏物　用适当的工具收集泄漏物。

Ⅱ. 有关问题的说明

(1) “职业接触限值”栏目中有关[　]注释：

① 限值后有[皮]标记者为除经呼吸道吸收外，尚易经皮肤吸收的有毒物质。

② 限值后有[敏]标记者指该物质可能有致敏作用。

③ 限值后的[G1][G2A][G2B]标记表示IARC的致癌性分类。

除以上标记外限值后又有[　]者，如氟化氢及氟化物限值后的[F]、重铬酸盐限值后的[Cr]，表示该物质的职业接触限值应按[　]内物质计算。如氟化氢及氟化物换算成F、重铬酸盐换算成Cr等。

(2)计量单位的使用　本书使用法定计量单位。为了读者使用方便，书中保留了一些有关专业中少量经常使用的单位，如 ppm、ppb 等。

d	天(日)	h	小时	min	分
s	秒	m^3	立方米	kg	千克
m	米	cm^3	立方厘米	g	克
mm	毫米	L	升	mg	毫克
μm	微米	mL	毫升	μg	微克

Pa　帕斯卡，压力单位，表示气压和液压，1 标准大气压 = 101325Pa

kPa　千帕斯卡

MPa　兆帕斯卡

mg(g)/kg　每千克体重给予化学物质的毫克(克)数(用以表示剂量)；每千克介质中含有化学物质的毫克(克)数(用以表示含量或浓度)

mg(g)/m^3　每立方米空气中含化学物质的毫克(克)数(表示化学物质在空气中的浓度)

ppm　百万分之一，10^{-6}

ppb　十亿分之一，10^{-9}

中文词目索引

A

B

C

D

E

F

G

H

J

M

N

O

R

S

T

W

X

Y

Z

1. 阿苯唑

标　识

中文名称　阿苯唑

英文名称　1,2,3-Benzothiadiazole-7-carbothioic acid, *S*-Methyl ester; Acibenzolar-*S*-methyl; Benzo(1,2,3)thiadiazole-7-carbothioic acid *S*-methyl ester

别名　1,2,3-苯并噻二唑-7-硫赶羧酸甲酯；阿拉酸式-*S*-甲基

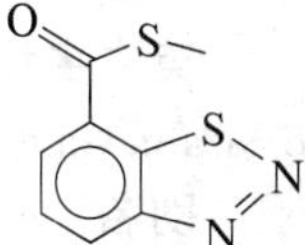

分子式　$C_8H_6N_2OS_2$

CAS 号　135158-54-2

危害信息

燃烧与爆炸危险性　可燃，其粉体与空气混合能形成爆炸性混合物。

禁忌物　强氧化剂、酸类。

中毒表现　对眼、皮肤和呼吸道有刺激性。对皮肤有致敏性。

侵入途径　吸入、食入。

环境危害　对水生生物有极高毒性，可能在水生环境中造成长期不利影响。

理化特性与用途

理化特性　白色至浅褐色细粉末，有焦糊气味。不溶于水，溶于乙酸乙酯、甲苯、丙酮、二氯甲烷等。熔点 132.9℃，沸点 267℃，相对密度(水=1)1.54，饱和蒸气压 0.44mPa (25℃)，辛醇/水分配系数 3.1。

主要用途　用于小米、水稻、蔬菜、香蕉、烟草等作物预防白粉病、锈病、霜霉病等。

包装与储运

包装标志　杂类

包装类别　Ⅲ类

安全储运　储存于阴凉、通风的库房。远离火种、热源。保持容器密闭。应与强氧化剂、酸类等隔离储运。

紧急处置信息

急救措施

吸入：迅速脱离现场至空气新鲜处。保持呼吸道通畅。如呼吸困难，给输氧。呼吸、心跳停止，立即进行心肺复苏术。就医。

眼睛接触：立即分开眼睑，用流动清水或生理盐水彻底冲洗。就医。

皮肤接触：立即脱去污染的衣着，用肥皂水和清水彻底冲洗。就医。

食入：漱口，饮水。就医。

灭火方法　消防人员须穿全身消防服，在上风向灭火。尽可能将容器从火场移至空旷处。喷水保持火场容器冷却，直至灭火结束。

灭火剂：雾状水、抗溶性泡沫、二氧化碳、干粉。

泄漏应急处置　消除所有点火源。隔离泄漏污染区，限制出入。建议应急处理人员戴

防尘口罩，穿防护服，戴防护手套。尽可能切断泄漏源。禁止接触或跨越泄漏物。小量泄漏：用洁净的铲子收集泄漏物，置于干净、干燥、盖子较松的容器中，将容器移离泄漏区。大量泄漏：用水润湿，并筑堤收容。防止泄漏物进入水体、下水道、地下室或有限空间。

2. 阿托品

标　识

中文名称　阿托品

英文名称　Atropine; Benzeneacetic acid, alpha-(hydroxymethyl)-(3-endo)-8-methyl-8-azabicyclo(3.2.1)oct-3-yl ester

别名　α-(羟甲基)苯乙酸 8-甲基-8-氮杂双环(3.2.1)-3-辛酯

分子式　$C_{17}H_{23}NO_3$

CAS 号　51-55-8

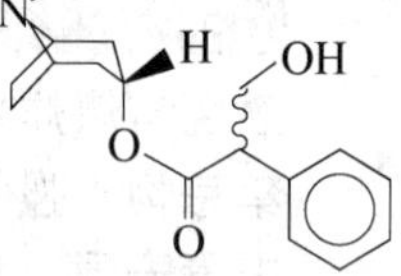

危害信息

危险性类别　第6类　有毒品

燃烧与爆炸危险性　可燃，其粉体与空气混合能形成爆炸性混合物，遇明火高热有引起燃烧爆炸的危险，燃烧产生有毒的氮氧化物气体。

禁忌物　强氧化剂、酸碱。

毒性　大鼠经口 LD_{50}：500mg/kg；小鼠经口 LD_{50}：75mg/kg。

中毒表现　急性中毒出现极度口渴、瞳孔扩大、皮肤干燥而发红、发绀、黏膜出血、鼻出血、出血性胃炎、尿潴留等。重者出现心律失常、高热、言语障碍、惊厥、谵妄、痉挛、血压下降、昏迷，直至呼吸衰竭。

侵入途径　吸入、食入。

理化特性与用途

理化特性　白色结晶或粉末。微溶于水，易溶于乙醇，溶于苯、稀酸，微溶于氯仿，不溶于乙醚。熔点 115～118℃，辛醇/水分配系数 1.83，临界温度 570℃，临界压力 2.14MPa，pH 值 10(0.0015mol 溶液)。

主要用途　用作药物。

包装与储运

包装标志　有毒品

包装类别　Ⅱ类

安全储运　储存于阴凉、通风的库房。远离火种、热源。防止阳光直射。储存温度不超过 35℃，相对湿度不超过 85%。保持容器密封。应与强氧化剂、酸碱等分开存放，切忌混储。配备相应品种和数量的消防器材。储区应备有合适的材料收容泄漏物。搬运时轻装轻卸，防止容器受损。

紧急处置信息

急救措施

吸入：迅速脱离现场至空气新鲜处。保持呼吸道通畅。如呼吸困难，给输氧。呼吸、

心跳停止，立即进行心肺复苏术。就医。

眼睛接触：立即分开眼睑，用流动清水或生理盐水彻底冲洗。就医。

皮肤接触：立即脱去污染的衣着，用流动清水彻底冲洗。就医。

食入：饮适量温水，催吐(仅限于清醒者)。就医。

解毒剂：毛果芸香碱、新斯的明。

灭火方法 消防人员须穿全身消防服，在上风向灭火。尽可能将容器从火场移至空旷处。喷水保持火场容器冷却，直至灭火结束。

灭火剂：雾状水、抗溶性泡沫、二氧化碳、干粉、砂土。

泄漏应急处置 隔离泄漏污染区，限制出入。消除一切点火源。建议应急处理人员戴防尘口罩，穿防毒服，戴防毒手套。禁止接触或跨越泄漏物。用塑料布覆盖，减少飞散。用洁净的铲子收集置于干燥、干净的容器中，然后移离泄漏区。

3. 桉叶油

标 识

中文名称 桉叶油

英文名称 Eucalyptus oil

别名 柠檬桉油

CAS 号 8000-48-4

危害信息

危险性类别 第3类 易燃液体

燃烧与爆炸危险性 易燃，其蒸气与空气混合能形成爆炸性混合物，遇明火、高热易燃烧或爆炸。在高温火场中，受热的容器或储罐有破裂和爆炸的危险。蒸气比空气重，沿地面扩散并易积存于低洼处，遇火源会着火回燃。

禁忌物 氧化剂。

毒性 大鼠经口 LD_{50}：2480mg/kg；小鼠经口 LD_{50}：3320mg/kg；兔经皮 LD_{50}：2480mg/kg。

中毒表现 本品中毒的神经系统表现有意识丧失、反射抑制和惊厥；消化系统表现有腹痛、呕吐和腹泻；呼吸系统表现有呼吸困难、肺炎和支气管痉挛。偶发肾损害。可发生吸入性肺炎。

侵入途径 吸入、食入、经皮吸收。

理化特性与用途

理化特性 无色至淡黄色透明液体。有似樟脑和冰片的气味。微溶于水，溶于乙醇、石蜡油。熔点 15.4℃，沸点 175℃，相对密度(水=1)0.905~0.925，闪点 53℃。

主要用途 用于医药配制止咳剂、漱口剂、除虫剂油膏和配制牙膏、牙粉、糖果等的香精。

包装与储运

包装标志 易燃液体

包装类别 Ⅲ类

安全储运 储存于阴凉、通风的库房。远离火种、热源。库温不宜超过37℃。保持容器密封。应与氧化剂分开存放，切忌混储。采用防爆型照明、通风设施。禁止使用易产生火花的机械设备和工具。灌装时注意流速，防止静电积聚。储区应备有泄漏应急处理设备和合适的收容材料。搬运时轻装轻卸，防止容器受损。

紧急处置信息

急救措施

吸入：迅速脱离现场至空气新鲜处。保持呼吸道通畅。如呼吸困难，给输氧。呼吸、心跳停止，立即进行心肺复苏术。就医。

眼睛接触：立即分开眼睑，用流动清水或生理盐水彻底冲洗。就医。

皮肤接触：立即脱去污染的衣着，用肥皂水和清水彻底冲洗。就医。

食入：漱口，饮水。禁止催吐。就医。

灭火方法 消防人员须穿全身消防服，佩戴空气呼吸器，在上风向灭火。尽可能将容器从火场移至空旷处。喷水保持火场容器冷却，直至灭火结束。处在火场中的容器若发生异常变化或发出异常声音，须马上撤离。

灭火剂：抗溶性泡沫、二氧化碳、干粉、砂土。

泄漏应急处置 根据液体流动和蒸气扩散的影响区域划定警戒区，无关人员从侧风、上风向撤离至安全区。消除一切点火源。建议应急人员应戴正压自给式呼吸器，穿防毒服，戴橡胶耐油手套。尽可能切断泄漏源。少量泄漏：用砂土或其他不燃材料吸收，然后用洁净的无火花工具收集吸收材料。大量泄漏：构筑围堤或挖坑收容泄漏物，防止泄漏物进入水体、下水道、地下室或有限空间。用泡沫覆盖泄漏物，减少挥发。喷水雾能减少蒸发，但不能降低泄漏物在有限空间的易燃性。用防爆泵转移至槽车或专用收集器内。残留物可用砂土、蛭石吸收。

4. 氨丁基二甲基缩醛

标　识

中文名称 氨丁基二甲基缩醛

英文名称 1-Butanamine, 4,4-dimethoxy-; 4-Aminobutyraldehyde dimethyl acetal

别名 4-氨基丁醛二甲基缩醛；4,4-二甲氧基丁胺

分子式 $C_6H_{15}NO_2$

CAS 号 19060-15-2

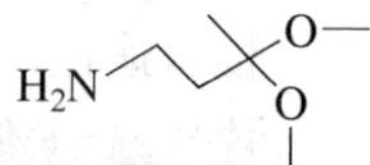

危害信息

燃烧与爆炸危险性 易燃，其蒸气与空气混合能形成爆炸性混合物，遇明火、高热易燃烧爆炸。

禁忌物 强氧化剂、酸类。

中毒表现 食入有害。对眼和皮肤有腐蚀性。对皮肤有致敏性。

侵入途径 吸入、食入。

环境危害 对水生生物有害，可能在水生环境中造成长期不利影响。

理化特性与用途

理化特性 无色至淡黄色透明液体。沸点85℃(2.9kPa)，相对密度(水=1)0.95，闪点59℃。

主要用途 医药化工原料。

包装与储运

安全储运 储存于阴凉、通风的库房。远离火种、热源。保持容器密闭。应与强氧化剂、酸类等隔离储运。搬运时轻装轻卸，防止容器受损。

紧急处置信息

急救措施

吸入：迅速脱离现场至空气新鲜处。保持呼吸道通畅。如呼吸困难，给输氧。呼吸、心跳停止，立即进行心肺复苏术。就医。

眼睛接触：立即分开眼睑，用流动清水或生理盐水彻底冲洗5~10min。就医。

皮肤接触：立即脱去污染的衣着，用大量流动清水彻底冲洗，冲洗时间一般要求20~30min。就医。

食入：用水漱口，禁止催吐。给饮牛奶或蛋清。就医。

灭火方法 消防人员须穿全身消防服，在上风向灭火。尽可能将容器从火场移至空旷处。处在火场中的容器，若发生异常变化或发出异常声音，须马上撤离。

灭火剂：干粉、二氧化碳。

泄漏应急处置 根据液体流动和蒸气扩散的影响区域划定警戒区，无关人员从侧风、上风向撤离至安全区。消除一切点火源。建议应急人员应戴呼吸器，穿防静电、耐腐蚀工作服，戴耐腐蚀手套。尽可能切断泄漏源。少量泄漏：用砂土或其他不燃材料吸收，然后用洁净的无火花工具收集吸收材料。大量泄漏：构筑围堤或挖坑收容泄漏物，防止泄漏物进入水体、下水道、地下室或有限空间。用泡沫覆盖泄漏物，减少挥发。用防爆泵转移至槽车或专用收集器内。

5. 4-氨基-2-(氨甲基)苯酚二盐酸盐

标　识

中文名称 4-氨基-2-(氨甲基)苯酚二盐酸盐

英文名称 4-Amino-2-(aminomethyl)phenol dihydrochloride; 2-Aminomethyl-4-aminophenol dihydrochloride

别名 邻氨甲基对氨基苯酚盐酸盐

分子式 $C_7H_{12}Cl_2N_2O$

CAS号 135043-64-0

OH
NH_2
H_2N
H—Cl H—Cl

危害信息

燃烧与爆炸危险性 无特殊燃爆特性。

禁忌物 强氧化剂。

中毒表现 食入有害。对皮肤有致敏性。

侵入途径 吸入、食入。

环境危害 对水生生物有极高毒性，可能在水生环境中造成长期不利影响。

理化特性与用途

理化特性 沸点 346.5℃，闪点 163.4℃。

主要用途 用作精细化学品和医药品的中间体。

包装与储运

包装标志 杂类

包装类别 Ⅲ类

安全储运 储存于阴凉、通风的库房。远离火种、热源。保持容器密闭。应与强氧化剂等隔离储运。

紧急处置信息

急救措施

吸入：迅速脱离现场至空气新鲜处。保持呼吸道通畅。如呼吸困难，给输氧。呼吸、心跳停止，立即进行心肺复苏术。就医。

眼睛接触：立即分开眼睑，用流动清水或生理盐水彻底冲洗。就医。

皮肤接触：立即脱去污染的衣着，用肥皂水和清水彻底冲洗。就医。

食入：漱口，饮水。就医。

灭火方法 消防人员须穿全身消防服，佩戴空气呼吸器，在上风向灭火。尽可能将容器从火场移至空旷处。喷水保持火场容器冷却，直至灭火结束。

根据着火原因选择适当灭火剂灭火。

泄漏应急处置 隔离泄漏污染区，限制出入。建议应急处理人员戴防尘口罩，穿防毒服。穿上适当的防护服前严禁接触破裂的容器和泄漏物。尽可能切断泄漏源。用塑料布覆盖泄漏物，减少飞散。勿使水进入包装容器内。用洁净的铲子收集泄漏物，置于干净、干燥、盖子较松的容器中，将容器移离泄漏区。

6. 1-氨基-4-(4-苯氨磺酰基-3-磺基苯胺基)蒽醌-2-磺酸二钠

标　　识

中文名称 1-氨基-4-(4-苯氨磺酰基-3-磺基苯胺基)蒽醌-2-磺酸二钠

英文名称 Disodium 1-amino-4-(4-benzenesulphonamido-3-sulfonatoanilino)anthraquinone-2-sulfonate; Acid Blue 344

分子式 $C_{26}H_{19}N_3Na_2O_{10}S_3$

CAS 号 85153-93-1

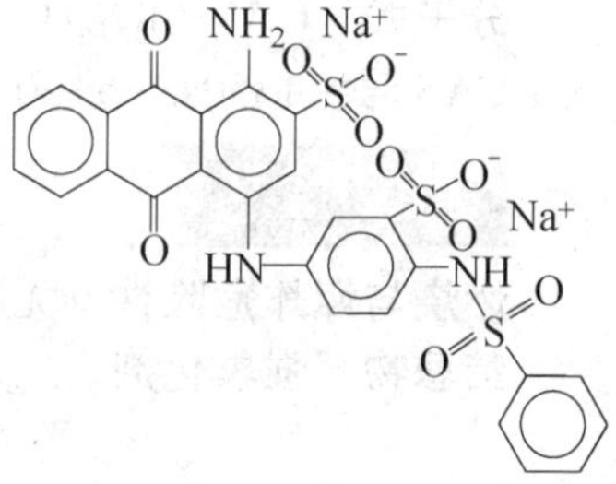

危害信息

燃烧与爆炸危险性 无特殊燃爆特性。

禁忌物 强氧化剂。

中毒表现 眼接触引起严重损害。

侵入途径 吸入、食入。

环境危害 对水生生物有害，可能在水生环境中造成长期不利影响。

理化特性与用途

主要用途 用作染料。

包装与储运

安全储运 储存于阴凉、通风的库房。远离火种、热源。应与强氧化剂等隔离储运。

紧急处置信息

急救措施

吸入：迅速脱离现场至空气新鲜处。保持呼吸道通畅。如呼吸困难，给输氧。呼吸、心跳停止，立即进行心肺复苏术。就医。

眼睛接触：立即分开眼睑，用流动清水或生理盐水彻底冲洗5~10min。就医。

皮肤接触：立即脱去污染的衣着，用肥皂水和清水彻底冲洗。就医。

食入：漱口，饮水。就医。

灭火方法 消防人员须穿全身消防服，佩戴空气呼吸器，在上风向灭火。尽可能将容器从火场移至空旷处。

根据着火原因选择适当灭火剂灭火。

泄漏应急处置 隔离泄漏污染区，限制出入。建议应急处理人员戴防尘口罩，穿防毒服。穿上适当的防护服前严禁接触破裂的容器和泄漏物。尽可能切断泄漏源。用塑料布覆盖泄漏物，减少飞散。勿使水进入包装容器内。用洁净的铲子收集泄漏物，置于干净、干燥、盖子较松的容器中，将容器移离泄漏区。

7. 2-氨基苯酚-4-(2′-甲氧基)磺酰乙胺盐酸盐

标　识

中文名称 2-氨基苯酚-4-(2′-甲氧基)磺酰乙胺盐酸盐

英文名称 3-Amino-4-hydroxy-*N*-(2-methoxyethyl)-benzenesulfonamide

分子式 $C_9H_{14}N_2O_4S \cdot HCl$

CAS号 112195-27-4

HO, H_2N, HCl, S, O, O, N, H, O

危害信息

燃烧与爆炸危险性 可燃，粉体与空气混合能形成爆炸性混合物，遇明火、高热易燃烧爆炸。

禁忌物 强氧化剂。

中毒表现 眼接触引起严重损害。对皮肤有致敏性。

侵入途径 吸入、食入。

环境危害 对水生生物有毒，可能在水生环境中造成长期不利影响。

理化特性与用途

理化特性 微红至米白色粉末。微溶于水。熔点≥200℃，沸点443℃，相对密度(水=1)1.367，辛醇/水分配系数-0.57，闪点222℃。

主要用途 染料中间体。

包装与储运

包装标志 杂类

包装类别 Ⅲ类

安全储运 储存于阴凉、通风的库房。远离火种、热源。应与强氧化剂等隔离储运。

紧急处置信息

急救措施

吸入：迅速脱离现场至空气新鲜处。保持呼吸道通畅。如呼吸困难，给输氧。呼吸、心跳停止，立即进行心肺复苏术。就医。

眼睛接触：立即分开眼睑，用流动清水或生理盐水彻底冲洗5~10min。就医。

皮肤接触：立即脱去污染的衣着，用肥皂水和清水彻底冲洗。就医。

食入：漱口，饮水。就医。

灭火方法 消防人员须穿全身消防服，佩戴空气呼吸器，在上风向灭火。尽可能将容器从火场移至空旷处。

灭火剂：干粉、二氧化碳。

泄漏应急处置 隔离泄漏污染区，限制出入。建议应急处理人员戴防尘口罩，穿防护服，戴防护手套。穿上适当的防护服前严禁接触破裂的容器和泄漏物。消除点火源。尽可能切断泄漏源。用塑料布覆盖泄漏物，减少飞散。用洁净的铲子收集泄漏物，置于干净、干燥、盖子较松的容器中，将容器移离泄漏区。

8. 4-氨基苯甲酸2-乙基己酯

标　识

中文名称 4-氨基苯甲酸2-乙基己酯

英文名称 2-Ethylhexyl 4-aminobenzoate; Benzoic acid, 4-amino-, 2-ethylhexyl ester

别名 对氨基苯甲酸2-乙基己酯

分子式 $C_{15}H_{23}NO_2$

CAS号 26218-04-2

危害信息

燃烧与爆炸危险性 可燃。燃烧产生具有腐蚀性的氮氧化物气体。

禁忌物 强氧化剂、强酸。

侵入途径 吸入、食入。

环境危害 对水生生物有极高毒性，可能在水生环境中造成长期不利影响。

理化特性与用途

理化特性 浅棕色结晶粉末。微溶于水。沸点 385℃，相对密度(水=1)1.015，饱和蒸气压 0.52mPa(25℃)，辛醇/水分配系数 4.95，闪点 222℃。

主要用途 用作化学遮光剂。

包装与储运

包装标志 杂类

包装类别 Ⅲ类

安全储运 储存于阴凉、通风的库房。远离火种、热源。应与强氧化剂、强酸等隔离储运。

紧急处置信息

急救措施

吸入：脱离接触。如有不适感，就医。

眼睛接触：分开眼睑，用流动清水或生理盐水冲洗。如有不适感，就医。

皮肤接触：脱去污染的衣着，用流动清水冲洗。如有不适感，就医。

食入：漱口，饮水。就医。

灭火方法 消防人员须穿全身消防服，佩戴空气呼吸器，在上风向灭火。尽可能将容器从火场移至空旷处。喷水保持火场容器冷却，直至灭火结束。

根据着火原因选择适当灭火剂灭火。

泄漏应急处置 隔离泄漏污染区，限制出入。消除点火源。建议应急处理人员戴防尘口罩，穿防护服。穿上适当的防护服前严禁接触破裂的容器和泄漏物。尽可能切断泄漏源。用塑料布覆盖泄漏物，减少飞散。勿使水进入包装容器内。用洁净的铲子收集泄漏物，置于干净、干燥、盖子较松的容器中，将容器移离泄漏区。

9. 3-氨基苄胺

标　识

中文名称 3-氨基苄胺

英文名称 3-Aminobenzylamine；alpha-Amino-*m*-toluidine

别名 间氨基苄胺

分子式 $C_7H_{10}N_2$

CAS 号 4403-70-7

H_2N / NH_2

危害信息

危险性类别 第 8 类 腐蚀品

燃烧与爆炸危险性 易燃，其粉体与空气混合能形成爆炸性混合物，遇明火高热有引起燃烧爆炸的危险。燃烧产生具有腐蚀性的氮氧化物气体。

禁忌物 强氧化剂、酸类。

中毒表现 食入有害。对眼和皮肤有腐蚀性。

侵入途径 吸入、食入。

环境危害 对水生生物有毒，可能在水生环境中造成长期不利影响。

理化特性与用途

理化特性 浅棕色固体颗粒。微溶于水。熔点 41～45℃，沸点 268℃、134℃(0.53kPa)，相对密度(水=1)1.093，相对蒸气密度(空气=1)4.22，饱和蒸气压 1.08Pa(25℃)，辛醇/水分配系数-0.19，闪点>110℃(闭杯)。

主要用途 用作医药和染料中间体。

包装与储运

包装标志 腐蚀品

包装类别 Ⅱ类

安全储运 储存于阴凉、通风的库房。远离火种、热源。库温不超过 30℃。相对湿度不超过 80%。包装要求密封，不可与空气接触。应与强氧化剂、酸类等分开存放，切忌混储。储区应备有泄漏应急处理设备和合适的收容材料。

紧急处置信息

急救措施

吸入：迅速脱离现场至空气新鲜处。保持呼吸道通畅。如呼吸困难，给输氧。呼吸、心跳停止，立即进行心肺复苏术。就医。

眼睛接触：立即分开眼睑，用流动清水或生理盐水彻底冲洗 5～10min。就医。

皮肤接触：立即脱去污染的衣着，用大量流动清水彻底冲洗，冲洗时间一般要求 20～30min。就医。

食入：用水漱口，禁止催吐。给饮牛奶或蛋清。就医。

灭火方法 消防人员须穿全身消防服，在上风向灭火。尽可能将容器从火场移至空旷处。喷水保持火场容器冷却，直至灭火结束。

灭火剂：雾状水、泡沫、二氧化碳、干粉、砂土。

泄漏应急处置 隔离泄漏污染区，限制出入。消除点火源。建议应急处理人员戴防尘口罩，穿耐腐蚀防护服，戴耐腐蚀防护手套。穿上适当的防护服前严禁接触破裂的容器和泄漏物。尽可能切断泄漏源。用塑料布覆盖泄漏物，减少飞散。勿使水进入包装容器内。用洁净的铲子收集泄漏物，置于干净、干燥、盖子较松的容器中，将容器移离泄漏区。

10. *N*-(3-氨基丙基)-*N*-甲基-1,3-丙二胺

标　识

中文名称 *N*-(3-氨基丙基)-*N*-甲基-1,3-丙二胺

英文名称 *N*,*N*-Bis(3-aminopropyl)methylamine；1,3-Propanediamine，*N*-(3-aminopropyl)-*N*-methyl-

分子式 $C_7H_{19}N_3$

H_2N–$(CH_2)_3$–N(CH_3)–$(CH_2)_3$–NH_2

CAS 号 105-83-9

危害信息

危险性类别 第8类 腐蚀品

燃烧与爆炸危险性 可燃，其蒸气与空气混合能形成爆炸性混合物，遇明火、高热易燃烧或爆炸。燃烧产生有毒的氮氧化物气体。在高温火场中，受热的容器或储罐有破裂和爆炸的危险。具有腐蚀性。

禁忌物 氧化剂、酸碱。

毒性 大鼠经口 LD_{50}：1540μL/kg；大鼠吸入 LC_{50}：70mg/m^3(4h)；兔经皮 LD_{50}：140μL/kg。

中毒表现 对眼和皮肤有腐蚀性。

侵入途径 吸入、食入、经皮吸收。

理化特性与用途

理化特性 无色透明液体。混溶于水，溶于乙醇。pH值13.3，熔点-30℃，沸点110℃(0.8kPa)、235℃，相对密度(水=1)0.901，饱和蒸气压0.8kPa(110℃)，辛醇/水分配系数-0.94，闪点103℃(闭杯)，引燃温度240℃。

主要用途 用于纸和纤维素、塑料、聚合物和纤维等。

包装与储运

包装标志 腐蚀品

包装类别 Ⅲ类

安全储运 储存于阴凉、通风的库房。远离火种、热源。库温不超过30℃。相对湿度不超过80%。包装要求密封，不可与空气接触。应与氧化剂、酸碱等分开存放，切忌混储。储区应备有泄漏应急处理设备和合适的收容材料。搬运时轻装轻卸，防止容器受损。

紧急处置信息

急救措施

吸入：迅速脱离现场至空气新鲜处。保持呼吸道通畅。如呼吸困难，给输氧。呼吸、心跳停止，立即进行心肺复苏术。就医。

眼睛接触：立即分开眼睑，用流动清水或生理盐水彻底冲洗5~10min。就医。

皮肤接触：立即脱去污染的衣着，用大量流动清水彻底冲洗，冲洗时间一般要求20~30min。就医。

食入：用水漱口，禁止催吐。给饮牛奶或蛋清。就医。

灭火方法 消防人员须穿全身消防服，佩戴空气呼吸器，在上风向灭火。尽可能将容器从火场移至空旷处。喷水保持火场容器冷却，直至灭火结束。处在火场中的容器若发生异常变化或发出异常声音，须马上撤离。

灭火剂：抗溶性泡沫、二氧化碳、干粉、砂土。

泄漏应急处置 根据液体流动和蒸气扩散的影响区域划定警戒区，无关人员从侧风、上风向撤离至安全区。消除所有点火源。应急人员应戴防毒面具，穿耐腐蚀防护服，戴耐腐蚀手套。尽可能切断泄漏源。防止泄漏物进入水体、下水道或有限空间。小量泄漏：用砂土等不燃材料吸收，用洁净的无火花工具收集置于容器中。大量泄漏：构筑围堤或挖坑收容泄漏物。用防爆泵转移至槽车或专用收集器内。

11. 2-氨基二苯硫醚

标　识

中文名称　2-氨基二苯硫醚

英文名称　2-Phenylthioaniline；2-Aminophenyl phenyl sulfide

别名　邻氨基二苯硫醚

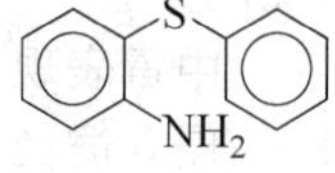

分子式　$C_{12}H_{11}NS$

CAS 号　1134-94-7

危害信息

燃烧与爆炸危险性　可燃。燃烧或受高热分解产生有毒的烟气。

禁忌物　氧化剂、强酸。

中毒表现　对皮肤有致敏性。

侵入途径　吸入、食入。

环境危害　对水生生物有毒，可能在水生环境中造成长期不利影响。

理化特性与用途

理化特性　浅米色至浅黄色结晶粉末。微溶于水。熔点 43℃，沸点 330.5℃、258℃（13.3kPa），相对密度（水=1）1.19，饱和蒸气压 0.02Pa（25℃），辛醇/水分配系数 2.95，闪点 175℃。

主要用途　用作药物中间体，合成富马酸喹硫平。

包装与储运

包装标志　杂类

包装类别　Ⅲ类

安全储运　储存于阴凉、通风的库房。远离火种、热源。保持容器密闭。应与强氧化剂、强酸等隔离储运。

紧急处置信息

急救措施

吸入：迅速脱离现场至空气新鲜处。保持呼吸道通畅。如呼吸困难，给输氧。呼吸、心跳停止，立即进行心肺复苏术。就医。

眼睛接触：立即分开眼睑，用流动清水或生理盐水彻底冲洗。就医。

皮肤接触：立即脱去污染的衣着，用肥皂水和清水彻底冲洗。就医。

食入：漱口，饮水。就医。

灭火方法　消防人员须穿全身消防服，佩戴空气呼吸器，在上风向灭火。尽可能将容器从火场移至空旷处。喷水保持火场容器冷却，直至灭火结束。

根据着火原因选择适当灭火剂灭火。

泄漏应急处置　隔离泄漏污染区，限制出入。消除点火源。建议应急处理人员戴防尘口罩，穿防护服。穿上适当的防护服前严禁接触破裂的容器和泄漏物。尽可能切断泄漏源。

用塑料布覆盖泄漏物，减少飞散。勿使水进入包装容器内。用洁净的铲子收集泄漏物，置于干净、干燥、盖子较松的容器中，将容器移离泄漏区。

12. 4-氨基-3-氟苯酚

标　识

中文名称　4-氨基-3-氟苯酚

英文名称　4-Amino-3-fluorophenol；2-Fluoro-4-hydroxyaniline

别名　2-氟-4-羟基苯胺

分子式　C_6H_6FNO

CAS 号　399-95-1

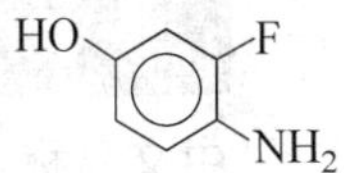

危害信息

燃烧与爆炸危险性　可燃，其粉体与空气混合能形成爆炸性混合物，遇明火高热有引起燃烧爆炸的危险，燃烧产生有毒的氮氧化物气体。

禁忌物　强氧化剂。

毒性　欧盟法规 1272/2008/EC 将本品列为第 1B 类致癌物——可能对人类有致癌能力。

中毒表现　食入有害。对皮肤有致敏性。

侵入途径　吸入、食入。

环境危害　对水生生物有毒，可能在水生环境中造成长期不利影响。

理化特性与用途

理化特性　褐色结晶或黑色至棕褐色结晶粉末。微溶于水，溶于苯。熔点 137~139℃，沸点 263.6℃，相对密度(水=1)1.347，相对蒸气密度(空气=1)4.38，饱和蒸气压 0.84Pa (25℃)，辛醇/水分配系数 0.45，闪点 113.1℃。

主要用途　用于医药、农药和有机合成。是杀虫剂氟虫脲的中间体。

包装与储运

包装标志　杂类

包装类别　Ⅲ类

安全储运　储存于阴凉、通风的库房。远离火种、热源。保持容器密闭。应与强氧化剂等隔离储运。

紧急处置信息

急救措施

吸入：迅速脱离现场至空气新鲜处。保持呼吸道通畅。如呼吸困难，给输氧。呼吸、心跳停止，立即进行心肺复苏术。就医。

眼睛接触：立即分开眼睑，用流动清水或生理盐水彻底冲洗。就医。

皮肤接触：立即脱去污染的衣着，用肥皂水和清水彻底冲洗。就医。

食入：漱口，饮水。就医。

灭火方法　消防人员须穿全身消防服，在上风向灭火。尽可能将容器从火场移至空旷

处。喷水保持火场容器冷却，直至灭火结束。

灭火剂：雾状水、抗溶性泡沫、二氧化碳、干粉、砂土。

泄漏应急处置 消除所有点火源。隔离泄漏污染区，限制出入。建议应急处理人员戴防尘口罩，穿防毒服，戴橡胶手套。禁止接触或跨越泄漏物。避免产生粉尘。用洁净的铲子收集泄漏物，置于干净、干燥、盖子较松的容器中，将容器移离泄漏区。

13. 氨基磺酸铵

标识

中文名称 氨基磺酸铵

英文名称 Ammonium sulfamate; Sulfamic acid, monoammonium salt

分子式 $NH_4SO_3NH_2$

CAS 号 7773-06-0

$$H_2N-\overset{\overset{\displaystyle O}{\|}}{\underset{\underset{\displaystyle O}{\|}}{S}}-O^-\ NH_4^+$$

危害信息

燃烧与爆炸危险性 不燃，受热易分解放出有毒的氮氧化物和硫氧化物气体。

禁忌物 强氧化剂。

毒性 大鼠经口 LD_{50}：2g/kg；小鼠经口 LD_{50}：3100mg/kg。

中毒表现 食入有害。对眼和皮肤有刺激性。

职业接触限值 美国(ACGIH)：TLV-TWA 10mg/m^3。

理化特性与用途

理化特性 白色结晶或粉末，易潮解。溶于水，易溶于液氨，溶于甘油、乙二醇、甲酰胺，微溶于乙醇。熔点 131℃，沸点 160℃，相对密度(水=1)1.8，分解温度 320℃。

主要用途 广泛用于农药、印染、烟草、建材、纺织等工业部门。是生产大豆除草剂咪草烟、阻燃剂、固化剂的重要原料。

包装与储运

安全储运 储存于阴凉、通风的库房。远离火种、热源。应与强氧化剂等隔离储运。

紧急处置信息

急救措施

吸入： 迅速脱离现场至空气新鲜处。保持呼吸道通畅。如呼吸困难，给输氧。呼吸、心跳停止，立即进行心肺复苏术。就医。

眼睛接触： 立即分开眼睑，用流动清水或生理盐水彻底冲洗。就医。

皮肤接触： 立即脱去污染的衣着，用肥皂水和清水彻底冲洗。就医。

食入： 漱口，饮水。就医。

灭火方法 消防人员须穿全身消防服，在上风向灭火。尽可能将容器从火场移至空旷处。喷水保持火场容器冷却，直至灭火结束。

本品不燃，根据着火原因选择特定灭火剂灭火。

泄漏应急处置 隔离泄漏污染区，限制出入。建议应急处理人员戴防尘口罩，穿防护服，戴防护手套。禁止接触或跨越泄漏物。尽可能切断泄漏源。避免产生粉尘。用洁净的铲子收集泄漏物，置于干净、干燥、盖子较松的容器中，将容器移离泄漏区。

14. (2-(氨基甲基)苯基)乙酰氯盐酸盐

标识

中文名称 (2-(氨基甲基)苯基)乙酰氯盐酸盐

英文名称 (2-(Aminomethyl)phenyl)acetylchloride hydrochloride

分子式 $C_9H_{11}Cl_2NO$

CAS 号 61807-67-8

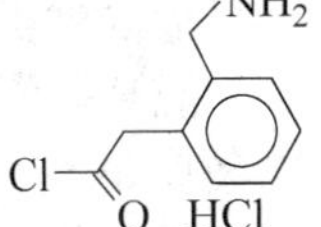

危害信息

燃烧与爆炸危险性 无特殊燃爆特性。

禁忌物 强氧化剂。

中毒表现 食入有害。对眼和皮肤有腐蚀性。对皮肤有致敏性。

侵入途径 吸入、食入。

包装与储运

安全储运 储存于阴凉、通风的库房。远离火种、热源。保持容器密闭。应与强氧化剂等隔离储运。

紧急处置信息

急救措施

吸入：迅速脱离现场至空气新鲜处。保持呼吸道通畅。如呼吸困难，给输氧。呼吸、心跳停止，立即进行心肺复苏术。就医。

眼睛接触：立即分开眼睑，用流动清水或生理盐水彻底冲洗5~10min。就医。

皮肤接触：立即脱去污染的衣着，用大量流动清水彻底冲洗，冲洗时间一般要求20~30min。就医。

食入：用水漱口，禁止催吐。给饮牛奶或蛋清。就医

灭火方法 消防人员须穿全身消防服，佩戴空气呼吸器，在上风向灭火。尽可能将容器从火场移至空旷处。

根据着火原因选择适当灭火剂灭火。

泄漏应急处置 消除所有点火源。隔离泄漏污染区，限制出入。建议应急处理人员戴防尘口罩，穿耐腐蚀防护服，戴耐腐蚀防护手套。禁止接触或跨越泄漏物。避免产生粉尘。用洁净的铲子收集泄漏物，置于干净、干燥、盖子较松的容器中，将容器移离泄漏区。

15. 3-氨基-N-甲基苄胺

标　识

中文名称　3-氨基-N-甲基苄胺

英文名称　3-Amino-N-methylbenzylamine；N-Methyl-m-aminobenzylamine

别名　N-甲基间氨基苄胺

分子式　$C_8H_{12}N_2$

CAS 号　18759-96-1

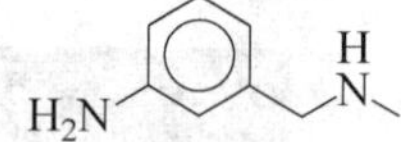

危害信息

危险性类别　第 8 类　腐蚀品

燃烧与爆炸危险性　可燃，粉体与空气混合能形成爆炸性混合物，遇明火、高热易燃烧爆炸。

禁忌物　强氧化剂、酸类。

中毒表现　食入或经皮吸收对身体有害。对眼和皮肤有腐蚀性。对皮肤有致敏性。

侵入途径　吸入、食入、经皮吸收。

环境危害　对水生生物有极高毒性，可能在水生环境中造成长期不利影响。

理化特性与用途

理化特性　无色或淡黄色固体。微溶于水。熔点 134℃，沸点 249℃，相对密度(水=1)1.021，饱和蒸气压 3.19Pa(25℃)，辛醇/水分配系数 0.24，闪点 120℃。

主要用途　精细化工原料，染料和医药中间体。

包装与储运

包装标志　腐蚀品

包装类别　Ⅱ类

安全储运　储存于通风、低温的库房内。远离火种、热源。防止阳光直射。库温不超过 30℃。相对湿度不超过 80%。保持容器密封。应与强氧化剂、酸类等分开存放，切忌混储。储区应备有合适的材料收容泄漏物。

紧急处置信息

急救措施

吸入：迅速脱离现场至空气新鲜处。保持呼吸道通畅。如呼吸困难，给输氧。呼吸、心跳停止，立即进行心肺复苏术。就医。

眼睛接触：立即分开眼睑，用流动清水或生理盐水彻底冲洗 5~10min。就医

皮肤接触：立即脱去污染的衣着，用大量流动清水彻底冲洗，冲洗时间一般要求 20~30min。就医。

食入：用水漱口，禁止催吐。给饮牛奶或蛋清。就医。

灭火方法　消防人员须穿全身消防服，在上风向灭火。尽可能将容器从火场移至空旷处。灭火剂：干粉、二氧化碳。

泄漏应急处置　隔离泄漏污染区，限制出入。消除点火源。建议应急处理人员戴防尘

口罩，穿防毒服，戴耐腐蚀手套。穿上适当的防护服前严禁接触破裂的容器和泄漏物。尽可能切断泄漏源。用塑料布覆盖泄漏物，减少飞散。勿使水进入包装容器内。用洁净的铲子收集泄漏物，置于干净、干燥、盖子较松的容器中，将容器移离泄漏区。

16. 2-氨基-2-甲基-1-丙醇

标　识

中文名称 2-氨基-2-甲基-1-丙醇

英文名称 2-Amino-2-methylpropanol；2-Amino-2-methyl-1-propanol

分子式 $C_4H_{11}NO$

CAS 号 124-68-5

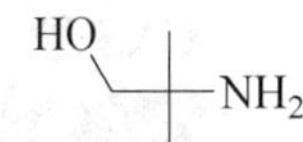

危害信息

燃烧与爆炸危险性 易燃，其粉体与空气混合能形成爆炸性混合物，遇明火高热有引起燃烧爆炸的危险。燃烧产生有毒的氮氧化物气体。

禁忌物 强氧化剂、强酸。

毒性 大鼠经口 LD_{50}：2900mg/kg；小鼠经口 LD_{50}：2150mg/kg。

中毒表现 眼接触引起严重损害。对皮肤和呼吸道有刺激性。

侵入途径 吸入、食入。

环境危害 对水生生物有害，可能在水生环境中造成长期不利影响。

理化特性与用途

理化特性 白色结晶或黏性液体。与水混溶，溶于醇类。熔点 31℃，沸点 165℃，相对密度(水=1)0.93，相对蒸气密度(空气=1)3.0，饱和蒸气压 133Pa(20℃)，辛醇/水分配系数-0.74，闪点 67℃(闭杯)。

主要用途 用于制造表面活性剂、硫化促进剂、药物、乳化剂、酸气吸附剂等。

包装与储运

安全储运 储存于阴凉、通风的库房。远离火种、热源。应与强氧化剂、强酸等隔离储运。

紧急处置信息

急救措施

吸入：迅速脱离现场至空气新鲜处。保持呼吸道通畅。如呼吸困难，给输氧。呼吸、心跳停止，立即进行心肺复苏术。就医。

眼睛接触：立即分开眼睑，用流动清水或生理盐水彻底冲洗 5~10min。就医。

皮肤接触：立即脱去污染的衣着，用肥皂水和清水彻底冲洗。就医。

食入：漱口，饮水。就医。

灭火方法 消防人员须穿全身消防服，在上风向灭火。尽可能将容器从火场移至空旷处。喷水保持火场容器冷却，直至灭火结束。

灭火剂：雾状水、抗溶性泡沫、二氧化碳、干粉、砂土。

泄漏应急处置 消除所有点火源。隔离泄漏污染区，限制出入。建议应急处理人员戴

防尘口罩，穿防护服，戴防护手套。禁止接触或跨越泄漏物。尽可能切断泄漏源。润湿泄漏物。用洁净的铲子收集泄漏物，置于干净、盖子较松的容器中，将容器移离泄漏区。

17. 8-氨基-7-甲基喹啉

标　识

中文名称　8-氨基-7-甲基喹啉

英文名称　8-Amino-7-methylquinoline；7-Methylquinolin-8-amine

分子式　$C_{10}H_{10}N_2$

CAS 号　5470-82-6

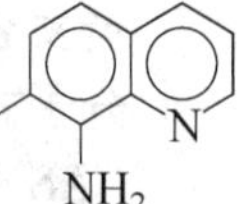

危害信息

燃烧与爆炸危险性　无特殊燃爆特性。

禁忌物　强氧化剂。

中毒表现　食入或经皮肤吸收对身体有害。对皮肤有致敏性。

侵入途径　吸入、食入、经皮吸收。

环境危害　对水生生物有毒，可能在水生环境中造成长期不利影响。

理化特性与用途

理化特性　浅黄色固体。微溶于水。熔点 46~48℃，沸点 326℃，相对密度(水=1) 1.169，饱和蒸气压 26.6mPa(25℃)，辛醇/水分配系数 2.34。

主要用途　生物化学试剂。

包装与储运

包装标志　杂类

包装类别　Ⅲ类

安全储运　储存于阴凉、通风的库房。远离火种、热源。保持容器密闭。应与强氧化剂等隔离储运。

紧急处置信息

急救措施

吸入：迅速脱离现场至空气新鲜处。保持呼吸道通畅。如呼吸困难，给输氧。呼吸、心跳停止，立即进行心肺复苏术。就医。

眼睛接触：立即分开眼睑，用流动清水或生理盐水彻底冲洗。就医。

皮肤接触：立即脱去污染的衣着，用肥皂水和清水彻底冲洗。就医。

食入：漱口，饮水。就医。

灭火方法　消防人员须穿全身消防服，佩戴空气呼吸器，在上风向灭火。尽可能将容器从火场移至空旷处。

根据着火原因选择适当灭火剂灭火。

泄漏应急处置　隔离泄漏污染区，限制出入。建议应急处理人员戴防尘口罩，穿防护服，戴防护手套。禁止接触或跨越泄漏物。尽可能切断泄漏源。用洁净的铲子收集泄漏物，置于干净、干燥、盖子较松的容器中，将容器移离泄漏区。

18. 6-氨基-N-甲基萘磺酰胺

标　识

中文名称　6-氨基-N-甲基萘磺酰胺

英文名称　2-Naphthalenesulfonamide，6-amino-N-methyl-；2-Naphthylamine-6-sulfonylmethylamine

别名　2-萘胺-6-磺酰甲胺

分子式　$C_{11}H_{12}N_2O_2S$

CAS 号　104295-55-8

危害信息

燃烧与爆炸危险性　可燃。燃烧或受高热分解产生有毒的烟气。

禁忌物　强氧化剂、强酸。

中毒表现　对皮肤有致敏性。长期或反复接触可能对器官造成损害。

侵入途径　吸入、食入。

环境危害　对水生生物有毒，可能在水生环境中造成长期不利影响。

理化特性与用途

理化特性　棕色粉末。熔点 157～163℃，沸点 466.8℃，相对密度(水=1)1.339，闪点 236.1℃。

主要用途　用作酸性染料中间体。

包装与储运

包装标志　杂类

包装类别　Ⅲ类

安全储运　储存于阴凉、通风的库房。远离火种、热源。保持容器密闭。应与强氧化剂、强酸等隔离储运。

紧急处置信息

急救措施

吸入：迅速脱离现场至空气新鲜处。保持呼吸道通畅。如呼吸困难，给输氧。呼吸、心跳停止，立即进行心肺复苏术。就医。

眼睛接触：立即分开眼睑，用流动清水或生理盐水彻底冲洗。就医。

皮肤接触：立即脱去污染的衣着，用肥皂水和清水彻底冲洗。就医。

食入：漱口，饮水。就医。

灭火方法　消防人员须穿全身消防服，佩戴空气呼吸器，在上风向灭火。尽可能将容器从火场移至空旷处。喷水保持火场容器冷却，直至灭火结束。

根据着火原因选择适当灭火剂灭火。

泄漏应急处置　隔离泄漏污染区，限制出入。消除点火源。建议应急处理人员戴防尘口罩，穿防护服，戴防护手套。禁止接触或跨越泄漏物。尽可能切断泄漏源。用洁净的铲子收集泄漏物，置于干净、干燥、盖子较松的容器中，将容器移离泄漏区。

19. 3-氨基-4-氯苯甲酸十六烷基酯

标　识

中文名称　3-氨基-4-氯苯甲酸十六烷基酯

英文名称　3-Amino-4-chlorobenzoic acid, hexadecyl ester; Hexadecyl 3-amino-4-chlorobenzoate

分子式　$C_{23}H_{38}ClNO_2$

CAS 号　143269-74-3

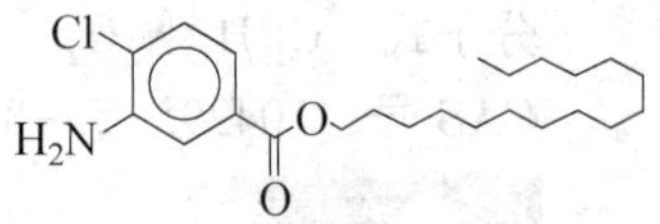

危害信息

燃烧与爆炸危险性　可燃。燃烧产生有毒的烟气。

禁忌物　强氧化剂、酸类。

侵入途径　吸入、食入。

环境危害　对水生生物有毒，可能在水生环境中造成长期不利影响。

理化特性与用途

理化特性　米色至灰白色结晶。不溶于水。沸点 495.5℃，相对密度(水=1)1.017，辛醇/水分配系数 9.93，闪点 253.5℃。

主要用途　有机合成中间体、医药中间体。

包装与储运

包装标志　杂类

包装类别　Ⅲ类

安全储运　储存于阴凉、通风的库房。远离火种、热源。应与强氧化剂、酸类等隔离储运。

紧急处置信息

急救措施

吸入：脱离接触。如有不适感，就医。

眼睛接触：分开眼睑，用流动清水或生理盐水冲洗。如有不适感，就医。

皮肤接触：脱去污染的衣着，用流动清水冲洗。如有不适感，就医。

食入：漱口，饮水。就医。

灭火方法　消防人员须穿全身消防服，佩戴空气呼吸器，在上风向灭火。尽可能将容器从火场移至空旷处。喷水保持火场容器冷却，直至灭火结束。

灭火剂：二氧化碳、泡沫。

泄漏应急处置　消除所有点火源。隔离泄漏污染区，限制出入。建议应急处理人员戴防尘口罩，穿防护服。禁止接触或跨越泄漏物。尽可能切断泄漏源。避免产生粉尘。用洁净的铲子收集泄漏物，置于干净、干燥、盖子较松的容器中，将容器移离泄漏区。

20. 2-氨基-4-氯-6-甲氧基嘧啶

标　识

中文名称　2-氨基-4-氯-6-甲氧基嘧啶

英文名称　2-Amino-4-chloro-6-methoxypyrimidine；2-Pyrimidinamine，4-chloro-6-methoxy-

分子式　$C_5H_6ClN_3O$

CAS 号　5734-64-5

O
N
Cl N NH$_2$

危害信息

燃烧与爆炸危险性　可燃，粉体与空气混合能形成爆炸性混合物，遇明火、高热易燃烧爆炸。

禁忌物　强氧化剂。

毒性　大鼠经口 *LDLo*：11g/kg。

中毒表现　食入有害。

侵入途径　吸入、食入。

理化特性与用途

理化特性　白色或淡黄色针状结晶或粉末。熔点 168~171℃，辛醇/水分配系数 1.3。

主要用途　用于农药氯嘧磺隆的合成。

包装与储运

安全储运　储存于阴凉、通风的库房。远离火种、热源。应与强氧化剂等隔离储运。

紧急处置信息

急救措施

吸入：迅速脱离现场至空气新鲜处。保持呼吸道通畅。如呼吸困难，给输氧。呼吸、心跳停止，立即进行心肺复苏术。就医。

眼睛接触：立即分开眼睑，用流动清水或生理盐水彻底冲洗。就医。

皮肤接触：立即脱去污染的衣着，用肥皂水和清水彻底冲洗。就医。

食入：漱口，饮水。就医。

灭火方法　消防人员须穿全身消防服，佩戴空气呼吸器，在上风向灭火。尽可能将容器从火场移至空旷处。

灭火剂：干粉、二氧化碳。

泄漏应急处置　隔离泄漏污染区，限制出入。消除点火源。建议应急处理人员戴防尘口罩，穿防护服，戴防护手套。禁止接触或跨越泄漏物。尽可能切断泄漏源。避免产生粉尘。用洁净的铲子收集泄漏物，置于干净、干燥、盖子较松的容器中，将容器移离泄漏区。

21. 2-氨基-3-氯-5-三氟甲基吡啶

标　识

中文名称　2-氨基-3-氯-5-三氟甲基吡啶

英文名称　2-Amino-3-chloro-5-trifluoromethylpyridine；3-Chloro-5-(trifluoromethyl)-2-pyridinamine；2,3,5-ACTF

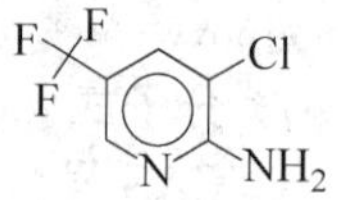

分子式　$C_6H_4ClF_3N_2$

CAS 号　79456-26-1

危害信息

燃烧与爆炸危险性　易燃，其粉体与空气混合能形成爆炸性混合物，遇明火高热有引起燃烧爆炸的危险，燃烧产生有毒的氮氧化物气体。

禁忌物　强氧化剂、强酸。

中毒表现　食入有害。

侵入途径　吸入、食入。

环境危害　对水生生物有害，可能在水生环境中造成长期不利影响。

理化特性与用途

理化特性　白色结晶或米色粉末。不溶于水。熔点 84～94℃，沸点 205℃，相对密度(水=1)1.507，饱和蒸气压 0.04kPa(25℃)，闪点 75.7℃。

主要用途　用作药物中间体。

包装与储运

安全储运　储存于阴凉、通风的库房。远离火种、热源。应与强氧化剂、强酸等隔离储运。

紧急处置信息

急救措施

吸入：迅速脱离现场至空气新鲜处。保持呼吸道通畅。如呼吸困难，给输氧。呼吸、心跳停止，立即进行心肺复苏术。就医。

眼睛接触：立即分开眼睑，用流动清水或生理盐水彻底冲洗。就医。

皮肤接触：立即脱去污染的衣着，用肥皂水和清水彻底冲洗。就医。

食入：漱口，饮水。就医。

灭火方法　消防人员须穿全身消防服，在上风向灭火。尽可能将容器从火场移至空旷处。喷水保持火场容器冷却，直至灭火结束。

灭火剂：雾状水、泡沫、二氧化碳、干粉、砂土。

泄漏应急处置　隔离泄漏污染区，限制出入。消除所有点火源。建议应急处理人员戴防尘口罩，穿防护服，戴防护手套。禁止接触或跨越泄漏物。尽可能切断泄漏源。避免产生粉尘。用洁净的铲子收集泄漏物，置于干净、干燥、盖子较松的容器中，将容器移离泄漏区。

22. 氨基氰酸铅盐

标　识

中文名称　氨基氰酸铅盐

英文名称　Lead cyanamide；Cyanamide，lead(2+)salt(1∶1)

别名　氨基氰铅盐

$H_2N—≡N \quad Pb^{2+}$

分子式　$CH_2N_2 \cdot Pb$

CAS 号　20837-86-9

危害信息

燃烧与爆炸危险性　易燃，其粉体与空气混合能形成爆炸性混合物，遇明火高热有引起燃烧爆炸的危险，燃烧产生有毒的氮氧化物气体。

禁忌物　强氧化剂、强酸。

中毒表现　铅及其化合物损害造血、神经、消化系统及肾脏。职业中毒主要为慢性。

神经系统主要表现为神经衰弱综合征、周围神经病(以运动功能受累较明显)，重者出现铅中毒性脑病。消化系统表现有齿龈铅线、食欲不振、恶心、腹胀、腹泻或便秘；腹绞痛见于中度及重度中毒病例。造血系统损害出现卟啉代谢障碍、贫血等。短时大量接触可发生急性或亚急性中毒，表现类似重症慢性铅中毒。对肾脏损害多见于急性、亚急性中毒或较重慢性病例。

侵入途径　吸入、食入。

职业接触限值　中国：PC-TWA 0.05mg/m^3[铅尘][按 Pb 计]，0.03mg/m^3[铅烟][按 Pb 计][G2A]。

美国(ACGIH)：TLV-TWA 0.05mg/m^3[按 Pb 计]。

环境危害　对水生生物有极高毒性，可能在水生环境中造成长期不利影响。

理化特性与用途

理化特性　柠檬黄色粉末。不溶于水。熔点 280℃(分解)，相对密度(水=1)6.5，分解温度 280℃。

主要用途　用于配制防锈涂料。

包装与储运

包装标志　杂类

包装类别　Ⅲ类

安全储运　储存于阴凉、通风的库房。远离火种、热源。保持容器密封。应与强氧化剂、强酸等隔离储运。

紧急处置信息

急救措施

吸入：迅速脱离现场至空气新鲜处。保持呼吸道通畅。如呼吸困难，给输氧。呼吸、心跳停止，立即进行心肺复苏术。就医。

眼睛接触：立即分开眼睑，用流动清水或生理盐水彻底冲洗。就医。

皮肤接触：立即脱去污染的衣着，用肥皂水和清水彻底冲洗。就医。

食入：漱口，饮水。就医。

解毒剂：依地酸二钠钙、二巯基丁二酸钠、二巯基丁二酸等。

灭火方法 消防人员须穿全身消防服，在上风向灭火。尽可能将容器从火场移至空旷处。喷水保持火场容器冷却，直至灭火结束。

灭火剂：雾状水、干粉、砂土。

泄漏应急处置 隔离泄漏污染区，限制出入。建议应急处理人员戴防尘口罩，穿防毒服，戴防毒手套。穿上适当的防护服前严禁接触破裂的容器和泄漏物。尽可能切断泄漏源。用塑料布覆盖泄漏物，减少飞散。勿使水进入包装容器内。用洁净的铲子收集泄漏物，置于干净、干燥、盖子较松的容器中，将容器移离泄漏区。

23. 2-(2-氨基-1,3-噻唑-4-基)-(Z)-2-甲氧基亚氨基乙酰氯盐酸盐

标　识

中文名称 2-(2-氨基-1,3-噻唑-4-基)-(*Z*)-2-甲氧基亚氨基乙酰氯盐酸盐

英文名称 2-(2-Amino-1,3-thiazol-4-yl)-(*Z*)-2-methoxyiminoacetyl chloride hydrochloride

分子式 $C_6H_7Cl_2N_3O_2S$

CAS 号 119154-86-8

HCl O Cl N N O H_2N S

危害信息

危险性类别 第 8 类 腐蚀品

燃烧与爆炸危险性 不燃，无特殊燃爆特性。

禁忌物 强氧化剂、酸类。

中毒表现 食入有害。对眼和皮肤有腐蚀性。对皮肤有致敏性。

侵入途径 吸入、食入。

理化特性与用途

理化特性 白色结晶。

包装与储运

包装标志 腐蚀品

包装类别 Ⅲ类

安全储运 储存于阴凉、通风的库房。远离火种、热源。避免光照。库温不超过 30℃。相对湿度不超过 75%。包装密封。应与强氧化剂、酸类、食用化学品分开存放，切忌混储。储区应备有合适的材料收容泄漏物。

紧急处置信息

急救措施

吸入：迅速脱离现场至空气新鲜处。保持呼吸道通畅。如呼吸困难，给输氧。呼吸、

心跳停止，立即进行心肺复苏术。就医。

眼睛接触：立即分开眼睑，用流动清水或生理盐水彻底冲洗5~10min。就医。

皮肤接触：立即脱去污染的衣着，用大量流动清水彻底冲洗，冲洗时间一般要求20~30min。就医。

食入：用水漱口，禁止催吐。给饮牛奶或蛋清。就医。

灭火方法 消防人员须佩戴空气呼吸器，穿全身耐酸碱消防服在上风向灭火。尽可能将容器从火场移至空旷处。喷水保持火场容器冷却，直至灭火结束。处在火场中的容器若发生异常变化或发出异常声音，须马上撤离。

本品不燃，根据着火原因选择适当灭火剂灭火。

泄漏应急处置 隔离泄漏污染区，限制出入。建议应急处理人员戴防尘口罩，穿耐腐蚀防护服，戴耐腐蚀防护手套。穿上适当的防护服前严禁接触破裂的容器和泄漏物。尽可能切断泄漏源。用塑料布覆盖泄漏物，减少飞散。勿使水进入包装容器内。用洁净的铲子收集泄漏物，置于干净、干燥、盖子较松的容器中，将容器移离泄漏区。

24. 7-氨基-3-((5-羧甲基-4-甲基-1,3-噻唑-2-基硫)甲基)-8-氧代-5-硫代-1-氮杂环(4.2.0)-2-辛烯-2-羧酸

标　识

中文名称 7-氨基-3-((5-羧甲基-4-甲基-1,3-噻唑-2-基硫)甲基)-8-氧代-5-硫代-1-氮杂环(4.2.0)-2-辛烯-2-羧酸

英文名称 7-Amino-3-((5-carboxymethyl-4-methyl-1,3-thiazol-2-ylthio)methyl)-8-oxo-5-thia-1-azabicyclo(4.2.0)oct-2-ene-2-carboxylic acid；TACS

分子式 $C_{14}H_{15}N_3O_5S_3$

CAS号 111298-82-9

S NH$_2$ S S N O O N HO O OH

危害信息

燃烧与爆炸危险性 无特殊燃爆特性。

禁忌物 强氧化剂、碱类。

中毒表现 对皮肤和呼吸道有致敏性。

侵入途径 吸入、食入。

环境危害 对水生生物有害，可能在水生环境中造成长期不利影响。

理化特性与用途

理化特性 微溶于水。相对密度(水=1)1.72。辛醇/水分配系数0.56。

主要用途 医药原料。

包装与储运

安全储运 储存于阴凉、通风的库房。远离火种、热源。保持容器密闭。应与强氧化剂、碱类等隔离储运。

紧急处置信息

急救措施

吸入：迅速脱离现场至空气新鲜处。保持呼吸道通畅。如呼吸困难，给输氧。呼吸、心跳停止，立即进行心肺复苏术。就医。

眼睛接触：立即分开眼睑，用流动清水或生理盐水彻底冲洗。就医。

皮肤接触：立即脱去污染的衣着，用肥皂水和清水彻底冲洗。就医。

食入：漱口，饮水。就医。

灭火方法 消防人员须穿全身消防服，佩戴空气呼吸器，在上风向灭火。尽可能将容器从火场移至空旷处。

根据着火原因选择适当灭火剂灭火。

泄漏应急处置 隔离泄漏污染区，限制出入。建议应急处理人员戴防尘口罩，穿防毒服，戴防毒手套。穿上适当的防护服前严禁接触破裂的容器和泄漏物。尽可能切断泄漏源。用塑料布覆盖泄漏物，减少飞散。勿使水进入包装容器内。用洁净的铲子收集泄漏物，置于干净、干燥、盖子较松的容器中，将容器移离泄漏区。

25. 2-((4-氨基-2-硝基苯基)氨基)苯甲酸

标　识

中文名称 2-((4-氨基-2-硝基苯基)氨基)苯甲酸

英文名称 Benzoic acid, 2-((4-amino-2-nitrophenyl)amino)-; 4-Amino-2-nitrodiphenylamine-2′-carboxylic acid

别名 4-氨基-2-硝基二苯胺-2′-甲酸

分子式 $C_{13}H_{11}N_3O_4$

CAS 号 117907-43-4

HO O H O N O N NH2

危害信息

燃烧与爆炸危险性 无特殊燃爆特性。

禁忌物 强氧化剂、碱。

中毒表现 眼接触引起严重损害。对皮肤有致敏性。

侵入途径 吸入、食入。

环境危害 对水生生物有害，可能在水生环境中造成长期不利影响。

理化特性与用途

理化特性 不溶于水。沸点 498℃，相对密度(水=1)1.5(20℃)，辛醇/水分配系数3.86，闪点 255℃。

主要用途 用于制染发剂。

包装与储运

安全储运 储存于阴凉、通风的库房。远离火种、热源。应与强氧化剂、碱类等隔离储运。

紧急处置信息

急救措施

吸入：迅速脱离现场至空气新鲜处。保持呼吸道通畅。如呼吸困难，给输氧。呼吸、心跳停止，立即进行心肺复苏术。就医。

眼睛接触：立即分开眼睑，用流动清水或生理盐水彻底冲洗5~10min。就医。

皮肤接触：立即脱去污染的衣着，用肥皂水和清水彻底冲洗。就医。

食入：漱口，饮水。就医。

灭火方法 消防人员须穿全身消防服，佩戴空气呼吸器，在上风向灭火。尽可能将容器从火场移至空旷处。喷水保持火场容器冷却，直至灭火结束。根据着火原因选择适当灭火剂灭火。

泄漏应急处置 隔离泄漏污染区，限制出入。消除点火源。建议应急处理人员戴防尘口罩，穿防毒服，戴防毒手套。穿上适当的防护服前严禁接触破裂的容器和泄漏物。尽可能切断泄漏源。用塑料布覆盖泄漏物，减少飞散。勿使水进入包装容器内。用洁净的铲子收集泄漏物，置于干净、干燥、盖子较松的容器中，将容器移离泄漏区。

26. 2-氨基-6-乙氧基-4-甲氨基-1,3,5-三嗪

标　识

中文名称 2-氨基-6-乙氧基-4-甲氨基-1,3,5-三嗪

英文名称 2-Amino-6-ethoxy-4-methylamino-1,3,5-triazine; 6-Ethoxy-2-*N*-methyl-1,3,5-triazine-2,4-diamine

分子式 $C_6H_{11}N_5O$

CAS号 62096-63-3

NH_2 N N N O N H

危害信息

燃烧与爆炸危险性 可燃，粉体与空气混合能形成爆炸性混合物，遇明火、高热易燃烧爆炸。

禁忌物 强氧化剂。

中毒表现 食入有害。

侵入途径 吸入、食入。

理化特性与用途

理化特性 白色或黄色至浅黄色结晶粉末。难溶于水，溶于热乙醇、丙酮等有机溶剂。熔点171~174℃，沸点365.9℃，相对密度(水=1)1.288，饱和蒸气压2.0mPa(25℃)，辛醇/水分配系数-0.74，闪点175℃。

主要用途 是磺酰脲类除草剂胺苯磺隆的中间体。

包装与储运

安全储运 储存于阴凉、通风的库房。远离火种、热源。应与强氧化剂等隔离储运。

紧急处置信息

急救措施

吸入：迅速脱离现场至空气新鲜处。保持呼吸道通畅。如呼吸困难，给输氧。呼吸、心跳停止，立即进行心肺复苏术。就医。

眼睛接触：立即分开眼睑，用流动清水或生理盐水彻底冲洗。就医。

皮肤接触：立即脱去污染的衣着，用肥皂水和清水彻底冲洗。就医。

食入：漱口，饮水。就医。

灭火方法 消防人员须穿全身消防服，佩戴空气呼吸器，在上风向灭火。尽可能将容器从火场移至空旷处。

灭火剂：干粉、二氧化碳。

泄漏应急处置 隔离泄漏污染区，限制出入。消除点火源。建议应急处理人员戴防尘口罩，穿防护服，戴防护手套。穿上适当的防护服前严禁接触破裂的容器和泄漏物。尽可能切断泄漏源。用塑料布覆盖泄漏物，减少飞散。勿使水进入包装容器内。用洁净的铲子收集泄漏物，置于干净、干燥、盖子较松的容器中，将容器移离泄漏区。

27. α-氨基异戊酰胺

标　　识

中文名称 α-氨基异戊酰胺

英文名称 Valinamide；2-Amino-3-methylbutanamide

别名 缬氨酰胺

分子式 $C_5H_{12}N_2O$

CAS 号 20108-78-5

NH_2 H_2N O

危害信息

燃烧与爆炸危险性 可燃，粉体与空气混合能形成爆炸性混合物，遇明火、高热易燃烧爆炸。

禁忌物 强氧化剂、强酸。

毒性 欧盟法规 1272/2008/EC 将本品列为第 2 类生殖毒物——可疑的人类生殖毒物。

中毒表现 对眼有刺激性。对皮肤有致敏性。

侵入途径 吸入、食入。

理化特性与用途

理化特性 固体。溶于水。熔点 78~80℃，沸点 241℃，相对密度(水=1)0.998，饱和蒸气压 4.9Pa(25℃)，辛醇/水分配系数-0.75，闪点 100℃。

包装与储运

安全储运 储存于阴凉、通风的库房。远离火种、热源。保持容器密闭。应与强氧化剂、强酸等隔离储运。

紧急处置信息

急救措施

吸入：迅速脱离现场至空气新鲜处。保持呼吸道通畅。如呼吸困难，给输氧。呼吸、心跳停止，立即进行心肺复苏术。就医。

眼睛接触：立即分开眼睑，用流动清水或生理盐水彻底冲洗。就医。

皮肤接触：立即脱去污染的衣着，用肥皂水和清水彻底冲洗。就医。

食入：漱口，饮水。就医。

灭火方法 消防人员须穿全身消防服，在上风向灭火。尽可能将容器从火场移至空旷处。喷水保持火场容器冷却，直至灭火结束。

灭火剂：雾状水、泡沫、二氧化碳、干粉。

泄漏应急处置 隔离泄漏污染区，限制出入。消除点火源。建议应急处理人员戴防尘口罩，穿防毒服，戴防毒手套。穿上适当的防护服前严禁接触破裂的容器和泄漏物。尽可能切断泄漏源。用塑料布覆盖泄漏物，减少飞散。勿使水进入包装容器内。用洁净的铲子收集泄漏物，置于干净、干燥、盖子较松的容器中，将容器移离泄漏区。

28. 氨腈

标　识

中文名称 氨腈

英文名称 Cyanamide；Carbamonitrile

别名 氨基氰；单氰胺；氰胺

$N{\equiv}\!-NH_2$

分子式 CH_2N_2

CAS 号 420-04-2

危害信息

危险性类别 第6类 有毒品

燃烧与爆炸危险性 易燃，其粉体与空气混合能形成爆炸性混合物，遇明火高热有引起燃烧爆炸的危险，燃烧产生有毒的氮氧化物气体。

禁忌物 强氧化剂、强酸。

毒性 大鼠经口 LD_{50}：125mg/kg；小鼠经口 LD_{50}：388mg/kg；大鼠经皮 LD_{50}：84mg/kg；兔经皮 LD_{50}：590mg/kg。

中毒表现 腈类物质可抑制细胞呼吸，造成组织缺氧。腈类中毒出现恶心、呕吐、腹痛、腹泻、胸闷、乏力等症状，重者出现呼吸抑制、血压下降、昏迷、抽搐等。对眼和皮肤有刺激性。对皮肤有致敏性。

侵入途径 吸入、食入、经皮吸收。

职业接触限值 中国：PC-TWA 2mg/m^3。

美国(ACGIH)：TLV-TWA 2mg/m^3。

理化特性与用途

理化特性 无色晶体。易溶于水，溶于乙醇、乙醚、酚、胺、酯、酮，微溶于苯和卤化烷烃，不溶于环己烷。熔点 44℃，沸点 260℃、83℃(0.067kPa)，相对密度(水 = 1) 1.28，相对蒸气密度(空气 = 1)1.45，饱和蒸气压 0.5Pa(20℃)，辛醇/水分配系数-0.82，闪点 141℃(闭杯)，燃烧热-718kJ/mol。

主要用途　用于制氰尿酰胺、三聚氰胺、胍等。

包装与储运

包装标志　有毒品

包装类别　Ⅲ类

安全储运　储存于阴凉、通风的库房。远离火种、热源。防止阳光直射。储存温度不超过 35℃，相对湿度不超过 85%。保持容器密封。应与强氧化剂、强酸等分开存放，切忌混储。配备相应品种和数量的消防器材。储区应备有合适的材料收容泄漏物。搬运时轻装轻卸，防止容器受损。

紧急处置信息

急救措施

吸入：迅速脱离现场至空气新鲜处。保持呼吸道通畅。如呼吸困难，给输氧。呼吸、心跳停止，立即进行心肺复苏术。就医。

眼睛接触：立即分开眼睑，用流动清水或生理盐水彻底冲洗。就医。

皮肤接触：立即脱去污染的衣着，用肥皂水和清水彻底冲洗。就医。

食入：催吐(仅限于清醒者)。给服活性炭悬液。就医。

解毒剂：亚硝酸钠、硫代硫酸钠、4-二甲基氨基苯酚等。

灭火方法　消防人员须穿全身消防服，在上风向灭火。尽可能将容器从火场移至空旷处。喷水保持火场容器冷却，直至灭火结束。

灭火剂：干粉、砂土。

泄漏应急处置　消除所有点火源。隔离泄漏污染区，限制出入。建议应急处理人员戴防尘口罩，穿防毒服，戴防护手套。禁止接触或跨越泄漏物。用洁净的铲子收集泄漏物，置于干净、干燥、盖子较松的容器中，将容器移离泄漏区。

29. 胺丙畏

标　识

中文名称　胺丙畏

英文名称　Trans - isopropyl -3- (((ethylamino) methoxyfosfinothioyl) oxy) crotonate; Isopropyl 3-(((ethylamino)methoxyphosphinothioyl)oxy)isocrotonat; Propetamphos

分子式　$C_{10}H_{20}NO_4PS$

CAS 号　31218-83-4

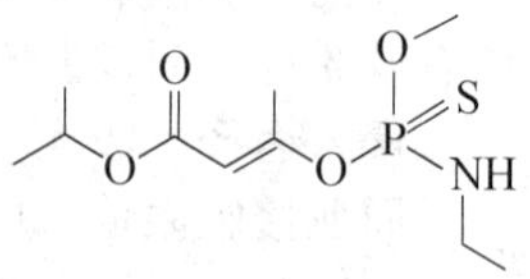

危害信息

危险性类别　第 6 类　有毒品

燃烧与爆炸危险性　可燃，其蒸气与空气混合能形成爆炸性混合物，遇明火、高热易燃烧或爆炸，燃烧产生有毒的氮氧化物和硫氧化物气体。在高温火场中，受热的容器或储罐有破裂和爆炸的危险。

禁忌物 强氧化剂、强碱。

毒性 大鼠经口 LD_{50}：62400μg/kg；小鼠经口 LD_{50}：49mg/kg；大鼠经皮 LD_{50}：564mg/kg。

中毒表现 抑制体内胆碱酯酶活性，造成神经生理功能紊乱。急性中毒症状有头痛、头昏、乏力、食欲不振、恶心、呕吐、腹痛、腹泻、流涎、瞳孔缩小、呼吸道分泌物增多、多汗、肌束震颤等。重度中毒者出现肺水肿、昏迷、呼吸麻痹、脑水肿。血胆碱酯酶活性降低。

侵入途径 吸入、食入、经皮吸收。

环境危害 对水生生物有极高毒性，可能在水生环境中造成长期不利影响。

理化特性与用途

理化特性 无色至淡黄色油状液体。微溶于水，与甲醇、乙醇、乙醚、丙酮、氯仿、二甲亚砜、己烷、二甲苯混溶。熔点<25℃，沸点 87~89℃(0.67Pa)，相对密度(水=1) 1.1294，饱和蒸气压 1.9mPa(20℃)，辛醇/水分配系数 3.82，闪点 172~178℃。

主要用途 为触杀性杀虫剂，兼有胃毒全用。能有效防治蟑螂、苍蝇、蚊子等害虫，也可防治牛虱。

包装与储运

包装标志 有毒品

包装类别 Ⅲ类

安全储运 储存于阴凉、通风的库房。远离火种、热源。防止阳光直射。储存温度不超过 35℃，相对湿度不超过 85%。保持容器密封。应与强氧化剂、强碱等分开存放，切忌混储。配备相应品种和数量的消防器材。储区应备有合适的材料收容泄漏物。搬运时轻装轻卸，防止容器受损。

紧急处置信息

急救措施

吸入：迅速脱离现场至空气新鲜处。保持呼吸道通畅。如呼吸困难，给输氧。呼吸、心跳停止，立即进行心肺复苏术。就医。

眼睛接触：分开眼睑，用流动清水或生理盐水冲洗。就医。

皮肤接触：立即脱去污染的衣着，用肥皂水及流动清水彻底冲洗污染的皮肤、头发、指甲等。就医。

食入：饮足量温水，催吐(仅限于清醒者)。口服活性炭。就医。

解毒剂：阿托品、胆碱酯酶复能剂。

灭火方法 消防人员须穿全身消防服，佩戴空气呼吸器，在上风向灭火。尽可能将容器从火场移至空旷处。喷水保持火场容器冷却，直至灭火结束。处在火场中的容器若发生异常变化或发出异常声音，须马上撤离。

灭火剂：抗溶性泡沫、二氧化碳、干粉、砂土。

泄漏应急处置 根据液体流动和蒸气扩散的影响区域划定警戒区，无关人员从侧风、上风向撤离至安全区。消除所有点火源。建议应急处理人员戴防毒面具，穿防毒服，戴防毒手套。穿上适当的防护服前严禁接触破裂的容器和泄漏物。尽可能切断泄漏源。防止泄漏物进入水体、下水道、地下室或有限空间。小量泄漏：用干燥的砂土或其他不燃材料吸收或覆盖，收集于容器中。大量泄漏：构筑围堤或挖坑收容。用泵转移至槽车或专用收集器内。

30. 八甲基环四硅氧烷

标　识

中文名称 八甲基环四硅氧烷

英文名称 Octamethylcyclotetrasiloxane；Cyclotetrasiloxane，2,2,4,4,6,6,8,8-Octamethyl-

别名 八甲基硅油

分子式 $C_8H_{24}O_4Si_4$

CAS 号 556-67-2

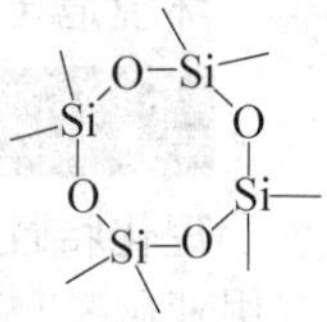

危害信息

燃烧与爆炸危险性 易燃，其蒸气与空气混合能形成爆炸性混合物，遇明火、高热易燃烧或爆炸。在高温火场中，受热的容器或储罐有破裂和爆炸的危险。蒸气比空气重，沿地面扩散并易积存于低洼处，遇火源会着火回燃。

禁忌物 强氧化剂。

毒性 大鼠经口 LD_{50}：1540mg/kg；大鼠吸入 LC_{50}：36g/m^3(4h)；大鼠经皮 LD_{50}：1770mg/kg。

欧盟法规 1272/2008/EC 将本品列为第 2 类生殖毒物——可疑的人类生殖毒物。

中毒表现 食入后引起恶心、呕吐。

侵入途径 吸入、食入、经皮吸收。

环境危害 可能在水生环境中造成长期不利影响。

理化特性与用途

理化特性 无色透明油状液体。不溶于水，溶于四氯化碳。熔点 17.5℃，沸点 175℃，相对密度(水=1)0.96，饱和蒸气压 133Pa(22℃)，辛醇/水分配系数 5.1，闪点 56℃，引燃温度 400℃，爆炸下限 0.4%，爆炸上限 11.7%，临界温度 313℃，临界压力 1.32MPa，燃烧热-8141kJ/mol。

主要用途 主要用于制甲基硅油、硅酮树脂、硅橡胶等。

包装与储运

安全储运 储存于阴凉、通风的库房。远离火种、热源。保持容器密闭。应与强氧化剂等隔离储运。搬运时轻装轻卸，防止容器受损。

紧急处置信息

急救措施

吸入： 迅速脱离现场至空气新鲜处。保持呼吸道通畅。如呼吸困难，给输氧。呼吸、心跳停止，立即进行心肺复苏术。就医。

眼睛接触： 立即分开眼睑，用流动清水或生理盐水彻底冲洗。就医。

皮肤接触： 立即脱去污染的衣着，用肥皂水和清水彻底冲洗。就医。

食入： 漱口，饮水。就医。

灭火方法 消防人员须穿全身消防服，佩戴空气呼吸器，在上风向灭火。尽可能将容

器从火场移至空旷处。喷水保持火场容器冷却，直至灭火结束。处在火场中的容器若发生异常变化或发出异常声音，须马上撤离。

灭火剂：泡沫、二氧化碳、干粉、砂土。

泄漏应急处置 根据液体流动和蒸气扩散的影响区域划定警戒区，无关人员从侧风、上风向撤离至安全区。消除所有点火源。建议应急处理人员戴防毒面具，穿防毒服，戴防护手套。穿上适当的防护服前严禁接触破裂的容器和泄漏物。尽可能切断泄漏源。防止泄漏物进入水体、下水道、地下室或有限空间。小量泄漏：用干燥的砂土或其他不燃材料吸收或覆盖，收集于容器中。大量泄漏：构筑围堤或挖坑收容。用泵转移至槽车或专用收集器内。

31. 八溴二苯醚

标　识

中文名称 八溴二苯醚

英文名称 Diphenylether，octabromo derivate；Octabromodiphenyl ether

分子式 $C_{12}H_2Br_8O$

CAS 号 32536-52-0

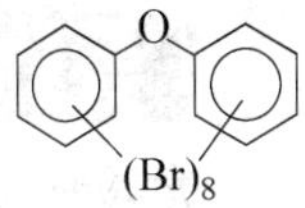

危害信息

燃烧与爆炸危险性 不易燃。受高热分解产生腐蚀性烟气。

毒性 大鼠经口 LD_{50}：5g/kg；大鼠吸入 LC_{50}：60g/m^3(1h)；兔经皮 LD_{50}：2g/kg。欧盟法规 1272/2008/EC 将本品列为第 1B 类生殖毒物——可能的人类生殖毒物。

侵入途径 吸入、食入、经皮吸收。

理化特性与用途

理化特性 白色的略有气味的粉末。不溶于水，溶于苯、甲苯、苯乙烯等。熔点 167~257℃，相对密度(水=1)2.76，辛醇/水分配系数 8.35~8.9。

主要用途 用作添加型阻燃剂。

包装与储运

安全储运 储存于阴凉、通风的库房。远离火种、热源。保持容器密闭。

紧急处置信息

急救措施

吸入：迅速脱离现场至空气新鲜处。保持呼吸道通畅。如呼吸困难，给输氧。呼吸、心跳停止，立即进行心肺复苏术。就医。

眼睛接触：立即分开眼睑，用流动清水或生理盐水彻底冲洗。就医。

皮肤接触：立即脱去污染的衣着，用肥皂水和清水彻底冲洗。就医。

食入：漱口，饮水。就医。

灭火方法 消防人员须穿全身消防服，在上风向灭火。尽可能将容器从火场移至空旷处。喷水保持火场容器冷却，直至灭火结束。

灭火剂：雾状水、泡沫、二氧化碳、干粉、砂土。

泄漏应急处置 隔离泄漏污染区，限制出入。建议应急处理人员戴防尘口罩，穿防毒服，戴防护手套。穿上适当的防护服前严禁接触破裂的容器和泄漏物。尽可能切断泄漏源。用塑料布覆盖泄漏物，减少飞散。勿使水进入包装容器内。用洁净的铲子收集泄漏物，置于干净、干燥、盖子较松的容器中，将容器移离泄漏区。

32. 白克松

标　识

中文名称 白克松

英文名称 Pyraclofos；Phosphorothioic acid，*O*-(1-(4-chlorophenyl)-1H-pyrazol-4-yl)*O*-ethyl *S*-propyl ester

别名 吡唑硫磷

分子式 $C_{14}H_{18}ClN_2O_3PS$

CAS 号 89784-60-1

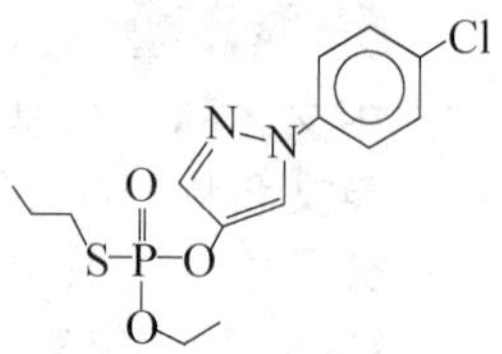

危害信息

危险性类别 第6类 有毒品

燃烧与爆炸危险性 无特殊燃爆特性。

禁忌物 强氧化剂、强碱。

毒性 大鼠经口 LD_{50}：237mg/kg；小鼠经口 LD_{50}：420mg/kg；大鼠吸入 LC_{50}：1460mg/m^3；大鼠经皮 LD_{50}：>2g/kg。

中毒表现 抑制体内胆碱酯酶活性，造成神经生理功能紊乱。急性中毒症状有头痛、头昏、乏力、食欲不振、恶心、呕吐、腹痛、腹泻、流涎、瞳孔缩小、呼吸道分泌物增多、多汗、肌束震颤等。重度中毒者出现肺水肿、昏迷、呼吸麻痹、脑水肿。血胆碱酯酶活性降低。

侵入途径 吸入、食入、经皮吸收。

环境危害 对水生生物有极高毒性，可能在水生环境中造成长期不利影响。

理化特性与用途

理化特性 淡黄色油状液体。不溶于水，与大多数有机溶剂混溶。沸点 164℃(1.33Pa)，相对密度(水=1)1.271(28℃)，饱和蒸气压 0.0016mPa(20℃)，辛醇/水分配系数 3.77。

主要用途 杀虫剂，用于果树、蔬菜、大田作物以及森林等防治鳞翅目害虫、螨类和线虫，也用于卫生害虫的防治。

包装与储运

包装标志 有毒品

包装类别 Ⅲ类

安全储运 储存于阴凉、通风的库房。远离火种、热源。防止阳光直射。储存温度不超过 35℃，相对湿度不超过 85%。保持容器密封。应与强氧化剂、强碱等分开存放，切忌混储。配备相应品种和数量的消防器材。储区应备有合适的材料收容泄漏物。搬运时轻装轻卸，防止容器受损。

紧急处置信息

急救措施

吸入：迅速脱离现场至空气新鲜处。保持呼吸道通畅。如呼吸困难，给输氧。呼吸、心跳停止，立即进行心肺复苏术。就医。

眼睛接触：分开眼睑，用流动清水或生理盐水冲洗。就医。

皮肤接触：立即脱去污染的衣着，用肥皂水及流动清水彻底冲洗污染的皮肤、头发、指甲等。就医。

食入：饮足量温水，催吐(仅限于清醒者)。口服活性炭。就医。

解毒剂：阿托品、胆碱酯酶复能剂。

灭火方法 消防人员须穿全身消防服，佩戴空气呼吸器，在上风向灭火。尽可能将容器从火场移至空旷处。喷水保持火场容器冷却，直至灭火结束。

根据着火原因选择适当灭火剂灭火。

泄漏应急处置 根据液体流动和蒸气扩散的影响区域划定警戒区，无关人员从侧风、上风向撤离至安全区。建议应急处理人员戴防毒面具，穿防毒服，戴防毒手套。穿上适当的防护服前严禁接触破裂的容器和泄漏物。尽可能切断泄漏源。防止泄漏物进入水体、下水道、地下室或有限空间。小量泄漏：用干燥的砂土或其他不燃材料吸收或覆盖，收集于容器中。大量泄漏：构筑围堤或挖坑收容。用泵转移至槽车或专用收集器内。

33. 百里酚

标　识

中文名称 百里酚

英文名称 Thymol；5-Methyl-2-isopropyl-1-phenol

别名 麝香草酚；5-甲基-2-异丙基酚

分子式 $C_{10}H_{14}O$

CAS 号 89-83-8

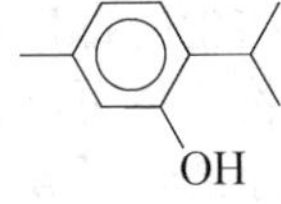

危害信息

危险性类别 第8类 腐蚀品

燃烧与爆炸危险性 易燃，其粉体与空气混合能形成爆炸性混合物，遇明火高热有引起燃烧爆炸的危险。具有腐蚀性。

禁忌物 氧化剂、酸碱。

毒性 大鼠经口 LD_{50}：980mg/kg；小鼠经口 LD_{50}：640mg/kg。

中毒表现 本品全身毒性类似酚，但较酚低。中毒后可出现腹痛、恶心、呕吐、兴奋。偶然发生惊厥、昏迷、呼吸循环衰竭。对眼和皮肤有腐蚀性。

侵入途径 吸入、食入。

环境危害 对水生生物有毒，可能在水生环境中造成长期不利影响。

理化特性与用途

理化特性 无色晶体或白色结晶粉末，有百里草或麝香草的特殊气味。微溶于水，溶于冰醋酸和石蜡油，易溶于乙醇、氯仿、乙醚和橄榄油。熔点48~51℃，沸点233℃，相对密度(水 = 1) 0.97，饱和蒸气压 0.29Pa(25℃)，辛醇/水分配系数 3.30，闪点 107℃(闭杯)，爆炸下限 1.4%，爆炸上限 7.7%。

主要用途 用于制香料、药物和指示剂等，也常用于皮肤霉菌病和癣症。

包装与储运

包装标志 腐蚀品

包装类别 Ⅱ类

安全储运 储存于阴凉、通风的库房。远离火种、热源。防止阳光直射。库温不超过30℃。相对湿度不超过 80%。保持容器密封。应与氧化剂、酸碱等分开存放，切忌混储。配备相应品种和数量的消防器材。储区应备有合适的材料收容泄漏物。

紧急处置信息

急救措施

吸入：迅速脱离现场至空气新鲜处。保持呼吸道通畅。如呼吸困难，给输氧。呼吸、心跳停止，立即进行心肺复苏术。就医。

眼睛接触：立即分开眼睑，用大量流动清水或生理盐水彻底冲洗 5~10min。就医。

皮肤接触：立即脱去污染衣物，用大量流动清水彻底冲洗，冲洗后即用浸过 30%~50%酒精棉花擦洗创面至无酚味为止(注意不能将患处浸泡于酒精溶液中)。如有条件可用数块浸有聚乙二醇(300 或 400)的海绵反复擦洗污染部位，至少 20min。然后再用大量水冲洗10min 以上。就医。

食入：漱口，给服植物油 15~30mL，催吐。对食入时间长者禁用植物油，可口服牛奶或蛋清。就医。

灭火方法 消防人员须穿全身消防服，在上风向灭火。尽可能将容器从火场移至空旷处。喷水保持火场容器冷却，直至灭火结束。

灭火剂：雾状水、抗溶性泡沫、二氧化碳、干粉、砂土。

泄漏应急处置 隔离泄漏污染区，限制出入。消除所有点火源。建议应急处理人员戴防尘防毒口罩，穿防毒服，戴防毒手套。穿上适当的防护服前严禁接触破裂的容器和泄漏物。尽可能切断泄漏源。用塑料布覆盖泄漏物，减少飞散。勿使水进入包装容器内。用洁净的铲子收集泄漏物，置于干净、干燥、盖子较松的容器中，将容器移离泄漏区。

34. 拌种胺

标　识

中文名称 拌种胺

英文名称 *N*-Cyclohexyl-*N*-methoxy-2,5-dimethyl-3-furamide; Furmecyclox

别名 *N*-环己基-*N*-甲氧基-2,5-二甲基-3-糠酰胺

分子式 $C_{14}H_{21}NO_3$

CAS 号 60568-05-0

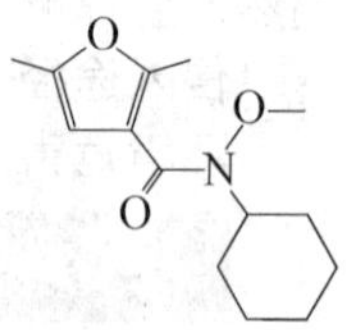

危害信息

燃烧与爆炸危险性 易燃，其粉体与空气混合能形成爆炸性混合物，遇明火高热有引

起燃烧爆炸的危险。

禁忌物 强氧化剂、强酸。

毒性 大鼠经口 LD_{50}：3780mg/kg；大鼠经皮 LD_{50}：>5g/kg。

欧盟法规 1272/2008/EC 将本品列为第 2 类致癌物——可疑的人类致癌物。

侵入途径 吸入、食入、经皮吸收。

环境危害 对水生生物有极高毒性，可能在水生环境中造成长期不利影响。

理化特性与用途

理化特性 结晶固体。微溶于水，易溶于乙醇、丙酮、氯仿等。熔点 33℃，沸点 402℃，饱和蒸气压 8.4mPa(20℃)，辛醇/水分配系数 4.38。

主要用途 用作杀菌剂。

包装与储运

包装标志 杂类

包装类别 Ⅲ类

安全储运 储存于阴凉、通风的库房。远离火种、热源。保持容器密闭。应与强氧化剂、强酸等隔离储运。

紧急处置信息

急救措施

吸入：迅速脱离现场至空气新鲜处。保持呼吸道通畅。如呼吸困难，给输氧。呼吸、心跳停止，立即进行心肺复苏术。就医。

眼睛接触：立即分开眼睑，用流动清水或生理盐水彻底冲洗。就医。

皮肤接触：立即脱去污染的衣着，用肥皂水和清水彻底冲洗。就医。

食入：漱口，饮水。就医。

灭火方法 消防人员须穿全身消防服，在上风向灭火。尽可能将容器从火场移至空旷处。喷水保持火场容器冷却，直至灭火结束。

灭火剂：雾状水、抗溶性泡沫、二氧化碳、干粉、砂土。

泄漏应急处置 消除所有点火源。隔离泄漏污染区，限制出入。建议应急处理人员戴防尘口罩，穿防护服，戴防护手套。禁止接触或跨越泄漏物。尽可能切断泄漏源。避免产生粉尘。用洁净的铲子收集泄漏物，置于干净、干燥、盖子较松的容器中，将容器移离泄漏区。

35. 倍半碳酸钠

标　识

中文名称 倍半碳酸钠

英文名称 Carbonic acid, sodium salt(2∶3); Sodium sesqui-carbonate; Trisodium hydrogendicarbonate

别名 碳酸钠碳酸氢钠二水合物；碳酸氢三钠

分子式 $Na_2CO_3 \cdot NaHCO_3$

CAS 号 533-96-0

危害信息

燃烧与爆炸危险性　不易燃。

禁忌物　强氧化剂、酸碱。

中毒表现　对眼、皮肤和呼吸道有刺激性。

侵入途径　吸入、食入。

理化特性与用途

理化特性　碳酸钠碳酸氢钠二水合物。白色结晶，或结晶性粉末。溶于水。熔点(分解)，相对密度(水=1)2.11。

主要用途　用作缓冲剂、中和剂、杀菌剂、除草剂等。

包装与储运

安全储运　储存于阴凉、通风的库房。远离火种、热源。应与强氧化剂、酸碱等隔离储运。

紧急处置信息

急救措施

吸入：迅速脱离现场至空气新鲜处。保持呼吸道通畅。如呼吸困难，给输氧。呼吸、心跳停止，立即进行心肺复苏术。就医。

眼睛接触：立即分开眼睑，用流动清水或生理盐水彻底冲洗。就医。

皮肤接触：立即脱去污染的衣着，用肥皂水和清水彻底冲洗。就医。

食入：漱口，饮水。就医。

灭火方法　消防人员须穿全身消防服，在上风向灭火。尽可能将容器从火场移至空旷处。喷水保持火场容器冷却，直至灭火结束。

灭火剂：雾状水、抗溶性泡沫、二氧化碳、干粉、砂土。

泄漏应急处置　消除所有点火源。隔离泄漏污染区，限制出入。建议应急处理人员戴防尘口罩，穿防护服。禁止接触或跨越泄漏物。尽可能切断泄漏源。避免产生粉尘。用洁净的铲子收集泄漏物，置于干净、干燥、盖子较松的容器中，将容器移离泄漏区。

36. 2′-苯胺基-3′-甲基-6′-二戊氨基螺(异苯并呋喃-1(1H),9′-呫吨)-3-酮

标　识

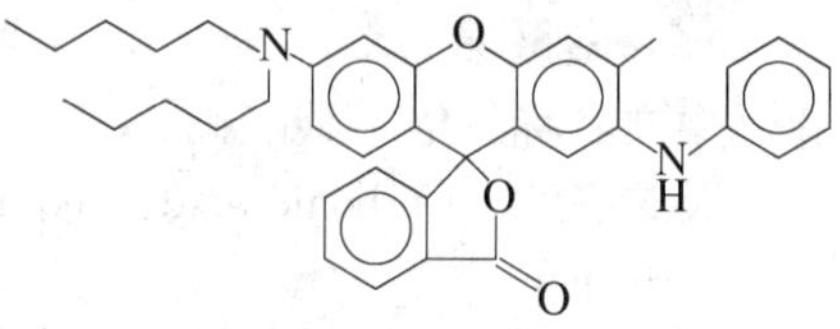

中文名称　2′-苯胺基-3′-甲基-6′-二戊氨基螺(异苯并呋喃-1(1H)，9′-呫吨)-3-酮

英文名称　2′-Anilino-3′-methyl-6′-dipentylaminospiro(isobenzofuran-1(1H)，9′-xanthen)-3-one

危害信息

燃烧与爆炸危险性　无特殊燃爆特性。

禁忌物 强氧化剂、酸碱、醇类。

环境危害 可能在水生环境中造成长期不利影响。

包装与储运

安全储运 储存于阴凉、通风的库房。远离火种、热源。应与强氧化剂、酸碱、醇类等隔离储运。

紧急处置信息

灭火方法 消防人员须穿全身消防服，佩戴空气呼吸器，在上风向灭火。尽可能将容器从火场移至空旷处。

根据着火原因选择适当灭火剂灭火。

泄漏应急处置 隔离泄漏污染区，限制出入。建议应急处理人员戴防尘口罩，穿防护服。禁止接触或跨越泄漏物。尽可能切断泄漏源。用塑料布覆盖，减少飞散。用洁净的铲子收集泄漏物，置于干净、干燥、盖子较松的容器中，将容器移离泄漏区。

37. 1-(3-苯丙基)-2-甲基吡啶鎓溴化物

标　识

中文名称 1-(3-苯丙基)-2-甲基吡啶鎓溴化物

英文名称 1-(3-Phenylpropyl)-2-methylpyridinium bromide; 1-(3-Phenylpropyl)-2-picolinium bromide

分子式 $C_{15}H_{18}BrN$

CAS 号 10551-42-5

N^+ Br^-

危害信息

燃烧与爆炸危险性 无特殊燃爆特性。

禁忌物 强氧化剂、强酸。

中毒表现 食入有害。对眼有刺激性。

侵入途径 吸入、食入。

环境危害 对水生生物有害，可能在水生环境中造成长期不利影响。

包装与储运

安全储运 储存于阴凉、通风的库房。远离火种、热源。应与强氧化剂、强酸等隔离储运。

紧急处置信息

急救措施

吸入： 迅速脱离现场至空气新鲜处。保持呼吸道通畅。如呼吸困难，给输氧。呼吸、心跳停止，立即进行心肺复苏术。就医。

眼睛接触： 立即分开眼睑，用流动清水或生理盐水彻底冲洗。就医。

皮肤接触： 立即脱去污染的衣着，用肥皂水和清水彻底冲洗。就医。

食入：漱口，饮水。就医。

灭火方法　消防人员须穿全身消防服，佩戴空气呼吸器，在上风向灭火。尽可能将容器从火场移至空旷处。

根据着火原因选择适当灭火剂灭火。

泄漏应急处置　隔离泄漏污染区，限制出入。建议应急处理人员戴防尘口罩，穿防护服。穿上适当的防护服前严禁接触破裂的容器和泄漏物。尽可能切断泄漏源。用塑料布覆盖泄漏物，减少飞散。勿使水进入包装容器内。用洁净的铲子收集泄漏物，置于干净、干燥、盖子较松的容器中，将容器移离泄漏区。

38. 苯并[e]芘

标　识

中文名称　苯并[e]芘

英文名称　Benzo[e]pyrene

分子式　$C_{20}H_{12}$

CAS 号　192-97-2

危害信息

燃烧与爆炸危险性　易燃，其粉体与空气混合能形成爆炸性混合物，遇明火高热有引起燃烧爆炸的危险。

毒性　欧盟法规 1272/2008/EC 将本品列为第 1B 类致癌物——可能对人类有致癌能力。

侵入途径　吸入、食入。

环境危害　对水生生物有极高毒性，可能在水生环境中造成长期不利影响。

理化特性与用途

理化特性　白色至淡黄色结晶或结晶性粉末。不溶于水，溶于丙酮。熔点 178~179℃，沸点 492℃、310~312℃(1.33kPa)，饱和蒸气压<0.1Pa(25℃)，辛醇/水分配系数 6.44。

主要用途　用于生物化学研究。

包装与储运

包装标志　杂类

包装类别　Ⅲ类

安全储运　储存于阴凉、通风的库房。远离火种、热源。保持容器密闭。

紧急处置信息

急救措施

吸入：迅速脱离现场至空气新鲜处。保持呼吸道通畅。如呼吸困难，给输氧。呼吸、心跳停止，立即进行心肺复苏术。就医。

眼睛接触：立即分开眼睑，用流动清水或生理盐水彻底冲洗。就医。

皮肤接触：立即脱去污染的衣着，用肥皂水和清水彻底冲洗。就医。

食入：漱口，饮水。就医。

灭火方法 消防人员须穿全身消防服，在上风向灭火。尽可能将容器从火场移至空旷处。喷水保持火场容器冷却，直至灭火结束。

灭火剂：雾状水、泡沫、二氧化碳、干粉、砂土。

泄漏应急处置 隔离泄漏污染区，限制出入。消除点火源。建议应急处理人员戴防尘口罩，穿防毒服，戴防护手套。穿上适当的防护服前严禁接触破裂的容器和泄漏物。尽可能切断泄漏源。用塑料布覆盖泄漏物，减少飞散。勿使水进入包装容器内。用洁净的铲子收集泄漏物，置于干净、干燥、盖子较松的容器中，将容器移离泄漏区。

39. 苯并噻唑

标　识

中文名称 苯并噻唑

英文名称 Benzothiazole；1-Thia-3-azaindene

别名 1,3-硫氮杂茚；间氮硫杂茚

分子式 C_7H_5NS

CAS 号 95-16-9

危害信息

危险性类别 第6类 有毒品

燃烧与爆炸危险性 可燃，其蒸气与空气混合能形成爆炸性混合物，遇明火、高热易燃烧或爆炸，燃烧产生有毒的氮氧化物和硫氧化物气体。在高温火场中，受热的容器或储罐有破裂和爆炸的危险。蒸气比空气重，沿地面扩散并易积存于低洼处，遇火源会着火回燃。

禁忌物 强氧化剂、强碱。

毒性 大鼠经口 LD_{50}：380mg/kg；小鼠经口 LD_{50}：900mg/kg；大鼠吸入 LC_{50}：5000mg/m^3；兔经皮 *LDLo*：200mg/kg。

侵入途径 吸入、食入、经皮吸收。

环境危害 对水生生物有害，可能在水生环境中造成长期不利影响。

理化特性与用途

理化特性 黄色透明液体，有似喹啉的气味。微溶于水，溶于醇类、二硫化碳、丙酮，易溶于乙醚。熔点 2℃，沸点 231℃，相对密度(水=1) 1.246，相对蒸气密度(空气=1) 4.66，饱和蒸气压 13Pa(20℃)，辛醇/水分配系数 2.01，闪点 107℃。

主要用途 用作照相材料、青花染料成分、抗菌剂、橡胶促进剂、有机合成中间体，也可用为农业植物资源研究的试剂。

包装与储运

包装标志 有毒品

包装类别 Ⅲ类

安全储运 储存于阴凉、通风的库房。远离火种、热源。防止阳光直射。储存温度不超过 35℃，相对湿度不超过 85%。保持容器密封。应与强氧化剂、强碱等分开存放，切忌

混储。配备相应品种和数量的消防器材。储区应备有合适的材料收容泄漏物。搬运时轻装轻卸，防止容器受损。

紧急处置信息

急救措施

吸入：迅速脱离现场至空气新鲜处。保持呼吸道通畅。如呼吸困难，给输氧。呼吸、心跳停止，立即进行心肺复苏术。就医。

眼睛接触：立即分开眼睑，用流动清水或生理盐水彻底冲洗。就医。

皮肤接触：立即脱去污染的衣着，用肥皂水和清水彻底冲洗。就医。

食入：漱口，饮水。就医。

灭火方法　消防人员须穿全身消防服，佩戴空气呼吸器，在上风向灭火。尽可能将容器从火场移至空旷处。喷水保持火场容器冷却，直至灭火结束。处在火场中的容器若发生异常变化或发出异常声音，须马上撤离。

灭火剂：抗溶性泡沫、二氧化碳、干粉、砂土。

泄漏应急处置　根据液体流动和蒸气扩散的影响区域划定警戒区，无关人员从侧风、上风向撤离至安全区。消除所有点火源。建议应急处理人员戴防毒面具，穿防毒服。穿上适当的防护服前严禁接触破裂的容器和泄漏物。尽可能切断泄漏源。防止泄漏物进入水体、下水道、地下室或有限空间。小量泄漏：用干燥的砂土或其他不燃材料吸收或覆盖，收集于容器中。大量泄漏：构筑围堤或挖坑收容。用泵转移至槽车或专用收集器内。

40. 3-(2H-苯并三唑-2-基)-4-羟基-5-(1-甲基丙基)苯磺酸单钠盐

标　识

中文名称　3-(2H-苯并三唑-2-基)-4-羟基-5-(1-甲基丙基)苯磺酸单钠盐

英文名称　Sodium 3-(2H-benzotriazol-2-yl)-5-sec-butyl-4-hydroxybenzenesulfonate; Benzenesulfonic acid, 3-(2H-benzotriazol-2-yl)-4-hydroxy-5-(1-methylpropyl)-, monosodium salt

别名　苯并三唑基丁苯酚磺酸钠

分子式　$C_{16}H_{16}N_3NaO_4S$

CAS 号　92484-48-5

HO N N N O S O O⁻ Na⁺

危害信息

燃烧与爆炸危险性　易燃，其粉体与空气混合能形成爆炸性混合物，遇明火高热有引起燃烧爆炸的危险，燃烧产生有毒的氮氧化物和硫氧化物气体。

禁忌物　强氧化剂。

中毒表现　眼接触引起严重损害。

侵入途径　吸入、食入。

理化特性与用途

理化特性　粉末状固体。

主要用途 用作紫外线吸收剂或紫外线稳定剂成分。

包装与储运

安全储运 储存于阴凉、通风的库房。远离火种、热源。应与强氧化剂等隔离储运。

紧急处置信息

急救措施

吸入： 迅速脱离现场至空气新鲜处。保持呼吸道通畅。如呼吸困难，给输氧。呼吸、心跳停止，立即进行心肺复苏术。就医。

眼睛接触： 立即分开眼睑，用流动清水或生理盐水彻底冲洗5~10min。就医。

皮肤接触： 立即脱去污染的衣着，用肥皂水和清水彻底冲洗。就医。

食入： 漱口，饮水。就医。

灭火方法 消防人员须穿全身消防服，在上风向灭火。尽可能将容器从火场移至空旷处。喷水保持火场容器冷却，直至灭火结束。

灭火剂：雾状水、抗溶性泡沫、二氧化碳、干粉、砂土。

泄漏应急处置 隔离泄漏污染区，限制出入。消除点火源。建议应急处理人员戴防尘口罩，穿防毒服。穿上适当的防护服前严禁接触破裂的容器和泄漏物。尽可能切断泄漏源。用塑料布覆盖泄漏物，减少飞散。勿使水进入包装容器内。用洁净的铲子收集泄漏物，置于干净、干燥、盖子较松的容器中，将容器移离泄漏区。

41. 1,2-苯并异噻唑基-3(2H)-酮

标 识

中文名称 1,2-苯并异噻唑基-3(2H)-酮

英文名称 1,2-Benzisothiazol-3(2H)-one；1,2-Benzisothiazolin-3-one；BIT

别名 1,2-苯并异噻唑-3-酮

分子式 C_7H_5NOS

CAS号 2634-33-5

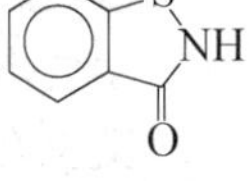

危害信息

燃烧与爆炸危险性 可燃，其粉体与空气混合能形成爆炸性混合物，遇明火、高热易燃烧爆炸。

禁忌物 强氧化剂、酸碱、醇类。

毒性 大鼠经口 LD_{50}：1020mg/kg；小鼠经口 LD_{50}：1150mg/kg。

中毒表现 食入有害。眼接触引起严重损害。对皮肤有刺激性和致敏性。

侵入途径 吸入、食入。

环境危害 对水生生物有极高毒性，可能在水生环境中造成长期不利影响。

理化特性与用途

理化特性 白色至淡黄色粉末。微溶于水。熔点154~158℃，沸点204~205℃，相对密度(水=1)1.367，饱和蒸气压0.02kPa(25℃)，辛醇/水分配系数1.77，闪点77.2℃(闭杯)。

主要用途 用作抗菌剂，主要用于涂料、油漆、树脂乳液等产品的杀菌、防腐；也用于生产杀虫剂和用作化学中间体等。

包装与储运

包装标志 杂类

包装类别 Ⅲ类

安全储运 储存于阴凉、通风的库房。远离火种、热源。应与强氧化剂、酸碱、醇类等隔离储运。

紧急处置信息

急救措施

吸入：迅速脱离现场至空气新鲜处。保持呼吸道通畅。如呼吸困难，给输氧。呼吸、心跳停止，立即进行心肺复苏术。就医。

眼睛接触：立即分开眼睑，用流动清水或生理盐水彻底冲洗 5~10min。就医。

皮肤接触：立即脱去污染的衣着，用肥皂水和清水彻底冲洗。就医。

食入：漱口，饮水。就医。

灭火方法 消防人员须穿全身消防服，佩戴空气呼吸器，在上风向灭火。尽可能将容器从火场移至空旷处。喷水保持火场容器冷却，直至灭火结束。

灭火剂：泡沫、二氧化碳。

泄漏应急处置 消除所有点火源。隔离泄漏污染区，限制出入。建议应急处理人员戴防尘口罩，穿防护服，戴防护手套。禁止接触或跨越泄漏物。尽可能切断泄漏源。避免产生粉尘。用洁净的铲子收集泄漏物，置于干净、干燥、盖子较松的容器中，将容器移离泄漏区。

42. 1,2-苯并异噻唑-3(2H)-酮锂盐

标 识

中文名称 1,2-苯并异噻唑-3(2H)-酮锂盐

英文名称 Lithium 3-oxo-1,2(2H)-benzisothiazol-2-ide

分子式 $C_7H_5NOS \cdot Li$

CAS 号 111337-53-2

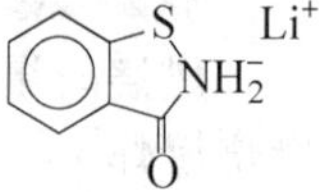

危害信息

燃烧与爆炸危险性 无特殊燃爆特性。

禁忌物 强氧化剂、酸碱、醇类。

中毒表现 食入有害。对眼和皮肤有腐蚀性。对皮肤有致敏性。

侵入途径 吸入、食入。

环境危害 对水生生物有毒，可能在水生环境中造成长期不利影响。

理化特性与用途

主要用途 用作杀菌剂。

包装与储运

包装标志 杂类

包装类别 Ⅲ类

安全储运 储存于阴凉、通风的库房。远离火种、热源。保持容器密闭。应与强氧化剂、酸碱、醇类等隔离储运。

紧急处置信息

急救措施

吸入：迅速脱离现场至空气新鲜处。保持呼吸道通畅。如呼吸困难，给输氧。呼吸、心跳停止，立即进行心肺复苏术。就医。

眼睛接触：立即分开眼睑，用流动清水或生理盐水彻底冲洗5~10min。就医。

皮肤接触：立即脱去污染的衣着，用大量流动清水彻底冲洗，冲洗时间一般要求20~30min。就医。

食入：用水漱口，禁止催吐。给饮牛奶或蛋清。就医。

灭火方法 消防人员须穿全身消防服，佩戴空气呼吸器，在上风向灭火。尽可能将容器从火场移至空旷处。

根据着火原因选择适当灭火剂灭火。

泄漏应急处置 隔离泄漏污染区，限制出入。建议应急处理人员戴防尘口罩，穿耐腐蚀防护服，戴耐腐蚀防护手套。穿上适当的防护服前严禁接触破裂的容器和泄漏物。尽可能切断泄漏源。用塑料布覆盖泄漏物，减少飞散。勿使水进入包装容器内。用洁净的铲子收集泄漏物，置于干净、干燥、盖子较松的容器中，将容器移离泄漏区。

43. 苯并荧蒽

标　识

中文名称 苯并荧蒽

英文名称 3,4-Benzfluoranthene；Benz(*e*)acephenanthrylene

别名 苯并[*e*]荧蒽；3,4-苯并荧蒽

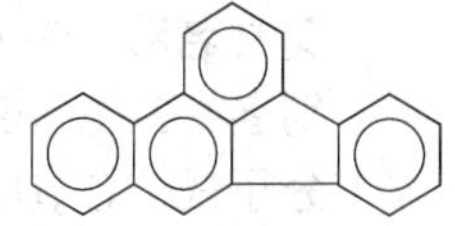

分子式 $C_{20}H_{12}$

CAS号 205-99-2

危害信息

燃烧与爆炸危险性 可燃，着火易放出有毒的刺激性烟气。

毒性 小鼠经口 *TDLo*：7570μg/kg。

IARC致癌性评论：G2B，可疑人类致癌物。

欧盟法规1272/2008/EC将本品列为第1B类致癌物——可能对人类有致癌能力。

侵入途径 吸入、食入。

环境危害 对水生生物有极高毒性，可能在水生环境中造成长期不利影响。

理化特性与用途

理化特性 无色针状结晶或灰白色至棕褐色粉末。熔点168℃，沸点481℃，饱和蒸气

压 0.07mPa(25℃)，辛醇/水分配系数 6.12。

主要用途 供研究用。

包装与储运

包装标志 杂类

包装类别 Ⅲ类

安全储运 储存于阴凉、通风的库房。远离火种、热源。保持容器密闭。

紧急处置信息

急救措施

吸入：迅速脱离现场至空气新鲜处。保持呼吸道通畅。如呼吸困难，给输氧。呼吸、心跳停止，立即进行心肺复苏术。就医。

眼睛接触：立即分开眼睑，用流动清水或生理盐水彻底冲洗。就医。

皮肤接触：立即脱去污染的衣着，用肥皂水和清水彻底冲洗。就医。

食入：漱口，饮水。就医。

灭火方法 消防人员须穿全身消防服，在上风向灭火。尽可能将容器从火场移至空旷处。

灭火剂：干粉、二氧化碳、水、泡沫。

泄漏应急处置 消除所有点火源。隔离泄漏污染区，限制出入。建议应急处理人员戴防尘口罩，穿防毒服，戴橡胶手套。禁止接触或跨越泄漏物。尽可能切断泄漏源。避免产生粉尘。用洁净的铲子收集泄漏物，置于干净、干燥、盖子较松的容器中，将容器移离泄漏区。

44. 苯草醚

标　识

中文名称 苯草醚

英文名称 2-Chloro-6-nitro-3-phenoxyaniline；Aclonifen

别名 2-氯-6-硝基-3-苯氧基苯胺

分子式 $C_{12}H_9ClN_2O_3$

CAS 号 74070-46-5

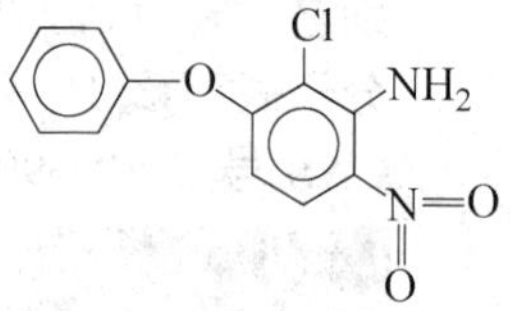

危害信息

燃烧与爆炸危险性 不燃，无特殊燃爆特性。

禁忌物 强氧化剂、强酸。

毒性 大鼠经口 LD_{50}：>6500mg/kg；小鼠经口 LD_{50}：>5g/kg；大鼠经皮 LD_{50}：>5g/kg。

侵入途径 吸入、食入、经皮吸收。

环境危害 对水生生物有极高毒性，可能在水生环境中造成长期不利影响。

理化特性与用途

理化特性 白色或黄色结晶。不溶于水，微溶于己烷，溶于甲醇，易溶于甲苯。熔点

81.5℃，沸点分解，相对密度(水=1)1.46，饱和蒸气压0.016mPa(20℃)，辛醇/水分配系数4.04。

主要用途 除草剂。用于冬小麦、马铃薯、向日葵、豌豆、玉米等作物田防除一年生禾本杂草和阔叶杂草。

包装与储运

包装标志 杂类

包装类别 Ⅲ类

安全储运 储存于阴凉、通风的库房。远离火种、热源。保持容器密闭。应与强氧化剂、强酸等隔离储运。

紧急处置信息

急救措施

吸入：迅速脱离现场至空气新鲜处。保持呼吸道通畅。如呼吸困难，给输氧。呼吸、心跳停止，立即进行心肺复苏术。就医。

眼睛接触：立即分开眼睑，用流动清水或生理盐水彻底冲洗。就医。

皮肤接触：立即脱去污染的衣着，用肥皂水和清水彻底冲洗。就医。

食入：漱口，饮水。就医。

灭火方法 消防人员须穿全身消防服，佩戴空气呼吸器，在上风向灭火。尽可能将容器从火场移至空旷处。喷水保持火场容器冷却，直至灭火结束。

本品不燃，根据着火原因选择适当灭火剂灭火。

泄漏应急处置 隔离泄漏污染区，限制出入。建议应急处理人员戴防尘口罩，穿防护服。穿上适当的防护服前严禁接触破裂的容器和泄漏物。尽可能切断泄漏源。用塑料布覆盖泄漏物，减少飞散。勿使水进入包装容器内。用洁净的铲子收集泄漏物，置于干净、干燥、盖子较松的容器中，将容器移离泄漏区。

45. 苯氟磺胺

标　识

中文名称 苯氟磺胺

英文名称 Dichlofluanid; *N*-Dichlorofluoromethylthio-*N′*,*N′*-dimethyl-*N*-phenylsulphamide

别名 *N*-二氯氟甲硫基-*N*,*N′*-二甲基-*N*-苯基氨基磺酰胺

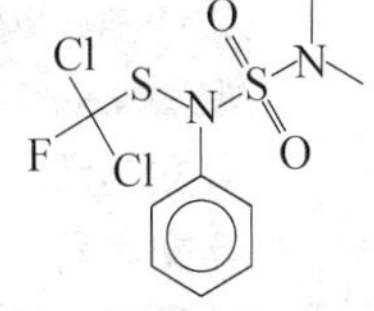

分子式 $C_9H_{11}Cl_2FN_2O_2S_2$

CAS 号 1085-98-9

危害信息

燃烧与爆炸危险性 无特殊燃爆特性。

禁忌物 强氧化剂、强酸。

毒性 大鼠经口 LD_{50}：500mg/kg；小鼠经口 LD_{50}：1250mg/kg；大鼠吸入 LC_{50}：300mg/m^3(4h)；大鼠经皮 LD_{50}：1g/kg。

中毒表现　吸入有害。对眼有刺激性。对皮肤有致敏性。

侵入途径　吸入、食入、经皮吸收。

环境危害　对水生生物有极高毒性，可能在水生环境中造成长期不利影响。

理化特性与用途

理化特性　白色结晶粉末。不溶于水，溶于丙酮、甲苯、二甲苯、二氯甲烷。熔点106℃，饱和蒸气压0.02mPa(25℃)，辛醇/水分配系数3.7。

主要用途　保护性杀菌剂。用于防治苹果树、梨树的黑星病及储藏期病害等。还可用于葡萄、草莓、啤酒花、番茄等作物防治霜霉病、灰霉病等。

包装与储运

包装标志　杂类

包装类别　Ⅲ类

安全储运　储存于阴凉、通风的库房。远离火种、热源。应与强氧化剂、强酸等隔离储运。

紧急处置信息

急救措施

吸入：迅速脱离现场至空气新鲜处。保持呼吸道通畅。如呼吸困难，给输氧。呼吸、心跳停止，立即进行心肺复苏术。就医。

眼睛接触：立即分开眼睑，用流动清水或生理盐水彻底冲洗。就医。

皮肤接触：立即脱去污染的衣着，用肥皂水和清水彻底冲洗。就医。

食入：漱口，饮水。就医。

灭火方法　消防人员须穿全身消防服，佩戴空气呼吸器，在上风向灭火。尽可能将容器从火场移至空旷处。

根据着火原因选择适当灭火剂灭火。

泄漏应急处置　隔离泄漏污染区，限制出入。建议应急处理人员戴防尘口罩，穿防毒服。穿上适当的防护服前严禁接触破裂的容器和泄漏物。尽可能切断泄漏源。用塑料布覆盖泄漏物，减少飞散。勿使水进入包装容器内。用洁净的铲子收集泄漏物，置于干净、干燥、盖子较松的容器中，将容器移离泄漏区。

46. 苯基氨基甲酸-2-((3-碘-2-丙炔基)氧)乙醇酯

标　识

中文名称　苯基氨基甲酸-2-((3-碘-2-丙炔基)氧)乙醇酯

英文名称　2-(3-Iodoprop-2-yn-1-yloxy)ethyl phenylcarbamate

分子式　$C_{12}H_{12}INO_3$

CAS 号　88558-41-2

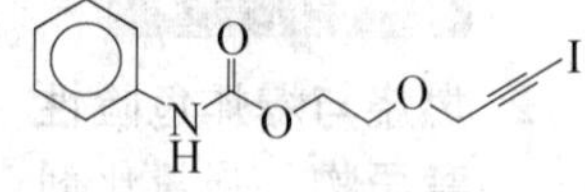

危害信息

燃烧与爆炸危险性　可燃。

禁忌物　强氧化剂、酸类。

中毒表现　吸入有害。眼接触引起严重损害。

侵入途径　吸入、食入。

环境危害　对水生生物有害，可能在水生环境中造成长期不利影响。

理化特性与用途

理化特性　不溶于水。沸点 371℃，相对密度(水=1)1.696，饱和蒸气压 1.46mPa(25℃)，辛醇/水分配系数 5.24，闪点 178℃。

主要用途　用作杀菌剂。

包装与储运

安全储运　储存于阴凉、通风的库房。远离火种、热源。应与强氧化剂、酸类等隔离储运。

紧急处置信息

急救措施

吸入：迅速脱离现场至空气新鲜处。保持呼吸道通畅。如呼吸困难，给输氧。呼吸、心跳停止，立即进行心肺复苏术。就医。

眼睛接触：立即分开眼睑，用流动清水或生理盐水彻底冲洗 5~10min。就医。

皮肤接触：立即脱去污染的衣着，用肥皂水和清水彻底冲洗。就医。

食入：漱口，饮水。就医。

灭火方法　消防人员须穿全身消防服，佩戴空气呼吸器，在上风向灭火。尽可能将容器从火场移至空旷处。喷水保持火场容器冷却，直至灭火结束。

灭火剂：泡沫、干粉、二氧化碳。

泄漏应急处置　隔离泄漏污染区，限制出入。消除点火源。建议应急处理人员戴防尘口罩，穿防护服。穿上适当的防护服前严禁接触破裂的容器和泄漏物。尽可能切断泄漏源。用塑料布覆盖泄漏物，减少飞散。勿使水进入包装容器内。用洁净的铲子收集泄漏物，置于干净、干燥、盖子较松的容器中，将容器移离泄漏区。

47. 1-苯基-3-吡唑烷酮

标　识

中文名称　1-苯基-3-吡唑烷酮

英文名称　1-Phenyl-3-pyrazolidone；Phenidone

别名　菲尼酮；菲尼酮 A

分子式　$C_9H_{10}N_2O$

CAS 号　92-43-3

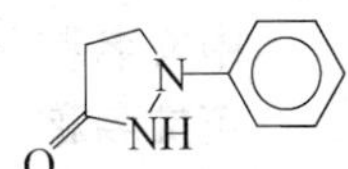

危害信息

燃烧与爆炸危险性　无特殊燃爆特性。

禁忌物　强氧化剂、酸碱、醇类。

毒性　大鼠经口 LD_{50}：200mg/kg；小鼠经口 LD_{50}：360mg/kg；豚鼠经皮 LD_{50}：>1g/kg

侵入途径 吸入、食入、经皮吸收。

环境危害 对水生生物有毒，可能在水生环境中造成长期不利影响。

理化特性与用途

理化特性 类白色结晶或粉末。溶于热水，极溶于稀酸和碱，溶于沸苯和醇，实际上不溶于醚和石油醚。熔点119~123℃，沸点336℃，饱和蒸气压2.17mPa(25℃)，辛醇/水分配系数0.89。

主要用途 用作感光材料显影剂。

包装与储运

包装标志 杂类

包装类别 Ⅲ类

安全储运 储存于阴凉、通风的库房。远离火种、热源。应与强氧化剂、酸碱、醇类等隔离储运。

紧急处置信息

急救措施

吸入：迅速脱离现场至空气新鲜处。保持呼吸道通畅。如呼吸困难，给输氧。呼吸、心跳停止，立即进行心肺复苏术。就医。

眼睛接触：立即分开眼睑，用流动清水或生理盐水彻底冲洗。就医。

皮肤接触：立即脱去污染的衣着，用流动清水彻底冲洗。就医。

食入：饮适量温水，催吐(仅限于清醒者)。就医。

灭火方法 消防人员须穿全身消防服，佩戴空气呼吸器，在上风向灭火。尽可能将容器从火场移至空旷处。

根据着火原因选择适当灭火剂灭火。

泄漏应急处置 消除所有点火源。隔离泄漏污染区，限制出入。建议应急处理人员戴防尘口罩，穿防毒服，戴防护手套。禁止接触或跨越泄漏物。尽可能切断泄漏源。用塑料布覆盖泄漏物，减少飞散。用洁净的铲子收集泄漏物，置于干净、干燥、盖子较松的容器中，将容器移离泄漏区。

48. 2-苯基-1,3-丙二醇

标　识

中文名称 2-苯基-1,3-丙二醇

英文名称 2-Phenyl-1,3-propanediol

别名 2-苯丙烷-1,3-二醇

分子式 $C_9H_{12}O_2$

CAS号 1570-95-2

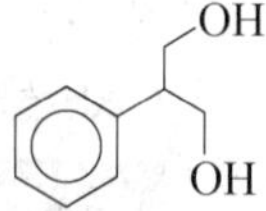

危害信息

燃烧与爆炸危险性 可燃。

禁忌物　强氧化剂、强酸。

中毒表现　眼接触引起严重损害。

侵入途径　吸入、食入。

理化特性与用途

理化特性　白色针状结晶粉末。微溶于水。熔点53~56℃，沸点310.6℃，相对密度(水=1)1.131，饱和蒸气压34.6mPa(25℃)，辛醇/水分配系数0.48，闪点154℃。

主要用途　用作农药、医药中间体。

包装与储运

安全储运　储存于阴凉、通风的库房。远离火种、热源。应与强氧化剂、强酸等隔离储运。

紧急处置信息

急救措施

吸入：迅速脱离现场至空气新鲜处。保持呼吸道通畅。如呼吸困难，给输氧。呼吸、心跳停止，立即进行心肺复苏术。就医。

眼睛接触：立即分开眼睑，用流动清水或生理盐水彻底冲洗5~10min。就医。

皮肤接触：立即脱去污染的衣着，用肥皂水和清水彻底冲洗。就医。

食入：漱口，饮水。就医。

灭火方法　消防人员须穿全身消防服，佩戴空气呼吸器，在上风向灭火。尽可能将容器从火场移至空旷处。

灭火剂：干粉、二氧化碳。

泄漏应急处置　消除所有点火源。隔离泄漏污染区，限制出入。建议应急处理人员戴防尘口罩，穿防护服。禁止接触或跨越泄漏物。尽可能切断泄漏源。用塑料布覆盖，减少飞散。用洁净的铲子收集泄漏物，置于干净、干燥、盖子较松的容器中，将容器移离泄漏区。

49. 4-苯基-1-丁烯

标　识

中文名称　4-苯基-1-丁烯

英文名称　4-Phenylbut-1-ene；1-Butene，4-phenyl-

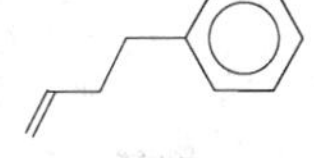

别名　苯基丁烯

分子式　$C_{10}H_{12}$

CAS号　768-56-9

危害信息

燃烧与爆炸危险性　可燃，其蒸气与空气混合能形成爆炸性混合物，遇明火、高热易燃烧爆炸。

禁忌物　强氧化剂。

毒性　大鼠经口 *LDLo*：10mL/kg。

中毒表现　对皮肤有刺激性。

侵入途径　吸入、食入。

环境危害　对水生生物有毒，可能在水生环境中造成长期不利影响。

理化特性与用途

理化特性　无色透明液体。不溶于水。熔点-70℃，沸点 175～177℃，相对密度(水=1)0.88，辛醇/水分配系数 3.88，闪点 60℃。

主要用途　福辛普利钠中间体。

包装与储运

包装标志　杂类

包装类别　Ⅲ类

安全储运　储存于阴凉、通风的库房。远离火种、热源。应与强氧化剂等隔离储运。搬运时轻装轻卸，防止容器受损。

紧急处置信息

急救措施

吸入：迅速脱离现场至空气新鲜处。保持呼吸道通畅。如呼吸困难，给输氧。呼吸、心跳停止，立即进行心肺复苏术。就医。

眼睛接触：立即分开眼睑，用流动清水或生理盐水彻底冲洗。就医。

皮肤接触：立即脱去污染的衣着，用肥皂水和清水彻底冲洗。就医。

食入：漱口，饮水。就医。

灭火方法　消防人员须穿全身消防服，在上风向灭火。尽可能将容器从火场移至空旷处。喷水保持火场容器冷却直至灭火结束。

灭火剂：泡沫、干粉、二氧化碳。

泄漏应急处置　根据液体流动和蒸气扩散的影响区域划定警戒区，无关人员从侧风、上风向撤离至安全区。消除所有点火源。建议应急处理人员戴防毒面具，穿防静电服，戴橡胶耐油手套。穿上适当的防护服前严禁接触破裂的容器和泄漏物。尽可能切断泄漏源。防止泄漏物进入水体、下水道、地下室或有限空间。小量泄漏：用干燥的砂土或其他不燃材料吸收或覆盖，收集于容器中。大量泄漏：构筑围堤或挖坑收容。用泡沫覆盖，减少蒸发。用泵转移至槽车或专用收集器内。

50. 2-苯基己腈

标　识

中文名称　2-苯基己腈

英文名称　alpha-Butylbenzeneacetonitrile；2-Phenylhexanenitrile

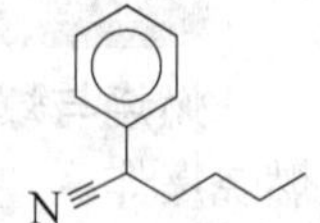

别名　α-正丁基苯乙腈

分子式　$C_{12}H_{15}N$

CAS 号　3508-98-3

危害信息

燃烧与爆炸危险性 可燃。

禁忌物 强氧化剂、强酸。

中毒表现 食入对身体有害。

侵入途径 吸入、食入。

环境危害 对水生生物有极高毒性，可能在水生环境中造成长期不利影响。

理化特性与用途

理化特性 无色至淡黄色透明液体。不溶于水，溶于乙醇。沸点 273℃，相对密度(水=1)0.949，饱和蒸气压 0.8Pa(25℃)，辛醇/水分配系数 3.51，闪点 122℃。

主要用途 用作新型广谱内吸杀菌剂咪菌腈的中间体。

包装与储运

包装标志 杂类

包装类别 Ⅲ类

安全储运 储存于阴凉、通风的库房。远离火种、热源。应与强氧化剂、强酸等隔离储运。搬运时轻装轻卸，防止容器受损。

紧急处置信息

急救措施

吸入：迅速脱离现场至空气新鲜处。保持呼吸道通畅。如呼吸困难，给输氧。呼吸、心跳停止，立即进行心肺复苏术。就医。

眼睛接触：立即分开眼睑，用流动清水或生理盐水彻底冲洗。就医。

皮肤接触：立即脱去污染的衣着，用肥皂水和清水彻底冲洗。就医。

食入：漱口，饮水。就医。

灭火方法 消防人员须穿全身消防服，佩戴空气呼吸器，在上风向灭火。尽可能将容器从火场移至空旷处。

灭火剂：干粉、二氧化碳。

泄漏应急处置 根据液体流动和蒸气扩散的影响区域划定警戒区，无关人员从侧风、上风向撤离至安全区。消除所有点火源。建议应急处理人员戴防毒面具，穿防毒服，戴防护手套。穿上适当的防护服前严禁接触破裂的容器和泄漏物。尽可能切断泄漏源。防止泄漏物进入水体、下水道、地下室或有限空间。小量泄漏：用干燥的砂土或其他不燃材料吸收或覆盖，收集于容器中。大量泄漏：构筑围堤或挖坑收容。用泵转移至槽车或专用收集器内。

51. 苯基膦

标　识

中文名称 苯基膦

英文名称 Phenyl phosphine

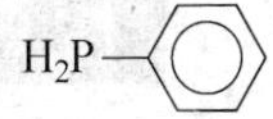

别名 苯膦

分子式 C_6H_7P

CAS 号 638-21-1

危害信息

燃烧与爆炸危险性 易燃，蒸气与空气混合能形成爆炸性混合物，遇明火、高热易燃烧爆炸。受热易分解，放出有毒的刺激性气体。蒸气比空气重，能在较低处扩散到相当远的地方，遇火源会着火回燃和爆炸(闪爆)。

禁忌物 强氧化剂、强酸。

毒性 大鼠吸入 LC_{50}：38ppm(4h)。

中毒表现 对眼、皮肤和呼吸道有刺激性。高浓度吸入可能引起死亡。

侵入途径 吸入、食入。

职业接触限值 美国(ACGIH)：TLV-C 0.05ppm。

理化特性与用途

理化特性 无色透明液体。不溶于水，溶于碱，易溶于乙醇、乙醚。沸点 160℃，相对密度(水=1)1.00，相对蒸气密度(空气=1)3.8，辛醇/水分配系数 1.49。

主要用途 用作中间体和化学试剂。

包装与储运

安全储运 储存于阴凉、通风的库房。远离火种、热源。应与强氧化剂、强酸等隔离储运。搬运时轻装轻卸，防止容器受损。

紧急处置信息

急救措施

吸入：迅速脱离现场至空气新鲜处。保持呼吸道通畅。如呼吸困难，给输氧。呼吸、心跳停止，立即进行心肺复苏术。就医。

眼睛接触：立即分开眼睑，用流动清水或生理盐水彻底冲洗。就医。

皮肤接触：立即脱去污染的衣着，用肥皂水和清水彻底冲洗。就医。

食入：漱口，饮水。就医。

灭火方法 消防人员须穿全身消防服，佩戴空气呼吸器，在上风向灭火。尽可能将容器从火场移至空旷处。喷水保持火场容器冷却，直至灭火结束。处在火场中的容器若发生异常变化或发出异常声音，须马上撤离。

灭火剂：干粉、泡沫。

泄漏应急处置 根据液体流动和蒸气扩散的影响区域划定警戒区，无关人员从侧风、上风向撤离至安全区。消除所有点火源。建议应急处理人员戴防毒面具，穿防毒服，戴防护手套。穿上适当的防护服前严禁接触破裂的容器和泄漏物。尽可能切断泄漏源。防止泄漏物进入水体、下水道、地下室或有限空间。小量泄漏：用干燥的砂土或其他不燃材料吸收或覆盖，收集于容器中。大量泄漏：构筑围堤或挖坑收容。用泵转移至槽车或专用收集器内。

52. 苯基三甲基氯化铵

标　识

中文名称 苯基三甲基氯化铵

英文名称 *N*,*N*,*N*-Trimethylanilinium chloride；Ammonium，trimethylphenyl-，chloride

分子式 $C_9H_{14}N \cdot Cl$

CAS 号 138-24-9

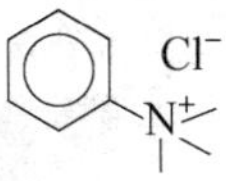

危害信息

燃烧与爆炸危险性 不燃，高温火场中该物质易分解产生有毒和腐蚀性烟气。

禁忌物 强氧化剂。

毒性 小鼠经口 *LDLo*：200mg/kg。

中毒表现 食入或经皮吸收有毒。

侵入途径 吸入、食入、经皮吸收。

理化特性与用途

理化特性 白色结晶或灰蓝色结晶粉末。溶于水。熔点 246~248℃(分解)，pH 值 4.5 (333g/L，20℃)。

主要用途 用于相转移催化剂和表面活性剂。

包装与储运

安全储运 储存于阴凉、通风的库房。远离火种、热源。应与强氧化剂等隔离储运。

紧急处置信息

急救措施

吸入：迅速脱离现场至空气新鲜处。保持呼吸道通畅。如呼吸困难，给输氧。呼吸、心跳停止，立即进行心肺复苏术。就医。

眼睛接触：立即分开眼睑，用流动清水或生理盐水彻底冲洗。就医。

皮肤接触：立即脱去污染的衣着，用肥皂水和清水彻底冲洗。就医。

食入：漱口，饮水。就医。

灭火方法 消防人员须穿全身消防服，佩戴空气呼吸器，在上风向灭火。尽可能将容器从火场移至空旷处。喷水保持火场容器冷却，直至灭火结束。

本品不燃，根据着火原因选择适当灭火剂灭火。

泄漏应急处置 隔离泄漏污染区，限制出入。建议应急处理人员戴防尘口罩，穿防毒服。穿上适当的防护服前严禁接触破裂的容器和泄漏物。尽可能切断泄漏源。用塑料布覆盖泄漏物，减少飞散。勿使水进入包装容器内。用洁净的铲子收集泄漏物，置于干净、干燥、盖子较松的容器中，将容器移离泄漏区。

53. 苯基双(2,4,6-三甲基苯甲酰基)氧化膦

标　识

中文名称 苯基双(2,4,6-三甲基苯甲酰基)氧化膦

英文名称 Phenyl bis(2,4,6-trimethylbenzoyl)-phosphine oxide；Methanone，1,1′-(phenylphosphinylidene)bis(1-(2,4,6-trimethylphenyl)-

别名 二酰基膦氧化物 819；光引发剂 819

分子式　$C_{26}H_{27}O_3P$

CAS 号　162881-26-7

危害信息

燃烧与爆炸危险性　无特殊燃爆特性。

禁忌物　强氧化剂。

中毒表现　对皮肤有致敏性。

侵入途径　吸入、食入。

环境危害　可能在水生环境中造成长期不利影响。

理化特性与用途

理化特性　白色至淡黄色粉末。不溶于水，溶于丙酮、甲苯、乙腈等。熔点 127～133℃，相对密度(水=1)1.19，辛醇/水分配系数 5.77。

主要用途　适用于紫外光固化清漆和色漆体系，如用于木器、纸张、金属、塑料、光纤以及印刷油墨和预浸渍体系等。

包装与储运

安全储运　储存于阴凉、通风的库房。远离火种、热源。保持容器密闭。应与强氧化剂等隔离储运。

紧急处置信息

急救措施

吸入：迅速脱离现场至空气新鲜处。保持呼吸道通畅。如呼吸困难，给输氧。呼吸、心跳停止，立即进行心肺复苏术。就医。

眼睛接触：立即分开眼睑，用流动清水或生理盐水彻底冲洗。就医。

皮肤接触：立即脱去污染的衣着，用肥皂水和清水彻底冲洗。就医。

食入：漱口，饮水。就医。

灭火方法　消防人员须穿全身消防服，佩戴空气呼吸器，在上风向灭火。尽可能将容器从火场移至空旷处。

根据着火原因选择适当灭火剂灭火。

泄漏应急处置　隔离泄漏污染区，限制出入。建议应急处理人员戴防尘口罩，穿防护服，戴防护手套。禁止接触或跨越泄漏物。尽可能切断泄漏源。用塑料布覆盖，减少分散。然后用洁净的铲子收集泄漏物，置于干净、干燥、盖子较松的容器中，将容器移离泄漏区。

54. 2-(苯甲氧基)萘

标　识

中文名称　2-(苯甲氧基)萘

英文名称　2-(Phenylmethoxy)naphthalene; Benzyl 2-naphthyl ether

别名　苄基-2-萘基醚；2-萘酚苄醚

分子式　$C_{17}H_{14}O$

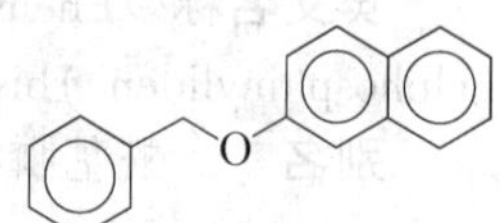

CAS 号 613-62-7

危害信息

燃烧与爆炸危险性 无特殊燃爆特性。

禁忌物 强氧化剂、强酸。

侵入途径 吸入、食入。

环境危害 可能在水生环境中造成长期不利影响。

理化特性与用途

理化特性 白色或淡黄色粉末。不溶于水。熔点 100~102℃，沸点 388℃，相对密度(水=1)1.25，辛醇/水分配系数 5.0。

主要用途 作为热敏涂料添加剂用于生产热敏纸、热敏染料，也用于医药方面。

包装与储运

安全储运 储存于阴凉、通风的库房。远离火种、热源。应与强氧化剂、强酸等隔离储运。

紧急处置信息

急救措施

吸入：脱离接触。如有不适感，就医。

眼睛接触：分开眼睑，用流动清水或生理盐水冲洗。如有不适感，就医。

皮肤接触：脱去污染的衣着，用流动清水冲洗。如有不适感，就医。

食入：漱口，饮水。就医。

灭火方法 消防人员须穿全身消防服，佩戴空气呼吸器，在上风向灭火。尽可能将容器从火场移至空旷处。

根据着火原因选择适当灭火剂灭火。

泄漏应急处置 隔离泄漏污染区，限制出入。建议应急处理人员戴防尘口罩，穿防毒服。穿上适当的防护服前严禁接触破裂的容器和泄漏物。尽可能切断泄漏源。用塑料布覆盖泄漏物，减少飞散。勿使水进入包装容器内。用洁净的铲子收集泄漏物，置于干净、干燥、盖子较松的容器中，将容器移离泄漏区。

55. 苯嗪草酮

标　识

中文名称 苯嗪草酮

英文名称 Metamitron；4-Amino-3-methyl-6-phenyl-1,2,4-triazin-5-one

别名 3-甲基-4-氨基-6-苯基-4,5-二氢-1,2,4-三嗪-5-酮

分子式 $C_{10}H_{10}N_4O$

CAS 号 41394-05-2

N N O N NH_2

危害信息

燃烧与爆炸危险性 无特殊燃爆特性。

禁忌物　强氧化剂、酸碱、醇类。

毒性　大鼠经口 LD_{50}：1447mg/kg；小鼠经口 LD_{50}：1450mg/kg；大鼠吸入 LC_{50}：>331mg/m^3(4h)；大鼠经皮 LD_{50}：>500mg/kg。

中毒表现　食入有害。

侵入途径　吸入、食入、经皮吸收。

环境危害　对水生生物有极高毒性。

理化特性与用途

理化特性　无色无臭结晶。微溶于水。熔点 167℃，相对密度(水=1)1.35，辛醇/水分配系数 0.83。

主要用途　除草剂。用于防除甜菜田的禾本科杂草和阔叶杂草。

包装与储运

包装标志　杂类

包装类别　Ⅲ类

安全储运　储存于阴凉、通风的库房。远离火种、热源。应与强氧化剂、酸碱、醇类等隔离储运。

紧急处置信息

急救措施

吸入：迅速脱离现场至空气新鲜处。保持呼吸道通畅。如呼吸困难，给输氧。呼吸、心跳停止，立即进行心肺复苏术。就医。

眼睛接触：立即分开眼睑，用流动清水或生理盐水彻底冲洗。就医。

皮肤接触：立即脱去污染的衣着，用肥皂水和清水彻底冲洗。就医。

食入：漱口，饮水。就医。

灭火方法　消防人员须穿全身消防服，佩戴空气呼吸器，在上风向灭火。尽可能将容器从火场移至空旷处。

根据着火原因选择适当灭火剂灭火。

泄漏应急处置　隔离泄漏污染区，限制出入。建议应急处理人员戴防尘口罩，穿防护服。穿上适当的防护服前严禁接触破裂的容器和泄漏物。尽可能切断泄漏源。用塑料布覆盖泄漏物，减少飞散。勿使水进入包装容器内。用洁净的铲子收集泄漏物，置于干净、干燥、盖子较松的容器中，将容器移离泄漏区。

56. 苯噻隆

标　识

中文名称　苯噻隆

英文名称　Benzthiazuron；1-Benzothiazol-2-yl-3-methylurea

别名　1-(1,3-苯并噻唑-2-基)-3-甲基脲

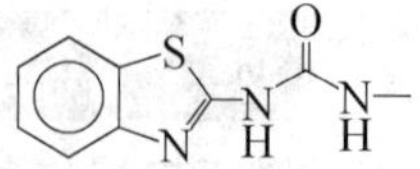

分子式　$C_9H_9N_3OS$

CAS 号　1929-88-0

危害信息

燃烧与爆炸危险性 受热易分解。

禁忌物 强氧化剂。

毒性 大鼠经口 LD_{50}：1280mg/kg；小鼠经口 LD_{50}：>1g/kg；大鼠经皮 LD_{50}：>500mg/kg。

中毒表现 大剂量口服脲类除草剂可引起急性中毒，出现恶心、呕吐、头痛、头晕、乏力、失眠，严重者可有贫血、肝脾肿大。对眼、皮肤、黏膜有刺激性。

侵入途径 吸入、食入、经皮吸收。

理化特性与用途

理化特性 无色粉末。不溶于水。分解温度 305~313℃，相对密度(水=1)1.398，饱和蒸气压 1.3mPa(93℃)，辛醇/水分配系数 2.1。

主要用途 用作芽前除草剂。

包装与储运

安全储运 储存于阴凉、通风的库房。远离火种、热源。应与强氧化剂等隔离储运。

紧急处置信息

急救措施

吸入： 迅速脱离现场至空气新鲜处。保持呼吸道通畅。如呼吸困难，给输氧。呼吸、心跳停止，立即进行心肺复苏术。就医。

眼睛接触： 立即分开眼睑，用流动清水或生理盐水彻底冲洗。就医。

皮肤接触： 立即脱去污染的衣着，用肥皂水和清水彻底冲洗。就医。

食入： 漱口，饮水。就医。

灭火方法 消防人员须穿全身消防服，佩戴空气呼吸器，在上风向灭火。尽可能将容器从火场移至空旷处。喷水保持火场容器冷却，直至灭火结束。

根据着火原因选择适当灭火剂灭火。

泄漏应急处置 隔离泄漏污染区，限制出入。建议应急处理人员戴防尘口罩，穿防毒服。穿上适当的防护服前严禁接触破裂的容器和泄漏物。尽可能切断泄漏源。用塑料布覆盖泄漏物，减少飞散。勿使水进入包装容器内。用洁净的铲子收集泄漏物，置于干净、干燥、盖子较松的容器中，将容器移离泄漏区。

57. *N*-(苯氧基羰基)-L-缬氨酸甲酯

标 识

中文名称 *N*-(苯氧基羰基)-L-缬氨酸甲酯

英文名称 Methyl *N*-(phenoxycarbonyl)-L-valinate; Methyl(2*S*)-3-methyl-2-(phenoxycarbonylamino)butanoate

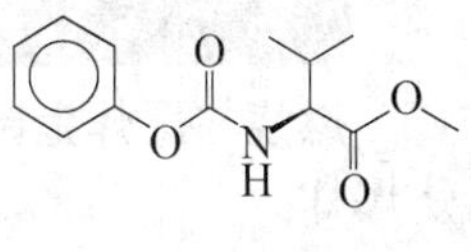

分子式 $C_{13}H_{17}NO_4$

CAS 号 153441-77-1

危害信息

燃烧与爆炸危险性 可燃。燃烧或受高热分解产生有毒或腐蚀性烟气。

禁忌物 强氧化剂、强酸。

侵入途径 吸入、食入。

环境危害 对水生生物有害，可能在水生环境中造成长期不利影响。

理化特性与用途

理化特性 固体。微溶于水。熔点 58~62℃，沸点 335℃，相对密度(水=1)1.128，饱和蒸气压 16mPa(25℃)，辛醇/水分配系数 2.49，闪点 156℃。

主要用途 用作合成药物的原料。

包装与储运

安全储运 储存于阴凉、通风的库房。远离火种、热源。应与强氧化剂、强酸等隔离储运。

紧急处置信息

急救措施

吸入: 脱离接触。如有不适感，就医。

眼睛接触: 分开眼睑，用流动清水或生理盐水冲洗。如有不适感，就医。

皮肤接触: 脱去污染的衣着，用流动清水冲洗。如有不适感，就医。

食入: 漱口，饮水。就医。

灭火方法 消防人员须穿全身消防服，佩戴空气呼吸器，在上风向灭火。尽可能将容器从火场移至空旷处。喷水保持火场容器冷却，直至灭火结束。

根据着火原因选择适当灭火剂灭火。

泄漏应急处置 隔离泄漏污染区，限制出入。消除点火源。建议应急处理人员戴防尘口罩，穿防护服。穿上适当的防护服前严禁接触破裂的容器和泄漏物。尽可能切断泄漏源。用塑料布覆盖泄漏物，减少飞散。勿使水进入包装容器内。用洁净的铲子收集泄漏物，置于干净、干燥、盖子较松的容器中，将容器移离泄漏区。

58. 苯氧喹啉

标　识

中文名称 苯氧喹啉

英文名称 Quinoxyfen；5,7-Dichloro-4-(4-fluorophenoxy)quinoline

别名 5,7-二氯-4-(4-氟苯氧基)喹啉

分子式 $C_{15}H_8Cl_2FNO$

CAS 号 124495-18-7

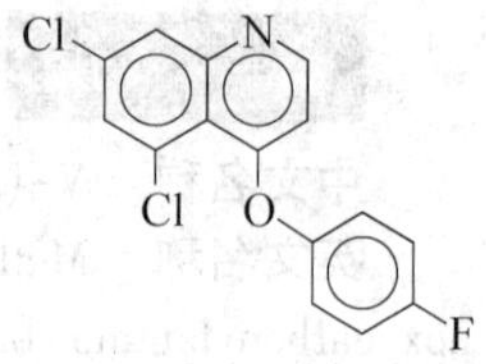

危害信息

燃烧与爆炸危险性 可燃，粉体与空气混合能形成爆炸性混合物，遇明火、高热易燃烧爆炸。

禁忌物 强氧化剂。

毒性 大鼠经口 LD_{50}：5000mg/kg；小鼠经口 LD_{50}：>500mg/kg；大鼠吸入 LC_{50}：>3.38g/m^3(4h)；大鼠经皮 LD_{50}：>2000mg/kg。

中毒表现 对皮肤有致敏性。

侵入途径 吸入、食入、经皮吸收。

环境危害 对水生生物有极高毒性，可能在水生环境中造成长期不利影响。

理化特性与用途

理化特性 类白色结晶粉末。不溶于水，溶于丙酮、甲苯、乙酸乙酯、二氯甲烷。熔点 106~107.5℃，沸点 423℃，相对密度(水=1)1.43，饱和蒸气压 0.012mPa(20℃)，辛醇/水分配系数 6.29，闪点 210℃。

主要用途 内吸杀菌剂。用于禾谷类作物、葡萄、蔬菜、甜菜等防治白粉病等病害。

包装与储运

包装标志 杂类

包装类别 Ⅲ类

安全储运 储存于阴凉、通风的库房。远离火种、热源。保持容器密闭。应与强氧化剂等隔离储运。

紧急处置信息

急救措施

吸入：迅速脱离现场至空气新鲜处。保持呼吸道通畅。如呼吸困难，给输氧。呼吸、心跳停止，立即进行心肺复苏术。就医。

眼睛接触：立即分开眼睑，用流动清水或生理盐水彻底冲洗。就医。

皮肤接触：立即脱去污染的衣着，用肥皂水和清水彻底冲洗。就医。

食入：漱口，饮水。就医。

灭火方法 消防人员须穿全身消防服，佩戴空气呼吸器，在上风向灭火。尽可能将容器从火场移至空旷处。喷水保持火场容器冷却，直至灭火结束。

灭火剂：雾状水、泡沫、干粉、二氧化碳。

泄漏应急处置 隔离泄漏污染区，限制出入。消除所有点火源。建议应急处理人员戴防尘口罩，穿防护服。穿上适当的防护服前严禁接触破裂的容器和泄漏物。尽可能切断泄漏源。用塑料布覆盖，减少飞散。用洁净的无火花工具收集泄漏物，置于洁净、干燥、盖子较松的塑料容器中，将容器移离泄漏区。

59. 苯氧威

标　识

中文名称 苯氧威

英文名称 Ethyl(2-(4-phenoxyphenoxy)ethyl)carbamate；Fenoxycarb

别名 *N*-(2-(4-苯氧基苯氧基)乙基)氨基甲酸乙酯

59. 苯氧威

分子式 $C_{17}H_{19}NO_4$

CAS 号 72490-01-8

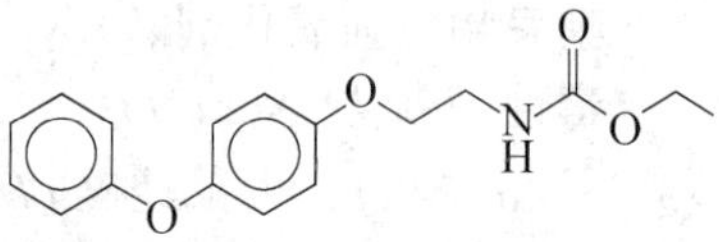

危害信息

燃烧与爆炸危险性 在高温火场中，受热的容器有破裂和爆炸的危险。

禁忌物 强氧化、碱类剂。

毒性 大鼠经口 LD_{50}：16800mg/kg；小鼠经口 LD_{50}：>5g/kg；大鼠吸入 LC_{50}：>480mg/m^3；大鼠经皮 LD_{50}：>2g/kg。

中毒表现 氨基甲酸酯类农药抑制胆碱酯酶，出现相应的症状。中毒症状有头痛、恶心、呕吐、腹痛、流涎、出汗、瞳孔缩小、步行困难、语言障碍，重者可发生全身痉挛、昏迷。

侵入途径 吸入、食入、经皮吸收。

环境危害 对水生生物有极高毒性，可能在水生环境中造成长期不利影响。

理化特性与用途

理化特性 无色至白色结晶。不溶于水，溶于丙酮、乙醇、甲苯、乙酸乙酯、乙醚、异丙醇、氯仿、甲醇等有机溶剂，微溶于己烷。熔点 53~54℃，相对密度(水=1)1.23，辛醇/水分配系数 4.3。

主要用途 杀虫剂，昆虫生长调节剂。用于棉田、果园、菜圃和观赏植物防治木虱、蚧类、卷叶虫等。

包装与储运

包装标志 杂类

包装类别 Ⅲ类

安全储运 储存于阴凉、通风的库房。远离火种、热源。应与强氧化、碱类剂等隔离储运。

紧急处置信息

急救措施

吸入：迅速脱离现场至空气新鲜处。保持呼吸道通畅。如呼吸困难，给输氧。呼吸、心跳停止，立即进行心肺复苏术。就医。

眼睛接触：立即分开眼睑，用流动清水或生理盐水彻底冲洗。就医。

皮肤接触：立即脱去污染的衣着，用肥皂水和清水彻底冲洗。就医。

食入：漱口，饮水。就医。

解毒剂：阿托品。

灭火方法 消防人员须穿全身消防服，佩戴空气呼吸器，在上风向灭火。尽可能将容器从火场移至空旷处。喷水保持火场容器冷却，直至灭火结束。处在火场中的容器若发生异常变化或发出异常声音，须马上撤离。

灭火剂：干粉、二氧化碳、泡沫、雾状水。

泄漏应急处置 隔离泄漏污染区，限制出入。建议应急处理人员戴防尘口罩，穿防护服。禁止接触或跨越泄漏物。尽可能切断泄漏源。用塑料布覆盖，减少飞散。用洁净的铲子收集泄漏物，置于干净、干燥、盖子较松的容器中，将容器移离泄漏区。

60. 1-苯乙胺

标　识

中文名称　1-苯乙胺

英文名称　1-Phenylethylamine；α-Methylbenzylamine

别名　α-甲基苄胺

分子式　$C_8H_{11}N$

CAS 号　98-84-0；618-36-0

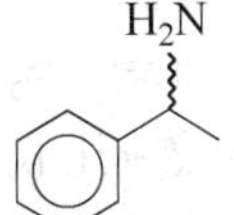

危害信息

危险性类别　第 8 类　腐蚀品

燃烧与爆炸危险性　易燃，其蒸气与空气混合能形成爆炸性混合物，遇明火、高热易燃烧或爆炸，燃烧产生有毒且具有腐蚀性的氮氧化物气体。在高温火场中，受热的容器或储罐有破裂和爆炸的危险。

禁忌物　强氧化剂、强酸。

毒性　大鼠经口 LD_{50}：940mg/kg；小鼠经口 LD_{50}：560mg/kg；兔经皮 LD_{50}：780μL/kg。

中毒表现　食入或经皮肤吸收对身体有害。对眼和皮肤有腐蚀性，引起灼伤。

侵入途径　吸入、食入、经皮吸收。

理化特性与用途

理化特性　无色至淡黄色透明液体，有轻微的氨气味。溶于水，溶于多数有机溶剂。熔点-65℃，沸点 188.5℃，相对密度(水=1)0.94，相对蒸气密度(空气=1)4.2，饱和蒸气压 0.07kPa(20℃)，辛醇/水分配系数 1.49，闪点 70℃(闭杯)、79℃(开杯)，引燃温度 355℃。

主要用途　用作医药、染料、香料、乳化剂等的中间体。

包装与储运

包装标志　腐蚀品

包装类别　Ⅱ类

安全储运　储存于阴凉、通风的库房。远离火种、热源。库温不超过 30℃。相对湿度不超过 80%。包装要求密封，不可与空气接触。应与强氧化剂、强酸等分开存放，切忌混储。储区应备有泄漏应急处理设备和合适的收容材料。搬运时轻装轻卸，防止容器受损。

紧急处置信息

急救措施

吸入：迅速脱离现场至空气新鲜处。保持呼吸道通畅。如呼吸困难，给输氧。呼吸、心跳停止，立即进行心肺复苏术。就医。

眼睛接触：立即分开眼睑，用流动清水或生理盐水彻底冲洗 5~10min。就医。

皮肤接触：立即脱去污染的衣着，用大量流动清水彻底冲洗，冲洗时间一般要求 20~30min。就医。

食入：用水漱口，禁止催吐。给饮牛奶或蛋清。就医。

灭火方法 消防人员须穿全身消防服，佩戴空气呼吸器，在上风向灭火。尽可能将容器从火场移至空旷处。喷水保持火场容器冷却，直至灭火结束。处在火场中的容器若发生异常变化或发出异常声音，须马上撤离。

灭火剂：泡沫、二氧化碳、干粉、砂土。

泄漏应急处置 根据液体流动和蒸气扩散的影响区域划定警戒区，无关人员从侧风、上风向撤离至安全区。消除所有点火源。应急人员应戴正压自给式呼吸器，穿防毒、耐腐蚀服，戴橡胶耐腐蚀手套。尽可能切断泄漏源。防止泄漏物进入水体、下水道、地下室或有限空间。小量泄漏：用砂土等不燃材料吸收，用洁净的无火花工具收集于容器中。大量泄漏：构筑围堤或挖坑收容泄漏物，用泡沫覆盖泄漏物，减少挥发。用防爆泵转移至槽车或专用收集器内。

61. 2-苯乙基异氰酸酯

标　识

中文名称 2-苯乙基异氰酸酯

英文名称 (2-Isocyanatoethyl)benzene；2-Phenylethylisocyanate

分子式 C_9H_9NO

CAS 号 1943-82-4

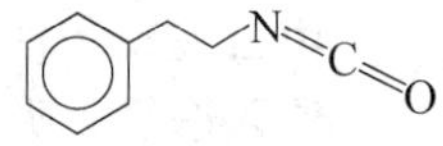

危害信息

危险性类别 第6类 有毒品

燃烧与爆炸危险性 可燃。

禁忌物 强氧化剂、酸类。

中毒表现 吸入引起中毒。食入有害。对眼和皮肤有腐蚀性。对皮肤和呼吸道有致敏性。

侵入途径 吸入、食入。

环境危害 对水生生物有毒，可能在水生环境中造成长期不利影响。

理化特性与用途

理化特性 无色至淡黄色透明液体。在水中分解。沸点 210℃，相对密度(水=1)1.06，饱和蒸气压 9.7Pa(25℃)，辛醇/水分配系数 2.58，闪点 100℃(闭杯)。

主要用途 用作医药中间体。

包装与储运

包装标志 有毒品，腐蚀品

包装类别 Ⅲ类

安全储运 储存于阴凉、通风的库房。远离火种、热源。防止阳光直射。储存温度不超过 32℃，相对湿度不超过 80%。保持容器密封。应与强氧化剂、酸类等分开存放，切忌混储。配备相应品种和数量的消防器材。储区应备有合适的材料收容泄漏物。搬运时轻装轻卸，防止容器受损。

紧急处置信息

急救措施

吸入：迅速脱离现场至空气新鲜处。保持呼吸道通畅。如呼吸困难，给输氧。呼吸、心跳停止，立即进行心肺复苏术。就医。

眼睛接触：立即分开眼睑，用流动清水或生理盐水彻底冲洗 5~10min。就医。

皮肤接触：立即脱去污染的衣着，用大量流动清水彻底冲洗，冲洗时间一般要求 20~30min。就医。

食入：用水漱口，禁止催吐。给饮牛奶或蛋清。就医。

灭火方法 消防人员须穿全身消防服，佩戴空气呼吸器，在上风向灭火。尽可能将容器从火场移至空旷处。

灭火剂：干粉、二氧化碳。禁止用水灭火。

泄漏应急处置 根据液体流动和蒸气扩散的影响区域划定警戒区，无关人员从侧风、上风向撤离至安全区。消除所有点火源。建议应急处理人员戴防毒面具，穿防毒耐腐蚀防护服，戴耐腐蚀手套。穿上适当的防护服前严禁接触破裂的容器和泄漏物。尽可能切断泄漏源。防止泄漏物进入水体、下水道、地下室或有限空间。小量泄漏：用干燥的砂土或其他不燃材料吸收或覆盖，收集于容器中。大量泄漏：构筑围堤或挖坑收容。用泵转移至槽车或专用收集器内。

62. 苯乙烯-4-磺酰氯

标　识

中文名称 苯乙烯-4-磺酰氯

英文名称 Styrene-4-sulfonyl chloride; *p*-Styrenesulfonyl chloride

别名 对苯乙烯磺酰氯

分子式 $C_8H_7ClO_2S$

CAS 号 2633-67-2

O
‖
—S—Cl
‖
O

危害信息

燃烧与爆炸危险性 无特殊燃爆特性。

禁忌物 强氧化剂、强酸。

中毒表现 眼接触引起严重损害。对皮肤有刺激性和致敏性。

侵入途径 吸入、食入。

理化特性与用途

理化特性 黄色至棕色透明液体。微溶于水。沸点 130℃(0.53kPa)，相对密度(水=1)1.32，饱和蒸气压 0.4Pa(25℃)，辛醇/水分配系数 2.47。

主要用途 用于制树脂。

包装与储运

安全储运 储存于阴凉、通风的库房。远离火种、热源。应与强氧化剂、强酸等隔离储运。

紧急处置信息

急救措施

吸入：迅速脱离现场至空气新鲜处。保持呼吸道通畅。如呼吸困难，给输氧。呼吸、心跳停止，立即进行心肺复苏术。就医。

眼睛接触：立即分开眼睑，用流动清水或生理盐水彻底冲洗 5~10min。就医。

皮肤接触：立即脱去污染的衣着，用肥皂水和清水彻底冲洗。就医。

食入：漱口，饮水。就医。

灭火方法 消防人员须穿全身消防服，佩戴空气呼吸器，在上风向灭火。尽可能将容器从火场移至空旷处。

根据着火原因选择适当灭火剂灭火。

泄漏应急处置 根据液体流动和蒸气扩散的影响区域划定警戒区，无关人员从侧风、上风向撤离至安全区。消除所有点火源。建议应急处理人员戴防毒面具，穿防护服，戴防护手套。穿上适当的防护服前严禁接触破裂的容器和泄漏物。尽可能切断泄漏源。防止泄漏物进入水体、下水道、地下室或有限空间。小量泄漏：用干燥的砂土或其他不燃材料吸收或覆盖，收集于容器中。大量泄漏：构筑围堤或挖坑收容。用泵转移至槽车或专用收集器内。

63. 吡草醚

标　识

中文名称 吡草醚

英文名称 Pyraflufen-ethyl; Acetic acid, (2-chloro-5-(4-chloro-5-(difluoromethoxy)-1-methyl-1H-pyrazol-3-yl)-4-fluorophenoxy)-, ethyl ester

别名 2-氯-5-(4-氯-5-二氟甲氧基-1-甲基吡唑-3-基)-4-氟苯氧基乙酸乙酯

分子式 $C_{15}H_{13}Cl_2F_3N_2O_4$

CAS 号 129630-19-9

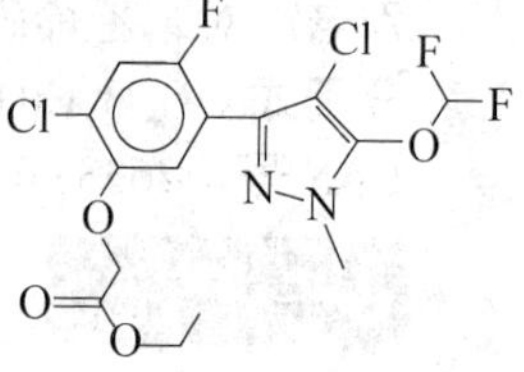

危害信息

燃烧与爆炸危险性 无特殊燃爆特性。

禁忌物 强氧化剂、酸类。

侵入途径 吸入、食入。

环境危害 对水生生物有极高毒性，可能在水生环境中造成长期不利影响。

理化特性与用途

理化特性 浅灰色结晶或乳色细粉。不溶于水，溶于丙酮、乙酸乙酯，微溶于甲醇。熔点 126~127℃，相对密度(水=1)1.56，辛醇/水分配系数 3.49。

主要用途 触杀性除草剂。防除禾谷类田中的阔叶杂草。

包装与储运

包装标志 杂类

包装类别 Ⅲ类

安全储运 储存于阴凉、通风的库房。远离火种、热源。保持容器密闭。应与强氧化剂、酸类等隔离储运。

紧急处置信息

急救措施

吸入：脱离接触。如有不适感，就医。

眼睛接触：分开眼睑，用流动清水或生理盐水冲洗。如有不适感，就医。

皮肤接触：脱去污染的衣着，用流动清水冲洗。如有不适感，就医。

食入：漱口，饮水。就医。

灭火方法 消防人员须穿全身消防服，佩戴空气呼吸器，在上风向灭火。尽可能将容器从火场移至空旷处。

根据着火原因选择适当灭火剂灭火。

泄漏应急处置 隔离泄漏污染区，限制出入。建议应急处理人员戴防尘口罩，穿防毒服，戴防护手套。穿上适当的防护服前严禁接触破裂的容器和泄漏物。尽可能切断泄漏源。用塑料布覆盖泄漏物，减少飞散。勿使水进入包装容器内。用洁净的铲子收集泄漏物，置于干净、干燥、盖子较松的容器中，将容器移离泄漏区。

64. 吡氟草胺

标　识

中文名称 吡氟草胺

英文名称 Diflufenican；*N*-(2,4-Difluorophenyl)-2-(3-(trifluoromethyl) phenoxy)-3-pyridinecarboxamide

别名 2-(3-三氟甲基苯氧基)-3-(*N*-2,4-二氟苯基氨基羰基)吡啶

分子式 $C_{19}H_{11}F_5N_2O_2$

CAS 号 83164-33-4

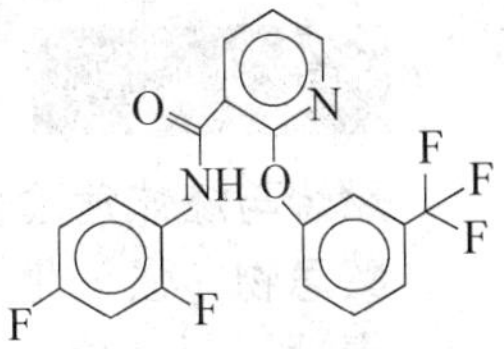

危害信息

燃烧与爆炸危险性 无特殊燃爆特性。

禁忌物 强氧化剂、强酸。

毒性 大鼠经口 LD_{50}：2g/kg；小鼠经口 LD_{50}：>1g/kg；大鼠经皮 LD_{50}：2g/kg。

侵入途径 吸入、食入、经皮吸收。

环境危害 对水生生物有害，可能在水生环境中造成长期不利影响。

理化特性与用途

理化特性 无色结晶固体。不溶于水，溶于多数有机溶剂。熔点 161~162℃，相对密度(水=1)1.52，辛醇/水分配系数 4.9。

主要用途 选择性除草剂。主要用于麦田防除猪殃殃、婆婆纳、宝盖草等阔叶杂草。

包装与储运

安全储运 储存于阴凉、通风的库房。远离火种、热源。应与强氧化剂、强酸等隔离储运。

紧急处置信息

急救措施

吸入：迅速脱离现场至空气新鲜处。保持呼吸道通畅。如呼吸困难，给输氧。呼吸、心跳停止，立即进行心肺复苏术。就医。

眼睛接触：立即分开眼睑，用流动清水或生理盐水彻底冲洗。就医。

皮肤接触：立即脱去污染的衣着，用肥皂水和清水彻底冲洗。就医。

食入：漱口，饮水。就医。

灭火方法　消防人员须穿全身消防服，佩戴空气呼吸器，在上风向灭火。尽可能将容器从火场移至空旷处。

根据着火原因选择适当灭火剂灭火。

泄漏应急处置　隔离泄漏污染区，限制出入。建议应急处理人员戴防尘口罩，穿防护服，戴防护手套。禁止接触或跨越泄漏物。尽可能切断泄漏源。用塑料布覆盖，减少飞散。然后用洁净的铲子收集泄漏物，置于干净、干燥、盖子较松的容器中，将容器移离泄漏区。

65. 吡氟禾草灵

标　识

中文名称　吡氟禾草灵

英文名称　Butyl 2-(4-((5-(trifluoromethyl)-2-pyridyl)oxy)phenoxy)propionate; Fluazifop-butyl

别名　精吡氟禾草灵；2-(4-((5-(三氟甲基-2-吡啶氧基)苯氧基)丙酸丁酯

分子式　$C_{19}H_{20}F_3NO_4$

CAS 号　69806-50-4

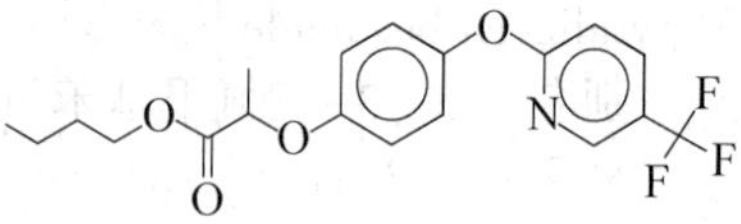

危害信息

燃烧与爆炸危险性　不易燃，高温火场中受热的容器有破裂和爆炸的危险。

禁忌物　强氧化剂、酸类。

毒性　大鼠经口 LD_{50}：2910mg/kg；小鼠经口 LD_{50}：1490mg/kg；大鼠吸入 LC_{50}：>5240mg/m^3；大鼠经皮 LD_{50}：>6050mg/kg；兔经皮 LD_{50}：>2420mg/kg。

欧盟法规 1272/2008/EC 将本品列为第 2 类生殖毒物——可疑的人类生殖毒物。

中毒表现　苯氧类除草剂急性中毒出现恶心、呕吐、腹痛、腹泻。轻度中毒表现头痛、头晕、嗜睡、无力、肌肉压痛、肌束震颤，重者出现昏迷、抽搐、呼吸衰竭。部分严重中毒者可伴有肺水肿以及肝肾损害。可出现心律失常。

侵入途径　吸入、食入、经皮吸收。

环境危害　对水生生物有极高毒性，可能在水生环境中造成长期不利影响。

理化特性与用途

理化特性　无色或浅黄色油状液体。不溶于水，能与甲醇、丙酮、环已酮、已烷、二甲苯、氯仿混溶。熔点 13℃，沸点 165℃(2.7Pa)，相对密度(水=1)1.21，饱和蒸气压 0.05mPa(20℃)，辛醇/水分配系数 4.5。

主要用途 选择性芽后除草剂。用于棉花、大豆、油菜等大田，防除一年生和多年生杂草。

包装与储运

包装标志 杂类

包装类别 Ⅲ类

安全储运 储存于阴凉、通风的库房。远离火种、热源。保持容器密闭。应与强氧化剂、酸类等隔离储运。

紧急处置信息

急救措施

吸入： 迅速脱离现场至空气新鲜处。保持呼吸道通畅。如呼吸困难，给输氧。呼吸、心跳停止，立即进行心肺复苏术。就医。

眼睛接触： 立即分开眼睑，用流动清水或生理盐水彻底冲洗。就医。

皮肤接触： 立即脱去污染的衣着，用肥皂水和清水彻底冲洗。就医。

食入： 漱口，饮水。就医。

灭火方法 消防人员须穿全身消防服，佩戴空气呼吸器，在上风向灭火。尽可能将容器从火场移至空旷处。喷水保持火场容器冷却，直至灭火结束。

灭火剂：泡沫、干粉、二氧化碳。

泄漏应急处置 根据液体流动和蒸气扩散的影响区域划定警戒区，无关人员从侧风、上风向撤离至安全区。消除点火源。应急人员应戴正压自给式呼吸器，穿防毒服。尽可能切断泄漏源。防止泄漏物进入水体、下水道、地下室或有限空间。小量泄漏：用砂土等不燃材料吸收，用洁净的工具收集于容器中。大量泄漏：构筑围堤或挖坑收容泄漏物，用泵转移至槽车或专用收集器内。

66. 吡菌磷

标　识

中文名称 吡菌磷

英文名称 Ethyl 2-diethoxyphosphinothioyloxy-5-methylpyrazolo(1,5-*a*)pyrimidine-6-carboxylate；Pyrazophos

别名 *O*,*O*-二乙基-*O*-(6-乙氧羰基-5-甲基吡唑(1,5A)并嘧啶基-2)硫代磷酸酯

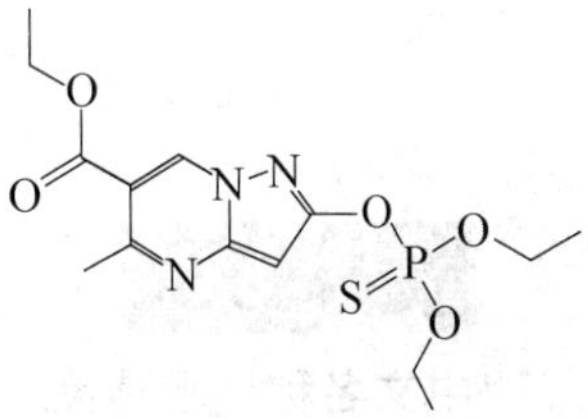

分子式 $C_{14}H_{20}N_3O_5PS$

CAS 号 13457-18-6

危害信息

燃烧与爆炸危险性 受热易分解，在高温火场中，受热的容器有破裂和爆炸的危险。

禁忌物 强氧化剂、强碱。

毒性　大鼠经口 LD_{50}：218mg/kg；大鼠经皮 LD_{50}：>2g/kg。

中毒表现　抑制体内胆碱酯酶活性，造成神经生理功能紊乱。急性中毒症状有头痛、头昏、乏力、食欲不振、恶心、呕吐、腹痛、腹泻、流涎、瞳孔缩小、呼吸道分泌物增多、多汗、肌束震颤等。重度中毒者出现肺水肿、昏迷、呼吸麻痹、脑水肿。血胆碱酯酶活性降低。

侵入途径　吸入、食入、经皮吸收。

环境危害　对水生生物有毒。

理化特性与用途

理化特性　无色固体。不溶于水，溶于多数有机溶剂。熔点 51～52℃，分解温度 160℃，相对密度(水=1)1.348，饱和蒸气压 0.01mPa(25℃)，辛醇/水分配系数 3.8。

主要用途　内吸性杀菌剂。用于禾谷类作物、蔬菜、草莓、果树防治白粉病、根腐病。

包装与储运

安全储运　储存于阴凉、通风的库房。远离火种、热源。应与强氧化剂、强碱等隔离储运。搬运时轻装轻卸，防止容器受损。

紧急处置信息

急救措施

吸入：迅速脱离现场至空气新鲜处。保持呼吸道通畅。如呼吸困难，给输氧。呼吸、心跳停止，立即进行心肺复苏术。就医。

眼睛接触：分开眼睑，用流动清水或生理盐水冲洗。就医。

皮肤接触：立即脱去污染的衣着，用肥皂水及流动清水彻底冲洗污染的皮肤、头发、指甲等。就医。

食入：饮足量温水，催吐(仅限于清醒者)。口服活性炭。就医。

解毒剂：阿托品、胆碱酯酶复能剂。

灭火方法　消防人员须穿全身消防服，佩戴空气呼吸器，在上风向灭火。尽可能将容器从火场移至空旷处。

根据着火原因选择适当灭火剂灭火。

泄漏应急处置　隔离泄漏污染区，限制出入。消除点火源。建议应急处理人员戴防尘口罩，穿防毒服，戴防护手套。穿上适当的防护服前严禁接触破裂的容器和泄漏物。尽可能切断泄漏源。用塑料布覆盖泄漏物，减少飞散。勿使水进入包装容器内。用洁净的铲子收集泄漏物，置于干净、干燥、盖子较松的容器中，将容器移离泄漏区。

67. 吡喃灵

标　识

中文名称　吡喃灵

英文名称　Pyracarbolid；3,4-Dihydro-6-methyl-2H-pyran-5-carboxanilide

分子式　$C_{13}H_{15}NO_2$

CAS 号　24691-76-7

危害信息

燃烧与爆炸危险性 无特殊燃爆特性。

禁忌物 强氧化剂。

毒性 大鼠经口 LD_{50}：15g/kg；大鼠经皮 LD_{50}：>1g/kg。

侵入途径 吸入、食入、经皮吸收。

环境危害 对水生生物有害，可能在水生环境中造成长期不利影响。

理化特性与用途

理化特性 无色固体。不溶于水，溶于氯仿、乙醇、乙酸乙酯。熔点 110~111℃，饱和蒸气压 0.016mPa(25℃)，辛醇/水分配系数 2.08。

主要用途 内吸性杀菌剂。

包装与储运

安全储运 储存于阴凉、通风的库房。远离火种、热源。应与强氧化剂等隔离储运。

紧急处置信息

急救措施

吸入：迅速脱离现场至空气新鲜处。保持呼吸道通畅。如呼吸困难，给输氧。呼吸、心跳停止，立即进行心肺复苏术。就医。

眼睛接触：立即分开眼睑，用流动清水或生理盐水彻底冲洗。就医。

皮肤接触：立即脱去污染的衣着，用肥皂水和清水彻底冲洗。就医。

食入：漱口，饮水。就医。

灭火方法 消防人员须穿全身消防服，佩戴空气呼吸器，在上风向灭火。尽可能将容器从火场移至空旷处。

根据着火原因选择适当灭火剂灭火。

泄漏应急处置 消除所有点火源。隔离泄漏污染区，限制出入。建议应急处理人员戴防尘口罩，穿防护服，戴防护手套。禁止接触或跨越泄漏物。尽可能切断泄漏源。用塑料布覆盖，减少飞散。用洁净的铲子收集泄漏物，置于干净、干燥、盖子较松的容器中，将容器移离泄漏区。

68. 吡蚜酮

标　识

中文名称 吡蚜酮

英文名称 Pymetrozine；(*E*)-4,5-Dihydro-6-methyl-4-(3-pyridylmethyleneamino)-1,2,4-triazin-3(2H)-one

别名 (*E*)-4,5-二氢-6-甲基-4-(3-吡啶亚甲基氨基)-1,2,4-三嗪-3(2H)-酮

分子式 $C_{10}H_{11}N_5O$

CAS 号 123312-89-0

危害信息

燃烧与爆炸危险性　无特殊燃爆特性。

禁忌物　强氧化剂、酸碱、醇类。

毒性　大鼠经口 LD_{50}：>5820mg/kg；大鼠吸入 LC_{50}：>1.8g/m^3(4h)；大鼠经皮 LD_{50}：>2000mg/kg。

侵入途径　吸入、食入、经皮吸收。

环境危害　对水生生物有害，可能在水生环境中造成长期不利影响。

理化特性与用途

理化特性　无色结晶或白色至淡黄色粉末。熔点 217℃，相对密度(水=1)1.36，辛醇/水分配系数-0.18。

主要用途　选择性杀虫剂。用于蔬菜、马铃薯、观赏植物、棉花、柑橘、烟草等作物防治多种蚜虫、白粉虱等害虫。

包装与储运

安全储运　储存于阴凉、通风的库房。远离火种、热源。保持容器密闭。应与强氧化剂、酸碱、醇类等隔离储运。

紧急处置信息

急救措施

吸入：迅速脱离现场至空气新鲜处。保持呼吸道通畅。如呼吸困难，给输氧。呼吸、心跳停止，立即进行心肺复苏术。就医。

眼睛接触：立即分开眼睑，用流动清水或生理盐水彻底冲洗。就医。

皮肤接触：立即脱去污染的衣着，用肥皂水和清水彻底冲洗。就医。

食入：漱口，饮水。就医。

灭火方法　消防人员须穿全身消防服，佩戴空气呼吸器，在上风向灭火。尽可能将容器从火场移至空旷处。

根据着火原因选择适当灭火剂灭火。

泄漏应急处置　隔离泄漏污染区，限制出入。建议应急处理人员戴防尘口罩，穿防护服，戴防护手套。穿上适当的防护服前严禁接触破裂的容器和泄漏物。尽可能切断泄漏源。用塑料布覆盖泄漏物，减少飞散。勿使水进入包装容器内。用洁净的铲子收集泄漏物，置于干净、干燥、盖子较松的容器中，将容器移离泄漏区。

69. 吡氧磷

标　识

中文名称　吡氧磷

英文名称　Pyrazoxon；Diethyl 3-methylpyrazol-5-yl phosphate

别名　*O*,*O*-二乙基 *O*-(3-甲基-5-吡唑基)磷酸酯

分子式　$C_8H_{15}N_2O_4P$

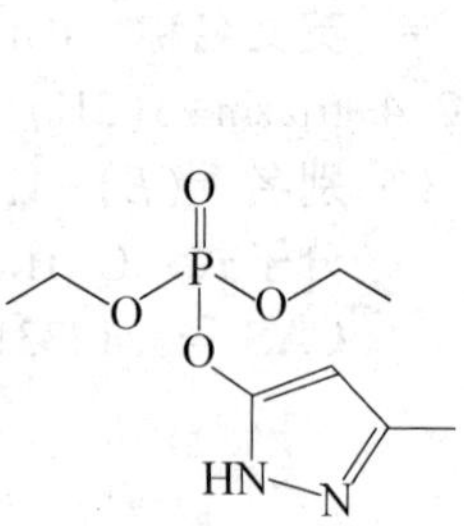

CAS号 108-34-9

铁危编号 61125

危害信息

危险性类别 第6类 有毒品

燃烧与爆炸危险性 无特殊燃爆特性。

禁忌物 强氧化剂、强碱。

毒性 小鼠经口 LD_{50}：4mg/kg。

中毒表现 抑制体内胆碱酯酶活性，造成神经生理功能紊乱。急性中毒症状有头痛、头昏、乏力、食欲不振、恶心、呕吐、腹痛、腹泻、流涎、瞳孔缩小、呼吸道分泌物增多、多汗、肌束震颤等。重度中毒者出现肺水肿、昏迷、呼吸麻痹、脑水肿。血胆碱酯酶活性降低。

侵入途径 吸入、食入、经皮吸收。

环境危害 对水生生物有毒。

理化特性与用途

理化特性 黄色液体，稍有气味。微溶于水，溶于乙醇、丙酮、二甲苯。沸点331.4℃，相对密度(水=1)1.248，饱和蒸气压1.53mPa(25℃)，辛醇/水分配系数0.76。

主要用途 农用杀虫剂。

包装与储运

包装标志 有毒品

包装类别 Ⅰ类

安全储运 储存于阴凉、通风的库房。远离火种、热源。防止阳光直射。储存温度不超过32℃，相对湿度不超过85%。保持容器密封。应与强氧化剂、强碱等分开存放，切忌混储。配备相应品种和数量的消防器材。储区应备有合适的材料收容泄漏物。搬运时轻装轻卸，防止容器受损。

紧急处置信息

急救措施

吸入：迅速脱离现场至空气新鲜处。保持呼吸道通畅。如呼吸困难，给输氧。呼吸、心跳停止，立即进行心肺复苏术。就医。

眼睛接触：分开眼睑，用流动清水或生理盐水冲洗。就医。

皮肤接触：立即脱去污染的衣着，用肥皂水及流动清水彻底冲洗污染的皮肤、头发、指甲等。就医。

食入：饮足量温水，催吐(仅限于清醒者)。口服活性炭。就医。

解毒剂：阿托品、胆碱酯酶复能剂。

灭火方法 消防人员须穿全身消防服，佩戴空气呼吸器，在上风向灭火。尽可能将容器从火场移至空旷处。根据着火原因选择适当灭火剂灭火。

泄漏应急处置 根据液体流动和蒸气扩散的影响区域划定警戒区，无关人员从侧风、上风向撤离至安全区。建议应急处理人员戴防毒面具，穿防毒服，戴防毒手套。穿上适当的防护服前严禁接触破裂的容器和泄漏物。尽可能切断泄漏源。防止泄漏物进入水体、下水道、地下室或有限空间。小量泄漏：用干燥的砂土或其他不燃材料吸收或覆盖，收集于容器中。大量泄漏：构筑围堤或挖坑收容。用泵转移至槽车或专用收集器内。

70. 苄草丹

标　　识

中文名称　苄草丹

英文名称　*S*-Benzyl *N*,*N*-dipropylthiocarbamate；Prosulfocarb

分子式　$C_{14}H_{21}NOS$

CAS 号　52888-80-9

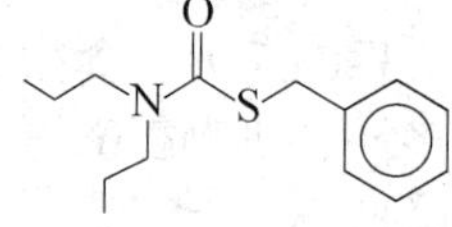

危害信息

燃烧与爆炸危险性　可燃，在高温火场中，受热的容器有破裂和爆炸的危险。

禁忌物　强氧化剂、强酸。

毒性　大鼠经口 LD_{50}：1820mg/kg；大鼠吸入 LC_{50}：>4700mg/m^3(4h)；兔经皮 LD_{50}：>2g/kg。

中毒表现　食入有害。对皮肤有致敏性。

侵入途径　吸入、食入、经皮吸收。

环境危害　对水生生物有毒，可能在水生环境中造成长期不利影响。

理化特性与用途

理化特性　无色液体(工业品为淡黄色液体)，有硫黄的气味。不溶于水，与丙酮、氯苯、乙醇、二甲苯、乙酸乙酯、煤油混溶。熔点<25℃，沸点 129℃(33Pa)、341℃(102.25kPa)，相对密度(水=1)1.042，饱和蒸气压 0.07mPa(25℃)，辛醇/水分配系数 4.65，闪点>100℃。

主要用途　芽前苗后除草剂。用于冬小麦、冬大麦和黑麦田防除多种禾本科及阔叶杂草。

包装与储运

包装标志　杂类

包装类别　Ⅲ类

安全储运　储存于阴凉、通风的库房。远离火种、热源。保持容器密闭。应与强氧化剂、强酸等隔离储运。搬运时轻装轻卸，防止容器受损。

紧急处置信息

急救措施

吸入：迅速脱离现场至空气新鲜处。保持呼吸道通畅。如呼吸困难，给输氧。呼吸、心跳停止，立即进行心肺复苏术。就医。

眼睛接触：立即分开眼睑，用流动清水或生理盐水彻底冲洗。就医。

皮肤接触：立即脱去污染的衣着，用肥皂水和清水彻底冲洗。就医。

食入：漱口，饮水。就医。

灭火方法　消防人员须穿全身消防服，佩戴空气呼吸器，在上风向灭火。尽可能将容器从火场移至空旷处。喷水保持火场容器冷却，直至灭火结束。

灭火剂：干粉、二氧化碳、泡沫。

泄漏应急处置 根据液体流动和蒸气扩散的影响区域划定警戒区，无关人员从侧风、上风向撤离至安全区。消除所有点火源。建议应急处理人员戴防毒面具，穿防护服，戴防护手套。穿上适当的防护服前严禁接触破裂的容器和泄漏物。尽可能切断泄漏源。防止泄漏物进入水体、下水道、地下室或有限空间。小量泄漏：用干燥的砂土或其他不燃材料吸收或覆盖，收集于容器中。大量泄漏：构筑围堤或挖坑收容。用泵转移至槽车或专用收集器内。

71. 2-苄基-2-(二甲氨基)-1-(4-吗啉代苯基)-1-丁酮

标　识

中文名称 2-苄基-2-(二甲氨基)-1-(4-吗啉代苯基)-1-丁酮

英文名称 2-Benzyl-2-dimethylamino-4-morpholinobutyrophenone；1-Butanone，2-(dimethylamino)-1-(4-(4-morpholinyl)phenyl)-2-(phenylmethyl)-

别名 2-二甲氨基-2-苄基-1-(4-(4-吗啉基)苯基)-1-丁酮；光引发剂 369

分子式 $C_{23}H_{30}N_2O_2$

CAS 号 119313-12-1

危害信息

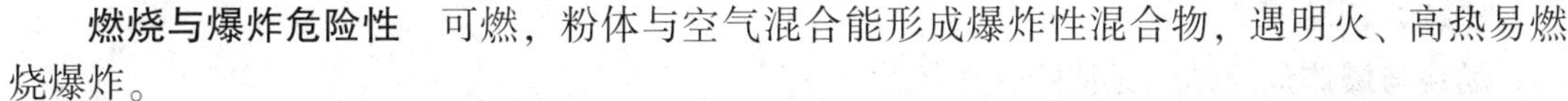

燃烧与爆炸危险性 可燃，粉体与空气混合能形成爆炸性混合物，遇明火、高热易燃烧爆炸。

禁忌物 强氧化剂、酸碱、醇类。

侵入途径 吸入、食入。

环境危害 对水生生物有极高毒性，可能在水生环境中造成长期不利影响。

理化特性与用途

理化特性 浅黄色粉末状晶体。溶于甲苯。熔点 116～119℃，相对密度(水=1)1.18，闪点 113℃。

主要用途 作为高效光引发剂用于 UV 固化油墨和涂料中。

包装与储运

包装标志 杂类

包装类别 Ⅲ类

安全储运 储存于阴凉、通风的库房。远离火种、热源。应与强氧化剂、酸碱、醇类等隔离储运。

紧急处置信息

急救措施

吸入：脱离接触。如有不适感，就医。

眼睛接触：分开眼睑，用流动清水或生理盐水冲洗。如有不适感，就医。

皮肤接触：脱去污染的衣着，用流动清水冲洗。如有不适感，就医。

食入：漱口，饮水。就医。

灭火方法　消防人员须穿全身消防服，佩戴空气呼吸器，在上风向灭火。尽可能将容器从火场移至空旷处。喷水保持火场容器冷却，直至灭火结束。

灭火剂：二氧化碳、干粉。

泄漏应急处置　隔离泄漏污染区，限制出入。消除点火源。建议应急处理人员戴防尘口罩，穿防护服，戴防护手套。穿上适当的防护服前严禁接触破裂的容器和泄漏物。尽可能切断泄漏源。用塑料布覆盖泄漏物，减少飞散。勿使水进入包装容器内。用洁净的铲子收集泄漏物，置于干净、干燥、盖子较松的容器中，将容器移离泄漏区。

72. 1-苄基-5-乙氧基-2,4-咪唑烷二酮

标　识

中文名称　1-苄基-5-乙氧基-2,4-咪唑烷二酮

英文名称　1-Benzyl-5-ethoxyimidazolidine-2,4-dione；2,4-Imidazolidinedione，5-ethoxy-1-(phenylmethyl)-

别名　1-苄基-5-乙氧基海因

分子式　$C_{12}H_{14}N_2O_3$

CAS 号　65855-02-9

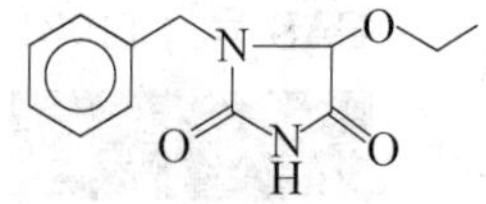

危害信息

燃烧与爆炸危险性　无特殊燃爆特性。

禁忌物　强氧化剂、酸碱、醇类。

中毒表现　食入有害。

侵入途径　吸入、食入。

理化特性与用途

理化特性　白色结晶或淡黄色粉末。微溶于水，溶于甲醇。熔点 90～95℃，相对密度(水=1)1.26，辛醇/水分配系数 0.99。

主要用途　用于制药、感光材料、杀虫剂、氨基酸合成原料。

包装与储运

安全储运　储存于阴凉、通风的库房。远离火种、热源。应与强氧化剂、酸碱、醇类等隔离储运。

紧急处置信息

急救措施

吸入：迅速脱离现场至空气新鲜处。保持呼吸道通畅。如呼吸困难，给输氧。呼吸、心跳停止，立即进行心肺复苏术。就医。

眼睛接触：立即分开眼睑，用流动清水或生理盐水彻底冲洗。就医。

皮肤接触：立即脱去污染的衣着，用肥皂水和清水彻底冲洗。就医。

食入：漱口，饮水。就医。

灭火方法 消防人员须穿全身消防服，佩戴空气呼吸器，在上风向灭火。尽可能将容器从火场移至空旷处。

根据着火原因选择适当灭火剂灭火。

泄漏应急处置 隔离泄漏污染区，限制出入。建议应急处理人员戴防尘口罩，穿防护服，戴防护手套。穿上适当的防护服前严禁接触破裂的容器和泄漏物。尽可能切断泄漏源。用塑料布覆盖泄漏物，减少飞散。勿使水进入包装容器内。用洁净的铲子收集泄漏物，置于干净、干燥、盖子较松的容器中，将容器移离泄漏区。

73. 苄氯三唑醇

标　识

中文名称 苄氯三唑醇

英文名称 Diclobutrazole；(R^*,R^*)-(±)-β-((2,4-Dichlorophenyl)methyl)-α-(1,1-dimethylethyl)-1H-1,2,4-triazole-1-ethanol；(2*RS*,3*RS*)-1-(2,4-Dichlorophenyl)-4,4-dimethyl-2-(1H-1,2,4-triazol-1yl)pentan-3-ol

别名 (2*RS*,3*RS*)-1-(2,4-二氯苯基)-4,4-二甲基-2-(1H-1,2,4-三唑-1-基)戊-3-醇

分子式 $C_{15}H_{19}Cl_2N_3O$

CAS 号 75736-33-3

危害信息

燃烧与爆炸危险性 无特殊燃爆特性。

禁忌物 强氧化剂、强酸。

毒性 大鼠经口 LD_{50}：4g/kg；小鼠经口 LD_{50}：2g/kg；大鼠经皮 LD_{50}：>1g/kg；兔经皮 LD_{50}：>1g/kg。

侵入途径 吸入、食入、经皮吸收。

环境危害 对水生生物有毒，可能在水生环境中造成长期不利影响。

理化特性与用途

理化特性 白色或灰白色结晶固体。不溶于水。熔点 147～149℃，相对密度(水=1) 1.25，饱和蒸气压 0.0027mPa(20℃)，辛醇/水分配系数 3.8。

主要用途 稻的纹枯病等病害的防治。

包装与储运

包装标志 杂类

包装类别 Ⅲ类

安全储运 储存于阴凉、通风的库房。远离火种、热源。应与强氧化剂、强酸等隔离储运。

紧急处置信息

急救措施

吸入：迅速脱离现场至空气新鲜处。保持呼吸道通畅。如呼吸困难，给输氧。呼吸、心跳停止，立即进行心肺复苏术。就医。

眼睛接触：立即分开眼睑，用流动清水或生理盐水彻底冲洗。就医。

皮肤接触：立即脱去污染的衣着，用肥皂水和清水彻底冲洗。就医。

食入：漱口，饮水。就医。

灭火方法　消防人员须穿全身消防服，佩戴空气呼吸器，在上风向灭火。尽可能将容器从火场移至空旷处。

根据着火原因选择适当灭火剂灭火。

泄漏应急处置　隔离泄漏污染区，限制出入。建议应急处理人员戴防尘口罩，穿防护服，戴防护手套。穿上适当的防护服前严禁接触破裂的容器和泄漏物。尽可能切断泄漏源。用塑料布覆盖泄漏物，减少飞散。勿使水进入包装容器内。用洁净的铲子收集泄漏物，置于干净、干燥、盖子较松的容器中，将容器移离泄漏区。

74. 4-苄氧基-4′-(2,3-环氧-2-甲基丙-1-基氧)二苯砜

标　识

中文名称　4-苄氧基-4′-(2,3-环氧-2-甲基丙-1-基氧)二苯砜

英文名称　Oxirane, 2-methyl-2-((4-((4-(phenylmethoxy)phenyl)sulfonyl)phenoxy)methyl)-; 4-Benzyloxy-4′-(2,3-epoxy-2-methylprop-1-yloxy)diphenylsulfone

分子式　$C_{23}H_{22}O_5S$

CAS 号　141420-50-0

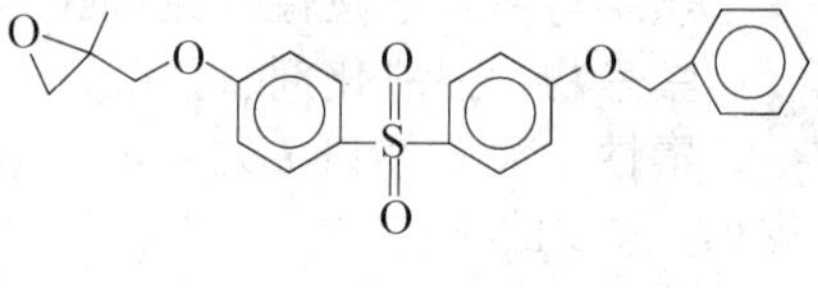

危害信息

燃烧与爆炸危险性　可燃。

禁忌物　强氧化剂。

侵入途径　吸入、食入。

环境危害　可能在水生环境中造成长期不利影响。

理化特性与用途

理化特性　沸点 589.57℃，相对密度(水=1)1.262，闪点 310.36℃。

主要用途　用作医药原料。

包装与储运

安全储运　储存于阴凉、通风的库房。远离火种、热源。应与强氧化剂等隔离储运。搬运时轻装轻卸，防止容器受损。

紧急处置信息

急救措施

吸入： 脱离接触。如有不适感，就医。

眼睛接触： 分开眼睑，用流动清水或生理盐水冲洗。如有不适感，就医。

皮肤接触： 脱去污染的衣着，用流动清水冲洗。如有不适感，就医。

食入： 漱口，饮水。就医。

灭火方法 消防人员须穿全身消防服，在上风向灭火。尽可能将容器从火场移至空旷处。喷水保持火场容器冷却直至灭火结束。

灭火剂：泡沫、干粉、二氧化碳。

泄漏应急处置 隔离泄漏污染区，限制出入。消除点火源。建议应急处理人员戴防尘口罩，穿防护服，戴防护手套。穿上适当的防护服前严禁接触破裂的容器和泄漏物。尽可能切断泄漏源。用塑料布覆盖泄漏物，减少飞散。勿使水进入包装容器内。用洁净的铲子收集泄漏物，置于干净、干燥、盖子较松的容器中，将容器移离泄漏区。

75. 丙胺氟磷

标　识

中文名称 丙胺氟磷

英文名称 Mipafox；*N*,*N'*-Diisopropylphosphorodiamidic fluoride

分子式 $C_6H_{16}FN_2OP$

CAS 号 371-86-8

危害信息

燃烧与爆炸危险性 受热易分解放出有毒的氮氧化物和磷氧化物气体。

禁忌物 强氧化剂、强碱。

毒性 豚鼠经口 LD_{50}：80mg/kg；兔经口 LD_{50}：100mg/kg。

中毒表现 抑制体内胆碱酯酶活性，造成神经生理功能紊乱。急性中毒症状有头痛、头昏、乏力、食欲不振、恶心、呕吐、腹痛、腹泻、流涎、瞳孔缩小、呼吸道分泌物增多、多汗、肌束震颤等。重度中毒者出现肺水肿、昏迷、呼吸麻痹、脑水肿。血胆碱酯酶活性降低。

侵入途径 吸入、食入、经皮吸收。

环境危害 对水生生物有毒。

理化特性与用途

理化特性 白色结晶，无气味。溶于水，溶于极性有机溶剂，微溶于石油醚。熔点 65℃，沸点 125℃(276Pa)，相对密度(水=1)1.2，饱和蒸气压 14Pa(25℃)，辛醇/水分配系数 0.29。

主要用途 杀虫、杀螨剂。用于防治巢菜蚜、豆卫矛蚜等害虫。

包装与储运

安全储运 储存于阴凉、通风的库房。远离火种、热源。应与强氧化剂、强碱等隔离储运。

紧急处置信息

急救措施

吸入：迅速脱离现场至空气新鲜处。保持呼吸道通畅。如呼吸困难，给输氧。呼吸、心跳停止，立即进行心肺复苏术。就医。

眼睛接触：分开眼睑，用流动清水或生理盐水冲洗。就医。

皮肤接触：立即脱去污染的衣着，用肥皂水及流动清水彻底冲洗污染的皮肤、头发、指甲等。就医。

食入：饮足量温水，催吐(仅限于清醒者)。口服活性炭。就医。

解毒剂：阿托品、胆碱酯酶复能剂。

灭火方法　消防人员须穿全身消防服，佩戴空气呼吸器，在上风向灭火。尽可能将容器从火场移至空旷处。喷水保持火场容器冷却，直至灭火结束。

灭火剂：干粉、二氧化碳、砂土、泡沫。

泄漏应急处置　消除所有点火源。隔离泄漏污染区，限制出入。建议应急处理人员戴防尘口罩，穿防毒服，戴防护手套。禁止接触或跨越泄漏物。尽可能切断泄漏源。用洁净的铲子收集泄漏物，置于干净、干燥、盖子较松的容器中，将容器移离泄漏区。

76. 丙苯磺隆

标　　识

中文名称　丙苯磺隆

英文名称　Propoxycarbazone-sodium; Procarbazone sodium

别名　2-(4,5-二氢-4-甲基-5-酮-3-丙氧基-1H-1,2,4-三唑-1-基)甲酰氨基磺酰基苯甲酸甲酯钠盐

分子式　$C_{15}H_{18}N_4O_7S \cdot Na$

CAS 号　181274-15-7

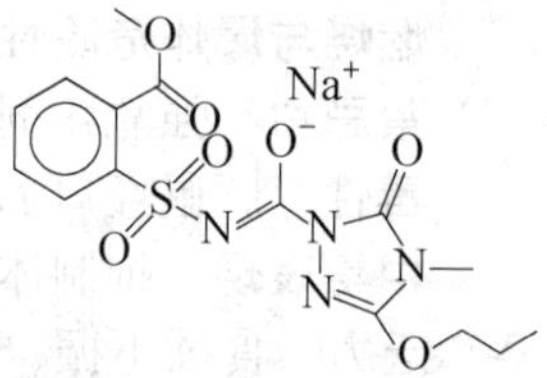

危害信息

燃烧与爆炸危险性　可燃。

禁忌物　强氧化剂。

侵入途径　吸入、食入、经皮吸收。

环境危害　对水生生物有极高毒性，可能在水生环境中造成长期不利影响

理化特性与用途

理化特性　无色无味粉末状晶体。微溶于水，溶于二氯甲烷。熔点 230~240℃(分解)，相对密度(水=1)1.42，辛醇/水分配系数-1.55。

主要用途　苗后除草剂。用于禾谷类作物田防除禾本科杂草及一些阔叶杂草。

包装与储运

包装标志　杂类

包装类别　Ⅲ类

安全储运 储存于阴凉、通风的库房。远离火种、热源。保持容器密闭。应与强氧化剂等隔离储运。

紧急处置信息

急救措施

吸入：迅速脱离现场至空气新鲜处。保持呼吸道通畅。如呼吸困难，给输氧。呼吸、心跳停止，立即进行心肺复苏术。就医。

眼睛接触：立即分开眼睑，用流动清水或生理盐水彻底冲洗。就医。

皮肤接触：立即脱去污染的衣着，用肥皂水和清水彻底冲洗。就医。

食入：漱口，饮水。就医。

灭火方法 消防人员须穿全身消防服，佩戴空气呼吸器，在上风向灭火。尽可能将容器从火场移至空旷处。喷水保持火场容器冷却，直至灭火结束。

灭火剂：水、二氧化碳、干粉、泡沫。

泄漏应急处置 隔离泄漏污染区，限制出入。建议应急处理人员戴防尘口罩，穿防护服。穿上适当的防护服前严禁接触破裂的容器和泄漏物。尽可能切断泄漏源。用塑料布覆盖，减少飞散。用洁净的无火花工具收集泄漏物，置于一盖子较松的塑料容器中，将容器移离泄漏区。

77. 丙环唑

标　识

中文名称 丙环唑

英文名称 Propiconazole；(+)-1-(2-(2,4-Dichlorophenyl)-4-propyl-1,3-dioxolan-2-ylmethyl)-1H-1,2,4-triazole

别名 1-(2,4-二氯苯基)-4-丙基-1,3-二氧戊环-2-甲基)-1 氢-1,2,4-三唑

分子式 $C_{15}H_{17}Cl_2N_3O_2$

CAS 号 60207-90-1

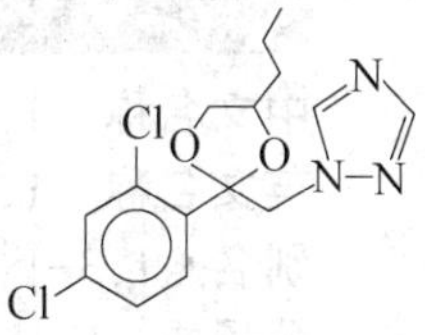

危害信息

燃烧与爆炸危险性 无特殊燃爆特性。

禁忌物 强氧化剂。

毒性 大鼠经口 LD_{50}：1517mg/kg；大鼠吸入 LC_{50}：1264mg/m^3(4h)；大鼠经皮 LD_{50}：>4g/kg。

中毒表现 口服引起头晕、恶心、呕吐。对眼和皮肤有刺激性。对皮肤有致敏性。

侵入途径 吸入、食入、经皮吸收。

环境危害 对水生生物有极高毒性，可能在水生环境中造成长期不利影响。

理化特性与用途

理化特性 淡黄色黏稠液体。不溶于水，与乙醇、丙酮、甲苯、辛醇混溶。沸点 180℃(13Pa)，相对密度(水=1)1.29，饱和蒸气压 0.13mPa(25℃)，辛醇/水分配系数 3.72。

主要用途 杀菌剂。用于小麦、花生、香蕉、葡萄、水稻等多种作物防治多种病害。

包装与储运

包装标志　杂类

包装类别　Ⅲ类

安全储运　储存于阴凉、通风的库房。远离火种、热源。保持容器密闭。应与强氧化剂等隔离储运。

紧急处置信息

急救措施

吸入：迅速脱离现场至空气新鲜处。保持呼吸道通畅。如呼吸困难，给输氧。呼吸、心跳停止，立即进行心肺复苏术。就医。

眼睛接触：立即分开眼睑，用流动清水或生理盐水彻底冲洗。就医。

皮肤接触：立即脱去污染的衣着，用肥皂水和清水彻底冲洗。就医。

食入：漱口，饮水。就医。

灭火方法　消防人员须穿全身消防服，佩戴空气呼吸器，在上风向灭火。尽可能将容器从火场移至空旷处。

根据着火原因选择适当灭火剂灭火。

泄漏应急处置　根据液体流动和蒸气扩散的影响区域划定警戒区，无关人员从侧风、上风向撤离至安全区。建议应急处理人员戴防毒面具，穿防毒服，戴防护手套。穿上适当的防护服前严禁接触破裂的容器和泄漏物。尽可能切断泄漏源。防止泄漏物进入水体、下水道、地下室或有限空间。小量泄漏：用干燥的砂土或其他不燃材料吸收或覆盖，收集于容器中。大量泄漏：构筑围堤或挖坑收容。用泵转移至槽车或专用收集器内。

78. 1,3-丙磺酸内酯

标　识

中文名称　1,3-丙磺酸内酯

英文名称　1,3-Propanesultone；1,2-Oxathiolane 2,2-dioxide

别名　1,3-丙烷磺内酯

分子式　$C_3H_6O_3S$

CAS 号　1120-71-4

危害信息

燃烧与爆炸危险性　可燃。受热易聚合，在高温火场中，受热的容器有破裂和爆炸的危险。

禁忌物　强氧化剂。

毒性　大鼠经口 LD_{50}：100mg/kg；小鼠经口 LD_{50}：400mg/kg。

IARC 致癌性评论：G2B，可疑人类致癌物。

欧盟法规 1272/2008/EC 将本品列为第 1B 类致癌物——可能对人类有致癌能力。

中毒表现　食入或经皮肤吸收对身体有害。对眼、皮肤和呼吸道有刺激性。

侵入途径　吸入、食入、经皮吸收。

理化特性与用途

理化特性 无色至淡黄色液体或结晶体。微溶于水，溶于丙酮、芳烃。熔点30~33℃，沸点180℃(4kPa)，相对密度(水=1)1.392，相对蒸气密度(空气=1)4.2，辛醇/水分配系数-0.28，闪点>110℃(闭杯)。

主要用途 重要的医药中间体，也应用于光亮剂、染料、双离子表面活性剂、磺化剂、锂电池等。

包装与储运

安全储运 储存于阴凉、通风的库房。远离火种、热源。保持容器密闭。应与强氧化剂等隔离储运。

紧急处置信息

急救措施

吸入： 迅速脱离现场至空气新鲜处。保持呼吸道通畅。如呼吸困难，给输氧。呼吸、心跳停止，立即进行心肺复苏术。就医。

眼睛接触： 立即分开眼睑，用流动清水或生理盐水彻底冲洗。就医。

皮肤接触： 立即脱去污染的衣着，用流动清水彻底冲洗。就医。

食入： 饮适量温水，催吐(仅限于清醒者)。就医。

灭火方法 消防人员须穿全身消防服，佩戴空气呼吸器，在上风向灭火。尽可能将容器从火场移至空旷处。喷水保持火场容器冷却，直至灭火结束。

灭火剂：干粉、二氧化碳、水。

泄漏应急处置 根据液体流动和蒸气扩散的影响区域划定警戒区，无关人员从侧风、上风向撤离至安全区。消除点火源。应急人员应戴正压自给式呼吸器，穿防毒服，戴橡胶手套。尽可能切断泄漏源。构筑围堤或挖坑收容泄漏物，防止泄漏物进入水体、下水道、地下室或有限空间。小量泄漏：用干燥的砂土或其他不燃材料吸收或覆盖，收集于容器中。大量泄漏：构筑围堤或挖坑收容。用泵转移至槽车或专用收集器内。

79. 丙(基)苯

标　识

中文名称 丙(基)苯

英文名称 Propylbenzene；*n*-Propylbenzene

别名 正丙基苯；正丙苯

分子式 C_9H_{12}

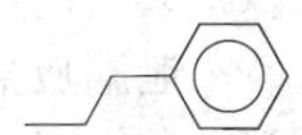

CAS号 103-65-1

铁危编号 32038

危害信息

危险性类别 第3类 易燃液体

燃烧与爆炸危险性 易燃，其蒸气与空气混合能形成爆炸性混合物，遇明火、高热易

燃烧爆炸。蒸气比空气重，沿地面扩散并易积存于低洼处，遇火源会着火回燃。在高温火场中，受热的容器有破裂和爆炸的危险。

禁忌物 氧化剂。

毒性 大鼠经口 LD_{50}：6040mg/kg；小鼠经口 LD_{50}：5200mg/kg；大鼠吸入 LC_{50}：65000ppm(2h)。

中毒表现 对中枢神经系统有抑制作用，引起头痛、食欲不振、肌肉虚弱、共济失调、恶心、眩晕、精神错乱、神志不清。对黏膜、眼、鼻、喉和皮肤有刺激性。液体直接进入肺部引起吸入性肺炎。

侵入途径 吸入、食入。

理化特性与用途

理化特性 无色或淡黄色液体。极微溶于水，与乙醇、乙醚、丙酮混溶。熔点-99℃，沸点 159℃，相对密度(水=1)0.862，相对蒸气密度(空气=1)4.14，饱和蒸气压 0.45kPa(25℃)，辛醇/水分配系数 3.69，闪点 42℃(闭杯)，引燃温度 450℃，爆炸下限 0.8%，爆炸上限 6%，临界温度 365℃，临界压力 3.14MPa。

主要用途 用作溶剂，用于制取甲基苯乙烯及印染。

包装与储运

包装标志 易燃液体

包装类别 Ⅲ类

安全储运 储存于阴凉、通风的库房。库温不宜超过 37℃。远离火种、热源。保持容器密封。应与氧化剂等分开存放，切忌混储。采用防爆型照明、通风设施。禁止使用易产生火花的机械设备和工具。灌装时注意流速，防止静电积聚。储区应备有泄漏应急处理设备和合适的收容材料。搬运时轻装轻卸，防止容器受损。

紧急处置信息

急救措施

吸入：迅速脱离现场至空气新鲜处。保持呼吸道通畅。如呼吸困难，给输氧。呼吸、心跳停止，立即进行心肺复苏术。就医。

眼睛接触：立即分开眼睑，用流动清水或生理盐水彻底冲洗。就医。

皮肤接触：立即脱去污染的衣着，用肥皂水和清水彻底冲洗。就医。

食入：漱口，饮水。禁止催吐。就医。

灭火方法 消防人员须穿全身消防服，佩戴空气呼吸器，在上风向灭火。尽可能将容器从火场移至空旷处。喷水保持火场容器冷却，直至灭火结束。处在火场中的容器若发生异常变化，须马上撤离。

灭火剂：泡沫、干粉、二氧化碳。

泄漏应急处置 根据液体流动和蒸气扩散的影响区域划定警戒区，无关人员从侧风、上风向撤离至安全区。消除所有点火源。建议应急处理人员戴防毒面具，穿防静电、防毒服，戴橡胶防护手套。穿上适当的防护服前严禁接触破裂的容器和泄漏物。尽可能切断泄漏源。作业时使用的设备应接地。防止泄漏物进入水体、下水道、地下室或有限空间。小量泄漏：用干燥的砂土或其他不燃材料吸收或覆盖，用洁净的无火花工具收集于容器中。大量泄漏：构筑围堤或挖坑收容。泡沫覆盖能减少蒸发。喷水雾能减少蒸发，但不能降低泄漏物在有限空间的易燃性。用防爆泵转移至槽车或专用收集器内。

80. 4-丙基环己酮

标　识

中文名称　4-丙基环己酮

英文名称　4-Propylcyclohexanone; 4-Propylcyclohexan-1-one

别名　对丙基环己基酮

分子式　$C_9H_{16}O$

CAS 号　40649-36-3

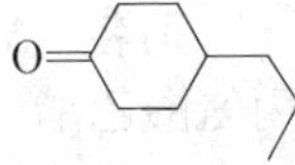

危害信息

燃烧与爆炸危险性　可燃。

禁忌物　强氧化剂、酸碱、醇类。

中毒表现　对皮肤有刺激性。

侵入途径　吸入、食入。

环境危害　对水生生物有害，可能在水生环境中造成长期不利影响。

理化特性与用途

理化特性　无色透明液体。微溶于水。沸点 98℃(2.7Pa)，相对密度(水=1)0.91，饱和蒸气压 0.23kPa(20℃)，辛醇/水分配系数 2.1，闪点 86℃。

主要用途　用作液晶中间体。

包装与储运

安全储运　储存于阴凉、通风的库房。远离火种、热源。应与强氧化剂、酸碱、醇类等隔离储运。搬运时轻装轻卸，防止容器受损。

紧急处置信息

急救措施

吸入：迅速脱离现场至空气新鲜处。保持呼吸道通畅。如呼吸困难，给输氧。呼吸、心跳停止，立即进行心肺复苏术。就医。

眼睛接触：立即分开眼睑，用流动清水或生理盐水彻底冲洗。就医。

皮肤接触：立即脱去污染的衣着，用肥皂水和清水彻底冲洗。就医。

食入：漱口，饮水。就医。

灭火方法　消防人员须穿全身消防服，在上风向灭火。尽可能将容器从火场移至空旷处。喷水保持火场容器冷却直至灭火结束。

灭火剂：泡沫、干粉、二氧化碳。

泄漏应急处置　根据液体流动和蒸气扩散的影响区域划定警戒区，无关人员从侧风、上风向撤离至安全区。消除所有点火源。建议应急处理人员戴防毒面具，穿防护服，戴防护手套。穿上适当的防护服前严禁接触破裂的容器和泄漏物。尽可能切断泄漏源。防止泄漏物进入水体、下水道、地下室或有限空间。小量泄漏：用干燥的砂土或其他不燃材料吸收或覆盖，用洁净的无火花工具收集于容器中。大量泄漏：构筑围堤或挖坑收容。用泵转移至槽车或专用收集器内。

81. 丙硫克百威

标　识

中文名称　丙硫克百威

英文名称　Benfuracarb; Ethyl *N*-(2,3-dihydro-2,2-dimethylbenzofuran-7-yloxycarbonyl(methyl)aminothio)-*N*-isopropyl-*β*-alaninate

别名　*N*-(2,3-二氢-2,2-二甲基苯并呋喃-7-基氧羰基(甲基)氨硫基)-*N*-异丙基-*β*-丙氨酸乙酯

分子式　$C_{20}H_{30}N_2O_5S$

CAS 号　82560-54-1

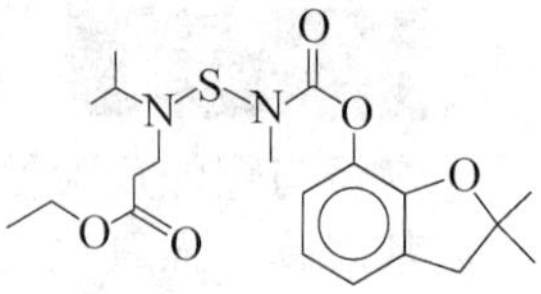

危害信息

危险性类别　第 6 类　有毒品

燃烧与爆炸危险性　可燃，受热易分解，在高温火场中受热的容器有破裂和爆炸的危险。

禁忌物　氧化剂、碱类。

毒性　大鼠经口 LD_{50}：105mg/kg；小鼠经口 LD_{50}：102mg/kg；大鼠吸入 LC_{50}：240mg/m^3(4h)；大鼠经皮 LD_{50}：>2g/kg。

欧盟法规 1272/2008/EC 将本品列为第 2 类生殖毒物——可疑的人类生殖毒物。

中毒表现　氨基甲酸酯类农药抑制胆碱酯酶，出现相应的症状。中毒症状有头痛、恶心、呕吐、腹痛、流涎、出汗、瞳孔缩小、步行困难、语言障碍，重者可发生全身痉挛、昏迷。

侵入途径　吸入、食入、经皮吸收。

环境危害　对水生生物有极高毒性，可能在水生环境中造成长期不利影响。

理化特性与用途

理化特性　红棕色黏性液体。不溶于水，易溶于苯、二氯甲烷、乙醇、丙酮、己烷、二甲苯、乙酸乙酯等。熔点<25℃，沸点 110℃(3.06Pa)，相对密度(水=1)1.17(20℃)，饱和蒸气压 0.027mPa(20℃)，辛醇/水分配系数 4.3，闪点 114℃，分解温度 227℃。

主要用途　杀虫剂。主要用于防治水稻、棉花、玉米、大豆、蔬菜及果树的多种刺吸口器和咀嚼口器害虫。

包装与储运

包装标志　有毒品

包装类别　Ⅲ类

安全储运　储存于阴凉、通风的库房。远离火种、热源。防止阳光直射。储存温度不超过 32℃，相对湿度不超过 85%。应与氧化剂、碱类、食用化学品分开存放，切忌混储。配备相应品种和数量的消防器材。储区应备有合适的材料收容泄漏物。搬运时轻装轻卸，防止容器受损。

紧急处置信息

急救措施

吸入：迅速脱离现场至空气新鲜处。保持呼吸道通畅。如呼吸困难，给输氧。呼吸、心跳停止，立即进行心肺复苏术。就医。

眼睛接触：立即分开眼睑，用流动清水或生理盐水彻底冲洗。就医。

皮肤接触：立即脱去污染的衣着，用流动清水彻底冲洗。就医。

食入：饮适量温水，催吐(仅限于清醒者)。就医。

解毒剂：阿托品。

灭火方法 消防人员须穿全身消防服，佩戴空气呼吸器，在上风向灭火。尽可能将容器从火场移至空旷处。喷水保持火场容器冷却，直至灭火结束。处在火场中的容器若发生异常变化或发出异常声音，须马上撤离。

灭火剂：干粉、二氧化碳、泡沫。

泄漏应急处置 根据液体流动和蒸气扩散的影响区域划定警戒区，无关人员从侧风、上风向撤离至安全区。消除所有点火源。建议应急处理人员戴防毒面具，穿防毒服，戴橡胶手套。穿上适当的防护服前严禁接触破裂的容器和泄漏物。尽可能切断泄漏源。防止泄漏物进入水体、下水道、地下室或有限空间。小量泄漏：用干燥的砂土或其他不燃材料吸收或覆盖，收集于容器中。大量泄漏：构筑围堤或挖坑收容。用泵转移至槽车或专用收集器内。

82. 丙硫特普

标　识

中文名称 丙硫特普

英文名称 *O,O,O′,O′*-Tetrapropyl pyrophosphorothioate；*O,O,O′,O′*-Tetrapropyl dithiopyrophosphate；Aspon

别名 *O,O,O′,O′*-四丙基二硫代焦磷酸酯

分子式 $C_{12}H_{28}O_5P_2S_2$

CAS 号 3244-90-4

危害信息

燃烧与爆炸危险性 可燃。

禁忌物 强氧化剂、强碱。

毒性 大鼠经口 LD_{50}：450mg/kg；大鼠经皮 LD_{50}：1800mg/kg；兔经皮 LD_{50}：3830mg/kg。

中毒表现 抑制体内胆碱酯酶活性，造成神经生理功能紊乱。急性中毒症状有头痛、头昏、乏力、食欲不振、恶心、呕吐、腹痛、腹泻、流涎、瞳孔缩小、呼吸道分泌物增多、多汗、肌束震颤等。重度中毒者出现肺水肿、昏迷、呼吸麻痹、脑水肿。血胆碱酯酶活性降低。

侵入途径 吸入、食入、经皮吸收。

环境危害 对水生生物有极高毒性，可能在水生环境中造成长期不利影响。

理化特性与用途

理化特性　工业品为稻草色至琥珀色液体。不溶于水，混溶于乙醇、丙酮、煤油、二甲苯、4-甲基戊-2-酮等。沸点 170℃(0.13kPa)、104℃(1.33Pa)，相对密度(水=1) 1.119~1.123，饱和蒸气压 13mPa(20℃)，辛醇/水分配系数 5.94，闪点 149℃(开杯)。

主要用途　用作杀虫剂。

包装与储运

包装标志　杂类

包装类别　Ⅲ类

安全储运　储存于阴凉、通风的库房。远离火种、热源。应与强氧化剂、强碱等隔离储运。搬运时轻装轻卸，防止容器受损。

紧急处置信息

急救措施

吸入： 迅速脱离现场至空气新鲜处。保持呼吸道通畅。如呼吸困难，给输氧。呼吸、心跳停止，立即进行心肺复苏术。就医。

眼睛接触： 分开眼睑，用流动清水或生理盐水冲洗。就医。

皮肤接触： 立即脱去污染的衣着，用肥皂水及流动清水彻底冲洗污染的皮肤、头发、指甲等。就医。

食入： 饮足量温水，催吐(仅限于清醒者)。口服活性炭。就医。

解毒剂： 阿托品、胆碱酯酶复能剂。

灭火方法　消防人员须穿全身消防服，佩戴空气呼吸器，在上风向灭火。尽可能将容器从火场移至空旷处。喷水保持火场容器冷却，直至灭火结束。处在火场中的容器若发生异常变化或发出异常声音，须马上撤离。

灭火剂：干粉、二氧化碳、泡沫。

泄漏应急处置　根据液体流动和蒸气扩散的影响区域划定警戒区，无关人员从侧风、上风向撤离至安全区。消除所有点火源。建议应急处理人员戴防毒面具，穿防毒服，戴防护手套。穿上适当的防护服前严禁接触破裂的容器和泄漏物。尽可能切断泄漏源。防止泄漏物进入水体、下水道、地下室或有限空间。小量泄漏：用干燥的砂土或其他不燃材料吸收或覆盖，收集于容器中。大量泄漏：构筑围堤或挖坑收容。用泵转移至槽车或专用收集器内。

83. 丙炔噁草酮

标　识

中文名称　丙炔噁草酮

英文名称　Oxadiargyl；3-(2,4-Dichloro-5-(2-propynyloxy)phenyl)-5-(1,1-dimethylethyl)-1,3,4-oxadiazol-2(3H)-one；5-tert-Butyl-3-(2,4-dichloro-5-(prop-2-ynyloxy)phenyl)-1,3,4-oxadiazol-2(3H)-one

别名　5-特丁基-3-(2,4-二氯-5-炔丙氧基苯基)-1,3,4 噁二唑-2-(3H)-酮

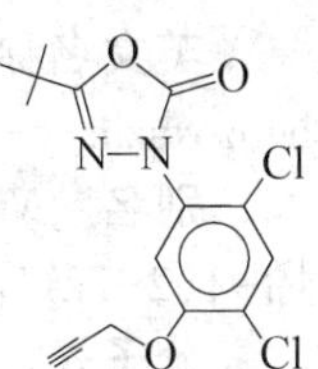

分子式 $C_{15}H_{14}Cl_2N_2O_3$
CAS 号 39807-15-3

危害信息

燃烧与爆炸危险性 无特殊燃爆特性。
禁忌物 强氧化剂、酸碱、醇类。
毒性 欧盟法规 1272/2008/EC 将本品列为第 2 类生殖毒物——可疑的人类生殖毒物。
中毒表现 长期反复接触可能对器官造成损害。
侵入途径 吸入、食入。
环境危害 对水生生物有极高毒性，可能在水生环境中造成长期不利影响。

理化特性与用途

理化特性 白色至浅褐色粉末。不溶于水，溶于丙酮、乙腈、二氯甲烷、乙酸乙酯等。熔点 131℃，相对密度(水=1)1.484，辛醇/水分配系数 3.95。
主要用途 苗前除草剂。用于马铃薯、向日葵、蔬菜、甜菜田防除多种阔叶杂草、禾本科杂草和莎草科杂草。

包装与储运

包装标志 杂类
包装类别 Ⅲ类
安全储运 储存于阴凉、通风的库房。远离火种、热源。保持容器密闭。应与强氧化剂、酸碱、醇类等隔离储运。

紧急处置信息

急救措施
吸入：迅速脱离现场至空气新鲜处。保持呼吸道通畅。如呼吸困难，给输氧。呼吸、心跳停止，立即进行心肺复苏术。就医。
眼睛接触：立即分开眼睑，用流动清水或生理盐水彻底冲洗。就医。
皮肤接触：立即脱去污染的衣着，用肥皂水和清水彻底冲洗。就医。
食入：漱口，饮水。就医。
灭火方法 消防人员须穿全身消防服，佩戴空气呼吸器，在上风向灭火。尽可能将容器从火场移至空旷处。
根据着火原因选择适当灭火剂灭火。
泄漏应急处置 隔离泄漏污染区，限制出入。建议应急处理人员戴防尘口罩，穿防毒服，戴防护手套。穿上适当的防护服前严禁接触破裂的容器和泄漏物。尽可能切断泄漏源。用塑料布覆盖泄漏物，减少飞散。勿使水进入包装容器内。用洁净的铲子收集泄漏物，置于干净、干燥、盖子较松的容器中，将容器移离泄漏区。

84. 丙炔氟草胺

标　识

中文名称 丙炔氟草胺

84. 丙炔氟草胺

英文名称 Flumioxazin; *N*-(7-Fluoro-3,4-dihydro-3-oxo-4-prop-2-ynyl-2H-1,4-benzoxazin-6-yl)cyclohex-1-ene-1,2-dicarboxamide

别名 *N*-(7-氟-3,4-二氢-3-氧-(2-丙炔基)-2-H-1,4-苯并嗯嗪-6-基)环己-1-烯-1,2-二羧酰亚胺

分子式 $C_{19}H_{15}FN_2O_4$

CAS 号 103361-09-7

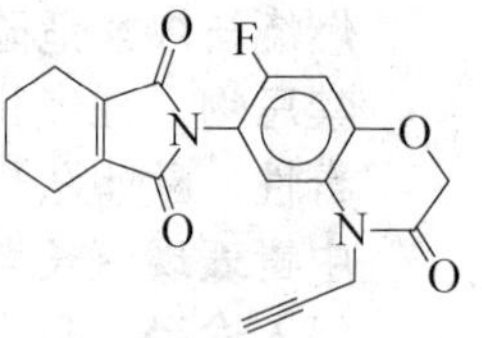

危害信息

燃烧与爆炸危险性 无特殊燃爆特性。

禁忌物 强氧化剂、强酸。

毒性 大鼠经口 LD_{50}：>5000mg/kg；大鼠吸入 LC_{50}：>3.93g/m^3(4h)；大鼠经皮 LD_{50}：>2000mg/kg。

欧盟法规 1272/2008/EC 将本品列为第 1B 类生殖毒物——可能的人类生殖毒物。

中毒表现 口服引起中毒，对皮肤有刺激性。

侵入途径 吸入、食入、经皮吸收。

环境危害 对水生生物有极高毒性，可能在水生环境中造成长期不利影响。

理化特性与用途

理化特性 浅褐色或黄棕色粉末。不溶于水，溶于常用有机溶剂。熔点 201～204℃，相对密度(水=1)1.5136，饱和蒸气压 0.32mPa(22℃)，辛醇/水分配系数 2.55。

主要用途 除草剂。用于大豆、花生等作物田防除多种一年生阔叶杂草和部分禾本科杂草。

包装与储运

包装标志 杂类

包装类别 Ⅲ类

安全储运 储存于阴凉、通风的库房。远离火种、热源。保持容器密闭。应与强氧化剂、强酸等隔离储运。

紧急处置信息

急救措施

吸入：迅速脱离现场至空气新鲜处。保持呼吸道通畅。如呼吸困难，给输氧。呼吸、心跳停止，立即进行心肺复苏术。就医。

眼睛接触：立即分开眼睑，用流动清水或生理盐水彻底冲洗。就医。

皮肤接触：立即脱去污染的衣着，用肥皂水和清水彻底冲洗。就医。

食入：漱口，饮水。就医。

灭火方法 消防人员须穿全身消防服，佩戴空气呼吸器，在上风向灭火。尽可能将容器从火场移至空旷处。

根据着火原因选择适当灭火剂灭火。

泄漏应急处置 隔离泄漏污染区，限制出入。建议应急处理人员戴防尘口罩，穿防毒服，戴防护手套。穿戴适当的防护装备前，禁止接触或跨越泄漏物。尽可能切断泄漏源。用塑料布覆盖，减少飞散。用洁净的铲子收集泄漏物，置于干净、干燥、盖子较松的容器中，将容器移离泄漏区。

85. 丙酸丙酯

标　识

中文名称　丙酸丙酯

英文名称　Propyl propionate；Propanoic acid，propyl ester

别名　丙酸正丙酯

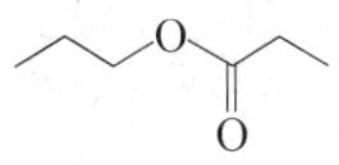

分子式　$C_6H_{12}O_2$

CAS 号　106-36-5

危害信息

危险性类别　第 3 类　易燃液体

燃烧与爆炸危险性　易燃，其蒸气与空气混合能形成爆炸性混合物，遇明火、高热易燃烧爆炸。蒸气比空气重，沿地面扩散并易积存于低洼处，遇火源会着火回燃。

禁忌物　氧化剂、酸类。

毒性　大鼠经口 LD_{50}：10331mg/kg；小鼠吸入 LC_{50}：24g/m^3(2h)；兔经皮 LD_{50}：>14128mg/kg。

侵入途径　吸入、食入、经皮吸收。

理化特性与用途

理化特性　无色至淡黄色透明液体，有水果香味。熔点-76℃，沸点 122~124℃，相对密度(水=1)0.881，相对蒸气密度(空气=1)4.0，饱和蒸气压 1.9kPa(25℃)，辛醇/水分配系数 1.77，闪点 19℃(闭杯)。

主要用途　用作溶剂和气相色谱标准样品，用于香料。

包装与储运

包装标志　易燃液体

包装类别　Ⅲ类

安全储运　储存于阴凉、通风的库房。库温不宜超过 37℃。远离火种、热源。保持容器密封。应与氧化剂、酸类等分开存放，切忌混储。采用防爆型照明、通风设施。禁止使用易产生火花的机械设备和工具。灌装时注意流速，防止静电积聚。储区应备有泄漏应急处理设备和合适的收容材料。搬运时轻装轻卸，防止容器受损。

紧急处置信息

急救措施

吸入：迅速脱离现场至空气新鲜处。保持呼吸道通畅。如呼吸困难，给输氧。呼吸、心跳停止，立即进行心肺复苏术。就医。

眼睛接触：立即分开眼睑，用流动清水或生理盐水彻底冲洗。就医。

皮肤接触：立即脱去污染的衣着，用肥皂水和清水彻底冲洗。就医。

食入：漱口，饮水。就医。

灭火方法　消防人员须穿全身消防服，佩戴空气呼吸器，在上风向灭火。尽可能将容

器从火场移至空旷处。喷水保持火场容器冷却，直至灭火结束。处在火场中的容器若发生异常变化或发出异常声音，须马上撤离。

灭火剂：干粉、二氧化碳、泡沫。

泄漏应急处置 根据液体流动和蒸气扩散的影响区域划定警戒区，无关人员从侧风、上风向撤离至安全区。消除所有点火源。建议应急处理人员戴防毒面具，穿防护服，戴橡胶耐油手套。穿上适当的防护服前严禁接触破裂的容器和泄漏物。尽可能切断泄漏源。防止泄漏物进入水体、下水道、地下室或有限空间。小量泄漏：用干燥的砂土或其他不燃材料吸收或覆盖，用洁净的无火花工具收集于容器中。大量泄漏：构筑围堤或挖坑收容。用泡沫覆盖减少蒸发。喷水雾能减少蒸发，但不能降低泄漏物在有限空间的易燃性。用防爆泵转移至槽车或专用收集器内。

86. 丙酸异丙酯

标　识

中文名称 丙酸异丙酯

英文名称 Isopropyl propionate；Propanoic acid，1-methylethyl ester

别名 丙酸 1-甲基乙酯

分子式 $C_6H_{12}O_2$

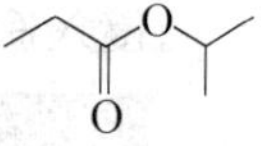

CAS 号 637-78-5

铁危编号 31237

危害信息

危险性类别 第 3 类 易燃液体

燃烧与爆炸危险性 易燃，其蒸气与空气混合能形成爆炸性混合物，遇明火、高热易燃烧爆炸。

禁忌物 氧化剂、强酸。

侵入途径 吸入、食入。

理化特性与用途

理化特性 无色液体。微溶于水，溶于乙醇。沸点 108～111℃，相对密度(水=1) 0.87，饱和蒸气压 3.0kPa(25℃)，辛醇/水分配系数 1.77，闪点 15℃，临界温度 285℃，临界压力 3.15MPa。

主要用途 食品用香料。

包装与储运

包装标志 易燃液体

包装类别 Ⅱ类

安全储运 储存于阴凉、通风的库房。远离火种、热源。库温不宜超过 37℃。保持容器密封。应与氧化剂、强酸等分开存放，切忌混储。采用防爆型照明、通风设施。禁止使用易产生火花的机械设备和工具。灌装时注意流速，防止静电积聚。储区应备有泄漏应急处理设备和合适的收容材料。搬运时轻装轻卸，防止容器受损。

紧急处置信息

急救措施

吸入： 脱离接触。如有不适感，就医。

眼睛接触： 分开眼睑，用流动清水或生理盐水冲洗。如有不适感，就医。

皮肤接触： 脱去污染的衣着，用流动清水冲洗。如有不适感，就医。

食入： 漱口，饮水。就医。

灭火方法 消防人员须穿全身消防服，佩戴空气呼吸器，在上风向灭火。尽可能将容器从火场移至空旷处。喷水保持火场容器冷却，直至灭火结束。处在火场中的容器若发生异常变化或发出异常声音，须马上撤离。

灭火剂：干粉、二氧化碳。

泄漏应急处置 根据液体流动和蒸气扩散的影响区域划定警戒区，无关人员从侧风、上风向撤离至安全区。消除所有点火源。建议应急处理人员戴防毒面具，穿防护服，戴橡胶耐油手套。穿上适当的防护服前严禁接触破裂的容器和泄漏物。尽可能切断泄漏源。防止泄漏物进入水体、下水道、地下室或有限空间。小量泄漏：用干燥的砂土或其他不燃材料吸收或覆盖，用洁净的无火花工具收集于容器中。大量泄漏：构筑围堤或挖坑收容。用泡沫覆盖减少蒸发。喷水雾能减少蒸发，但不能降低泄漏物在有限空间的易燃性。用防爆泵转移至槽车或专用收集器内。

87. 2-丙烯酸-(1-甲基-1,2-亚乙基)双(β-甲氧乙基)酯

标　识

中文名称 2-丙烯酸-(1-甲基-1,2-亚乙基)双(β-甲氧乙基)酯

英文名称 (1-Methyl-1,2-ethanediyl)bis(oxy(methyl-2,1-ethanediyl))diacrylate; 2-Propenoic acid, (1-methyl-1,2-ethanediyl)bis(oxy(methyl-2,1-ethanediyl))ester

别名 二缩三丙二醇二丙烯酸酯

分子式 $C_{15}H_{24}O_6$

CAS 号 42978-66-5

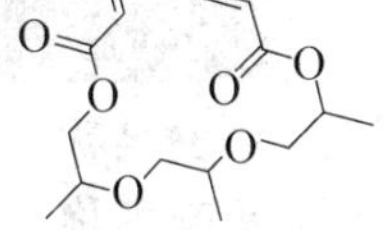

危害信息

燃烧与爆炸危险性 易燃，其蒸气与空气混合能形成爆炸性混合物，遇明火、高热易燃烧或爆炸。在高温火场中，受热的容器或储罐有破裂和爆炸的危险。

禁忌物 强氧化剂、强酸。

毒性 大鼠经口 LD_{50}：6200mg/kg；兔经皮 LD_{50}：>2g/kg。

中毒表现 对眼、皮肤和呼吸道有刺激性。对皮肤有致敏性。

侵入途径 吸入、食入、经皮吸收。

环境危害 对水生生物有毒，可能在水生环境中造成长期不利影响。

理化特性与用途

理化特性 淡黄至琥珀色透明液体，有酯味。熔点-60℃，沸点 109℃(0.03kPa)，相

对密度(水=1)1.036，饱和蒸气压小于1Pa，辛醇/水分配系数2.77，闪点113℃。

主要用途 用作光固化树脂、涂料、黏合剂的原料，合成树脂，中间体和稀释剂等。

包装与储运

包装标志 杂类

包装类别 Ⅲ类

安全储运 储存于阴凉、通风的库房。远离火种、热源。应与强氧化剂、强酸等隔离储运。

紧急处置信息

急救措施

吸入：迅速脱离现场至空气新鲜处。保持呼吸道通畅。如呼吸困难，给输氧。呼吸、心跳停止，立即进行心肺复苏术。就医。

眼睛接触：立即分开眼睑，用流动清水或生理盐水彻底冲洗。就医。

皮肤接触：立即脱去污染的衣着，用肥皂水和清水彻底冲洗。就医。

食入：漱口，饮水。就医。

灭火方法 消防人员须穿全身消防服，佩戴空气呼吸器，在上风向灭火。尽可能将容器从火场移至空旷处。喷水保持火场容器冷却，直至灭火结束。处在火场中的容器若发生异常变化或发出异常声音，须马上撤离。

灭火剂：泡沫、二氧化碳、干粉、砂土。

泄漏应急处置 根据液体流动和蒸气扩散的影响区域划定警戒区，无关人员从侧风、上风向撤离至安全区。消除点火源。应急人员应戴正压自给式呼吸器，穿防护服。尽可能切断泄漏源。防止泄漏物进入水体、下水道、地下室或有限空间。小量泄漏：用干燥的砂土或其他不燃材料吸收或覆盖，用洁净的无火花工具收集于容器中。大量泄漏：构筑围堤或挖坑收容。用泵转移至槽车或专用收集器内。

88. 丙烯酸叔丁酯

标　识

中文名称 丙烯酸叔丁酯

英文名称 tert-Butyl acrylate; 2-Propenoic acid, 1,1-dimethylethyl ester

分子式 $C_7H_{12}O_2$

CAS 号 1663-39-4

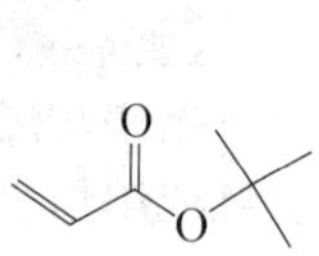

危害信息

危险性类别 第3类 易燃液体

燃烧与爆炸危险性 易燃，其蒸气与空气混合易形成爆炸性混合物，遇明火、高热易燃烧爆炸。

禁忌物 氧化剂、强酸。

中毒表现 食入、吸入或经皮肤吸收对身体有害。对呼吸道有刺激性。对皮肤有刺激性和致敏性。

侵入途径　吸入、食入、经皮吸收。

环境危害　对水生生物有毒，可能在水生环境中造成长期不利影响。

理化特性与用途

理化特性　无色透明液体。微溶于水。熔点-69℃，沸点120℃，相对密度(水=1)0.883，饱和蒸气压1.6kPa(20℃)，辛醇/水分配系数2.32，闪点17℃，引燃温度400℃，爆炸下限0.7%，爆炸上限7%。

主要用途　用作丙烯酸树脂单体。

包装与储运

包装标志　易燃液体

包装类别　Ⅱ类

安全储运　储存于阴凉、通风的库房。远离火种、热源。库温不宜超过37℃。保持容器密封。应与氧化剂、强酸等分开存放，切忌混储。采用防爆型照明、通风设施。禁止使用易产生火花的机械设备和工具。灌装时注意流速，防止静电积聚。储区应备有泄漏应急处理设备和合适的收容材料。搬运时轻装轻卸，防止容器受损。

紧急处置信息

急救措施

吸入：迅速脱离现场至空气新鲜处。保持呼吸道通畅。如呼吸困难，给输氧。呼吸、心跳停止，立即进行心肺复苏术。就医。

眼睛接触：立即分开眼睑，用流动清水或生理盐水彻底冲洗。就医。

皮肤接触：立即脱去污染的衣着，用肥皂水和清水彻底冲洗。就医。

食入：漱口，饮水。就医。

灭火方法　消防人员须穿全身消防服，在上风向灭火。尽可能将容器从火场移至空旷处。喷水保持火场容器冷却，直至灭火结束。处在火场中的容器，若发生异常变化或发出异常声音，须马上撤离。

灭火剂：抗溶性泡沫、二氧化碳、砂土、干粉。

泄漏应急处置　根据液体流动和蒸气扩散的影响区域划定警戒区，无关人员从侧风、上风向撤离至安全区。消除所有点火源。建议应急处理人员戴防毒面具，穿防护服，戴橡胶耐油手套。穿上适当的防护服前严禁接触破裂的容器和泄漏物。尽可能切断泄漏源。防止泄漏物进入水体、下水道、地下室或有限空间。小量泄漏：用干燥的砂土或其他不燃材料吸收或覆盖，用洁净的无火花工具收集于容器中。大量泄漏：构筑围堤或挖坑收容。用泡沫覆盖减少蒸发。喷水雾能减少蒸发，但不能降低泄漏物在有限空间的易燃性。用防爆泵转移至槽车或专用收集器内。

89. 丙烯酰胺基甘醇酸甲酯(含≥0.1%丙烯酰胺)

标　识

中文名称　丙烯酰胺基甘醇酸甲酯(含≥0.1%丙烯酰胺)

英文名称　Acetic acid, hydroxy((1-oxo-2-propenyl)amino)-, methyl ester; Methyl acrylamidoglycolate

分子式 $C_6H_9NO_4$

CAS 号 77402-05-2

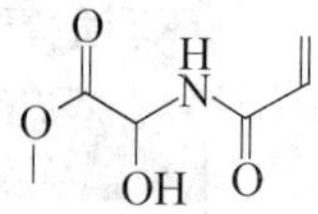

危害信息

燃烧与爆炸危险性 在高温火场中，受热的容器或储罐有破裂和爆炸的危险。

禁忌物 强氧化剂。

毒性 欧盟法规 1272/2008/EC 将本品列为第 1B 类生殖细胞致突变物——应认为可能引起人类生殖细胞可遗传突变的物质；第 1B 类致癌物——可能对人类有致癌能力。

中毒表现 对眼和皮肤有腐蚀性。对皮肤有致敏性。

侵入途径 吸入、食入。

理化特性与用途

理化特性 固体。溶于水。沸点 364℃，相对密度(水=1)1.224，相对蒸气密度(空气=1)5.49，饱和蒸气压 0.12mPa(25℃)，辛醇/水分配系数-0.80，闪点 174℃。

包装与储运

安全储运 储存于阴凉、通风的库房。远离火种、热源。应与强氧化剂等隔离储运。

紧急处置信息

急救措施

吸入：迅速脱离现场至空气新鲜处。保持呼吸道通畅。如呼吸困难，给输氧。呼吸、心跳停止，立即进行心肺复苏术。就医。

眼睛接触：立即分开眼睑，用流动清水或生理盐水彻底冲洗 5~10min。就医。

皮肤接触：立即脱去污染的衣着，用大量流动清水彻底冲洗，冲洗时间一般要求 20~30min。就医。

食入：用水漱口，禁止催吐。给饮牛奶或蛋清。就医。

灭火方法 消防人员须穿全身消防服，佩戴防毒面具，在上风向灭火。尽可能将容器从火场移至空旷处。喷水保持火场容器冷却，直至灭火结束。

根据着火原因选择适当灭火剂灭火。

泄漏应急处置 隔离泄漏污染区，限制出入。建议应急处理人员戴防尘口罩，穿防毒、耐腐蚀防护服，戴耐腐蚀防护手套。在穿戴适当的防护装备前，避免接触泄漏物。尽可能切断泄漏源。用塑料布覆盖泄漏物，减少飞散。勿使水进入包装容器内。用洁净的铲子收集泄漏物，置于干净、干燥、盖子较松的容器中，将容器移离泄漏区。

90. 丙溴磷

标　识

中文名称 丙溴磷

英文名称 *O*-(4-Bromo-2-chlorophenyl)*O*-ethyl *S*-propyl phosphorothioate；Profenofos

别名 *O*-乙基-*O*-(4-溴-2-氯苯基)-*S*-丙基硫代磷酸酯

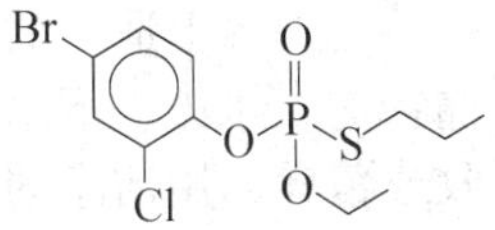

分子式　$C_{11}H_{15}BrClO_3PS$

CAS 号　41198-08-7

危害信息

燃烧与爆炸危险性　可燃，在高温火场中，受热的容器有破裂和爆炸的危险。

禁忌物　强氧化剂、强碱。

毒性　大鼠经口 LD_{50}：358mg/kg；小鼠经口 LD_{50}：162mg/kg；大鼠吸入 LC_{50}：3g/m^3(4h)；大鼠经皮 LD_{50}：1610mg/kg；兔经皮 LD_{50}：192mg/kg。

中毒表现　抑制体内胆碱酯酶活性，造成神经生理功能紊乱。急性中毒症状有头痛、头昏、乏力、食欲不振、恶心、呕吐、腹痛、腹泻、流涎、瞳孔缩小、呼吸道分泌物增多、多汗、肌束震颤等。重度中毒者出现肺水肿、昏迷、呼吸麻痹、脑水肿。血胆碱酯酶活性降低。

侵入途径　吸入、食入、经皮吸收。

环境危害　对水生生物有极高毒性，可能在水生环境中造成长期不利影响。

理化特性与用途

理化特性　淡黄色至琥珀色液体，有大蒜气味。不溶于水，与许多有机溶剂互溶。沸点100℃(1.8Pa)，相对密度(水=1)1.455，饱和蒸气压0.12mPa(25℃)，辛醇/水分配系数4.68。

主要用途　广谱杀虫剂。用于防治棉花、玉米、甜菜、大豆、马铃薯、烟草等作物的害虫。

包装与储运

包装标志　杂类

包装类别　Ⅲ类

安全储运　储存于阴凉、通风的库房。远离火种、热源。防止阳光直射。储存温度不超过35℃，相对湿度不超过85%。保持容器密封。应与强氧化剂、强碱等分开存放，切忌混储。配备相应品种和数量的消防器材。储区应备有合适的材料收容泄漏物。搬运时轻装轻卸，防止容器受损。

紧急处置信息

急救措施

吸入：迅速脱离现场至空气新鲜处。保持呼吸道通畅。如呼吸困难，给输氧。呼吸、心跳停止，立即进行心肺复苏术。就医。

眼睛接触：分开眼睑，用流动清水或生理盐水冲洗。就医。

皮肤接触：立即脱去污染的衣着，用肥皂水及流动清水彻底冲洗污染的皮肤、头发、指甲等。就医。

食入：饮足量温水，催吐(仅限于清醒者)。口服活性炭。就医

解毒剂：阿托品、胆碱酯酶复能剂。

灭火方法　消防人员须穿全身消防服，佩戴空气呼吸器，在上风向灭火。尽可能将容器从火场移至空旷处。喷水保持火场容器冷却，直至灭火结束。处在火场中的容器若发生异常变化或发出异常声音，须马上撤离。

灭火剂：干粉、二氧化碳、水。

泄漏应急处置　根据液体流动和蒸气扩散的影响区域划定警戒区，无关人员从侧风、上风向撤离至安全区。消除所有点火源。建议应急处理人员戴防毒面具，穿防毒服，戴防

护手套。穿上适当的防护服前严禁接触破裂的容器和泄漏物。尽可能切断泄漏源。防止泄漏物进入水体、下水道、地下室或有限空间。小量泄漏：用干燥的砂土或其他不燃材料吸收或覆盖，用洁净的无火花工具收集于容器中。大量泄漏：构筑围堤或挖坑收容。用泵转移至槽车或专用收集器内。

91. 铂

标　　识

中文名称　铂

英文名称　Platinum，metal

分子式　Pt

CAS 号　7440-06-4

危害信息

燃烧与爆炸危险性　易燃，粉体与空气混合能形成爆炸性混合物，遇明火、高热易燃烧爆炸。在高温火场中，受热的容器有破裂和爆炸的危险。

禁忌物　强氧化剂、强酸。

中毒表现　对眼和呼吸道有刺激性。食入引起腹痛、恶心和呕吐。

侵入途径　吸入、食入。

职业接触限值　美国(ACGIH)：TLV-TWA $1mg/m^3$。

理化特性与用途

理化特性　银灰色有光泽的金属。不溶于水，不溶于无机酸和有机酸，溶于王水。熔点 1769℃，沸点 3827℃，相对密度(水=1)21.45，饱和蒸气压 18.7mPa(熔点)。

主要用途　用于制造珠宝饰物、导线、实验室容器、热电偶、耐腐蚀设备、牙科材料等，铂粉可用作催化剂。

包装与储运

安全储运　储存于阴凉、通风的库房。远离火种、热源。应与强氧化剂、强酸等隔离储运。

紧急处置信息

急救措施

吸入：迅速脱离现场至空气新鲜处。保持呼吸道通畅。如呼吸困难，给输氧。呼吸、心跳停止，立即进行心肺复苏术。就医。

眼睛接触：立即分开眼睑，用流动清水或生理盐水彻底冲洗。就医。

皮肤接触：立即脱去污染的衣着，用肥皂水和清水彻底冲洗。就医。

食入：漱口，饮水。就医。

灭火方法　消防人员须穿全身消防服，佩戴空气呼吸器，在上风向灭火。尽可能将容器从火场移至空旷处。禁止使用水、泡沫、二氧化碳灭火。

灭火剂：砂土。

泄漏应急处置 隔离泄漏污染区，限制出入。消除点火源。建议应急处理人员戴防尘口罩，穿防护服，戴橡胶手套。穿上适当的防护服前严禁接触破裂的容器和泄漏物。尽可能切断泄漏源。用塑料布覆盖泄漏物，减少飞散。勿使水进入包装容器内。用洁净的铲子收集泄漏物，置于干净、干燥、盖子较松的容器中，将容器移离泄漏区。

92. 草硫膦

标　识

中文名称 草硫膦

英文名称 Glyphosate-trimesium；Glycine，*N*-(phosphonomethyl)-，ion(1-)，trimethylsulfonium

别名 草甘膦三甲基硫盐；*N*-(膦酰甲基)甘氨酸三甲基硫盐

分子式 $C_6H_{16}NO_5PS$

CAS 号 81591-81-3

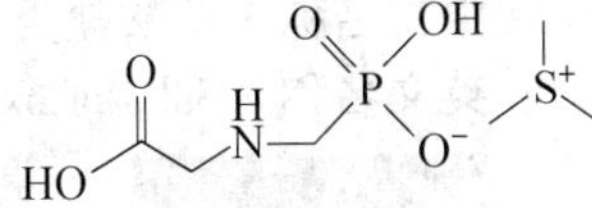

危害信息

燃烧与爆炸危险性 无特殊燃爆特性。

禁忌物 强氧化剂、酸碱。

毒性 大鼠经口 LD_{50}：464mg/kg。

中毒表现 食入有害。对眼和皮肤有轻度刺激性。本品有轻度致敏性。

侵入途径 吸入、食入。

环境危害 对水生生物有毒，可能在水生环境中造成长期不利影响。

理化特性与用途

理化特性 淡黄褐色透明液体。溶于水。沸点 109℃，相对密度(水=1)1.25。

主要用途 用作除草剂。用于防除一年生、多年生禾本科杂草及阔叶杂草和某些木本植物。

包装与储运

包装标志 杂类

包装类别 Ⅲ类

安全储运 储存于阴凉、通风的库房。远离火种、热源。应与强氧化剂、酸碱等隔离储运。

紧急处置信息

急救措施

吸入：迅速脱离现场至空气新鲜处。保持呼吸道通畅。如呼吸困难，给输氧。呼吸、心跳停止，立即进行心肺复苏术。就医。

眼睛接触：立即分开眼睑，用流动清水或生理盐水彻底冲洗。就医。

皮肤接触：立即脱去污染的衣着，用肥皂水和清水彻底冲洗。就医。

食入：漱口，饮水。就医。

灭火方法 消防人员须穿全身消防服，佩戴空气呼吸器，在上风向灭火。尽可能将容器从火场移至空旷处。

根据着火原因选择适当灭火剂灭火。

泄漏应急处置 根据液体流动和蒸气扩散的影响区域划定警戒区，无关人员从侧风、上风向撤离至安全区。应急人员应戴正压自给式呼吸器，穿防护服，戴防护手套。尽可能切断泄漏源。防止进入水体、下水道、地下室或有限空间。小量泄漏：用砂土等不燃材料吸收，用洁净的工具收集于容器中。大量泄漏：构筑围堤或挖坑收容。用泡沫覆盖泄漏物，减少挥发。用泵将泄漏物转移至槽车或专用收集器内。

93. 草酸盐类

标　识

中文名称 草酸盐类

英文名称 Salts of oxalic acid；Oxalate

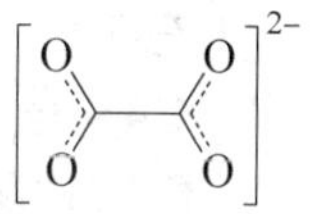

危害信息

燃烧与爆炸危险性 无特殊燃爆特性。

禁忌物 强氧化剂。

中毒表现 食入或经皮吸收对身体有害。

侵入途径 吸入、食入、经皮吸收。

理化特性与用途

理化特性 草酸盐是草酸形成的盐类。草酸盐分为正盐草酸盐与酸式盐草酸氢盐两类。

主要用途 草酸盐可用作媒染剂，用于无机功能材料、不锈钢表面处理等。

包装与储运

安全储运 储存于阴凉、通风的库房。远离火种、热源。应与强氧化剂等隔离储运。

紧急处置信息

急救措施

吸入：迅速脱离现场至空气新鲜处。保持呼吸道通畅。如呼吸困难，给输氧。呼吸、心跳停止，立即进行心肺复苏术。就医。

眼睛接触：立即分开眼睑，用流动清水或生理盐水彻底冲洗。就医。

皮肤接触：立即脱去污染的衣着，用肥皂水和清水彻底冲洗。就医。

食入：漱口，饮水。就医。

灭火方法 消防人员须穿全身消防服，佩戴空气呼吸器，在上风向灭火。尽可能将容器从火场移至空旷处。

根据着火原因选择适当灭火剂灭火。

泄漏应急处置 隔离泄漏污染区，限制出入。建议应急处理人员戴防尘口罩，穿防护服。禁止接触或跨越泄漏物。尽可能切断泄漏源。用塑料布覆盖，减少飞散。然后用洁净的铲子收集泄漏物，置于干净、干燥、盖子较松的容器中，将容器移离泄漏区。

94. 草完隆

标　识

中文名称　草完隆

英文名称　Noruron；1,1-Dimethyl-3-(perhydro-4,7-methanoinden-5-yl)urea

别名　1-(3*a*,4,5,6,7,7*a*-六氢-4,7-亚甲基-5-茚满基)-3,3-二甲基脲

分子式　$C_{13}H_{22}N_2O$

CAS 号　2163-79-3

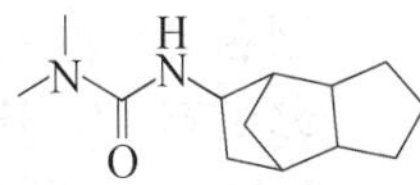

危害信息

燃烧与爆炸危险性　无特殊燃爆特性。

禁忌物　强氧化剂。

中毒表现　大剂量口服脲类除草剂可引起急性中毒，出现恶心、呕吐、头痛、头晕、乏力、失眠，严重者可有贫血、肝脾肿大。对眼、皮肤、黏膜有刺激性。

侵入途径　吸入、食入。

理化特性与用途

理化特性　白色结晶。微溶于水，易溶于丙酮、乙醇、环己烷，微溶于苯。熔点 171～172℃，饱和蒸气压 2.27mPa(25℃)，辛醇/水分配系数 2.28。

主要用途　芽前除草剂。用于棉花、高粱、甘蔗、大豆、菠菜和马铃薯中防除一年生禾本科和宽叶杂草。

包装与储运

安全储运　储存于阴凉、通风的库房。远离火种、热源。应与强氧化剂等隔离储运。

紧急处置信息

急救措施

吸入：迅速脱离现场至空气新鲜处。保持呼吸道通畅。如呼吸困难，给输氧。呼吸、心跳停止，立即进行心肺复苏术。就医。

眼睛接触：立即分开眼睑，用流动清水或生理盐水彻底冲洗。就医。

皮肤接触：立即脱去污染的衣着，用肥皂水和清水彻底冲洗。就医。

食入：漱口，饮水。就医。

灭火方法　消防人员须穿全身消防服，佩戴空气呼吸器，在上风向灭火。尽可能将容器从火场移至空旷处。

根据着火原因选择适当灭火剂灭火。

泄漏应急处置　隔离泄漏污染区，限制出入。建议应急处理人员戴防尘口罩，穿防毒服，戴防护手套。穿上适当的防护服前严禁接触破裂的容器和泄漏物。尽可能切断泄漏源。用塑料布覆盖泄漏物，减少飞散。勿使水进入包装容器内。用洁净的铲子收集泄漏物，置于干净、干燥、盖子较松的容器中，将容器移离泄漏区。

95. 虫螨腈

标　识

中文名称　虫螨腈

英文名称　Chlorfenapyr；4-Bromo-2-(4-chlorophenyl)-1-ethoxymethyl-5-trifluoromethylpyrrole-3-carbonitrile

别名　4-溴-2-(4-氯苯基)-1-(乙氧甲基)-5-(三氟甲基)-1H-吡咯-3-腈

分子式　$C_{15}H_{11}BrClF_3N_2O$

CAS 号　122453-73-0

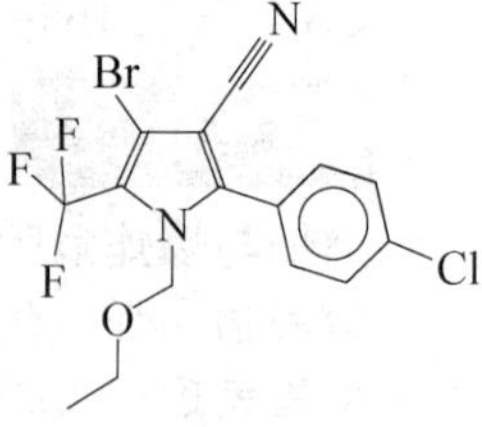

危害信息

危险性类别　第 6 类　有毒品

燃烧与爆炸危险性　无特殊燃爆特性。

禁忌物　强氧化剂、酸类。

毒性　大鼠经口 LD_{50}：441mg/kg；小鼠经口 LD_{50}：55mg/kg；大鼠吸入 LC_{50}：0.83g/m^3(4h)；兔经皮 LD_{50}：>2g/kg。

中毒表现　对眼有刺激性。

侵入途径　吸入、食入、经皮吸收。

环境危害　对水生生物有极高毒性，可能在水生环境中造成长期不利影响。

理化特性与用途

理化特性　白色至淡黄色固体。不溶于水，溶于丙酮、乙醚、二甲亚砜、四氢呋喃、乙腈、醇类。熔点 100~101℃，沸点 444℃，相对密度(水=1)1.53，饱和蒸气压 0.009mPa(25℃)，辛醇/水分配系数 4.83。

主要用途　杀虫、杀螨剂。

包装与储运

包装标志　有毒品

包装类别　Ⅲ类

安全储运　储存于阴凉、通风的库房。远离火种、热源。储存温度不超过 35℃，相对湿度不超过 85%。保持容器密封。应与强氧化剂、酸类等分开存放，切忌混储。配备相应品种和数量的消防器材。储区应备有合适的材料收容泄漏物。

紧急处置信息

急救措施

吸入：迅速脱离现场至空气新鲜处。保持呼吸道通畅。如呼吸困难，给输氧。呼吸、心跳停止，立即进行心肺复苏术。就医。

眼睛接触：立即分开眼睑，用流动清水或生理盐水彻底冲洗。就医。

皮肤接触：立即脱去污染的衣着，用肥皂水和清水彻底冲洗。就医。

食入：漱口，饮水。就医。

灭火方法 消防人员须穿全身防火防毒服，佩戴空气呼吸器，在上风向灭火。尽可能将容器从火场移至空旷处。喷水保持火场容器冷却，直至灭火结束。

灭火剂：干粉、二氧化碳、水。

泄漏应急处置 隔离泄漏污染区，限制出入。建议应急处理人员戴防尘口罩，穿防毒服，戴橡胶手套。穿上适当的防护服前严禁接触破裂的容器和泄漏物。尽可能切断泄漏源。用塑料布覆盖泄漏物，减少飞散。勿使水进入包装容器内。用洁净的铲子收集泄漏物，置于干净、干燥、盖子较松的容器中，将容器移离泄漏区。

96. 虫螨畏

标　识

中文名称 虫螨畏

英文名称 Methyl 3-((dimethoxyphosphinothioyl)oxy)methacrylate；Methacrifos

分子式 $C_7H_{13}O_5PS$

CAS 号 30864-28-9

危害信息

燃烧与爆炸危险性 可燃。

禁忌物 强氧化剂、强碱。

毒性 小鼠经口 LD_{50}：62500μg/kg。

中毒表现 抑制体内胆碱酯酶活性，造成神经生理功能紊乱。急性中毒症状有头痛、头昏、乏力、食欲不振、恶心、呕吐、腹痛、腹泻、流涎、瞳孔缩小、呼吸道分泌物增多、多汗、肌束震颤等。重度中毒者出现肺水肿、昏迷、呼吸麻痹、脑水肿。血胆碱酯酶活性降低。对皮肤有致敏性。

侵入途径 吸入、食入、经皮吸收。

环境危害 对水生生物有极高毒性，可能在水生环境中造成长期不利影响。

理化特性与用途

理化特性 无色液体。微溶于水，易溶于苯、二氯乙烷、己烷、甲醇。沸点 90℃(1.33Pa)，相对密度(水=1)1.225，饱和蒸气压 1.86Pa(25℃)，辛醇/水分配系数 0.83，闪点 110℃。

主要用途 杀虫剂。用于防治鳞翅目、鞘翅目害虫及螨类。

包装与储运

包装标志 杂类

包装类别 Ⅲ类

安全储运 储存于阴凉、通风的库房。远离火种、热源。保持容器密闭。应与强氧化剂、强碱等隔离储运。搬运时轻装轻卸，防止容器受损。

紧急处置信息

急救措施

吸入：迅速脱离现场至空气新鲜处。保持呼吸道通畅。如呼吸困难，给输氧。呼吸、

心跳停止，立即进行心肺复苏术。就医。

眼睛接触： 分开眼睑，用流动清水或生理盐水冲洗。就医。

皮肤接触： 立即脱去污染的衣着，用肥皂水及流动清水彻底冲洗污染的皮肤、头发、指甲等。就医。

食入： 饮足量温水，催吐(仅限于清醒者)。口服活性炭。就医。

解毒剂： 阿托品、胆碱酯酶复能剂。

灭火方法　消防人员须穿全身消防服，佩戴空气呼吸器，在上风向灭火。尽可能将容器从火场移至空旷处。

灭火剂：干粉、二氧化碳。

泄漏应急处置　根据液体流动和蒸气扩散的影响区域划定警戒区，无关人员从侧风、上风向撤离至安全区。消除所有点火源。建议应急处理人员戴防毒面具，穿防毒服，戴防护手套。穿上适当的防护服前严禁接触破裂的容器和泄漏物。尽可能切断泄漏源。防止泄漏物进入水体、下水道、地下室或有限空间。小量泄漏：用干燥的砂土或其他不燃材料吸收或覆盖，收集于容器中。大量泄漏：构筑围堤或挖坑收容。用泵转移至槽车或专用收集器内。

97. 除虫菊

标　识

中文名称　除虫菊

英文名称　Pyrethrum；Pyrethrins

别名　除虫菊酯

分子式　$C_{43}H_{56}O_8$

CAS 号　8003-34-7

危害信息

燃烧与爆炸危险性　可燃，受热易分解，放出刺激性烟雾。

禁忌物　强氧化剂。

毒性　大鼠经口 LD_{50}：200mg/kg；小鼠经口 LD_{50}：370mg/kg；大鼠经皮 LD_{50}：1350mg/kg；兔经皮 LD_{50}：300mg/kg。

中毒表现　对眼、皮肤和呼吸道有刺激性。对皮肤和呼吸道有致敏性。影响神经系统，吸入后引起头痛、恶心和呕吐；食入中毒表现为舌和唇发麻，惊厥、肌麻痹和肌纤维性震颤。

侵入途径　吸入、食入、经皮吸收。

职业接触限值　美国(ACGIH)：TLV-TWA 5mg/m^3。

环境危害　对水生生物有极高毒性，可能在水生环境中造成长期不利影响。

理化特性与用途

理化特性　棕色至深棕色透明液体。不溶于水，溶于乙醇、丙酮、煤油、四氯化碳、硝基甲烷、二氯乙烷等。沸点 170℃(0.01kPa)，相对密度(水=1)0.84~0.86，闪点 76℃(闭杯)。

主要用途 用作农用和家庭卫生用杀虫剂。

包装与储运

包装标志 杂类

包装类别 Ⅲ类

安全储运 储存于阴凉、通风的库房。远离火种、热源。应与强氧化剂等隔离储运。搬运时轻装轻卸，防止容器受损。

紧急处置信息

急救措施

吸入：迅速脱离现场至空气新鲜处。保持呼吸道通畅。如呼吸困难，给输氧。呼吸、心跳停止，立即进行心肺复苏术。就医。

眼睛接触：立即分开眼睑，用流动清水或生理盐水彻底冲洗。就医。

皮肤接触：立即脱去污染的衣着，用流动清水彻底冲洗。就医。

食入：饮适量温水，催吐(仅限于清醒者)。就医。

灭火方法 消防人员须穿全身消防服，佩戴空气呼吸器，在上风向灭火。尽可能将容器从火场移至空旷处。喷水保持火场容器冷却，直至灭火结束。处在火场中的容器若发生异常变化或发出异常声音，须马上撤离。

灭火剂：水、二氧化碳、泡沫、干粉。

泄漏应急处置 根据液体流动和蒸气扩散的影响区域划定警戒区，无关人员从侧风、上风向撤离至安全区。消除所有点火源。建议应急处理人员戴防毒面具，穿防毒服。穿上适当的防护服前严禁接触破裂的容器和泄漏物。尽可能切断泄漏源。防止泄漏物进入水体、下水道、地下室或有限空间。小量泄漏：用干燥的砂土或其他不燃材料吸收或覆盖，用洁净的无火花工具收集于容器中。大量泄漏：构筑围堤或挖坑收容。用泵转移至槽车或专用收集器内。

98. 除虫菊素Ⅱ

标 识

中文名称 除虫菊素Ⅱ

英文名称 Pyrethrin Ⅱ; 2-Methyl-4-oxo-3-(penta-2,4-dienyl)cyclopent-2-enyl(1*R*-(1alpha*S**(*Z*)))(3beta)-3-(3-methoxy-2-methyl-3-oxoprop-1-enyl)-2,2-dimethylcyclopropanecarboxylate

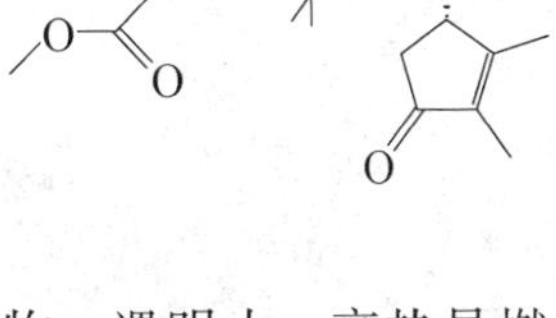

分子式 $C_{22}H_{28}O_5$

CAS 号 121-29-9

危害信息

燃烧与爆炸危险性 可燃，蒸气与空气混合能形成爆炸性混合物，遇明火、高热易燃烧爆炸，产生有毒气体。

禁忌物 强氧化剂。

毒性 大鼠经口 LD_{50}：200mg/kg；小鼠经口 LD_{50}：130mg/kg。

中毒表现　本品属拟除虫菊酯类杀虫剂，该类杀虫剂为神经毒物。吸入引起上呼吸道刺激、头痛、头晕和面部感觉异常。食入引起恶心、呕吐和腹痛。重者出现出现阵发性抽搐、意识障碍、肺水肿，可致死。对眼有刺激性。对皮肤有致敏性。

侵入途径　吸入、食入。

环境危害　对水生生物有极高毒性，可能在水生环境中造成长期不利影响。

理化特性与用途

理化特性　黄色至棕色黏性液体。不溶于水，溶于乙醇、乙醚、石油醚、煤油、四氯化碳、二氯乙烷、硝基甲烷。沸点 192～193℃(0.93Pa)，饱和蒸气压 0.05mPa(25℃)，辛醇/水分配系数 4.3，闪点 82～88℃。

主要用途　用作杀虫剂。

包装与储运

包装标志　杂类

包装类别　Ⅲ类

安全储运　储存于阴凉、通风的库房。远离火种、热源。应与强氧化剂等隔离储运。搬运时轻装轻卸，防止容器受损。

紧急处置信息

急救措施

吸入：迅速脱离现场至空气新鲜处。保持呼吸道通畅。如呼吸困难，给输氧。呼吸、心跳停止，立即进行心肺复苏术。就医。

眼睛接触：立即分开眼睑，用流动清水或生理盐水彻底冲洗。就医。

皮肤接触：立即脱去污染的衣着，用流动清水彻底冲洗。就医。

食入：饮适量温水，催吐(仅限于清醒者)。就医。

灭火方法　消防人员须穿全身消防服，佩戴空气呼吸器，在上风向灭火。尽可能将容器从火场移至空旷处。喷水保持火场容器冷却，直至灭火结束。处在火场中的容器若发生异常变化或发出异常声音，须马上撤离。

灭火剂：二氧化碳、泡沫、干粉。

泄漏应急处置　根据液体流动和蒸气扩散的影响区域划定警戒区，无关人员从侧风、上风向撤离至安全区。消除所有点火源。建议应急处理人员戴防毒面具，穿防毒服。穿上适当的防护服前严禁接触破裂的容器和泄漏物。尽可能切断泄漏源。防止泄漏物进入水体、下水道、地下室或有限空间。小量泄漏：用干燥的砂土或其他不燃材料吸收或覆盖，用洁净的无火花收集于容器中。大量泄漏：构筑围堤或挖坑收容。用防爆泵转移至槽车或专用收集器内。

99. 4,4′,4″-次乙基三苯酚

标　　识

中文名称　4,4′,4″-次乙基三苯酚

英文名称 4,4′,4″-Ethylidynetrisphenol；4,4′,4″-(Ethan-1,1,1-triyl)triphenol

别名 1,1,1-三(4-羟基苯基)乙烷

分子式 $C_{20}H_{18}O_3$

CAS 号 27955-94-8

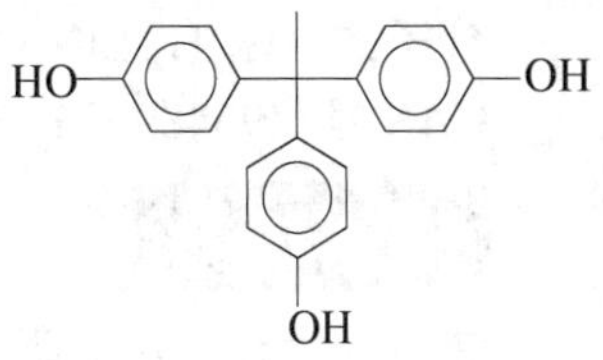

危害信息

燃烧与爆炸危险性 无特殊燃爆特性。

禁忌物 强氧化剂。

毒性 大鼠经口 LD_{50}：>5g/kg；大鼠经皮 LD_{50}：>2g/kg。

侵入途径 吸入、食入、经皮吸收。

环境危害 对水生生物有毒，可能在水生环境中造成长期不利影响。

理化特性与用途

理化特性 白色至褐色结晶粉末。极微溶于冷水，部分溶于热水，溶于甲醇。熔点 246~248℃，相对密度(水=1)1.253，辛醇/水分配系数 3.88。

主要用途 用作感光树脂、环氧树脂的原料，聚碳酸酯改性剂，记录纸添加剂等。

包装与储运

包装标志 杂类

包装类别 Ⅲ类

安全储运 储存于阴凉、通风的库房。远离火种、热源。应与强氧化剂等隔离储运。

紧急处置信息

急救措施

吸入：迅速脱离现场至空气新鲜处。保持呼吸道通畅。如呼吸困难，给输氧。呼吸、心跳停止，立即进行心肺复苏术。就医。

眼睛接触：立即分开眼睑，用流动清水或生理盐水彻底冲洗。就医。

皮肤接触：立即脱去污染的衣着，用肥皂水和清水彻底冲洗。就医。

食入：漱口，饮水。就医。

灭火方法 消防人员须穿全身消防服，佩戴空气呼吸器，在上风向灭火。尽可能将容器从火场移至空旷处。根据着火原因选择适当灭火剂灭火。

泄漏应急处置 隔离泄漏污染区，限制出入。建议应急处理人员戴防尘口罩，穿防护服。穿上适当的防护服前严禁接触破裂的容器和泄漏物。尽可能切断泄漏源。用塑料布覆盖泄漏物，减少飞散。勿使水进入包装容器内。用洁净的铲子收集泄漏物，置于干净、干燥、盖子较松的容器中，将容器移离泄漏区。

100. 哒螨灵

标　识

中文名称 哒螨灵

英文名称 Pyridaben；3(2H)-Pyridazinone，4-chloro-2-(1,1-dimethylethyl)-5-(((4-

(1,1-dimethylethyl)phenyl)methyl)thio)-

别名　2-叔丁基-5-(4-叔丁基苄硫基)-4-氯-2H-哒嗪-3-酮

分子式　$C_{19}H_{25}ClN_2OS$

CAS 号　96489-71-3

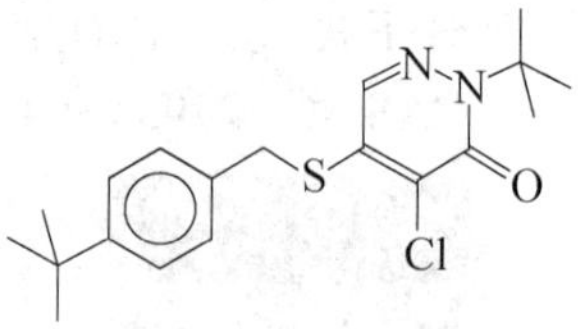

危害信息

危险性类别　第6类　有毒品

燃烧与爆炸危险性　无特殊燃爆特性。

禁忌物　强氧化剂、强酸、醇。

毒性　大鼠经口 LD_{50}：570mg/kg；小鼠经口 LD_{50}：205mg/kg；大鼠吸入 LC_{50}：620mg/m^3；大鼠经皮 LD_{50}：>2g/kg；兔经皮 LD_{50}：>2000mg/kg。

中毒表现　吸入或食入引起中毒。对眼有中度刺激性。

侵入途径　吸入、食入、经皮吸收。

环境危害　对水生生物有极高毒性，可能在水生环境中造成长期不利影响。

理化特性与用途

理化特性　无色无味结晶。不溶于水，溶于丙酮、苯、环己烷、二甲苯等。熔点 111～112℃，相对密度(水=1)1.2，饱和蒸气压 0.25mPa(20℃)，辛醇/水分配系数 6.37。

主要用途　杀虫杀螨剂。用于棉花、柑橘、果树等经济作物上防治螨类害虫。

包装与储运

包装标志　有毒品

包装类别　Ⅲ类

安全储运　储存于阴凉、通风的库房。远离火种、热源。库温不超过 35℃。相对湿度不超过 85%。包装密封。应与强氧化剂、强酸、醇类、食用化学品分开存放，切忌混储。配备相应品种和数量的消防器材。储区应备有合适的材料收容泄漏物。

紧急处置信息

急救措施

吸入：迅速脱离现场至空气新鲜处。保持呼吸道通畅。如呼吸困难，给输氧。呼吸、心跳停止，立即进行心肺复苏术。就医。

眼睛接触：立即分开眼睑，用流动清水或生理盐水彻底冲洗。就医。

皮肤接触：立即脱去污染的衣着，用肥皂水和清水彻底冲洗。就医。

食入：漱口，饮水。就医。

灭火方法　消防人员须穿全身消防服，佩戴空气呼吸器，在上风向灭火。尽可能将容器从火场移至空旷处。喷水保持火场容器冷却，直至灭火结束。

根据着火原因选择适当灭火剂灭火。

泄漏应急处置　隔离泄漏污染区，限制出入。建议应急处理人员戴防尘口罩，穿防毒服，戴橡胶手套。穿上适当的防护服前严禁接触破裂的容器和泄漏物。尽可能切断泄漏源。用塑料布覆盖泄漏物，减少飞散。勿使水进入包装容器内。用洁净的铲子收集泄漏物，置于干净、干燥、盖子较松的容器中，将容器移离泄漏区。

101. 代森硫

标　识

中文名称　代森硫

英文名称　5,6-Dihydro-3H-imidazo(2,1-c)-1,2,4-dithiazole-3-thione；Etem

分子式　$C_4H_4N_2S_3$

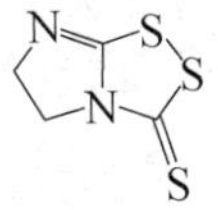

CAS 号　33813-20-6

铁危编号　61880

危害信息

危险性类别　第6类　有毒品

燃烧与爆炸危险性　无特殊燃爆特性。

禁忌物　强氧化剂、酸。

毒性　大鼠经口 LD_{50}：380mg/kg。

中毒表现　本品属有机硫类杀菌剂。误服引起恶心、呕吐、腹痛、腹泻。重者出现神经系统症状，可出现呼吸麻痹和肝肾损害等。

侵入途径　吸入、食入。

环境危害　对水生生物有极高毒性，可能在水生环境中造成长期不利影响。

理化特性与用途

理化特性　黄色结晶粉末。微溶于水，稍溶于丙酮、甲苯、乙醇、乙醚，溶于三氯甲烷、吡啶。熔点121~124℃，相对密度(水=1)1.89，饱和蒸气压0.73Pa(25℃)，辛醇/水分配系数-0.25。

主要用途　杀菌剂。用于防治黄瓜霜霉病、白粉病、黑星病，番茄叶霉病、疫病等。

包装与储运

包装标志　有毒品

包装类别　Ⅲ类

安全储运　储存于阴凉、通风的库房。远离火种、热源。防止阳光直射。保持容器密闭，注意防潮。储存温度不超过35℃，相对湿度不超过80%。应与强氧化剂、酸类、食用化学品分开存放，切忌混储。配备相应品种和数量的消防器材。储区应备有合适的材料收容泄漏物。

紧急处置信息

急救措施

吸入：迅速脱离现场至空气新鲜处。保持呼吸道通畅。如呼吸困难，给输氧。呼吸、心跳停止，立即进行心肺复苏术。就医。

眼睛接触：立即分开眼睑，用流动清水或生理盐水彻底冲洗。就医。

皮肤接触：立即脱去污染的衣着，用肥皂水和清水彻底冲洗。就医。

食入：漱口，饮水。就医。

灭火方法 消防人员须穿全身消防服，佩戴空气呼吸器，在上风向灭火。尽可能将容器从火场移至空旷处。

根据着火原因选择适当灭火剂灭火。

泄漏应急处置 隔离泄漏污染区，限制出入。建议应急处理人员戴防尘口罩，穿防毒服，戴橡胶手套。穿上适当的防护服前严禁接触破裂的容器和泄漏物。尽可能切断泄漏源。用塑料布覆盖泄漏物，减少飞散。勿使水进入包装容器内。用洁净的铲子收集泄漏物，置于干净、干燥、盖子较松的容器中，将容器移离泄漏区。

102. 代森锰锌

标 识

中文名称 代森锰锌

英文名称 Mancozeb

别名 代森锰和锌离子的配位化合物

分子式 $C_4H_6MnN_2S_4$

CAS 号 8018-01-7

危害信息

燃烧与爆炸危险性 可燃，粉体与空气混合能形成爆炸性混合物，遇明火、高热易燃烧爆炸，放出有毒的刺激性气体。受热易分解。

禁忌物 强氧化剂、酸。

毒性 大鼠经口 LD_{50}：5g/kg；大鼠经皮 LD_{50}：>10g/kg；兔经皮 LD_{50}：>5g/kg。

中毒表现 本品属有机硫类杀菌剂。误服引起恶心、呕吐、腹痛、腹泻。重者出现神经系统症状，可出现呼吸麻痹和肝肾损害等。对眼、皮肤和呼吸道有刺激性。对皮肤有致敏性。

侵入途径 吸入、食入、经皮吸收。

环境危害 对水生生物有极高毒性，可能在水生环境中造成长期不利影响。

理化特性与用途

理化特性 浅灰色至黄色粉末。不溶于水，不溶于多数有机溶剂，溶于强螯合溶液中。熔点(分解温度低于熔点)，相对密度(水=1)1.92，辛醇/水分配系数1.33，闪点138℃(开杯)。

主要用途 杀菌剂。叶和土壤杀菌剂。

包装与储运

包装标志 杂类

包装类别 Ⅲ类

安全储运 储存于阴凉、通风的库房。远离火种、热源。保持容器密闭，注意防潮。应与强氧化剂、酸类等隔离储运。

紧急处置信息

急救措施

吸入：迅速脱离现场至空气新鲜处。保持呼吸道通畅。如呼吸困难，给输氧。呼吸、

心跳停止，立即进行心肺复苏术。就医。

眼睛接触：立即分开眼睑，用流动清水或生理盐水彻底冲洗。就医。

皮肤接触：立即脱去污染的衣着，用肥皂水和清水彻底冲洗。就医。

食入：漱口，饮水。就医。

灭火方法　消防人员须穿全身消防服，佩戴空气呼吸器，在上风向灭火。尽可能将容器从火场移至空旷处。喷水保持火场容器冷却直至灭火结束。

灭火剂：泡沫、干粉、二氧化碳、水。

泄漏应急处置　隔离泄漏污染区，限制出入。消除点火源。建议应急处理人员戴防尘口罩，穿防毒服。穿上适当的防护服前严禁接触破裂的容器和泄漏物。尽可能切断泄漏源。用塑料布覆盖泄漏物，减少飞散。勿使水进入包装容器内。用洁净的铲子收集泄漏物，置于干净、干燥、盖子较松的容器中，将容器移离泄漏区。

103. (1*R*,4*S*)-2-氮杂二环(2.2.1)庚-5-烯-3-酮

标　识

中文名称　(1*R*,4*S*)-2-氮杂二环(2.2.1)庚-5-烯-3-酮

英文名称　(1*R*,4*S*)-2-Azabicyclo(2.2.1)hept-5-en-3-one

别名　(-)-文斯内酯

分子式　C_6H_7NO

CAS 号　79200-56-9

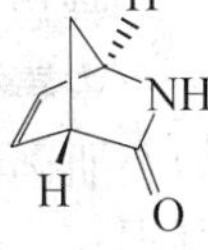

危害信息

燃烧与爆炸危险性　无特殊燃爆特性。

禁忌物　强氧化剂、酸碱、醇类。

中毒表现　食入有害。眼接触引起严重损害。对皮肤有致敏性。

侵入途径　吸入、食入。

理化特性与用途

理化特性　类白色至米黄色结晶粉末。易溶于水。熔点 94~97℃，辛醇/水分配系数-0.3。

主要用途　用作医药中间体。

包装与储运

安全储运　储存于阴凉、通风的库房。远离火种、热源。保持容器密闭。应与强氧化剂、酸碱、醇类等隔离储运。

紧急处置信息

急救措施

吸入：迅速脱离现场至空气新鲜处。保持呼吸道通畅。如呼吸困难，给输氧。呼吸、心跳停止，立即进行心肺复苏术。就医。

眼睛接触：立即分开眼睑，用流动清水或生理盐水彻底冲洗 5~10min。就医。

皮肤接触：立即脱去污染的衣着，用肥皂水和清水彻底冲洗。就医。

食入：漱口，饮水。就医。

灭火方法 消防人员须穿全身消防服，佩戴空气呼吸器，在上风向灭火。尽可能将容器从火场移至空旷处。

根据着火原因选择适当灭火剂灭火。

泄漏应急处置 隔离泄漏污染区，限制出入。建议应急处理人员戴防尘口罩，穿防护服，戴防护手套。穿上适当的防护服前严禁接触破裂的容器和泄漏物。尽可能切断泄漏源。用塑料布覆盖泄漏物，减少飞散。勿使水进入包装容器内。用洁净的铲子收集泄漏物，置于干净、干燥、盖子较松的容器中，将容器移离泄漏区。

104. 2,4-滴盐

标　识

中文名称 2,4-滴盐

英文名称 Salts of 2,4-*D*

Cl　O　O^-　Cl

危害信息

燃烧与爆炸危险性 无特殊燃爆特性。

禁忌物 强氧化剂、酸类。

中毒表现 口服2,4-滴中毒首先出现恶心、呕吐等消化道症状，继之出现嗜睡、肌无力、肌肉压痛、肌束震颤，严重者出现昏迷、抽搐、大小便失禁和呼吸衰竭。可有心、肝、肾损害。眼接触引起严重损害。对皮肤有致敏性。

侵入途径 吸入、食入。

环境危害 对水生生物有毒，可能在水生环境中造成长期不利影响。

理化特性与用途

理化特性 是2,4-二氯苯氧乙酸的盐(酯)类，其中有单正丁基胺盐、二甲胺盐、2-乙基己酯、异辛酯异丙酯、钠盐等。

主要用途 内吸性除草剂。生长素和成抑制剂。用于麦类、高粱、草坪、果园、水稻、森林等防除一年生、多年生阔叶杂草等。

包装与储运

包装标志 杂类

包装类别 Ⅲ类

安全储运 储存于阴凉、通风的库房。远离火种、热源。保持容器密闭。应与强氧化剂、酸类等隔离储运。

紧急处置信息

急救措施

吸入：迅速脱离现场至空气新鲜处。保持呼吸道通畅。如呼吸困难，给输氧。呼吸、心跳停止，立即进行心肺复苏术。就医。

眼睛接触：立即分开眼睑，用流动清水或生理盐水彻底冲洗。就医。

皮肤接触：立即脱去污染的衣着，用肥皂水和清水彻底冲洗。就医。

食入：漱口，饮水。就医。

灭火方法 消防人员须穿全身消防服，佩戴空气呼吸器，在上风向灭火。尽可能将容器从火场移至空旷处。

根据着火原因选择适当灭火剂灭火。

泄漏应急处置 隔离泄漏污染区，限制出入。建议应急处理人员戴防尘口罩，穿防毒服，戴橡胶手套。穿上适当的防护服前严禁接触破裂的容器和泄漏物。尽可能切断泄漏源。用塑料布覆盖泄漏物，减少飞散。勿使水进入包装容器内。用洁净的铲子收集泄漏物，置于干净、干燥、盖子较松的容器中，将容器移离泄漏区。

105. 敌草净

标 识

中文名称 敌草净

英文名称 Desmetryne；*N*-Methyl-*N'*-(1-methylethyl)-6-(methylthio)-1,3,5-triazine-2,4-diamine；6-Isopropylamino-2-methylamino-4-methylthio-1,3,5-triazine

别名 2-甲硫基-4-甲氨基-6-异丙氨基-1,3,5-三嗪

分子式 $C_8H_{15}N_5S$

CAS 号 1014-69-3

NH— N N NH- N N S—

危害信息

燃烧与爆炸危险性 无特殊燃爆特性。

禁忌物 强氧化剂、强酸。

毒性 大鼠经口 LD_{50}：1390mg/kg；小鼠经口 LD_{50}：700mg/kg；大鼠吸入 LC_{50}：1563mg/m^3(1h)；大鼠经皮 LD_{50}：>1g/kg。

中毒表现 食入或经皮肤吸收对身体有害。

侵入途径 吸入、食入、经皮吸收。

环境危害 对水生生物有极高毒性，可能在水生环境中造成长期不利影响。

理化特性与用途

理化特性 白色结晶或白色至米黄色粉末。微溶于水，易溶于多数有机溶剂。熔点85℃，沸点345℃，相对密度(水=1)1.172，饱和蒸气压0.133mPa(20℃)，辛醇/水分配系数2.38，闪点>100℃。

主要用途 选择性内吸苗后除草剂。

包装与储运

包装标志 杂类

包装类别 Ⅲ类

安全储运 储存于阴凉、通风的库房。远离火种、热源。应与强氧化剂、强酸等隔离储运。

紧急处置信息

急救措施

吸入：迅速脱离现场至空气新鲜处。保持呼吸道通畅。如呼吸困难，给输氧。呼吸、心跳停止，立即进行心肺复苏术。就医。

眼睛接触：立即分开眼睑，用流动清水或生理盐水彻底冲洗。就医。

皮肤接触：立即脱去污染的衣着，用肥皂水和清水彻底冲洗。就医。

食入：漱口，饮水。就医。

灭火方法 消防人员须穿全身消防服，佩戴空气呼吸器，在上风向灭火。尽可能将容器从火场移至空旷处。喷水保持火场容器冷却，直至灭火结束。

根据着火原因选择适当灭火剂灭火。

泄漏应急处置 隔离泄漏污染区，限制出入。建议应急处理人员戴防尘口罩，穿防毒服，戴橡胶手套。穿上适当的防护服前严禁接触破裂的容器和泄漏物。尽可能切断泄漏源。用塑料布覆盖泄漏物，减少飞散。勿使水进入包装容器内。用洁净的铲子收集泄漏物，置于干净、干燥、盖子较松的容器中，将容器移离泄漏区。

106. 敌菌丹

标　识

中文名称 敌菌丹

英文名称 Captafol；*N*-((1,1,2,2-Tetrachloroethyl)thio)-4-cyclohexene-1,2-dicarboximide；1,2,3,6-Tetrahydro-*N*-(1,1,2,2-tetrachloroethylthio)phthalimide

别名 *N*-四氯乙硫基四氢酞酰亚胺

分子式 $C_{10}H_9Cl_4NO_2S$

CAS 号 2425-06-1

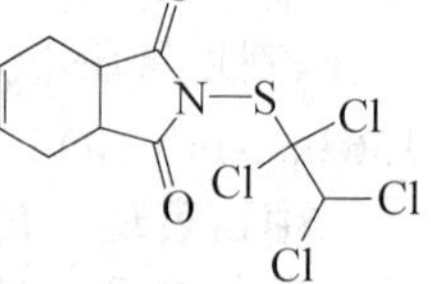

危害信息

燃烧与爆炸危险性 易燃，其粉体与空气混合能形成爆炸性混合物，遇明火、高热易燃烧爆炸。受热易分解，放出有毒的腐蚀性气体。

禁忌物 强氧化剂、强酸。

毒性 大鼠经口 LD_{50}：2500mg/kg；兔经皮 LD_{50}：15400mg/kg。

IARC 致癌性评论：G2A，可能人类致癌物。

欧盟法规 1272/2008/EC 将本品列为第 1B 类致癌物——可能对人类有致癌能力。

中毒表现 对眼、皮肤和呼吸道有刺激性。引起皮肤过敏、过敏性结膜炎和哮喘。皮肤长期或反复接触引起皮炎。长期或反复接触对肝肾有影响。

侵入途径 吸入、食入、经皮吸收。

职业接触限值 美国(ACGIH)：TLV-TWA 0.1mg/m^3[皮]。

环境危害 对水生生物有极高毒性，可能在水生环境中造成长期不利影响。

理化特性与用途

理化特性 无色至淡黄色结晶，工业品为有特殊气味的浅褐色粉末。难溶于水，微溶于多数有机溶剂。熔点160~161℃(缓慢分解)，相对蒸气密度(空气=1)12，辛醇/水分配系数3.8。

主要用途 杀菌剂。用于防治葡萄霜霉病，马铃薯早、晚疫病，以及咖啡、花生、柑橘等作物的多种病害。

包装与储运

包装标志 杂类

包装类别 Ⅲ类

安全储运 储存于阴凉、通风的库房。远离火种、热源。保持容器密闭。应与强氧化剂、强酸等隔离储运。

紧急处置信息

急救措施

吸入：迅速脱离现场至空气新鲜处。保持呼吸道通畅。如呼吸困难，给输氧。呼吸、心跳停止，立即进行心肺复苏术。就医。

眼睛接触：立即分开眼睑，用流动清水或生理盐水彻底冲洗。就医。

皮肤接触：立即脱去污染的衣着，用肥皂水和清水彻底冲洗。就医。

食入：漱口，饮水。就医。

灭火方法 消防人员须穿全身消防服，佩戴空气呼吸器，在上风向灭火。尽可能将容器从火场移至空旷处。喷水保持火场容器冷却，直至灭火结束。

灭火剂：水、干粉、泡沫、二氧化碳。

泄漏应急处置 隔离泄漏污染区，限制出入。建议应急处理人员戴防尘口罩，穿防毒服，戴橡胶手套。穿上适当的防护服前严禁接触破裂的容器和泄漏物。尽可能切断泄漏源。用塑料布覆盖泄漏物，减少飞散。勿使水进入包装容器内。用洁净的铲子收集泄漏物，置于干净、干燥、盖子较松的容器中，将容器移离泄漏区。

107. 敌菌灵

标　识

中文名称 敌菌灵

英文名称 2,4-Dichloro-6-(*O*-chloroanilino)-*S*-triazine；Anilazine

别名 2,4二氯-6-(2-氯代苯胺基)均三氮苯

分子式 $C_9H_5Cl_3N_4$

CAS号 101-05-3

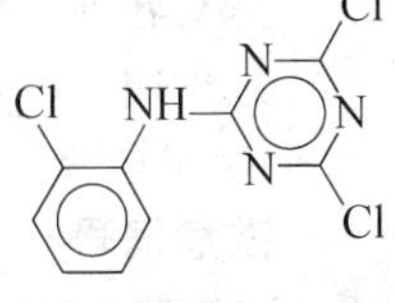

危害信息

燃烧与爆炸危险性 不燃，无特殊燃爆特性。

禁忌物 强氧化剂、强酸。

毒性 大鼠经口LD_{50}：2700mg/kg；小鼠经口LD_{50}：6020mg/kg；大鼠吸入LC_{50}：>228mg/m^3(1h)；大鼠经皮LD_{50}：>5g/kg；兔经皮LD_{50}：>9400mg/kg。

中毒表现 对眼和皮肤有刺激性。

侵入途径 吸入、食入、经皮。

理化特性与用途

理化特性 白色至褐色结晶或粉末。不溶于水，溶于烃和多数有机溶剂。熔点159~160℃，相对密度(水=1)1.8，辛醇/水分配系数3.88。

主要用途 杀菌剂。主要用于防治水稻稻瘟病、胡麻叶枯病，瓜类的炭疽病、霜霉病、黑星病、蔓枯病以及各种作物的灰霉病。

包装与储运

安全储运 储存于阴凉、通风的库房。远离火种、热源。应与强氧化剂、强酸等隔离储运。

紧急处置信息

急救措施

吸入：迅速脱离现场至空气新鲜处。保持呼吸道通畅。如呼吸困难，给输氧。呼吸、心跳停止，立即进行心肺复苏术。就医。

眼睛接触：立即分开眼睑，用流动清水或生理盐水彻底冲洗。就医。

皮肤接触：立即脱去污染的衣着，用肥皂水和清水彻底冲洗。就医。

食入：漱口，饮水。就医。

灭火方法 消防人员须穿全身消防服，佩戴防毒面具，在上风向灭火。尽可能将容器从火场移至空旷处。喷水保持火场容器冷却，直至灭火结束。

本品不燃，根据着火原因选择适当灭火剂灭火。

泄漏应急处置 隔离泄漏污染区，限制出入。建议应急处理人员戴防尘口罩，穿防护服。穿上适当的防护服前严禁接触破裂的容器和泄漏物。尽可能切断泄漏源。用塑料布覆盖泄漏物，减少飞散。勿使水进入包装容器内。用洁净的铲子收集泄漏物，置于干净、干燥、盖子较松的容器中，将容器移离泄漏区。

108. 敌灭生

标　识

中文名称 敌灭生

英文名称 Dimexano; Bis(methoxythiocarbonyl)disulphide

分子式 $C_4H_6O_2S_4$

CAS号 1468-37-7

铁危编号 61905

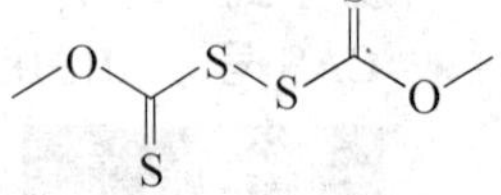

危害信息

危险性类别 第6类 有毒品

燃烧与爆炸危险性 可燃。

禁忌物 氧化剂、酸类。

毒性 大鼠经口LD_{50}：240mg/kg。

侵入途径 吸入、食入。

环境危害 对水生生物有极高毒性，可能在水生环境中造成长期不利影响。

理化特性与用途

理化特性 黄色油状物。不溶于水，与丙酮、苯、乙醇、己烷混溶。熔点22.5~23℃，相对密度(水=1)1.394，饱和蒸气压400Pa(21℃)，辛醇/水分配系数3.24，闪点112℃。

主要用途 除草剂和植物生长调节剂。

包装与储运

包装标志 有毒品

包装类别 Ⅲ类

安全储运 储存于阴凉、通风的库房。远离火种、热源。防止阳光直射。储存温度不超过35℃，相对湿度不超过85%。应与氧化剂、酸类、食用化学品分开存放，切忌混储。配备相应品种和数量的消防器材。储区应备有合适的材料收容泄漏物。搬运时轻装轻卸，防止容器受损。

紧急处置信息

急救措施

吸入：迅速脱离现场至空气新鲜处。保持呼吸道通畅。如呼吸困难，给输氧。呼吸、心跳停止，立即进行心肺复苏术。就医。

眼睛接触：立即分开眼睑，用流动清水或生理盐水彻底冲洗。就医。

皮肤接触：立即脱去污染的衣着，用流动清水彻底冲洗。就医。

食入：饮适量温水，催吐(仅限于清醒者)。就医。

灭火方法 消防人员须穿全身消防服，佩戴空气呼吸器，在上风向灭火。尽可能将容器从火场移至空旷处。

灭火剂：干粉、二氧化碳。

泄漏应急处置 消除所有点火源。根据液体流动和蒸气扩散的影响区域划定警戒区，无关人员从侧风、上风向撤离至安全区。建议应急处理人员戴防毒面罩，穿防毒服，戴橡胶手套。尽可能切断泄漏源。防止泄漏物进入水体、下水道、地下室或有限空间。小量泄漏：用干燥的砂土或其他不燃材料吸收或覆盖，收集于容器中。大量泄漏：构筑围堤或挖坑收容。用泵转移至槽车或专用收集器内。

109. 地胺磷

标　识

中文名称 地胺磷

英文名称 Mephosfolan(ISO)；Diethyl 4-methyl-1,3-dithiolan-2-ylidenephosphoramidate

分子式 $C_8H_{16}NO_3PS_2$

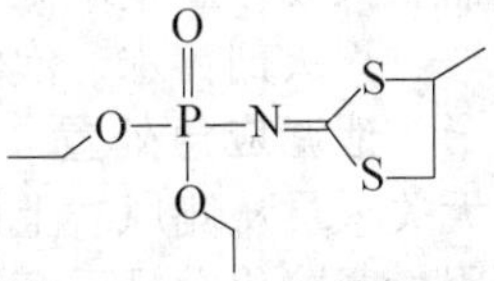

CAS号 950-10-7

铁危编号 61126

UN号 3018

危害信息

危险性类别　第 6 类　有毒品

燃烧与爆炸危险性　受热易分解放出有毒的氮氧化物、硫氧化物和磷氧化物气体。

禁忌物　强氧化剂、碱类。

毒性　大鼠经口 LD_{50}：9mg/kg；小鼠经口 LD_{50}：11mg/kg；兔经皮 LD_{50}：28700μg/kg。根据《危险化学品目录》的备注，本品属剧毒化学品。

中毒表现　抑制体内胆碱酯酶活性，造成神经生理功能紊乱。急性中毒症状有头痛、头昏、乏力、食欲不振、恶心、呕吐、腹痛、腹泻、流涎、瞳孔缩小、呼吸道分泌物增多、多汗、肌束震颤等。重度中毒者出现肺水肿、昏迷、呼吸麻痹、脑水肿。血胆碱酯酶活性降低。

侵入途径　吸入、食入、经皮吸收。

环境危害　对水生生物有毒，可能在水生环境中造成长期不利影响。

理化特性与用途

理化特性　无色液体，工业品为黄色至琥珀色液体。中度溶于水，溶于乙醇、丙酮、苯、甲苯、二甲苯。沸点 120℃（0.13Pa），相对密度（水＝1）1.539，饱和蒸气压 4.23mPa（25℃），辛醇/水分配系数 1.04。

主要用途　杀虫剂。用于棉花、玉米、蔬菜、果树防治夜蛾类、棉铃虫、螟虫、粉虱、螨类和蚜虫。

包装与储运

包装标志　有毒品

包装类别　Ⅰ类

安全储运　储存于阴凉、通风的库房。远离火种、热源。防止阳光直射。储存温度不超过 35℃，相对湿度不超过 85%。保持容器密封。应与强氧化剂、碱类等分开存放，切忌混储。配备相应品种和数量的消防器材。储区应备有合适的材料收容泄漏物。应严格执行剧毒品“双人收发、双人保管”制度。搬运时轻装轻卸，防止容器受损。

紧急处置信息

急救措施

吸入：迅速脱离现场至空气新鲜处。保持呼吸道通畅。如呼吸困难，给输氧。呼吸、心跳停止，立即进行心肺复苏术。就医。

眼睛接触：分开眼睑，用流动清水或生理盐水冲洗。就医。

皮肤接触：立即脱去污染的衣着，用肥皂水及流动清水彻底冲洗污染的皮肤、头发、指甲等。就医。

食入：饮足量温水，催吐（仅限于清醒者）。口服活性炭。就医

解毒剂：阿托品、胆碱酯酶复能剂。

灭火方法　消防人员须穿全身消防服，佩戴空气呼吸器，在上风向灭火。尽可能将容器从火场移至空旷处。

灭火剂：水、泡沫、二氧化碳、砂土。

泄漏应急处置　消除所有点火源。根据液体流动和蒸气扩散的影响区域划定警戒区，无关人员从侧风、上风向撤离至安全区。建议应急处理人员戴正压自给式呼吸器，穿防毒服，戴防化学品手套。尽可能切断泄漏源。防止泄漏物进入水体、下水道、地下室或限制

性空间。小量泄漏：用干燥的砂土或其他不燃材料吸收或覆盖，收集于容器中。大量泄漏：构筑围堤或挖坑收容，用泵转移至槽车或专用收集器内。

110. 地虫硫磷

标　识

中文名称　地虫硫磷

英文名称　Fonofos(ISO)；*O*-Ethyl phenyl ethylphosphonodithioate

分子式　$C_{10}H_{15}OPS_2$

CAS 号　944-22-9

铁危编号　61126

UN 号　3018

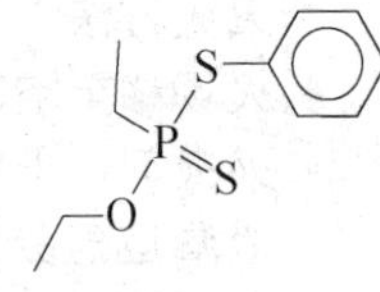

危害信息

危险性类别　第 6 类　有毒品

燃烧与爆炸危险性　可燃，受热易分解，放出高毒磷氧化物气体。

禁忌物　强氧化剂、碱类。

毒性　大鼠经口 LD_{50}：3mg/kg；大鼠吸入 LC_{50}：1900mg/m^3(1h)；大鼠经皮 LD_{50}：147mg/kg；兔经皮 LD_{50}：25mg/kg。

根据《危险化学品目录》的备注，本品属剧毒化学品。

中毒表现　抑制体内胆碱酯酶活性，造成神经生理功能紊乱。急性中毒症状有头痛、头昏、乏力、食欲不振、恶心、呕吐、腹痛、腹泻、流涎、瞳孔缩小、呼吸道分泌物增多、多汗、肌束震颤等。重度中毒者出现肺水肿、昏迷、呼吸麻痹、脑水肿。血胆碱酯酶活性降低。

侵入途径　吸入、食入、经皮吸收。

职业接触限值　美国(ACGIH)：TLV-TWA 0.01mg/m^3[可吸入性颗粒物和蒸气][皮]。

环境危害　对水生生物有极高毒性，可能在水生环境中造成长期不利影响。

理化特性与用途

理化特性　无色或淡黄色透明液体，有芳香气味。不溶于水，溶于大多数有机溶剂。熔点 30℃，沸点 130℃(13.3Pa)，相对密度(水=1)1.16，饱和蒸气压 45mPa(25℃)，辛醇/水分配系数 3.94，闪点 94℃(闭杯)。

主要用途　杀虫剂。用于防治小麦、花生、玉米、甘蔗等作物的地下害虫。

包装与储运

包装标志　有毒品

包装类别　Ⅰ类

安全储运　储存于阴凉、通风的库房。远离火种、热源。防止阳光直射。储存温度不超过 35℃，相对湿度不超过 85%。保持容器密封。应与强氧化剂、碱类等分开存放，切忌混储。配备相应品种和数量的消防器材。储区应备有合适的材料收容泄漏物。应严格执行剧毒品“双人收发、双人保管”制度。搬运时轻装轻卸，防止容器受损。

紧急处置信息

急救措施

吸入：迅速脱离现场至空气新鲜处。保持呼吸道通畅。如呼吸困难，给输氧。呼吸、心跳停止，立即进行心肺复苏术。就医。

眼睛接触：分开眼睑，用流动清水或生理盐水冲洗。就医。

皮肤接触：立即脱去污染的衣着，用肥皂水及流动清水彻底冲洗污染的皮肤、头发、指甲等。就医。

食入：饮足量温水，催吐(仅限于清醒者)。口服活性炭。就医

解毒剂：阿托品、胆碱酯酶复能剂。

灭火方法　消防人员须穿全身消防服，佩戴空气呼吸器，在上风向灭火。尽可能将容器从火场移至空旷处。

灭火剂：干粉、二氧化碳、雾状水、泡沫。

泄漏应急处置　消除所有点火源。根据液体流动和蒸气扩散的影响区域划定警戒区，无关人员从侧风、上风向撤离至安全区。建议应急处理人员戴正压自给式呼吸器，穿防毒服，戴防化学品手套。尽可能切断泄漏源。防止泄漏物进入水体、下水道、地下室或限制性空间。小量泄漏：用干燥的砂土或其他不燃材料吸收或覆盖，收集于容器中。大量泄漏：构筑围堤或挖坑收容。用泵转移至槽车或专用收集器内。

111. 地麦威

标　识

中文名称　地麦威

英文名称　5,5-Dimethyl-3-oxocyclohex-1-enyl dimethylcarbamate；5,5-Dimethyldihydroresorcinol dimethylcarbamate；Dimetan

别名　5,5-二甲基-3-氧代-1-环己烯基氨基甲酸二甲酯

分子式　$C_{11}H_{17}NO_3$

CAS 号　122-15-6

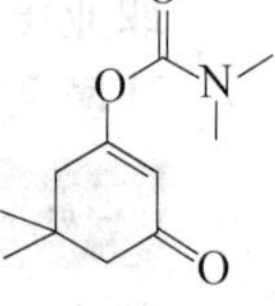

危害信息

危险性类别　第6类　有毒品

燃烧与爆炸危险性　无特殊燃爆特性。

禁忌物　氧化剂、碱类。

毒性　大鼠经口 LD_{50}：120mg/kg；小鼠经口 LD_{50}：90mg/kg。

中毒表现　氨基甲酸酯类农药抑制胆碱酯酶，出现相应的症状。中毒症状有头痛、恶心、呕吐、腹痛、流涎、出汗、瞳孔缩小、步行困难、语言障碍，重者可发生全身痉挛、昏迷。

侵入途径　吸入、食入、经皮吸收。

环境危害　对水生生物有毒。

理化特性与用途

理化特性　淡黄色结晶。微溶于水，溶于丙酮、乙醚、氯仿、二氯乙烷。熔点 45~46℃，沸点 122~124℃(46.7Pa)，相对密度(水=1)1.09，饱和蒸气压 111mPa(25℃)，辛

醇/水分配系数1.66。

主要用途 杀螨剂。

包装与储运

包装标志 有毒品

包装类别 Ⅲ类

安全储运 储存于阴凉、通风的库房。远离火种、热源。防止阳光直射。储存温度不超过35℃，相对湿度不超过85%。应与氧化剂、碱类、食用化学品分开存放，切忌混储。配备相应品种和数量的消防器材。储区应备有合适的材料收容泄漏物。

紧急处置信息

急救措施

吸入：迅速脱离现场至空气新鲜处。保持呼吸道通畅。如呼吸困难，给输氧。呼吸、心跳停止，立即进行心肺复苏术。就医。

眼睛接触：立即分开眼睑，用流动清水或生理盐水彻底冲洗。就医。

皮肤接触：立即脱去污染的衣着，用流动清水彻底冲洗。就医。

食入：饮适量温水，催吐(仅限于清醒者)。就医。

解毒剂：阿托品。

灭火方法 消防人员须穿全身消防服，佩戴空气呼吸器，在上风向灭火。尽可能将容器从火场移至空旷处。

根据着火原因选择适当灭火剂灭火。

泄漏应急处置 隔离泄漏污染区，限制出入。建议应急处理人员戴防尘口罩，穿防毒服，戴防毒手套。穿上适当的防护服前严禁接触破裂的容器和泄漏物。尽可能切断泄漏源。用塑料布覆盖泄漏物，减少飞散。勿使水进入包装容器内。用洁净的铲子收集泄漏物，置于干净、干燥、盖子较松的容器中，将容器移离泄漏区。

112. 地散磷

标　识

中文名称 地散磷

英文名称 Bensulide; *O,O*-Diisopropyl 2-phenylsulphonylaminoethyl phosphorodithioate

别名 *S*-2-苯磺酰基氨基乙基-*O,O*二异丙基二硫代磷酸酯

分子式 $C_{14}H_{24}NO_4PS_3$

CAS号 741-58-2

铁危编号 61875

危害信息

危险性类别 第6类 有毒品

燃烧与爆炸危险性 可燃，燃烧放出有毒的烟气。

禁忌物 强氧化剂、强碱。

毒性 大鼠经口 LD_{50}：271mg/kg；小鼠经口 LD_{50}：1540mg/kg；大鼠经皮 LD_{50}：3950mg/kg；兔经皮 LD_{50}：2g/kg。

中毒表现　抑制体内胆碱酯酶活性，造成神经生理功能紊乱。急性中毒症状有头痛、头昏、乏力、食欲不振、恶心、呕吐、腹痛、腹泻、流涎、瞳孔缩小、呼吸道分泌物增多、多汗、肌束震颤等。重度中毒者出现肺水肿、昏迷、呼吸麻痹、脑水肿。血胆碱酯酶活性降低。

侵入途径　吸入、食入、经皮吸收。

环境危害　对水生生物有极高毒性，可能在水生环境中造成长期不利影响。

理化特性与用途

理化特性　无色固体或白色结晶，有樟脑气味。微溶于水，与丙酮、乙醇、甲基异丁酮、二甲苯混溶。熔点 34℃，相对密度（水 = 1）1.2，饱和蒸气压 0.106mPa（25℃），辛醇/水分配系数 4.2，闪点 157℃。

主要用途　除草剂。用于防除棉花、油菜、莴苣等作物田的杂草。

包装与储运

包装标志　有毒品

包装类别　Ⅲ类

安全储运　储存于阴凉、通风的库房。远离火种、热源。防止阳光直射。储存温度不超过 35℃，相对湿度不超过 85%。保持容器密封。应与强氧化剂、强碱等分开存放，切忌混储。配备相应品种和数量的消防器材。储区应备有合适的材料收容泄漏物。搬运时轻装轻卸，防止容器受损。

紧急处置信息

急救措施

吸入：迅速脱离现场至空气新鲜处。保持呼吸道通畅。如呼吸困难，给输氧。呼吸、心跳停止，立即进行心肺复苏术。就医。

眼睛接触：分开眼睑，用流动清水或生理盐水冲洗。就医。

皮肤接触：立即脱去污染的衣着，用肥皂水及流动清水彻底冲洗污染的皮肤、头发、指甲等。就医。

食入：饮足量温水，催吐（仅限于清醒者）。口服活性炭。就医。

解毒剂：阿托品、胆碱酯酶复能剂。

灭火方法　消防人员须穿全身消防服，佩戴防毒面具，在上风向灭火。尽可能将容器从火场移至空旷处。喷水保持火场容器冷却，直至灭火结束。

灭火剂：干粉、二氧化碳、泡沫、雾状水。

泄漏应急处置　隔离泄漏区，限制出入。建议应急处理人员戴防尘口罩，穿防毒服，戴橡胶手套。穿上适当的防护服前严禁接触破裂的容器和泄漏物。尽可能切断泄漏源。用塑料布覆盖泄漏物，减少飞散。用洁净的铲子收集泄漏物，置于干净、干燥、盖子较松的容器中，将容器移离泄漏区。

113. 碘化二正辛基铝

标　识

中文名称　碘化二正辛基铝

英文名称 Aluminum，iododioctyl-；Di-*n*-octylaluminium iodide

分子式 $C_{16}H_{34}AlI$

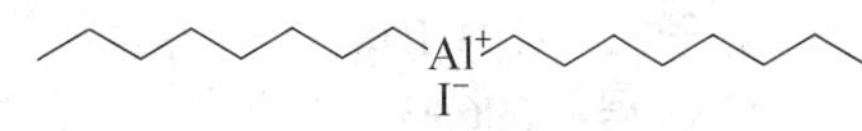

CAS 号 7585-14-0

危害信息

危险性类别 第 4.2 类 自燃物品

燃烧与爆炸危险性 自燃。

禁忌物 氧化剂。

中毒表现 对眼和皮肤有腐蚀性。

侵入途径 吸入、食入。

环境危害 对水生生物有极高毒性，可能在水生环境中造成长期不利影响。

理化特性与用途

主要用途 烯烃聚合反应催化剂。

包装与储运

包装标志 自燃物品

包装类别 Ⅰ类

安全储运 储存于阴凉、干燥、通风良好的库房。远离火种、热源。防止阳光直射。库温不超过 30℃。相对湿度不超过 80%。保持容器密封，严禁与空气接触。应与氧化剂等分开存放，切忌混储。采用防爆型照明、通风设施。禁止使用易产生火花的机械设备和工具。储区应备有泄漏应急处理设备和合适的收容材料。

紧急处置信息

急救措施

吸入：迅速脱离现场至空气新鲜处。保持呼吸道通畅。如呼吸困难，给输氧。呼吸、心跳停止，立即进行心肺复苏术。就医。

眼睛接触：立即分开眼睑，用流动清水或生理盐水彻底冲洗 5~10min。就医。

皮肤接触：立即脱去污染的衣着，用大量流动清水彻底冲洗，冲洗时间一般要求 20~30min。就医。

食入：用水漱口，禁止催吐。给饮牛奶或蛋清。就医。

灭火方法 消防人员须穿全身消防服，佩戴空气呼吸器，在上风向灭火。尽可能将容器从火场移至空旷处。喷水保持容器冷却直至灭火结束。

灭火剂：泡沫、干粉、二氧化碳。

泄漏应急处置 严禁用水处理。隔离泄漏污染区，限制出入。消除所有点火源。建议应急处理人员戴防尘口罩，穿耐腐蚀、防静电服，戴耐腐蚀乳胶手套。禁止接触或跨越泄漏物。保持泄漏物干燥。用干燥的砂土或其他不燃材料覆盖泄漏物，然后用塑料布覆盖，减少飞散、避免雨淋。用洁净的无火花工具收集泄漏物，置于一盖子较松的塑料容器中，待处置。

114. 碘酰苯

标 识

中文名称 碘酰苯

英文名称　Benzene，iodyl-；Iodoxybenzene

分子式　$C_6H_5IO_2$

CAS 号　696-33-3

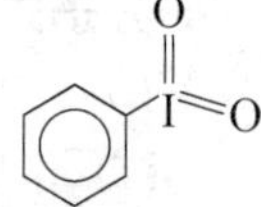

危害信息

危险性类别　第 1 类　爆炸品

燃烧与爆炸危险性　对空气和湿气不稳定，受热易发生分解爆炸。

禁忌物　易(可)燃物、氧化剂。

侵入途径　吸入、食入。

理化特性与用途

理化特性　无色针状结晶。溶于水和大多数有机溶剂。熔点 230℃，饱和蒸气压 89. 4Pa(25℃)，辛醇/水分配系数-1. 33。

主要用途　用作医药中间体，在有机合成中用作选择性氧化剂。

包装与储运

包装标志　爆炸品

安全储运　储存于阴凉、通风的库房。远离火种、热源。库温不宜超过 30℃。保持容器密封。应与易(可)燃物、氧化剂等分开存放，切忌混储。采用防爆型照明、通风设施。禁止使用易产生火花的机械设备和工具。储区应备有合适的材料收容泄漏物。搬运时轻装轻卸，防止容器受损。禁止震动、撞击和摩擦。

紧急处置信息

急救措施

吸入：脱离接触。如有不适感，就医。

眼睛接触：分开眼睑，用流动清水或生理盐水冲洗。如有不适感，就医。

皮肤接触：脱去污染的衣着，用流动清水冲洗。如有不适感，就医。

食入：漱口，饮水。就医。

灭火方法　消防人员须在防爆掩蔽处操作。遇大火切勿轻易接近。在物料附近失火，须用水保持容器冷却。用大量水灭火。禁止用砂土盖压。

泄漏应急处置　消除所有点火源。隔离泄漏污染区，限制出入。建议应急处理人员戴防尘口罩，穿一般作业工作服，戴橡胶手套。作业时使用的所有设备应接地。禁止接触或跨越泄漏物。润湿泄漏物。严禁设法扫除干的泄漏物。在专家指导下清除。

115. 靛红酸酐

标　识

中文名称　靛红酸酐

英文名称　2H-3,1-Benzoxazine-2,4(1H)-dione；Isatoic anhydride

分子式　$C_8H_5NO_3$

CAS 号　118-48-9

危害信息

燃烧与爆炸危险性 不易燃，粉尘与空气混合易形成爆炸性混合物。高温火场中受热的容器有破裂和爆炸的危险。

禁忌物 强氧化剂、碱类。

毒性 小鼠经口 *TDLo*：34800mg/kg。

中毒表现 对眼有刺激性，对皮肤有致敏性。

侵入途径 吸入、食入。

理化特性与用途

理化特性 棱柱状结晶或灰白色至棕褐色粉末。混溶于水，混溶于丙酮、热乙醇，不溶于乙醚、苯、氯仿。熔点233~245℃，分解温度308℃，相对密度(水=1)1.52，相对蒸气密度(空气=1)5.6，辛醇/水分配系数1.26，闪点308℃(闭杯)，引燃温度>600℃。

主要用途 用作医药、农药、染料的原料，是除草剂苯达松的重要中间体。

包装与储运

安全储运 储存于阴凉、通风的库房。远离火种、热源。应与强氧化剂、碱类等隔离储运。

紧急处置信息

急救措施

吸入：迅速脱离现场至空气新鲜处。保持呼吸道通畅。如呼吸困难，给输氧。呼吸、心跳停止，立即进行心肺复苏术。就医。

眼睛接触：立即分开眼睑，用流动清水或生理盐水彻底冲洗。就医。

皮肤接触：立即脱去污染的衣着，用肥皂水和清水彻底冲洗。就医。

食入：漱口，饮水。就医。

灭火方法 消防人员须穿全身消防服，佩戴空气呼吸器，在上风向灭火。尽可能将容器从火场移至空旷处。喷水保持火场容器冷却，直至灭火结束。

灭火剂：泡沫、雾状水、二氧化碳、干粉、砂土。

泄漏应急处置 隔离泄漏污染区，限制出入。建议应急处理人员戴防尘口罩，穿防护服。穿上适当的防护服前严禁接触破裂的容器和泄漏物。尽可能切断泄漏源。用塑料布覆盖泄漏物，减少飞散。勿使水进入包装容器内。用洁净的铲子收集泄漏物，置于干净、干燥、盖子较松的容器中，将容器移离泄漏区。

116. 丁苯吗啉

标　识

中文名称 丁苯吗啉

英文名称 Fenpropimorph；*cis*-4-(3-(*p*-tert-Butylphenyl)-2-methylpropyl)-2,6-dimethylmorpholine

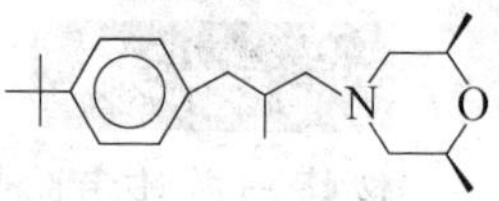

别名 (*RS*)顺-4-(3-(4-特丁基苯基)-2-甲基丙基)-2,6-二甲基吗啉

分子式 $C_{20}H_{33}NO$

CAS 号 67564-91-4

危害信息

燃烧与爆炸危险性 可燃。

禁忌物 强氧化剂、酸类。

毒性 大鼠经口 LD_{50}：3g/kg；小鼠经口 LD_{50}：5980mg/kg；大鼠吸入 LC_{50}：2900mg/m^3(4h)；大鼠经皮 LD_{50}：4200mg/kg。

欧盟法规 1272/2008/EC 将本品列为第 2 类生殖毒物——可疑的人类生殖毒物。

中毒表现 食入有害。对皮肤有中度刺激性。

侵入途径 吸入、食入、经皮吸收。

环境危害 对水生生物有毒，可能在水生环境中造成长期不利影响。

理化特性与用途

理化特性 无色无臭油状物，工业品为黄色油状物。不溶于水，易溶于乙醇、乙醚、丙酮、氯仿、乙酸乙酯、环己烷、甲苯。溶点<25℃，沸点>300℃，相对密度(水=1)0.933，饱和蒸气压 3.5mPa(25℃)，辛醇/水分配系数 4.93，闪点 115℃。

主要用途 内吸性杀菌剂。用于防治麦类作物的白粉病/云纹病和锈病等。

包装与储运

包装标志 杂类

包装类别 Ⅲ类

安全储运 储存于阴凉、通风的库房。远离火种、热源。应与强氧化剂、酸类等隔离储运。搬运时轻装轻卸，防止容器受损。

紧急处置信息

急救措施

吸入：迅速脱离现场至空气新鲜处。保持呼吸道通畅。如呼吸困难，给输氧。呼吸、心跳停止，立即进行心肺复苏术。就医。

眼睛接触：立即分开眼睑，用流动清水或生理盐水彻底冲洗。就医。

皮肤接触：立即脱去污染的衣着，用肥皂水和清水彻底冲洗。就医。

食入：漱口，饮水。就医。

灭火方法 消防人员须穿全身消防服，佩戴空气呼吸器，在上风向灭火。尽可能将容器从火场移至空旷处。喷水保持容器冷却直至灭火结束。处在火场中的容器若发生异常变化或发出异常声音，须马上撤离。

灭火剂：二氧化碳、干粉、水。

泄漏应急处置 根据液体流动和蒸气扩散的影响区域划定警戒区，无关人员从侧风、上风向撤离至安全区。消除所有点火源。建议应急处理人员戴防毒面具，穿防毒服，戴橡胶手套。穿上适当的防护服前严禁接触破裂的容器和泄漏物。尽可能切断泄漏源。防止泄漏物进入水体、下水道、地下室或有限空间。小量泄漏：用干燥的砂土或其他不燃材料吸收或覆盖，收集于容器中。大量泄漏：构筑围堤或挖坑收容。用泵转移至槽车或专用收集器内。

117. 2,2′-(1,4-丁二基二(氧亚甲基))二-环氧乙烷

标　识

中文名称　2,2′-(1,4-丁二基二(氧亚甲基))二-环氧乙烷

英文名称　1,4-Bis(2,3-epoxypropoxy)butane；Butanedioldiglycidyl ether

别名　1,4-丁二醇二缩水甘油醚

分子式　$C_{10}H_{18}O_4$

CAS 号　2425-79-8

危害信息

燃烧与爆炸危险性　可燃。

禁忌物　强氧化剂、强酸。

毒性　大鼠经口 LD_{50}：1134mg/kg；兔经皮 LD_{50}：1130mg/kg。

中毒表现　吸入或经皮肤吸收对身体有害。对眼和皮肤有刺激性。对皮肤有致敏性。

侵入途径　吸入、食入、经皮吸收。

理化特性与用途

理化特性　无色至淡黄色透明液体。与水混溶。沸点 266℃，相对密度(水=1)1.1，相对蒸气密度(空气=1)7.0，饱和蒸气压 1.3kPa(20℃)，辛醇/水分配系数-0.15，闪点 129℃。

主要用途　用作环氧树脂活性稀释剂。

包装与储运

安全储运　储存于阴凉、通风的库房。远离火种、热源。保持容器密闭。应与强氧化剂、强酸等隔离储运。搬运时轻装轻卸，防止容器受损。

紧急处置信息

急救措施

吸入：迅速脱离现场至空气新鲜处。保持呼吸道通畅。如呼吸困难，给输氧。呼吸、心跳停止，立即进行心肺复苏术。就医。

眼睛接触：立即分开眼睑，用流动清水或生理盐水彻底冲洗。就医。

皮肤接触：立即脱去污染的衣着，用肥皂水和清水彻底冲洗。就医。

食入：漱口，饮水。就医。

灭火方法　消防人员须穿全身消防服，佩戴空气呼吸器，在上风向灭火。尽可能将容器从火场移至空旷处。喷水保持火场容器冷却，直至灭火结束。处在火场中的容器若发生异常变化或发出异常声音，须马上撤离。

灭火剂：干粉、二氧化碳、泡沫。

泄漏应急处置　根据液体流动和蒸气扩散的影响区域划定警戒区，无关人员从侧风、

上风向撤离至安全区。消除所有点火源。建议应急处理人员戴防毒面具，穿防护服。穿上适当的防护服前严禁接触破裂的容器和泄漏物。尽可能切断泄漏源。防止泄漏物进入水体、下水道、地下室或有限空间。小量泄漏：用干燥的砂土或其他不燃材料吸收或覆盖，收集于容器中。大量泄漏：构筑围堤或挖坑收容。用泵转移至槽车或专用收集器内。

118. 5-丁基-1-H-苯并三唑钠

标　识

中文名称　5-丁基-1-H-苯并三唑钠

英文名称　Sodium 5-*n*-butylbenzotriazole

分子式　$C_{10}H_{13}N_3Na$

CAS 号　118685-34-0

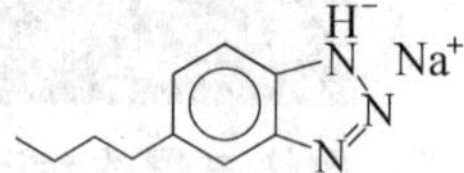

危害信息

燃烧与爆炸危险性　无特殊燃爆特性。

禁忌物　强氧化剂。

中毒表现　食入有害。对眼和皮肤有腐蚀性。对皮肤有致敏性。

侵入途径　吸入、食入。

环境危害　对水生生物有毒，可能在水生环境中造成长期不利影响。

理化特性与用途

主要用途　用于腐蚀抑制剂。

包装与储运

包装标志　杂类

包装类别　Ⅲ类

安全储运　储存于阴凉、通风的库房。远离火种、热源。保持容器密闭。应与强氧化剂等隔离储运。

紧急处置信息

急救措施

吸入：迅速脱离现场至空气新鲜处。保持呼吸道通畅。如呼吸困难，给输氧。呼吸、心跳停止，立即进行心肺复苏术。就医。

眼睛接触：立即分开眼睑，用流动清水或生理盐水彻底冲洗 5~10min。就医。

皮肤接触：立即脱去污染的衣着，用大量流动清水彻底冲洗，冲洗时间一般要求 20~30min。就医。

食入：用水漱口，禁止催吐。给饮牛奶或蛋清。就医。

灭火方法　消防人员须穿全身消防服，佩戴空气呼吸器，在上风向灭火。尽可能将容器从火场移至空旷处。

根据着火原因选择适当灭火剂灭火。

泄漏应急处置　隔离泄漏污染区，限制出入。建议应急处理人员戴防尘口罩，穿耐腐蚀防护服，戴耐腐蚀手套。穿上适当的防护服前严禁接触破裂的容器和泄漏物。尽可能切断泄漏源。用塑料布覆盖泄漏物，减少飞散。勿使水进入包装容器内。用洁净的铲子收集泄漏物，置于干净、干燥、盖子较松的容器中，将容器移离泄漏区。

119. 2-(4-(*N*-丁基-*N*-苯乙基氨基)苯基)乙烯-1,1,2-三腈

标　识

中文名称　2-(4-(*N*-丁基-*N*-苯乙基氨基)苯基)乙烯-1,1,2-三腈

英文名称　2-(4-(*N*-Butyl-*N*-phenethylamino)phenyl)ethylene-1,1,2-tricarbonitrile

分子式　$C_{23}H_{22}N_4$

CAS 号　97460-76-9

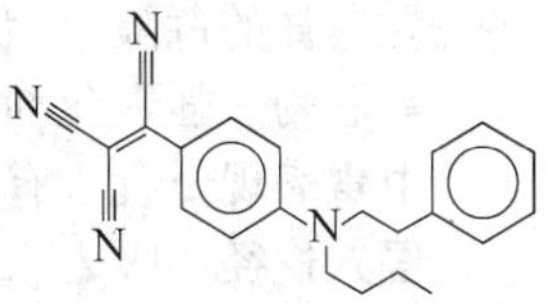

危害信息

燃烧与爆炸危险性　可燃。燃烧或受高热分解产生有毒烟气。

禁忌物　强氧化剂、强酸。

侵入途径　吸入、食入。

环境危害　可能在水生环境中造成长期不利影响。

理化特性与用途

理化特性　沸点 527.3℃，相对密度(水=1)1.138，闪点 224℃。

包装与储运

安全储运　储存于阴凉、通风的库房。远离火种、热源。应与强氧化剂、强酸等隔离储运。

紧急处置信息

急救措施

吸入：脱离接触。如有不适感，就医。

眼睛接触：分开眼睑，用流动清水或生理盐水冲洗。如有不适感，就医。

皮肤接触：脱去污染的衣着，用流动清水冲洗。如有不适感，就医。

食入：漱口，饮水。就医。

灭火方法　消防人员须穿全身消防服，佩戴空气呼吸器，在上风向灭火。尽可能将容器从火场移至空旷处。喷水保持火场容器冷却，直至灭火结束。

根据着火原因选择适当灭火剂灭火。

泄漏应急处置　消除所有点火源。隔离泄漏污染区，限制出入。建议应急处理人员戴防尘口罩，穿防护服，戴防护手套。禁止接触或跨越泄漏物。尽可能切断泄漏源。用塑料布覆盖，减少飞散。用洁净的铲子收集泄漏物，置于干净、干燥、盖子较松的容器中，将容器移离泄漏区。

120. 1-丁基-2-甲基溴化吡啶

标　识

中文名称　1-丁基-2-甲基溴化吡啶

英文名称　1-Butyl-2-methylpyridinium bromide; 1-Butyl-2-methylpyrazolium bromide

分子式　$C_{10}H_{16}BrN$

CAS 号　26576-84-1

危害信息

燃烧与爆炸危险性　易燃，其粉体与空气混合能形成爆炸性混合物，遇明火高热有引起燃烧爆炸的危险。燃烧产生有毒且具有腐蚀性的气体。

禁忌物　强氧化剂、强酸。

中毒表现　食入有害。

侵入途径　吸入、食入。

环境危害　对水生生物有害，可能在水生环境中造成长期不利影响。

理化特性与用途

理化特性　无色至淡黄色固体。

主要用途　用于配制显影液。

包装与储运

安全储运　储存于阴凉、通风的库房。远离火种、热源。应与强氧化剂、强酸等隔离储运。

紧急处置信息

急救措施

吸入：迅速脱离现场至空气新鲜处。保持呼吸道通畅。如呼吸困难，给输氧。呼吸、心跳停止，立即进行心肺复苏术。就医。

眼睛接触：立即分开眼睑，用流动清水或生理盐水彻底冲洗。就医。

皮肤接触：立即脱去污染的衣着，用肥皂水和清水彻底冲洗。就医。

食入：漱口，饮水。就医。

灭火方法　消防人员须穿全身消防服，在上风向灭火。尽可能将容器从火场移至空旷处。喷水保持火场容器冷却，直至灭火结束。

灭火剂：雾状水、泡沫、二氧化碳、干粉、砂土。

泄漏应急处置　隔离泄漏污染区，限制出入。消除点火源。建议应急处理人员戴防尘口罩，穿防护服。穿上适当的防护服前严禁接触破裂的容器和泄漏物。尽可能切断泄漏源。用塑料布覆盖泄漏物，减少飞散。勿使水进入包装容器内。用洁净的铲子收集泄漏物，置于干净、干燥、盖子较松的容器中，将容器移离泄漏区。

121. 2-丁基-4-氯-5-甲酰基咪唑

标　识

中文名称　2-丁基-4-氯-5-甲酰基咪唑

英文名称　2-Butyl-4-chloro-5-formylimidazole；4-Chloro-2-*n*-butylimidazole-5-carboxaldehyde

别名　2-正丁基-4-氯咪唑-5-甲醛；咪唑醛

分子式　$C_8H_{11}ClN_2O$

CAS 号　83857-96-9

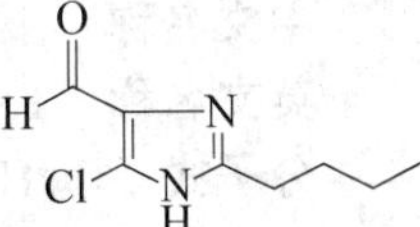

危害信息

燃烧与爆炸危险性　可燃，粉体与空气混合能形成爆炸性混合物，遇明火、高热易燃烧爆炸。

禁忌物　强氧化剂、酸碱、醇类。

中毒表现　对皮肤有致敏性。

侵入途径　吸入、食入。

环境危害　对水生生物有毒，可能在水生环境中造成长期不利影响。

理化特性与用途

理化特性　微黄色至白色结晶粉末。微溶于水。熔点 97～100℃，相对密度(水=1) 1.24，饱和蒸气压 0.56mPa(25℃)，辛醇/水分配系数 3.05，闪点 186℃。

主要用途　用作降压药洛沙坦中间体，沙坦类中间体和有机合成原料。

包装与储运

包装标志　杂类

包装类别　Ⅲ类

安全储运　储存于阴凉、通风的库房。远离火种、热源。保持容器密闭。应与强氧化剂、酸碱、醇类等隔离储运。

紧急处置信息

急救措施

吸入：迅速脱离现场至空气新鲜处。保持呼吸道通畅。如呼吸困难，给输氧。呼吸、心跳停止，立即进行心肺复苏术。就医。

眼睛接触：立即分开眼睑，用流动清水或生理盐水彻底冲洗。就医。

皮肤接触：立即脱去污染的衣着，用肥皂水和清水彻底冲洗。就医。

食入：漱口，饮水。就医。

灭火方法　消防人员须穿全身消防服，佩戴空气呼吸器，在上风向灭火。尽可能将容器从火场移至空旷处。喷水保持火场容器冷却，直至灭火结束。

灭火剂：二氧化碳、干粉。

泄漏应急处置　隔离泄漏污染区，限制出入。消除点火源。建议应急处理人员戴防尘

口罩，穿防护服。穿上适当的防护服前严禁接触破裂的容器和泄漏物。尽可能切断泄漏源。用塑料布覆盖泄漏物，减少飞散。勿使水进入包装容器内。用洁净的铲子收集泄漏物，置于干净、干燥、盖子较松的容器中，将容器移离泄漏区。

122. 丁基三苯基硼酸四丁铵盐

标　识

中文名称　丁基三苯基硼酸四丁铵盐

英文名称　Tetrabutylammonium butyltriphenylborate

分子式　$C_{38}H_{60}BN$

CAS 号　120307-06-4

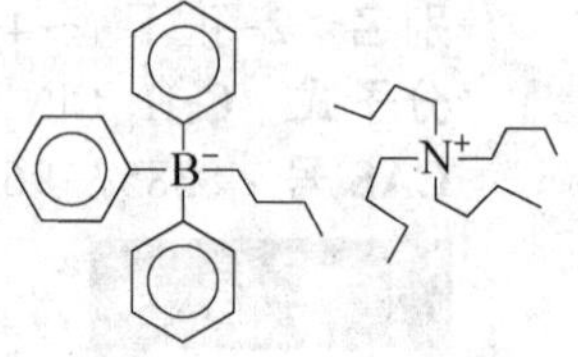

危害信息

燃烧与爆炸危险性　无特殊燃爆特性。

中毒表现　对皮肤有致敏性。

侵入途径　吸入、食入。

环境危害　对水生生物有极高毒性，可能在水生环境中造成长期不利影响。

理化特性与用途

理化特性　固体。溶于丙酮、二甲亚砜，微溶于甲醇。熔点 140~144℃。

主要用途　用作光引发剂。

包装与储运

包装标志　杂类

包装类别　Ⅲ类

安全储运　储存于阴凉、通风的库房。远离火种、热源。保持容器密闭。

紧急处置信息

急救措施

吸入：迅速脱离现场至空气新鲜处。保持呼吸道通畅。如呼吸困难，给输氧。呼吸、心跳停止，立即进行心肺复苏术。就医。

眼睛接触：立即分开眼睑，用流动清水或生理盐水彻底冲洗。就医。

皮肤接触：立即脱去污染的衣着，用肥皂水和清水彻底冲洗。就医。

食入：漱口，饮水。就医。

灭火方法　消防人员须穿全身消防服，佩戴空气呼吸器，在上风向灭火。尽可能将容器从火场移至空旷处。

根据着火原因选择适当灭火剂灭火。

泄漏应急处置　隔离泄漏污染区，限制出入。建议应急处理人员戴防尘口罩，穿防护服，戴防护手套。穿上适当的防护服前严禁接触破裂的容器和泄漏物。尽可能切断泄漏源。用塑料布覆盖泄漏物，减少飞散。勿使水进入包装容器内。用洁净的铲子收集泄漏物，置于干净、干燥、盖子较松的容器中，将容器移离泄漏区。

123. 丁基三环己基锡

标　识

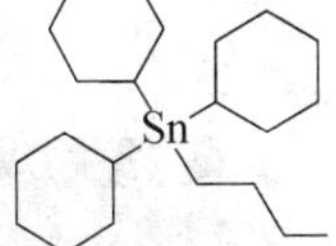

中文名称　丁基三环己基锡

英文名称　Butyltricyclohexylstannane；Tricyclohexylbutyltin

分子式　$C_{22}H_{42}Sn$

CAS 号　7067-44-9

危害信息

燃烧与爆炸危险性　可燃。

禁忌物　强氧化剂、强酸。

中毒表现　有机锡中毒的主要临床表现有：眼和鼻黏膜的刺激症状；中毒性神经衰弱综合征；重症出现中毒性脑病。溅入眼内引起结膜炎。可致变应性皮炎。摄入有机锡化合物可致中毒性脑水肿，可产生后遗症，如瘫痪、精神失常和智力障碍。

侵入途径　吸入、食入、经皮吸收。

职业接触限值　美国(ACGIH)：TLV-TWA 0.1mg/m^3；TLV-STEL 0.2mg/m^3[按 Sn 计][皮]。

环境危害　对水生生物有极高毒性，可能在水生环境中造成长期不利影响。

理化特性与用途

理化特性　固体。不溶于水。熔点 156～159℃，沸点 365～370℃，饱和蒸气压 0.02mPa(25℃)，辛醇/水分配系数 11.26，闪点 224℃。

主要用途　用作化学中间体。

包装与储运

包装标志　杂类

包装类别　Ⅲ类

安全储运　储存于阴凉、通风的库房。远离火种、热源。应与强氧化剂、强酸等隔离储运。

紧急处置信息

急救措施

吸入：迅速脱离现场至空气新鲜处。保持呼吸道通畅。如呼吸困难，给输氧。呼吸、心跳停止，立即进行心肺复苏术。就医。

眼睛接触：立即分开眼睑，用流动清水或生理盐水彻底冲洗。就医。

皮肤接触：立即脱去污染的衣着，用肥皂水和清水彻底冲洗。就医。

食入：漱口，饮水。就医。

灭火方法　消防人员须穿全身消防服，佩戴空气呼吸器，在上风向灭火。尽可能将容器从火场移至空旷处。喷水保持火场容器冷却，直至灭火结束。

根据着火原因选择适当灭火剂灭火。

泄漏应急处置　隔离泄漏污染区，限制出入。消除点火源。建议应急处理人员戴防尘口罩，穿防毒服，戴防护手套。穿上适当的防护服前严禁接触破裂的容器和泄漏物。尽可能切断泄漏源。用塑料布覆盖泄漏物，减少飞散。勿使水进入包装容器内。用洁净的铲子收集泄漏物，置于干净、干燥、盖子较松的容器中，将容器移离泄漏区。

124. 丁硫醇

标　识

中文名称　丁硫醇

英文名称　*n*-Butanethiol；1-Butane thiol；Butyl mercaptan

别名　正丁硫醇

分子式　$C_4H_{10}S$

SH

CAS 号　109-79-5

铁危编号　31216

UN 号　2347

危害信息

危险性类别　第 3 类　易燃液体

燃烧与爆炸危险性　易燃，其蒸气与空气混合能形成爆炸性混合物，遇明火、高热易燃烧爆炸。受热易分解，放出有毒的硫氧化物气体。蒸气比空气重，能在较低处扩散到相当远的地方，遇火源会着火回燃和爆炸(闪爆)。

禁忌物　氧化剂、酸类。

毒性　大鼠经口 LD_{50}：1500mg/kg；小鼠经口 LD_{50}：3g/kg；大鼠吸入 LC_{50}：4020ppm(4h)；小鼠吸入 LC_{50}：2500ppm(4h)。

中毒表现　对眼、皮肤和呼吸道有刺激性。高浓度吸入影响神经系统，出现虚弱、头痛、头昏、精神错乱、恶心、呕吐、意识障碍等。

侵入途径　吸入、食入。

职业接触限值　中国：PC-TWA 2mg/m^3。

美国(ACGIH)：TLV-TWA 0.5ppm。

理化特性与用途

理化特性　无色至黄色液体，有强烈恶臭气味。微溶于水，微溶于氯仿，易溶于乙醇、乙醚、液态硫化氢。熔点-116℃，沸点 98℃，相对密度(水=1)0.83，相对蒸气密度(空气=1)3.1，饱和蒸气压 4.0kPa(20℃)，临界温度 290℃，临界压力 3.94MPa，辛醇/水分配系数 2.28，闪点 2℃(闭杯)，引燃温度 225℃，爆炸下限 1.4%，爆炸上限 10.2%，燃烧热-3474kJ/mol。

主要用途　用作溶剂、气味剂以及杀虫杀螨剂、除草剂、落叶剂的中间体。

包装与储运

包装标志　易燃液体

包装类别　Ⅱ类

安全储运 储存于阴凉、通风的库房。远离火种、热源。库温不宜超过37℃。保持容器密封。应与氧化剂、酸类等分开存放，切忌混储。采用防爆型照明、通风设施。禁止使用易产生火花的机械设备和工具。灌装时注意流速，防止静电积聚。储区应备有泄漏应急处理设备和合适的收容材料。搬运时轻装轻卸，防止容器受损。

紧急处置信息

急救措施

吸入：迅速脱离现场至空气新鲜处。保持呼吸道通畅。如呼吸困难，给输氧。呼吸、心跳停止，立即进行心肺复苏术。就医。

眼睛接触：立即分开眼睑，用流动清水或生理盐水彻底冲洗。就医。

皮肤接触：立即脱去污染的衣着，用肥皂水和清水彻底冲洗。就医。

食入：漱口，饮水。就医。

灭火方法 消防人员须穿全身消防服，佩戴空气呼吸器，在上风向灭火。尽可能将容器从火场移至空旷处。喷水保持火场容器冷却，直至灭火结束。处在火场中的容器若发生异常变化或发出异常声音，须马上撤离。

灭火剂：抗溶性泡沫、干粉、二氧化碳。

泄漏应急处置 根据液体流动和蒸气扩散的影响区域划定警戒区，无关人员从侧风、上风向撤离至安全区。消除所有点火源。建议应急处理人员戴防毒面具，穿防静电服，戴橡胶手套。穿上适当的防护服前严禁接触破裂的容器和泄漏物。尽可能切断泄漏源。防止泄漏物进入水体、下水道、地下室或有限空间。小量泄漏：用干燥的砂土或其他不燃材料吸收或覆盖，收集于容器中。大量泄漏：构筑围堤或挖坑收容。用泡沫覆盖，减少蒸发。喷水雾能减少蒸发，但不能降低泄漏物在有限空间的易燃性。用防爆泵转移至槽车或专用收集器内。

125. 丁硫环磷

标　识

中文名称 丁硫环磷

英文名称 Diethyl 1,3-dithietan-2-ylidenephosphoramidate；Fosthietan

别名 *O*,*O*-二乙基-*N*-(1,3-二噻丁环-2-亚基磷酰胺)

分子式 $C_6H_{12}NO_3PS_2$

CAS号 21548-32-3

铁危编号 61126

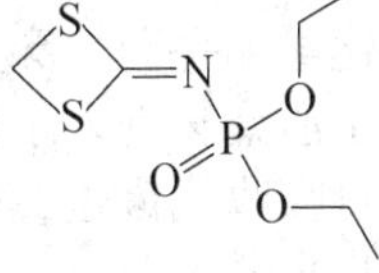

危害信息

危险性类别 第6类 有毒品

燃烧与爆炸危险性 受热易分解放出有毒的氮氧化物、硫氧化物和磷氧化物气体。

禁忌物 强氧化剂、碱类。

毒性 大鼠经口 LD_{50}：4700μg/kg；小鼠经口 LD_{50}：18mg/kg；兔经皮 LD_{50}：15500μg/kg。根据《危险化学品目录》的备注，本品属剧毒化学品。

中毒表现 抑制体内胆碱酯酶活性，造成神经生理功能紊乱。急性中毒症状有头痛、头昏、乏力、食欲不振、恶心、呕吐、腹痛、腹泻、流涎、瞳孔缩小、呼吸道分泌物增多、多汗、肌束震颤等。重度中毒者出现肺水肿、昏迷、呼吸麻痹、脑水肿。血胆碱酯酶活性降低。

侵入途径 吸入、食入、经皮吸收。

理化特性与用途

理化特性 淡黄色油状液体，有硫醇气味。溶于水，溶于丙酮、氯仿、甲醇、甲苯。相对密度(水=1)1.3，饱和蒸气压0.86mPa(25℃)，辛醇/水分配系数0.68。

主要用途 杀虫剂、杀线虫剂。用于防治烟草、花生、大豆、玉米等作物的线虫和土壤害虫。

包装与储运

包装标志 有毒品

包装类别 Ⅰ类

安全储运 储存于阴凉、通风的库房。远离火种、热源。防止阳光直射。储存温度不超过35℃，相对湿度不超过85%。保持容器密封。应与强氧化剂、碱类等分开存放，切忌混储。配备相应品种和数量的消防器材。储区应备有合适的材料收容泄漏物。应严格执行剧毒品“双人收发、双人保管”制度。搬运时轻装轻卸，防止容器受损。

紧急处置信息

急救措施

吸入：迅速脱离现场至空气新鲜处。保持呼吸道通畅。如呼吸困难，给输氧。呼吸、心跳停止，立即进行心肺复苏术。就医。

眼睛接触：分开眼睑，用流动清水或生理盐水冲洗。就医。

皮肤接触：立即脱去污染的衣着，用肥皂水及流动清水彻底冲洗污染的皮肤、头发、指甲等。就医。

食入：饮足量温水，催吐(仅限于清醒者)。口服活性炭。就医。

解毒剂：阿托品、胆碱酯酶复能剂。

灭火方法 消防人员须穿全身消防服，佩戴空气呼吸器，在上风向灭火。尽可能将容器从火场移至空旷处。喷水保持容器冷却直至灭火结束。

灭火剂：干粉、二氧化碳、泡沫、水。

泄漏应急处置 根据液体流动和蒸气扩散的影响区域划定警戒区，无关人员从侧风、上风向撤离至安全区。消除所有点火源。建议应急处理人员戴防毒面具，穿防毒服，戴防化学品手套。穿上适当的防护服前严禁接触破裂的容器和泄漏物。尽可能切断泄漏源。防止泄漏物进入水体、下水道、地下室或有限空间。小量泄漏：用干燥的砂土或其他不燃材料吸收或覆盖，收集于容器中。大量泄漏：构筑围堤或挖坑收容。用泵转移至槽车或专用收集器内。

126. 丁硫克百威

标　识

中文名称 丁硫克百威

英文名称 2,3-Dihydro-2,2-dimethyl-7-benzofuryl((dibutylamino)thio)methylcarbamate; Carbosulfan

别名 2,3-二氢-2,2-二甲基苯并呋喃-7-基(二丁基氨基硫)*N*-甲基氨基甲酸酯

分子式 $C_{20}H_{32}N_2O_3S$

CAS 号 55285-14-8

铁危编号 61889

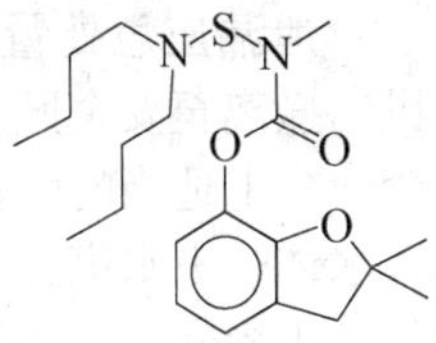

危害信息

危险性类别 第6类 有毒品

燃烧与爆炸危险性 可燃，蒸气与空气混合能形成爆炸性混合物，遇明火、高热易燃烧爆炸。在高温火场中，受热的容器有破裂和爆炸的危险。

禁忌物 氧化剂、碱类。

毒性 大鼠经口 LD_{50}：51mg/kg；大鼠吸入 LC_{50}：1530mg/m^3(1h)；大鼠经皮 LD_{50}：>2g/kg;兔经皮 LD_{50}：2000mg/kg。

中毒表现 氨基甲酸酯类农药抑制胆碱酯酶，出现相应的症状。中毒症状有头痛、恶心、呕吐、腹痛、流涎、出汗、瞳孔缩小、步行困难、语言障碍，重者可发生全身痉挛、昏迷。对皮肤有致敏性。

侵入途径 吸入、食入、经皮吸收。

环境危害 对水生生物有极高毒性，可能在水生环境中造成长期不利影响。

理化特性与用途

理化特性 棕色黏性液体。不溶于水，与大多数有机溶剂混溶。熔点<25℃，沸点124~128℃，相对密度(水=1)1.056，饱和蒸气压0.041mPa(25℃)，辛醇/水分配系数5.57，闪点96℃(闭杯)。

主要用途 杀虫剂。广泛用于棉花、甜菜、马铃薯、水稻、玉米、果树、蔬菜等作物防治地下害虫和叶部害虫。

包装与储运

包装标志 有毒品

包装类别 Ⅲ类

安全储运 储存于阴凉、通风良好的专用库房内。远离火种、热源。库温不超过32℃。相对湿度不超过85%。保持容器密封。应与氧化剂、碱类分开存放，切忌混储。配备相应品种和数量的消防器材。储区应备有泄漏应急处理设备和合适的收容材料。搬运时轻装轻卸，防止容器受损。

紧急处置信息

急救措施

吸入：迅速脱离现场至空气新鲜处。保持呼吸道通畅。如呼吸困难，给输氧。呼吸、心跳停止，立即进行心肺复苏术。就医。

眼睛接触：立即分开眼睑，用流动清水或生理盐水彻底冲洗。就医。

皮肤接触：立即脱去污染的衣着，用流动清水彻底冲洗。就医。

食入：饮适量温水，催吐(仅限于清醒者)。就医。

解毒剂：阿托品。

灭火方法 消防人员须穿全身消防服，佩戴空气呼吸器，在上风向灭火。尽可能将容

器从火场移至空旷处。喷水保持容器冷却直至灭火结束。处在火场中的容器若发生异常变化或发出异常声音，须马上撤离。

灭火剂：二氧化碳、干粉、水。

泄漏应急处置 根据液体流动和蒸气扩散的影响区域划定警戒区，无关人员从侧风、上风向撤离至安全区。消除所有点火源。建议应急处理人员戴防毒面具，穿防毒服，戴橡胶手套。穿上适当的防护服前严禁接触破裂的容器和泄漏物。尽可能切断泄漏源。防止泄漏物进入水体、下水道、地下室或有限空间。小量泄漏：用干燥的砂土或其他不燃材料吸收或覆盖，收集于容器中。大量泄漏：构筑围堤或挖坑收容。用泵转移至槽车或专用收集器内。

127. β-丁内酯

标　识

中文名称 β-丁内酯

英文名称 β-Butyrolacton

别名 4-甲基-β-丙酰内酯

分子式 $C_4H_6O_2$

CAS 号 3068-88-0；36536-46-6

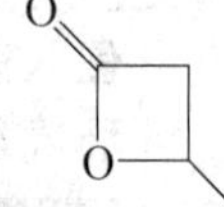

危害信息

燃烧与爆炸危险性 易燃。

禁忌物 强氧化剂、强酸。

毒性 大鼠经口 LD_{50}：17200μL/kg；兔经皮 LD_{50}：>20mL/kg。

IARC 致癌性评论：G2B，可疑人类致癌物。

中毒表现 对皮肤有刺激性。眼直接接触液态本品可引起永久性角膜混浊。

侵入途径 吸入、食入、经皮吸收。

理化特性与用途

理化特性 无色透明液体，有丙酮样气味。易溶于水，溶于多数有机溶剂。熔点-43.5℃，沸点 87℃(6.7kPa)，相对密度(水=1)1.05，饱和蒸气压 220Pa(25℃)，辛醇/水分配系数-0.38，闪点 60℃。

主要用途 用作实验室试剂和聚合物溶剂。

包装与储运

安全储运 储存于阴凉、通风的库房。远离火种、热源。保持容器密闭。应与强氧化剂、强酸等隔离储运。使用不产生火花的工具和设备。配备相应品种和数量的消防器材。储区应备有合适的泄漏物收容材料。

紧急处置信息

急救措施

吸入：迅速脱离现场至空气新鲜处。保持呼吸道通畅。如呼吸困难，给输氧。呼吸、心跳停止，立即进行心肺复苏术。就医。

眼睛接触： 立即分开眼睑，用流动清水或生理盐水彻底冲洗 5~10min。就医。

皮肤接触： 立即脱去污染的衣着，用肥皂水和清水彻底冲洗。就医。

食入： 漱口，饮水。就医。

灭火方法 消防人员须穿全身消防服，佩戴空气呼吸器，在上风向灭火。尽可能将容器从火场移至空旷处。喷水保持火场容器冷却，直至灭火结束。

根据着火原因选择适当灭火剂灭火。

泄漏应急处置 根据液体流动和蒸气扩散的影响区域划定警戒区，无关人员从侧风、上风向撤离至安全区。消除所有点火源。建议应急处理人员戴防毒面具，穿防毒服，戴橡胶手套。穿上适当的防护服前严禁接触破裂的容器和泄漏物。尽可能切断泄漏源。防止泄漏物进入水体、下水道、地下室或有限空间。小量泄漏：用干燥的砂土或其他不燃材料吸收或覆盖，收集于容器中。大量泄漏：构筑围堤或挖坑收容。用泵转移至槽车或专用收集器内。

128. 1-丁炔-3-醇

标　识

中文名称 1-丁炔-3-醇

英文名称 1-Butyn-3-ol；3-Butyn-2-ol

别名 3-丁炔-2-醇

分子式 C_4H_6O

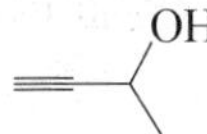

CAS 号 2028-63-9

铁危编号 32060

危害信息

危险性类别 第 3 类 易燃液体

燃烧与爆炸危险性 易燃，其蒸气与空气混合能形成爆炸性混合物，遇明火、高热易燃烧爆炸。

禁忌物 氧化剂、强酸。

毒性 小鼠经口 LD_{50}：30mg/kg。

侵入途径 吸入、食入。

理化特性与用途

理化特性 无色至淡黄色透明液体。与水和甲醇混溶。熔点-3℃，沸点 106.5℃、66~67℃(20kPa)，相对密度(水=1)0.894，闪点 26℃(闭杯)。

主要用途 广泛用于医药中间体，羰基化合物，胶联剂及过氧化催化剂，作合成树脂的改性剂，电镀添加剂，纺织物及纸张的树脂深层的偶合剂等。

包装与储运

包装标志 易燃液体，有毒品

包装类别 Ⅲ类

安全储运 储存于阴凉、通风的库房。远离火种、热源。储存温度不超过 35℃，相对湿度不超过 85%。保持容器密封。应与氧化剂、强酸等分开存放，切忌混储。不宜久存，以免变质。采用防爆型照明、通风设施。禁止使用易产生火花的机械设备和工具。储区应备有泄漏应急处理设备和合适的收容材料。搬运时轻装轻卸，防止容器受损。

紧急处置信息

急救措施

吸入：迅速脱离现场至空气新鲜处。保持呼吸道通畅。如呼吸困难，给输氧。呼吸、心跳停止，立即进行心肺复苏术。就医。

眼睛接触：立即分开眼睑，用流动清水或生理盐水彻底冲洗。就医。

皮肤接触：立即脱去污染的衣着，用流动清水彻底冲洗。就医。

食入：饮适量温水，催吐(仅限于清醒者)。就医。

灭火方法　消防人员须穿全身消防服，佩戴空气呼吸器，在上风向灭火。尽可能将容器从火场移至空旷处。喷水保持火场容器冷却，直至灭火结束。处在火场中的容器若发生异常变化或发出异常声音，须马上撤离。

灭火剂：水、泡沫、干粉、二氧化碳。

泄漏应急处置　根据液体流动和蒸气扩散的影响区域划定警戒区，无关人员从侧风、上风向撤离至安全区。消除所有点火源。建议应急处理人员戴防毒面具，穿防静电服，戴防护手套。穿上适当的防护服前严禁接触破裂的容器和泄漏物。作业时使用的设备应接地。尽可能切断泄漏源。防止泄漏物进入水体、下水道、地下室或有限空间。小量泄漏：用干燥的砂土或其他不燃材料吸收或覆盖，用洁净的无火花工具收集于容器中。大量泄漏：构筑围堤或挖坑收容。用泡沫覆盖，减少蒸发。喷水雾能减少蒸发，但不能降低泄漏物在有限空间内的易燃性。用防爆泵转移至槽车或专用收集器内。

129. 丁噻隆

标　识

中文名称　丁噻隆

英文名称　Tebuthiuron(ISO)；1-(5-tert-Butyl-1,3,4-thiadiazol-2-yl)-1,3-dimethylurea

别名　1-(5-叔丁基-1,3,4,-噻二唑-2-基)-1,3-二甲基脲

分子式　$C_9H_{16}N_4OS$

CAS 号　34014-18-1

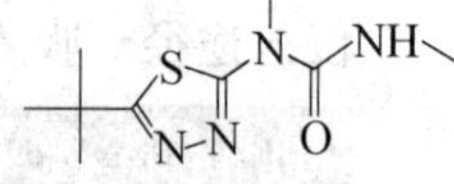

危害信息

燃烧与爆炸危险性　可燃，在高温火场中受热的容器有破裂和爆炸的危险。

禁忌物　强氧化剂。

毒性　大鼠经口 LD_{50}：644mg/kg；小鼠经口 LD_{50}：579mg/kg；大鼠吸入 LC_{50}：>3696mg/m^3；大鼠经皮 LD_{50}：>5g/kg。

中毒表现　大剂量口服脲类除草剂可引起急性中毒，出现恶心、呕吐、头痛、头晕、乏力、失眠，严重者可有贫血、肝脾肿大。对眼、皮肤、黏膜有刺激性。

侵入途径　吸入、食入、经皮吸收。

环境危害　对水生生物有极高毒性，可能在水生环境中造成长期不利影响。

理化特性与用途

理化特性 无色或白色至类白色结晶，微有发霉的气味。微溶于水，溶于甲醇、氯仿等。熔点 161.5~163℃，饱和蒸气压 0.27mPa(25℃)，辛醇/水分配系数 1.79。

主要用途 除草剂。用于非耕地防除所有植物。

包装与储运

包装标志 杂类

包装类别 Ⅲ类

安全储运 储存于阴凉、通风的库房。远离火种、热源。应与强氧化剂等隔离储运。

紧急处置信息

急救措施

吸入：迅速脱离现场至空气新鲜处。保持呼吸道通畅。如呼吸困难，给输氧。呼吸、心跳停止，立即进行心肺复苏术。就医。

眼睛接触：立即分开眼睑，用流动清水或生理盐水彻底冲洗。就医。

皮肤接触：立即脱去污染的衣着，用肥皂水和清水彻底冲洗。就医。

食入：漱口，饮水。就医。

灭火方法 消防人员须穿全身消防服，佩戴空气呼吸器，在上风向灭火。尽可能将容器从火场移至空旷处。喷水保持火容器冷却，直至灭火结束。

灭火剂：干粉、二氧化碳、泡沫、水。

泄漏应急处置 隔离泄漏区，限制出入。消除点火源。应急处理人员戴防尘口罩，穿防毒服，戴防护手套。穿戴适当的防护装备前，禁止接触破裂的容器和泄漏物。尽可能切断泄漏源。用塑料布覆盖，减少飞散。勿使水进入容器。用洁净的铲子收集泄漏物置于干净、干燥的盖子较松的容器中，将容器移离泄漏区。

130. 丁酮威

标　识

中文名称 丁酮威

英文名称 Butocarboxim；3-(methylthio)-2-butanone *O*-((methylamino)carbonyl)oxime

别名 *O*-甲基氨基甲酰基-3-(甲硫基)-2-丁酮肟

分子式 $C_7H_{14}N_2O_2S$

CAS 号 34681-10-2

S N O O NH

危害信息

危险性类别 第 6 类 有毒品

燃烧与爆炸危险性 受热易分解，放出有毒的氮氧化物和硫氧化物气体。

禁忌物 氧化剂、酸碱、醇类。

毒性 大鼠经口 LD_{50}：153mg/kg；大鼠吸入 LC_{50}：1g/m^3(4h)；兔经皮 LD_{50}：360mg/kg。

中毒表现 氨基甲酸酯类农药抑制胆碱酯酶，出现相应的症状。中毒症状有头痛、恶心、呕吐、腹痛、流涎、出汗、瞳孔缩小、步行困难、语言障碍，重者可发生全身痉挛、昏迷。

侵入途径　吸入、食入、经皮吸收。

环境危害　对水生生物有极高毒性，可能在水生环境中造成长期不利影响。

理化特性与用途

理化特性　浅棕色液体，在低温下结晶。微溶于水，溶于多数有机溶剂。熔点37℃（E型异构体），Z型异构体在室温下为油，相对密度（水=1）1.12，饱和蒸气压10.6mPa（20℃），辛醇/水分配系数1.1。

主要用途　杀虫剂。用于果树、蔬菜、麦类、棉花、啤酒花、烟草等防治蚜虫、白粉虱、蓟马等害虫。

包装与储运

包装标志　有毒品，易燃液体

包装类别　Ⅲ类

安全储运　储存于阴凉、通风的库房。远离火种、热源。防止阳光直射。储存温度不超过32℃，相对湿度不超过85%。应与氧化剂、酸碱、醇类、食用化学品等分开存放，切忌混储。配备相应品种和数量的消防器材。储区应备有合适的材料收容泄漏物。搬运时轻装轻卸，防止容器受损。

紧急处置信息

急救措施

吸入：迅速脱离现场至空气新鲜处。保持呼吸道通畅。如呼吸困难，给输氧。呼吸、心跳停止，立即进行心肺复苏术。就医。

眼睛接触：立即分开眼睑，用流动清水或生理盐水彻底冲洗。就医。

皮肤接触：立即脱去污染的衣着，用流动清水彻底冲洗。就医。

食入：饮适量温水，催吐（仅限于清醒者）。就医。

解毒剂：阿托品。

灭火方法　消防人员须穿全身消防服，佩戴空气呼吸器，在上风向灭火。尽可能将容器从火场移至空旷处。喷水保持火容器冷却，直至灭火结束。

灭火剂：二氧化碳、干粉、泡沫。

泄漏应急处置　根据液体流动和蒸气扩散的影响区域划定警戒区，无关人员从侧风、上风向撤离至安全区。消除所有点火源。建议应急处理人员戴防毒面具，穿防毒防静电服，戴橡胶手套。穿上适当的防护服前严禁接触破裂的容器和泄漏物。作业时使用的设备应接地。尽可能切断泄漏源。防止泄漏物进入水体、下水道、地下室或有限空间。小量泄漏：用干燥的砂土或其他不燃材料吸收或覆盖，用洁净的无火花工具收集于容器中。大量泄漏：构筑围堤或挖坑收容。用泡沫覆盖，减少蒸发。用防爆泵转移至槽车或专用收集器内。

131. 2-丁酮肟

标　识

中文名称　2-丁酮肟

英文名称　2-Butanone oxime; Ethyl methyl ketoxime; Ethyl methyl ketone oxime

别名　甲乙酮肟；丁酮肟

分子式　C_4H_9NO

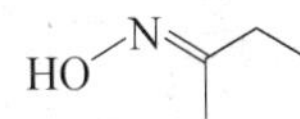

CAS 号　96-29-7

危害信息

燃烧与爆炸危险性　易燃，其蒸气与空气混合能形成爆炸性混合物，遇明火、高热易燃烧爆炸。受热易分解，放出有毒气体。

禁忌物　强氧化剂、强酸。

毒性　大鼠经口 LD_{50}：930mg/kg；小鼠经口 LD_{50}：1g/kg；兔经皮 LD_{50}：200μL/kg；大鼠吸入 LC：>50g/m^3(4h)。

欧盟法规 1272/2008/EC 将本品列为第 2 类致癌物——可疑的人类致癌物。

中毒表现　眼接触引起严重损害。经皮吸收对身体有害。对皮肤有致敏性。

侵入途径　吸入、食入、经皮吸收。

理化特性与用途

理化特性　无色至淡黄色透明液体，有发霉的气味。溶于水。熔点-29.5℃，沸点152℃，相对密度(水=1)0.923，相对蒸气密度(空气=1)3.0，饱和蒸气压 3.0kPa(23℃)，辛醇/水分配系数 0.63，闪点 60℃(闭杯)，引燃温度 315℃，爆炸下限 3.1%，爆炸上限 50%(60℃)。

主要用途　用于各种油基漆、醇酸漆、环氧酯漆等储运过程中的防结皮处理，也可用作硅固化剂；也用于有机合成；在锅炉水系统用作脱氧剂和钝化剂。

包装与储运

安全储运　储存于阴凉、通风的库房。远离火种、热源。保持容器密闭。应与强氧化剂、强酸等隔离储运。搬运时轻装轻卸，防止容器受损。

紧急处置信息

急救措施

吸入：迅速脱离现场至空气新鲜处。保持呼吸道通畅。如呼吸困难，给输氧。呼吸、心跳停止，立即进行心肺复苏术。就医。

眼睛接触：立即分开眼睑，用流动清水或生理盐水彻底冲洗 5~10min。就医

皮肤接触：立即脱去污染的衣着，用肥皂水和清水彻底冲洗。就医。

食入：漱口，饮水。就医。

灭火方法　消防人员须穿全身消防服，佩戴空气呼吸器，在上风向灭火。尽可能将容器从火场移至空旷处。喷水保持火场容器冷却，直至灭火结束。处在火场中的容器若发生异常变化或发出异常声音，须马上撤离。

灭火剂：干粉、二氧化碳。

泄漏应急处置　根据液体流动和蒸气扩散的影响区域划定警戒区，无关人员从侧风、上风向撤离至安全区。消除所有点火源。建议应急处理人员戴防毒面具，穿防静电、防毒服，戴橡胶手套。穿上适当的防护服前严禁接触破裂的容器和泄漏物。作业时使用的设备应接地。尽可能切断泄漏源。防止泄漏物进入水体、下水道、地下室或有限空间。小量泄漏：用干燥的砂土或其他不燃材料吸收或覆盖，用洁净的无火花工具收集于容器中。大量

泄漏：构筑围堤或挖坑收容。用泡沫覆盖，减少蒸发。用防爆泵转移至槽车或专用收集器内。

132. 1-丁氧基-2-丙醇

标　识

中文名称　1-丁氧基-2-丙醇

英文名称　1-Butoxypropan-2-ol；Propylene glycol monobutyl ether

别名　丙二醇单丁醚

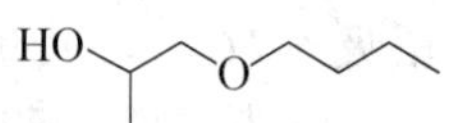

分子式　$C_7H_{16}O_2$

CAS 号　5131-66-8

危害信息

燃烧与爆炸危险性　可燃，蒸气与空气混合能形成爆炸性混合物，遇明火、高热易燃烧爆炸。燃烧放出有毒的刺激性烟雾。

禁忌物　强氧化剂、强酸。

毒性　大鼠经口 LD_{50}：5660μL/kg；兔经皮 LD_{50}：3100mg/kg。

中毒表现　对眼和皮肤有刺激性。

侵入途径　吸入、食入、经皮吸收。

理化特性与用途

理化特性　无色透明液体，有特性气味。溶于水。熔点-75℃，沸点 171℃，相对密度(水=1)0.879，相对蒸气密度(空气=1)4.55，饱和蒸气压 0.187kPa(25℃)，辛醇/水分配系数 1.15，闪点 63℃(闭杯)，引燃温度 260℃，爆炸下限 1.1%(80℃)，爆炸上限 8.4%(145℃)，临界温度 351.75℃，临界压力 2.739MPa。

主要用途　用于涂料和油墨。

包装与储运

安全储运　储存于阴凉、通风的库房。远离火种、热源。应与强氧化剂、强酸等隔离储运。搬运时轻装轻卸，防止容器受损。

紧急处置信息

急救措施

吸入：迅速脱离现场至空气新鲜处。保持呼吸道通畅。如呼吸困难，给输氧。呼吸、心跳停止，立即进行心肺复苏术。就医。

眼睛接触：立即分开眼睑，用流动清水或生理盐水彻底冲洗。就医。

皮肤接触：立即脱去污染的衣着，用肥皂水和清水彻底冲洗。就医。

食入：漱口，饮水。就医。

灭火方法　消防人员须穿全身消防服，佩戴空气呼吸器，在上风向灭火。尽可能将容器从火场移至空旷处。喷水保持火场容器冷却，直至灭火结束。处在火场中的容器若发生异常变化或发出异常声音，须马上撤离。

灭火剂：水、泡沫、干粉、二氧化碳。

泄漏应急处置 根据液体流动和蒸气扩散的影响区域划定警戒区，无关人员从侧风、上风向撤离至安全区。消除所有点火源。建议应急处理人员戴防毒面具，穿防静电服。穿上适当的防护服前严禁接触破裂的容器和泄漏物。尽可能切断泄漏源。防止泄漏物进入水体、下水道、地下室或有限空间。小量泄漏：用干燥的砂土或其他不燃材料吸收或覆盖，收集于容器中。大量泄漏：构筑围堤或挖坑收容。用泡沫覆盖，减少蒸发。用防爆转移至槽车或专用收集器内。

133. 1-(2-丁氧基丙氧基)-2-丙醇

标　识

中文名称 1-(2-丁氧基丙氧基)-2-丙醇

英文名称 1-(2-Butoxypropoxy)propan-2-ol

分子式 $C_{10}H_{22}O_3$

CAS 号 24083-03-2

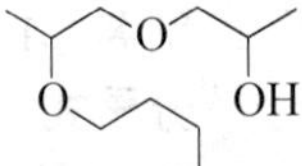

危害信息

燃烧与爆炸危险性 可燃，与强氧化剂接触易形成爆炸性过氧化物。

禁忌物 强氧化剂、强酸。

中毒表现 食入或经皮肤吸收对身体有害。

侵入途径 吸入、食入、经皮吸收。

理化特性与用途

理化特性 无色液体。溶于水。熔点<-75℃，沸点229℃，相对密度(水=1)1.03，饱和蒸气压0.008kPa(20℃)，辛醇/水分配系数1.13，闪点112℃。

主要用途 用于家用清洁剂等。

包装与储运

安全储运 储存于阴凉、通风的库房。远离火种、热源。应与强氧化剂、强酸等隔离储运。搬运时轻装轻卸，防止容器受损。

紧急处置信息

急救措施

吸入：迅速脱离现场至空气新鲜处。保持呼吸道通畅。如呼吸困难，给输氧。呼吸、心跳停止，立即进行心肺复苏术。就医。

眼睛接触：立即分开眼睑，用流动清水或生理盐水彻底冲洗。就医。

皮肤接触：立即脱去污染的衣着，用肥皂水和清水彻底冲洗。就医。

食入：漱口，饮水。就医。

灭火方法 消防人员须穿全身消防服，佩戴空气呼吸器，在上风向灭火。尽可能将容器从火场移至空旷处。

根据着火原因选择适当灭火剂灭火。

泄漏应急处置 根据液体流动和蒸气扩散的影响区域划定警戒区，无关人员从侧风、上风向撤离至安全区。消除所有点火源。建议应急处理人员戴防毒面具，穿防护服，戴防护手套。穿上适当的防护服前严禁接触破裂的容器和泄漏物。尽可能切断泄漏源。防止泄漏物进入水体、下水道、地下室或有限空间。小量泄漏：用干燥的砂土或其他不燃材料吸收或覆盖，用洁净的无火花工具收集于容器中。大量泄漏：构筑围堤或挖坑收容。用防爆泵转移至槽车或专用收集器内。

134. 啶嘧磺隆

标 识

中文名称 啶嘧磺隆

英文名称 Flazasulfuron；1-(4,6-Dimethoxypyrimidin-2-yl)-3-(3-trifluoromethyl-2-pyridylsulfonyl)urea

别名 1-(4,6-二甲氧基嘧啶-2-基)-3-(3-三氟甲基-2-吡啶磺酰)脲

分子式 $C_{13}H_{12}F_3N_5O_5S$

CAS 号 104040-78-0

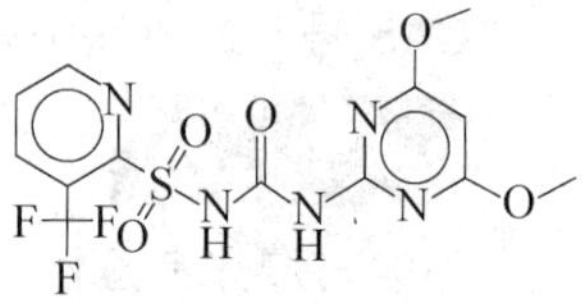

危害信息

燃烧与爆炸危险性 受热易分解，放出有毒的氮氧化物和硫氧化物气体。

禁忌物 强氧化剂。

毒性 大鼠经口 LD_{50}：>5g/kg；小鼠经口 LD_{50}：>5g/kg；大鼠经皮 LD_{50}：>2g/kg。

中毒表现 大剂量口服脲类除草剂可引起急性中毒，出现恶心、呕吐、头痛、头晕、乏力、失眠，严重者可有贫血、肝脾肿大。对眼、皮肤、黏膜有刺激性。

侵入途径 吸入、食入、经皮吸收。

环境危害 对水生生物有极高毒性，可能在水生环境中造成长期不利影响。

理化特性与用途

理化特性 白色无气味结晶粉末。微溶于水。熔点 166～170℃，相对密度(水=1) 1.6055，饱和蒸气压<0.013mPa(25℃)，辛醇/水分配系数 3.308。

主要用途 苗后除草剂。用于热带型草坪防除禾本科杂草和阔叶杂草，也用于葡萄园和甘蔗田除草。

包装与储运

包装标志 杂类

包装类别 Ⅲ类

安全储运 储存于阴凉、通风的库房。远离火种、热源。应与强氧化剂等隔离储运。

紧急处置信息

急救措施

吸入：迅速脱离现场至空气新鲜处。保持呼吸道通畅。如呼吸困难，给输氧。呼吸、心跳停止，立即进行心肺复苏术。就医。

眼睛接触：立即分开眼睑，用流动清水或生理盐水彻底冲洗。就医。

皮肤接触：立即脱去污染的衣着，用肥皂水和清水彻底冲洗。就医。

食入：漱口，饮水。就医。

灭火方法 消防人员须穿全身消防服，佩戴空气呼吸器，在上风向灭火。尽可能将容器从火场移至空旷处。喷水保持火容器冷却，直至灭火结束。

灭火剂：二氧化碳、干粉、泡沫。

泄漏应急处置 隔离泄漏污染区，限制出入。建议应急处理人员戴防尘口罩，穿防护服。禁止接触或跨越泄漏物。尽可能切断泄漏源。用塑料布覆盖，减少飞散。用洁净的铲子收集泄漏物，置于干净、干燥、盖子较松的容器中，将容器移离泄漏。

135. 毒扁豆碱

标 识

中文名称 毒扁豆碱

英文名称 Physostigmine；Pyrrolo(2,3-b)indol-5-ol，1,2,3,3a,8,8a-hexahydro-1,3a,8-trimethyl-，methylcarbamate(ester)，(3a*S*，8a*R*)-

别名 卡拉巴豆碱

分子式 $C_{15}H_{21}N_3O_2$

CAS 号 57-47-6

HN O O N N

危害信息

危险性类别 第6类 有毒品

燃烧与爆炸危险性 可燃，受热易分解，在高温火场中，受热的容器有破裂和爆炸的危险。

禁忌物 强氧化剂、酸碱。

毒性 大鼠经口 LD_{50}：4500μg/kg；小鼠经口 LD_{50}：3mg/kg。

中毒表现 食入或吸入可致死。

侵入途径 吸入、食入。

理化特性与用途

理化特性 白色结晶粉末。微溶于水，易溶于二氯甲烷，溶于乙醇、乙醚、苯、氯仿、油类。熔点105~106℃，相对密度(水=1)1.17，饱和蒸气压0.49mPa(25℃)，辛醇/水分配系数1.58。

主要用途 生化研究，药物合成中间体及抗胆碱酯酶药。

包装与储运

包装标志 有毒品

包装类别 Ⅱ类

安全储运 储存于阴凉、通风的库房。远离火种、热源。防止阳光直射。储存温度不超过35℃，相对湿度不超过85%。保持容器密封。应与强氧化剂、酸碱等分开存放，切忌混储。配备相应品种和数量的消防器材。储区应备有合适的材料收容泄漏物。

紧急处置信息

急救措施

吸入：迅速脱离现场至空气新鲜处。保持呼吸道通畅。如呼吸困难，给输氧。呼吸、心跳停止，立即进行心肺复苏术。就医。

眼睛接触：立即分开眼睑，用流动清水或生理盐水彻底冲洗。就医。

皮肤接触：立即脱去污染的衣着，用流动清水彻底冲洗。就医。

食入：饮适量温水，催吐(仅限于清醒者)。就医。

灭火方法　消防人员须穿全身消防服，佩戴空气呼吸器，在上风向灭火。尽可能将容器从火场移至空旷处。喷水保持火容器冷却，直至灭火结束。

灭火剂：雾状水、二氧化碳、干粉、抗溶性泡沫。

泄漏应急处置　隔离泄漏区，限制出入。消除点火源。建议应急处理人员戴防尘口罩，穿防毒服，戴橡胶手套。穿上适当的防护装备前，严禁接触破裂的容器和泄漏物。用塑料布覆盖，减少飞散。用洁净的铲子收集至于干净、干燥的容器中，将容器移离泄漏区。

136. 毒虫畏

标　识

中文名称　毒虫畏

英文名称　Chlorfenvinphos；2-Chloro-1-(2,4 dichlorophenyl) vinyl diethyl phosphate

别名　2-氯-1-(2,4-二氯苯基)乙烯基二乙基磷酸酯

分子式　$C_{12}H_{14}Cl_3O_4P$

CAS 号　470-90-6

铁危编号　61126

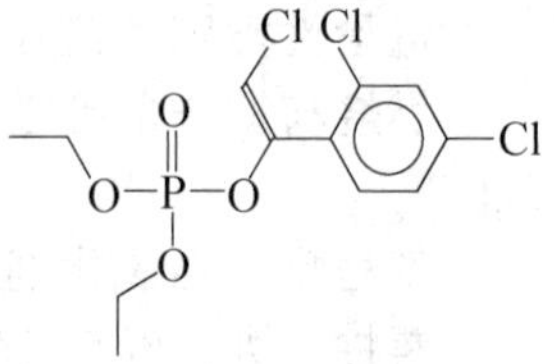

危害信息

危险性类别　第 6 类　有毒品

燃烧与爆炸危险性　可燃，在高温火场中，受热的容器有破裂和爆炸的危险。

禁忌物　强氧化剂、强碱。

毒性　大鼠经口 LD_{50}：10mg/kg；小鼠经口 LD_{50}：65mg/kg；大鼠吸入 LC_{50}：50mg/m^3(4h)；大鼠经皮 LD_{50}：26400μg/kg；兔经皮 LD_{50}：400mg/kg。

根据《危险化学品目录》的备注，本品属剧毒化学品。

中毒表现　抑制体内胆碱酯酶活性，造成神经生理功能紊乱。急性中毒症状有头痛、头昏、乏力、食欲不振、恶心、呕吐、腹痛、腹泻、流涎、瞳孔缩小、呼吸道分泌物增多、多汗、肌束震颤等。重度中毒者出现肺水肿、昏迷、呼吸麻痹、脑水肿。血胆碱酯酶活性降低。

侵入途径　吸入、食入、经皮吸收。

环境危害　对水生生物有极高毒性，可能在水生环境中造成长期不利影响。

理化特性与用途

理化特性　无色至淡黄色至琥珀色液体。微溶于水，与多数普通有机溶剂混溶。熔点

-23～-19℃，沸点 167～170℃（0.07kPa），相对密度（水=1）1.36，饱和蒸气压 1mPa（25℃），辛醇/水分配系数 3.82。

主要用途 杀虫、杀螨剂。用于水稻、玉米、甘蔗、蔬菜、柑橘、茶树等及家畜的杀虫。

包装与储运

包装标志 有毒品

包装类别 Ⅰ类

安全储运 储存于阴凉、通风的库房。远离火种、热源。防止阳光直射。储存温度不超过 35℃，相对湿度不超过 85%。保持容器密封。应与强氧化剂、强碱、食用化学品等分开存放，切忌混储。配备相应品种和数量的消防器材。储区应备有合适的材料收容泄漏物。搬运时轻装轻卸，防止容器受损。应严格执行剧毒品“双人收发、双人保管”制度。

紧急处置信息

急救措施

吸入：迅速脱离现场至空气新鲜处。保持呼吸道通畅。如呼吸困难，给输氧。呼吸、心跳停止，立即进行心肺复苏术。就医。

眼睛接触：分开眼睑，用流动清水或生理盐水冲洗。就医。

皮肤接触：立即脱去污染的衣着，用肥皂水及流动清水彻底冲洗污染的皮肤、头发、指甲等。就医。

食入：饮足量温水，催吐(仅限于清醒者)。口服活性炭。就医

解毒剂：阿托品、胆碱酯酶复能剂。

灭火方法 消防人员须穿全身消防服，佩戴空气呼吸器，在上风向灭火。尽可能将容器从火场移至空旷处。喷水保持火容器冷却，直至灭火结束。

灭火剂：雾状水、干粉、二氧化碳、泡沫。

泄漏应急处置 根据液体流动和蒸气扩散的影响区域划定警戒区，无关人员从侧风、上风向撤离至安全区。消除所有点火源。建议应急处理人员戴防毒面具，穿防毒服，戴防化学品手套。穿上适当的防护服前严禁接触破裂的容器和泄漏物。尽可能切断泄漏源。防止泄漏物进入水体、下水道、地下室或有限空间。小量泄漏：用干燥的砂土或其他不燃材料吸收或覆盖，用洁净的工具收集于容器中。大量泄漏：构筑围堤或挖坑收容。用泵转移至槽车或专用收集器内。

137. 毒毛旋花苷 G

标　识

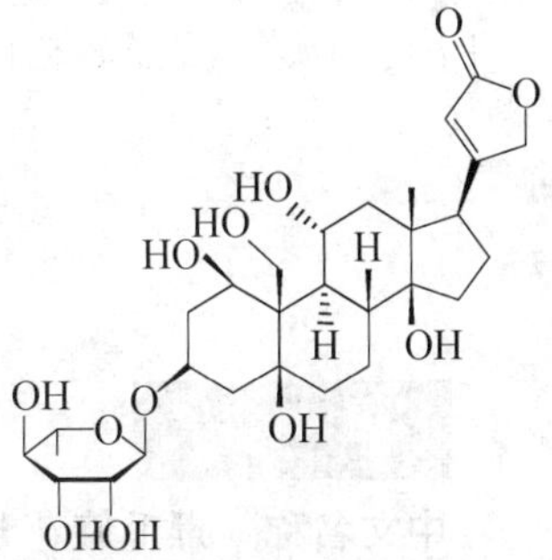

中文名称 毒毛旋花苷 G

英文名称 Ouabain

别名 羊角拗质

分子式 $C_{29}H_{44}O_{12}$

CAS 号 630-60-4

铁危编号 61121

O O HO HO HO H OH H H OH O OH O OH OHOH

危害信息

危险性类别 第6类 有毒品

燃烧与爆炸危险性 受热易分解，放出有毒的气体。

禁忌物 氧化剂、酸碱。

毒性 小鼠经口 LD_{50}：5mg/kg。

中毒表现 本品属洋地黄类药物。中毒早期表现有胃肠道反应；全身症状有头痛、头晕、疲乏、失眠等。心脏毒性主要表现为各种心律失常，重者可发生室性心动过速，心室纤颤，甚至心跳骤停、猝死。视觉改变可出现黄视、绿视、视力模糊。神经系统表现可出现定向力障碍、谵妄、精神错乱、癫痫样抽搐发作等。

侵入途径 吸入、食入。

理化特性与用途

理化特性 白色结晶或粉末。微溶于冷水，溶于热水。熔点 200℃，沸点 838.2℃，相对密度(水=1)1.51，醇/水分配系数-2.0。

主要用途 是一类可供医药上使用的强心苷类药物。

包装与储运

包装标志 有毒品

包装类别 Ⅱ类

安全储运 储存于阴凉、通风的库房。远离火种、热源。库温不超过 35℃。相对湿度不超过 85%。包装密封。应与氧化剂、酸碱、食用化学品等分开存放，切忌混储。配备相应品种和数量的消防器材。储区应备有合适的材料收容泄漏物。

紧急处置信息

急救措施

吸入：迅速脱离现场至空气新鲜处。保持呼吸道通畅。如呼吸困难，给输氧。呼吸、心跳停止，立即进行心肺复苏术。就医。

眼睛接触：立即分开眼睑，用流动清水或生理盐水彻底冲洗。就医。

皮肤接触：立即脱去污染的衣着，用流动清水彻底冲洗。就医。

食入：饮适量温水，催吐(仅限于清醒者)。就医。

灭火方法 消防人员须穿全身消防服，佩戴空气呼吸器，在上风向灭火。尽可能将容器从火场移至空旷处。喷水保持火场容器冷却直至灭火结束。

灭火剂：干粉、二氧化碳、雾状水、泡沫。

泄漏应急处置 隔离泄漏污染区，限制出入。建议应急处理人员戴防尘口罩，穿防毒服，戴橡胶手套。穿上适当的防护服前严禁接触破裂的容器和泄漏物。尽可能切断泄漏源。用塑料布覆盖泄漏物，减少飞散。勿使水进入包装容器内。用洁净的铲子收集泄漏物，置于干净、干燥、盖子较松的容器中，将容器移离泄漏区。

138. 毒毛旋花苷 K

标　识

中文名称 毒毛旋花苷 K

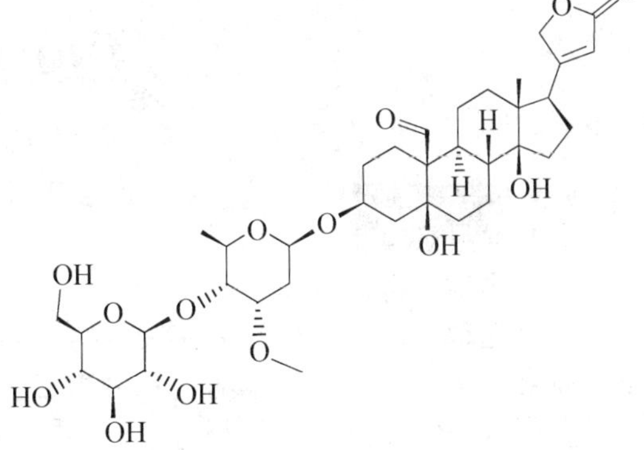

英文名称 Strophantin-K

别名 毒毛花苷 K

分子式 $C_{36}H_{54}O_{14}$

CAS 号 11005-63-3

铁危编号 61121

危害信息

危险性类别 第6类 有毒品

燃烧与爆炸危险性 无特殊燃爆特性

禁忌物 强氧化剂、强碱。

毒性 兔经口 *LDLo*：20mg/kg。

中毒表现 本品属洋地黄类药物。中毒早期表现有胃肠道反应；全身症状有头痛、头晕、疲乏、失眠等。心脏毒性主要表现为各种心律失常，重者可发生室性心动过速，心室纤颤，甚至心跳骤停、猝死。视觉改变可出现黄视、绿视、视力模糊。神经系统表现可出现定向力障碍、谵妄、精神错乱、癫痫样抽搐发作等。

侵入途径 吸入、食入。

理化特性与用途

理化特性 白色或微黄色粉末。熔点 165℃。

主要用途 用作强心剂。

包装与储运

包装标志 有毒品

包装类别 Ⅲ类

安全储运 储存于阴凉、通风的库房。远离火种、热源。防止阳光直射。储存温度不超过 35℃，相对湿度不超过 85%。保持容器密封。应与强氧化剂、强碱等分开存放，切忌混储。配备相应品种和数量的消防器材。储区应备有合适的材料收容泄漏物。

紧急处置信息

急救措施

吸入：迅速脱离现场至空气新鲜处。保持呼吸道通畅。如呼吸困难，给输氧。呼吸、心跳停止，立即进行心肺复苏术。就医。

眼睛接触：立即分开眼睑，用流动清水或生理盐水彻底冲洗。就医。

皮肤接触：立即脱去污染的衣着，用流动清水彻底冲洗。就医。

食入：饮适量温水，催吐(仅限于清醒者)。就医。

灭火方法 消防人员须穿全身消防服，佩戴空气呼吸器，在上风向灭火。尽可能将容器从火场移至空旷处。

根据着火原因选择适当灭火剂灭火。

泄漏应急处置 隔离泄漏污染区，限制出入。建议应急处理人员戴防尘口罩，穿防毒服，戴橡胶手套。穿上适当的防护服前严禁接触破裂的容器和泄漏物。尽可能切断泄漏源。用塑料布覆盖泄漏物，减少飞散。勿使水进入包装容器内。用洁净的铲子收集泄漏物，置于干净、干燥、盖子较松的容器中，将容器移离泄漏区。

139. 毒鼠磷

标　识

中文名称　毒鼠磷

英文名称　Phosacetim；*O*,*O*-Bis(4-chlorophenyl)*N*-acetimidoylphosphoramidothioate

别名　*O*,*O*-双(4-氯苯基)(1-亚氨乙基)硫代氨基磷酸酯

分子式　$C_{14}H_{13}Cl_2N_2O_2PS$

CAS 号　4104-14-7

铁危编号　61135

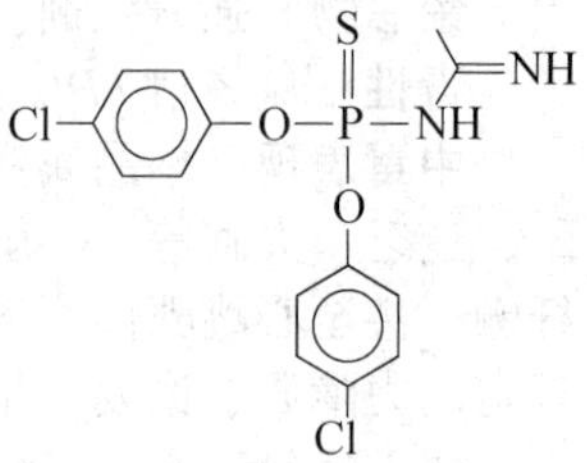

危害信息

危险性类别　第 6 类　有毒品

燃烧与爆炸危险性　无特殊燃爆特性。

禁忌物　强氧化剂、强碱。

毒性　大鼠经口 LD_{50}：3700μg/kg；小鼠经口 LD_{50}：12mg/kg；大鼠经皮 LD_{50}：25mg/kg。根据《危险化学品目录》的备注，本品属剧毒化学品。

中毒表现　抑制体内胆碱酯酶活性，造成神经生理功能紊乱。急性中毒症状有头痛、头昏、乏力、食欲不振、恶心、呕吐、腹痛、腹泻、流涎、瞳孔缩小、呼吸道分泌物增多、多汗、肌束震颤等。重度中毒者出现肺水肿、昏迷、呼吸麻痹、脑水肿。血胆碱酯酶活性降低。

侵入途径　吸入、食入、经皮吸收。

环境危害　对水生生物有极高毒性，可能在水生环境中造成长期不利影响。

理化特性与用途

理化特性　白色结晶粉末。不溶于水，微溶于乙醇、乙醚、苯，易溶于二氯甲烷、丙酮。熔点 104～106℃，相对密度(水=1)1.43，饱和蒸气压 0.01mPa(25℃)，辛醇/水分配系数 3.69。

主要用途　用于杀灭家鼠和野鼠。

包装与储运

包装标志　有毒品

包装类别　Ⅰ类

安全储运　储存于阴凉、通风的库房。远离火种、热源。防止阳光直射。储存温度不超过 35℃，相对湿度不超过 85%。保持容器密封。应与强氧化剂、强碱、食用化学品等分开存放，切忌混储。配备相应品种和数量的消防器材。储区应备有合适的材料收容泄漏物。应严格执行剧毒品"双人收发、双人保管"制度。

紧急处置信息

急救措施

吸入：迅速脱离现场至空气新鲜处。保持呼吸道通畅。如呼吸困难，给输氧。呼吸、

心跳停止，立即进行心肺复苏术。就医。

眼睛接触：分开眼睑，用流动清水或生理盐水冲洗。就医。

皮肤接触：立即脱去污染的衣着，用肥皂水及流动清水彻底冲洗污染的皮肤、头发、指甲等。就医。

食入：饮足量温水，催吐(仅限于清醒者)。口服活性炭。就医。

解毒剂：阿托品、胆碱酯酶复能剂。

灭火方法 消防人员须穿全身消防服，佩戴空气呼吸器，在上风向灭火。尽可能将容器从火场移至空旷处。

根据着火原因选择适当灭火剂灭火。

泄漏应急处置 消除所有点火源。隔离泄漏污染区，限制出入。建议应急处理人员戴防尘口罩，穿防毒服，戴防化学品手套。穿戴适当的防护装备前，禁止接触或跨越泄漏物。尽可能切断泄漏源。用塑料布覆盖，减少飞散。然后用洁净的铲子收集泄漏物，置于干净、干燥、盖子较松的容器中，将容器移离泄漏区。

140. 对二甲基氨基偶氮苯

标　识

中文名称 对二甲基氨基偶氮苯

英文名称 4-Dimethylaminoazobenzene；C. I. Solvent Yellow 2

别名 溶剂黄；甲基黄

分子式 $C_{14}H_{15}N_3$

CAS 号 60-11-7

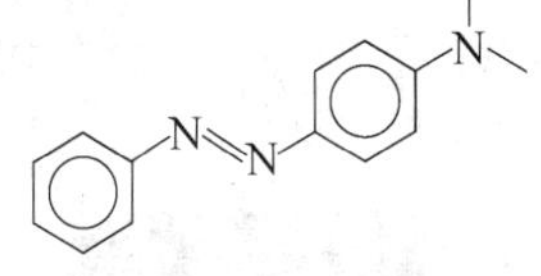

危害信息

危险性类别 第6类　有毒品

燃烧与爆炸危险性 不燃，受热分解放出有毒的氮氧化物气体。

禁忌物 强氧化剂、强酸。

毒性 大鼠经口 LD_{50}：200mg/kg；小鼠经口 LD_{50}：300mg/kg。

IARC 致癌性评论：G2B，可疑人类致癌物。

中毒表现 对眼、皮肤和呼吸道有刺激性。长期或反复皮肤接触可引起皮炎。

侵入途径 吸入、食入。

理化特性与用途

理化特性 桔黄色叶状晶体。不溶于水，溶于乙醇、乙醚、油类、苯、氯仿、石油醚，易溶于吡啶。熔点 114～117℃，相对密度(水=1)1.2233，相对蒸气密度(空气=1)7.78，辛醇/水分配系数 4.58。

主要用途 酸碱指示剂，测定胃液中的游离盐酸，过氧化脂肪的点滴试验。

包装与储运

包装标志 有毒品

包装类别 Ⅲ类

安全储运 储存于阴凉、干燥、通风良好的库房。远离火种、热源。防止阳光直射。储存温度不超过35℃，相对湿度不超过85%。保持容器密封。应与强氧化剂、强酸、食用化学品等分开存放，切忌混储。配备相应品种和数量的消防器材。储区应备有合适的材料收容泄漏物。

紧急处置信息

急救措施

吸入：迅速脱离现场至空气新鲜处。保持呼吸道通畅。如呼吸困难，给输氧。呼吸、心跳停止，立即进行心肺复苏术。就医。

眼睛接触：立即分开眼睑，用流动清水或生理盐水彻底冲洗。就医。

皮肤接触：立即脱去污染的衣着，用流动清水彻底冲洗。就医。

食入：饮适量温水，催吐(仅限于清醒者)。就医。

灭火方法 消防人员须穿全身消防服，佩戴空气呼吸器，在上风向灭火。尽可能将容器从火场移至空旷处。喷水保持火场容器冷却，直至灭火结束。

根据着火原因选择适当灭火剂灭火。

泄漏应急处置 消除所有点火源。隔离泄漏污染区，限制出入。建议应急处理人员戴防尘口罩，穿防毒服，戴橡胶手套。穿戴适当的防护装备前，禁止接触或跨越泄漏物。尽可能切断泄漏源。勿使水进入容器内。用塑料布覆盖，减少飞散。然后用洁净的铲子收集泄漏物，置于干净、干燥、盖子较松的容器中，将容器移离泄漏区。

141. 对甲苯磺酸(硫酸含量≤5%)

标　识

中文名称 对甲苯磺酸(硫酸含量≤5%)

英文名称 *p*-Toluenesulfonic acid; Toluene-4-sulphonic acid

别名 4-甲苯磺酸

分子式 $C_7H_8O_3S$

CAS 号 104-15-4

O
S
O OH

危害信息

燃烧与爆炸危险性 可燃，在高温火场中，受热的容器有破裂和爆炸的危险。

禁忌物 强氧化剂、碱类。

毒性 大鼠经口 LD_{50}：1410mg/kg；小鼠经口 LD_{50}：735mg/kg。

中毒表现 对眼、皮肤有腐蚀性。吸入后引起肺水肿。食入腐蚀消化道。

侵入途径 吸入、食入。

理化特性与用途

理化特性 白色叶状或柱状结晶。易溶于水，溶于醇和醚，难溶于苯和甲苯。熔点106~107℃，沸点140℃(2.7kPa)，相对密度(水=1)1.24，饱和蒸气压0.36kPa(25℃)，辛醇/水分配系数0.9，闪点184℃(闭杯)。

主要用途 用于制药、有机合成的中间体，塑料、树脂的固化剂或催化剂。

包装与储运

安全储运　储存于阴凉、通风的库房。远离火种、热源。应与强氧化剂、碱类等隔离储运。

紧急处置信息

急救措施

吸入：迅速脱离现场至空气新鲜处。保持呼吸道通畅。如呼吸困难，给输氧。呼吸、心跳停止，立即进行心肺复苏术。就医。

眼睛接触：立即分开眼睑，用流动清水或生理盐水彻底冲洗5~10min。就医

皮肤接触：立即脱去污染的衣着，用大量流动清水彻底冲洗，冲洗时间一般要求20~30min。就医。

食入：用水漱口，禁止催吐。给饮牛奶或蛋清。就医。

灭火方法　消防人员须穿全身消防服，佩戴空气呼吸器，在上风向灭火。尽可能将容器从火场移至空旷处。喷水保持火场容器冷却，直至灭火结束。

灭火剂：干粉、二氧化碳、泡沫。

泄漏应急处置　隔离泄漏污染区，限制出入。建议应急处理人员戴防尘口罩，穿防毒耐腐蚀防护服，戴橡胶耐腐蚀手套。穿上适当的防护服前严禁接触破裂的容器和泄漏物。尽可能切断泄漏源。用塑料布覆盖泄漏物，减少飞散。勿使水进入包装容器内。用洁净的铲子收集泄漏物，置于干净、干燥、盖子较松的容器中，将容器移离泄漏区。

142. 对甲苯磺酸铁(Ⅲ)

标　识

中文名称　对甲苯磺酸铁(Ⅲ)

英文名称　Benzenesulfonic acid, 4-methyl-, iron(3+) salt(3：1); Iron(Ⅲ) tris(4-methylbenzenesulfonate)

分子式　$C_{21}H_{21}FeO_9S_3$

CAS号　77214-82-5

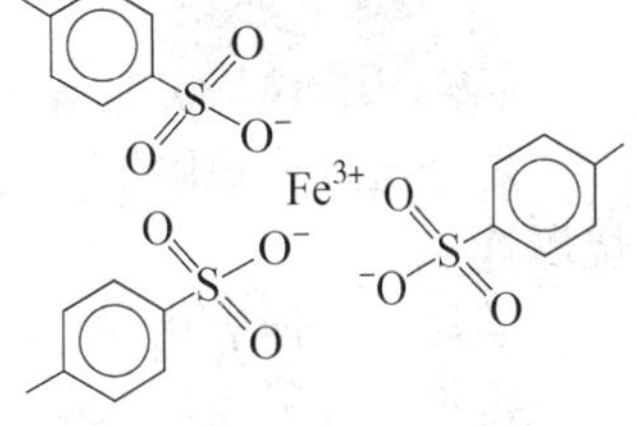

危害信息

燃烧与爆炸危险性　无特殊燃爆特性。

禁忌物　强氧化剂。

毒性　大鼠经口 *LDLo*：1500mg/kg。

中毒表现　眼接触引起严重损害。

侵入途径　吸入、食入。

理化特性与用途

理化特性　棕色固体。易溶于水，溶于乙醇、丁醇等。

主要用途　用于固体电容器，作为氧化剂，用于如3,4-乙烯基二氧噻吩(EDOT)的氧化聚合。

包装与储运

安全储运　储存于阴凉、通风的库房。远离火种、热源。应与强氧化剂等隔离储运。

紧急处置信息

急救措施

吸入：迅速脱离现场至空气新鲜处。保持呼吸道通畅。如呼吸困难，给输氧。呼吸、心跳停止，立即进行心肺复苏术。就医。

眼睛接触：立即分开眼睑，用流动清水或生理盐水彻底冲洗 5~10min。就医。

皮肤接触：立即脱去污染的衣着，用肥皂水和清水彻底冲洗。就医。

食入：漱口，饮水。就医。

灭火方法　消防人员须穿全身消防服，佩戴空气呼吸器，在上风向灭火。尽可能将容器从火场移至空旷处。喷水保持火场容器冷却，直至灭火结束。

根据着火原因选择适当灭火剂灭火。

泄漏应急处置　隔离泄漏污染区，限制出入。建议应急处理人员戴防尘口罩，穿防毒服，戴防护手套。穿上适当的防护服前严禁接触破裂的容器和泄漏物。尽可能切断泄漏源。用塑料布覆盖泄漏物，减少飞散。勿使水进入包装容器内。用洁净的铲子收集泄漏物，置于干净、干燥、盖子较松的容器中，将容器移离泄漏区。

143. 对甲基苯磺酰异氰酸酯

标　　识

中文名称　对甲基苯磺酰异氰酸酯

英文名称　*p*-Toluenesulphonyl isocyanate；4-Isocyanatosulphonyltoluene；Tosyl isocyanate

分子式　$C_8H_7NO_3S$

CAS 号　4083-64-1

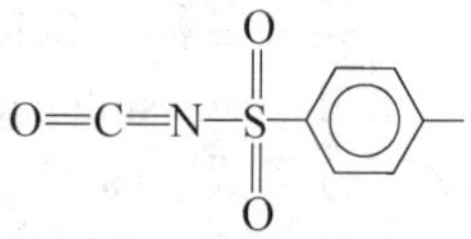

危害信息

燃烧与爆炸危险性　可燃，蒸气与空气混合能形成爆炸性混合物，遇明火、高热易燃烧爆炸。

禁忌物　强氧化剂、酸类。

毒性　大鼠经口 LD_{50}：2234mg/kg；大鼠吸入 LC_{50}：>640ppm(1h)。

中毒表现　对眼、皮肤和呼吸道有刺激性。对呼吸道有致敏性。

侵入途径　吸入、食入。

理化特性与用途

理化特性　无色至淡黄色透明液体，对湿气敏感。与水反应。溶于丙酮、甲苯。熔点 5℃，沸点 144℃(1.3kPa)，相对密度(水=1)1.295，相对蒸气密度(空气=1)6.8，饱和蒸气压 0.13kPa(100℃)，辛醇/水分配系数 2.44，闪点 145℃。

主要用途　用作合成医药或农药的中间体。

包装与储运

安全储运 储存于阴凉、通风的库房。远离火种、热源。保持容器密封。应与强氧化剂、酸类等分开存放，切忌混储。搬运时轻装轻卸，防止容器受损。

紧急处置信息

急救措施

吸入：迅速脱离现场至空气新鲜处。保持呼吸道通畅。如呼吸困难，给输氧。呼吸、心跳停止，立即进行心肺复苏术。就医。

眼睛接触：立即分开眼睑，用流动清水或生理盐水彻底冲洗。就医。

皮肤接触：立即脱去污染的衣着，用肥皂水和清水彻底冲洗。就医。

食入：漱口，饮水。就医。

灭火方法 消防人员须穿全身消防服，佩戴空气呼吸器，在上风向灭火。尽可能将容器从火场移至空旷处。处在火场中的容器若发生异常变化或发出异常声音，须马上撤离。

灭火剂：泡沫、二氧化碳、干粉、砂土。

泄漏应急处置 根据液体流动和蒸气扩散的影响区域划定警戒区，无关人员从侧风、上风向撤离至安全区。消除点火源。应急人员应戴正压自给式呼吸器，穿防毒服。在穿戴适当的防护装备前，严禁接触破裂的容器和泄漏物。尽可能切断泄漏源。防止泄漏物进入水体、下水道、地下室或有限空间。小量泄漏：用砂土或其他不燃材料吸收，用洁净的工具收集吸收材料。大量泄漏：构筑围堤或挖坑收容泄漏物用泵转移至槽车或专用收集器内。

144. 对甲氧苯基缩水甘油酸甲酯

标　识

中文名称 对甲氧苯基缩水甘油酸甲酯

英文名称 Methyl 2*R*,3*S*-(-)-3-(4-methoxyphenyl)oxiranecarboxylate；Methyl(2*R*,3*S*)-3-(4-methoxyphenyl)glycidate

别名 3-(4-甲氧基苯基)环氧乙烷-2-甲酸甲酯

分子式 $C_{11}H_{12}O_4$

CAS 号 105560-93-8

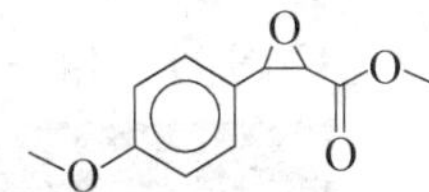

危害信息

燃烧与爆炸危险性 可燃。

禁忌物 强氧化剂、强酸、强碱。

中毒表现 眼接触引起严重损害。对皮肤有致敏性。

侵入途径 吸入、食入。

环境危害 对水生生物有害，可能在水生环境中造成长期不利影响。

理化特性与用途

理化特性 白色固体。微溶于水。熔点 87～88℃，沸点 298℃，相对密度(水=1) 1.224，饱和蒸气压 0.17Pa(25℃)，辛醇/水分配系数 1.27，闪点 129℃。

主要用途 地尔硫卓中间体。

包装与储运

安全储运 储存于阴凉、通风的库房。远离火种、热源。保持容器密封。应与强氧化剂、强酸、强碱等隔离储运。

紧急处置信息

急救措施

吸入：迅速脱离现场至空气新鲜处。保持呼吸道通畅。如呼吸困难，给输氧。呼吸、心跳停止，立即进行心肺复苏术。就医。

眼睛接触：立即分开眼睑，用流动清水或生理盐水彻底冲洗 5~10min。就医。

皮肤接触：立即脱去污染的衣着，用肥皂水和清水彻底冲洗。就医。

食入：漱口，饮水。就医。

灭火方法 消防人员须穿全身消防服，佩戴空气呼吸器，在上风向灭火。尽可能将容器从火场移至空旷处。喷水保持火场容器冷却，直至灭火结束。

灭火剂：干粉、二氧化碳、泡沫、干粉。

泄漏应急处置 隔离泄漏污染区，限制出入。建议应急处理人员戴防尘口罩，穿防毒服，戴防护手套。穿上适当的防护服前严禁接触破裂的容器和泄漏物。尽可能切断泄漏源。用塑料布覆盖泄漏物，减少飞散。勿使水进入包装容器内。用洁净的铲子收集泄漏物，置于干净、干燥、盖子较松的容器中，将容器移离泄漏区。

145. 3-对氯苯基-1,1-二甲基脲三氯乙酸季铵盐

标　识

中文名称 3-对氯苯基-1,1-二甲基脲三氯乙酸季铵盐

英文名称 3-(4-Chlorophenyl)-1,1-dimethyluronium trichloroacetate；Monuron-TCA

别名 三氯乙酸灭草隆

分子式 $C_{11}H_{12}Cl_4N_2O_3$

CAS 号 140-41-0

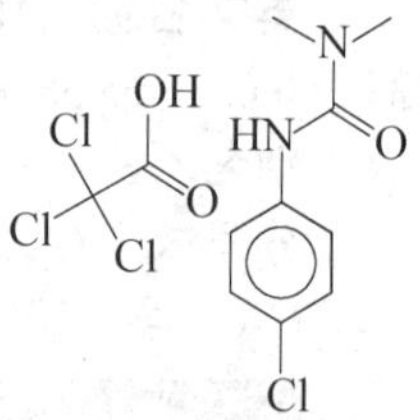

危害信息

燃烧与爆炸危险性 无特殊燃爆特性。

禁忌物 强氧化剂。

毒性 大鼠经口 LD_{50}：2300mg/kg；兔经皮 LD_{50}：1g/kg。

中毒表现 对眼和皮肤有刺激性。

侵入途径 吸入、食入、经皮吸收。

环境危害 对水生生物有极高毒性，可能在水生环境中造成长期不利影响。

理化特性与用途

理化特性 白色固体。微溶于水，溶于甲醇、二氯甲烷。熔点 78~81℃，饱和蒸气压 6.25mPa(25℃)，辛醇/水分配系数 2.03。

主要用途 芽前苗后除草剂。用于棉花、甘蔗、花生、洋葱等作物田防除一年生、多

年生禾本科杂草及阔叶杂草。

包装与储运

包装标志 杂类

包装类别 Ⅲ类

安全储运 储存于阴凉、通风的库房。远离火种、热源。保持容器密闭。应与强氧化剂等隔离储运。

紧急处置信息

急救措施

吸入：脱离接触。如有不适感，就医。

眼睛接触：分开眼睑，用流动清水或生理盐水冲洗。如有不适感，就医。

皮肤接触：脱去污染的衣着，用流动清水冲洗。如有不适感，就医。

食入：漱口，饮水。就医。

灭火方法 消防人员须穿全身消防服，佩戴空气呼吸器，在上风向灭火。尽可能将容器从火场移至空旷处。

根据着火原因选择适当灭火剂灭火。

泄漏应急处置 隔离泄漏污染区，限制出入。建议应急处理人员戴防尘口罩，穿防护服，戴防护手套。穿上适当的防护服前严禁接触破裂的容器和泄漏物。尽可能切断泄漏源。用塑料布覆盖泄漏物，减少飞散。勿使水进入包装容器内。用洁净的铲子收集泄漏物，置于干净、干燥、盖子较松的容器中，将容器移离泄漏区。

146. 多聚甲醛

标　识

中文名称 多聚甲醛

英文名称 Paraformaldehyde；Poly(oxymethylene)

别名 聚合甲醛；仲甲醛

分子式 $(CH_2O)_x$

$[\!-O-CH_2-]_n$

CAS 号 30525-89-4

铁危编号 41533

UN 号 2213

危害信息

危险性类别 第 4.1 类 易燃固体

燃烧与爆炸危险性 易燃，粉体与空气混合能形成爆炸性混合物，遇明火、高热易燃烧爆炸。燃烧产生有毒的刺激性气体。

禁忌物 氧化剂、酸碱、醇类。

毒性 大鼠经口 LD_{50}：800mg/kg；大鼠吸入 LC_{50}：1070mg/m^3(4h)。

中毒表现 对眼、皮肤和呼吸道有强烈刺激性。引起眼灼伤。吸入后出现咳嗽、咽喉疼痛、烧灼感和呼吸困难，可引起肺炎、肺水肿。食入引起口腔和胸骨后烧灼感、恶心、呕吐、腹痛、腹泻，甚至出现神志丧失、惊厥、黄疸、蛋白尿、血尿、酸中毒等。对皮肤有致敏性。

侵入途径　吸入、食入。

环境危害　对水生生物有害，可能在水生环境中造成长期不利影响。

理化特性与用途

理化特性　白色结晶或无定形粉末，有甲醛气味。不溶于多数有机溶剂，溶于碱液。熔点120~180℃，沸点(分解)，相对密度(水=1)1.46，相对蒸气密度(空气=1)1.03，饱和蒸气压<0.16kPa(25℃)，闪点71℃(闭杯)，引燃温度300℃，爆炸下限7.0%，爆炸上限73%，燃烧热-589kJ/mol。

主要用途　用作有机化工、合成树脂的原料；也用作农用化学品、杀菌剂、分析试剂、木材防腐剂等。

包装与储运

包装标志　易燃固体

包装类别　Ⅲ类

安全储运　储存于阴凉、通风的库房。远离火种、热源。库温不宜超过35℃。包装密封。应与氧化剂、酸碱、醇类等分开存放，切忌混储。配备相应品种和数量的消防器材。储区应备有合适的材料收容泄漏物。

紧急处置信息

急救措施

吸入：迅速脱离现场至空气新鲜处。保持呼吸道通畅。如呼吸困难，给输氧。呼吸、心跳停止，立即进行心肺复苏术。就医。

眼睛接触：立即分开眼睑，用流动清水或生理盐水彻底冲洗5~10min。就医。

皮肤接触：立即脱去污染的衣着，用大量流动清水彻底冲洗，冲洗时间一般要求20~30min。就医。

食入：用水漱口，禁止催吐。给饮牛奶或蛋清。就医。

灭火方法　消防人员须穿全身消防服，佩戴空气呼吸器，在上风向灭火。尽可能将容器从火场移至空旷处。喷水保持火场容器冷却，直至灭火结束。

灭火剂：水、干粉、抗溶性泡沫、二氧化碳。

泄漏应急处置　消除所有点火源。隔离泄漏污染区，限制出入。建议应急处理人员戴防尘口罩，穿防静电服，戴防护手套。禁止接触或跨越泄漏物。尽可能切断泄漏源。小量泄漏：避免扬尘，用洁净的铲子收集于干燥的密闭容器中。大量泄漏：用塑料布或帆布覆盖泄漏物，减少飞散，保持干燥。收集回收或运至废物处理场所处置。

147. 多菌灵

标　识

中文名称　多菌灵

英文名称　2-Benzimidazolecarbamic acid, methyl ester; Carbendazim

别名　*N*-苯并咪唑-2-基氨基甲酸甲酯

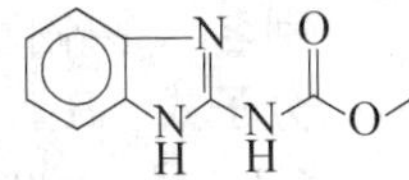

分子式 $C_9H_9N_3O_2$

CAS 号 10605-21-7

危害信息

燃烧与爆炸危险性 不燃，受热易分解放出有毒的氮氧化物气体。

禁忌物 强氧化剂、碱类。

毒性 大鼠经口 LD_{50}：>5050mg/kg；小鼠经口 LD_{50}：7700mg/kg；大鼠经皮 LD_{50}：2g/kg；兔经皮 LD_{50}：8500mg/kg。

欧盟法规 1272/2008/EC 将本品列为第 1B 类生殖细胞致突变物——应认为可能引起人类生殖细胞可遗传突变的物质；第 1B 类生殖毒物——可能的人类生殖毒物。

侵入途径 吸入、食入、经皮吸收。

环境危害 对水生生物有毒。

理化特性与用途

理化特性 白色结晶或白色至灰色粉末。不溶于水，微溶于二甲苯、二甲基甲酰胺。熔点 302~307℃(分解)，相对密度(水=1)1.45，辛醇/水分配系数 1.49。

主要用途 杀菌剂。用于麦类、水稻、棉花、甜菜、油菜、果树等防治多种病害。

包装与储运

安全储运 储存于阴凉、通风的库房。远离火种、热源。应与强氧化剂、碱类等隔离储运。搬运时轻装轻卸，防止容器受损。

紧急处置信息

急救措施

吸入：迅速脱离现场至空气新鲜处。保持呼吸道通畅。如呼吸困难，给输氧。呼吸、心跳停止，立即进行心肺复苏术。就医。

眼睛接触：立即分开眼睑，用流动清水或生理盐水彻底冲洗。就医。

皮肤接触：立即脱去污染的衣着，用肥皂水和清水彻底冲洗。就医。

食入：漱口，饮水。就医。

灭火方法 消防人员须穿全身消防服，佩戴空气呼吸器，在上风向灭火。尽可能将容器从火场移至空旷处。喷水保持火场容器冷却，直至灭火结束。

灭火剂：干粉、水。

泄漏应急处置 消除所有点火源。隔离泄漏污染区，限制出入。建议应急处理人员戴防尘口罩，穿防毒服，戴橡胶手套。穿戴适当的防护装备前，禁止接触或跨越泄漏物。尽可能切断泄漏源。用塑料布或帆布覆盖，减少飞散。用洁净的铲子收集于干燥的密闭容器中，将容器移离泄漏区。

148. 多硫化铵

标　识

中文名称 多硫化铵

英文名称 Ammonium polysulphides；Ammonium sulfide($(NH_4)2(S_x)$)

148. 多硫化铵

别名 多硫化铵溶液

分子式 $H_8N_2S_x$

CAS 号 9080-17-5

铁危编号 82009

UN 号 2818

$$^{-}S-\left[S\right]_x-S^{-} \quad NH_4^+ \quad NH_4^+$$

危害信息

危险性类别 第 8 类 腐蚀品

燃烧与爆炸危险性 无特殊燃爆特性。

禁忌物 氧化剂、还原剂、酸类。

毒性 大鼠经口 LD_{50}：152mg/kg；兔经皮 LD_{50}：1790mg/kg。

中毒表现 对眼和皮肤有腐蚀性。

侵入途径 吸入、食入、经皮吸收。

环境危害 对水生生物有极高毒性。

理化特性与用途

理化特性 只能以溶液状态存在，颜色随 x 值的增大可由黄色至红色，有氨和硫化氢气味，长期置于空气中分解出硫。

主要用途 用作试剂和杀虫剂。

包装与储运

包装标志 腐蚀品，有毒品

包装类别 Ⅱ类

安全储运 储存于阴凉、通风的库房。远离火种、热源。库温不超过 32℃。相对湿度不超过 80%。包装要求密封，不可与空气接触。应与氧化剂、还原剂、酸类、食用化学品分开存放，切忌混储。不宜大量储存或久存。储区应备有合适的材料收容泄漏物。搬运时轻装轻卸，防止容器受损。

紧急处置信息

急救措施

吸入：迅速脱离现场至空气新鲜处。保持呼吸道通畅。如呼吸困难，给输氧。呼吸、心跳停止，立即进行心肺复苏术。就医。

眼睛接触：立即分开眼睑，用流动清水或生理盐水彻底冲洗 5~10min。就医。

皮肤接触：立即脱去污染的衣着，用大量流动清水彻底冲洗，冲洗时间一般要求 20~30min。就医。

食入：用水漱口，禁止催吐。给饮牛奶或蛋清。就医。

灭火方法 消防人员须穿防腐蚀消防服，佩戴空气呼吸器，在上风向灭火。尽可能将容器从火场移至空旷处。

根据着火原因选择适当灭火剂灭火。

泄漏应急处置 隔离泄漏污染区，限制出入。建议应急处理人员戴防毒面具，穿防毒、耐腐蚀服，戴耐腐蚀橡胶手套。穿上适当的防护服前严禁接触破裂的容器和泄漏物。尽可能切断泄漏源。防止泄漏物进入水体、下水道、地下室或有限空间。小量泄漏：用砂土或其他不燃材料吸收或覆盖，然后转移到适当的容器中，待处置。大量泄漏：筑围堤或挖坑收容。用泵转移至槽车或专用收集器内。

149. 多硫化钙

标　识

中文名称　多硫化钙

英文名称　Calcium polysulphides；Calcium hydrogen sulfide

别名　石硫合剂

分子式　CaS_x

CAS 号　1344-81-6

铁危编号　61518

$Ca^{2+}\left[S\right]_x^{2-}$

危害信息

危险性类别　第 6 类　有毒品

燃烧与爆炸危险性　无特殊燃爆特性。

禁忌物　氧化剂、还原剂、酸类。

毒性　人(女性)经口 *LDLo*：562mg/kg。

中毒表现　对眼、皮肤和呼吸道有刺激性。食入腐蚀消化道。本品在胃内生成硫化氢。可影响细胞呼吸，导致惊厥和意识丧失。重者引起死亡。

侵入途径　吸入、食入。

环境危害　对水生生物有极高毒性。

理化特性与用途

理化特性　橙色至樱桃红色的透明水溶液，有强烈的硫化氢气味(主要成分为五硫化钙)。与水混溶。pH 值 11.5~11.8，相对密度(水=1)1.28(15.6℃)。

主要用途　一种杀菌杀螨剂。用于防治农作物、果树的白粉病、锈病等病害，以及棉花红蜘蛛等。

包装与储运

包装标志　有毒品

包装类别　Ⅲ类

安全储运　储存于阴凉、通风的库房。远离火种、热源。库温不超过 32℃。相对湿度不超过 80%。包装要求密封，不可与空气接触。应与氧化剂、还原剂、酸类、食用化学品分开存放，切忌混储。不宜大量储存或久存。储区应备有合适的材料收容泄漏物。搬运时轻装轻卸，防止容器受损。

紧急处置信息

急救措施

吸入：迅速脱离现场至空气新鲜处。保持呼吸道通畅。如呼吸困难，给输氧。呼吸、心跳停止，立即进行心肺复苏术。就医。

眼睛接触：立即分开眼睑，用流动清水或生理盐水彻底冲洗。就医。

皮肤接触：立即脱去污染的衣着，用大量流动清水彻底冲洗。就医。

食入：用水漱口，禁止催吐。给饮牛奶或蛋清。就医。

灭火方法 消防人员须穿防腐蚀消防服，佩戴空气呼吸器，在上风向灭火。尽可能将容器从火场移至空旷处。

根据着火原因选择适当灭火剂灭火。

泄漏应急处置 隔离泄漏污染区，限制出入。建议应急处理人员戴防毒面具，穿防毒耐腐蚀服，戴耐腐蚀橡胶手套。穿上适当的防护服前严禁接触破裂的容器和泄漏物。尽可能切断泄漏源。防止泄漏物进入水体、下水道、地下室或有限空间。小量泄漏：用砂土或其他不燃材料吸收或覆盖，然后转移到适当的容器中，待处置。大量泄漏：筑围堤或挖坑收容。用泵转移到槽车或专用收集器内。

150. 多硫化钾

标　识

中文名称 多硫化钾

英文名称 Potassium polysulphides；Potassium sulfide($K_2(S_x)$)

分子式 K_2S_x

CAS 号 37199-66-9

危害信息

危险性类别 第 8 类 腐蚀品

燃烧与爆炸危险性 无特殊燃爆特性。

禁忌物 氧化剂、还原剂、酸类。

中毒表现 对眼和皮肤有腐蚀性。

侵入途径 吸入、食入。

环境危害 对水生生物有极高毒性。

理化特性与用途

理化特性 黄色结晶或棕红色块状物。溶于水，溶于乙醇。pH 值 13(10g/L 水)，熔点 200~250℃，相对密度(水=1)1.65。

主要用途 用于皮革处理、染料和润滑油制造、污水控制、造纸、金属精加工和选矿等。炼油厂 CGS 水的氰离子腐蚀控制，电镀厂含氰废水的处理。造纸行业的蒸煮助剂，具有很好的作用。也可作还原剂。

包装与储运

包装标志 腐蚀品

包装类别 Ⅱ类

安全储运 储存于阴凉、通风的库房。远离火种、热源。库温不超过 32℃。相对湿度不超过 80%。包装要求密封，不可与空气接触。商品常制成水溶液。应与氧化剂、还原剂、酸类、食用化学品分开存放，切忌混储。不宜大量储存或久存。储区应备有合适的材料收容泄漏物。

紧急处置信息

急救措施

吸入： 迅速脱离现场至空气新鲜处。保持呼吸道通畅。如呼吸困难，给输氧。呼吸、心跳停止，立即进行心肺复苏术。就医。

眼睛接触： 立即分开眼睑，用流动清水或生理盐水彻底冲洗 5~10min。就医。

皮肤接触： 立即脱去污染的衣着，用大量流动清水彻底冲洗，冲洗时间一般要求 20~30min。就医。

食入： 用水漱口，禁止催吐。给饮牛奶或蛋清。就医。

灭火方法 消防人员须穿防腐蚀消防服，佩戴空气呼吸器，在上风向灭火。尽可能将容器从火场移至空旷处。

根据着火原因选择适当灭火剂灭火。

泄漏应急处置 隔离泄漏污染区，限制出入。建议应急处理人员戴防毒面具，穿防毒耐腐蚀服，戴耐腐蚀橡胶手套。穿上适当的防护服前严禁接触破裂的容器和泄漏物。尽可能切断泄漏源。避免产生粉尘。勿使水进入包装容器内。用洁净的铲子收集泄漏物，置于干净、干燥、盖子较松的容器中，将容器移离泄漏区。

151. 多硫化钠

标　识

中文名称 多硫化钠

英文名称 Sodium polysulphides；Sodium sulfide($Na_2(S_x)$)

分子式 Na_2S_x

CAS 号 1344-08-7

$$Na-[S]_x-Na$$

危害信息

危险性类别 第 8 类 腐蚀品

燃烧与爆炸危险性 无特殊燃爆特性。

禁忌物 氧化剂、还原剂、酸类。

中毒表现 食入有毒。对眼和皮肤有腐蚀性。

侵入途径 吸入、食入。

环境危害 对水生生物有极高毒性。

理化特性与用途

理化特性 吸湿性结晶固体。溶于水，溶于醇。商品通常制成水溶液，溶液为暗红色黏稠液体，呈强碱性。pH 值>13(400g/L 水，20℃)，熔点≥96℃，沸点 105℃，相对密度(水=1)1.25。

主要用途 用作聚合终止剂，制革工业用作原皮的脱毛剂，农业上用作杀虫剂，还是石油炼制助剂。

包装与储运

包装标志 有毒品，腐蚀品

包装类别　Ⅱ类

安全储运　储存于阴凉、通风的库房。远离火种、热源。库温不超过 32℃。相对湿度不超过 80%。包装要求密封，不可与空气接触。商品常制成水溶液。应与氧化剂、还原剂、酸类、食用化学品分开存放，切忌混储。不宜大量储存或久存。储区应备有合适的材料收容泄漏物。

紧急处置信息

急救措施

吸入：迅速脱离现场至空气新鲜处。保持呼吸道通畅。如呼吸困难，给输氧。呼吸、心跳停止，立即进行心肺复苏术。就医。

眼睛接触：立即分开眼睑，用流动清水或生理盐水彻底冲洗 5～10min。就医。

皮肤接触：立即脱去污染的衣着，用大量流动清水彻底冲洗，冲洗时间一般要求 20～30min。就医。

食入：用水漱口，禁止催吐。给饮牛奶或蛋清。就医。

灭火方法　消防人员须穿防腐蚀消防服，佩戴空气呼吸器，在上风向灭火。尽可能将容器从火场移至空旷处。

根据着火原因选择适当灭火剂灭火。

泄漏应急处置　隔离泄漏污染区，限制出入。建议应急处理人员戴防毒面具，穿防毒耐腐蚀服，戴防毒耐腐蚀手套。穿上适当的防护服前严禁接触破裂的容器和泄漏物。尽可能切断泄漏源。避免产生粉尘。勿使水进入包装容器内。用洁净的铲子收集泄漏物，置于干净、干燥、盖子较松的容器中，将容器移离泄漏区。

152. 噁草酮

标　识

中文名称　噁草酮

英文名称　3-(2,4-Dichloro-5-(1-methylethoxy)phenyl)-5-(1,1-dimethylethyl)-1,3,4-oxadiazol-2(3H)-one；Oxadiazon

别名　5-叔丁基-3-(2,4-二氯-5-异丙氧苯基)-1,3,4-噁二唑-2(3H)-酮

分子式　$C_{15}H_{18}Cl_2N_2O_3$

CAS 号　19666-30-9

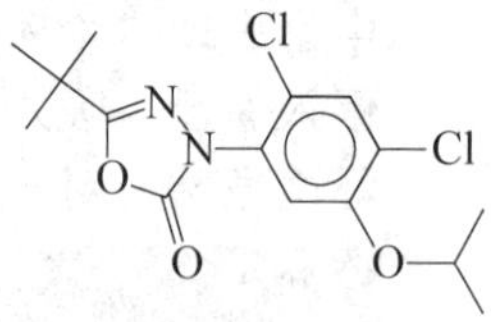

危害信息

燃烧与爆炸危险性　无特殊燃爆特性。

禁忌物　强氧化剂、酸碱、醇类。

毒性　大鼠经口 LD_{50}：3500mg/kg；小鼠经口 LD_{50}：12g/kg；大鼠吸入 LC_{50}：>200g/m^3；大鼠经皮 LD_{50}：5200mg/kg；兔经皮 LD_{50}：>2g/kg。

侵入途径　吸入、食入、经皮吸收。

环境危害　对水生生物有极高毒性，可能在水生环境中造成长期不利影响。

理化特性与用途

理化特性　无色或白色结晶。不溶于水，溶于甲醇、乙醇、环己烷、丙酮、甲乙酮、

四氯化碳、氯仿、甲苯等。熔点90℃，饱和蒸气压0.1mPa(25℃)，辛醇/水分配系数4.8。

主要用途 芽前除草剂。主要用于防除稻田中杂草，也可用于果园除草。

包装与储运

包装标志 杂类

包装类别 Ⅲ类

安全储运 储存于阴凉、通风的库房。远离火种、热源。应与强氧化剂、酸碱、醇类等隔离储运。搬运时轻装轻卸，防止容器受损。

紧急处置信息

急救措施

吸入：迅速脱离现场至空气新鲜处。保持呼吸道通畅。如呼吸困难，给输氧。呼吸、心跳停止，立即进行心肺复苏术。就医。

眼睛接触：立即分开眼睑，用流动清水或生理盐水彻底冲洗。就医。

皮肤接触：立即脱去污染的衣着，用肥皂水和清水彻底冲洗。就医。

食入：漱口，饮水。就医。

灭火方法 消防人员须穿全身消防服，佩戴空气呼吸器，在上风向灭火。尽可能将容器从火场移至空旷处。

根据着火原因选择适当灭火剂灭火。

泄漏应急处置 隔离泄漏污染区，限制出入。建议应急处理人员戴防尘口罩，穿防护服，戴防护手套。穿上适当的防护服前严禁接触破裂的容器和泄漏物。尽可能切断泄漏源。用塑料布覆盖泄漏物，减少飞散。勿使水进入包装容器内。用洁净的铲子收集泄漏物，置于干净、干燥、盖子较松的容器中，将容器移离泄漏区。

153. 噁霉灵

标　识

中文名称 噁霉灵

英文名称 3-Hydroxy-5-methylisoxazole；Hymexazol

别名 3-羟基-5-甲基异噁唑

分子式 $C_4H_5NO_2$

CAS号 10004-44-1

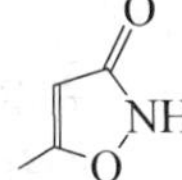

危害信息

燃烧与爆炸危险性 无特殊燃爆特性。

禁忌物 强氧化剂。

毒性 大鼠经口 LD_{50}：3112mg/kg；小鼠经口 LD_{50}：1968mg/kg；大鼠经皮 LD_{50}：>10g/kg；兔经皮 LD_{50}：>2g/kg。

中毒表现 食入有害。眼接触引起严重损害。

侵入途径 吸入、食入、经皮吸收。

环境危害 对水生生物有害，可能在水生环境中造成长期不利影响。

理化特性与用途

理化特性 无色或白色针状结晶。溶于水，易溶于丙酮、甲醇、乙醇等有机溶剂。熔点86~87℃，相对密度(水=1)1.185，饱和蒸气压0.18Pa(25℃)，辛醇/水分配系数0.46。

主要用途 土壤杀真菌剂和植物生长调节剂。

包装与储运

安全储运 储存于阴凉、通风的库房。远离火种、热源。应与强氧化剂等隔离储运。

紧急处置信息

急救措施

吸入： 迅速脱离现场至空气新鲜处。保持呼吸道通畅。如呼吸困难，给输氧。呼吸、心跳停止，立即进行心肺复苏术。就医

眼睛接触： 立即分开眼睑，用流动清水或生理盐水彻底冲洗5~10min。就医。

皮肤接触： 立即脱去污染的衣着，用肥皂水和清水彻底冲洗。就医。

食入： 漱口，饮水。就医。

灭火方法 消防人员须穿全身消防服，佩戴空气呼吸器，在上风向灭火。尽可能将容器从火场移至空旷处。

根据着火原因选择适当灭火剂灭火。

泄漏应急处置 隔离泄漏污染区，限制出入。建议应急处理人员戴防尘口罩，穿防护服，戴防护手套。穿上适当的防护服前严禁接触破裂的容器和泄漏物。尽可能切断泄漏源。用塑料布覆盖泄漏物，减少飞散。勿使水进入包装容器内。用洁净的铲子收集泄漏物，置于干净、干燥、盖子较松的容器中，将容器移离泄漏区。

154. 噁唑禾草灵

标　识

中文名称 噁唑禾草灵

英文名称 Ethyl 2-(4-((6-chlorobenzoxazol-2-yl)oxy)phenoxy)propionate; Fenoxaprop-ethyl

别名 2-(4-(6-氯-2-苯并噁唑氧基)苯氧基)丙酸乙酯

分子式 $C_{18}H_{16}ClNO_5$

CAS 号 66441-23-4

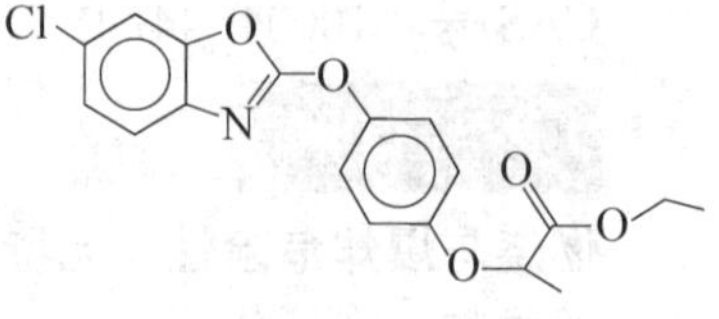

危害信息

燃烧与爆炸危险性 无特殊燃爆特性。

禁忌物 强氧化剂、酸类。

毒性 大鼠经口 LD_{50}：2357mg/kg(雄)；大鼠经口 LD_{50}：2500mg/kg(雌)。

中毒表现 对皮肤有致敏性。

侵入途径 吸入、食入。

环境危害 对水生生物有极高毒性，可能在水生环境中造成长期不利影响。

理化特性与用途

理化特性 无色固体。不溶于水，溶于丙酮、甲苯、乙酸乙酯等。熔点84~85℃，沸点200℃(0.1kPa)，相对密度(水=1)1.3，辛醇/水分配系数4.95。

主要用途 苗后除草剂。用于大豆、甜菜、棉花、花生等作物田防除一年生和多年生禾本科杂草。

包装与储运

包装标志 杂类

包装类别 Ⅲ类

安全储运 储存于阴凉、通风的库房。远离火种、热源。保持容器密闭。应与强氧化剂、酸类等隔离储运。

紧急处置信息

急救措施

吸入：迅速脱离现场至空气新鲜处。保持呼吸道通畅。如呼吸困难，给输氧。呼吸、心跳停止，立即进行心肺复苏术。就医。

眼睛接触：立即分开眼睑，用流动清水或生理盐水彻底冲洗。就医。

皮肤接触：立即脱去污染的衣着，用肥皂水和清水彻底冲洗。就医。

食入：漱口，饮水。就医。

灭火方法 消防人员须穿全身消防服，佩戴空气呼吸器，在上风向灭火。尽可能将容器从火场移至空旷处。

根据着火原因选择适当灭火剂灭火。

泄漏应急处置 隔离泄漏污染区，限制出入。建议应急处理人员戴防尘口罩，穿防护服，戴防护手套。穿上适当的防护服前严禁接触破裂的容器和泄漏物。尽可能切断泄漏源。用塑料布覆盖泄漏物，减少飞散。勿使水进入包装容器内。用洁净的铲子收集泄漏物，置于干净、干燥、盖子较松的容器中，将容器移离泄漏区。

155. 噁唑菌酮

标　识

中文名称 噁唑菌酮

英文名称 Famoxadone；3-Anilino-5-methyl-5-(4-phenoxyphenyl)-1,3-oxazolidine-2,4-dione

别名 5-甲基-5-(4-苯氧基苯基)-3-(苯氨基)-2,4-噁唑啉二酮

分子式 $C_{22}H_{18}N_2O_4$

CAS号 131807-57-3

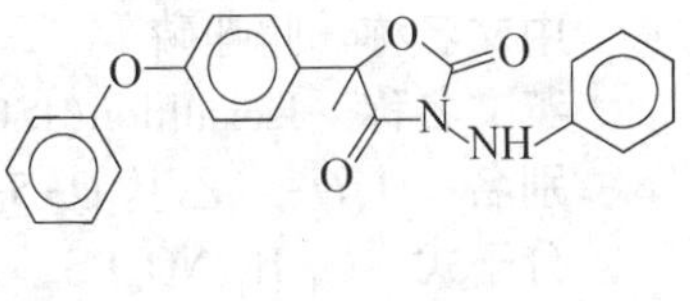

危害信息

燃烧与爆炸危险性 无特殊燃爆特性。

禁忌物 强氧化剂、酸碱、醇类。

毒性　大鼠经口 LD_{50}：>5000mg/kg；兔经皮 LD_{50}：>2000mg/kg；大鼠吸入 LC_{50}：>5.3mg/L。

侵入途径　吸入、食入、经皮吸收。

环境危害　对水生生物有极高毒性，可能在水生环境中造成长期不利影响。

理化特性与用途

理化特性　无色结晶或淡乳白色粉末。不溶于水，溶于丙酮、二氯甲烷、乙腈、乙酸乙酯等。熔点 140.3~141.8℃，相对密度(水=1)1.31，辛醇/水分配系数 4.65。

主要用途　高效、广谱杀菌剂。主要用于小麦、大麦、豌豆、甜菜、油菜、葡萄、马铃薯等防治白粉病、锈病、颖枯病、网斑病、霜霉病、晚疫病等。

包装与储运

包装标志　杂类

包装类别　Ⅲ类

安全储运　储存于阴凉、通风的库房。远离火种、热源。应与强氧化剂、酸碱、醇类等隔离储运。

紧急处置信息

急救措施

吸入：迅速脱离现场至空气新鲜处。保持呼吸道通畅。如呼吸困难，给输氧。呼吸、心跳停止，立即进行心肺复苏术。就医。

眼睛接触：立即分开眼睑，用流动清水或生理盐水彻底冲洗。就医。

皮肤接触：立即脱去污染的衣着，用肥皂水和清水彻底冲洗。就医。

食入：漱口，饮水。就医。

灭火方法　消防人员须穿全身消防服，佩戴空气呼吸器，在上风向灭火。尽可能将容器从火场移至空旷处。

根据着火原因选择适当灭火剂灭火。

泄漏应急处置　隔离泄漏污染区，限制出入。消除所有点火源。建议应急处理人员戴防尘口罩，穿防护服，戴防护手套。穿上适当的防护服前严禁接触破裂的容器和泄漏物。尽可能切断泄漏源。用塑料布覆盖，减少飞散。用洁净的无火花工具收集泄漏物，置于一盖子较松的塑料容器中，待处置。

156. 噁唑磷

标　识

中文名称　噁唑磷

英文名称　Isoxathion(ISO)；*O*,*O*-Diethyl *O*-5-phenylisoxazol-3-ylphosphorothioate

别名　*O*,*O*-二乙基 *O*-5-苯基异噁唑-3-基硫代磷酸酯

分子式　$C_{13}H_{16}NO_4PS$

CAS 号　18854-01-8

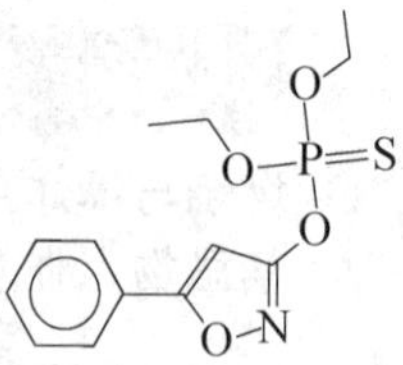

危害信息

危险性类别 第6类 有毒品

燃烧与爆炸危险性 可燃。受热易分解，放出有毒的磷氧化物、硫氧化物和氮氧化物气体。

禁忌物 强氧化剂、强碱。

毒性 大鼠经口 LD_{50}：112mg/kg；小鼠经口 LD_{50}：40mg/kg；大鼠经皮 LD_{50}：450mg/kg。

中毒表现 抑制体内胆碱酯酶活性，造成神经生理功能紊乱。急性中毒症状有头痛、头昏、乏力、食欲不振、恶心、呕吐、腹痛、腹泻、流涎、瞳孔缩小、呼吸道分泌物增多、多汗、肌束震颤等。重度中毒者出现肺水肿、昏迷、呼吸麻痹、脑水肿。血胆碱酯酶活性降低。

侵入途径 吸入、食入、经皮吸收。

环境危害 对水生生物有极高毒性，可能在水生环境中造成长期不利影响。

理化特性与用途

理化特性 浅黄色液体，稍有酯气味。不溶于水，易溶于有机溶剂。熔点<25℃，沸点160℃(20Pa)，相对密度(水=1)1.23，饱和蒸气压<0.133mPa(25℃)，辛醇/水分配系数3.73，分解温度160℃，闪点179℃。

主要用途 广谱杀虫剂。用于水稻、蔬菜等作物防治蚜虫、蚧、叶甲、粉虱、二化螟、稻飞虱、小菜蛾等害虫。

包装与储运

包装标志 有毒品

包装类别 Ⅲ类

安全储运 储存于阴凉、通风的库房。远离火种、热源。防止阳光直射。储存温度不超过35℃，相对湿度不超过85%。保持容器密封。应与强氧化剂、强碱等分开存放，切忌混储。配备相应品种和数量的消防器材。储区应备有合适的材料收容泄漏物。搬运时轻装轻卸，防止容器受损。

紧急处置信息

急救措施

吸入：迅速脱离现场至空气新鲜处。保持呼吸道通畅。如呼吸困难，给输氧。呼吸、心跳停止，立即进行心肺复苏术。就医。

眼睛接触：分开眼睑，用流动清水或生理盐水冲洗。就医。

皮肤接触：立即脱去污染的衣着，用肥皂水及流动清水彻底冲洗污染的皮肤、头发、指甲等。就医。

食入：饮足量温水，催吐(仅限于清醒者)。口服活性炭。就医。

解毒剂：阿托品、胆碱酯酶复能剂。

灭火方法 消防人员须穿全身消防服，佩戴空气呼吸器，在上风向灭火。尽可能将容器从火场移至空旷处。喷水保持容器冷却直至灭火结束。

灭火剂：抗溶性泡沫、干粉、二氧化碳。

泄漏应急处置 根据液体流动和蒸气扩散的影响区域划定警戒区，无关人员从侧风、上风向撤离至安全区。消除所有点火源。建议应急处理人员戴防毒面具，穿防毒服，戴橡胶手套。穿上适当的防护服前严禁接触破裂的容器和泄漏物。尽可能切断泄漏源。防止泄漏物进入水体、下水道、地下室或有限空间。小量泄漏：用干燥的砂土或其他不燃材料吸收或覆盖，收集于容器中。大量泄漏：构筑围堤或挖坑收容。用泵转移至槽车或专用收集器内。

157. 二氨合二异氰酸根络锌

标　识

中文名称　二氨合二异氰酸根络锌

英文名称　Diamminediisocyanatozinc

H_3N NH_3 / Zn / $O=C=N$ $N=C=O$

危害信息

燃烧与爆炸危险性　无特殊燃爆特性。

禁忌物　强氧化剂、强酸。

中毒表现　食入有害。眼接触引起严重损害。对皮肤和呼吸道有致敏性。

侵入途径　吸入、食入。

环境危害　对水生生物有极高毒性。

理化特性与用途

主要用途　用于交联催化剂。

包装与储运

包装标志　杂类

包装类别　Ⅲ类

安全储运　储存于阴凉、通风的库房。远离火种、热源。应与强氧化剂、强酸等隔离储运。搬运时轻装轻卸，防止容器受损。

紧急处置信息

急救措施

吸入：迅速脱离现场至空气新鲜处。保持呼吸道通畅。如呼吸困难，给输氧。呼吸、心跳停止，立即进行心肺复苏术。就医。

眼睛接触：立即分开眼睑，用流动清水或生理盐水彻底冲洗 5~10min。就医。

皮肤接触：立即脱去污染的衣着，用肥皂水和清水彻底冲洗。就医。

食入：漱口，饮水。就医。

灭火方法　消防人员须穿全身消防服，佩戴空气呼吸器，在上风向灭火。尽可能将容器从火场移至空旷处。

根据着火原因选择适当灭火剂灭火。

泄漏应急处置　隔离泄漏污染区，限制出入。建议应急处理人员戴防尘口罩，穿防护服，戴防护手套。穿上适当的防护服前严禁接触破裂的容器和泄漏物。尽可能切断泄漏源。避免产生粉尘。勿使水进入包装容器内。用洁净的铲子收集置于适当的容器中，将容器移离泄漏区。

158. 2,4-二氨基-6-苯基-1,3,5-三嗪

标　识

中文名称　2,4-二氨基-6-苯基-1,3,5-三嗪

英文名称　6-Phenyl-1,3,5-triazine-2,4-diyldiamine；2,4-Diamino-6-phenyl-*s*-triazine

别名　苯代三聚氰胺

分子式　$C_9H_9N_5$

CAS 号　91-76-9

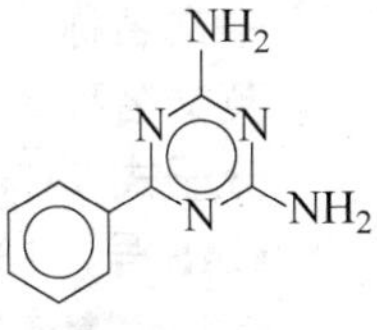

危害信息

燃烧与爆炸危险性　易燃，其粉体与空气混合能形成爆炸性混合物，遇明火高热有引起燃烧爆炸的危险。燃烧产生有毒的氮氧化物气体。

禁忌物　强氧化剂、强酸。

毒性　小鼠腹腔内 LD_{50}：100mg/kg。

中毒表现　食入有害。

侵入途径　吸入、食入。

理化特性与用途

理化特性　白色结晶或粉末。微溶于水。不溶于苯，溶于甲基溶纤剂、乙醇、乙醚。熔点 227~228℃，分解温度>350℃，相对密度(水=1)1.42，饱和蒸气压 0.1mPa(25℃)，辛醇/水分配系数 1.38。

主要用途　用于生产热固性树脂、树脂改性剂，用作合成杀虫剂、药物和染料的中间体。

包装与储运

安全储运　储存于阴凉、通风的库房。远离火种、热源。应与强氧化剂、强酸等隔离储运。

紧急处置信息

急救措施

吸入：迅速脱离现场至空气新鲜处。保持呼吸道通畅。如呼吸困难，给输氧。呼吸、心跳停止，立即进行心肺复苏术。就医。

眼睛接触：立即分开眼睑，用流动清水或生理盐水彻底冲洗。就医。

皮肤接触：立即脱去污染的衣着，用肥皂水和清水彻底冲洗。就医。

食入：漱口，饮水。就医。

灭火方法　消防人员须穿全身消防服，在上风向灭火。尽可能将容器从火场移至空旷处。喷水保持火场容器冷却，直至灭火结束。

灭火剂：雾状水、泡沫、二氧化碳、干粉、砂土。

泄漏应急处置　隔离泄漏污染区，限制出入。消除点火源。建议应急处理人员戴防尘

口罩，穿防毒服，戴防护手套。穿上适当的防护服前严禁接触破裂的容器和泄漏物。尽可能切断泄漏源。用塑料布覆盖泄漏物，减少飞散。勿使水进入包装容器内。用洁净的铲子收集泄漏物，置于干净、干燥、盖子较松的容器中，将容器移离泄漏区。

159. 4,4′-二氨基二苯硫醚

标　识

中文名称　4,4′-二氨基二苯硫醚

英文名称　4,4′-Diaminodiphenylsulfide；4,4′-Thiodianiline

分子式　$C_{12}H_{12}N_2S$

CAS 号　139-65-1

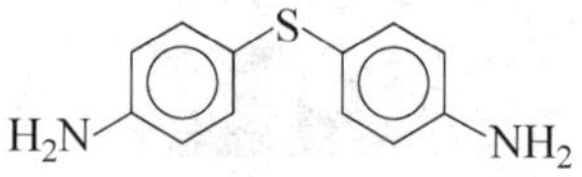

危害信息

燃烧与爆炸危险性　易燃，其粉体与空气混合能形成爆炸性混合物，遇明火高热有引起燃烧爆炸的危险。燃烧产生有毒的氮氧化物和硫氧化物气体。

禁忌物　强氧化剂、强酸。

毒性　大鼠经口 LD_{50}：900mg/kg；小鼠经口 LD_{50}：620mg/kg。

IARC 致癌性评论：G2B，可疑人类致癌物。

欧盟法规 1272/2008/EC 将本品列为第 1B 类致癌物——可能对人类有致癌能力。

中毒表现　食入有害。

侵入途径　吸入、食入。

环境危害　对水生生物有毒，可能在水生环境中造成长期不利影响。

理化特性与用途

理化特性　棕色针状结晶或棕色至紫褐色粉末。微溶于水，溶于三氟乙酸，易溶于乙醇、乙醚、苯。熔点 108.5℃，沸点 361℃，相对密度(水=1)1.26，饱和蒸气压 1.48mPa(25℃)，辛醇/水分配系数 2.18。

主要用途　用作染料中间体。

包装与储运

包装标志　杂类

包装类别　Ⅲ类

安全储运　储存于阴凉、通风的库房。远离火种、热源。保持容器密闭。应与强氧化剂、强酸等隔离储运。

紧急处置信息

急救措施

吸入：迅速脱离现场至空气新鲜处。保持呼吸道通畅。如呼吸困难，给输氧。呼吸、心跳停止，立即进行心肺复苏术。就医。

眼睛接触：立即分开眼睑，用流动清水或生理盐水彻底冲洗。就医。

皮肤接触：立即脱去污染的衣着，用肥皂水和清水彻底冲洗。就医。

食入：漱口，饮水。就医。

灭火方法 消防人员须穿全身消防服，在上风向灭火。尽可能将容器从火场移至空旷处。喷水保持火场容器冷却，直至灭火结束。

灭火剂：雾状水、泡沫、二氧化碳、干粉、砂土。

泄漏应急处置 隔离泄漏污染区，限制出入。消除所有点火源。建议应急处理人员戴防尘口罩，穿防毒服，戴橡胶手套。穿上适当的防护服前严禁接触破裂的容器和泄漏物。尽可能切断泄漏源。用塑料布覆盖泄漏物，减少飞散。勿使水进入包装容器内。用洁净的铲子收集泄漏物，置于干净、干燥、盖子较松的容器中，将容器移离泄漏区。

160. 4,4′-二氨基-3,3′-二甲基二苯基甲烷

标 识

中文名称 4,4′-二氨基-3,3′-二甲基二苯基甲烷

英文名称 4,4′-Methylenedi-*o*-toluidine；4,4′-Methylenebis(2-methylaniline)

别名 4,4′-亚甲基双(2-甲基苯胺)

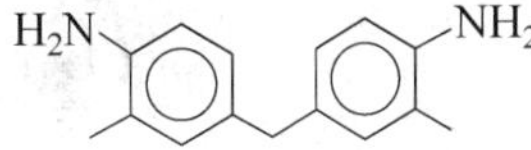

分子式 $C_{15}H_{18}N_2$

CAS 号 838-88-0

危害信息

燃烧与爆炸危险性 可燃，粉体与空气混合能形成爆炸性混合物，遇明火、高热易燃烧爆炸。

禁忌物 强氧化剂。

毒性 IARC 致癌性评论：G2B，可疑人类致癌物。

欧盟法规 1272/2008/EC 将本品列为第 1B 类致癌物——可能对人类有致癌能力。

中毒表现 食入有害。对皮肤有致敏性。

侵入途径 吸入、食入。

环境危害 对水生生物有极高毒性，可能在水生环境中造成长期不利影响。

理化特性与用途

理化特性 米色固体粉末。不溶于水。熔点 155 ~ 157℃，沸点 230 ~ 235℃（1 ~ 1.1kPa），饱和蒸气压 16Pa（180℃），辛醇/水分配系数 2.417，闪点 220℃，引燃温度 455℃。

主要用途 用作 H 级绝缘材料、聚氨酯黏合剂、环氧树脂固化剂等，也用作染料中间体。

包装与储运

包装标志 杂类

包装类别 Ⅲ类

安全储运 储存于阴凉、通风的库房。远离火种、热源。保持容器密闭。应与强氧化剂等隔离储运。

紧急处置信息

急救措施

吸入：迅速脱离现场至空气新鲜处。保持呼吸道通畅。如呼吸困难，给输氧。呼吸、心跳停止，立即进行心肺复苏术。就医。

眼睛接触：立即分开眼睑，用流动清水或生理盐水彻底冲洗。就医。

皮肤接触：立即脱去污染的衣着，用肥皂水和清水彻底冲洗。就医。

食入：漱口，饮水。就医。

灭火方法　消防人员须穿全身消防服，佩戴空气呼吸器，在上风向灭火。尽可能将容器从火场移至空旷处。喷水保持火场容器冷却，直至灭火结束。

灭火剂：干粉、二氧化碳、砂土。

泄漏应急处置　隔离泄漏污染区，限制出入。消除所有点火源。建议应急处理人员戴防尘口罩，穿防毒服，戴橡胶手套。穿上适当的防护服前严禁接触破裂的容器和泄漏物。尽可能切断泄漏源。用塑料布覆盖泄漏物，减少飞散。勿使水进入包装容器内。用洁净的铲子收集泄漏物，置于干净、干燥、盖子较松的容器中，将容器移离泄漏区。

161. 4,4′-二氨基-2-甲基偶氮苯

标　识

中文名称　4,4′-二氨基-2-甲基偶氮苯

英文名称　4,4′-Diamino-2-methylazobenzene

分子式　$C_{13}H_{14}N_4$

CAS 号　43151-99-1

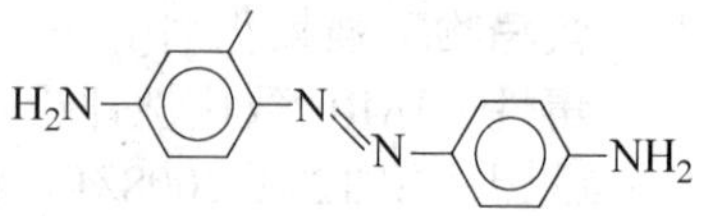

危害信息

危险性类别　第6类　有毒品

燃烧与爆炸危险性　可燃。

禁忌物　强氧化剂、碱类。

中毒表现　食入有毒。长期反复接触可能对器官造成损害。对皮肤有致敏性。

侵入途径　吸入、食入。

环境危害　对水生生物有极高毒性，可能在水生环境中造成长期不利影响。

理化特性与用途

理化特性　微溶于水。沸点448℃，相对密度(水=1)1.21，饱和蒸气压0.004mPa(25℃)，辛醇/水分配系数3.46，闪点225℃。

主要用途　用作染料。

包装与储运

包装标志　有毒品

包装类别　Ⅲ类

安全储运　储存于阴凉、通风的库房。远离火种、热源。库温不超过35℃。相对湿度

不超过85%。包装密封。应与强氧化剂、碱类、食用化学品等分开存放，切忌混储。配备相应品种和数量的消防器材。储区应备有合适的材料收容泄漏物。

紧急处置信息

急救措施

吸入：迅速脱离现场至空气新鲜处。保持呼吸道通畅。如呼吸困难，给输氧。呼吸、心跳停止，立即进行心肺复苏术。就医。

眼睛接触：立即分开眼睑，用流动清水或生理盐水彻底冲洗。就医。

皮肤接触：立即脱去污染的衣着，用肥皂水和清水彻底冲洗。就医。

食入：漱口，饮水。就医。

灭火方法　消防人员须穿全身防火防毒服，在上风向灭火。尽可能将容器从火场移至空旷处。喷水保持火场容器冷却直至灭火结束。

灭火剂：泡沫、二氧化碳、干粉。

泄漏应急处置　隔离泄漏污染区，限制出入。消除所有点火源。建议应急处理人员戴防尘口罩，穿防毒服，戴橡胶手套。穿上适当的防护服前严禁接触破裂的容器和泄漏物。尽可能切断泄漏源。用塑料布覆盖泄漏物，减少飞散。勿使水进入包装容器内。用洁净的铲子收集泄漏物，置于干净、干燥、盖子较松的容器中，将容器移离泄漏区。

162. 2,4-二氨基-5-甲氧甲基嘧啶

标　识

中文名称　2,4-二氨基-5-甲氧甲基嘧啶

英文名称　2,4-Diamino-5-methoxymethylpyrimidine

分子式　$C_6H_{10}N_4O$

CAS号　54236-98-5

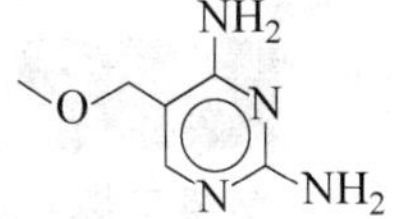

危害信息

燃烧与爆炸危险性　可燃。

禁忌物　强氧化剂。

中毒表现　食入有害。对眼有刺激性。长期反复接触可能对器官造成损害。

侵入途径　吸入、食入。

理化特性与用途

理化特性　溶于水。沸点385℃，相对密度(水=1)1.288，饱和蒸气压0.53mPa(25℃)，辛醇/水分配系数-0.9，闪点187℃。

包装与储运

安全储运　储存于阴凉、通风的库房。远离火种、热源。应与强氧化剂等隔离储运。

紧急处置信息

急救措施

吸入：迅速脱离现场至空气新鲜处。保持呼吸道通畅。如呼吸困难，给输氧。呼吸、

心跳停止，立即进行心肺复苏术。就医。

眼睛接触：立即分开眼睑，用流动清水或生理盐水彻底冲洗。就医。

皮肤接触：立即脱去污染的衣着，用肥皂水和清水彻底冲洗。就医。

食入：漱口，饮水。就医。

灭火方法 消防人员须穿全身消防服，佩戴空气呼吸器，在上风向灭火。尽可能将容器从火场移至空旷处。

灭火剂：干粉、二氧化碳。

泄漏应急处置 隔离泄漏污染区，限制出入。消除点火源。建议应急处理人员戴防尘口罩，穿防护服，戴防护手套。穿上适当的防护服前严禁接触破裂的容器和泄漏物。尽可能切断泄漏源。用塑料布覆盖泄漏物，减少飞散。勿使水进入包装容器内。用洁净的铲子收集泄漏物，置于干净、干燥、盖子较松的容器中，将容器移离泄漏区。

163. 1,4-二氨基-2-氰基-3-(2-丁基-2H-四氮唑-5-基)-9,10-二氢-9,10-蒽醌

标　识

中文名称 1,4-二氨基-2-氰基-3-(2-丁基-2H-四氮唑-5-基)-9,10-二氢-9,10-蒽醌

英文名称 1,4-Diamino-2-(2-butyltetrazol-5-yl)-3-cyanoanthraquinone; Disperse Blue 361

分子式 $C_{20}H_{17}N_7O_2$

CAS 号 93686-63-6

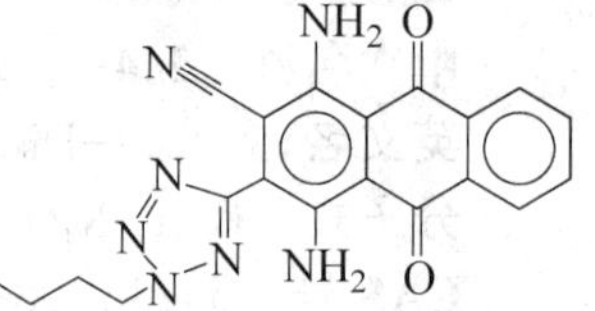

危害信息

燃烧与爆炸危险性 无特殊燃爆特性。

禁忌物 强氧化剂。

侵入途径 吸入、食入。

环境危害 可能在水生环境中造成长期不利影响。

理化特性与用途

理化特性 不溶于水。相对密度(水=1)1.55，辛醇/水分配系数7.15。

主要用途 分散染料。

包装与储运

安全储运 储存于阴凉、通风的库房。远离火种、热源。应与强氧化剂等隔离储运。

紧急处置信息

急救措施

吸入：脱离接触。如有不适感，就医。

眼睛接触：分开眼睑，用流动清水或生理盐水冲洗。如有不适感，就医。

皮肤接触：脱去污染的衣着，用流动清水冲洗。如有不适感，就医。

食入： 漱口，饮水。就医。

灭火方法 消防人员须穿全身消防服，佩戴空气呼吸器，在上风向灭火。尽可能将容器从火场移至空旷处。

根据着火原因选择适当灭火剂灭火。

泄漏应急处置 隔离泄漏污染区，限制出入。建议应急处理人员戴防尘口罩，穿防护服。穿上适当的防护服前严禁接触破裂的容器和泄漏物。尽可能切断泄漏源。用塑料布覆盖泄漏物，减少飞散。勿使水进入包装容器内。用洁净的铲子收集泄漏物，置于干净、干燥、盖子较松的容器中，将容器移离泄漏区。

164. 二苯并(a,h)蒽

标　识

中文名称 二苯并(a,h)蒽

英文名称 Dibenz(a,h)anthracene；1,2∶5,6-Dibenzanthracene

别名 二苯蒽

分子式 $C_{22}H_{14}$

CAS 号 53-70-3

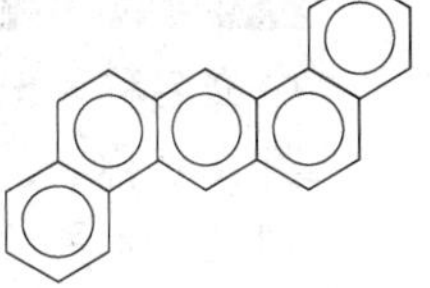

危害信息

燃烧与爆炸危险性 可燃，其粉体与空气混合能形成爆炸性混合物，遇明火、高热易燃烧爆炸，产生有毒气体。

禁忌物 强氧化剂。

毒性 IARC 致癌性评论：G2A，可能人类致癌物。

欧盟法规 1272/2008/EC 将本品列为第 1B 类致癌物——可能对人类有致癌能力。

中毒表现 对眼、皮肤和呼吸道有刺激性。可引起光敏性皮炎。

侵入途径 吸入、食入、经皮吸收。

环境危害 对水生生物有极高毒性，可能在水生环境中造成长期不利影响。

理化特性与用途

理化特性 无色板状或片状结晶或白色至淡黄色固体。不溶于水，微溶于乙醇、乙醚，溶于多数有机溶剂。熔点 266~267℃，沸点 524℃，相对密度(水=1)1.28，辛醇/水分配系数 6.5。

主要用途 用于生化研究。

包装与储运

包装标志 杂类

包装类别 Ⅲ类

安全储运 储存于阴凉、通风的库房。远离火种、热源。保持容器密闭。应与强氧化剂等隔离储运。

紧急处置信息

急救措施

吸入： 迅速脱离现场至空气新鲜处。保持呼吸道通畅。如呼吸困难，给输氧。呼吸、

心跳停止，立即进行心肺复苏术。就医。

眼睛接触：立即分开眼睑，用流动清水或生理盐水彻底冲洗。就医。

皮肤接触：立即脱去污染的衣着，用肥皂水和清水彻底冲洗。就医。

食入：漱口，饮水。就医。

灭火方法　消防人员须穿全身消防服，佩戴空气呼吸器，在上风向灭火。尽可能将容器从火场移至空旷处。喷水保持火场容器冷却，直至灭火结束。

灭火剂：干粉、二氧化碳。

泄漏应急处置　消除所有点火源。隔离泄漏污染区，限制出入。建议应急处理人员戴防毒面具，穿防毒服，戴橡胶手套。穿戴适当的防护装备前，禁止接触或跨越泄漏物。尽可能切断泄漏源。避免产生粉尘。用洁净的铲子收集泄漏物，置于干净、干燥、盖子较松的容器中，将容器移离泄漏区。

165. 5,5-二苯基-2,4-咪唑烷二酮

标　识

中文名称　5,5-二苯基-2,4-咪唑烷二酮

英文名称　5,5-Diphenyl-2,4-imidazolidinedione；Phenytoin

别名　苯妥因；5,5-二苯基海因

分子式　$C_{15}H_{12}N_2O_2$

CAS 号　57-41-0

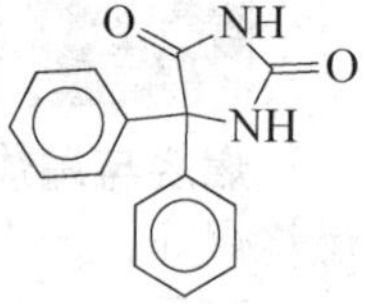

危害信息

燃烧与爆炸危险性　可燃，粉体与空气混合能形成爆炸性混合物，遇明火、高热易燃烧爆炸。

禁忌物　强氧化剂、酸碱、醇类。

毒性　大鼠经口 LD_{50}：1635mg/kg；小鼠经口 LD_{50}：150mg/kg。

IARC 致癌性评论：G2B，可疑人类致癌物。

侵入途径　吸入、食入。

理化特性与用途

理化特性　白色针状结晶或结晶性粉末。不溶于水，溶于乙酸，微溶于乙醚、苯、氯仿。熔点 295~298℃，相对密度(水=1)1.29，辛醇/水分配系数 2.47。

主要用途　用作治疗癫痫病的镇痛药。

包装与储运

安全储运　储存于阴凉、通风的库房。远离火种、热源。保持容器密闭。应与强氧化剂、酸碱、醇类等隔离储运。

紧急处置信息

急救措施

吸入：迅速脱离现场至空气新鲜处。保持呼吸道通畅。如呼吸困难，给输氧。呼吸、

心跳停止，立即进行心肺复苏术。就医。

眼睛接触：立即分开眼睑，用流动清水或生理盐水彻底冲洗。就医。

皮肤接触：立即脱去污染的衣着，用肥皂水和清水彻底冲洗。就医。

食入：漱口，饮水。就医。

灭火方法　消防人员须穿全身消防服，佩戴空气呼吸器，在上风向灭火。尽可能将容器从火场移至空旷处。喷水保持火场容器冷却，直至灭火结束。

灭火剂：水、干粉、二氧化碳。

泄漏应急处置　消除所有点火源。隔离泄漏污染区，限制出入。建议应急处理人员戴防尘口罩，穿防毒服，戴橡胶手套。穿戴适当的防护装备前，禁止接触或跨越泄漏物。用塑料布覆盖，减少飞散。用洁净的铲子收集泄漏物，置于干净、干燥、盖子较松的容器中，将容器移离泄漏区。

166. 二苯醚

标　识

中文名称　二苯醚

英文名称　Dibenzyl ether; Diphenyl oxide

别名　苯醚

分子式　$C_{12}H_{10}O$

CAS 号　101-84-8

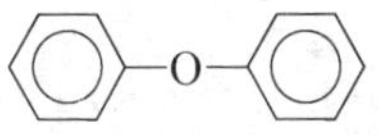

危害信息

燃烧与爆炸危险性　可燃。与空气生成爆炸性混合物，遇明火、高热可能引起燃烧或爆炸。与空气接触易生成具有爆炸性的过氧化物。

禁忌物　强氧化剂、强酸。

毒性　大鼠经口 LD_{50}：2450mg/kg；兔经皮 LD_{50}：>7940mg/kg。

中毒表现　气溶胶对眼和呼吸道有刺激性。长期或反复皮肤接触可引起皮炎。

侵入途径　吸入、食入、经皮吸收。

职业接触限值　中国：PC-TWA 7mg/m^3；PC-STEL 14mg/m^3。

美国(ACGIH)：TLV-TWA 1ppm；TLV-STEL 2ppm[蒸气]。

环境危害　对水生生物有毒，可能在水生环境中造成长期不利影响。

理化特性与用途

理化特性　无色液体或单斜结晶，具有桉叶油气味。不溶于水，溶于乙醇、乙醚、苯、乙酸。熔点 28℃，沸点 258℃，相对密度(水=1)1.07，相对蒸气密度(空气=1)5.86，饱和蒸气压 2.7Pa(25℃)，辛醇/水分配系数 4.21，临界温度 490℃，临界压力 3.13MPa，燃烧热-6117kJ/mol，闪点 115℃(闭杯)、96℃(开杯)，引燃温度 610℃，爆炸下限 0.8%，爆炸上限 1.5%。

主要用途　用于生产阻燃剂十溴二苯醚，用作高温载热体，并用于制造香料及染料等。

包装与储运

包装标志　杂类

包装类别 Ⅲ类

安全储运 储存于阴凉、通风的库房。远离火种、热源。保持容器密闭。应与强氧化剂、强酸等隔离储运。

紧急处置信息

急救措施

吸入：迅速脱离现场至空气新鲜处。保持呼吸道通畅。如呼吸困难，给输氧。呼吸、心跳停止，立即进行心肺复苏术。就医。

眼睛接触：立即分开眼睑，用流动清水或生理盐水彻底冲洗。就医。

皮肤接触：立即脱去污染的衣着，用肥皂水和清水彻底冲洗。就医。

食入：漱口，饮水。就医。

灭火方法 消防人员须穿全身消防服，佩戴空气呼吸器，在上风向灭火。尽可能将容器从火场移至空旷处。喷水保持火场容器冷却，直至灭火结束。

灭火剂：水、干粉、泡沫、二氧化碳。

泄漏应急处置 根据液体流动和蒸气扩散的影响区域划定警戒区，无关人员从侧风、上风向撤离至安全区。消除所有点火源。建议应急处理人员戴防毒面具，穿防护服。穿上适当的防护服前严禁接触破裂的容器和泄漏物。尽可能切断泄漏源。防止泄漏物进入水体、下水道、地下室或有限空间。小量泄漏：用干燥的砂土或其他不燃材料吸收或覆盖，收集于容器中。大量泄漏：构筑围堤或挖坑收容。用泵转移至槽车或专用收集器内。

167. 二苄醚

标　识

中文名称 二苄醚

英文名称 Dibenzyl ether；1,1-(Oxybis(methylene))bisbenzene；Benzyl ether

别名 苄醚

分子式 $C_{14}H_{14}O$

CAS 号 103-50-4

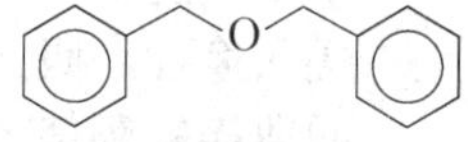

危害信息

燃烧与爆炸危险性 可燃。

禁忌物 强氧化剂、强酸。

毒性 大鼠经口 LD_{50}：2500mg/kg；小鼠经口 LD_{50}：4300mg/kg。

中毒表现 高浓度接触对中枢神经系统有抑制作用。

侵入途径 吸入、食入、经皮吸收。

环境危害 对水生生物有极高毒性，可能在水生环境中造成长期不利影响。

理化特性与用途

理化特性 无色至淡黄色液体，有淡淡的杏仁气味。不溶于水，与乙醇、乙醚、丙酮、氯仿混溶。熔点 1.5~3.5℃，沸点 295~298℃，相对密度(水=1)1.04，相对蒸气密度(空气=1)6.8，饱和蒸气压 0.14Pa(25℃)，辛醇/水分配系数 3.31，闪点 135℃(闭杯)。

主要用途 用作硝化纤维素和醋酸纤维素的增塑剂，树脂、橡胶、蜡、人造麝香等的溶剂；食用香精香料。

包装与储运

包装标志 杂类

包装类别 Ⅲ类

安全储运 储存于阴凉、通风的库房。远离火种、热源。保持容器密闭。应与强氧化剂、强酸等隔离储运。搬运时轻装轻卸，防止容器受损。

紧急处置信息

急救措施

吸入：迅速脱离现场至空气新鲜处。保持呼吸道通畅。如呼吸困难，给输氧。呼吸、心跳停止，立即进行心肺复苏术。就医。

眼睛接触：立即分开眼睑，用流动清水或生理盐水彻底冲洗。就医。

皮肤接触：立即脱去污染的衣着，用肥皂水和清水彻底冲洗。就医。

食入：漱口，饮水。禁止催吐。就医。

灭火方法 消防人员须穿全身消防服，在上风向灭火。尽可能将容器从火场移至空旷处。处在火场中的容器，若发生异常变化或发出异常声音，须马上撤离。

灭火剂：干粉、二氧化碳。

禁止使用水和泡沫灭火。

泄漏应急处置 根据液体流动和蒸气扩散的影响区域划定警戒区，无关人员从侧风、上风向撤离至安全区。消除所有点火源。建议应急处理人员戴防毒面具，穿防护服。穿上适当的防护服前严禁接触破裂的容器和泄漏物。尽可能切断泄漏源。防止泄漏物进入水体、下水道、地下室或有限空间。小量泄漏：用干燥的砂土或其他不燃材料吸收或覆盖，收集于容器中。大量泄漏：构筑围堤或挖坑收容。用泵转移至槽车或专用收集器内。

168. 二丙烯草胺

标　识

中文名称 二丙烯草胺

英文名称 Allidochlor；*N*,*N*-Diallylchloroacetamide

别名 *N*,*N*-二烯丙基氯代乙酰胺

分子式 $C_8H_{12}ClNO$

CAS 号 93-71-0

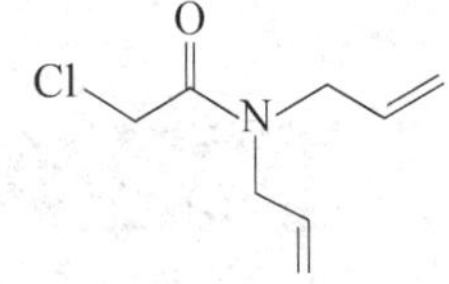

危害信息

燃烧与爆炸危险性 可燃。

禁忌物 强氧化剂、强酸。

毒性 大鼠经口 LD_{50}：700mg/kg；大鼠经皮 LD_{50}：360mg/kg。

中毒表现 食入或经皮吸收对身体有害。对眼和皮肤有刺激性。

侵入途径 吸入、食入、经皮吸收。

环境危害 对水生生物有毒，可能在水生环境中造成长期不利影响。

理化特性与用途

理化特性 琥珀色液体。微溶于水，溶于石油烃，易溶于乙醇、二甲苯、己烷。沸点92℃(266Pa)，相对密度(水=1)1.08，饱和蒸气压1.25Pa(20℃)，辛醇/水分配系数1.79，闪点100℃。

主要用途 芽前除草剂。用于高粱、玉米、大豆、番茄、甘蓝、洋葱等作物田防除一年生禾本科杂草。

包装与储运

包装标志 杂类

包装类别 Ⅲ类

安全储运 储存于阴凉、通风的库房。远离火种、热源。应与强氧化剂、强酸等隔离储运。

紧急处置信息

急救措施

吸入：迅速脱离现场至空气新鲜处。保持呼吸道通畅。如呼吸困难，给输氧。呼吸、心跳停止，立即进行心肺复苏术。就医。

眼睛接触：立即分开眼睑，用流动清水或生理盐水彻底冲洗。就医。

皮肤接触：立即脱去污染的衣着，用肥皂水和清水彻底冲洗。就医。

食入：漱口，饮水。就医。

灭火方法 消防人员须穿全身消防服，佩戴空气呼吸器，在上风向灭火。尽可能将容器从火场移至空旷处。处在火场中的容器若发生异常变化或发出异常声音，须马上撤离。

灭火剂：泡沫、干粉、二氧化碳。

泄漏应急处置 根据液体流动和蒸气扩散的影响区域划定警戒区，无关人员从侧风、上风向撤离至安全区。消除所有点火源。建议应急处理人员戴防毒面具，穿防毒服。穿上适当的防护服前严禁接触破裂的容器和泄漏物。尽可能切断泄漏源。防止泄漏物进入水体、下水道、地下室或有限空间。小量泄漏：用干燥的砂土或其他不燃材料吸收或覆盖，收集于容器中。大量泄漏：构筑围堤或挖坑收容。用泵转移至槽车或专用收集器内。

169. 3-(((二丁氨基)硫代甲基)硫代)丙酸甲酯

标　识

中文名称 3-(((二丁氨基)硫代甲基)硫代)丙酸甲酯

英文名称 Methyl 3-(((dibutylamino)thioxomethyl)thio)propanoate; Propanoic acid, 3-(((dibutylamino)thioxomethyl)thio)-, methyl ester

分子式 $C_{13}H_{19}O_2NS_2$

CAS 号 32750-89-3

危害信息

燃烧与爆炸危险性 不易燃。蒸气与空气混合能形成爆炸性混合物，遇明火易燃烧爆炸。

禁忌物 强氧化剂、强酸、碱类。

侵入途径 吸入、食入。

环境危害 对水生生物有极高毒性，可能在水生环境中造成长期不利影响。

理化特性与用途

理化特性 液体。不溶于水。沸点 140~141℃、372℃，相对密度(水=1)1.0631，饱和蒸气压 1.28mPa(20℃)，辛醇/水分配系数 4.76，闪点 179℃。

包装与储运

包装标志 杂类

包装类别 Ⅲ类

安全储运 储存于阴凉、通风的库房。远离火种、热源。应与强氧化剂、强酸、碱类等隔离储运。搬运时轻装轻卸，防止容器受损。

紧急处置信息

急救措施

吸入：脱离接触。如有不适感，就医。

眼睛接触：分开眼睑，用流动清水或生理盐水冲洗。如有不适感，就医。

皮肤接触：脱去污染的衣着，用流动清水冲洗。如有不适感，就医。

食入：漱口，饮水。就医。

灭火方法 消防人员须穿全身消防服，佩戴防毒面具，在上风向灭火。尽可能将容器从火场移至空旷处。喷水保持火场容器冷却，直至灭火结束。处在火场中的容器若发生异常变化或发出异常声音，须马上撤离。

灭火剂：雾状水、泡沫、二氧化碳、干粉、砂土。

泄漏应急处置 根据液体流动和蒸气扩散的影响区域划定警戒区，无关人员从侧风、上风向撤离至安全区。消除所有点火源。建议应急处理人员戴防毒面具，穿防护服。穿上适当的防护服前严禁接触破裂的容器和泄漏物。尽可能切断泄漏源。防止泄漏物进入水体、下水道、地下室或有限空间。小量泄漏：用干燥的砂土或其他不燃材料吸收或覆盖，收集于容器中。大量泄漏：构筑围堤或挖坑收容。用泵转移至槽车或专用收集器内。

170. 二丁基锡氢硼烷

标　识

中文名称 二丁基锡氢硼烷

英文名称 Dibutyltin hydrogen borate

分子式 $C_8H_{19}BO_3Sn$

CAS 号 75113-37-0

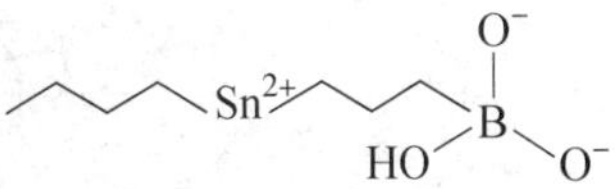

危害信息

燃烧与爆炸危险性 可燃。

禁忌物 强氧化剂、强酸。

毒性 欧盟法规 1272/2008/EC 将本品列为第 2 类生殖细胞致突变物——由于可能导致人类生殖细胞可遗传突变而引起人们关注的物质；第 1B 类生殖毒物——可能的人类生殖毒物。

中毒表现 有机锡中毒的主要临床表现有：眼和鼻黏膜的刺激症状；中毒性神经衰弱综合征；重症出现中毒性脑病。摄入有机锡化合物可致中毒性脑水肿，可产生后遗症，如瘫痪、精神失常和智力障碍。眼接触引起严重损害。对皮肤有致敏性。

侵入途径 吸入、食入、经皮吸收。

职业接触限值 美国(ACGIH)：TLV-TWA 0.1mg/m^3；TLV-STEL 0.2mg/m^3[按 Sn 计][皮]。

环境危害 对水生生物有极高毒性，可能在水生环境中造成长期不利影响。

理化特性与用途

理化特性 沸点 235℃，饱和蒸气压 1.2Pa(25℃)，闪点 96℃。

主要用途 用作杀菌剂、灭藻剂。

包装与储运

包装标志 杂类

包装类别 Ⅲ类

安全储运 储存于阴凉、通风的库房。远离火种、热源。应与强氧化剂、强酸等隔离储运。

紧急处置信息

急救措施

吸入：迅速脱离现场至空气新鲜处。保持呼吸道通畅。如呼吸困难，给输氧。呼吸、心跳停止，立即进行心肺复苏术。就医。

眼睛接触：立即分开眼睑，用流动清水或生理盐水彻底冲洗 5~10min。就医

皮肤接触：立即脱去污染的衣着，用肥皂水和清水彻底冲洗。就医。

食入：饮适量温水，催吐(仅限于清醒者)。就医。

灭火方法 消防人员须穿全身消防服，佩戴空气呼吸器，在上风向灭火。尽可能将容器从火场移至空旷处。处在火场中的容器若发生异常变化或发出异常声音，须马上撤离。

灭火剂：泡沫、干粉、二氧化碳。

泄漏应急处置 隔离泄漏污染区，限制出入。建议应急处理人员戴防尘口罩，穿防毒服，戴橡胶手套。穿上适当的防护服前严禁接触破裂的容器和泄漏物。尽可能切断泄漏源。用塑料布覆盖泄漏物，减少飞散。勿使水进入包装容器内。用洁净的铲子收集泄漏物，置于干净、干燥、盖子较松的容器中，将容器移离泄漏区。

171. 二-L-帕拉胶-薄荷烯

标　识

中文名称 二-L-帕拉胶-薄荷烯

英文名称 Di-L-para-menthene

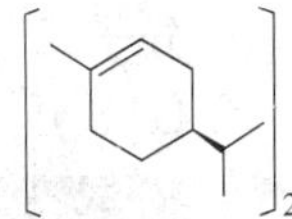

别名 二–L–对蓋烯

分子式 $C_{20}H_{36}$

CAS 号 83648–84–4

危害信息

燃烧与爆炸危险性 无特殊燃爆特性。

禁忌物 强氧化剂。

中毒表现 对皮肤有刺激性和致敏性。

侵入途径 吸入、食入。

环境危害 对水生生物有极高毒性，可能在水生环境中造成长期不利影响。

理化特性与用途

主要用途 用于农用化学品。

包装与储运

包装标志 杂类

包装类别 Ⅲ类

安全储运 储存于阴凉、通风的库房。远离火种、热源。保持容器密闭。应与强氧化剂等隔离储运。搬运时轻装轻卸，防止容器受损。

紧急处置信息

急救措施

吸入：迅速脱离现场至空气新鲜处。保持呼吸道通畅。如呼吸困难，给输氧。呼吸、心跳停止，立即进行心肺复苏术。就医。

眼睛接触：立即分开眼睑，用流动清水或生理盐水彻底冲洗。就医。

皮肤接触：立即脱去污染的衣着，用肥皂水和清水彻底冲洗。就医。

食入：漱口，饮水。就医。

灭火方法 消防人员须穿全身消防服，佩戴空气呼吸器，在上风向灭火。尽可能将容器从火场移至空旷处。

根据着火原因选择适当灭火剂灭火。

泄漏应急处置 消除所有点火源。根据液体流动和蒸气扩散的影响区域划定警戒区，无关人员从侧风、上风向撤离至安全区。建议应急处理人员戴正压自给式呼吸器，穿防护服，戴橡胶手套。禁止接触或跨越泄漏物。尽可能切断泄漏源。防止泄漏物进入水体、下水道、地下室或有限空间。小量泄漏：用砂土或其他不燃材料吸收。使用洁净的无火花工具收集吸收材料。大量泄漏：构筑围堤或挖坑收容。用泵转移至槽车或专用收集器内。

172. *N*,*N*–二(2–(对甲苯磺酰氧)乙基)–对甲苯磺酰胺

标 识

中文名称 *N*,*N*–二(2–(对甲苯磺酰氧)乙基)–对甲苯磺酰胺

英文名称 *N*,*N*-Bis(2-(*p*-toluenesulfonyloxy)ethyl)-*p*-toluenesulfonamide

分子式 $C_{25}H_{29}NO_8S_3$

CAS 号 16695-22-0

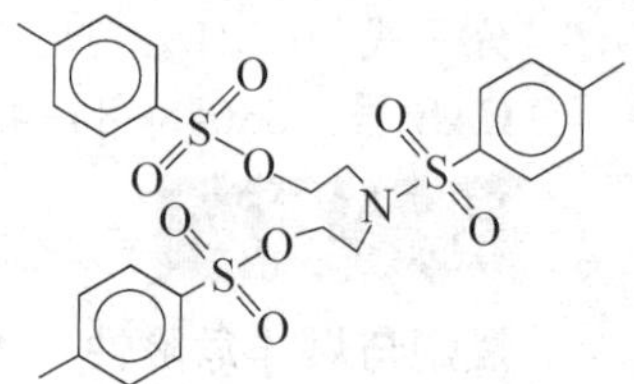

危害信息

燃烧与爆炸危险性 可燃。

禁忌物 强氧化剂、强酸。

中毒表现 对皮肤有致敏性。

侵入途径 吸入、食入。

环境危害 可能在水生环境中造成长期不利影响。

理化特性与用途

理化特性 淡黄色粉末。不溶于水。熔点 92~98℃，沸点 732℃，相对密度(水=1) 1.345，辛醇/水分配系数 5.05，闪点 397℃。

主要用途 用于选择性保护的氮杂环化合物，碳桥接的金属碳硼烷，膦甲基取代的环十二烷的制备中。

包装与储运

安全储运 储存于阴凉、通风的库房。远离火种、热源。保持容器密闭。应与强氧化剂、强酸等隔离储运。

紧急处置信息

急救措施

吸入：迅速脱离现场至空气新鲜处。保持呼吸道通畅。如呼吸困难，给输氧。呼吸、心跳停止，立即进行心肺复苏术。就医。

眼睛接触：立即分开眼睑，用流动清水或生理盐水彻底冲洗。就医。

皮肤接触：立即脱去污染的衣着，用肥皂水和清水彻底冲洗。就医。

食入：漱口，饮水。就医。

灭火方法 消防人员须穿全身消防服，在上风向灭火。尽可能将容器从火场移至空旷处。喷水保持火场容器冷却，直至灭火结束。

灭火剂：雾状水、泡沫、二氧化碳。

泄漏应急处置 隔离泄漏污染区，限制出入。消除点火源。建议应急处理人员戴防尘口罩，穿防毒服，戴防护手套。穿上适当的防护服前严禁接触破裂的容器和泄漏物。尽可能切断泄漏源。用塑料布覆盖泄漏物，减少飞散。勿使水进入包装容器内。用洁净的铲子收集泄漏物，置于干净、干燥、盖子较松的容器中，将容器移离泄漏区。

173. 二((1,1-二甲基-2-丙炔基)氧基)二甲基硅烷

标　识

中文名称 二((1,1-二甲基-2-丙炔基)氧基)二甲基硅烷

英文名称 Bis(1,1-dimethyl-2-propynyloxy)dimethylsilane

分子式 $C_{12}H_{20}O_2Si$

CAS 号 53863-99-3

危害信息

燃烧与爆炸危险性 可燃。

禁忌物 强氧化剂。

中毒表现 吸入有害。

侵入途径 吸入、食入。

理化特性与用途

理化特性 微溶于水。沸点 223℃，相对密度(水=1)0.924，饱和蒸气压 20Pa(25℃)，辛醇/水分配系数 1.71，闪点 105℃。

包装与储运

安全储运 储存于阴凉、通风的库房。远离火种、热源。应与强氧化剂等隔离储运。搬运时轻装轻卸，防止容器受损。

紧急处置信息

急救措施

吸入：迅速脱离现场至空气新鲜处。保持呼吸道通畅。如呼吸困难，给输氧。呼吸、心跳停止，立即进行心肺复苏术。就医。

眼睛接触：立即分开眼睑，用流动清水或生理盐水彻底冲洗。就医。

皮肤接触：立即脱去污染的衣着，用肥皂水和清水彻底冲洗。就医。

食入：漱口，饮水。就医。

灭火方法 消防人员须穿全身消防服，佩戴空气呼吸器，在上风向灭火。尽可能将容器从火场移至空旷处。喷水保持容器冷却直至灭火结束。

灭火剂：雾状水、泡沫、干粉、二氧化碳。

泄漏应急处置 消除所有点火源。根据液体流动和蒸气扩散的影响区域划定警戒区，无关人员从侧风、上风向撤离至安全区。建议应急处理人员戴正压自给式呼吸器，穿防护服，戴橡胶耐油手套。禁止接触或跨越泄漏物。尽可能切断泄漏源。防止泄漏物进入水体、下水道、地下室或有限空间。小量泄漏：用砂土或其他不燃材料吸收。使用洁净的无火花工具收集吸收材料。大量泄漏：构筑围堤或挖坑收容。用泵转移至槽车或专用收集器内。

174. 2,5-二(1,1-二甲基丁基)对苯二酚

标　　识

中文名称 2,5-二(1,1-二甲基丁基)对苯二酚

英文名称 2,5-Bis(1,1-dimethylbutyl) hydroquinone; 2,5-Bis(1,1-dimethylbutyl) benzene-1,4-diol

别名 2,5-二(1,1-二甲基丁基)氢醌

分子式 $C_{18}H_{30}O_2$

CAS 号 57246-09-0

危害信息

燃烧与爆炸危险性 可燃。

禁忌物 强氧化剂。

侵入途径 吸入、食入。

环境危害 对水生生物有毒，可能在水生环境中造成长期不利影响。

理化特性与用途

理化特性 沸点393.9℃，相对密度(水=1)0.974，饱和蒸气压0.12mPa(25℃)，闪点172.8℃。

包装与储运

包装标志 杂类

包装类别 Ⅲ类

安全储运 储存于阴凉、通风的库房。远离火种、热源。应与强氧化剂等隔离储运。

紧急处置信息

急救措施

吸入：脱离接触。如有不适感，就医。

眼睛接触：分开眼睑，用流动清水或生理盐水冲洗。如有不适感，就医。

皮肤接触：脱去污染的衣着，用流动清水冲洗。如有不适感，就医。

食入：漱口，饮水。就医。

灭火方法 消防人员须穿全身消防服，佩戴空气呼吸器，在上风向灭火。尽可能将容器从火场移至空旷处。

灭火剂：干粉、二氧化碳。

泄漏应急处置 隔离泄漏污染区，限制出入。建议应急处理人员戴防尘口罩，穿防护服，戴橡胶手套。穿上适当的防护服前严禁接触破裂的容器和泄漏物。尽可能切断泄漏源。勿使水进入包装容器内。用洁净的铲子收集泄漏物，置于干净、干燥、盖子较松的容器中，将容器移离泄漏区。

175. 2,4-二(1,1-二甲基乙基)环己酮

标　识

中文名称 2,4-二(1,1-二甲基乙基)环己酮

英文名称 Cyclohexanone, 2,4-bis(1, 1-dimethylethyl)-; 2,4-Di-tert-butylcyclohexanone

分子式 $C_{14}H_{26}O$

CAS号 13019-04-0

危害信息

燃烧与爆炸危险性 可燃。

禁忌物 强氧化剂、酸碱、醇类。

中毒表现 对皮肤有刺激性。

侵入途径 吸入、食入。

环境危害 对水生生物有毒，可能在水生环境中造成长期不利影响。

理化特性与用途

理化特性 不溶于水，溶于乙醇。沸点272.4℃，相对密度(水=1)0.893，饱和蒸气压0.81Pa(25℃)，辛醇/水分配系数4.2，闪点110.56℃(闭杯)。

主要用途 用作香水成分。

包装与储运

包装标志 杂类

包装类别 Ⅲ类

安全储运 储存于阴凉、通风的库房。远离火种、热源。应与强氧化剂、酸碱、醇类等隔离储运。搬运时轻装轻卸，防止容器受损。

紧急处置信息

急救措施

吸入： 迅速脱离现场至空气新鲜处。保持呼吸道通畅。如呼吸困难，给输氧。呼吸、心跳停止，立即进行心肺复苏术。就医。

眼睛接触： 立即分开眼睑，用流动清水或生理盐水彻底冲洗。就医。

皮肤接触： 立即脱去污染的衣着，用肥皂水和清水彻底冲洗。就医。

食入： 漱口，饮水。就医。

灭火方法 消防人员须穿全身消防服，佩戴空气呼吸器，在上风向灭火。尽可能将容器从火场移至空旷处。

灭火剂：干粉、二氧化碳。

泄漏应急处置 隔离泄漏污染区，限制出入。消除点火源。建议应急处理人员戴防护面罩，穿防护服。穿上适当的防护服前严禁接触破裂的容器和泄漏物。尽可能切断泄漏源。勿使水进入包装容器内。用洁净的铲子或真空吸除收集泄漏物，置于干净、干燥、盖子较松的容器中，将容器移离泄漏区。

176. 2,3-二氟-5-氯吡啶

标　识

中文名称 2,3-二氟-5-氯吡啶

英文名称 5-Chloro-2,3-difluoropyridine

别名 5-氯-2,3-二氟砒啶

分子式 $C_5H_2ClF_2N$

CAS号 89402-43-7

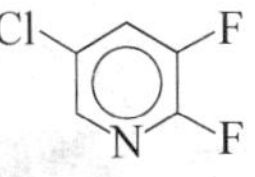

危害信息

危险性类别 第3类 易燃液体

燃烧与爆炸危险性 易燃，其蒸气与空气混合能形成爆炸性混合物，遇明火、高热易燃烧爆炸。

禁忌物　氧化剂、强酸。

中毒表现　食入有害。

侵入途径　吸入、食入。

环境危害　对水生生物有害，可能在水生环境中造成长期不利影响。

理化特性与用途

理化特性　无色至淡黄色透明液体。溶于水，溶于多数有机溶剂。沸点135℃，相对密度(水=1)1.44，饱和蒸气压0.93kPa(25℃)，辛醇/水分配系数1.14，闪点48℃。

主要用途　农用化学品中间体，合成除草剂炔草酯等。

包装与储运

包装标志　易燃液体

包装类别　Ⅲ类

安全储运　储存于阴凉、通风的库房。远离火种、热源，避免阳光直射。储存温度不超过37℃。炎热季节早晚运输，应与氧化剂、强酸等隔离储运。禁止使用易产生火花的机械设备和工具。搬运时轻装轻卸，防止容器受损。

紧急处置信息

急救措施

吸入：迅速脱离现场至空气新鲜处。保持呼吸道通畅。如呼吸困难，给输氧。呼吸、心跳停止，立即进行心肺复苏术。就医。

眼睛接触：立即分开眼睑，用流动清水或生理盐水彻底冲洗。就医。

皮肤接触：立即脱去污染的衣着，用肥皂水和清水彻底冲洗。就医。

食入：漱口，饮水。就医。

灭火方法　消防人员须穿全身消防服，佩戴空气呼吸器，在上风向灭火。尽可能将容器从火场移至空旷处。处在火场中的容器若发生异常变化或发出异常声音，须马上撤离。

灭火剂：干粉、二氧化碳。

泄漏应急处置　根据液体流动和蒸气扩散的影响区域划定警戒区，无关人员从侧风、上风向撤离至安全区。消除所有点火源。应急人员应戴正压自给式呼吸器，穿防静电服，戴橡胶耐油手套。尽可能切断泄漏源。防止泄漏物进入水体、下水道、地下室或有限空间。小量泄漏：用砂土或其他不燃材料吸收。用洁净的无火花工具收集吸收材料。大量泄漏：筑围堤或挖坑收容。用泡沫覆盖泄漏物，减少挥发。喷水雾能减少蒸发，但不能降低泄漏物在有限空间的易燃性。用防爆泵将泄漏物转移至槽车或专用收集器内。

177. 2,4-二氟-3-氯硝基苯

标　识

中文名称　2,4-二氟-3-氯硝基苯

英文名称　3-Chloro-2,4-difluoronitrobenzene

别名　3-氯-2,4-二氟硝基苯

分子式　$C_6H_2ClF_2NO_2$

CAS 号 3847-58-3

危害信息

燃烧与爆炸危险性 可燃，其粉体与空气混合能形成爆炸性混合物，遇明火、高热易燃烧爆炸。

禁忌物 强氧化剂。

中毒表现 食入有害。对眼和皮肤有腐蚀性。对皮肤有致敏性。

侵入途径 吸入、食入。

环境危害 对水生生物有极高毒性，可能在水生环境中造成长期不利影响。

理化特性与用途

理化特性 淡黄或黄色结晶粉末。不溶于水。熔点 41~43℃，沸点 243℃，相对密度(水=1)1.591，饱和蒸气压 6.7Pa(25℃)，辛醇/水分配系数 2.49，闪点 101℃。

主要用途 用作染料中间体。

包装与储运

包装标志 杂类

包装类别 Ⅲ类

安全储运 储存于阴凉、通风的库房。远离火种、热源。保持容器密闭。应与强氧化剂等隔离储运。

紧急处置信息

急救措施

吸入：迅速脱离现场至空气新鲜处。保持呼吸道通畅。如呼吸困难，给输氧。呼吸、心跳停止，立即进行心肺复苏术。就医。

眼睛接触：立即分开眼睑，用流动清水或生理盐水彻底冲洗 5~10min。就医。

皮肤接触：立即脱去污染的衣着，用大量流动清水彻底冲洗，冲洗时间一般要求 20~30min。就医。

食入：用水漱口，禁止催吐。给饮牛奶或蛋清。就医。

灭火方法 消防人员须穿全身消防服，佩戴空气呼吸器，在上风向灭火。尽可能将容器从火场移至空旷处。

灭火剂：干粉、二氧化碳。

泄漏应急处置 隔离泄漏污染区，限制出入。消除点火源。建议应急处理人员戴防尘口罩，穿耐腐蚀服，戴橡胶耐腐蚀手套。穿上适当的防护服前严禁接触破裂的容器和泄漏物。尽可能切断泄漏源。用塑料布覆盖泄漏物，减少飞散。勿使水进入包装容器内。用洁净的铲子收集泄漏物，置于干净、干燥、盖子较松的容器中，将容器移离泄漏区。

178. 2,4-二氟-α-(1H-1,2,4-三唑-1-基)乙酰苯盐酸盐

标　识

中文名称 2,4-二氟-α-(1H-1,2,4-三唑-1-基)乙酰苯盐酸盐

英文名称 2,4-Difluoro-α-(1H-1,2,4-triazol-1-yl) acetophenone hydrochloride

分子式 $C_{10}H_8ClF_2N_3O$

CAS 号 86386-75-6

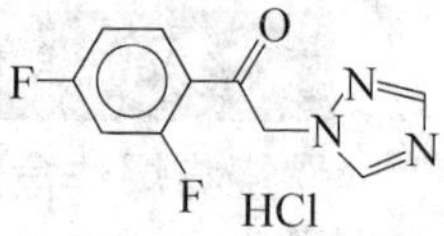

危害信息

燃烧与爆炸危险性 无特殊燃爆特性。

禁忌物 强氧化剂。

中毒表现 食入有害。眼接触引起严重损害。对皮肤有致敏性。

侵入途径 吸入、食入。

理化特性与用途

主要用途 药物中间体。

包装与储运

安全储运 储存于阴凉、通风的库房。远离火种、热源。保持容器密闭。应与强氧化剂等隔离储运。

紧急处置信息

急救措施

吸入：迅速脱离现场至空气新鲜处。保持呼吸道通畅。如呼吸困难，给输氧。呼吸、心跳停止，立即进行心肺复苏术。就医。

眼睛接触：立即分开眼睑，用流动清水或生理盐水彻底冲洗 5~10min。就医。

皮肤接触：立即脱去污染的衣着，用肥皂水和清水彻底冲洗。就医。

食入：漱口，饮水。就医。

灭火方法 消防人员须穿全身消防服，佩戴空气呼吸器，在上风向灭火。尽可能将容器从火场移至空旷处。

根据着火原因选择适当灭火剂灭火。

泄漏应急处置 消除所有点火源。隔离泄漏污染区，限制出入。建议应急处理人员戴防尘口罩，穿防护服。穿戴适当的防护装备前，禁止接触破裂的容器和泄漏物。尽可能切断泄漏源。用塑料布覆盖，减少飞散。用洁净的铲子收集泄漏物，置于干净、干燥、盖子较松的容器中。将容器移离泄漏区。

179. 1,2-二氟四氯乙烷

标　识

中文名称 1,2-二氟四氯乙烷

英文名称 Tetrachloro-1,2-difluoro ethane；1,2-Difluorotetrachloroethane；CFC-112

别名 氟利昂-112

分子式 $C_2Cl_4F_2$

CAS 号 76-12-0

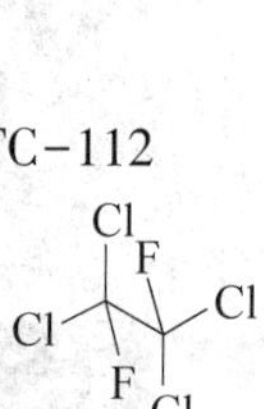

危害信息

燃烧与爆炸危险性 不燃，受热易分解放出有毒的刺激性气体。在高温火场中受热的容器有破裂和爆炸的危险。

禁忌物 强氧化剂。

毒性 小鼠经口 LD_{50}：800mg/kg；大鼠吸入 LC_{50}：125000mg/m^3(4h)；小鼠吸入 LC_{50}：123000mg/m^3(2h)。

中毒表现 对眼、皮肤和呼吸道有刺激性。高浓度吸入引起肺水肿。影响心血管和中枢神经系统，出现心律不齐、精神错乱、头昏和意识丧失。

侵入途径 吸入、食入。

职业接触限值 美国(ACGIH)：TLV-TWA 50ppm，临界温度278℃，临界压力3.44MPa。

理化特性与用途

理化特性 无色固体或液体，有类似樟脑的气味。微溶于水，溶于乙醇、乙醚。熔点26℃，沸点93℃，相对密度(水=1)1.6447，相对蒸气密度(空气=1)7.03，饱和蒸气压5.3kPa(20℃)，辛醇/水分配系数3.41。

主要用途 用于生产致冷剂、气溶胶、推进剂、精密仪器清洗剂，可用作树脂中间体。还可用于生产治疗牛的肝蛭驱虫剂。

包装与储运

安全储运 储存于阴凉、通风的库房。远离火种、热源。应与强氧化剂等隔离储运。搬运时轻装轻卸，防止容器受损。

紧急处置信息

急救措施

吸入：迅速脱离现场至空气新鲜处。保持呼吸道通畅。如呼吸困难，给输氧。呼吸、心跳停止，立即进行心肺复苏术。就医。

眼睛接触：立即分开眼睑，用流动清水或生理盐水彻底冲洗。就医。

皮肤接触：立即脱去污染的衣着，用肥皂水和清水彻底冲洗。就医。

食入：漱口，饮水。就医。

灭火方法 消防人员须穿全身消防服，佩戴空气呼吸器，在上风向灭火。尽可能将容器从火场移至空旷处。喷水保持火场容器冷却，直至灭火结束。

根据着火原因选择适当灭火剂灭火。

泄漏应急处置 根据液体流动和蒸气扩散的影响区域划定警戒区，无关人员从侧风、上风向撤离至安全区。应急人员应戴正压自给式呼吸器，穿防毒护服，戴防护手套。尽可能切断泄漏源。防止泄漏物进入水体、下水道、地下室或有限空间。小量泄漏：用砂土或其他不燃材料吸收。用洁净的工具收集吸收材料。大量泄漏：筑围堤或挖坑收容。用泡沫覆盖泄漏物，减少挥发。用泵将泄漏物转移至槽车或专用收集器内。

180. 二甘醇二丙烯酸酯

标　识

中文名称 二甘醇二丙烯酸酯

180. 二甘醇二丙烯酸酯

英文名称 2,2′-Oxydiethyl diacrylate；Diethylene glycol diacrylate

别名 二丙烯酸二乙二醇酯

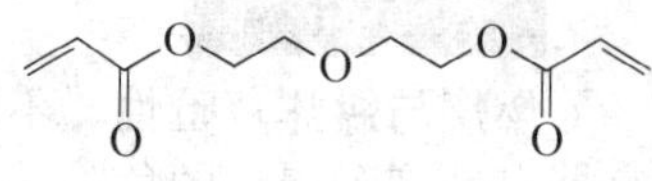

分子式 $C_{10}H_{14}O_5$

CAS 号 4074-88-8

危害信息

危险性类别 第 6 类 有毒品

燃烧与爆炸危险性 可燃。

禁忌物 强氧化剂、酸类。

毒性 大鼠经口 LD_{50}：250mg/kg；小鼠经口 LD_{50}：550mg/kg；兔经皮 LD_{50}：180μL/kg。

中毒表现 对眼和皮肤有刺激性。对皮肤有致敏性。经皮吸收可引起中毒。

侵入途径 吸入、食入、经皮吸收。

理化特性与用途

理化特性 无色透明液体，有轻微的霉气味。沸点 200℃、94℃（30Pa），相对密度（水=1）1.11，饱和蒸气压 0.133kPa（39℃），辛醇/水分配系数 0.84，闪点 78℃。

主要用途 用作交联剂，用于制造射线固化涂料和黏合剂。

包装与储运

包装标志 有毒品

包装类别 Ⅲ类

安全储运 储存于阴凉、通风的库房。远离火种、热源。防止阳光直射。储存温度不超过 35℃，相对湿度不超过 85%。保持容器密封。应与强氧化剂、酸类等分开存放，切忌混储。配备相应品种和数量的消防器材。储区应备有合适的材料收容泄漏物。搬运时轻装轻卸，防止容器受损。

紧急处置信息

急救措施

吸入：迅速脱离现场至空气新鲜处。保持呼吸道通畅。如呼吸困难，给输氧。呼吸、心跳停止，立即进行心肺复苏术。就医。

眼睛接触：立即分开眼睑，用流动清水或生理盐水彻底冲洗。就医。

皮肤接触：立即脱去污染的衣着，用肥皂水和清水彻底冲洗。就医。

食入：漱口，饮水。就医。

灭火方法 消防人员须穿全身消防服，在上风向灭火。尽可能将容器从火场移至空旷处。

灭火剂：干粉、二氧化碳。

泄漏应急处置 根据液体流动和蒸气扩散的影响区域划定警戒区，无关人员从侧风、上风向撤离至安全区。消除所有点火源。建议应急处理人员戴防毒面具，穿防毒服，戴橡胶手套。穿上适当的防护服前严禁接触破裂的容器和泄漏物。尽可能切断泄漏源。防止泄漏物进入水体、下水道、地下室或有限空间。小量泄漏：用干燥的砂土或其他不燃材料吸收或覆盖，收集于容器中。大量泄漏：构筑围堤或挖坑收容。用泵转移至槽车或专用收集器内。

181. 二环己基甲烷-4,4′-二异氰酸酯

标　识

中文名称　二环己基甲烷-4,4′-二异氰酸酯

英文名称　4,4′-Methylenedi(cyclohexyl isocyanate); Dicyclohexylmethane-4,4′-di-isocyanate

别名　1,1′-亚甲二(4-异氰酸基环己烷)

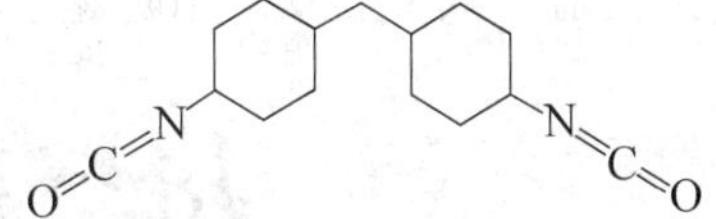

分子式　$C_{15}H_{22}N_2O_2$

CAS 号　5124-30-1

危害信息

危险性类别　第6类　有毒品

燃烧与爆炸危险性　可燃

禁忌物　强氧化剂、酸类。

毒性　大鼠经口 LD_{50}: 9900mg/kg；豚鼠吸入 LC_{50}: 51mg/m^3(1h)；兔经皮 LD: >10g/kg。

中毒表现　吸入有毒。对眼和皮肤有刺激性。对皮肤和呼吸道有致敏性。

侵入途径　吸入、食入、经皮吸收。

职业接触限值　美国(ACGIH): TLV-TWA 0.005ppm。

理化特性与用途

理化特性　无色至淡黄色透明液体。与水反应，溶于丙酮等有机溶剂。熔点 19~23℃，沸点 168℃(0.2kPa)，相对密度(水=1)1.07，饱和蒸气压 0.13Pa(25℃)，辛醇/水分配系数 6.11，闪点 200℃。

主要用途　用于生产聚氨酯弹性体、水性聚氨酯、织物涂层和辐射固化聚氨酯-丙烯酸酯配涂料。

包装与储运

包装标志　有毒品

包装类别　Ⅲ类

安全储运　储存于阴凉、通风的库房。远离火种、热源。防止阳光直射。储存温度不超过 32℃，相对湿度不超过 85%。保持容器密封。应与强氧化剂、酸类等分开存放，切忌混储。配备相应品种和数量的消防器材。储区应备有合适的材料收容泄漏物。搬运时轻装轻卸，防止容器受损。

紧急处置信息

急救措施

吸入：迅速脱离现场至空气新鲜处。保持呼吸道通畅。如呼吸困难，给输氧。呼吸、心跳停止，立即进行心肺复苏术。就医。

眼睛接触：立即分开眼睑，用流动清水或生理盐水彻底冲洗。就医。

皮肤接触：立即脱去污染的衣着，用肥皂水和清水彻底冲洗。就医。

食入：漱口，饮水。就医。

灭火方法 消防人员须穿全身消防服，佩戴空气呼吸器，在上风向灭火。尽可能将容器从火场移至空旷处。处在火场中的容器若发生异常变化或发出异常声音，须马上撤离。

灭火剂：泡沫、干粉、二氧化碳。

泄漏应急处置 根据液体流动和蒸气扩散的影响区域划定警戒区，无关人员从侧风、上风向撤离至安全区。消除所有点火源。建议应急处理人员戴防毒面具，穿防毒、防静电服，戴橡胶手套。作业时使用的所有设备应接地。禁止接触或跨越泄漏物。尽可能切断泄漏源。防止泄漏物进入水体、下水道、地下室或有限空间。小量泄漏：用砂土或其他不燃材料吸收。使用洁净的无火花工具收集吸收材料。大量泄漏：构筑围堤或挖坑收容。用泡沫覆盖，减少蒸发。用防爆泵转移至槽车或专用收集器内。

182. N,N′-二环己基碳二亚胺

标　识

中文名称 N,N′-二环己基碳二亚胺

英文名称 Dicyclohexylcarbodiimide；N,N′-Methanetetraylbiscyclohexaamine

别名 二环己基碳二亚胺

分子式 $C_{13}H_{22}N_2$

CAS 号 538-75-0

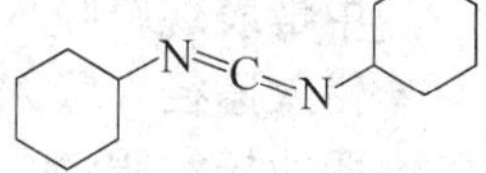

危害信息

危险性类别 第 6 类　有毒品

燃烧与爆炸危险性 可燃，与水发生反应。受热易分解，在高温火场中，受热的容器有破裂和爆炸的危险。

禁忌物 强氧化剂、强酸。

毒性 大鼠经口 LD_{50}：400mg/kg；小鼠经口 LD_{50}：>800mg/kg；大鼠吸入 LC_{50}：159mg/m^3(6h)；豚鼠经皮 LD_{50}：10mL/kg。

中毒表现 食入或经皮肤吸收对身体有害。眼接触引起严重损害。对皮肤有致敏性。

侵入途径 吸入、食入、经皮吸收。

理化特性与用途

理化特性 白色结晶或微黄色透明液体，有芳香气味。不溶于水，溶于乙醇、乙醚、苯，易溶于二氯甲烷、四氢呋喃、乙腈、二甲基甲酰胺。熔点 34~35℃，沸点 122~124℃(0.8kPa)，相对密度(水=1)1.325，辛醇/水分配系数 6.83，闪点 113℃(闭杯)。

主要用途 用作生化试剂、有机合成脱水缩合剂和多肽合成试剂。

包装与储运

包装标志 有毒品

包装类别 Ⅲ类

安全储运 储存于阴凉、通风的库房。远离火种、热源。库温不超过 35℃。相对湿度不超过 85%。包装密封。应与强氧化剂、强酸、食用化学品等分开存放，切忌混储。配备

相应品种和数量的消防器材。储区应备有合适的材料收容泄漏物。

紧急处置信息

急救措施

吸入： 迅速脱离现场至空气新鲜处。保持呼吸道通畅。如呼吸困难，给输氧。呼吸、心跳停止，立即进行心肺复苏术。就医。

眼睛接触： 立即分开眼睑，用流动清水或生理盐水彻底冲洗 5~10min。就医。

皮肤接触： 立即脱去污染的衣着，用肥皂水和清水彻底冲洗。就医。

食入： 漱口，饮水。就医。

灭火方法 消防人员须穿全身消防服，佩戴空气呼吸器，在上风向灭火。尽可能将容器从火场移至空旷处。

灭火剂：干粉、二氧化碳。

泄漏应急处置 根据液体流动和蒸气扩散的影响区域划定警戒区，无关人员从侧风、上风向撤离至安全区。消除所有点火源。建议应急处理人员戴防毒面具，穿防毒、防静电服，戴橡胶手套。作业时使用的所有设备应接地。禁止接触或跨越泄漏物。尽可能切断泄漏源。防止泄漏物进入水体、下水道、地下室或有限空间。小量泄漏：用砂土或其他不燃材料吸收。使用洁净的无火花工具收集吸收材料。大量泄漏：构筑围堤或挖坑收容。用泡沫覆盖，减少蒸发。用防爆泵转移至槽车或专用收集器内。

183. 二环戊基二甲氧基硅烷

标　识

中文名称 二环戊基二甲氧基硅烷

英文名称 Dicyclopentyldimethoxysilane; 1,1′-(Dimethoxysilylene)biscyclopentane

分子式 $C_{12}H_{24}O_2Si$

CAS 号 126990-35-0

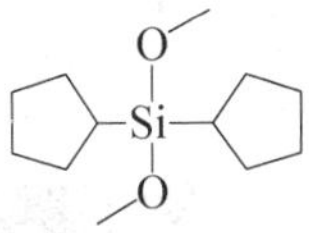

危害信息

燃烧与爆炸危险性 可燃。

禁忌物 强氧化剂。

毒性 大鼠经口 LD_{50}：>2000mg/kg；大鼠吸入 LC_{50}：>22ppm(4h)；大鼠经皮 LD_{50}：>2000mg/kg。

中毒表现 眼接触引起严重损害。对皮肤有刺激性。

侵入途径 吸入、食入、经皮吸收。

环境危害 对水生生物有极高毒性，可能在水生环境中造成长期不利影响。

理化特性与用途

理化特性 无色透明液体。微溶于水。熔点≤0℃，沸点 121(1.2kPa)、251℃，相对密度(水=1)0.99，饱和蒸气压 2Pa(25℃)，辛醇/水分配系数 5.5，闪点 102℃。

主要用途 用作丙烯聚合催化剂、合成树脂原料，有机化学品中间体，硅烷偶联剂、憎水剂、交联剂黏合促进剂等。

包装与储运

包装标志　杂类

包装类别　Ⅲ类

安全储运　储存于阴凉、通风的库房。远离火种、热源。保持容器密闭。应与强氧化剂等隔离储运。搬运时轻装轻卸，防止容器受损。

紧急处置信息

急救措施

吸入：迅速脱离现场至空气新鲜处。保持呼吸道通畅。如呼吸困难，给输氧。呼吸、心跳停止，立即进行心肺复苏术。就医。

眼睛接触：立即分开眼睑，用流动清水或生理盐水彻底冲洗 5~10min。就医。

皮肤接触：立即脱去污染的衣着，用肥皂水和清水彻底冲洗。就医。

食入：漱口，饮水。就医。

灭火方法　消防人员须穿全身消防服，佩戴空气呼吸器，在上风向灭火。尽可能将容器从火场移至空旷处。处在火场中的容器若发生异常变化或发出异常声音，须马上撤离。

灭火剂：泡沫、干粉、二氧化碳。

泄漏应急处置　根据液体流动和蒸气扩散的影响区域划定警戒区，无关人员从侧风、上风向撤离至安全区。消除所有点火源。建议应急处理人员戴防毒面具，穿防毒、防静电服，戴橡胶手套。作业时使用的所有设备应接地。禁止接触或跨越泄漏物。尽可能切断泄漏源。防止泄漏物进入水体、下水道、地下室或有限空间。小量泄漏：用砂土或其他不燃材料吸收。使用洁净的无火花工具收集吸收材料。大量泄漏：构筑围堤或挖坑收容。用泡沫覆盖，减少蒸发。用防爆泵转移至槽车或专用收集器内。

184. 二黄原酸

标　识

中文名称　二黄原酸

英文名称　Dixanthogen；*O*,*O*-Diethyl dithiobis(thioformate)

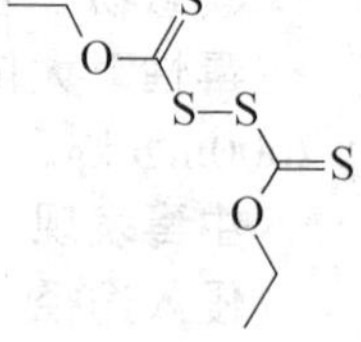

别名　二硫化二乙基黄原酸酯；四硫双酯；草必散

分子式　$C_6H_{10}O_2S_4$

CAS 号　502-55-6

危害信息

燃烧与爆炸危险性　可燃，其粉体与空气混合能形成爆炸性混合物。

禁忌物　强氧化剂、碱类。

毒性　大鼠经口 LD_{50}：480mg/kg；小鼠经口 LD_{50}：1200mg/kg；大鼠经皮 *LDLo*：2100mg/kg。

中毒表现　食入有害。

侵入途径　吸入、食入、经皮吸收。

理化特性与用途

理化特性 黄色固体，有强烈的气味。不溶于水，溶于丙酮、苯、二甲苯。熔点32℃，沸点295.7℃，相对密度(水=1)1.36，饱和蒸气压0.35Pa(25℃)，辛醇/水分配系数2.06，闪点132.6℃。

主要用途 接触性除草剂和杀虫剂；也用作不溶性硫磺稳定剂、选矿药剂、超促进剂。

包装与储运

安全储运 储存于阴凉、通风的库房。远离火种、热源。应与强氧化剂、碱类等隔离储运。

紧急处置信息

急救措施

吸入：迅速脱离现场至空气新鲜处。保持呼吸道通畅。如呼吸困难，给输氧。呼吸、心跳停止，立即进行心肺复苏术。就医。

眼睛接触：立即分开眼睑，用流动清水或生理盐水彻底冲洗。就医。

皮肤接触：立即脱去污染的衣着，用肥皂水和清水彻底冲洗。就医。

食入：漱口，饮水。就医。

灭火方法 消防人员须穿全身消防服，佩戴空气呼吸器，在上风向灭火。尽可能将容器从火场移至空旷处。

灭火剂：泡沫、二氧化碳、砂土、干粉。

泄漏应急处置 隔离泄漏污染区，限制出入。建议应急处理人员戴防尘口罩，穿防毒服。穿上适当的防护服前严禁接触破裂的容器和泄漏物。尽可能切断泄漏源。用塑料布覆盖泄漏物，减少飞散。勿使水进入包装容器内。用洁净的铲子收集泄漏物，置于干净、干燥、盖子较松的容器中，将容器移离泄漏区。

185. 3-(二甲氨基)丙基脲

标　识

中文名称 3-(二甲氨基)丙基脲

英文名称 Urea, *N*-(3-(dimethylamino)propyl)-；3-(Dimethylamino)propylurea

分子式 $C_6H_{15}N_3O$

CAS 号 31506-43-1

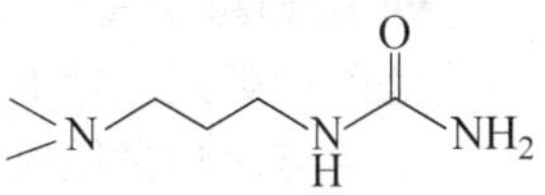

危害信息

燃烧与爆炸危险性 可燃。

禁忌物 强氧化剂。

中毒表现 眼接触引起严重损害。

侵入途径 吸入、食入。

理化特性与用途

理化特性 沸点224.4℃，相对密度(水=1)1.005，饱和蒸气压12.2Pa(25℃)，闪点 89.5℃。

主要用途 医药原料。

包装与储运

安全储运 储存于阴凉、通风的库房。远离火种、热源。应与强氧化剂等隔离储运。搬运时轻装轻卸，防止容器受损。

紧急处置信息

急救措施

吸入：迅速脱离现场至空气新鲜处。保持呼吸道通畅。如呼吸困难，给输氧。呼吸、心跳停止，立即进行心肺复苏术。就医。

眼睛接触：立即分开眼睑，用流动清水或生理盐水彻底冲洗 5~10min。就医。

皮肤接触：立即脱去污染的衣着，用肥皂水和清水彻底冲洗。就医。

食入：漱口，饮水。就医。

灭火方法 消防人员须穿全身消防服，在上风向灭火。尽可能将容器从火场移至空旷处。喷水保持火场容器冷却直至灭火结束。

灭火剂：泡沫、二氧化碳、干粉。

泄漏应急处置 隔离泄漏污染区，限制出入。建议应急处理人员戴防尘口罩，穿防毒服，戴橡胶手套。穿上适当的防护服前严禁接触破裂的容器和泄漏物。尽可能切断泄漏源。勿使水进入包装容器内。用洁净的铲子收集泄漏物，置于干净、干燥、盖子较松的容器中，将容器移离泄漏区。

186. 6-(二甲氨基)-1-己醇

标　识

中文名称 6-(二甲氨基)-1-己醇

英文名称 6-Dimethylaminohexan-1-ol

分子式 $C_8H_{19}NO$

CAS 号 1862-07-3

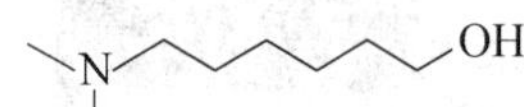

危害信息

危险性类别 第 8 类 腐蚀品

燃烧与爆炸危险性 可燃，其蒸气与空气混合能形成爆炸性混合物。

禁忌物 氧化剂、酸类。

中毒表现 食入有害。对眼和皮肤有腐蚀性。

侵入途径 吸入、食入。

环境危害 对水生生物有害，可能在水生环境中造成长期不利影响。

理化特性与用途

理化特性 无色至淡黄红色透明液体，有胺气味。与水混溶，溶于氯仿。沸点 117℃(1.6kPa)，相对密度(水=1)0.88，饱和蒸气压 50kPa(50℃)，闪点 63.6℃。

主要用途 用作抗溶酶体剂和胆碱摄取抑制剂。

包装与储运

包装标志 腐蚀品

包装类别 Ⅱ类

安全储运 储存于阴凉、通风的库房。远离火种、热源。库温不超过30℃。相对湿度不超过80%。包装要求密封。应与强氧化剂、酸类等分开存放，切忌混储。储区应备有泄漏应急处理设备和合适的收容材料。搬运时轻装轻卸，防止容器受损。

紧急处置信息

急救措施

吸入：迅速脱离现场至空气新鲜处。保持呼吸道通畅。如呼吸困难，给输氧。呼吸、心跳停止，立即进行心肺复苏术。就医。

眼睛接触：立即分开眼睑，用流动清水或生理盐水彻底冲洗5~10min。就医。

皮肤接触：立即脱去污染的衣着，用大量流动清水彻底冲洗，冲洗时间一般要求20~30min。就医。

食入：用水漱口，禁止催吐。给饮牛奶或蛋清。就医。

灭火方法 防人员须穿全身消防服，在上风向灭火。尽可能将容器从火场移至空旷处。喷水保持火场容器冷却直至灭火结束。

灭火剂：泡沫、干粉、二氧化碳。

泄漏应急处置 根据液体流动和蒸气扩散的影响区域划定警戒区，无关人员从侧风、上风向撤离至安全区。消除所有点火源。建议应急处理人员戴防毒面具，穿防毒服。穿上适当的防护服前严禁接触破裂的容器和泄漏物。尽可能切断泄漏源。防止泄漏物进入水体、下水道、地下室或有限空间。小量泄漏：用干燥的砂土或其他不燃材料吸收或覆盖，收集于容器中。大量泄漏：构筑围堤或挖坑收容。用泵转移至槽车或专用收集器内。

187. 2-(2-(2-(二甲氨基)乙氧基乙基)甲氨基)-乙醇

标　识

中文名称 2-(2-(2-(二甲氨基)乙氧基乙基)甲氨基)-乙醇

英文名称 2-((2-(2-(Dimethylamino)ethoxy)ethyl)methylamino)ethanol

别名 *N*,*N*,*N'*-三甲基-*N'*-(2-羟乙基)二(2-氨乙基)醚

分子式 $C_9H_{22}N_2O_2$

CAS 号 83016-70-0

HO—N—O—N (structure)

危害信息

危险性类别 第8类 腐蚀品

燃烧与爆炸危险性 可燃。

禁忌物 强氧化剂、酸碱。

侵入途径 吸入、食入。

环境危害 对水生生物有害，可能在水生环境中造成长期不利影响。

理化特性与用途

理化特性　无色至淡黄色透明液体。沸点 254～259℃，相对密度(水=1)0.95，闪点 118℃。

主要用途　用作中间体。

包装与储运

包装标志　腐蚀品

包装类别　Ⅱ类

安全储运　储存于阴凉、通风的库房。远离火种、热源。保持容器密封。应与强氧化剂、酸碱等隔离储运。储区应备有泄漏应急处理设备和合适的收容材料。搬运时轻装轻卸，防止容器受损。

紧急处置信息

急救措施

吸入：脱离接触。如有不适感，就医。

眼睛接触：分开眼睑，用流动清水或生理盐水冲洗。如有不适感，就医。

皮肤接触：脱去污染的衣着，用流动清水冲洗。如有不适感，就医。

食入：漱口，饮水。就医。

灭火方法　消防人员须穿全身消防服，佩戴空气呼吸器，在上风向灭火。尽可能将容器从火场移至空旷处。

灭火剂：干粉、二氧化碳。

泄漏应急处置　根据液体流动和蒸气扩散的影响区域划定警戒区，无关人员从侧风、上风向撤离至安全区。消除所有点火源。建议应急处理人员戴正压自给式呼吸器，穿耐腐蚀防护服，戴橡胶耐腐蚀手套。禁止接触或跨越泄漏物。尽可能切断泄漏源。防止泄漏物进入水体、下水道、地下室或有限空间。小量泄漏：用砂土或其他不燃材料吸收。使用洁净的无火花工具收集吸收材料。大量泄漏：构筑围堤或挖坑收容。用泡沫覆盖，减少蒸发。用防爆泵转移至槽车或专用收集器内。

188. 二甲胺基磺酰氯

标　识

中文名称　二甲胺基磺酰氯

英文名称　Dimethylsulfamoylchloride；Dimethylaminosulfonyl chloride

别名　二甲基氨磺酰氯

分子式　$C_2H_6ClNO_2S$

CAS 号　13360-57-1

N　S　O　O　Cl

危害信息

危险性类别　第 8 类　腐蚀品

燃烧与爆炸危险性　可燃。

禁忌物　氧化剂、酸碱。

毒性 小鼠经口 LD_{50}：900mg/kg。

欧盟法规 1272/2008/EC 将本品列为第 1B 类致癌物——可能对人类有致癌能力。

中毒表现 吸入致死。食入或经皮肤吸收对身体有害。对眼和皮肤有腐蚀性。

侵入途径 吸入、食入、经皮吸收。

理化特性与用途

理化特性 无色至淡黄色透明液体，有刺激性气味。溶于水(分解)，溶于乙醚。熔点 -13~10℃，沸点 114℃(10kPa)、130℃(20kPa)，相对密度(水=1)1.337，相对蒸气密度(空气=1)4.95，饱和蒸气压 0.3kPa(44℃)，辛醇/水分配系数 0.02，闪点 94℃。

主要用途 用作有机合成、医药合成中间体。

包装与储运

包装标志 腐蚀品

包装类别 Ⅱ类

安全储运 储存于阴凉、通风的库房。远离火种、热源。库温不超过 30℃。相对湿度不超过 75%。保持容器密封。应与氧化剂、酸碱、食用化学品分开存放，切忌混储。储区应备有泄漏应急处理设备和合适的收容材料。

紧急处置信息

急救措施

吸入：迅速脱离现场至空气新鲜处。保持呼吸道通畅。如呼吸困难，给输氧。呼吸、心跳停止，立即进行心肺复苏术。就医。

眼睛接触：立即分开眼睑，用流动清水或生理盐水彻底冲洗 5~10min。就医。

皮肤接触：立即脱去污染的衣着，用大量流动清水彻底冲洗，冲洗时间一般要求 20~30min。就医。

食入：用水漱口，禁止催吐。给饮牛奶或蛋清。就医。

灭火方法 消防人员须穿耐腐蚀性消防服，佩戴正压自给式呼吸器，在上风向灭火。尽可能将容器从火场移至空旷处。处在火场中的容器若发生异常变化或发出异常声音，须马上撤离。

灭火剂：泡沫、干粉、二氧化碳。

泄漏应急处置 根据液体流动和蒸气扩散的影响区域划定警戒区，无关人员从侧风、上风向撤离至安全区。建议应急处理人员戴正压自给式呼吸器，穿防腐蚀、防毒服，戴橡胶耐腐蚀手套。穿上适当的防护服前严禁接触破裂的容器和泄漏物。尽可能切断泄漏源。防止泄漏物进入水体、下水道、地下室或有限空间。严禁用水处理。小量泄漏：用干燥的砂土或其他不燃材料覆盖泄漏物。大量泄漏：构筑围堤或挖坑收容。用碎石灰石($CaCO_3$)、苏打灰(Na_2CO_3)或石灰(CaO)中和。用耐腐蚀泵转移至槽车或专用收集器内。

189. 二甲苯

标　识

中文名称 二甲苯

189. 二甲苯

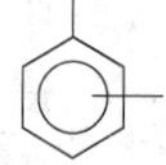

英文名称 Dimethylbenzene；Xylene，mixed isomers

别名 混合二甲苯

分子式 C_8H_{10}

CAS 号 1330-20-7

铁危编号 32035

UN 号 1307

危害信息

危险性类别 第 3 类 易燃液体

燃烧与爆炸危险性 易燃，其蒸气与空气混合能形成爆炸性混合物，遇明火、高热易燃烧爆炸。蒸气比空气重，沿地面扩散并易积存于低洼处，遇火源会着火回燃。

禁忌物 氧化剂。

中毒表现 二甲苯对眼及上呼吸道有刺激作用，高浓度时对中枢神经系统有麻醉作用。

急性中毒 短期内吸入较高浓度本品可出现眼及上呼吸道明显的刺激症状、眼结膜充血、咽充血、头晕、头痛、恶心、呕吐、胸闷、四肢无力、意识模糊、步态蹒跚。重者可有躁动、抽搐或昏迷。有的有癔病样发作。

慢性影响 长期接触有神经衰弱综合征，女工有月经异常，工人常发生皮肤干燥、皲裂、皮炎。

侵入途径 吸入、食入、经皮吸收。

职业接触限值 中国：PC-TWA 50mg/m^3；PC-STEL 100mg/m^3。

美国(ACGIH)：TLV-TWA 100ppm；TLV-STEL 150ppm。

环境危害 对水生生物有毒。

理化特性与用途

理化特性 无色透明液体。不溶于水，溶于乙醇、乙醚等有机溶剂。熔点-34℃，沸点137~142℃，相对密度(水=1)0.86，相对蒸气密度(空气=1)3.67，饱和蒸气压 1.06kPa(25℃)，辛醇/水分配系数 3.16，闪点 25℃(闭杯)，引燃温度 464℃，爆炸下限 1.1%，爆炸上限 7%。

主要用途 用作有机化工原料，有机溶剂和航空汽油添加剂。

包装与储运

包装标志 易燃液体

包装类别 Ⅲ类

安全储运 储存于阴凉、通风的库房。远离火种、热源。库温不宜超过 37℃。保持容器密封。应与氧化剂分开存放，切忌混储。采用防爆型照明、通风设施。禁止使用易产生火花的机械设备和工具。灌装时注意流速，防止静电积聚。储区应备有泄漏应急处理设备和合适的收容材料。搬运时轻装轻卸，防止容器受损。

紧急处置信息

急救措施

吸入：立即脱离接触。如呼吸困难，给吸氧。如呼吸心跳停止，立即行心肺复苏术。就医。

眼睛接触：分开眼睑，用清水或生理盐水冲洗。就医。

皮肤接触：立即脱去污染衣着，用肥皂水或清水彻底冲洗。就医。

食入：漱口，饮水。就医。

灭火方法 消防人员须穿全身消防服，佩戴空气呼吸器，在上风向灭火。尽可能将容器从火场移至空旷处。喷水保持火场容器冷却，直至灭火结束。处在火场中的容器若发生异常变化或发出异常声音，须马上撤离。

灭火剂：泡沫、二氧化碳、干粉、砂土。

泄漏应急处置 根据液体流动和蒸气扩散的影响区域划定警戒区，无关人员从侧风、上风向撤离至安全区。消除所有点火源。建议应急处理人员戴正压自给式呼吸器，穿防毒服，戴防化学品手套。作业时使用的所有设备应接地。穿上适当的防护服前严禁接触破裂的容器和泄漏物。尽可能切断泄漏源。防止泄漏物进入水体、下水道、地下室或有限空间。小量泄漏：用干燥的砂土或其他不燃材料覆盖泄漏物。大量泄漏：构筑围堤或挖坑收容。用泡沫覆盖，减少蒸发。喷水雾能减少蒸发，但不能降低泄漏物在有限空间的易燃性。用防爆泵转移至槽车或专用收集器内。

190. 二甲苯胺

标　识

中文名称 二甲苯胺

英文名称 Xylidine；Xylidine(mixed isomers)

分子式 $C_8H_{11}N$

CAS 号 1300-73-8

铁危编号 61753

危害信息

危险性类别 第 6 类 有毒品

燃烧与爆炸危险性 易燃，其蒸气与空气混合能形成爆炸性混合物，遇明火、高热易燃烧爆炸。受热易分解，在高温火场中受热的容器有破裂和爆炸的危险。

禁忌物 氧化剂、强酸。

毒性 大鼠经口 *LDLo*：610mg/kg；兔经口 LD_{50}：600mg/kg；大鼠经皮 LD_{50}：2g/kg；兔经皮 LD_{50}：1500mg/kg。

中毒表现 本品为高铁血红蛋白形成剂。中毒表现为头昏，嗜睡，头痛，恶心，意识障碍，唇、指甲、皮肤紫绀。对肝肾有损害。

侵入途径 吸入、食入、经皮吸收。

职业接触限值 美国(ACGIH)：TLV-TWA 0.5ppm[可吸入性颗粒物和蒸气]。

理化特性与用途

理化特性 淡黄色至棕色液体，有芳族胺的气味。微溶于水，溶于乙醇、乙醚。熔点-36℃，沸点 216~228℃，相对密度(水=1)0.97~1.07，相对蒸气密度(空气=1)4.2，饱和蒸气压 4~130Pa(20℃)，辛醇/水分配系数 2.17，闪点 90~98℃(闭杯)，引燃温度 520~590℃，爆炸下限 1.8%，爆炸上限 2.2%。

主要用途 用于有机合成，生产染料、药物、聚合物、防老剂、抗臭氧剂，用作汽油添加剂等。

包装与储运

包装标志 有毒品

包装类别 Ⅲ类

安全储运 储存于阴凉、干燥、通风良好的库房。远离火种、热源。防止阳光直射。储存温度不超过32℃，相对湿度不超过85%。保持容器密封。应与氧化剂、强酸、食用化学品等分开存放，切忌混储。配备相应品种和数量的消防器材。储区应备有合适的材料收容泄漏物。搬运时轻装轻卸，防止容器受损。

紧急处置信息

急救措施

吸入：立即脱离接触。如呼吸困难，给吸氧。如呼吸心跳停止，立即行心肺复苏术。就医。

眼睛接触：分开眼睑，用清水或生理盐水冲洗。就医。

皮肤接触：立即脱去污染衣着，用肥皂水或清水彻底冲洗。就医。

食入：漱口，饮水。就医。

高铁血红蛋白血症，可用美蓝和维生素C治疗。

灭火方法 消防人员须穿全身消防服，在上风向灭火。尽可能将容器从火场移至空旷处。喷水保持火场容器冷却，直至灭火结束。

灭火剂：水、二氧化碳、泡沫、干粉。

泄漏应急处置 根据液体流动和蒸气扩散的影响区域划定警戒区，无关人员从侧风、上风向撤离至安全区。消除所有点火源。建议应急处理人员戴正压自给式呼吸器，穿防毒服，戴防化学品手套。穿上适当的防护服前严禁接触破裂的容器和泄漏物。尽可能切断泄漏源。防止泄漏物进入水体、下水道、地下室或有限空间。小量泄漏：用干燥的砂土或其他不燃材料覆盖泄漏物，然后用洁净的无火花工具收集。大量泄漏：构筑围堤或挖坑收容。用泡沫覆盖，减少蒸发。喷水雾能减少蒸发，但不能降低泄漏物在有限空间的易燃性。用防爆泵转移至槽车或专用收集器内。

191. 二甲苯麝香

标　识

中文名称 二甲苯麝香

英文名称 Musk xylene；5-tert-Butyl-2,4,6-trinitro-m-xylene

别名 2,4,6-三硝基-3,5-二甲基-5-叔丁基苯

分子式 $C_{12}H_{15}N_3O_6$

CAS号 81-15-2

铁危编号 41520

危害信息

危险性类别 第4.1类 易燃固体

燃烧与爆炸危险性 易燃，其粉体与空气混合能形成爆炸性混合物，遇明火、高热易燃烧爆炸。受热易分解。在高温火场中，受热的容器有破裂和爆炸的危险。

禁忌物 氧化剂。

毒性 大鼠经口 LD_{50}：>10g/kg；小鼠经口 LD_{50}：>4g/kg；兔经皮 LD_{50}：>15g/kg。欧盟法规 1272/2008/EC 将本品列为第 2 类致癌物——可疑的人类致癌物。

侵入途径 吸入、食入。

环境危害 对水生生物有极高毒性，可能在水生环境中造成长期不利影响。

理化特性与用途

理化特性 淡黄色板状或针状结晶，有麝香气味。不溶于水，微溶于乙醇，溶于乙醚、氯仿。熔点 110℃，饱和蒸气压 0.08mPa(25℃)，辛醇/水分配系数 4.45，闪点 93.3℃(闭杯)。

主要用途 广泛用于化妆品香精和皂用香精中作为定香剂。

包装与储运

包装标志 易燃固体

包装类别 Ⅲ类

安全储运 储存于阴凉、干燥、通风良好的库房。库温不宜超过 35℃。远离火种、热源。包装要求密封，不可与空气接触。应与氧化剂等分开存放，切忌混储。采用防爆型照明、通风设施。禁止使用易产生火花的机械设备和工具。储区应备有合适的材料收容泄漏物。

紧急处置信息

急救措施

吸入：迅速脱离现场至空气新鲜处。保持呼吸道通畅。如呼吸困难，给输氧。呼吸、心跳停止，立即进行心肺复苏术。就医。

眼睛接触：立即分开眼睑，用流动清水或生理盐水彻底冲洗。就医。

皮肤接触：立即脱去污染的衣着，用肥皂水和清水彻底冲洗。就医。

食入：漱口，饮水。就医。

灭火方法 消防人员须穿全身消防服，佩戴空气呼吸器，在上风向灭火。尽可能将容器从火场移至空旷处。喷水保持火场容器冷却，直至灭火结束。处在火场中的容器若发生异常变化或发出异常声音，须马上撤离。

灭火剂：水、泡沫、二氧化碳、砂土、干粉。

泄漏应急处置 隔离泄漏污染区，限制出入。建议应急处理人员戴防尘口罩，穿防毒服，戴防毒手套。消除点火源。禁止接触或跨越泄漏物。尽可能切断泄漏源。小量泄漏：用洁净的铲子收集泄漏物，置于干净、干燥、盖子较松的容器中，将容器移离泄漏区。大量泄漏：用水润湿，并筑围堤收容，防止泄漏物进入水体、下水道、地下室或有限空间。收集泄漏物于专用收集器内。

192. 二甲草胺

标　识

中文名称 二甲草胺

英文名称 2-Chloro-*N*-(2,6-dimethylphenyl)-*N*-(2-methoxyethyl)acetamide；Dimethachlor

分子式 $C_{13}H_{18}ClNO_2$

CAS 号 50563-36-5

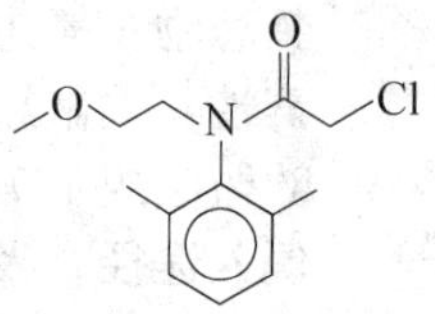

危害信息

燃烧与爆炸危险性 无特殊燃爆特性。

禁忌物 氧化剂、酸类。

毒性 大鼠经口 LD_{50}：1600mg/kg；大鼠吸入 LC_{50}：>750mg/m^3(2h)；大鼠经皮 LD_{50}：>3170mg/kg。

中毒表现 食入有害。对皮肤有致敏性。

侵入途径 吸入、食入、经皮吸收。

环境危害 对水生生物有极高毒性，可能在水生环境中造成长期不利影响。

理化特性与用途

理化特性 无色结晶。微溶于水，易溶于大多数有机溶剂。熔点 46℃，沸点 320℃，相对密度(水=1)1.23，饱和蒸气压 1.5mPa(25℃)，辛醇/水分配系数 2.17。

主要用途 除草剂。用于油菜田防除大多数一年生禾本科杂草和阔叶杂草。

包装与储运

包装标志 杂类

包装类别 Ⅲ类

安全储运 储存于阴凉、通风的库房。远离火种、热源。保持容器密闭。应与氧化剂、酸类等隔离储运。

紧急处置信息

急救措施

吸入：迅速脱离现场至空气新鲜处。保持呼吸道通畅。如呼吸困难，给输氧。呼吸、心跳停止，立即进行心肺复苏术。就医。

眼睛接触：立即分开眼睑，用流动清水或生理盐水彻底冲洗。就医。

皮肤接触：立即脱去污染的衣着，用肥皂水和清水彻底冲洗。就医。

食入：漱口，饮水。就医。

灭火方法 消防人员须穿全身消防服，佩戴空气呼吸器，在上风向灭火。尽可能将容器从火场移至空旷处。

根据着火原因选择适当灭火剂灭火。

泄漏应急处置 隔离泄漏污染区，限制出入。建议应急处理人员戴防尘口罩，穿防毒服，戴防护手套。穿上适当的防护服前严禁接触破裂的容器和泄漏物。尽可能切断泄漏源。用塑料布覆盖泄漏物，减少飞散。勿使水进入包装容器内。用洁净的铲子收集泄漏物，置于干净、干燥、盖子较松的容器中，将容器移离泄漏区。

193. *N*,*N*-二甲基苯胺四(五氟苯基)硼酸盐

标　识

中文名称 *N*,*N*-二甲基苯胺四(五氟苯基)硼酸盐

英文名称 *N*,*N*-Dimethylanilinium tetrakis(pentafluorophenyl) borate

分子式 $C_{32}H_{12}BF_{20}N$

CAS 号 118612-00-3

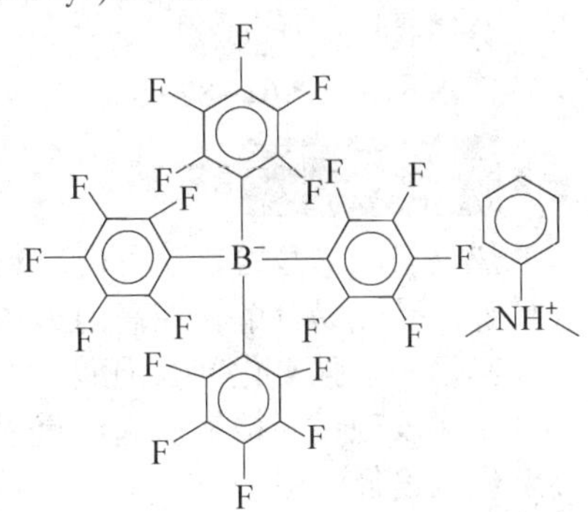

危害信息

燃烧与爆炸危险性 受热易分解。

禁忌物 强氧化剂。

毒性 欧盟法规 1272/2008/EC 将本品列为第 2 类致癌物——可疑的人类致癌物。

中毒表现 食入有害。眼接触引起严重损害。对皮肤有刺激性。

侵入途径 吸入、食入。

理化特性与用途

理化特性 白色至灰白色粉末，暴露在空气中变蓝色。溶于乙醚、二氯化碳。分解温度 225~227℃。

主要用途 用作烯烃聚合催化剂的成分。

包装与储运

安全储运 储存于阴凉、通风的库房。远离火种、热源。保持容器密闭。应与强氧化剂等隔离储运。

紧急处置信息

急救措施

吸入：迅速脱离现场至空气新鲜处。保持呼吸道通畅。如呼吸困难，给输氧。呼吸、心跳停止，立即进行心肺复苏术。就医。

眼睛接触：立即分开眼睑，用流动清水或生理盐水彻底冲洗 5~10min。就医。

皮肤接触：立即脱去污染的衣着，用肥皂水和清水彻底冲洗。就医。

食入：漱口，饮水。就医。

灭火方法 消防人员须穿全身消防服，佩戴空气呼吸器，在上风向灭火。尽可能将容器从火场移至空旷处。喷水保持火场容器冷却直至灭火结束。

根据着火原因选择适当灭火剂灭火。

泄漏应急处置 消除所有点火源。隔离泄漏污染区，限制出入。建议应急处理人员戴防尘口罩，穿防毒服。穿戴适当的防护装备前，禁止接触或跨越泄漏物。用塑料布覆盖，减少飞散。勿使水进入包装容器。用洁净的铲子收集泄漏物，置于干净、干燥、盖子较松的容器中，将容器移离泄漏区。

194. 2,2-二甲基-1,3-苯并二氧戊环-4-醇

标　识

中文名称 2,2-二甲基-1,3-苯并二氧戊环-4-醇

英文名称　2,2-Dimethyl-1,3-benzodioxol-4-ol；Bendiocarb phenol

分子式　$C_9H_{10}O_3$

CAS 号　22961-82-6

危害信息

燃烧与爆炸危险性　可燃，粉体与空气混合能形成爆炸性混合物，遇明火、高热易燃烧爆炸。受热易分解，在高温火场中受热的容器有破裂和爆炸的危险。

禁忌物　强氧化剂、强酸。

中毒表现　眼接触引起严重损害。

侵入途径　吸入、食入。

理化特性与用途

理化特性　白色结晶固体。微溶于水。沸点 239.6℃，相对密度(水=1)1.21，饱和蒸气压 4.0Pa(25℃)，辛醇/水分配系数 2.23，闪点 98.7℃。

包装与储运

安全储运　储存于阴凉、通风的库房。远离火种、热源。应与强氧化剂、强酸等隔离储运。

紧急处置信息

急救措施

吸入：迅速脱离现场至空气新鲜处。保持呼吸道通畅。如呼吸困难，给输氧。呼吸、心跳停止，立即进行心肺复苏术。就医。

眼睛接触：立即分开眼睑，用流动清水或生理盐水彻底冲洗 5~10min。就医。

皮肤接触：立即脱去污染的衣着，用肥皂水和清水彻底冲洗。就医。

食入：漱口，饮水。就医。

灭火方法　消防人员须穿全身消防服，佩戴空气呼吸器，在上风向灭火。尽可能将容器从火场移至空旷处。

灭火剂：二氧化碳、干粉、泡沫。

泄漏应急处置　隔离泄漏污染区，限制出入。消除点火源。建议应急处理人员戴防尘口罩，穿防毒服。穿上适当的防护服前严禁接触破裂的容器和泄漏物。尽可能切断泄漏源。用塑料布覆盖泄漏物，减少飞散。勿使水进入包装容器内。用洁净的铲子收集泄漏物，置于干净、干燥、盖子较松的容器中，将容器移离泄漏区。

195. *N*,*N*-二甲基苯-1,3-二胺

标　识

中文名称　*N*,*N*-二甲基苯-1,3-二胺

英文名称　*N*,*N*-Dimethylbenzene-1,3-diamine；*N*,*N*-Dimethyl-1,3-benzenediamine

别名　*N*,*N*-二甲基间苯二胺

分子式　$C_8H_{12}N_2$

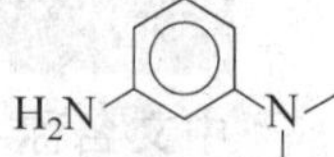

CAS 号 2836-04-6

危害信息

危险性类别 第6类 有毒品

燃烧与爆炸危险性 易燃，其蒸气与空气混合能形成爆炸性混合物，遇明火、高热易燃烧或爆炸。燃烧产生有毒的氮氧化物气体。在高温火场中，受热的容器或储罐有破裂和爆炸的危险。

禁忌物 氧化剂、酸碱。

中毒表现 吸入、食入或经皮肤吸收会引起中毒。

侵入途径 吸入、食入、经皮吸收。

环境危害 对水生生物有极高毒性，可能在水生环境中造成长期不利影响。

理化特性与用途

理化特性 液体。微溶于水。熔点-20℃，沸点270℃，相对密度(水=1)1.049，辛醇/水分配系数1.25，闪点88.8℃。

主要用途 用作化学中间体。

包装与储运

包装标志 有毒品

包装类别 Ⅲ类

安全储运 储存于阴凉、通风的库房。远离火种、热源。库温不超过32℃。相对湿度不超过85%。包装密封。应与氧化剂、酸碱、食用化学品分开存放，切忌混储。配备相应品种和数量的消防器材。储区应备有合适的材料收容泄漏物。

紧急处置信息

急救措施

吸入：迅速脱离现场至空气新鲜处。保持呼吸道通畅。如呼吸困难，给输氧。呼吸、心跳停止，立即进行心肺复苏术。就医。

眼睛接触：立即分开眼睑，用流动清水或生理盐水彻底冲洗。就医。

皮肤接触：立即脱去污染的衣着，用肥皂水和清水彻底冲洗。就医。

食入：漱口，饮水。就医。

灭火方法 消防人员须穿全身消防服，佩戴空气呼吸器，在上风向灭火。尽可能将容器从火场移至空旷处。喷水保持火场容器冷却，直至灭火结束。处在火场中的容器若发生异常变化或发出异常声音，须马上撤离。

灭火剂：抗溶性泡沫、二氧化碳、干粉、砂土。

泄漏应急处置 根据液体流动和蒸气扩散的影响区域划定警戒区，无关人员从侧风、上风向撤离至安全区。消除所有点火源。应急人员应戴正压自给式呼吸器，穿防毒服，戴防化学品手套。尽可能切断泄漏源。防止泄漏物进入水体、下水道、地下室或有限空间。小量泄漏：用干燥的砂土或其他不燃材料吸收或覆盖，收集于容器中。大量泄漏：构筑围堤或挖坑收容。收容的泄漏液用泵转移至槽车或专用收集器内。残液用砂土、蛭石吸收。

196. 1,1-二甲基-3-苯基脲鎓三氯乙酸盐

标　识

中文名称　1,1-二甲基-3-苯基脲鎓三氯乙酸盐

英文名称　1,1-Dimethyl-3-phenyluronium trichloroacetate；Fenuron-TCA

别名　非草隆-TCA

分子式　$C_9H_{12}N_2O \cdot C_2HCl_3O_2$

CAS 号　4482-55-7

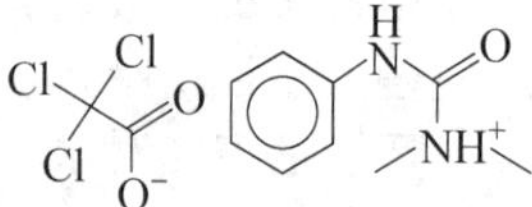

危害信息

燃烧与爆炸危险性　无特殊燃爆特性。

禁忌物　强氧化剂。

毒性　大鼠经口 LD_{50}：4g/kg。

中毒表现　对皮肤有刺激性。

侵入途径　吸入、食入。

环境危害　对水生生物有极高毒性，可能在水生环境中造成长期不利影响。

理化特性与用途

理化特性　无色结晶固体。微溶于水，易溶于二氯乙烷、三氯乙烯，不溶于石蜡油。熔点 66.5℃，辛醇/水分配系数 0.64。

主要用途　除草剂。用于非耕地防除禾本科植物、多年生杂草。

包装与储运

包装标志　杂类

包装类别　Ⅲ类

安全储运　储存于阴凉、通风的库房。远离火种、热源。应与强氧化剂等隔离储运。

紧急处置信息

急救措施

吸入：迅速脱离现场至空气新鲜处。保持呼吸道通畅。如呼吸困难，给输氧。呼吸、心跳停止，立即进行心肺复苏术。就医。

眼睛接触：立即分开眼睑，用流动清水或生理盐水彻底冲洗。就医。

皮肤接触：立即脱去污染的衣着，用肥皂水和清水彻底冲洗。就医。

食入：漱口，饮水。就医。

灭火方法　消防人员须穿全身消防服，佩戴空气呼吸器，在上风向灭火。尽可能将容器从火场移至空旷处。

根据着火原因选择适当灭火剂灭火。

泄漏应急处置　隔离泄漏污染区，限制出入。建议应急处理人员戴防尘口罩，穿防毒服，戴防化学品手套。穿上适当的防护服前严禁接触破裂的容器和泄漏物。尽可能切断泄漏源。用塑料布覆盖泄漏物，减少飞散。勿使水进入包装容器内。用洁净的铲子收集泄漏

物，置于干净、干燥、盖子较松的容器中，将容器移离泄漏区。

197. 4-((2,4-二甲基苯基)偶氮)-3-羟基-2,7-萘二磺酸二钠

标　识

中文名称　4-((2,4-二甲基苯基)偶氮)-3-羟基-2,7-萘二磺酸二钠

英文名称　Disodium 4-((2,4-dimethylphenyl)azo)-3-hydroxy-2,7-naphthalene disulfonate; C. I. Acid Red 26

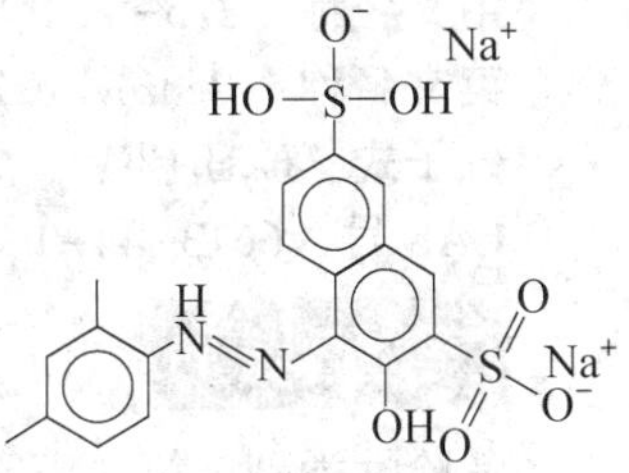

别名　丽春红 G；酸性大红

分子式　$C_{18}H_{16}N_2O_7S_2 \cdot 2Na$

CAS 号　3761-53-3

危害信息

燃烧与爆炸危险性　可燃，粉体与空气混合能形成爆炸性混合物，遇明火、高热易燃烧爆炸。

禁忌物　强氧化剂。

毒性　大鼠经口 LD_{50}：23160mg/kg；小鼠经口 LD_{50}：>6600mg/kg。

IARC 致癌性评论：G2B，可疑人类致癌物。

侵入途径　吸入、食入。

理化特性与用途

理化特性　深红色结晶或红色粉末。溶于水，极微溶于乙醇、乙醚、丙酮，不溶于其他有机溶剂。熔点>300℃。

主要用途　用作食品、药物着色剂；织物、皮革、油墨、纸张等染色；也用作生物染色剂和银的检定等。

包装与储运

安全储运　储存于阴凉、通风的库房。远离火种、热源。保持容器密闭。应与强氧化剂等隔离储运。

紧急处置信息

急救措施

吸入：迅速脱离现场至空气新鲜处。保持呼吸道通畅。如呼吸困难，给输氧。呼吸、心跳停止，立即进行心肺复苏术。就医。

眼睛接触：立即分开眼睑，用流动清水或生理盐水彻底冲洗。就医。

皮肤接触：立即脱去污染的衣着，用肥皂水和清水彻底冲洗。就医。

食入：漱口，饮水。就医。

灭火方法　消防人员须穿全身消防服，佩戴空气呼吸器，在上风向灭火。尽可能将容器从火场移至空旷处。喷水保持火场容器冷却，直至灭火结束。

灭火剂：干粉、二氧化碳。

泄漏应急处置 隔离泄漏污染区，限制出入。消除点火源。建议应急处理人员戴防尘口罩，穿防毒服，戴防护手套。穿上适当的防护服前严禁接触破裂的容器和泄漏物。尽可能切断泄漏源。用塑料布覆盖泄漏物，减少飞散。勿使水进入包装容器内。用洁净的铲子收集泄漏物，置于干净、干燥、盖子较松的容器中，将容器移离泄漏区。

198. 3,5-二甲基苯甲酰氯

标　识

中文名称 3,5-二甲基苯甲酰氯

英文名称 Benzoyl chloride, 3,5-dimethyl-; 3,5-Dimethylbenzoyl chloride

分子式 C_9H_9ClO

CAS 号 6613-44-1

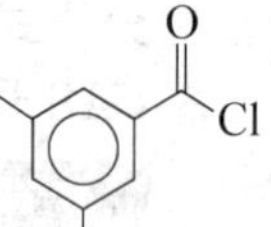

危害信息

危险性类别 第 8 类 腐蚀品

燃烧与爆炸危险性 可燃。

禁忌物 氧化剂、还原剂、酸类。

毒性 小鼠经口 LD_{50}：2475mg/kg。

中毒表现 对眼和皮肤有腐蚀性。对皮肤有致敏性。

侵入途径 吸入、食入。

理化特性与用途

理化特性 无色或淡黄色液体。遇水分解。溶于苯、甲苯。沸点 109.5℃(1.33kPa)、251.3℃，相对密度(水=1)1.136，饱和蒸气压 2.75Pa(25℃)，闪点 108.8℃。

主要用途 广泛应用于农药、医药和感光材料等领域，是杀虫剂虫酰肼、甲氧虫酰肼的中间体。

包装与储运

包装标志 腐蚀品

包装类别 Ⅱ类

安全储运 储存于阴凉、通风的库房。远离火种、热源。库温不超过 30℃。相对湿度不超过 75%。保持容器密封。应与氧化剂、还原剂、酸类、食用化学品等分开存放，切忌混储。储区应备有泄漏应急处理设备和合适的收容材料。搬运时轻装轻卸，防止容器受损。

紧急处置信息

急救措施

吸入： 迅速脱离现场至空气新鲜处。保持呼吸道通畅。如呼吸困难，给输氧。呼吸、心跳停止，立即进行心肺复苏术。就医。

眼睛接触： 立即分开眼睑，用流动清水或生理盐水彻底冲洗 5~10min。就医。

皮肤接触： 立即脱去污染的衣着，用大量流动清水彻底冲洗，冲洗时间一般要求 20~30min。就医。

食入： 用水漱口，禁止催吐。给饮牛奶或蛋清。就医。

灭火方法 消防人员须穿全身消防服，佩戴空气呼吸器，在上风向灭火。尽可能将容器从火场移至空旷处。喷水保持火场容器冷却，直至灭火结束。禁止用水灭火。

根据着火原因选择适当灭火剂灭火。

泄漏应急处置 根据液体流动和蒸气扩散的影响区域划定警戒区，无关人员从侧风、上风向撤离至安全区。建议应急处理人员戴正压自给式呼吸器，穿防腐、防毒服，戴防腐蚀手套。穿上适当的防护服前严禁接触破裂的容器和泄漏物。尽可能切断泄漏源。喷雾状水抑制蒸气或改变蒸气云流向，避免水流接触泄漏物。严禁用水处理。防止泄漏物进入水体、下水道、地下室或有限空间。小量泄漏：用干燥的砂土或其他不燃材料覆盖泄漏物。大量泄漏：用碎石灰石（$CaCO_3$）、苏打灰（Na_2CO_3）或石灰（CaO）中和。在专家指导下清除。

199. 2,2-二甲基丙酸3-甲基-3-丁烯基酯

标　识

中文名称 2,2-二甲基丙酸3-甲基-3-丁烯基酯

英文名称 Propanoic acid, 2,2-dimethyl-, 3-methyl-3-butenyl ester; Chamomile propionate

别名 丙酸甘菊酯

分子式 $C_{10}H_{18}O_2$

CAS号 104468-21-5

危害信息

燃烧与爆炸危险性 易燃，其蒸气与空气混合能形成爆炸性混合物，遇明火、高热易燃烧爆炸。

禁忌物 强氧化剂、强酸。

中毒表现 对皮肤有刺激性。

侵入途径 吸入、食入。

环境危害 对水生生物有害，可能在水生环境中造成长期不利影响。

理化特性与用途

理化特性 无色透明液体，有特有的芳香气味。不溶于水，溶于乙醇。沸点130℃，相对密度（水=1）0.868（25℃），饱和蒸气压0.04kPa（25℃），辛醇/水分配系数3.14，闪点57℃（闭杯）。

主要用途 用于配制香料。

包装与储运

安全储运 储存于阴凉、通风的库房。远离火种、热源。应与强氧化剂、强酸等隔离储运。搬运时轻装轻卸，防止容器受损。

紧急处置信息

急救措施

吸入： 迅速脱离现场至空气新鲜处。保持呼吸道通畅。如呼吸困难，给输氧。呼吸、心跳停止，立即进行心肺复苏术。就医。

眼睛接触：立即分开眼睑，用流动清水或生理盐水彻底冲洗。就医。

皮肤接触：立即脱去污染的衣着，用肥皂水和清水彻底冲洗。就医。

食入：漱口，饮水。就医。

灭火方法　消防人员须穿全身消防服，佩戴空气呼吸器，在上风向灭火。尽可能将容器从火场移至空旷处。喷水保持火场容器冷却，直至灭火结束。处在火场中的容器若发生异常变化或发出异常声音，须马上撤离。

灭火剂：泡沫、二氧化碳、干粉、砂土。

泄漏应急处置　根据液体流动和蒸气扩散的影响区域划定警戒区，无关人员从侧风、上风向撤离至安全区。消除所有点火源。建议应急处理人员戴正压自给式呼吸器，穿防护服，戴防护手套。穿上适当的防护服前严禁接触破裂的容器和泄漏物。尽可能切断泄漏源。喷雾状水抑制蒸气或改变蒸气云流向，避免水流接触泄漏物。严禁用水处理。防止泄漏物进入水体、下水道、地下室或有限空间。小量泄漏：用干燥的砂土或其他不燃材料覆盖泄漏物。用洁净的无火花工具收集置于适当的容器中。大量泄漏：筑围堤或挖坑收容。用泡沫覆盖，减少蒸发。用防爆泵转移至槽车或专用收集器。

200. *N*,*N*-二甲基对甲苯胺

标　识

中文名称　*N*,*N*-二甲基对甲苯胺

英文名称　*N*,*N*-Dimethyl-*p*-toluidine；*N*,*N*,4-Trimethylaniline

别名　*N*,*N*,4-三甲基苯胺

分子式　$C_9H_{13}N$

CAS 号　99-97-8

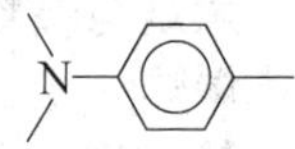

危害信息

燃烧与爆炸危险性　易燃，其蒸气与空气混合能形成爆炸性混合物，遇明火、高热易燃烧或爆炸。燃烧产生有毒的氮氧化物气体。在高温火场中，受热的容器或储罐有破裂和爆炸的危险。

禁忌物　强氧化剂、酸类。

毒性　大鼠经口 LD_{50}：980mg/kg；小鼠经口 LD_{50}：139mg/kg；大鼠吸入 LC_{50}：1400mg/m^3(4h)；兔经皮 LD_{50}：>2000mg/kg。

中毒表现　本品为高铁血红蛋白形成剂，引起紫绀。

侵入途径　吸入、食入、经皮吸收。

理化特性与用途

理化特性　无色或浅黄色油状液体，有芳香气味。不溶于水，溶于某些有机溶剂。熔点-25℃，沸点 215℃，相对密度(水=1)0.9，相对蒸气密度(空气=1)4.7，饱和蒸气压 24Pa(25℃)，辛醇/水分配系数 2.61，闪点 83℃。

主要用途　通常被用作促进剂，此外还可用作不饱和聚酯的合成、黏合剂的添加剂等。也用于制自凝牙托水。

包装与储运

安全储运 储存于阴凉、通风的库房。远离火种、热源。应与强氧化剂、酸类等隔离储运。搬运时轻装轻卸，防止容器受损。

紧急处置信息

急救措施

吸入：立即脱离接触。如呼吸困难，给吸氧。如呼吸心跳停止，立即行心肺复苏术。就医。

眼睛接触：分开眼睑，用清水或生理盐水冲洗。就医。

皮肤接触：立即脱去污染衣着，用肥皂水或清水彻底冲洗。就医。

食入：漱口，饮水。就医。

高铁血红蛋白血症，可用美蓝和维生素 C 治疗。

灭火方法 消防人员须穿全身消防服，佩戴空气呼吸器，在上风向灭火。尽可能将容器从火场移至空旷处。喷水保持火场容器冷却，直至灭火结束。处在火场中的容器若发生异常变化或发出异常声音，须马上撤离。

灭火剂：泡沫、二氧化碳、干粉、砂土。

泄漏应急处置 根据液体流动和蒸气扩散的影响区域划定警戒区，无关人员从侧风、上风向撤离至安全区。消除所有点火源。应急人员应戴全面罩防毒面具，穿防静电、防毒服，戴防化学品手套。尽可能切断泄漏源。防止泄漏物进入水体、下水道、地下室或有限空间。小量泄漏：用砂土或其他不燃材料吸收，用洁净的无火花工具收集。大量泄漏：构筑围堤或挖坑收容泄漏物。用泡沫覆盖，减少蒸发。用防爆泵将泄漏物转移至槽车或专用收集器内。残液用活性炭吸附或用砂土吸收。

201. 8-(3,3′-二甲基-4′-(4-((对甲苯基)磺酰氧基)苯基偶氮)-1,1′-联苯-4-基偶氮)7-羟基-1,3-萘二磺酸的二钠盐

标　　识

中文名称 8-(3,3′-二甲基-4′-(4-((对甲苯基)磺酰氧基)苯基偶氮)-1,1′-联苯-4-基偶氮)7-羟基-1,3-萘二磺酸的二钠盐

英文名称 Disodium 8-(3,3′-dimethyl-4′-(4-((*p*-tolyl)sulfonyloxy)phenylazo)-1,1′-biphenyl-4-ylazo)7-hydroxy-1,3-naphthalene disulfonate; C. I. Acid Red 114

别名 酸性红 114

分子式 $C_{37}H_{30}N_4O_{10}S_3 \cdot 2Na$

CAS 号 6459-94-5

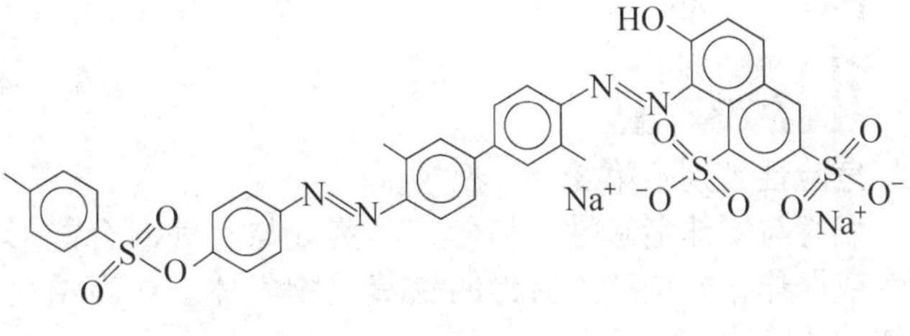

HO N N O S O O Na$^+$ $^-$O O S O$^-$ O Na$^+$ N N O S O O

危害信息

燃烧与爆炸危险性 可燃。

禁忌物 强氧化剂。

毒性 IARC 致癌性评论：G2B，可疑人类致癌物。

中毒表现 对眼、皮肤和呼吸道有刺激性。

侵入途径 吸入、食入。

理化特性与用途

理化特性 红色或深栗色粉末。溶于水，难溶于乙醇。熔点250~300℃(分解)，辛醇/水分配系数7.86。

主要用途 用于丝绸、纤维、皮革、羊毛、木材等染色。

包装与储运

安全储运 储存于阴凉、通风的库房。远离火种、热源。保持容器密闭。应与强氧化剂等隔离储运。

紧急处置信息

急救措施

吸入：迅速脱离现场至空气新鲜处。保持呼吸道通畅。如呼吸困难，给输氧。呼吸、心跳停止，立即进行心肺复苏术。就医。

眼睛接触：立即分开眼睑，用流动清水或生理盐水彻底冲洗。就医。

皮肤接触：立即脱去污染的衣着，用肥皂水和清水彻底冲洗。就医。

食入：漱口，饮水。就医。

灭火方法 消防人员须穿全身消防服，在上风向灭火。尽可能将容器从火场移至空旷处。

灭火剂：干粉、二氧化碳。

泄漏应急处置 隔离泄漏污染区，限制出入。消除点火源。建议应急处理人员戴防尘口罩，穿防毒服，戴防护手套。穿上适当的防护服前严禁接触破裂的容器和泄漏物。尽可能切断泄漏源。用塑料布覆盖泄漏物，减少飞散。勿使水进入包装容器内。用洁净的铲子收集泄漏物，置于干净、干燥、盖子较松的容器中，将容器移离泄漏区。

202. 3,3′-二甲基-4,4′-二氨基二环己基甲烷

标　识

中文名称 3,3′-二甲基-4,4′-二氨基二环己基甲烷

英文名称 2,2′-Dimethyl-4,4′-methylenebis(cyclohexylamine)；Bis(4-amino-3-methylcyclohexyl)methane

分子式 $C_{15}H_{30}N_2$

CAS号 6864-37-5

H_2N　NH_2

危害信息

危险性类别 第8类　腐蚀品

燃烧与爆炸危险性 易燃，其蒸气与空气混合能形成爆炸性混合物，遇明火、高热易燃烧或爆炸，燃烧产生有毒的氮氧化物气体。在高温火场中，受热的容器或储罐有破裂和爆炸的危险。

禁忌物 强氧化剂、酸类。

毒性 大鼠吸入 LC_{50}：420mg/m^3(4h)。

中毒表现 本品具有腐蚀性，眼和皮肤接触引起灼伤，食入腐蚀消化道。高浓度吸入引起肺水肿。长期反复接触可引起硬皮病。影响血液系统、肝脏、肾脏和心血管系统。

侵入途径 吸入、食入。

理化特性与用途

理化特性 无色至黄色液体，有氨的气味。熔点-7℃，沸点 342℃，相对密度(水=1) 0.95，饱和蒸气压 0.08Pa(20℃)，辛醇/水分配系数 2.51，闪点 173℃，引燃温度 275℃，爆炸下限 0.5%，爆炸上限 2.8%，pH 值 11。

主要用途 用作环氧树脂固化剂和聚酰亚胺的原料。

包装与储运

包装标志 腐蚀品

包装类别 Ⅲ类

安全储运 储存于阴凉、通风的库房。远离火种、热源。储存温度不超过 30℃，相对湿度不超过 80%。保持容器密封。应与强氧化剂、酸类等隔离储运。搬运时轻装轻卸，防止容器受损。

紧急处置信息

急救措施

吸入：迅速脱离现场至空气新鲜处。保持呼吸道通畅。如呼吸困难，给输氧。呼吸、心跳停止，立即进行心肺复苏术。就医。

眼睛接触：立即分开眼睑，用流动清水或生理盐水彻底冲洗 5~10min。就医。

皮肤接触：立即脱去污染的衣着，用大量流动清水彻底冲洗，冲洗时间一般要求 20~30min。就医。

食入：用水漱口，禁止催吐。给饮牛奶或蛋清。就医。

灭火方法 消防人员须穿全身消防服，佩戴空气呼吸器，在上风向灭火。尽可能将容器从火场移至空旷处。喷水保持火场容器冷却，直至灭火结束。处在火场中的容器若发生异常变化或发出异常声音，须马上撤离。

灭火剂：泡沫、二氧化碳、干粉、砂土。

泄漏应急处置 根据液体流动和蒸气扩散的影响区域划定警戒区，无关人员从侧风、上风向撤离至安全区。消除点火源。建议应急处理人员戴正压自给式呼吸器，穿防腐蚀、防毒服，戴防腐蚀手套。穿上适当的防护服前严禁接触破裂的容器和泄漏物。尽可能切断泄漏源。喷雾状水抑制蒸气或改变蒸气云流向，防止泄漏物进入水体、下水道、地下室或有限空间。小量泄漏：用干燥的砂土或其他不燃材料覆盖泄漏物，用洁净的无火花工具收集置于适当的容器中。大量泄漏：筑围堤或挖坑收容。用泡沫覆盖，减少蒸发。用防爆泵转移至槽车或专用收集器。

203. 2,5-二甲基-1,4-二噁烷

标　识

中文名称 2,5-二甲基-1,4-二噁烷

203. 2,5-二甲基-1,4-二噁烷

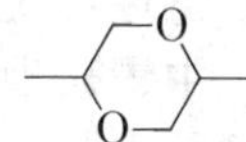

英文名称 2,5-Dimethyl-1,4-dioxane

分子式 $C_6H_{12}O_2$

CAS 号 15176-21-3

铁危编号 32112

危害信息

危险性类别 第3类 易燃液体

燃烧与爆炸危险性 易燃，其蒸气与空气混合能形成爆炸性混合物，遇明火、高热易燃烧爆炸。

禁忌物 氧化剂。

侵入途径 吸入、食入。

理化特性与用途

理化特性 沸点134.4℃，相对密度(水=1)0.903，饱和蒸气压1.3kPa(25℃)，闪点34.8℃。

主要用途 用作有机合成原料。

包装与储运

包装标志 易燃液体

包装类别 Ⅱ类

安全储运 储存于阴凉、通风的库房。远离火种、热源，避免阳光直射。储存温度不超过37℃。炎热季节早晚运输，应与氧化剂等隔离储运。禁止使用易产生火花的机械设备和工具。搬运时轻装轻卸，防止容器受损。

紧急处置信息

急救措施

吸入：脱离接触。如有不适感，就医。

眼睛接触：分开眼睑，用流动清水或生理盐水冲洗。如有不适感，就医。

皮肤接触：脱去污染的衣着，用流动清水冲洗。如有不适感，就医。

食入：漱口，饮水。就医。

灭火方法 消防人员须穿全身消防服，在上风向灭火。尽可能将容器从火场移至空旷处。喷水保持火场容器冷却，直至灭火结束。

灭火剂：二氧化碳、泡沫、干粉。

泄漏应急处置 根据液体流动和蒸气扩散的影响区域划定警戒区，无关人员从侧风、上风向撤离至安全区。消除所有点火源。建议应急处理人员戴正压自给式呼吸器，穿防静电服，戴橡胶耐油手套。作业时使用的设备应接地。禁止接触或跨越泄漏物。尽可能切断泄漏源。喷雾状水抑制蒸气或改变蒸气云流向，防止泄漏物进入水体、下水道、地下室或有限空间。小量泄漏：用干燥的砂土或其他不燃材料覆盖吸收泄漏物，用洁净的无火花工具收集置于适当的容器中。大量泄漏：筑围堤或挖坑收容。用泡沫覆盖，减少蒸发。用防爆泵转移至槽车或专用收集器。

204. 二甲基二硫代氨基甲酸铜

标　识

中文名称　二甲基二硫代氨基甲酸铜

英文名称　Copper dimethyldithiocarbamate

别名　橡胶促进剂 CDD

分子式　$C_6H_{12}CuN_2S_4$

CAS 号　137-29-1

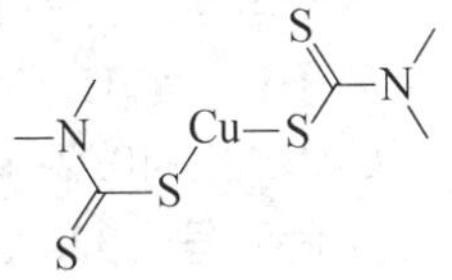

危害信息

燃烧与爆炸危险性　受热易分解。

禁忌物　强氧化剂、强酸。

毒性　大鼠经口 *LDLo*：>500mg/kg；大鼠吸入 *LCLo*：210mg/m^3(4h)。

侵入途径　吸入、食入。

环境危害　对水生生物有极高毒性，可能在水生环境中造成长期不利影响。

理化特性与用途

理化特性　黄红色至深黄红色结晶粉末。不溶于水，不溶于汽油、乙醇，难溶于吡啶，溶于丙酮、苯、氯仿。熔点 260℃，分解温度≥300℃，相对密度(水=1)1.78。

主要用途　橡胶硫化促进剂。

包装与储运

包装标志　杂类

包装类别　Ⅲ类

安全储运　储存于阴凉、通风的库房。远离火种、热源。应与强氧化剂、强酸等隔离储运。

紧急处置信息

急救措施

吸入：迅速脱离现场至空气新鲜处。保持呼吸道通畅。如呼吸困难，给输氧。呼吸、心跳停止，立即进行心肺复苏术。就医。

眼睛接触：立即分开眼睑，用流动清水或生理盐水彻底冲洗。就医。

皮肤接触：立即脱去污染的衣着，用肥皂水和清水彻底冲洗。就医。

食入：漱口，饮水。就医。

灭火方法　消防人员须穿全身消防服，佩戴空气呼吸器，在上风向灭火。尽可能将容器从火场移至空旷处。喷水保持火场容器冷却，直至灭火结束。

根据着火原因选择适当灭火剂灭火。

泄漏应急处置　消除所有点火源。隔离泄漏污染区，限制出入。建议应急处理人员戴防尘口罩，穿防毒服。禁止接触或跨越泄漏物。小量泄漏：用洁净的铲子收集泄漏物，置于干净、干燥、盖子较松的容器中，将容器移离泄漏区。大量泄漏：用水润湿，并筑堤收容。防止泄漏物进入水体、下水道、地下室或有限空间。

205. 3,3-二甲基庚烷

标　识

中文名称　3,3-二甲基庚烷

英文名称　3,3-Dimethyl heptane

分子式　C_9H_{20}

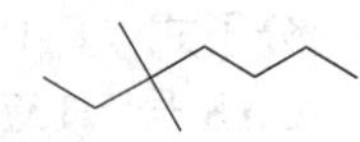

CAS 号　4032-86-4

铁危编号　32005

UN 号　1920

危害信息

危险性类别　第 3 类　易燃液体

燃烧与爆炸危险性　易燃，其蒸气与空气混合能形成爆炸性混合物，遇明火、高热易燃烧爆炸。

禁忌物　氧化剂。

侵入途径　吸入、食入。

理化特性与用途

理化特性　无色透明液体。不溶于水，易溶于有机溶剂。沸点 137.3℃，相对密度（水=1）0.724，饱和蒸气压 1.18kPa（25℃），辛醇/水分配系数 4.65，闪点 23℃，引燃温度 325℃。

主要用途　用作气相色谱分析标准。

包装与储运

包装标志　易燃液体

包装类别　Ⅲ类

安全储运　储存于阴凉、通风的库房。远离火种、热源，避免阳光直射。储存温度不超过 37℃。炎热季节早晚运输，应与氧化剂等隔离储运。禁止使用易产生火花的机械设备和工具。灌装时注意流速，防止静电积聚。搬运时轻装轻卸，防止容器受损。

紧急处置信息

急救措施

吸入：脱离接触。如有不适感，就医。

眼睛接触：分开眼睑，用流动清水或生理盐水冲洗。如有不适感，就医。

皮肤接触：脱去污染的衣着，用流动清水冲洗。如有不适感，就医。

食入：漱口，饮水。就医。

灭火方法　消防人员须穿全身消防服，在上风向灭火。尽可能将容器从火场移至空旷处。喷水保持火场容器冷却直至灭火结束。处在火场中的容器若发生异常变化，须马上撤离。

灭火剂：泡沫、二氧化碳、干粉。

泄漏应急处置 根据液体流动和蒸气扩散的影响区域划定警戒区，无关人员从侧风、上风向撤离至安全区。消除所有点火源。建议应急处理人员戴正压自给式呼吸器，穿防静电服，戴防静电手套。穿上适当的防护服前严禁接触破裂的容器和泄漏物。尽可能切断泄漏源。喷雾状水抑制蒸气或改变蒸气云流向，防止泄漏物进入水体、下水道、地下室或有限空间。小量泄漏：用干燥的砂土或其他不燃材料覆盖泄漏物，用洁净的无火花工具收集置于适当的容器中。大量泄漏：筑围堤或挖坑收容。用泡沫覆盖，减少蒸发。喷水雾能减少蒸发，但不能降低泄漏物在有限空间的易燃性。用防爆泵转移至槽车或专用收集器。

206. 3,4-二甲基庚烷

标　识

中文名称 3,4-二甲基庚烷

英文名称 3,4-Dimethyl heptane

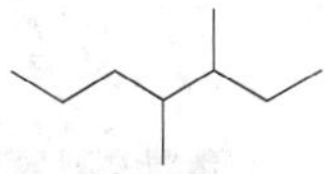

分子式 C_9H_{20}

CAS 号 922-28-1

铁危编号 32005

UN 号 1920

危害信息

危险性类别 第 3 类 易燃液体

燃烧与爆炸危险性 易燃，其蒸气与空气混合能形成爆炸性混合物，遇明火、高热易燃烧爆炸。

禁忌物 氧化剂。

侵入途径 吸入、食入。

理化特性与用途

理化特性 无色透明液体。不溶于水，溶于乙醚、丙酮、苯。沸点 140.6℃，相对密度(水=1)0.73，辛醇/水分配系数 4.61，闪点 60℃。

主要用途 用作气相色谱分析标准。

包装与储运

包装标志 易燃液体

包装类别 Ⅲ类

安全储运 储存于阴凉、通风的库房。远离火种、热源，避免阳光直射。储存温度不超过 37℃。炎热季节早晚运输，应与氧化剂等隔离储运。禁止使用易产生火花的机械设备和工具。灌装时注意流速，防止静电积聚。搬运时轻装轻卸，防止容器受损。

紧急处置信息

急救措施

吸入： 脱离接触。如有不适感，就医。

眼睛接触： 分开眼睑，用流动清水或生理盐水冲洗。如有不适感，就医。

皮肤接触：脱去污染的衣着，用流动清水冲洗。如有不适感，就医。

食入：漱口，饮水。就医。

灭火方法 消防人员须穿全身消防服，在上风向灭火。尽可能将容器从火场移至空旷处。喷水保持火场容器冷却直至灭火结束。

灭火剂：泡沫、二氧化碳、干粉。

泄漏应急处置 根据液体流动和蒸气扩散的影响区域划定警戒区，无关人员从侧风、上风向撤离至安全区。消除所有点火源。建议应急处理人员戴正压自给式呼吸器，穿防静电服，戴防静电手套。穿上适当的防护服前严禁接触破裂的容器和泄漏物。尽可能切断泄漏源。喷雾状水抑制蒸气或改变蒸气云流向，防止泄漏物进入水体、下水道、地下室或有限空间。小量泄漏：用干燥的砂土或其他不燃材料覆盖泄漏物，用洁净的无火花工具收集置于适当的容器中。大量泄漏：筑围堤或挖坑收容。用泡沫覆盖，减少蒸发。喷水雾能减少蒸发，但不能降低泄漏物在有限空间的易燃性。用防爆泵转移至槽车或专用收集器。

207. 2,4-二甲基庚烷

标　识

中文名称 2,4-二甲基庚烷

英文名称 2,4-Dimethyl heptane

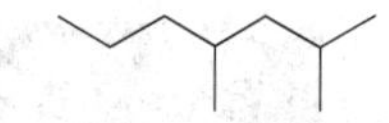

分子式 C_9H_{20}

CAS 号 2213-23-2

铁危编号 32005

UN 号 1920

危害信息

危险性类别 第3类 易燃液体

燃烧与爆炸危险性 易燃，其蒸气与空气混合能形成爆炸性混合物，遇明火、高热易燃烧爆炸。

禁忌物 氧化剂。

侵入途径 吸入、食入。

理化特性与用途

理化特性 无色透明液体。不溶于水，与多数有机溶剂混溶。熔点-113.15℃，沸点133℃，相对密度(水=1)0.72，饱和蒸气压1.33kPa(25℃)，临界温度303.65℃，临界压力2.34MPa，燃烧热-6116.5kJ/mol，辛醇/水分配系数4.61，闪点15℃，爆炸下限0.8%，爆炸上限5.2%。

主要用途 用作气相色谱分析标准。

包装与储运

包装标志 易燃液体

包装类别 Ⅲ类

安全储运 储存于阴凉、通风的库房。远离火种、热源，避免阳光直射。储存温度不超过 37℃。炎热季节早晚运输，应与氧化剂等隔离储运。禁止使用易产生火花的机械设备和工具。搬运时轻装轻卸，防止容器受损。

紧急处置信息

急救措施

吸入：脱离接触。如有不适感，就医。

眼睛接触：分开眼睑，用流动清水或生理盐水冲洗。如有不适感，就医。

皮肤接触：脱去污染的衣着，用流动清水冲洗。如有不适感，就医。

食入：漱口，饮水。就医。

灭火方法 消防人员须穿全身消防服，在上风向灭火。尽可能将容器从火场移至空旷处。喷水保持火场容器冷却，直至灭火结束。处在火场中的容器若发生异常变化，须马上撤离。

灭火剂：二氧化碳、泡沫、干粉。

泄漏应急处置 根据液体流动和蒸气扩散的影响区域划定警戒区，无关人员从侧风、上风向撤离至安全区。消除所有点火源。建议应急处理人员戴正压自给式呼吸器，穿防静电服，戴防静电手套。穿上适当的防护服前严禁接触破裂的容器和泄漏物。尽可能切断泄漏源。喷雾状水抑制蒸气或改变蒸气云流向，防止泄漏物进入水体、下水道、地下室或有限空间。小量泄漏：用干燥的砂土或其他不燃材料覆盖泄漏物，用洁净的无火花工具收集置于适当的容器中。大量泄漏：筑围堤或挖坑收容。用泡沫覆盖，减少蒸发。喷水雾能减少蒸发，但不能降低泄漏物在有限空间的易燃性。用防爆泵转移至槽车或专用收集器。

208. 2,2-二甲基庚烷

标　识

中文名称 2,2-二甲基庚烷

英文名称 2,2-Dimethyl heptane

分子式 C_9H_{20}

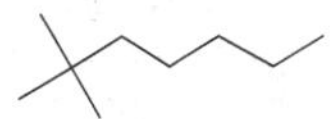

CAS 号 1071-26-7

铁危编号 32005

UN 号 1920

危害信息

危险性类别 第 3 类 易燃液体

燃烧与爆炸危险性 易燃，其蒸气与空气混合能形成爆炸性混合物，遇明火、高热易燃烧爆炸。

禁忌物 氧化剂。

侵入途径 吸入、食入。

理化特性与用途

理化特性 无色透明液体。不溶于水。熔点-113℃，沸点 132.7℃，相对密度(水=1) 0.711，饱和蒸气压 1.44kPa(25℃)，临界温度 303.55℃，临界压力 2.35MPa，辛醇/水分配系数 4.65，闪点 24℃，爆炸下限 0.8%，爆炸上限 5.1%

主要用途 用于气相色谱分析标准。

包装与储运

包装标志 易燃液体。

包装类别 Ⅲ类

安全储运 储存于阴凉、通风的库房。远离火种、热源，避免阳光直射。储存温度不超过37℃。炎热季节早晚运输，应与氧化剂等隔离储运。禁止使用易产生火花的机械设备和工具。搬运时轻装轻卸，防止容器受损。

紧急处置信息

急救措施

吸入：脱离接触。如有不适感，就医。

眼睛接触：分开眼睑，用流动清水或生理盐水冲洗。如有不适感，就医。

皮肤接触：脱去污染的衣着，用流动清水冲洗。如有不适感，就医。

食入：漱口，饮水。就医。

灭火方法 消防人员须穿全身消防服，佩戴空气呼吸器，在上风向灭火。尽可能将容器从火场移至空旷处。喷水保持火场容器冷却，直至灭火结束。处在火场中的容器若发生异常变化或发出异常声音，须马上撤离。

灭火剂：泡沫、二氧化碳。

泄漏应急处置 根据液体流动和蒸气扩散的影响区域划定警戒区，无关人员从侧风、上风向撤离至安全区。消除所有点火源。建议应急处理人员戴正压自给式呼吸器，穿防静电服，戴防静电手套。穿上适当的防护服前严禁接触破裂的容器和泄漏物。尽可能切断泄漏源。喷雾状水抑制蒸气或改变蒸气云流向，防止泄漏物进入水体、下水道、地下室或有限空间。小量泄漏：用干燥的砂土或其他不燃材料覆盖泄漏物，用洁净的无火花工具收集置于适当的容器中。大量泄漏：筑围堤或挖坑收容。用泡沫覆盖，减少蒸发。喷水雾能减少蒸发，但不能降低泄漏物在有限空间的易燃性。用防爆泵转移至槽车或专用收集器。

209. 2,3-二甲基庚烷

标　识

中文名称 2,3-二甲基庚烷

英文名称 2,3-Dimethyl heptane

分子式 C_9H_{20}

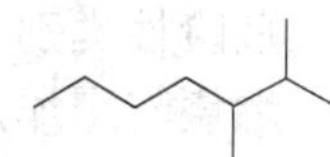

CAS号 3074-71-3

铁危编号 32005

UN号 1920

危害信息

危险性类别 第3类 易燃液体。

燃烧与爆炸危险性 易燃，其蒸气与空气混合能形成爆炸性混合物，遇明火、高热易燃烧爆炸。

禁忌物 氧化剂。

中毒表现 液态本品直接进入呼吸道可引起化学性肺炎，重者致死。

侵入途径 吸入、食入。

理化特性与用途

理化特性 无色透明液体。不溶于水，溶于乙醇、乙醚、丙酮、苯。熔点-116℃，沸点140.5℃，相对密度(水=1)0.726，饱和蒸气压1.0kPa(25℃)，辛醇/水分配系数4.61，闪点26℃、91℃(闭杯)。

主要用途 用作气相色谱分析标准。

包装与储运

包装标志 易燃液体

包装类别 Ⅲ类

安全储运 储存于阴凉、通风的库房。远离火种、热源，避免阳光直射。储存温度不超过37℃。炎热季节早晚运输，应与氧化剂等隔离储运。禁止使用易产生火花的机械设备和工具。搬运时轻装轻卸，防止容器受损。

紧急处置信息

急救措施

吸入：迅速脱离现场至空气新鲜处。保持呼吸道通畅。如呼吸困难，给输氧。呼吸、心跳停止，立即进行心肺复苏术。就医。

眼睛接触：立即分开眼睑，用流动清水或生理盐水彻底冲洗。就医。

皮肤接触：立即脱去污染的衣着，用肥皂水和清水彻底冲洗。就医。

食入：漱口，饮水。禁止催吐。就医。

灭火方法 消防人员须穿全身消防服，佩戴空气呼吸器，在上风向灭火。尽可能将容器从火场移至空旷处。处在火场中的容器若发生异常变化或发出异常声音，须马上撤离。

灭火剂：干粉、二氧化碳。

泄漏应急处置 根据液体流动和蒸气扩散的影响区域划定警戒区，无关人员从侧风、上风向撤离至安全区。消除所有点火源。建议应急处理人员戴正压自给式呼吸器，穿防静电服，戴防静电手套。穿上适当的防护服前严禁接触破裂的容器和泄漏物。尽可能切断泄漏源。喷雾状水抑制蒸气或改变蒸气云流向，防止泄漏物进入水体、下水道、地下室或有限空间。小量泄漏：用干燥的砂土或其他不燃材料覆盖泄漏物，用洁净的无火花工具收集置于适当的容器中。大量泄漏：筑围堤或挖坑收容。用泡沫覆盖，减少蒸发。喷水雾能减少蒸发，但不能降低泄漏物在有限空间的易燃性。用防爆泵转移至槽车或专用收集器。

210. 二甲基汞

标　识

中文名称 二甲基汞

英文名称 Dimethylmercury

分子式 C_2H_6Hg

Hg

CAS 号　593-74-8

危害信息

危险性类别　第 6 类　有毒品

燃烧与爆炸危险性　易燃，蒸气与空气混合能形成爆炸性混合物，遇明火、高热易燃烧爆炸。

禁忌物　强氧化剂。

毒性　IARC 致癌性评论：G2B，可疑人类致癌物。

中毒表现　本品属有机汞。有机汞系亲脂性毒物，主要侵犯神经系统。有机汞中毒的主要表现有：无论经任何途径侵入，均可发生口腔炎，口服引起急性胃肠炎；神经精神症状有神经衰弱综合征、精神障碍、谵妄、昏迷、瘫痪、震颤、共济失调、向心性视野缩小等，可发生肾脏损害；重者可致急性肾功能衰竭，此外尚可致心脏、肝脏损害。可致皮肤损害。

侵入途径　吸入、食入、经皮吸收。

职业接触限值　中国：PC-TWA 0.01mg/m^3；PC-STEL 0.03mg/m^3[按 Hg 计][皮]。

美国(ACGIH)：TLV-TWA 0.01mg/m^3[按 Hg 计][皮]。

环境危害　对水生生物有极高毒性，可能在水生环境中造成长期不利影响。

理化特性与用途

理化特性　无色液体。不溶于水，与乙醇、乙醚互溶。熔点-43℃，沸点 93~94℃，相对密度(水=1)2.961，相对蒸气密度(空气=1)7.9，饱和蒸气压 8.3kPa(25℃)，辛醇/水分配系数 2.59，闪点 5℃。

主要用途　用作无机试剂，用于制备三甲基镓和氯化甲基汞等。

包装与储运

包装标志　有毒品

包装类别　Ⅱ类

安全储运　储存于阴凉、通风的库房。远离火种、热源。防止阳光直射。储存温度不超过 32℃，相对湿度不超过 85%。保持容器密封。应与强氧化剂等分开存放，切忌混储。配备相应品种和数量的消防器材。储区应备有合适的材料收容泄漏物。搬运时轻装轻卸，防止容器受损。

紧急处置信息

急救措施

吸入：迅速脱离现场至空气新鲜处。保持呼吸道通畅。如呼吸困难，给输氧。呼吸、心跳停止，立即进行心肺复苏术。就医。

眼睛接触：立即分开眼睑，用流动清水或生理盐水彻底冲洗。就医。

皮肤接触：立即脱去污染的衣着，用流动清水彻底冲洗。就医。

食入：饮适量温水，催吐(仅限于清醒者)。就医。

解毒剂：二巯基丙磺酸钠、二巯基丁二酸钠、青霉胺。

灭火方法　消防人员须穿全身消防服，佩戴空气呼吸器，在上风向灭火。尽可能将容器从火场移至空旷处。处在火场中的容器若发生异常变化或发出异常声音，须马上撤离。

灭火剂：泡沫、二氧化碳、干粉、砂土。

泄漏应急处置　根据液体流动和蒸气扩散的影响区域划定警戒区，无关人员从侧风、上风向撤离至安全区。消除所有点火源。建议应急处理人员戴正压自给式呼吸器，穿防毒、防静电服，戴防静电橡胶手套。穿上适当的防护服前严禁接触破裂的容器和泄漏物。作业时使用的设备应接地。尽可能切断泄漏源。防止泄漏物进入水体、下水道、地下室或有限空间。小量泄漏：用干燥的砂土或其他不燃材料覆盖泄漏物，用洁净的无火花工具收集置于适当的容器中。大量泄漏：筑围堤或挖坑收容。用泡沫覆盖，减少蒸发。喷水雾能减少蒸发，但不能降低泄漏物在有限空间的易燃性。用防爆泵转移至槽车或专用收集器。

211. 2,5-二甲基-2,5-过氧化二氢己烷(含量≤82%,含水)

标　识

中文名称　2,5-二甲基-2,5-过氧化二氢己烷(含量≤82%，含水)

英文名称　2,5-Dimethylhexane 2,5-dihydroperoxide; 2,5-Dimethyl-2,5-dihydroperoxyhexane

别名　2,5-二甲基-2,5-二氢过氧己烷；2,5-二甲基-2,5 双(过氧化氢)己烷

分子式　$C_8H_{18}O_4$

CAS 号　3025-88-5

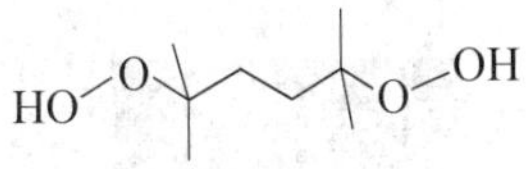

铁危编号　52002

HO-O ... O-OH

危害信息

危险性类别　第 5.2 类　有机过氧化物

燃烧与爆炸危险性　易燃，其粉体与空气混合能形成爆炸性混合物，遇明火高热有引起燃烧爆炸的危险。

禁忌物　氧化剂、还原剂、酸类、碱类。

侵入途径　吸入、食入。

理化特性与用途

理化特性　白色润湿的固体。不溶于水，易溶于醇、酯、醚、烃类有机溶剂。熔点 105℃，相对密度(水=1)1.0(20℃)，辛醇/水分配系数 2.32，理论活性氧含量 17.97%，自动加速分解温度 102℃，10h 半衰期温度 154℃。

主要用途　用作丙烯酸酯引发剂，聚丙烯改性剂，也是合成其他有机过氧化物的主要原料。

包装与储运

包装标志　有机过氧化物

安全储运　储存于阴凉、通风的库房。远离火种、热源。库温不超过 30℃。相对湿度不超过 80%。保持容器密封。应与氧化剂、还原剂、酸类、碱类、食用化学品分开存放，切忌混储。采用防爆型照明、通风设施。禁止使用易产生火花的机械设备和工具。储区应备有合适的材料收容泄漏物。禁止震动、撞击和摩擦。

紧急处置信息

急救措施

吸入：脱离接触。如有不适感，就医。

眼睛接触：分开眼睑，用流动清水或生理盐水冲洗。如有不适感，就医。

皮肤接触：脱去污染的衣着，用流动清水冲洗。如有不适感，就医。

食入：漱口，饮水。就医。

灭火方法 消防人员须穿全身消防服，在上风向灭火。尽可能将容器从火场移至空旷处。喷水保持火场容器冷却，直至灭火结束。

小火时用雾状水、干粉或二氧化碳灭火，禁止用柱状水灭火。大火时在安全距离外用水灭火。

泄漏应急处置 隔离泄漏污染区，限制出入。消除所有点火源。建议应急处理人员戴防尘口罩，穿一般作业工作服，戴防护手套。勿使泄漏物与可燃物质(如木材、纸、油等)接触。用雾状水保持泄漏物湿润。尽可能切断泄漏源。小量泄漏：用惰性、湿润的不燃材料吸收泄漏物，用洁净的无火花工具收集于一盖子较松的塑料容器中，待处理。大量泄漏：用水润湿，并筑堤收容。防止泄漏物进入水体、下水道、地下室或有限空间。在专家指导下清除。

212. 1-(3,3-二甲基环己基)-4-戊烯-1-酮

标　识

中文名称 1-(3,3-二甲基环己基)-4-戊烯-1-酮

英文名称 1-(3,3-Dimethylcyclohexyl)pent-4-en-1-one

分子式 $C_{13}H_{22}O$

CAS 号 56973-87-6

危害信息

燃烧与爆炸危险性 可燃。

禁忌物 强氧化剂、酸碱、醇类。

侵入途径 吸入、食入。

环境危害 对水生生物有毒，可能在水生环境中造成长期不利影响。

理化特性与用途

理化特性 微溶于水，溶于乙醇。沸点 265~267℃，相对密度(水=1)0.88，饱和蒸气压 1.2Pa(25℃)，辛醇/水分配系数 4.11，闪点 104.8℃。

主要用途 在化妆品中用作香料。

包装与储运

包装标志 杂类

包装类别 Ⅲ类

安全储运 储存于阴凉、通风的库房。远离火种、热源。应与强氧化剂、酸碱、醇类等隔离储运。

紧急处置信息

急救措施

吸入：脱离接触。如有不适感，就医。

眼睛接触：分开眼睑，用流动清水或生理盐水冲洗。如有不适感，就医。

皮肤接触：脱去污染的衣着，用流动清水冲洗。如有不适感，就医。

食入：漱口，饮水。就医。

灭火方法 消防人员须穿全身消防服，佩戴空气呼吸器，在上风向灭火。尽可能将容器从火场移至空旷处。

根据着火原因选择适当灭火剂灭火。

泄漏应急处置 消除所有点火源。根据液体流动和蒸气扩散的影响区域划定警戒区，无关人员从侧风、上风向撤离至安全区。建议应急处理人员戴正压自给式呼吸器，穿防护服，戴橡胶手套。禁止接触或跨越泄漏物。尽可能切断泄漏源。防止泄漏物进入水体、下水道、地下室或有限空间。小量泄漏：用砂土或其他不燃材料吸收。使用洁净的无火花工具收集吸收材料。大量泄漏：构筑围堤或挖坑收容。用泵转移至槽车或专用收集器内。

213. α,α-二甲基环己烷丙醇

标　识

中文名称 α,α-二甲基环己烷丙醇

英文名称 Cyclohexanepropanol，alpha，alpha-dimethyl-；4-Cyclohexyl-2-methyl-2-butanol；Coranol

别名 花冠醇

分子式 $C_{11}H_{22}O$

CAS 号 83926-73-2

HO

危害信息

燃烧与爆炸危险性 可燃，蒸气与空气混合能形成爆炸性混合物，遇明火、高热易燃烧爆炸。

禁忌物 强氧化剂、强酸。

中毒表现 眼接触引起严重损害。

侵入途径 吸入、食入。

环境危害 对水生生物有毒，可能在水生环境中造成长期不利影响。

理化特性与用途

理化特性 无色透明液体。微溶于水，溶于乙醇。沸点 222℃，相对密度(水=1) 0.9048，饱和蒸气压 2.8Pa(25℃)，辛醇/水分配系数 3.49，闪点>100℃。

主要用途 一种日化香原料。它可作为青香、花香和铃兰香调的主香成分，也可在日化香精顶香中，带出精巧的花香和辛香香调。

包装与储运

包装标志　杂类

包装类别　Ⅲ类

安全储运　储存于阴凉、通风的库房。远离火种、热源。应与强氧化剂、强酸等隔离储运。搬运时轻装轻卸，防止容器受损。

紧急处置信息

急救措施

吸入：迅速脱离现场至空气新鲜处。保持呼吸道通畅。如呼吸困难，给输氧。呼吸、心跳停止，立即进行心肺复苏术。就医。

眼睛接触：立即分开眼睑，用流动清水或生理盐水彻底冲洗 5~10min。就医。

皮肤接触：立即脱去污染的衣着，用肥皂水和清水彻底冲洗。就医。

食入：漱口，饮水。就医。

灭火方法　消防人员须穿全身消防服，佩戴空气呼吸器，在上风向灭火。尽可能将容器从火场移至空旷处。喷水保持火场容器冷却，直至灭火结束。处在火场中的容器若发生异常变化或发出异常声音，须马上撤离。

灭火剂：泡沫、二氧化碳、干粉、砂土。

泄漏应急处置　根据液体流动和蒸气扩散的影响区域划定警戒区，无关人员从侧风、上风向撤离至安全区。消除点火源。应急人员应戴正压自给式呼吸器，穿防护服。尽可能切断泄漏源。防止泄漏物进入水体、下水道、地下室或有限空间。少量泄漏：用砂土或其他不燃材料吸收，然后用无火花工具收集置于适当的容器中。大量泄漏：构筑围堤或挖坑收容泄漏物。用泵转移至槽车或专用收集器内。

214. 2,5-二甲基-1,5-己二烯

标　识

中文名称　2,5-二甲基-1,5-己二烯

英文名称　2,5-Dimethyl-1,5-hexadiene；Bimethallyl

分子式　C_8H_{14}

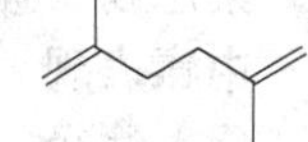

CAS 号　627-58-7

铁危编号　32016

危害信息

危险性类别　第 3 类　易燃液体

燃烧与爆炸危险性　易燃，其蒸气与空气混合能形成爆炸性混合物，遇明火、高热易燃烧爆炸。

禁忌物　氧化剂。

侵入途径　吸入、食入。

环境危害　对水生生物有害，可能在水生环境中造成长期不利影响。

理化特性与用途

理化特性 无色或淡黄色透明液体。不溶于水，溶于烃类。熔点-75℃，沸点114~116℃，相对密度(水=1)0.742，饱和蒸气压5.0kPa(25℃)，辛醇/水分配系数4.11，闪点10℃。

主要用途 用于有机合成。

包装与储运

包装标志 易燃液体

包装类别 Ⅱ类

安全储运 储存于阴凉、通风的库房。远离火种、热源，避免阳光直射。储存温度不超过37℃。炎热季节早晚运输，应与氧化剂等隔离储运。禁止使用易产生火花的机械设备和工具。搬运时轻装轻卸，防止容器受损。

紧急处置信息

急救措施

吸入：脱离接触。如有不适感，就医。

眼睛接触：分开眼睑，用流动清水或生理盐水冲洗。如有不适感，就医。

皮肤接触：脱去污染的衣着，用流动清水冲洗。如有不适感，就医。

食入：漱口，饮水。就医。

灭火方法 消防人员须穿全身消防服，在上风向灭火。尽可能将容器从火场移至空旷处。喷水保持火场容器冷却，直至灭火结束。处在火场中的容器若发生异常变化，须马上撤离。

灭火剂：二氧化碳、泡沫、干粉。

泄漏应急处置 根据液体流动和蒸气扩散的影响区域划定警戒区，无关人员从侧风、上风向撤离至安全区。消除所有点火源。建议应急处理人员戴正压自给式呼吸器，穿防静电服，戴防静电橡胶手套。穿上适当的防护服前严禁接触破裂的容器和泄漏物。作业时使用的设备应接地。尽可能切断泄漏源。喷雾状水抑制蒸气或改变蒸气云流向，防止泄漏物进入水体、下水道、地下室或有限空间。小量泄漏：用干燥的砂土或其他不燃材料覆盖泄漏物，用洁净的无火花工具收集置于适当的容器中。大量泄漏：筑围堤或挖坑收容。用泡沫覆盖，减少蒸发。喷水雾能减少蒸发，但不能降低泄漏物在有限空间的易燃性。用防爆泵转移至槽车或专用收集器。

215. 二甲基-4-(甲基硫代)苯基磷酸酯

标　识

中文名称 二甲基-4-(甲基硫代)苯基磷酸酯

英文名称 Dimethyl 4-(methylthio)phenyl phosphate

别名 甲硫磷

分子式 $C_9H_{13}O_4PS$

CAS 号 3254-63-5

铁危编号 61126

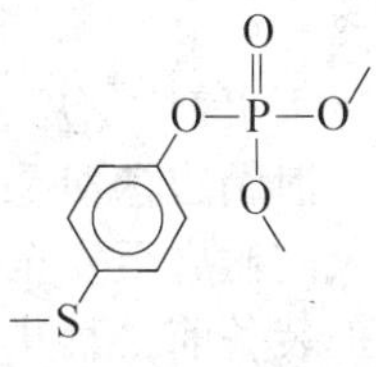

危害信息

危险性类别 第6类 有毒品

燃烧与爆炸危险性 受热易分解，放出有毒的硫氧化物和磷氧化物气体。

禁忌物 强氧化剂、强碱。

毒性 大鼠经口 LD_{50}：7mg/kg；小鼠经口 LD_{50}：18mg/kg；兔经皮 LD_{50}：48mg/kg。

根据《危险化学品目录》的备注，本品属剧毒化学品。

中毒表现 抑制体内胆碱酯酶活性，造成神经生理功能紊乱。急性中毒症状有头痛、头昏、乏力、食欲不振、恶心、呕吐、腹痛、腹泻、流涎、瞳孔缩小、呼吸道分泌物增多、多汗、肌束震颤等。重度中毒者出现肺水肿、昏迷、呼吸麻痹、脑水肿。血胆碱酯酶活性降低。

侵入途径 吸入、食入、经皮吸收。

环境危害 对水生生物有毒。

理化特性与用途

理化特性 无色液体。不溶于水，易溶于乙醇、丙酮、二噁烷、四氯化碳、二甲苯。沸点 138~140℃(13.3Pa)，相对密度(水=1)1.273，饱和蒸气压 0.25Pa(25℃)，辛醇/水分配系数 1.67，分解温度 269~284℃。

主要用途 触杀和内吸性杀虫剂、杀螨剂。

包装与储运

包装标志 有毒品

包装类别 Ⅰ类

安全储运 储存于阴凉、通风的库房。远离火种、热源。防止阳光直射。储存温度不超过35℃，相对湿度不超过85%。保持容器密封。应与强氧化剂、强碱等分开存放，切忌混储。配备相应品种和数量的消防器材。储区应备有合适的材料收容泄漏物。应严格执行剧毒品“双人收发、双人保管”制度。搬运时轻装轻卸，防止容器受损。

紧急处置信息

急救措施

吸入：迅速脱离现场至空气新鲜处。保持呼吸道通畅。如呼吸困难，给输氧。呼吸、心跳停止，立即进行心肺复苏术。就医。

眼睛接触：分开眼睑，用流动清水或生理盐水冲洗。就医。

皮肤接触：立即脱去污染的衣着，用肥皂水及流动清水彻底冲洗污染的皮肤、头发、指甲等。就医。

食入：饮足量温水，催吐(仅限于清醒者)。口服活性炭。就医。

解毒剂：阿托品、胆碱酯酶复能剂。

灭火方法 消防人员须穿全身消防服，佩戴正压自给式呼吸器，在上风向灭火。尽可能将容器从火场移至空旷处。处在火场中的容器若发生异常变化或发出异常声音，须马上撤离。

灭火剂：泡沫、干粉、二氧化碳。

泄漏应急处置 根据液体流动和蒸气扩散的影响区域划定警戒区，无关人员从侧风、上风向撤离至安全区。应急人员应戴防毒面具，穿防毒服，戴防化学品手套。穿戴适当的防护装备前，禁止接触破裂的容器或泄漏物。尽可能切断泄漏源。防止泄漏物进入水体、下水道、地下室或有限空间。小量泄漏：用砂土或其他不燃材料吸收。使用洁净的无火花工具收集吸收材料。大量泄漏：构筑围堤或挖坑收容泄漏物。用泡沫覆盖泄漏物，减少挥发。用泵转移至槽车或专用收集器内。

216. 2,4-二甲基-6-(1-甲基-十五烷基)苯酚

标　识

中文名称　2,4-二甲基-6-(1-甲基-十五烷基)苯酚

英文名称　2,4-Dimethyl-6-(1-methyl-pentadecyl)phenol

分子式　$C_{24}H_{42}O$

CAS 号　134701-20-5

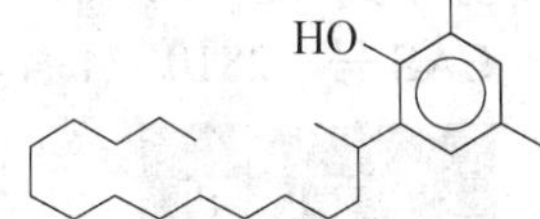

危害信息

燃烧与爆炸危险性　可燃。

禁忌物　强氧化剂。

侵入途径　吸入、食入。

环境危害　对水生生物有极高毒性，可能在水生环境中造成长期不利影响。

理化特性与用途

理化特性　无色至黄色液体，不溶于水，溶于脂肪。熔点-14.3℃，沸点420℃，相对密度(水=1)0.9，饱和蒸气压0.0024mPa(25℃)，辛醇/水分配系数10.4，闪点>200℃。

主要用途　用作抗氧剂。

包装与储运

包装标志　杂类

包装类别　Ⅲ类

安全储运　储存于阴凉、通风的库房。远离火种、热源。保持容器密闭。应与强氧化剂等隔离储运。搬运时轻装轻卸，防止容器受损。

紧急处置信息

急救措施

吸入：脱离接触。如有不适感，就医。

眼睛接触：分开眼睑，用流动清水或生理盐水冲洗。如有不适感，就医。

皮肤接触：脱去污染的衣着，用流动清水冲洗。如有不适感，就医。

食入：漱口，饮水。就医。

灭火方法　消防人员须穿全身消防服，佩戴空气呼吸器，在上风向灭火。尽可能将容器从火场移至空旷处。

灭火剂：干粉、二氧化碳。

泄漏应急处置　根据液体流动和蒸气扩散的影响区域划定警戒区，无关人员从侧风、上风向撤离至安全区。消除所有点火源。建议应急处理人员戴防毒面具，穿防毒服。穿上适当的防护服前严禁接触破裂的容器和泄漏物。尽可能切断泄漏源。防止泄漏物进入水体、

下水道、地下室或有限空间。小量泄漏：用干燥的砂土或其他不燃材料吸收或覆盖，收集于容器中。大量泄漏：构筑围堤或挖坑收容。用泵转移至槽车或专用收集器内。

217. N,N′-二甲基联苯胺

标　识

中文名称　N,N′-二甲基联苯胺

英文名称　N,N′-Dimethylbenzidine；N-Methyl-4-(4-(methylamino)phenyl)aniline

分子式　$C_{14}H_{16}N_2$

CAS 号　2810-74-4

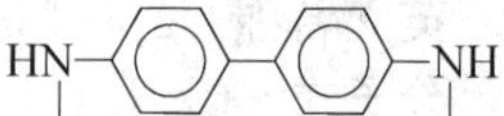

危害信息

燃烧与爆炸危险性　可燃，其粉体与空气混合能形成爆炸性混合物，遇明火高热有引起燃烧爆炸的危险。

禁忌物　强氧化剂、强酸。

中毒表现　吸入、食入或经皮肤吸收对身体有害。

侵入途径　吸入、食入、经皮吸收。

理化特性与用途

理化特性　固体。不溶于水。熔点 91℃，沸点 383.6℃，相对密度(水=1)1.096，饱和蒸气压 0.57mPa(25℃)，辛醇/水分配系数 3.34，闪点 242℃。

包装与储运

安全储运　储存于阴凉、通风的库房。远离火种、热源。应与强氧化剂、强酸等隔离储运。

紧急处置信息

急救措施

吸入：迅速脱离现场至空气新鲜处。保持呼吸道通畅。如呼吸困难，给输氧。呼吸、心跳停止，立即进行心肺复苏术。就医。

眼睛接触：立即分开眼睑，用流动清水或生理盐水彻底冲洗。就医。

皮肤接触：立即脱去污染的衣着，用肥皂水和清水彻底冲洗。就医。

食入：漱口，饮水。就医。

灭火方法　消防人员须穿全身消防服，在上风向灭火。尽可能将容器从火场移至空旷处。喷水保持火场容器冷却，直至灭火结束。

灭火剂：雾状水、泡沫、二氧化碳、干粉、砂土。

泄漏应急处置　隔离泄漏污染区，限制出入。消除点火源。建议应急处理人员戴防尘口罩，穿防毒服。穿上适当的防护服前严禁接触破裂的容器和泄漏物。尽可能切断泄漏源。用塑料布覆盖泄漏物，减少飞散。勿使水进入包装容器内。用洁净的铲子收集泄漏物，置于干净、干燥、盖子较松的容器中，将容器移离泄漏区。

218. 1,1-二甲基-4,4′-联吡啶鎓双硫酸甲酯盐

标　识

中文名称　1,1-二甲基-4,4′-联吡啶鎓双硫酸甲酯盐

英文名称　4,4′-Bipyridinium, 1,1′-dimethyl-, bis(methyl sulfate); Paraquat-dimethyl-sulfate

别名　百草枯双硫酸甲酯

分子式　$C_{14}H_{20}N_2O_8S_2$

CAS 号　2074-50-2

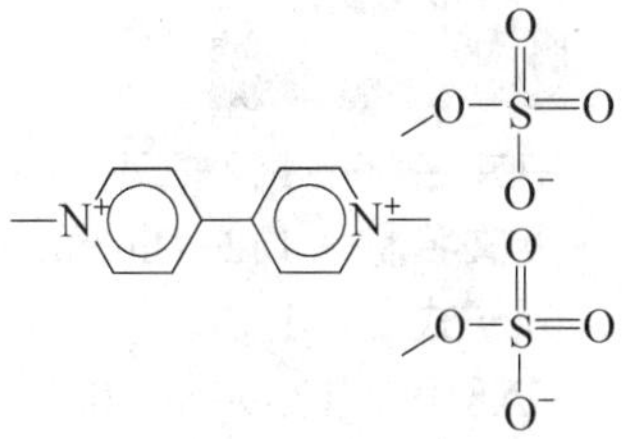

危害信息

危险性类别　第 6 类　有毒品

燃烧与爆炸危险性　受热易分解。

禁忌物　氧化剂、碱类。

毒性　大鼠经口 LD_{50}：100mg/kg。

中毒表现　吸入、食入或经皮吸收引起中毒，甚至引起死亡。对眼、皮肤和呼吸道有刺激性。长期反复接触有可能引起器官损害。

侵入途径　吸入、食入、经皮吸收。

理化特性与用途

理化特性　白色结晶固体或黄色固体。溶于水。分解温度<300℃。

主要用途　速效灭生性触杀型除草剂，广泛用于橡胶、香蕉、甘蔗、果园、农田等地除草。

包装与储运

包装标志　有毒品

包装类别　Ⅱ类

安全储运　储存于阴凉、通风的库房。远离火种、热源。库温不超过 35℃。相对湿度不超过 85%。包装密封。应与氧化剂、碱类、食用化学品分开存放，切忌混储。配备相应品种和数量的消防器材。储区应备有合适的材料收容泄漏物。

紧急处置信息

急救措施

吸入：迅速脱离现场至空气新鲜处。保持呼吸道通畅。如呼吸困难，给输氧。呼吸、心跳停止，立即进行心肺复苏术。就医。

眼睛接触：立即分开眼睑，用流动清水或生理盐水彻底冲洗。就医。

皮肤接触：立即脱去污染的衣着，用流动清水彻底冲洗。就医。

食入：饮适量温水，催吐(仅限于清醒者)。就医。

灭火方法　消防人员须穿全身消防服，佩戴空气呼吸器，在上风向灭火。尽可能将容器从火场移至空旷处。喷水保持火场容器冷却，直至灭火结束。

根据着火原因选择适当灭火剂灭火。

泄漏应急处置 隔离泄漏污染区，限制出入。消除点火源。建议应急处理人员戴防毒面具，穿防毒服，戴橡胶手套。穿戴适当的防护装备前，禁止接触破裂的容器和泄漏物。尽可能切断泄漏源。用塑料布覆盖，减少飞散。勿使水进入包装容器内。用洁净的铲子收集泄漏物，置于干净、干燥、盖子较松的容器中，将容器移离泄漏区。

219. 1,2-二甲基-1H-咪唑

标　识

中文名称 1,2-二甲基-1H-咪唑

英文名称 1,2-Dimethylimidazole；1H-Imidazole，1,2-dimethyl-

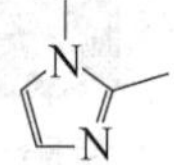

分子式 $C_5H_8N_2$

CAS 号 1739-84-0

危害信息

燃烧与爆炸危险性 可燃。燃烧或受高热分解产生有毒烟气。

禁忌物 强氧化剂、酸碱。

中毒表现 食入有害。眼接触引起严重损害。对皮肤有刺激性。

侵入途径 吸入、食入。

理化特性与用途

理化特性 无色至黄色固体。易溶于水。熔点 37~39℃，沸点 204℃，相对密度(水=1)1.084，饱和蒸气压 0.1kPa(20℃)，辛醇/水分配系数 1.15，闪点 92℃(闭杯)，引燃温度 180℃。

主要用途 研究用缓冲液。工业上主要用作硫化剂，环氧树脂和其他树脂的固化剂，医药中间体。

包装与储运

安全储运 储存于阴凉、通风的库房。远离火种、热源。应与强氧化剂、酸碱等隔离储运。

紧急处置信息

急救措施

吸入：迅速脱离现场至空气新鲜处。保持呼吸道通畅。如呼吸困难，给输氧。呼吸、心跳停止，立即进行心肺复苏术。就医。

眼睛接触：立即分开眼睑，用流动清水或生理盐水彻底冲洗 5~10min。就医。

皮肤接触：立即脱去污染的衣着，用肥皂水和清水彻底冲洗。就医。

食入：漱口，饮水。就医。

灭火方法 消防人员须穿全身消防服，佩戴空气呼吸器，在上风向灭火。尽可能将容器从火场移至空旷处。喷水保持火场容器冷却，直至灭火结束。

根据着火原因选择适当灭火剂灭火。

泄漏应急处置 消除所有点火源。隔离泄漏污染区，限制出入。建议应急处理人员戴

防尘口罩，穿防护服。穿戴适当的防护装备前，禁止接触或跨越泄漏物。尽可能切断泄漏源。用洁净的铲子收集泄漏物，置于干净、干燥、盖子较松的容器中，将容器移离泄漏区。

220. 5,5-二甲基全氢化嘧啶-2-酮-4-(三氟甲基)-α-(4-三氟甲基苯乙烯基)亚肉桂基腙

标　识

中文名称　5,5-二甲基全氢化嘧啶-2-酮-4-(三氟甲基)-α-(4-三氟甲基苯乙烯基)亚肉桂基腙

英文名称　5,5-Dimethyl-perhydro-pyrimidin-2-one α-(4-trifluoromethylstyryl)-α-(4-trifluoromethyl) cinnamylidenehydrazone；Hydramethylnon

别名　氟蚁腙

分子式　$C_{25}H_{24}F_6N_4$

CAS 号　67485-29-4

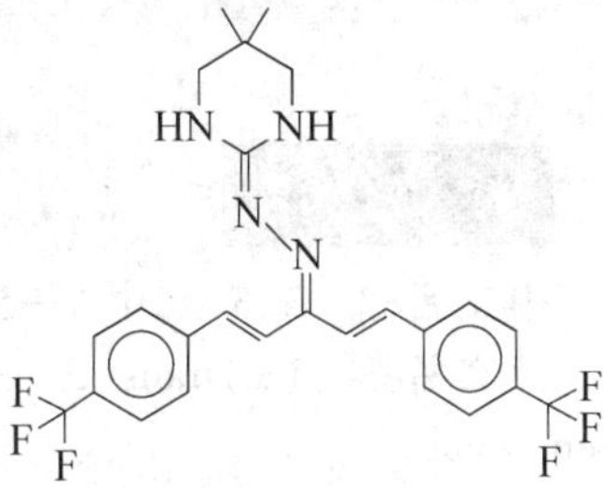

危害信息

燃烧与爆炸危险性　不易燃，受热易分解放出有毒的氮氧化物气体。

禁忌物　强氧化剂、酸碱、醇类。

毒性　大鼠经口 LD_{50}：817mg/kg；大鼠吸入 LC_{50}：>5g/m^3(4h)；大鼠经皮 LD_{50}：1502mg/kg；兔经皮 LD_{50}：>5g/kg。

中毒表现　食入有害。长期反复接触对器官有损害。对眼有刺激性。

侵入途径　吸入、食入、经皮吸收。

环境危害　对水生生物有极高毒性，可能在水生环境中造成长期不利影响。

理化特性与用途

理化特性　黄色至棕褐色结晶。不溶于水，溶于乙醇、甲醇、丙酮、异丙醇、二甲苯、氯苯等。熔点 185～190℃，饱和蒸气压 0.0027mPa(25℃)，辛醇/水分配系数 2.31，闪点 >104℃。

主要用途　杀虫剂。用于防治农业和家庭蚁科昆虫和蜚蠊。

包装与储运

包装标志　杂类

包装类别　Ⅲ类

安全储运　储存于阴凉、通风的库房。远离火种、热源。应与强氧化剂、酸碱、醇类等隔离储运。

紧急处置信息

急救措施

吸入：迅速脱离现场至空气新鲜处。保持呼吸道通畅。如呼吸困难，给输氧。呼吸、心跳停止，立即进行心肺复苏术。就医。

眼睛接触：立即分开眼睑，用流动清水或生理盐水彻底冲洗。就医。

皮肤接触：立即脱去污染的衣着，用肥皂水和清水彻底冲洗。就医。

食入：漱口，饮水。就医。

灭火方法 消防人员须穿全身消防服，佩戴空气呼吸器，在上风向灭火。尽可能将容器从火场移至空旷处。喷水保持火场容器冷却，直至灭火结束。

灭火剂：水、泡沫、二氧化碳、干粉。

泄漏应急处置 隔离泄漏污染区，限制出入。消除所有点火源。建议应急处理人员戴防尘口罩，穿防毒服，戴橡胶手套。穿上适当的防护服前严禁接触破裂的容器和泄漏物。尽可能切断泄漏源。用塑料布覆盖泄漏物，减少飞散。勿使水进入包装容器内。用洁净的铲子收集泄漏物，置于干净、干燥、盖子较松的容器中，将容器移离泄漏区。

221. 3,3-二甲基-5-(2,2,3-三甲基-3-环戊烯-1-基)-4-戊烯-2-醇

标识

中文名称 3,3-二甲基-5-(2,2,3-三甲基-3-环戊烯-1-基)-4-戊烯-2-醇

英文名称 (±)trans-3,3-Dimethyl-5-(2,2,3-trimethyl-cyclopent-3-en-1-yl)-pent-4-en-2-ol

分子式 $C_{15}H_{26}O$

CAS 号 107898-54-4

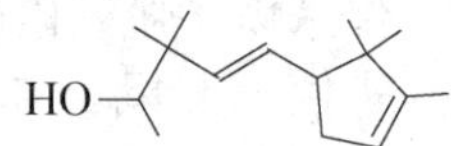

危害信息

燃烧与爆炸危险性 可燃。

禁忌物 强氧化剂、强酸。

中毒表现 对皮肤有刺激性。

侵入途径 吸入、食入。

环境危害 对水生生物有极高毒性，可能在水生环境中造成长期不利影响。

理化特性与用途

理化特性 无色透明液体。不溶于水，溶于乙醇。沸点 298~299℃，相对密度(水=1) 0.898~0.906，饱和蒸气压 1.6Pa(25℃)，辛醇/水分配系数 4.99，闪点>100℃。

主要用途 用作香料和医药原料。

包装与储运

包装标志 杂类

包装类别 Ⅲ类

安全储运 储存于阴凉、通风的库房。远离火种、热源。应与强氧化剂、强酸等隔离储运。

紧急处置信息

急救措施

吸入：迅速脱离现场至空气新鲜处。保持呼吸道通畅。如呼吸困难，给输氧。呼吸、

心跳停止，立即进行心肺复苏术。就医。

眼睛接触：立即分开眼睑，用流动清水或生理盐水彻底冲洗。就医。

皮肤接触：立即脱去污染的衣着，用肥皂水和清水彻底冲洗。就医。

食入：漱口，饮水。就医。

灭火方法 消防人员须穿全身消防服，在上风向灭火。尽可能将容器从火场移至空旷处。喷水保持火场容器冷却直至灭火结束。

灭火剂：泡沫、二氧化碳、干粉。

泄漏应急处置 根据液体流动和蒸气扩散的影响区域划定警戒区，无关人员从侧风、上风向撤离至安全区。消除所有点火源。建议应急处理人员戴防毒面具，穿防护服。穿上适当的防护服前严禁接触破裂的容器和泄漏物。尽可能切断泄漏源。防止泄漏物进入水体、下水道、地下室或有限空间。小量泄漏：用干燥的砂土或其他不燃材料吸收或覆盖，用洁净的铲子收集于容器中。大量泄漏：构筑围堤或挖坑收容。用泵转移至槽车或专用收集器内。

222. 4,4-二甲基-3,5,8-三氧杂双环(5.1.0)辛烷

标　识

中文名称 4,4-二甲基-3,5,8-三氧杂双环(5,1,0)辛烷

英文名称 4,4-Dimethyl-3,5,8-trioxabicyclo(5.1.0)octane

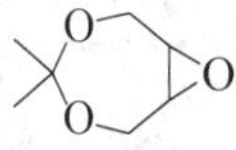

分子式 $C_7H_{12}O_3$

CAS 号 57280-22-5

危害信息

危险性类别 第 3 类 易燃液体

燃烧与爆炸危险性 易燃，其蒸气与空气混合能形成爆炸性混合物，遇明火、高热易燃烧爆炸。

禁忌物 氧化剂。

中毒表现 对眼有刺激性。对皮肤有致敏性。

侵入途径 吸入、食入。

理化特性与用途

理化特性 微溶于水。沸点 179，相对密度(水=1) 1.071，饱和蒸气压 0.17kPa (25℃)，辛醇/水分配系数 0.58，闪点 56℃。

主要用途 用作医药原料。

包装与储运

包装标志 易燃液体

包装类别 Ⅲ类

安全储运 储存于阴凉、通风的库房。远离火种、热源。库温不宜超过 37℃。保持容器密封。应与氧化剂分开存放，切忌混储。采用防爆型照明、通风设施。禁止使用易产生火花的机械设备和工具。灌装时注意流速，防止静电积聚。储区应备有泄漏应急处理设备

和合适的收容材料。搬运时轻装轻卸，防止容器受损。

紧急处置信息

急救措施

吸入：迅速脱离现场至空气新鲜处。保持呼吸道通畅。如呼吸困难，给输氧。呼吸、心跳停止，立即进行心肺复苏术。就医。

眼睛接触：立即分开眼睑，用流动清水或生理盐水彻底冲洗。就医。

皮肤接触：立即脱去污染的衣着，用肥皂水和清水彻底冲洗。就医。

食入：漱口，饮水。就医。

灭火方法　消防人员须穿全身消防服，在上风向灭火。尽可能将容器从火场移至空旷处。喷水保持火场容器冷却直至灭火结束。处在火场中的容器若发生异常变化，须马上撤离。

灭火剂：泡沫、二氧化碳、干粉。

泄漏应急处置　根据液体流动和蒸气扩散的影响区域划定警戒区，无关人员从侧风、上风向撤离至安全区。消除所有点火源。建议应急处理人员戴正压自给式呼吸器，穿防静电服，戴防静电手套。作业时使用的所有设备应接地。禁止接触或跨越泄漏物。尽可能切断泄漏源。防止泄漏物进入水体、下水道、地下室或有限空间。小量泄漏：用砂土或其他不燃材料吸收。使用洁净的无火花工具收集吸收材料。大量泄漏：构筑围堤或挖坑收容。用泡沫覆盖，减少蒸发。喷水雾能减少蒸发，但不能降低泄漏物在有限空间内的易燃性。用防爆泵转移至槽车或专用收集器内。

223. 3,3′-((3,3′-二甲基-4,4′-双亚苯基)双(偶氮))双(5-氨基-4-羟基-2,7-萘二磺酸)四钠盐

标　识

中文名称　3,3′-((3,3′-二甲基-4,4′-双亚苯基)双(偶氮))双(5-氨基-4-羟基-2,7-萘二磺酸)四钠盐

英文名称　Trypan Blue; Tetrasodium 3,3′-((3,3′-dimethyl(1,1′-biphenyl)4,4′-diyl)bis(azo))bis-(5-amino-4-hydroxy-2,7-naphthalene disulfonate); C. I. Direct Blue 14

别名　直接蓝;曲利本蓝

分子式　$C_{34}H_{28}N_6O_{14}S_4 \cdot 4Na$

CAS 号　72-57-1

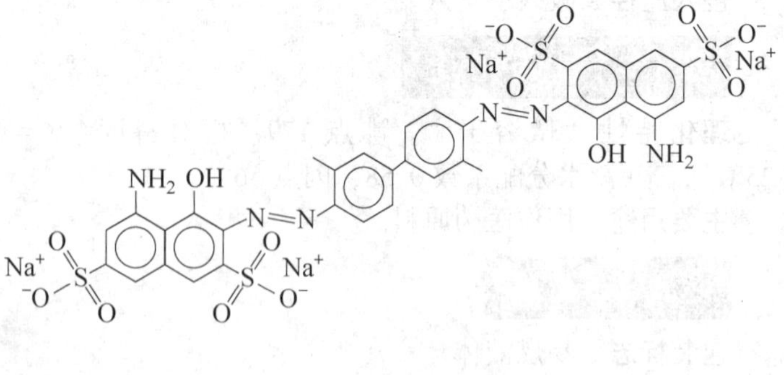

危害信息

燃烧与爆炸危险性　不燃，受热易分解放出有毒的氮氧化物和硫氧化物气体。

禁忌物　强氧化剂。

毒性　大鼠经口 LD_{50}：6200mg/kg。

IARC 致癌性评论：G2B，可疑人类致癌物。

中毒表现　对眼、皮肤和呼吸道有刺激性。

侵入途径　吸入、食入。

理化特性与用途

理化特性 蓝灰色粉末或深蓝色粉末。溶于水，微溶于甲基溶纤剂，不溶于其他有机溶剂。熔点>300℃。

主要用途 用于织物、皮革、纸张染色，用作医药和生物研究用染色剂。

包装与储运

安全储运 储存于阴凉、通风的库房。远离火种、热源。保持容器密闭。应与强氧化剂等隔离储运。

紧急处置信息

急救措施

吸入：迅速脱离现场至空气新鲜处。保持呼吸道通畅。如呼吸困难，给输氧。呼吸、心跳停止，立即进行心肺复苏术。就医。

眼睛接触：立即分开眼睑，用流动清水或生理盐水彻底冲洗。就医。

皮肤接触：立即脱去污染的衣着，用肥皂水和清水彻底冲洗。就医。

食入：漱口，饮水。就医。

灭火方法 消防人员须穿全身消防服，佩戴空气呼吸器，在上风向灭火。尽可能将容器从火场移至空旷处。喷水保持火场容器冷却，直至灭火结束。

根据着火原因选择适当灭火剂灭火。

泄漏应急处置 消除所有点火源。隔离泄漏污染区，限制出入。建议应急处理人员戴防尘口罩，穿防毒服，戴橡胶手套。穿戴适当的防护装备前，禁止接触破裂的容器或泄漏物。尽可能切断泄漏源。用塑料布覆盖，减少飞散。用洁净的铲子收集泄漏物，置于干净、干燥、盖子较松的容器中，将容器移离泄漏区。

224. N,N′-(2,2-二甲基亚丙基)六亚甲基二胺

标　识

中文名称 N,N′-(2,2-二甲基亚丙基)六亚甲基二胺

英文名称 N,N′-(2,2-Dimethylpropylidene)hexamethylenediamine；Lupragen VP 9159

分子式 $C_{16}H_{32}N_2$

CAS 号 1000-78-8

危害信息

燃烧与爆炸危险性 可燃。

禁忌物 强氧化剂、酸碱。

中毒表现 对皮肤有刺激性和致敏性。

侵入途径 吸入、食入。

理化特性与用途

理化特性 溶于水。沸点358℃，相对密度(水=1)0.82，饱和蒸气压7.18mPa(25℃)，

辛醇/水分配系数 3.17，闪点 163℃。

主要用途 用作医药原料。

包装与储运

安全储运 储存于阴凉、通风的库房。远离火种、热源。应与强氧化剂、酸碱等隔离储运。

紧急处置信息

急救措施

吸入： 迅速脱离现场至空气新鲜处。保持呼吸道通畅。如呼吸困难，给输氧。呼吸、心跳停止，立即进行心肺复苏术。就医。

眼睛接触： 立即分开眼睑，用流动清水或生理盐水彻底冲洗。就医。

皮肤接触： 立即脱去污染的衣着，用肥皂水和清水彻底冲洗。就医。

食入： 漱口，饮水。就医。

灭火方法 消防人员须穿全身消防服，佩戴空气呼吸器，在上风向灭火。尽可能将容器从火场移至空旷处。喷水保持火场容器冷却，直至灭火结束。

根据着火原因选择适当灭火剂灭火。

泄漏应急处置 消除所有点火源。隔离泄漏污染区，限制出入。建议应急处理人员戴防护面罩，穿防护服。禁止接触或跨越泄漏物。尽可能切断泄漏源。勿使水进入包装容器。用洁净的铲子或真空吸除收集泄漏物，置于干净、干燥、盖子较松的容器中，将容器移离泄漏区。

225. 4-(4,4-二甲基-3-氧代-1-吡唑烷基)-苯甲酸

标　识

中文名称 4-(4,4-二甲基-3-氧代-1-吡唑烷基)-苯甲酸

英文名称 4-(4,4-Dimethyl-3-oxo-pyrazolidin-1-yl)benzoic acid；Carbodim

分子式 $C_{12}H_{14}N_2O_3$

CAS 号 107144-30-9

危害信息

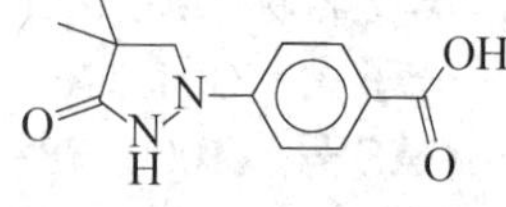

燃烧与爆炸危险性 无特殊燃爆特性。

禁忌物 强氧化剂、碱。

中毒表现 食入有害。

侵入途径 吸入、食入。

环境危害 对水生生物有毒，可能在水生环境中造成长期不利影响。

理化特性与用途

理化特性 微溶于水。沸点 239~240℃，相对密度(水=1)1.249，辛醇/水分配系数 1.20。

主要用途 用作稳定剂。

包装与储运

包装标志 杂类

包装类别 Ⅲ类

安全储运 储存于阴凉、通风的库房。远离火种、热源。应与强氧化剂、碱类等隔离储运。

紧急处置信息

急救措施

吸入：迅速脱离现场至空气新鲜处。保持呼吸道通畅。如呼吸困难，给输氧。呼吸、心跳停止，立即进行心肺复苏术。就医。

眼睛接触：立即分开眼睑，用流动清水或生理盐水彻底冲洗。就医。

皮肤接触：立即脱去污染的衣着，用肥皂水和清水彻底冲洗。就医。

食入：漱口，饮水。就医。

灭火方法 消防人员须穿全身消防服，佩戴空气呼吸器，在上风向灭火。尽可能将容器从火场移至空旷处。

根据着火原因选择适当灭火剂灭火。

泄漏应急处置 隔离泄漏污染区，限制出入。建议应急处理人员戴防尘口罩，穿防毒服。穿上适当的防护服前严禁接触破裂的容器和泄漏物。尽可能切断泄漏源。用塑料布覆盖泄漏物，减少飞散。勿使水进入包装容器内。用洁净的铲子收集泄漏物，置于干净、干燥、盖子较松的容器中，将容器移离泄漏区。

226. 7,7-二甲基-3-氧杂-6-氮杂-1-辛醇

标　识

中文名称 7,7-二甲基-3-氧杂-6-氮杂-1-辛醇

英文名称 Ethanol, 2-(2-((1,1-dimethylethyl)amino)ethoxy)-; 7,7-Dimethyl-3-oxa-6-azaoctan-1-ol

别名 叔丁胺基乙氧基乙醇

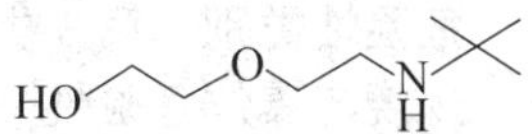

分子式 $C_8H_{19}NO_2$

CAS 号 87787-67-5

危害信息

危险性类别 第 8 类 腐蚀品

燃烧与爆炸危险性 无特殊燃爆特性。

禁忌物 强氧化剂、酸类。

侵入途径 吸入、食入。

包装与储运

包装标志 腐蚀品

包装类别 Ⅰ类

安全储运　储存于阴凉、通风的库房。远离火种、热源。库温不超过 30℃。相对湿度不超过 80%。包装要求密封。应与强氧化剂、酸类等分开存放，切忌混储。储区应备有泄漏应急处理设备和合适的收容材料。

紧急处置信息

急救措施

吸入：脱离接触。如有不适感，就医。

眼睛接触：分开眼睑，用流动清水或生理盐水冲洗。如有不适感，就医。

皮肤接触：脱去污染的衣着，用流动清水冲洗。如有不适感，就医。

食入：漱口，饮水。就医。

灭火方法　消防人员须穿全身消防服，佩戴空气呼吸器，在上风向灭火。尽可能将容器从火场移至空旷处。

根据着火原因选择适当灭火剂灭火。

泄漏应急处置　根据液体流动和蒸气扩散的影响区域划定警戒区，无关人员从侧风、上风向撤离至安全区。应急人员应戴正压自给式呼吸器，穿耐腐蚀防护服，戴耐腐蚀橡胶手套。禁止接触泄漏物。尽可能切断泄漏源。防止泄漏物进入水体、下水道、地下室或有限空间。小量泄漏：用砂土或其他不燃材料吸收，用铲子除去置于容器中。大量泄漏：用泡沫覆盖泄漏物，减少挥发。用耐腐蚀泵转移至槽车或专用收集器内。

227. *N*,*N*-二甲基乙胺

标　识

中文名称　*N*,*N*-二甲基乙胺

英文名称　Ethyldimethylamine；Ethanamine，*N*,*N*-dimethyl-

分子式　$C_4H_{11}N$

CAS 号　598-56-1

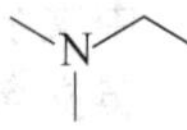

危害信息

危险性类别　第 3 类　易燃液体

燃烧与爆炸危险性　易燃，其蒸气与空气混合能形成爆炸性混合物，遇明火、高热易燃烧或爆炸，燃烧产生有毒的氮氧化物气体。在高温火场中，受热的容器或储罐有破裂和爆炸的危险。蒸气比空气重，沿地面扩散并易积存于低洼处，遇火源会着火回燃。

禁忌物　氧化剂、酸类

毒性　大鼠经口 LD_{50}：525mg/kg；小鼠经口 LD_{50}：310mg/kg。

中毒表现　食入或吸入有害。眼和皮肤接触引起灼伤。

侵入途径　吸入、食入。

理化特性与用途

理化特性　无色至浅黄色液体，有似氨的气味。混溶于水。熔点 -140℃，沸点 36.5℃，相对密度(水=1)0.675，饱和蒸气压 46.8kPa(25℃)，辛醇/水分配系数 0.7，闪点-36℃，引燃温度 190℃，爆炸下限 0.9%，爆炸上限 11.2%。

主要用途 用于医药、农药和其他有机化工品生产的中间体，也用作砂芯黏合树脂固化催化剂。

包装与储运

包装标志 易燃液体，腐蚀品

包装类别 Ⅱ类

安全储运 储存于阴凉、通风的库房。远离火种、热源。储存温度不超过30℃，相对湿度不超过80%。保持容器密封。应与氧化剂、酸类等分开存放，切忌混储。采用防爆型照明、通风设施。禁止使用易产生火花的机械设备和工具。储区应备有泄漏应急处理设备和合适的收容材料。搬运时轻装轻卸，防止容器受损。

紧急处置信息

急救措施

吸入：迅速脱离现场至空气新鲜处。保持呼吸道通畅。如呼吸困难，给输氧。呼吸、心跳停止，立即进行心肺复苏术。就医。

眼睛接触：立即分开眼睑，用流动清水或生理盐水彻底冲洗5~10min。就医。

皮肤接触：立即脱去污染的衣着，用大量流动清水彻底冲洗，冲洗时间一般要求20~30min。就医。

食入：用水漱口，禁止催吐。给饮牛奶或蛋清。就医。

灭火方法 消防人员须穿全身消防服，佩戴空气呼吸器，在上风向灭火。尽可能将容器从火场移至空旷处。喷水保持火场容器冷却，直至灭火结束。处在火场中的容器若发生异常变化或发出异常声音，须马上撤离。

灭火剂：抗溶性泡沫、二氧化碳、干粉、砂土。

泄漏应急处置 根据液体流动和蒸气扩散的影响区域划定警戒区，无关人员从侧风、上风向撤离至安全区。消除所有点火源。建议应急人员应戴正压自给式呼吸器，穿耐腐蚀、防静电服，戴耐腐蚀橡胶手套。作业时使用的设备应接地。尽可能切断泄漏源。防止泄漏物进入水体、下水道、地下室或有限空间。小量泄漏：用砂土或其他不燃材料吸收。用洁净的无火花工具收集吸收材料。大量泄漏：构筑围堤或挖坑收容泄漏物。用泡沫覆盖泄漏物，减少挥发。喷雾状水溶解、稀释挥发的蒸气。用防爆泵转移至槽车或专用收集器内。

228. *N*,*N*-二甲基乙二胺

标　识

中文名称 *N*,*N*-二甲基乙二胺

英文名称 1,2-Ethanediamine，*N*,*N*-dimethyl-；2-Aminoethyldimethylamine

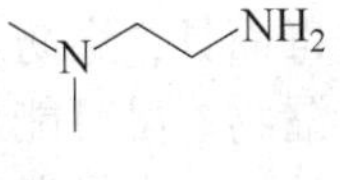

别名 2-二甲氨基乙胺

分子式 $C_4H_{12}N_2$

CAS号 108-00-9

NH_2

危害信息

危险性类别 第8类 腐蚀品

燃烧与爆炸危险性 易燃，其蒸气与空气混合能形成爆炸性混合物，遇明火、高热易燃烧或爆炸，燃烧产生有毒的氮氧化物气体。在高温火场中，受热的容器或储罐有破裂和爆炸的危险。蒸气比空气重，沿地面扩散并易积存于低洼处，遇火源会着火回燃。

禁忌物 氧化剂、酸碱。

毒性 大鼠经口 LD_{50}：1135mg/kg；小鼠经口 LD_{50}：1200mg/kg；大鼠吸入 *LCLo*：2560mg/m^3。

中毒表现 本品对眼和皮肤有腐蚀性。

侵入途径 吸入、食入、经皮吸收。

理化特性与用途

理化特性 无色至淡黄色透明液体，有氨样气味。混溶于水。熔点-70℃，沸点104～106℃，相对密度(水=1)0.807，饱和蒸气压6.52kPa(25℃)，辛醇/水分配系数-0.85，闪点11.7℃(闭杯)，引燃温度225℃，爆炸下限1.3%，爆炸上限10.8%。

主要用途 用作合成中间体。

包装与储运

包装标志 腐蚀品

包装类别 Ⅲ类

安全储运 储存于阴凉、通风的库房。远离火种、热源。库温不超过30℃。相对湿度不超过80%。包装要求密封，不可与空气接触。应与氧化剂、酸碱等分开存放，切忌混储。储区应备有泄漏应急处理设备和合适的收容材料。搬运时轻装轻卸，防止容器受损。

紧急处置信息

急救措施

吸入：迅速脱离现场至空气新鲜处。保持呼吸道通畅。如呼吸困难，给输氧。呼吸、心跳停止，立即进行心肺复苏术。就医。

眼睛接触：立即分开眼睑，用流动清水或生理盐水彻底冲洗5～10min。就医。

皮肤接触：立即脱去污染的衣着，用大量流动清水彻底冲洗，冲洗时间一般要求20～30min。就医。

食入：用水漱口，禁止催吐。给饮牛奶或蛋清。就医。

灭火方法 消防人员须穿全身消防服，佩戴空气呼吸器，在上风向灭火。尽可能将容器从火场移至空旷处。喷水保持火场容器冷却，直至灭火结束。处在火场中的容器若发生异常变化或发出异常声音，须马上撤离。

灭火剂：抗溶性泡沫、二氧化碳、干粉、砂土。

泄漏应急处置 根据液体流动和蒸气扩散的影响区域划定警戒区，无关人员从侧风、上风向撤离至安全区。消除所有点火源。作业时使用的设备应接地。建议应急处理人员戴防毒面具，穿防毒耐腐蚀服，戴耐腐蚀手套。穿上适当的防护服前严禁接触破裂的容器和泄漏物。尽可能切断泄漏源。防止泄漏物进入水体、下水道、地下室或有限空间。禁止用水处理。小量泄漏：用干燥的砂土或其他不燃材料吸收或覆盖，收集于容器中。大量泄漏：构筑围堤或挖坑收容。用耐腐蚀、防爆泵转移至槽车或专用收集器内。

229. 1-((2-(1,1-二甲基乙基)-环己基)氧)-2-丁醇

标　识

中文名称　1-((2-(1,1-二甲基乙基)-环己基)氧)-2-丁醇

英文名称　2-Butanol, 1-((2-(1,1-dimethylethyl) cyclohexyl) oxy)-; 1-((2-tert-Butyl) cyclohexyloxy)-2-butanol

分子式　$C_{14}H_{28}O_2$

CAS 号　139504-68-0

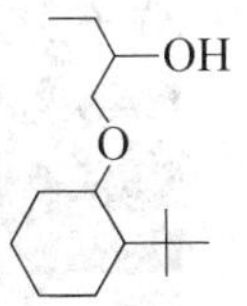

危害信息

燃烧与爆炸危险性　可燃。

禁忌物　强氧化剂、酸类。

侵入途径　吸入、食入。

环境危害　对水生生物有毒，可能在水生环境中造成长期不利影响。

理化特性与用途

理化特性　无色透明液体。不溶于水，溶于乙醇。沸点 272~273℃，相对密度(水=1) 0.931~0.941，饱和蒸气压 0.1Pa(25℃)，辛醇/水分配系数 3.86，闪点 110℃(闭杯)。

主要用途　在化妆品中用作溶剂。

包装与储运

包装标志　杂类

包装类别　Ⅲ类

安全储运　储存于阴凉、通风的库房。远离火种、热源。应与强氧化剂、酸类等隔离储运。

紧急处置信息

急救措施

吸入：脱离接触。如有不适感，就医。

眼睛接触：分开眼睑，用流动清水或生理盐水冲洗。如有不适感，就医。

皮肤接触：脱去污染的衣着，用流动清水冲洗。如有不适感，就医。

食入：漱口，饮水。就医。

灭火方法　消防人员须穿全身消防服，佩戴空气呼吸器，在上风向灭火。尽可能将容器从火场移至空旷处。喷水保持火场容器冷却，直至灭火结束。处在火场中的容器若发生异常变化或发出异常声音，须马上撤离。

灭火剂：二氧化碳、泡沫。

泄漏应急处置　根据液体流动和蒸气扩散的影响区域划定警戒区，无关人员从侧风、上风向撤离至安全区。消除所有点火源。建议应急处理人员戴防毒面具，穿防护服。穿上适当的防护服前严禁接触破裂的容器和泄漏物。尽可能切断泄漏源。防止泄漏物进入水体、下水道、地下室或有限空间。小量泄漏：用干燥的砂土或其他不燃材料吸收或覆盖，收集

于容器中。大量泄漏：构筑围堤或挖坑收容。用泵转移至槽车或专用收集器内。

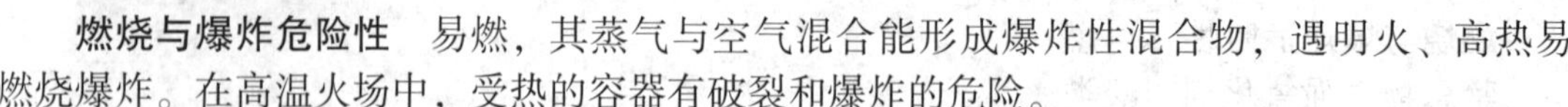

230. N,N-二甲基乙酰胺

标 识

中文名称 N,N-二甲基乙酰胺

英文名称 N,N-Dimethylacetamide；Dimethylacetamide

分子式 C_4H_9NO

CAS 号 127-19-5

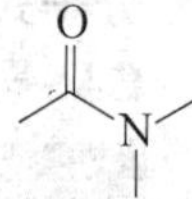

危害信息

燃烧与爆炸危险性 易燃，其蒸气与空气混合能形成爆炸性混合物，遇明火、高热易燃烧爆炸。在高温火场中，受热的容器有破裂和爆炸的危险。

禁忌物 强氧化剂、强酸。

毒性 大鼠经口 LD_{50}：4300mg/kg；大鼠吸入 LC_{50}：2475ppm(1h)；大鼠经皮 LD_{50}：>2g/kg；兔经皮 LD_{50}：2240mg/kg。

欧盟法规 1272/2008/EC 将本品列为第 1B 类生殖毒物——可能的人类生殖毒物。

中毒表现 大剂量口服为一种强致幻剂。口服中毒出现抑郁、嗜睡、偶有精神障碍和定向障碍。最后有显著幻觉、智力下降及妄想症等。长期高浓度吸入后，可出现神经衰弱综合征和呼吸道刺激症状及不同程度的肝脏损害。

侵入途径 吸入、食入、经皮吸收。

职业接触限值 中国：PC-TWA 20mg/m^3[皮]。

美国(ACGIH)：TLV-TWA 10ppm[皮]。

理化特性与用途

理化特性 无色透明液体，稍有胺的气味。与水混溶，混溶于多数有机溶剂。熔点-20℃，沸点 165℃，相对密度(水=1)0.94，相对蒸气密度(空气=1)3.01，饱和蒸气压 0.27kPa(25℃)，临界温度 385℃，临界压力 4.02MPa，辛醇/水分配系数-0.77，闪点 63℃(闭杯)、70℃(开杯)，引燃温度 490℃，爆炸下限 1.8%，爆炸上限 11.5%。

主要用途 用作溶剂，用于合成抗菌素和农药杀虫剂，还可用作反应的催化剂、电解溶剂、油漆清除剂以及多种结晶性的溶剂加合物和络合物。

包装与储运

安全储运 储存于阴凉、通风的库房。远离火种、热源。保持容器密闭。应与强氧化剂、强酸等隔离储运。搬运时轻装轻卸，防止容器受损。

紧急处置信息

急救措施

吸入： 迅速脱离现场至空气新鲜处。保持呼吸道通畅。如呼吸困难，给输氧。呼吸、心跳停止，立即进行心肺复苏术。就医。

眼睛接触： 立即分开眼睑，用流动清水或生理盐水彻底冲洗。就医。

皮肤接触：立即脱去污染的衣着，用肥皂水和清水彻底冲洗。就医。

食入：漱口，饮水。就医。

灭火方法 防人员须穿全身消防服，在上风向灭火。尽可能将容器从火场移至空旷处。喷水保持火场容器冷却直至灭火结束。

灭火剂：泡沫、干粉、二氧化碳。

泄漏应急处置 根据液体流动和蒸气扩散的影响区域划定警戒区，无关人员从侧风、上风向撤离至安全区。消除所有点火源。建议应急处理人员戴正压自给式呼吸器，穿防毒、防静电服，戴橡胶耐油手套。作业时使用的所有设备应接地。禁止接触或跨越泄漏物。尽可能切断泄漏源。防止泄漏物进入水体、下水道、地下室或有限空间。小量泄漏：用砂土或其他不燃材料吸收。使用洁净的无火花工具收集吸收材料。大量泄漏：构筑围堤或挖坑收容。用泡沫覆盖，减少蒸发。用防爆泵转移至槽车或专用收集器内。

231. 二甲基乙氧基硅烷

标　识

中文名称 二甲基乙氧基硅烷

英文名称 Ethoxydimethylsilane；Dimethyl ethoxy silane

分子式 $C_4H_{12}OSi$

CAS 号 14857-34-2

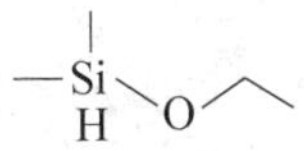

危害信息

危险性类别 第 3 类 易燃液体

燃烧与爆炸危险性 易燃，其蒸气与空气混合能形成爆炸性混合物，遇明火、高热易燃烧爆炸。

禁忌物 氧化剂、酸类。

毒性 大鼠经口 *LDLo*：5g/kg；大鼠吸入 *LC*：>4000ppm(4h)。

中毒表现 对皮肤和呼吸道有刺激性。有麻醉作用。

侵入途径 吸入、食入。

职业接触限值 美国(ACGIH)：TLV-TWA 0.5ppm；TLV-STEL 1.5ppm。

理化特性 无色透明液体。沸点 54~55℃，相对密度 0.76，闪点 15℃。

主要用途 用作合成聚硅氧烷、硅烷耦合剂的中间体。

包装与储运

包装标志 易燃液体

包装类别 Ⅱ类

安全储运 储存于阴凉、通风的库房。远离火种、热源。库温不宜超过 37℃。保持容器密封。应与氧化剂、酸类等分开存放，切忌混储。采用防爆型照明、通风设施。禁止使用易产生火花的机械设备和工具。灌装时注意流速，防止静电积聚。储区应备有泄漏应急处理设备和合适的收容材料。搬运时轻装轻卸，防止容器受损。

紧急处置信息

急救措施

吸入：迅速脱离现场至空气新鲜处。保持呼吸道通畅。如呼吸困难，给输氧。呼吸、心跳停止，立即进行心肺复苏术。就医。

眼睛接触：立即分开眼睑，用流动清水或生理盐水彻底冲洗。就医。

皮肤接触：立即脱去污染的衣着，用肥皂水和清水彻底冲洗。就医。

食入：漱口，饮水。就医。

灭火方法　消防人员须穿全身消防服，佩戴空气呼吸器，在上风向灭火。尽可能将容器从火场移至空旷处。喷水保持火场容器冷却，直至灭火结束。处在火场中的容器若发生异常变化或发出异常声音，须马上撤离。

灭火剂：干粉、二氧化碳、泡沫。

泄漏应急处置　根据液体流动和蒸气扩散的影响区域划定警戒区，无关人员从侧风、上风向撤离至安全区。消除所有点火源。建议应急处理人员戴正压自给式呼吸器，穿防毒、防静电服，戴橡胶耐油手套。作业时使用的所有设备应接地。禁止接触或跨越泄漏物。尽可能切断泄漏源。防止泄漏物进入水体、下水道、地下室或有限空间。小量泄漏：用砂土或其他不燃材料吸收。使用洁净的无火花工具收集吸收材料。大量泄漏：构筑围堤或挖坑收容。用泡沫覆盖，减少蒸发。喷水雾能减少蒸发，但不能降低泄漏物在有限空间内的易燃性。用防爆泵转移至槽车或专用收集器内。

232. 1-((2,5-二甲氧基苯基)偶氮)-2-萘酚

标　识

中文名称　1-((2,5-二甲氧基苯基)偶氮)-2-萘酚

英文名称　1-(2,5-(Dimethoxyphenyl)azo)-2-naphthalenol; Citrus Red No. 2

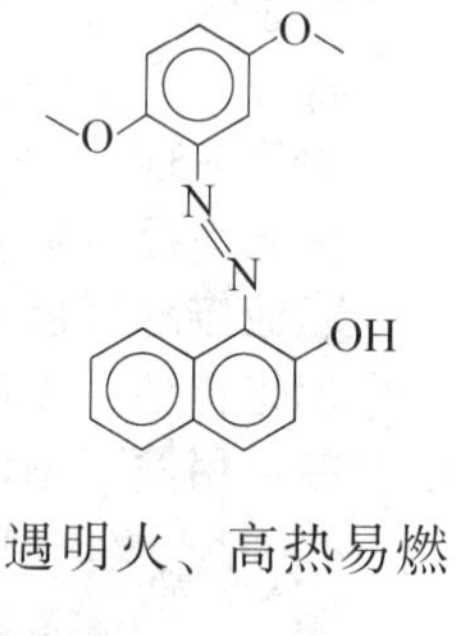

别名　柑橘红2号

分子式　$C_{18}H_{16}N_2O_3$

CAS号　6358-53-8

危害信息

燃烧与爆炸危险性　可燃，粉体与空气混合能形成爆炸性混合物，遇明火、高热易燃烧爆炸。

禁忌物　强氧化剂。

毒性　IARC致癌性评论：G2B，可疑人类致癌物。

侵入途径　吸入、食入。

理化特性与用途

理化特性　橙色至黄色固体，或深红色粉末。微溶于水，部分溶于乙醇、植物油。熔点155~157℃，沸点477~478℃，辛醇/水分配系数5.67，闪点241.67℃(闭杯)。

主要用途　用作着色剂。

包装与储运

安全储运 储存于阴凉、通风的库房。远离火种、热源。保持容器密闭。应与强氧化剂等隔离储运。

紧急处置信息

急救措施

吸入: 迅速脱离现场至空气新鲜处。保持呼吸道通畅。如呼吸困难，给输氧。呼吸、心跳停止，立即进行心肺复苏术。就医。

眼睛接触: 立即分开眼睑，用流动清水或生理盐水彻底冲洗。就医。

皮肤接触: 立即脱去污染的衣着，用肥皂水和清水彻底冲洗。就医。

食入: 漱口，饮水。就医。

灭火方法 消防人员须穿全身消防服，佩戴空气呼吸器，在上风向灭火。尽可能将容器从火场移至空旷处。喷水保持火场容器冷却，直至灭火结束。

灭火剂：干粉、二氧化碳。

泄漏应急处置 隔离泄漏污染区，限制出入。消除所有点火源。建议应急处理人员戴防尘口罩，穿防毒服，戴橡胶手套。尽可能切断泄漏源。用塑料布覆盖泄漏物，减少飞散。勿使水进入包装容器内。用洁净的铲子收集泄漏物，置于干净、干燥、盖子较松的容器中，将容器移离泄漏区。

233. 4,6-二甲氧基-2-(苯氧基羰基)氨基嘧啶

标 识

中文名称 4,6-二甲氧基-2-(苯氧基羰基)氨基嘧啶

英文名称 Phenyl *N*-(4,6-dimethoxypyrimidin-2-yl) carbamate

别名 2-((苯氧基羰基)氨基)-4,6-二甲氧基嘧啶

分子式 $C_{13}H_{13}N_3O_4$

CAS 号 89392-03-0

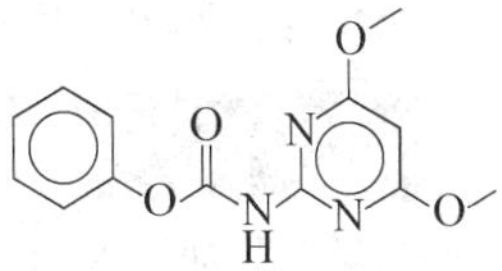

危害信息

燃烧与爆炸危险性 无特殊燃爆特性。

中毒表现 对皮肤有致敏性。

侵入途径 吸入、食入。

环境危害 对水生生物有毒，可能在水生环境中造成长期不利影响。

理化特性与用途

理化特性 白色结晶或粉末。微溶于水。相对密度(水=1)1.317，辛醇/水分配系数 1.05。

主要用途 用作有机合成中间体、除草剂中间体。

包装与储运

包装标志 杂类

包装类别 Ⅲ类

安全储运 储存于阴凉、通风的库房。远离火种、热源。保持容器密闭。应与强氧化剂等隔离储运。

紧急处置信息

急救措施

吸入：迅速脱离现场至空气新鲜处。保持呼吸道通畅。如呼吸困难，给输氧。呼吸、心跳停止，立即进行心肺复苏术。就医。

眼睛接触：立即分开眼睑，用流动清水或生理盐水彻底冲洗。就医。

皮肤接触：立即脱去污染的衣着，用肥皂水和清水彻底冲洗。就医。

食入：漱口，饮水。就医。

灭火方法 消防人员须穿全身消防服，佩戴空气呼吸器，在上风向灭火。尽可能将容器从火场移至空旷处。

根据着火原因选择适当灭火剂灭火。

泄漏应急处置 隔离泄漏污染区，限制出入。建议应急处理人员戴防尘口罩，穿防毒服，戴防护手套。穿上适当的防护服前严禁接触破裂的容器和泄漏物。尽可能切断泄漏源。用塑料布覆盖泄漏物，减少飞散。勿使水进入包装容器内。用洁净的铲子收集泄漏物，置于干净、干燥、盖子较松的容器中，将容器移离泄漏区。

234. 1,2-二甲氧基丙烷

标　识

中文名称 1,2-二甲氧基丙烷

英文名称 1,2-Dimethoxypropane; Propylene glycol dimethyl ether

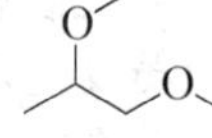

分子式 $C_5H_{12}O_2$

CAS 号 7778-85-0

危害信息

危险性类别 第3类 易燃液体

燃烧与爆炸危险性 易燃，其蒸气与空气混合能形成爆炸性混合物，遇明火、高热易燃烧爆炸。

禁忌物 氧化剂、强酸。

毒性 大鼠吸入 *LCLo*：14856ppm(4h)。

侵入途径 吸入、食入。

理化特性与用途

理化特性 无色透明液体。溶于水，与甲醇、四氢呋喃、二甲基甲酰胺、二甲亚砜、甲乙酮互溶。熔点-72℃，沸点 96℃，相对密度(水=1)0.855，饱和蒸气压 11.25kPa(25℃)，辛醇/水分配系数-0.09，闪点 1℃。

主要用途 用于电化学、极性有机反应等化学工艺领域，也可以用于医药、农药等化学产品，广泛用于清洗剂、助溶剂、有机合成反应溶剂、添加剂和润湿剂等。

包装与储运

包装标志 易燃液体

包装类别 Ⅱ类

安全储运 储存于阴凉、通风的库房。远离火种、热源，避免阳光直射。储存温度不超过37℃。保持容器密闭。炎热季节早晚运输，应与氧化剂、强酸等隔离储运。禁止使用易产生火花的机械设备和工具。灌装时注意流速，防止静电积聚。搬运时轻装轻卸，防止容器受损。

紧急处置信息

急救措施

吸入：迅速脱离现场至空气新鲜处。保持呼吸道通畅。如呼吸困难，给输氧。呼吸、心跳停止，立即进行心肺复苏术。就医。

眼睛接触：立即分开眼睑，用流动清水或生理盐水彻底冲洗。就医。

皮肤接触：立即脱去污染的衣着，用肥皂水和清水彻底冲洗。就医。

食入：漱口，饮水。就医。

灭火方法 消防人员须穿全身消防服，佩戴空气呼吸器，在上风向灭火。尽可能将容器从火场移至空旷处。喷水保持火场容器冷却，直至灭火结束。处在火场中的容器若发生异常变化，须马上撤离。

灭火剂：干粉、二氧化碳、抗溶性泡沫。

泄漏应急处置 根据液体流动和蒸气扩散的影响区域划定警戒区，无关人员从侧风、上风向撤离至安全区。消除所有点火源。建议应急处理人员戴正压自给式呼吸器，穿防静电服，戴橡胶手套。作业时使用的所有设备应接地。禁止接触或跨越泄漏物。尽可能切断泄漏源。防止泄漏物进入水体、下水道、地下室或有限空间。小量泄漏：用砂土或其他不燃材料吸收。使用洁净的无火花工具收集吸收材料。大量泄漏：构筑围堤或挖坑收容。用泡沫覆盖，减少蒸发。喷水雾能减少蒸发，但不能降低泄漏物在有限空间内的易燃性。用防爆泵转移至槽车或专用收集器内。

235. 3,3′-((3,3′-二甲氧基-4,4′-二亚苯基)双(偶氮))双(5-氨基-4-羟基-2,7-萘二磺酸)四钠盐

标　　识

中文名称 3,3′-((3,3′-二甲氧基-4,4′-二亚苯基)双(偶氮))双(5-氨基-4-羟基-2,7-萘二磺酸)四钠盐

英文名称 Tetra-sodium 3,3′-((3,3′-dimethoxy(4,4′-biphenylene) bis (azo)) bis (5-amino-4-hydroxy-2,7-naphthalene disulfonate; C. I. Direct Blue 15; Direct Sky Blue

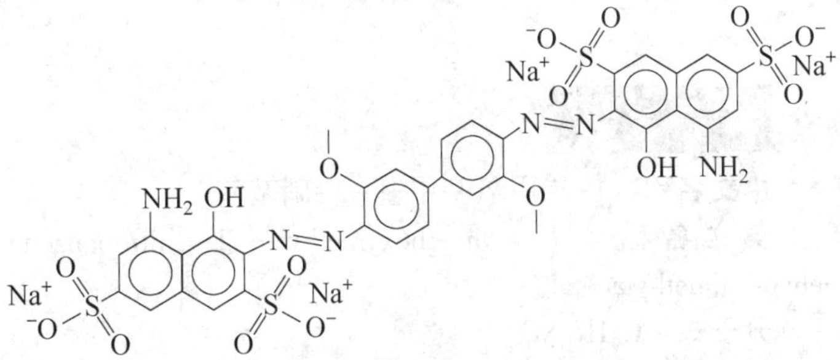

别名 直接湖蓝5B

分子式 $C_{34}H_{24}N_6O_{16}S_4 \cdot 4Na$

CAS 号 2429-74-5

危害信息

燃烧与爆炸危险性 可燃，粉体与空气混合能形成爆炸性混合物，遇明火、高热易燃烧爆炸。

禁忌物 强氧化剂。

毒性 IARC 致癌性评论：G2B，可疑人类致癌物。

侵入途径 吸入、食入。

理化特性与用途

理化特性 深紫色至深蓝色结晶粉末。溶于水，不溶于许多有机溶剂。熔点>300℃（分解），辛醇/水分配系数 0.71。

主要用途 用于棉、麻、丝、锦纶、粘胶等纤维的染色；也可用于皮革、纸浆的着色；也用作生物染色剂。

包装与储运

安全储运 储存于阴凉、通风的库房。远离火种、热源。保持容器密闭。应与强氧化剂等隔离储运。

紧急处置信息

急救措施

吸入： 迅速脱离现场至空气新鲜处。保持呼吸道通畅。如呼吸困难，给输氧。呼吸、心跳停止，立即进行心肺复苏术。就医。

眼睛接触： 立即分开眼睑，用流动清水或生理盐水彻底冲洗。就医。

皮肤接触： 立即脱去污染的衣着，用肥皂水和清水彻底冲洗。就医。

食入： 漱口，饮水。就医。

灭火方法 消防人员须穿全身消防服，在上风向灭火。尽可能将容器从火场移至空旷处。

灭火剂：干粉、二氧化碳。

泄漏应急处置 隔离泄漏污染区，限制出入。建议应急处理人员戴防尘口罩，穿防毒服，戴橡胶手套。穿上适当的防护服前严禁接触破裂的容器和泄漏物。尽可能切断泄漏源。用塑料布覆盖泄漏物，减少飞散。勿使水进入包装容器内。用洁净的铲子收集泄漏物，置于干净、干燥、盖子较松的容器中，将容器移离泄漏区。

236. 1-二甲氧基甲基-2-硝基苯

标　识

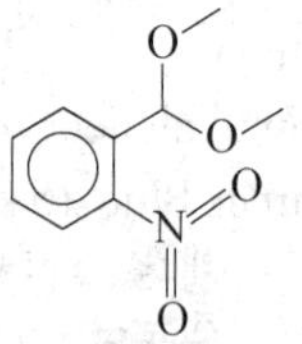

中文名称 1-二甲氧基甲基-2-硝基苯

英文名称 1-Dimethoxymethyl-2-nitrobenzene；2-Nitrobenzaldehyde dimethylacetal

分子式 $C_9H_{11}NO_4$

CAS 号 20627-73-0

危害信息

燃烧与爆炸危险性 可燃。

禁忌物 强氧化剂。

毒性 大鼠经口 LD_{50}：3420mg/kg；大鼠吸入 LC_{50}：>143mg/m^3(7h)。

中毒表现 对皮肤有致敏性。

侵入途径 吸入、食入。

环境危害 对水生生物有毒，可能在水生环境中造成长期不利影响。

理化特性与用途

理化特性 沸点 275℃，相对密度(水=1)1.201，饱和蒸气压 1.17Pa(25℃)，闪点 117.8℃。

主要用途 用作有机合成和医药中间体。

包装与储运

包装标志 杂类

包装类别 Ⅲ类

安全储运 储存于阴凉、通风的库房。远离火种、热源。保持容器密闭。应与强氧化剂等隔离储运。

紧急处置信息

急救措施

吸入：迅速脱离现场至空气新鲜处。保持呼吸道通畅。如呼吸困难，给输氧。呼吸、心跳停止，立即进行心肺复苏术。就医。

眼睛接触：立即分开眼睑，用流动清水或生理盐水彻底冲洗。就医。

皮肤接触：立即脱去污染的衣着，用肥皂水和清水彻底冲洗。就医。

食入：漱口，饮水。就医。

灭火方法 消防人员须穿全身消防服，佩戴空气呼吸器，在上风向灭火。尽可能将容器从火场移至空旷处。喷水保持火场容器冷却，直至灭火结束。处在火场中的容器若发生异常变化或发出异常声音，须马上撤离。

灭火剂：二氧化碳、泡沫。

泄漏应急处置 根据液体流动和蒸气扩散的影响区域划定警戒区，无关人员从侧风、上风向撤离至安全区。消除所有点火源。建议应急处理人员戴防毒面具，穿防护服。穿上适当的防护服前严禁接触破裂的容器和泄漏物。尽可能切断泄漏源。防止泄漏物进入水体、下水道、地下室或有限空间。小量泄漏：用干燥的砂土或其他不燃材料吸收或覆盖，收集于容器中。大量泄漏：构筑围堤或挖坑收容。用泵转移至槽车或专用收集器内。

237. 二甲氧基双(1-甲基乙基)硅烷

标　识

中文名称 二甲氧基双(1-甲基乙基)硅烷

237. 二甲氧基双(1-甲基乙基)硅烷

英文名称 Bis(1-methylethyl)-dimethoxysilane

别名 二异丙基二甲氧基硅烷

分子式 $C_8H_{20}O_2Si$

CAS 号 18230-61-0

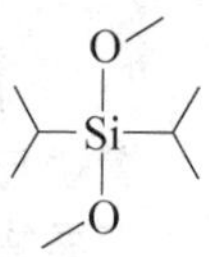

危害信息

危险性类别 第3类 易燃液体

燃烧与爆炸危险性 易燃，蒸气与空气混合能形成爆炸性混合物，遇明火、高热易燃烧爆炸。

禁忌物 氧化剂。

中毒表现 对皮肤有刺激性和致敏性。

侵入途径 吸入、食入。

环境危害 对水生生物有害，可能在水生环境中造成长期不利影响。

理化特性与用途

理化特性 无色至淡黄色透明液体。不溶于水，易溶于甲醇、异丙醇、甲苯等。熔点<-76℃，沸点164℃，相对密度(水=1)0.88，饱和蒸气压0.33kPa(25℃)，辛醇/水分配系数3.8，闪点43℃，引燃温度240℃。

主要用途 用作合成树脂的原料，用于制造精细化学品。

包装与储运

包装标志 易燃液体

包装类别 Ⅲ类

安全储运 储存于阴凉、通风的库房。远离火种、热源。库温不宜超过37℃。保持容器密封。应与氧化剂分开存放，切忌混储。采用防爆型照明、通风设施。禁止使用易产生火花的机械设备和工具。灌装时注意流速，防止静电积聚。储区应备有泄漏应急处理设备和合适的收容材料。搬运时轻装轻卸，防止容器受损。

紧急处置信息

急救措施

吸入：迅速脱离现场至空气新鲜处。保持呼吸道通畅。如呼吸困难，给输氧。呼吸、心跳停止，立即进行心肺复苏术。就医。

眼睛接触：立即分开眼睑，用流动清水或生理盐水彻底冲洗。就医。

皮肤接触：立即脱去污染的衣着，用肥皂水和清水彻底冲洗。就医。

食入：漱口，饮水。就医。

灭火方法 消防人员须穿全身消防服，佩戴空气呼吸器，在上风向灭火。尽可能将容器从火场移至空旷处。处在火场中的容器若发生异常变化或发出异常声音，须马上撤离。

灭火剂：泡沫、二氧化碳、干粉、砂土。

泄漏应急处置 根据液体流动和蒸气扩散的影响区域划定警戒区，无关人员从侧风、上风向撤离至安全区。消除所有点火源。建议应急处理人员戴正压自给式呼吸器，穿防静电服，戴橡胶耐油手套。作业时使用的所有设备应接地。禁止接触或跨越泄漏物。尽可能切断泄漏源。防止泄漏物进入水体、下水道、地下室或有限空间。小量泄漏：用砂土或其他不燃材料吸收。使用洁净的无火花工具收集吸收材料。大量泄漏：构筑围堤或挖坑收容。用泡沫覆盖，减少蒸发。喷水雾能减少蒸发，但不能降低泄漏物在有限空间内的易燃性。

用防爆泵转移至槽车或专用收集器内。

238. 二苦胺铵盐

标　识

中文名称　二苦胺铵盐

英文名称　Dipicrylamine, ammonium salt; Benzenamine, 2,4,6-trinitro-*N*-(2,4,6-trinitrophenyl)-, ammonium salt

别名　六硝基二苯胺铵盐

分子式　$C_{12}H_8N_8O_{12}$

CAS 号　2844-92-0

铁危编号　11074

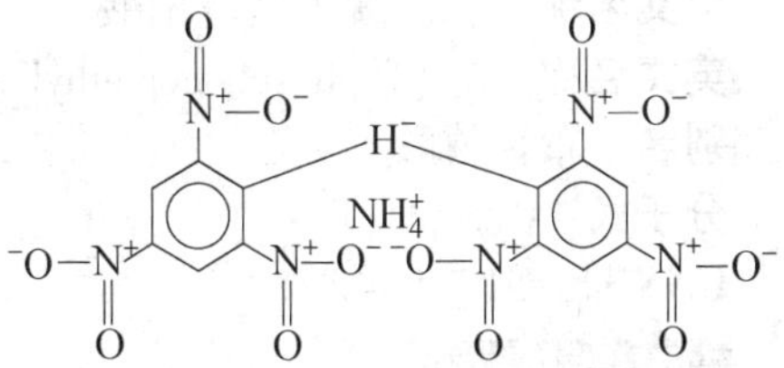

危害信息

危险性类别　第 1 类　爆炸品

燃烧与爆炸危险性　易爆。

禁忌物　氧化剂、酸类。

中毒表现　食入、吸入或经皮肤吸收可致死。长期或反复接触可能对器官造成损害。

侵入途径　吸入、食入、经皮吸收。

环境危害　对水生生物有毒，可能在水生环境中造成长期不利影响。

理化特性与用途

理化特性　红棕色结晶。微溶于水。

主要用途　检定钾盐。线粒体染色。显微照相中滤光器。

包装与储运

包装标志　爆炸品，有毒品

安全储运　应润湿储存于阴凉、通风仓库内。储存于阴凉、干燥、通风的爆炸品专用库房。库温不超过 32℃。相对湿度不超过 80%。若含有水作稳定剂，库温不低于 1℃。相对湿度小于 80%。远离火种、热源。防止阳光直射。保持容器密封，严禁与空气接触。应与氧化剂、酸类、食用化学品等分开存放，切忌混储。配备相应品种和数量的消防器材。储区应备有合适的材料收容泄漏物。禁止震动、撞击和摩擦。

紧急处置信息

急救措施

吸入：迅速脱离现场至空气新鲜处。保持呼吸道通畅。如呼吸困难，给输氧。呼吸、心跳停止，立即进行心肺复苏术。就医。

眼睛接触：立即分开眼睑，用流动清水或生理盐水彻底冲洗。就医。

皮肤接触：立即脱去污染的衣着，用流动清水彻底冲洗。就医。

食入：饮适量温水，催吐(仅限于清醒者)。就医。

灭火方法　消防人员须在防爆掩蔽处操作。遇大火切勿轻易接近。在物料附近失火，须用水保持容器冷却。用大量水灭火。禁止用砂土盖压。

泄漏应急处置 消除所有点火源。隔离泄漏污染区，限制出入。建议应急处理人员戴防尘口罩，穿防毒服，戴防化学品手套。作业时使用的所有设备应接地。禁止接触或跨越泄漏物。润湿泄漏物。严禁设法扫除干的泄漏物。在专家指导下清除。

239. 二磷酰甲基琥珀酸

标　识

中文名称 二磷酰甲基琥珀酸

英文名称 2-(Diphosphonomethyl)succinic acid; Butedronic acid

别名 布替膦酸

分子式 $C_5H_{10}O_{10}P_2$

CAS 号 51395-42-7

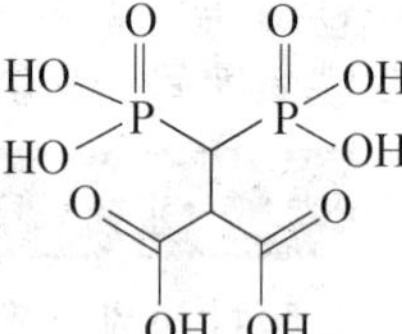

危害信息

危险性类别 第 8 类 腐蚀品

燃烧与爆炸危险性 可燃。

禁忌物 氧化剂、碱类。

中毒表现 对眼和皮肤有腐蚀性。对皮肤有致敏性。

侵入途径 吸入、食入。

理化特性与用途

理化特性 固体。易溶于水。熔点 150℃，沸点 701℃，相对密度(水=1)2.1，辛醇/水分配系数-3.07，闪点 378℃。

主要用途 是诊断用药。

包装与储运

包装标志 腐蚀品

包装类别 Ⅱ类

安全储运 储存于阴凉、通风的库房。远离火种、热源。库温不超过 32℃。相对湿度不超过 80%。保持容器密封。应与氧化剂、碱类、食用化学品分开存放，切忌混储。储区应备有泄漏应急处理设备和合适的收容材料。

紧急处置信息

急救措施

吸入： 迅速脱离现场至空气新鲜处。保持呼吸道通畅。如呼吸困难，给输氧。呼吸、心跳停止，立即进行心肺复苏术。就医。

眼睛接触： 立即分开眼睑，用流动清水或生理盐水彻底冲洗 5~10min。就医。

皮肤接触： 立即脱去污染的衣着，用大量流动清水彻底冲洗，冲洗时间一般要求 20~30min。就医。

食入： 用水漱口，禁止催吐。给饮牛奶或蛋清。就医。

灭火方法 消防人员须穿耐腐蚀性消防服，佩戴空气呼吸器，在上风向灭火。尽可能将容器从火场移至空旷处。

根据着火原因选择适当灭火剂灭火。

泄漏应急处置 隔离泄漏污染区，限制出入。建议应急处理人员戴防尘口罩，穿防酸碱服，戴耐酸碱手套。穿上适当的防护服前严禁接触破裂的容器和泄漏物。尽可能切断泄漏源。用塑料布覆盖泄漏物，减少飞散。勿使水进入包装容器内。用洁净的铲子收集泄漏物，置于干净、干燥、盖子较松的容器中，将容器移离泄漏区。

240. 二硫化三镍

标识

中文名称 二硫化三镍

英文名称 Nickel subsulphide；Trinickel disulphide

别名 次硫化镍;硫化镍

分子式 Ni_3S_2

CAS 号 12035-72-2

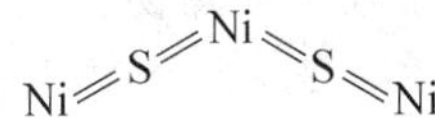

危害信息

燃烧与爆炸危险性 可燃，受热易放出具有刺激性的有毒气体。在高温火场中，受热的容器有破裂和爆炸的危险。

禁忌物 还原剂、酸类。

毒性 大鼠经口 LD_{50}：>5g/kg。

IARC 致癌性评论：G1，确认人类致癌物。

欧盟法规 1272/2008/EC 将本品列为第 1A 类致癌物——已知对人类有致癌能力；第 2 类生殖细胞致突变物——由于可能导致人类生殖细胞可遗传突变而引起人们关注的物质。

中毒表现 本品对皮肤的影响在生产中较为常见，主要表现为皮炎或过敏性湿疹。皮疹有强烈的瘙痒，称镍痒症。镍工可患过敏性肺炎、支气管炎、支气管肺炎、肾上腺皮质功能不全等。镍有致癌性。

侵入途径 吸入、食入。

职业接触限值 中国：PC-TWA 1mg/m^3[按 Ni 计][G1]。

美国(ACGIH)：TLV-TWA 0.2mg/m^3[按 Ni 计]。

环境危害 对水生生物有毒，可能在水生环境中造成长期不利影响。

理化特性与用途

理化特性 有金属光泽的淡黄色至古铜色结晶或有光泽的金黄绿色粉末。不溶于冷水，溶于硝酸。熔点 790℃，相对密度(水=1)5.82，饱和蒸气压 0.27kPa(1400℃)。

主要用途 用于锂电池。

包装与储运

包装标志 杂类

包装类别 Ⅲ类

安全储运　储存于阴凉、通风的库房。远离火种、热源。保持容器密闭。应与还原剂、酸类等隔离储运。

紧急处置信息

急救措施

吸入：迅速脱离现场至空气新鲜处。保持呼吸道通畅。如呼吸困难，给输氧。呼吸、心跳停止，立即进行心肺复苏术。就医。

眼睛接触：立即分开眼睑，用流动清水或生理盐水彻底冲洗。就医。

皮肤接触：立即脱去污染的衣着，用肥皂水和清水彻底冲洗。就医。

食入：漱口，饮水。就医。

灭火方法　消防人员须穿全身消防服，佩戴空气呼吸器，在上风向灭火。尽可能将容器从火场移至空旷处。喷水保持火场容器冷却，直至灭火结束。

灭火剂：干粉、二氧化碳。

泄漏应急处置　隔离泄漏污染区，限制出入。消除点火源。建议应急处理人员戴防尘口罩，穿防毒服，戴防化学品手套。穿上适当的防护服前严禁接触破裂的容器和泄漏物。尽可能切断泄漏源。用塑料布覆盖泄漏物，减少飞散。勿使水进入包装容器内。用洁净的铲子收集泄漏物，置于干净、干燥、盖子较松的容器中，将容器移离泄漏区。

241. 二硫化四苄基秋兰姆

标　识

中文名称　二硫化四苄基秋兰姆

英文名称　Tetrakis(phenylmethyl)thioperoxydi(carbothioamide)

别名　橡胶促进剂 TBzTD

分子式　$C_{30}H_{28}N_2S_4$

CAS 号　10591-85-2

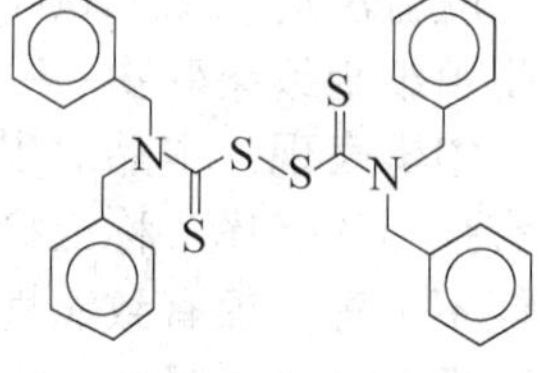

危害信息

燃烧与爆炸危险性　无特殊燃爆特性。

禁忌物　强氧化剂。

毒性　大鼠经口 LD_{50}：>5000mg/kg；大鼠吸入 LC_{50}：>5.03mg/L(4h)。

侵入途径　吸入、食入。

环境危害　可能在水生环境中造成长期不利影响。

理化特性与用途

理化特性　淡黄色或乳白色粉末。不溶于水。熔点≥124℃，相对密度(水=1)1.31，辛醇/水分配系数 8.77。

主要用途　作为快速硫化促进剂用于 NR、SBR、NBR 橡胶硫化中。

包装与储运

安全储运　储存于阴凉、通风的库房。远离火种、热源。应与强氧化剂等隔离储运。

紧急处置信息

急救措施

吸入：迅速脱离现场至空气新鲜处。保持呼吸道通畅。如呼吸困难，给输氧。呼吸、心跳停止，立即进行心肺复苏术。就医。

眼睛接触：立即分开眼睑，用流动清水或生理盐水彻底冲洗。就医。

皮肤接触：立即脱去污染的衣着，用肥皂水和清水彻底冲洗。就医。

食入：漱口，饮水。就医。

灭火方法 消防人员须穿全身消防服，佩戴空气呼吸器，在上风向灭火。尽可能将容器从火场移至空旷处。

根据着火原因选择适当灭火剂灭火。

泄漏应急处置 隔离泄漏污染区，限制出入。建议应急处理人员戴防尘口罩，穿防护服。穿上适当的防护服前严禁接触破裂的容器和泄漏物。尽可能切断泄漏源。用塑料布覆盖泄漏物，减少飞散。勿使水进入包装容器内。用洁净的铲子收集泄漏物，置于干净、干燥、盖子较松的容器中，将容器移离泄漏区。

242. 2-(2,4-二氯苯基)-2-(2-丙烯基)环氧乙烷

标　识

中文名称 2-(2,4-二氯苯基)-2-(2-丙烯基)环氧乙烷

英文名称 2-(2,4-Dichlorophenyl)-2-(2-propenyl)oxirane

分子式 $C_{11}H_{10}Cl_2O$

CAS 号 89544-48-9

O
Cl Cl

危害信息

燃烧与爆炸危险性 可燃。

禁忌物 强氧化剂。

中毒表现 对皮肤有刺激性和致敏性。

侵入途径 吸入、食入。

环境危害 对水生生物有极高毒性，可能在水生环境中造成长期不利影响。

理化特性与用途

理化特性 不溶于水。沸点 295℃，相对密度(水 = 1) 1.272，饱和蒸气压 0.37Pa (25℃)，辛醇/水分配系数 3.57，闪点 94℃。

包装与储运

包装标志 杂类

包装类别 Ⅲ类

安全储运 储存于阴凉、通风的库房。远离火种、热源。保持容器密闭。应与强氧化剂等隔离储运。

紧急处置信息

急救措施

吸入：迅速脱离现场至空气新鲜处。保持呼吸道通畅。如呼吸困难，给输氧。呼吸、心跳停止，立即进行心肺复苏术。就医。

眼睛接触：立即分开眼睑，用流动清水或生理盐水彻底冲洗。就医。

皮肤接触：立即脱去污染的衣着，用肥皂水和清水彻底冲洗。就医。

食入：漱口，饮水。就医。

灭火方法 消防人员须穿全身消防服，佩戴空气呼吸器，在上风向灭火。尽可能将容器从火场移至空旷处。

根据着火原因选择适当灭火剂灭火。

泄漏应急处置 根据液体流动和蒸气扩散的影响区域划定警戒区，无关人员从侧风、上风向撤离至安全区。消除所有点火源。建议应急处理人员戴防毒面具，穿防护服。穿上适当的防护服前严禁接触破裂的容器和泄漏物。尽可能切断泄漏源。防止泄漏物进入水体、下水道、地下室或有限空间。小量泄漏：用干燥的砂土或其他不燃材料吸收或覆盖，收集于容器中。大量泄漏：构筑围堤或挖坑收容。用泵转移至槽车或专用收集器内。

243. (±)-2-(2,4-二氯苯基)-3-(1H-1,2,4-三唑-1-基)-1-丙醇

标　识

中文名称 (±)-2-(2,4-二氯苯基)-3-(1H-1,2,4-三唑-1-基)-1-丙醇

英文名称 (±)-2-(2,4-Dichlorophenyl)-3-(1H-1,2,4-triazol-1-yl)propan-1-ol；2-(2,4-Dichlorophenyl)-3-(1H-1,2,4-triazol-1-yl)propan-1-ol

分子式 $C_{11}H_{11}Cl_2N_3O$

危害信息

燃烧与爆炸危险性 无特殊燃爆特性。

禁忌物 强氧化剂、强酸。

环境危害 对水生生物有害，可能在水生环境中造成长期不利影响。

包装与储运

安全储运 储存于阴凉、通风的库房。远离火种、热源。应与强氧化剂、强酸等隔离储运。

紧急处置信息

灭火方法 消防人员须穿全身消防服，佩戴空气呼吸器，在上风向灭火。尽可能将容器从火场移至空旷处。

根据着火原因选择适当灭火剂灭火。

泄漏应急处置 隔离泄漏污染区，限制出入。建议应急处理人员戴防尘口罩，穿防护服。穿上适当的防护服前严禁接触破裂的容器和泄漏物。尽可能切断泄漏源。用塑料布覆

盖泄漏物，减少飞散。勿使水进入包装容器内。用洁净的铲子收集泄漏物，置于干净、干燥、盖子较松的容器中，将容器移离泄漏区。

244. (±)2-(2,4-二氯苯基)-3-(1H-1,2,4-三唑-1-基)丙基-1,1,2,2-四氟乙基醚

标　识

中文名称　(±)2-(2,4-二氯苯基)-3-(1H-1,2,4-三唑-1-基)丙基-1,1,2,2-四氟乙基醚

英文名称　(±)2-(2,4-Ichlorophenyl)-3-(1H-1,2,4-triazol-1-yl)propyl-1,1,2,2-tetrafluoroethylether; Tetraconazole

别名　四氟醚唑

分子式　$C_{13}H_{11}Cl_2F_4N_3O$

CAS 号　112281-77-3

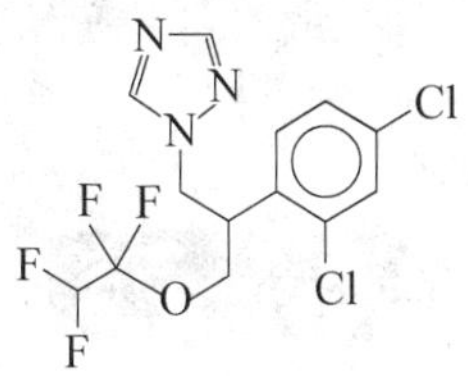

危害信息

燃烧与爆炸危险性　不燃，遇高热易分解。

禁忌物　强氧化剂。

毒性　哺乳动物经口 LD_{50}：1031mg/kg；哺乳动物吸入 LC_{50}：3.66g/m^3(4h)；哺乳动物经皮 LD_{50}：>2000mg/kg。

中毒表现　吸入、食入或经皮肤吸收对身体有害。对眼有中度刺激性。

侵入途径　吸入、食入、经皮吸收。

环境危害　对水生生物有毒，可能在水生环境中造成长期不利影响。

理化特性与用途

理化特性　无色液体，工业品为黄色至黄棕色液体。不溶于水，易溶于1，2-二氯乙烷、丙酮、甲醇。熔点6℃，沸点(分解，240℃)，相对密度(水=1)1.432，饱和蒸气压0.18mPa(20℃)，辛醇/水分配系数3.56。

主要用途　杀菌剂。用于禾谷类、甜菜、葡萄、观赏植物、蔬菜等作物防治白粉病、锈病、黑星病等。

包装与储运

包装标志　杂类

包装类别　Ⅲ类

安全储运　储存于阴凉、通风的库房。远离火种、热源。保持容器密闭。应与强氧化剂等隔离储运。搬运时轻装轻卸，防止容器受损。

紧急处置信息

急救措施

吸入：迅速脱离现场至空气新鲜处。保持呼吸道通畅。如呼吸困难，给输氧。呼吸、心跳停止，立即进行心肺复苏术。就医。

眼睛接触： 立即分开眼睑，用流动清水或生理盐水彻底冲洗。就医。

皮肤接触： 立即脱去污染的衣着，用肥皂水和清水彻底冲洗。就医。

食入： 漱口，饮水。就医。

灭火方法 消防人员须穿全身消防服，在上风向灭火。尽可能将容器从火场移至空旷处。喷水保持火场容器冷却，直至灭火结束。

本品不燃，根据着火原因选择适当灭火剂灭火。

泄漏应急处置 根据液体流动和蒸气扩散的影响区域划定警戒区，无关人员从侧风、上风向撤离至安全区。消除点火源。建议应急处理人员戴防毒面具，穿一般作业工作服，戴橡胶手套。尽可能切断泄漏源。防止泄漏物进入水体、下水道、地下室或有限空间。小量泄漏：用干燥的砂土或其他不燃材料吸收或覆盖，收集于容器中。大量泄漏：构筑围堤或挖坑收容。用泵转移至槽车或专用收集器内。

245. 2-(2,4-二氯苯基)-1-(1H-1,2,4-三唑-1-基)-4-戊烯-2-醇

标 识

中文名称 2-(2,4-二氯苯基)-1-(1H-1,2,4-三唑-1-基)-4-戊烯-2-醇

英文名称 2-(2,4-Dichlorophenyl)-1-(1H-1,2,4-triazol-1-yl) pent-4-en-2-ol

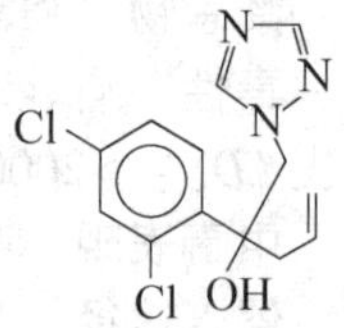

分子式 $C_{13}H_{13}Cl_2N_3O$

CAS 号 89544-40-1

危害信息

燃烧与爆炸危险性 无特殊燃爆特性。

禁忌物 强氧化剂、强酸。

中毒表现 食入有害。眼接触引起严重损害。

侵入途径 吸入、食入。

环境危害 对水生生物有毒，可能在水生环境中造成长期不利影响。

理化特性与用途

理化特性 固体。不溶于水。熔点 106℃，沸点 486℃，相对密度(水=1)1.32，辛醇/水分配系数 2.99。

主要用途 用于杀菌剂。

包装与储运

包装标志 杂类

包装类别 Ⅲ类

安全储运 储存于阴凉、通风的库房。远离火种、热源。应与强氧化剂、强酸等隔离储运。

紧急处置信息

急救措施

吸入：迅速脱离现场至空气新鲜处。保持呼吸道通畅。如呼吸困难，给输氧。呼吸、心跳停止，立即进行心肺复苏术。就医。

眼睛接触：立即分开眼睑，用流动清水或生理盐水彻底冲洗5~10min。就医。

皮肤接触：立即脱去污染的衣着，用肥皂水和清水彻底冲洗。就医。

食入：漱口，饮水。就医。

灭火方法 消防人员须穿全身消防服，佩戴空气呼吸器，在上风向灭火。尽可能将容器从火场移至空旷处。

根据着火原因选择适当灭火剂灭火。

泄漏应急处置 隔离泄漏污染区，限制出入。建议应急处理人员戴防尘口罩，穿防护服。穿上适当的防护服前严禁接触破裂的容器和泄漏物。尽可能切断泄漏源。用塑料布覆盖泄漏物，减少飞散。勿使水进入包装容器内。用洁净的铲子收集泄漏物，置于干净、干燥、盖子较松的容器中，将容器移离泄漏区。

246. 4-(3,4-二氯苯偶氮基)-2,6-仲丁基苯酚

标　识

中文名称 4-(3,4-二氯苯偶氮基)-2,6-仲丁基苯酚

英文名称 4-(3,4-Ichlorophenylazo)-2,6-di-sec-butyl-phenol

分子式 $C_{20}H_{24}Cl_2N_2O$

CAS 号 124719-26-2

HO N N Cl Cl

危害信息

燃烧与爆炸危险性 无特殊燃爆特性。

禁忌物 强氧化剂、碱类。

中毒表现 长期反复接触可能对器官造成损害。对皮肤有刺激性。

侵入途径 吸入、食入。

环境危害 可能在水生环境中造成长期不利影响。

理化特性与用途

理化特性 不溶于水。沸点505℃，相对密度(水=1)1.18，辛醇/水分配系数8.31。

主要用途 医药原料。

包装与储运

安全储运 储存于阴凉、通风的库房。远离火种、热源。应与强氧化剂、碱类等隔离储运。

紧急处置信息

急救措施

吸入：迅速脱离现场至空气新鲜处。保持呼吸道通畅。如呼吸困难，给输氧。呼吸、

心跳停止，立即进行心肺复苏术。就医。

眼睛接触：立即分开眼睑，用流动清水或生理盐水彻底冲洗。就医。

皮肤接触：立即脱去污染的衣着，用肥皂水和清水彻底冲洗。就医。

食入：漱口，饮水。就医。

灭火方法 消防人员须穿全身消防服，佩戴空气呼吸器，在上风向灭火。尽可能将容器从火场移至空旷处。

根据着火原因选择适当灭火剂灭火。

泄漏应急处置 隔离泄漏污染区，限制出入。建议应急处理人员戴防尘口罩，穿防护服。穿上适当的防护服前严禁接触破裂的容器和泄漏物。尽可能切断泄漏源。用塑料布覆盖泄漏物，减少飞散。勿使水进入包装容器内。用洁净的铲子收集泄漏物，置于干净、干燥、盖子较松的容器中，将容器移离泄漏区。

247. (+)-*R*-2-(2,4-二氯苯氧基)丙酸

标 识

中文名称 (+)-*R*-2-(2,4-二氯苯氧基)丙酸

英文名称 (+)-*R*-2-(2,4-Dichlorophenoxy)propionic acid；Dichlorprop-*P*

别名 精2,4-滴丙酸

分子式 $C_9H_8Cl_2O_3$

CAS号 15165-67-0

Cl O OH O Cl

危害信息

燃烧与爆炸危险性 无特殊燃爆特性。

禁忌物 强氧化剂、碱类。

毒性 大鼠经口 LD_{50}：>825mg/kg；大鼠吸入 LC_{50}：7400mg/m^3(4h)；大鼠经皮 LD_{50}：>4g/kg。

中毒表现 食入有害。眼接触引起严重损害。对皮肤有刺激性和致敏性。

侵入途径 吸入、食入、经皮吸收。

环境危害 对水生生物有毒。

理化特性与用途

理化特性 无色结晶。微溶于水，溶于甲苯，易溶于丙酮、乙醇、乙酸乙酯。熔点121~123℃、116~120℃(工业品)，相对密度(水=1)1.47，饱和蒸气压0.062mPa(20℃)。

主要用途 激素型内吸性除草剂，对春蓼、大马蓼特别有效，也可防除猪殃殃和繁缕。

包装与储运

安全储运 储存于阴凉、通风的库房。远离火种、热源。保持容器密闭。应与强氧化剂、碱类等隔离储运。

紧急处置信息

急救措施

吸入：迅速脱离现场至空气新鲜处。保持呼吸道通畅。如呼吸困难，给输氧。呼吸、

心跳停止，立即进行心肺复苏术。就医。

眼睛接触：立即分开眼睑，用流动清水或生理盐水彻底冲洗 5~10min。就医。

皮肤接触：立即脱去污染的衣着，用肥皂水和清水彻底冲洗。就医。

食入：漱口，饮水。就医。

灭火方法 消防人员须穿全身消防服，在上风向灭火。尽可能将容器从火场移至空旷处。喷水保持火场容器冷却，直至灭火结束。

根据着火原因选择适当灭火剂灭火。

泄漏应急处置 隔离泄漏污染区，限制出入。建议应急处理人员戴防尘口罩，穿防护服，戴橡胶手套。穿上适当的防护服前严禁接触破裂的容器和泄漏物。尽可能切断泄漏源。用塑料布覆盖泄漏物，减少飞散。勿使水进入包装容器内。用洁净的铲子收集泄漏物，置于干净、干燥、盖子较松的容器中，将容器移离泄漏区。

248. 2,4-二氯苯氧基乙基硫酸酯单钠盐

标　识

中文名称 2,4-二氯苯氧基乙基硫酸酯单钠盐

英文名称 2-(2,4-Dichloro phenoxy)ethyl sodium sulfate；Disul-sodium

别名 2,4-滴硫钠；赛松钠

分子式 $C_8H_7Cl_2O_5S \cdot Na$

CAS 号 136-78-7

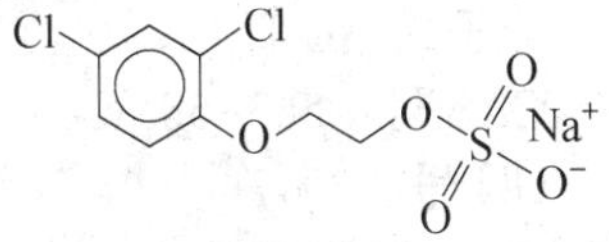

危害信息

燃烧与爆炸危险性 不燃，受热易分解放出有毒具有腐蚀性的烟雾。在高温火场中，受热的容器有破裂和爆炸的危险。

禁忌物 强氧化剂。

毒性 大鼠经口 LD_{50}：480mg/kg。

中毒表现 对眼、皮肤和呼吸道有刺激性。可能引起肝肾损害。

侵入途径 吸入、食入。

职业接触限值 美国(ACGIH)：TLV-TWA 10mg/m^3。

理化特性与用途

理化特性 无色至白色结晶固体。溶于水，易溶于苯，微溶于丙酮，不溶于多数有机溶剂。熔点245℃(分解)、170℃，相对密度(水=1)1.7，饱和蒸气压133Pa(20℃)，辛醇/水分配系数-0.69。

主要用途 用作除草剂。用于玉米、马铃薯、花生、水稻桑、苗圃防除阔叶杂草。

包装与储运

安全储运 储存于阴凉、通风的库房。远离火种、热源。应与强氧化剂等隔离储运。

紧急处置信息

急救措施

吸入：迅速脱离现场至空气新鲜处。保持呼吸道通畅。如呼吸困难，给输氧。呼吸、

心跳停止，立即进行心肺复苏术。就医。

眼睛接触： 立即分开眼睑，用流动清水或生理盐水彻底冲洗。就医。

皮肤接触： 立即脱去污染的衣着，用肥皂水和清水彻底冲洗。就医。

食入： 漱口，饮水。就医。

灭火方法 消防人员须穿全身消防服，佩戴空气呼吸器，在上风向灭火。尽可能将容器从火场移至空旷处。喷水保持火场容器冷却，直至灭火结束。

根据着火原因选择适当灭火剂灭火。

泄漏应急处置 消除所有点火源。隔离泄漏污染区，限制出入。建议应急处理人员戴防尘口罩，穿防护服。禁止接触或跨越泄漏物。尽可能切断泄漏源。用塑料布覆盖，减少飞散。然后用洁净的铲子收集泄漏物，置于干净、干燥、盖子较松的容器中，将容器移离泄漏区。

249. 1,1-二氯丙烯

标　识

中文名称 1,1-二氯丙烯

英文名称 1,1-Dichloropropene；1,1-Dichloro-1-propene

分子式 $C_3H_4Cl_2$

CAS 号 563-58-6

UN 号 2047

Cl
Cl

危害信息

危险性类别 第 3 类 易燃液体

燃烧与爆炸危险性 易燃，其蒸气与空气混合能形成爆炸性混合物，遇明火、高热易燃烧爆炸。蒸气比空气重，沿地面扩散并易积存于低洼处，遇火源会着火回燃。

禁忌物 氧化剂、强酸。

中毒表现 食入能引起中毒。

侵入途径 吸入、食入。

环境危害 对水生生物有害，可能在水生环境中造成长期不利影响。

理化特性与用途

理化特性 无色液体。微溶于水。熔点-98℃，沸点 76.5℃，相对密度(水=1) 1.19，饱和蒸气压 12.1kPa(20℃)，辛醇/水分配系数 2.53，临界温度 269℃，临界压力 4.32MPa，闪点 0.5℃。

主要用途 分析检测用标准品。

包装与储运

包装标志 易燃液体

包装类别 Ⅱ类

安全储运 储存于阴凉、通风的库房。远离火种、热源，避免阳光直射。储存温度不超过 37℃。保持容器密闭。炎热季节早晚运输，应与氧化剂、强酸等隔离储运。禁止使用易产生火花的机械设备和工具。灌装时注意流速，防止静电积聚。搬运时轻装轻卸，防止容器受损。

紧急处置信息

急救措施

吸入： 迅速脱离现场至空气新鲜处。保持呼吸道通畅。如呼吸困难，给输氧。呼吸、心跳停止，立即进行心肺复苏术。就医。

眼睛接触： 立即分开眼睑，用流动清水或生理盐水彻底冲洗。就医。

皮肤接触： 立即脱去污染的衣着，用肥皂水和清水彻底冲洗。就医。

食入： 漱口，饮水。就医。

灭火方法 消防人员须穿全身消防服，佩戴空气呼吸器，在上风向灭火。尽可能将容器从火场移至空旷处。喷水保持火场容器冷却，直至灭火结束。处在火场中的容器若发生异常变化，须马上撤离。

灭火剂：干粉、二氧化碳、抗溶性泡沫。

泄漏应急处置 消除所有点火源。根据液体流动和蒸气扩散的影响区域划定警戒区，无关人员从侧风、上风向撤离至安全区。建议应急处理人员戴正压自给式呼吸器，穿防毒、防静电服，戴橡胶耐油手套。作业时使用的所有设备应接地。禁止接触或跨越泄漏物。尽可能切断泄漏源。防止泄漏物进入水体、下水道、地下室或有限空间。小量泄漏：用砂土或其他不燃材料吸收。使用洁净的无火花工具收集吸收材料。大量泄漏：构筑围堤或挖坑收容。用抗溶性泡沫覆盖，减少蒸发。喷水雾能减少蒸发，但不能降低泄漏物在有限空间内的易燃性。用防爆泵转移至槽车或专用收集器内。

250. 3,5-二氯-2,6-二甲基-4-羟基吡啶

标　识

中文名称 3,5-二氯-2,6-二甲基-4-羟基吡啶

英文名称 3,5-Dichloro-2,6-dimethyl-4-pyridinol；Clopidol

别名 氯吡多；氯羟吡啶；二氯二甲吡啶酚

分子式 $C_7H_7Cl_2NO$

CAS 号 2971-90-6

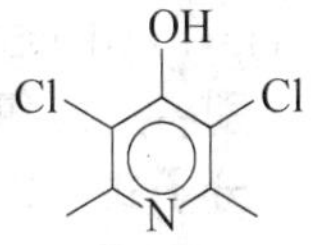

危害信息

燃烧与爆炸危险性 无特殊燃爆特性。

禁忌物 强氧化剂、强酸。

毒性 大鼠经口 LD_{50}：18g/kg。

中毒表现 对眼、皮肤和呼吸道有刺激性。

侵入途径 吸入、食入。

职业接触限值 美国(ACGIH)：TLV-TWA 3ppm [可吸入性颗粒物和蒸气]。

理化特性与用途

理化特性 白色至棕色结晶或白色或类白色粉末。不溶于水。不溶于丙酮、乙醚，微溶于甲醇、乙醇，溶于氢氧化钠溶液。熔点 320℃，相对密度(水=1)1.41，饱和蒸气压

87.5mPa(25℃)，辛醇/水分配系数 2.71。

主要用途 是使用最广泛的抗球虫药之一，对各种鸡球虫均有效。

包装与储运

安全储运 储存于阴凉、通风的库房。远离火种、热源。应与强氧化剂、强酸等隔离储运。

紧急处置信息

急救措施

吸入：迅速脱离现场至空气新鲜处。保持呼吸道通畅。如呼吸困难，给输氧。呼吸、心跳停止，立即进行心肺复苏术。就医。

眼睛接触：立即分开眼睑，用流动清水或生理盐水彻底冲洗。就医。

皮肤接触：立即脱去污染的衣着，用肥皂水和清水彻底冲洗。就医。

食入：漱口，饮水。就医。

灭火方法 消防人员须穿全身消防服，佩戴空气呼吸器，在上风向灭火。尽可能将容器从火场移至空旷处。喷水保持火场容器冷却，直至灭火结束。

根据着火原因选择适当灭火剂灭火。

泄漏应急处置 隔离泄漏污染区，限制出入。建议应急处理人员戴防尘口罩，穿防护服，戴防护手套。穿上适当的防护服前严禁接触破裂的容器和泄漏物。尽可能切断泄漏源。用塑料布覆盖泄漏物，减少飞散。勿使水进入包装容器内。用洁净的铲子收集泄漏物，置于干净、干燥、盖子较松的容器中，将容器移离泄漏区。

251. 1,3-二氯-5,5-二甲基咪唑烷 2,4-二酮

标　识

中文名称 1,3-二氯-5,5-二甲基咪唑烷 2,4-二酮

英文名称 1,3-Di-chloro-5,5-dimethyl imidazolidine-2,4-dione; 1,3-Di-chloro-5,5-dimethyl hydantoin

别名 二氯海因；1,3-二氯-5,5-二甲基海因

分子式 $C_5H_6Cl_2N_2O_2$

CAS 号 118-52-5

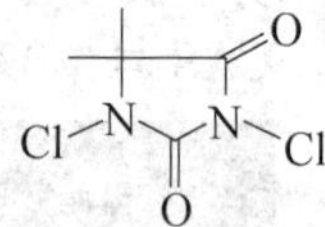

危害信息

危险性类别 第 5.1 类 氧化剂

燃烧与爆炸危险性 可燃，粉体与空气混合能形成爆炸性混合物，遇明火、高热易燃烧爆炸。

禁忌物 强氧化剂、还原剂。

毒性 大鼠经口 LD_{50}：542mg/kg；大鼠吸入 $LCLo$：20g/m^3(1h)；兔经皮 LD_{50}：>20g/kg。

中毒表现 食入有害。对眼、皮肤和呼吸道有刺激性。

侵入途径 吸入、食入。

职业接触限值 美国(ACGIH)：TLV-TWA 0.2mg/m^3；TLV-STEL 0.4mg/m^3。

环境危害 对水生生物有极高毒性。

理化特性与用途

理化特性 白色粉末，稍有氯的气味。与水反应，溶于四氯化碳、氯仿、二氯甲烷、二氯乙烷等。熔点132℃，升华点100℃，相对密度(水=1)1.5，相对蒸气密度(空气=1)6.8，饱和蒸气压3.19mPa(25℃)，辛醇/水分配系数-0.94。

主要用途 主要作为杀菌、灭藻剂，可有效杀灭各种细菌、真菌、病毒、藻类、肝炎病毒等。

包装与储运

包装标志 氧化剂，腐蚀品。

包装类别 Ⅱ类

安全储运 储存于阴凉、干燥、通风良好的库房。远离火种、热源。防止阳光直射。库温不超过30℃。相对湿度不超过75%。保持容器密封。应与强氧化剂、还原剂、易(可)燃物、醇类等分开存放，切忌混储。储区应备有合适的材料收容泄漏物。

紧急处置信息

急救措施

吸入：迅速脱离现场至空气新鲜处。保持呼吸道通畅。如呼吸困难，给输氧。呼吸、心跳停止，立即进行心肺复苏术。就医。

眼睛接触：立即分开眼睑，用流动清水或生理盐水彻底冲洗。就医。

皮肤接触：立即脱去污染的衣着，用肥皂水和清水彻底冲洗。就医。

食入：漱口，饮水。就医。

灭火方法 消防人员须穿全身消防服，佩戴空气呼吸器，在上风向灭火。尽可能将容器从火场移至空旷处。喷水保持火场容器冷却，直至灭火结束。

灭火剂：二氧化碳、干粉。

泄漏应急处置 隔离泄漏污染区，限制出入。建议应急处理人员戴防尘口罩，穿防护服，戴防护手套。穿上适当的防护服前严禁接触破裂的容器和泄漏物。尽可能切断泄漏源。避免泄漏物与还原剂、易(可)燃物等接触。用塑料布覆盖泄漏物，减少飞散。勿使水进入包装容器内。用洁净的铲子收集泄漏物，置于干净、干燥、盖子较松的容器中，将容器移离泄漏区。

252. 2,4-二氯-1-氟苯

标　识

中文名称 2,4-二氯-1-氟苯

英文名称 2,4-Dichloro-1-fluorobenzene；1,3-Dichloro-4-fluorobenzene

别名 1,3-二氯-4-氟苯；2,4-二氯氟苯

分子式 $C_6H_3Cl_2F$

CAS号 1435-48-9

F Cl Cl

危害信息

燃烧与爆炸危险性 易燃，其蒸气与空气混合能形成爆炸性混合物，遇明火、高热易燃烧爆炸。

禁忌物 强氧化剂。

中毒表现 食入有害。对皮肤有刺激性。长期反复接触可能对器官造成损害。

侵入途径 吸入、食入。

环境危害 对水生生物有毒，可能在水生环境中造成长期不利影响。

理化特性与用途

理化特性 无色至淡黄色透明液体。不溶于水，能与苯、甲苯、丙酮、乙醇、二氯甲烷、乙酸乙酯、环已烷等多种有机溶剂混溶。熔点－23℃，沸点172～174℃，相对密度(水=1)1.41，相对蒸气密度(空气=1)5.69，辛醇/水分配系数3.38，闪点37℃(闭杯)。

主要用途 用作农药、医药中间体，用作新型氟喹诺酮类抗菌药环丙沙星的中间体。

包装与储运

包装标志 杂类

包装类别 Ⅲ类

安全储运 储存于阴凉、通风的库房。远离火种、热源。应与强氧化剂等隔离储运。

紧急处置信息

急救措施

吸入：迅速脱离现场至空气新鲜处。保持呼吸道通畅。如呼吸困难，给输氧。呼吸、心跳停止，立即进行心肺复苏术。就医。

眼睛接触：立即分开眼睑，用流动清水或生理盐水彻底冲洗。就医。

皮肤接触：立即脱去污染的衣着，用肥皂水和清水彻底冲洗。就医。

食入：漱口，饮水。就医。

灭火方法 消防人员须穿全身消防服，在上风向灭火。尽可能将容器从火场移至空旷处。喷水保持火场容器冷却，直至灭火结束。

灭火剂：二氧化碳、泡沫、干粉。

泄漏应急处置 根据液体流动和蒸气扩散的影响区域划定警戒区，无关人员从侧风、上风向撤离至安全区。消除所有点火源。建议应急处理人员戴防毒面具，穿防静电服，戴橡胶手套。穿上适当的防护服前严禁接触破裂的容器和泄漏物。尽可能切断泄漏源。防止泄漏物进入水体、下水道、地下室或有限空间。小量泄漏：用干燥的砂土或其他不燃材料吸收或覆盖，收集于容器中。大量泄漏：构筑围堤或挖坑收容。用防爆泵转移至槽车或专用收集器内。

253. 1,1-二氯-1-氟代乙烷

标　识

中文名称 1,1-二氯-1-氟代乙烷

英文名称 1,1-Dichloro-1-fluoroethane；Dichlorofluoroethane；HCFC-141b

别名 氟里昂-141b；二氯氟乙烷；一氟二氯乙烷

分子式 $C_2H_3Cl_2F$

CAS 号 1717-00-6

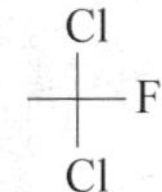

危害信息

燃烧与爆炸危险性 不易燃，受热易分解放出有毒的刺激性气体。在高温火场中，受热的容器有破裂和爆炸的危险。

禁忌物 强氧化剂。

毒性 大鼠经口 LD_{50}：>5g/kg；大鼠吸入 LC_{50}：239900mg/m^3(4h)；大鼠经皮 LD_{50}：>2g/kg。

中毒表现 吸入后影响中枢神经系统，出现倦睡、精神错乱、神志不清。影响心血管系统。对眼和皮肤有刺激性。

侵入途径 吸入、食入、经皮吸收。

环境危害 对水生生物有害，可能在水生环境中造成长期不利影响；危害臭氧层。

理化特性与用途

理化特性 无色液体，微有醚的气味。微溶于水。熔点-103.5℃，沸点 32℃，相对密度(水=1)1.24，相对蒸气密度(空气=1)4.0，饱和蒸气压 79.8kPa(25℃)，辛醇/水分配系数 2.3，引燃温度 530~550℃，爆炸下限 5.6%，爆炸上限 17.7%，临界温度 210.3℃，临界压力 4.64MPa。

主要用途 用作制冷剂、发泡剂、清洗溶剂等。

包装与储运

安全储运 储存于阴凉、通风的库房。远离火种、热源。应与强氧化剂等隔离储运。搬运时轻装轻卸，防止容器受损。

紧急处置信息

急救措施

吸入：脱离接触。如有不适感，就医。

眼睛接触：分开眼睑，用流动清水或生理盐水冲洗。如有不适感，就医。

皮肤接触：脱去污染的衣着，用流动清水冲洗。如有不适感，就医。

食入：漱口，饮水。禁止催吐。就医。

灭火方法 消防人员须穿全身消防服，佩戴空气呼吸器，在上风向灭火。尽可能将容器从火场移至空旷处。喷水保持火场容器冷却，直至灭火结束。处在火场中的容器若发生异常变化，须马上撤离。

灭火剂：水、泡沫、干粉、二氧化碳。

泄漏应急处置 根据液体流动和蒸气扩散的影响区域划定警戒区，无关人员从侧风、上风向撤离至安全区。消除点火源。应急人员应戴正压自给式呼吸器，穿防毒服。尽可能切断泄漏源。防止泄漏物进入水体、下水道、地下室或有限空间。小量泄漏：用砂土或其他不燃材料吸收，用洁净的铲子收集置于适当的容器中。大量泄漏：构筑围堤或挖坑收容泄漏物。用泡沫覆盖泄漏物，减少挥发。用泵转移至槽车或专用收集器内。

254. 2-((二氯氟甲基)-硫)-1H-异吲哚-1,3-(2H)-二酮

标　识

中文名称　2-((二氯氟甲基)-硫)-1H-异吲哚-1,3-(2H)-二酮

英文名称　*N*-(Dichlorofluoromethylthio)phthalimide；*N*-(Fluorodichloromethylthio)phthalimide；Fluor-folpet

分子式　$C_9H_4Cl_2FNO_2S$

CAS 号　719-96-0

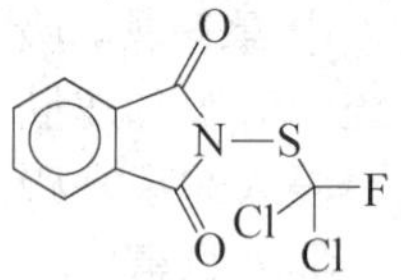

危害信息

燃烧与爆炸危险性　可燃。

禁忌物　强氧化剂、酸碱、醇类。

中毒表现　对皮肤有刺激性。

侵入途径　吸入、食入。

理化特性与用途

理化特性　白色细粉末。不溶于水。熔点 142～146℃，沸点 311℃，相对密度(水=1) 1.71，饱和蒸气压 7.6mPa(25℃)，辛醇/水分配系数 2.5，闪点 142℃。

主要用途　杀菌剂，用于防污涂料。

包装与储运

安全储运　储存于阴凉、通风的库房。远离火种、热源。应与强氧化剂、酸碱、醇类等隔离储运。

紧急处置信息

急救措施

吸入：迅速脱离现场至空气新鲜处。保持呼吸道通畅。如呼吸困难，给输氧。呼吸、心跳停止，立即进行心肺复苏术。就医。

眼睛接触：立即分开眼睑，用流动清水或生理盐水彻底冲洗。就医。

皮肤接触：立即脱去污染的衣着，用肥皂水和清水彻底冲洗。就医。

食入：漱口，饮水。就医。

灭火方法　消防人员须穿全身消防服，佩戴空气呼吸器，在上风向灭火。尽可能将容器从火场移至空旷处。

灭火剂：干粉、二氧化碳。

泄漏应急处置　隔离泄漏污染区，限制出入。消除点火源。建议应急处理人员戴防尘口罩，穿一般作业工作服，戴防护手套。尽可能切断泄漏源。用塑料布覆盖泄漏物，减少飞散。勿使水进入包装容器内。用洁净的铲子收集泄漏物，置于干净、干燥、盖子较松的容器中，将容器移离泄漏区。

255. 二氯化伐草快

标　识

中文名称　二氯化伐草快

英文名称　Morfamquat dichloride; 1,1′-Bis(3,5-dimethylmorpholinocarbamylmethyl)-4,4′-bipyridilium dichloride

分子式　$C_{26}H_{36}N_4O_4 \cdot 2Cl$

CAS 号　4636-83-3

铁危编号　61896

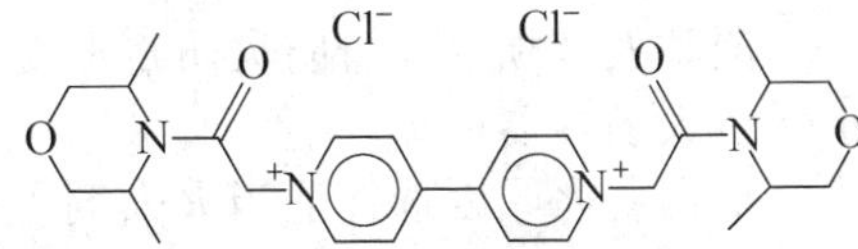

危害信息

危险性类别

第 6 类　有毒品

燃烧与爆炸危险性

在高温火场中受热的容器有破裂和爆炸的危险。

禁忌物

强氧化剂。

毒性

大鼠经口 LD_{50}：345mg/kg；小鼠经口 LD_{50}：325mg/kg。

中毒表现

食入有害。对眼、呼吸道和皮肤有刺激性。

侵入途径

吸入、食入。

环境危害

对水生生物有害，可能在水生环境中造成长期不利影响。

理化特性与用途

理化特性

易溶于水，溶于低级醇，不溶于烃类溶剂。熔点 300℃(分解)。

主要用途

用作除草剂。

包装与储运

包装标志

有毒品

包装类别

Ⅲ类

安全储运

储存于阴凉、通风的库房。远离火种、热源。防止阳光直射。储存温度不超过 35℃，相对湿度不超过 82%。保持容器密封。应与强氧化剂等分开存放，切忌混储。配备相应品种和数量的消防器材。储区应备有泄漏应急处理设备和合适的收容材料。

紧急处置信息

急救措施

吸入：迅速脱离现场至空气新鲜处。保持呼吸道通畅。如呼吸困难，给输氧。呼吸、心跳停止，立即进行心肺复苏术。就医。

眼睛接触：立即分开眼睑，用流动清水或生理盐水彻底冲洗。就医。

皮肤接触：立即脱去污染的衣着，用肥皂水和清水彻底冲洗。就医。

食入：漱口，饮水。就医。

灭火方法

消防人员须穿全身防火防毒服，在上风向灭火。尽可能将容器从火场移至空旷处。喷水保持火场容器冷却。

根据着火原因选择适当灭火剂灭火。

泄漏应急处置

隔离泄漏污染区，限制出入。建议应急处理人员戴防尘口罩，穿防毒服，戴橡胶手套。穿上适当的防护服前严禁接触破裂的容器和泄漏物。尽可能切断泄漏源。用塑料布覆盖泄漏物，减少飞散。勿使水进入包装容器内。用洁净的铲子收集泄漏物，置于干净、干燥、盖子较松的容器中，将容器移离泄漏区。

256. 1,4-二氯-2-(1,1,2,3,3,3-六氟丙氧基)-5-硝基苯

标　　识

中文名称　1,4-二氯-2-(1,1,2,3,3,3-六氟丙氧基)-5-硝基苯

英文名称　1,4-Dichloro-2-(1,1,2,3,3,3-hexafluoropropoxy)-5-nitrobenzene

分子式　$C_9H_3Cl_2F_6NO_3$

CAS 号　130841-23-5

危害信息

燃烧与爆炸危险性　可燃。

禁忌物　强氧化剂。

中毒表现　食入有害。对皮肤有致敏性。

侵入途径　吸入、食入。

环境危害　对水生生物有极高毒性，可能在水生环境中造成长期不利影响。

理化特性与用途

理化特性　不溶于水。沸点 308℃，相对密度（水＝1）1.662，饱和蒸气压 0.17Pa（25℃），辛醇/水分配系数 5.21，闪点 140℃。

包装与储运

包装标志　杂类

包装类别 Ⅲ类

安全储运 储存于阴凉、通风的库房。远离火种、热源。保持容器密闭。应与强氧化剂等隔离储运。搬运时轻装轻卸，防止容器受损。

紧急处置信息

急救措施

吸入：迅速脱离现场至空气新鲜处。保持呼吸道通畅。如呼吸困难，给输氧。呼吸、心跳停止，立即进行心肺复苏术。就医。

眼睛接触：立即分开眼睑，用流动清水或生理盐水彻底冲洗。就医。

皮肤接触：立即脱去污染的衣着，用肥皂水和清水彻底冲洗。就医。

食入：漱口，饮水。就医。

灭火方法 消防人员须穿全身消防服，佩戴空气呼吸器，在上风向灭火。尽可能将容器从火场移至空旷处。喷水保持容器冷却直至灭火结束。

灭火剂：雾状水、泡沫、干粉、二氧化碳。

泄漏应急处置 根据液体流动和蒸气扩散的影响区域划定警戒区，无关人员从侧风、上风向撤离至安全区。消除所有点火源。建议应急处理人员戴防毒面具，穿防护服。穿上适当的防护服前严禁接触破裂的容器和泄漏物。尽可能切断泄漏源。防止泄漏物进入水体、下水道、地下室或有限空间。小量泄漏：用干燥的砂土或其他不燃材料吸收或覆盖，收集于容器中。大量泄漏：构筑围堤或挖坑收容。用泵转移至槽车或专用收集器内。

257. 二氯-(3-(3-氯-4-氟苯基)丙基)甲基硅烷

标　识

中文名称 二氯-(3-(3-氯-4-氟苯基)丙基)甲基硅烷

英文名称 Dichloro-(3-(3-chloro-4-fluorophenyl)propyl)methylsilane

分子式 $C_{10}H_{12}Cl_3FSi$

CAS 号 770722-36-6

Cl Cl F Si Cl

危害信息

危险性类别 第8类 腐蚀品

燃烧与爆炸危险性 不易燃，无特殊燃爆特性。

禁忌物 氧化剂、还原剂、酸碱。

中毒表现 对眼和皮肤有腐蚀性。

侵入途径 吸入、食入。

理化特性与用途

理化特性 不溶于水。沸点 299℃，相对密度(水=1) 1.242，饱和蒸气压 0.27Pa (25℃)，辛醇/水分配系数 6.56，闪点 134℃。

包装与储运

包装标志 腐蚀品

包装类别　Ⅰ类

安全储运　储存于阴凉、通风的库房。远离火种、热源。库温不超过 30℃。相对湿度不超过 75%。保持容器密封。应与氧化剂、还原剂、酸碱、食用化学品分开存放，切忌混储。储区应备有泄漏应急处理设备和合适的收容材料。

紧急处置信息

急救措施

吸入：迅速脱离现场至空气新鲜处。保持呼吸道通畅。如呼吸困难，给输氧。呼吸、心跳停止，立即进行心肺复苏术。就医。

眼睛接触：立即分开眼睑，用流动清水或生理盐水彻底冲洗 5～10min。就医。

皮肤接触：立即脱去污染的衣着，用大量流动清水彻底冲洗，冲洗时间一般要求 20～30min。就医。

食入：用水漱口，禁止催吐。给饮牛奶或蛋清。就医。

灭火方法　消防人员须穿耐腐蚀性消防服，佩戴空气呼吸器，在上风向灭火。尽可能将容器从火场移至空旷处。

根据着火原因选择适当灭火剂灭火。

泄漏应急处置　根据液体流动和蒸气扩散的影响区域划定警戒区，无关人员从侧风、上风向撤离至安全区。消除所有点火源。建议应急处理人员戴正压自给式呼吸器，穿耐腐蚀防护服，戴橡胶耐酸碱手套。穿上适当的防护服前严禁接触破裂的容器和泄漏物。尽可能切断泄漏源。防止泄漏物进入水体、下水道、地下室或有限空间。小量泄漏：用干燥的砂土或其他不燃材料吸收或覆盖，收集于容器中。大量泄漏：构筑围堤或挖坑收容。用耐腐蚀泵转移至槽车或专用收集器内。

258. 2,6-二氯-4-三氟甲基苯胺

标　　识

中文名称　2,6-二氯-4-三氟甲基苯胺

英文名称　4-Amino-3,5-dichlorobenzotrifluoride；2,6-Dichloro-4-trifluoromethylaniline

别名　4-氨基-3,5-二氯三氟甲苯

分子式　$C_7H_4Cl_2F_3N$

CAS 号　24279-39-8

Cl
NH₂
F
Cl
F　F

危害信息

燃烧与爆炸危险性　易燃，粉体与空气混合能形成爆炸性混合物，遇明火、高热易燃烧爆炸。

禁忌物　强氧化剂、强酸。

中毒表现　吸入或食入对身体有害。对皮肤有刺激性和致敏性。

侵入途径　吸入、食入。

环境危害　对水生生物有极高毒性，可能在水生环境中造成长期不利影响。

理化特性与用途

理化特性　淡黄色结晶固体或粉末。溶于甲醇。熔点 33～36℃，沸点 60～62℃

(0.133kPa)，相对密度(水=1)1.532，闪点87℃。

主要用途 用作医药、农药和染料中间体。

包装与储运

包装标志 杂类

包装类别 Ⅲ类

安全储运 储存于阴凉、通风的库房。远离火种、热源。应与强氧化剂、强酸等隔离储运。

紧急处置信息

急救措施

吸入：迅速脱离现场至空气新鲜处。保持呼吸道通畅。如呼吸困难，给输氧。呼吸、心跳停止，立即进行心肺复苏术。就医。

眼睛接触：立即分开眼睑，用流动清水或生理盐水彻底冲洗。就医。

皮肤接触：立即脱去污染的衣着，用肥皂水和清水彻底冲洗。就医。

食入：漱口，饮水。就医。

灭火方法 消防人员须穿全身消防服，在上风向灭火。尽可能将容器从火场移至空旷处。喷水保持火场容器冷却，直至灭火结束。

灭火剂：雾状水、泡沫、二氧化碳、干粉、砂土。

泄漏应急处置 隔离泄漏污染区，限制出入。消除所有点火源。建议应急处理人员戴防尘口罩，穿一般作业工作服，戴防护手套。尽可能切断泄漏源。用塑料布覆盖泄漏物，减少飞散。勿使水进入包装容器内。用洁净的铲子收集泄漏物，置于干净、干燥、盖子较松的容器中，将容器移离泄漏区。

259. 2,3-二氯-5-三氟甲基吡啶

标 识

中文名称 2,3-二氯-5-三氟甲基吡啶

英文名称 2,3-Dichloro-5-trifluoromethyl-pyridine; 5,6-Dichloro-3-(trifluoromethyl)pyridine

分子式 $C_6H_2Cl_2F_3N$

CAS号 69045-84-7

F F F Cl N Cl

危害信息

燃烧与爆炸危险性 可燃。

禁忌物 强氧化剂、强酸。

中毒表现 食入或吸入对身体有害。眼接触引起严重损害。对皮肤有致敏性。

侵入途径 吸入、食入。

环境危害 对水生生物有毒，可能在水生环境中造成长期不利影响。

理化特性与用途

理化特性 无色透明液体，有刺激性气味。不溶于水。熔点8~9℃，沸点176℃、80℃

(2.67kPa)，相对密度(水=1)1.56，相对蒸气密度(空气=1)7.45，饱和蒸气压 0.15kPa(25℃)，闪点 79℃。

主要用途　重要的有机中间体，广泛应用于农药、医药等有机化工行业。

包装与储运

包装标志　杂类

包装类别　Ⅲ类

安全储运　储存于阴凉、通风的库房。远离火种、热源。应与强氧化剂、强酸等隔离储运。搬运时轻装轻卸，防止容器受损。

紧急处置信息

急救措施

吸入：迅速脱离现场至空气新鲜处。保持呼吸道通畅。如呼吸困难，给输氧。呼吸、心跳停止，立即进行心肺复苏术。就医。

眼睛接触：立即分开眼睑，用流动清水或生理盐水彻底冲洗 5~10min。就医。

皮肤接触：立即脱去污染的衣着，用肥皂水和清水彻底冲洗。就医。

食入：漱口，饮水。就医。

灭火方法　消防人员须穿全身消防服，佩戴空气呼吸器，在上风向灭火。尽可能将容器从火场移至空旷处。

灭火剂：干粉、二氧化碳。

泄漏应急处置　根据液体流动和蒸气扩散的影响区域划定警戒区，无关人员从侧风、上风向撤离至安全区。消除所有点火源。应急人员应戴正压自给式呼吸器，穿防护服。尽可能切断泄漏源。小量泄漏：用砂土或其他不燃材料吸收，用洁净的无火花工具收集置于适当的容器中。大量泄漏：构筑围堤或挖坑收容泄漏物。用泡沫覆盖泄漏物，减少挥发。用泵将泄漏物转移至槽车或专用收集器内。

260. 2,6-二氯-4-硝基茴香醚

标　识

中文名称　2,6-二氯-4-硝基茴香醚

英文名称　2,6-Dichloro-4-nitroanisole

别名　2,6-二氯-4-硝基苯甲醚

分子式　$C_7H_5Cl_2NO_3$

CAS 号　17742-69-7

危害信息

危险性类别　第 6 类　有毒品

燃烧与爆炸危险性　可燃。

禁忌物　强氧化剂、强酸。

中毒表现　食入引起中毒。

侵入途径　吸入、食入。

环境危害 对水生生物有毒，可能在水生环境中造成长期不利影响。

理化特性与用途

理化特性 淡黄色至淡黄红色结晶或粉末。不溶于水。熔点 100℃，闪点 160℃（闭杯），引燃温度 420℃。

主要用途 用作医药原料。

包装与储运

包装标志 有毒品

包装类别 Ⅲ类

安全储运 储存于阴凉、干燥、通风良好的库房。远离火种、热源。防止阳光直射。储存温度不超过 35℃，相对湿度不超过 85%。保持容器密封。应与强氧化剂、强酸、食用化学品等分开存放，切忌混储。配备相应品种和数量的消防器材。储区应备有合适的材料收容泄漏物。

紧急处置信息

急救措施

吸入：迅速脱离现场至空气新鲜处。保持呼吸道通畅。如呼吸困难，给输氧。呼吸、心跳停止，立即进行心肺复苏术。就医。

眼睛接触：立即分开眼睑，用流动清水或生理盐水彻底冲洗。就医。

皮肤接触：立即脱去污染的衣着，用肥皂水和清水彻底冲洗。就医。

食入：漱口，饮水。就医。

灭火方法 消防人员须穿全身消防服，佩戴空气呼吸器，在上风向灭火。尽可能将容器从火场移至空旷处。

灭火剂：干粉、二氧化碳。

泄漏应急处置 隔离泄漏污染区，限制出入。消除点火源。建议应急处理人员戴防尘口罩，穿防毒服，戴橡胶手套。穿上适当的防护服前严禁接触破裂的容器和泄漏物。尽可能切断泄漏源。用干燥的砂土或其他不燃材料覆盖泄漏物，然后用塑料布覆盖，减少飞散、避免雨淋。用洁净的铲子收集泄漏物，置于干净、干燥、盖子较松的容器中，将容器移离泄漏区。

261. 2,4-二氯-3-乙基苯酚

标　识

中文名称 2,4-二氯-3-乙基苯酚

英文名称 2,4-Dichloro-3-ethylphenol

分子式 $C_8H_8Cl_2O$

CAS 号 121518-45-4

危害信息

危险性类别 第 8 类　腐蚀品

燃烧与爆炸危险性　可燃，粉体与空气混合能形成爆炸性混合物，遇明火、高热易燃烧爆炸。

禁忌物　强氧化剂、强酸。

毒性　大鼠经口 LD_{50}：2263mg/kg；豚鼠经皮 LD_{50}：>500mg/kg。

侵入途径　吸入、食入、经皮吸收。

环境危害　对水生生物有极高毒性，可能在水生环境中造成长期不利影响。

理化特性与用途

理化特性　固体。熔点 35~37℃，沸点 243℃，相对密度(水=1)1.263，饱和蒸气压 1.1Pa(25℃)，闪点 102℃，引燃温度 549℃。

包装与储运

包装标志　腐蚀品

包装类别　Ⅱ类

安全储运　储存于阴凉、通风的库房。远离火种、热源。储存温度不超过 30℃，相对湿度不超过 80%。保持容器密封。应与强氧化剂、强酸等隔离储运。储区应备有泄漏应急处理设备和合适的收容材料。

紧急处置信息

急救措施

吸入：迅速脱离现场至空气新鲜处。保持呼吸道通畅。如呼吸困难，给输氧。呼吸、心跳停止，立即进行心肺复苏术。就医。

眼睛接触：立即分开眼睑，用流动清水或生理盐水彻底冲洗。就医。

皮肤接触：立即脱去污染的衣着，用肥皂水和清水彻底冲洗。就医。

食入：漱口，饮水。就医。

灭火方法　消防人员须穿全身消防服，佩戴空气呼吸器，在上风向灭火。尽可能将容器从火场移至空旷处。

灭火剂：干粉、二氧化碳。

泄漏应急处置　隔离泄漏污染区，限制出入。建议应急处理人员戴防尘口罩，穿耐腐蚀防护服，戴耐腐蚀手套。穿上适当的防护服前严禁接触破裂的容器和泄漏物。尽可能切断泄漏源。用塑料布覆盖泄漏物，减少飞散。勿使水进入包装容器内。用洁净的铲子收集泄漏物，置于干净、干燥、盖子较松的容器中，将容器移离泄漏区。

262. 1,3-二氯-5-乙基-5-甲基-2,4-咪唑烷二酮

标　识

中文名称　1,3-二氯-5-乙基-5-甲基-2,4-咪唑烷二酮

英文名称　1,3-Dichloro-5-ethyl-5-methyl-2,4-imidazolidinedione; 1,3-Dichloro-5-ethyl-5-methylhydantoin

别名　1,3-二氯-5-甲基-5-乙基海因

分子式　$C_6H_8Cl_2N_2O_2$

O　N　Cl　N　O　Cl

CAS 号 89415-87-2

危害信息

危险性类别 第 5.1 类 氧化剂

燃烧与爆炸危险性 易燃，其粉体与空气混合能形成爆炸性混合物，遇明火高热有引起燃烧爆炸的危险。燃烧产生有毒的氮氧化物气体。

禁忌物 强氧化剂、还原剂、易(可)燃物、醇类。

侵入途径 吸入有毒。食入有害。对眼和皮肤有腐蚀性。对皮肤有致敏性。

侵入途径 吸入、食入。

环境危害 对水生生物有极高毒性。

理化特性与用途

理化特性 白色结晶性粉末，微有刺激性气味。微溶于水。熔点 54～57℃，沸点 234℃，相对密度(水=1)1.5，闪点 95.3℃。

主要用途 用于水质的杀菌灭藻。

包装与储运

包装标志 氧化剂，腐蚀品

包装类别 Ⅱ类

安全储运 储存于阴凉、干燥、通风良好的库房。远离火种、热源。防止阳光直射。库温不超过 30℃。相对湿度不超过 75%。保持容器密封。应与强氧化剂、还原剂、易(可)燃物、醇类等分开存放，切忌混储。储区应备有合适的材料收容泄漏物。

紧急处置信息

急救措施

吸入：迅速脱离现场至空气新鲜处。保持呼吸道通畅。如呼吸困难，给输氧。呼吸、心跳停止，立即进行心肺复苏术。就医。

眼睛接触：立即分开眼睑，用流动清水或生理盐水彻底冲洗 5～10min。就医。

皮肤接触：立即脱去污染的衣着，用大量流动清水彻底冲洗，冲洗时间一般要求 20～30min。就医。

食入：用水漱口，禁止催吐。给饮牛奶或蛋清。就医。

灭火方法 消防人员须穿全身消防服，在上风向灭火。尽可能将容器从火场移至空旷处。喷水保持火场容器冷却，直至灭火结束。

用大量水灭火。

泄漏应急处置 隔离泄漏污染区，限制出入。建议应急处理人员戴防尘口罩，穿防毒耐腐蚀服，戴橡胶耐腐蚀手套。穿上适当的防护服前严禁接触破裂的容器和泄漏物。尽可能切断泄漏源。避免与还原剂、易(可)燃物等接触。避免产生粉尘。勿使水进入包装容器内。用洁净的铲子收集泄漏物，置于干净、干燥、盖子较松的容器中，将容器移离泄漏区。

263. 2,4-二氯-3-乙基-6-硝基苯酚

标　识

中文名称 2,4-二氯-3-乙基-6-硝基苯酚

263. 2,4-二氯-3-乙基-6-硝基苯酚

英文名称 2,4-Dichloro-3-ethyl-6-nitrophenol

分子式 $C_8H_7Cl_2NO_3$

CAS 号 99817-36-4

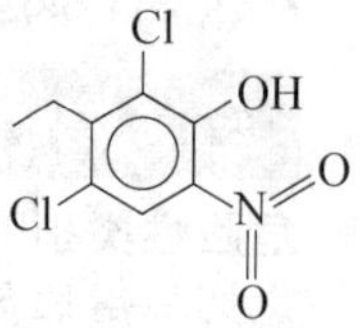

危害信息

危险性类别 第 6 类 有毒品

燃烧与爆炸危险性 可燃，粉体与空气混合能形成爆炸性混合物，遇明火、高热易燃烧爆炸。

禁忌物 强氧化剂、强酸。

中毒表现 食入引起中毒。眼接触引起严重损害。对皮肤有致敏性。

侵入途径 吸入、食入。

环境危害 对水生生物有极高毒性，可能在水生环境中造成长期不利影响。

理化特性与用途

理化特性 黄色或淡黄褐色粉末，有酚的气味。微溶于热水，溶于甲醇、乙醇、丙酮等有机溶剂。熔点 48~50℃，相对密度(水=1)1.509，饱和蒸气压 0.16Pa(25℃)，辛醇/水分配系数 4.4，闪点 130℃。

主要用途 用作成色剂中间体，也用于其他有机合成。

包装与储运

包装标志 有毒品

包装类别 Ⅲ类

安全储运 储存于阴凉、通风的库房。远离火种、热源。储存温度不超过 35℃，相对湿度不超过 85%。保持容器密封。应与强氧化剂、强酸等隔离储运。配备相应品种和数量的消防器材。储区应备有合适的材料收容泄漏物。

紧急处置信息

急救措施

吸入：迅速脱离现场至空气新鲜处。保持呼吸道通畅。如呼吸困难，给输氧。呼吸、心跳停止，立即进行心肺复苏术。就医。

眼睛接触：立即分开眼睑，用流动清水或生理盐水彻底冲洗 5~10min。就医。

皮肤接触：立即脱去污染的衣着，用肥皂水和清水彻底冲洗。就医。

食入：漱口，饮水。就医。

灭火方法 消防人员须穿全身消防服，佩戴空气呼吸器，在上风向灭火。尽可能将容器从火场移至空旷处。

灭火剂：干粉、二氧化碳。

泄漏应急处置 隔离泄漏污染区，限制出入。消除点火源。建议应急处理人员戴防尘口罩，穿防毒服，戴橡胶手套。穿上适当的防护服前严禁接触破裂的容器和泄漏物。尽可能切断泄漏源。用塑料布覆盖泄漏物，减少飞散。勿使水进入包装容器内。用洁净的铲子收集泄漏物，置于干净、干燥、盖子较松的容器中，将容器移离泄漏区。

264. 二硫化双(哌啶硫代碳酰)

标　识

中文名称　二硫化双(哌啶硫代碳酰)

英文名称　Bis(piperidinothiocarbonyl) disulphide; 1,1′-(Dithiodicarbonothioyl) bispiperidine; Dipentamethylenethiuram disulfide

别名　二环戊亚甲基二硫化四烷基秋兰姆

分子式　$C_{12}H_{20}N_2S_4$

CAS 号　94-37-1

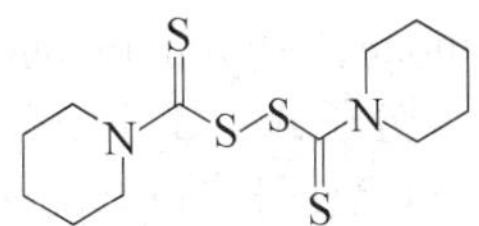

危害信息

燃烧与爆炸危险性　无特殊燃爆特性。

禁忌物　强氧化剂、强酸。

毒性　小鼠经口 LD_{50}：2870mg/kg。

中毒表现　对眼、皮肤和呼吸道有刺激性。对皮肤有致敏性。

侵入途径　吸入、食入。

理化特性与用途

理化特性　浅米色至淡黄色粉末，有硫化物气味。不溶于水，溶于二硫化碳、四氯化碳、氯仿。熔点 120℃，辛醇/水分配系数 4.72。

主要用途　用作橡胶硫化剂和硫化促进剂。

包装与储运

安全储运　储存于阴凉、通风的库房。远离火种、热源。保持容器密闭。应与强氧化剂、强酸等隔离储运。

紧急处置信息

急救措施

吸入：迅速脱离现场至空气新鲜处。保持呼吸道通畅。如呼吸困难，给输氧。呼吸、心跳停止，立即进行心肺复苏术。就医。

眼睛接触：立即分开眼睑，用流动清水或生理盐水彻底冲洗。就医。

皮肤接触：立即脱去污染的衣着，用肥皂水和清水彻底冲洗。就医。

食入：漱口，饮水。就医。

灭火方法　消防人员须穿全身消防服，佩戴空气呼吸器，在上风向灭火。尽可能将容器从火场移至空旷处。

根据着火原因选择适当灭火剂灭火。

泄漏应急处置　隔离泄漏污染区，限制出入。建议应急处理人员戴防尘口罩，穿防护服，戴防护手套。穿上适当的防护服前严禁接触破裂的容器和泄漏物。尽可能切断泄漏源。用塑料布覆盖泄漏物，减少飞散。勿使水进入包装容器内。用洁净的铲子收集泄漏物，置于干净、干燥、盖子较松的容器中，将容器移离泄漏区。

265. 4-(4-(1,3-二羟基丙-2-基)苯氨基)-1,8-二羟基-5-硝基蒽醌

标　识

中文名称　4-(4-(1,3-二羟基丙-2-基)苯氨基)-1,8-二羟基-5-硝基蒽醌

英文名称　4-(4-(1,3-Dihydroxyprop-2-yl)phenylamino)-1,8-dihydroxy-5-nitroanthraquinone; Anthraquinone blue 27 HD

分子式　$C_{23}H_{18}N_2O_8$

CAS 号　114565-66-1

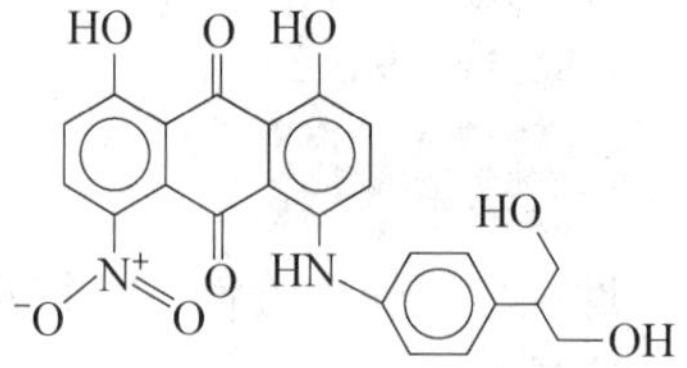

危害信息

燃烧与爆炸危险性　可燃。

禁忌物　强氧化剂。

毒性　欧盟法规 1272/2008/EC 将本品列为第 2 类致癌物——可疑的人类致癌。

中毒表现　对皮肤有致敏性。

侵入途径　吸入、食入。

环境危害　可能在水生环境中造成长期不利影响。

理化特性与用途

理化特性　不溶于水。沸点 749℃，相对密度(水=1)1.614，闪点 407℃。

主要用途　医药原料。

包装与储运

安全储运　储存于阴凉、通风的库房。远离火种、热源。保持容器密闭。应与强氧化剂等隔离储运。搬运时轻装轻卸，防止容器受损。

紧急处置信息

急救措施

吸入：迅速脱离现场至空气新鲜处。保持呼吸道通畅。如呼吸困难，给输氧。呼吸、心跳停止，立即进行心肺复苏术。就医。

眼睛接触：立即分开眼睑，用流动清水或生理盐水彻底冲洗。就医。

皮肤接触：立即脱去污染的衣着，用肥皂水和清水彻底冲洗。就医。

食入：漱口，饮水。就医。

灭火方法　消防人员须穿全身消防服，在上风向灭火。尽可能将容器从火场移至空旷处。喷水保持火场容器冷却直至灭火结束。

灭火剂：泡沫、干粉、二氧化碳。

泄漏应急处置　隔离泄漏污染区，限制出入。建议应急处理人员戴防尘口罩，穿防毒服，戴橡胶手套。穿上适当的防护服前严禁接触破裂的容器和泄漏物。尽可能切断泄漏源。用塑料布覆盖泄漏物，减少飞散。勿使水进入包装容器内。用洁净的铲子收集泄漏物，置于干净、干燥、盖子较松的容器中，将容器移离泄漏区。

266. 二羟基吲哚

标　识

中文名称　二羟基吲哚

英文名称　5,6-Dihydroxyindole；Dopamine lutine

别名　二羟吲哚

分子式　$C_8H_7NO_2$

CAS 号　3131-52-0

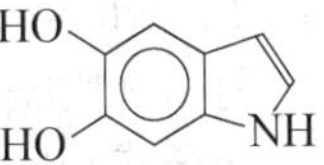

危害信息

燃烧与爆炸危险性　可燃。

禁忌物　强氧化剂。

中毒表现　食入有害。眼接触引起严重损害。

侵入途径　吸入、食入。

环境危害　对水生生物有毒，可能在水生环境中造成长期不利影响。

理化特性与用途

理化特性　黄白色至浅褐色结晶粉末。微溶于水，溶于乙醇。熔点 140℃，沸点 411℃，相对密度(水=1) 1.51，饱和蒸气压 0.03mPa(25℃)，辛醇/水分配系数 0.37，闪点 202.5℃。

主要用途　是黑素原的中间体，也是氨基酸、生物碱、色胺的中间体。

包装与储运

包装标志　杂类

包装类别　Ⅲ类

安全储运　储存于阴凉、通风的库房。远离火种、热源。应与强氧化剂等隔离储运。

紧急处置信息

急救措施

吸入：迅速脱离现场至空气新鲜处。保持呼吸道通畅。如呼吸困难，给输氧。呼吸、心跳停止，立即进行心肺复苏术。就医。

眼睛接触：立即分开眼睑，用流动清水或生理盐水彻底冲洗 5~10min。就医。

皮肤接触：立即脱去污染的衣着，用肥皂水和清水彻底冲洗。就医。

食入：漱口，饮水。就医。

灭火方法　消防人员须穿全身消防服，佩戴空气呼吸器，在上风向灭火。尽可能将容器从火场移至空旷处。

根据着火原因选择适当灭火剂灭火。

泄漏应急处置　隔离泄漏污染区，限制出入。消除点火源。建议应急处理人员戴防尘口罩，穿防护服。穿上适当的防护服前严禁接触破裂的容器和泄漏物。尽可能切断泄漏源。用塑料布覆盖泄漏物，减少飞散。勿使水进入包装容器内。用洁净的铲子收集泄漏物，置于干净、干燥、盖子较松的容器中，将容器移离泄漏区。

267. 2,3-二氢-6-丙基-2-硫代-4(1H)-嘧啶酮

标　识

中文名称　2,3-二氢-6-丙基-2-硫代-4(1H)-嘧啶酮

英文名称　2,3-Dihydro-6-propyl-2-thioxo-4(1H)-pyrimidinone; Propylthiouracil

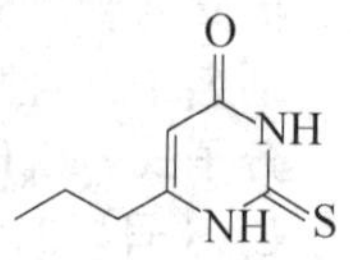

别名　丙基硫氧嘧啶

分子式　$C_7H_{10}N_2OS$

CAS 号　51-52-5

危害信息

燃烧与爆炸危险性　可燃。

禁忌物　强氧化剂。

毒性　大鼠经口 LD_{50}：1250mg/kg。

IARC 致癌性评论：G2B，可疑人类致癌物。

侵入途径　吸入、食入。

理化特性与用途

理化特性　白色结晶粉末。微溶于水，微溶于乙醇、丙酮，不溶于乙醚、氯仿、苯，溶于氨水溶液和碱金属氢氧化物。pH 值 6~7(5g/L，20℃)，熔点 219~221℃，辛醇/水分配系数 0.98，闪点 300℃。

主要用途　用于医药，是抗甲状腺药。

包装与储运

安全储运　储存于阴凉、通风的库房。远离火种、热源。保持容器密闭。应与强氧化剂等隔离储运。

紧急处置信息

急救措施

吸入：迅速脱离现场至空气新鲜处。保持呼吸道通畅。如呼吸困难，给输氧。呼吸、心跳停止，立即进行心肺复苏术。就医。

眼睛接触：立即分开眼睑，用流动清水或生理盐水彻底冲洗。就医。

皮肤接触：立即脱去污染的衣着，用肥皂水和清水彻底冲洗。就医。

食入：漱口，饮水。就医。

灭火方法　消防人员须穿全身消防服，佩戴空气呼吸器，在上风向灭火。尽可能将容器从火场移至空旷处。喷水保持火场容器冷却，直至灭火结束。

灭火剂：干粉、二氧化碳。

泄漏应急处置　隔离泄漏污染区，限制出入。消除所有点火源。建议应急处理人员戴防尘口罩，穿防毒服，戴橡胶手套。穿上适当的防护服前严禁接触破裂的容器和泄漏物。尽可能切断泄漏源。用塑料布覆盖泄漏物，减少飞散。勿使水进入包装容器内。用洁净的铲子收集泄漏物，置于干净、干燥、盖子较松的容器中，将容器移离泄漏区。

268. 5,6-二氢-2-甲基-2H-环戊并(*d*)异噻唑-3(4H)-酮

标　识

中文名称　5,6-二氢-2-甲基-2H-环戊并(*d*)异噻唑-3(4H)-酮

英文名称　2,3,5,6-Tetrahydro-2-methyl-2H-cyclopenta(*d*)-1,2-thiazol-3-one

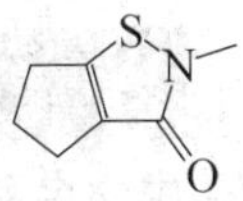

分子式　C_7H_9NOS

CAS 号　82633-79-2

危害信息

危险性类别　第 6 类　有毒品

燃烧与爆炸危险性　无特殊燃爆特性。

禁忌物　强氧化剂、酸碱、醇类。

中毒表现　食入有毒。眼接触引起严重损害。对皮肤有致敏性。

侵入途径　吸入、食入。

环境危害　对水生生物有极高毒性，可能在水生环境中造成长期不利影响。

理化特性与用途

理化特性　无色至浅黄褐色粉末。溶于水。熔点 121～123℃，相对密度(水=1)1.51，饱和蒸气压 0.4mPa(25℃)，辛醇/水分配系数 0.6。

主要用途　在涂料、聚合物乳液、黏合剂中用作杀微生物剂。

包装与储运

包装标志　有毒品

包装类别　Ⅲ类

安全储运　储存于阴凉、通风的库房。远离火种、热源。库温不超过 35℃。相对湿度不超过 85%。包装密封。应与强氧化剂、酸碱、醇类、食用化学品等分开存放，切忌混储。配备相应品种和数量的消防器材。储区应备有合适的材料收容泄漏物。

紧急处置信息

急救措施

吸入：迅速脱离现场至空气新鲜处。保持呼吸道通畅。如呼吸困难，给输氧。呼吸、心跳停止，立即进行心肺复苏术。就医。

眼睛接触：立即分开眼睑，用流动清水或生理盐水彻底冲洗 5～10min。就医。

皮肤接触：立即脱去污染的衣着，用肥皂水和清水彻底冲洗。就医。

食入：漱口，饮水。就医。

灭火方法　消防人员须穿全身消防服，佩戴空气呼吸器，在上风向灭火。尽可能将容器从火场移至空旷处。

根据着火原因选择适当灭火剂灭火。

泄漏应急处置　隔离泄漏污染区，限制出入。建议应急处理人员戴防尘口罩，穿防毒服，戴橡胶手套。穿上适当的防护服前严禁接触破裂的容器和泄漏物。尽可能切断泄漏源。用塑料布覆盖泄漏物，减少飞散。勿使水进入包装容器内。用洁净的铲子收集泄漏物，置于干净、干燥、盖子较松的容器中，将容器移离泄漏区。

269. 1,2-二氰基苯

标　识

中文名称　1,2-二氰基苯

英文名称　1,2-Benzenedicarbonitrile；Phthalonitrile；1,2-Dicyanobenzene

别名　邻苯二甲腈；邻二氰基苯

分子式　$C_8H_4N_2$

CAS 号　91-15-6

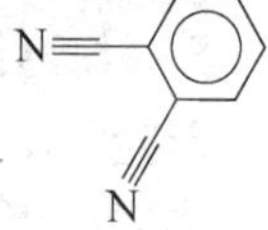

危害信息

危险性类别　第 6 类　有毒品

燃烧与爆炸危险性　可燃，粉体与空气混合能形成爆炸性混合物，遇明火、高热易燃烧爆炸。燃烧产生有毒的刺激性氮氧化物烟雾。

禁忌物　氧化剂、强酸。

毒性　大鼠经口 LD_{50}：30mg/kg；小鼠经口 LD_{50}：65mg/kg；豚鼠经皮 LD_{50}：>1g/kg。

中毒表现　腈类物质可抑制细胞呼吸，造成组织缺氧。腈类中毒出现恶心、呕吐、腹痛、腹泻、胸闷、乏力等症状，重者出现呼吸抑制、血压下降、昏迷、抽搐等。

侵入途径　吸入、食入、经皮吸收。

职业接触限值　美国(ACGIH)：TLV-TWA 1mg/m^3[可吸入性颗粒物和蒸气]。

环境危害　对水生生物有害，可能在水生环境中造成长期不利影响。

理化特性与用途

理化特性　白色至浅黄色结晶，稍有芳香气味。微溶于水，溶于乙醇、乙醚、丙酮、氯仿、苯。熔点 141℃，沸点 304.5℃，相对密度(水=1)1.24，饱和蒸气压 4Pa(20℃)，燃烧热-4013kJ/mol，辛醇/水分配系数 0.58，闪点 162℃，引燃温度>580℃。

主要用途　有机合成中间体，广泛用于合成酞磺胺药物、酞菁颜料和染料、高热阻聚酰胺纤维、二甲苯基-二异氰酸酯塑料及脱硫催化剂等。

包装与储运

包装标志　有毒品

包装类别　Ⅲ类

安全储运　储存于阴凉、干燥、通风良好的库房。远离火种、热源。防止阳光直射。储存温度不超过 35℃，相对湿度不超过 85%。保持容器密封。应与氧化剂、强酸、食用化学品等分开存放，切忌混储。配备相应品种和数量的消防器材。储区应备有合适的材料收容泄漏物。

紧急处置信息

急救措施

吸入：迅速脱离现场至空气新鲜处。保持呼吸道通畅。如呼吸困难，给输氧。呼吸、心跳停止，立即进行心肺复苏术。就医。

眼睛接触：立即分开眼睑，用流动清水或生理盐水彻底冲洗。就医。

皮肤接触：立即脱去污染的衣着，用肥皂水和清水彻底冲洗。就医。

食入：催吐(仅限于清醒者)，给服活性炭悬液。就医。

如出现腈类物质中毒症状，使用亚硝酸钠、硫代硫酸钠、4-二甲基氨基苯酚等解毒剂。

灭火方法 消防人员须穿全身消防服，在上风向灭火。尽可能将容器从火场移至空旷处。喷水保持火场容器冷却，直至灭火结束。

灭火剂：干粉、二氧化碳、泡沫。

泄漏应急处置 隔离泄漏污染区，限制出入。消除所有点火源。建议应急处理人员戴防尘口罩，穿防毒服，戴橡胶手套。穿上适当的防护服前严禁接触破裂的容器和泄漏物。尽可能切断泄漏源。用塑料布覆盖泄漏物，减少飞散。勿使水进入包装容器内。用洁净的铲子收集泄漏物，置于干净、干燥、盖子较松的容器中，将容器移离泄漏区。

270. 2,5-二巯基甲基-1,4-二噻烷

标　　识

中文名称 2,5-二巯基甲基-1,4-二噻烷

英文名称 2,5-Dimercaptomethyl-1,4-dithiane

别名 1,4-二噻烷-2,5-二(甲硫醇)

分子式 $C_6H_{12}S_4$

CAS 号 136122-15-1

HS S S SH

危害信息

燃烧与爆炸危险性 可燃。

禁忌物 强氧化剂。

中毒表现 食入有害。对眼和皮肤有腐蚀性。对皮肤有致敏性。

侵入途径 吸入、食入。

环境危害 对水生生物有极高毒性，可能在水生环境中造成长期不利影响。

理化特性与用途

理化特性 不溶于水。沸点 366℃，相对密度(水=1) 1.209，饱和蒸气压 4.1mPa (25℃)，辛醇/水分配系数 2.12，闪点 175℃。

主要用途 用作中间体。

包装与储运

包装标志 杂类

包装类别 Ⅲ类

安全储运 储存于阴凉、通风的库房。远离火种、热源。应与强氧化剂等隔离储运。搬运时轻装轻卸，防止容器受损。

紧急处置信息

急救措施

吸入：迅速脱离现场至空气新鲜处。保持呼吸道通畅。如呼吸困难，给输氧。呼吸、心跳停止，立即进行心肺复苏术。就医。

眼睛接触：立即分开眼睑，用流动清水或生理盐水彻底冲洗5~10min。就医。

皮肤接触：立即脱去污染的衣着，用大量流动清水彻底冲洗，冲洗时间一般要求20~30min。就医。

食入：用水漱口，禁止催吐。给饮牛奶或蛋清。就医。

灭火方法 消防人员须穿全身消防服，佩戴空气呼吸器，在上风向灭火。尽可能将容器从火场移至空旷处。喷水保持火场容器冷却，直至灭火结束。

根据着火原因选择适当灭火剂灭火。

泄漏应急处置 隔离泄漏污染区，限制出入。消除点火源。建议应急处理人员戴防尘口罩，穿防毒耐腐蚀服，戴耐腐蚀手套。穿上适当的防护服前严禁接触破裂的容器和泄漏物。尽可能切断泄漏源。用塑料布覆盖泄漏物，减少飞散。勿使水进入包装容器内。用洁净的铲子收集泄漏物，置于干净、干燥、盖子较松的容器中，将容器移离泄漏区。

271. 二(3-(三甲氧基甲硅烷基)丙基)胺

标　识

中文名称 二(3-(三甲氧基甲硅烷基)丙基)胺

英文名称 Bis(3-(trimethoxysilyl)propyl)amine; 3-(Trimethoxysilyl)-*N*-(3-(trimethoxysilyl)propyl)-1-propanamine

别名 硅烷偶联剂KH-170

分子式 $C_{12}H_{31}NO_6Si_2$

CAS号 82985-35-1

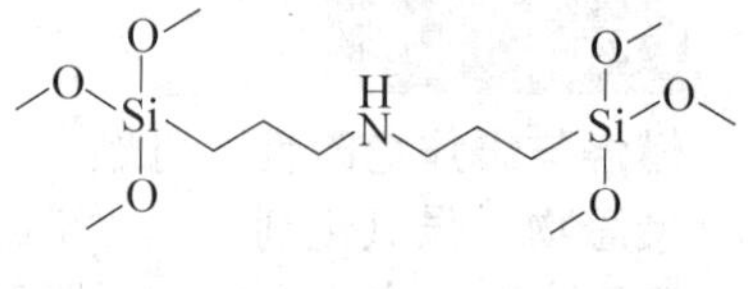

危害信息

燃烧与爆炸危险性 可燃。

禁忌物 强氧化剂、强酸。

毒性 大鼠经口 LD_{50}：3600μL/kg；兔经皮 LD_{50}：11300μL/kg。

侵入途径 吸入、食入、经皮吸收。

环境危害 对水生生物有毒，可能在水生环境中造成长期不利影响。

理化特性与用途

理化特性 无色至淡黄色透明液体，有胺样气味。溶于乙醇、乙醚等脂肪族溶剂和芳族溶剂。沸点152℃(0.5kPa)，相对密度(水=1)1.05，相对蒸气密度(空气=1)>1，闪点>110℃。

主要用途 作为附着力促进剂、表面改性剂、交联剂、分散剂，主要用于工程塑料改性，以及涂料、油墨、铸造树脂、胶黏剂等行业。

包装与储运

包装标志 杂类

包装类别 Ⅲ类

安全储运 储存于阴凉、通风的库房。远离火种、热源。应与强氧化剂、强酸等隔离储运。搬运时轻装轻卸，防止容器受损。

紧急处置信息

急救措施

吸入：迅速脱离现场至空气新鲜处。保持呼吸道通畅。如呼吸困难，给输氧。呼吸、心跳停止，立即进行心肺复苏术。就医。

眼睛接触：立即分开眼睑，用流动清水或生理盐水彻底冲洗。就医。

皮肤接触：立即脱去污染的衣着，用流动清水彻底冲洗。就医。

食入：饮适量温水，催吐(仅限于清醒者)。就医。

灭火方法 消防人员须穿全身消防服，佩戴空气呼吸器，在上风向灭火。尽可能将容器从火场移至空旷处。喷水保持容器冷却直至灭火结束。

灭火剂：雾状水、泡沫、干粉、二氧化碳。

泄漏应急处置 根据液体流动和蒸气扩散的影响区域划定警戒区，无关人员从侧风、上风向撤离至安全区。消除所有点火源。建议应急处理人员戴防毒面具，穿防护服，戴防护手套。穿上适当的防护服前严禁接触破裂的容器和泄漏物。尽可能切断泄漏源。防止泄漏物进入水体、下水道、地下室或有限空间。小量泄漏：用干燥的砂土或其他不燃材料吸收或覆盖，收集于容器中。大量泄漏：构筑围堤或挖坑收容。用泵转移至槽车或专用收集器内。

272. 6,9-二(十六基氧甲基)-4,7-二氧杂壬烷-1,2,9-三醇

标　识

中文名称 6,9-二(十六基氧甲基)-4,7-二氧杂壬烷-1,2,9-三醇

英文名称 6,9-Bis(hexadecyloxymethyl)-4,7-dioxanonane-1,2,9-triol

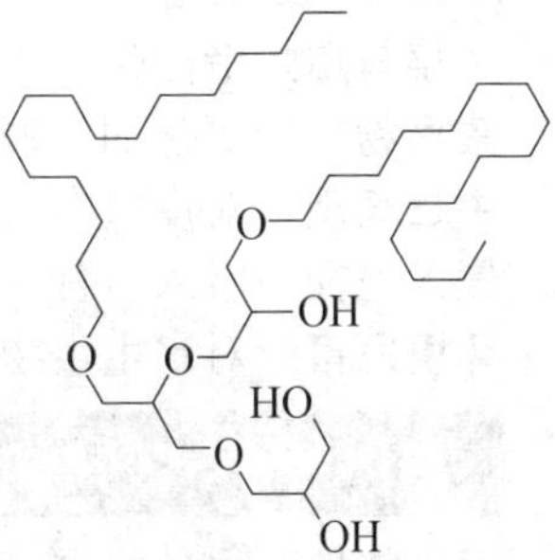

分子式 $C_{41}H_{84}O_7$

CAS 号 143747-72-2

OH
O
O
O
HO
O
OH

危害信息

燃烧与爆炸危险性 可燃。

禁忌物 强氧化剂、强酸。

侵入途径 吸入、食入。

环境危害 可能在水生环境中造成长期不利影响。

理化特性与用途

理化特性　沸点 736.4℃，相对密度(水=1)0.951，闪点 399.16℃。

主要用途　医药原料。

包装与储运

安全储运　储存于阴凉、通风的库房。远离火种、热源。应与强氧化剂、强酸等隔离储运。搬运时轻装轻卸，防止容器受损。

紧急处置信息

急救措施

吸入：脱离接触。如有不适感，就医。

眼睛接触：分开眼睑，用流动清水或生理盐水冲洗。如有不适感，就医。

皮肤接触：脱去污染的衣着，用流动清水冲洗。如有不适感，就医。

食入：漱口，饮水。就医。

灭火方法　消防人员须穿全身防腐蚀消防服，在上风向灭火。尽可能将容器从火场移至空旷处。喷水保持火场容器冷却，直至灭火结束。

灭火剂：雾状水、泡沫、二氧化碳。

泄漏应急处置　隔离泄漏污染区，限制出入。消除点火源。建议应急反应人员戴防护面具，穿戴防护服和防护手套。穿戴适当的防护装备前，避免接触破裂的容器或泄漏物。尽可能切断泄漏源。防止泄漏物进入环境中。用塑料布覆盖，减少飞散。用洁净的工具收集，置于适当的容器中，将容器移离泄漏区。

273. 3,5-二(十四烷基氧羰基)苯亚磺酸

标　　识

中文名称　3,5-二(十四烷基氧羰基)苯亚磺酸

英文名称　3,5-Bis-(tetradecyloxycarbonyl)benzenesulfinic acid

分子式　$C_{36}H_{62}O_6S$

CAS 号　141915-64-2

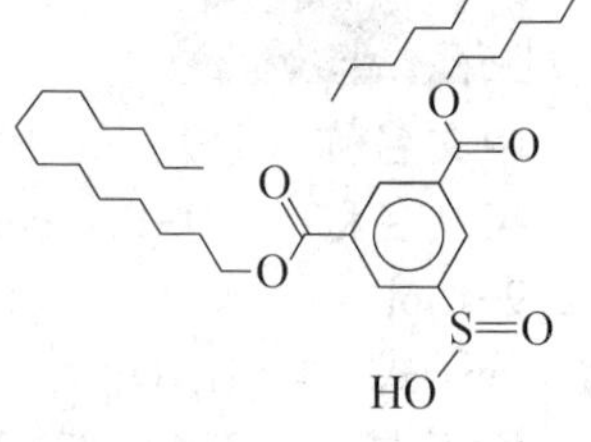

危害信息

燃烧与爆炸危险性　无特殊燃爆特性。

禁忌物　强氧化剂、碱类。

中毒表现　对皮肤有致敏性。

侵入途径　吸入、食入。

环境危害　对水生生物有毒，可能在水生环境中造成长期不利影响。

理化特性与用途

理化特性　白色粉末。不溶于水，易溶于乙酸乙酯、四氢呋喃、丙酮。熔点 46~48℃，沸点 718℃，相对密度(水=1)1.05，辛醇/水分配系数 14.34。

主要用途 用作有机合成中间体。

包装与储运

包装标志 杂类

包装类别 Ⅲ类

安全储运 储存于阴凉、通风的库房。远离火种、热源。保持容器密闭。应与强氧化剂、碱类等隔离储运。

紧急处置信息

急救措施

吸入：迅速脱离现场至空气新鲜处。保持呼吸道通畅。如呼吸困难，给输氧。呼吸、心跳停止，立即进行心肺复苏术。就医。

眼睛接触：立即分开眼睑，用流动清水或生理盐水彻底冲洗。就医。

皮肤接触：立即脱去污染的衣着，用肥皂水和清水彻底冲洗。就医。

食入：漱口，饮水。就医。

灭火方法 消防人员须穿全身消防服，佩戴空气呼吸器，在上风向灭火。尽可能将容器从火场移至空旷处。

根据着火原因选择适当灭火剂灭火。

泄漏应急处置 隔离泄漏污染区，限制出入。建议应急反应人员戴防尘口罩，穿戴防护服和防护手套。穿戴适当的防护装备前，禁止接触破裂的容器或泄漏物。尽可能切断泄漏源。防止泄漏物进入环境中。用塑料布覆盖，减少飞散。避免水进入包装容器。用洁净的工具收集，置于适当的容器中，将容器移离泄漏区。

274. 3,5-二(十四烷基氧羰基)苯亚磺酸钠盐

标　识

中文名称 3,5-二(十四烷基氧羰基)苯亚磺酸钠盐

英文名称 Sodium 3,5-bis(tetradecyloxycarbonyl)benzenesulfinate

分子式 $C_{36}H_{621}O_6S \cdot Na$

CAS 号 155160-86-4

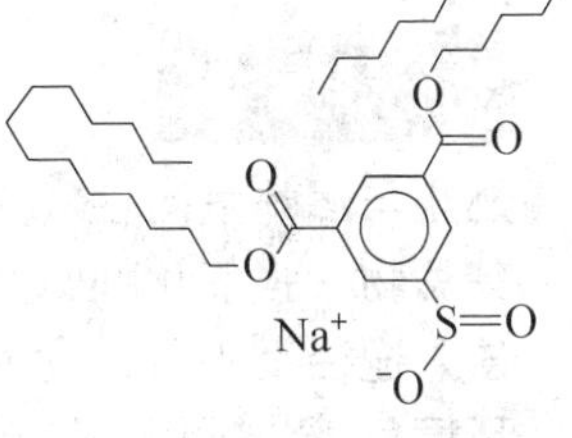

危害信息

燃烧与爆炸危险性 无特殊燃爆特性。

禁忌物 强氧化剂。

中毒表现 对皮肤有致敏性。

侵入途径 吸入、食入。

环境危害 对水生生物有毒，可能在水生环境中造成长期不利影响。

理化特性与用途

主要用途 有机合成。

包装与储运

包装标志　杂类

包装类别　Ⅲ类

安全储运　储存于阴凉、通风的库房。远离火种、热源。保持容器密闭。应与强氧化剂等隔离储运。

紧急处置信息

急救措施

吸入：迅速脱离现场至空气新鲜处。保持呼吸道通畅。如呼吸困难，给输氧。呼吸、心跳停止，立即进行心肺复苏术。就医。

眼睛接触：立即分开眼睑，用流动清水或生理盐水彻底冲洗。就医。

皮肤接触：立即脱去污染的衣着，用肥皂水和清水彻底冲洗。就医。

食入：漱口，饮水。就医。

灭火方法　消防人员须穿全身消防服，佩戴空气呼吸器，在上风向灭火。尽可能将容器从火场移至空旷处。

根据着火原因选择适当灭火剂灭火。

泄漏应急处置　隔离泄漏污染区，限制出入。建议应急处理人员戴防尘口罩，穿防护服，戴防护手套。穿上适当的防护服前严禁接触破裂的容器和泄漏物。尽可能切断泄漏源。用塑料布覆盖泄漏物，减少飞散。勿使水进入包装容器内。用洁净的铲子收集泄漏物，置于干净、干燥、盖子较松的容器中，将容器移离泄漏区。

275. 3-二十烷基-4-亚二十一烷基-2-氧杂环丁酮

标　识

中文名称　3-二十烷基-4-亚二十一烷基-2-氧杂环丁酮

英文名称　Eicosylketene dimer; 3-Icosyl-4-henicosylidene-oxetan-2-one

分子式　$C_{44}H_{84}O_2$

CAS 号　83708-14-9

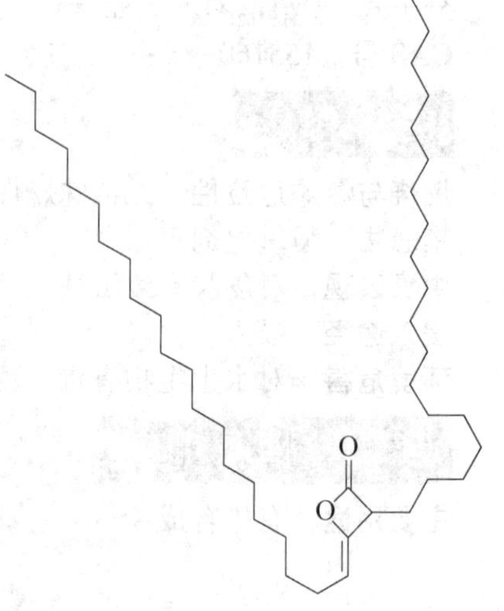

危害信息

燃烧与爆炸危险性　无特殊燃爆特性。

禁忌物　强氧化剂、酸碱、醇类。

侵入途径　吸入、食入。

环境危害　可能在水生环境中造成长期不利影响。

理化特性与用途

理化特性　淡黄色固体。不溶于水。相对密度(水=1)0.891，辛醇/水分配系数 21.47。

主要用途　用作纸用添加剂。

包装与储运

安全储运 储存于阴凉、通风的库房。远离火种、热源。应与强氧化剂、酸碱、醇类等隔离储运。

紧急处置信息

急救措施

吸入：脱离接触。如有不适感，就医。

眼睛接触：分开眼睑，用流动清水或生理盐水冲洗。如有不适感，就医。

皮肤接触：脱去污染的衣着，用流动清水冲洗。如有不适感，就医。

食入：漱口，饮水。就医。

灭火方法 消防人员须穿全身消防服，佩戴空气呼吸器，在上风向灭火。尽可能将容器从火场移至空旷处。

根据着火原因选择适当灭火剂灭火。

泄漏应急处置 隔离泄漏污染区，限制出入。建议应急处理人员戴防尘口罩，穿防护服。穿上适当的防护服前严禁接触破裂的容器和泄漏物。尽可能切断泄漏源。用塑料布覆盖泄漏物，减少飞散。勿使水进入包装容器内。用洁净的铲子收集泄漏物，置于干净、干燥、盖子较松的容器中，将容器移离泄漏区。

276. 2,6-二叔丁基-4-甲酚

标 识

中文名称 2,6-二叔丁基-4-甲酚

英文名称 2,6-Di-tert-butyl-*p*-cresol；2,6-Di-tert-butyl-4-cresol

别名 防老剂BHT；2,6-二叔丁基对甲酚

分子式 $C_{15}H_{24}O$

CAS号 128-37-0

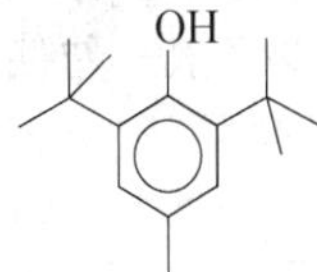

危害信息

燃烧与爆炸危险性 可燃，粉体与空气混合能形成爆炸性混合物，遇明火、高热易燃烧爆炸。在高温火场中，受热的容器有破裂和爆炸的危险。

禁忌物 强氧化剂。

毒性 大鼠经口 LD_{50}：890mg/kg；小鼠经口 LD_{50}：650mg/kg；大鼠经皮 LD_{50}：>2000mg/kg。

中毒表现 对眼和皮肤有刺激性。长期或反复皮肤接触可引起皮炎。可能对肝脏有影响。

侵入途径 吸入、食入、经皮吸收。

职业接触限值 美国(ACGIH)：TLV-TWA 2mg/m^3[可吸入性颗粒物和蒸气]。

环境危害 对水生生物有极高毒性，可能在水生环境中造成长期不利影响。

理化特性与用途

理化特性 白色结晶或淡黄色结晶粉末，有苯酚气味。不溶于水，易溶于甲苯，溶于甲醇、异丙醇、丙酮、甲乙酮、苯及多数烃类溶剂。熔点70℃，沸点265℃，相对密度(水=1)1.03~1.05，相对蒸气密度(空气=1)7.6，饱和蒸气压1.3Pa(20℃)，辛醇/水分配系数5.1，闪点127℃(闭杯)，引燃温度470℃。

主要用途 用作石油制品、燃料、橡胶、塑料、食品、饲料、药品等的抗氧剂。

包装与储运

包装标志 杂类

包装类别 Ⅲ类

安全储运 储存于阴凉、通风的库房。远离火种、热源。保持容器密闭。应与强氧化剂等隔离储运。

紧急处置信息

急救措施

吸入：迅速脱离现场至空气新鲜处。保持呼吸道通畅。如呼吸困难，给输氧。呼吸、心跳停止，立即进行心肺复苏术。就医。

眼睛接触：立即分开眼睑，用流动清水或生理盐水彻底冲洗。就医。

皮肤接触：立即脱去污染的衣着，用肥皂水和清水彻底冲洗。就医。

食入：漱口，饮水。就医。

灭火方法 消防人员须穿全身消防服，佩戴空气呼吸器，在上风向灭火。尽可能将容器从火场移至空旷处。喷水保持火场容器冷却，直至灭火结束。

灭火剂：水、干粉、泡沫、二氧化碳。

泄漏应急处置 隔离泄漏污染区，限制出入。消除所有点火源。建议应急处理人员戴防尘口罩，穿一般作业防护服，戴防护手套。尽可能切断泄漏源。用塑料布覆盖泄漏物，减少飞散。勿使水进入包装容器内。用洁净的铲子收集泄漏物，置于干净、干燥、盖子较松的容器中，将容器移离泄漏区。

277. 二水合二氯异氰尿酸钠

标　识

中文名称 二水合二氯异氰尿酸钠

英文名称 1,3,5-Triazine-2,4,6(1H,3H,5H)-trione, 1,3-dichloro-, sodium salt, dihydrate; Sodium dichloroisocyanurate dihydrate

别名 二氯异氰尿酸钠二水合物

分子式 $C_3HCl_2N_3O_3 \cdot Na \cdot 2H_2O$

CAS号 51580-86-0

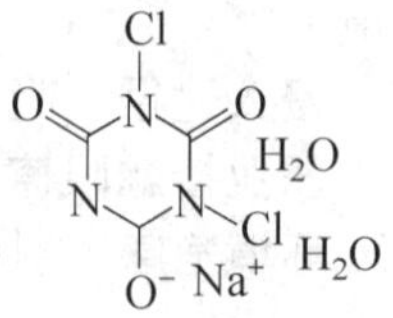

危害信息

燃烧与爆炸危险性 不燃，无特殊燃爆特性。

禁忌物 强氧化剂。

毒性 大鼠经口 LD_{50}：1671mg/kg；大鼠经皮 LD_{50}：>5000mg/kg；兔经皮 LD_{50}：>2000mg/kg。

中毒表现 食入有害，对眼和呼吸道有刺激性。

侵入途径 吸入、食入、经皮吸收。

理化特性与用途

理化特性 白色结晶粉末。溶于水，微溶于丙酮。pH 值 6(10g/L，20℃)，熔点 240~250℃，饱和蒸气压 9.3mPa(25℃)，辛醇/水分配系数-0.65。

主要用途 用作消毒剂。可用于饮用水消毒；可用于养蚕消毒、家畜、家禽、鱼类饲养消毒；还可用于羊毛防缩整理、纺织工业漂白、工业循环水除藻、橡胶氯化剂。

包装与储运

安全储运 储存于阴凉、通风的库房。远离火种、热源。应与强氧化剂等隔离储运。

紧急处置信息

急救措施

吸入：迅速脱离现场至空气新鲜处。保持呼吸道通畅。如呼吸困难，给输氧。呼吸、心跳停止，立即进行心肺复苏术。就医。

眼睛接触：立即分开眼睑，用流动清水或生理盐水彻底冲洗。就医。

皮肤接触：立即脱去污染的衣着，用肥皂水和清水彻底冲洗。就医。

食入：漱口，饮水。就医。

灭火方法 消防人员须穿全身消防服，佩戴空气呼吸器，在上风向灭火。尽可能将容器从火场移至空旷处。喷水保持火场容器冷却，直至灭火结束。

本品不燃，根据着火原因选择适当灭火剂灭火。

泄漏应急处置 隔离泄漏污染区，限制出入。建议应急处理人员戴防尘口罩，穿防护服。穿上适当的防护服前严禁接触破裂的容器和泄漏物。尽可能切断泄漏源。用塑料布覆盖泄漏物，减少飞散。勿使水进入包装容器内。用洁净的铲子收集泄漏物，置于干净、干燥、盖子较松的容器中，将容器移离泄漏区。

278. 二硝基(苯)酚

标 识

中文名称 二硝基(苯)酚

英文名称 Dinitrophenol

分子式 $C_6H_4N_2O_5$

CAS 号 25550-58-7

铁危编号 11052

UN 号 0076

危害信息

危险性类别 第 1 类 爆炸品

燃烧与爆炸危险性 易燃，粉体与空气混合能形成爆炸性混合物，遇明火、高热易燃烧爆炸。

禁忌物 爆炸品、氧化剂、还原剂、碱。

毒性 大鼠经口 *LDLo*：30mg/kg。

中毒表现 急性中毒的临床表现有恶心、不安、出汗、呼吸加快、心动过速、发热、紫绀，最终发生虚脱和昏迷。高热可引起死亡。

侵入途径 吸入、食入、经皮吸收。

环境危害 对水生生物有极高毒性，可能在水生环境中造成长期不利影响。

理化特性与用途

理化特性 无色或黄色针状或板状结晶。微溶于水，溶于乙醇、乙醚、氯仿、苯、甲苯。熔点 144~145℃，相对密度(水=1)1.68，相对蒸气密度(空气=1)6.35，饱和蒸气压 1.6mPa(25℃)，辛醇/水分配系数 1.73。

主要用途 用作染料、木材防腐剂，用于制显影剂、炸药、指示剂，也用作试剂。

包装与储运

包装标志 爆炸品，有毒品

安全储运 储存于阴凉、干燥、通风的爆炸品专用库房。远离火种、热源。储存温度不宜超过 32℃，相对湿度不超过 80%。若以水作稳定剂，储存温度应大于 1℃，相对湿度小于 80%。保持容器密封。应与其他爆炸品、氧化剂、还原剂、碱等隔离储运。采用防爆型照明、通风设施。禁止使用易产生火花的机械设备和工具。搬运时轻装轻卸，防止容器受损。禁止震动、撞击和摩擦。

紧急处置信息

急救措施

吸入：迅速脱离现场至空气新鲜处。保持呼吸道通畅。如呼吸困难，给输氧。呼吸、心跳停止，立即进行心肺复苏术。就医。

眼睛接触：立即分开眼睑，用流动清水或生理盐水彻底冲洗。就医。

皮肤接触：立即脱去污染的衣着，用流动清水彻底冲洗。就医。

食入：饮适量温水，催吐(仅限于清醒者)。就医。

灭火方法 消防人员须穿全身消防服，佩戴空气呼吸器，在上风向灭火。尽可能将容器从火场移至空旷处。喷水保持火场容器冷却。

用大量水灭火。

泄漏应急处置 消除所有点火源。隔离泄漏污染区，限制出入。建议应急处理人员戴防尘口罩，穿防毒服，戴橡胶手套。作业时使用的所有设备应接地。禁止接触或跨越泄漏物。润湿泄漏物。严禁设法扫除干的泄漏物。在专家指导下清除。

279. 3,4-二硝基甲苯

标　识

中文名称 3,4-二硝基甲苯

英文名称 3,4-Dinitrotoluene; 4-Methyl-1,2-dinitrobenzene

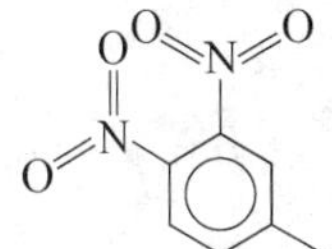

别名 4-甲基-1,2-二硝基苯

分子式 $C_7H_6N_2O_4$

CAS 号 610-39-9

危害信息

燃烧与爆炸危险性 易燃，粉体与空气混合能形成爆炸性混合物，遇明火、高热易燃烧爆炸。燃烧放出有毒的刺激性气体。在高温火场中受热的容器有破裂和爆炸的危险。

禁忌物 强氧化剂。

毒性 大鼠经口 LD_{50}：807mg/kg；小鼠经口 LD_{50}：747mg/kg。

欧盟法规 1272/2008/EC 将本品列为第 1B 类致癌物——可能对人类有致癌能力；第 2 类生殖细胞致突变物——由于可能导致人类生殖细胞可遗传突变而引起人们关注的物质；第 2 类生殖毒物——可疑的人类生殖毒物。

中毒表现 本品为高铁血红蛋白形成剂。中毒表现为头昏、嗜睡、头痛、恶心、意识障碍，唇、指甲、皮肤紫绀。

侵入途径 吸入、食入、经皮吸收。

环境危害 对水生生物有毒，可能在水生环境中造成长期不利影响。

理化特性与用途

理化特性 黄色针状结晶或红色固体。难溶于水，溶于乙醇、二硫化碳，微溶于氯仿。熔点 58℃，沸点 250~300℃（分解），相对密度（水=1）1.26，相对蒸气密度（空气=1）6.28，饱和蒸气压 0.05Pa（25℃），辛醇/水分配系数 2.0，闪点 207℃（闭杯）。

主要用途 用于有机合成。用于制造染料、炸药等。

包装与储运

包装标志 杂类

包装类别 Ⅲ类

安全储运 储存于阴凉、通风的库房。远离火种、热源。保持容器密闭。应与强氧化剂等隔离储运。

紧急处置信息

急救措施

吸入：立即脱离接触。如呼吸困难，给吸氧。如呼吸心跳停止，立即行心肺复苏术。就医。

眼睛接触：分开眼睑，用清水或生理盐水冲洗。就医。

皮肤接触：立即脱去污染衣着，用肥皂水或清水彻底冲洗。就医。

食入：漱口，饮水。就医。

高铁血红蛋白血症，可用美蓝和维生素 C 治疗。

灭火方法 消防人员须穿全身消防服，佩戴空气呼吸器，在上风向灭火。尽可能将容器从火场移至空旷处。喷水保持火场容器冷却直至灭火结束。

灭火剂：水、二氧化碳、干粉。

泄漏应急处置 隔离泄漏污染区，限制出入。消除所有点火源。建议应急处理人员戴防尘口罩，穿防毒服，戴橡胶手套。尽可能切断泄漏源。用塑料布覆盖泄漏物，减少飞散。勿使水进入包装容器内。用洁净的铲子收集泄漏物，置于干净、干燥、盖子较松的容器中，将容器移离泄漏区。

280. 2,5-二硝基甲苯

标　识

中文名称　2,5-二硝基甲苯

英文名称　2,5-Dinitrotoluene；2-Methyl-1,4-dinitrobenzene

别名　2-甲基-1,4-二硝基苯

分子式　$C_7H_6N_2O_4$

CAS 号　619-15-8

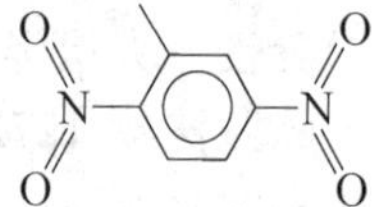

危害信息

危险性类别　第 6 类　有毒品

燃烧与爆炸危险性　可燃，粉体与空气混合能形成爆炸性混合物，遇明火、高热易燃烧爆炸。

禁忌物　强氧化剂。

毒性　大鼠经口 LD_{50}：517mg/kg；小鼠经口 LD_{50}：652mg/kg。

欧盟法规 1272/2008/EC 将本品列为第 1B 类致癌物——可能对人类有致癌能力；第 2 类生殖细胞致突变物——由于可能导致人类生殖细胞可遗传突变而引起人们关注的物质；第 2 类生殖毒物——可疑的人类生殖毒物。

中毒表现　食入、吸入或经皮肤吸收可引起中毒。长期反复接触可能对器官造成损害。本品为高铁血红蛋白形成剂。

侵入途径　吸入、食入、经皮吸收。

环境危害　对水生生物有毒，可能在水生环境中造成长期不利影响。

理化特性与用途

理化特性　黄色至橙黄色针状结晶。微溶于水，溶于乙醇，易溶于二硫化碳。熔点 52.5℃，沸点 284℃，相对密度(水=1)1.282，相对蒸气密度(空气=1)6.3，饱和蒸气压 0.33Pa(25℃)，辛醇/水分配系数 2.2，闪点 207℃。

主要用途　用于有机合成，用作染料、炸药和中间体等。

包装与储运

包装标志　有毒品

包装类别　Ⅲ类

安全储运　储存于阴凉、干燥、通风良好的库房。远离火种、热源。防止阳光直射。储存温度不超过 35℃，相对湿度不超过 85%。保持容器密封。应与强氧化剂、食用化学品等分开存放，切忌混储。配备相应品种和数量的消防器材。储区应备有合适的材料收容泄漏物。

紧急处置信息

急救措施

吸入：立即脱离接触。如呼吸困难，给吸氧。如呼吸心跳停止，立即行心肺复苏术。就医。

眼睛接触：分开眼睑，用清水或生理盐水冲洗。就医。

皮肤接触：立即脱去污染衣着，用肥皂水或清水彻底冲洗。就医。

食入：漱口，饮水。就医。

高铁血红蛋白血症，可用美蓝和维生素C治疗。

灭火方法 消防人员须穿全身消防服，在上风向灭火。尽可能将容器从火场移至空旷处。喷水保持火场容器冷却，直至灭火结束。

灭火剂：二氧化碳、水、泡沫、干粉。

泄漏应急处置 隔离泄漏污染区，限制出入。消除所有点火源。建议应急处理人员戴防尘口罩，穿防毒服，戴橡胶手套。尽可能切断泄漏源。用塑料布覆盖泄漏物，减少飞散。勿使水进入包装容器内。用洁净的铲子收集泄漏物，置于干净、干燥、盖子较松的容器中，将容器移离泄漏区。

281. 2,3-二硝基甲苯

标　识

中文名称 2,3-二硝基甲苯

英文名称 2,3-Dinitrotoluene；1-Methyl-2,3-dinitrobenzene

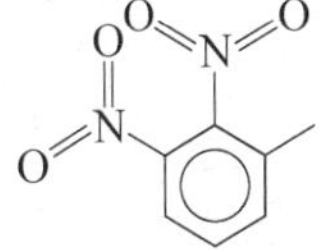

别名 1-甲基-2,3-二硝基苯

分子式 $C_7H_6N_2O_4$

CAS号 602-01-7

危害信息

危险性类别 第6类 有毒品

燃烧与爆炸危险性 可燃，粉体与空气混合能形成爆炸性混合物，遇明火、高热易燃烧爆炸。燃烧放出有毒和刺激性的气体。受热易分解。

禁忌物 强氧化剂。

毒性 大鼠经口LD_{50}：911mg/kg；小鼠经口LD_{50}：1072mg/kg。

中毒表现 本品为高铁血红蛋白形成剂。中毒表现为头昏、嗜睡、头痛、恶心、意识障碍，唇、指甲、皮肤紫绀。

侵入途径 吸入、食入、经皮吸收。

环境危害 对水生生物有极高毒性，可能在水生环境中造成长期不利影响。

理化特性与用途

理化特性 黄色结晶。不溶于水。熔点59～61℃，分解温度250～300℃，相对密度(水=1)1.3，相对蒸气密度(空气=1)6.28，饱和蒸气压0.05Pa(25℃)，辛醇/水分配系数2.0。

主要用途 用于有机合成。

包装与储运

包装标志 有毒品

包装类别 Ⅲ类

安全储运 储存于阴凉、通风的库房。远离火种、热源。储存温度不超过32℃，相对湿度不超过85%。保持容器密封。应与强氧化剂等隔离储运。配备相应品种和数量的消防器材。储区应备有合适的材料收容泄漏物。

紧急处置信息

急救措施

吸入：立即脱离接触。如呼吸困难，给吸氧。如呼吸心跳停止，立即行心肺复苏术。就医。

眼睛接触：分开眼睑，用清水或生理盐水冲洗。就医。

皮肤接触：立即脱去污染衣着，用肥皂水或清水彻底冲洗。就医。

食入：漱口，饮水。就医。

高铁血红蛋白血症，可用美蓝和维生素C治疗。

灭火方法 消防人员须穿全身防火防毒服，佩戴空气呼吸器，在上风向灭火。尽可能将容器从火场移至空旷处。

灭火剂：水、二氧化碳、干粉、泡沫。

泄漏应急处置 隔离泄漏污染区，限制出入。消除所有点火源。建议应急处理人员戴防尘口罩，穿防毒服，戴橡胶手套。尽可能切断泄漏源。用塑料布覆盖泄漏物，减少飞散。勿使水进入包装容器内。用洁净的铲子收集泄漏物，置于干净、干燥、盖子较松的容器中，将容器移离泄漏区。

282. 3,5-二硝基甲苯

标　识

中文名称 3,5-二硝基甲苯

英文名称 3,5-Dinitrotoluene；1-Methyl-3,5-dinitrobenzene

别名 1-甲基-3,5-二硝基苯

分子式 $C_7H_6N_2O_4$

CAS号 618-85-9

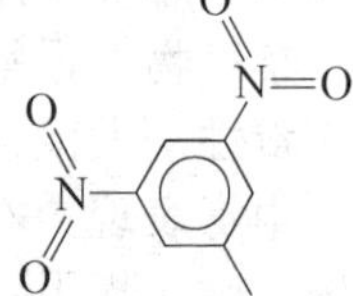

危害信息

危险性类别 第6类 有毒品

燃烧与爆炸危险性 可燃，在高温火场中，受热的容器有破裂和爆炸的危险。

禁忌物 强氧化剂。

毒性 大鼠经口LD_{50}：216mg/kg；小鼠经口LD_{50}：607mg/kg。

欧盟法规1272/2008/EC将本品列为第1B类致癌物——可能对人类有致癌能力；第2类生殖细胞致突变物——由于可能导致人类生殖细胞可遗传突变而引起人们关注的物质；第2类生殖毒物——可疑的人类生殖毒物。

中毒表现 本品为高铁血红蛋白形成剂。中毒表现为头昏、嗜睡、头痛、恶心、意识障碍，唇、指甲、皮肤紫绀。

侵入途径 吸入、食入、经皮吸收。

环境危害 对水生生物有害，可能在水生环境中造成长期不利影响。

理化特性与用途

理化特性 淡黄、微红色结晶。微溶于水，溶于苯、乙醇、乙醚、氯仿、二硫化碳。熔点93℃，沸点315℃，相对密度(水=1)1.2772，饱和蒸气压0.05Pa(25℃)，辛醇/水分配系数2.2，闪点152℃。

主要用途 用于有机合成。用于制染料、炸药等。

包装与储运

包装标志 有毒品

包装类别 Ⅲ类

安全储运 储存于阴凉、通风的库房。远离火种、热源。库温不超过35℃。相对湿度不超过85%。包装密封。应与强氧化剂、食用化学品等分开存放，切忌混储。配备相应品种和数量的消防器材。储区应备有合适的材料收容泄漏物。

紧急处置信息

急救措施

吸入：立即脱离接触。如呼吸困难，给吸氧。如呼吸心跳停止，立即行心肺复苏术。就医。

眼睛接触：分开眼睑，用清水或生理盐水冲洗。就医。

皮肤接触：立即脱去污染衣着，用肥皂水或清水彻底冲洗。就医。

食入：漱口，饮水。就医。

高铁血红蛋白血症，可用美蓝和维生素C治疗。

灭火方法 消防人员须穿全身消防服，在上风向灭火。尽可能将容器从火场移至空旷处。喷水保持火场容器冷却直至灭火结束。

灭火剂：泡沫、二氧化碳、干粉。

泄漏应急处置 隔离泄漏污染区，限制出入。消除点火源。建议应急处理人员戴防尘口罩，穿防毒服，戴橡胶手套。穿上适当的防护服前严禁接触破裂的容器和泄漏物。尽可能切断泄漏源。用塑料布覆盖泄漏物，减少飞散。勿使水进入包装容器内。用洁净的铲子收集泄漏物，置于干净、干燥、盖子较松的容器中，将容器移离泄漏区。

283. 二硝酸丙二醇酯

标　识

中文名称 二硝酸丙二醇酯

英文名称 Propyleneglycol dinitrate; 1,2-Propanediol, dinitrate

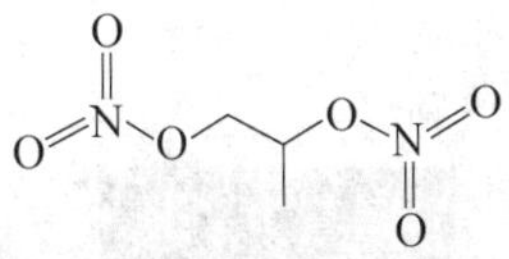

别名 1,2-丙二醇二硝酸酯

分子式 $C_3H_6N_2O_6$

CAS号 6423-43-4

危害信息

燃烧与爆炸危险性 易爆，强氧化性，受热易燃烧爆炸，产生有毒的氮氧化物气体。

禁忌物 强氧化剂、强酸。

毒性 大鼠经口 LD_{50}：250mg/kg；小鼠经口 LD_{50}：1525mg/kg。

中毒表现 本品为高铁血红蛋白形成剂。中毒表现为头昏、嗜睡、头痛、恶心、意识障碍，唇、指甲、皮肤紫绀。

侵入途径 吸入、食入、经皮吸收。

职业接触限值 美国(ACGIH)：TLV-TWA 0.05ppm[皮]。

理化特性与用途

理化特性 无色或橙红色液体，有不愉快的气味。微溶于水。熔点-30℃，沸点92℃(1.3kPa)、121℃(分解)，相对密度(水=1)1.2，相对蒸气密度(空气=1)5.73，饱和蒸气压9.3Pa(22.5℃)，辛醇/水分配系数1.59。

主要用途 用作火箭推进剂，用于医药、炸药等。

包装与储运

安全储运 储存于阴凉、通风的库房。远离火种、热源。应与强氧化剂、强酸等隔离储运。搬运时轻装轻卸，防止容器受损。

紧急处置信息

急救措施

吸入：立即脱离接触。如呼吸困难，给吸氧。如呼吸心跳停止，立即行心肺复苏术。就医。

眼睛接触：分开眼睑，用清水或生理盐水冲洗。就医。

皮肤接触：立即脱去污染衣着，用肥皂水或清水彻底冲洗。就医。

食入：漱口，饮水。就医。

高铁血红蛋白血症，可用美蓝和维生素C治疗。

灭火方法 消防人员须穿全身消防服，在上风向灭火。尽可能将容器从火场移至空旷处。喷水保持火场容器冷却直至灭火结束。

灭火剂：水、泡沫、干粉、二氧化碳。

泄漏应急处置 根据液体流动和蒸气扩散的影响区域划定警戒区，无关人员从侧风、上风向撤离至安全区。消除所有点火源。建议应急处理人员戴防毒面具，穿防毒服，戴防化学品手套。穿上适当的防护服前严禁接触破裂的容器和泄漏物。尽可能切断泄漏源。防止泄漏物进入水体、下水道、地下室或有限空间。小量泄漏：用砂土或其他不燃材料吸收或覆盖，收集于容器中。大量泄漏：构筑围堤或挖坑收容。用泵转移至槽车或专用收集器内。

284. 2,3-二溴-1-丙醇

标　识

中文名称 2,3-二溴-1-丙醇

英文名称 2,3-Dibromopropan-1-ol；2,3-Dibromo-1-propanol

分子式 $C_3H_6Br_2O$

HO Br Br

CAS 号 96-13-9

危害信息

燃烧与爆炸危险性 可燃。受热易分解放出有毒气体。

禁忌物 强氧化剂、强酸。

毒性 大鼠经口 LD_{50}：681mg/kg；大鼠吸入 LC_{50}：9920mg/m^3(4h)；兔经皮 LD_{50}：316mg/kg。

IARC 致癌性评论：G2B，可疑人类致癌物。

欧盟法规 1272/2008/EC 将本品列为第 1B 类致癌物——可能对人类有致癌能力；第 2 类生殖毒物——可疑的人类生殖毒物。

中毒表现 食入、吸入或经皮肤吸收对身体有害。

侵入途径 吸入、食入、经皮吸收。

环境危害 对水生生物有害，可能在水生环境中造成长期不利影响。

理化特性与用途

理化特性 无色至微淡黄色透明黏性液体。溶于水，溶于乙醇、乙醚、丙酮、苯、乙酸。熔点 9℃，沸点 219℃、95~97℃(1.3kPa)，相对密度(水=1)2.12，饱和蒸气压 12Pa(25℃)，辛醇/水分配系数 0.96，闪点 110℃(闭杯)。

主要用途 用于有机合成。

包装与储运

安全储运 储存于阴凉、通风的库房。远离火种、热源。保持容器密闭。应与强氧化剂、强酸等隔离储运。搬运时轻装轻卸，防止容器受损。

紧急处置信息

急救措施

吸入：迅速脱离现场至空气新鲜处。保持呼吸道通畅。如呼吸困难，给输氧。呼吸、心跳停止，立即进行心肺复苏术。就医。

眼睛接触：立即分开眼睑，用流动清水或生理盐水彻底冲洗。就医。

皮肤接触：立即脱去污染的衣着，用肥皂水和清水彻底冲洗。就医。

食入：漱口，饮水。就医。

灭火方法 消防人员须穿全身消防服，佩戴空气呼吸器，在上风向灭火。尽可能将容器从火场移至空旷处。

灭火剂：干粉、二氧化碳。

泄漏应急处置 根据液体流动和蒸气扩散的影响区域划定警戒区，无关人员从侧风、上风向撤离至安全区。消除所有点火源。建议应急处理人员戴正压自给式呼吸器，穿防毒服，戴橡胶手套。禁止接触或跨越泄漏物。尽可能切断泄漏源。防止泄漏物进入水体、下水道、地下室或有限空间。小量泄漏：用干燥的砂土或其他不燃材料覆盖泄漏物，用洁净的无火花工具收集泄漏物，置于一盖子较松的塑料容器中，待处置。大量泄漏：构筑围堤或挖坑收容。用防爆泵转移至槽车或专用收集器内。

285. 1,3-二溴丙烷

标　识

中文名称　1,3-二溴丙烷

英文名称　1,3-Dibromopropane；Trimethylene dibromide

别名　三亚甲基二溴

分子式　$C_3H_6Br_2$

CAS 号　109-64-8

危害信息

危险性类别　第 3 类　易燃液体

燃烧与爆炸危险性　易燃，其蒸气与空气混合能形成爆炸性混合物，遇明火、高热易燃烧爆炸。蒸气比空气重，能在较低处扩散到相当远的地方，遇火源会着火回燃和爆炸(闪爆)。

禁忌物　氧化剂。

毒性　兔经口 *LDLo*：1g/kg。

中毒表现　食入有害。对皮肤有刺激性。

侵入途径　吸入、食入。

环境危害　对水生生物有毒，可能在水生环境中造成长期不利影响。

理化特性与用途

理化特性　无色至淡黄色透明液体。微溶于水，溶于乙醇、乙醚。熔点-34℃，沸点167℃，相对密度(水=1)1.98，相对蒸气密度(空气=1)7，饱和蒸气压 0.18kPa(25℃)，辛醇/水分配系数 2.37，闪点 54℃。

主要用途　用作染料、药物中间体，用于环丙烷的制造，也用作除草剂。

包装与储运

包装标志　易燃液体

包装类别　Ⅲ类

安全储运　储存于阴凉、通风的库房。远离火种、热源。库温不宜超过 37℃。保持容器密封。应与氧化剂分开存放，切忌混储。采用防爆型照明、通风设施。禁止使用易产生火花的机械设备和工具。灌装时注意流速，防止静电积聚。储区应备有泄漏应急处理设备和合适的收容材料。搬运时轻装轻卸，防止容器受损。

紧急处置信息

急救措施

吸入：迅速脱离现场至空气新鲜处。保持呼吸道通畅。如呼吸困难，给输氧。呼吸、心跳停止，立即进行心肺复苏术。就医。

眼睛接触：立即分开眼睑，用流动清水或生理盐水彻底冲洗。就医。

皮肤接触：立即脱去污染的衣着，用肥皂水和清水彻底冲洗。就医。

食入：漱口，饮水。禁止催吐。就医。

灭火方法 消防人员须穿全身消防服，在上风向灭火。尽可能将容器从火场移至空旷处。处在火场中的容器，若发生异常变化或发出异常声音，须马上撤离。

灭火剂：干粉、二氧化碳、抗溶性泡沫。

泄漏应急处置 消除所有点火源。根据液体流动和蒸气扩散的影响区域划定警戒区，无关人员从侧风、上风向撤离至安全区。建议应急处理人员戴正压自给式呼吸器，穿防静电服，戴橡胶手套。作业时使用的所有设备应接地。禁止接触或跨越泄漏物。尽可能切断泄漏源。防止泄漏物进入水体、下水道、地下室或有限空间。小量泄漏：用砂土或其他不燃材料吸收。使用洁净的无火花工具收集吸收材料。大量泄漏：构筑围堤或挖坑收容。用抗溶性泡沫覆盖，减少蒸发。喷水雾能减少蒸发，但不能降低泄漏物在有限空间内的易燃性。用防爆泵转移至槽车或专用收集器内。

286. 2,2-二溴-2-硝基乙醇

标　识

中文名称 2,2-二溴-2-硝基乙醇

英文名称 2,2-Dibromo-2-nitroethanol

分子式 $C_2H_3Br_2NO_3$

CAS 号 69094-18-4

危害信息

危险性类别 第 1 类　爆炸品

燃烧与爆炸危险性 易爆。

禁忌物 爆炸品、氧化剂、还原剂。

毒性 大鼠经口 LD_{50}：29100μg/kg；小鼠经口 LD_{50}：93mg/kg；兔经皮 LD_{50}：297mg/kg。

欧盟法规 1272/2008/EC 将本品列为第 2 类致癌物——可疑的人类致癌物。

中毒表现 食入有害。对眼和皮肤有腐蚀性。对皮肤有致敏性。长期反复接触可能对器官造成损害。

侵入途径 吸入、食入、经皮吸收。

环境危害 对水生生物有极高毒性，可能在水生环境中造成长期不利影响。

理化特性与用途

理化特性 无色透明黏稠液体(含量≥76%)，稍有气味。pH 值 3.0~5.0(1%水溶液)，相对密度(水=1)1.85。

主要用途 水处理剂，用作工业循环水、工业冷却水的水处理剂、杀菌灭藻剂等。

包装与储运

包装标志 爆炸品

安全储运 储存于阴凉、干燥、通风的爆炸品专用库房。远离火种、热源。储存温度不宜超过 32℃，相对湿度不超过 80%。若以水作稳定剂，储存温度应大于 1℃，相对湿度小于 80%。保持容器密封。应与其他爆炸品、氧化剂、还原剂等隔离储运。采用防爆型照

明、通风设施。禁止使用易产生火花的机械设备和工具。搬运时轻装轻卸，防止容器受损。禁止震动、撞击和摩擦。

紧急处置信息

急救措施

吸入：迅速脱离现场至空气新鲜处。保持呼吸道通畅。如呼吸困难，给输氧。呼吸、心跳停止，立即进行心肺复苏术。就医。

眼睛接触：立即分开眼睑，用流动清水或生理盐水彻底冲洗5~10min。就医。

皮肤接触：立即脱去污染的衣着，用大量流动清水彻底冲洗，冲洗时间一般要求20~30min。就医。

食入：用水漱口，禁止催吐。给饮牛奶或蛋清。就医。

灭火方法　消防人员须在防爆掩蔽处操作。遇大火切勿轻易接近。在物料附近失火，须用水保持容器冷却。用大量水灭火。禁止用砂土盖压。

泄漏应急处置　根据液体流动和蒸气扩散的影响区域划定警戒区，无关人员从侧风、上风向撤离至安全区。消除所有点火源。建议应急处理人员戴正压自给式呼吸器，穿防毒服，戴橡胶手套。穿上适当的防护服前严禁接触破裂的容器和泄漏物。作业时使用的设备应接地。尽可能切断泄漏源。在专家指导下清除。

287. 二氧化镍

标　识

中文名称　二氧化镍

英文名称　Nickel dioxide；Nickel oxide(NiO_2)

别名　过氧化镍

分子式　NiO_2

CAS号　12035-36-8

O═Ni═O

危害信息

燃烧与爆炸危险性　无特殊燃爆特性。

毒性　IARC致癌性评论：G1，确认人类致癌物。

欧盟法规1272/2008/EC将本品列为第1A类致癌物——已知对人类有致癌能力。

中毒表现　本品对皮肤的影响在生产中较为常见，主要表现为皮炎或过敏性湿疹。皮疹有强烈的瘙痒，称镍痒症。镍工可患过敏性肺炎、支气管炎、支气管肺炎、肾上腺皮质功能不全等。镍有致癌性。

侵入途径　吸入、食入。

职业接触限值　中国：PC-TWA 1mg/m^3[按Ni计][G1]。

美国(ACGIH)：TLV-TWA 0.2mg/m^3[按Ni计]。

环境危害　可能在水生环境中造成长期不利影响。

理化特性与用途

理化特性　黑色粉末。不溶于水。

主要用途 用作氧化剂。

包装与储运

安全储运 储存于阴凉、通风的库房。远离火种、热源。保持容器密闭。

紧急处置信息

急救措施

吸入：迅速脱离现场至空气新鲜处。保持呼吸道通畅。如呼吸困难，给输氧。呼吸、心跳停止，立即进行心肺复苏术。就医。

眼睛接触：立即分开眼睑，用流动清水或生理盐水彻底冲洗。就医。

皮肤接触：立即脱去污染的衣着，用肥皂水和清水彻底冲洗。就医。

食入：漱口，饮水。就医。

灭火方法 消防人员须穿全身消防服，佩戴空气呼吸器，在上风向灭火。尽可能将容器从火场移至空旷处。

根据着火原因选择适当灭火剂灭火。

泄漏应急处置 隔离泄漏污染区，限制出入。建议应急处理人员戴防尘口罩，穿防毒服，戴防化学品手套。穿上适当的防护服前严禁接触破裂的容器和泄漏物。尽可能切断泄漏源。用塑料布覆盖泄漏物，减少飞散。勿使水进入包装容器内。用洁净的铲子收集泄漏物，置于干净、干燥、盖子较松的容器中，将容器移离泄漏区。

288. 二氧威

标　识

中文名称 二氧威

英文名称 Dioxacarb；2-(1,3-Dioxolan-2-yl)phenyl *N*-methylcarbamate

别名 2-(1,3-二氧戊环-2-基)苯基 *N*-甲基氨基甲酸酯

分子式 $C_{11}H_{13}NO_4$

CAS 号 6988-21-2

铁危编号 61888

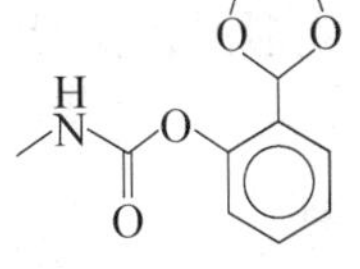

危害信息

危险性类别 第6类 有毒品

燃烧与爆炸危险性 可燃，其粉体与空气混合能形成爆炸性混合物，遇明火、高热易燃烧爆炸。

禁忌物 氧化剂、碱类。

毒性 大鼠经口 LD_{50}：25mg/kg；小鼠经口 LD_{50}：48mg/kg；大鼠吸入 LC_{50}：160mg/m^3；大鼠经皮 LD_{50}：3g/kg；兔经皮 LD_{50}：1950mg/kg。

中毒表现 氨基甲酸酯类农药抑制胆碱酯酶，出现相应的症状。中毒症状有头痛、恶心、呕吐、腹痛、流涎、出汗、瞳孔缩小、步行困难、语言障碍，重者可发生全身痉挛、昏迷。

侵入途径 吸入、食入、经皮吸收。

环境危害 对水生生物有毒，可能在水生环境中造成长期不利影响。

理化特性与用途

理化特性 无色结晶。微溶于水，溶于丙酮、环己酮、二甲苯、二氯甲烷等。熔点114~115℃，相对密度(水=1)1.46，饱和蒸气压0.04mPa(25℃)，辛醇/水分配系数0.67，闪点100℃。

主要用途 杀虫剂。用于防治卫生害虫和储粮害虫等。

包装与储运

包装标志 有毒品

包装类别 Ⅲ类

安全储运 储存于阴凉、通风的库房。远离火种、热源。防止阳光直射。储存温度不超过35℃，相对湿度不超过85%。应与氧化剂、碱类、食用化学品分开存放，切忌混储。配备相应品种和数量的消防器材。储区应备有合适的材料收容泄漏物。

紧急处置信息

急救措施

吸入：迅速脱离现场至空气新鲜处。保持呼吸道通畅。如呼吸困难，给输氧。呼吸、心跳停止，立即进行心肺复苏术。就医。

眼睛接触：立即分开眼睑，用流动清水或生理盐水彻底冲洗。就医。

皮肤接触：立即脱去污染的衣着，用流动清水彻底冲洗。就医。

食入：饮适量温水，催吐(仅限于清醒者)。就医。

解毒剂：阿托品。

灭火方法 消防人员须穿全身消防服，佩戴空气呼吸器，在上风向灭火。尽可能将容器从火场移至空旷处。

灭火剂：雾状水、泡沫、二氧化碳、干粉、砂土。

泄漏应急处置 隔离泄漏污染区，限制出入。消除点火源。建议应急处理人员戴防尘口罩，穿防毒服，戴橡胶手套。穿上适当的防护服前严禁接触破裂的容器和泄漏物。尽可能切断泄漏源。用塑料布覆盖泄漏物，减少飞散。勿使水进入包装容器内。用洁净的铲子收集泄漏物，置于干净、干燥、盖子较松的容器中，将容器移离泄漏区。

289. 二乙二醇二甲醚

标　识

中文名称 二乙二醇二甲醚

英文名称 Bis(2-methoxyethyl)ether；Diethylene glycol dimethyl ether

分子式 $C_6H_{14}O_3$

CAS号 111-96-6

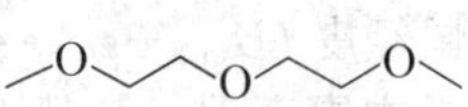

危害信息

危险性类别 第3类 易燃液体

燃烧与爆炸危险性 易燃，其蒸气与空气混合能形成爆炸性混合物，遇明火、高热易燃烧爆炸。蒸气比空气重，沿地面扩散并易积存于低洼处，遇火源会着火回燃。

禁忌物 强氧化剂、强酸。

毒性 大鼠经口 LD_{50}：5400mg/kg；小鼠经口 LD_{50}：6g/kg；大鼠吸入 LC_{50}：>11000mg/m^3 (7h)。

欧盟法规 1272/2008/EC 将本品列为第 1B 类生殖毒物——可能的人类生殖毒物。

中毒表现 对眼、皮肤和呼吸道有刺激性。

侵入途径 吸入、食入、经皮吸收。

理化特性与用途

理化特性 无色液体，稍有气味。与水混溶，溶于苯，混溶于乙醇、乙醚、烃溶剂。熔点-68℃，沸点 162℃，相对密度(水=1)0.945，相对蒸气密度(空气=1)4.6，饱和蒸气压 0.23kPa(20℃)，辛醇/水分配系数-0.36，闪点 51℃(闭杯)，引燃温度 190℃，爆炸下限 1.5%，爆炸上限 17.4%。

主要用途 主要用作溶剂。在金属有机化合物合成、烷基化反应、缩聚反应和还原反应中用作碱金属氢氧化物的溶剂。

包装与储运

包装标志 易燃液体

包装类别 Ⅲ类

安全储运 储存于阴凉、通风的库房。远离火种、热源。库温不宜超过 37℃。保持容器密封。应与强氧化剂、强酸等分开存放，切忌混储。采用防爆型照明、通风设施。禁止使用易产生火花的机械设备和工具。灌装时注意流速，防止静电积聚。储区应备有泄漏应急处理设备和合适的收容材料。搬运时轻装轻卸，防止容器受损。

紧急处置信息

急救措施

吸入：迅速脱离现场至空气新鲜处。保持呼吸道通畅。如呼吸困难，给输氧。呼吸、心跳停止，立即进行心肺复苏术。就医。

眼睛接触：立即分开眼睑，用流动清水或生理盐水彻底冲洗。就医。

皮肤接触：立即脱去污染的衣着，用肥皂水和清水彻底冲洗。就医。

食入：漱口，饮水。就医。

灭火方法 消防人员须穿全身消防服，佩戴空气呼吸器，在上风向灭火。尽可能将容器从火场移至空旷处。处在火场中的容器若发生异常变化或发出异常声音，须马上撤离。

灭火剂：泡沫、二氧化碳、干粉。

泄漏应急处置 根据液体流动和蒸气扩散的影响区域划定警戒区，无关人员从侧风、上风向撤离至安全区。消除所有点火源。建议应急处理人员戴防毒面具，穿防毒服。穿上适当的防护服前严禁接触破裂的容器和泄漏物。作业时所有的设备应接地。尽可能切断泄漏源。防止泄漏物进入水体、下水道、地下室或有限空间。小量泄漏：用干燥的砂土或其他不燃材料吸收或覆盖，收集于容器中。大量泄漏：构筑围堤或挖坑收容。用抗溶性泡沫覆盖，减少蒸发。喷水雾能减少蒸发，但不能降低泄漏物在有限空间的易燃性。用防爆泵将泄漏物转移至槽车或专用收集器内。

290. 二乙基氨基甲酰氯

标　识

中文名称　二乙基氨基甲酰氯

英文名称　Carbamic chloride, *N*,*N*-diethyl-; Diethylcarbamoyl chloride

别名　*N*,*N*-二乙基氯甲酰胺

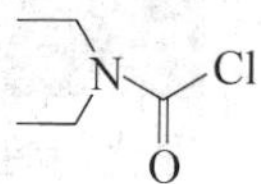

分子式　$C_5H_{10}ClNO$

CAS 号　88-10-8

危害信息

燃烧与爆炸危险性　易燃，其蒸气与空气混合能形成爆炸性混合物，遇明火、高热易燃烧爆炸。蒸气比空气重，能在较低处扩散到相当远的地方，遇火源会着火回燃和爆炸(闪爆)。受热易分解，放出有毒的氮氧化物气体。

禁忌物　强氧化剂、强酸。

毒性　大鼠经口 LD_{50}：2700mg/kg；兔经皮 *LDLo*：12840mg/kg。

欧盟法规 1272/2008/EC 将本品列为第 2 类致癌物——可疑的人类致癌物。

中毒表现　食入或吸入对身体有害。对眼、皮肤和呼吸道有刺激性。

侵入途径　吸入、食入、经皮吸收。

理化特性与用途

理化特性　无色或淡黄色油状液体。遇水分解。熔点-32℃，沸点 186℃，相对密度(水=1)1.07，相对蒸气密度(空气=1)4.1，饱和蒸气压 0.1kPa(25℃)，辛醇/水分配系数 0.26，闪点 75℃。

主要用途　用作医药及农药杀草丹的中间体。

包装与储运

安全储运　储存于阴凉、通风的库房。远离火种、热源。应与强氧化剂、强酸等隔离储运。搬运时轻装轻卸，防止容器受损。

紧急处置信息

急救措施

吸入：迅速脱离现场至空气新鲜处。保持呼吸道通畅。如呼吸困难，给输氧。呼吸、心跳停止，立即进行心肺复苏术。就医。

眼睛接触：立即分开眼睑，用流动清水或生理盐水彻底冲洗。就医。

皮肤接触：立即脱去污染的衣着，用肥皂水和清水彻底冲洗。就医。

食入：漱口，饮水。就医。

灭火方法　消防人员须穿全身消防服，佩戴空气呼吸器，在上风向灭火。尽可能将容器从火场移至空旷处。喷水保持火场容器冷却，直至灭火结束。

灭火剂：雾状水。

泄漏应急处置　消除所有点火源。根据液体流动和蒸气扩散的影响区域划定警戒区，

无关人员从侧风、上风向撤离至安全区。建议应急处理人员戴正压自给式呼吸器，穿防毒、防静电服，戴橡胶手套。禁止接触或跨越泄漏物。尽可能切断泄漏源。防止泄漏物进入水体、下水道、地下室或有限空间。小量泄漏：用砂土或其他不燃材料吸收。使用洁净的无火花工具收集吸收材料。大量泄漏：构筑围堤或挖坑收容。用抗溶性泡沫覆盖，减少蒸发。用防爆泵转移至槽车或专用收集器内。

291. 2,6-二乙基苯胺

标　识

中文名称　2,6-二乙基苯胺

英文名称　2,6-Diethylaniline；2,6-Diethylbenzenamine

分子式　$C_{10}H_{15}N$

CAS 号　579-66-8

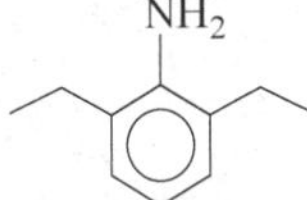

危害信息

燃烧与爆炸危险性　可燃，其蒸气与空气混合能形成爆炸性混合物，遇明火、高热易燃烧或爆炸，燃烧产生有毒的氮氧化物气体。在高温火场中，受热的容器或储罐有破裂和爆炸的危险。

禁忌物　强氧化剂、强酸。

毒性　大鼠经口 LD_{50}：1450mg/kg；大鼠吸入 $LCLo$：4700mg/m^3(6h)；兔经皮 LD_{50}：1085mg/kg。

中毒表现　食入有害。有可能引起高铁血红蛋白血症。

侵入途径　吸入、食入、经皮吸收。

理化特性与用途

理化特性　黄色至红棕色透明液体。不溶于水，容易醇、醚及其他有机溶剂。熔点 3.5℃，沸点 235.5℃，相对密度(水=1)0.906，相对蒸气密度(空气=1)5.14，饱和蒸气压 0.51Pa(25℃)，辛醇/水分配系数 0.95，闪点 123℃，临界温度 405℃，临界压力 3.12MPa，燃烧热-5994kJ/mol。

主要用途　用作制造杀虫剂、染料、抗氧剂、合成树脂、芳香剂的中间体。

包装与储运

安全储运　储存于阴凉、通风的库房。远离火种、热源。应与强氧化剂、强酸等隔离储运。

紧急处置信息

急救措施

吸入：立即脱离接触。如呼吸困难，给吸氧。如呼吸心跳停止，立即行心肺复苏术。就医。

眼睛接触：分开眼睑，用清水或生理盐水冲洗。就医。

皮肤接触：立即脱去污染衣着，用肥皂水或清水彻底冲洗。就医。

食入：漱口，饮水。就医。

高铁血红蛋白血症，可用美蓝和维生素 C 治疗。

灭火方法　消防人员须穿全身消防服，佩戴空气呼吸器，在上风向灭火。尽可能将容器从火场移至空旷处。喷水保持火场容器冷却，直至灭火结束。处在火场中的容器若发生异常变化或发出异常声音，须马上撤离。

灭火剂：抗溶性泡沫、二氧化碳、干粉、砂土。

泄漏应急处置　根据液体流动和蒸气扩散的影响区域划定警戒区，无关人员从侧风、上风向撤离至安全区。消除点火源。应急人员应戴正压自给式呼吸器，穿防毒服，戴橡胶手套。尽可能切断泄漏源。防止泄漏物进入水体、下水道、地下室或有限空间。小量泄漏：用砂土或其他不燃材料吸收，用干燥、洁净的无火花工具收集于容器中。大量泄漏：构筑围堤或挖坑收容泄漏物。用泡沫覆盖泄漏物，减少挥发。用防爆泵转移至槽车或专用收集器内。

292. N,N-二乙基对苯二胺

标　识

中文名称　*N*,*N*-二乙基对苯二胺

英文名称　*N*,*N*-Diethyl-*p*-phenylenediamine；4-Amino-*N*,*N*-diethylaniline

别名　4-二乙氨基苯胺；对氨基-*N*,*N*-二乙苯胺

分子式　$C_{10}H_{16}N_2$

CAS 号　93-05-0

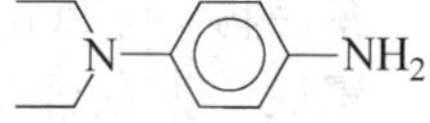

危害信息

危险性类别　第 8 类　腐蚀品

燃烧与爆炸危险性　可燃，其蒸气与空气混合能形成爆炸性混合物，遇明火、高热易燃烧或爆炸。在高温火场中，受热的容器或储罐有破裂和爆炸的危险。具有腐蚀性。

禁忌物　氧化剂、酸碱。

毒性　大鼠经口 LD_{50}：>200mg/kg；小鼠经口 LD_{50}：200mg/kg；兔经皮 *LDLo*：125mg/kg。

中毒表现　本品为高铁血红蛋白形成剂。中毒表现为头昏、嗜睡、头痛、恶心、意识障碍，唇、指甲、皮肤紫绀。对眼和皮肤有腐蚀性。

侵入途径　吸入、食入、经皮吸收。

环境危害　对水生生物有极高毒性，可能在水生环境中造成长期不利影响。

理化特性与用途

理化特性　浅黄至褐色油状液体。不溶于水，溶于乙醇、乙醚，易溶于苯。熔点 19～23℃，沸点 260～262℃，相对密度 0.988，饱和蒸气压 0.4Pa(25℃)，辛醇/水分配系数 2.24，闪点 139℃(闭杯)，引燃温度 460℃。

主要用途　用作染料中间体，感光材料中间体，彩色像显影剂，医药中间体。

包装与储运

包装标志　腐蚀品

包装类别　Ⅲ类

安全储运 储存于阴凉、通风的库房。远离火种、热源。库温不超过30℃。相对湿度不超过80%。包装要求密封，不可与空气接触。应与氧化剂、酸碱等分开存放，切忌混储。储区应备有泄漏应急处理设备和合适的收容材料。搬运时轻装轻卸，防止容器受损。

紧急处置信息

急救措施

吸入：迅速脱离现场至空气新鲜处。保持呼吸道通畅。如呼吸困难，给输氧。呼吸、心跳停止，立即进行心肺复苏术。就医。

眼睛接触：立即分开眼睑，用流动清水或生理盐水彻底冲洗5~10min。就医。

皮肤接触：立即脱去污染的衣着，用大量流动清水彻底冲洗，冲洗时间一般要求20~30min。就医。

食入：用水漱口，禁止催吐。给饮牛奶或蛋清。就医。

高铁血红蛋白血症，可用美蓝和维生素C治疗。

灭火方法 消防人员须穿全身消防服，佩戴空气呼吸器，在上风向灭火。尽可能将容器从火场移至空旷处。喷水保持火场容器冷却，直至灭火结束。处在火场中的容器若发生异常变化或发出异常声音，须马上撤离。

灭火剂：泡沫、二氧化碳、干粉、砂土。

泄漏应急处置 根据液体流动和蒸气扩散的影响区域划定警戒区，无关人员从侧风、上风向撤离至安全区。消除点火源。建议应急处理人员戴正压自给式呼吸器，穿防腐蚀、防毒服，戴橡胶耐腐蚀手套。穿上适当的防护服前严禁接触破裂的容器和泄漏物。尽可能切断泄漏源。防止泄漏物进入水体、下水道、地下室或有限空间。小量泄漏：用干燥的砂土或其他不燃材料吸收或覆盖，收集于容器中。大量泄漏：构筑围堤或挖坑收容。用耐腐蚀泵转移至槽车或专用收集器内。

293. *N*,*N*-二乙基-*N*′,*N*′-二甲基-1,3-丙二胺

标　识

中文名称 *N*,*N*-二乙基-*N*′,*N*′-二甲基-1,3-丙二胺

英文名称 *N*,*N*-Diethyl-*N*′,*N*′-dimethylpropan-1,3-diyl diamine；1,3-Propanediamine, *N*1,*N*1-diethyl-*N*3,*N*3-dimethyl-

分子式 $C_9H_{22}N_2$

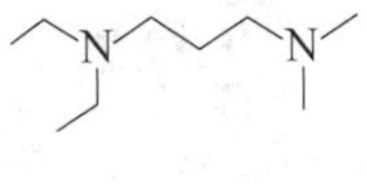

CAS号 62478-82-4

危害信息

危险性类别 第8类 腐蚀品

燃烧与爆炸危险性 易燃，其蒸气与空气混合能形成爆炸性混合物，遇明火、高热易燃烧或爆炸，燃烧产生有毒的氮氧化物气体。在高温火场中，受热的容器或储罐有破裂和爆炸的危险。蒸气比空气重，沿地面扩散并易积存于低洼处，遇火源会着火回燃。

禁忌物 氧化剂、酸碱。

中毒表现 吸入或食入对身体有害。对眼和皮肤有腐蚀性，引起灼伤。长期反复接触有可能引起器官损害。

侵入途径 吸入、食入。

理化特性与用途

理化特性 液体。溶于水。沸点 184.2℃，相对密度(水 = 1) 0.826，饱和蒸气压 0.1kPa(25℃)，辛醇/水分配系数 1.5，闪点 55.4℃。

主要用途 用作有机合成中间体。

包装与储运

包装标志 腐蚀品

包装类别 Ⅲ类

安全储运 储存于阴凉、通风的库房。远离火种、热源。库温不超过 30℃。相对湿度不超过 80%。包装要求密封，不可与空气接触。应与氧化剂、酸碱等分开存放，切忌混储。储区应备有泄漏应急处理设备和合适的收容材料。搬运时轻装轻卸，防止容器受损。

紧急处置信息

急救措施

吸入：迅速脱离现场至空气新鲜处。保持呼吸道通畅。如呼吸困难，给输氧。呼吸、心跳停止，立即进行心肺复苏术。就医。

眼睛接触：立即分开眼睑，用流动清水或生理盐水彻底冲洗 5~10min。就医。

皮肤接触：立即脱去污染的衣着，用大量流动清水彻底冲洗，冲洗时间一般要求 20~30min。就医。

食入：用水漱口，禁止催吐。给饮牛奶或蛋清。就医。

灭火方法 消防人员须穿全身消防服，佩戴空气呼吸器，在上风向灭火。尽可能将容器从火场移至空旷处。喷水保持火场容器冷却，直至灭火结束。处在火场中的容器若发生异常变化或发出异常声音，须马上撤离。

灭火剂：抗溶性泡沫、二氧化碳、干粉、砂土。

泄漏应急处置 根据液体流动和蒸气扩散的影响区域划定警戒区，无关人员从侧风、上风向撤离至安全区。消除所有点火源。建议应急处理人员戴正压自给式呼吸器，穿耐腐蚀、防毒服，戴橡胶耐腐蚀手套。穿上适当的防护服前严禁接触破裂的容器和泄漏物。尽可能切断泄漏源。防止泄漏物进入水体、下水道、地下室或有限空间。小量泄漏：用干燥的砂土或其他不燃材料吸收或覆盖，收集于容器中。大量泄漏：构筑围堤或挖坑收容。用耐腐蚀泵转移至槽车或专用收集器内。

294. N,N-二(2-乙基己基)-((1,2,4-三唑-1-基)甲基)胺

标 识

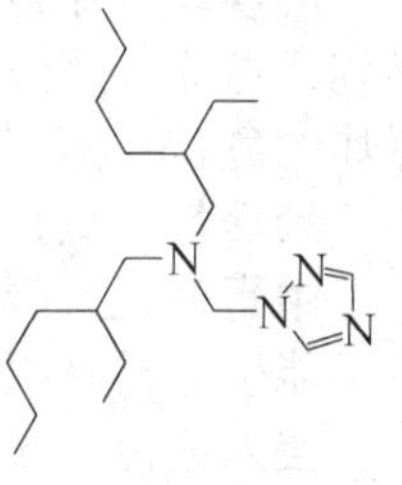

中文名称 N,N-二(2-乙基己基)-((1,2,4-三唑-1-基)甲基)胺

英文名称 1H-1,2,4-Triazole-1-methanamine, N,N-bis(2-ethylhexyl)-; 2-Ethyl-N-(2-ethylhexyl)-N-(1,2,4-triazol-1-ylmethyl)hexan-1-amine

分子式 $C_{19}H_{38}N_4$

CAS 号 91273-04-0

危害信息

危险性类别 第 8 类 腐蚀品

燃烧与爆炸危险性 可燃，其蒸气与空气混合能形成爆炸性混合物，遇明火、高热易燃烧或爆炸。燃烧产生有毒的氮氧化物气体。在高温火场中，受热的容器或储罐有破裂和爆炸的危险。

禁忌物 强氧化剂、强酸。

中毒表现 对眼和皮肤有腐蚀性，引起灼伤。对皮肤有致敏性。

侵入途径 吸入、食入。

理化特性与用途

理化特性 不溶于水。沸点 423.6℃，相对密度(水=1)0.95，饱和蒸气压 0.03mPa(25℃)，辛醇/水分配系数 6.2，闪点 210℃。

主要用途 用作燃料油、润滑油、压缩机油、液压油添加剂。

包装与储运

包装标志 腐蚀品

包装类别 Ⅲ类

安全储运 储存于阴凉、通风的库房。远离火种、热源。库温不超过 30℃。相对湿度不超过 80%。包装要求密封，不可与空气接触。应与强氧化剂、强酸等分开存放，切忌混储。储区应备有泄漏应急处理设备和合适的收容材料。搬运时轻装轻卸，防止容器受损。

紧急处置信息

急救措施

吸入：迅速脱离现场至空气新鲜处。保持呼吸道通畅。如呼吸困难，给输氧。呼吸、心跳停止，立即进行心肺复苏术。就医。

眼睛接触：立即分开眼睑，用流动清水或生理盐水彻底冲洗 5~10min。就医。

皮肤接触：立即脱去污染的衣着，用大量流动清水彻底冲洗，冲洗时间一般要求 20~30min。就医。

食入：用水漱口，禁止催吐。给饮牛奶或蛋清。就医。

灭火方法 消防人员须穿全身消防服，佩戴空气呼吸器，在上风向灭火。尽可能将容器从火场移至空旷处。喷水保持火场容器冷却，直至灭火结束。处在火场中的容器若发生异常变化或发出异常声音，须马上撤离。

灭火剂：泡沫、二氧化碳、干粉、砂土。

泄漏应急处置 根据液体流动和蒸气扩散的影响区域划定警戒区，无关人员从侧风、上风向撤离至安全区。消除所有点火源。建议应急处理人员戴防毒面具，穿耐腐蚀防毒服，戴耐腐蚀手套。穿上适当的防护服前严禁接触破裂的容器和泄漏物。尽可能切断泄漏源。防止泄漏物进入水体、下水道、地下室或有限空间。小量泄漏：用干燥的砂土或其他不燃材料吸收或覆盖，收集于容器中。大量泄漏：构筑围堤或挖坑收容。用耐腐蚀泵转移至槽车或专用收集器内。

295. 1,2-二乙基肼

标　识

中文名称　1,2-二乙基肼

英文名称　1,2-Diethyl hydrazine；*N*,*N′*-Diethylhydrazine

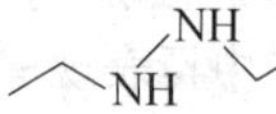

别名　*N*,*N′*-二乙基肼

分子式　$C_4H_{12}N_2$

CAS 号　1615-80-1

铁危编号　32132

危害信息

危险性类别　第 3 类　易燃液体

燃烧与爆炸危险性　易燃，其蒸气与空气混合能形成爆炸性混合物，遇明火、高热易燃烧爆炸。在高温火场中，受热的容器有破裂和爆炸的危险。

禁忌物　氧化剂、酸碱。

毒性　IARC 致癌性评论：G2B，可疑人类致癌物。

侵入途径　吸入、食入。

理化特性与用途

理化特性　无色液体，有吸湿性。易溶于水，溶于乙醇、乙醚、苯、氯仿。熔点 -58℃，沸点 85~86℃，相对密度(水=1)0.797，饱和蒸气压 9.2kPa(25℃)，辛醇/水分配系数 0.45。

主要用途　用作合成中间体，用于研究。

包装与储运

包装标志　易燃液体

包装类别　Ⅲ类

安全储运　储存于阴凉、通风的库房。远离火种、热源。库温不宜超过 37℃。保持容器密封。应与氧化剂、酸碱等分开存放，切忌混储。采用防爆型照明、通风设施。禁止使用易产生火花的机械设备和工具。灌装时注意流速，防止静电积聚。储区应备有泄漏应急处理设备和合适的收容材料。搬运时轻装轻卸，防止容器受损。

紧急处置信息

急救措施

吸入：迅速脱离现场至空气新鲜处。保持呼吸道通畅。如呼吸困难，给输氧。呼吸、心跳停止，立即进行心肺复苏术。就医。

眼睛接触：立即分开眼睑，用流动清水或生理盐水彻底冲洗。就医。

皮肤接触：立即脱去污染的衣着，用肥皂水和清水彻底冲洗。就医。

食入：漱口，饮水。就医。

灭火方法　消防人员须穿全身消防服，佩戴空气呼吸器，在上风向灭火。尽可能将容

器从火场移至空旷处。喷水保持火场容器冷却，直至灭火结束。处在火场中的容器若发生异常变化或发出异常声音，须马上撤离。

灭火剂：二氧化碳、干粉、水、泡沫。

泄漏应急处置 消除所有点火源。根据液体流动和蒸气扩散的影响区域划定警戒区，无关人员从侧风、上风向撤离至安全区。建议应急处理人员戴正压自给式呼吸器，穿防静电、防毒服，戴橡胶手套。作业时使用的所有设备应接地。禁止接触或跨越泄漏物。尽可能切断泄漏源。防止泄漏物进入水体、下水道、地下室或有限空间。小量泄漏：用砂土或其他不燃材料吸收。使用洁净的无火花工具收集吸收材料。大量泄漏：构筑围堤或挖坑收容。用泡沫覆盖，减少蒸发。喷水雾能减少蒸发，但不能降低泄漏物在有限空间内的易燃性。用防爆泵转移至槽车或专用收集器内。

296. 二乙基(乙基二甲基硅烷醇)铝

标　识

中文名称 二乙基(乙基二甲基硅烷醇)铝

英文名称 Diethyl(ethyldimethylsilanolato)aluminium

分子式 $C_8H_{21}AlOSi$

CAS 号 55426-95-4

Si O Al

危害信息

危险性类别 第4.2类 自燃物品

燃烧与爆炸危险性 遇湿放出易燃气体。

禁忌物 氧化剂、酸类、醇类、胺。

中毒表现 对眼和皮肤有腐蚀性。

侵入途径 吸入、食入。

理化特性与用途

主要用途 用于制乙烯聚合催化剂。

包装与储运

包装标志 自燃物品，遇湿易燃物品

包装类别 Ⅰ类

安全储运 储存于阴凉、干燥、通风良好的专用库房内，库温不超过30℃。相对湿度不超过75%。远离火种、热源。防止阳光直射。保持容器密封，严禁与空气接触。应与氧化剂、酸类、醇类、胺等分开存放，切忌混储。采用防爆型照明、通风设施。禁止使用易产生火花的机械设备和工具。储区应备有泄漏应急处理设备和合适的收容材料。

紧急处置信息

急救措施

吸入：迅速脱离现场至空气新鲜处。保持呼吸道通畅。如呼吸困难，给输氧。呼吸、心跳停止，立即进行心肺复苏术。就医。

眼睛接触： 立即分开眼睑，用流动清水或生理盐水彻底冲洗5~10min。就医。

皮肤接触： 立即脱去污染的衣着，用大量流动清水彻底冲洗，冲洗时间一般要求20~30min。就医。

食入： 用水漱口，禁止催吐。给饮牛奶或蛋清。就医。

灭火方法　消防人员须穿全身消防服，佩戴空气呼吸器，在上风向灭火。尽可能将容器从火场移至空旷处。禁止使用水灭火。

泄漏应急处置　根据液体流动和蒸气扩散的影响区域划定警戒区，无关人员从侧风、上风向撤离至安全区。消除所有点火源。建议应急处理人员戴防毒面具，穿防毒耐腐蚀服，戴橡胶耐腐蚀手套。穿上适当的防护服前严禁接触破裂的容器和泄漏物。尽可能切断泄漏源。防止泄漏物进入水体、下水道、地下室或有限空间。禁止用水处理。小量泄漏：用干燥的砂土或其他不燃材料吸收或覆盖，收集于容器中。大量泄漏：构筑围堤或挖坑收容。用耐腐蚀泵转移至槽车或专用收集器内。

297. N,N′-二乙酰联苯胺

标　识

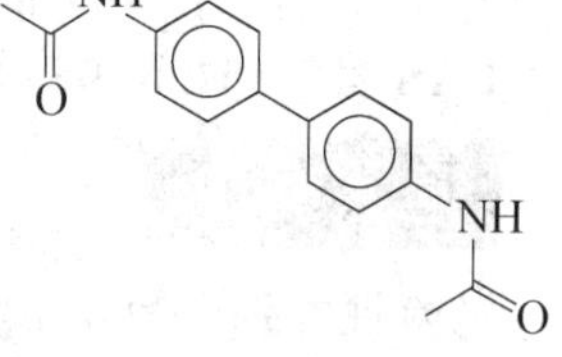

中文名称　*N*,*N*′-二乙酰联苯胺

英文名称　*N*,*N*-Diacetylbenzidine；*N*,*N*′-(1,1′-Biphenyl)-4,4′-diylbisacetamide；4′,4‴-Biacetanilide

分子式　$C_{16}H_{16}N_2O_2$

CAS号　613-35-4

危害信息

燃烧与爆炸危险性　可燃，其粉体与空气混合能形成爆炸性混合物，遇明火高热有引起燃烧爆炸的危险，燃烧产生有毒的氮氧化物气体。

禁忌物　强氧化剂、强酸。

毒性　IARC致癌性评论：G2B，可疑人类致癌物。

欧盟法规1272/2008/EC将本品列为第1B类致癌物——可能对人类有致癌能力；第2类生殖细胞致突变物——由于可能导致人类生殖细胞可遗传突变而引起人们关注的物质。

中毒表现　本品影响血液系统和肾脏，导致高铁血红蛋白形成、贫血和肾脏损害。对眼和呼吸道有刺激性。

侵入途径　吸入、食入、经皮吸收。

理化特性与用途

理化特性　白色针状结晶或白色至浅茶色粉末。不溶于水，溶于乙醇、乙酸乙酯等有机溶剂。熔点327~330℃，辛醇/水分配系数1.97。

主要用途　用作合成中间体，用于制染料。

包装与储运

安全储运　储存于阴凉、通风的库房。远离火种、热源。保持容器密封。应与强氧化剂、强酸等隔离储运。

紧急处置信息

急救措施

吸入：立即脱离接触。如呼吸困难，给吸氧。如呼吸心跳停止，立即行心肺复苏术。就医。

眼睛接触：分开眼睑，用清水或生理盐水冲洗。就医。

皮肤接触：立即脱去污染衣着，用肥皂水或清水彻底冲洗。就医。

食入：漱口，饮水。就医。

高铁血红蛋白血症，可用美蓝和维生素 C 治疗。

灭火方法 消防人员须穿全身消防服，在上风向灭火。尽可能将容器从火场移至空旷处。喷水保持火场容器冷却，直至灭火结束。

灭火剂：雾状水、泡沫、二氧化碳、干粉、砂土。

泄漏应急处置 隔离泄漏污染区，限制出入。消除点火源。建议应急处理人员戴防尘口罩，穿防毒服，戴橡胶手套。穿上适当的防护服前严禁接触破裂的容器和泄漏物。尽可能切断泄漏源。用塑料布覆盖泄漏物，减少飞散。勿使水进入包装容器内。用洁净的铲子收集泄漏物，置于干净、干燥、盖子较松的容器中，将容器移离泄漏区。

298. 1,2-二乙氧基丙烷

标　识

中文名称 1,2-二乙氧基丙烷

英文名称 1,2-Diethoxypropane；Propylene glycol diethyl ether

别名 丙二醇二乙基醚

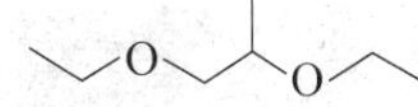

分子式 $C_7H_{16}O_2$

CAS 号 10221-57-5

危害信息

危险性类别 第 3 类 易燃液体

燃烧与爆炸危险性 易燃，其蒸气与空气混合能形成爆炸性混合物，遇明火、高热易燃烧爆炸。

禁忌物 氧化剂、强酸。

侵入途径 吸入、食入。

理化特性与用途

理化特性 微溶于水。沸点 124~125℃，相对密度(水=1)0.841，饱和蒸气压 1.46kPa(25℃)，辛醇/水分配系数 0.97，闪点 20℃。

主要用途 在共轭二烯烃聚合和共聚中用作微观结构控制剂。

包装与储运

包装标志 易燃液体

包装类别 Ⅱ类

安全储运 储存于阴凉、通风的库房。远离火种、热源，避免阳光直射。储存温度不超过37℃。保持容器密闭。炎热季节早晚运输，应与氧化剂、强酸等隔离储运。禁止使用易产生火花的机械设备和工具。灌装时注意流速，防止静电积聚。搬运时轻装轻卸，防止容器受损。

紧急处置信息

急救措施

吸入：脱离接触。如有不适感，就医。

眼睛接触：分开眼睑，用流动清水或生理盐水冲洗。如有不适感，就医。

皮肤接触：脱去污染的衣着，用流动清水冲洗。如有不适感，就医。

食入：漱口，饮水。就医。

灭火方法 消防人员须穿全身消防服，佩戴空气呼吸器，在上风向灭火。尽可能将容器从火场移至空旷处。喷水保持火场容器冷却，直至灭火结束。

灭火剂：干粉、二氧化碳、抗溶性泡沫。

泄漏应急处置 根据液体流动和蒸气扩散的影响区域划定警戒区，无关人员从侧风、上风向撤离至安全区。消除所有点火源。建议应急处理人员戴防毒面具，穿防静电服，戴橡胶手套。作业时使用的所有设备应接地。禁止接触或跨越泄漏物。尽可能切断泄漏源。防止泄漏物进入水体、下水道、地下室或有限空间。小量泄漏：用砂土或其他不燃材料吸收。使用洁净的无火花工具收集吸收材料。大量泄漏：构筑围堤或挖坑收容。用泡沫覆盖，减少蒸发。喷水雾能减少蒸发，但不能降低泄漏物在有限空间内的易燃性。用防爆泵转移至槽车或专用收集器内。

299. 1,3-二乙氧基丙烷

标　识

中文名称 1,3-二乙氧基丙烷

英文名称 1,3-Diethoxypropane; 3,7-Dioxanonane

分子式 $C_7H_{16}O_2$

CAS 号 3459-83-4

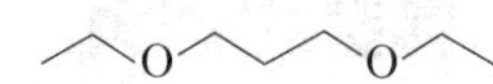

危害信息

危险性类别 第3类 易燃液体

燃烧与爆炸危险性 易燃，其蒸气与空气混合能形成爆炸性混合物，遇明火、高热易燃烧爆炸。

禁忌物 氧化剂、强酸。

侵入途径 吸入、食入。

理化特性与用途

理化特性 微溶于水。沸点132℃，相对密度（水=1）0.84，饱和蒸气压0.7kPa（25℃），辛醇/水分配系数1.21，闪点28℃。

包装与储运

包装标志 易燃液体

包装类别 Ⅲ类

安全储运 储存于阴凉、通风的库房。远离火种、热源，避免阳光直射。储存温度不超过37℃。保持容器密闭。炎热季节早晚运输，应与氧化剂、强酸等隔离储运。禁止使用易产生火花的机械设备和工具。灌装时注意流速，防止静电积聚。搬运时轻装轻卸，防止容器受损。

紧急处置信息

急救措施

吸入：脱离接触。如有不适感，就医。

眼睛接触：分开眼睑，用流动清水或生理盐水冲洗。如有不适感，就医。

皮肤接触：脱去污染的衣着，用流动清水冲洗。如有不适感，就医。

食入：漱口，饮水。就医。

灭火方法 消防人员须穿全身消防服，佩戴空气呼吸器，在上风向灭火。尽可能将容器从火场移至空旷处。喷水保持火场容器冷却，直至灭火结束。处在火场中的容器若发生异常变化或发出异常声音，须马上撤离。

灭火剂：二氧化碳、干粉。

泄漏应急处置 根据液体流动和蒸气扩散的影响区域划定警戒区，无关人员从侧风、上风向撤离至安全区。消除所有点火源。应急人员应戴正压自给式呼吸器，穿防静电服，戴橡胶手套。作业时使用的设备应接地。禁止接触或跨越泄漏物。尽可能切断泄漏源。防止泄漏物进入水体、下水道、地下室或有限空间。小量泄漏：用砂土或其他不燃材料吸收。使用洁净的无火花工具收集吸收材料。大量泄漏：构筑围堤或挖坑收容。用泡沫覆盖，减少蒸发。喷水雾能减少蒸发，但不能降低泄漏物在有限空间内的易燃性。用防爆泵转移至槽车或专用收集器内。

300. 4-(3-(二乙氧基甲基甲硅烷基丙氧基)-2,2,6,6-四甲基)哌啶

标　识

中文名称 4-(3-(二乙氧基甲基甲硅烷基丙氧基)-2,2,6,6-四甲基)哌啶

英文名称 4-(3-(Diethoxymethylsilylpropoxy)-2,2,6,6-tetramethyl)piperidine

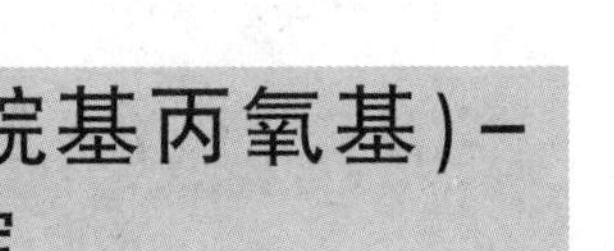

分子式 $C_{17}H_{37}NO_3Si$

CAS号 102089-33-8

危害信息

燃烧与爆炸危险性 可燃。

禁忌物 强氧化剂。

中毒表现 食入有害。长期反复接触可能引起器官损害。眼接触引起严重损害。对皮肤有刺激性。

侵入途径 吸入、食入。

环境危害 对水生生物有害，可能在水生环境中造成长期不利影响。

理化特性与用途

理化特性　微溶于水。沸点 360℃，相对密度(水=1)0.93，饱和蒸气压 3.19kPa(25℃)，辛醇/水分配系数 3.11，闪点 171℃。

主要用途　医药原料。

包装与储运

安全储运　储存于阴凉、通风的库房。远离火种、热源。应与强氧化剂等隔离储运。搬运时轻装轻卸，防止容器受损。

紧急处置信息

急救措施

吸入：迅速脱离现场至空气新鲜处。保持呼吸道通畅。如呼吸困难，给输氧。呼吸、心跳停止，立即进行心肺复苏术。就医。

眼睛接触：立即分开眼睑，用流动清水或生理盐水彻底冲洗 5~10min。就医。

皮肤接触：立即脱去污染的衣着，用肥皂水和清水彻底冲洗。就医。

食入：漱口，饮水。就医。

灭火方法　消防人员须穿全身消防服，在上风向灭火。尽可能将容器从火场移至空旷处。喷水保持火场容器冷却直至灭火结束。

灭火剂：泡沫、干粉、二氧化碳。

泄漏应急处置　隔离泄漏污染区，限制出入。消除点火源。建议应急人员戴防毒面具，穿防护服。避免接触泄漏物。尽可能切断泄漏源。避免产生粉尘。用洁净的铲子或真空吸除收集泄漏物，置于干净、干燥、盖子较松的容器中，将容器移离泄漏区。

301. 1,6-二异氰酸根合-2,4,4-三甲基己烷

标　识

中文名称　1,6-二异氰酸根合-2,4,4-三甲基己烷

英文名称　2,4,4-Trimethylhexamethylene-1,6-diisocyanate

分子式　$C_{11}H_{18}N_2O_2$

CAS 号　15646-96-5

O=C=N–CH₂–CH(CH₃)–CH₂–C(CH₃)₂–CH₂–CH₂–N=C=O

危害信息

危险性类别　第 6 类　有毒品

燃烧与爆炸危险性　可燃。

禁忌物　氧化剂、强酸。

中毒表现　对眼、皮肤和呼吸道有刺激性。对呼吸道有致敏性。

侵入途径　吸入、食入。

理化特性与用途

理化特性　液体。不溶于水。沸点 278℃，相对密度(水=1)0.97，相对蒸气密度(空

气=1)7.3，闪点114.6℃。

主要用途 用作涂料、黏合剂的硬化剂。

包装与储运

包装标志 有毒品

包装类别 Ⅲ类

安全储运 储存于阴凉、通风的库房。远离火种、热源。库温不超过32℃。相对湿度不超过85%。包装密封。应与氧化剂、强酸、食用化学品分开存放，切忌混储。配备相应品种和数量的消防器材。储区应备有合适的材料收容泄漏物。搬运时轻装轻卸，防止容器受损。

紧急处置信息

急救措施

吸入：迅速脱离现场至空气新鲜处。保持呼吸道通畅。如呼吸困难，给输氧。呼吸、心跳停止，立即进行心肺复苏术。就医。

眼睛接触：立即分开眼睑，用流动清水或生理盐水彻底冲洗。就医。

皮肤接触：立即脱去污染的衣着，用肥皂水和清水彻底冲洗。就医。

食入：漱口，饮水。就医。

灭火方法 消防人员须穿全身消防服，佩戴空气呼吸器，在上风向灭火。尽可能将容器从火场移至空旷处。喷水保持火场容器冷却，直至灭火结束。

根据着火原因选择适当灭火剂灭火。

泄漏应急处置 根据液体流动和蒸气扩散的影响区域划定警戒区，无关人员从侧风、上风向撤离至安全区。消除所有点火源。建议应急处理人员戴防毒面具，穿防毒服，戴橡胶手套。禁止接触或跨越泄漏物。尽可能切断泄漏源。防止泄漏物进入水体、下水道、地下室或有限空间。小量泄漏：用砂土或其他不燃材料吸收。使用洁净的无火花工具收集吸收材料。大量泄漏：构筑围堤或挖坑收容。用泵转移至槽车或专用收集器内。

302. 1,6-二异氰酸根合-2,2,4-三甲基己烷

标　识

中文名称 1,6-二异氰酸根合-2,2,4-三甲基己烷

英文名称 2,2,4-Trimethylhexamethylene-1,6-diisocyanate

分子式 $C_{11}H_{18}N_2O_2$

CAS号 16938-22-0

危害信息

危险性类别 第6类 有毒品

燃烧与爆炸危险性 可燃。在高温火场中，受热的容器有破裂和爆炸的危险。

禁忌物 强氧化剂、酸类。

中毒表现 吸入引起中毒。对眼、皮肤和呼吸道有刺激性。对呼吸道有致敏性。

侵入途径 吸入、食入。

理化特性与用途

理化特性 黄色液体。不溶于水。沸点278℃，相对密度(水=1)0.97，相对蒸气密度(空气=1)7.3，临界温度442℃，临界压力1.89MPa，闪点114.6℃。

主要用途 用于制聚氨酯增稠剂，用作涂料、黏合剂的硬化剂。

包装与储运

包装标志 有毒品

包装类别 Ⅲ类

安全储运 储存于阴凉、通风的库房。远离火种、热源。储存温度不超过32℃，相对湿度不超过85%。保持容器密封。应与强氧化剂、酸类等分开存放，切忌混储。配备相应品种和数量的消防器材。储区应备有合适的材料收容泄漏物。搬运时轻装轻卸，防止容器受损。

紧急处置信息

急救措施

吸入：迅速脱离现场至空气新鲜处。保持呼吸道通畅。如呼吸困难，给输氧。呼吸、心跳停止，立即进行心肺复苏术。就医。

眼睛接触：立即分开眼睑，用流动清水或生理盐水彻底冲洗。就医。

皮肤接触：立即脱去污染的衣着，用肥皂水和清水彻底冲洗。就医。

食入：漱口，饮水。就医。

灭火方法 消防人员须穿全身防火防毒服，佩戴空气呼吸器，在上风向灭火。尽可能将容器从火场移至空旷处。喷水保持火场容器冷却，直至灭火结束。处在火场中的容器若发生异常变化或发出异常声音，须马上撤离。

灭火剂：二氧化碳、干粉、砂土。

泄漏应急处置 根据液体流动和蒸气扩散的影响区域划定警戒区，无关人员从侧风、上风向撤离至安全区。消除所有点火源。建议应急处理人员戴防毒面具，穿防毒服，戴橡胶手套。穿上适当的防护服前严禁接触破裂的容器和泄漏物。尽可能切断泄漏源。防止泄漏物进入水体、下水道、地下室或有限空间。小量泄漏：用干燥的砂土或其他不燃材料吸收或覆盖，收集于容器中。大量泄漏：构筑围堤或挖坑收容。用泵转移至槽车或专用收集器内。

303. 伐虫脒

标　识

中文名称 伐虫脒

英文名称 Formetanate; 3-((*EZ*)-Dimethylaminomethyleneamino)phenyl methylcarbamate

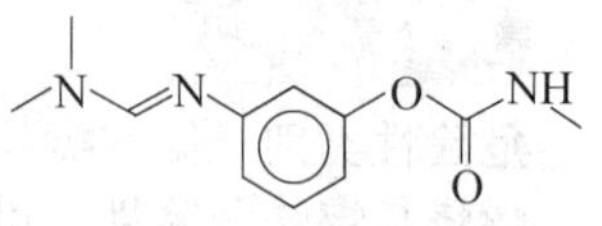

分子式 $C_{11}H_{15}N_3O_2$

CAS 号 22259-30-9

铁危编号 61133

危害信息

危险性类别 第6类 有毒品

燃烧与爆炸危险性 无特殊燃爆特性。

禁忌物 氧化剂。

毒性 大鼠经口 LD_{50}：20mg/kg；小鼠经口 LD_{50}：18mg/kg；大鼠吸入 LC_{50}：290mg/m^3(4h)；大鼠经皮 LD_{50}：>5600mg/kg。

中毒表现 食入或吸入可致死。对皮肤有致敏性。

侵入途径 吸入、食入、经皮吸收。

环境危害 对水生生物有极高毒性，可能在水生环境中造成长期不利影响。

理化特性与用途

理化特性 黄色结晶。不溶于水，易溶于苯、二氯甲烷。熔点101~103℃，相对密度(水=1)1.09，饱和蒸气压0.021Pa(25℃)，辛醇/水分配系数0.88。

主要用途 杀虫、杀螨剂。用于园艺作物、大田作物、观赏植物防治螨类、蓟马、蚜虫、飞虱、蜗牛等。

包装与储运

包装标志 有毒品

包装类别 Ⅱ类

安全储运 储存于阴凉、通风的库房。远离火种、热源。防止阳光直射。储存温度不超过35℃，相对湿度不超过85%。应与氧化剂、食用化学品分开存放，切忌混储。配备相应品种和数量的消防器材。储区应备有合适的材料收容泄漏物。

紧急处置信息

急救措施

吸入：迅速脱离现场至空气新鲜处。保持呼吸道通畅。如呼吸困难，给输氧。呼吸、心跳停止，立即进行心肺复苏术。就医。

眼睛接触：立即分开眼睑，用流动清水或生理盐水彻底冲洗。就医。

皮肤接触：立即脱去污染的衣着，用流动清水彻底冲洗。就医。

食入：饮适量温水，催吐(仅限于清醒者)。就医。

灭火方法 消防人员须穿全身防火防毒服，佩戴空气呼吸器，在上风向灭火。尽可能将容器从火场移至空旷处。喷水保持火场容器冷却，直至灭火结束。

根据着火原因选择适当灭火剂灭火。

泄漏应急处置 隔离泄漏污染区，限制出入。建议应急处理人员戴防尘口罩，穿防毒服，戴橡胶手套。穿上适当的防护服前严禁接触破裂的容器和泄漏物。尽可能切断泄漏源。用塑料布覆盖，减少飞散。避免雨淋。用洁净的铲子收集泄漏物，置于干净、干燥、盖子较松的容器中，将容器移离泄漏区。

304. 番木鳖碱

标　识

中文名称 番木鳖碱

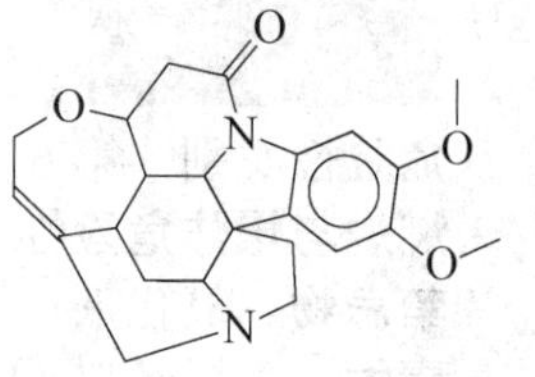

英文名称 Brucine; 2,3-Dimethoxystrychnine

别名 2,3-二甲氧基马钱子碱

分子式 $C_{23}H_{26}N_2O_4$

CAS 号 357-57-3

铁危编号 61121

UN 号 1570

危害信息

危险性类别 第6类 有毒品

燃烧与爆炸危险性 在火场易生成有毒的氮氧化物气体。

禁忌物 氧化剂、酸类。

毒性 小鼠经口 LD_{50}：150mg/kg。

根据《危险化学品目录》的备注，本品属剧毒化学品。

中毒表现 影响神经系统。中毒者出现惊厥、呼吸麻痹，重者死亡。对眼有刺激性。

侵入途径 吸入、食入、经皮吸收。

环境危害 对水生生物有害，可能在水生环境中造成长期不利影响。

理化特性与用途

理化特性 无色结晶或白色结晶粉末。微溶于水，微溶于乙醚、苯、乙酸乙酯、甘油，易溶于乙醇。熔点 178℃，沸点 470℃，辛醇/水分配系数 0.98。

主要用途 用于分离外消旋混合物，用作乙醇变性剂、润滑油添加剂、药物等。

包装与储运

包装标志 有毒品

包装类别 Ⅰ类

安全储运 储存于阴凉、通风的库房。远离火种、热源。防止阳光直射。储存温度不超过 35℃，相对湿度不超过 85%。应与氧化剂、酸类、食用化学品分开存放，切忌混储。配备相应品种和数量的消防器材。储区应备有合适的材料收容泄漏物。应严格执行剧毒品“双人收发、双人保管”制度。

紧急处置信息

急救措施

吸入：迅速脱离现场至空气新鲜处。保持呼吸道通畅。如呼吸困难，给输氧。呼吸、心跳停止，立即进行心肺复苏术。就医。

眼睛接触：立即分开眼睑，用流动清水或生理盐水彻底冲洗。就医。

皮肤接触：立即脱去污染的衣着，用流动清水彻底冲洗。就医。

食入：饮适量温水，催吐(仅限于清醒者)。就医。

灭火方法 消防人员须穿全身防火防毒服，佩戴空气呼吸器，在上风向灭火。尽可能将容器从火场移至空旷处。喷水保持火场容器冷却，直至灭火结束。

灭火剂：干粉、二氧化碳。

泄漏应急处置 隔离泄漏污染区，限制出入。建议应急处理人员戴防尘口罩，穿防毒服，戴化学品手套。穿上适当的防护服前严禁接触破裂的容器和泄漏物。尽可能切断泄漏源。用塑料布覆盖泄漏物，减少飞散。勿使水进入包装容器内。用洁净的铲子收集泄漏物，置于干净、干燥、盖子较松的容器中，将容器移离泄漏区。

305. 钒铁

标　识

中文名称　钒铁

英文名称　Ferrovanadium；Ferrovanadium alloy

CAS 号　12604-58-9

危害信息

燃烧与爆炸危险性　可燃。

禁忌物　强氧化剂、强酸。

中毒表现　对眼和呼吸道有刺激性。长期或反复吸入可能引起支气管炎。

侵入途径　吸入、食入。

职业接触限值　中国：PC-TWA 1mg/m^3。

美国(ACGIH)：TLV-TWA 1mg/m^3；TLV-STEL 3mg/m^3。

理化特性与用途

理化特性　灰色至黑色粉末。熔点 1480~1521℃，引燃温度≥440℃。

主要用途　用作冶金添加剂，用于焊接。

包装与储运

安全储运　储存于阴凉、通风的库房。远离火种、热源。应与强氧化剂、强酸等隔离储运。

紧急处置信息

急救措施

吸入：迅速脱离现场至空气新鲜处。保持呼吸道通畅。如呼吸困难，给输氧。呼吸、心跳停止，立即进行心肺复苏术。就医。

眼睛接触：立即分开眼睑，用流动清水或生理盐水彻底冲洗。就医。

皮肤接触：立即脱去污染的衣着，用肥皂水和清水彻底冲洗。就医。

食入：漱口，饮水。就医。

灭火方法　消防人员须穿全身消防服，在上风向灭火。尽可能将容器从火场移至空旷处。喷水保持火场容器冷却，直至灭火结束。

灭火剂：泡沫、干粉、二氧化碳。

泄漏应急处置　隔离泄漏污染区，限制出入。建议应急处理人员戴防尘口罩，穿防护服，戴防护手套。穿上适当的防护服前严禁接触破裂的容器和泄漏物。尽可能切断泄漏源。用塑料布覆盖泄漏物，减少飞散。勿使水进入包装容器内。用洁净的铲子收集泄漏物，置于干净、干燥、盖子较松的容器中，将容器移离泄漏区。

306. 4-(反-4-丙基环己基)乙酰苯

标　识

中文名称　4-(反-4-丙基环己基)乙酰苯

英文名称　4-(trans-4-Propylcyclohexyl)acetophenone; 1-(4-(4-Propylcyclohexyl)phenyl)ethanone

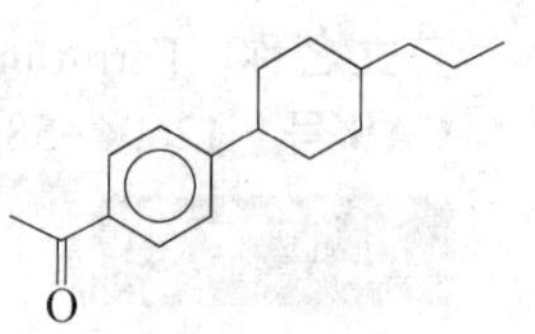

分子式　$C_{17}H_{24}O$

CAS 号　78531-61-0

危害信息

燃烧与爆炸危险性　可燃，其粉体与空气混合能形成爆炸性混合物，遇明火、高热易燃烧爆炸。

禁忌物　强氧化剂。

中毒表现　对皮肤有致敏性。

侵入途径　吸入、食入。

环境危害　可能在水生环境中造成长期不利影响。

理化特性与用途

理化特性　白色固体。沸点 363.3℃，相对密度(水=1)0.953，饱和蒸气压 2.43mPa(25℃)，辛醇/水分配系数 5.74，闪点 154.7℃。

主要用途　用作药物中间体。

包装与储运

安全储运　储存于阴凉、通风的库房。远离火种、热源。保持容器密闭。应与强氧化剂等隔离储运。

紧急处置信息

急救措施

吸入：迅速脱离现场至空气新鲜处。保持呼吸道通畅。如呼吸困难，给输氧。呼吸、心跳停止，立即进行心肺复苏术。就医。

眼睛接触：立即分开眼睑，用流动清水或生理盐水彻底冲洗。就医。

皮肤接触：立即脱去污染的衣着，用肥皂水和清水彻底冲洗。就医。

食入：漱口，饮水。就医。

灭火方法　消防人员须穿全身消防服，在上风向灭火。尽可能将容器从火场移至空旷处。喷水保持火场容器冷却直至灭火结束。

灭火剂：泡沫、二氧化碳、干粉。

泄漏应急处置　消除所有点火源。隔离泄漏污染区，限制出入。建议应急处理人员戴防尘口罩，穿防护服。禁止接触或跨越泄漏物。尽可能切断泄漏源。用塑料布覆盖，减少飞散。用洁净的铲子收集泄漏物，置于干净、干燥、盖子较松的容器中，将容器移离泄漏区。

307. 反-4-(4′-氟苯基)-3-羟甲基-N-甲基哌啶

标　识

中文名称　反-4-(4′-氟苯基)-3-羟甲基-N-甲基哌啶

英文名称　(-)-trans-4-(4′-Fluorophenyl)-3-hydroxymethyl-N-methylpiperidine

别名　(4R,3S)-4-(4-氟苯基)-3-羟甲基-1-甲基哌啶;帕罗醇

分子式　$C_{13}H_{18}FNO$

CAS 号　105812-81-5

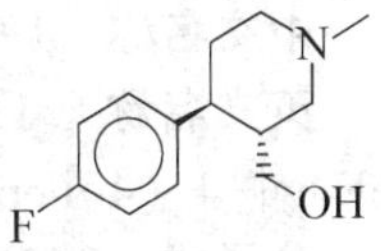

危害信息

燃烧与爆炸危险性　可燃，其粉体与空气混合能形成爆炸性混合物，遇明火、高热易燃烧爆炸。

禁忌物　强氧化剂。

中毒表现　食入有害。眼接触引起严重损害。

侵入途径　吸入、食入。

环境危害　对水生生物有毒，可能在水生环境中造成长期不利影响。

理化特性与用途

理化特性　白色或类白色结晶性固体或白色粉末。不溶于水，溶于二氯甲烷。熔点 97~101℃，沸点 300.3℃，相对密度(水=1)1.092，饱和蒸气压 67mPa(25℃)，辛醇/水分配系数 1.66，闪点 135.4℃。

主要用途　用作药物帕罗西汀中间体。

包装与储运

包装标志　杂类

包装类别　Ⅲ类

安全储运　储存于阴凉、通风的库房。远离火种、热源。应与强氧化剂、强酸等隔离储运。

紧急处置信息

急救措施

吸入：迅速脱离现场至空气新鲜处。保持呼吸道通畅。如呼吸困难，给输氧。呼吸、心跳停止，立即进行心肺复苏术。就医。

眼睛接触：立即分开眼睑，用流动清水或生理盐水彻底冲洗 5~10min。就医。

皮肤接触：立即脱去污染的衣着，用肥皂水和清水彻底冲洗。就医。

食入：漱口，饮水。就医。

灭火方法　消防人员须穿全身防火防毒服，佩戴空气呼吸器，在上风向灭火。尽可能将容器从火场移至空旷处。喷水保持火场容器冷却，直至灭火结束。

灭火剂：干粉、二氧化碳、泡沫、雾状水。

泄漏应急处置　消除所有点火源。隔离泄漏污染区，限制出入。建议应急处理人员戴

防尘口罩，穿防护服。禁止接触或跨越泄漏物。尽可能切断泄漏源。用塑料布覆盖，减少飞散。用洁净的铲子收集泄漏物，置于干净、干燥、盖子较松的容器中，将容器移离泄漏区。

308. 1-(4-(反-4-庚基环己基)苯基)乙烷

标　识

中文名称　1-(4-(反-4-庚基环己基)苯基)乙烷

英文名称　1-(4-(trans-4-Heptylcyclohexyl)phenyl)ethane；1-Ethyl-4-(4-heptyl-cyclohexyl)-benzene

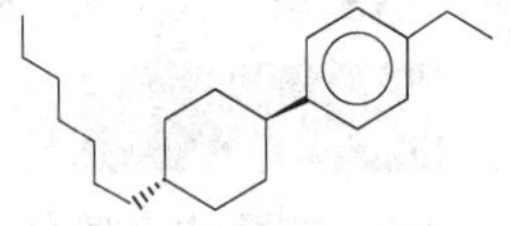

分子式　$C_{21}H_{34}$

CAS 号　78531-60-9

危害信息

燃烧与爆炸危险性　无特殊燃爆特性。

禁忌物　强氧化剂。

中毒表现　对皮肤有致敏性。

侵入途径　吸入、食入。

环境危害　可能在水生环境中造成长期不利影响。

包装与储运

安全储运　储存于阴凉、通风的库房。远离火种、热源。保持容器密闭。应与强氧化剂等隔离储运。

紧急处置信息

急救措施

吸入：迅速脱离现场至空气新鲜处。保持呼吸道通畅。如呼吸困难，给输氧。呼吸、心跳停止，立即进行心肺复苏术。就医。

眼睛接触：立即分开眼睑，用流动清水或生理盐水彻底冲洗。就医。

皮肤接触：立即脱去污染的衣着，用肥皂水和清水彻底冲洗。就医。

食入：漱口，饮水。就医。

灭火方法　消防人员须穿全身消防服，佩戴空气呼吸器，在上风向灭火。尽可能将容器从火场移至空旷处。

根据着火原因选择适当灭火剂灭火。

泄漏应急处置　隔离泄漏污染区，限制出入。消除所有点火源。建议应急处理人员戴防尘口罩，穿防护服，戴防护手套。穿上适当的防护服前严禁接触破裂的容器和泄漏物。尽可能切断泄漏源。用塑料布覆盖泄漏物，减少飞散。勿使水进入包装容器内。用洁净的铲子收集泄漏物，置于干净、干燥、盖子较松的容器中，将容器移离泄漏区。

309. 反式 5-氨基-6-羟基-2,2-二甲基-1,3-二氧杂环庚烷

标　识

中文名称　反式 5-氨基-6-羟基-2,2-二甲基-1,3-二氧杂环庚烷

英文名称　trans-(5*RS*, 6*SR*)-6-Amino-2,2-dimethyl-1,3-dioxepan-5-ol

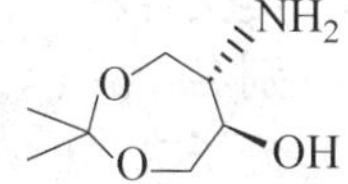

分子式　$C_7H_{15}NO_3$

CAS 号　79944-37-9

危害信息

燃烧与爆炸危险性　可燃，其粉体与空气混合能形成爆炸性混合物，遇明火、高热易燃烧爆炸。

禁忌物　强氧化剂。

中毒表现　对皮肤有致敏性。

侵入途径　吸入、食入。

理化特性与用途

理化特性　白色或类白色结晶或粉末。溶于水。沸点 266℃，相对密度(水=1)1.08，饱和蒸气压 0.16Pa(25℃)，辛醇/水分配系数-0.78，闪点 115℃。

主要用途　是合成多种药物的中间体。

包装与储运

安全储运　储存于阴凉、通风的库房。远离火种、热源。保持容器密封。应与强氧化剂等隔离储运。

紧急处置信息

急救措施

吸入：迅速脱离现场至空气新鲜处。保持呼吸道通畅。如呼吸困难，给输氧。呼吸、心跳停止，立即进行心肺复苏术。就医。

眼睛接触：立即分开眼睑，用流动清水或生理盐水彻底冲洗。就医。

皮肤接触：立即脱去污染的衣着，用肥皂水和清水彻底冲洗。就医。

食入：漱口，饮水。就医。

灭火方法　消防人员须穿全身防火防毒服，佩戴空气呼吸器，在上风向灭火。尽可能将容器从火场移至空旷处。喷水保持火场容器冷却，直至灭火结束。

灭火剂：干粉、二氧化碳、泡沫、雾状水。

泄漏应急处置　隔离泄漏污染区，限制出入。消除所有点火源。建议应急处理人员戴防尘口罩，穿防护服，戴防护手套。穿上适当的防护服前严禁接触破裂的容器和泄漏物。尽可能切断泄漏源。用塑料布覆盖泄漏物，减少飞散。勿使水进入包装容器内。用洁净的铲子收集泄漏物，置于干净、干燥、盖子较松的容器中，将容器移离泄漏区。

310. (±)-反式-4-(4-氟苯基)-3-羟甲基-1-甲基哌啶

标　识

中文名称　(±)-反式-4-(4-氟苯基)-3-羟甲基-1-甲基哌啶

英文名称　(±)-trans-4-(4-Fluorophenyl)-3-hydroxymethyl-*N*-methylpiperidine

别名　4-(4-氟苯基)-3-羟甲基-1-甲基哌啶

分子式　$C_{13}H_{18}FNO$

CAS 号　109887-53-8

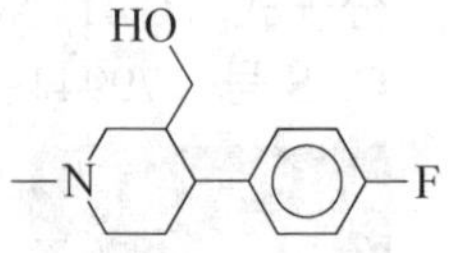

危害信息

燃烧与爆炸危险性　可燃。

禁忌物　强氧化剂、强酸。

中毒表现　食入有害。眼接触引起严重损害。

侵入途径　吸入、食入。

环境危害　对水生生物有毒，可能在水生环境中造成长期不利影响。

理化特性与用途

理化特性　白色结晶粉末。微溶于水。熔点 116~120℃，沸点 300℃，相对密度(水=1)1.092，饱和蒸气压 0.07Pa(25℃)，辛醇/水分配系数 1.62，闪点 135℃。

主要用途　是药物帕罗西汀的中间体。

包装与储运

包装标志　杂类

包装类别　Ⅲ类

安全储运　储存于阴凉、通风的库房。远离火种、热源。应与强氧化剂、强酸等隔离储运。

紧急处置信息

急救措施

吸入：迅速脱离现场至空气新鲜处。保持呼吸道通畅。如呼吸困难，给输氧。呼吸、心跳停止，立即进行心肺复苏术。就医。

眼睛接触：立即分开眼睑，用流动清水或生理盐水彻底冲洗 5~10min。就医。

皮肤接触：立即脱去污染的衣着，用肥皂水和清水彻底冲洗。就医。

食入：漱口，饮水。就医。

灭火方法　消防人员须穿全身消防服，佩戴空气呼吸器，在上风向灭火。尽可能将容器从火场移至空旷处。

根据着火原因选择适当灭火剂灭火。

泄漏应急处置　隔离泄漏污染区，限制出入。消除所有点火源。建议应急处理人员戴防尘口罩，穿防毒服，戴护手套。穿上适当的防护服前严禁接触破裂的容器和泄漏物。尽可能切断泄漏源。用塑料布覆盖泄漏物，减少飞散。勿使水进入包装容器内。用洁净的铲子收集泄漏物，置于干净、干燥、盖子较松的容器中，将容器移离泄漏区。

311. 反式-4-环己基-L-脯氨酸一盐酸盐

标　识

中文名称　反式-4-环己基-L-脯氨酸一盐酸盐

英文名称　trans-4-Cyclohexyl-L-proline monohydrochloride

分子式　$C_{11}H_{19}NO_2 \cdot HCl$

CAS 号　90657-55-9

NH OH H—Cl O

危害信息

燃烧与爆炸危险性　无特殊燃爆特性。

禁忌物　强氧化剂。

毒性　欧盟法规 1272/2008/EC 将本品列为第 2 类生殖毒物——可疑的人类生殖毒物。

中毒表现　食入有害。眼接触引起严重损害。对皮肤有刺激性和致敏性。

侵入途径　吸入、食入。

理化特性与用途

理化特性　白色或类白色结晶。熔点 257~267℃。

主要用途　用作医药中间体。

包装与储运

安全储运　储存于阴凉、通风的库房。远离火种、热源。保持容器密闭。应与强氧化剂等隔离储运。

紧急处置信息

急救措施

吸入：迅速脱离现场至空气新鲜处。保持呼吸道通畅。如呼吸困难，给输氧。呼吸、心跳停止，立即进行心肺复苏术。就医。

眼睛接触：立即分开眼睑，用流动清水或生理盐水彻底冲洗。就医。

皮肤接触：立即脱去污染的衣着，用肥皂水和清水彻底冲洗。就医。

食入：漱口，饮水。就医。

灭火方法　消防人员须穿全身消防服，佩戴空气呼吸器，在上风向灭火。尽可能将容器从火场移至空旷处。

根据着火原因选择适当灭火剂灭火。

泄漏应急处置　隔离泄漏污染区，限制出入。建议应急处理人员戴防尘口罩，穿防毒服，戴橡胶手套。穿上适当的防护服前严禁接触破裂的容器和泄漏物。尽可能切断泄漏源。用塑料布覆盖泄漏物，减少飞散。勿使水进入包装容器内。用洁净的铲子收集泄漏物，置于干净、干燥、盖子较松的容器中，将容器移离泄漏区。

312. 放线菌酮

标　识

中文名称 放线菌酮

英文名称 Cycloheximide; Glutarimide, 3-(2-(3,5-dimethyl-2-oxocyclohexyl)-2-hydroxyethyl)-

别名 3-(2-(3,5-二甲基-2-氧代环己基)-2-羧基乙基)戊二酰胺

分子式 $C_{15}H_{23}NO_4$

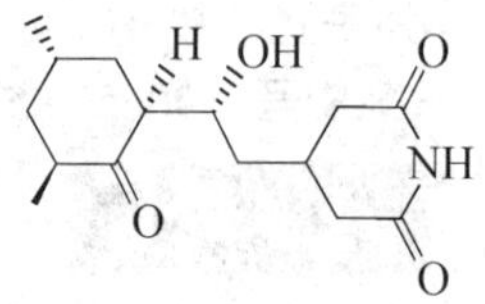

CAS 号 66-81-9

铁危编号 61137

危害信息

危险性类别 第6类　有毒品

燃烧与爆炸危险性 不易燃，在高温火场中受热的容器有破裂和爆炸的危险。受热分解产生有毒的氮氧化物气体。

禁忌物 强氧化剂、强碱。

毒性 大鼠经口 LD_{50}：2mg/kg；小鼠经口 LD_{50}：133mg/kg。

欧盟法规 1272/2008/EC 将本品列为第 1B 类生殖毒物——可能的人类生殖毒物；第 2 类生殖细胞致突变物——由于可能导致人类生殖细胞可遗传突变而引起人们关注的物质。

中毒表现 食入致死。对眼和皮肤有刺激性。

侵入途径 吸入、食入。

环境危害 对水生生物有毒，可能在水生环境中造成长期不利影响。

理化特性与用途

理化特性 无色结晶或白色结晶粉末。微溶于水，溶于氯仿、异丙醇、乙醚、甲醇、乙醇，不溶于饱和烃。熔点 119.5~121℃，辛醇/水分配系数 0.55。

主要用途 杀菌与驱鼠农用抗生素，并具有植物生长调节作用。

包装与储运

包装标志 有毒品

包装类别 Ⅱ类

安全储运 储存于阴凉、通风的库房。远离火种、热源。防止阳光直射。储存温度不超过 35℃，相对湿度不超过 85%。保持容器密封。应与强氧化剂、强碱等分开存放，切忌混储。配备相应品种和数量的消防器材。储区应备有合适的材料收容泄漏物。

紧急处置信息

急救措施

吸入：迅速脱离现场至空气新鲜处。保持呼吸道通畅。如呼吸困难，给输氧。呼吸、心跳停止，立即进行心肺复苏术。就医。

眼睛接触：立即分开眼睑，用流动清水或生理盐水彻底冲洗。就医。

皮肤接触： 立即脱去污染的衣着，用流动清水彻底冲洗。就医。

食入： 饮适量温水，催吐(仅限于清醒者)。就医。

灭火方法 消防人员须穿全身防火防毒服，佩戴空气呼吸器，在上风向灭火。尽可能将容器从火场移至空旷处。喷水保持火场容器冷却，直至灭火结束。

灭火剂：干粉、二氧化碳、抗溶性泡沫、雾状水。

泄漏应急处置 隔离泄漏污染区，限制出入。建议应急处理人员戴防尘口罩，穿防毒服，戴橡胶手套。穿上适当的防护服前严禁接触破裂的容器和泄漏物。尽可能切断泄漏源。用塑料布覆盖泄漏物，减少飞散。勿使水进入包装容器内。用洁净的铲子收集泄漏物，置于干净、干燥、盖子较松的容器中，将容器移离泄漏区。

313. 1,10-菲咯啉

标 识

中文名称 1,10-菲咯啉

英文名称 1,10-Phenanthroline；*o*-Phenanthroline

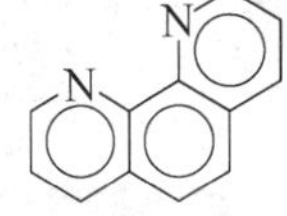

别名 1,10-二氮杂菲

分子式 $C_{12}H_8N_2$

CAS 号 66-71-7

危害信息

危险性类别 第 6 类 有毒品

燃烧与爆炸危险性 可燃。

禁忌物 强氧化剂。

中毒表现 食入能引起中毒。

侵入途径 吸入、食入。

环境危害 对水生生物有极高毒性，可能在水生环境中造成长期不利影响。

理化特性与用途

理化特性 白色至淡黄色或淡粉色结晶粉末。溶于水，溶于乙醇、丙酮、苯，不溶于石油醚。熔点 114～117℃，沸点 365℃，相对密度(水 = 1)1.25，饱和蒸气压 6.96mPa(25℃)，辛醇/水分配系数 1.78，闪点 164℃。

主要用途 用作电镀添加剂，分析试剂。用于测定亚铁的灵敏试剂。

包装与储运

包装标志 有毒品

包装类别 Ⅲ类

安全储运 储存于阴凉、通风的库房。远离火种、热源。储存温度不超过 35℃，相对湿度不超过 85%。保持容器密封。应与强氧化剂等分开存放，切忌混储。配备相应品种和数量的消防器材。储区应备有合适的材料收容泄漏物。

紧急处置信息

急救措施

吸入：迅速脱离现场至空气新鲜处。保持呼吸道通畅。如呼吸困难，给输氧。呼吸、心跳停止，立即进行心肺复苏术。就医。

眼睛接触：立即分开眼睑，用流动清水或生理盐水彻底冲洗。就医。

皮肤接触：立即脱去污染的衣着，用肥皂水和清水彻底冲洗。就医。

食入：漱口，饮水。就医。

灭火方法 消防人员须穿全身消防服，佩戴空气呼吸器，在上风向灭火。尽可能将容器从火场移至空旷处。

根据着火原因选择适当灭火剂灭火。

泄漏应急处置 隔离泄漏污染区，限制出入。建议应急处理人员戴防尘口罩，穿防毒服，戴橡胶手套。穿上适当的防护服前严禁接触破裂的容器和泄漏物。尽可能切断泄漏源。用塑料布覆盖泄漏物，减少飞散。勿使水进入包装容器内。用洁净的铲子收集泄漏物，置于干净、干燥、盖子较松的容器中，将容器移离泄漏区。

314. 3-(吩噻嗪-10-基)丙酸

标　识

中文名称 3-(吩噻嗪-10-基)丙酸

英文名称 3-(Phenothiazin-10-yl)propionic acid

分子式 $C_{15}H_{13}NO_2S$

CAS 号 362-03-8

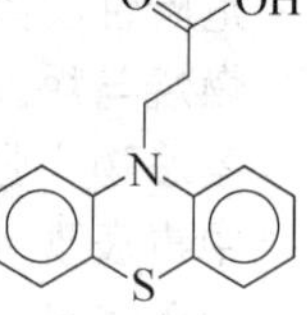

危害信息

燃烧与爆炸危险性 可燃，粉体与空气混合能形成爆炸性混合物。

禁忌物 强氧化剂、碱类。

侵入途径 吸入、食入。

环境危害 对水生生物有毒，可能在水生环境中造成长期不利影响。

理化特性与用途

理化特性 红色固体。溶于甲醇、乙酸乙酯。熔点160~162℃，沸点477℃，相对密度(水=1)1.321，辛醇/水分配系数3.99，闪点242℃。

主要用途 用作酚噻嗪加成试剂。

包装与储运

包装标志 杂类

包装类别 Ⅲ类

安全储运 储存于阴凉、通风的库房。远离火种、热源。应与强氧化剂、碱类等隔离储运。

紧急处置信息

急救措施

吸入：脱离接触。如有不适感，就医。

眼睛接触：分开眼睑，用流动清水或生理盐水冲洗。如有不适感，就医。

皮肤接触：脱去污染的衣着，用流动清水冲洗。如有不适感，就医。

食入：漱口，饮水。就医。

灭火方法 消防人员须穿全身消防服，佩戴空气呼吸器，在上风向灭火。尽可能将容器从火场移至空旷处。

灭火剂：水、泡沫、二氧化碳、砂土、干粉。

泄漏应急处置 隔离泄漏污染区，限制出入。消除点火源。建议应急处理人员戴防尘口罩，穿防护服。穿上适当的防护服前严禁接触破裂的容器和泄漏物。尽可能切断泄漏源。用塑料布覆盖泄漏物，减少飞散。勿使水进入包装容器内。用洁净的铲子收集泄漏物，置于干净、干燥、盖子较松的容器中，将容器移离泄漏区。

315. 芬硫磷

标　识

中文名称 芬硫磷

英文名称 Phenkapton；*S*-(2,5-Dichlorophenylthiomethyl)*O*,*O*-diethyl phosphorodithioate

别名 *S*-(2,5-二氯苯基硫基甲基)*O*,*O*-二乙基二硫代磷酸酯

分子式 $C_{11}H_{15}Cl_2O_2PS_3$

CAS 号 2275-14-1

铁危编号 61875

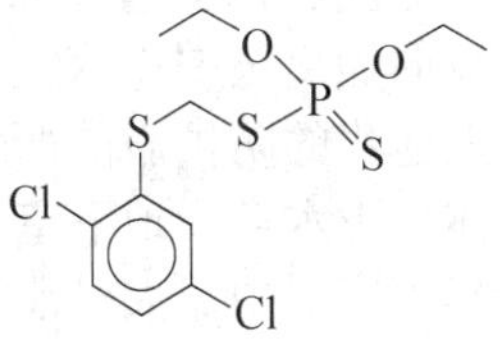

危害信息

危险性类别 第 6 类　有毒品

燃烧与爆炸危险性 不易燃，在高温火场中受热的容器有破裂和爆炸的危险。分解产生有毒的硫氧化物和磷氧化物。

禁忌物 强氧化剂、强碱。

毒性 大鼠经口 LD_{50}：44mg/kg；小鼠经口 LD_{50}：220mg/kg；大鼠经皮 LD_{50}：652mg/kg。

中毒表现 抑制体内胆碱酯酶活性，造成神经生理功能紊乱。急性中毒症状有头痛、头昏、乏力、食欲不振、恶心、呕吐、腹痛、腹泻、流涎、瞳孔缩小、呼吸道分泌物增多、多汗、肌束震颤等。重度中毒者出现肺水肿、昏迷、呼吸麻痹、脑水肿。血胆碱酯酶活性降低。

侵入途径 吸入、食入、经皮吸收。

环境危害 对水生生物有极高毒性，可能在水生环境中造成长期不利影响。

理化特性与用途

理化特性 无色油状液体(工业品为琥珀色油状液体)。不溶于水，微溶于甲醇、乙醇、乙二醇、甘油。熔点 15.9~16.5℃，沸点 120℃(0.13Pa)，相对密度(水=1)1.3507，饱和

蒸气压 0.1mPa(25℃)，辛醇/水分配系数 5.84，闪点 201℃。

主要用途 触杀性杀螨剂。用于防治果树、蔬菜等的红蜘蛛，并对螨卵有活性。

包装与储运

包装标志 有毒品

包装类别 Ⅲ类

安全储运 储存于阴凉、通风的库房。远离火种、热源。防止阳光直射。储存温度不超过 32℃，相对湿度不超过 85%。保持容器密封。应与强氧化剂、强碱等分开存放，切忌混储。配备相应品种和数量的消防器材。储区应备有合适的材料收容泄漏物。搬运时轻装轻卸，防止容器受损。

紧急处置信息

急救措施

吸入： 迅速脱离现场至空气新鲜处。保持呼吸道通畅。如呼吸困难，给输氧。呼吸、心跳停止，立即进行心肺复苏术。就医。

眼睛接触： 分开眼睑，用流动清水或生理盐水冲洗。就医。

皮肤接触： 立即脱去污染的衣着，用肥皂水及流动清水彻底冲洗污染的皮肤、头发、指甲等。就医。

食入： 饮足量温水，催吐(仅限于清醒者)。口服活性炭。就医。

解毒剂：阿托品、胆碱酯酶复能剂。

灭火方法 消防人员须穿全身防火防毒服，佩戴空气呼吸器，在上风向灭火。尽可能将容器从火场移至空旷处。喷水保持火场容器冷却，直至灭火结束。

灭火剂：干粉、二氧化碳、泡沫、雾状水。

泄漏应急处置 根据液体流动和蒸气扩散的影响区域划定警戒区，无关人员从侧风、上风向撤离至安全区。建议应急处理人员戴正压自给式呼吸器，穿防毒服，戴橡胶手套。穿上适当的防护服前严禁接触破裂的容器和泄漏物。尽可能切断泄漏源。防止泄漏物进入水体、下水道、地下室或有限空间。小量泄漏：用干燥的砂土或其他不燃材料吸收或覆盖，收集于容器中。大量泄漏：构筑围堤或挖坑收容。用泵转移至槽车或专用收集器内。

316. 砜拌磷

标　识

中文名称 砜拌磷

英文名称 Oxydisulfoton；*O,O*-Diethyl *S*-(2-(ethylsulphinyl)ethyl) phosphorodithioate

别名 *O,O*-二乙基-*S*-(2-乙基亚磺酰基乙基)二硫代磷酸酯

分子式 $C_8H_{19}O_3PS_3$

CAS 号 2497-07-6

铁危编号 61126

危害信息

危险性类别 第 6 类 有毒品

燃烧与爆炸危险性 不易燃，在高温火场中受热的容器有破裂和爆炸的危险。分解产生有毒的硫氧化物和磷氧化物。

禁忌物 强氧化剂、强碱。

毒性 大鼠经口 LD_{50}：3500μg/kg；小鼠经口 LD_{50}：12mg/kg；大鼠经皮 LD_{50}：92mg/kg。

中毒表现 抑制体内胆碱酯酶活性，造成神经生理功能紊乱。急性中毒症状有头痛、头昏、乏力、食欲不振、恶心、呕吐、腹痛、腹泻、流涎、瞳孔缩小、呼吸道分泌物增多、多汗、肌束震颤等。重度中毒者出现肺水肿、昏迷、呼吸麻痹、脑水肿。血胆碱酯酶活性降低。

侵入途径 吸入、食入、经皮吸收。

环境危害 对水生生物有极高毒性，可能在水生环境中造成长期不利影响。

理化特性与用途

理化特性 浅棕色液体。不溶于水，易溶于多数有机溶剂。相对密度(水=1)1.209，饱和蒸气压4.85mPa(25℃)，辛醇/水分配系数1.73。

主要用途 内吸性杀虫剂、杀螨剂。用于种子处理防治苗期虫害。

包装与储运

包装标志 有毒品

包装类别 Ⅱ类

安全储运 储存于阴凉、通风的库房。远离火种、热源。防止阳光直射。储存温度不超过35℃，相对湿度不超过85%。保持容器密封。应与强氧化剂、强碱等分开存放，切忌混储。配备相应品种和数量的消防器材。储区应备有合适的材料收容泄漏物。搬运时轻装轻卸，防止容器受损。

紧急处置信息

急救措施

吸入：迅速脱离现场至空气新鲜处。保持呼吸道通畅。如呼吸困难，给输氧。呼吸、心跳停止，立即进行心肺复苏术。就医。

眼睛接触：分开眼睑，用流动清水或生理盐水冲洗。就医。

皮肤接触：立即脱去污染的衣着，用肥皂水及流动清水彻底冲洗污染的皮肤、头发、指甲等。就医。

食入：饮足量温水，催吐(仅限于清醒者)。口服活性炭。就医。

解毒剂：阿托品、胆碱酯酶复能剂。

灭火方法 消防人员须穿全身防火防毒服，佩戴空气呼吸器，在上风向灭火。尽可能将容器从火场移至空旷处。喷水保持火场容器冷却，直至灭火结束。

灭火剂：干粉、二氧化碳、泡沫、雾状水。

泄漏应急处置 根据液体流动和蒸气扩散的影响区域划定警戒区，无关人员从侧风、上风向撤离至安全区。建议应急处理人员戴正压自给式呼吸器，穿防毒服，戴橡胶手套。穿上适当的防护服前严禁接触破裂的容器和泄漏物。尽可能切断泄漏源。防止泄漏物进入水体、下水道、地下室或有限空间。小量泄漏：用干燥的砂土或其他不燃材料吸收或覆盖，收集于容器中。大量泄漏：构筑围堤或挖坑收容。用泵转移至槽车或专用收集器内。

317. 砜吸磷

标　识

中文名称　砜吸磷

英文名称　Demeton-*S*-methylsulphon；*S*-2-Ethylsulphonylethyl dimethyl phosphorothioate

别名　*S*-2-乙基磺酰乙基 *O*,*O*-二甲基硫代磷酸酯

分子式　$C_6H_{15}O_5PS_2$

CAS 号　17040-19-6

铁危编号　61874

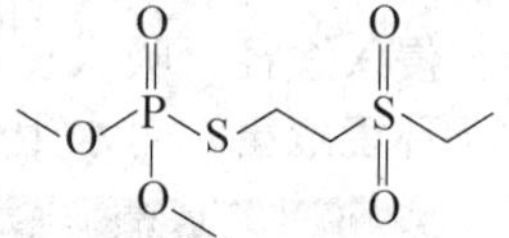

危害信息

危险性类别　第 6 类　有毒品

燃烧与爆炸危险性　不易燃，无特殊燃爆特性。

禁忌物　强氧化剂、强碱。

毒性　大鼠经口 LD_{50}：32400μg/kg；小鼠经口 LD_{50}：30mg/kg；大鼠吸入 LC_{50}：195 mg/m^3(4h)；大鼠经皮 LD_{50}：500mg/kg。

中毒表现　抑制体内胆碱酯酶活性，造成神经生理功能紊乱。急性中毒症状有头痛、头昏、乏力、食欲不振、恶心、呕吐、腹痛、腹泻、流涎、瞳孔缩小、呼吸道分泌物增多、多汗、肌束震颤等。重度中毒者出现肺水肿、昏迷、呼吸麻痹、脑水肿。血胆碱酯酶活性降低。

侵入途径　吸入、食入、经皮吸收。

环境危害　对水生生物有毒，可能在水生环境中造成长期不利影响。

理化特性与用途

理化特性　白色至淡黄色结晶。溶于醇、酮、大多数氯代烃，难溶于芳族烃溶剂。熔点 51.6℃，沸点 115℃(1Pa)，相对密度(水=1)1.416，饱和蒸气压 0.056mPa(20℃)。

主要用途　内吸性杀虫剂。用于防治刺吸性害虫、叶蜂科害虫和螨类。

包装与储运

包装标志　有毒品

包装类别　Ⅲ类

安全储运　储存于阴凉、通风的库房。远离火种、热源。防止阳光直射。储存温度不超过 35℃，相对湿度不超过 85%。保持容器密封。应与强氧化剂、强碱等分开存放，切忌混储。配备相应品种和数量的消防器材。储区应备有合适的材料收容泄漏物。

紧急处置信息

急救措施

吸入：迅速脱离现场至空气新鲜处。保持呼吸道通畅。如呼吸困难，给输氧。呼吸、心跳停止，立即进行心肺复苏术。就医。

眼睛接触：分开眼睑，用流动清水或生理盐水冲洗。就医。

皮肤接触：立即脱去污染的衣着，用肥皂水及流动清水彻底冲洗污染的皮肤、头发、指甲等。就医。

食入：饮足量温水，催吐(仅限于清醒者)。口服活性炭。就医。

解毒剂：阿托品、胆碱酯酶复能剂。

灭火方法 消防人员须穿全身防火防毒服，佩戴空气呼吸器，在上风向灭火。尽可能将容器从火场移至空旷处。喷水保持火场容器冷却，直至灭火结束。

根据着火原因选择适当灭火剂灭火。

泄漏应急处置 隔离泄漏污染区，限制出入。建议应急处理人员戴防尘口罩，穿防毒服，戴橡胶手套。穿上适当的防护服前严禁接触破裂的容器和泄漏物。尽可能切断泄漏源。用塑料布覆盖泄漏物，减少飞散。勿使水进入包装容器内。用洁净的铲子收集泄漏物，置于干净、干燥、盖子较松的容器中，将容器移离泄漏区。

318. 呋草酮

标 识

中文名称 呋草酮

英文名称 Flurtamone；(*RS*)-5-Methylamino-2-phenyl-4-(α,α,α-trifluoro-*m*-tolyl)furan-3(2H)-one

别名 (*RS*)-5-甲胺基-2-苯基-4-(α,α,α-三氟-间-甲苯基呋喃-(2H)-酮

分子式 $C_{18}H_{14}F_3NO_2$

CAS号 96525-23-4

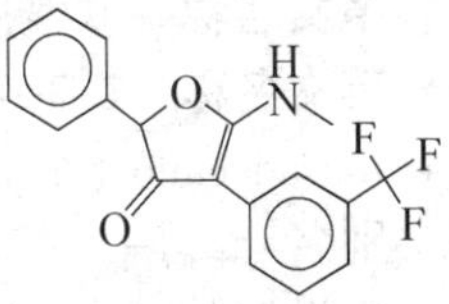

危害信息

燃烧与爆炸危险性 不易燃，无特殊燃爆特性。

禁忌物 强氧化剂、酸碱、醇类。

毒性 大鼠经口 LD_{50}：>500mg/kg；大鼠经皮 LD_{50}：>500mg/kg。

侵入途径 吸入、食入、经皮吸收。

环境危害 对水生生物有极高毒性，可能在水生环境中造成长期不利影响。

理化特性与用途

理化特性 乳白色固体粉末。不溶于水，溶于丙酮、甲醇、二氯甲烷。熔点 152~155℃，饱和蒸气压 0.04mPa(25℃)，辛醇/水分配系数 3.22。

主要用途 芽前苗后除草剂。用于棉花、花生、高粱、向日葵田防除多种禾本科杂草和阔叶杂草。

包装与储运

包装标志 杂类

包装类别 Ⅲ类

安全储运 储存于阴凉、通风的库房。远离火种、热源。应与强氧化剂、酸碱、醇类等隔离储运。

紧急处置信息

急救措施

吸入：迅速脱离现场至空气新鲜处。保持呼吸道通畅。如呼吸困难，给输氧。呼吸、心跳停止，立即进行心肺复苏术。就医。

眼睛接触：立即分开眼睑，用流动清水或生理盐水彻底冲洗。就医。

皮肤接触：立即脱去污染的衣着，用肥皂水和清水彻底冲洗。就医。

食入：漱口，饮水。就医。

灭火方法　消防人员须穿全身防火防毒服，佩戴空气呼吸器，在上风向灭火。尽可能将容器从火场移至空旷处。喷水保持火场容器冷却，直至灭火结束。

根据着火原因选择适当灭火剂灭火。

泄漏应急处置　隔离泄漏污染区，限制出入。建议应急处理人员戴防尘口罩，穿防毒服，戴橡胶手套。穿上适当的防护服前严禁接触破裂的容器和泄漏物。尽可能切断泄漏源。用塑料布覆盖泄漏物，减少飞散。勿使水进入包装容器内。用洁净的铲子收集泄漏物，置于干净、干燥、盖子较松的容器中，将容器移离泄漏区。

319. 呋线威

标　识

中文名称　呋线威

英文名称　2,3-Dihydro-2,2-dimethyl-7-benzofuryl 2,4-dimethyl-6-oxa-5-oxo-3-thia-2,4-diazadecanoate；Furathiocarb

别名　2,4-二甲基-6-氧杂-5-氧代-3-硫杂-2,4-二氮杂癸酸 2,3-二氢-2,2-二甲基-7-苯并呋喃酯

分子式　$C_{18}H_{26}N_2O_5S$

CAS 号　65907-30-4

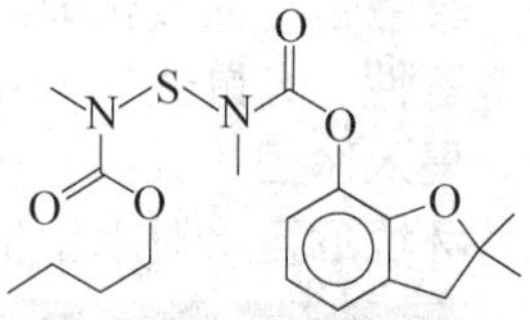

危害信息

危险性类别　第 6 类　有毒品

燃烧与爆炸危险性　不易燃，无特殊燃爆特性。

禁忌物　氧化剂、碱类。

毒性　大鼠经口 LD_{50}：53mg/kg；小鼠经口 LD_{50}：130mg/kg；大鼠吸入 LC_{50}：214mg/m^3(4h)；大鼠经皮 LD_{50}：>2g/kg。

中毒表现　氨基甲酸酯类农药抑制胆碱酯酶，出现相应的症状。中毒症状有头痛 、恶心、呕吐、腹痛、流涎、出汗、瞳孔缩小、步行困难、语言障碍，重者可发生全身痉挛、昏迷。对眼和皮肤有刺激性。对皮肤有致敏性。

侵入途径　吸入、食入、经皮吸收。

环境危害　对水生生物有极高毒性，可能在水生环境中造成长期不利影响。

理化特性与用途

理化特性　黄色黏稠液体。不溶于水，与大多数有机溶剂混溶。熔点<25℃，沸点

160℃(1.3Pa)，相对密度(水=1)1.148，辛醇/水分配系数4.7。

主要用途 内吸性杀虫剂和杀线虫剂。用于防治蚜虫、螨、蚧类和其他害虫。

包装与储运

包装标志 有毒品

包装类别 Ⅱ类

安全储运 储存于阴凉、通风的库房。远离火种、热源。防止阳光直射。储存温度不超过32℃，相对湿度不超过85%。应与氧化剂、碱类、食用化学品分开存放，切忌混储。配备相应品种和数量的消防器材。储区应备有合适的材料收容泄漏物。搬运时轻装轻卸，防止容器受损。

紧急处置信息

急救措施

吸入：迅速脱离现场至空气新鲜处。保持呼吸道通畅。如呼吸困难，给输氧。呼吸、心跳停止，立即进行心肺复苏术。就医。

眼睛接触：立即分开眼睑，用流动清水或生理盐水彻底冲洗。就医。

皮肤接触：立即脱去污染的衣着，用流动清水彻底冲洗。就医。

食入：饮适量温水，催吐(仅限于清醒者)。就医。

解毒剂：阿托品。

灭火方法 消防人员须穿全身防火防毒服，佩戴空气呼吸器，在上风向灭火。尽可能将容器从火场移至空旷处。喷水保持火场容器冷却，直至灭火结束。

根据着火原因选择适当灭火剂灭火。

泄漏应急处置 根据液体流动和蒸气扩散的影响区域划定警戒区，无关人员从侧风、上风向撤离至安全区。建议应急处理人员戴防毒面具，穿防毒服，戴橡胶手套。穿上适当的防护服前严禁接触破裂的容器和泄漏物。尽可能切断泄漏源。防止泄漏物进入水体、下水道、地下室或有限空间。小量泄漏：用干燥的砂土或其他不燃材料吸收或覆盖，收集于容器中。大量泄漏：构筑围堤或挖坑收容。用泵转移至槽车或专用收集器内。

320. 3-(4-氟苯基)-1-异丙基吲哚

标　识

中文名称 3-(4-氟苯基)-1-异丙基吲哚

英文名称 *N*-Isopropyl-3-(4-fluorophenyl)-1H-indole

别名 1-异丙基-3-(4-氟苯基)吲哚

分子式 $C_{17}H_{16}FN$

CAS号 93957-49-4

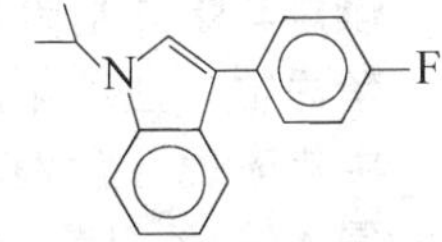

危害信息

燃烧与爆炸危险性 可燃。

禁忌物 强氧化剂。

侵入途径 吸入、食入。

环境危害　可能在水生环境中造成长期不利影响。

理化特性与用途

理化特性　白色或淡黄色结晶粉末。不溶于水。熔点 95~98℃，沸点 390℃，相对密度(水=1)1.08，饱和蒸气压 0.84mPa(25℃)，辛醇/水分配系数 5.11，闪点 189℃。

主要用途　用作药物氟伐他定中间体。

包装与储运

安全储运　储存于阴凉、通风的库房。远离火种、热源。应与强氧化剂等隔离储运。

紧急处置信息

急救措施

吸入：脱离接触。如有不适感，就医。

眼睛接触：分开眼睑，用流动清水或生理盐水冲洗。如有不适感，就医。

皮肤接触：脱去污染的衣着，用流动清水冲洗。如有不适感，就医。

食入：漱口，饮水。就医。

灭火方法　消防人员须穿全身消防服，佩戴空气呼吸器，在上风向灭火。尽可能将容器从火场移至空旷处。喷水保持火场容器冷却，直至灭火结束。

根据着火原因选择适当灭火剂灭火。

泄漏应急处置　隔离泄漏污染区，限制出入。消除点火源。建议应急处理人员戴防尘口罩，穿防护服，戴橡胶手套。穿上适当的防护服前严禁接触破裂的容器和泄漏物。尽可能切断泄漏源。用塑料布覆盖泄漏物，减少飞散。勿使水进入包装容器内。用洁净的铲子收集泄漏物，置于干净、干燥、盖子较松的容器中，将容器移离泄漏区。

321. 1-(3-(4-氟苯氧基)丙基)-3-甲氧基-4-哌啶酮

标　识

中文名称　1-(3-(4-氟苯氧基)丙基)-3-甲氧基-4-哌啶酮

英文名称　1-(3-(4-Fluorophenoxy)propyl)-3-methoxy-4-piperidinone

分子式　$C_{15}H_{20}FNO_3$

CAS 号　116256-11-2

F　N　O　O　O

危害信息

燃烧与爆炸危险性　可燃。无特殊燃爆特性。

禁忌物　强氧化剂、酸碱、醇类。

中毒表现　食入有害。眼接触引起严重损害。对皮肤有致敏性。

侵入途径　吸入、食入。

环境危害　对水生生物有毒，可能在水生环境中造成长期不利影响。

理化特性与用途

理化特性　微溶于水。沸点 411℃，相对密度(水=1)1.17，饱和蒸气压 0.08mPa

(25℃)，辛醇/水分配系数 1.77，闪点 202℃。

主要用途 用作医药中间体。

包装与储运

包装标志 杂类

包装类别 Ⅲ类

安全储运 储存于阴凉、通风的库房。远离火种、热源。应与强氧化剂、酸碱、醇类等隔离储运。

紧急处置信息

急救措施

吸入：迅速脱离现场至空气新鲜处。保持呼吸道通畅。如呼吸困难，给输氧。呼吸、心跳停止，立即进行心肺复苏术。就医。

眼睛接触：立即分开眼睑，用流动清水或生理盐水彻底冲洗 5~10min。就医。

皮肤接触：立即脱去污染的衣着，用肥皂水和清水彻底冲洗。就医。

食入：漱口，饮水。就医。

灭火方法 消防人员须穿全身消防服，佩戴空气呼吸器，在上风向灭火。尽可能将容器从火场移至空旷处。

根据着火原因选择适当灭火剂灭火。

泄漏应急处置 隔离泄漏污染区，限制出入。建议应急处理人员戴防尘口罩，穿防毒服。穿上适当的防护服前严禁接触破裂的容器和泄漏物。尽可能切断泄漏源。用塑料布覆盖泄漏物，减少飞散。勿使水进入包装容器内。用洁净的铲子收集泄漏物，置于干净、干燥、盖子较松的容器中，将容器移离泄漏区。

322. 氟吡乙禾灵

标 识

中文名称 氟吡乙禾灵

英文名称 Propanoic acid, 2-(4-((3-chloro-5-(trifluoromethyl)-2-pyridinyl)oxy)phenoxy)-, 2-ethoxyethyl ester; Haloxyfop-ethyl

别名 2-(4-(3-氯-5-三氟甲基-2-吡啶氧基)苯氧基)丙酸乙氧乙酯

分子式 $C_{19}H_{19}ClF_3NO_5$

CAS 号 87237-48-7

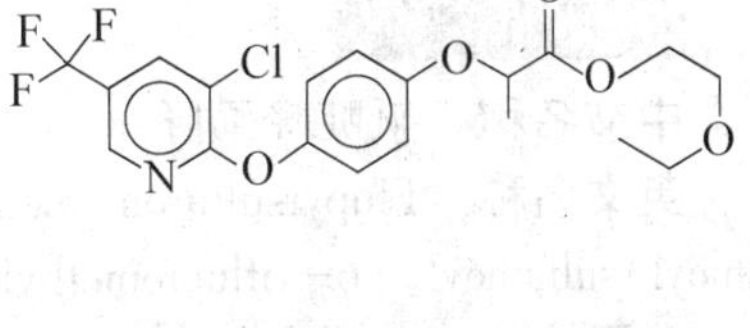

危害信息

燃烧与爆炸危险性 无特殊燃爆特性。

禁忌物 强氧化剂、强酸。

毒性 大鼠经口 LD_{50}：518mg/kg；大鼠经皮 LD_{50}：>2g/kg；兔经皮 LD_{50}：>5g/kg。

中毒表现 苯氧类除草剂急性中毒出现恶心、呕吐、腹痛、腹泻。轻度中毒表现头痛、头晕、嗜睡、无力、肌肉压痛、肌束震颤，重者出现昏迷、抽搐、呼吸衰竭。部分严重中毒者可伴有肺水肿以及肝肾损害。可出现心律失常。

侵入途径 吸入、食入、经皮吸收。

环境危害 对水生生物有极高毒性，可能在水生环境中造成长期不利影响。

理化特性与用途

理化特性 无色结晶。不溶于水。熔点 58～61℃，相对密度(水＝1)1.34，辛醇/水分配系数 4.33。

主要用途 除草剂。用于大豆、花生、甜菜、棉花等作物田防除一年生和多年生禾本科杂草。

包装与储运

包装标志 杂类

包装类别 Ⅲ类

安全储运 储存于阴凉、通风的库房。远离火种、热源。应与强氧化剂、强酸等隔离储运。

紧急处置信息

急救措施

吸入： 迅速脱离现场至空气新鲜处。保持呼吸道通畅。如呼吸困难，给输氧。呼吸、心跳停止，立即进行心肺复苏术。就医。

眼睛接触： 立即分开眼睑，用流动清水或生理盐水彻底冲洗。就医。

皮肤接触： 立即脱去污染的衣着，用肥皂水和清水彻底冲洗。就医。

食入： 漱口，饮水。就医。

灭火方法 消防人员须穿全身消防服，佩戴空气呼吸器，在上风向灭火。尽可能将容器从火场移至空旷处。喷水保持火场容器冷却，直至灭火结束。

根据着火原因选择适当灭火剂灭火。

泄漏应急处置 隔离泄漏污染区，限制出入。建议应急处理人员戴防尘口罩，穿防毒服，戴橡胶手套。穿上适当的防护服前严禁接触破裂的容器和泄漏物。尽可能切断泄漏源。用塑料布覆盖泄漏物，减少飞散。勿使水进入包装容器内。用洁净的铲子收集泄漏物，置于干净、干燥、盖子较松的容器中，将容器移离泄漏区。

323. 氟啶嘧磺隆

标　识

中文名称 氟啶嘧磺隆

英文名称 Flupyrsulfuron-methyl-sodium；Methyl 2-(((4,6-dimethoxypyrimidin-2-ylcarbamoyl)sulfamoyl)-6-trifluoromethyl)nicotinate，monosodium salt

分子式 $C_{15}H_{13}F_3N_5NaO_7S$

CAS 号 144740-54-5

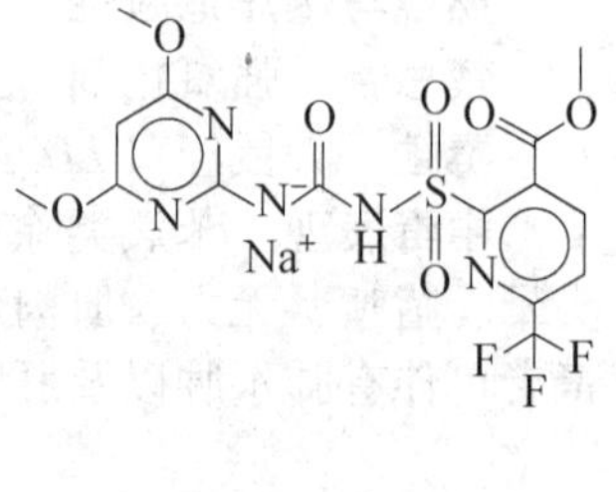

O N O N N Na⁺ N H S O O O O N F F F

危害信息

燃烧与爆炸危险性 不易燃，无特殊燃爆特性。

禁忌物 强氧化剂。

中毒表现 大剂量口服脲类除草剂可引起急性中毒，出现恶心、呕吐、头痛、头晕、乏力、失眠，严重者可有贫血、肝脾肿大。对眼、皮肤、黏膜有刺激性。

侵入途径 吸入、食入、经皮吸收。

环境危害 对水生生物有极高毒性，可能在水生环境中造成长期不利影响。

理化特性与用途

理化特性 白色或米色粉末，有刺激性气味。不溶于水。熔点 165～170℃，相对密度(水=1)1.48，辛醇/水分配系数 0.96。

主要用途 广谱苗后除草剂。用于小麦、大麦等作物田防除部分禾本科杂草和大多数阔叶杂草。

包装与储运

包装标志 杂类

包装类别 Ⅲ类

安全储运 储存于阴凉、通风的库房。远离火种、热源。应与强氧化剂等隔离储运。

紧急处置信息

急救措施

吸入：迅速脱离现场至空气新鲜处。保持呼吸道通畅。如呼吸困难，给输氧。呼吸、心跳停止，立即进行心肺复苏术。就医。

眼睛接触：立即分开眼睑，用流动清水或生理盐水彻底冲洗。就医。

皮肤接触：立即脱去污染的衣着，用肥皂水和清水彻底冲洗。就医。

食入：漱口，饮水。就医。

灭火方法 消防人员须穿全身防火防毒服，佩戴空气呼吸器，在上风向灭火。尽可能将容器从火场移至空旷处。喷水保持火场容器冷却，直至灭火结束。

根据着火原因选择适当灭火剂灭火。

泄漏应急处置 隔离泄漏污染区，限制出入。建议应急处理人员戴防尘口罩，穿防毒服。穿上适当的防护服前严禁接触破裂的容器和泄漏物。尽可能切断泄漏源。用塑料布覆盖泄漏物，减少飞散。勿使水进入包装容器内。用洁净的铲子收集泄漏物，置于干净、干燥、盖子较松的容器中，将容器移离泄漏区。

324. 4′-氟-2,2-二甲氧基乙酰苯

中文名称 4′-氟-2,2-二甲氧基乙酰苯

英文名称 4′-Fluoro-2,2-dimethoxyacetophenone

分子式 $C_{10}H_{11}FO_3$

CAS 号 21983-80-2

危害信息

燃烧与爆炸危险性 可燃。

禁忌物 强氧化剂。

中毒表现　对皮肤有致敏性。

侵入途径　吸入、食入。

环境危害　对水生生物有害，可能在水生环境中造成长期不利影响。

理化特性与用途

理化特性　沸点 257.56℃，相对密度(水 = 1)1.157，饱和蒸气压 0.68Pa(25℃)，辛醇/水分配系数 2.18，闪点 117℃。

主要用途　用于制造其他化学品。

包装与储运

安全储运　储存于阴凉、通风的库房。远离火种、热源。应与强氧化剂等隔离储运。搬运时轻装轻卸，防止容器受损。

紧急处置信息

急救措施

吸入：迅速脱离现场至空气新鲜处。保持呼吸道通畅。如呼吸困难，给输氧。呼吸、心跳停止，立即进行心肺复苏术。就医。

眼睛接触：立即分开眼睑，用流动清水或生理盐水彻底冲洗。就医。

皮肤接触：立即脱去污染的衣着，用肥皂水和清水彻底冲洗。就医。

食入：漱口，饮水。就医。

灭火方法　消防人员须穿全身消防服，在上风向灭火。尽可能将容器从火场移至空旷处。喷水保持火场容器冷却直至灭火结束。

灭火剂：泡沫、干粉、二氧化碳。

泄漏应急处置　隔离泄漏污染区，限制出入。建议应急处理人员戴防尘口罩，穿防护服，戴防护手套。穿上适当的防护服前严禁接触破裂的容器和泄漏物。尽可能切断泄漏源。用塑料布覆盖泄漏物，减少飞散。勿使水进入包装容器内。用洁净的铲子收集泄漏物，置于干净、干燥、盖子较松的容器中，将容器移离泄漏区。

325. 氟硅酸镉

标　识

中文名称　氟硅酸镉

英文名称　Cadmium hexafluorosilicate；Cadmium fluorosilicate；cadmium silicofluoride

别名　六氟硅酸镉

分子式　$CdSiF_6$

CAS 号　17010-21-8

F^- F^- F^- Si^{4+} F^- F^- F^- Cd^{2+}

危害信息

危险性类别　第 6 类　有毒品

燃烧与爆炸危险性　不易燃，无特殊燃爆特性。

禁忌物　氧化剂。

毒性 大鼠经口 *LDLo*：100mg/kg；小鼠吸入 *LCLo*：670mg/m^3(10min)。

IARC 致癌性评论：G1，确认人类致癌物。

欧盟法规 1272/2008/EC 将本品列为第 2 类致癌物——可疑的人类致癌物。

中毒表现

急性中毒 吸入含镉烟雾后出现呼吸道刺激、寒战、发热等类似金属烟雾热的症状，可发生化学性肺炎、肺水肿；误服后出现急剧的胃肠刺激，有恶心、呕吐、腹泻、腹痛、里急后重、全身乏力、肌肉疼痛和虚脱等。

慢性中毒 慢性镉中毒以肾功能损害(蛋白尿)为主要表现；少数可发生骨骼病变；其次还有缺铁性贫血、嗅觉减退或丧失、肺部损害等。

侵入途径 吸入、食入。

职业接触限值 中国：PC-TWA 0.01mg/m^3；PC-STEL 0.02mg/m^3[按 Cd 计][G1]。

美国(ACGIH)：TLV-TWA 0.002mg/m^3[按 Cd 计][呼吸性颗粒物]；TLV-TWA 2.5mg/m^3[按 F 计]。

环境危害 对水生生物有极高毒性，可能在水生环境中造成长期不利影响。

理化特性与用途

理化特性 固体。熔点 186℃。

主要用途 用于农用化学品。

包装与储运

包装标志 有毒品

包装类别 Ⅲ类

安全储运 储存于阴凉、通风的库房。远离火种、热源。库温不超过 35℃。相对湿度不超过 85%。包装密封。应与氧化剂、食用化学品分开存放，切忌混储。配备相应品种和数量的消防器材。储区应备有合适的材料收容泄漏物。

紧急处置信息

急救措施

吸入：迅速脱离现场至空气新鲜处。保持呼吸道通畅。如呼吸困难，给输氧。呼吸、心跳停止，立即进行心肺复苏术。就医。

眼睛接触：立即分开眼睑，用流动清水或生理盐水彻底冲洗。就医。

皮肤接触：立即脱去污染的衣着，用肥皂水和清水彻底冲洗。就医。

食入：漱口，饮水。就医。

灭火方法 消防人员须穿全身防火防毒服，佩戴空气呼吸器，在上风向灭火。尽可能将容器从火场移至空旷处。喷水保持火场容器冷却，直至灭火结束。

根据着火原因选择适当灭火剂灭火。

泄漏应急处置 消除所有点火源。隔离泄漏污染区，限制出入。建议应急处理人员戴防尘口罩，穿防毒服，戴橡胶手套。禁止接触或跨越泄漏物。尽可能切断泄漏源。用塑料布覆盖，减少飞散。用洁净的铲子收集泄漏物，置于干净、干燥、盖子较松的容器中，将容器移离泄漏区。

326. 氟硅唑

标　识

中文名称　氟硅唑

英文名称　Flusilazole；Bis(4-fluorophenyl)(methyl)(1H-1,2,4-triazol-1-ylmethyl)silane

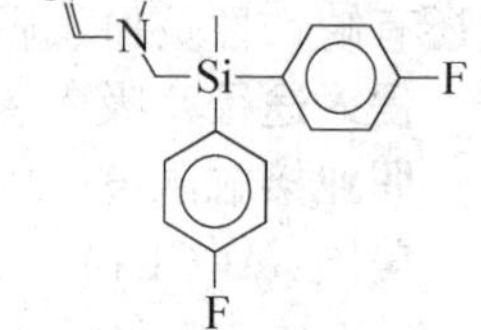

别名　双(4-氟苯基)-(1H-1,2,4-三唑-1-基甲基)甲硅烷

分子式　$C_{16}H_{15}F_2N_3Si$

CAS 号　85509-19-9

危害信息

燃烧与爆炸危险性　可燃，其粉体与空气混合能形成爆炸性混合物，遇明火、高热易燃烧爆炸。

禁忌物　强氧化剂。

毒性　大鼠经口 LD_{50}：674mg/kg；大鼠吸入 LC_{50}：2400mg/m^3(4h)；兔经皮 LD_{50}：>2g/kg。

中毒表现　食入引起头晕、恶心、呕吐等症状。对眼和皮肤有刺激性。

侵入途径　吸入、食入、经皮吸收。

环境危害　对水生生物有毒，可能在水生环境中造成长期不利影响。

理化特性与用途

理化特性　白色无臭结晶。不溶于水，溶于多数有机溶剂。熔点 53~55℃，沸点 393℃(46.6Pa)，相对密度(水=1)1.17，饱和蒸气压 0.04mPa(25℃)，辛醇/水分配系数 3.7，闪点 192℃。

主要用途　三唑类杀菌剂。

包装与储运

包装标志　杂类

包装类别　Ⅲ类

安全储运　储存于阴凉、通风的库房。远离火种、热源。保持容器密闭。应与强氧化剂等隔离储运。

紧急处置信息

急救措施

吸入：迅速脱离现场至空气新鲜处。保持呼吸道通畅。如呼吸困难，给输氧。呼吸、心跳停止，立即进行心肺复苏术。就医。

眼睛接触：立即分开眼睑，用流动清水或生理盐水彻底冲洗。就医。

皮肤接触：立即脱去污染的衣着，用肥皂水和清水彻底冲洗。就医。

食入：漱口，饮水。就医。

灭火方法　消防人员须穿全身消防服，佩戴空气呼吸器，在上风向灭火。尽可能将容

器从火场移至空旷处。喷水保持火场容器冷却，直至灭火结束。

灭火剂：泡沫、干粉、二氧化碳。

泄漏应急处置 隔离泄漏污染区，限制出入。消除点火源。建议应急处理人员戴防尘口罩，穿防毒服。穿上适当的防护服前严禁接触破裂的容器和泄漏物。尽可能切断泄漏源。用塑料布覆盖泄漏物，减少飞散。勿使水进入包装容器内。用洁净的铲子收集泄漏物，置于干净、干燥、盖子较松的容器中，将容器移离泄漏区。

327. 氟环唑

标　识

中文名称 氟环唑

英文名称 Epoxiconazole；（2*RS*，3*RS*）-3-（2-Chlorophenyl）-2-（4-fluorophenyl）-（(1H-1,2,4-triazol-1-yl)methyl)oxirane

别名 1-(((2*S*,3*S*)-3-(2-氯苯基)-2-(4-氟苯基)环氧乙烷-2-基)甲基)-1,2,4-三唑

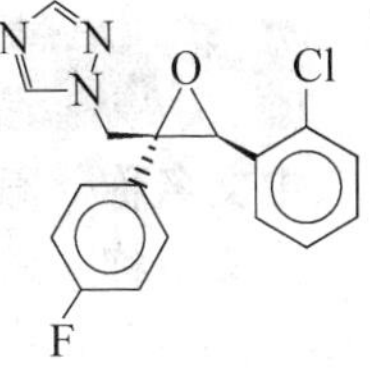

分子式 $C_{17}H_{13}ClFN_3O$

CAS 号 133855-98-8

燃烧与爆炸危险性 不易燃，无特殊燃爆特性。

禁忌物 强氧化剂。

毒性 欧盟法规 1272/2008/EC 将本品列为第 2 类致癌物——可疑的人类致癌物；第 2 类生殖毒物——可疑的人类生殖毒物。

中毒表现 食入可引起头晕、恶心和呕吐。对眼睛和皮肤有刺激性。

侵入途径 吸入、食入。

环境危害 对水生生物有毒，可能在水生环境中造成长期不利影响

理化特性与用途

理化特性 无色结晶。不溶于水，溶于丙酮、二氯甲烷等。熔点 136.2℃，相对密度（水=1）1.384，饱和蒸气压 <0.01mPa(20℃)。

主要用途 广谱杀菌剂。用于甜菜、花生、油菜、水稻、果树等作物防治白粉病、立枯病等病害。

包装与储运

包装标志 杂类

包装类别 Ⅲ类

安全储运 储存于阴凉、通风的库房。远离火种、热源。保持容器密闭。应与强氧化剂等隔离储运。

紧急处置信息

急救措施

吸入：迅速脱离现场至空气新鲜处。保持呼吸道通畅。如呼吸困难，给输氧。呼吸、

心跳停止，立即进行心肺复苏术。就医。

眼睛接触： 立即分开眼睑，用流动清水或生理盐水彻底冲洗。就医。

皮肤接触： 立即脱去污染的衣着，用肥皂水和清水彻底冲洗。就医。

食入： 漱口，饮水。就医。

灭火方法 消防人员须穿全身消防服，佩戴空气呼吸器，在上风向灭火。尽可能将容器从火场移至空旷处。喷水保持火场容器冷却，直至灭火结束。

根据着火原因选择适当灭火剂灭火。

泄漏应急处置 消除所有点火源。隔离泄漏污染区，限制出入。建议应急处理人员戴防尘口罩，穿防毒服，戴橡胶手套。禁止接触或跨越泄漏物。尽可能切断泄漏源。用塑料布覆盖，减少飞散。用洁净的铲子收集泄漏物，置于干净、干燥、盖子较松的容器中，将容器移离泄漏区。

328. 氟磺隆

标　识

中文名称 氟磺隆

英文名称 Prosulfuron；1-(4-Methoxy-6-methyl-1,3,5-triazin-2-yl)-3-(2-(3,3,3-trifluoropropyl)phenylsulfonyl)urea

别名 1-(4-甲氧基-6-甲基-1,3,5-三嗪-2-基)-3-(2-(3,3,3-三氟丙基)苯磺酰)脲

分子式 $C_{15}H_{16}F_3N_5O_4S$

CAS 号 94125-34-5

危害信息

燃烧与爆炸危险性 受热易分解。

禁忌物 强氧化剂。

中毒表现 大剂量口服脲类除草剂可引起急性中毒，出现恶心、呕吐、头痛、头晕、乏力、失眠，严重者可有贫血、肝脾肿大。对眼、皮肤、黏膜有刺激性。

侵入途径 吸入、食入、经皮吸收。

环境危害 对水生生物有极高毒性，可能在水生环境中造成长期不利影响。

理化特性与用途

理化特性 无色无臭结晶或米色粉末。微溶于水，溶于丙酮、二氯甲烷。熔点 155℃(分解)，相对密度(水=1)1.45，饱和蒸气压<0.0035mPa(25℃)。

主要用途 除草剂。适用于玉米田防除禾本科杂草和阔叶杂草。

包装与储运

包装标志 杂类

包装类别 Ⅲ类

安全储运 储存于阴凉、通风的库房。远离火种、热源。应与强氧化剂等隔离储运。

紧急处置信息

急救措施

吸入： 迅速脱离现场至空气新鲜处。保持呼吸道通畅。如呼吸困难，给输氧。呼吸、心跳停止，立即进行心肺复苏术。就医。

眼睛接触： 立即分开眼睑，用流动清水或生理盐水彻底冲洗。就医。

皮肤接触： 立即脱去污染的衣着，用肥皂水和清水彻底冲洗。就医。

食入： 漱口，饮水。就医。

灭火方法 消防人员须穿全身消防服，佩戴空气呼吸器，在上风向灭火。尽可能将容器从火场移至空旷处。喷水保持火场容器冷却，直至灭火结束。

灭火剂：水、二氧化碳、干粉、泡沫。

泄漏应急处置 隔离泄漏污染区，限制出入。建议应急处理人员戴防尘口罩，穿防毒服，戴橡胶手套。穿上适当的防护服前严禁接触破裂的容器和泄漏物。尽可能切断泄漏源。用塑料布覆盖泄漏物，减少飞散。勿使水进入包装容器内。用洁净的铲子收集泄漏物，置于干净、干燥、盖子较松的容器中，将容器移离泄漏区。

329. 6-氟-2-甲基-3-(4-甲基硫代苄基)茚

标　识

中文名称 6-氟-2-甲基-3-(4-甲基硫代苄基)茚

英文名称 6-Fluoro-2-methyl-3-(4-methylthiobenzyl) indene

分子式 $C_{18}H_{17}FS$

CAS 号 41201-60-9

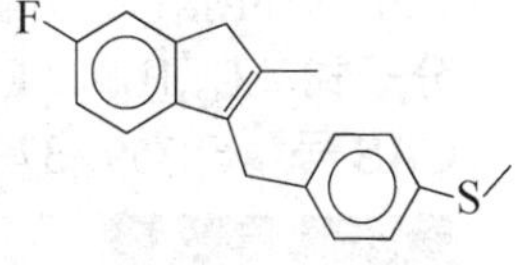

危害信息

燃烧与爆炸危险性 可燃。

禁忌物 强氧化剂。

侵入途径 吸入、食入。

环境危害 对水生生物有毒，可能在水生环境中造成长期不利影响。

理化特性与用途

理化特性 沸点 411.8℃，相对密度(水=1)1.18，饱和蒸气压 0.17mPa(25℃)，闪点 202.8℃。

主要用途 医药中间体。

包装与储运

包装标志 杂类

包装类别 Ⅲ类

安全储运 储存于阴凉、通风的库房。远离火种、热源。应与强氧化剂等隔离储运。搬运时轻装轻卸，防止容器受损。

紧急处置信息

急救措施

吸入：脱离接触。如有不适感，就医。

眼睛接触：分开眼睑，用流动清水或生理盐水冲洗。如有不适感，就医。

皮肤接触：脱去污染的衣着，用流动清水冲洗。如有不适感，就医。

食入：漱口，饮水。就医。

灭火方法　消防人员须穿全身消防服，在上风向灭火。尽可能将容器从火场移至空旷处。喷水保持火场容器冷却，直至灭火结束。

灭火剂：雾状水、泡沫、二氧化碳。

泄漏应急处置　隔离泄漏污染区，限制出入。建议应急处理人员戴防尘口罩，穿防护服。禁止接触或跨越泄漏物。尽可能切断泄漏源。用塑料布覆盖，减少飞散。用洁净的铲子收集泄漏物，置于干净、干燥、盖子较松的容器中，将容器移离泄漏区。

330. 氟氯氰菊酯

标　识

中文名称　氟氯氰菊酯

英文名称　Cyfluthrin；alpha-Cyano-4-fluoro-3-phenoxybenzyl 3-(2,2-dichlorovinyl)-2,2-dimethylcyclopropanecarboxylate

别名　(*RS*)-α-氰基-4-氟-3-苯氧基苄基(1*RS*,3*RS*;1*RS*,3*SR*)-3-(2,2-二氯乙烯基)-2,2-二甲基环丙烷羧酸酯

分子式　$C_{22}H_{18}Cl_2FNO_3$

CAS 号　68359-37-5

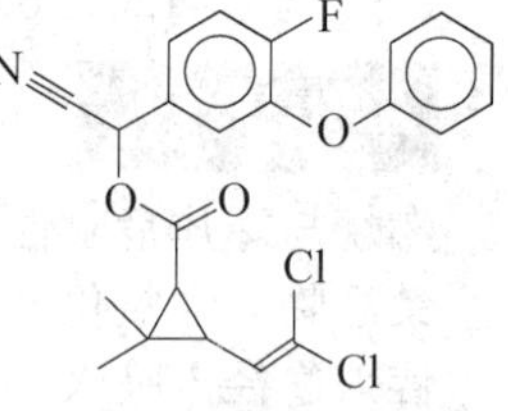

危害信息

危险性类别　第 6 类　有毒品

燃烧与爆炸危险性　不燃，受热易分解放出有毒的腐蚀性气体。在高温火场中受热的容器有破裂和爆炸的危险。

禁忌物　强氧化剂、碱类。

毒性　大鼠经口 LD_{50}：12.5mg/kg；小鼠经口 LD_{50}：300mg/kg；大鼠吸入 LC_{50}：469mg/m^3(4h)；大鼠经皮 LD_{50}：>5g/kg。

中毒表现　本品属拟除虫菊酯类杀虫剂，该类杀虫剂为神经毒物。吸入引起上呼吸道刺激、头痛、头晕和面部感觉异常。食入引起恶心、呕吐和腹痛。重者出现出现阵发性抽搐、意识障碍、肺水肿，可致死。对眼有刺激性。对皮肤有致敏性。

侵入途径　吸入、食入、经皮吸收。

环境危害　对水生生物有极高毒性，可能在水生环境中造成长期不利影响。

理化特性与用途

理化特性　纯品为无色结晶，原药为淡黄褐色黏稠液体。不溶于水，微溶于乙醇，易溶于乙醚、丙酮、甲苯、二氯甲烷等有机溶剂。熔点 60℃，相对密度(水=1)1.34，辛醇/

水分配系数5.95。

主要用途 主要用于棉花、蔬菜、果树、茶树、烟草、旱粮、大豆等作物，防治各种蚜虫、棉铃虫、棉红铃虫、菜青虫、桃小食心虫、柑桔潜叶蛾、茶树茶尺蠖、茶毛虫、烟青虫、旱粮黏虫、玉米螟、地老虎、大豆食心虫等。

包装与储运

包装标志 有毒品

包装类别 Ⅱ类

安全储运 储存于阴凉、通风的库房。远离火种、热源。防止阳光直射。储存温度不超过35℃，相对湿度不超过82%。保持容器密封。应与强氧化剂、碱类等分开存放，切忌混储。配备相应品种和数量的消防器材。储区应备有泄漏应急处理设备和合适的收容材料。

紧急处置信息

急救措施

吸入：迅速脱离现场至空气新鲜处。保持呼吸道通畅。如呼吸困难，给输氧。呼吸、心跳停止，立即进行心肺复苏术。就医。

眼睛接触：立即分开眼睑，用流动清水或生理盐水彻底冲洗。就医。

皮肤接触：立即脱去污染的衣着，用流动清水彻底冲洗。就医。

食入：饮适量温水，催吐(仅限于清醒者)。就医。

灭火方法 消防人员须穿全身消防服，佩戴空气呼吸器，在上风向灭火。尽可能将容器从火场移至空旷处。喷水保持火场容器冷却，直至灭火结束。

灭火剂：水、干粉、二氧化碳。

泄漏应急处置 隔离泄漏污染区，限制出入。建议应急处理人员戴防尘口罩，穿防毒服，戴橡胶手套。穿上适当的防护服前严禁接触破裂的容器和泄漏物。尽可能切断泄漏源。用干燥的砂土或其他不燃材料覆盖泄漏物，然后用塑料布覆盖，减少飞散、避免雨淋。勿使水进入包装容器内。用洁净的铲子收集泄漏物，置于干净、干燥、盖子较松的容器中，将容器移离泄漏区。

331. 氟螨噻

标　识

中文名称 氟螨噻

英文名称 *N*-(3-Phenyl-4,5-Bis((trifluoromethyl)imino)thiazolidin-2-ylidene)aniline；Flubenzimine

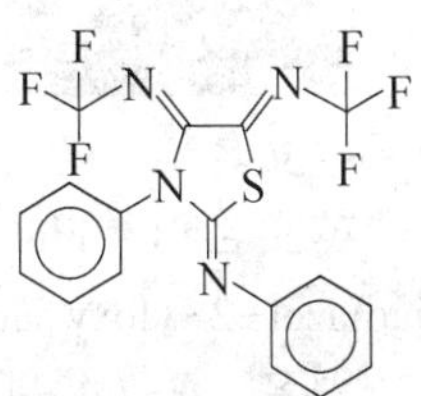

分子式 $C_{17}H_{10}F_6N_4S$

CAS号 37893-02-0

危害信息

燃烧与爆炸危险性 无特殊燃爆特性。

禁忌物 强氧化剂。

毒性 大鼠经口 LD_{50}：2150mg/kg；小鼠经口 LD_{50}：>2500mg/kg；大鼠吸入 LC_{50}：

>714mg/m^3(4h)；大鼠经皮 LD_{50}：>5g/kg。

中毒表现　对眼有刺激性。

侵入途径　吸入、食入、经皮吸收。

环境危害　对水生生物有极高毒性，可能在水生环境中造成长期不利影响。

理化特性与用途

理化特性　橙黄色粉末。不溶于水，溶于二氯甲烷、甲苯。熔点 118.7℃，饱和蒸气压 1.33mPa(20℃)，辛醇/水分配系数 6.66。

主要用途　杀螨剂。用于仁果、水果防治全爪螨、锈螨、叶螨等。

包装与储运

包装标志　杂类

包装类别　Ⅲ类

安全储运　储存于阴凉、通风的库房。远离火种、热源。应与强氧化剂等隔离储运。

紧急处置信息

急救措施

吸入：迅速脱离现场至空气新鲜处。保持呼吸道通畅。如呼吸困难，给输氧。呼吸、心跳停止，立即进行心肺复苏术。就医。

眼睛接触：立即分开眼睑，用流动清水或生理盐水彻底冲洗。就医。

皮肤接触：立即脱去污染的衣着，用肥皂水和清水彻底冲洗。就医。

食入：漱口，饮水。就医。

灭火方法　消防人员须穿全身防火防毒服，佩戴空气呼吸器，在上风向灭火。尽可能将容器从火场移至空旷处。喷水保持火场容器冷却，直至灭火结束。

根据着火原因选择适当灭火剂灭火。

泄漏应急处置　隔离泄漏污染区，限制出入。建议应急处理人员戴防尘口罩，穿防护服，戴防护手套。穿上适当的防护服前严禁接触破裂的容器和泄漏物。尽可能切断泄漏源。用塑料布覆盖泄漏物，减少飞散。勿使水进入包装容器内。用洁净的铲子收集泄漏物，置于干净、干燥、盖子较松的容器中，将容器移离泄漏区。

332. 氟噻草胺

标　识

中文名称　氟噻草胺

英文名称　Flufenacet；*N*-(4-Fluorophenyl)-*N*-isopropyl-2-(5-trifluoromethyl-(1,3,4)thiadiazol-2-yloxy)acetamide

别名　*N*-(4-氟苯基)-*N*-异丙基-2-(5-(三氟甲基)-1,3,4-噻二唑-2-基氧基)乙酰胺

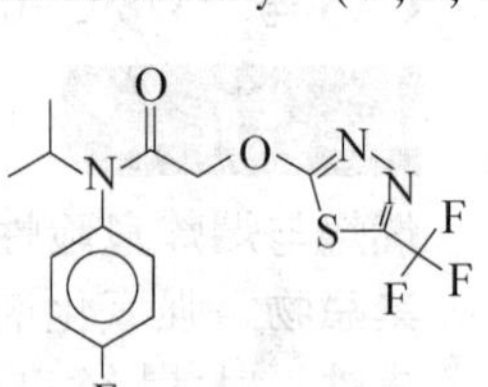

分子式　$C_{14}H_{13}F_4N_3O_2S$

CAS 号　142459-58-3

危害信息

燃烧与爆炸危险性 受热易分解。

禁忌物 强氧化剂、强酸。

毒性 大鼠经口 LD_{50}：589mg/kg；人鼠吸入 LC_{50}：>3740mg/m^3(4h)；大鼠经皮 LD_{50}：>2000mg/kg。

侵入途径 吸入、食入、经皮吸收。

环境危害 对水生生物有极高毒性，可能在水生环境中造成长期不利影响。

理化特性与用途

理化特性 白色或黄褐色固体，有硫醇气味。不溶于水，溶于二氯甲烷、2-丙醇、甲苯、二甲基甲酰胺、乙腈、二甲亚砜等。熔点 75~77℃，沸点(分解)，相对密度(水=1) 1.312，饱和蒸气压 0.09mPa(20℃)，辛醇/水分配系数 3.2。

主要用途 除草剂。用于玉米、大麦、小麦等作物田防除一年生禾本科杂草。

包装与储运

包装标志 杂类

包装类别 Ⅲ类

安全储运 储存于阴凉、通风的库房。远离火种、热源。保持容器密闭。应与强氧化剂、强酸等隔离储运。

紧急处置信息

急救措施

吸入：迅速脱离现场至空气新鲜处。保持呼吸道通畅。如呼吸困难，给输氧。呼吸、心跳停止，立即进行心肺复苏术。就医。

眼睛接触：立即分开眼睑，用流动清水或生理盐水彻底冲洗。就医。

皮肤接触：立即脱去污染的衣着，用肥皂水和清水彻底冲洗。就医。

食入：漱口，饮水。就医。

灭火方法 消防人员须穿全身消防服，佩戴空气呼吸器，在上风向灭火。尽可能将容器从火场移至空旷处。喷水保持火场容器冷却，直至灭火结束。

灭火剂：水、二氧化碳、干粉、泡沫。

泄漏应急处置 隔离泄漏污染区，限制出入。建议应急处理人员戴防尘口罩，穿防毒服。穿上适当的防护服前严禁接触破裂的容器和泄漏物。尽可能切断泄漏源。用塑料布覆盖泄漏物，减少飞散。勿使水进入包装容器内。用洁净的铲子收集泄漏物，置于干净、干燥、盖子较松的容器中，将容器移离泄漏区。

333. 2-氟-5-三氟甲基吡啶

标 识

中文名称 2-氟-5-三氟甲基吡啶

英文名称 2-Fluoro-5-trifluoromethylpyridine；5-(Trifluoromethyl)-2-fluoropyridine

333. 2-氟-5-三氟甲基吡啶

别名 5-(三氟甲基)-2-氟吡啶

分子式 $C_6H_3F_4N$

CAS 号 69045-82-5

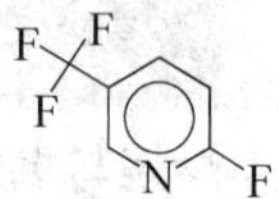

危害信息

危险性类别 第3类 易燃液体

燃烧与爆炸危险性 易燃，蒸气与空气混合能形成爆炸性混合物，遇明火、高热易燃烧爆炸。

禁忌物 氧化剂、强酸。

中毒表现 对皮肤有致敏性。

侵入途径 吸入、食入。

环境危害 对水生生物有害，可能在水生环境中造成长期不利影响。

理化特性与用途

理化特性 无色至淡黄色透明液体。微溶于水。沸点135，相对密度(水=1)1.371，饱和蒸气压1.28kPa(25℃)，辛醇/水分配系数1.92，闪点35.6℃。

主要用途 有机合成中间体，主要用于合成农用化学品和药物。

包装与储运

包装标志 易燃液体

包装类别 Ⅲ类

安全储运 储存于阴凉、通风的库房。远离火种、热源，避免阳光直射。储存温度不超过37℃。炎热季节早晚运输，应与氧化剂、强酸等隔离储运。禁止使用易产生火花的机械设备和工具。搬运时轻装轻卸，防止容器受损。

紧急处置信息

急救措施

吸入：迅速脱离现场至空气新鲜处。保持呼吸道通畅。如呼吸困难，给输氧。呼吸、心跳停止，立即进行心肺复苏术。就医。

眼睛接触：立即分开眼睑，用流动清水或生理盐水彻底冲洗。就医。

皮肤接触：立即脱去污染的衣着，用肥皂水和清水彻底冲洗。就医。

食入：漱口，饮水。就医。

灭火方法 消防人员须穿全身消防服，佩戴空气呼吸器，在上风向灭火。尽可能将容器从火场移至空旷处。喷水保持火场容器冷却，直至灭火结束。处在火场中的容器若发生异常变化或发出异常声音，须马上撤离。

灭火剂：干粉、二氧化碳、砂土、泡沫。

泄漏应急处置 根据液体流动和蒸气扩散的影响区域划定警戒区，无关人员从侧风、上风向撤离至安全区。消除所有点火源。建议应急处理人员戴防毒面具，穿防静电服，戴橡胶手套。作业时使用的所有设备应接地。禁止接触或跨越泄漏物。尽可能切断泄漏源。防止泄漏物进入水体、下水道、地下室或有限空间。小量泄漏：用砂土或其他不燃材料吸收。使用洁净的无火花工具收集吸收材料。大量泄漏：构筑围堤或挖坑收容。用泡沫覆盖，减少蒸发。喷水雾能减少蒸发，但不能降低泄漏物在有限空间内的易燃性。用防爆泵转移至槽车或专用收集器内。

334. 氟三己基锡

标　识

中文名称　氟三己基锡

英文名称　Fluorotrihexylstannane

分子式　$C_{18}H_{39}FSn$

CAS 号　20153-50-8

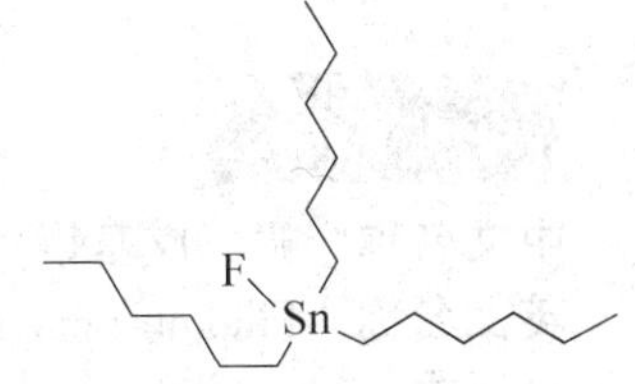

危害信息

燃烧与爆炸危险性　不易燃，受热易分解。

禁忌物　强氧化剂、强酸。

中毒表现　有机锡中毒的主要临床表现有：眼和鼻黏膜的刺激症状；中毒性神经衰弱综合征；重症出现中毒性脑病。溅入眼内引起结膜炎。可致变应性皮炎。摄入有机锡化合物可致中毒性脑水肿，可产生后遗症，如瘫痪、精神失常和智力障碍。

侵入途径　吸入、食入、经皮吸收。

职业接触限值　美国(ACGIH)：TLV-TWA 0.1mg/m^3；TLV-STEL 0.2mg/m^3[按 Sn 计][皮]。

环境危害　对水生生物有极高毒性，可能在水生环境中造成长期不利影响。

理化特性与用途

理化特性　不溶于水。沸点 398~399℃(分解)，饱和蒸气压 3.86mPa(25℃)，辛醇/水分配系数 6.34，闪点 176℃。

主要用途　用作防腐、杀菌剂。

包装与储运

包装标志　杂类

包装类别　Ⅲ类

安全储运　储存于阴凉、通风的库房。远离火种、热源。应与强氧化剂、强酸等隔离储运。

紧急处置信息

急救措施

吸入：迅速脱离现场至空气新鲜处。保持呼吸道通畅。如呼吸困难，给输氧。呼吸、心跳停止，立即进行心肺复苏术。就医。

眼睛接触：立即分开眼睑，用流动清水或生理盐水彻底冲洗。就医。

皮肤接触：立即脱去污染的衣着，用肥皂水和清水彻底冲洗。就医。

食入：漱口，饮水。就医。

灭火方法　消防人员须穿全身消防服，佩戴空气呼吸器，在上风向灭火。尽可能将容器从火场移至空旷处。喷水保持火场容器冷却，直至灭火结束。

根据着火原因选择适当灭火剂灭火。

泄漏应急处置 隔离泄漏污染区，限制出入。消除点火源。建议应急处理人员戴防尘口罩，穿防毒服，戴橡胶手套。穿上适当的防护服前严禁接触破裂的容器和泄漏物。尽可能切断泄漏源。用塑料布覆盖泄漏物，减少飞散。勿使水进入包装容器内。用洁净的铲子收集泄漏物，置于干净、干燥、盖子较松的容器中，将容器移离泄漏区。

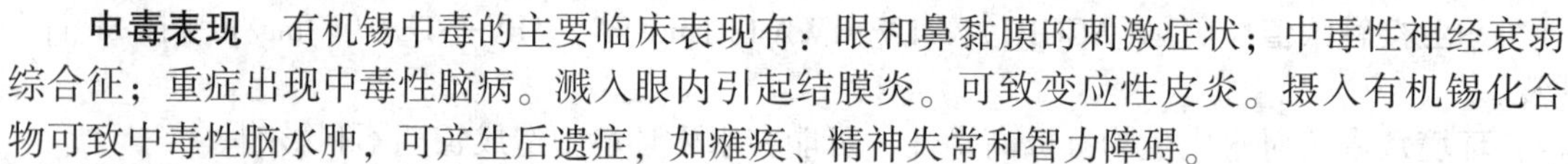

335. 氟三戊基锡

标　识

中文名称 氟三戊基锡

英文名称 Fluorotripentylstannane；Fluorotripentyltin(Ⅳ)

分子式 $C_{15}H_{33}FSn$

CAS 号 20153-49-5

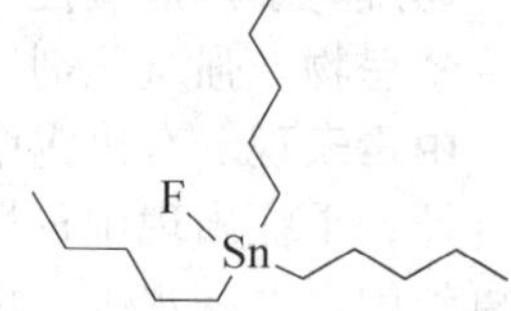

危害信息

燃烧与爆炸危险性 不易燃，无特殊燃爆特性。

禁忌物 强氧化剂、强酸。

中毒表现 有机锡中毒的主要临床表现有：眼和鼻黏膜的刺激症状；中毒性神经衰弱综合征；重症出现中毒性脑病。溅入眼内引起结膜炎。可致变应性皮炎。摄入有机锡化合物可致中毒性脑水肿，可产生后遗症，如瘫痪、精神失常和智力障碍。

侵入途径 吸入、食入、经皮吸收。

职业接触限值 美国(ACGIH)：TLV-TWA 0.1mg/m^3；TLV-STEL 0.2mg/m^3[按 Sn 计][皮]。

环境危害 对水生生物有极高毒性，可能在水生环境中造成长期不利影响。

理化特性与用途

理化特性 不溶于水。沸点 320℃，饱和蒸气压 0.08Pa(25℃)，辛醇/水分配系数 4.74，闪点 147℃。

主要用途 用作防腐、杀菌剂。

包装与储运

包装标志 杂类

包装类别 Ⅲ类

安全储运 储存于阴凉、通风的库房。远离火种、热源。应与强氧化剂、强酸等隔离储运。

紧急处置信息

急救措施

吸入：迅速脱离现场至空气新鲜处。保持呼吸道通畅。如呼吸困难，给输氧。呼吸、心跳停止，立即进行心肺复苏术。就医。

眼睛接触：立即分开眼睑，用流动清水或生理盐水彻底冲洗。就医。

皮肤接触：立即脱去污染的衣着，用肥皂水和清水彻底冲洗。就医。

食入：漱口，饮水。就医。

灭火方法 消防人员须穿全身防火防毒服，佩戴空气呼吸器，在上风向灭火。尽可能将容器从火场移至空旷处。喷水保持火场容器冷却，直至灭火结束。

根据着火原因选择适当灭火剂灭火。

泄漏应急处置 消除所有点火源。隔离泄漏污染区，限制出入。建议应急处理人员戴防尘口罩，穿防毒服，戴橡胶手套。禁止接触或跨越泄漏物。尽可能切断泄漏源。用塑料布覆盖，减少飞散。用洁净的铲子收集泄漏物，置于干净、干燥、盖子较松的容器中，将容器移离泄漏区。

336. 氟鼠灵

标　识

中文名称 氟鼠灵

英文名称 Flocoumafen；4-hydroxy-3-((1*RS*，3*RS*；1*RS*，3*SR*)-1,2,3,4-tetrahydro-3-(4-(4-trifluoromethylbenzyloxy)phenyl)-1-naphthyl)coumarin

别名 3-(4-(4′-三氟甲基苄氧基)苯基-1,2,3,4-四氢-1-萘基)-4-羟基香豆素

分子式 $C_{33}H_{25}F_3O_4$

CAS 号 90035-08-8

OH O O O F F F

危害信息

危险性类别 第6类 有毒品

燃烧与爆炸危险性 受热易分解，放出有毒的腐蚀性烟雾。

禁忌物 氧化剂、碱类。

毒性 大鼠经口 LD_{50}：250μg/kg；小鼠经口 LD_{50}：800μg/kg；大鼠经皮 LD_{50}：>3mg/kg。

中毒表现 中毒后出现头晕、恶心、休克。本品影响血液系统，造成凝血机制损害，出现多部位自发性出血。吸入、食入或经皮肤吸收可致死。

侵入途径 吸入、食入、经皮吸收。

环境危害 对水生生物有极高毒性，可能在水生环境中造成长期不利影响。

理化特性与用途

理化特性 灰白色固体或粉末。不溶于水，溶于丙酮、乙醇、氯仿、二甲苯等有机溶剂。熔点181~191℃(顺式)、163~166℃(反式)，相对密度(水=1)1.2，辛醇/水分配系数4.7。

主要用途 杀鼠剂。用于防治城市、农田的鼠害。

包装与储运

包装标志 有毒品

包装类别 Ⅰ类

安全储运 储存于阴凉、通风的库房。远离火种、热源。库温不超过35℃。相对湿度不超过85%。包装密封。应与强氧化剂、碱类、食用化学品等分开存放，切忌混储。配备

相应品种和数量的消防器材。储区应备有合适的材料收容泄漏物。

紧急处置信息

急救措施

吸入：迅速脱离现场至空气新鲜处。保持呼吸道通畅。如呼吸困难，给输氧。呼吸、心跳停止，立即进行心肺复苏术。就医。

眼睛接触：立即分开眼睑，用流动清水或生理盐水彻底冲洗。就医。

皮肤接触：立即脱去污染的衣着，用流动清水彻底冲洗。就医。

食入：饮适量温水，催吐(仅限于清醒者)。就医。

灭火方法　消防人员须穿全身消防服，佩戴空气呼吸器，在上风向灭火。尽可能将容器从火场移至空旷处。喷水保持火场容器冷却，直至灭火结束。

灭火剂：泡沫、二氧化碳、干粉。

泄漏应急处置　隔离泄漏污染区，限制出入。建议应急处理人员戴防尘口罩，穿防毒服，戴防化学品手套。穿上适当的防护服前严禁接触破裂的容器和泄漏物。尽可能切断泄漏源。用塑料布覆盖泄漏物，减少飞散。勿使水进入包装容器内。用洁净的铲子收集泄漏物，置于干净、干燥、盖子较松的容器中，将容器移离泄漏区。

337. μ-氟-双(三乙基铝)钾

标　识

中文名称　μ-氟-双(三乙基铝)钾

英文名称　Potassium mu-fluoro-bis(triethylaluminium)

分子式　$C_{12}H_{30}Al_2F \cdot K$

CAS 号　12091-08-6

K^+ Al Al F

危害信息

危险性类别　第 4.3 类　遇湿易燃物品

燃烧与爆炸危险性　遇湿易燃。

禁忌物　氧化剂、酸类、醇类。

中毒表现　吸入有害。对眼和皮肤有腐蚀性。

侵入途径　吸入、食入。

包装与储运

包装标志　遇湿易燃物品，腐蚀品

包装类别　Ⅰ类

安全储运　储存于阴凉、干燥、通风良好的专用库房内，远离火种、热源。库温不超过 30℃。相对湿度不超过 75%。包装必须密封，防止受潮。应与氧化剂、酸类、醇类等分开存放，切忌混储。采用防爆型照明、通风设施。禁止使用易产生火花的机械设备和工具。储区应备有泄漏应急处理设备和合适的收容材料。

紧急处置信息

急救措施

吸入：迅速脱离现场至空气新鲜处。保持呼吸道通畅。如呼吸困难，给输氧。呼吸、

心跳停止，立即进行心肺复苏术。就医。

眼睛接触：立即分开眼睑，用流动清水或生理盐水彻底冲洗5~10min。就医。

皮肤接触：立即脱去污染的衣着，用大量流动清水彻底冲洗，冲洗时间一般要求20~30min。就医。

食入：用水漱口，禁止催吐。给饮牛奶或蛋清。就医。

灭火方法 消防人员须穿全身消防服，在上风向灭火。尽可能将容器从火场移至空旷处。

灭火剂：干粉、二氧化碳。

泄漏应急处置 隔离泄漏污染区，限制出入。消除所有点火源。建议应急处理人员戴防尘口罩，穿耐腐蚀防护服，戴橡胶耐腐蚀手套。禁止接触或跨越泄漏物。尽可能切断泄漏源。严禁用水处理。小量泄漏：用干燥的砂土或其他不燃材料覆盖泄漏物，然后用塑料布覆盖，减少飞散、避免雨淋。大量泄漏：用塑料布或帆布覆盖泄漏物，减少飞散，保持干燥。在专家指导下清除。

338. 甘露糖醇六硝酸酯

标 识

中文名称 甘露糖醇六硝酸酯

英文名称 Mannitol hexanitrate；Nitromannite

别名 六硝基甘露醇

分子式 $C_6H_8N_6O_{18}$

CAS号 15825-70-4

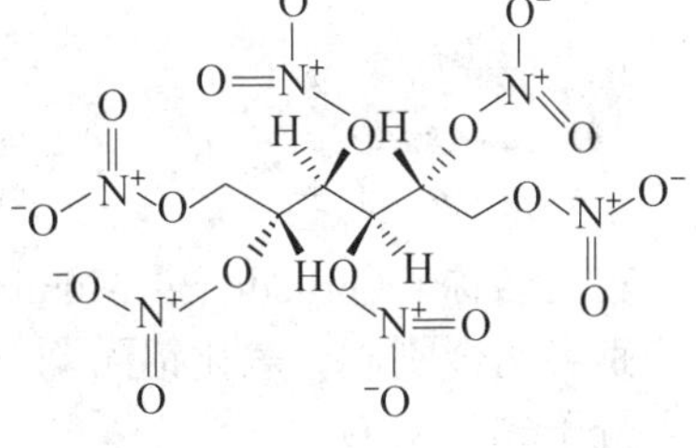

危害信息

危险性类别 第1类 爆炸品

燃烧与爆炸危险性 易爆，产生有毒、具有腐蚀性和刺激性的气体。

禁忌物 爆炸品、还原剂、酸类。

侵入途径 吸入、食入。

理化特性与用途

理化特性 无色针状结晶。不溶于水，溶于乙醇、乙醚、丙酮，易溶于苯。熔点106~108℃，沸点(爆炸)，相对密度(水=1)1.8，饱和蒸气压0.004mPa(25℃)，辛醇/水分配系数2.54。

主要用途 用作火药、炸药、药物中间体。

包装与储运

包装标志 爆炸品

安全储运 储存于阴凉、通风的库房。远离火种、热源。防止阳光直射。冬天要做好防冻工作，防止冻结。储存温度不宜超过32℃，相对湿度不超过80%。若以水作稳定剂，储存温度应大于1℃，相对湿度小于80%。保持容器密封。应与其他爆炸品、还原剂、酸类等分开存放，切忌混储。配备相应品种和数量的消防器材。储区应备有泄漏应急处理设备和合适的收容材料。采用防爆型照明、通风设施。禁止使用易产生火花的机械设备和工具。搬运时轻装轻卸，防止容器受损。禁止震动、撞击和摩擦。

紧急处置信息

急救措施

吸入：脱离接触。如有不适感，就医。

眼睛接触：分开眼睑，用流动清水或生理盐水冲洗。如有不适感，就医。

皮肤接触：脱去污染的衣着，用流动清水冲洗。如有不适感，就医。

食入：漱口，饮水。就医。

灭火方法　消防人员须穿全身消防服，佩戴空气呼吸器，在上风向灭火。尽量利用现场的地形、地物作为掩蔽体或尽量采用卧姿等低姿射水。迅速判定和查明再次发生爆炸的可能性和危险性，牢牢抓住爆炸后和再次发生爆炸之前的有利时机，采取一切可能的措施，全力制止再次爆炸的发生。不能用砂土盖压，以免增强爆炸物品爆炸时的威力。

泄漏应急处置　消除所有点火源。隔离泄漏污染区，限制出入。建议应急处理人员戴防尘口罩，穿一般作业工作服，戴橡胶手套。作业时使用的所有设备应接地。禁止接触或跨越泄漏物。润湿泄漏物。严禁设法扫除干的泄漏物。在专家指导下清除。

339. 刚玉

标　识

中文名称　刚玉

英文名称　Corundum；Aluminium oxide ceramic

别名　金刚砂；氧化铝陶瓷

分子式　Al_2O_3

CAS 号　1302-74-5

O=Al—O—Al=O

危害信息

燃烧与爆炸危险性　无特殊燃爆特性。

中毒表现　对眼和呼吸道有刺激性。

侵入途径　吸入、食入。

理化特性与用途

理化特性　刚玉的主要成分是 Al_2O_3，含有微量的铁、钛和铬。有各种颜色的三角形或六角形结晶。熔点 2044℃，相对密度(水=1)3.9~4.1。

主要用途　主要用于高级研磨材料。

包装与储运

安全储运　储存于阴凉、通风的库房。远离火种、热源。

紧急处置信息

急救措施

吸入：迅速脱离现场至空气新鲜处。保持呼吸道通畅。如呼吸困难，给输氧。呼吸、心跳停止，立即进行心肺复苏术。就医。

眼睛接触：立即分开眼睑，用流动清水或生理盐水彻底冲洗。就医。

皮肤接触：立即脱去污染的衣着，用肥皂水和清水彻底冲洗。就医。

食入：漱口，饮水。就医。

灭火方法 消防人员须穿全身消防服，佩戴空气呼吸器，在上风向灭火。尽可能将容器从火场移至空旷处。喷水保持火场容器冷却，直至灭火结束。

根据着火原因选择适当灭火剂灭火。

泄漏应急处置 隔离泄漏污染区，限制出入。建议应急处理人员戴防尘口罩，穿防护服。穿上适当的防护服前避免接触破裂的容器和泄漏物。尽可能切断泄漏源。用塑料布覆盖泄漏物，减少飞散。勿使水进入包装容器内。用洁净的铲子收集泄漏物，置于干净、干燥、盖子较松的容器中，将容器移离泄漏区。

340. 高效甲霜灵

标　识

中文名称 高效甲霜灵

英文名称 Metalaxyl-*M*; Methyl *N*-(methoxyacetyl)-*N*-(2,6-xylyl)-*D*-alaninate

别名 *N*-(2-甲氧基乙酰基)-*N*-(2,6-二甲苯基)-*D*-丙氨酸甲酯

分子式 $C_{15}H_{21}NO_4$

CAS 号 70630-17-0

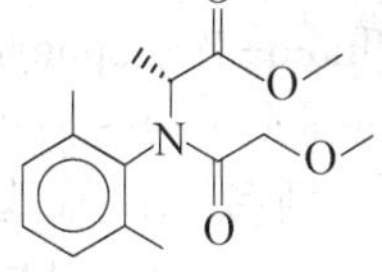

危害信息

燃烧与爆炸危险性 受热易分解。

禁忌物 强氧化剂、强酸。

侵入途径 吸入、食入、经皮吸收。

环境危害 对水生生物有害，可能在水生环境中造成长期不利影响。

理化特性与用途

理化特性 浅黄色至浅棕色黏性液体。微溶于水，与丙酮、乙酸乙酯、甲醇、二氯甲烷、甲苯、正辛醇等混溶。熔点-38.7℃，沸点270℃(分解)，相对密度(水=1)1.117，饱和蒸气压3.3mPa(25℃)，辛醇/水分配系数1.71。

主要用途 用作杀菌剂。

包装与储运

安全储运 储存于阴凉、通风的库房。远离火种、热源。应与强氧化剂、强酸等隔离储运。搬运时轻装轻卸，防止容器受损。

紧急处置信息

急救措施

吸入: 迅速脱离现场至空气新鲜处。保持呼吸道通畅。如呼吸困难,给输氧。呼吸、心跳停止,立即进行心肺复苏术。就医。

眼睛接触: 立即分开眼睑,用流动清水或生理盐水彻底冲洗。就医。

皮肤接触: 立即脱去污染的衣着,用肥皂水和清水彻底冲洗。就医。

食入: 漱口,饮水。就医。

灭火方法 消防人员须穿全身消防服,在上风向灭火。尽可能将容器从火场移至空旷处。喷水保持火场容器冷却直至灭火结束。

根据着火原因选择适当灭火剂灭火。

泄漏应急处置 根据液体流动和蒸气扩散的影响区域划定警戒区,无关人员从侧风、上风向撤离至安全区。消除所有点火源。建议应急处理人员戴防毒面具,穿防护服,戴橡胶手套。穿上适当的防护服前严禁接触破裂的容器和泄漏物。尽可能切断泄漏源。防止泄漏物进入水体、下水道、地下室或有限空间。小量泄漏:用干燥的砂土或其他不燃材料吸收或覆盖,收集于容器中。大量泄漏:构筑围堤或挖坑收容。用泵转移至槽车或专用收集器内。

341. 高效氯氟氰菊酯

标　识

中文名称 高效氯氟氰菊酯

英文名称 lambda-Cyhalothrin; Cyclopropanecarboxylic acid, 3-(2-chloro-3,3,3-trifluoro-1-propenyl)-2,2-dimethyl-, cyano(3-phenoxyphenyl)methyl ester, (1-alpha(S^*), 3-alpha(Z))-(+-)-

别名 α-氰基-3-苯氧基苄基-3-(2-氯-3,3,3-三氟-1-丙烯基)-2,2-二甲基环丙烷羧酸酯;(乙)-(1*R*,3*R*),(*S*)酯和(乙)-(1*S*,3*S*),(*R*)酯的反应混合物

分子式 $C_{23}H_{19}ClF_3NO_3$

CAS 号 91465-08-6

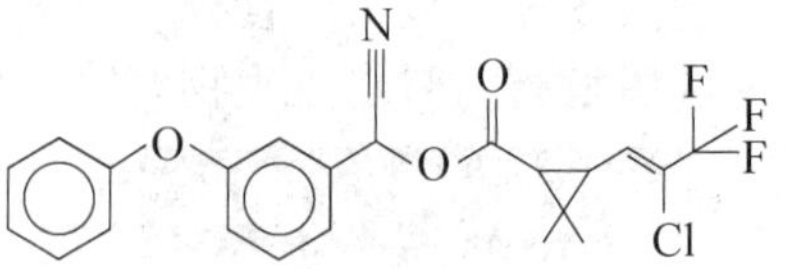

N O F F F O O Cl

危害信息

危险性类别 第6类 有毒品

燃烧与爆炸危险性 受热易分解,放出有毒的刺激性气体,包括氮氧化物、氯化氢和氟化氢。

禁忌物 强氧化剂、碱类。

毒性 大鼠经口 LD_{50}: 56mg/kg; 哺乳动物吸入 LC_{50}: 60mg/m^3(4h); 大鼠经皮 LD_{50}: 632mg/kg。

中毒表现 本品属拟除虫菊酯类杀虫剂,该类杀虫剂为神经毒物。吸入引起上呼吸道刺激、头痛、头晕和面部感觉异常。食入引起恶心、呕吐和腹痛。重者出现出现阵发性抽搐、意识障碍、肺水肿,可致死。对眼有刺激性。对皮肤有致敏性。

侵入途径 吸入、食入、经皮吸收。

环境危害 对水生生物有极高毒性，可能在水生环境中造成长期不利影响。

理化特性与用途

理化特性 无色至米色固体或类白色至淡黄色粉末。不溶于水，溶于丙酮、乙酸乙酯、甲醇、己烷、甲苯。熔点 49.2℃，分解温度 275℃(低于沸点)，相对密度(水=1)1.3，饱和蒸气压<0.001Pa(20℃)，辛醇/水分配系数 7.0。

主要用途 高效、广谱、速效拟除虫菊酯类杀虫、杀螨剂。用于防治棉花、大豆、果树、蔬菜、花生等作物上的多种害虫。

包装与储运

包装标志 有毒品

包装类别 Ⅲ类

安全储运 储存于阴凉、通风的库房。远离火种、热源。防止阳光直射。储存温度不超过 35℃，相对湿度不超过 82%。保持容器密封。应与强氧化剂、碱类等分开存放，切忌混储。配备相应品种和数量的消防器材。储区应备有泄漏应急处理设备和合适的收容材料。

紧急处置信息

急救措施

吸入：迅速脱离现场至空气新鲜处。保持呼吸道通畅。如呼吸困难，给输氧。呼吸、心跳停止，立即进行心肺复苏术。就医。

眼睛接触：立即分开眼睑，用流动清水或生理盐水彻底冲洗。就医。

皮肤接触：立即脱去污染的衣着，用流动清水彻底冲洗。就医。

食入：饮适量温水，催吐(仅限于清醒者)。就医。

灭火方法 消防人员须穿全身消防服，在上风向灭火。尽可能将容器从火场移至空旷处。喷水保持火场容器冷却，直至灭火结束。

灭火剂：抗溶性泡沫、二氧化碳、干粉、砂土。

泄漏应急处置 隔离泄漏污染区，限制出入。建议应急处理人员戴防尘口罩，穿防毒服，戴橡胶手套。穿上适当的防护服前严禁接触破裂的容器和泄漏物。尽可能切断泄漏源。用塑料布覆盖泄漏物，减少飞散。勿使水进入包装容器内。用洁净的铲子收集泄漏物，置于干净、干燥、盖子较松的容器中，将容器移离泄漏区。

342. 铬酸钡

标 识

中文名称 铬酸钡

英文名称 Barium chromate

分子式 $BaCrO_4$

CAS 号 10294-40-3

$$O{=}Cr(=O)(-O^-)-O^- \quad Ba^{2+}$$

危害信息

燃烧与爆炸危险性 不燃。在高温火场中，受热的容器有破裂和爆炸的危险。

毒性 六价铬化合物所致肺癌已列入《职业病分类和目录》，属职业性肿瘤。

IARC 致癌性评论：G1，确认人类致癌物。

中毒表现 **急性中毒** 吸入后可引起急性呼吸道刺激症状、鼻出血、声音嘶哑、鼻黏膜萎缩，有时出现哮喘和紫绀。重者可发生化学性肺炎。口服可刺激和腐蚀消化道，引起恶心、呕吐、腹痛和血便等；重者出现呼吸困难、紫绀、休克、肝损害及急性肾功能衰竭等。对眼和皮肤有腐蚀性。对呼吸道和皮肤有致敏性。

慢性影响 有接触性皮炎、铬溃疡、鼻炎、鼻中隔穿孔及呼吸道炎症等。六价铬为对人的确认致癌物。

侵入途径 吸入、食入、经皮吸收。

职业接触限值 中国：PC-TWA 0.05mg/m^3[按 Cr 计][G1]。

美国(ACGIH)：TLV-TWA 0.01mg/m^3[按 Cr 计]。

理化特性与用途

理化特性 黄色重单斜正交结晶或淡黄绿色粉末。不溶于水，不溶于稀乙酸、铬酸，溶于强酸。熔点 1380℃，相对密度(水=1)4.5。

主要用途 用于测定硫酸盐和硒酸盐，用作颜料、军用火药原料，用于安全火柴、陶瓷。

包装与储运

安全储运 储存于阴凉、通风的库房。远离火种、热源。保持容器密闭。

紧急处置信息

急救措施

吸入：迅速脱离现场至空气新鲜处。保持呼吸道通畅。如呼吸困难，给输氧。呼吸、心跳停止，立即进行心肺复苏术。就医。

眼睛接触：分开眼睑，用流动清水或生理盐水冲洗。就医。

皮肤接触：脱去污染的衣着，用肥皂水和清水彻底冲洗皮肤。就医。

食入：饮足量温水，催吐。用清水或 1%硫代硫酸钠溶液洗胃。给饮牛奶或蛋清。就医。

解毒剂：二巯丙磺钠、二巯丁二钠。

灭火方法 消防人员须穿全身消防服，佩戴空气呼吸器，在上风向灭火。尽可能将容器从火场移至空旷处。喷水保持火场容器冷却，直至灭火结束。

根据着火原因选择适当灭火剂灭火。

泄漏应急处置 隔离泄漏污染区，限制出入。建议应急处理人员戴防尘口罩，穿防毒耐腐蚀工作服，戴耐腐蚀防化学品手套。穿上适当的防护服前严禁接触破裂的容器和泄漏物。尽可能切断泄漏源。用塑料布覆盖泄漏物，减少飞散。勿使水进入包装容器内。用洁净的铲子收集泄漏物，置于干净、干燥、盖子较松的容器中，将容器移离泄漏区。

343. 铬酸铬

标　识

中文名称 铬酸铬

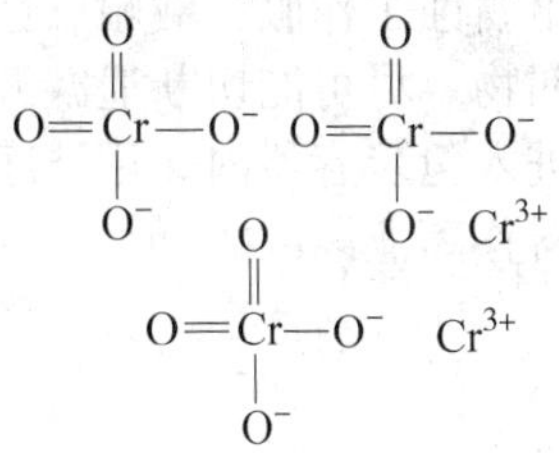

英文名称 Dichromium tris(chromate); Chromium Ⅲ chromate; Chromic chromate

分子式 $Cr_2(CrO_4)_3$

CAS 号 24613-89-6

危害信息

危险性类别 第 5.1 类 氧化剂

燃烧与爆炸危险性 无特殊燃爆特性。

禁忌物 易(可)燃物、还原剂、活性金属粉末。

毒性 六价铬化合物所致肺癌已列入《职业病分类和目录》，属职业性肿瘤。

IARC 致癌性评论：G1，确认人类致癌物。

欧盟法规 1272/2008/EC 将本品列为第 1B 类致癌物——可能对人类有致癌能力。

中毒表现 对眼、皮肤和黏膜具腐蚀性，可造成严重灼伤。吸入引起咽痛、咳嗽、气短，可致过敏性哮喘和肺炎。长期接触能引起鼻黏膜溃疡和鼻中隔穿孔。对皮肤有致敏性。可引起肺癌。

侵入途径 吸入、食入、经皮吸收。

职业接触限值 中国：PC-TWA 0.05mg/m^3[按 Cr 计][G1]。

美国(ACGIH)：TLV-TWA 0.05mg/m^3[按 Cr 计]。

环境危害 对水生生物有极高毒性，可能在水生环境中造成长期不利影响。

理化特性与用途

理化特性 深黄色或黄红色结晶。溶于水，溶于无机酸。熔点>300℃，相对密度(水=1)2.269。

主要用途 用作腐蚀抑制剂、纱线媒染催化剂。

包装与储运

包装标志 氧化剂，腐蚀品

包装类别 Ⅱ类

安全储运 储存于阴凉、干燥、通风良好的库房。库温不超过 30℃。相对湿度不超过 80%。包装必须密封，切勿受潮。应与易(可)燃物、还原剂、活性金属粉末、食用化学品分开存放，切忌混储。储区应备有合适的材料收容泄漏物。

紧急处置信息

急救措施

吸入：迅速脱离现场至空气新鲜处。保持呼吸道通畅。如呼吸困难，给输氧。呼吸、心跳停止，立即进行心肺复苏术。就医。

眼睛接触：分开眼睑，用流动清水或生理盐水冲洗。就医。

皮肤接触：脱去污染的衣着，用肥皂水和清水彻底冲洗皮肤。就医。

食入：饮足量温水，催吐。用清水或 1%硫代硫酸钠溶液洗胃。给饮牛奶或蛋清。就医。

解毒剂：二巯丙磺钠、二巯丁二钠。

灭火方法 消防人员须穿全身防火防毒服，佩戴空气呼吸器，在上风向灭火。尽可能将容器从火场移至空旷处。喷水保持火场容器冷却，直至灭火结束。

根据着火原因选择适当灭火剂灭火。

泄漏应急处置 隔离泄漏污染区，限制出入。建议应急处理人员戴防尘口罩，穿防毒、耐腐蚀工作服，戴耐腐蚀、防化学品手套。穿上适当的防护服前严禁接触破裂的容器和泄漏物。尽可能切断泄漏源。避免与易燃、可燃物、还原剂等接触。避免产生粉尘。勿使水进入包装容器内。用洁净的铲子收集泄漏物，置于干净、干燥、盖子较松的容器中，将容器移离泄漏区。

344. 铬酸锶

标　识

中文名称　铬酸锶

英文名称　Strontium chromate；C. I. Pigment yellow 32

别名　锶铬黄

分子式　$SrCrO_4$

CAS 号　7789-06-2

$$O{=}\overset{\overset{O}{\|}}{\underset{\underset{O^-}{|}}{Cr}}{-}O^- \quad Sr^{2+}$$

危害信息

燃烧与爆炸危险性　受热易分解。

毒性　大鼠经口 LD_{50}：3118mg/kg。

六价铬化合物所致肺癌已列入《职业病分类和目录》，属职业性肿瘤。

IARC 致癌性评论：G1，确认人类致癌物。

欧盟法规 1272/2008/EC 将本品列为第 1B 类致癌物——可能对人类有致癌能力。

中毒表现　对眼、皮肤和黏膜具腐蚀性，可造成严重灼伤。吸入引起咽痛、咳嗽、气短，可致过敏性哮喘和肺炎。长期接触能引起鼻黏膜溃疡和鼻中隔穿孔。可引起肺癌。

侵入途径　吸入、食入、经皮吸收。

职业接触限值　中国：PC-TWA 0.05mg/m^3[按 Cr 计][G1]。

美国(ACGIH)：TLV-TWA 0.0005mg/m^3[按 Cr 计]。

环境危害　对水生生物有极高毒性，可能在水生环境中造成长期不利影响。

理化特性与用途

理化特性　黄色结晶或粉末。微溶于水，溶于沸水，溶于盐酸、硝酸、乙酸和氨水。熔点(分解)，相对密度(水=1)3.9。

主要用途　无机黄色颜料，主要用于制造高温涂料，有色金属的防锈底漆，也用于塑料、橡胶的着色以及各种拼色，也可用于玻璃、陶瓷、油墨工业。

包装与储运

包装标志　杂类

包装类别　Ⅲ类

安全储运　储存于阴凉、通风的库房。远离火种、热源。保持容器密闭。

紧急处置信息

急救措施

吸入：迅速脱离现场至空气新鲜处。保持呼吸道通畅。如呼吸困难，给输氧。呼吸、

心跳停止，立即进行心肺复苏术。就医。

眼睛接触： 分开眼睑，用流动清水或生理盐水冲洗。就医。

皮肤接触： 脱去污染的衣着，用肥皂水和清水彻底冲洗皮肤。就医。

食入： 饮足量温水，催吐。用清水或 1% 硫代硫酸钠溶液洗胃。给饮牛奶或蛋清。就医。

解毒剂： 二巯丙磺钠、二巯丁二钠。

灭火方法 消防人员须穿全身防火服，佩戴空气呼吸器，在上风向灭火。尽可能将容器从火场移至空旷处。喷水保持火场容器冷却，直至灭火结束。

灭火剂：干粉、二氧化碳、水、泡沫。

泄漏应急处置 隔离泄漏污染区，限制出入。建议应急处理人员戴防尘口罩，穿防毒服，戴防化学品手套。穿上适当的防护服前严禁接触破裂的容器和泄漏物。尽可能切断泄漏源。用塑料布覆盖泄漏物，减少飞散。勿使水进入包装容器内。用洁净的铲子收集泄漏物，置于干净、干燥、盖子较松的容器中，将容器移离泄漏区。

345. 庚烯磷

标　识

中文名称 庚烯磷

英文名称 Heptenophos; 7-Chlorobicyclo(3.2.0)hepta-2,6-dien-6-yl dimethyl phosphate

别名 7-氯双环-(3.2.0)庚-2,6-二烯-6-基二甲基磷酸酯

分子式 $C_9H_{12}ClO_4P$

CAS 号 23560-59-0

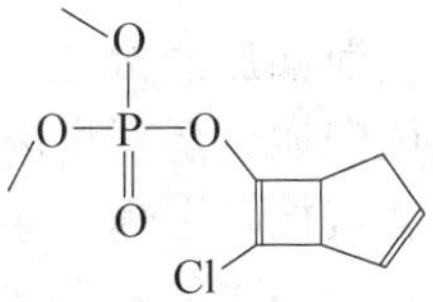

危害信息

危险性类别 第 6 类 有毒品

燃烧与爆炸危险性 可燃。

禁忌物 强氧化剂、强碱。

毒性 大鼠经口 LD_{50}：96mg/kg；大鼠吸入 LC_{50}：400mg/m^3(4h)；大鼠经皮 LD_{50}：2g/kg。

中毒表现 抑制体内胆碱酯酶活性，造成神经生理功能紊乱。急性中毒症状有头痛、头昏、乏力、食欲不振、恶心、呕吐、腹痛、腹泻、流涎、瞳孔缩小、呼吸道分泌物增多、多汗、肌束震颤等。重度中毒者出现肺水肿、昏迷、呼吸麻痹、脑水肿。血胆碱酯酶活性降低。

侵入途径 吸入、食入、经皮吸收。

环境危害 对水生生物有极高毒性，可能在水生环境中造成长期不利影响。

理化特性与用途

理化特性 浅褐色或琥珀色液体，有磷酸酯的气味。微溶于水，混溶于大多数有机溶剂。熔点<25℃，沸点 64℃(10Pa)，相对密度(水=1)1.28，饱和蒸气压 0.17Pa(25℃)，辛醇/水分配系数 2.32，闪点 165℃。

主要用途　杀虫剂。用于防治杀灭豆蚜，还用于果树蔬菜蚜虫的防治。也是猪、狗、牛、羊、兔等体外寄生虫的有效防治剂。

包装与储运

包装标志　有毒品

包装类别　Ⅲ类

安全储运　储存于阴凉、通风的库房。远离火种、热源。防止阳光直射。储存温度不超过35℃，相对湿度不超过85%。保持容器密封。应与强氧化剂、强碱等分开存放，切忌混储。配备相应品种和数量的消防器材。储区应备有合适的材料收容泄漏物。搬运时轻装轻卸，防止容器受损。

紧急处置信息

急救措施

吸入：迅速脱离现场至空气新鲜处。保持呼吸道通畅。如呼吸困难，给输氧。呼吸、心跳停止，立即进行心肺复苏术。就医。

眼睛接触：分开眼睑，用流动清水或生理盐水冲洗。就医。

皮肤接触：立即脱去污染的衣着，用肥皂水及流动清水彻底冲洗污染的皮肤、头发、指甲等。就医。

食入：饮足量温水，催吐(仅限于清醒者)。口服活性炭。就医。

解毒剂：阿托品、胆碱酯酶复能剂。

灭火方法　消防人员须穿全身防火防毒服，佩戴空气呼吸器，在上风向灭火。尽可能将容器从火场移至空旷处。喷水保持火场容器冷却，直至灭火结束。

灭火剂：干粉、泡沫、二氧化碳。

泄漏应急处置　根据液体流动和蒸气扩散的影响区域划定警戒区，无关人员从侧风、上风向撤离至安全区。消除所有点火源。建议应急处理人员戴正压自给式呼吸器，穿防毒服，戴橡胶手套。穿上适当的防护服前严禁接触破裂的容器和泄漏物。尽可能切断泄漏源。防止泄漏物进入水体、下水道、地下室或有限空间。小量泄漏：用干燥的砂土或其他不燃材料吸收或覆盖，收集于容器中。大量泄漏：构筑围堤或挖坑收容。用泵转移至槽车或专用收集器内。

346. 钴

标　　识

中文名称　钴

英文名称　Cobalt

分子式　Co

CAS 号　7440-48-4

危害信息

燃烧与爆炸危险性　可燃，其粉体与空气混合能形成爆炸性混合物。

禁忌物 强氧化剂。

毒性 大鼠经口 LD_{50}：6171mg/kg。

IARC 致癌性评论：G2B，可疑人类致癌物。

中毒表现 对呼吸道有轻度刺激性。对呼吸道和皮肤有致敏性。

侵入途径 吸入、食入。

职业接触限值 中国：PC-TWA 0.05mg/m^3；PC-STEL 0.1mg/m^3[G2B]。

美国(ACGIH)：TLV-TWA 0.02mg/m^3。

环境危害 可能在水生环境中造成长期不利影响。

理化特性与用途

理化特性 钢灰色金属或银灰色粉末。不溶于水，溶于稀酸。熔点 1493℃，沸点 2870℃，相对密度(水=1)8.9，饱和蒸气压 1Pa(1517℃)，辛醇/水分配系数 0.23。

主要用途 用于制超硬耐热合金和磁性合金、钴化合物、催化剂、电灯丝和瓷器釉料。钴 60 用于物体内部探测、医疗及示踪物等。

包装与储运

安全储运 储存于阴凉、通风的库房。远离火种、热源。保持容器密闭。应与强氧化剂等隔离储运。

紧急处置信息

急救措施

吸入：迅速脱离现场至空气新鲜处。保持呼吸道通畅。如呼吸困难，给输氧。呼吸、心跳停止，立即进行心肺复苏术。就医。

眼睛接触：立即分开眼睑，用流动清水或生理盐水彻底冲洗。就医。

皮肤接触：立即脱去污染的衣着，用肥皂水和清水彻底冲洗。就医。

食入：漱口，饮水。就医。

灭火方法 消防人员须穿全身防火服，佩戴空气呼吸器，在上风向灭火。尽可能将容器从火场移至空旷处。喷水保持火场容器冷却，直至灭火结束。

灭火剂：干粉、二氧化碳、砂土。

泄漏应急处置 隔离泄漏污染区，限制出入。建议应急处理人员戴防尘口罩，穿防毒服，戴橡胶手套。穿上适当的防护服前严禁接触破裂的容器和泄漏物。尽可能切断泄漏源。用塑料布覆盖泄漏物，减少飞散。勿使水进入包装容器内。用洁净的铲子收集泄漏物，置于干净、干燥、盖子较松的容器中，将容器移离泄漏区。

347. 固态石蜡

标 识

中文名称 固态石蜡

英文名称 Paraffin wax；Paraffin waxes and Hydrocarbon waxes

别名 石蜡

CAS 号 8002-74-2

危害信息

燃烧与爆炸危险性 易燃。在高温火场中，受热的容器有破裂和爆炸的危险。

禁忌物 强氧化剂。

毒性 大鼠经皮 LD_{50}：>4000mg/kg。

中毒表现 石蜡烟对眼、鼻、喉有刺激性。

侵入途径 吸入、食入。

职业接触限值 中国：PC-TWA 2mg/m^3；PC-STEL 4mg/m^3。

美国(ACGIH)：TLV-TWA 2mg/m^3[烟]。

理化特性与用途

理化特性 白色至淡黄色无气味蜡状固体。不溶于水。熔点 47～65℃，相对密度(水=1)0.88～0.92，辛醇/水分配系数>6，闪点 199℃(闭杯)，引燃温度 245℃。

主要用途 广泛用于防潮、防水的包装纸、纸板、某些纺织品的表面涂层和蜡烛生产。石蜡还可以制得洗涤剂、乳化剂、分散剂、增塑剂、润滑脂等。

包装与储运

安全储运 储存于阴凉、通风的库房。远离火种、热源。应与强氧化剂等隔离储运。

紧急处置信息

急救措施

吸入：脱离接触。如有不适感，就医。

眼睛接触：分开眼睑，用流动清水或生理盐水冲洗。如有不适感，就医。

皮肤接触：脱去污染的衣着，用流动清水冲洗。如有不适感，就医。

食入：漱口，饮水。就医。

灭火方法 消防人员须穿全身消防服，佩戴空气呼吸器，在上风向灭火。尽可能将容器从火场移至空旷处。喷水保持火场容器冷却，直至灭火结束。

灭火剂：泡沫、二氧化碳、干粉、砂土。

泄漏应急处置 隔离泄漏污染区，限制出入。消除点火源。建议应急处理人员戴防尘口罩，穿防护服，戴橡胶手套。穿上适当的防护服前严禁接触破裂的容器和泄漏物。尽可能切断泄漏源。用塑料布覆盖泄漏物，减少飞散。勿使水进入包装容器内。用洁净的铲子收集泄漏物，置于干净、干燥、盖子较松的容器中，将容器移离泄漏区。

348. 瓜叶菊素 I

标　识

中文名称 瓜叶菊素 I

英文名称 Cinerin I；3-(But-2-enyl)-2-methyl-4-oxocyclopent-2-enyl 2,2-dimethyl-3-(2-methylprop-1-enyl)cyclopropanecarboxylate

别名 (1*S*)-2-甲基-4-氧代-3-((*Z*)-丁烯-2-基)环戊-2-烯基(1*R*,3*R*)-2,2-二甲基-3-(2-甲基丙-1-烯基)环丙烷羧酸酯

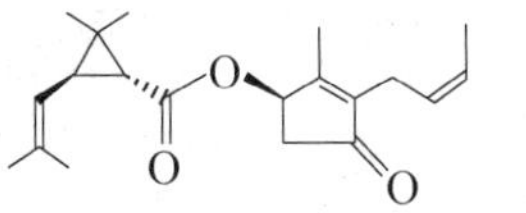

分子式 $C_{20}H_{28}O_3$

CAS 号 25402-06-6

危害信息

燃烧与爆炸危险性 可燃。

禁忌物 强氧化剂、强酸。

中毒表现 本品属拟除虫菊酯类杀虫剂，该类杀虫剂为神经毒物。吸入引起上呼吸道刺激、头痛、头晕和面部感觉异常。食入引起恶心、呕吐和腹痛。重者出现出现阵发性抽搐、意识障碍、肺水肿，可致死。对眼有刺激性。对皮肤有致敏性。

侵入途径 吸入、食入、经皮吸收。

环境危害 对水生生物有极高毒性，可能在水生环境中造成长期不利影响。

理化特性与用途

理化特性 不溶于水，溶于乙醇、石油醚、煤油、四氯化碳、二氯乙烷、硝基甲烷。沸点 136～138℃（1.06Pa），相对密度（水＝1）1.04，饱和蒸气压 0.13mPa（25℃），闪点 173℃。

主要用途 用作杀虫剂。

包装与储运

包装标志 杂类

包装类别 Ⅲ类

安全储运 储存于阴凉、通风的库房。远离火种、热源。应与强氧化剂、强酸等隔离储运。

紧急处置信息

急救措施

吸入： 迅速脱离现场至空气新鲜处。保持呼吸道通畅。如呼吸困难，给输氧。呼吸、心跳停止，立即进行心肺复苏术。就医。

眼睛接触： 立即分开眼睑，用流动清水或生理盐水彻底冲洗。就医。

皮肤接触： 立即脱去污染的衣着，用肥皂水和清水彻底冲洗。就医。

食入： 漱口，饮水。就医。

灭火方法 消防人员须穿全身消防服，佩戴空气呼吸器，在上风向灭火。尽可能将容器从火场移至空旷处。喷水保持火场容器冷却，直至灭火结束。

灭火剂：二氧化碳、泡沫、干粉。

泄漏应急处置 根据液体流动和蒸气扩散的影响区域划定警戒区，无关人员从侧风、上风向撤离至安全区。消除点火源。建议应急处理人员戴正压自给式呼吸器，穿防毒服，戴橡胶手套。穿上适当的防护服前严禁接触破裂的容器和泄漏物。尽可能切断泄漏源。防止泄漏物进入水体、下水道、地下室或有限空间。小量泄漏：用干燥的砂土或其他不燃材料吸收或覆盖，收集于容器中。大量泄漏：构筑围堤或挖坑收容。用泵转移至槽车或专用收集器内。

349. 瓜叶菊素Ⅱ

标　　识

中文名称　瓜叶菊素Ⅱ

英文名称　Cinerin Ⅱ; 3-(But-2-enyl)-2-methyl-4-oxocyclopent-2-enyl 2,2-dimethyl-3-(3-methoxy-2-methyl-3-oxoprop-1-enyl)cyclopropanecarboxylate

别名　(1*S*)-2-甲基-4-氧代-3-((*Z*)-丁烯-2-基)环戊-2-烯基(1*R*,3*R*)-2,2-二甲基-3-((*E*)-2-甲氧基甲酰丙-1-烯基)环丙烷羧酸酯

分子式　$C_{21}H_{28}O_5$

CAS 号　121-20-0

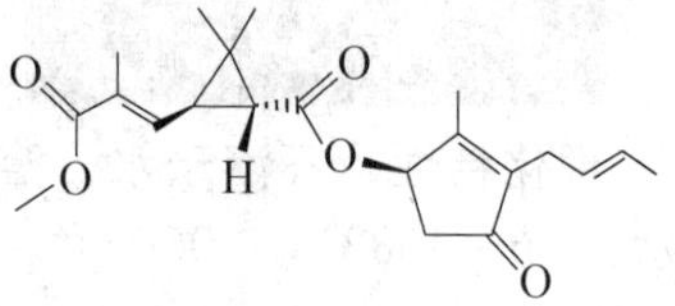

危害信息

燃烧与爆炸危险性　不燃，无特殊燃爆特性。

禁忌物　强氧化剂。

侵入途径　吸入、食入。

理化特性与用途

理化特性　黏性液体。不溶于水，溶于乙醇、石油醚、煤油、四氯化碳、二氯乙烷、硝基甲烷。沸点 182 ~ 184℃ (0.13Pa)，饱和蒸气压 0.06mPa (25℃)，辛醇/水分配系数 4.98。

主要用途　家用杀虫剂。

包装与储运

安全储运　储存于阴凉、通风的库房。远离火种、热源。应与强氧化剂等隔离储运。

紧急处置信息

急救措施

吸入：脱离接触。如有不适感，就医。

眼睛接触：分开眼睑，用流动清水或生理盐水冲洗。如有不适感，就医。

皮肤接触：脱去污染的衣着，用流动清水冲洗。如有不适感，就医。

食入：漱口，饮水。就医。

灭火方法　消防人员须穿全身消防服，佩戴空气呼吸器，在上风向灭火。尽可能将容器从火场移至空旷处。喷水保持火场容器冷却，直至灭火结束。

本品不燃，根据着火原因选择适当灭火剂灭火。

泄漏应急处置　根据液体流动和蒸气扩散的影响区域划定警戒区，无关人员从侧风、上风向撤离至安全区。消除点火源。建议应急处理人员戴正压自给式呼吸器，穿防毒服，戴橡胶手套。穿上适当的防护服前严禁接触破裂的容器和泄漏物。尽可能切断泄漏源。防止泄漏物进入水体、下水道、地下室或有限空间。小量泄漏：用干燥的砂土或其他不燃材料吸收或覆盖，收集于容器中。大量泄漏：构筑围堤或挖坑收容。用泵转移至槽车或专用收集器内。

350. 硅酸二钠

标　识

中文名称　硅酸二钠

英文名称　Disodium metasilicate

别名　偏硅酸钠；水玻璃

分子式　Na_2SiO_3

CAS 号　6834-92-0

危害信息

危险性类别　第 8 类　腐蚀品

燃烧与爆炸危险性　不燃，受热易分解放出有毒的腐蚀性气体。在高温火场中，受热的容器有破裂和爆炸的危险。具有腐蚀性。

毒性　大鼠经口 LD_{50}：1153mg/kg；小鼠经口 LD_{50}：770mg/kg。

中毒表现　对眼、皮肤、呼吸道和消化道有腐蚀性。

侵入途径　吸入、食入。

理化特性与用途

理化特性　无色至白色吸湿性固体。溶于水，不溶于乙醇、酸类。pH 值 12.5(0.5%溶液)，熔点 1089℃，相对密度(水=1)2.6。

主要用途　在洗涤剂、陶瓷、电镀、纺织、印染、造纸、水泥、混凝土、耐火材料、油脂和皮革加工等工业领域有着大量的应用。

包装与储运

包装标志　腐蚀品

包装类别　Ⅱ类

安全储运　储存于阴凉、通风的库房。远离火种、热源。库温不超过 30℃。相对湿度不超过 80%。包装要求密封，不可与空气接触。储区应备有泄漏应急处理设备和合适的收容材料。

紧急处置信息

急救措施

吸入：迅速脱离现场至空气新鲜处。保持呼吸道通畅。如呼吸困难，给输氧。呼吸、心跳停止，立即进行心肺复苏术。就医。

眼睛接触：立即分开眼睑，用流动清水或生理盐水彻底冲洗 5~10min。就医。

皮肤接触：立即脱去污染的衣着，用大量流动清水彻底冲洗，冲洗时间一般要求 20~30min。就医。

食入：用水漱口，禁止催吐。给饮牛奶或蛋清。就医。

灭火方法　消防人员须穿全身防火服，佩戴空气呼吸器，在上风向灭火。尽可能将容器从火场移至空旷处。喷水保持火场容器冷却，直至灭火结束。

灭火剂：干粉、二氧化碳、水、泡沫。

泄漏应急处置　隔离泄漏污染区，限制出入。建议应急处理人员戴防尘口罩，穿耐腐蚀服，戴耐腐蚀手套。穿上适当的防护服前严禁接触破裂的容器和泄漏物。尽可能切断泄漏源。用塑料布覆盖泄漏物，减少飞散。勿使水进入包装容器内。用洁净的铲子收集泄漏物，置于干净、干燥、盖子较松的容器中，将容器移离泄漏区。

351. 2-癸硫基乙胺盐酸盐

标　识

中文名称　2-癸硫基乙胺盐酸盐

英文名称　2-(Decylthio)ethanamine hydrochloride；2-(Decylthio)ethylammonium chloride

分子式　$C_{12}H_{27}NS \cdot HCl$

CAS 号　36362-09-1

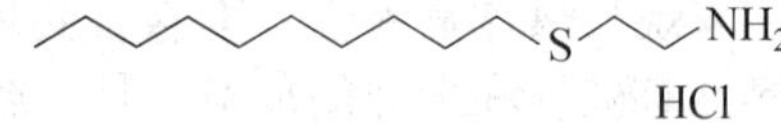

危害信息

燃烧与爆炸危险性　可燃。

禁忌物　强氧化剂。

中毒表现　眼接触引起严重损害。对皮肤有刺激性。长期反复接触可能对器官造成损害。

侵入途径　吸入、食入。

环境危害　对水生生物有极高毒性，可能在水生环境中造成长期不利影响。

理化特性与用途

理化特性　沸点 307.5℃，相对密度(水=1)0.89，饱和蒸气压 0.1mPa(25℃)，闪点 139.8℃。

主要用途　用于杀菌剂、杀虫剂，用作医药中间体。

包装与储运

包装标志　杂类

包装类别　Ⅲ类

安全储运　储存于阴凉、通风的库房。远离火种、热源。应与强氧化剂等隔离储运。

紧急处置信息

急救措施

吸入：迅速脱离现场至空气新鲜处。保持呼吸道通畅。如呼吸困难，给输氧。呼吸、心跳停止，立即进行心肺复苏术。就医。

眼睛接触：立即分开眼睑，用流动清水或生理盐水彻底冲洗。就医。

皮肤接触：立即脱去污染的衣着，用肥皂水和清水彻底冲洗。就医。

食入：漱口，饮水。就医。

灭火方法　消防人员须穿全身消防服，佩戴空气呼吸器，在上风向灭火。尽可能将容器从火场移至空旷处。喷水保持火场容器冷却，直至灭火结束。

灭火剂：二氧化碳、干粉。

泄漏应急处置 隔离泄漏污染区，限制出入。消除点火源。建议应急处理人员戴防尘口罩，穿防护服，戴防护手套。穿上适当的防护服前严禁接触破裂的容器和泄漏物。尽可能切断泄漏源。用塑料布覆盖泄漏物，减少飞散。勿使水进入包装容器内。用洁净的铲子收集泄漏物，置于干净、干燥、盖子较松的容器中，将容器移离泄漏区。

352. 果虫磷

标识

中文名称 果虫磷

英文名称 Cyanthoate；*S*-（*N*-（1-Cyano-1-methylethyl）carbamoylmethyl）*O*，*O*-diethyl phosphorothioate

别名 *S*-(*N*-(1-氰基-1-甲基乙基)氨基甲酰甲基)二乙基硫代磷酸酯

分子式 $C_{10}H_{19}N_2O_4PS$

CAS 号 3734-95-0

铁危编号 61126

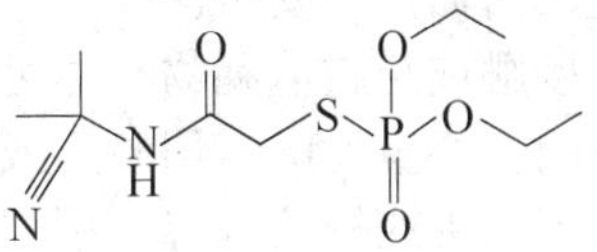

危害信息

危险性类别 第6类 有毒品

燃烧与爆炸危险性 受热放出有毒氧化磷、氯化物、氧化硫气体。

禁忌物 强氧化剂、强碱。

毒性 大鼠经口 LD_{50}：3500μg/kg；小鼠经口 LD_{50}：12mg/kg；大鼠经皮 LD_{50}：105mg/kg。

中毒表现 抑制体内胆碱酯酶活性，造成神经生理功能紊乱。急性中毒症状有头痛、头昏、乏力、食欲不振、恶心、呕吐、腹痛、腹泻、流涎、瞳孔缩小、呼吸道分泌物增多、多汗、肌束震颤等。重度中毒者出现肺水肿、昏迷、呼吸麻痹、脑水肿。血胆碱酯酶活性降低。

侵入途径 吸入、食入、经皮吸收。

环境危害 对水生生物有毒。

理化特性与用途

理化特性 淡黄色液体(工业品为橙色液体，有苦杏仁味)。溶于水，溶于多数有机溶剂。相对密度(水=1)1.207，辛醇/水分配系数0.09。

主要用途 内吸性杀虫、杀螨剂。用于果树防治叶螨、蚜虫、木虱等害虫。

包装与储运

包装标志 有毒品

包装类别 Ⅱ类

安全储运 储存于阴凉、通风的库房。远离火种、热源。防止阳光直射。储存温度不超过35℃，相对湿度不超过85%。保持容器密封。应与强氧化剂、强碱等分开存放，切忌混储。配备相应品种和数量的消防器材。储区应备有合适的材料收容泄漏物。搬运时轻装轻卸，防止容器受损。

紧急处置信息

急救措施

吸入：迅速脱离现场至空气新鲜处。保持呼吸道通畅。如呼吸困难，给输氧。呼吸、心跳停止，立即进行心肺复苏术。就医。

眼睛接触：分开眼睑，用流动清水或生理盐水冲洗。就医。

皮肤接触：立即脱去污染的衣着，用肥皂水及流动清水彻底冲洗污染的皮肤、头发、指甲等。就医。

食入：饮足量温水，催吐(仅限于清醒者)。口服活性炭。就医。

解毒剂：阿托品、胆碱酯酶复能剂。

灭火方法　消防人员须穿全身防火防毒服，佩戴空气呼吸器，在上风向灭火。尽可能将容器从火场移至空旷处。喷水保持火场容器冷却，直至灭火结束。

灭火剂：砂土、干粉、泡沫。

泄漏应急处置　根据液体流动和蒸气扩散的影响区域划定警戒区，无关人员从侧风、上风向撤离至安全区。应急人员应戴正压自给式呼吸器，穿防毒服，戴防化学品手套。禁止接触或跨越泄漏物。尽可能切断泄漏源。防止泄漏物进入水体、下水道、地下室或有限空间。小量泄漏：用砂土或其他不燃材料吸收。使用洁净的工具收集吸收材料。大量泄漏：构筑围堤或挖坑收容。用泡沫覆盖，减少蒸发。用泵转移至槽车或专用收集器内。

353. 过(二)碳酸钠

标　识

中文名称　过(二)碳酸钠

英文名称　Disodium peroxydicarbonate；Sodium percarbonate

别名　过氧碳酸钠

分子式　$Na_2C_2O_6$

CAS 号　3313-92-6

铁危编号　51503

^-O—C(=O)—O—O—C(=O)—O^-　Na^+　Na^+

危害信息

危险性类别　第 5.1 类　氧化剂

燃烧与爆炸危险性　遇热或空气潮湿及杂质存在的情况下，易分解放出氧气。

禁忌物　易(可)燃物、还原剂、活性金属粉末。

毒性　大鼠经口 LD_{50}：2050mg/kg。

侵入途径　吸入、食入。

理化特性与用途

理化特性　白色结晶粉末或白色颗粒。

主要用途　用作清洗剂、漂白剂、织物整理剂。

包装与储运

包装标志 氧化剂

包装类别 Ⅲ类

安全储运 储存于阴凉、干燥、通风良好的库房。远离火种、热源。库温不超过30℃。相对湿度不超过80%。包装密封。应与易(可)燃物、还原剂、活性金属粉末等分开存放，切忌混储。储区应备有合适的材料收容泄漏物。

紧急处置信息

急救措施

脱离现场至空气新鲜处。保持呼吸道通畅。如呼吸困难，给输氧。呼吸、心跳停止，立即进行心肺复苏术。就医。

眼睛接触：立即分开眼睑，用流动清水或生理盐水彻底冲洗。就医。

皮肤接触：立即脱去污染的衣着，用肥皂水和清水彻底冲洗。就医。

食入：漱口，饮水。就医。

灭火方法 消防人员须穿全身消防服，佩戴空气呼吸器，在上风向灭火。尽可能将容器从火场移至空旷处。禁止使用水灭火。

灭火剂：泡沫、二氧化碳。

泄漏应急处置 隔离泄漏污染区，限制出入。建议应急处理人员戴防尘口罩，穿防护服，戴防护手套。穿上适当的防护服前严禁接触破裂的容器和泄漏物。尽可能切断泄漏源。避免接触还原剂、易燃物或可燃物等。用塑料布覆盖泄漏物，减少飞散。勿使水进入包装容器内。用洁净的铲子收集泄漏物，置于干净、干燥、盖子较松的容器中，将容器移离泄漏区。

354. 过溴化2-羟乙基铵

标　识

中文名称 过溴化2-羟乙基铵

英文名称 2-Hydroxyethylammonium perbromide

危害信息

危险性类别 第5.1类 氧化剂

燃烧与爆炸危险性 可加剧燃烧。

禁忌物 易(可)燃物、还原剂、酸类、活性金属粉末。

中毒表现 食入有害。对眼和皮肤有腐蚀性。对皮肤有致敏性。

侵入途径 吸入、食入。

环境危害 对水生生物有极高毒性。

包装与储运

包装标志 氧化剂

包装类别 Ⅱ类

安全储运 储存于阴凉、干燥、通风良好的库房。远离火种、热源。库温不超过30℃。

相对湿度不超过80%。包装必须密封，切勿受潮。应与易(可)燃物、还原剂、酸类、活性金属粉末等分开存放，切忌混储。储区应备有合适的材料收容泄漏物。

紧急处置信息

急救措施

吸入：迅速脱离现场至空气新鲜处。保持呼吸道通畅。如呼吸困难，给输氧。呼吸、心跳停止，立即进行心肺复苏术。就医。

眼睛接触：立即分开眼睑，用流动清水或生理盐水彻底冲洗5~10min。就医。

皮肤接触：立即脱去污染的衣着，用大量流动清水彻底冲洗，冲洗时间一般要求20~30min。就医。

食入：用水漱口，禁止催吐。给饮牛奶或蛋清。就医。

灭火方法 消防人员须穿全身消防服，佩戴空气呼吸器，在上风向灭火。尽可能将容器从火场移至空旷处。喷水保持火场容器冷却，直至灭火结束。

根据着火原因选择适当灭火剂灭火。

泄漏应急处置 隔离泄漏污染区，限制出入。建议应急处理人员戴防尘口罩，穿防腐蚀工作服，戴耐腐蚀手套。穿上适当的防护服前严禁接触破裂的容器和泄漏物。尽可能切断泄漏源。避免与还原剂、易燃可燃物等接触。避免产生粉尘。勿使水进入包装容器内。用洁净的铲子收集泄漏物，置于干净、干燥、盖子较松的容器中，将容器移离泄漏区。

355. 过氧化氢异丙基

标　　识

中文名称 过氧化氢异丙基

英文名称 Isopropyl hydroperoxide; Hydroperoxide, 1-methylethyl

分子式 $C_3H_8O_2$

CAS 号 3031-75-2

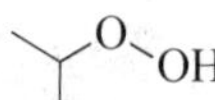

危害信息

危险性类别 第5.2类 有机过氧化物

燃烧与爆炸危险性 易燃，其蒸气与空气混合能形成爆炸性混合物，遇明火、高热易燃烧爆炸。与还原剂、促进剂、可燃物等接触有燃烧爆炸的危险。

禁忌物 氧化剂、还原剂、酸类、碱类。

侵入途径 吸入、食入。

理化特性与用途

理化特性 无色液体。熔点<25℃，沸点105.7℃，相对密度(水=1)0.924，饱和蒸气压2.1kPa(25℃)，闪点17.7℃。

主要用途 用于精细化工和医药工业。

包装与储运

包装标志 有机过氧化物

安全储运 储存于阴凉、通风的库房。远离火种、热源。库温不超过30℃。相对湿度不超过80%。保持容器密封。应与氧化剂、还原剂、酸类、碱类、食用化学品分开存放，切忌混储。采用防爆型照明、通风设施。禁止使用易产生火花的机械设备和工具。储区应备有合适的材料收容泄漏物。禁止震动、撞击和摩擦。

紧急处置信息

急救措施

吸入：脱离接触。如有不适感，就医。

眼睛接触：分开眼睑，用流动清水或生理盐水冲洗。如有不适感，就医。

皮肤接触：脱去污染的衣着，用流动清水冲洗。如有不适感，就医。

食入：漱口，饮水。就医。

灭火方法 消防人员须穿全身消防服，在上风向灭火。尽可能将容器从火场移至空旷处。处在火场中的容器，若发生异常变化或发出异常声音，须马上撤离。

灭火剂：干粉、二氧化碳。

泄漏应急处置 根据液体流动和蒸气扩散的影响区域划定警戒区，无关人员从侧风、上风向撤离至安全区。消除所有点火源。建议应急处理人员戴正压自给式呼吸器，穿一般作业工作服，戴橡胶手套。勿使泄漏物与可燃物质(如木材、纸、油等)接触。尽可能切断泄漏源。防止泄漏物进入水体、下水道、地下室或有限空间。小量泄漏：用惰性、湿润的不燃材料吸收泄漏物，用洁净的无火花工具收集于一盖子较松的塑料容器中，待处理。大量泄漏：构筑围堤或挖坑收容。在专家指导下清除。

356. 过氧化乙酰磺酰环己烷(含量≤82%,含水≥12%)

标　识

中文名称 过氧化乙酰磺酰环己烷(含量≤82%，含水≥12%)

英文名称 Acetyl cyclohexane sulphonyl peroxide(content≤82%，with≥12% water)；Peroxide，acetyl cyclohexylsulfonyl

别名 乙酰过氧化磺酰环己烷

分子式 $C_8H_{14}O_5S$

CAS号 3179-56-4

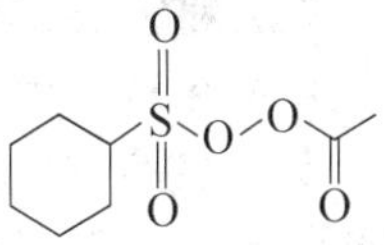

危害信息

危险性类别 第5.2类 有机过氧化物

燃烧与爆炸危险性 受热易分解，在高温火场中受热的容器有破裂和爆炸的危险。长时间暴露在空气中易自燃。

禁忌物 氧化剂、还原剂、酸类、碱类。

侵入途径 吸入、食入。

理化特性与用途

理化特性 白色固体，通常以溶液使用。不溶于水。熔点36~37℃，沸点307.8℃，相对密度(水=1)1.28，闪点62.15℃(邻苯二甲酸二甲酯溶液)。

主要用途 用于制造涂料、橡胶、塑料。

包装与储运

包装标志 有机过氧化物。

安全储运 储存于阴凉、通风的库房。远离火种、热源。库温不超过 30℃。相对湿度不超过 80%。保持容器密封。应与氧化剂、还原剂、酸类、碱类、食用化学品分开存放，切忌混储。采用防爆型照明、通风设施。禁止使用易产生火花的机械设备和工具。储区应备有合适的材料收容泄漏物。禁止震动、撞击和摩擦。

紧急处置信息

急救措施

吸入： 脱离接触。如有不适感，就医。

眼睛接触： 分开眼睑，用流动清水或生理盐水冲洗。如有不适感，就医。

皮肤接触： 脱去污染的衣着，用流动清水冲洗。如有不适感，就医。

食入： 漱口，饮水。就医。

灭火方法 消防人员须穿全身消防服，佩戴空气呼吸器，在上风向灭火。尽可能将容器从火场移至空旷处。喷水保持火场容器冷却，直至灭火结束。

灭火剂：水、雾状水、干粉、二氧化碳、泡沫。

泄漏应急处置 隔离泄漏污染区，限制出入。消除所有点火源。建议应急处理人员戴防尘口罩，穿一般作业工作服，戴防护手套。勿使泄漏物与可燃物质（如木材、纸、油等）接触。用雾状水保持泄漏物湿润。尽可能切断泄漏源。小量泄漏：用惰性、湿润的不燃材料吸收泄漏物，用洁净的无火花工具收集于一盖子较松的塑料容器中，待处理。大量泄漏：用水润湿，并筑堤收容。防止泄漏物进入水体、下水道、地下室或有限空间。在专家指导下清除。

357. 海葱糖甙

标　识

中文名称 海葱糖甙

英文名称 Bufa-4,20,22-trienolide, 6-(acetyloxy)-3-(*β*-*D*-glucopyranosyloxy)-8,14-dihydroxy-, (3*β*,6*β*)-; Red squill; Scilliroside

别名 红海葱

分子式 $C_{32}H_{44}O_{12}$

CAS 号 507-60-8

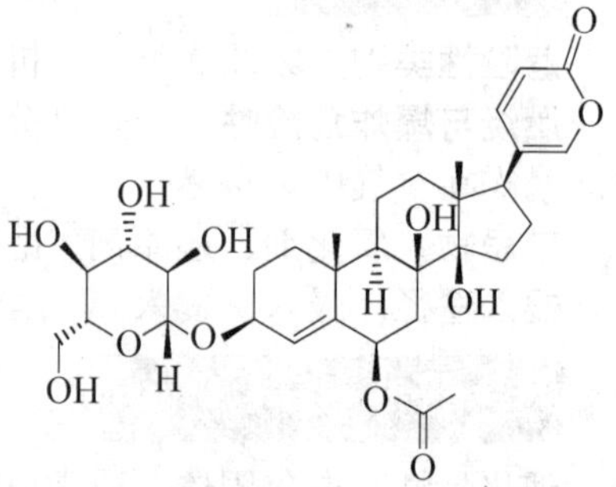

危害信息

危险性类别 第 6 类 有毒品

燃烧与爆炸危险性 无特殊燃爆特性。

禁忌物 强氧化剂、酸类。

毒性 大鼠经口 LD_{50}：430μg/kg；小鼠经口 LD_{50}：0.17mg/kg。

中毒表现 中毒者出现呕吐、心律失常、神经系统症状。可致死。对皮肤有刺激性。

侵入途径 吸入、食入。

理化特性与用途

理化特性 无色或亮黄色结晶固体。微溶于水，不溶于乙醚、石油醚，溶于醇类、乙二醇、冰醋酸等。熔点168~170℃，相对密度(水=1)1.45，辛醇/水分配系数-0.98。

主要用途 用作杀鼠剂。

包装与储运

包装标志 有毒品

包装类别 Ⅱ类

安全储运 储存于阴凉、通风的库房。远离火种、热源。防止阳光直射。储存温度不超过35℃，相对湿度不超过85%。保持容器密封。应与强氧化剂、酸类等分开存放，切忌混储。配备相应品种和数量的消防器材。储区应备有合适的材料收容泄漏物。

紧急处置信息

急救措施

吸入：迅速脱离现场至空气新鲜处。保持呼吸道通畅。如呼吸困难，给输氧。呼吸、心跳停止，立即进行心肺复苏术。就医。

眼睛接触：立即分开眼睑，用流动清水或生理盐水彻底冲洗。就医。

皮肤接触：立即脱去污染的衣着，用流动清水彻底冲洗。就医。

食入：饮适量温水，催吐(仅限于清醒者)。就医。

灭火方法 消防人员须穿全身防火防毒服，佩戴空气呼吸器，在上风向灭火。尽可能将容器从火场移至空旷处。喷水保持火场容器冷却，直至灭火结束。

根据着火原因选择适当灭火剂灭火。

泄漏应急处置 隔离泄漏污染区，限制出入。建议应急处理人员戴防尘口罩，穿防毒服，戴防化学品手套。穿上适当的防护服前严禁接触破裂的容器和泄漏物。尽可能切断泄漏源。用塑料布覆盖泄漏物，减少飞散。勿使水进入包装容器内。用洁净的铲子收集泄漏物，置于干净、干燥、盖子较松的容器中，将容器移离泄漏区。

358. 禾草丹

标　　识

中文名称 禾草丹

英文名称 *S*-4-Chlorobenzyl diethylthiocarbamate；Thiobencarb

别名 *S*-4-氯苄基二乙基硫代氨基甲酸酯

分子式 $C_{12}H_{16}ClNOS$

CAS 号 28249-77-6

铁危编号 61889

Cl O S N

危害信息

危险性类别 第6类 有毒品

燃烧与爆炸危险性　可燃，在高温火场中受热的容器有破裂和爆炸的危险。

禁忌物　氧化剂、碱类。

毒性　大鼠经口 LD_{50}：920mg/kg；小鼠经口 LD_{50}：560mg/kg；大鼠经皮 LD_{50}：2900 mg/kg；兔经皮 LD_{50}：>2g/kg。

中毒表现　大量口服可引起中毒。对眼和皮肤有刺激性。

侵入途径　吸入、食入、经皮吸收。

环境危害　对水生生物有极高毒性，可能在水生环境中造成长期不利影响。

理化特性与用途

理化特性　纯品为无色透明油状液体，工业品为淡黄色至浅黄褐色液体。不溶于水，易溶于丙酮、甲醇、乙醇、苯、二甲苯、正己烷、乙腈等。熔点 3.3℃，沸点 127℃(1.06Pa)，相对密度(水=1)1.162，饱和蒸气压 2.93mPa(23℃)，辛醇/水分配系数 3.4。

主要用途　除草剂。用于防除水稻秧田及直播田的一年生禾本杂草及莎科杂草。

包装与储运

包装标志　有毒品

包装类别　Ⅲ类

安全储运　储存于阴凉、通风良好的库房。远离火种、热源。库温不超过 35℃。相对湿度不超过 85%。保持容器密封。应与氧化剂、碱类分开存放，切忌混储。配备相应品种和数量的消防器材。储区应备有泄漏应急处理设备和合适的收容材料。搬运时轻装轻卸，防止容器受损。

紧急处置信息

急救措施

吸入：迅速脱离现场至空气新鲜处。保持呼吸道通畅。如呼吸困难，给输氧。呼吸、心跳停止，立即进行心肺复苏术。就医。

眼睛接触：立即分开眼睑，用流动清水或生理盐水彻底冲洗。就医。

皮肤接触：立即脱去污染的衣着，用肥皂水和清水彻底冲洗。就医。

食入：漱口，饮水。就医。

灭火方法　消防人员须穿全身防火防毒服，佩戴空气呼吸器，在上风向灭火。尽可能将容器从火场移至空旷处。喷水保持火场容器冷却，直至灭火结束。

灭火剂：干粉、泡沫、二氧化碳、水。

泄漏应急处置　根据液体流动和蒸气扩散的影响区域划定警戒区，无关人员从侧风、上风向撤离至安全区。消除所有点火源。建议应急处理人员戴防毒面具，穿防毒服，戴橡胶手套。禁止接触或跨越泄漏物。尽可能切断泄漏源。防止泄漏物进入水体、下水道、地下室或有限空间。小量泄漏：用砂土或其他不燃材料吸收。使用洁净的无火花工具收集吸收材料。大量泄漏：构筑围堤或挖坑收容。用泡沫覆盖，减少蒸发。用泵转移至槽车或专用收集器内。

359. 禾草敌

标　识

中文名称　禾草敌

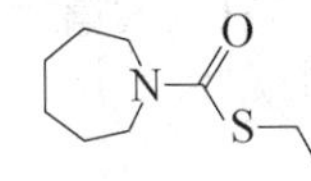

英文名称 Molinate

别名 *N*,*N*-六亚甲基硫代氨基甲酸-*S*-乙酯

CAS 号 2212-67-1

危害信息

燃烧与爆炸危险性 不燃，受热易分解放出有毒的腐蚀性气体。在高温火场中，受热的容器有破裂和爆炸的危险。

禁忌物 强氧化剂、强酸。

毒性 大鼠经口 LD_{50}：369mg/kg；小鼠经口 LD_{50}：530mg/kg；大鼠经皮 LD_{50}：1167mg/kg；兔经皮 LD_{50}：3536mg/kg；大鼠吸入 LC_{50}：2100mg/m^3(1h)。

欧盟法规 1272/2008/EC 将本品列为第 2 类致癌物——可疑的人类致癌物；第 2 类生殖毒物——可疑的人类生殖毒物。

中毒表现 对眼和皮肤有刺激性。对皮肤有致敏性。损害中枢神经系统，症状有头痛、头晕、嗜睡、反应迟钝、意识模糊、昏厥等。消化道症状有恶心、呕吐、食欲减退等。

侵入途径 吸入、食入、经皮吸收。

环境危害 对水生生物有极高毒性，可能在水生环境中造成长期不利影响。

理化特性与用途

理化特性 无色透明液体，有芳香气味，工业品为琥珀色液体。微溶于水，混溶于多数有机溶剂。沸点 202℃(1.3kPa)，相对密度(水=1)1.06，饱和蒸气压 746mPa(25℃)，闪点 100℃(闭杯)。

主要用途 除草剂。主要用于水稻田防除各种稗草。

包装与储运

包装标志 杂类

包装类别 Ⅲ类

安全储运 储存于阴凉、通风的库房。远离火种、热源。保持容器密闭。应与强氧化剂、强酸等隔离储运。搬运时轻装轻卸，防止容器受损。

紧急处置信息

急救措施

吸入：迅速脱离现场至空气新鲜处。保持呼吸道通畅。如呼吸困难，给输氧。呼吸、心跳停止，立即进行心肺复苏术。就医。

眼睛接触：立即分开眼睑，用流动清水或生理盐水彻底冲洗。就医。

皮肤接触：立即脱去污染的衣着，用肥皂水和清水彻底冲洗。就医。

食入：漱口，饮水。就医。

灭火方法 消防人员须穿全身消防服，佩戴空气呼吸器，在上风向灭火。尽可能将容器从火场移至空旷处。喷水保持火场容器冷却，直至灭火结束。

灭火剂：干粉、二氧化碳。

泄漏应急处置 根据液体流动和蒸气扩散的影响区域划定警戒区，无关人员从侧风、上风向撤离至安全区。建议应急处理人员戴防毒面具，穿防毒服，戴橡胶手套。穿上适当的防护服前严禁接触破裂的容器和泄漏物。尽可能切断泄漏源。防止泄漏物进入水体、下水道、地下室或有限空间。小量泄漏：用干燥的砂土或其他不燃材料吸收或覆盖，收集于容器中。大量泄漏：构筑围堤或挖坑收容。用泵转移至槽车或专用收集器内。

360. 合杀威

标　识

中文名称　合杀威

英文名称　Bufencarb；A mixture of 3-(1-methylbutyl) phenyl *N*-methylcarbamate and 3-(1-ethylpropyl) phenyl *N*-methylcarbamate

分子式　$C_{13}H_{19}NO_2$

CAS 号　8065-36-9

铁危编号　61888

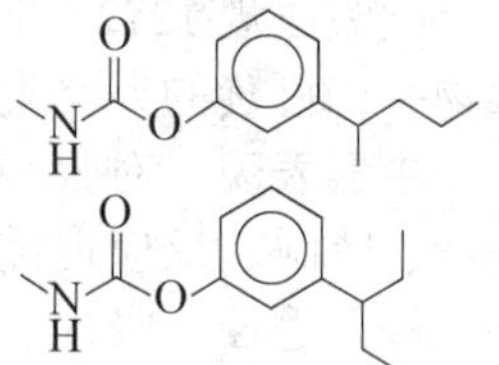

危害信息

危险性类别　第 6 类　有毒品

燃烧与爆炸危险性　无特殊燃爆特性。

禁忌物　氧化剂、碱类。

毒性　大鼠经口 LD_{50}：61mg/kg；大鼠经皮 LD_{50}：163mg/kg。

中毒表现　氨基甲酸酯类农药抑制胆碱酯酶，出现相应的症状。中毒症状有头痛、恶心、呕吐、腹痛、流涎、出汗、瞳孔缩小、步行困难、语言障碍，重者可发生全身痉挛、昏迷。

侵入途径　吸入、食入、经皮吸收。

环境危害　对水生生物有极高毒性，可能在水生环境中造成长期不利影响。

理化特性与用途

理化特性　黄色到琥珀色固体。不溶于水，易溶于甲醇、二甲苯，稍溶于己烷。熔点 26~39℃，沸点 125℃(5.3Pa)，相对密度(水=1) 1.024，饱和蒸气压 73.4mPa(25℃)，辛醇/水分配系数 3.61。

主要用途　杀虫剂。主要用于水稻防治叶甲、二化螟、黑尾叶蝉等害虫。

包装与储运

包装标志　有毒品

包装类别　Ⅲ类

安全储运　储存于阴凉、通风的库房。远离火种、热源。防止阳光直射。储存温度不超过 35℃，相对湿度不超过 85%。应与氧化剂、碱类、食用化学品分开存放，切忌混储。配备相应品种和数量的消防器材。储区应备有合适的材料收容泄漏物。

紧急处置信息

急救措施

吸入：迅速脱离现场至空气新鲜处。保持呼吸道通畅。如呼吸困难，给输氧。呼吸、心跳停止，立即进行心肺复苏术。就医。

眼睛接触：立即分开眼睑，用流动清水或生理盐水彻底冲洗。就医。

皮肤接触： 立即脱去污染的衣着，用流动清水彻底冲洗。就医。

食入： 饮适量温水，催吐(仅限于清醒者)。就医。

解毒剂：阿托品。

灭火方法 消防人员须穿全身防火防毒服，佩戴空气呼吸器，在上风向灭火。尽可能将容器从火场移至空旷处。喷水保持火场容器冷却，直至灭火结束。

根据着火原因选择适当灭火剂灭火。

泄漏应急处置 隔离泄漏污染区，限制出入。建议应急处理人员戴防尘口罩，穿防毒服，戴橡胶手套。穿上适当的防护服前严禁接触破裂的容器和泄漏物。尽可能切断泄漏源。用塑料布覆盖泄漏物，减少飞散。勿使水进入包装容器内。用洁净的铲子收集泄漏物，置于干净、干燥、盖子较松的容器中，将容器移离泄漏区。

361. 褐块石棉

标　识

中文名称 褐块石棉

英文名称 Rock wool

危害信息

燃烧与爆炸危险性 不可燃。

毒性 欧盟法规 1272/2008/EC 将本品列为第 2 类致癌物——可疑的人类致癌物。

中毒表现 对呼吸道、眼和皮肤有刺激性。

侵入途径 吸入、食入。

职业接触限值 美国(ACGIH)：TLV-TWA 1f/cm^3。

理化特性与用途

理化特性 纤维状固体。不溶于水。

主要用途 主要用作绝热或吸音材料。

包装与储运

安全储运 储存于阴凉、通风的库房。远离火种、热源。保持容器密闭。

紧急处置信息

急救措施

吸入： 迅速脱离现场至空气新鲜处。保持呼吸道通畅。如呼吸困难，给输氧。呼吸、心跳停止，立即进行心肺复苏术。就医。

眼睛接触： 立即分开眼睑，用流动清水或生理盐水彻底冲洗。就医。

皮肤接触： 立即脱去污染的衣着，用肥皂水和清水彻底冲洗。就医。

食入： 漱口，饮水。就医。

灭火方法 消防人员须穿全身消防服，佩戴空气呼吸器，在上风向灭火。尽可能将容器从火场移至空旷处。喷水保持火场容器冷却，直至灭火结束。

根据着火原因选择适当灭火剂灭火。

泄漏应急处置 隔离泄漏污染区，限制出入。建议应急处理人员戴防尘口罩，穿防毒服，戴橡胶手套。穿上适当的防护服前严禁接触破裂的容器和泄漏物。尽可能切断泄漏源。用塑料布覆盖泄漏物，减少飞散。勿使水进入包装容器内。用洁净的铲子收集泄漏物，置于干净、干燥、盖子较松的容器中，将容器移离泄漏区。

362. 褐煤焦油

标　识

中文名称 褐煤焦油

英文名称 Tar，brown-coal；Brown coal，tar

CAS 号 101316-83-0

危害信息

燃烧与爆炸危险性 易燃，蒸气与空气混合能形成爆炸性混合物，遇明火、高热易燃烧爆炸。在高温火场中，受热的容器有破裂和爆炸的危险。蒸气比空气重，沿地面扩散并易积存于低洼处，遇火源会着火回燃。

禁忌物 强氧化剂。

毒性 欧盟法规 1272/2008/EC 将本品列为第 1A 类致癌物——已知对人类有致癌能力。

侵入途径 吸入、食入。

理化特性与用途

理化特性 黑色糖浆状黏性液体。不溶于水。

主要用途 用于生产化工原料和燃料。

包装与储运

安全储运 储存于阴凉、通风的库房。远离火种、热源。保持容器密闭。应与强氧化剂等隔离储运。

紧急处置信息

急救措施

吸入：迅速脱离现场至空气新鲜处。保持呼吸道通畅。如呼吸困难，给输氧。呼吸、心跳停止，立即进行心肺复苏术。就医。

眼睛接触：立即分开眼睑，用流动清水或生理盐水彻底冲洗。就医。

皮肤接触：立即脱去污染的衣着，用肥皂水和清水彻底冲洗。就医。

食入：漱口，饮水。就医。

灭火方法 消防人员须穿全身消防服，佩戴空气呼吸器，在上风向灭火。喷水保持火场容器冷却，直至灭火结束。处在火场中的容器若发生异常变化或发出异常声音，须马上撤离。

灭火剂：干粉、二氧化碳、雾状水、泡沫。

泄漏应急处置 根据液体流动和蒸气扩散的影响区域划定警戒区，无关人员从侧风、上风向撤离至安全区。消除所有点火源。建议应急处理人员戴防毒面具，穿防毒服，戴防化学品手套。穿上适当的防护服前严禁接触破裂的容器和泄漏物。尽可能切断泄漏源。防止泄漏物进入水体、下水道、地下室或有限空间。小量泄漏：用干燥的砂土或其他不燃材料吸收或覆盖，收集于容器中。大量泄漏：构筑围堤或挖坑收容。用防爆泵转移至槽车或专用收集器内。

363. 环丙氟灵

标 识

中文名称 环丙氟灵

英文名称 Profluralin；*N* - (Cyclopropylmethyl) - 2，6 - dinitro - *N* - propyl - 4 - (trifluoromethyl) benzenamine

分子式 $C_{14}H_{16}F_3N_3O_4$

CAS 号 26399-36-0

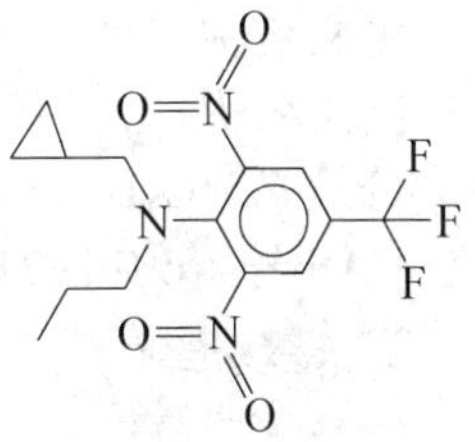

危害信息

燃烧与爆炸危险性 不燃，无特殊燃爆特性。

禁忌物 强氧化剂、强酸。

毒性 大鼠经口 LD_{50}：1808mg/kg；大鼠经皮 LD_{50}：>3170mg/kg；兔经皮 LD_{50}：13754mg/kg。

中毒表现 对眼有刺激性。

侵入途径 吸入、食入、经皮吸收。

环境危害 对水生生物有极高毒性，可能在水生环境中造成长期不利影响。

理化特性与用途

理化特性 黄色至棕色结晶。不溶于水，易溶于多数有机溶剂。熔点 32.1～32.5℃，相对密度(水=1)1.38，饱和蒸气压 9.2mPa(20℃)，辛醇/水分配系数 5.58。

主要用途 除草剂。用于防除棉花、大豆田中禾本科杂草。

包装与储运

包装标志 杂类

包装类别 Ⅲ类

安全储运 储存于阴凉、通风的库房。远离火种、热源。应与强氧化剂、强酸等隔离储运。

紧急处置信息

急救措施

吸入： 迅速脱离现场至空气新鲜处。保持呼吸道通畅。如呼吸困难，给输氧。呼吸、心跳停止，立即进行心肺复苏术。就医。

眼睛接触： 立即分开眼睑，用流动清水或生理盐水彻底冲洗。就医。

皮肤接触： 立即脱去污染的衣着，用肥皂水和清水彻底冲洗。就医。

食入： 漱口，饮水。就医。

灭火方法　消防人员须穿全身消防服，在上风向灭火。尽可能将容器从火场移至空旷处。喷水保持火场容器冷却，直至灭火结束。

本品不燃，根据着火原因选择适当灭火剂灭火。

泄漏应急处置　隔离泄漏污染区，限制出入。建议应急处理人员戴防尘口罩，穿防护服，戴防护手套。穿上适当的防护服前严禁接触破裂的容器和泄漏物。尽可能切断泄漏源。用塑料布覆盖泄漏物，减少飞散。勿使水进入包装容器内。用洁净的铲子收集泄漏物，置于干净、干燥、盖子较松的容器中，将容器移离泄漏区。

364. 1,1-环丙烷二甲酸二甲酯

标　识

中文名称　1,1-环丙烷二甲酸二甲酯

英文名称　1,1-Cyclopropanedicarboxylic acid, dimethyl ester

分子式　$C_7H_{10}O_4$

CAS 号　6914-71-2

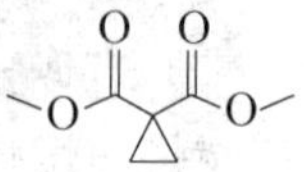

危害信息

燃烧与爆炸危险性　可燃，其蒸气与空气混合能形成爆炸性混合物，遇明火、高热易燃烧或爆炸。在高温火场中，受热的容器或储罐有破裂和爆炸的危险。

禁忌物　强氧化剂、强酸。

侵入途径　吸入、食入。

环境危害　对水生生物有害，可能在水生环境中造成长期不利影响。

理化特性与用途

理化特性　无色液体。沸点 196~198℃，相对密度(水=1)1.147，辛醇/水分配系数 5，闪点 95℃。

主要用途　用作化学和医药中间体。

包装与储运

安全储运　储存于阴凉、通风的库房。远离火种、热源。应与强氧化剂、强酸等隔离储运。搬运时轻装轻卸，防止容器受损。

紧急处置信息

急救措施

吸入：脱离接触。如有不适感，就医。

眼睛接触：分开眼睑，用流动清水或生理盐水冲洗。如有不适感，就医。

皮肤接触：脱去污染的衣着，用流动清水冲洗。如有不适感，就医。

食入：漱口，饮水。就医。

灭火方法　消防人员须穿全身消防服，佩戴空气呼吸器，在上风向灭火。尽可能将容器从火场移至空旷处。喷水保持火场容器冷却，直至灭火结束。处在火场中的容器若发生异常变化或发出异常声音，须马上撤离。

灭火剂：泡沫、二氧化碳、干粉、砂土。

泄漏应急处置 根据液体流动和蒸气扩散的影响区域划定警戒区，无关人员从侧风、上风向撤离至安全区。消除所有点火源。建议应急处理人员戴防毒面具，穿防护服，戴橡胶手套。禁止接触或跨越泄漏物。尽可能切断泄漏源。防止泄漏物进入水体、下水道、地下室或有限空间。小量泄漏：用砂土或其他不燃材料吸收。使用洁净的无火花工具收集吸收材料。大量泄漏：构筑围堤或挖坑收容。用泡沫覆盖，减少蒸发。用泵转移至槽车或专用收集器内。

365. 环庚草醚

标　识

中文名称 环庚草醚

英文名称 exo-(±)-1-Methyl-2-(2-methylbenzyloxy)-4-isopropyl-7-oxabicyclo(2.2.1)heptane；Cinmethylin

别名 1-甲基-4-(1-甲基乙基)-2-(2-甲基苯基甲氧基)-7-噁二环(2.2.1)庚烷

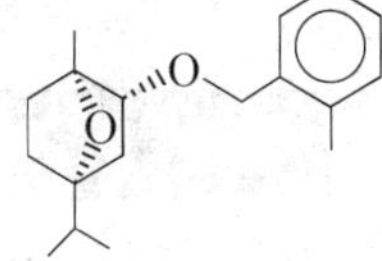

分子式 $C_{18}H_{26}O_2$

CAS 号 87818-31-3

危害信息

燃烧与爆炸危险性 不易燃，蒸气与空气混合能形成爆炸性混合物，遇明火高热易燃烧爆炸。

禁忌物 强氧化剂、强酸。

毒性 大鼠经口 LD_{50}：4553mg/kg；大鼠经皮 LD_{50}：>2g/kg；兔经皮 LD_{50}：>2g/kg。

中毒表现 吸入有害。

侵入途径 吸入、食入、经皮吸收。

环境危害 对水生生物有毒，可能在水生环境中造成长期不利影响。

理化特性与用途

理化特性 深琥珀色液体。不溶于水，与有机溶剂混溶。沸点 313℃，相对密度(水=1)1.014，饱和蒸气压 10.1mPa(20℃)，辛醇/水分配系数 4.62，闪点 146℃。

主要用途 除草剂。用于水稻、棉花、花生等作物田防除鸭舌草、牛毛草、稗草等。

包装与储运

包装标志 杂类

包装类别 Ⅲ类

安全储运 储存于阴凉、通风的库房。远离火种、热源。保持容器密闭。应与强氧化剂、强酸等隔离储运。

紧急处置信息

急救措施

吸入：迅速脱离现场至空气新鲜处。保持呼吸道通畅。如呼吸困难，给输氧。呼吸、

心跳停止，立即进行心肺复苏术。就医。

眼睛接触：立即分开眼睑，用流动清水或生理盐水彻底冲洗。就医。

皮肤接触：立即脱去污染的衣着，用肥皂水和清水彻底冲洗。就医。

食入：漱口，饮水。就医。

灭火方法　消防人员须穿全身消防服，佩戴空气呼吸器，在上风向灭火。尽可能将容器从火场移至空旷处。喷水保持火场容器冷却，直至灭火结束。处在火场中的容器若发生异常变化或发出异常声音，须马上撤离。

灭火剂：干粉、泡沫、二氧化碳、砂土。

泄漏应急处置　根据液体流动和蒸气扩散的影响区域划定警戒区，无关人员从侧风、上风向撤离至安全区。消除所有点火源。建议应急处理人员戴防毒面具，穿防护服，戴橡胶手套。禁止接触或跨越泄漏物。尽可能切断泄漏源。防止泄漏物进入水体、下水道、地下室或有限空间。小量泄漏：用砂土或其他不燃材料吸收。使用洁净的无火花工具收集吸收材料。大量泄漏：构筑围堤或挖坑收容。用泵转移至槽车或专用收集器内。

366. 2-环己基丁烷

标　识

中文名称　2-环己基丁烷

英文名称　Cyclohexane, (1-methylpropyl)-; sec-Butylcyclohexane

别名　仲丁基环己烷

分子式　$C_{10}H_{20}$

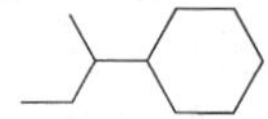

CAS 号　7058-01-7

铁危编号　32010

危害信息

危险性类别　第3类　易燃液体

燃烧与爆炸危险性　易燃，其蒸气与空气混合能形成爆炸性混合物，遇明火、高热易燃烧爆炸。

禁忌物　氧化剂。

侵入途径　吸入、食入。

理化特性与用途

理化特性　液体。不溶于水。熔点-110℃，沸点179.3℃，相对密度(水=1)0.813，饱和蒸气压0.17kPa(25℃)，临界温度395.85℃，临界压力2.67MPa，辛醇/水分配系数4.99，闪点48.2℃。

主要用途　气相色谱分析标准。

包装与储运

包装标志　易燃液体

包装类别　Ⅲ类

安全储运　储存于阴凉、通风的库房。远离火种、热源，避免阳光直射。储存温度不超过37℃。炎热季节早晚运输，应与氧化剂等隔离储运。禁止使用易产生火花的机械设备和工具。搬运时轻装轻卸，防止容器受损。

紧急处置信息

急救措施

吸入：脱离接触。如有不适感，就医。

眼睛接触：分开眼睑，用流动清水或生理盐水冲洗。如有不适感，就医。

皮肤接触：脱去污染的衣着，用流动清水冲洗。如有不适感，就医。

食入：漱口，饮水。就医。

灭火方法 消防人员须穿全身消防服，佩戴空气呼吸器，在上风向灭火。尽可能将容器从火场移至空旷处。喷水保持火场容器冷却，直至灭火结束。处在火场中的容器若发生异常变化或发出异常声音，须马上撤离。

灭火剂：泡沫、二氧化碳、干粉。

泄漏应急处置 根据液体流动和蒸气扩散的影响区域划定警戒区，无关人员从侧风、上风向撤离至安全区。消除所有点火源。建议应急处理人员戴防毒面具，穿防静电防护服，戴橡胶手套。作业时使用的所有设备应接地。禁止接触或跨越泄漏物。尽可能切断泄漏源。防止泄漏物进入水体、下水道、地下室或有限空间。小量泄漏：用砂土或其他不燃材料吸收。使用洁净的无火花工具收集吸收材料。大量泄漏：构筑围堤或挖坑收容。用泡沫覆盖，减少蒸发。喷水雾能减少蒸发，但不能降低泄漏物在有限空间内的易燃性。用防爆泵转移至槽车或专用收集器内。

367. N-环己基环己胺亚硝酸盐

标　识

中文名称 *N*-环己基环己胺亚硝酸盐

英文名称 Dicyclohexylammonium nitrite；Cyclohexanamine，*N*-cyclohexyl-，nitrite

别名 亚硝酸二环已胺

分子式 $C_{12}H_{23}N \cdot HNO_2$

CAS号 3129-91-7

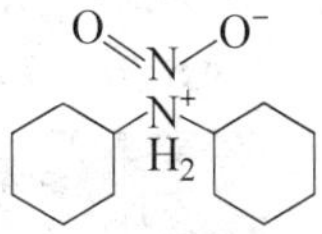

危害信息

燃烧与爆炸危险性 受热易分解。

禁忌物 强氧化剂。

毒性 大鼠经口 LD_{50}：330mg/kg；小鼠经口 LD_{50}：80mg/kg。

中毒表现 食入或吸入对身体有害。

侵入途径 吸入、食入。

理化特性与用途

理化特性 白色至淡黄色结晶粉末，稍有胺的气味。溶于水，溶于甲醇、乙醇，难溶于苯、丙酮，不溶于乙醚。熔点182~183℃(分解)，相对蒸气密度(空气=1)7.89，饱和蒸气压0.4kPa(25℃)，辛醇/水分配系数4.37。

主要用途 用作钢铁的气相缓蚀剂，用于制造其他化学品。

包装与储运

安全储运 储存于阴凉、通风的库房。远离火种、热源。应与强氧化剂等隔离储运。

紧急处置信息

急救措施

吸入：迅速脱离现场至空气新鲜处。保持呼吸道通畅。如呼吸困难，给输氧。呼吸、心跳停止，立即进行心肺复苏术。就医。

眼睛接触：立即分开眼睑，用流动清水或生理盐水彻底冲洗。就医。

皮肤接触：立即脱去污染的衣着，用肥皂水和清水彻底冲洗。就医。

食入：漱口，饮水。就医。

灭火方法 消防人员须穿全身消防服，佩戴空气呼吸器，在上风向灭火。尽可能将容器从火场移至空旷处。喷水保持火场容器冷却直至灭火结束。

根据着火原因选择适当灭火剂灭火。

泄漏应急处置 隔离泄漏污染区，限制出入。建议应急处理人员戴防尘口罩，穿防毒服，戴橡胶手套。穿上适当的防护服前严禁接触破裂的容器和泄漏物。尽可能切断泄漏源。用塑料布覆盖泄漏物，减少飞散。勿使水进入包装容器内。用洁净的铲子收集泄漏物，置于干净、干燥、盖子较松的容器中，将容器移离泄漏区。

368. 环己基甲基二甲氧基硅烷

标　识

中文名称 环己基甲基二甲氧基硅烷

英文名称 Cyclohexyldimethoxymethylsilane

别名 甲基环己基二甲氧基硅烷

分子式 $C_9H_{20}O_2Si$

CAS 号 17865-32-6

危害信息

燃烧与爆炸危险性 可燃，其蒸气与空气混合能形成爆炸性混合物，遇明火、高热易燃烧爆炸。

禁忌物 强氧化剂、强碱。

中毒表现 对皮肤有刺激性。

侵入途径 吸入、食入。

环境危害 对水生生物有毒，可能在水生环境中造成长期不利影响。

理化特性与用途

理化特性 无色至淡黄色透明液体。不溶于水。熔点<-72℃，沸点 196℃，相对密度(水=1)0.947，饱和蒸气压 1.6kPa(20℃)，闪点 66℃(闭杯)。

主要用途 用作丙烯聚合过程中催化剂的高效、无毒助剂。

包装与储运

包装标志 杂类

包装类别 Ⅲ类

安全储运 储存于阴凉、通风的库房。远离火种、热源。应与强氧化剂、强碱等隔离储运。搬运时轻装轻卸，防止容器受损。

紧急处置信息

急救措施

吸入：迅速脱离现场至空气新鲜处。保持呼吸道通畅。如呼吸困难，给输氧。呼吸、心跳停止，立即进行心肺复苏术。就医。

眼睛接触：立即分开眼睑，用流动清水或生理盐水彻底冲洗。就医。

皮肤接触：立即脱去污染的衣着，用肥皂水和清水彻底冲洗。就医。

食入：漱口，饮水。就医。

灭火方法 消防人员须穿全身消防服，佩戴空气呼吸器，在上风向灭火。尽可能将容器从火场移至空旷处。喷水保持火场容器冷却，直至灭火结束。处在火场中的容器若发生异常变化或发出异常声音，须马上撤离。

灭火剂：干粉、泡沫、二氧化碳、砂土。

泄漏应急处置 根据液体流动和蒸气扩散的影响区域划定警戒区，无关人员从侧风、上风向撤离至安全区。消除点火源。应急人员应戴正压自给式呼吸器，穿防护服。尽可能切断泄漏源。防止泄漏物进入水体、下水道、地下室或有限空间。小量泄漏：用干燥的砂土或其他不燃材料吸收或覆盖，收集于容器中。大量泄漏：构筑围堤或挖坑收容。用泡沫覆盖，减少蒸发。用防爆泵转移至槽车或专用收集器内。

369. 2-环己基联苯

标 识

中文名称 2-环己基联苯

英文名称 2-Cyclohexyl biphenyl; 2-Cyclohexyl-1,1′-biphenyl

别名 2-环己基-1,1′-联苯

分子式 $C_{18}H_{20}$

CAS 号 10470-01-6

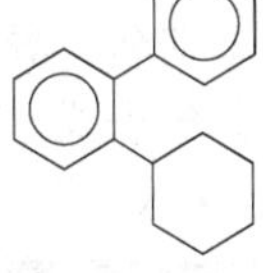

危害信息

燃烧与爆炸危险性 可燃。

禁忌物 强氧化剂。

中毒表现 对眼、皮肤和呼吸道有刺激性。长期反复接触可能对肝、肾和脑造成损害。

侵入途径 吸入、食入。

理化特性与用途

理化特性 淡黄色透明油状液体，有特别气味。不溶于水，溶于烃类和氯化烃类。熔

点-28℃，沸点340℃，相对密度(水=1)1.003~1.009，饱和蒸气压13Pa(25℃)，辛醇/水分配系数6.1，闪点178℃(开杯)、157℃(闭杯)，引燃温度374℃。

主要用途 用作试剂。

包装与储运

安全储运 储存于阴凉、通风的库房。远离火种、热源。应与强氧化剂等隔离储运。搬运时轻装轻卸，防止容器受损。

紧急处置信息

急救措施

吸入：迅速脱离现场至空气新鲜处。保持呼吸道通畅。如呼吸困难，给输氧。呼吸、心跳停止，立即进行心肺复苏术。就医。

眼睛接触：立即分开眼睑，用流动清水或生理盐水彻底冲洗。就医。

皮肤接触：立即脱去污染的衣着，用肥皂水和清水彻底冲洗。就医。

食入：漱口，饮水。就医。

灭火方法 消防人员须穿全身消防服，佩戴空气呼吸器，在上风向灭火。尽可能将容器从火场移至空旷处。喷水保持火场容器冷却，直至灭火结束。

灭火剂：干粉、二氧化碳、砂土、泡沫。

泄漏应急处置 根据液体流动和蒸气扩散的影响区域划定警戒区，无关人员从侧风、上风向撤离至安全区。消除所有点火源。建议应急处理人员戴防毒面具，穿防毒服，戴橡胶手套。穿上适当的防护服前严禁接触破裂的容器和泄漏物。尽可能切断泄漏源。防止泄漏物进入水体、下水道、地下室或有限空间。小量泄漏：用干燥的砂土或其他不燃材料吸收或覆盖，收集于容器中。大量泄漏：构筑围堤或挖坑收容。用泵转移至槽车或专用收集器内。

370. 环己基异丁烷

标　识

中文名称 环己基异丁烷

英文名称 Isobutylcyclohexane；Cyclohexylisobutane

别名 异丁基环己烷

分子式 $C_{10}H_{20}$

CAS 号 1678-98-4

危害信息

危险性类别 第3类 易燃液体

燃烧与爆炸危险性 易燃，其蒸气与空气混合能形成爆炸性混合物，遇明火、高热易燃烧爆炸。

禁忌物 氧化剂。

侵入途径 吸入、食入。

理化特性与用途

理化特性 无色透明液体。不溶于水。熔点-95℃，沸点171.3℃，相对密度(水=1)0.795，饱和蒸气压6.38kPa(85℃)，临界温度385.85℃，临界压力3.12MPa，辛醇/水分配系数4.99，闪点48.3℃。

主要用途 气相色谱分析标准。

包装与储运

包装标志 易燃液体

包装类别 Ⅲ类

安全储运 储存于阴凉、通风的库房。远离火种、热源。库温不宜超过37℃。保持容器密封。应与氧化剂分开存放，切忌混储。采用防爆型照明、通风设施。禁止使用易产生火花的机械设备和工具。灌装时注意流速，防止静电积聚。储区应备有泄漏应急处理设备和合适的收容材料。搬运时轻装轻卸，防止容器受损。

紧急处置信息

急救措施

吸入：脱离接触。如有不适感，就医。

眼睛接触：分开眼睑，用流动清水或生理盐水冲洗。如有不适感，就医。

皮肤接触：脱去污染的衣着，用流动清水冲洗。如有不适感，就医。

食入：漱口，饮水。就医。

灭火方法 消防人员须穿全身消防服，佩戴空气呼吸器，在上风向灭火。尽可能将容器从火场移至空旷处。喷水保持火场容器冷却，直至灭火结束。处在火场中的容器若发生异常变化或发出异常声音，须马上撤离。

灭火剂：干粉、泡沫、二氧化碳、砂土。

泄漏应急处置 消除所有点火源。根据液体流动和蒸气扩散的影响区域划定警戒区，无关人员从侧风、上风向撤离至安全区。建议应急处理人员戴正压自给式呼吸器，穿防静电服，戴橡胶耐油手套。作业时使用的所有设备应接地。禁止接触或跨越泄漏物。尽可能切断泄漏源。防止泄漏物进入水体、下水道、地下室或有限空间。小量泄漏：用砂土或其他不燃材料吸收。使用洁净的无火花工具收集吸收材料。大量泄漏：构筑围堤或挖坑收容。用抗溶性泡沫覆盖，减少蒸发。喷水雾能减少蒸发，但不能降低泄漏物在有限空间内的易燃性。用防爆泵转移至槽车或专用收集器内。

371. 1,4-环己烷化二甲醇化二乙烯基醚

标　识

中文名称 1,4-环己烷化二甲醇化二乙烯基醚

英文名称 1,4-Bis((vinyloxy)methyl)cyclohexane；1,4-Cyclohexanemethanol，divinyl ether

别名 1,4-环己烷二甲醇二乙烯醚

分子式 $C_{12}H_{20}O_2$

CAS号 17351-75-6

危害信息

燃烧与爆炸危险性　可燃。

禁忌物　强氧化剂、强酸。

毒性　大鼠经口 LD_{50}：>5g/kg；兔经皮 LD_{50}：>2g/kg。

中毒表现　对皮肤有致敏性。

侵入途径　吸入、食入、经皮吸收。

环境危害　对水生生物有毒，可能在水生环境中造成长期不利影响。

理化特性与用途

理化特性　无色至黄色液体，有似醚的气味。不溶于水。熔点 6℃，沸点 126℃(1.9kPa)，相对密度(水=1)0.919，饱和蒸气压 1.4Pa(20℃)，闪点 113℃(闭杯)，引燃温度 215℃。

主要用途　用作化学中间体，用于阳离子和自由基固化油墨、黏合剂和 UV 固化涂料等。

包装与储运

包装标志　杂类

包装类别　Ⅲ类

安全储运　储存于阴凉、通风的库房。远离火种、热源。保持容器密闭。应与强氧化剂、强酸等隔离储运。搬运时轻装轻卸，防止容器受损。

紧急处置信息

急救措施

吸入：迅速脱离现场至空气新鲜处。保持呼吸道通畅。如呼吸困难，给输氧。呼吸、心跳停止，立即进行心肺复苏术。就医。

眼睛接触：立即分开眼睑，用流动清水或生理盐水彻底冲洗。就医。

皮肤接触：立即脱去污染的衣着，用肥皂水和清水彻底冲洗。就医。

食入：漱口，饮水。就医。

灭火方法　消防人员须穿全身消防服，佩戴空气呼吸器，在上风向灭火。尽可能将容器从火场移至空旷处。喷水保持火场容器冷却，直至灭火结束。

灭火剂：二氧化碳、泡沫、干粉。

泄漏应急处置　消除所有点火源。根据液体流动和蒸气扩散的影响区域划定警戒区，无关人员从侧风、上风向撤离至安全区。建议应急处理人员戴正压自给式呼吸器，穿防护服，戴橡胶耐油手套。禁止接触或跨越泄漏物。尽可能切断泄漏源。防止泄漏物进入水体、下水道、地下室或有限空间。小量泄漏：用砂土或其他不燃材料吸收。使用洁净的无火花工具收集吸收材料。大量泄漏：构筑围堤或挖坑收容。用泵转移至槽车或专用收集器内。

372. 环嗪酮

标　识

中文名称　环嗪酮

英文名称 3-Cyclohexyl-6-dimethylamino-1-methyl-1,2,3,4-tetrahydro-1,3,5-triazine-2,4-dione；Hexazinone

别名 3-环己基-6-二甲氨基-1-甲基-1,3,5-三嗪-2,4(1H,3H)二酮

分子式 $C_{12}H_{20}N_4O_2$

CAS 号 51235-04-2

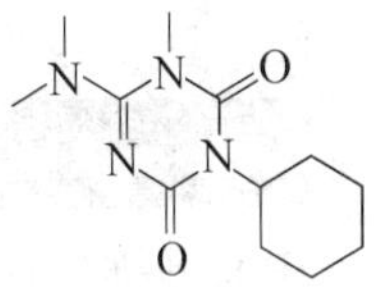

危害信息

燃烧与爆炸危险性 受热易分解放出有毒的氮氧化物气体。

禁忌物 强氧化剂、酸碱、醇类。

毒性 大鼠经口 LD_{50}：1690mg/kg；大鼠吸入 LC_{50}：>7480mg/m^3(1h)；兔经皮 LD_{50}：5278mg/kg。

中毒表现 食入有害。对眼有刺激性。

侵入途径 吸入、食入、经皮吸收。

环境危害 对水生生物有极高毒性，可能在水生环境中造成长期不利影响。

理化特性与用途

理化特性 无色无臭结晶。微溶于水，溶于甲醇、氯仿、苯、丙酮、二甲基甲酰胺等。熔点 115~117℃，相对密度(水=1)1.25，饱和蒸气压 0.03mPa(25℃)，辛醇/水分配系数 1.85。

除草剂。用于林木防除狗尾草、蚊子草、芦苇、野燕麦等杂草。

包装与储运

包装标志 杂类

包装类别 Ⅲ类

安全储运 储存于阴凉、通风的库房。远离火种、热源。应与强氧化剂、酸碱、醇类等隔离储运。

紧急处置信息

急救措施

脱离现场至空气新鲜处。保持呼吸道通畅。如呼吸困难，给输氧。呼吸、心跳停止，立即进行心肺复苏术。就医。

眼睛接触：立即分开眼睑，用流动清水或生理盐水彻底冲洗。就医。

皮肤接触：立即脱去污染的衣着，用肥皂水和清水彻底冲洗。就医。

食入：漱口，饮水。就医。

灭火方法 消防人员须穿全身消防服，佩戴空气呼吸器，在上风向灭火。尽可能将容器从火场移至空旷处。喷水保持火场容器冷却，直至灭火结束。

灭火剂：泡沫、二氧化碳、砂土、干粉。

泄漏应急处置 隔离泄漏污染区，限制出入。建议应急处理人员戴防尘口罩，穿防护服，戴防护手套。穿上适当的防护服前严禁接触破裂的容器和泄漏物。尽可能切断泄漏源。用塑料布覆盖泄漏物，减少飞散。勿使水进入包装容器内。用洁净的铲子收集泄漏物，置于干净、干燥、盖子较松的容器中，将容器移离泄漏区。

373. 1,3-环辛二烯

标　识

中文名称　1,3-环辛二烯

英文名称　*cis*,*cis*-1,3-Cyclooctadiene；1,3-Cyclooctadiene

CAS 号　3806-59-5

铁危编号　32019

UN 号　2520

危害信息

危险性类别　第 3 类　易燃液体

燃烧与爆炸危险性　易燃，其蒸气与空气混合能形成爆炸性混合物，遇明火、高热易燃烧爆炸。

禁忌物　氧化剂。

中毒表现　食入或吸入对身体有害。对眼和皮肤有刺激性。对皮肤有致敏性。

侵入途径　吸入、食入。

理化特性　无色液体。不溶于水。熔点-53～-51℃，沸点 143℃、55℃(4.5kPa)，相对密度 0.869，辛醇/水分配系数 2.7，闪点 24℃(闭杯)。

主要用途　用作有机合成中间体。

包装与储运

包装标志　易燃液体

包装类别　Ⅲ类

安全储运　储存于阴凉、通风的库房。远离火种、热源，避免阳光直射。储存温度不超过 37℃。保持容器密闭。炎热季节早晚运输，应与氧化剂等隔离储运。禁止使用易产生火花的机械设备和工具。灌装时注意流速，防止静电积聚。搬运时轻装轻卸，防止容器受损。

紧急处置信息

急救措施

吸入：迅速脱离现场至空气新鲜处。保持呼吸道通畅。如呼吸困难，给输氧。呼吸、心跳停止，立即进行心肺复苏术。就医。

眼睛接触：立即分开眼睑，用流动清水或生理盐水彻底冲洗。就医。

皮肤接触：立即脱去污染的衣着，用肥皂水和清水彻底冲洗。就医。

食入：漱口，饮水。就医。

灭火方法　消防人员须穿全身消防服，佩戴空气呼吸器，在上风向灭火。尽可能将容器从火场移至空旷处。喷水保持火场容器冷却，直至灭火结束。处在火场中的容器若发生异常变化或发出异常声音，须马上撤离。

灭火剂：二氧化碳、干粉。

泄漏应急处置　消除所有点火源。根据液体流动和蒸气扩散的影响区域划定警戒区，

无关人员从侧风、上风向撤离至安全区。建议应急处理人员戴正压自给式呼吸器，穿防静电服，戴橡胶耐油手套。作业时使用的所有设备应接地。禁止接触或跨越泄漏物。尽可能切断泄漏源。防止泄漏物进入水体、下水道、地下室或有限空间。小量泄漏：用砂土或其他不燃材料吸收。使用洁净的无火花工具收集吸收材料。大量泄漏：构筑围堤或挖坑收容。用抗溶性泡沫覆盖，减少蒸发。喷水雾能减少蒸发，但不能降低泄漏物在有限空间内的易燃性。用防爆泵转移至槽车或专用收集器内。

374. 2,3-环氧丙基-2-乙基环己基醚

标　识

中文名称　2,3-环氧丙基-2-乙基环己基醚

英文名称　2,3-Epoxypropyl-2-ethylcyclohexyl ether；Ethylcyclohexylglycidyl ether

别名　乙基环己基缩水甘油基醚

分子式　$C_{11}H_{20}O_2$

CAS 号　130014-35-6

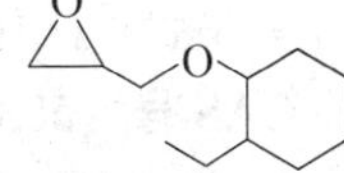

危害信息

燃烧与爆炸危险性　可燃。

禁忌物　强氧化剂、强酸。

中毒表现　对眼和皮肤有刺激性。对皮肤有致敏性。

侵入途径　吸入、食入。

理化特性与用途

理化特性　微溶于水。沸点 242℃，相对密度(水 = 1) 0.98，饱和蒸气压 6.65Pa (25℃)，辛醇/水分配系数 2.91，闪点 83℃。

主要用途　用作化学中间体和医药原料。

包装与储运

安全储运　储存于阴凉、通风的库房。远离火种、热源。保持容器密闭。应与强氧化剂、强酸等隔离储运。搬运时轻装轻卸，防止容器受损。

紧急处置信息

急救措施

吸入：迅速脱离现场至空气新鲜处。保持呼吸道通畅。如呼吸困难，给输氧。呼吸、心跳停止，立即进行心肺复苏术。就医。

眼睛接触：立即分开眼睑，用流动清水或生理盐水彻底冲洗。就医。

皮肤接触：立即脱去污染的衣着，用肥皂水和清水彻底冲洗。就医。

食入：漱口，饮水。就医。

灭火方法　消防人员须穿全身消防服，佩戴空气呼吸器，在上风向灭火。尽可能将容器从火场移至空旷处。喷水保持火场容器冷却，直至灭火结束。

灭火剂：干粉、二氧化碳。

泄漏应急处置 根据液体流动和蒸气扩散的影响区域划定警戒区，无关人员从侧风、上风向撤离至安全区。消除所有点火源。建议应急处理人员戴防毒面具，穿防毒服。穿上适当的防护服前严禁接触破裂的容器和泄漏物。尽可能切断泄漏源。防止泄漏物进入水体、下水道、地下室或有限空间。小量泄漏：用干燥的砂土或其他不燃材料吸收或覆盖，收集于容器中。大量泄漏：构筑围堤或挖坑收容。用泡沫覆盖，减少蒸发。用泵转移至槽车或专用收集器内。

375. 1,3-环氧丙烷

标　识

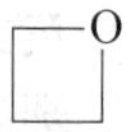

中文名称 1,3-环氧丙烷

英文名称 1,3-Propylene oxide；Trimethylene oxide；Oxacyclobutane

别名 氧杂环丁烷

分子式 C_3H_6O

CAS 号 503-30-0

危害信息

危险性类别 第 3 类 易燃液体

燃烧与爆炸危险性 易燃，其蒸气与空气混合能形成爆炸性混合物，遇明火、高热易燃烧爆炸。受热易分解，在高温火场中，受热的容器有破裂和爆炸的危险。

禁忌物 氧化剂、强酸。

毒性 大鼠皮下 LD_{50}：500mg/kg。

中毒表现 食入、吸入或经皮肤吸收对身体有害。

侵入途径 吸入、食入、经皮吸收。

理化特性与用途

理化特性 无色透明液体，有芳香气味。与水混溶，易溶于乙醇、丙酮，溶于乙醚。熔点-97℃，沸点 50℃，相对密度(水=1)0.893，饱和蒸气压 43.1kPa(25℃)，临界温度 235℃，临界压力 5.3MPa，辛醇/水分配系数-0.14，闪点-28℃。

主要用途 用作化学中间体。

包装与储运

包装标志 易燃液体

包装类别 Ⅱ类

安全储运 储存于阴凉、通风的库房。远离火种、热源，避免阳光直射。储存温度不超过 37℃。保持容器密闭。炎热季节早晚运输，应与氧化剂、强酸等隔离储运。禁止使用易产生火花的机械设备和工具。灌装时注意流速，防止静电积聚。搬运时轻装轻卸，防止容器受损。

紧急处置信息

急救措施

吸入：迅速脱离现场至空气新鲜处。保持呼吸道通畅。如呼吸困难，给输氧。呼吸、

心跳停止，立即进行心肺复苏术。就医。

眼睛接触： 立即分开眼睑，用流动清水或生理盐水彻底冲洗。就医。

皮肤接触： 立即脱去污染的衣着，用肥皂水和清水彻底冲洗。就医。

食入： 漱口，饮水。就医。

灭火方法 消防人员须穿全身消防服，佩戴空气呼吸器，在上风向灭火。尽可能将容器从火场移至空旷处。喷水保持火场容器冷却，直至灭火结束。处在火场中的容器若发生异常变化或发出异常声音，须马上撤离。

灭火剂：二氧化碳、干粉。

泄漏应急处置 消除所有点火源。根据液体流动和蒸气扩散的影响区域划定警戒区，无关人员从侧风、上风向撤离至安全区。建议应急处理人员戴正压自给式呼吸器，穿防静电服，戴橡胶耐油手套。作业时使用的所有设备应接地。禁止接触或跨越泄漏物。尽可能切断泄漏源。防止泄漏物进入水体、下水道、地下室或有限空间。小量泄漏：用砂土或其他不燃材料吸收。使用洁净的无火花工具收集吸收材料。大量泄漏：构筑围堤或挖坑收容。用抗溶性泡沫覆盖，减少蒸发。喷水雾能减少蒸发，但不能降低泄漏物在有限空间内的易燃性。用防爆泵转移至槽车或专用收集器内。

376. 1,2-环氧-3-乙氧基丙烷

标　识

中文名称 1,2-环氧-3-乙氧基丙烷

英文名称 1,2-Epoxy-3-ethoxypropane；(Ethoxymethyl) oxirane

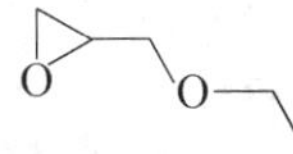

分子式 $C_5H_{10}O_2$

CAS 号 4016-11-9

危害信息

危险性类别 第 3 类 易燃液体

燃烧与爆炸危险性 易燃，其蒸气与空气混合能形成爆炸性混合物，遇明火、高热易燃烧爆炸。受热易聚合。在高温火场中受热的容器有破裂和爆炸的危险。蒸气比空气重，沿地面扩散并易积存于低洼处，遇火源会着火回燃。

禁忌物 氧化剂、强酸。

侵入途径 吸入、食入。

理化特性与用途

理化特性 无色至淡黄色透明液体。不溶于水。熔点-61℃，沸点 128℃，相对密度(水=1)0.95，相对蒸气密度(空气=1)3.52，饱和蒸气压 4.2kPa(25℃)，临界温度 294℃，临界压力 3.94MPa，辛醇/水分配系数 0.36，闪点 47℃。

主要用途 用于研究。

包装与储运

包装标志 易燃液体

包装类别 Ⅲ类

安全储运 储存于阴凉、通风的库房。远离火种、热源，避免阳光直射。储存温度不超过37℃。保持容器密闭。炎热季节早晚运输，应与氧化剂、强酸等隔离储运。禁止使用易产生火花的机械设备和工具。灌装时注意流速，防止静电积聚。搬运时轻装轻卸，防止容器受损。

紧急处置信息

急救措施

吸入：迅速脱离现场至空气新鲜处。保持呼吸道通畅。如呼吸困难，给输氧。呼吸、心跳停止，立即进行心肺复苏术。就医。

眼睛接触：分开眼睑，用流动清水或生理盐水冲洗。如有不适感，就医。

皮肤接触：脱去污染的衣着，用流动清水冲洗。如有不适感，就医。

食入：漱口，饮水。就医。

灭火方法 消防人员须穿全身消防服，佩戴空气呼吸器，在上风向灭火。尽可能将容器从火场移至空旷处。喷水保持火场容器冷却，直至灭火结束。处在火场中的容器若发生异常变化，须马上撤离。

灭火剂：干粉、二氧化碳、抗溶性泡沫。

泄漏应急处置 消除所有点火源。根据液体流动和蒸气扩散的影响区域划定警戒区，无关人员从侧风、上风向撤离至安全区。建议应急处理人员戴正压自给式呼吸器，穿防静电服，戴橡胶耐油手套。作业时使用的所有设备应接地。禁止接触或跨越泄漏物。尽可能切断泄漏源。防止泄漏物进入水体、下水道、地下室或有限空间。小量泄漏：用砂土或其他不燃材料吸收。使用洁净的无火花工具收集吸收材料。大量泄漏：构筑围堤或挖坑收容。用抗溶性泡沫覆盖，减少蒸发。喷水雾能减少蒸发，但不能降低泄漏物在有限空间内的易燃性。用防爆泵转移至槽车或专用收集器内。

377. 黄草伏

标 识

中文名称 黄草伏

英文名称 1,1,1-Trifluoro-*N*-(4-phenylsulphonyl-*o*-tolyl)methanesulphonamide；Perfluidone

别名 1,1,1-三氟-*N*-(2-甲基-4-(苯基磺酰)苯基)甲基氨磺酰

分子式 $C_{14}H_{12}F_3NO_4S_2$

CAS 号 37924-13-3

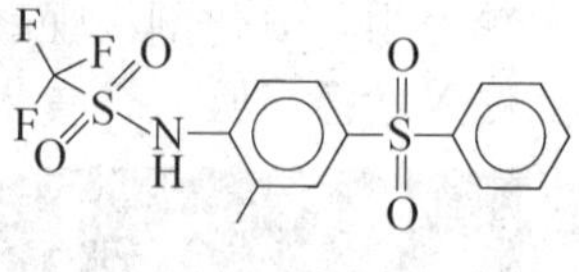

危害信息

燃烧与爆炸危险性 无特殊燃爆特性。

禁忌物 强氧化剂。

毒性 大鼠经口 LD_{50}：633mg/kg；小鼠经口 LD_{50}：920mg/kg；兔经皮 LD_{50}：>4g/kg。

中毒表现 食入有害。对眼有刺激性。

侵入途径 吸入、食入、经皮吸收。

理化特性与用途

理化特性 无色结晶。不溶于水，溶于丙酮、甲醇、二氯甲烷，微溶于苯。熔点 142~

144℃，相对密度(水=1)1.51，饱和蒸气压1.2mPa(25℃)，辛醇/水分配系数4.24。

主要用途 除草剂。用于棉花、观赏植物、移栽烟草、定植草皮防除多种禾本科杂草。

包装与储运

安全储运 储存于阴凉、通风的库房。远离火种、热源。应与强氧化剂等隔离储运。

紧急处置信息

急救措施

吸入：迅速脱离现场至空气新鲜处。保持呼吸道通畅。如呼吸困难，给输氧。呼吸、心跳停止，立即进行心肺复苏术。就医。

眼睛接触：立即分开眼睑，用流动清水或生理盐水彻底冲洗。就医。

皮肤接触：立即脱去污染的衣着，用肥皂水和清水彻底冲洗。就医。

食入：漱口，饮水。就医。

灭火方法 消防人员须穿全身消防服，佩戴空气呼吸器，在上风向灭火。尽可能将容器从火场移至空旷处。喷水保持火场容器冷却，直至灭火结束。

根据着火原因选择适当灭火剂灭火。

泄漏应急处置 隔离泄漏污染区，限制出入。建议应急处理人员戴防尘口罩，穿防毒服，戴防护手套。穿上适当的防护服前严禁接触破裂的容器和泄漏物。尽可能切断泄漏源。用塑料布覆盖泄漏物，减少飞散。勿使水进入包装容器内。用洁净的铲子收集泄漏物，置于干净、干燥、盖子较松的容器中，将容器移离泄漏区。

378. 黄樟脑

标　识

中文名称 黄樟脑

英文名称 Safrole；5-Allyl-1,3-benzodioxole

别名 黄樟素；4-烯丙基-1,2-亚甲基二氧基苯

分子式 $C_{10}H_{10}O_2$

CAS号 94-59-7

危害信息

燃烧与爆炸危险性 可燃，其蒸气与空气混合能形成爆炸性混合物，遇明火、高热易燃烧爆炸。

禁忌物 强氧化剂、强酸。

毒性 大鼠经口 LD_{50}：1950mg/kg；小鼠经口 LD_{50}：2350mg/kg；兔经皮 LD_{50}：>5g/kg。

欧盟法规1272/2008/EC将本品列为第1B类致癌物——可能对人类有致癌能力；第2类生殖细胞致突变物——由于可能导致人类生殖细胞可遗传突变而引起人们关注的物质。

中毒表现 食入有害。

侵入途径 吸入、食入、经皮吸收。

理化特性与用途

理化特性 无色或淡黄色油状液体。不溶于水，混溶于氯仿、乙醚，溶于乙醇，微溶于丙二醇，不溶于甘油。熔点 11.2℃，沸点 232~234℃，相对密度(水=1)1.10，相对蒸气密度(空气=1)5.6，饱和蒸气压 9.4Pa(25℃)，辛醇/水分配系数 3.45，闪点 97℃。

主要用途 用于合成增效醚，用于香料、防腐剂和医药等。

包装与储运

安全储运 储存于阴凉、通风的库房。远离火种、热源。保持容器密闭。应与强氧化剂、强酸等隔离储运。应严格执行易制毒化学品管理制度。

紧急处置信息

急救措施

吸入：迅速脱离现场至空气新鲜处。保持呼吸道通畅。如呼吸困难，给输氧。呼吸、心跳停止，立即进行心肺复苏术。就医。

眼睛接触：立即分开眼睑，用流动清水或生理盐水彻底冲洗。就医。

皮肤接触：立即脱去污染的衣着，用肥皂水和清水彻底冲洗。就医。

食入：漱口，饮水。就医。

灭火方法 消防人员须穿全身消防服，佩戴空气呼吸器，在上风向灭火。尽可能将容器从火场移至空旷处。

灭火剂：干粉、二氧化碳。

泄漏应急处置 根据液体流动和蒸气扩散的影响区域划定警戒区，无关人员从侧风、上风向撤离至安全区。消除点火源。建议应急处理人员戴正压自给式呼吸器，穿防毒服，戴橡胶手套。穿上适当的防护服前严禁接触破裂的容器和泄漏物。尽可能切断泄漏源。防止泄漏物进入水体、下水道、地下室或有限空间。小量泄漏：用干燥的砂土或其他不燃材料吸收或覆盖，收集于容器中。大量泄漏：构筑围堤或挖坑收容。用泵转移至槽车或专用收集器内。

379. 4-磺苯基-6-((1-氧代壬基)氨基)己酸钠

标　识

中文名称 4-磺苯基-6-((1-氧代壬基)氨基)己酸钠

英文名称 Sodium 4-sulfophenyl-6-((1-oxononyl)amino)hexanoate

分子式 $C_{21}H_{33}NO_6S \cdot Na$

CAS 号 168151-92-6

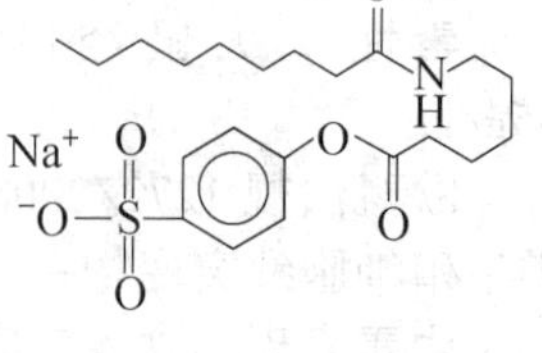

Na^+ $^-O-S(=O)(=O)-$ … O N H

危害信息

燃烧与爆炸危险性 无特殊燃爆特性。

禁忌物 强氧化剂。

中毒表现 对皮肤有致敏性。

侵入途径 吸入、食入。

包装与储运

安全储运 储存于阴凉、通风的库房。远离火种、热源。保持容器密闭。应与强氧化剂等隔离储运。

紧急处置信息

急救措施

吸入：迅速脱离现场至空气新鲜处。保持呼吸道通畅。如呼吸困难，给输氧。呼吸、心跳停止，立即进行心肺复苏术。就医。

眼睛接触：立即分开眼睑，用流动清水或生理盐水彻底冲洗。就医。

皮肤接触：立即脱去污染的衣着，用肥皂水和清水彻底冲洗。就医。

食入：漱口，饮水。就医。

灭火方法 消防人员须穿全身消防服，佩戴空气呼吸器，在上风向灭火。尽可能将容器从火场移至空旷处。

根据着火原因选择适当灭火剂灭火。

泄漏应急处置 隔离泄漏污染区，限制出入。建议应急处理人员戴防尘口罩，穿防护服，戴橡胶手套。穿上适当的防护服前严禁接触破裂的容器和泄漏物。尽可能切断泄漏源。用塑料布覆盖泄漏物，减少飞散。勿使水进入包装容器内。用洁净的铲子收集泄漏物，置于干净、干燥、盖子较松的容器中，将容器移离泄漏区。

380. 磺噻隆

标　识

中文名称 磺噻隆

英文名称 1-(5-Ethylsulphonyl-1,3,4-thiadiazol-2-yl)-1,3-dimethylurea；Ethidimuron

别名 1-(*S*-乙基磺酰基-1,3,4-噻二唑-2-基)-1,3-二甲脲

分子式 $C_7H_{12}N_4O_3S_2$

CAS 号 30043-49-3

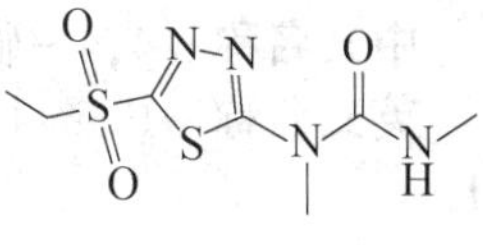

危害信息

燃烧与爆炸危险性 无特殊燃爆特性。

禁忌物 强氧化剂。

毒性 大鼠经口 LD_{50}：5g/kg；小鼠经口 LD_{50}：>2500mg/kg；大鼠经皮 LD_{50}：>5g/kg。

中毒表现 大剂量口服脲类除草剂可引起急性中毒，出现恶心、呕吐、头痛、头晕、乏力、失眠，严重者可有贫血、肝脾肿大。对眼、皮肤、黏膜有刺激性。对皮肤有致敏性。

侵入途径 吸入、食入、经皮吸收。

环境危害 对水生生物有极高毒性，可能在水生环境中造成长期不利影响。

理化特性与用途

理化特性 无色或白色结晶。微溶于水，溶于二氯甲烷、环丙酮，微溶于己烷、异丙醇、甲苯。熔点 156℃，相对密度(水=1) 1.464，饱和蒸气压 0.08mPa(20℃)，辛醇/水分

配系数-0. 22。

主要用途　除草剂。用于铁路、公路等非耕地除草。

包装与储运

包装标志　杂类

包装类别　Ⅲ类

安全储运　储存于阴凉、通风的库房。远离火种、热源。保持容器密闭。应与强氧化剂等隔离储运。

紧急处置信息

急救措施

吸入：迅速脱离现场至空气新鲜处。保持呼吸道通畅。如呼吸困难，给输氧。呼吸、心跳停止，立即进行心肺复苏术。就医。

眼睛接触：立即分开眼睑，用流动清水或生理盐水彻底冲洗。就医。

皮肤接触：立即脱去污染的衣着，用肥皂水和清水彻底冲洗。就医。

食入：漱口，饮水。就医。

灭火方法　消防人员须穿全身消防服，佩戴空气呼吸器，在上风向灭火。尽可能将容器从火场移至空旷处。喷水保持火场容器冷却，直至灭火结束。

根据着火原因选择适当灭火剂灭火。

泄漏应急处置　隔离泄漏污染区，限制出入。建议应急处理人员戴防尘口罩，穿防毒服，戴橡胶手套。穿上适当的防护服前严禁接触破裂的容器和泄漏物。尽可能切断泄漏源。用塑料布覆盖泄漏物，减少飞散。勿使水进入包装容器内。用洁净的铲子收集泄漏物，置于干净、干燥、盖子较松的容器中，将容器移离泄漏区。

381. 4,4′-磺酰基双(2-(2-丙烯基))苯酚

标　识

中文名称　4,4′-磺酰基双(2-(2-丙烯基))苯酚

英文名称　Phenol,4,4′-sulfonylbis(2-(2-propenyl)-; 2,2′-Diallyl-4,4′-sulfonyldiphenol

分子式　$C_{18}H_{18}O_4S$

CAS 号　41481-66-7

危害信息

燃烧与爆炸危险性　无特殊燃爆特性。

禁忌物　强氧化剂。

中毒表现　对皮肤有致敏性。

侵入途径　吸入、食入。

环境危害　对水生生物有毒，可能在水生环境中造成长期不利影响。

理化特性与用途

理化特性　白色粉末。熔点 151. 5℃。

主要用途 用作热敏纸显影剂。

包装与储运

包装标志 杂类

包装类别 Ⅲ类

安全储运 储存于阴凉、通风的库房。远离火种、热源。保持容器密闭。应与强氧化剂等隔离储运。

紧急处置信息

急救措施

吸入：迅速脱离现场至空气新鲜处。保持呼吸道通畅。如呼吸困难，给输氧。呼吸、心跳停止，立即进行心肺复苏术。就医。

眼睛接触：立即分开眼睑，用流动清水或生理盐水彻底冲洗。就医。

皮肤接触：立即脱去污染的衣着，用肥皂水和清水彻底冲洗。就医。

食入：漱口，饮水。就医。

灭火方法 消防人员须穿全身消防服，佩戴空气呼吸器，在上风向灭火。尽可能将容器从火场移至空旷处。

着火原因选择适当灭火剂灭火。

泄漏应急处置 隔离泄漏污染区，限制出入。建议应急处理人员戴防尘口罩，穿防毒服，戴橡胶手套。穿上适当的防护服前严禁接触破裂的容器和泄漏物。尽可能切断泄漏源。用塑料布覆盖泄漏物，减少飞散。勿使水进入包装容器内。用洁净的铲子收集泄漏物，置于干净、干燥、盖子较松的容器中，将容器移离泄漏区。

382. 己基卡必醇

标　识

中文名称 己基卡必醇

英文名称 2-(2-Hexyloxyethoxy)ethanol；DEGHE；Diethylene glycol monohexyl ether；3,6-Dioxa-1-dodecanol；Hexyl carbitol；3,6-Dioxadodecan-1-ol

别名 二甘醇单己基醚

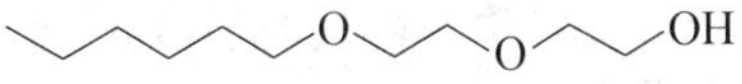

分子式 $C_{10}H_{22}O_3$

CAS 号 112-59-4

危害信息

燃烧与爆炸危险性 可燃，燃烧产生具有刺激性的有毒气体。

禁忌物 强氧化剂。

毒性 大鼠经口 LD_{50}：2400mg/kg；兔经皮 LD_{50}：1500μL/kg。

中毒表现 对眼有强烈刺激性。对皮肤有刺激性。

侵入途径 吸入、食入、经皮吸收

理化特性与用途

理化特性 水白色液体。微溶于水。熔点 -33℃，沸点 259℃，相对密度(水=1)

0.935，相对蒸气密度(空气=1)6.6，饱和蒸气压 0.067Pa(25℃)，辛醇/水分配系数 1.7，闪点 140.6℃(开杯)。

主要用途 高沸点溶剂。用于清洗剂、纤维添加剂、油用添加剂，用作中间体等。

包装与储运

安全储运 储存于阴凉、通风的库房。远离火种、热源。保持容器密闭。应与强氧化剂等隔离储运。

紧急处置信息

急救措施

吸入：迅速脱离现场至空气新鲜处。保持呼吸道通畅。如呼吸困难，给输氧。呼吸、心跳停止，立即进行心肺复苏术。就医。

眼睛接触：立即分开眼睑，用流动清水或生理盐水彻底冲洗 5~10min。就医。

皮肤接触：立即脱去污染的衣着，用肥皂水和清水彻底冲洗。就医。

食入：漱口，饮水。就医。

灭火方法 消防人员须穿全身消防服，佩戴空气呼吸器，在上风向灭火。尽可能将容器从火场移至空旷处。喷水保持火场容器冷却，直至灭火结束。禁止用水灭火。

灭火剂：干粉、泡沫、二氧化碳。

泄漏应急处置 根据液体流动和蒸气扩散的影响区域划定警戒区，无关人员从侧风、上风向撤离至安全区。消除点火源。应急人员应戴正压自给式呼吸器，穿防护服。尽可能切断泄漏源。防止泄漏物进入水体、下水道、地下室或有限空间。小量泄漏：用砂土或其他不燃材料吸收，用洁净的无火花工具收集于容器中。大量泄漏：构筑围堤或挖坑收容泄漏物。用泵转移至槽车或专用收集器内。

383. (3*S*,4*S*)-3-己基-4-((*R*)-2-羟基十三烷基)-2-氧杂环丁酮

标　识

中文名称 (3*S*,4*S*)-3-己基-4-((*R*)-2-羟基十三烷基)-2-氧杂环丁酮

英文名称 (3*S*,4*S*)-3-Hexyl-4-((*R*)-2-hydroxytridecyl)-2-oxetanone

分子式 $C_{22}H_{42}O_3$

CAS 号 104872-06-2

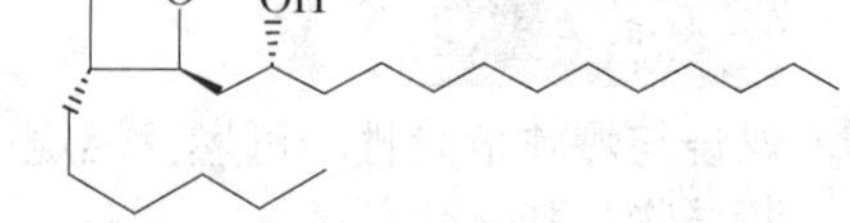

O　O　OH

危害信息

燃烧与爆炸危险性 无特殊燃爆特性。

禁忌物 强氧化剂、酸碱、醇类。

侵入途径 吸入、食入。

环境危害 对水生生物有极高毒性，可能在水生环境中造成长期不利影响。

理化特性与用途

理化特性 白色结晶固体。不溶于水。熔点 61~62℃，沸点 468℃，相对密度(水=1)

0.935，辛醇/水分配系数6.97，闪点176℃。

主要用途 用作医药中间体。

包装与储运

包装标志 杂类

包装类别 Ⅲ类

安全储运 储存于阴凉、通风的库房。远离火种、热源。应与强氧化剂、酸碱、醇类等隔离储运。

紧急处置信息

急救措施

吸入： 脱离接触。如有不适感，就医。

眼睛接触： 分开眼睑，用流动清水或生理盐水冲洗。如有不适感，就医。

皮肤接触： 脱去污染的衣着，用流动清水冲洗。如有不适感，就医。

食入： 漱口，饮水。就医。

灭火方法 消防人员须穿全身消防服，佩戴空气呼吸器，在上风向灭火。尽可能将容器从火场移至空旷处。

根据着火原因选择适当灭火剂灭火。

泄漏应急处置 隔离泄漏污染区，限制出入。建议应急处理人员戴防尘口罩，穿防护服。穿上适当的防护服前严禁接触破裂的容器和泄漏物。尽可能切断泄漏源。用塑料布覆盖泄漏物，减少飞散。勿使水进入包装容器内。用洁净的铲子收集泄漏物，置于干净、干燥、盖子较松的容器中，将容器移离泄漏区。

384. Z-3-(3-己烯基氧)丙腈

标 识

中文名称 Z-3-(3-己烯基氧)丙腈

英文名称 Propanenitrile, 3-((3Z)-3-hexen-1-yloxy)-; Propanenitrile, 3-((3Z)-3-hexenyloxy)-

别名 叶醇丙腈

分子式 $C_9H_{15}NO$

CAS 号 142653-61-0

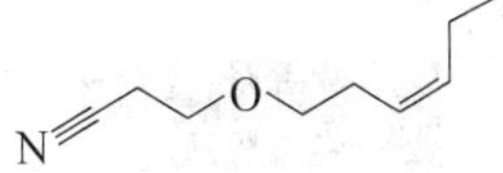

危害信息

危险性类别 第6类 有毒品

燃烧与爆炸危险性 无特殊燃爆特性。

禁忌物 强氧化剂、强酸。

中毒表现 吸入引起中毒。食入有害。

侵入途径 吸入、食入。

环境危害 对水生生物有极高毒性，可能在水生环境中造成长期不利影响。

理化特性与用途

理化特性　无色至淡黄色液体。微溶于水。饱和蒸气压 1.72Pa(25℃)，辛醇/水分配系数 1.89。

主要用途　使用于所有醛香和海洋香型配方中，同时也适合用于花香配方中。

包装与储运

包装标志　有毒品

包装类别　Ⅲ类

安全储运　储存于阴凉、通风的库房。远离火种、热源。储存温度不超过 32℃，相对湿度不超过 85%。保持容器密封。应与强氧化剂、强酸等隔离储运。配备相应品种和数量的消防器材。储区应备有合适的材料收容泄漏物。搬运时轻装轻卸，防止容器受损。

紧急处置信息

急救措施

吸入：迅速脱离现场至空气新鲜处。保持呼吸道通畅。如呼吸困难，给输氧。呼吸、心跳停止，立即进行心肺复苏术。就医。

眼睛接触：立即分开眼睑，用流动清水或生理盐水彻底冲洗。就医。

皮肤接触：立即脱去污染的衣着，用肥皂水和清水彻底冲洗。就医。

食入：漱口，饮水。就医。

灭火方法　消防人员须穿全身防火防毒服，佩戴空气呼吸器，在上风向灭火。尽可能将容器从火场移至空旷处。

根据着火原因选择适当灭火剂灭火。

泄漏应急处置　根据液体流动和蒸气扩散的影响区域划定警戒区，无关人员从侧风、上风向撤离至安全区。消除所有点火源。建议应急处理人员戴防毒面具，穿防毒服，戴橡胶手套。禁止接触或跨越泄漏物。尽可能切断泄漏源。防止泄漏物进入水体、下水道、地下室或有限空间。小量泄漏：用砂土或其他不燃材料吸收。使用洁净的无火花工具收集吸收材料。大量泄漏：构筑围堤或挖坑收容。用泵转移至槽车或专用收集器内。

385. 2-(己氧基)乙醇

标　识

中文名称　2-(己氧基)乙醇

英文名称　2-Hexyloxyethanol；Ethylene glycol monohexyl ether；Hexyl cellosolve

别名　乙二醇一己醚

分子式　$C_8H_{18}O_2$

CAS 号　112-25-4

O　OH

危害信息

危险性类别　第 8 类　腐蚀品

燃烧与爆炸危险性　易燃，其蒸气与空气混合能形成爆炸性混合物，遇明火、高热易

燃烧爆炸。

禁忌物　强氧化剂、强酸。

毒性　大鼠经口 LD_{50}：830mg/kg；兔经皮 LD_{50}：720mg/kg；大鼠吸入 LC：>83ppm(4h)。

中毒表现　食入或经皮肤吸收对身体有害。对眼和皮肤有腐蚀性。

侵入途径　吸入、食入、经皮吸收。

理化特性与用途

理化特性　无色液体。微溶于水，易溶于乙醇、乙醚。熔点-45℃，沸点 208.3℃，相对密度(水=1)0.89，饱和蒸气压 6.7Pa(25℃)，辛醇/水分配系数 1.86，闪点 81.7℃(闭杯)、90.6℃(开杯)，引燃温度 220℃，爆炸下限 1.2%，爆炸上限 8.1%。

主要用途　高沸点溶剂。用作乳胶漆基料和化学中间体。

包装与储运

包装标志　腐蚀品

包装类别　Ⅱ类

安全储运　储存于阴凉、通风的库房。远离火种、热源。保持容器密封。应与强氧化剂、强酸等隔离储运。储区应备有泄漏应急处理设备和合适的收容材料。搬运时轻装轻卸，防止容器受损。

紧急处置信息

急救措施

吸入：迅速脱离现场至空气新鲜处。保持呼吸道通畅。如呼吸困难，给输氧。呼吸、心跳停止，立即进行心肺复苏术。就医。

眼睛接触：立即分开眼睑，用流动清水或生理盐水彻底冲洗 5~10min。就医。

皮肤接触：立即脱去污染的衣着，用大量流动清水彻底冲洗，冲洗时间一般要求 20~30min。就医。

食入：用水漱口，禁止催吐。给饮牛奶或蛋清。就医。

灭火方法　消防人员须穿全身消防服，佩戴空气呼吸器，在上风向灭火。尽可能将容器从火场移至空旷处。喷水保持火场容器冷却，直至灭火结束。处在火场中的容器若发生异常变化或发出异常声音，须马上撤离。

灭火剂：泡沫、二氧化碳。

泄漏应急处置　根据液体流动和蒸气扩散的影响区域划定警戒区，无关人员从侧风、上风向撤离至安全区。消除点火源。建议应急处理人员戴正压自给式呼吸器，穿耐腐蚀、防毒服，戴橡胶耐腐蚀手套。穿上适当的防护服前严禁接触破裂的容器和泄漏物。尽可能切断泄漏源。防止泄漏物进入水体、下水道、地下室或有限空间。小量泄漏：用干燥的砂土或其他不燃材料吸收或覆盖，收集于容器中。大量泄漏：构筑围堤或挖坑收容。用耐腐蚀防爆泵转移至槽车或专用收集器内。

386. 己唑醇

标　识

中文名称　己唑醇

英文名称 (*RS*)-2-(2,4-Dichlorophenyl)-1-(1H-1,2,4-triazol-1-yl)hexan-2-ol; Hexaconazole

别名 (*RS*)-2-(2,4-二氯苯基)-1-(1H-1,2,4-三唑-1-基)-己醇-2

分子式 $C_{14}H_{17}Cl_2N_3O$

CAS 号 79983-71-4

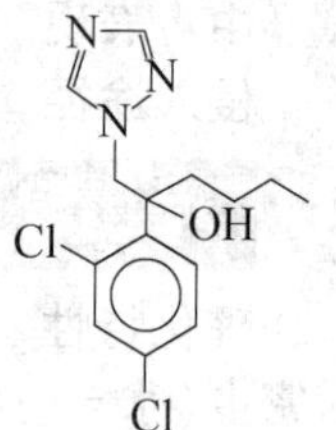

危害信息

燃烧与爆炸危险性 无特殊燃爆特性。

禁忌物 强氧化剂、强酸。

毒性 大鼠经口 LD_{50}：2189mg/kg；小鼠经口 LD_{50}：612mg/kg；大鼠经皮 LD_{50}：>2g/kg。

中毒表现 食入有害。对皮肤有致敏性。

侵入途径 吸入、食入、经皮吸收。

环境危害 对水生生物有毒，可能在水生环境中造成长期不利影响。

理化特性与用途

理化特性 白色结晶固体或粉末。微溶于水，溶于二氯甲烷、甲醇、丙酮、乙酸乙酯等。熔点 111℃，相对密度(水=1)1.29，饱和蒸气压 0.018mPa(20℃)，辛醇/水分配系数 3.9。

主要用途 杀菌剂。对多种真菌引起的病害有效。主要用于果树、咖啡等作物。

包装与储运

包装标志 杂类

包装类别 Ⅲ类

安全储运 储存于阴凉、通风的库房。远离火种、热源。保持容器密闭。应与强氧化剂、强酸等隔离储运。

紧急处置信息

急救措施

吸入：迅速脱离现场至空气新鲜处。保持呼吸道通畅。如呼吸困难，给输氧。呼吸、心跳停止，立即进行心肺复苏术。就医。

眼睛接触：立即分开眼睑，用流动清水或生理盐水彻底冲洗。就医。

皮肤接触：立即脱去污染的衣着，用肥皂水和清水彻底冲洗。就医。

食入：漱口，饮水。就医。

灭火方法 消防人员须穿全身消防服，佩戴空气呼吸器，在上风向灭火。尽可能将容器从火场移至空旷处。喷水保持火场容器冷却，直至灭火结束。

根据着火原因选择适当灭火剂灭火。

泄漏应急处置 隔离泄漏污染区，限制出入。建议应急处理人员戴防尘口罩，穿防毒服，戴防护手套。穿上适当的防护服前严禁接触破裂的容器和泄漏物。尽可能切断泄漏源。用塑料布覆盖泄漏物，减少飞散。勿使水进入包装容器内。用洁净的铲子收集泄漏物，置于干净、干燥、盖子较松的容器中，将容器移离泄漏区。

387. 2-甲氨基-4-甲氧基-6-甲基均三嗪

标　　识

中文名称　2-甲氨基-4-甲氧基-6-甲基均三嗪

英文名称　4-Methoxy-*N*, 6-dimethyl-1,3,5-triazin-2-ylamine

别名　*N*-甲基三嗪；2-甲基-4-甲胺基-6-甲氧基均三嗪

分子式　$C_6H_{10}N_4O$

CAS 号　5248-39-5

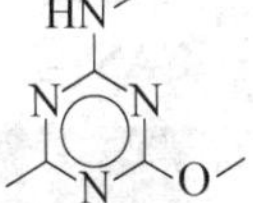

危害信息

燃烧与爆炸危险性　无特殊燃爆特性。

禁忌物　强氧化剂。

毒性　大鼠经口 LD_{50}：394mg/kg。

中毒表现　食入有害。长期反复接触可能对器官造成损害。

侵入途径　吸入、食入。

理化特性与用途

理化特性　白色至淡黄色结晶粉末。难溶于水，溶于乙腈、二甲苯。熔点 162~166℃。

主要用途　用作农药除草剂中间体和医药中间体。

包装与储运

安全储运　储存于阴凉、通风的库房。远离火种、热源。应与强氧化剂等隔离储运。

紧急处置信息

急救措施

吸入：迅速脱离现场至空气新鲜处。保持呼吸道通畅。如呼吸困难，给输氧。呼吸、心跳停止，立即进行心肺复苏术。就医。

眼睛接触：立即分开眼睑，用流动清水或生理盐水彻底冲洗。就医。

皮肤接触：立即脱去污染的衣着，用肥皂水和清水彻底冲洗。就医。

食入：漱口，饮水。就医。

灭火方法　消防人员须穿全身消防服，佩戴空气呼吸器，在上风向灭火。尽可能将容器从火场移至空旷处。

根据着火原因选择适当灭火剂灭火。

泄漏应急处置　隔离泄漏污染区，限制出入。建议应急处理人员戴防尘口罩，穿防护服，戴橡胶手套。禁止接触或跨越泄漏物。用塑料布覆盖，减少飞散、避免雨淋。用洁净的铲子收集泄漏物，置于干净、干燥、盖子较松的容器中，将容器移离泄漏区。

388. 甲苯胺

标　识

中文名称　甲苯胺

英文名称　Toluidine；Aminotoluene

别名　氨基甲苯

分子式　C_7H_9N

CAS 号　26915-12-8

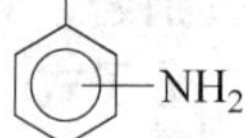

危害信息

燃烧与爆炸危险性　可燃，蒸气与空气混合能形成爆炸性混合物，遇明火、高热易燃烧爆炸。在高温火场中，受热的容器有破裂和爆炸的危险。

禁忌物　强氧化剂、酸类。

中毒表现　本品为高铁血红蛋白形成剂。中毒表现为头昏、嗜睡、头痛、恶心、意识障碍，唇、指甲、皮肤紫绀。

侵入途径　吸入、食入、经皮吸收。

理化特性与用途

理化特性　邻位、间位和对位甲苯胺异构体的混合物。无色至黄色液体。微溶于水，溶于乙醇、乙醚和稀酸溶液。辛醇/水分配系数 1.62，60℃<闪点≤93℃，引燃温度 482℃。

主要用途　主要用作合成各种染料和药物的原料，也用于有机合成，用作溶剂等。

包装与储运

安全储运　储存于阴凉、通风的库房。远离火种、热源。保持容器密闭。应与强氧化剂、酸类等隔离储运。搬运时轻装轻卸，防止容器受损。

紧急处置信息

急救措施

吸入：立即脱离接触。如呼吸困难，给吸氧。如呼吸心跳停止，立即行心肺复苏术。就医。

眼睛接触：分开眼睑，用清水或生理盐水冲洗。就医。

皮肤接触：立即脱去污染衣着，用肥皂水或清水彻底冲洗。就医。

食入：漱口，饮水。就医。

高铁血红蛋白血症，可用美蓝和维生素 C 治疗。

灭火方法　消防人员须穿全身消防服，在上风向灭火。尽可能将容器从火场移至空旷处。处在火场中的容器，若发生异常变化或发出异常声音，须马上撤离。

灭火剂：干粉、二氧化碳、水、抗溶性泡沫。

泄漏应急处置　根据液体流动和蒸气扩散的影响区域划定警戒区，无关人员从侧风、上风向撤离至安全区。消除点火源。应急人员应戴正压自给式呼吸器，穿防毒服，戴橡胶手套。尽可能切断泄漏源。防止泄漏物进入水体、下水道、地下室或有限空间。小量泄漏：

用砂土或其他不燃材料吸收，用洁净的无火花工具收集，置于适当的容器中。大量泄漏：构筑围堤或挖坑收容泄漏物。用泡沫覆盖泄漏物，减少挥发。用泵将泄漏物转移至槽车或专用收集器内。

389. 2,6-甲苯二异氰酸酯

标　识

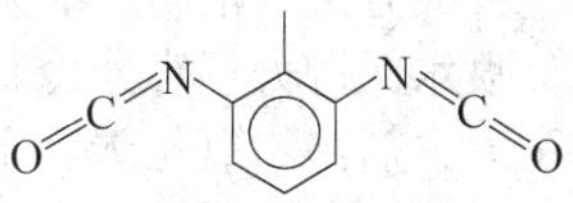

中文名称　2,6-甲苯二异氰酸酯

英文名称　2,6-Toluene Diisocyanate

别名　2,6-二异氰酸根合甲苯

分子式　$C_9H_6N_2O_2$

CAS 号　91-08-7

铁危编号　61111

UN 号　2078

危害信息

危险性类别　第 6 类　有毒品

燃烧与爆炸危险性　可燃，其蒸气与空气混合能形成爆炸性混合物，遇明火、高热易燃烧爆炸。在高温火场中，受热的容器有破裂和爆炸的危险。

禁忌物　强氧化剂、酸类。

毒性　IARC 致癌性评论：G2B，可疑人类致癌物。

欧盟法规 1272/2008/EC 将本品列为第 2 类致癌物——可疑的人类致癌物。

中毒表现　对眼和上呼吸道有刺激性。高浓度吸入可引起化学性肺炎或肺水肿。对呼吸道有致敏性，可引起支气管哮喘。

侵入途径　吸入、食入、经皮吸收。

职业接触限值　美国(ACGIH)：TLV-TWA 0.005ppm；TLV-STEL 0.02ppm[敏]。

环境危害　对水生生物有害，可能在水生环境中造成长期不利影响。

理化特性与用途

理化特性　无色至淡黄色液体，有刺激性气味。与水反应，溶于丙酮、苯。熔点 20℃，沸点 129~133℃(2.4kPa)，相对密度(水=1)1.2，相对蒸气密度(空气=1)6，饱和蒸气压 2Pa(20℃)，辛醇/水分配系数 3.47，闪点 127℃，引燃温度 620℃，爆炸下限 0.9%，爆炸上限 9.5%。

主要用途　用于制聚氨酯泡沫、涂料、橡胶，用作尼龙-6 的交联剂，聚氨酯黏合剂、整理剂中用作坚膜剂等。

包装与储运

包装标志　有毒品

包装类别　Ⅱ类

安全储运　储存于阴凉、通风的库房。远离火种、热源。防止阳光直射。储存温度不超过 32℃，相对湿度不超过 85%。保持容器密封。应与强氧化剂、酸类等分开存放，切忌混储。配备相应品种和数量的消防器材。储区应备有合适的材料收容泄漏物。搬运时轻装轻卸，防止容器受损。

紧急处置信息

急救措施

吸入：迅速脱离现场至空气新鲜处。保持呼吸道通畅。如呼吸困难，给输氧。呼吸、心跳停止，立即进行心肺复苏术。就医。

眼睛接触：立即分开眼睑，用流动清水或生理盐水彻底冲洗。就医。

皮肤接触：立即脱去污染的衣着，用肥皂水和清水彻底冲洗。就医。

食入：漱口，饮水。就医。

灭火方法 消防人员须穿全身消防服，在上风向灭火。尽可能将容器从火场移至空旷处。喷水保持火场容器冷却，直至灭火结束。

灭火剂：二氧化碳、干粉、惰性气体。

泄漏应急处置 根据液体流动和蒸气扩散的影响区域划定警戒区，无关人员从侧风、上风向撤离至安全区。消除点火源。建议应急处理人员戴正压自给式呼吸器，穿防毒服，戴橡胶手套。穿上适当的防护服前严禁接触破裂的容器和泄漏物。尽可能切断泄漏源。防止泄漏物进入水体、下水道、地下室或有限空间。小量泄漏：用干燥的砂土或其他不燃材料吸收或覆盖，收集于容器中。大量泄漏：构筑围堤或挖坑收容。用泵转移至槽车或专用收集器内。

390. (4-甲苯基)1,3,5-三甲苯基磺酸盐

标　　识

中文名称 (4-甲苯基)1,3,5-三甲苯基磺酸盐

英文名称 (4-Methylphenyl) mesitylene sulfonate

分子式 $C_{16}H_{18}O_3S$

CAS 号 67811-06-7

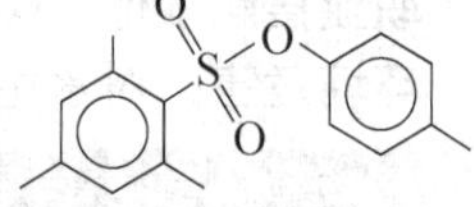

危害信息

燃烧与爆炸危险性 无特殊燃爆特性。

禁忌物 强氧化剂。

侵入途径 吸入、食入。

环境危害 可能在水生环境中造成长期不利影响。

理化特性与用途

理化特性 固体。不溶于水。熔点 100～102℃，沸点 431.6℃，相对密度(水=1) 1.169，饱和蒸气压 0.04mPa(25℃)，辛醇/水分配系数 4.9，闪点 214.8℃。

包装与储运

安全储运 储存于阴凉、通风的库房。远离火种、热源。应与强氧化剂等隔离储运。

紧急处置信息

急救措施

吸入： 脱离接触。如有不适感，就医。

眼睛接触： 分开眼睑，用流动清水或生理盐水冲洗。如有不适感，就医。

皮肤接触： 脱去污染的衣着，用流动清水冲洗。如有不适感，就医。

食入： 漱口，饮水。就医。

灭火方法 消防人员须穿全身消防服，佩戴空气呼吸器，在上风向灭火。尽可能将容器从火场移至空旷处。

根据着火原因选择适当灭火剂灭火。

泄漏应急处置 隔离泄漏污染区，限制出入。消除点火源。建议应急处理人员戴防尘口罩，穿防护服，戴橡胶手套。穿上适当的防护服前严禁接触破裂的容器和泄漏物。尽可能切断泄漏源。用塑料布覆盖泄漏物，减少飞散。勿使水进入包装容器内。用洁净的铲子收集泄漏物，置于干净、干燥、盖子较松的容器中，将容器移离泄漏区。

391. 甲醇钾

标　识

中文名称 甲醇钾

英文名称 Potassium methanolate；Methanol，potassium salt；Potassium methoxide

别名 甲氧基钾

分子式 CH_3KO

CAS 号 865-33-8

铁危编号 42020

K^+ O^-
H—C—H
H

危害信息

危险性类别 第 4.2 类 自燃物品

燃烧与爆炸危险性 易燃，粉体与空气混合能形成爆炸性混合物，遇明火、高热易燃烧爆炸。具有腐蚀性。

禁忌物 氧化剂、酸类、醇类。

中毒表现 对眼、皮肤和消化道有腐蚀性，引起灼伤。食入引起消化道灼伤。吸入引起肺水肿。

侵入途径 吸入、食入。

理化特性与用途

理化特性 白色至淡黄色吸湿性粉末。遇水分解，混溶于甲醇、乙醇。分解温度>50℃，相对密度(水=1)1.7，辛醇/水分配系数-0.74，闪点 11℃，引燃温度>50℃，pH 值 12.5~13.5。

主要用途 用作缩合剂、生产甲酸甲酯的催化剂、生产二甲基甲酰胺的强碱性催化剂，也可用于医药原料。

包装与储运

包装标志 自燃物品，腐蚀品

包装类别 Ⅱ类

安全储运 储存于阴凉、干燥、通风良好的库房。远离火种、热源。防止阳光直射。储存温度不超过30℃，相对湿度不超过80%。保持容器密封。应与氧化剂、酸类、醇类等分开存放，切忌混储。采用防爆型照明、通风设施。禁止使用易产生火花的机械设备和工具。储区应备有合适的材料收容泄漏物。

紧急处置信息

急救措施

吸入：迅速脱离现场至空气新鲜处。保持呼吸道通畅。如呼吸困难，给输氧。呼吸、心跳停止，立即进行心肺复苏术。就医。

眼睛接触：立即分开眼睑，用流动清水或生理盐水彻底冲洗5~10min。就医。

皮肤接触：立即脱去污染的衣着，用大量流动清水彻底冲洗，冲洗时间一般要求20~30min。就医。

食入：用水漱口，禁止催吐。给饮牛奶或蛋清。就医。

灭火方法 消防人员须穿全身消防服，佩戴空气呼吸器，在上风向灭火。尽可能将容器从火场移至空旷处。喷水保持火场容器冷却，直至灭火结束。不要用水灭火。

灭火剂：干粉、砂土。

泄漏应急处置 严禁用水处理。隔离泄漏污染区，限制出入。消除所有点火源。建议应急处理人员戴防尘口罩，穿防腐蚀、防静电服，戴乳胶手套。禁止接触或跨越泄漏物。保持泄漏物干燥。用干燥的砂土或其他不燃材料覆盖泄漏物，然后用塑料布覆盖，减少飞散、避免雨淋。用洁净的无火花工具收集泄漏物，置于一盖子较松的塑料容器中，待处置。

392. 甲醇锂

标　　识

中文名称 甲醇锂

英文名称 Lithium methanolate; Lithium methoxide

别名 甲氧基锂

分子式 CH_3LiO

CAS 号 865-34-9

O^-

H—C—H

Li^+ H

危害信息

危险性类别 第4.2类 自燃物品

燃烧与爆炸危险性 易燃，粉体与空气混合能形成爆炸性混合物，遇明火、高热易燃烧爆炸。具有腐蚀性。

禁忌物 氧化剂、酸类、醇类。

中毒表现 对眼和皮肤有腐蚀性，引起灼伤。

侵入途径 吸入、食入。

理化特性与用途

理化特性 白色或米色粉末，由于不容易保存，一般商品是含10%以下的甲醇无色透明溶液。熔点500℃，相对密度(水=1)0.85，闪点11℃。

主要用途 用于酯交换等有机合成反应。

包装与储运

包装标志 自燃物品，腐蚀品

包装类别 Ⅱ类

安全储运 储存于阴凉、干燥、通风良好的库房。远离火种、热源。防止阳光直射。储存温度不超过30℃，相对湿度不超过80%。保持容器密封。应与氧化剂、酸类、醇类等分开存放，切忌混储。采用防爆型照明、通风设施。禁止使用易产生火花的机械设备和工具。储区应备有合适的材料收容泄漏物。

紧急处置信息

急救措施

吸入：迅速脱离现场至空气新鲜处。保持呼吸道通畅。如呼吸困难，给输氧。呼吸、心跳停止，立即进行心肺复苏术。就医。

眼睛接触：立即分开眼睑，用流动清水或生理盐水彻底冲洗5~10min。就医。

皮肤接触：立即脱去污染的衣着，用大量流动清水彻底冲洗，冲洗时间一般要求20~30min。就医。

食入：用水漱口，禁止催吐。给饮牛奶或蛋清。就医。

灭火方法 消防人员须穿全身消防服，佩戴空气呼吸器，在上风向灭火。尽可能将容器从火场移至空旷处。喷水保持火场容器冷却，直至灭火结束。不要用水灭火。

灭火剂：干粉、砂土。

泄漏应急处置 严禁用水处理。隔离泄漏污染区，限制出入。消除所有点火源。建议应急处理人员戴防尘口罩，穿防毒、防静电服，戴乳胶手套。禁止接触或跨越泄漏物。保持泄漏物干燥。用干燥的砂土或其他不燃材料覆盖泄漏物，然后用塑料布覆盖，减少飞散、避免雨淋。用洁净的无火花工具收集泄漏物，置于一盖子较松的塑料容器中，待处置。

393. 甲磺隆

标　识

中文名称 甲磺隆

英文名称 Metsulfuron-methyl; Methyl 2-(4-methoxy-6-methyl-1,3,5-triazin-2-ylcarbamoylsulfamoyl) benzoate

别名 2-((4-甲氧基-6-甲基-1,3,5-三嗪基-2-基)脲基磺酰基)苯甲酸甲酯

分子式 $C_{14}H_{15}N_5O_6S$

CAS 号 74223-64-6

危害信息

燃烧与爆炸危险性 无特殊燃爆特性。

禁忌物 强氧化剂、酸类。

毒性 大鼠经口 LD_{50}：>5g/kg；大鼠经皮 LD_{50}：>2000mg/kg。

中毒表现 大剂量口服脲类除草剂可引起急性中毒，出现恶心、呕吐、头痛、头晕、乏力、失眠，严重者可有贫血、肝脾肿大。对眼、皮肤、黏膜有刺激性。

侵入途径 吸入、食入、经皮吸收。

环境危害 对水生生物有极高毒性，可能在水生环境中造成长期不利影响。

理化特性与用途

理化特性 白色至淡黄色结晶(工业品为灰白色粉末)。微溶于水，微溶于二甲苯、己烷、甲醇，溶于二氯甲烷。熔点 158℃，相对密度(水=1)1.47，辛醇/水分配系数 2.2。

主要用途 除草剂。用于防治麦田中一年生及多年生阔叶杂草。

包装与储运

包装标志 杂类

包装类别 Ⅲ类

安全储运 储存于阴凉、通风的库房。远离火种、热源。应与强氧化剂、酸类等隔离储运。

紧急处置信息

急救措施

吸入：迅速脱离现场至空气新鲜处。保持呼吸道通畅。如呼吸困难，给输氧。呼吸、心跳停止，立即进行心肺复苏术。就医。

眼睛接触：立即分开眼睑，用流动清水或生理盐水彻底冲洗。就医。

皮肤接触：立即脱去污染的衣着，用肥皂水和清水彻底冲洗。就医。

食入：漱口，饮水。就医。

灭火方法 消防人员须穿全身消防服，佩戴空气呼吸器，在上风向灭火。尽可能将容器从火场移至空旷处。喷水保持火场容器冷却，直至灭火结束。

根据着火原因选择适当灭火剂灭火。

泄漏应急处置 隔离泄漏污染区，限制出入。建议应急处理人员戴防尘口罩，穿防护服。穿上适当的防护服前严禁接触破裂的容器和泄漏物。尽可能切断泄漏源。用塑料布覆盖泄漏物，减少飞散。勿使水进入包装容器内。用洁净的铲子收集泄漏物，置于干净、干燥、盖子较松的容器中，将容器移离泄漏区。

394. 甲磺酸甲酯

标　识

中文名称 甲磺酸甲酯

英文名称 Methyl methane sulfonate；Methanesulfonic acid，methyl ester

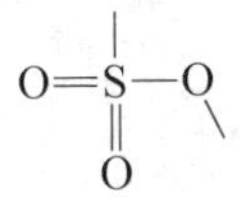

别名 甲烷磺酸甲酯

分子式 $C_2H_6O_3S$

CAS 号 66-27-3

危害信息

危险性类别 第 6 类 有毒品

燃烧与爆炸危险性 可燃。

禁忌物 强氧化剂、强酸。

毒性 大鼠经口 LD_{50}：225mg/kg；小鼠经口 LD_{50}：290mg/kg。

IARC 致癌性评论：G2A，可能人类致癌物。

侵入途径 吸入、食入。

理化特性与用途

理化特性 无色至淡黄色或琥珀色液体。溶于水，溶于乙醇、乙醚、二甲基甲酰胺、丙二醇，微溶于非极性溶剂。熔点 20℃，沸点 202～203℃，相对密度(水=1)1.3，饱和蒸气压 41Pa(25℃)，辛醇/水分配系数-0.66，闪点 104℃。

主要用途 用作化学诱变剂，用于研究。

包装与储运

包装标志 有毒品

包装类别 Ⅲ类

安全储运 储存于阴凉、通风的库房。远离火种、热源。库温不超过 35℃。相对湿度不超过 85%。包装密封。应与强氧化剂、强酸、食用化学品分开存放，切忌混储。储区应备有合适的材料收容泄漏物。搬运时轻装轻卸，防止容器受损。

紧急处置信息

急救措施

吸入：迅速脱离现场至空气新鲜处。保持呼吸道通畅。如呼吸困难，给输氧。呼吸、心跳停止，立即进行心肺复苏术。就医。

眼睛接触：立即分开眼睑，用流动清水或生理盐水彻底冲洗。就医。

皮肤接触：立即脱去污染的衣着，用肥皂水和清水彻底冲洗。就医。

食入：漱口，饮水。就医。

灭火方法 消防人员须穿全身消防服，佩戴空气呼吸器，在上风向灭火。尽可能将容器从火场移至空旷处。喷水保持火场容器冷却，直至灭火结束。处在火场中的容器若发生异常变化或发出异常声音，须马上撤离。

灭火剂：干粉、二氧化碳、泡沫。

泄漏应急处置 根据液体流动和蒸气扩散的影响区域划定警戒区，无关人员从侧风、上风向撤离至安全区。消除所有点火源。建议应急处理人员戴防毒面具，穿防毒服，戴橡胶手套。禁止接触或跨越泄漏物。尽可能切断泄漏源。防止泄漏物进入水体、下水道、地下室或有限空间。小量泄漏：用砂土或其他不燃材料吸收。使用洁净的无火花工具收集吸收材料。大量泄漏：构筑围堤或挖坑收容。用泡沫覆盖，减少蒸发。用泵转移至槽车或专用收集器内。

395. 甲磺酸铅

标　识

中文名称　甲磺酸铅

英文名称　Lead(Ⅱ)methanesulphonate; Methanesulfonic acid, lead(2+) salt

别名　甲基磺酸铅

分子式　$C_2H_6O_6PbS_2$

CAS 号　17570-76-2

$O{=}S(=O)(-)-O^-$　Pb^{2+}　$^-O-S(=O)(-){=}O$

危害信息

燃烧与爆炸危险性　无特殊燃爆特性。

禁忌物　强氧化剂。

毒性　欧盟法规 1272/2008/EC 将本品列为第 1A 类生殖毒物——已知的人类生殖毒物。

中毒表现　铅中毒症状有头痛、腹绞痛、肌无力、齿龈铅线、贫血、神经衰弱综合征，对肝、肾有损害作用。眼接触本品引起严重损害。对皮肤有刺激性。

侵入途径　吸入、食入、经皮吸收。

环境危害　可能在水生环境中造成长期不利影响。

理化特性与用途

理化特性　无色透明液体，有腐鸡蛋气味。相对密度(水=1)1.64。

主要用途　用于电镀及其他电子行业。

包装与储运

安全储运　储存于阴凉、通风的库房。远离火种、热源。保持容器密闭。应与强氧化剂等隔离储运。搬运时轻装轻卸，防止容器受损。

紧急处置信息

急救措施

吸入：迅速脱离现场至空气新鲜处。保持呼吸道通畅。如呼吸困难，给输氧。呼吸、心跳停止，立即进行心肺复苏术。就医。

眼睛接触：立即分开眼睑，用流动清水或生理盐水彻底冲洗 5~10min。就医。

皮肤接触：立即脱去污染的衣着，用肥皂水和清水彻底冲洗。就医。

食入：漱口，饮水。就医。

解毒剂：依地酸二钠钙、二巯基丁二酸钠、二巯基丁二酸等。

灭火方法　消防人员须穿全身消防服，佩戴空气呼吸器，在上风向灭火。尽可能将容器从火场移至空旷处。喷水保持火场容器冷却，直至灭火结束。

根据着火原因选择适当灭火剂灭火。

泄漏应急处置　根据液体流动和蒸气扩散的影响区域划定警戒区，无关人员从侧风、上风向撤离至安全区。建议应急处理人员戴防毒面具，穿防毒服，戴防化学品手套。禁止接触或跨越泄漏物。尽可能切断泄漏源。防止泄漏物进入水体、下水道、地下室或有限空间。小量泄漏：用砂土或其他不燃材料吸收。使用洁净的无火花工具收集吸收材料。大量泄漏：构筑围堤或挖坑收容。用泡沫覆盖，减少蒸发。用泵转移至槽车或专用收集器内。

396. 甲磺酸铜

标　识

中文名称　甲磺酸铜

英文名称　Copper(Ⅱ)methanesulfonate；Methanesulfonic acid，copper(2+)salt

别名　甲基磺酸铜；甲烷磺酸铜

分子式　$C_2H_6CuO_6S_2$

CAS 号　54253-62-2

O　Cu^{2+}　O
‖　　‖
O═S—O$^-$　$^-$O—S═O
|　　|

危害信息

燃烧与爆炸危险性　无特殊燃爆特性。

禁忌物　强氧化剂。

中毒表现　食入有害。眼接触引起严重损害。

侵入途径　吸入、食入。

环境危害　对水生生物有极高毒性，可能在水生环境中造成长期不利影响。

理化特性与用途

理化特性　纯蓝色透明液体。相对密度(水=1)1.23~1.28。

主要用途　用于电镀及电子行业。

包装与储运

包装标志　杂类

包装类别　Ⅲ类

安全储运　储存于阴凉、通风的库房。远离火种、热源。应与强氧化剂等隔离储运。搬运时轻装轻卸，防止容器受损。

紧急处置信息

急救措施

吸入：迅速脱离现场至空气新鲜处。保持呼吸道通畅。如呼吸困难，给输氧。呼吸、心跳停止，立即进行心肺复苏术。就医。

眼睛接触：立即分开眼睑，用流动清水或生理盐水彻底冲洗5~10min。就医。

皮肤接触：立即脱去污染的衣着，用肥皂水和清水彻底冲洗。就医。

食入：漱口，饮水。就医。

灭火方法　消防人员须穿全身消防服，佩戴空气呼吸器，在上风向灭火。尽可能将容器从火场移至空旷处。喷水保持火场容器冷却，直至灭火结束。

根据着火原因选择适当灭火剂灭火。

泄漏应急处置　根据液体流动和蒸气扩散的影响区域划定警戒区，无关人员从侧风、上风向撤离至安全区。建议应急处理人员戴防毒面具，穿防毒服。穿上适当的防护服前严禁接触破裂的容器和泄漏物。尽可能切断泄漏源。防止泄漏物进入水体、下水道、地下室或有有限空间。小量泄漏：用干燥的砂土或其他不燃材料吸收或覆盖，收集于容器中。大量泄漏：构筑围堤或挖坑收容。用泵转移至槽车或专用收集器内。

397. 甲磺酸锡(Ⅱ)盐

标　识

中文名称　甲磺酸锡(Ⅱ)盐

英文名称　Methanesulfonic acid, tin(2+) salt; Tin(Ⅱ) methanesulphonate

别名　甲基磺酸锡

分子式　$C_2H_6O_6S_2Sn$

CAS 号　53408-94-9

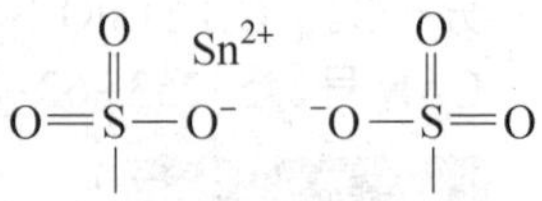

危害信息

危险性类别　第 8 类　腐蚀品

燃烧与爆炸危险性　无特殊燃爆特性。

禁忌物　强氧化剂、强酸。

中毒表现　有机锡中毒的主要临床表现有：眼和鼻黏膜的刺激症状；中毒性神经衰弱综合征；重症出现中毒性脑病。摄入有机锡化合物可致中毒性脑水肿，可产生后遗症，如瘫痪、精神失常和智力障碍。本品对眼和皮肤有腐蚀性。对皮肤有致敏性。

侵入途径　吸入、食入。

职业接触限值　美国(ACGIH)：TLV-TWA 0.1mg/m^3；TLV-STEL 0.2mg/m^3[按 Sn 计][皮]。

理化特性与用途

理化特性　无色透明液体，有腐鸡蛋味。熔点-27℃，相对密度(水=1)1.55。

主要用途　用于电镀及其他电子行业。

包装与储运

包装标志　腐蚀品

包装类别　Ⅱ类

安全储运　储存于阴凉、通风的库房。远离火种、热源。库温不超过 30℃。相对湿度不超过 80%。包装要求密封，不可与空气接触。应与强氧化剂、强酸等分开存放，切忌混储。储区应备有泄漏应急处理设备和合适的收容材料。

紧急处置信息

急救措施

吸入：迅速脱离现场至空气新鲜处。保持呼吸道通畅。如呼吸困难，给输氧。呼吸、心跳停止，立即进行心肺复苏术。就医。

眼睛接触：立即分开眼睑，用流动清水或生理盐水彻底冲洗 5～10min。就医。

皮肤接触：立即脱去污染的衣着，用大量流动清水彻底冲洗，冲洗时间一般要求 20～

30min。就医。

食入：用水漱口，禁止催吐。给饮牛奶或蛋清。就医。

灭火方法 消防人员须穿全身消防服，佩戴空气呼吸器，在上风向灭火。尽可能将容器从火场移至空旷处。喷水保持火场容器冷却，直至灭火结束。

根据着火原因选择适当灭火剂灭火。

泄漏应急处置 根据液体流动和蒸气扩散的影响区域划定警戒区，无关人员从侧风、上风向撤离至安全区。建议应急处理人员戴防毒面具，穿防毒、耐腐蚀工作服，戴耐腐蚀橡胶手套。禁止接触或跨越泄漏物。尽可能切断泄漏源。防止泄漏物进入水体、下水道、地下室或有限空间。小量泄漏：用砂土或其他不燃材料吸收。使用洁净的无火花工具收集吸收材料。大量泄漏：构筑围堤或挖坑收容。用泡沫覆盖，减少蒸发。用泵转移至槽车或专用收集器内。

398. 甲磺酸乙酯

标　识

中文名称 甲磺酸乙酯

英文名称 Ethyl methane sulfonate；Methanesulfonic acid ethyl ester

别名 甲烷磺酸乙酯

分子式 $C_3H_8O_3S$

CAS 号 62-50-0

危害信息

燃烧与爆炸危险性 可燃。

禁忌物 强氧化剂、强酸。

毒性 小鼠经口 LD_{50}：470mg/kg。

IARC 致癌性评论：G2B，可疑人类致癌物。

侵入途径 吸入、食入。

理化特性与用途

理化特性 无色至浅棕色透明液体。微溶于水，溶于乙醇、乙醚、氯仿。沸点 213~214℃、85~86℃(1.3kPa)，相对密度(水=1)1.206，饱和蒸气压 27.5Pa(25℃)，辛醇/水分配系数 0.1，闪点 100℃(闭杯)。

主要用途 用作菌种诱变剂，用于有机合成和癌症研究。

包装与储运

安全储运 储存于阴凉、通风的库房。远离火种、热源。应与强氧化剂、强酸等隔离储运。搬运时轻装轻卸，防止容器受损。

紧急处置信息

急救措施

吸入：迅速脱离现场至空气新鲜处。保持呼吸道通畅。如呼吸困难，给输氧。呼吸、

心跳停止，立即进行心肺复苏术。就医。

眼睛接触：立即分开眼睑，用流动清水或生理盐水彻底冲洗。就医。

皮肤接触：立即脱去污染的衣着，用肥皂水和清水彻底冲洗。就医。

食入：漱口，饮水。就医。

灭火方法 消防人员须穿全身消防服，佩戴空气呼吸器，在上风向灭火。尽可能将容器从火场移至空旷处。喷水保持火场容器冷却，直至灭火结束。处在火场中的容器若发生异常变化或发出异常声音，须马上撤离。

灭火剂：干粉、二氧化碳、泡沫。

泄漏应急处置 根据液体流动和蒸气扩散的影响区域划定警戒区，无关人员从侧风、上风向撤离至安全区。消除点火源。应急人员应戴正压自给式呼吸器，穿防毒服，戴橡胶手套。尽可能切断泄漏源。防止泄漏物进入水体、下水道、地下室或有限空间。小量泄漏：用砂土或其他不燃材料覆盖，用洁净的工具收集置于容器中。大量泄漏：构筑围堤或挖坑收容泄漏物。用泡沫覆盖泄漏物，减少挥发。用泵将泄漏物转移至槽车或专用收集器内。

399. 1-(3-甲磺酰氧基-5-三苯甲氧甲基-2-*D*-苏呋喃基)胸腺嘧啶

标　识

中文名称 1-(3-甲磺酰氧基-5-三苯甲氧甲基-2-*D*-苏呋喃基)胸腺嘧啶

英文名称 1-(3-Mesyloxy-5-trityloxymethyl-2-*D*-threofuryl)thymine

分子式 $C_{30}H_{30}N_2O_7S$

CAS 号 104218-44-2

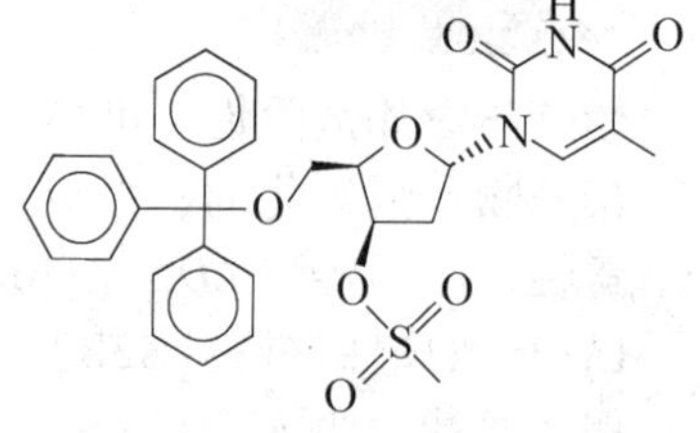

危害信息

燃烧与爆炸危险性 无特殊燃爆特性。

禁忌物 强氧化剂。

侵入途径 吸入、食入。

环境危害 可能在水生环境中造成长期不利影响。

理化特性与用途

理化特性 不溶于水。相对密度(水=1)1.38，辛醇/水分配系数 4.79。

主要用途 用作医药原料。

包装与储运

安全储运 储存于阴凉、通风的库房。远离火种、热源。应与强氧化剂等隔离储运。

紧急处置信息

急救措施

吸入：脱离接触。如有不适感，就医。

眼睛接触：分开眼睑，用流动清水或生理盐水冲洗。如有不适感，就医。

皮肤接触：脱去污染的衣着，用流动清水冲洗。如有不适感，就医。

食入： 漱口，饮水。就医。

灭火方法 消防人员须穿全身消防服，佩戴空气呼吸器，在上风向灭火。尽可能将容器从火场移至空旷处。

根据着火原因选择适当灭火剂灭火。

泄漏应急处置 隔离泄漏污染区，限制出入。建议应急处理人员戴防尘口罩，穿防护服。穿上适当的防护服前严禁接触破裂的容器和泄漏物。尽可能切断泄漏源。用塑料布覆盖泄漏物，减少飞散。勿使水进入包装容器内。用洁净的铲子收集泄漏物，置于干净、干燥、盖子较松的容器中，将容器移离泄漏区。

400. 甲基氨基甲酸2,3-二氢-2-甲基-7-苯并呋喃酯

标　识

中文名称 甲基氨基甲酸2,3-二氢-2-甲基-7-苯并呋喃酯

英文名称 Decarbofuran；2,3-Dihydro-2-methylbenzofuran-7-yl methylcarbamate

别名 一甲呋喃丹;单甲基克百威

分子式 $C_{11}H_{13}NO_3$

CAS号 1563-67-3

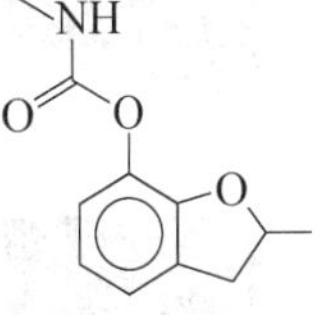

危害信息

危险性类别 第6类 有毒品

燃烧与爆炸危险性 可燃。

禁忌物 氧化剂、碱类。

毒性 大鼠经口 LD_{50}：43mg/kg。

中毒表现 氨基甲酸酯类农药抑制胆碱酯酶，出现相应的症状。中毒症状有头痛 、恶心、呕吐、腹痛、流涎、出汗、瞳孔缩小、步行困难、语言障碍，重者可发生全身痉挛、昏迷。

侵入途径 吸入、食入、经皮吸收。

环境危害 对水生生物有毒。

理化特性与用途

理化特性 沸点312. 1℃，相对密度(水=1)1. 177，饱和蒸气压71. 7mPa(25℃)，辛醇/水分配系数1. 7694，闪点142. 6℃。

主要用途 苯并呋喃氨基甲酸酯类杀虫剂。

包装与储运

包装标志 有毒品

包装类别 Ⅲ类

安全储运 储存于阴凉、通风的库房。远离火种、热源。防止阳光直射。储存温度不超过32℃，相对湿度不超过85%。应与氧化剂、碱类、食用化学品分开存放，切忌混储。配备相应品种和数量的消防器材。储区应备有合适的材料收容泄漏物。

紧急处置信息

急救措施

吸入：迅速脱离现场至空气新鲜处。保持呼吸道通畅。如呼吸困难，给输氧。呼吸、心跳停止，立即进行心肺复苏术。就医。

眼睛接触：立即分开眼睑，用流动清水或生理盐水彻底冲洗。就医。

皮肤接触：立即脱去污染的衣着，用流动清水彻底冲洗。就医。

食入：饮适量温水，催吐(仅限于清醒者)。就医。

解毒剂：阿托品。

灭火方法 消防人员须穿全身消防服，佩戴空气呼吸器，在上风向灭火。尽可能将容器从火场移至空旷处。喷水保持火场容器冷却，直至灭火结束。

灭火剂：水、泡沫、二氧化碳、砂土、干粉。

泄漏应急处置 隔离泄漏污染区，限制出入。建议应急处理人员戴防尘口罩，穿防毒服，戴橡胶手套。穿上适当的防护服前严禁接触破裂的容器和泄漏物。尽可能切断泄漏源。用塑料布覆盖泄漏物，减少飞散。勿使水进入包装容器内。用洁净的铲子收集泄漏物，置于干净、干燥、盖子较松的容器中，将容器移离泄漏区。

401. *N*-((4-甲基氨基)-3-硝基苯基)二乙醇胺

标　识

中文名称 *N*-((4-甲基氨基)-3-硝基苯基)二乙醇胺

英文名称 2,2′-(((4-Methylamino)-3-nitrophenyl) amino) diethanol; HC blue No. 1

分子式 $C_{11}H_{17}N_3O_4$

CAS 号 2784-94-3

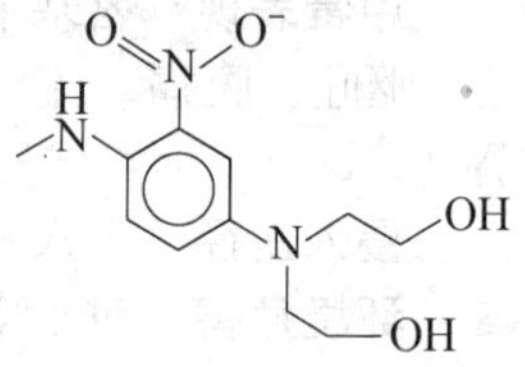

危害信息

燃烧与爆炸危险性 无特殊燃爆特性。

禁忌物 强氧化剂、强酸。

毒性 大鼠经口 *LD*：>500mg/kg；小鼠经口 *LD*：>1g/kg。

IARC 致癌性评论：G2B，可疑人类致癌物。

侵入途径 吸入、食入。

理化特性与用途

理化特性 深蓝色微晶体或深紫色粉末。微溶于水，溶于甲醇、乙醇、丙酮。熔点101.5～104℃，辛醇/水分配系数0.66。

主要用途 用于毛发染色。

包装与储运

安全储运 储存于阴凉、通风的库房。远离火种、热源。保持容器密闭。应与强氧化剂、强酸等隔离储运。

紧急处置信息

急救措施

吸入：迅速脱离现场至空气新鲜处。保持呼吸道通畅。如呼吸困难，给输氧。呼吸、心跳停止，立即进行心肺复苏术。就医。

眼睛接触：立即分开眼睑，用流动清水或生理盐水彻底冲洗。就医。

皮肤接触：立即脱去污染的衣着，用肥皂水和清水彻底冲洗。就医。

食入：漱口，饮水。就医。

灭火方法 消防人员须穿全身消防服，佩戴空气呼吸器，在上风向灭火。尽可能将容器从火场移至空旷处。喷水保持火场容器冷却，直至灭火结束。

根据着火原因选择适当灭火剂灭火。

泄漏应急处置 隔离泄漏污染区，限制出入。建议应急处理人员戴防尘口罩，穿防毒服，戴橡胶手套。穿上适当的防护服前严禁接触破裂的容器和泄漏物。尽可能切断泄漏源。用塑料布覆盖泄漏物，减少飞散。勿使水进入包装容器内。用洁净的铲子收集泄漏物，置于干净、干燥、盖子较松的容器中，将容器移离泄漏区。

402. 1-((2-甲基苯基)偶氮)-2-萘酚

标　识

中文名称 1-((2-甲基苯基)偶氮)-2-萘酚

英文名称 1-((2-Methylphenyl) azo)-2-naphthol; C. I. Solvent Orange 2

别名 溶剂橙 2

分子式 $C_{17}H_{14}N_2O$

CAS 号 2646-17-5

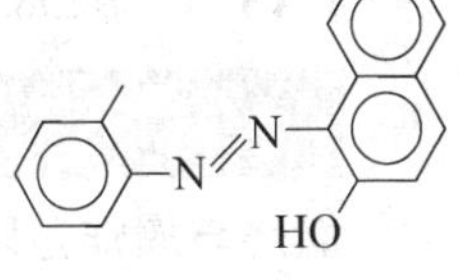

危害信息

燃烧与爆炸危险性 无特殊燃爆特性。

禁忌物 强氧化剂、强酸。

毒性 大鼠经口 *LDLo*：5g/kg。

IARC 致癌性评论：G2B，可疑人类致癌物。

侵入途径 吸入、食入。

理化特性与用途

理化特性 红色针状结晶或橙色粉末。不溶于水，微溶于乙醇、氯仿、苯。熔点131℃，沸点(＞190℃升华)，饱和蒸气压 0.0036mPa(25℃)，辛醇/水分配系数 6.05。

主要用途 用于清漆、油、脂肪、石蜡的染色。

包装与储运

安全储运 储存于阴凉、通风的库房。远离火种、热源。保持容器密闭。应与强氧化剂、强酸等隔离储运。

紧急处置信息

急救措施

吸入：迅速脱离现场至空气新鲜处。保持呼吸道通畅。如呼吸困难，给输氧。呼吸、心跳停止，立即进行心肺复苏术。就医。

眼睛接触：立即分开眼睑，用流动清水或生理盐水彻底冲洗。就医。

皮肤接触：立即脱去污染的衣着，用肥皂水和清水彻底冲洗。就医。

食入：漱口，饮水。就医。

灭火方法 消防人员须穿全身消防服，佩戴空气呼吸器，在上风向灭火。尽可能将容器从火场移至空旷处。喷水保持火场容器冷却，直至灭火结束。

根据着火原因选择适当灭火剂灭火。

泄漏应急处置 隔离泄漏污染区，限制出入。建议应急处理人员戴防尘口罩，穿防毒服，戴橡胶手套。穿上适当的防护服前严禁接触破裂的容器和泄漏物。尽可能切断泄漏源。用塑料布覆盖泄漏物，减少飞散。勿使水进入包装容器内。用洁净的铲子收集泄漏物，置于干净、干燥、盖子较松的容器中，将容器移离泄漏区。

403. 2-甲基-4-苯基戊醇

标　识

中文名称 2-甲基-4-苯基戊醇

英文名称 Benzenebutanol, beta, delta-dimethyl- ; 2-Methyl-4-phenylpentanol

分子式 $C_{12}H_{18}O$

CAS 号 92585-24-5

OH

危害信息

燃烧与爆炸危险性 可燃，其蒸气与空气混合能形成爆炸性混合物，遇明火、高热易燃烧爆炸。

禁忌物 强氧化剂、强酸。

中毒表现 对皮肤有致敏性。

侵入途径 吸入、食入。

环境危害 对水生生物有毒，可能在水生环境中造成长期不利影响。

理化特性与用途

理化特性 无色透明液体。不溶于水，溶于乙醇。沸点 274～275℃，相对密度(水=1) 0.958～0.966，饱和蒸气压 0.36Pa(25℃)，辛醇/水分配系数 3.10，闪点 103.9℃(闭杯)。

主要用途 用于香料。

包装与储运

包装标志 杂类

包装类别 Ⅲ类

安全储运 储存于阴凉、通风的库房。远离火种、热源。保持容器密闭。应与强氧化

剂、强酸等隔离储运。搬运时轻装轻卸，防止容器受损。

紧急处置信息

急救措施

吸入：迅速脱离现场至空气新鲜处。保持呼吸道通畅。如呼吸困难，给输氧。呼吸、心跳停止，立即进行心肺复苏术。就医。

眼睛接触：立即分开眼睑，用流动清水或生理盐水彻底冲洗。就医。

皮肤接触：立即脱去污染的衣着，用肥皂水和清水彻底冲洗。就医。

食入：漱口，饮水。就医。

灭火方法 消防人员须穿全身消防服，佩戴空气呼吸器，在上风向灭火。尽可能将容器从火场移至空旷处。喷水保持火场容器冷却，直至灭火结束。处在火场中的容器若发生异常变化或发出异常声音，须马上撤离。

灭火剂：二氧化碳、干粉。

泄漏应急处置 根据液体流动和蒸气扩散的影响区域划定警戒区，无关人员从侧风、上风向撤离至安全区。消除所有点火源。建议应急处理人员戴防毒面具，穿防护服，戴橡胶手套。禁止接触或跨越泄漏物。尽可能切断泄漏源。防止泄漏物进入水体、下水道、地下室或有限空间。小量泄漏：用砂土或其他不燃材料吸收。使用洁净的无火花工具收集吸收材料。大量泄漏：构筑围堤或挖坑收容。用泡沫覆盖，减少蒸发。用泵转移至槽车或专用收集器内。

404. 甲基苯噻隆

标　识

中文名称 甲基苯噻隆

英文名称 Methabenzthiazuron；1-(1,3-Benzothiazol-2-yl)1,3-dimethylurea

别名 *N*-2-苯并噻唑基-*N*,*N'*-二甲基脲

分子式 $C_{10}H_{11}N_3OS$

CAS 号 18691-97-9

危害信息

燃烧与爆炸危险性 可燃，燃烧产生有毒的硫氧化物和氮氧化物气体。

禁忌物 强氧化剂。

毒性 大鼠经口 LD_{50}：>2500mg/kg；小鼠经口 LD_{50}：>1g/kg；大鼠吸入 LC_{50}：>500mg/m^3(4h)；大鼠经皮 LD_{50}：>500mg/kg。

中毒表现 大剂量口服脲类除草剂可引起急性中毒，出现恶心、呕吐、头痛、头晕、乏力、失眠，严重者可有贫血、肝脾肿大。对眼、皮肤、黏膜有刺激性。

侵入途径 吸入、食入、经皮吸收。

环境危害 对水生生物有极高毒性，可能在水生环境中造成长期不利影响。

理化特性与用途

理化特性　无色或白色结晶固体。不溶于水，溶于丙酮、二甲基甲酰胺、二氯甲烷等。熔点 119~121℃，饱和蒸气压 0.02mPa(25℃)，辛醇/水分配系数 2.64。

主要用途　旱田除草剂。用于小麦、豌豆等谷类和豆类等作物田。

包装与储运

包装标志　杂类

包装类别　Ⅲ类

安全储运　储存于阴凉、通风的库房。远离火种、热源。应与强氧化剂等隔离储运。

紧急处置信息

急救措施

吸入： 迅速脱离现场至空气新鲜处。保持呼吸道通畅。如呼吸困难，给输氧。呼吸、心跳停止，立即进行心肺复苏术。就医。

眼睛接触： 立即分开眼睑，用流动清水或生理盐水彻底冲洗。就医。

皮肤接触： 立即脱去污染的衣着，用肥皂水和清水彻底冲洗。就医。

食入： 漱口，饮水。就医。

灭火方法　消防人员须穿全身消防服，佩戴空气呼吸器，在上风向灭火。尽可能将容器从火场移至空旷处。喷水保持火场容器冷却，直至灭火结束。

灭火剂：干粉、砂土、泡沫。

泄漏应急处置　隔离泄漏污染区，限制出入。消除点火源。建议应急处理人员戴防尘口罩，穿防毒服，戴橡胶手套。穿上适当的防护服前严禁接触破裂的容器和泄漏物。尽可能切断泄漏源。用塑料布覆盖泄漏物，减少飞散。勿使水进入包装容器内。用洁净的铲子收集泄漏物，置于干净、干燥、盖子较松的容器中，将容器移离泄漏区。

405. β-甲基苯戊醇

标　识

中文名称　β-甲基苯戊醇

英文名称　Benzenepentanol, β-methyl-; 2-Methyl-5-phenylpentanol

别名　玫瑰烷

分子式　$C_{12}H_{18}O$

CAS 号　25634-93-9

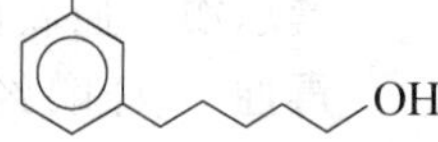

危害信息

燃烧与爆炸危险性　可燃。

禁忌物　强氧化剂、强酸。

中毒表现　对眼和皮肤有刺激性。

侵入途径　吸入、食入。

理化特性与用途

理化特性 无色至淡黄色透明液体。不溶于水，溶于乙醇。沸点260℃，相对密度(水=1)0.957，饱和蒸气压0.85Pa(25℃)，辛醇/水分配系数3.26，闪点101.8℃。

主要用途 用作香料。

包装与储运

安全储运 储存于阴凉、通风的库房。远离火种、热源。应与强氧化剂、强酸等隔离储运。搬运时轻装轻卸，防止容器受损。

紧急处置信息

急救措施

吸入：迅速脱离现场至空气新鲜处。保持呼吸道通畅。如呼吸困难，给输氧。呼吸、心跳停止，立即进行心肺复苏术。就医。

眼睛接触：立即分开眼睑，用流动清水或生理盐水彻底冲洗。就医。

皮肤接触：立即脱去污染的衣着，用肥皂水和清水彻底冲洗。就医。

食入：漱口，饮水。就医。

灭火方法 消防人员须穿全身消防服，佩戴空气呼吸器，在上风向灭火。尽可能将容器从火场移至空旷处。喷水保持火场容器冷却，直至灭火结束。处在火场中的容器若发生异常变化或发出异常声音，须马上撤离。

灭火剂：泡沫、二氧化碳、干粉。

泄漏应急处置 根据液体流动和蒸气扩散的影响区域划定警戒区，无关人员从侧风、上风向撤离至安全区。消除所有点火源。建议应急处理人员戴防毒面具，穿防护服，戴橡胶手套。禁止接触或跨越泄漏物。尽可能切断泄漏源。防止泄漏物进入水体、下水道、地下室或有限空间。小量泄漏：用砂土或其他不燃材料吸收。使用洁净的无火花工具收集吸收材料。大量泄漏：构筑围堤或挖坑收容。用泡沫覆盖，减少蒸发。用泵转移至槽车或专用收集器内。

406. 4-(4-甲基苯氧基)-1,1′-联苯

标　识

中文名称 4-(4-甲基苯氧基)-1,1′-联苯

英文名称 4-(4-Tolyloxy)biphenyl; 4-Biphenylyl *p*-tolyl ether

分子式 $C_{19}H_{16}O$

CAS 号 51601-57-1

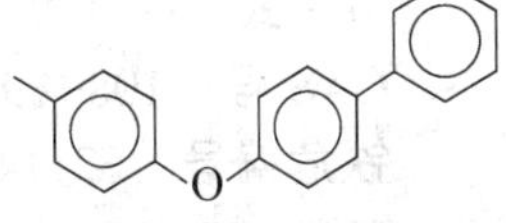

危害信息

燃烧与爆炸危险性 可燃，其粉体与空气混合能形成爆炸性混合物，遇明火、高热易燃烧爆炸。

禁忌物 强氧化剂。

中毒表现 长期反复接触可能对器官造成损害。

侵入途径 吸入、食入。

环境危害 可能在水生环境中造成长期不利影响。

理化特性与用途

理化特性 固体。微溶于水。熔点 94~96℃，沸点 388℃，相对密度(水=1)1.077，饱和蒸气压 0.96mPa(25℃)，辛醇/水分配系数 6.13，闪点 187℃。

主要用途 医药原料。

包装与储运

安全储运 储存于阴凉、通风的库房。远离火种、热源。应与强氧化剂等隔离储运。

紧急处置信息

急救措施

吸入：迅速脱离现场至空气新鲜处。保持呼吸道通畅。如呼吸困难，给输氧。呼吸、心跳停止，立即进行心肺复苏术。就医。

眼睛接触：立即分开眼睑，用流动清水或生理盐水彻底冲洗。就医。

皮肤接触：立即脱去污染的衣着，用肥皂水和清水彻底冲洗。就医。

食入：漱口，饮水。就医。

灭火方法 消防人员须穿全身消防服，在上风向灭火。尽可能将容器从火场移至空旷处。喷水保持火场容器冷却直至灭火结束。

灭火剂：泡沫、二氧化碳、干粉。

泄漏应急处置 隔离泄漏污染区，限制出入。消除点火源。建议应急处理人员戴防尘口罩，穿防护服。穿上适当的防护服前严禁接触破裂的容器和泄漏物。尽可能切断泄漏源。用塑料布覆盖泄漏物，减少飞散。勿使水进入包装容器内。用洁净的铲子收集泄漏物，置于干净、干燥、盖子较松的容器中，将容器移离泄漏区。

407. 4-甲基吡啶

标　识

中文名称 4-甲基吡啶

英文名称 4-Methylpyridine；4-Picoline

别名 γ-甲基吡啶

分子式 C_6H_7N

CAS 号 108-89-4

铁危编号 32114

危害信息

危险性类别 第 3 类 易燃液体

燃烧与爆炸危险性 易燃，其蒸气与空气混合能形成爆炸性混合物，遇明火、高热易燃烧爆炸，燃烧产生有毒的刺激性氮氧化物气体。蒸气比空气重，能在较低处扩散到相当远的地方，遇火源会着火回燃和爆炸(闪爆)。

禁忌物 氧化剂、强酸。

毒性 大鼠经口 LD_{50}：440mg/kg；小鼠经口 LD_{50}：350mg/kg；大鼠吸入 LC_{50}：>1000 ppm(4h)；兔经皮 LD_{50}：0.27 mL/kg。

中毒表现 中毒症状有偶发腹泻、体重下降、贫血和眼面麻痹。经皮肤吸收可引起中毒。对眼、皮肤和呼吸道有刺激性。

侵入途径 吸入、食入、经皮吸收。

理化特性与用途

理化特性 无色液体，有特性气味。与水混溶，混溶于乙醇、乙醚、邻氯苯酚等。熔点 3.7℃，沸点 144~145℃，相对密度(水=1)0.9548，相对蒸气密度(空气=1)3.2，饱和蒸气压 0.76kPa(25℃)，临界温度 372.5℃，临界压力 4.66MPa，燃烧热-3421kJ/mol，辛醇/水分配系数 1.22，闪点 40℃(闭杯)、57℃(开杯)，爆炸下限 1.3%，爆炸上限 8.7%。

主要用途 用于有机合成，制造药物、杀虫剂、染料、橡胶助剂和合成树脂，也用作溶剂。

包装与储运

包装标志 易燃液体，有毒品

包装类别 Ⅲ类

安全储运 储存于阴凉、通风的库房。远离火种、热源。储存温度不超过 35℃，相对湿度不超过 85%。保持容器密封。应与氧化剂、强酸等分开存放，切忌混储。不宜久存，以免变质。采用防爆型照明、通风设施。禁止使用易产生火花的机械设备和工具。储区应备有泄漏应急处理设备和合适的收容材料。搬运时轻装轻卸，防止容器受损。

紧急处置信息

急救措施

吸入： 迅速脱离现场至空气新鲜处。保持呼吸道通畅。如呼吸困难，给输氧。呼吸、心跳停止，立即进行心肺复苏术。就医。

眼睛接触： 立即分开眼睑，用流动清水或生理盐水彻底冲洗。就医。

皮肤接触： 立即脱去污染的衣着，用肥皂水和清水彻底冲洗。就医。

食入： 漱口，饮水。就医。

灭火方法 消防人员须穿全身消防服，佩戴空气呼吸器，在上风向灭火。尽可能将容器从火场移至空旷处。喷水保持火场容器冷却，直至灭火结束。处在火场中的容器若发生异常变化或发出异常声音，须马上撤离。

灭火剂：水、干粉、抗溶性泡沫、二氧化碳。

泄漏应急处置 消除所有点火源。根据液体流动和蒸气扩散的影响区域划定警戒区，无关人员从侧风、上风向撤离至安全区。建议应急处理人员戴正压自给式呼吸器，穿防静电、防毒服，戴橡胶手套。作业时使用的所有设备应接地。禁止接触或跨越泄漏物。尽可能切断泄漏源。防止泄漏物进入水体、下水道、地下室或有限空间。小量泄漏：用砂土或其他不燃材料吸收。使用洁净的无火花工具收集吸收材料。大量泄漏：构筑围堤或挖坑收容。用泡沫覆盖，减少蒸发。喷水雾能减少蒸发，但不能降低泄漏物在有限空间内的易燃性。用防爆、耐腐蚀泵转移至槽车或专用收集器内。

408. 5-甲基吡嗪-2-羧酸

标　识

中文名称　5-甲基吡嗪-2-羧酸

英文名称　5-Methyl-2-pyrazinecarboxylic acid; 2-Methylpyrazine-5-carboxylic acid

别名　2-羧基-5-甲基吡嗪

分子式　$C_6H_6N_2O_2$

CAS 号　5521-55-1

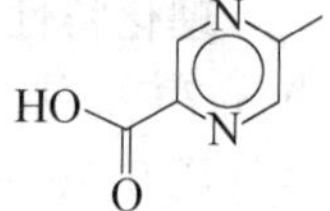

危害信息

燃烧与爆炸危险性　可燃，其粉体与空气混合能形成爆炸性混合物，遇明火高热有引起燃烧爆炸的危险。燃烧产生有毒的氮氧化物气体。

禁忌物　强氧化剂、碱类。

中毒表现　眼接触可引起严重损害。

侵入途径　吸入、食入。

理化特性与用途

理化特性　淡黄色结晶或浅棕色粉末。易溶于水。熔点 166~169℃，沸点 316.5℃，相对密度(水=1)1.319，辛醇/水分配系数 0.04。

主要用途　医药中间体，主要作药品格列吡嗪、降血脂药阿莫西司中间体。

包装与储运

安全储运　储存于阴凉、通风的库房。远离火种、热源。应与强氧化剂、碱类等隔离储运。

紧急处置信息

急救措施

吸入：迅速脱离现场至空气新鲜处。保持呼吸道通畅。如呼吸困难，给输氧。呼吸、心跳停止，立即进行心肺复苏术。就医。

眼睛接触：立即分开眼睑，用流动清水或生理盐水彻底冲洗 5~10min。就医。

皮肤接触：立即脱去污染的衣着，用肥皂水和清水彻底冲洗。就医。

食入：漱口，饮水。就医。

灭火方法　消防人员须穿全身消防服，在上风向灭火。尽可能将容器从火场移至空旷处。喷水保持火场容器冷却，直至灭火结束。

灭火剂：雾状水、泡沫、二氧化碳、干粉、砂土。

泄漏应急处置　隔离泄漏污染区，限制出入。消除所有点火源。建议应急处理人员戴防尘口罩，穿防护服，戴橡胶手套。穿上适当的防护服前严禁接触破裂的容器和泄漏物。尽可能切断泄漏源。用塑料布覆盖泄漏物，减少飞散。勿使水进入包装容器内。用洁净的铲子收集泄漏物，置于干净、干燥、盖子较松的容器中，将容器移离泄漏区。

409. 3-甲基吡唑-5-基二甲基氨基甲酸酯

标　识

中文名称　3-甲基吡唑-5-基二甲基氨基甲酸酯

英文名称　3-Methylpyrazol-5-yl-dimethylcarbamate；Monometilan

分子式　$C_7H_{11}N_3O_2$

CAS 号　2532-43-6

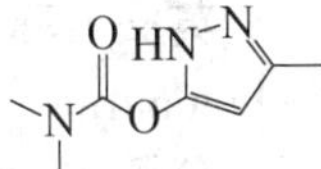

危害信息

危险性类别　第 6 类　有毒品

燃烧与爆炸危险性　可燃。

禁忌物　强氧化剂、酸类。

侵入途径　吸入、食入。

理化特性与用途

理化特性　微溶于水。沸点 323℃，相对密度(水 = 1) 1.22，饱和蒸气压 0.05Pa (25℃)，辛醇/水分配系数 0.36，闪点 149℃。

包装与储运

包装标志　有毒品

包装类别　Ⅲ类

安全储运　储存于阴凉、通风的库房。远离火种、热源。库温不超过 32℃。相对湿度不超过 85%。包装密封。应与强氧化剂、酸类、食用化学品等分开存放，切忌混储。配备相应品种和数量的消防器材。储区应备有合适的材料收容泄漏物。搬运时轻装轻卸，防止容器受损。

紧急处置信息

急救措施

吸入：脱离接触。如有不适感，就医。

眼睛接触：分开眼睑，用流动清水或生理盐水冲洗。如有不适感，就医。

皮肤接触：脱去污染的衣着，用流动清水冲洗。如有不适感，就医。

食入：漱口，饮水。就医。

灭火方法　消防人员须穿全身防火防毒服，在上风向灭火。尽可能将容器从火场移至空旷处。喷水保持火场容器冷却直至灭火结束。

灭火剂：泡沫、二氧化碳、干粉。

泄漏应急处置　根据液体流动和蒸气扩散的影响区域划定警戒区，无关人员从侧风、上风向撤离至安全区。消除所有点火源。建议应急处理人员戴防毒面具，穿防毒服，戴橡胶手套。穿上适当的防护服前严禁接触破裂的容器和泄漏物。尽可能切断泄漏源。防止泄漏物进入水体、下水道、地下室或有限空间。小量泄漏：用干燥的砂土或其他不燃材料吸收或覆盖，收集于容器中。大量泄漏：构筑围堤或挖坑收容。用泵转移至槽车或专用收集器内。

410. 2-甲基-2-苄基-3-丁烯腈

标　识

中文名称　2-甲基-2-苄基-3-丁烯腈

英文名称　Benzenepropanenitrile, alpha-ethenyl-alpha-methyl-；2-Benzyl-2-methyl-3-butenitrile

分子式　$C_{12}H_{13}N$

CAS 号　97384-48-0

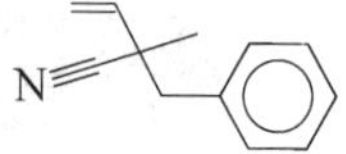

危害信息

燃烧与爆炸危险性　可燃。

禁忌物　强氧化剂、强酸。

中毒表现　食入有害。

侵入途径　吸入、食入。

环境危害　对水生生物有害，可能在水生环境中造成长期不利影响。

理化特性与用途

理化特性　无色至淡黄色透明油状液体。不溶于水，溶于乙醇。沸点 285～286℃，相对密度(水=1)0.96，相对蒸气密度(空气=1)5.9，饱和蒸气压 0.35Pa(25℃)，辛醇/水分配系数 2.79，闪点>93.3℃。

主要用途　用作香料成分。

包装与储运

安全储运　储存于阴凉、通风的库房。远离火种、热源。应与强氧化剂、强酸等隔离储运。搬运时轻装轻卸，防止容器受损。

紧急处置信息

急救措施

吸入：迅速脱离现场至空气新鲜处。保持呼吸道通畅。如呼吸困难，给输氧。呼吸、心跳停止，立即进行心肺复苏术。就医。

眼睛接触：立即分开眼睑，用流动清水或生理盐水彻底冲洗。就医。

皮肤接触：立即脱去污染的衣着，用肥皂水和清水彻底冲洗。就医。

食入：漱口，饮水。就医。

灭火方法　消防人员须穿全身消防服，佩戴空气呼吸器，在上风向灭火。尽可能将容器从火场移至空旷处。喷水保持火场容器冷却，直至灭火结束。处在火场中的容器若发生异常变化或发出异常声音，须马上撤离。

灭火剂：二氧化碳、干粉。

泄漏应急处置　根据液体流动和蒸气扩散的影响区域划定警戒区，无关人员从侧风、上风向撤离至安全区。消除所有点火源。建议应急处理人员戴防毒面具，穿防护服。穿上适当的防护服前严禁接触破裂的容器和泄漏物。尽可能切断泄漏源。防止泄漏物进入水体、下水道、地下室或有限空间。小量泄漏：用干燥的砂土或其他不燃材料吸收或覆盖，收集于容器中。大量泄漏：构筑围堤或挖坑收容。用泵转移至槽车或专用收集器内。

411. 1-甲基-4-丙基苯

标　识

中文名称　1-甲基-4-丙基苯

英文名称　1-Methyl-4-propylbenzene；4-Propyltoluene；*p*-Propyltoluene

别名　4-丙基甲苯

分子式　$C_{10}H_{14}$

CAS 号　1074-55-1

铁危编号　32039

危害信息

危险性类别　第 3 类　易燃液体

燃烧与爆炸危险性　易燃，其蒸气与空气混合能形成爆炸性混合物，遇明火、高热易燃烧爆炸。

禁忌物　氧化剂。

中毒表现　对眼和皮肤有刺激性。对皮肤有致敏性。液态本品进入呼吸道可引起化学性肺炎。

侵入途径　吸入、食入。

理化特性与用途

理化特性　无色至极淡黄色透明液体。不溶于水。熔点-63.6℃，沸点 183℃，相对密度(水=1)0.86，饱和蒸气压 0.15kPa(25℃)，辛醇/水分配系数 4.6，临界温度 387.55℃，临界压力 2.845MPa。

主要用途　用于分析标准。

包装与储运

包装标志　易燃液体

包装类别　Ⅲ类

安全储运　储存于阴凉、通风的库房。远离火种、热源，避免阳光直射。储存温度不超过 37℃。保持容器密闭。炎热季节早晚运输，应与氧化剂等隔离储运。禁止使用易产生火花的机械设备和工具。灌装时注意流速，防止静电积聚。搬运时轻装轻卸，防止容器受损。

紧急处置信息

急救措施

吸入：迅速脱离现场至空气新鲜处。保持呼吸道通畅。如呼吸困难，给输氧。呼吸、心跳停止，立即进行心肺复苏术。就医。

眼睛接触：立即分开眼睑，用流动清水或生理盐水彻底冲洗。就医。

皮肤接触：立即脱去污染的衣着，用肥皂水和清水彻底冲洗。就医。

食入：漱口，饮水。禁止催吐。就医。

灭火方法　消防人员须穿全身消防服，佩戴空气呼吸器，在上风向灭火。尽可能将容器从火场移至空旷处。喷水保持火场容器冷却，直至灭火结束。处在火场中的容器若发生异常变化或发出异常声音，须马上撤离。

灭火剂：泡沫、二氧化碳。

泄漏应急处置　消除所有点火源。根据液体流动和蒸气扩散的影响区域划定警戒区，无关人员从侧风、上风向撤离至安全区。建议应急处理人员戴正压自给式呼吸器，穿防静电服，戴橡胶手套。作业时使用的所有设备应接地。禁止接触或跨越泄漏物。尽可能切断泄漏源。防止泄漏物进入水体、下水道、地下室或有限空间。小量泄漏：用砂土或其他不燃材料吸收。使用洁净的无火花工具收集吸收材料。大量泄漏：构筑围堤或挖坑收容。用泡沫覆盖，减少蒸发。喷水雾能减少蒸发，但不能降低泄漏物在有限空间内的易燃性。用防爆泵转移至槽车或专用收集器内。

412. 1-甲基-3-丙基苯

标　识

中文名称　1-甲基-3-丙基苯

英文名称　1-Methyl-3-propylbenzene；3-Propyltoluene；*m*-Propyltoluene

别名　3-丙基甲苯

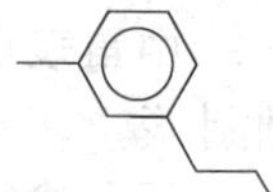

分子式　$C_{10}H_{14}$

CAS 号　1074-43-7

铁危编号　32039

危害信息

危险性类别　第 3 类　易燃液体

燃烧与爆炸危险性　易燃，其蒸气与空气混合能形成爆炸性混合物，遇明火、高热易燃烧爆炸。

禁忌物　氧化剂。

中毒表现　对眼和皮肤有刺激性。

侵入途径　吸入、食入。

理化特性与用途

理化特性　无色至极淡黄色透明液体。不溶于水，混溶于乙醚，溶于乙醇。熔点 -82.5℃，沸点 182℃，相对密度（水 = 1）0.86，饱和蒸气压 0.35kPa（25℃），临界温度 393.45℃，临界压力 2.904MPa，辛醇/水分配系数 4.67，闪点 56℃。

主要用途　气相色谱分析标准。

包装与储运

包装标志　易燃液体

包装类别　Ⅲ类

安全储运 储存于阴凉、通风的库房。远离火种、热源，避免阳光直射。储存温度不超过37℃。保持容器密闭。炎热季节早晚运输，应与氧化剂等隔离储运。禁止使用易产生火花的机械设备和工具。灌装时注意流速，防止静电积聚。搬运时轻装轻卸，防止容器受损。

紧急处置信息

急救措施

吸入：迅速脱离现场至空气新鲜处。保持呼吸道通畅。如呼吸困难，给输氧。呼吸、心跳停止，立即进行心肺复苏术。就医。

眼睛接触：立即分开眼睑，用流动清水或生理盐水彻底冲洗。就医。

皮肤接触：立即脱去污染的衣着，用肥皂水和清水彻底冲洗。就医。

食入：漱口，饮水。就医。

灭火方法 消防人员须穿全身消防服，佩戴空气呼吸器，在上风向灭火。尽可能将容器从火场移至空旷处。喷水保持火场容器冷却，直至灭火结束。处在火场中的容器若发生异常变化或发出异常声音，须马上撤离。

灭火剂：泡沫、二氧化碳。

泄漏应急处置 消除所有点火源。根据液体流动和蒸气扩散的影响区域划定警戒区，无关人员从侧风、上风向撤离至安全区。建议应急处理人员戴正压自给式呼吸器，穿防静电服，戴橡胶手套。作业时使用的所有设备应接地。禁止接触或跨越泄漏物。尽可能切断泄漏源。防止泄漏物进入水体、下水道、地下室或有限空间。小量泄漏：用砂土或其他不燃材料吸收。使用洁净的无火花工具收集吸收材料。大量泄漏：构筑围堤或挖坑收容。用泡沫覆盖，减少蒸发。喷水雾能减少蒸发，但不能降低泄漏物在有限空间内的易燃性。用防爆、耐腐蚀泵转移至槽车或专用收集器内。

413. 2-(1-甲基丙基)-4-叔丁基苯酚

标　识

中文名称 2-(1-甲基丙基)-4-叔丁基苯酚

英文名称 2-(1-Methylpropyl)-4-tert-butylphenol；2-sec-Butyl-4-tert-butylphenol

别名 2-仲丁基-4-叔丁基苯酚

分子式 $C_{14}H_{22}O$

CAS号 51390-14-8

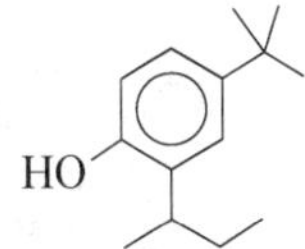

危害信息

危险性类别 第8类 腐蚀品

燃烧与爆炸危险性 可燃。

禁忌物 氧化剂、酸碱。

中毒表现 对眼和皮肤有腐蚀性。

侵入途径 吸入、食入。

环境危害 对水生生物有毒，可能在水生环境中造成长期不利影响。

理化特性与用途

理化特性 淡黄色液体。微溶于水。沸点 278，相对密度(水=1)0.933，饱和蒸气压 0.35Pa(25℃)，辛醇/水分配系数 5.04，闪点 127℃。

主要用途 抗氧剂的中间体。

包装与储运

包装标志 腐蚀品

包装类别 Ⅱ类

安全储运 储存于阴凉、通风的库房。远离火种、热源。防止阳光直射。库温不超过 30℃。相对湿度不超过 80%。保持容器密封。应与氧化剂、酸碱等分开存放，切忌混储。配备相应品种和数量的消防器材。储区应备有合适的材料收容泄漏物。

紧急处置信息

急救措施

吸入：迅速脱离现场至空气新鲜处。保持呼吸道通畅。如呼吸困难，给输氧。呼吸、心跳停止，立即进行心肺复苏术。就医。

眼睛接触：立即分开眼睑，用大量流动清水或生理盐水彻底冲洗 5~10min。就医。

皮肤接触：立即脱去污染衣物，用大量流动清水彻底冲洗，冲洗后即用浸过 30%~50% 酒精棉花擦洗创面至无酚味为止(注意不能将患处浸泡于酒精溶液中)。如有条件可用数块浸有聚乙二醇(300 或 400)的海绵反复擦洗污染部位，至少 20min。然后再用大量水冲洗 10min 以上。就医。

食入：漱口，给服植物油 15~30mL，催吐。对食入时间长者禁用植物油，可口服牛奶或蛋清。就医。

灭火方法 消防人员须穿全身消防服，佩戴空气呼吸器，在上风向灭火。尽可能将容器从火场移至空旷处。喷水保持火场容器冷却，直至灭火结束。

灭火剂：泡沫、干粉、二氧化碳。

泄漏应急处置 消除所有点火源。根据液体流动和蒸气扩散的影响区域划定警戒区，无关人员从侧风、上风向撤离至安全区。建议应急处理人员戴正压自给式呼吸器，穿耐腐蚀服，戴橡胶耐腐蚀手套。禁止接触或跨越泄漏物。尽可能切断泄漏源。防止泄漏物进入水体、下水道、地下室或有限空间。小量泄漏：用砂土或其他不燃材料吸收。使用洁净的无火花工具收集吸收材料。大量泄漏：构筑围堤或挖坑收容。用泡沫覆盖，减少蒸发。用防爆、耐腐蚀泵转移至槽车或专用收集器内。

414. 2-甲基-2-丙烯酸-2-丙烯基酯

标　识

中文名称 2-甲基-2-丙烯酸-2-丙烯基酯

英文名称 Allyl methacrylate；2-Propenoic acid, 2-methyl-, 2-propenyl ester

别名 甲基丙烯酸烯丙酯；2-甲基丙烯酸烯丙酯

分子式 $C_7H_{10}O_2$

CAS 号 96-05-9

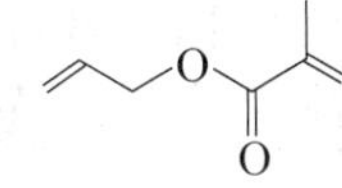

危害信息

危险性类别 第6类 有毒品

燃烧与爆炸危险性 易燃，其蒸气与空气混合能形成爆炸性混合物，遇明火、高热易燃烧或爆炸。在高温火场中，受热的容器或储罐有破裂和爆炸的危险。蒸气比空气重，沿地面扩散并易积存于低洼处，遇火源会着火回燃。

禁忌物 氧化剂。

毒性 大鼠经口 LD_{50}：70mg/kg；小鼠经口 LD_{50}：57mg/kg；大鼠吸入 LC_{50}：1800mg/m^3；小鼠吸入 LC_{50}：5500mg/m^3；兔经皮 LD_{50}：500μL/kg。

侵入途径 吸入、食入、经皮吸收。

理化特性与用途

理化特性 无色液体，有刺激性气味。微溶于水。熔点 -65℃，沸点 144℃、64℃(6.7kPa)，相对密度(水=1)0.93，饱和蒸气压 0.8kPa(25℃)，辛醇/水分配系数 2.12，闪点 35℃。

主要用途 在制造隐形眼镜和丙烯酸涂料中用作交联剂。

包装与储运

包装标志 有毒品，易然液体

包装类别 Ⅲ类

安全储运 火种、热源。防止阳光直射。储存温度不超过 32℃，相对湿度不超过 85%。保持容器密封。炎热季节早晚运输，应与氧化剂等分开存放，切忌混储。配备相应品种和数量的消防器材。储区应备有合适的材料收容泄漏物。禁止使用易产生火花的机械设备和工具。灌装时注意流速，防止静电积聚。搬运时轻装轻卸，防止容器受损。

紧急处置信息

急救措施

吸入：迅速脱离现场至空气新鲜处。保持呼吸道通畅。如呼吸困难，给输氧。呼吸、心跳停止，立即进行心肺复苏术。就医。

眼睛接触：立即分开眼睑，用流动清水或生理盐水彻底冲洗。就医。

皮肤接触：立即脱去污染的衣着，用流动清水彻底冲洗。就医。

食入：饮适量温水，催吐(仅限于清醒者)。就医

灭火方法 消防人员须穿全身防火防毒服，佩戴空气呼吸器，在上风向灭火。尽可能将容器从火场移至空旷处。喷水保持火场容器冷却，直至灭火结束。处在火场中的容器若发生异常变化或发出异常声音，须马上撤离。

灭火剂：泡沫、二氧化碳、干粉、砂土。

泄漏应急处置 消除所有点火源。根据液体流动和蒸气扩散的影响区域划定警戒区，无关人员从侧风、上风向撤离至安全区。建议应急处理人员戴正压自给式呼吸器，穿防静电、防毒服，戴橡胶手套。作业时使用的所有设备应接地。禁止接触或跨越泄漏物。尽可能切断泄漏源。防止泄漏物进入水体、下水道、地下室或有限空间。小量泄漏：用砂土或其他不燃材料吸收。使用洁净的无火花工具收集吸收材料。大量泄漏：构筑围堤或挖坑收

容。用泡沫覆盖，减少蒸发。喷水雾能减少蒸发，但不能降低泄漏物在有限空间内的易燃性。用防爆泵转移至槽车或专用收集器内。

415. 甲基丙烯酸缩水甘油酯

标　识

中文名称　甲基丙烯酸缩水甘油酯

英文名称　2,3-Epoxypropyl methacrylate；Glycidyl methacrylate

分子式　$C_7H_{10}O_3$

CAS 号　106-91-2

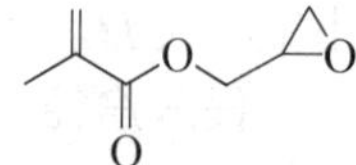

危害信息

燃烧与爆炸危险性　易燃，其蒸气与空气混合能形成爆炸性混合物，遇明火、高热易燃烧爆炸。蒸气比空气重，能在较低处扩散到相当远的地方，遇火源会着火回燃和爆炸(闪爆)。

禁忌物　强氧化剂、强酸。

毒性　大鼠经口 LD_{50}：500mg/kg；小鼠经口 LD_{50}：390mg/kg；大鼠吸入 LC_{50}：45 ppm (4h)。

中毒表现　食入、吸入或经皮肤吸收对身体有害。对眼、皮肤和呼吸道有刺激性。对皮肤有致敏性。

侵入途径　吸入、食入、经皮吸收。

职业接触限值　中国：MAC 5mg/m^3。

理化特性与用途

理化特性　无色液体，有果香味。微溶于水，易溶于乙醇、乙醚、苯。熔点-41.5℃，沸点 189℃，相对密度(水=1)1.07，相对蒸气密度(空气=1)4.9，饱和蒸气压 0.08kPa (25℃)，临界温度 366℃，临界压力 3.39MPa，燃烧热-3565kJ/mol，辛醇/水分配系数 0.96，闪点 76℃(闭杯)。

主要用途　用作聚合物中间体，环氧树脂单体和稀释剂，交联单体等。

包装与储运

安全储运　储存于阴凉、通风的库房。远离火种、热源。保持容器密闭。应与强氧化剂、强酸等隔离储运。搬运时轻装轻卸，防止容器受损。

紧急处置信息

急救措施

吸入：迅速脱离现场至空气新鲜处。保持呼吸道通畅。如呼吸困难，给输氧。呼吸、心跳停止，立即进行心肺复苏术。就医。

眼睛接触：立即分开眼睑，用流动清水或生理盐水彻底冲洗。就医。

皮肤接触：立即脱去污染的衣着，用肥皂水和清水彻底冲洗。就医。

食入：漱口，饮水。就医。

灭火方法 消防人员须穿全身消防服，佩戴空气呼吸器，在上风向灭火。尽可能将容器从火场移至空旷处。喷水保持火场容器冷却，直至灭火结束。处在火场中的容器若发生异常变化或发出异常声音，须马上撤离。

灭火剂：干粉、二氧化碳、泡沫。

泄漏应急处置 消除所有点火源。根据液体流动和蒸气扩散的影响区域划定警戒区，无关人员从侧风、上风向撤离至安全区。建议应急处理人员戴正压自给式呼吸器，穿防静电服，戴橡胶手套。作业时使用的所有设备应接地。禁止接触或跨越泄漏物。尽可能切断泄漏源。防止泄漏物进入水体、下水道、地下室或有限空间。小量泄漏：用砂土或其他不燃材料吸收。使用洁净的无火花工具收集吸收材料。大量泄漏：构筑围堤或挖坑收容。用泡沫覆盖，减少蒸发。用防爆泵转移至槽车或专用收集器内。

416. 2-甲基-2-氮杂二环(2.2.1)庚烷

标　识

中文名称 2-甲基-2-氮杂二环(2.2.1)庚烷

英文名称 2-Methyl-2-azabicyclo(2.2.1)heptane

分子式 $C_7H_{13}N$

CAS 号 4524-95-2

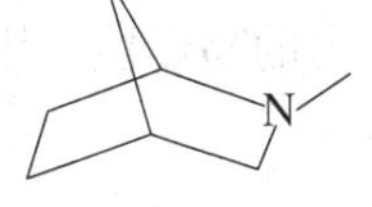

危害信息

危险性类别 第 8 类　腐蚀品

燃烧与爆炸危险性 易燃。其蒸气与空气混合能形成爆炸性混合物，遇明火、高热易燃烧或爆炸。

禁忌物 氧化剂。

中毒表现 食入或经皮肤吸收对身体有害。对眼和皮肤有腐蚀性。长期反复接触可能对器官造成损害。

侵入途径 吸入、食入、经皮吸收。

理化特性与用途

理化特性 沸点 131.8℃，相对密度(水=1)0.956，饱和蒸气压 1.21kPa(25℃)，闪点 18.9℃。

主要用途 用作有机合成中间体。

包装与储运

包装标志 腐蚀品，易燃液体

包装类别 Ⅱ类

安全储运 储存于阴凉、干燥、通风良好的库房。远离火种、热源。防止阳光直射。储存温度不超过 37℃。保持容器密封。应与氧化剂等分开存放，切忌混储。采用防爆型照明、通风设施。禁止使用易产生火花的机械设备和工具。储区应备有泄漏应急处理设备和合适的收容材料。搬运时轻装轻卸，防止容器受损。

紧急处置信息

急救措施

吸入：迅速脱离现场至空气新鲜处。保持呼吸道通畅。如呼吸困难，给输氧。呼吸、心跳停止，立即进行心肺复苏术。就医。

眼睛接触：立即分开眼睑，用流动清水或生理盐水彻底冲洗5~10min。就医。

皮肤接触：立即脱去污染的衣着，用大量流动清水彻底冲洗，冲洗时间一般要求20~30min。就医。

食入：用水漱口，禁止催吐。给饮牛奶或蛋清。就医。

灭火方法 消防人员须穿全身消防服，佩戴空气呼吸器，在上风向灭火。尽可能将容器从火场移至空旷处。喷水保持火场容器冷却，直至灭火结束。处在火场中的容器若发生异常变化，须马上撤离。

灭火剂：二氧化碳、干粉。

泄漏应急处置 消除所有点火源。根据液体流动和蒸气扩散的影响区域划定警戒区，无关人员从侧风、上风向撤离至安全区。建议应急处理人员戴正压自给式呼吸器，穿防静电、防腐蚀服，戴橡胶耐腐蚀手套。作业时使用的所有设备应接地。禁止接触或跨越泄漏物。尽可能切断泄漏源。防止泄漏物进入水体、下水道、地下室或有限空间。小量泄漏：用砂土或其他不燃材料吸收。使用洁净的无火花工具收集吸收材料。大量泄漏：构筑围堤或挖坑收容。用泡沫覆盖，减少蒸发。喷水雾能减少蒸发，但不能降低泄漏物在有限空间内的易燃性。用防爆、耐腐蚀泵转移至槽车或专用收集器内。

417. 2-甲基-1-丁醇

标　识

中文名称 2-甲基-1-丁醇

英文名称 2-Methyl-1-butanol；2-Methylbutan-1-ol

别名 活性戊醇

分子式 $C_5H_{12}O$

CAS 号 137-32-6

铁危编号 32053

OH

危害信息

危险性类别 第3类 易燃液体

燃烧与爆炸危险性 易燃，其蒸气与空气混合能形成爆炸性混合物，遇明火、高热易燃烧爆炸。

禁忌物 氧化剂、强酸。

毒性 大鼠腹腔内 *LDLo*：1900mg/kg；兔经皮 LD_{50}：3540μL/kg。

中毒表现 对眼、皮肤和呼吸道有刺激性。影响中枢神经系统。液体进入肺部引起化学性肺炎。对皮肤有脱脂性。

侵入途径 吸入、食入、经皮吸收。

理化特性与用途

理化特性 无色至极微黄色透明液体。微溶于水，混溶于乙醇、乙醚，溶于丙酮。熔点<-70℃，沸点 128～130℃，相对密度(水=1)0.816，相对蒸气密度(空气=1)3.0，饱和蒸气压 0.42kPa(25℃)，临界温度 302.25℃，临界压力 3.94MPa，辛醇/水分配系数 1.29，闪点 44℃(闭杯)、50℃(开杯)，引燃温度 385℃，爆炸下限 1.4%，爆炸上限 9.0%。

主要用途 用作有机合成原料和溶剂。

包装与储运

包装标志 易燃液体

包装类别 Ⅲ类

安全储运 储存于阴凉、通风的库房。远离火种、热源，避免阳光直射。储存温度不超过 37℃。炎热季节早晚运输，应与氧化剂、强酸等隔离储运。禁止使用易产生火花的机械设备和工具。搬运时轻装轻卸，防止容器受损。

紧急处置信息

急救措施

吸入：迅速脱离现场至空气新鲜处。保持呼吸道通畅。如呼吸困难，给输氧。呼吸、心跳停止，立即进行心肺复苏术。就医。

眼睛接触：立即分开眼睑，用流动清水或生理盐水彻底冲洗。就医。

皮肤接触：立即脱去污染的衣着，用肥皂水和清水彻底冲洗。就医。

食入：漱口，饮水。禁止催吐。就医。

灭火方法 消防人员须穿全身消防服，佩戴空气呼吸器，在上风向灭火。尽可能将容器从火场移至空旷处。喷水保持火场容器冷却，直至灭火结束。处在火场中的容器若发生异常变化或发出异常声音，须马上撤离。

灭火剂：泡沫、二氧化碳、干粉。

泄漏应急处置 消除所有点火源。根据液体流动和蒸气扩散的影响区域划定警戒区，无关人员从侧风、上风向撤离至安全区。建议应急处理人员戴正压自给式呼吸器，穿防静电、防毒服，戴橡胶耐油手套。作业时使用的所有设备应接地。禁止接触或跨越泄漏物。尽可能切断泄漏源。防止泄漏物进入水体、下水道、地下室或有限空间。小量泄漏：用砂土或其他不燃材料吸收。使用洁净的无火花工具收集吸收材料。大量泄漏：构筑围堤或挖坑收容。用泡沫覆盖，减少蒸发。喷水雾能减少蒸发，但不能降低泄漏物在有限空间内的易燃性。用防爆泵转移至槽车或专用收集器内。

418. 甲基毒死蜱

标　识

中文名称 甲基毒死蜱

英文名称 Chlorpyrifos-methyl

别名 硫代磷酸 *O*,*O*-二甲基 *O*-(3,5,6-三氯-2-吡啶基)酯

分子式 $C_7H_7Cl_3NO_3PS$

CAS 号 5598-13-0

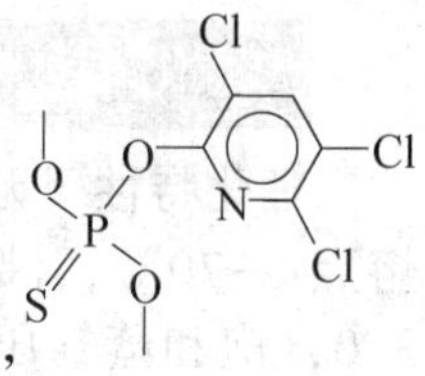

危害信息

燃烧与爆炸危险性 可燃，其粉体与空气混合能形成爆炸性混合物，遇明火高热有引起燃烧爆炸的危险。燃烧产生有毒的氮氧化物和磷氧化物。

禁忌物 强氧化剂、强酸。

毒性 大鼠经口 LD_{50}：1828mg/kg；小鼠经口 LD_{50}：2032mg/kg；大鼠吸入 LC_{50}：>670mg/m^3(4h)；大鼠经皮 LD_{50}：3713mg/kg；兔经皮 LD_{50}：>2g/kg。

中毒表现 抑制体内胆碱酯酶活性，造成神经生理功能紊乱。急性中毒症状有头痛、头昏、乏力、食欲不振、恶心、呕吐、腹痛、腹泻、流涎、瞳孔缩小、呼吸道分泌物增多、多汗、肌束震颤等。重度中毒者出现肺水肿、昏迷、呼吸麻痹、脑水肿。血胆碱酯酶活性降低。对皮肤有致敏性。

侵入途径 吸入、食入、经皮吸收。

环境危害 对水生生物有极高毒性，可能在水生环境中造成长期不利影响。

理化特性与用途

理化特性 白色结晶或琥珀色块状物，稍有硫醇气味。熔点 45. 5～46. 5℃，相对密度(水=1)1. 64(23℃)，饱和蒸气压 5. 6mPa(25℃)，辛醇/水分配系数 4. 31。

主要用途 杀虫剂和杀螨剂，用于防治贮藏谷物中的害虫和各种叶类作物上的害虫，也可用于防治蚊、蝇等卫生害虫。

包装与储运

包装标志 杂类

包装类别 Ⅲ类

安全储运 储存于阴凉、通风的库房。远离火种、热源。保持容器密闭。应与强氧化剂、强酸等隔离储运。

紧急处置信息

急救措施

吸入：迅速脱离现场至空气新鲜处。保持呼吸道通畅。如呼吸困难，给输氧。呼吸、心跳停止，立即进行心肺复苏术。就医。

眼睛接触：分开眼睑，用流动清水或生理盐水冲洗。就医。

皮肤接触：立即脱去污染的衣着，用肥皂水及流动清水彻底冲洗污染的皮肤、头发、指甲等。就医。

食入：饮足量温水，催吐(仅限于清醒者)。口服活性炭。就医。

解毒剂：阿托品、胆碱酯酶复能剂。

灭火方法 消防人员须穿全身消防服，在上风向灭火。尽可能将容器从火场移至空旷处。喷水保持火场容器冷却，直至灭火结束。

灭火剂：雾状水、泡沫、二氧化碳、干粉、砂土。

泄漏应急处置 隔离泄漏污染区，限制出入。建议应急处理人员戴防尘口罩，穿防毒服，戴橡胶手套。穿上适当的防护服前严禁接触破裂的容器和泄漏物。尽可能切断泄漏源。用塑料布覆盖泄漏物，减少飞散。勿使水进入包装容器内。用洁净的铲子收集泄漏物，置于干净、干燥、盖子较松的容器中，将容器移离泄漏区。

419. 4-甲基-N,N-二(2-(((4-甲苯基)磺酰)氨基)乙基)苯磺酰胺

标 识

中文名称 4-甲基-*N*，*N*-二(2-(((4-甲苯基)磺酰)氨基)乙基)苯磺酰胺

英文名称 4-Methyl-*N*,*N*-bis(2-(((4-methylphenyl)sulfonyl)amino)ethyl)benzenesulfonamide；*N*,*N*′,*N*″-Tritosyldiethylenetriamine

别名 *N*,*N*′,*N*″-三(对甲苯磺酰)二乙撑三胺

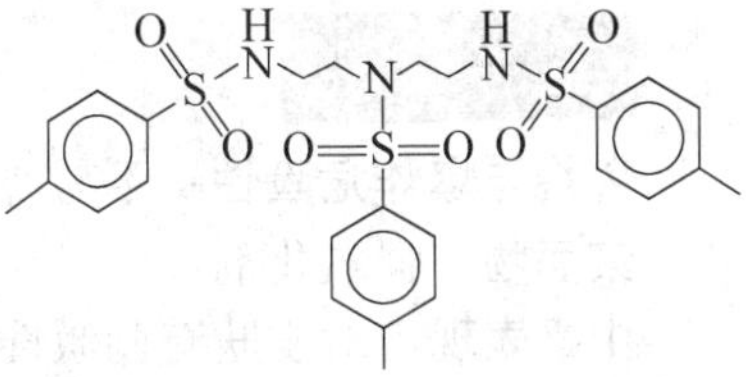

分子式 $C_{25}H_{31}N_3O_6S_3$

CAS 号 56187-04-3

危害信息

燃烧与爆炸危险性 不易燃，无特殊燃爆特性。

禁忌物 强氧化剂、强酸。

侵入途径 吸入、食入。

环境危害 可能在水生环境中造成长期不利影响。

理化特性与用途

理化特性 白色或几乎白色的结晶粉末。不溶于水。熔点 176~178℃，相对密度(水=1)1.325，辛醇/水分配系数 5.32，闪点 399.5℃。

主要用途 化学中间体。

包装与储运

安全储运 储存于阴凉、通风的库房。远离火种、热源。应与强氧化剂、强酸等隔离储运。

紧急处置信息

急救措施

吸入：脱离接触。如有不适感，就医。

眼睛接触：分开眼睑，用流动清水或生理盐水冲洗。如有不适感，就医。

皮肤接触：脱去污染的衣着，用流动清水冲洗。如有不适感，就医。

食入：漱口，饮水。就医。

灭火方法 消防人员须穿全身消防服，佩戴空气呼吸器，在上风向灭火。尽可能将容器从火场移至空旷处。

根据着火原因选择适当灭火剂灭火。

泄漏应急处置 消除所有点火源。隔离泄漏污染区，限制出入。建议应急处理人员戴防尘口罩，穿防护服。禁止接触或跨越泄漏物。尽可能切断泄漏源。用塑料布覆盖，减少飞散。用洁净的铲子收集泄漏物，置于干净、干燥、盖子较松的容器中，将容器移离泄漏区。

420. 2-甲基-4-(1,1-二甲基乙基)-6-(1-甲基-十五基)-苯酚

标　识

中文名称　2-甲基-4-(1,1-二甲基乙基)-6-(1-甲基-十五基)-苯酚

英文名称　2-Methyl-4-(1,1-dimethylethyl)-6-(1-methyl-pentadecyl)-phenol

分子式　$C_{27}H_{48}O$

CAS 号　157661-93-3

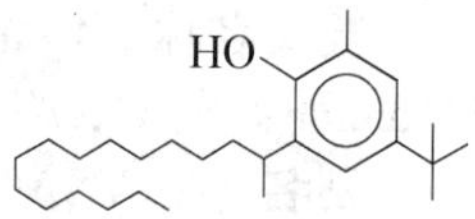

HO

危害信息

燃烧与爆炸危险性　不易燃，无特殊燃爆特性。

禁忌物　强氧化剂。

中毒表现　对皮肤有刺激性和致敏性。

侵入途径　吸入、食入。

环境危害　对水生生物有极高毒性，可能在水生环境中造成长期不利影响。

理化特性与用途

理化特性　沸点 468℃，相对密度（水 = 1）0.892，辛醇/水分配系数 11.88，闪点 212℃。

主要用途　医药原料。

包装与储运

包装标志　杂类

包装类别　Ⅲ类

安全储运　储存于阴凉、通风的库房。远离火种、热源。保持容器密闭。应与强氧化剂等隔离储运。

紧急处置信息

急救措施

吸入：迅速脱离现场至空气新鲜处。保持呼吸道通畅。如呼吸困难，给输氧。呼吸、心跳停止，立即进行心肺复苏术。就医。

眼睛接触：立即分开眼睑，用流动清水或生理盐水彻底冲洗。就医。

皮肤接触：立即脱去污染的衣着，用肥皂水和清水彻底冲洗。就医。

食入：漱口，饮水。就医。

灭火方法　消防人员须穿全身消防服，佩戴空气呼吸器，在上风向灭火。尽可能将容器从火场移至空旷处。

根据着火原因选择适当灭火剂灭火。

泄漏应急处置　隔离泄漏污染区，限制出入。消除点火源。建议应急处理人员戴防尘口罩，穿防护服，戴防护手套。穿上适当的防护服前严禁接触破裂的容器和泄漏物。尽可能切断泄漏源。用塑料布覆盖泄漏物，减少飞散。勿使水进入包装容器内。用洁净的铲子

收集泄漏物，置于干净、干燥、盖子较松的容器中，将容器移离泄漏区。

421. 甲基-2-(4,6-二甲氧基-2-嘧啶基氧)-6-(1-(甲氧基亚氨基)乙基)苯甲酸酯

标　识

中文名称　甲基-2-(4,6-二甲氧基-2-嘧啶基氧)-6-(1-(甲氧基亚氨基)乙基)苯甲酸酯

英文名称　Methyl-2-(4, 6-dimethoxy-2-pyrimidinyl oxy)-6-(1-(methoxy imino) ethyl) benzoate; Pyriminobac-methyl

别名　嘧草醚

分子式　$C_{17}H_{19}N_3O_6$

CAS 号　136191-64-5

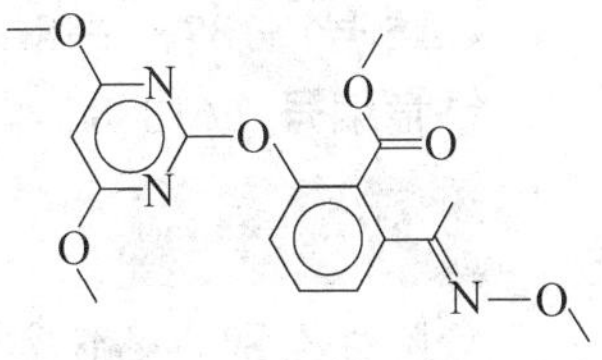

危害信息

燃烧与爆炸危险性　不易燃，无特殊燃爆特性。

禁忌物　强氧化剂、强碱。

中毒表现　对眼和皮肤有轻度刺激性。对皮肤有致敏性。

侵入途径　吸入、食入。

环境危害　对水生生物有害，可能在水生环境中造成长期不利影响。

理化特性与用途

理化特性　白色无臭粉末(原药为淡黄色颗粒)。不溶于水。熔点 105℃，饱和蒸气压 0.03mPa(25℃)，辛醇/水分配系数 2.84。

主要用途　除草剂。用于水稻田防除稗草。

包装与储运

安全储运　储存于阴凉、通风的库房。远离火种、热源。保持容器密闭。应与强氧化剂、强酸等隔离储运。

紧急处置信息

急救措施

吸入：迅速脱离现场至空气新鲜处。保持呼吸道通畅。如呼吸困难，给输氧。呼吸、心跳停止，立即进行心肺复苏术。就医。

眼睛接触：立即分开眼睑，用流动清水或生理盐水彻底冲洗。就医。

皮肤接触：立即脱去污染的衣着，用肥皂水和清水彻底冲洗。就医。

食入：漱口，饮水。就医。

灭火方法　消防人员须穿全身消防服，佩戴空气呼吸器，在上风向灭火。尽可能将容器从火场移至空旷处。喷水保持火场容器冷却，直至灭火结束。根据着火原因选择适当灭火剂灭火。

泄漏应急处置　隔离泄漏污染区，限制出入。建议应急处理人员戴防尘口罩，穿防护服，戴防护手套。穿上适当的防护服前严禁接触破裂的容器和泄漏物。尽可能切断泄漏源。

用塑料布覆盖泄漏物，减少飞散。勿使水进入包装容器内。用洁净的铲子收集泄漏物，置于干净、干燥、盖子较松的容器中，将容器移离泄漏区。

422. 甲基二硫代氨基甲酸钠

标　识

中文名称　甲基二硫代氨基甲酸钠

英文名称　Metam-sodium；Sodium methyldithiocarbamate

别名　威百亩

分子式　$C_2H_4NS_2 \cdot Na$

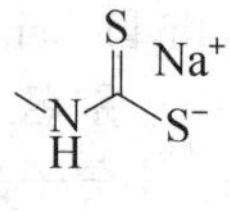

CAS 号　137-42-8

铁危编号　61888

危害信息

危险性类别　第6类　有毒品

燃烧与爆炸危险性　不燃，高温易分解。

禁忌物　氧化剂、碱类。

毒性　大鼠经口 LD_{50}：450mg/kg；小鼠经口 LD_{50}：50mg/kg；大鼠经皮 LD_{50}：636mg/kg；兔经皮 LD_{50}：800mg/kg。

中毒表现　食入有害。对眼和皮肤有腐蚀性。对皮肤有致敏性。

侵入途径　吸入、食入、经皮吸收。

环境危害　对水生生物有极高毒性，可能在水生环境中造成长期不利影响。

理化特性与用途

理化特性　白色结晶。溶于水，溶于甲醇，几乎不溶于其他有机溶剂。熔点(分解)，辛醇/水分配系数-2.62。

主要用途　土壤杀菌剂、杀线虫剂、除草剂。用于土壤处理。

包装与储运

包装标志　有毒品

包装类别　Ⅲ类

安全储运　储存于阴凉、通风的库房。远离火种、热源。防止阳光直射。储存温度不超过35℃，相对湿度不超过85%。应与氧化剂、碱类、食用化学品分开存放，切忌混储。配备相应品种和数量的消防器材。储区应备有合适的材料收容泄漏物。

紧急处置信息

急救措施

吸入：迅速脱离现场至空气新鲜处。保持呼吸道通畅。如呼吸困难，给输氧。呼吸、心跳停止，立即进行心肺复苏术。就医。

眼睛接触：立即分开眼睑，用流动清水或生理盐水彻底冲洗5~10min。就医。

皮肤接触：立即脱去污染的衣着，用大量流动清水彻底冲洗，冲洗时间一般要求20~

30min。就医。

食入：用水漱口，禁止催吐。给饮牛奶或蛋清。就医。

灭火方法 消防人员须穿全身消防服，佩戴防毒面具，在上风向灭火。尽可能将容器从火场移至空旷处。喷水保持火场容器冷却，直至灭火结束。

本品不燃，根据着火原因选择适当灭火剂灭火。

泄漏应急处置 隔离泄漏污染区，限制出入。建议应急处理人员戴防尘口罩，穿防毒耐腐蚀工作服，戴耐腐蚀手套。穿上适当的防护服前严禁接触破裂的容器和泄漏物。尽可能切断泄漏源。用塑料布覆盖泄漏物，减少飞散。勿使水进入包装容器内。用洁净的铲子收集泄漏物，置于干净、干燥、盖子较松的容器中，将容器移离泄漏区。

423. 2-甲基-3,5-二硝基苯甲酰胺

标　识

中文名称 2-甲基-3,5-二硝基苯甲酰胺

英文名称 2-Methyl-3,5-dinitrobenzamide；Dinitro-*o*-tolu amide；Dinitolmide

别名 二硝托胺

分子式 $C_8H_7N_3O_5$

CAS 号 148-01-6

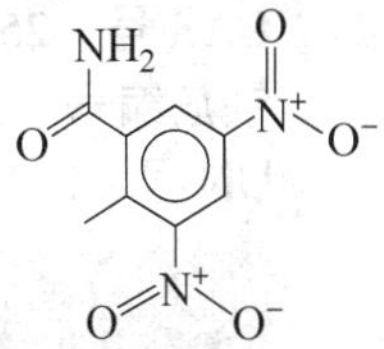

危害信息

燃烧与爆炸危险性 不燃。

禁忌物 强氧化剂、强酸。

毒性 大鼠经口 LD_{50}：600mg/kg。

侵入途径 吸入、食入。

职业接触限值 美国(ACGIH)：TLV-TWA 1mg/m^3。

理化特性与用途

理化特性 淡黄色结晶或淡黄褐色粉末。极微溶于水，溶于丙酮、乙腈、二甲基甲酰胺、二噁烷。熔点 177~181℃，辛醇/水分配系数 0.19。

主要用途 用作饲料添加剂和家禽抗球虫药。

包装与储运

安全储运 储存于阴凉、通风的库房。远离火种、热源。应与强氧化剂、强酸等隔离储运。

紧急处置信息

急救措施

吸入：迅速脱离现场至空气新鲜处。保持呼吸道通畅。如呼吸困难，给输氧。呼吸、心跳停止，立即进行心肺复苏术。就医。

眼睛接触：立即分开眼睑，用流动清水或生理盐水彻底冲洗。就医。

皮肤接触：立即脱去污染的衣着，用肥皂水和清水彻底冲洗。就医。

食入：漱口，饮水。就医。

灭火方法　消防人员须穿全身消防服，佩戴空气呼吸器，在上风向灭火。尽可能将容器从火场移至空旷处。喷水保持火场容器冷却，直至灭火结束。

根据着火原因选择适当灭火剂灭火。

泄漏应急处置　隔离泄漏污染区，限制出入。建议应急处理人员戴防尘口罩，穿防护服，戴防护手套。穿上适当的防护服前严禁接触破裂的容器和泄漏物。尽可能切断泄漏源。用塑料布覆盖泄漏物，减少飞散。勿使水进入包装容器内。用洁净的铲子收集泄漏物，置于干净、干燥、盖子较松的容器中，将容器移离泄漏区。

424. 甲基环己醇

标　识

中文名称　甲基环己醇

英文名称　Methyl cyclohexanol；Methylcyclohexanol（mixed isomers）

分子式　$C_7H_{14}O$

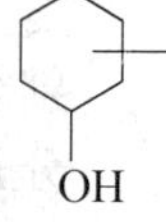

CAS 号　25639-42-3

铁危编号　32057

UN 号　2617

危害信息

危险性类别　第 3 类　易燃液体

燃烧与爆炸危险性　易燃，其蒸气与空气混合能形成爆炸性混合物，遇明火、高热易燃烧爆炸。

禁忌物　氧化剂、强酸。

毒性　大鼠经口 LD_{50}：1660mg/kg。

中毒表现　对眼和皮肤有轻度刺激性。高浓度蒸气刺激上呼吸道。长期或反复皮肤接触可引起皮炎。

侵入途径　吸入、食入。

职业接触限值　美国（ACGIH）：TLV-TWA 50ppm。

理化特性与用途

理化特性　无色或稻草色黏性液体，稍有椰子油气味。微溶于水，混溶于普通有机溶剂。熔点-50℃，沸点 155～180℃，相对密度（水＝1）0.92，相对蒸气密度（空气＝1）3.9，饱和蒸气压 0.2kPa（30℃），辛醇/水分配系数 2.05，闪点 65～70℃（闭杯），引燃温度 296℃。

主要用途　用作溶剂，用于制织物、丝、肥皂等。

包装与储运

包装标志　易燃液体

包装类别　Ⅲ类

安全储运　储存于阴凉、通风的库房。远离火种、热源。库温不宜超过 37℃。保持容器密封。应与氧化剂、强酸等分开存放，切忌混储。采用防爆型照明、通风设施。禁止使用易产生火花的机械设备和工具。灌装时注意流速，防止静电积聚。储区应备有泄漏应急处理设备和合适的收容材料。搬运时轻装轻卸，防止容器受损。

紧急处置信息

急救措施

吸入：迅速脱离现场至空气新鲜处。保持呼吸道通畅。如呼吸困难，给输氧。呼吸、心跳停止，立即进行心肺复苏术。就医。

眼睛接触：立即分开眼睑，用流动清水或生理盐水彻底冲洗。就医。

皮肤接触：立即脱去污染的衣着，用肥皂水和清水彻底冲洗。就医。

食入：漱口，饮水。就医。

灭火方法 消防人员须穿全身消防服，佩戴空气呼吸器，在上风向灭火。尽可能将容器从火场移至空旷处。喷水保持火场容器冷却，直至灭火结束。处在火场中的容器若发生异常变化或发出异常声音，须马上撤离。

灭火剂：抗溶性泡沫、干粉、二氧化碳。

泄漏应急处置 根据液体流动和蒸气扩散的影响区域划定警戒区，无关人员从侧风、上风向撤离至安全区。消除所有点火源。建议应急处理人员戴正压自给式呼吸器，穿防静电服，戴橡胶手套。作业时使用的所有设备应接地。禁止接触或跨越泄漏物。尽可能切断泄漏源。防止泄漏物进入水体、下水道、地下室或有限空间。小量泄漏：用砂土或其他不燃材料吸收。使用洁净的无火花工具收集吸收材料。大量泄漏：构筑围堤或挖坑收容。用泡沫覆盖，减少蒸发。喷水雾能减少蒸发，但不能降低泄漏物在有限空间内的易燃性。用防爆泵转移至槽车或专用收集器内。

425. α-甲基-环己基乙醛

标　识

中文名称 α-甲基环己基乙醛

英文名称 2-Cyclohexylpropanal；Cyclohexaneacetaldehyde，alpha-methyl-

别名 2-环己基丙醛

分子式 $C_9H_{16}O$

CAS 号 2109-22-0

危害信息

燃烧与爆炸危险性 易燃，其蒸气与空气混合能形成爆炸性混合物，遇明火、高热易燃烧爆炸。

禁忌物 强氧化剂、酸碱、醇类。

毒性 大鼠吸入 LC_{50}：5320mg/m^3(4h)。

中毒表现 对皮肤有致敏性。

侵入途径 吸入、食入。

环境危害 对水生生物有毒，可能在水生环境中造成长期不利影响。

理化特性与用途

理化特性　无色透明液体。不溶于水，溶于乙醇。沸点 203℃，相对密度（水 = 1）0.899，饱和蒸气压 0.04kPa（25℃），辛醇/水分配系数 2.78，闪点 71.4℃。

主要用途　用作日用消费品的香料成分。

包装与储运

包装标志　杂类

包装类别　Ⅲ类

安全储运　储存于阴凉、通风的库房。远离火种、热源。保持容器密闭。应与强氧化剂、酸碱、醇类等隔离储运。搬运时轻装轻卸，防止容器受损。

紧急处置信息

急救措施

吸入：迅速脱离现场至空气新鲜处。保持呼吸道通畅。如呼吸困难，给输氧。呼吸、心跳停止，立即进行心肺复苏术。就医。

眼睛接触：立即分开眼睑，用流动清水或生理盐水彻底冲洗。就医。

皮肤接触：立即脱去污染的衣着，用肥皂水和清水彻底冲洗。就医。

食入：漱口，饮水。就医。

灭火方法　消防人员须穿全身消防服，佩戴空气呼吸器，在上风向灭火。尽可能将容器从火场移至空旷处。喷水保持火场容器冷却，直至灭火结束。处在火场中的容器若发生异常变化或发出异常声音，须马上撤离。

灭火剂：泡沫、二氧化碳、干粉、砂土。

泄漏应急处置　根据液体流动和蒸气扩散的影响区域划定警戒区，无关人员从侧风、上风向撤离至安全区。消除所有点火源。建议应急处理人员戴正压自给式呼吸器，穿防静电服，戴橡胶手套。作业时使用的所有设备应接地。禁止接触或跨越泄漏物。尽可能切断泄漏源。防止泄漏物进入水体、下水道、地下室或有限空间。小量泄漏：用砂土或其他不燃材料吸收。使用洁净的无火花工具收集吸收材料。大量泄漏：构筑围堤或挖坑收容。用泡沫覆盖，减少蒸发。用防爆泵转移至槽车或专用收集器内。

426. 甲基环己酮

标　　识

中文名称　甲基环己酮

英文名称　Methyl cyclohexanone

分子式　$C_7H_{12}O$

CAS 号　1331-22-2

铁危编号　32086

UN 号　2297

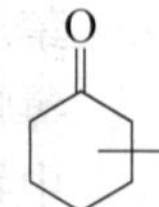

危害信息

危险性类别 第3类 易燃液体

燃烧与爆炸危险性 易燃，其蒸气与空气混合能形成爆炸性混合物，遇明火、高热易燃烧爆炸。蒸气比空气重，能在较低处扩散到相当远的地方，遇火源会着火回燃和爆炸(闪爆)。

禁忌物 氧化剂、酸碱、醇类。

毒性 兔经口 *LDLo*：1g/kg；兔经皮 *LDLo*：4900mg/kg。

中毒表现 高浓度对神经系统有抑制作用。对眼、鼻、喉和皮肤有轻度刺激作用。

侵入途径 吸入、食入、经皮吸收。

理化特性与用途

理化特性 无色至淡黄色液体，有似丙酮的气味。微溶于水，溶于乙醇、乙醚。沸点165~171℃，相对密度(水=1)0.92，相对蒸气密度(空气=1)3.9，饱和蒸气压0.28kPa(25℃)，辛醇/水分配系数1.54，闪点48℃(闭杯)。

主要用途 用作溶剂和医药中间体。

包装与储运

包装标志 易燃液体

包装类别 Ⅲ类

安全储运 储存于阴凉、通风的库房。远离火种、热源。库温不宜超过37℃。保持容器密封。应与氧化剂、酸碱、醇类等分开存放，切忌混储。采用防爆型照明、通风设施。禁止使用易产生火花的机械设备和工具。灌装时注意流速，防止静电积聚。储区应备有泄漏应急处理设备和合适的收容材料。搬运时轻装轻卸，防止容器受损。

紧急处置信息

急救措施

吸入：迅速脱离现场至空气新鲜处。保持呼吸道通畅。如呼吸困难，给输氧。呼吸、心跳停止，立即进行心肺复苏术。就医。

眼睛接触：立即分开眼睑，用流动清水或生理盐水彻底冲洗。就医。

皮肤接触：立即脱去污染的衣着，用肥皂水和清水彻底冲洗。就医。

食入：漱口，饮水。就医。

灭火方法 消防人员须穿全身消防服，佩戴空气呼吸器，在上风向灭火。尽可能将容器从火场移至空旷处。喷水保持火场容器冷却，直至灭火结束。处在火场中的容器若发生异常变化或发出异常声音，须马上撤离。

灭火剂：抗溶性泡沫、干粉、二氧化碳。

泄漏应急处置 根据液体流动和蒸气扩散的影响区域划定警戒区，无关人员从侧风、上风向撤离至安全区。消除所有点火源。建议应急处理人员戴防毒面具，穿防毒、防静电服，戴橡胶手套。作业时使用的所有设备应接地。禁止接触或跨越泄漏物。尽可能切断泄漏源。防止泄漏物进入水体、下水道、地下室或有限空间。小量泄漏：用砂土或其他不燃材料吸收。使用洁净的无火花工具收集吸收材料。大量泄漏：构筑围堤或挖坑收容。用泡沫覆盖，减少蒸发。喷水雾能减少蒸发，但不能降低泄漏物在有限空间内的易燃性。用防爆泵转移至槽车或专用收集器内。

427. α-甲基环己烷乙酸乙酯

标　识

中文名称　α-甲基环己烷乙酸乙酯

英文名称　Cyclohexaneacetic acid, alphd-methyl-, ethyl ester ; Ethyl 2-cyclohexylpropionate

别名　2-环己基丙酸乙酯

分子式　$C_{11}H_{20}O_2$

CAS 号　2511-00-4

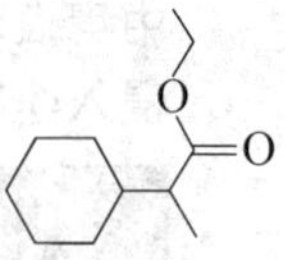

危害信息

燃烧与爆炸危险性　可燃，其蒸气与空气混合能形成爆炸性混合物，遇明火、高热易燃烧或爆炸。在高温火场中，受热的容器或储罐有破裂和爆炸的危险。

禁忌物　强氧化剂、酸类。

毒性　大鼠吸入 LC_{50}：>5400mg/m^3(4h)。

侵入途径　吸入、食入。

环境危害　对水生生物有毒，可能在水生环境中造成长期不利影响。

理化特性与用途

理化特性　无色透明液体。不溶于水，溶于乙醇。沸点 220~221℃，相对密度(水=1) 0.937~0.947，饱和蒸气压 14.9Pa(25℃)，辛醇/水分配系数 3.65，闪点 92.78℃(闭杯)。

主要用途　用于化妆品香料，用作医药原料。

包装与储运

包装标志　杂类

包装类别　Ⅲ类

安全储运　储存于阴凉、通风的库房。远离火种、热源。应与强氧化剂、酸类等隔离储运。搬运时轻装轻卸，防止容器受损。

紧急处置信息

急救措施

吸入：迅速脱离现场至空气新鲜处。保持呼吸道通畅。如呼吸困难，给输氧。呼吸、心跳停止，立即进行心肺复苏术。就医。

眼睛接触：立即分开眼睑，用流动清水或生理盐水彻底冲洗。就医。

皮肤接触：立即脱去污染的衣着，用肥皂水和清水彻底冲洗。就医。

食入：漱口，饮水。就医。

灭火方法　消防人员须穿全身消防服，佩戴空气呼吸器，在上风向灭火。尽可能将容器从火场移至空旷处。喷水保持火场容器冷却，直至灭火结束。处在火场中的容器若发生异常变化或发出异常声音，须马上撤离。

灭火剂：泡沫、二氧化碳、干粉、砂土。

泄漏应急处置　根据液体流动和蒸气扩散的影响区域划定警戒区，无关人员从侧风、上风向撤离至安全区。消除所有点火源。建议应急处理人员戴正压自给式呼吸器，穿防护服，戴橡胶手套。禁止接触或跨越泄漏物。尽可能切断泄漏源。防止泄漏物进入水体、下水道、地下室或有限空间。小量泄漏：用砂土或其他不燃材料吸收。使用洁净的无火花工具收集吸收材料。大量泄漏：构筑围堤或挖坑收容。用防爆泵转移至槽车或专用收集器内。

428. β-甲基环十二基乙醇

标　识

中文名称　β-甲基环十二基乙醇

英文名称　Cyclododecaneethanol, β-methyl- ; 2-Cyclododecylpropan-1-ol

别名　2-环十二烷基-1-丙醇

分子式　$C_{15}H_{30}O$

CAS 号　118562-73-5

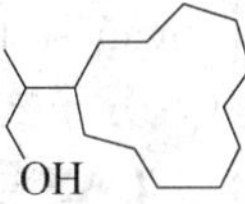

危害信息

燃烧与爆炸危险性　可燃。

禁忌物　强氧化剂、强酸。

侵入途径　吸入、食入。

环境危害　对水生生物有极高毒性，可能在水生环境中造成长期不利影响。

理化特性与用途

理化特性　无色至淡黄色固体。不溶于水，混溶于乙醇。熔点 34℃，沸点 300~308℃，辛醇/水分配系数 5.82，闪点 140.56℃(闭杯)。

主要用途　用于香料和化妆品工业。

包装与储运

包装标志　杂类

包装类别　Ⅲ类

安全储运　储存于阴凉、通风的库房。远离火种、热源。应与强氧化剂、强酸等隔离储运。

紧急处置信息

急救措施

吸入：脱离接触。如有不适感，就医。

眼睛接触：分开眼睑，用流动清水或生理盐水冲洗。如有不适感，就医。

皮肤接触：脱去污染的衣着，用流动清水冲洗。如有不适感，就医。

食入：漱口，饮水。就医。

灭火方法　消防人员须穿全身消防服，佩戴空气呼吸器，在上风向灭火。尽可能将容器从火场移至空旷处。

根据着火原因选择适当灭火剂灭火。

泄漏应急处置　消除所有点火源。隔离泄漏污染区，限制出入。建议应急处理人员戴防尘口罩，穿防护服。禁止接触或跨越泄漏物。尽可能切断泄漏源。用塑料布覆盖，减少飞散。然后用洁净的铲子收集泄漏物，置于干净、干燥、盖子较松的容器中，将容器移离泄漏区。

429. 甲基环戊二烯三羰基锰

标　识

中文名称　甲基环戊二烯三羰基锰

英文名称　Tricarbonyl(methylcyclopentadienyl) manganese ；2 - Methyl - cyclopentadienyl manganese tricarbonyl

分子式　$C_9H_7MnO_3$

CAS 号　12108-13-3

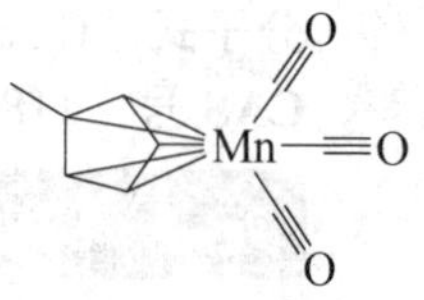

危害信息

危险性类别　第 6 类　有毒品

燃烧与爆炸危险性　可燃，蒸气与空气混合能形成爆炸性混合物，遇明火、高热易燃烧爆炸，燃烧产生有毒的刺激性烟雾。见光易分解。

禁忌物　氧化剂。

侵入途径　吸入、食入。

环境危害　对水生生物有极高毒性，可能在水生环境中造成长期不利影响。

理化特性与用途

理化特性　黄色至深橙色液体，有令人愉快的气味。不溶于水，易溶于烃类和普通有机溶剂。熔点 2.2℃，沸点 232～233℃，相对密度(水 = 1)1.39，相对蒸气密度(空气 = 1)7.53，饱和蒸气压 6.25Pa(25℃)，辛醇/水分配系数 3.7，闪点 96℃(闭杯)。

主要用途　用作燃料添加剂和无铅汽油抗爆添加剂。

包装与储运

包装标志　有毒品，易燃液体

包装类别　Ⅱ类

安全储运　储存于阴凉、通风良好的专用库房内。远离火种、热源。库温不超过 35℃。相对湿度不超过 85%。保持容器密封。应与氧化剂、食用化学品等分开存放，切忌混储。采用防爆型照明、通风设施。禁止使用易产生火花的机械设备和工具。储区应备有泄漏应急处理设备和合适的收容材料。搬运时轻装轻卸，防止容器受损。

紧急处置信息

急救措施

吸入：脱离接触。如有不适感，就医。

眼睛接触：分开眼睑，用流动清水或生理盐水冲洗。如有不适感，就医。

皮肤接触：脱去污染的衣着，用流动清水冲洗。如有不适感，就医。

食入：漱口，饮水。就医。

灭火方法 消防人员须穿全身消防服，佩戴空气呼吸器，在上风向灭火。尽可能将容器从火场移至空旷处。喷水保持火场容器冷却，直至灭火结束。处在火场中的容器若发生异常变化或发出异常声音，须马上撤离。

灭火剂：水、干粉、泡沫、二氧化碳。

泄漏应急处置 根据液体流动和蒸气扩散的影响区域划定警戒区，无关人员从侧风、上风向撤离至安全区。消除所有点火源。建议应急处理人员戴防毒面具，穿防毒、防静电服，戴橡胶手套。作业时使用的设备应接地。禁止接触或跨越泄漏物。尽可能切断泄漏源。防止泄漏物进入水体、下水道、地下室或有限空间。小量泄漏：用砂土或其他不燃材料吸收。使用洁净的无火花工具收集吸收材料。大量泄漏：构筑围堤或挖坑收容。用泡沫覆盖，减少蒸发。用防爆泵转移至槽车或专用收集器内。

430. 甲基磺草酮

标 识

中文名称 甲基磺草酮

英文名称 Mesotrione；2-(4-(Methylsulfonyl)-2-nitrobenzoyl)-1,3-cyclohexanedione

别名 2-(4-甲磺酰基-2-硝基苯甲酰基)环已烷-1,3-二酮

分子式 $C_{14}H_{13}NO_7S$

CAS 号 104206-82-8

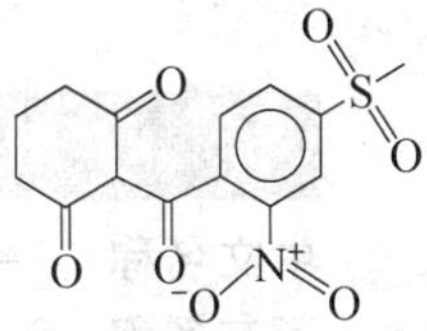

危害信息

燃烧与爆炸危险性 可燃，燃烧产生有毒的氮氧化物和硫氧化物气体。

禁忌物 强氧化剂、酸碱、醇类。

毒性 大鼠经口 LD_{50}：>5000mg/kg；大鼠经皮 LD_{50}：>2000mg/kg。

侵入途径 吸入、食入、经皮吸收。

环境危害 对水生生物有极高毒性，可能在水生环境中造成长期不利影响。

理化特性与用途

理化特性 固体。微溶于水。熔点 165℃，相对密度(水=1)1.474，辛醇/水分配系数 1.49。

主要用途 除草剂。主要用于玉米防除多种杂草。

包装与储运

包装标志 杂类

包装类别 Ⅲ类

安全储运 储存于阴凉、通风的库房。远离火种、热源。应与强氧化剂、酸碱、醇类等隔离储运。

紧急处置信息

急救措施

吸入： 迅速脱离现场至空气新鲜处。保持呼吸道通畅。如呼吸困难，给输氧。呼吸、心跳停止，立即进行心肺复苏术。就医。

眼睛接触： 立即分开眼睑，用流动清水或生理盐水彻底冲洗。就医。

皮肤接触： 立即脱去污染的衣着，用肥皂水和清水彻底冲洗。就医。

食入： 漱口，饮水。就医。

灭火方法 消防人员须穿全身消防服，佩戴空气呼吸器，在上风向灭火。尽可能将容器从火场移至空旷处。喷水保持火场容器冷却，直至灭火结束。

灭火剂：干粉、二氧化碳、抗溶性泡沫、水。

泄漏应急处置 隔离泄漏污染区，限制出入。消除点火源。建议应急处理人员戴防尘口罩，穿防护服。穿上适当的防护服前严禁接触破裂的容器和泄漏物。尽可能切断泄漏源。用塑料布覆盖泄漏物，减少飞散。勿使水进入包装容器内。用洁净的铲子收集泄漏物，置于干净、干燥、盖子较松的容器中，将容器移离泄漏区。

431. 3-(N-甲基-N-(4-甲氨基-3-硝基苯基)氨基)-1,2-丙二醇盐酸盐

标 识

中文名称 3-(N-甲基-N-(4-甲氨基-3-硝基苯基)氨基)-1,2-丙二醇盐酸盐

英文名称 3-(N-Methyl-N-(4-methylamino-3-nitrophenyl)amino)propane-1,2-diol hydrochloride

分子式 $C_{11}H_{17}N_3O_4 \cdot HCl$

CAS 号 93633-79-5

HN OH ^-O N N H—Cl O OH

危害信息

燃烧与爆炸危险性 无特殊燃爆特性。

禁忌物 强氧化剂。

中毒表现 食入有害。

侵入途径 吸入、食入。

环境危害 可能在水生环境中造成长期不利影响。

理化特性与用途

理化特性 沸点 478℃，相对密度(水=1)1.364，辛醇/水分配系数 1.43。

主要用途 用于染发剂。

包装与储运

安全储运 储存于阴凉、通风的库房。远离火种、热源。应与强氧化剂等隔离储运。

紧急处置信息

急救措施

吸入：迅速脱离现场至空气新鲜处。保持呼吸道通畅。如呼吸困难，给输氧。呼吸、心跳停止，立即进行心肺复苏术。就医。

眼睛接触：立即分开眼睑，用流动清水或生理盐水彻底冲洗。就医。

皮肤接触：立即脱去污染的衣着，用肥皂水和清水彻底冲洗。就医。

食入：漱口，饮水。就医。

灭火方法 消防人员须穿全身消防服，佩戴空气呼吸器，在上风向灭火。尽可能将容器从火场移至空旷处。

根据着火原因选择适当灭火剂灭火。

泄漏应急处置 隔离泄漏污染区，限制出入。建议应急处理人员戴防尘口罩，穿防护服，戴橡胶手套。穿上适当的防护服前严禁接触破裂的容器和泄漏物。尽可能切断泄漏源。用塑料布覆盖泄漏物，减少飞散。勿使水进入包装容器内。用洁净的铲子收集泄漏物，置于干净、干燥、盖子较松的容器中，将容器移离泄漏区。

432. 4-甲基-N-(甲基磺酰基)苯磺酰胺

标 识

中文名称 4-甲基-*N*-(甲基磺酰基)苯磺酰胺

英文名称 4-Methyl-*N*-(methylsulfonyl)benzenesulfonamide

分子式 $C_8H_{11}NO_4S_2$

CAS 号 14653-91-9

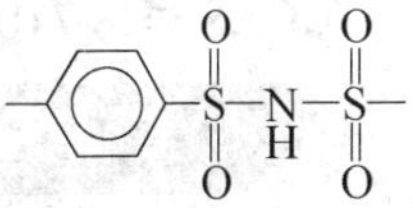

危害信息

燃烧与爆炸危险性 可燃。

禁忌物 强氧化剂、强酸。

中毒表现 食入有害。对呼吸道有刺激性。眼接触引起严重损害。

侵入途径 吸入、食入。

理化特性与用途

理化特性 沸点 406.3℃，相对密度(水=1)1.405，闪点 199.5℃。

主要用途 用作医药原料。

包装与储运

安全储运 储存于阴凉、通风的库房。远离火种、热源。应与强氧化剂、强酸等隔离储运。搬运时轻装轻卸，防止容器受损。

紧急处置信息

急救措施

吸入：迅速脱离现场至空气新鲜处。保持呼吸道通畅。如呼吸困难，给输氧。呼吸、

心跳停止，立即进行心肺复苏术。就医。

眼睛接触： 立即分开眼睑，用流动清水或生理盐水彻底冲洗5~10min。就医

皮肤接触： 立即脱去污染的衣着，用肥皂水和清水彻底冲洗。就医。

食入： 漱口，饮水。就医。

灭火方法　消防人员须穿全身消防服，在上风向灭火。尽可能将容器从火场移至空旷处。喷水保持火场容器冷却直至灭火结束。

灭火剂：泡沫、干粉、二氧化碳。

泄漏应急处置　隔离泄漏污染区，限制出入。消除所有点火源。建议应急处理人员戴防尘口罩，穿防护服，戴橡胶手套。穿上适当的防护服前严禁接触破裂的容器和泄漏物。尽可能切断泄漏源。用塑料布覆盖泄漏物，减少飞散。勿使水进入包装容器内。用洁净的铲子收集泄漏物，置于干净、干燥、盖子较松的容器中，将容器移离泄漏区。

433. 2-甲基-1-(4-(甲基硫代)苯基)-2-(4-吗啉基)-1-丙酮

标　识

中文名称　2-甲基-1-(4-(甲基硫代)苯基)-2-(4-吗啉基)-1-丙酮

英文名称　2-Methyl-1-(4-methylthiophenyl)-2-morpholinopropan-1-one

别名　光引发剂907

分子式　$C_{15}H_{21}NO_2S$

CAS 号　71868-10-5

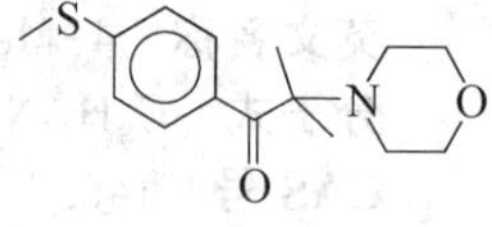

危害信息

燃烧与爆炸危险性　无特殊燃爆特性。

禁忌物　强氧化剂、酸碱、醇类。

中毒表现　食入有害。

侵入途径　吸入、食入。

环境危害　对水生生物有毒，可能在水生环境中造成长期不利影响。

理化特性与用途

理化特性　白色至微黄色粉末。熔点73~76℃，相对密度(水=1)1.15。

主要用途　一种高效的自由基光引发剂，主要用于黏合剂、复合物、平版印刷油墨、柔印油墨、电子产品。

包装与储运

包装标志　杂类

包装类别　Ⅲ类

安全储运　储存于阴凉、通风的库房。远离火种、热源。应与强氧化剂、酸碱、醇类等隔离储运。搬运时轻装轻卸，防止容器受损。

紧急处置信息

急救措施

吸入：迅速脱离现场至空气新鲜处。保持呼吸道通畅。如呼吸困难，给输氧。呼吸、心跳停止，立即进行心肺复苏术。就医。

眼睛接触：立即分开眼睑，用流动清水或生理盐水彻底冲洗。就医。

皮肤接触：立即脱去污染的衣着，用肥皂水和清水彻底冲洗。就医。

食入：漱口，饮水。就医。

灭火方法 消防人员须穿全身消防服，佩戴空气呼吸器，在上风向灭火。尽可能将容器从火场移至空旷处。

根据着火原因选择适当灭火剂灭火。

泄漏应急处置 隔离泄漏污染区，限制出入。建议应急处理人员戴防尘口罩，穿防护服，戴橡胶手套。穿上适当的防护服前严禁接触破裂的容器和泄漏物。尽可能切断泄漏源。用塑料布覆盖泄漏物，减少飞散。勿使水进入包装容器内。用洁净的铲子收集泄漏物，置于干净、干燥、盖子较松的容器中，将容器移离泄漏区。

434. 4-甲基-间苯二胺硫酸盐

标　识

中文名称 4-甲基-间苯二胺硫酸盐

英文名称 Toluene-2,4-diammonium sulphate ; 2,4-Diaminotoluene sulphate

别名 2,4-二氨基甲苯硫酸盐；硫酸-2,4-二氨基甲苯

分子式 $C_7H_{12}N_2O_4S$

CAS 号 65321-67-7

$^{+}H_3N$ … NH_3^{+} ; $^{-}O-S(=O)_2-O^{-}$

危害信息

危险性类别 第 6 类 有毒品

燃烧与爆炸危险性 可燃，粉体与空气混合能形成爆炸性混合物，遇明火、高热易燃烧爆炸。

禁忌物 氧化剂、酸碱。

毒性 欧盟法规 1272/2008/EC 将本品列为第 1B 类致癌物——可能对人类有致癌能力。

中毒表现 食入能引起中毒。经皮肤吸收对身体有害。对眼有刺激性。对皮肤有致敏性。

侵入途径 吸入、食入、经皮吸收。

环境危害 对水生生物有极高毒性，可能在水生环境中造成长期不利影响。

理化特性与用途

理化特性 无色或类白色结晶固体。溶于水。沸点 292℃，相对蒸气密度(空气 = 1) 7.59，饱和蒸气压 0.25Pa(25℃)，闪点 149.5℃。

主要用途 用作有机合成中间体。

包装与储运

包装标志　有毒品

包装类别　Ⅲ类

安全储运　储存于阴凉、通风的库房。远离火种、热源。库温不超过35℃。相对湿度不超过85%。包装密封。应与氧化剂、酸碱、食用化学品分开存放，切忌混储。配备相应品种和数量的消防器材。储区应备有合适的材料收容泄漏物。

紧急处置信息

急救措施

吸入：迅速脱离现场至空气新鲜处。保持呼吸道通畅。如呼吸困难，给输氧。呼吸、心跳停止，立即进行心肺复苏术。就医。

眼睛接触：立即分开眼睑，用流动清水或生理盐水彻底冲洗。就医。

皮肤接触：立即脱去污染的衣着，用肥皂水和清水彻底冲洗。就医。

食入：漱口，饮水。就医。

灭火方法　消防人员须穿全身消防服，在上风向灭火。尽可能将容器从火场移至空旷处。喷水保持火场容器冷却，直至灭火结束。

灭火剂：干粉、泡沫、二氧化碳。

泄漏应急处置　隔离泄漏污染区，限制出入。消除点火源。建议应急处理人员戴防尘口罩，穿防毒服，戴橡胶手套。穿上适当的防护服前严禁接触破裂的容器和泄漏物。尽可能切断泄漏源。用塑料布覆盖泄漏物，减少飞散。勿使水进入包装容器内。用洁净的铲子收集泄漏物，置于干净、干燥、盖子较松的容器中，将容器移离泄漏区。

435. 甲基肼

标　识

中文名称　甲基肼

英文名称　Methyl hydrazine；Monomethylhydrazine

别名　一甲肼；甲基联氨

$\diagdown NH \diagup NH_2$

分子式　CH_6N_2

CAS 号　60-34-4

铁危编号　61146

UN 号　1244

危害信息

危险性类别　第6类　有毒品

燃烧与爆炸危险性　易燃，其蒸气与空气混合能形成爆炸性混合物，遇明火、高热易燃烧爆炸。

禁忌物　氧化剂、酸碱。

毒性　大鼠吸入 LC_{50}：74～78 ppm（4h）；大鼠经口 LD_{50}：33mg/kg；大鼠经皮 LD_{50}：183mg/kg。

根据《危险化学品目录》的备注，本品属剧毒化学品。

中毒表现 意外吸入甲基肼蒸气可出现流泪、喷嚏、咳嗽，以后可见眼充血、支气管痉挛、呼吸困难，继之恶心、呕吐。慢性吸入甲基肼可致轻度高铁血红蛋白形成，可引起溶血。

侵入途径 吸入、食入、经皮吸收。

职业接触限值 中国：MAC 0.08mg/m^3[皮]。

美国(ACGIH)：TLV-TWA 0.01ppm[皮]。

环境危害 对水生生物有极高毒性，可能在水生环境中造成长期不利影响。

理化特性与用途

理化特性 无色透明吸湿性液体，有氨样气味。混溶于水，溶于乙醇、乙醚、石油醚、四氯化碳。熔点-52.4℃，沸点87.5℃，相对密度(水=1)0.87，相对蒸气密度(空气=1)1.6，饱和蒸气压6.65kPa(25℃)，临界温度312℃，临界压力8.24MPa，燃烧热-13.4kJ/mol，辛醇/水分配系数-1.05，闪点-8.3℃(闭杯)，引燃温度194℃，爆炸下限2.5%，爆炸上限97%。

主要用途 用于有机合成、火箭燃料，用作溶剂。

包装与储运

包装标志 有毒品，易燃液体，腐蚀品

包装类别 Ⅰ类

安全储运 储存于阴凉、干燥、通风良好的库房。远离火种、热源。库温不超过32℃。相对湿度不超过80%。包装必须密封，切勿受潮。应与氧化剂、酸碱、食用化学品等分开存放，切忌混储。采用防爆型照明、通风设施。禁止使用易产生火花的机械设备和工具。灌装时注意流速，防止静电积聚。储区应备有泄漏应急处理设备和合适的收容材料。应严格执行剧毒品“双人收发、双人保管”制度。搬运时轻装轻卸，防止容器受损。

紧急处置信息

急救措施

吸入：迅速脱离现场至空气新鲜处。保持呼吸道通畅。如呼吸困难，给输氧。呼吸、心跳停止，立即进行心肺复苏术。就医。

眼睛接触：立即分开眼睑，用流动清水或生理盐水彻底冲洗。就医。

皮肤接触：立即脱去污染的衣着，用肥皂水和清水彻底冲洗。就医。

食入：漱口，饮水。就医。

灭火方法 消防人员须穿全身消防服，在上风向灭火。尽可能将容器从火场移至空旷处。喷水保持火场容器冷却直至灭火结束。处在火场中的容器若发生异常变化，须马上撤离。

灭火剂：水、泡沫、干粉、二氧化碳。

泄漏应急处置 根据液体流动和蒸气扩散的影响区域划定警戒区，无关人员从侧风、上风向撤离至安全区。消除所有点火源。建议应急处理人员戴正压自给式呼吸器，穿防毒、耐腐蚀、防静电服，戴防化学品手套。作业时使用的所有设备应接地。穿上适当的防护服前严禁接触破裂的容器和泄漏物。尽可能切断泄漏源。防止泄漏物进入水体、下水道、地下室或有限空间。小量泄漏：用干燥的砂土或其他不燃材料覆盖泄漏物，用洁净的无火花工具收集吸收材料。大量泄漏：构筑围堤或挖坑收容。用泡沫覆盖，减少蒸发。用防爆、耐腐蚀泵转移至槽车或专用收集器内。

436. 4-(2-(1-甲基-2-(4-吗啉基)乙氧基)乙基)吗啉

标　识

中文名称　4-(2-(1-甲基-2-(4-吗啉基)乙氧基)乙基)吗啉

英文名称　4-(2-(1-Methyl-2-(4-morpholinyl)ethoxy)ethyl)morpholine

分子式　$C_{13}H_{26}N_2O_3$

CAS 号　111681-72-2

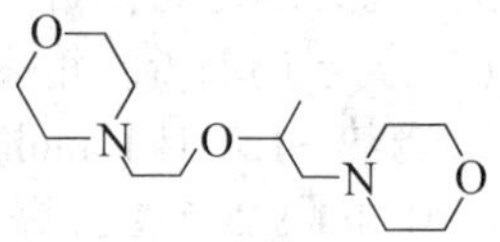

危害信息

燃烧与爆炸危险性　可燃。

禁忌物　强氧化剂。

中毒表现　眼接触引起严重损害。

侵入途径　吸入、食入。

理化特性与用途

理化特性　沸点 343.9℃，相对密度(水=1)1.046，饱和蒸气压 9.06mPa(25℃)，闪点 98℃。

主要用途　水可固化的异氰酸酯预聚体固化用催化剂。

包装与储运

安全储运　储存于阴凉、通风的库房。远离火种、热源。应与强氧化剂等隔离储运。搬运时轻装轻卸，防止容器受损。

紧急处置信息

急救措施

吸入：迅速脱离现场至空气新鲜处。保持呼吸道通畅。如呼吸困难，给输氧。呼吸、心跳停止，立即进行心肺复苏术。就医。

眼睛接触：立即分开眼睑，用流动清水或生理盐水彻底冲洗 5~10min。就医。

皮肤接触：立即脱去污染的衣着，用肥皂水和清水彻底冲洗。就医。

食入：漱口，饮水。就医。

灭火方法　消防人员须穿全身消防服，在上风向灭火。尽可能将容器从火场移至空旷处。喷水保持火场容器冷却直至灭火结束。

灭火剂：泡沫、干粉、二氧化碳。

泄漏应急处置　隔离泄漏污染区，限制出入。消除点火源。建议应急处理人员戴防尘口罩，穿防护服，戴橡胶手套。穿上适当的防护服前严禁接触破裂的容器和泄漏物。尽可能切断泄漏源。用塑料布覆盖泄漏物，减少飞散。勿使水进入包装容器内。用洁净的铲子收集泄漏物，置于干净、干燥、盖子较松的容器中，将容器移离泄漏区。

437. 1-甲基-1H-咪唑

标　识

中文名称　1-甲基-1H-咪唑

英文名称　1-Methylimidazole；1H-Imidazole, 1-methyl-

别名　*N*-甲基咪唑；1-甲基咪唑

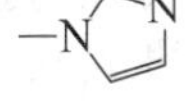

分子式　$C_4H_6N_2$

CAS 号　616-47-7

危害信息

危险性类别　第 8 类　腐蚀品

燃烧与爆炸危险性　易燃，其蒸气与空气混合能形成爆炸性混合物，遇明火、高热易燃烧或爆炸，燃烧产生有毒的氮氧化物气体。在高温火场中，受热的容器或储罐有破裂和爆炸的危险。

禁忌物　强氧化剂、强酸。

毒性　小鼠经口 LD_{50}：1400mg/kg。

中毒表现　对眼和皮肤有腐蚀性。食入或经皮肤吸收对身体有害。

侵入途径　吸入、食入、经皮吸收。

理化特性与用途

理化特性　无色至淡黄色透明液体，有氨气味。易溶于水，溶于有机溶剂。pH 值 11.3(10%水溶液)，熔点-60℃，沸点 198℃，相对密度(水=1)1.03，相对蒸气密度(空气=1)2.83，饱和蒸气压 0.053kPa(20℃)，辛醇/水分配系数-0.06，闪点 92℃(闭杯)，引燃温度 525℃，爆炸下限 2.7%，爆炸上限 15.7%。

主要用途　主要用于环氧树脂和其他树脂的固化剂，用于浇注、粘接和玻璃钢等领域。也是有机合成中间体。

包装与储运

包装标志　腐蚀品

包装类别　Ⅲ类

安全储运　储存于通风、低温的库房内。远离火种、热源。防止阳光直射。库温不超过 30℃。相对湿度不超过 80%。保持容器密封。应与强氧化剂、强酸等分开存放，切忌混储。储区应备有合适的材料收容泄漏物。

紧急处置信息

急救措施

吸入：迅速脱离现场至空气新鲜处。保持呼吸道通畅。如呼吸困难，给输氧。呼吸、心跳停止，立即进行心肺复苏术。就医。

眼睛接触：立即分开眼睑，用流动清水或生理盐水彻底冲洗 5~10min。就医。

皮肤接触：立即脱去污染的衣着，用大量流动清水彻底冲洗，冲洗时间一般要求 20~

30min。就医。

食入： 用水漱口，禁止催吐。给饮牛奶或蛋清。就医。

灭火方法 消防人员须穿全身消防服，佩戴空气呼吸器，在上风向灭火。尽可能将容器从火场移至空旷处。喷水保持火场容器冷却，直至灭火结束。处在火场中的容器若发生异常变化或发出异常声音，须马上撤离。

灭火剂：泡沫、二氧化碳、干粉、砂土。

泄漏应急处置 消除所有点火源。根据液体流动和蒸汽扩散的影响区域划定警戒区，无关人员从侧风、上风向撤离至安全区。建议应急处理人员戴正压自给式呼吸器，穿耐腐蚀防护服，戴耐腐蚀手套。禁止接触或跨越泄漏物。尽可能切断泄漏源。防止泄漏物进入水体、下水道、地下室或有限空间。小量泄漏：用干燥的砂土或其他不燃材料吸收或覆盖，收集于容器中。大量泄漏：构筑围堤或挖坑收容。用耐腐蚀泵转移至槽车或专用收集器内。

438. 甲基嘧啶磷

标　识

中文名称 甲基嘧啶磷

英文名称 Pirimiphos-methyl；*O*-(2-Diethylamino-6-methylpyrimidin-4-yl) *O*,*O*-dimethyl phosphorothioate

别名 *O*-(2-二乙基氨基-6-甲基-4-嘧啶基)-*O*,*O*-二甲基硫代磷酸酯

分子式 $C_{11}H_{20}N_3O_3PS$

CAS 号 29232-93-7

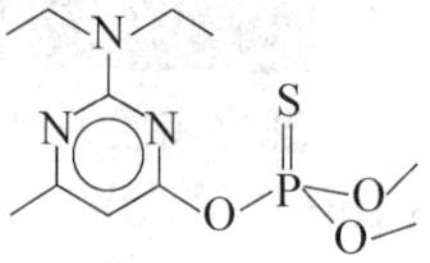

危害信息

燃烧与爆炸危险性 可燃。在高温火场中，受热的容器有破裂和爆炸的危险，产生有毒的具有腐蚀性和刺激性气体。

禁忌物 强氧化剂、强碱。

毒性 大鼠经口 LD_{50}：1250mg/kg；小鼠经口 LD_{50}：1180mg/kg；大鼠吸入 LC：>150mg/m^3(4h)；大鼠经皮 LD_{50}：>4592mg/kg；兔经皮 LD_{50}：>2g/kg。

中毒表现 抑制体内胆碱酯酶活性，造成神经生理功能紊乱。急性中毒症状有头痛、头昏、乏力、食欲不振、恶心、呕吐、腹痛、腹泻、流涎、瞳孔缩小、呼吸道分泌物增多、多汗、肌束震颤等。重度中毒者出现肺水肿、昏迷、呼吸麻痹、脑水肿。血胆碱酯酶活性降低。

侵入途径 吸入、食入、经皮吸收。

环境危害 对水生生物有极高毒性，可能在水生环境中造成长期不利影响。

理化特性与用途

理化特性 淡黄色或稻草黄色液体。不溶于水，混溶于多数有机溶剂。熔点 15℃，沸点(蒸馏时分解)，相对密度(水=1)1.17(20℃)，相对蒸气密度(空气=1)10.5，饱和蒸气压 2mPa(20℃)，辛醇/水分配系数 4.2，闪点>46℃。

主要用途 速效性杀虫剂、杀螨剂。用于防治作物、仓储、家庭和公共卫生的害虫。

包装与储运

包装标志　杂类

包装类别　Ⅲ类

安全储运　储存于阴凉、通风的库房。远离火种、热源。应与强氧化剂、强碱等隔离储运。搬运时轻装轻卸，防止容器受损。

紧急处置信息

急救措施

吸入：迅速脱离现场至空气新鲜处。保持呼吸道通畅。如呼吸困难，给输氧。呼吸、心跳停止，立即进行心肺复苏术。就医。

眼睛接触：分开眼睑，用流动清水或生理盐水冲洗。就医。

皮肤接触：立即脱去污染的衣着，用肥皂水及流动清水彻底冲洗污染的皮肤、头发、指甲等。就医。

食入：饮足量温水，催吐(仅限于清醒者)。口服活性炭。就医。

解毒剂：阿托品、胆碱酯酶复能剂。

灭火方法　消防人员须穿全身消防服，佩戴空气呼吸器，在上风向灭火。尽可能将容器从火场移至空旷处。喷水保持火场容器冷却，直至灭火结束。

灭火剂：干粉、二氧化碳、水、泡沫。

泄漏应急处置　根据液体流动和蒸气扩散的影响区域划定警戒区，无关人员从侧风、上风向撤离至安全区。消除所有点火源。建议应急处理人员戴防毒面具，穿防毒服，戴橡胶手套。穿上适当的防护服前严禁接触破裂的容器和泄漏物。尽可能切断泄漏源。防止泄漏物进入水体、下水道、地下室或有限空间。小量泄漏：用干燥的砂土或其他不燃材料吸收或覆盖，收集于容器中。大量泄漏：构筑围堤或挖坑收容。用泵转移至槽车或专用收集器内。

439. 甲基内吸磷-O

标　识

中文名称　甲基内吸磷-O

英文名称　Demeton-O-methyl；O-2-Ethylthioethyl O,O-dimethyl phosphorothioate

别名　O,O-二甲基-O-(2-乙硫基乙基)硫代磷酸酯

分子式　$C_6H_{15}O_3PS_2$

CAS 号　867-27-6

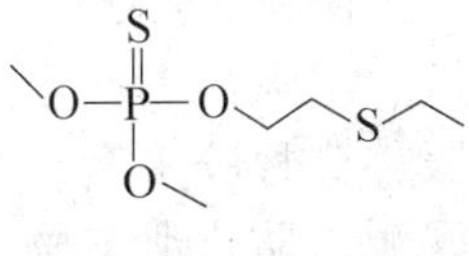

危害信息

危险性类别　第6类　有毒品

燃烧与爆炸危险性　遇明火、高热可燃。受高热分解产生有毒的腐蚀性烟气。燃烧产生氧化硫、氧化磷。

禁忌物　强氧化剂、强碱。

毒性 大鼠经口 LD_{50}：75mg/kg；小鼠经口 LD_{50}：46mg/kg；兔经皮 $LDLo$：75mg/kg。

中毒表现 抑制体内胆碱酯酶活性，造成神经生理功能紊乱。急性中毒症状有头痛、头昏、乏力、食欲不振、恶心、呕吐、腹痛、腹泻、流涎、瞳孔缩小、呼吸道分泌物增多、多汗、肌束震颤等。重度中毒者出现肺水肿、昏迷、呼吸麻痹、脑水肿。血胆碱酯酶活性降低。

侵入途径 吸入、食入、经皮吸收。

环境危害 对水生生物有毒。

理化特性与用途

理化特性 无色至淡黄色液体。微溶于水，溶于多数有机溶剂。沸点 93℃(0.07kPa)，相对密度(水=1)1.2，相对蒸气密度(空气=1)7.9，饱和蒸气压 25mPa(20℃)，辛醇/水分配系数 1.32。

主要用途 杀虫剂、杀螨剂。

包装与储运

包装标志 有毒品

包装类别 Ⅲ类

安全储运 储存于阴凉、通风的库房。远离火种、热源。防止阳光直射。储存温度不超过 35℃，相对湿度不超过 85%。保持容器密封。应与强氧化剂、强碱等分开存放，切忌混储。配备相应品种和数量的消防器材。储区应备有合适的材料收容泄漏物。搬运时轻装轻卸，防止容器受损。

紧急处置信息

急救措施

吸入：迅速脱离现场至空气新鲜处。保持呼吸道通畅。如呼吸困难，给输氧。呼吸、心跳停止，立即进行心肺复苏术。就医。

眼睛接触：分开眼睑，用流动清水或生理盐水冲洗。就医。

皮肤接触：立即脱去污染的衣着，用肥皂水及流动清水彻底冲洗污染的皮肤、头发、指甲等。就医。

食入：饮足量温水，催吐(仅限于清醒者)。口服活性炭。就医。

解毒剂：阿托品、胆碱酯酶复能剂。

灭火方法 消防人员须穿全身消防服，佩戴空气呼吸器，在上风向灭火。尽可能将容器从火场移至空旷处。喷水保持火场容器冷却，直至灭火结束。

灭火剂：干粉、泡沫、砂土。

泄漏应急处置 根据液体流动和蒸气扩散的影响区域划定警戒区，无关人员从侧风、上风向撤离至安全区。消除所有点火源。建议应急处理人员戴防毒面具，穿防毒服，戴橡胶手套。穿上适当的防护服前严禁接触破裂的容器和泄漏物。尽可能切断泄漏源。防止泄漏物进入水体、下水道、地下室或有限空间。小量泄漏：用干燥的砂土或其他不燃材料吸收或覆盖，收集于容器中。大量泄漏：构筑围堤或挖坑收容。用泵转移至槽车或专用收集器内。

440. 2-甲基-5-(1,1,3,3-四甲基丁基)对苯二酚

标　识

中文名称　2-甲基-5-(1,1,3,3-四甲基丁基)对苯二酚

英文名称　2-Methyl-5-(1,1,3,3-tetramethylbutyl)hydroquinone

别名　2-甲基-5-(1,1,3,3-四甲基丁基)氢醌

分子式　$C_{15}H_{24}O_2$

CAS 号　723-38-6

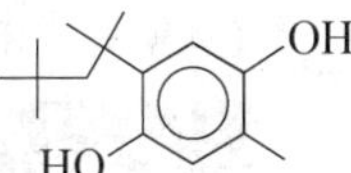

危害信息

燃烧与爆炸危险性　可燃，其粉体与空气混合能形成爆炸性混合物，遇明火、高热易燃烧爆炸。

禁忌物　强氧化剂。

侵入途径　吸入、食入。

环境危害　对水生生物有毒，可能在水生环境中造成长期不利影响。

理化特性与用途

理化特性　浅棕色结晶粉末。熔点 87~92℃，沸点 353.2，相对密度(水=1)1.004，饱和蒸气压 2.38mPa(25℃)，闪点 159.3℃。

包装与储运

包装标志　杂类

包装类别　Ⅲ类

安全储运　储存于阴凉、通风的库房。远离火种、热源。保持容器密闭。应与强氧化剂等隔离储运。

紧急处置信息

急救措施

吸入：脱离接触。如有不适感，就医。

眼睛接触：分开眼睑，用流动清水或生理盐水冲洗。如有不适感，就医。

皮肤接触：脱去污染的衣着，用流动清水冲洗。如有不适感，就医。

食入：漱口，饮水。就医。

灭火方法　消防人员须穿全身消防服，在上风向灭火。尽可能将容器从火场移至空旷处。喷水保持火场容器冷却直至灭火结束。

灭火剂：泡沫、二氧化碳、干粉。

泄漏应急处置　消除所有点火源。隔离泄漏污染区，限制出入。建议应急处理人员戴防尘口罩，穿防护服。穿戴适当的防护装备前，禁止接触或跨越泄漏物。尽可能切断泄漏源。用塑料布覆盖，减少飞散。用洁净的铲子收集泄漏物，置于干净、干燥、盖子较松的容器中，将容器移离泄漏区。

441. 3-(3-甲基-3-戊基)-5-异噁唑基胺

标　识

中文名称　3-(3-甲基-3-戊基)-5-异噁唑基胺

英文名称　3-(1-Ethyl-1-methylpropyl)-5-isoxazolamine

分子式　$C_9H_{16}N_2O$

CAS 号　82560-06-3

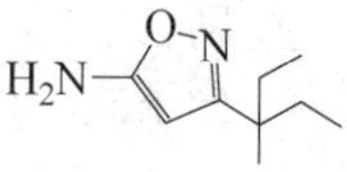

危害信息

危险性类别　第6类　有毒品

燃烧与爆炸危险性　可燃。

禁忌物　强氧化剂、强酸。

毒性　大鼠经口 LD_{50}：144mg/kg；大鼠吸入 $LCLo$：1840mg/m^3(4h)。

中毒表现　食入或吸入能引起中毒。眼接触引起严重损害。

侵入途径　吸入、食入。

环境危害　对水生生物有害，可能在水生环境中造成长期不利影响。

理化特性与用途

理化特性　沸点 280.3℃，相对密度(水=1)1.004，饱和蒸气压 0.51Pa(25℃)，闪点 123.3℃。

包装与储运

包装标志　有毒品

包装类别　Ⅲ类

安全储运　储存于阴凉、通风的库房。远离火种、热源。库温不超过 35℃。相对湿度不超过 85%。包装密封。应与强氧化剂、强酸、食用化学品分开存放，切忌混储。配备相应品种和数量的消防器材。储区应备有合适的材料收容泄漏物。搬运时轻装轻卸，防止容器受损。

紧急处置信息

急救措施

吸入：迅速脱离现场至空气新鲜处。保持呼吸道通畅。如呼吸困难，给输氧。呼吸、心跳停止，立即进行心肺复苏术。就医。

眼睛接触：立即分开眼睑，用流动清水或生理盐水彻底冲洗 5~10min。就医。

皮肤接触：立即脱去污染的衣着，用肥皂水和清水彻底冲洗。就医。

食入：漱口，饮水。就医。

灭火方法　消防人员须穿全身消防服，佩戴空气呼吸器，在上风向灭火。尽可能将容器从火场移至空旷处。喷水保持火场容器冷却，直至灭火结束。

根据着火原因选择适当灭火剂灭火。

泄漏应急处置　隔离泄漏污染区，限制出入。建议应急处理人员戴防毒面罩，穿防毒服，戴橡胶手套。穿上适当的防护服前严禁接触破裂的容器和泄漏物。尽可能切断泄漏源。勿使水进入包装容器内。用洁净的铲子或真空吸除收集泄漏物，置于干净、干燥、盖子较松的容器中，将容器移离泄漏区。

442. 1-甲基-3-硝基-1-亚硝基胍

标　识

中文名称　1-甲基-3-硝基-1-亚硝基胍

英文名称　1-Methyl-3-nitro-1-nitrosoguanidine；*N*-Methyl-*N′*-nitro-*N*-nitrosoguanidine

别名　亚硝基胍

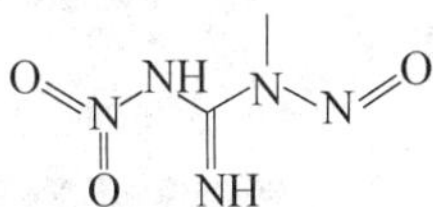

分子式　$C_2H_5N_5O_3$

CAS 号　70-25-7

危害信息

危险性类别　第 4.1 类　易燃固体

燃烧与爆炸危险性　易燃，其粉体与空气混合能形成爆炸性混合物，遇明火高热有引起燃烧爆炸的危险。燃烧产生有毒的氮氧化物气体。

禁忌物　氧化剂。

毒性　大鼠经口 LD_{50}：90mg/kg；小鼠经口 LD_{50}：37300μg/kg。

IARC 致癌性评论：G2A，可能人类致癌物。

欧盟法规 1272/2008/EC 将本品列为第 1B 类致癌物——可能对人类有致癌能力。

中毒表现　吸入有害。对眼和皮肤有刺激性。

侵入途径　吸入、食入。

环境危害　对水生生物有毒，可能在水生环境中造成长期不利影响。

理化特性与用途

理化特性　淡黄或粉色结晶，或黄色粉末。微溶于水，与水反应。溶于极性有机溶剂。熔点 118℃（分解），饱和蒸气压 0.016Pa（25℃），辛醇/水分配系数-0.92。

主要用途　用作生化试剂；亚硝基胍为化学诱变剂，常用于癌症研究。

包装与储运

包装标志　易燃固体

包装类别　Ⅱ类

安全储运　储存于阴凉、通风的库房。远离火种、热源。库温不宜超过 35℃。包装密封。应与氧化剂等分开存放，切忌混储。配备相应品种和数量的消防器材。储区应备有合适的材料收容泄漏物。

紧急处置信息

急救措施

吸入：迅速脱离现场至空气新鲜处。保持呼吸道通畅。如呼吸困难，给输氧。呼吸、

心跳停止，立即进行心肺复苏术。就医。

眼睛接触：立即分开眼睑，用流动清水或生理盐水彻底冲洗。就医。

皮肤接触：立即脱去污染的衣着，用肥皂水和清水彻底冲洗。就医。

食入：饮适量温水，催吐(仅限于清醒者)。就医。

灭火方法 消防人员须穿全身消防服，在上风向灭火。尽可能将容器从火场移至空旷处。喷水保持火场容器冷却，直至灭火结束。

小火时用干粉、二氧化碳或雾状水灭火。大火时用水灭火。

泄漏应急处置 隔离泄漏污染区，限制出入。消除点火源。建议应急处理人员戴防尘口罩，穿防毒、防静电工作服，戴防化学品手套。禁止接触破裂的容器和泄漏物。尽可能切断泄漏源。用洁净的无火花工具收集泄漏物，置于一盖子较松的容器中，待处置。

443. N-(4-甲基-2-硝基苯基)乙醇胺

标　识

中文名称 N-(4-甲基-2-硝基苯基)乙醇胺

英文名称 2-((4-Methyl-2-nitrophenyl)amino)ethanol；4-(2-Hydroxyethylamino)-3-nitrotoluene

别名 3-硝基-4-羟乙氨基甲苯

分子式 $C_9H_{12}N_2O_3$

CAS 号 100418-33-5

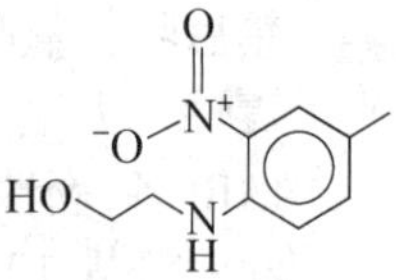

危害信息

燃烧与爆炸危险性 可燃。

禁忌物 强氧化剂、强酸。

中毒表现 食入有害。对皮肤有致敏性。

侵入途径 吸入、食入。

环境危害 对水生生物有害，可能在水生环境中造成长期不利影响。

理化特性与用途

理化特性 橙色或红色结晶粉末。微溶于水。熔点 82～83℃、66～69℃，相对密度(水=1)1.299，饱和蒸气压 0.17mPa(25℃)，辛醇/水分配系数 1.87，闪点 187℃。

主要用途 用作有机合成中间体和黄色半永久性染发剂成分。

包装与储运

安全储运 储存于阴凉、通风的库房。远离火种、热源。保持容器密闭。应与强氧化剂、强酸等隔离储运。

紧急处置信息

急救措施

吸入：迅速脱离现场至空气新鲜处。保持呼吸道通畅。如呼吸困难，给输氧。呼吸、心跳停止，立即进行心肺复苏术。就医。

眼睛接触：立即分开眼睑，用流动清水或生理盐水彻底冲洗。就医。

皮肤接触：立即脱去污染的衣着，用肥皂水和清水彻底冲洗。就医。

食入：漱口，饮水。就医。

灭火方法　消防人员须穿全身消防服，在上风向灭火。尽可能将容器从火场移至空旷处。喷水保持火场容器冷却，直至灭火结束。

灭火剂：雾状水、泡沫、二氧化碳。

泄漏应急处置　隔离泄漏污染区，限制出入。消除点火源。建议应急处理人员戴防尘口罩，穿防毒服，戴防护手套。穿上适当的防护服前严禁接触破裂的容器和泄漏物。尽可能切断泄漏源。用塑料布覆盖泄漏物，减少飞散。勿使水进入包装容器内。用洁净的铲子收集泄漏物，置于干净、干燥、盖子较松的容器中，将容器移离泄漏区。

444. 2-甲基-1-硝基蒽醌

标　识

中文名称　2-甲基-1-硝基蒽醌

英文名称　2-Methyl-1-nitro-anthraquinone；2-Methyl-1-nitro-9，10-anthracenedione

别名　1-硝基-2-甲基蒽醌

分子式　$C_{15}H_9NO_4$

CAS 号　129-15-7

O
O
O N O⁻

危害信息

燃烧与爆炸危险性　无特殊燃爆特性。

禁忌物　强氧化剂、强酸。

毒性　大鼠经口 *LD*：>500mg/kg。

IARC 致癌性评论：G2B，可疑人类致癌物。

侵入途径　吸入、食入。

理化特性与用途

理化特性　浅黄色针状结晶或淡黄色固体。不溶于水，不溶于热乙醇，微溶于热乙醚、热苯、热乙酸和氯仿，溶于硝基苯。熔点 270~271℃，辛醇/水分配系数 3.71。

主要用途　用作染料中间体。

包装与储运

安全储运　储存于阴凉、通风的库房。远离火种、热源。应与强氧化剂、强酸等隔离储运。

紧急处置信息

急救措施

吸入：迅速脱离现场至空气新鲜处。保持呼吸道通畅。如呼吸困难，给输氧。呼吸、心跳停止，立即进行心肺复苏术。就医。

眼睛接触：立即分开眼睑，用流动清水或生理盐水彻底冲洗。就医。

皮肤接触：立即脱去污染的衣着，用肥皂水和清水彻底冲洗。就医。

食入： 漱口，饮水。就医。

灭火方法　消防人员须穿全身消防服，佩戴空气呼吸器，在上风向灭火。尽可能将容器从火场移至空旷处。喷水保持火场容器冷却，直至灭火结束。

根据着火原因选择适当灭火剂灭火。

泄漏应急处置　隔离泄漏污染区，限制出入。建议应急处理人员戴防尘口罩，穿防毒服，戴橡胶手套。穿上适当的防护服前严禁接触破裂的容器和泄漏物。尽可能切断泄漏源。用塑料布覆盖泄漏物，减少飞散。勿使水进入包装容器内。用洁净的铲子收集泄漏物，置于干净、干燥、盖子较松的容器中，将容器移离泄漏区。

445. 7-甲基-1,6-辛二烯

标　识

中文名称　7-甲基-1,6-辛二烯

英文名称　7-Methyl-1,6-octadiene; 7-Methylocta-1,6-diene

分子式　C_9H_{16}

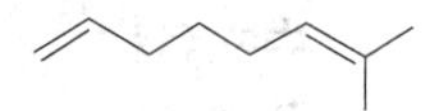

CAS 号　42152-47-6

危害信息

危险性类别　第 3 类　易燃液体

燃烧与爆炸危险性　易燃，其蒸气与空气混合能形成爆炸性混合物，遇明火、高热易燃烧爆炸。在高温火场中，受热的容器有破裂和爆炸的危险。

禁忌物　氧化剂。

侵入途径　吸入、食入。

环境危害　对水生生物有极高毒性，可能在水生环境中造成长期不利影响。

理化特性与用途

理化特性　无色无气味液体。不溶于水。沸点 143~144℃，相对密度(水=1)0.75，辛醇/水分配系数 5，闪点 26℃(闭杯)。

主要用途　用作试剂、化学品合成中间体。

包装与储运

包装标志　易燃液体

包装类别　Ⅲ类

安全储运　储存于阴凉、通风的库房。远离火种、热源。库温不宜超过 37℃。保持容器密封。应与氧化剂分开存放，切忌混储。采用防爆型照明、通风设施。禁止使用易产生火花的机械设备和工具。灌装时注意流速，防止静电积聚。储区应备有泄漏应急处理设备和合适的收容材料。搬运时轻装轻卸，防止容器受损。

紧急处置信息

急救措施

吸入： 脱离接触。如有不适感，就医。

眼睛接触：分开眼睑，用流动清水或生理盐水冲洗。如有不适感，就医。

皮肤接触：脱去污染的衣着，用流动清水冲洗。如有不适感，就医。

食入：漱口，饮水。就医。

灭火方法 防人员须穿全身消防服，在上风向灭火。尽可能将容器从火场移至空旷处。喷水保持火场容器冷却直至灭火结束。处在火场中的容器若发生异常变化，须马上撤离。

灭火剂：泡沫、干粉、二氧化碳。

泄漏应急处置 根据液体流动和蒸气扩散的影响区域划定警戒区，无关人员从侧风、上风向撤离至安全区。消除所有点火源。建议应急处理人员戴防毒面具，穿防静电服，戴橡胶耐油手套。穿上适当的防护服前严禁接触破裂的容器和泄漏物。尽可能切断泄漏源。防止泄漏物进入水体、下水道、地下室或有限空间。小量泄漏：用干燥的砂土或其他不燃材料吸收或覆盖，收集于容器中。大量泄漏：构筑围堤或挖坑收容。用泡沫覆盖减少蒸发。用防爆泵转移至槽车或专用收集器内。

446. 6-甲基-5-溴-3-仲丁基脲嘧啶

标　识

中文名称 6-甲基-5-溴-3-仲丁基脲嘧啶

英文名称 5-Bromo-3-sec-butyl-6-methyluracil；Bromacil；5-Bromo-6-methyl-3-(1-methylpropyl)-2,4(1H，3H)-pyrimidinedione

别名 除草定

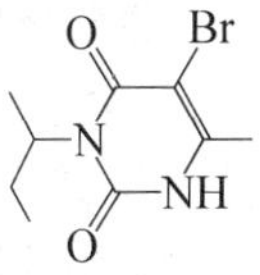

分子式 $C_9H_{13}BrN_2O_2$

CAS 号 314-40-9

危害信息

燃烧与爆炸危险性 不燃，受热易分解放出有毒的刺激性气体。

禁忌物 强氧化剂、强酸。

毒性 大鼠经口 LD_{50}：641mg/kg；小鼠经口 LD_{50}：3040mg/kg；大鼠吸入 LC_{50}：>4800mg/m^3；大鼠经皮 LD_{50}：>2500mg/kg；兔经皮 LD_{50}：>5g/kg。

中毒表现 对眼、皮肤和呼吸道有刺激性。食入引起恶心、呕吐和腹泻。

侵入途径 吸入、食入、经皮吸收。

职业接触限值 美国(ACGIH)：TLV-TWA 10mg/m^3。

环境危害 对水生生物有极高毒性，可能在水生环境中造成长期不利影响。

理化特性与用途

理化特性 无色至白色结晶。微溶于水，溶于乙醇、丙酮、乙腈。熔点 158～160℃，相对密度(水=1)1.55，饱和蒸气压 0.041mPa(25℃)，辛醇/水分配系数 1.88～2.11。

主要用途 除草剂。用于非耕地防除杂草和灌木。

包装与储运

包装标志 杂类

包装类别 Ⅲ类

安全储运 储存于阴凉、通风的库房。远离火种、热源。应与强氧化剂、强酸等隔离储运。

紧急处置信息

急救措施

吸入：迅速脱离现场至空气新鲜处。保持呼吸道通畅。如呼吸困难，给输氧。呼吸、心跳停止，立即进行心肺复苏术。就医。

眼睛接触：立即分开眼睑，用流动清水或生理盐水彻底冲洗。就医。

皮肤接触：立即脱去污染的衣着，用肥皂水和清水彻底冲洗。就医。

食入：漱口，饮水。就医。

灭火方法 消防人员须穿全身消防服，在上风向灭火。尽可能将容器从火场移至空旷处。喷水保持火场容器冷却，直至灭火结束。根据着火原因选择适当灭火剂灭火。

泄漏应急处置 隔离泄漏污染区，限制出入。建议应急处理人员戴防尘口罩，穿防毒服。穿上适当的防护服前严禁接触破裂的容器和泄漏物。尽可能切断泄漏源。用塑料布覆盖泄漏物，减少飞散。勿使水进入包装容器内。用洁净的铲子收集泄漏物，置于干净、干燥、盖子较松的容器中，将容器移离泄漏区。

447. 甲基-1,3-亚苯基二异氰酸酯

标　识

中文名称 甲基-1,3-亚苯基二异氰酸酯

英文名称 Toluenediisocyanate；*m*-Tolylidene diisocyanate

分子式 $C_9H_6N_2O_2$

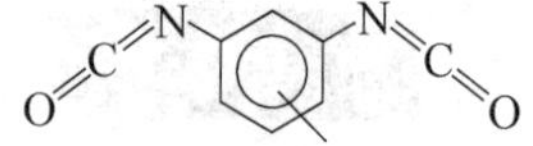

CAS 号 26471-62-5

铁危编号 61111

UN 号 2078

危害信息

危险性类别 第6类 有毒品

燃烧与爆炸危险性 可燃，其蒸气与空气混合能形成爆炸性混合物，遇明火、高热易燃烧爆炸。

禁忌物 强氧化剂、酸类。

毒性 大鼠经口 LD_{50}：4130mg/kg；小鼠经口 LD_{50}：1950mg/kg；小鼠吸入 LC_{50}：9700 ppb(4h)；兔经皮 LD_{50}：>10 mL/kg。

IARC 致癌性评论：G2B，可疑人类致癌物。

欧盟法规 1272/2008/EC 将本品列为第2类致癌物——可疑的人类致癌物。

中毒表现 对眼和上呼吸道有刺激性。高浓度吸入可引起化学性肺炎或肺水肿。对呼吸道有致敏性，可引起支气管哮喘。

侵入途径 吸入、食入、经皮吸收。

职业接触限值 美国(ACGIH)：TLV-TWA 0.005 ppm；TLV-STEL 0.02 ppm[敏]。

环境危害 对水生生物有害，可能在水生环境中造成长期不利影响。

理化特性与用途

理化特性 无色至淡黄色透明液体，有刺激性气味。微溶于水，混溶于乙醇、乙醚、丙酮、苯、煤油等。熔点11~14℃，沸点251℃，相对密度1.22，相对蒸气密度6，饱和蒸气压3.06Pa(25℃)，辛醇/水3.74，闪点132℃，爆炸下限0.9%，爆炸上限9.5%。

主要用途 用作聚氨酯泡沫、橡胶、涂料的单体，尼龙6的交联剂，聚氨酯胶黏剂和整理剂的硬化剂。

包装与储运

包装标志 有毒品

包装类别 Ⅱ类

安全储运 储存于阴凉、通风的库房。远离火种、热源。防止阳光直射。储存温度不超过32℃，相对湿度不超过85%。保持容器密封。应与强氧化剂、酸类等分开存放，切忌混储。配备相应品种和数量的消防器材。储区应备有合适的材料收容泄漏物。搬运时轻装轻卸，防止容器受损。

紧急处置信息

急救措施

吸入：迅速脱离现场至空气新鲜处。保持呼吸道通畅。如呼吸困难，给输氧。呼吸、心跳停止，立即进行心肺复苏术。就医。

眼睛接触：立即分开眼睑，用流动清水或生理盐水彻底冲洗。就医。

皮肤接触：立即脱去污染的衣着，用肥皂水和清水彻底冲洗。就医。

食入：漱口，饮水。就医。

灭火方法 消防人员须穿全身消防服，佩戴空气呼吸器，在上风向灭火。尽可能将容器从火场移至空旷处。喷水保持火场容器冷却，直至灭火结束。处在火场中的容器若发生异常变化或发出异常声音，须马上撤离。

灭火剂：二氧化碳、干粉、砂土。

泄漏应急处置 根据液体流动和蒸气扩散的影响区域划定警戒区，无关人员从侧风、上风向撤离至安全区。消除点火源。应急人员应戴正压自给式呼吸器，穿防毒服，戴防化学品手套。穿戴适当的防护装备前，禁止接触破裂的容器和泄漏物。尽可能切断泄漏源。防止泄漏物进入水体、下水道、地下室、有限空间。小量泄漏：用干燥的砂土或其他不燃材料吸收或覆盖，收集于容器中。大量泄漏：构筑围堤或挖坑收容。用防爆泵转移至槽车或专用收集器内。

448. 4-甲基-8-亚甲基-三环(3.3.1.13,7)癸-2-醇

标　识

中文名称 4-甲基-8-亚甲基-三环(3.3.1.13,7)癸-2-醇

英文名称 4-Methyl-8-methylenetricyclo(3.3.1.13,7)decan-2-ol

分子式 $C_{12}H_{18}O$

CAS号 122760-84-3

HO

危害信息

燃烧与爆炸危险性　可燃。

禁忌物　强氧化剂、强酸。

中毒表现　对皮肤有刺激性和致敏性。

侵入途径　吸入、食入。

环境危害　对水生生物有毒，可能在水生环境中造成长期不利影响。

理化特性与用途

理化特性　白色固体。不溶于水，溶于乙醇。熔点 50.74℃，沸点 269~271℃，相对密度(水=1)1.06，饱和蒸气压 0.14Pa(25℃)，辛醇/水分配系数 2.85，闪点 105.3℃。

主要用途　用作化妆品成分和医药原料。

包装与储运

包装标志　杂类

包装类别　Ⅲ类

安全储运　储存于阴凉、通风的库房。远离火种、热源。保持容器密闭。应与强氧化剂、强酸等隔离储运。

紧急处置信息

急救措施

吸入：迅速脱离现场至空气新鲜处。保持呼吸道通畅。如呼吸困难，给输氧。呼吸、心跳停止，立即进行心肺复苏术。就医。

眼睛接触：立即分开眼睑，用流动清水或生理盐水彻底冲洗 5~10min。就医。

皮肤接触：立即脱去污染的衣着，用肥皂水和清水彻底冲洗。就医。

食入：漱口，饮水。就医。

灭火方法　消防人员须穿全身消防服，在上风向灭火。尽可能将容器从火场移至空旷处。喷水保持火场容器冷却直至灭火结束。

灭火剂：泡沫、干粉、二氧化碳。

泄漏应急处置　消除所有点火源。隔离泄漏污染区，限制出入。建议应急处理人员戴防尘口罩，穿防护服，戴防护手套。禁止接触或跨越泄漏物。尽可能切断泄漏源。用塑料布覆盖，减少飞散。用洁净的铲子收集泄漏物，置于干净、干燥、盖子较松的容器中，将容器移离泄漏区。

449. 4-甲基亚乙基硫脲

标　识

中文名称　4-甲基亚乙基硫脲

英文名称　2-Imidazolidinethione, 4-methyl- ; 4-Methylethylenethiourea; Propylene thiourea

别名 丙烯硫脲

分子式 $C_4H_8N_2S$

CAS 号 2122-19-2

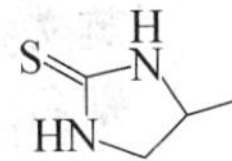

危害信息

燃烧与爆炸危险性 易燃，其粉体与空气混合能形成爆炸性混合物，遇明火高热有引起燃烧爆炸的危险，燃烧产生有毒的氮氧化物气体。

禁忌物 强氧化剂、强酸。

毒性 欧盟法规 1272/2008/EC 将本品列为第 2 类生殖毒物——可疑的人类生殖毒物。

中毒表现 食入有害。

侵入途径 吸入、食入。

环境危害 对水生生物有害，可能在水生环境中造成长期不利影响。

理化特性与用途

理化特性 白色结晶。沸点 157.3℃，相对密度(水=1)1.19，辛醇/水分配系数 -0.067，闪点 49℃。

主要用途 用于农药。

包装与储运

安全储运 储存于阴凉、通风的库房。远离火种、热源。保持容器密闭。应与强氧化剂、强酸等隔离储运。

紧急处置信息

急救措施

吸入：迅速脱离现场至空气新鲜处。保持呼吸道通畅。如呼吸困难，给输氧。呼吸、心跳停止，立即进行心肺复苏术。就医。

眼睛接触：立即分开眼睑，用流动清水或生理盐水彻底冲洗。就医。

皮肤接触：立即脱去污染的衣着，用肥皂水和清水彻底冲洗。就医。

食入：漱口，饮水。就医。

灭火方法 消防人员须穿全身消防服，在上风向灭火。尽可能将容器从火场移至空旷处。喷水保持火场容器冷却，直至灭火结束。

灭火剂：雾状水、泡沫、二氧化碳、干粉、砂土。

泄漏应急处置 隔离泄漏污染区，限制出入。消除所有点火源。建议应急处理人员戴防尘口罩，穿防静电、防毒服，戴防化学品手套。穿上适当的防护服前严禁接触破裂的容器和泄漏物。尽可能切断泄漏源。用塑料布覆盖泄漏物，减少飞散。勿使水进入包装容器内。用洁净的无火花工具收集泄漏物，置于干净、干燥、盖子较松的容器中，将容器移离泄漏区。

450. 2,2′-((1-甲基亚乙基)双(4,1-亚苯基甲醛))双环氧乙烷

标　识

中文名称 2,2′-((1-甲基亚乙基)双(4,1-亚苯基甲醛))双环氧乙烷

450. 2,2′-((1-甲基亚乙基)双(4,1-亚苯基甲醛))双环氧乙烷

英文名称 Bis-(4-(2,3-epoxypropoxy)phenyl)propane; Bisphenol A diglycidyl ether

别名 双酚A二缩水甘油醚

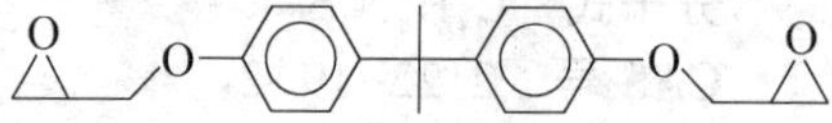

分子式 $C_{21}H_{24}O_4$

CAS号 1675-54-3

危害信息

燃烧与爆炸危险性 易燃，其蒸气与空气混合能形成爆炸性混合物，遇明火、高热易燃烧爆炸。蒸气比空气重，沿地面扩散并易积存于低洼处，遇火源会着火回燃。

禁忌物 强氧化剂、酸类。

毒性 大鼠经口 LD_{50}：11300μL/kg；小鼠经口 LD_{50}：15600mg/kg；兔经皮 LD_{50}：20g/kg。

中毒表现 对中枢神经系统有抑制作用，吸入后引起头晕、嗜睡。对眼和皮肤有刺激性。

侵入途径 吸入、食入、经皮吸收。

理化特性与用途

理化特性 无色至极淡黄色透明液体，无气味。不溶于水。熔点8~12℃，沸点210℃(0.1kPa)，相对密度(水=1)1.17，相对蒸气密度(空气=1)11.7，饱和蒸气压0.015mPa(25℃)，辛醇/水分配系数3.84，闪点79℃(开杯)。

主要用途 用于制造食品和饮料罐内涂料，是液体环氧树脂的成分。

包装与储运

安全储运 储存于阴凉、通风的库房。远离火种、热源。保持容器密闭。应与强氧化剂、酸类等隔离储运。搬运时轻装轻卸，防止容器受损。

紧急处置信息

急救措施

吸入：迅速脱离现场至空气新鲜处。保持呼吸道通畅。如呼吸困难，给输氧。呼吸、心跳停止，立即进行心肺复苏术。就医。

眼睛接触：立即分开眼睑，用流动清水或生理盐水彻底冲洗。就医。

皮肤接触：立即脱去污染的衣着，用肥皂水和清水彻底冲洗。就医。

食入：漱口，饮水。就医。

灭火方法 消防人员须穿全身消防服，佩戴空气呼吸器，在上风向灭火。尽可能将容器从火场移至空旷处。喷水保持火场容器冷却，直至灭火结束。处在火场中的容器若发生异常变化或发出异常声音，须马上撤离。

灭火剂：泡沫、二氧化碳。

泄漏应急处置 根据液体流动和蒸气扩散的影响区域划定警戒区，无关人员从侧风、上风向撤离至安全区。消除所有点火源。建议应急处理人员戴防毒面具，穿防静电服。穿上适当的防护服前严禁接触破裂的容器和泄漏物。尽可能切断泄漏源。防止泄漏物进入水体、下水道、地下室或有限空间。小量泄漏：用干燥的砂土或其他不燃材料吸收或覆盖，收集于容器中。大量泄漏：构筑围堤或挖坑收容。用防爆泵转移至槽车或专用收集器内。

451. 甲基乙拌磷亚砜

标　识

中文名称　甲基乙拌磷亚砜

英文名称　Thiometon sulfoxide ; Phosphorodithioic acid, *S*-(2-(ethylsulfinyl) ethyl) *O*, *O*- dimethyl ester

分子式　$C_6H_{15}O_3PS_3$

CAS 号　2703-37-9

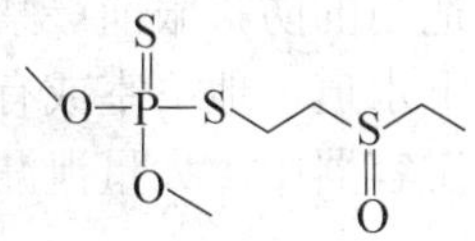

危害信息

危险性类别　第6类　有毒品

燃烧与爆炸危险性　无特殊燃爆特性。

禁忌物　强氧化剂、强碱。

毒性　大鼠经口 LD_{50}: 100mg/kg。

中毒表现　抑制体内胆碱酯酶活性，造成神经生理功能紊乱。急性中毒症状有头痛、头昏、乏力、食欲不振、恶心、呕吐、腹痛、腹泻、流涎、瞳孔缩小、呼吸道分泌物增多、多汗、肌束震颤等。重度中毒者出现肺水肿、昏迷、呼吸麻痹、脑水肿。血胆碱酯酶活性降低。

侵入途径　吸入、食入、经皮吸收。

环境危害　对水生生物有毒，可能在水生环境中造成长期不利影响。

理化特性与用途

理化特性　微溶于水。沸点 384℃，相对密度(水=1)1.34，饱和蒸气压 1.2mPa (25℃)，辛醇/水分配系数0.73，闪点186℃。

主要用途　杀虫剂、杀螨剂。

包装与储运

包装标志　有毒品

包装类别　Ⅰ类

安全储运　储存于阴凉、通风的库房。远离火种、热源。防止阳光直射。储存温度不超过35℃，相对湿度不超过85%。保持容器密封。应与强氧化剂、强碱等分开存放，切忌混储。配备相应品种和数量的消防器材。储区应备有合适的材料收容泄漏物。搬运时轻装轻卸，防止容器受损。

紧急处置信息

急救措施

吸入: 迅速脱离现场至空气新鲜处。保持呼吸道通畅。如呼吸困难，给输氧。呼吸、心跳停止，立即进行心肺复苏术。就医。

眼睛接触: 分开眼睑，用流动清水或生理盐水冲洗。就医。

皮肤接触： 立即脱去污染的衣着，用肥皂水及流动清水彻底冲洗污染的皮肤、头发、指甲等。就医。

食入： 饮足量温水，催吐(仅限于清醒者)。口服活性炭。就医。

解毒剂： 阿托品、胆碱酯酶复能剂。

灭火方法　消防人员须穿全身消防服，佩戴空气呼吸器，在上风向灭火。尽可能将容器从火场移至空旷处。喷水保持火场容器冷却，直至灭火结束。

根据着火原因选择适当灭火剂灭火。

泄漏应急处置　根据液体流动和蒸气扩散的影响区域划定警戒区，无关人员从侧风、上风向撤离至安全区。建议应急处理人员戴防毒面具，穿防毒服，戴耐化学品手套。穿上适当的防护服前严禁接触破裂的容器和泄漏物。尽可能切断泄漏源。防止泄漏物进入水体、下水道、地下室或有限空间。小量泄漏：用干燥的砂土或其他不燃材料吸收或覆盖，收集于容器中。大量泄漏：构筑围堤或挖坑收容。用泵转移至槽车或专用收集器内。

452. (4-(1-甲基乙基)苯基)(4-甲基苯基)碘鎓四(五氟代苯基)硼酸盐

标　识

中文名称　(4-(1-甲基乙基)苯基)(4-甲基苯基)碘鎓四(五氟代苯基)硼酸盐

英文名称　(4-(1-Methylethyl)phenyl)-(4-methylphenyl)iodonium tetrakis(pentafluorophenyl)borate (1-)

别名　4-异丙基-4′-甲基二苯碘鎓四(五氟苯基)硼酸盐

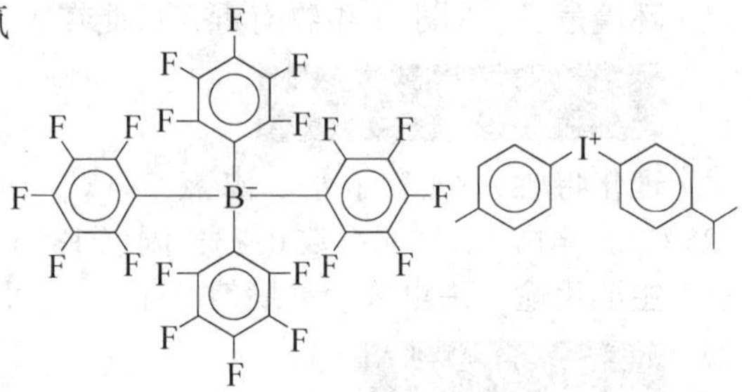

分子式　$C_{24}BF_{20}\cdot C_{16}H_{18}I$

CAS 号　178233-72-2

F F F F F F F F F F F F F F F F F F F F B^- I^+

危害信息

燃烧与爆炸危险性　无特殊燃爆特性。

禁忌物　强氧化剂。

中毒表现　食入或经皮肤吸收对身体有害。长期反复接触可能对器官造成损害。

侵入途径　吸入、食入、经皮吸收。

环境危害　对水生生物有极高毒性，可能在水生环境中造成长期不利影响。

理化特性与用途

理化特性　白色至极淡黄色结晶粉末。溶于甲醇。熔点 133℃。

主要用途　用于感光树脂制造。

包装与储运

包装标志　杂类

包装类别　Ⅲ类

安全储运　储存于阴凉、通风的库房。远离火种、热源。应与强氧化剂等隔离储运。

紧急处置信息

急救措施

吸入：迅速脱离现场至空气新鲜处。保持呼吸道通畅。如呼吸困难，给输氧。呼吸、心跳停止，立即进行心肺复苏术。就医。

眼睛接触：立即分开眼睑，用流动清水或生理盐水彻底冲洗。就医。

皮肤接触：立即脱去污染的衣着，用肥皂水和清水彻底冲洗。就医。

食入：漱口，饮水。就医。

灭火方法 消防人员须穿全身消防服，佩戴空气呼吸器，在上风向灭火。尽可能将容器从火场移至空旷处。

根据着火原因选择适当灭火剂灭火。

泄漏应急处置 隔离泄漏污染区，限制出入。建议应急处理人员戴防尘口罩，穿防毒服。穿上适当的防护服前严禁接触破裂的容器和泄漏物。尽可能切断泄漏源。用塑料布覆盖泄漏物，减少飞散。勿使水进入包装容器内。用洁净的铲子收集泄漏物，置于干净、干燥、盖子较松的容器中，将容器移离泄漏区。

453. 甲基乙烯基酮

标　识

中文名称 甲基乙烯基酮

英文名称 Methyl vinyl ketone；3-Buten-2-one

别名 3-丁烯-2-酮

分子式 C_4H_6O

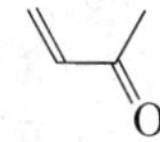

CAS 号 78-94-4

铁危编号 61153

UN 号 1251

危害信息

危险性类别 第 6 类　有毒品

燃烧与爆炸危险性 易燃，其蒸气与空气混合能形成爆炸性混合物，遇明火、高热易燃烧爆炸。蒸气比空气重，能在较低处扩散到相当远的地方，遇火源会着火回燃和爆炸(闪爆)。

禁忌物 氧化剂、酸碱、醇类。

毒性 大鼠经口 LD_{50}：23100μg/kg；小鼠经口 LD_{50}：33.5mg/kg；大鼠吸入 LC_{50}：7mg/m^3(4h)。

根据《危险化学品目录》的备注，本品属剧毒化学品。

中毒表现 本品对眼、皮肤和消化道有腐蚀性。蒸气对眼和呼吸道有强烈刺激性。高浓度吸入可引起肺水肿。影响中枢神经系统。对皮肤有致敏性。

侵入途径 吸入、食入、经皮吸收。

职业接触限值 美国(ACGIH)：TLV-C 0.2ppm[皮][敏]。

环境危害 对水生生物有极高毒性，可能在水生环境中造成长期不利影响。

理化特性与用途

理化特性 无色至黄色液体，有刺激性气味。溶于水，易溶于甲醇、乙醇、乙醚、丙酮、冰醋酸，溶于苯，微溶于烃类。熔点-7℃，沸点81℃，相对密度(水=1)0.86，相对蒸气密度(空气=1)2.4，饱和蒸气压20.2kPa(25℃)，辛醇/水分配系数0.117，闪点-7℃(闭杯)，引燃温度491℃，爆炸下限2.1%，爆炸上限15.6%。燃烧热-2317kJ/mol。

主要用途 用作聚合反应单体制取阴离子树脂，还可用作烷基化剂和合成甾族化合物及维生素A的中间体。

包装与储运

包装标志 有毒品，易燃液体，腐蚀品

包装类别 Ⅰ类

安全储运 储存于阴凉、干燥、通风良好的库房。远离火种、热源。储存温度不超过32℃，相对湿度不超过85%。保持容器密封。应与氧化剂、酸碱、醇类等分开存放，切忌混储。采用防爆型照明、通风设施。禁止使用易产生火花的机械设备和工具。灌装时注意流速，防止静电积聚。储区应备有泄漏应急处理设备和合适的收容材料。应严格执行剧毒品“双人收发、双人保管”制度。搬运时轻装轻卸，防止容器受损。

紧急处置信息

急救措施

吸入：迅速脱离现场至空气新鲜处。保持呼吸道通畅。如呼吸困难，给输氧。呼吸、心跳停止，立即进行心肺复苏术。就医。

眼睛接触：立即分开眼睑，用流动清水或生理盐水彻底冲洗5~10min。就医。

皮肤接触：立即脱去污染的衣着，用大量流动清水彻底冲洗，冲洗时间一般要求20~30min。就医。

食入：用水漱口，禁止催吐。给饮牛奶或蛋清。就医。

灭火方法 消防人员须穿全身消防服，佩戴空气呼吸器，在上风向灭火。尽可能将容器从火场移至空旷处。喷水保持火场容器冷却，直至灭火结束。处在火场中的容器若发生异常变化或发出异常声音，须马上撤离。

灭火剂：水、干粉、抗溶性泡沫、二氧化碳。

泄漏应急处置 根据液体流动和蒸气扩散的影响区域划定警戒区，无关人员从侧风、上风向撤离至安全区。消除所有点火源。建议应急处理人员戴防毒面具，穿防毒、防静电、耐腐蚀服，戴耐腐蚀、防化学品手套。作业时使用的所有设备应接地。禁止接触或跨越泄漏物。尽可能切断泄漏源。防止泄漏物进入水体、下水道、地下室或有限空间。小量泄漏：用砂土或其他不燃材料吸收。使用洁净的无火花工具收集吸收材料。大量泄漏：构筑围堤或挖坑收容。用泡沫覆盖，减少蒸发。喷水雾能减少蒸发，但不能降低泄漏物在有限空间内的易燃性。用防爆泵转移至槽车或专用收集器内。

454. 2-甲基-N-(3-异丙氧基苯基)苯甲酰胺

标　识

中文名称 2-甲基-N-(3-异丙氧基苯基)苯甲酰胺

英文名称 3′-Isopropoxy-O-toluanilide；Mepronil

别名 灭锈胺

分子式 $C_{17}H_{19}NO_2$

CAS 号 55814-41-0

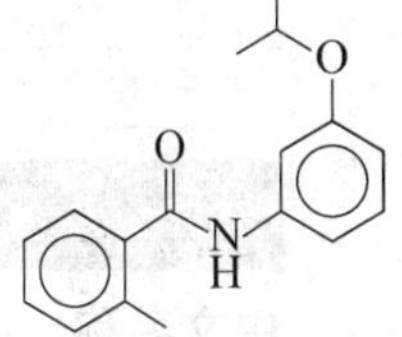

危害信息

燃烧与爆炸危险性 无特殊燃爆特性。

禁忌物 强氧化剂、强酸。

毒性 大鼠经口 LD_{50}：10g/kg；小鼠经口 LD_{50}：10g/kg；大鼠经皮 LD_{50}：>10g/kg；兔经皮 LD_{50}：10g/kg。

侵入途径 吸入、食入、经皮吸收。

环境危害 对水生生物有毒，可能在水生环境中造成长期不利影响。

理化特性与用途

理化特性 无色至白色结晶固体。不溶于水，溶于丙酮、甲醇、乙醇、苯。熔点 92~93℃，沸点 276.5℃(3.99kPa)，相对密度(水=1)1.22，饱和蒸气压 0.056mPa(25℃)，辛醇/水分配系数 3.66。

主要用途 内吸性杀菌剂。能有效防治水稻纹枯病、小麦条锈病、棉花立枯病，黄瓜苗立枯病等。

包装与储运

包装标志 杂类

包装类别 Ⅲ类

安全储运 储存于阴凉、通风的库房。远离火种、热源。应与强氧化剂、强酸等隔离储运。

紧急处置信息

急救措施

吸入：迅速脱离现场至空气新鲜处。保持呼吸道通畅。如呼吸困难，给输氧。呼吸、心跳停止，立即进行心肺复苏术。就医。

眼睛接触：立即分开眼睑，用流动清水或生理盐水彻底冲洗。就医。

皮肤接触：立即脱去污染的衣着，用肥皂水和清水彻底冲洗。就医。

食入：漱口，饮水。就医。

灭火方法 消防人员须穿全身消防服，佩戴空气呼吸器，在上风向灭火。尽可能将容器从火场移至空旷处。喷水保持火场容器冷却，直至灭火结束。

根据着火原因选择适当灭火剂灭火。

泄漏应急处置 隔离泄漏污染区，限制出入。建议应急处理人员戴防尘口罩，穿防毒服，戴橡胶手套。穿上适当的防护服前严禁接触破裂的容器和泄漏物。尽可能切断泄漏源。用塑料布覆盖泄漏物，减少飞散。勿使水进入包装容器内。用洁净的铲子收集泄漏物，置于干净、干燥、盖子较松的容器中，将容器移离泄漏区。

455. 甲哌鎓

标　识

中文名称　甲哌鎓

英文名称　1,1-Dimethylpiperidinium chloride; Mepiquat chloride

别名　1,1-二甲基哌啶鎓氯化物

分子式　$C_7H_{16}N \cdot Cl$

CAS 号　24307-26-4

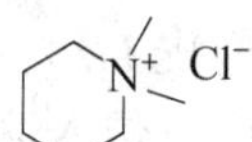

危害信息

燃烧与爆炸危险性　无特殊燃爆特性。

禁忌物　强氧化剂。

毒性　大鼠经口 LD_{50}：464mg/kg；小鼠经口 LD_{50}：780mg/kg；大鼠吸入 LC_{50}：>3900mg/m^3；大鼠经皮 LD_{50}：>7800mg/kg。

侵入途径　吸入、食入、经皮吸收。

环境危害　对水生生物有害，可能在水生环境中造成长期不利影响。

理化特性与用途

理化特性　无色吸湿性结晶，有轻微的发霉气味。混溶于水，溶于乙醇，中度溶于丙酮、氯仿，微溶于苯、环己烷、乙醚、乙酸乙酯。熔点223℃，相对密度(水=1)1.187，饱和蒸气压<0.01mPa(20℃)，辛醇/水分配系数2.82，pH 值6.74。

主要用途　植物生长调节剂。用于棉花提高纤维数量、质量；用于各种麦类抗倒伏。

包装与储运

安全储运　储存于阴凉、通风的库房。远离火种、热源。保持容器密闭，注意防潮。应与强氧化剂等隔离储运。

紧急处置信息

急救措施

吸入：迅速脱离现场至空气新鲜处。保持呼吸道通畅。如呼吸困难，给输氧。呼吸、心跳停止，立即进行心肺复苏术。就医。

眼睛接触：立即分开眼睑，用流动清水或生理盐水彻底冲洗。就医。

皮肤接触：立即脱去污染的衣着，用肥皂水和清水彻底冲洗。就医。

食入：漱口，饮水。就医。

灭火方法　消防人员须穿全身消防服，佩戴空气呼吸器，在上风向灭火。尽可能将容器从火场移至空旷处。喷水保持火场容器冷却，直至灭火结束。

根据着火原因选择适当灭火剂灭火。

泄漏应急处置　隔离泄漏污染区，限制出入。建议应急处理人员戴防尘口罩，穿防毒服，戴橡胶手套。穿上适当的防护服前严禁接触破裂的容器和泄漏物。尽可能切断泄漏源。用塑料布覆盖泄漏物，减少飞散。勿使水进入包装容器内。用洁净的铲子收集泄漏物，置

于干净、干燥、盖子较松的容器中，将容器移离泄漏区。

456. 甲氰菊酯

标　识

中文名称　甲氰菊酯

英文名称　α-Cyano-3-phenoxybenzyl 2,2,3,3-Tetramethylcyclopropanecarboxylate；Fenpropathrin

分子式　$C_{22}H_{23}NO_3$

CAS 号　39515-41-8

铁危编号　61904

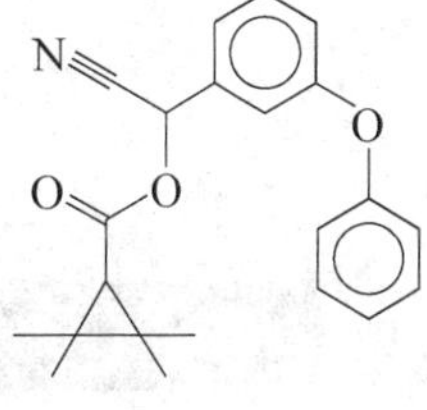

危害信息

危险性类别　第 6 类　有毒品

燃烧与爆炸危险性　遇明火、高热可燃。

禁忌物　强氧化剂、碱类。

毒性　大鼠经口 LD_{50}：18mg/kg；小鼠经口 LD_{50}：58mg/kg；大鼠吸入 LC_{50}：>19070 gm/m^3(4h)；大鼠经皮 LD_{50}：870mg/kg；兔经皮 LD_{50}：>2g/kg。

中毒表现　本品属拟除虫菊酯类杀虫剂，该类杀虫剂为神经毒物。吸入引起上呼吸道刺激、头痛、头晕和面部感觉异常。食入引起恶心、呕吐和腹痛。重者出现出现阵发性抽搐、意识障碍、肺水肿，可致死。对眼有刺激性。对皮肤有致敏性。

侵入途径　吸入、食入、经皮吸收。

环境危害　对水生生物有极高毒性，可能在水生环境中造成长期不利影响。

理化特性与用途

理化特性　纯品为白色结晶，原药为棕黄色液体或固体。不溶于水，混溶于环已酮、二甲苯，溶于普通有机溶剂。熔点 45～50℃，相对密度(水=1)1.15，饱和蒸气压 0.73mPa (20℃)，辛醇/水分配系数 5.7，闪点 205℃，引燃温度 325℃。

主要用途　广谱杀虫剂、杀螨剂。广泛用于防治棉花、果树、柑橘、蔬菜等作物上的多种害虫。

包装与储运

包装标志　有毒品

包装类别　Ⅱ类

安全储运　储存于阴凉、通风的库房。远离火种、热源。防止阳光直射。储存温度不超过 35℃，相对湿度不超过 82%。保持容器密封。应与强氧化剂、碱类等分开存放，切忌混储。配备相应品种和数量的消防器材。储区应备有泄漏应急处理设备和合适的收容材料。

紧急处置信息

急救措施

吸入：迅速脱离现场至空气新鲜处。保持呼吸道通畅。如呼吸困难，给输氧。呼吸、

心跳停止，立即进行心肺复苏术。就医。

眼睛接触： 立即分开眼睑，用流动清水或生理盐水彻底冲洗。就医。

皮肤接触： 立即脱去污染的衣着，用流动清水彻底冲洗。就医。

食入： 饮适量温水，催吐(仅限于清醒者)。就医。

灭火方法　消防人员须穿全身消防服，佩戴空气呼吸器，在上风向灭火。尽可能将容器从火场移至空旷处。喷水保持火场容器冷却，直至灭火结束。

灭火剂：干粉、二氧化碳、砂土。

泄漏应急处置　隔离泄漏污染区，限制出入。消除点火源。建议应急处理人员戴防尘口罩，穿防毒服，戴防化学品手套。穿上适当的防护服前严禁接触破裂的容器和泄漏物。尽可能切断泄漏源。用塑料布覆盖泄漏物，减少飞散。勿使水进入包装容器内。用洁净的铲子收集泄漏物，置于干净、干燥、盖子较松的容器中，将容器移离泄漏区。

457. 甲酸镉

标　识

中文名称　甲酸镉

英文名称　Cadmium diformate；Cadmium formate

别名　蚁酸镉

分子式　$C_2H_2CdO_4$

CAS 号　4464-23-7

危害信息

^{-}O　O^{-}　O　Cd^{2+}　O

危险性类别　第 6 类　有毒品

燃烧与爆炸危险性　受热易分解。

禁忌物　强氧化剂、碱类。

毒性　大鼠经口 LD_{50}：162mg/kg。

IARC 致癌性评论：G1，确认人类致癌物。

欧盟法规 1272/2008/EC 将本品列为第 2 类致癌物——可疑的人类致癌物。

中毒表现　误服后出现急剧的胃肠刺激，有恶心、呕吐、腹泻、腹痛、里急后重、全身乏力、肌肉疼痛和虚脱等。

慢性中毒：慢性镉中毒以肾功能损害(蛋白尿)为主要表现；少数可发生骨骼病变；其次还有缺铁性贫血、嗅觉减退或丧失、肺部损害等。

侵入途径　吸入、食入。

职业接触限值　中国：PC-TWA 0.01mg/m^3；PC-STEL 0.02mg/m^3[按 Cd 计]。

美国(ACGIH)：TLV-TWA 0.002mg/m^3[按 Cd 计][呼吸性颗粒物]。

环境危害　对水生生物有极高毒性，可能在水生环境中造成长期不利影响。

理化特性与用途

理化特性　白色粉末。溶于水。熔点>325℃(分解)，相对密度(水=1)3.327。

主要用途　实验室化学品，用于制其他化学品。

包装与储运

包装标志 有毒品

包装类别 Ⅲ类

安全储运 储存于阴凉、通风的库房。远离火种、热源。防止阳光直射。储存温度不超过35℃，相对湿度不超过82%。保持容器密封。应与强氧化剂、碱类等分开存放，切忌混储。配备相应品种和数量的消防器材。储区应备有泄漏应急处理设备和合适的收容材料。

紧急处置信息

急救措施

吸入：迅速脱离现场至空气新鲜处。保持呼吸道通畅。如呼吸困难，给输氧。呼吸、心跳停止，立即进行心肺复苏术。就医。

眼睛接触：立即分开眼睑，用流动清水或生理盐水彻底冲洗。就医。

皮肤接触：立即脱去污染的衣着，用流动清水彻底冲洗。就医。

食入：饮适量温水，催吐(仅限于清醒者)。就医。

灭火方法 消防人员须穿全身消防服，佩戴空气呼吸器，在上风向灭火。尽可能将容器从火场移至空旷处。喷水保持火场容器冷却，直至灭火结束。

根据着火原因选择适当灭火剂灭火。

泄漏应急处置 隔离泄漏污染区，限制出入。建议应急处理人员戴防尘口罩，穿防毒服，戴橡胶手套。穿上适当的防护服前严禁接触破裂的容器和泄漏物。尽可能切断泄漏源。用塑料布覆盖泄漏物，减少飞散。勿使水进入包装容器内。用洁净的铲子收集泄漏物，置于干净、干燥、盖子较松的容器中，将容器移离泄漏区。

458. 2-(-2-甲酰肼基)-4-(5-硝基-2-呋喃基)噻唑

标　识

中文名称 2-(-2-甲酰肼基)-4-(5-硝基-2-呋喃基)噻唑

英文名称 2-(2-Formylhydrazino)-4-(5-nitro-2-furyl) thiazole；Nifurthiazole

别名 硝呋噻唑

分子式 $C_8H_6N_4O_4S$

CAS 号 3570-75-0

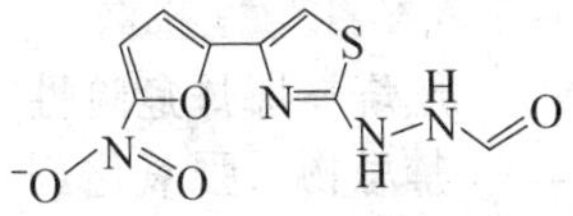

危害信息

燃烧与爆炸危险性 受热易分解，放出有毒的氮氧化物和硫氧化物气体。

禁忌物 强氧化剂。

毒性 小鼠经口 LD_{50}：1400mg/kg。

IARC 致癌性评论：G2B，可疑人类致癌物。

侵入途径 吸入、食入。

理化特性与用途

理化特性 淡黄色板状晶体。不溶于水，溶于丁醇、二甲基甲酰胺、二甲亚砜、乙醇、聚乙二醇。熔点 215.5℃(分解)，辛醇/水分配系数 0.99。

主要用途 用作抗菌剂、医药和医药中间体。

包装与储运

安全储运 储存于阴凉、通风的库房。远离火种、热源。应与强氧化剂等隔离储运。

紧急处置信息

急救措施

吸入：迅速脱离现场至空气新鲜处。保持呼吸道通畅。如呼吸困难，给输氧。呼吸、心跳停止，立即进行心肺复苏术。就医。

眼睛接触：立即分开眼睑，用流动清水或生理盐水彻底冲洗。就医。

皮肤接触：立即脱去污染的衣着，用肥皂水和清水彻底冲洗。就医。

食入：漱口，饮水。就医。

灭火方法 消防人员须穿全身消防服，佩戴空气呼吸器，在上风向灭火。尽可能将容器从火场移至空旷处。喷水保持火场容器冷却，直至灭火结束。

根据着火原因选择适当灭火剂灭火。

泄漏应急处置 隔离泄漏污染区，限制出入。建议应急处理人员戴防尘口罩，穿防毒服，戴橡胶手套。穿上适当的防护服前严禁接触破裂的容器和泄漏物。尽可能切断泄漏源。用塑料布覆盖泄漏物，减少飞散。勿使水进入包装容器内。用洁净的铲子收集泄漏物，置于干净、干燥、盖子较松的容器中，将容器移离泄漏区。

459. 2-(4-(4-甲氧苯基)-6-苯基-1,3,5-三嗪-2-基)苯酚

标　识

中文名称 2-(4-(4-甲氧苯基)-6-苯基-1,3,5-三嗪-2-基)苯酚

英文名称 2-(4-(4-Methoxyphenyl)-6-phenyl-1,3,5-triazin-2-yl)-phenol

分子式 $C_{22}H_{17}N_3O_2$

CAS 号 154825-62-4

N N N HO

危害信息

燃烧与爆炸危险性 可燃。

禁忌物 强氧化剂。

侵入途径 吸入、食入。

环境危害 对水生生物有害，可能在水生环境中造成长期不利影响。

理化特性与用途

理化特性 不溶于水。沸点 604℃，相对密度(水=1)1.236，辛醇/水分配系数 5.98，闪点 319℃。

包装与储运

安全储运 储存于阴凉、通风的库房。远离火种、热源。应与强氧化剂等隔离储运。

紧急处置信息

急救措施

吸入：脱离接触。如有不适感，就医。

眼睛接触：分开眼睑，用流动清水或生理盐水冲洗。如有不适感，就医。

皮肤接触：脱去污染的衣着，用流动清水冲洗。如有不适感，就医。

食入：漱口，饮水。就医。

灭火方法 消防人员须穿全身消防服，佩戴空气呼吸器，在上风向灭火。尽可能将容器从火场移至空旷处。

灭火剂：干粉、二氧化碳。

泄漏应急处置 隔离泄漏污染区，限制出入。消除点火源。建议应急处理人员戴防尘口罩，穿防毒服，戴防护手套。穿上适当的防护服前严禁接触破裂的容器和泄漏物。尽可能切断泄漏源。用塑料布覆盖泄漏物，减少飞散。勿使水进入包装容器内。用洁净的铲子收集泄漏物，置于干净、干燥、盖子较松的容器中，将容器移离泄漏区。

460. (4-甲氧苯基)亚甲基丙二酸双(1,2,2,6,6-五甲基-4-哌啶基)酯

标　识

中文名称 (4-甲氧苯基)亚甲基丙二酸双(1,2,2,6,6-五甲基-4-哌啶基)酯

英文名称 Propanedioic acid, ((4-methoxyphenyl)methylene)-, bis(1,2,2,6,6-pentamethyl-4-piperidinyl) ester; Bis(1,2,2,6,6-pentamethyl-4-piperidinyl) 2-(4-methoxybenzylidene) malonate

分子式 $C_{31}H_{48}N_2O_5$

CAS 号 147783-69-5

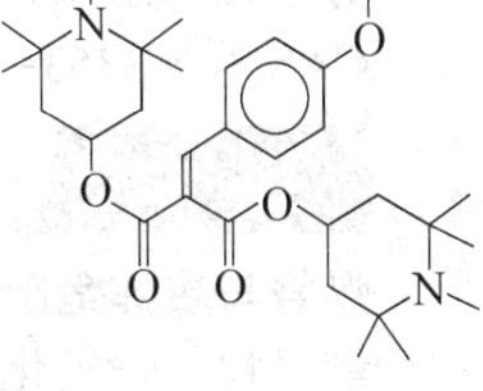

危害信息

燃烧与爆炸危险性 无特殊燃爆特性。

禁忌物 强氧化剂、强酸。

侵入途径 吸入、食入。

环境危害 对水生生物有极高毒性，可能在水生环境中造成长期不利影响。

理化特性与用途

理化特性 白色结晶粉末。不溶于水，溶于丙酮、乙酸丁酯、二甲苯、丙二醇一甲醚。熔点 120~125℃，相对密度(水=1)1.15，辛醇/水分配系数 1.9~2.3，闪点 285.2℃。

主要用途 作为光稳定剂用于塑料(聚乙烯、聚苯乙烯和许多工程塑料)、涂料、油漆等。

包装与储运

包装标志 杂类

包装类别 Ⅲ类

安全储运 储存于阴凉、通风的库房。远离火种、热源。应与强氧化剂、强酸等隔离储运。

紧急处置信息

急救措施

吸入：脱离接触。如有不适感，就医。

眼睛接触：分开眼睑，用流动清水或生理盐水冲洗。如有不适感，就医。

皮肤接触：脱去污染的衣着，用流动清水冲洗。如有不适感，就医。

食入：漱口，饮水。就医。

灭火方法 消防人员须穿全身消防服，佩戴空气呼吸器，在上风向灭火。尽可能将容器从火场移至空旷处。喷水保持火场容器冷却，直至灭火结束。

根据着火原因选择适当灭火剂灭火。

泄漏应急处置 隔离泄漏污染区，限制出入。建议应急处理人员戴防尘口罩，穿防护服，戴防护手套。穿上适当的防护服前严禁接触破裂的容器和泄漏物。尽可能切断泄漏源。用塑料布覆盖泄漏物，减少飞散。勿使水进入包装容器内。用洁净的铲子收集泄漏物，置于干净、干燥、盖子较松的容器中，将容器移离泄漏区。

461. 1-(p-甲氧基苯基)乙醛肟

标　识

中文名称 1-(*p*-甲氧基苯基)乙醛肟

英文名称 1-(*p*-Methoxyphenyl)acetaldehyde oxime

分子式 $C_9H_{11}NO_2$

CAS 号 3353-51-3

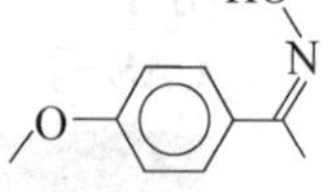

危害信息

燃烧与爆炸危险性 可燃。

禁忌物 强氧化剂。

中毒表现 对皮肤有致敏性。

侵入途径 吸入、食入。

理化特性与用途

理化特性 微溶于水。熔点 63~65℃，沸点 318℃，相对密度(水=1)1.05，饱和蒸气压 0.02Pa(25℃)，辛醇/水分配系数 2.05，闪点 146℃。

包装与储运

安全储运 储存于阴凉、通风的库房。远离火种、热源。保持容器密闭。应与强氧化

剂等隔离储运。搬运时轻装轻卸，防止容器受损。

紧急处置信息

急救措施

吸入：迅速脱离现场至空气新鲜处。保持呼吸道通畅。如呼吸困难，给输氧。呼吸、心跳停止，立即进行心肺复苏术。就医。

眼睛接触：立即分开眼睑，用流动清水或生理盐水彻底冲洗。就医。

皮肤接触：立即脱去污染的衣着，用肥皂水和清水彻底冲洗。就医。

食入：漱口，饮水。就医。

灭火方法 消防人员须穿全身消防服，佩戴空气呼吸器，在上风向灭火。尽可能将容器从火场移至空旷处。

灭火剂：干粉、二氧化碳。

泄漏应急处置 隔离泄漏污染区，限制出入。消除点火源。建议应急处理人员戴防尘口罩，穿防护服。穿上适当的防护服前严禁接触破裂的容器和泄漏物。尽可能切断泄漏源。用塑料布覆盖泄漏物，减少飞散。勿使水进入包装容器内。用洁净的铲子收集泄漏物，置于干净、干燥、盖子较松的容器中，将容器移离泄漏区。

462. 1-甲氧基-2-丙胺

标　识

中文名称 1-甲氧基-2-丙胺

英文名称 2-Propanamine, 1-methoxy- 1-Methoxy-2-propylamine

别名 2-氨基-1-甲氧基丙烷

分子式 $C_4H_{11}NO$

CAS 号 37143-54-7

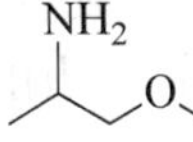

危害信息

危险性类别 第 3 类 易燃液体

燃烧与爆炸危险性 易燃，其蒸气与空气混合能形成爆炸性混合物，遇明火、高热易燃烧或爆炸，燃烧产生有毒的氮氧化物气体。在高温火场中，受热的容器或储罐有破裂和爆炸的危险。蒸气比空气重，沿地面扩散并易积存于低洼处，遇火源会着火回燃。

禁忌物 氧化剂、酸类。

中毒表现 食入有害。对眼和皮肤有腐蚀性。

侵入途径 吸入、食入。

环境危害 对水生生物有害，可能在水生环境中造成长期不利影响。

理化特性与用途

理化特性 无色液体，有刺激性气味。溶于水。沸点 92.5~93.5℃(99.1kPa)，相对密度(水=1)0.845，辛醇/水分配系数 5，闪点 9℃(闭杯)。

主要用途 用作化学中间体。

包装与储运

包装标志　易燃液体，腐蚀品

包装类别　Ⅱ类

安全储运　储存于阴凉、通风的库房。远离火种、热源。储存温度不超过30℃，相对湿度不超过80%。保持容器密封。应与氧化剂、酸类等分开存放，切忌混储。采用防爆型照明、通风设施。禁止使用易产生火花的机械设备和工具。储区应备有泄漏应急处理设备和合适的收容材料。搬运时轻装轻卸，防止容器受损。

紧急处置信息

急救措施

吸入：迅速脱离现场至空气新鲜处。保持呼吸道通畅。如呼吸困难，给输氧。呼吸、心跳停止，立即进行心肺复苏术。就医。

眼睛接触：立即分开眼睑，用流动清水或生理盐水彻底冲洗5~10min。就医。

皮肤接触：立即脱去污染的衣着，用大量流动清水彻底冲洗，冲洗时间一般要求20~30min。就医。

食入：用水漱口，禁止催吐。给饮牛奶或蛋清。就医。

灭火方法　消防人员须穿全身消防服，佩戴空气呼吸器，在上风向灭火。尽可能将容器从火场移至空旷处。喷水保持火场容器冷却，直至灭火结束。处在火场中的容器若发生异常变化或发出异常声音，须马上撤离。

灭火剂：泡沫、二氧化碳、干粉、砂土。

泄漏应急处置　根据液体流动和蒸气扩散的影响区域划定警戒区，无关人员从侧风、上风向撤离至安全区。消除所有点火源。建议应急处理人员戴防毒面具，穿耐腐蚀、防静电服，戴橡胶耐腐蚀手套。作业时使用的所有设备应接地。禁止接触或跨越泄漏物。尽可能切断泄漏源。防止泄漏物进入水体、下水道、地下室或有限空间。小量泄漏：用砂土或其他不燃材料吸收。使用洁净的无火花工具收集吸收材料。大量泄漏：构筑围堤或挖坑收容。用泡沫覆盖，减少蒸发。喷水雾能减少蒸发，但不能降低泄漏物在有限空间内的易燃性。用耐腐蚀防爆泵转移至槽车或专用收集器内。

463. 2-甲氧基丙醇

标　识

中文名称　2-甲氧基丙醇

英文名称　2-Methoxypropanol；2-Methoxy-1-propanol

别名　2-甲氧基-1-羟基丙烷

分子式　$C_4H_{10}O_2$

CAS 号　1589-47-5

OH

危害信息

危险性类别　第3类　易燃液体

燃烧与爆炸危险性　易燃，其蒸气与空气混合能形成爆炸性混合物，遇明火、高热易

燃烧爆炸。受热易分解，放出刺激性的气体。

禁忌物 氧化剂、强酸。

毒性 欧盟法规 1272/2008/EC 将本品列为第 1B 类生殖毒物——可能的人类生殖毒物。

中毒表现 眼接触引起严重损害。对呼吸道和皮肤有刺激性。

侵入途径 吸入、食入。

理化特性与用途

理化特性 液体。混溶于水。沸点 130℃，相对密度(水=1)0.938，饱和蒸气压 0.55kPa(25℃)，辛醇/水分配系数-0.49，闪点 42℃。

主要用途 是合成 1-甲氧基-2-丙醇的副产物。

包装与储运

包装标志 易燃液体

包装类别 Ⅲ类

安全储运 储存于阴凉、通风的库房。远离火种、热源，避免阳光直射。储存温度不超过 37℃。炎热季节早晚运输，应与氧化剂、强酸等隔离储运。禁止使用易产生火花的机械设备和工具。搬运时轻装轻卸，防止容器受损。

紧急处置信息

急救措施

吸入：迅速脱离现场至空气新鲜处。保持呼吸道通畅。如呼吸困难，给输氧。呼吸、心跳停止，立即进行心肺复苏术。就医。

眼睛接触：立即分开眼睑，用流动清水或生理盐水彻底冲洗 5~10min。就医。

皮肤接触：立即脱去污染的衣着，用肥皂水和清水彻底冲洗。就医。

食入：漱口，饮水。就医。

灭火方法 消防人员须穿全身消防服，佩戴空气呼吸器，在上风向灭火。尽可能将容器从火场移至空旷处。喷水保持火场容器冷却，直至灭火结束。处在火场中的容器若发生异常变化或发出异常声音，须马上撤离。

灭火剂：二氧化碳、干粉。

泄漏应急处置 根据液体流动和蒸气扩散的影响区域划定警戒区，无关人员从侧风、上风向撤离至安全区。消除所有点火源。建议应急处理人员戴防毒面具，穿防毒、防静电服，戴橡胶手套。作业时使用的所有设备应接地。禁止接触或跨越泄漏物。尽可能切断泄漏源。防止泄漏物进入水体、下水道、地下室或有限空间。小量泄漏：用砂土或其他不燃材料吸收。使用洁净的无火花工具收集吸收材料。大量泄漏：构筑围堤或挖坑收容。用泡沫覆盖，减少蒸发。喷水雾能减少蒸发，但不能降低泄漏物在有限空间内的易燃性。用防爆泵转移至槽车或专用收集器内。

464. 1-甲氧基-2-丙醇

标　识

中文名称 1-甲氧基-2-丙醇

464. 1-甲氧基-2-丙醇

英文名称 1-Methoxy-2-propanol；Monopropylene glycol methyl ether

别名 丙二醇单甲醚

分子式 $C_4H_{10}O_2$

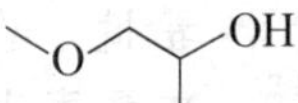

CAS 号 107-98-2

危害信息

危险性类别 第3类 易燃液体

燃烧与爆炸危险性 易燃，其蒸气与空气混合能形成爆炸性混合物，遇明火、高热易燃烧爆炸。

禁忌物 氧化剂、强酸。

毒性 大鼠经口 LD_{50}：6600mg/kg ；小鼠经口 LD_{50}：11700mg/kg；大鼠吸入 LC_{50}：10000ppm(5h)；兔经皮 LD_{50}：13g/kg。

中毒表现 对眼、皮肤和呼吸道有刺激性。高浓度对中枢神经系统有有抑制作用。

侵入途径 吸入、食入、经皮吸收。

职业接触限值 美国(ACGIH)：TLV-TWA：50ppm；TLV-STEL：100ppm。

理化特性与用途

理化特性 无色透明液体，有醚的气味。混溶于水，溶于甲醇、乙醚。熔点-96℃，沸点120℃，相对密度(水=1)0.92，相对蒸气密度(空气=1)3.11，饱和蒸气压1.66kPa(25℃)，临界温度307℃，临界压力4.11MPa，燃烧热-2324kJ/mol，辛醇/水分配系数-0.49,闪点32℃(闭杯)、36℃(开杯)，引燃温度270℃，爆炸下限1.9%，爆炸上限13.1%。

主要用途 作为溶剂、分散剂或稀释剂用于涂料、油墨、印染、农药、纤维素、丙烯酸酯等工业。也可用作燃料抗冻剂、清洗剂、萃取剂、有色金属选矿剂等。还可用作有机合成原料。

包装与储运

包装标志 易燃液体

包装类别 Ⅲ类

安全储运 储存于阴凉、通风的库房。远离火种、热源，避免阳光直射。储存温度不超过37℃。保持容器密闭。炎热季节早晚运输，应与氧化剂、强酸等隔离储运。禁止使用易产生火花的机械设备和工具。灌装时注意流速，防止静电积聚。搬运时轻装轻卸，防止容器受损。

紧急处置信息

急救措施

吸入：迅速脱离现场至空气新鲜处。保持呼吸道通畅。如呼吸困难，给输氧。呼吸、心跳停止，立即进行心肺复苏术。就医。

眼睛接触：立即分开眼睑，用流动清水或生理盐水彻底冲洗。就医。

皮肤接触：立即脱去污染的衣着，用肥皂水和清水彻底冲洗。就医。

食入：漱口，饮水。就医。

灭火方法 消防人员须穿全身消防服，佩戴空气呼吸器，在上风向灭火。尽可能将容器从火场移至空旷处。喷水保持火场容器冷却，直至灭火结束。处在火场中的容器若发生异常变化或发出异常声音，须马上撤离。

灭火剂：泡沫、二氧化碳。

泄漏应急处置 根据液体流动和蒸气扩散的影响区域划定警戒区，无关人员从侧风、上风向撤离至安全区。消除所有点火源。建议应急处理人员戴防毒面具，穿防静电服，戴橡胶手套。作业时使用的所有设备应接地。禁止接触或跨越泄漏物。尽可能切断泄漏源。防止泄漏物进入水体、下水道、地下室或有限空间。小量泄漏：用砂土或其他不燃材料吸收。使用洁净的无火花工具收集吸收材料。大量泄漏：构筑围堤或挖坑收容。用泡沫覆盖，减少蒸发。喷水雾能减少蒸发，但不能降低泄漏物在有限空间内的易燃性。用防爆泵转移至槽车或专用收集器内。

465. 2-甲氧基-1-丙醇乙酸酯

标 识

中文名称 2-甲氧基-1-丙醇乙酸酯

英文名称 2-Methoxypropyl acetate；1-Propanol，2-methoxy-，acetate

别名 乙酸2-甲氧基丙酯

分子式 $C_6H_{12}O_3$

CAS号 70657-70-4

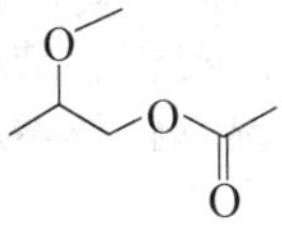

危害信息

危险性类别 第3类 易燃液体

燃烧与爆炸危险性 易燃，其蒸气与空气混合能形成爆炸性混合物，遇明火、高热易燃烧或爆炸。在高温火场中，受热的容器或储罐有破裂和爆炸的危险。蒸气比空气重，沿地面扩散并易积存于低洼处，遇火源会着火回燃。

禁忌物 氧化剂、强酸。

毒性 欧盟法规1272/2008/EC将本品列为第1B类生殖毒物——可能的人类生殖毒物。

中毒表现 对呼吸道有刺激性。

侵入途径 吸入、食入。

理化特性与用途

理化特性 无色透明液体，有酯的气味。溶于水。沸点154.8℃，相对密度(水=1)0.96，饱和蒸气压0.42kPa(20℃)，辛醇/水分配系数0.27，闪点47.9℃，引燃温度315℃，爆炸下限1.5%，爆炸上限7%。

主要用途 用作溶剂，用于制造油墨等。

包装与储运

包装标志 易燃液体

包装类别 Ⅲ类

安全储运 储存于阴凉、通风的库房。远离火种、热源。库温不宜超过37℃。保持容器密封。应与氧化剂、强酸等分开存放，切忌混储。采用防爆型照明、通风设施。禁止使用易产生火花的机械设备和工具。灌装时注意流速，防止静电积聚。储区应备有泄漏应急处理设备和合适的收容材料。搬运时轻装轻卸，防止容器受损。

紧急处置信息

急救措施

吸入：迅速脱离现场至空气新鲜处。保持呼吸道通畅。如呼吸困难，给输氧。呼吸、心跳停止，立即进行心肺复苏术。就医。

眼睛接触：立即分开眼睑，用流动清水或生理盐水彻底冲洗。就医。

皮肤接触：立即脱去污染的衣着，用肥皂水和清水彻底冲洗。就医。

食入：漱口，饮水。就医

灭火方法 消防人员须穿全身消防服，佩戴空气呼吸器，在上风向灭火。尽可能将容器从火场移至空旷处。喷水保持火场容器冷却，直至灭火结束。处在火场中的容器若发生异常变化或发出异常声音，须马上撤离。

灭火剂：泡沫、二氧化碳、干粉、砂土。

泄漏应急处置 根据液体流动和蒸气扩散的影响区域划定警戒区，无关人员从侧风、上风向撤离至安全区。消除所有点火源。建议应急处理人员戴防毒面具，穿防毒、防静电服，戴橡胶手套。作业时使用的所有设备应接地。禁止接触或跨越泄漏物。尽可能切断泄漏源。防止泄漏物进入水体、下水道、地下室或有限空间。小量泄漏：用砂土或其他不燃材料吸收。使用洁净的无火花工具收集吸收材料。大量泄漏：构筑围堤或挖坑收容。用泡沫覆盖，减少蒸发。喷水雾能减少蒸发，但不能降低泄漏物在有限空间内的易燃性。用防爆泵转移至槽车或专用收集器内。

466. 3-甲氧基丙烯酸甲酯

标　识

中文名称 3-甲氧基丙烯酸甲酯

英文名称 Methyl 3-methoxyacrylate；Methyl trans-3-methoxy acrylate；Methyl (*E*)-3-methoxyprop-2-enoate

别名 反-3-甲氧基丙烯酸甲酯

分子式 $C_5H_8O_3$

CAS 号 5788-17-0

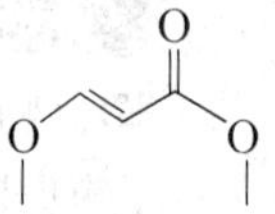

危害信息

燃烧与爆炸危险性 易燃，其蒸气与空气混合能形成爆炸性混合物，遇明火、高热易燃烧或爆炸。在高温火场中，受热的容器或储罐有破裂和爆炸的危险。

禁忌物 强氧化剂、强酸。

中毒表现 对皮肤有致敏性。

侵入途径 吸入、食入。

理化特性与用途

理化特性 无色至淡黄色液体。溶于水。沸点 155℃、56℃(2.39kPa)，相对密度(水=1)1.08，饱和蒸气压 0.41kPa(25℃)，辛醇/水分配系数-0.01，闪点 63℃。

主要用途 是有机合成和医药中间体，用作聚合单体。

包装与储运

安全储运 储存于阴凉、通风的库房。远离火种、热源。保持容器密闭。应与强氧化剂、强酸等隔离储运。

紧急处置信息

急救措施

吸入：迅速脱离现场至空气新鲜处。保持呼吸道通畅。如呼吸困难，给输氧。呼吸、心跳停止，立即进行心肺复苏术。就医。

眼睛接触：立即分开眼睑，用流动清水或生理盐水彻底冲洗。就医。

皮肤接触：立即脱去污染的衣着，用肥皂水和清水彻底冲洗。就医。

食入：漱口，饮水。就医。

灭火方法 消防人员须穿全身消防服，佩戴空气呼吸器，在上风向灭火。尽可能将容器从火场移至空旷处。喷水保持火场容器冷却，直至灭火结束。处在火场中的容器若发生异常变化或发出异常声音，须马上撤离。

灭火剂：泡沫、二氧化碳、干粉、砂土。

泄漏应急处置 根据液体流动和蒸气扩散的影响区域划定警戒区，无关人员从侧风、上风向撤离至安全区。消除所有点火源。建议应急处理人员戴防毒面具，穿防静电服，戴橡胶手套。作业时使用的所有设备应接地。禁止接触或跨越泄漏物。尽可能切断泄漏源。防止泄漏物进入水体、下水道、地下室或有限空间。小量泄漏：用砂土或其他不燃材料吸收。使用洁净的无火花工具收集吸收材料。大量泄漏：构筑围堤或挖坑收容。用泡沫覆盖，减少蒸发。用防爆泵转移至槽车或专用收集器内。

467. 1-(2-甲氧基-2-甲基乙氧基)-2-丙醇

标　识

中文名称 1-(2-甲氧基-2-甲基乙氧基)-2-丙醇

英文名称 1-(2-Methoxy-2-methylethoxy)-2-propanol; (2-Methoxymethylethoxy)propanol

别名 二丙二醇单甲醚

分子式 $C_7H_{16}O_3$

CAS 号 34590-94-8

O O
HO

危害信息

燃烧与爆炸危险性 可燃，蒸气与空气混合能形成爆炸性混合物，遇明火、高热易燃烧爆炸。蒸气比空气重，能在较低处扩散到相当远的地方，遇火源会着火回燃和爆炸(闪爆)。

禁忌物 强氧化剂、强酸。

毒性 大鼠经口 LD_{50}：5400μL/kg；兔经皮 LD_{50}：10 mL/kg。

中毒表现 蒸气对眼和呼吸道有刺激性。影响中枢神经系统，有麻醉作用。长期或反复接触皮肤接触有脱脂作用。

侵入途径 吸入、食入、经皮吸收。

职业接触限值 中国：PC-TWA 600mg/m^3；PC-STEL 900mg/m^3[皮]。

美国(ACGIH)：TLV-TWA 100ppm，TLV-STEL 150ppm[皮]。

理化特性与用途

理化特性 无色液体，有醚的气味。混溶于水，与许多有机溶剂如丙酮、乙醇、氯仿、苯、乙醚、甲醇、石油醚等混溶。熔点-80℃，沸点190℃，相对密度(水=1)0.95，相对蒸气密度(空气=1)5.1，饱和蒸气压53.3Pa(26℃)，辛醇/水分配系数-0.35，闪点74℃，引燃温度270℃，爆炸下限1.3%，爆炸上限10.4%。

主要用途 用于制造化妆品，用作硝化纤维、合成树脂等的溶剂。

包装与储运

安全储运 储存于阴凉、通风的库房。远离火种、热源。应与强氧化剂、强酸等隔离储运。搬运时轻装轻卸，防止容器受损。

紧急处置信息

急救措施

吸入：迅速脱离现场至空气新鲜处。保持呼吸道通畅。如呼吸困难，给输氧。呼吸、心跳停止，立即进行心肺复苏术。就医。

眼睛接触：立即分开眼睑，用流动清水或生理盐水彻底冲洗。就医。

皮肤接触：立即脱去污染的衣着，用肥皂水和清水彻底冲洗。就医。

食入：漱口，饮水。就医。

灭火方法 消防人员须穿全身消防服，佩戴空气呼吸器，在上风向灭火。尽可能将容器从火场移至空旷处。喷水保持火场容器冷却，直至灭火结束。处在火场中的容器若发生异常变化或发出异常声音，须马上撤离。

灭火剂：水、干粉、二氧化碳、抗溶性泡沫。

泄漏应急处置 根据液体流动和蒸气扩散的影响区域划定警戒区，无关人员从侧风、上风向撤离至安全区。消除所有点火源。建议应急处理人员戴防毒面具，穿防毒、防静电服，戴橡胶手套。禁止接触或跨越泄漏物。尽可能切断泄漏源。防止泄漏物进入水体、下水道、地下室或有限空间。小量泄漏：用砂土或其他不燃材料吸收。使用洁净的无火花工具收集吸收材料。大量泄漏：构筑围堤或挖坑收容。用泡沫覆盖，减少蒸发。用防爆泵转移至槽车或专用收集器内。

468. 甲氧隆

标 识

中文名称 甲氧隆

英文名称 Metoxuron；3-(3-Chloro-4-methoxyphenyl)-1,1-dimethylurea

Cl H N O N O

别名 1,1-二甲基-3-(3-氯-4-甲氧基苯基)脲

分子式 $C_{10}H_{13}ClN_2O_2$

CAS 号 19937-59-8

危害信息

燃烧与爆炸危险性 无特殊燃爆特性。

禁忌物 强氧化剂。

毒性 大鼠经口 LD_{50}：1600mg/kg；小鼠经口 LD_{50}：2542mg/kg；大鼠经皮 LD_{50}：>2g/kg。

中毒表现 大剂量口服脲类除草剂可引起急性中毒，出现恶心、呕吐、头痛、头晕、乏力、失眠，严重者可有贫血、肝脾肿大。对眼、皮肤、黏膜有刺激性。

侵入途径 吸入、食入、经皮吸收。

环境危害 对水生生物有极高毒性，可能在水生环境中造成长期不利影响。

理化特性与用途

理化特性 无色结晶。不溶于水，溶于丙酮、环已酮、乙腈、热乙醇，中等溶于乙醚、苯、二甲苯、冷乙醇，不溶于石油醚。熔点 126~127℃，相对密度(水=1)0.8，饱和蒸气压 4.3mPa(25℃)，辛醇/水分配系数 1.64。

主要用途 芽前、苗后除草剂。用于禾谷类作物和胡萝卜作物防除鼠尾看麦娘、野燕麦、黑麦草等及大多数一年生阔叶杂草。

包装与储运

包装标志 杂类

包装类别 Ⅲ类

安全储运 储存于阴凉、通风的库房。远离火种、热源。应与强氧化剂等隔离储运。

紧急处置信息

急救措施

吸入：迅速脱离现场至空气新鲜处。保持呼吸道通畅。如呼吸困难，给输氧。呼吸、心跳停止，立即进行心肺复苏术。就医。

眼睛接触：立即分开眼睑，用流动清水或生理盐水彻底冲洗。就医。

皮肤接触：立即脱去污染的衣着，用肥皂水和清水彻底冲洗。就医。

食入：漱口，饮水。就医。

灭火方法 消防人员须穿全身消防服，佩戴空气呼吸器，在上风向灭火。尽可能将容器从火场移至空旷处。喷水保持火场容器冷却，直至灭火结束。

根据着火原因选择适当灭火剂灭火。

泄漏应急处置 隔离泄漏污染区，限制出入。建议应急处理人员戴防尘口罩，穿防毒服，戴防护手套。穿上适当的防护服前严禁接触破裂的容器和泄漏物。尽可能切断泄漏源。用塑料布覆盖泄漏物，减少飞散。勿使水进入包装容器内。用洁净的铲子收集泄漏物，置于干净、干燥、盖子较松的容器中，将容器移离泄漏区。

469. 甲氧咪草烟

标　识

中文名称　甲氧咪草烟

英文名称　Imazamox

别名　2-(4-异丙基-4-甲基-5-氧-2-咪唑啉-2-基)-5-甲氧基甲基烟酸

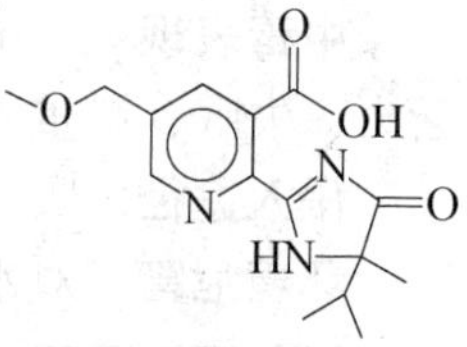

分子式　$C_{15}H_{19}N_3O_4$

CAS 号　114311-32-9

危害信息

燃烧与爆炸危险性　无特殊燃爆特性。

禁忌物　强氧化剂。

毒性　大鼠经口 LD_{50}：>5000mg/kg；大鼠吸入 LC_{50}：>6.3 g/m^3(4h)；兔经皮 LD_{50}：>4000mg/kg。

侵入途径　吸入、食入、经皮吸收。

环境危害　对水生生物有极高毒性，可能在水生环境中造成长期不利影响。

理化特性与用途

理化特性　灰白色粉状固体。微溶于水，微溶于丙酮。熔点 166℃，相对密度(水=1) 1.39，辛醇/水分配系数 0.73。

主要用途　广谱除草剂。主要用于大豆防除大多数阔叶杂草。

包装与储运

包装标志　杂类

包装类别　Ⅲ类

安全储运　储存于阴凉、通风的库房。远离火种、热源。应与强氧化剂等隔离储运。

紧急处置信息

急救措施

吸入：迅速脱离现场至空气新鲜处。保持呼吸道通畅。如呼吸困难，给输氧。呼吸、心跳停止，立即进行心肺复苏术。就医。

眼睛接触：立即分开眼睑，用流动清水或生理盐水彻底冲洗。就医。

皮肤接触：立即脱去污染的衣着，用肥皂水和清水彻底冲洗。就医。

食入：漱口，饮水。就医。

灭火方法　消防人员须穿全身消防服，佩戴空气呼吸器，在上风向灭火。尽可能将容器从火场移至空旷处。喷水保持火场容器冷却，直至灭火结束。

根据着火原因选择适当灭火剂灭火。

泄漏应急处置　隔离泄漏污染区，限制出入。建议应急处理人员戴防尘口罩，穿防护服。穿上适当的防护服前严禁接触破裂的容器和泄漏物。尽可能切断泄漏源。用塑料布覆

盖泄漏物，减少飞散。勿使水进入包装容器内。用洁净的铲子收集泄漏物，置于干净、干燥、盖子较松的容器中，将容器移离泄漏区。

470. 甲氧亚氨基呋喃乙酸铵盐

标　识

中文名称　甲氧亚氨基呋喃乙酸铵盐

英文名称　Ammonium (*Z*)-a-methoxyimino-2-furylacetate

别名　呋喃胺盐

分子式　$C_7H_{10}N_2O_4$

CAS 号　97148-39-5

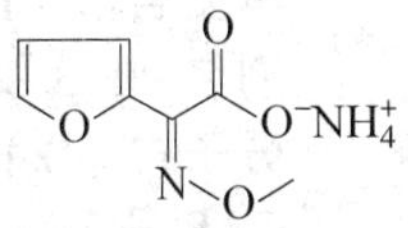

危害信息

危险性类别　第 4.1 类　易燃固体

燃烧与爆炸危险性　易燃，粉体与空气混合能形成爆炸性混合物，遇明火、高热易燃烧爆炸。

禁忌物　氧化剂。

侵入途径　吸入、食入。

理化特性与用途

理化特性　类白色或淡黄色结晶粉末，在空气、潮湿、光照下较易氧化，颜色逐渐由白色变成红色或褐色。易溶于水，易溶于甲醇、乙醇，不溶于丙酮、甲苯等。熔点 182℃，饱和蒸气压 0. 18Pa(25℃)，闪点 160. 9℃。

主要用途　用作头孢呋辛类药物中间体。

包装与储运

包装标志　易燃固体

包装类别　Ⅲ类

安全储运　储存于阴凉、通风的库房。远离火种、热源。库温不宜超过 35℃。包装密封。应与氧化剂等分开存放，切忌混储。配备相应品种和数量的消防器材。储区应备有合适的材料收容泄漏物。

紧急处置信息

急救措施

吸入：脱离接触。如有不适感，就医。

眼睛接触：分开眼睑，用流动清水或生理盐水冲洗。如有不适感，就医。

皮肤接触：脱去污染的衣着，用流动清水冲洗。如有不适感，就医。

食入：漱口，饮水。就医。

灭火方法　消防人员须穿全身消防服，佩戴空气呼吸器，在上风向灭火。尽可能将容器从火场移至空旷处。喷水保持火场容器冷却，直至灭火结束。

灭火剂：二氧化碳、泡沫、干粉。

泄漏应急处置　隔离泄漏污染区，限制出入。消除点火源。建议应急处理人员戴防尘

口罩，穿防静电服。作业时使用的设备应接地。穿上适当的防护服前严禁接触破裂的容器和泄漏物。尽可能切断泄漏源。用塑料布覆盖泄漏物，减少飞散。勿使水进入包装容器内。用洁净的铲子收集泄漏物，置于干净、干燥、盖子较松的容器中，将容器移离泄漏区。

471. 间苯二甲胺

标 识

中文名称 间苯二甲胺

英文名称 1,3-Benzenedimethanamine ; *m*-Xylylenediamine

别名 1,3-苯二甲胺

分子式 $C_8H_{12}N_2$

CAS 号 1477-55-0

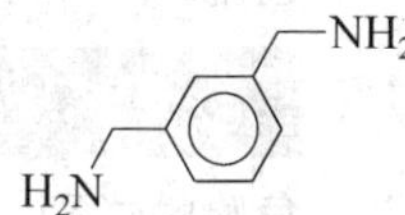

危害信息

危险性类别 第 8 类 腐蚀品

燃烧与爆炸危险性 可燃，受热易分解放出有毒的氮氧化物气体。

禁忌物 强氧化剂、强酸。

毒性 大鼠经口 LD_{50}：930mg/kg；大鼠吸入 LC_{50}：700 ppm(1h)；兔经皮 LD_{50}：2g/kg。

中毒表现 本品对眼、皮肤和呼吸道有腐蚀性。高浓度吸入引起肺水肿。对消化道有腐蚀性。

侵入途径 吸入、食入、经皮吸收。

职业接触限值 美国(ACGIH)：TLV-C 0.1mg/m^3[皮]。

理化特性与用途

理化特性 无色至黄色液体，有轻微的氨气味。混溶于水，混溶于乙醇，部分溶于链烷烃溶剂。熔点 14.1℃，沸点 273℃，相对密度(水=1)1.052，相对蒸气密度(空气=1)4.7，饱和蒸气压 4.0Pa(25℃)，临界温度 474℃，临界压力 4.13MPa，辛醇/水分配系数 0.18，闪点 134℃(开杯)。

主要用途 用作环氧树脂固化剂，用作有机合成中间体。

包装与储运

包装标志 腐蚀品

包装类别 Ⅱ类

安全储运 储存于阴凉、通风的库房。远离火种、热源。库温不超过 30℃。相对湿度不超过 80%。包装要求密封，不可与空气接触。应与强氧化剂、强酸等分开存放，切忌混储。储区应备有泄漏应急处理设备和合适的收容材料。搬运时轻装轻卸，防止容器受损。

紧急处置信息

急救措施

吸入：迅速脱离现场至空气新鲜处。保持呼吸道通畅。如呼吸困难，给输氧。呼吸、心跳停止，立即进行心肺复苏术。就医。

眼睛接触：立即分开眼睑，用流动清水或生理盐水彻底冲洗 5~10min。就医。

皮肤接触：立即脱去污染的衣着，用大量流动清水彻底冲洗，冲洗时间一般要求 20~30min。就医。

食入：用水漱口，禁止催吐。给饮牛奶或蛋清。就医。

灭火方法 消防人员须穿全身消防服，佩戴空气呼吸器，在上风向灭火。尽可能将容器从火场移至空旷处。喷水保持火场容器冷却，直至灭火结束。处在火场中的容器若发生异常变化或发出异常声音，须马上撤离。

灭火剂：干粉、泡沫、二氧化碳。

泄漏应急处置 根据液体流动和蒸气扩散的影响区域划定警戒区，无关人员从侧风、上风向撤离至安全区。消除所有点火源。建议应急处理人员戴正压自给式呼吸器，穿防毒耐腐蚀工作服，戴耐腐蚀手套。禁止接触或跨越泄漏物。尽可能切断泄漏源。防止泄漏物进入水体、下水道、地下室或有限空间。小量泄漏：用砂土或其他不燃材料吸收。使用洁净的无火花工具收集吸收材料。大量泄漏：构筑围堤或挖坑收容。用泡沫覆盖，减少蒸发。用防爆泵转移至槽车或专用收集器内。

472. 间二氰基苯

标　识

中文名称 间二氰基苯

英文名称 1,3-Benzenedicarbonitrile；*m*-Dicyanobenzene；*m*-Phthalodinitrile

别名 间苯二甲腈；间苯二腈

分子式 $C_8H_4N_2$

CAS 号 626-17-5

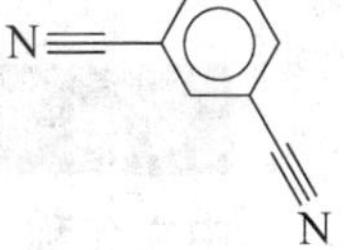

危害信息

燃烧与爆炸危险性 可燃，粉体与空气混合能形成爆炸性混合物，遇明火、高热易燃烧爆炸，燃烧产生有毒的刺激性氮氧化物气体。在高温火场中，受热的容器有破裂和爆炸的危险。

禁忌物 强氧化剂、强酸。

毒性 大鼠经口 LD_{50}：860mg/kg；小鼠经口 LD_{50}：178mg/kg；大鼠吸入 LC_{50}：>8970mg/m^3(1h)；大鼠经皮 LD_{50}：>5g/kg；兔经皮 LD_{50}：>2000mg/kg。

中毒表现 对眼和呼吸道有刺激性。食入引起腹泻。

侵入途径 吸入、食入、经皮吸收。

职业接触限值 美国(ACGIH)：TLV-TWA 5mg/m^3[可吸入性颗粒物和蒸气]。

理化特性与用途

理化特性 无色至白色结晶粉末或灰白色至浅棕色固体，有杏仁气味。微溶于热水，易溶于热乙醇、乙醚、苯、氯仿，不溶于石油醚。熔点 162℃，升华点>162℃，相对密度(水=1)1.3，相对蒸气密度(空气=1)4.42，饱和蒸气压 1.33Pa(25℃)，辛醇/水分配系数 0.8，闪点>150℃。

主要用途 用作农药中间体，树脂原料和其他中间体的原料。

包装与储运

安全储运 储存于阴凉、通风的库房。远离火种、热源。应与强氧化剂、强酸等隔离储运。

紧急处置信息

急救措施

吸入：迅速脱离现场至空气新鲜处。保持呼吸道通畅。如呼吸困难，给输氧。呼吸、心跳停止，立即进行心肺复苏术。就医。

眼睛接触：立即分开眼睑，用流动清水或生理盐水彻底冲洗。就医。

皮肤接触：立即脱去污染的衣着，用肥皂水和清水彻底冲洗。就医。

食入：漱口，饮水。就医。

灭火方法 消防人员须穿全身消防服，佩戴空气呼吸器，在上风向灭火。尽可能将容器从火场移至空旷处。喷水保持火场容器冷却，直至灭火结束。

灭火剂：水、干粉、泡沫、二氧化碳。

泄漏应急处置 隔离泄漏污染区，限制出入。消除所有点火源。建议应急处理人员戴防尘口罩，穿防毒服，戴橡胶手套。穿上适当的防护服前严禁接触破裂的容器和泄漏物。尽可能切断泄漏源。用塑料布覆盖泄漏物，减少飞散。勿使水进入包装容器内。用洁净的铲子收集泄漏物，置于干净、干燥、盖子较松的容器中，将容器移离泄漏区。

473. 间二乙烯基苯

标　识

中文名称 间二乙烯基苯

英文名称 *m*-Divinylbenzene；1,3-Divinylbenzene

别名 1,3-二乙烯基苯

分子式 $C_{10}H_{10}$

CAS 号 108-57-6

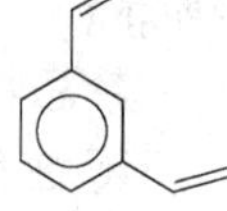

危害信息

燃烧与爆炸危险性 易燃。

禁忌物 强氧化剂。

中毒表现 对眼有轻度刺激性。液态本品直接进入呼吸道可引起化学性肺炎。

侵入途径 吸入、食入。

理化特性与用途

理化特性 液体。不溶于水。熔点-52.3℃，沸点 199.5℃，相对密度（水=1）0.9294，饱和蒸气压 0.08kPa（25℃），辛醇/水分配系数 3.8，闪点 65℃。

主要用途 用作交联剂，广泛用于离子交换树脂、离子交换膜、ABS 树脂、聚苯乙烯树脂、不饱和聚酯树脂、合成橡胶、木材加工、碳加工等。

包装与储运

安全储运 储存于阴凉、通风的库房。远离火种、热源。应与强氧化剂等隔离储运。搬运时轻装轻卸，防止容器受损。

紧急处置信息

急救措施

吸入：迅速脱离现场至空气新鲜处。保持呼吸道通畅。如呼吸困难，给输氧。呼吸、心跳停止，立即进行心肺复苏术。就医。

眼睛接触：立即分开眼睑，用流动清水或生理盐水彻底冲洗。就医。

皮肤接触：立即脱去污染的衣着，用肥皂水和清水彻底冲洗。就医。

食入：漱口，饮水。禁止催吐。就医。

灭火方法 消防人员须穿全身消防服，在上风向灭火。尽可能将容器从火场移至空旷处。处在火场中的容器，若发生异常变化或发出异常声音，须马上撤离。

灭火剂：干粉、二氧化碳。

泄漏应急处置 根据液体流动和蒸气扩散的影响区域划定警戒区，无关人员从侧风、上风向撤离至安全区。消除所有点火源。建议应急处理人员戴正压自给式呼吸器，穿防静电服，戴橡胶手套。穿上适当的防护服前严禁接触破裂的容器和泄漏物。尽可能切断泄漏源。防止泄漏物进入水体、下水道、地下室或有限空间。小量泄漏：用干燥的砂土或其他不燃材料吸收或覆盖，收集于容器中。大量泄漏：构筑围堤或挖坑收容。用泵转移至槽车或专用收集器内。

474. 间蓋-1,3(8)-二烯

标　识

中文名称 间蓋-1,3(8)-二烯

英文名称 *m*-Mentha-1,3(8)-diene; Cyclohexene, 1-Methyl-3-(1-methylethylidene)-

分子式 $C_{10}H_{16}$

CAS 号 17092-80-7

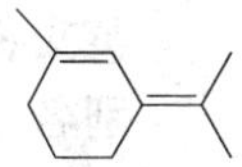

危害信息

燃烧与爆炸危险性 易燃。

禁忌物 强氧化剂。

中毒表现 对皮肤有刺激性。

侵入途径 吸入、食入。

环境危害 对水生生物有毒，可能在水生环境中造成长期不利影响。

理化特性与用途

理化特性 不溶于水。沸点 181℃，相对密度(水=1)0.8753，饱和蒸气压 0.16kPa(25℃)，辛醇/水分配系数 4.65，闪点 48℃。

包装与储运

包装标志 杂类

包装类别 Ⅲ类

安全储运 储存于阴凉、通风的库房。远离火种、热源。应与强氧化剂等隔离储运。

紧急处置信息

急救措施

吸入：迅速脱离现场至空气新鲜处。保持呼吸道通畅。如呼吸困难，给输氧。呼吸、心跳停止，立即进行心肺复苏术。就医。

眼睛接触：立即分开眼睑，用流动清水或生理盐水彻底冲洗。就医。

皮肤接触：立即脱去污染的衣着，用肥皂水和清水彻底冲洗。就医。

食入：漱口，饮水。就医。

灭火方法 消防人员须穿全身消防服，佩戴空气呼吸器，在上风向灭火。尽可能将容器从火场移至空旷处。喷水保持火场容器冷却，直至灭火结束。

灭火剂：泡沫、二氧化碳、砂土。

泄漏应急处置 根据液体流动和蒸气扩散的影响区域划定警戒区，无关人员从侧风、上风向撤离至安全区。消除所有点火源。建议应急处理人员戴防毒面具，穿防护服，戴防护手套。穿上适当的防护服前严禁接触破裂的容器和泄漏物。尽可能切断泄漏源。防止泄漏物进入水体、下水道、地下室或有限空间。小量泄漏：用干燥的砂土或其他不燃材料吸收或覆盖，收集于容器中。大量泄漏：构筑围堤或挖坑收容。用泵转移至槽车或专用收集器内。

475. 间硝基苯磺酸钠

标　识

中文名称 间硝基苯磺酸钠

英文名称 Sodium 3-nitrobenzenesulphonate；Sodium *m*-nitrobenzenesulfonate

别名 3-硝基苯磺酸钠

分子式 $C_6H_4NO_5S \cdot Na$

CAS 号 127-68-4

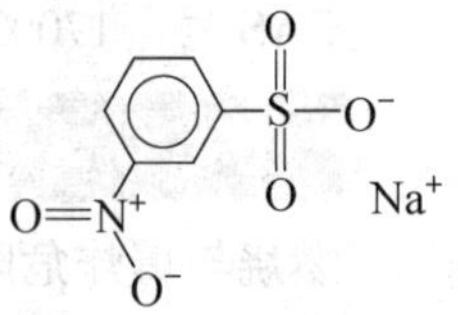

O
S—O⁻
O　Na⁺
O=N⁺
O⁻

危害信息

燃烧与爆炸危险性 可燃，粉体与空气混合能形成爆炸性混合物，遇明火、高热易燃烧爆炸，产生有毒的氮氧化物和硫氧化物气体。

禁忌物 强氧化剂。

毒性 大鼠经口 LD_{50}：11g/kg。

中毒表现 对眼有刺激性。对皮肤有致敏性。

侵入途径 吸入、食入。

理化特性与用途

理化特性 白色至淡黄色结晶粉末，有吸湿性。易溶于水，溶于乙醇、乙醚、丙酮。pH 值 7~8，熔点 52.3℃，沸点 217.5℃，分解温度约 350℃，辛醇/水分配系数-2.61，闪点>100℃(闭杯)，引燃温度 305℃。

主要用途 用作印染助剂、染料中间体、电镀退镍剂，用于制香料香兰素等。

包装与储运

安全储运 储存于阴凉、通风的库房。远离火种、热源。保持容器密闭。应与强氧化剂等隔离储运。

紧急处置信息

急救措施

吸入：迅速脱离现场至空气新鲜处。保持呼吸道通畅。如呼吸困难，给输氧。呼吸、心跳停止，立即进行心肺复苏术。就医。

眼睛接触：立即分开眼睑，用流动清水或生理盐水彻底冲洗。就医。

皮肤接触：立即脱去污染的衣着，用肥皂水和清水彻底冲洗。就医。

食入：漱口，饮水。就医。

灭火方法 消防人员须穿全身消防服，佩戴空气呼吸器，在上风向灭火。尽可能将容器从火场移至空旷处。喷水保持火场容器冷却，直至灭火结束。

泄漏应急处置 隔离泄漏污染区，限制出入。消除点火源。建议应急处理人员戴防尘口罩，穿防毒服，戴防橡胶手套。穿上适当的防护服前严禁接触破裂的容器和泄漏物。尽可能切断泄漏源。用塑料布覆盖泄漏物，减少飞散。勿使水进入包装容器内。用洁净的铲子收集泄漏物，置于干净、干燥、盖子较松的容器中，将容器移离泄漏区。

476. 间硝基甲苯

标　识

中文名称 间硝基甲苯

英文名称 *m*-Nitrotoluene；3-Nitrotoluene

别名 3-硝基甲苯

分子式 $C_7H_7NO_2$

CAS 号 99-08-1

UN 号 1664

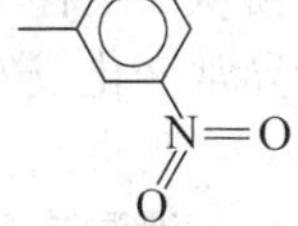

危害信息

危险性类别 第 6 类 有毒品

燃烧与爆炸危险性 易燃，燃烧产生有毒气体。

禁忌物 强氧化剂。

毒性 大鼠经口 LD_{50}：1070mg/kg；小鼠经口 LD_{50}：330mg/kg；大鼠吸入 LC_{50}：>157 ppm(4h)；小鼠吸入 LC_{50}：>157 ppm(4h)；大鼠经皮 LD_{50}：>1157mg/kg；兔经皮 LD_{50}：>20000mg/kg。

中毒表现 本品为高铁血红蛋白形成剂。中毒表现为头昏、嗜睡、头痛、恶心、意识障碍，唇、指甲、皮肤紫绀。

侵入途径 吸入、食入、经皮吸收。

职业接触限值 中国：PC-TWA 10mg/m^3[皮]。

美国(ACGIH)：TLV-TWA 2ppm[皮]。

环境危害 对水生生物有毒，可能在水生环境中造成长期不利影响。

理化特性与用途

理化特性 黄色液体，有微弱的香味。微溶于水，混溶于乙醇、乙醚，溶于苯。熔点15.5℃，沸点231.9℃，相对密度(水=1)1.157，相对蒸气密度(空气=1)4.73，饱和蒸气压0.03kPa(25℃)，辛醇/水分配系数2.45，闪点106℃(闭杯)，引燃温度450℃，爆炸下限1.6%。

主要用途 用于制染料、甲苯胺、硝基苯甲酸、炸药等，用作有机合成中间体。

包装与储运

包装标志 有毒品

包装类别 Ⅱ类

安全储运 储存于阴凉、通风的库房。远离火种、热源。避免光照。库温不超过35℃。相对湿度不超过85%。包装密封。应与强氧化剂、食用化学品分开存放，切忌混储。配备相应品种和数量的消防器材。储区应备有合适的材料收容泄漏物。搬运时轻装轻卸，防止容器受损。

紧急处置信息

急救措施

吸入：立即脱离接触。如呼吸困难，给吸氧。如呼吸心跳停止，立即行心肺复苏术。就医。

眼睛接触：分开眼睑，用清水或生理盐水冲洗。就医。

皮肤接触：立即脱去污染衣着，用肥皂水或清水彻底冲洗。就医。

食入：漱口，饮水。就医。

高铁血红蛋白血症，可用美蓝和维生素C治疗。

灭火方法 消防人员须穿全身消防服，佩戴空气呼吸器，在上风向灭火。尽可能将容器从火场移至空旷处。喷水保持火场容器冷却，直至灭火结束。处在火场中的容器若发生异常变化或发出异常声音，须马上撤离。禁止使用水、泡沫灭火。

灭火剂：二氧化碳、干粉、雾状水。

泄漏应急处置 根据液体流动和蒸气扩散的影响区域划定警戒区，无关人员从侧风、上风向撤离至安全区。消除所有点火源。建议应急处理人员戴防毒面具，穿防毒服，戴防化学品手套。穿上适当的防护服前严禁接触破裂的容器和泄漏物。尽可能切断泄漏源。防止泄漏物进入水体、下水道、地下室或有限空间。小量泄漏：用干燥的砂土或其他不燃材料吸收或覆盖，收集于容器中。大量泄漏：构筑围堤或挖坑收容。用泵转移至槽车或专用收集器内。

477. 焦磷酸钠

标　识

中文名称 焦磷酸钠

英文名称 Tetrasodium pyrophosphate；Diphosphoric acid，tetrasodium salt

别名 无水焦磷酸钠；焦磷酸四钠

分子式 $Na_4P_2O_7$

CAS 号 7722-88-5

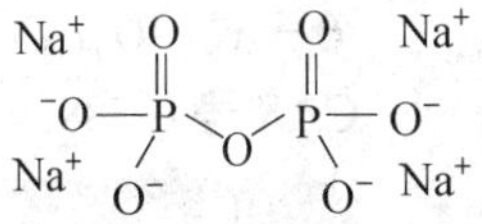

危害信息

燃烧与爆炸危险性 不燃，受热易分解放出有毒的刺激性烟气。在高温火场中，受热的容器有破裂和爆炸的危险。

毒性 大鼠经口 LD_{50}：4g/kg；小鼠经口 LD_{50}：2980mg/kg；兔经皮 LD：>300mg/kg。

中毒表现 食入有害。对眼、皮肤和呼吸道有刺激性。

侵入途径 吸入、食入、经皮吸收。

理化特性与用途

理化特性 无色透明结晶或白色结晶粉末或颗粒，易吸水潮解。易溶于水，不溶于醇。熔点 988℃，沸点(分解)，相对密度(水=1)2.53，pH 值 10.2(1%水溶液)。

主要用途 用作金属离子螯合剂、除锈剂、双氧水稳定剂、羊毛脱脂剂、水处理中的软水剂、饲料添加剂，也用于油井钻探中。

包装与储运

安全储运 储存于阴凉、通风的库房。远离火种、热源。

紧急处置信息

急救措施

吸入：迅速脱离现场至空气新鲜处。保持呼吸道通畅。如呼吸困难，给输氧。呼吸、心跳停止，立即进行心肺复苏术。就医。

眼睛接触：立即分开眼睑，用流动清水或生理盐水彻底冲洗。就医。

皮肤接触：立即脱去污染的衣着，用肥皂水和清水彻底冲洗。就医。

食入：漱口，饮水。就医。

灭火方法 消防人员须穿全身消防服，佩戴空气呼吸器，在上风向灭火。尽可能将容器从火场移至空旷处。喷水保持火场容器冷却，直至灭火结束。

根据着火原因选择适当灭火剂灭火。

泄漏应急处置 隔离泄漏污染区，限制出入。建议应急处理人员戴防尘口罩，穿防护服，戴橡胶手套。穿上适当的防护服前严禁接触破裂的容器和泄漏物。尽可能切断泄漏源。用塑料布覆盖泄漏物，减少飞散。勿使水进入包装容器内。用洁净的铲子收集泄漏物，置于干净、干燥的容器中，将容器移离泄漏区。

478. 焦磷酸氧钒

标　识

中文名称　焦磷酸氧钒

英文名称　Vanadyl pyrophosphate；Vanadium oxide pyrophosphate

别名　氧钒基焦磷酸盐

分子式　$O_9P_2V_2$

CAS 号　58834-75-6

$$^{-}O-\overset{\overset{O}{\|}}{\underset{\underset{O^-}{/}}{P}}-O-\overset{\overset{O}{\|}}{\underset{\underset{O^-}{\backslash}}{P}}-O^- \quad O{=}V^{2+} \quad O{=}V^{2+}$$

危害信息

燃烧与爆炸危险性　无特殊燃爆特性。

中毒表现　对眼有刺激性。对皮肤有致敏性。

侵入途径　吸入、食入。

环境危害　对水生生物有害，可能在水生环境中造成长期不利影响。

理化特性与用途

理化特性　固体。熔点 332~335℃。

主要用途　用作催化剂。

包装与储运

安全储运　储存于阴凉、通风的库房。远离火种、热源。保持容器密闭。

紧急处置信息

急救措施

吸入：迅速脱离现场至空气新鲜处。保持呼吸道通畅。如呼吸困难，给输氧。呼吸、心跳停止，立即进行心肺复苏术。就医。

眼睛接触：立即分开眼睑，用流动清水或生理盐水彻底冲洗。就医。

皮肤接触：立即脱去污染的衣着，用肥皂水和清水彻底冲洗。就医。

食入：漱口，饮水。就医。

灭火方法　消防人员须穿全身消防服，佩戴空气呼吸器，在上风向灭火。尽可能将容器从火场移至空旷处。喷水保持火场容器冷却，直至灭火结束。

根据着火原因选择适当灭火剂灭火。

泄漏应急处置　消除所有点火源。隔离泄漏污染区，限制出入。建议应急处理人员戴防尘口罩，穿防护服，戴防护手套。禁止接触或跨越泄漏物。尽可能切断泄漏源。用塑料布覆盖，减少飞散。用洁净的铲子收集泄漏物，置于干净、干燥、盖子较松的容器中，将容器移离泄漏区。

479. 解草胺

标　识

中文名称　解草胺

英文名称　Flurazole；Phenylmethyl 2-chloro-4-(trifluoromethyl)-1,3-thiazole-5-carboxylate

别名　2-氯-4-三氟甲基-1,3-噻唑-5-羧酸苄酯

分子式　$C_{12}H_7ClF_3NO_2S$

CAS 号　72850-64-7

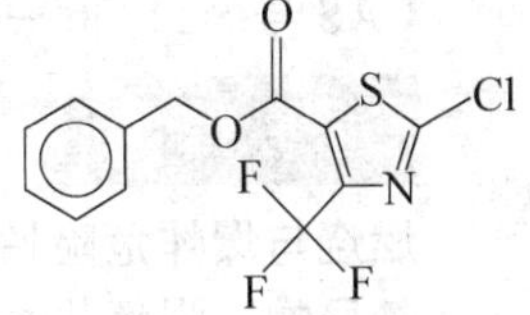

危害信息

燃烧与爆炸危险性　无特殊燃爆特性。

禁忌物　强氧化剂、酸类。

毒性　大鼠经口 LD_{50}：5010mg/kg。

侵入途径　吸入、食入。

理化特性与用途

理化特性　无色结晶，稍有香味(工业品为黄色至褐色固体)。不溶于水，溶于多数有机溶剂。熔点 51～53℃，相对密度(水=1)0.96，饱和蒸气压 0.04mPa(25℃)，辛醇/水分配系数 3.17。

主要用途　噻唑羧酸类除草剂安全剂。用于高粱种子免遭甲草胺危害。

包装与储运

安全储运　储存于阴凉、通风的库房。远离火种、热源。应与强氧化剂、酸类等隔离储运。

紧急处置信息

急救措施

吸入：迅速脱离现场至空气新鲜处。保持呼吸道通畅。如呼吸困难，给输氧。呼吸、心跳停止，立即进行心肺复苏术。就医。

眼睛接触：立即分开眼睑，用流动清水或生理盐水彻底冲洗。就医。

皮肤接触：立即脱去污染的衣着，用肥皂水和清水彻底冲洗。就医。

食入：漱口，饮水。就医。

灭火方法　消防人员须穿全身消防服，在上风向灭火。尽可能将容器从火场移至空旷处。喷水保持火场容器冷却，直至灭火结束。

根据着火原因选择适当灭火剂灭火。

泄漏应急处置　隔离泄漏污染区，限制出入。建议应急处理人员戴防尘口罩，穿防护服，戴防护手套。穿上适当的防护服前严禁接触破裂的容器和泄漏物。尽可能切断泄漏源。用塑料布覆盖泄漏物，减少飞散。勿使水进入包装容器内。用洁净的铲子收集泄漏物，置于干净、干燥、盖子较松的容器中，将容器移离泄漏区。

480. 腈苯唑

标　识

中文名称　腈苯唑

英文名称　Fenbuconazole；4-(4-Chlorophenyl)-2-phenyl-2-(1H-1,2,4-triazol-1-ylmethyl)butyronitrile

分子式　$C_{19}H_{17}ClN_4$

CAS 号　114369-43-6

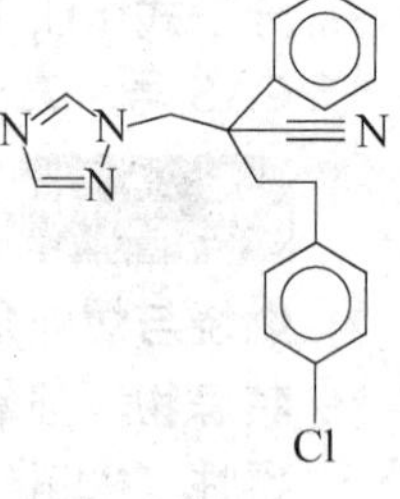

危害信息

燃烧与爆炸危险性　无特殊燃爆特性。

禁忌物　强氧化剂、强酸。

毒性　大鼠经口 LD_{50}：>2g/kg；大鼠吸入 LC_{50}：>2100mg/m^3；大鼠经皮 LD_{50}：>5g/kg。

侵入途径　吸入、食入、经皮吸收。

环境危害　对水生生物有极高毒性，可能在水生环境中造成长期不利影响。

理化特性与用途

理化特性　无色或白色结晶。不溶于水，溶于普通有机溶剂(如丙酮、酯、醇、芳烃等)，不溶于脂肪烃。熔点 125℃，相对密度(水=1)1.15，饱和蒸气压 0.005mPa(25℃)，辛醇/水分配系数 3.23。

主要用途　农用杀菌剂。

包装与储运

包装标志　杂类

包装类别　Ⅲ类

安全储运　储存于阴凉、通风的库房。远离火种、热源。应与强氧化剂、强酸等隔离储运。

紧急处置信息

急救措施

吸入：迅速脱离现场至空气新鲜处。保持呼吸道通畅。如呼吸困难，给输氧。呼吸、心跳停止，立即进行心肺复苏术。就医。

眼睛接触：立即分开眼睑，用流动清水或生理盐水彻底冲洗。就医。

皮肤接触：立即脱去污染的衣着，用肥皂水和清水彻底冲洗。就医。

食入：漱口，饮水。就医。

灭火方法　消防人员须穿全身消防服，佩戴空气呼吸器，在上风向灭火。尽可能将容器从火场移至空旷处。喷水保持火场容器冷却，直至灭火结束。

根据着火原因选择适当灭火剂灭火。

泄漏应急处置　隔离泄漏污染区，限制出入。建议应急处理人员戴防尘口罩，穿防护服，戴橡胶手套。穿上适当的防护服前严禁接触破裂的容器和泄漏物。尽可能切断泄漏源。用塑料布覆盖泄漏物，减少飞散。勿使水进入包装容器内。用洁净的铲子收集泄漏物，置于干净、干燥、盖子较松的容器中，将容器移离泄漏区。

481. 腈菌唑

标　识

中文名称　腈菌唑

英文名称　Myclobutanil; 2-(4-Chlorophenyl)-2-(1H-1,2,4-triazol-1-ylmethyl) hexanenitrile

别名　α-丁基-α-对氯苯基-1H-1,2,4-三唑-1-基甲基己腈

分子式　$C_{15}H_{17}ClN_4$

CAS 号　88671-89-0

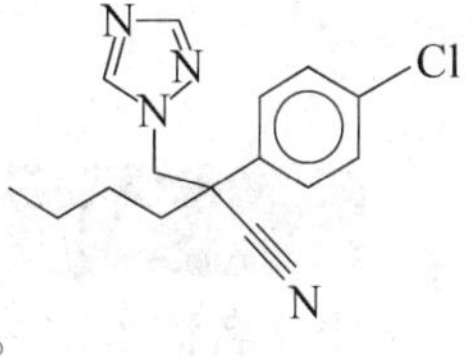

危害信息

燃烧与爆炸危险性　不燃，受热易分解，放出有毒、腐蚀性气体。在高温火场中，受热的容器有破裂和爆炸的危险。

禁忌物　强氧化剂。

毒性　大鼠经口 LD_{50}：1600mg/kg；大鼠吸入 LC_{50}：>5 g/m^3；兔经皮 LD_{50}：7500mg/kg。欧盟法规 1272/2008/EC 将本品列为第 2 类生殖毒物——可疑的人类生殖毒物。

中毒表现　食入有害。对眼有刺激性。

侵入途径　吸入、食入、经皮吸收。

环境危害　对水生生物有毒，可能在水生环境中造成长期不利影响。

理化特性与用途

理化特性　淡黄色结晶固体。不溶于水，溶于常用有机溶剂，不溶于脂肪烃。熔点 63～68℃，沸点 202～208℃(0.13kPa)，饱和蒸气压 0.213mPa(25℃)，辛醇/水分配系数 2.94，闪点>100℃。

主要用途　广谱内吸性杀菌剂。用于果树、禾谷类作物等防治白粉病、锈病、黑粉病等。

包装与储运

包装标志　杂类

包装类别　Ⅲ类

安全储运　储存于阴凉、通风的库房。远离火种、热源。保持容器密闭。应与强氧化剂等隔离储运。

紧急处置信息

急救措施

吸入：迅速脱离现场至空气新鲜处。保持呼吸道通畅。如呼吸困难，给输氧。呼吸、心跳停止，立即进行心肺复苏术。就医。

眼睛接触：立即分开眼睑，用流动清水或生理盐水彻底冲洗。就医。

皮肤接触：立即脱去污染的衣着，用肥皂水和清水彻底冲洗。就医。

食入：漱口，饮水。就医。

灭火方法 消防人员须穿全身消防服，佩戴空气呼吸器，在上风向灭火。尽可能将容器从火场移至空旷处。喷水保持火场容器冷却，直至灭火结束。

灭火剂：干粉、二氧化碳、水。

泄漏应急处置 隔离泄漏污染区，限制出入。建议应急处理人员戴防尘口罩，穿防毒服，戴橡胶手套。穿上适当的防护服前严禁接触破裂的容器和泄漏物。尽可能切断泄漏源。用塑料布覆盖泄漏物，减少飞散。勿使水进入包装容器内。用洁净的铲子收集泄漏物，置于干净、干燥、盖子较松的容器中，将容器移离泄漏区。

482. (4-肼苯基)-*N*-甲基甲基磺酰胺盐酸盐

标　识

中文名称 (4-肼苯基)-*N*-甲基甲基磺酰胺盐酸盐

英文名称 (4-Hydrazinophenyl)-*N*-methylmethanesulfonamide hydrochloride

分子式 $C_8H_{13}N_3O_2S \cdot (ClH)_x$

CAS 号 81880-96-8

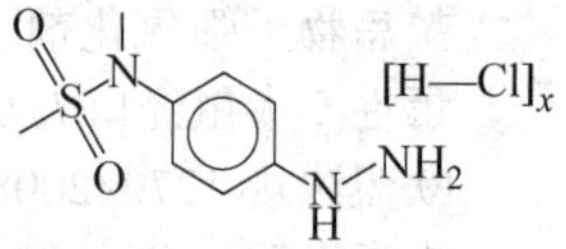

$[H—Cl]_x$

危害信息

危险性类别 第 6 类　有毒品

燃烧与爆炸危险性 无特殊燃爆特性。

禁忌物 氧化剂、碱类。

毒性 欧盟法规 1272/2008/EC 将本品列为第 2 类生殖细胞致突变物——由于可能导致人类生殖细胞可遗传突变而引起人们关注的物质。

中毒表现 食入有毒。对皮肤有致敏性。长期或反复接触对器官造成损害。

侵入途径 吸入、食入。

环境危害 对水生生物有极高毒性，可能在水生环境中造成长期不利影响。

理化特性与用途

主要用途 医药原料。

包装与储运

包装标志 有毒品

包装类别 Ⅲ类

安全储运 储存于阴凉、通风的库房。远离火种、热源。库温不超过 35℃。相对湿度不超过 85%。包装密封。应与氧化剂、碱类、食用化学品等分开存放，切忌混储。配备相应品种和数量的消防器材。储区应备有合适的材料收容泄漏物。

紧急处置信息

急救措施

吸入：迅速脱离现场至空气新鲜处。保持呼吸道通畅。如呼吸困难，给输氧。呼吸、心跳停止，立即进行心肺复苏术。就医。

眼睛接触：立即分开眼睑，用流动清水或生理盐水彻底冲洗。就医。

皮肤接触：立即脱去污染的衣着，用肥皂水和清水彻底冲洗。就医。

食入：漱口，饮水。就医。

灭火方法 消防人员须穿全身消防服，佩戴空气呼吸器，在上风向灭火。尽可能将容器从火场移至空旷处。喷水保持火场容器冷却，直至灭火结束。

根据着火原因选择适当灭火剂灭火。

泄漏应急处置 隔离泄漏污染区，限制出入。建议应急处理人员戴防尘口罩，穿防毒服，戴防化学品手套。穿上适当的防护服前严禁接触破裂的容器和泄漏物。尽可能切断泄漏源。用塑料布覆盖泄漏物，减少飞散。勿使水进入包装容器内。用洁净的铲子收集泄漏物，置于干净、干燥、盖子较松的容器中，将容器移离泄漏区。

483. 肼-三硝基甲烷

标 识

中文名称 肼-三硝基甲烷

英文名称 Hydrazine-trinitromethane

别名 硝仿肼

分子式 $H_4N_2CHN_3O_6$

CAS 号 4682-01-3

危害信息

危险性类别 第 1 类 爆炸品

燃烧与爆炸危险性 易爆。

禁忌物 氧化剂、酸类。

侵入途径 吸入、食入、经皮吸收。

理化特性与用途

理化特性 黄色单斜晶型针状结晶。易溶于水，难溶于除醇类以外的多数有机溶剂。熔点 110~124℃，密度 1.86~1.93g/cm^3。

主要用途 用作固体推进剂的高能氧化剂，用于制无烟推进剂。

包装与储运

包装标志 爆炸品，有毒品

安全储运 应润湿储存于阴凉、通风仓库内。储存于阴凉、干燥、通风的爆炸品专用库房。库温不超过 32℃。相对湿度不超过 80%。若含有水作稳定剂，库温不低于 1℃。相对湿度小于 80%。远离火种、热源。防止阳光直射。保持容器密封，严禁与空气接触。应与氧化剂、酸类、食用化学品等分开存放，切忌混储。配备相应品种和数量的消防器材。储区应备有合适的材料收容泄漏物。禁止震动、撞击和摩擦。

紧急处置信息

急救措施

吸入： 迅速脱离现场至空气新鲜处。保持呼吸道通畅。如呼吸困难，给输氧。呼吸、心跳停止，立即进行心肺复苏术。就医。

眼睛接触： 立即分开眼睑，用流动清水或生理盐水彻底冲洗。就医。

皮肤接触： 立即脱去污染的衣着，用肥皂水和清水彻底冲洗。就医。

食入： 漱口，饮水。就医。

灭火方法 消防人员须在防爆掩蔽处操作。遇大火切勿轻易接近。在物料附近失火，须用水保持容器冷却。用大量水灭火。禁止用砂土盖压。

泄漏应急处置 消除所有点火源。隔离泄漏污染区，限制出入。建议应急处理人员戴防尘口罩，穿一般作业工作服，戴橡胶手套。作业时使用的所有设备应接地。禁止接触或跨越泄漏物。润湿泄漏物。严禁设法扫除干的泄漏物。在专家指导下清除。

484. 久效磷

标　识

中文名称 久效磷

英文名称 Monocrotophos; Dimethyl 1-methyl-2-(methylcarbamoyl) vinyl phosphate

别名 *O*,*O*-二甲基-2-甲基氨基甲酰基-1-甲基乙烯基磷酸酯

分子式 $C_7H_{14}NO_5P$

CAS 号 6923-22-4

铁危编号 61125

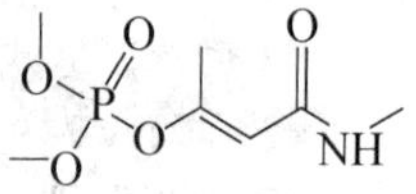

危害信息

危险性类别 第 6 类　有毒品

燃烧与爆炸危险性 可燃，受热易分解。在高温火场中受热的容器有破裂和爆炸的危险。

禁忌物 强氧化剂、强碱。

毒性 大鼠经口 LD_{50}：8mg/kg；小鼠经口 LD_{50}：15mg/kg；大鼠吸入 LC_{50}：63mg/m^3(4h)；大鼠经皮 LD_{50}：112mg/kg；兔经皮 LD_{50}：270mg/kg。

根据《危险化学品目录》的备注，本品属剧毒化学品。

欧盟法规 1272/2008/EC 将本品列为第 2 类生殖细胞致突变物——由于可能导致人类生殖细胞可遗传突变而引起人们关注的物质。

中毒表现 抑制体内胆碱酯酶活性，造成神经生理功能紊乱。急性中毒症状有头痛、头昏、乏力、食欲不振、恶心、呕吐、腹痛、腹泻、流涎、瞳孔缩小、呼吸道分泌物增多、多汗、肌束震颤等。重度中毒者出现肺水肿、昏迷、呼吸麻痹、脑水肿。血胆碱酯酶活性降低。

侵入途径 吸入、食入、经皮吸收。

职业接触限值 中国：PC-TWA 0.1mg/m³[皮]。

美国(ACGIH)：TLV-TWA 0.05mg/m³[可吸入性颗粒物和蒸气][皮]。

环境危害 对水生生物有极高毒性，可能在水生环境中造成长期不利影响。

理化特性与用途

理化特性 无色吸湿性结晶或淡红棕色固体。混溶于水，溶于乙醇、丙酮。熔点54~55℃，沸点125℃(70mPa)，相对密度(水=1)1.3，饱和蒸气压0.3mPa(20℃)，辛醇/水分配系数-0.2，闪点>93℃(闭杯)。

主要用途 内吸性广谱杀虫剂。用于棉花、水稻、大豆防治螟虫、棉铃虫、棉蚜、飞虱、叶蝉等害虫。

包装与储运

包装标志 有毒品

包装类别 Ⅰ类

安全储运 储存于阴凉、通风的库房。远离火种、热源。防止阳光直射。储存温度不超过35℃，相对湿度不超过85%。保持容器密封。应与强氧化剂、强碱等分开存放，切忌混储。配备相应品种和数量的消防器材。储区应备有合适的材料收容泄漏物。应严格执行剧毒品“双人收发、双人保管”制度。

紧急处置信息

急救措施

吸入：迅速脱离现场至空气新鲜处。保持呼吸道通畅。如呼吸困难，给输氧。呼吸、心跳停止，立即进行心肺复苏术。就医。

眼睛接触：分开眼睑，用流动清水或生理盐水冲洗。就医。

皮肤接触：立即脱去污染的衣着，用肥皂水及流动清水彻底冲洗污染的皮肤、头发、指甲等。就医。

食入：饮足量温水，催吐(仅限于清醒者)。口服活性炭。就医。

解毒剂：阿托品、胆碱酯酶复能剂。

灭火方法 消防人员须穿全身消防服，佩戴正压自给式呼吸器，在上风向灭火。尽可能将容器从火场移至空旷处。喷水保持火场容器冷却，直至灭火结束。

灭火剂：水、泡沫、二氧化碳、干粉。

泄漏应急处置 隔离泄漏污染区，限制出入。消除点火源。建议应急处理人员戴防尘口罩，穿防毒服，戴防化学品手套。穿上适当的防护服前严禁接触破裂的容器和泄漏物。尽可能切断泄漏源。用干燥的砂土或其他不燃材料覆盖泄漏物，然后用塑料布覆盖，减少飞散、避免雨淋。用洁净的铲子收集泄漏物，置于干净、干燥、盖子较松的容器中，将容器移离泄漏区。

485. 久效威

标　识

中文名称 久效威

英文名称　3,3-Dimethyl-1-(methylthio)butanone-*O*-(*N*-methylcarbamoyl)oxime; Thiofanox

别名　1-(2,2-二甲基-1-甲硫基甲基亚丙基氨基氧基)-*N*-甲基甲酰胺

分子式　$C_9H_{18}N_2O_2S$

CAS 号　39196-18-4

铁危编号　61133

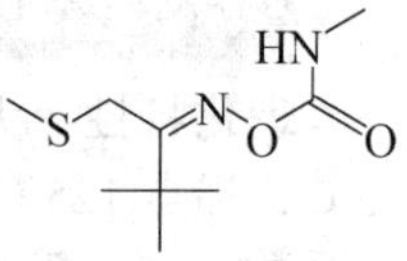

危害信息

危险性类别　第6类　有毒品

燃烧与爆炸危险性　受热易分解，放出有毒的氮氧化物和硫氧化物气体。在高温火场中受热的容器有破裂和爆炸的危险。

禁忌物　氧化剂、碱类。

毒性　大鼠经口 LD_{50}：8500μg/kg；大鼠吸入 LC_{50}：70mg/m^3；大鼠经皮 LD_{50}：39mg/kg；兔经皮 LD_{50}：39mg/kg。

根据《危险化学品目录》的备注，本品属剧毒化学品。

中毒表现　氨基甲酸酯类农药抑制胆碱酯酶，出现相应的症状。中毒症状有头痛、恶心、呕吐、腹痛、流涎、出汗、瞳孔缩小、步行困难、语言障碍，重者可发生全身痉挛、昏迷。

侵入途径　吸入、食入、经皮吸收。

环境危害　对水生生物有极高毒性，可能在水生环境中造成长期不利影响。

理化特性与用途

理化特性　无色固体，有刺激性气味。微溶于水，易溶于氯化烃、芳香烃、酮类，微溶于脂肪烃。熔点 56.5~57.5℃，饱和蒸气压 22.6mPa(25℃)，辛醇/水分配系数-1.67。

主要用途　内吸性杀虫剂、杀螨剂。用于棉花、马铃薯、花生、油菜、甜菜、谷类等防除食叶害虫和螨类。

包装与储运

包装标志　有毒品

包装类别　Ⅰ类

安全储运　储存于阴凉、通风的库房。远离火种、热源。防止阳光直射。储存温度不超过35℃，相对湿度不超过85%。应与氧化剂、碱类、食用化学品分开存放，切忌混储。配备相应品种和数量的消防器材。储区应备有合适的材料收容泄漏物。应严格执行剧毒品“双人收发、双人保管”制度。

紧急处置信息

急救措施

吸入：迅速脱离现场至空气新鲜处。保持呼吸道通畅。如呼吸困难，给输氧。呼吸、心跳停止，立即进行心肺复苏术。就医。

眼睛接触：立即分开眼睑，用流动清水或生理盐水彻底冲洗。就医。

皮肤接触：立即脱去污染的衣着，用流动清水彻底冲洗。就医。

食入：饮适量温水，催吐(仅限于清醒者)。就医。

解毒剂：阿托品。

灭火方法　消防人员须穿全身消防服，佩戴正压自给式呼吸器，在上风向灭火。尽可

能将容器从火场移至空旷处。喷水保持火场容器冷却，直至灭火结束。

灭火剂：泡沫、干粉、二氧化碳。

泄漏应急处置 隔离泄漏污染区，限制出入。建议应急处理人员戴防尘口罩，穿防毒服，戴防化学品手套。穿上适当的防护服前严禁接触破裂的容器和泄漏物。尽可能切断泄漏源。用塑料布覆盖泄漏物，减少飞散。勿使水进入包装容器内。用洁净的铲子收集泄漏物，置于干净、干燥、盖子较松的容器中，将容器移离泄漏区。

486. 聚氨基甲酸酯树脂

标 识

中文名称 聚氨基甲酸酯树脂

英文名称 Castor oil, polymer with TDI ; Polyurethane Resins

别名 蓖麻油与甲苯二异氰酸酯的聚合物

CAS 号 67700-43-0

危害信息

危险性类别 第 6 类 有毒品

燃烧与爆炸危险性 无特殊燃爆特性。

禁忌物 强氧化剂、强酸。

侵入途径 吸入、食入。

理化特性与用途

理化特性 浅黄色至黄色液体。溶于二甲苯。

主要用途 用于配制耐热涂料、金属专用涂料、各种高温脱模剂、耐油涂料等。

包装与储运

包装标志 有毒品

包装类别 Ⅲ类

安全储运 储存于阴凉、通风的库房。远离火种、热源。储存温度不超过 32℃，相对湿度不超过 85%。保持容器密封。应与强氧化剂、强酸等隔离储运。配备相应品种和数量的消防器材。储区应备有合适的材料收容泄漏物。搬运时轻装轻卸，防止容器受损。

紧急处置信息

急救措施

吸入：脱离接触。如有不适感，就医。

眼睛接触：分开眼睑，用流动清水或生理盐水冲洗。如有不适感，就医。

皮肤接触：脱去污染的衣着，用流动清水冲洗。如有不适感，就医。

食入：漱口，饮水。就医。

灭火方法 消防人员须穿全身消防服，佩戴防毒面具，在上风向灭火。尽可能将容器从火场移至空旷处。

根据着火原因选择适当灭火剂灭火。

泄漏应急处置 根据液体流动和蒸气扩散的影响区域划定警戒区，无关人员从侧风、上风向撤离至安全区。建议应急处理人员戴防毒面具，穿防毒服，戴橡胶手套。禁止接触或跨越泄漏物。尽可能切断泄漏源。防止泄漏物进入水体、下水道、地下室或有限空间。小量泄漏：用砂土或其他不燃材料吸收。使用洁净的无火花工具收集吸收材料。大量泄漏：构筑围堤或挖坑收容。用泡沫覆盖，减少蒸发。用泵转移至槽车或专用收集器内。

487. 咖啡因

标　识

中文名称 咖啡因

英文名称 1H-Purine-2,6-dione, 3,7-Dihydro-1,3,7-trimethyl-; Caffeine

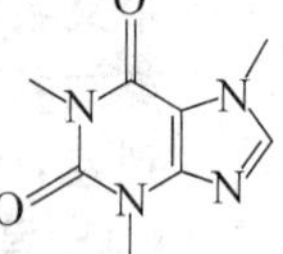

别名 1,3,7-三甲基黄嘌呤

分子式 $C_8H_{10}N_4O_2$

CAS 号 58-08-2

危害信息

燃烧与爆炸危险性 可燃，其粉体与空气混合能形成爆炸性混合物，遇明火、高热易燃烧爆炸。燃烧产生有毒刺激性的气体。

禁忌物 强氧化剂。

毒性 大鼠经口 LD_{50}：192mg/kg；小鼠经口 LD_{50}：127mg/kg。

中毒表现 急性中毒出现食欲减退、恶心、呕吐、焦虑、易激动、心动过速、睡眠紊乱、肌肉震颤。严重中毒时出现谵妄、癫痫样发作、室上性或室性心律失常等。可能发生低血钾、高血糖或低血压。接触咖啡因粉尘可引起皮肤或呼吸道过敏。

侵入途径 吸入、食入。

理化特性与用途

理化特性 白色棱柱结晶或结晶性粉末。微溶于水，微溶于乙醇、苯、丙酮、石油醚，溶于氯仿、吡啶、乙酸乙酯。熔点 238℃，升华点 178℃，相对密度(水=1)1.23，饱和蒸气压 2.0kPa(89℃)，辛醇/水分配系数-0.07，引燃温度 540℃。

主要用途 用作心血管药物和中枢神经、呼吸系统兴奋剂。

包装与储运

安全储运 储存于阴凉、通风的库房。远离火种、热源。应与强氧化剂等隔离储运。

紧急处置信息

急救措施

吸入：迅速脱离现场至空气新鲜处。保持呼吸道通畅。如呼吸困难，给输氧。呼吸、心跳停止，立即进行心肺复苏术。就医。

眼睛接触：立即分开眼睑，用流动清水或生理盐水彻底冲洗。就医。

皮肤接触：立即脱去污染的衣着，用流动清水彻底冲洗。就医。

食入：饮适量温水，催吐(仅限于清醒者)。就医。

灭火方法 消防人员须穿全身消防服，佩戴空气呼吸器，在上风向灭火。尽可能将容器从火场移至空旷处。喷水保持火场容器冷却，直至灭火结束。

灭火剂：水、干粉、二氧化碳。

泄漏应急处置 隔离泄漏污染区，限制出入。消除点火源。建议应急处理人员戴防尘口罩，穿防毒服，戴橡胶手套。穿上适当的防护服前严禁接触破裂的容器和泄漏物。尽可能切断泄漏源。用塑料布覆盖，减少飞散、避免雨淋。用洁净的铲子收集泄漏物，置于干净、干燥、盖子较松的容器中，将容器移离泄漏区。

488. 开蓬

标　识

中文名称 开蓬

英文名称 Chlordecone；Perchloropentacyclo(5,3,0,02,6,03,9,04,8)decan-5-one；Decachloropentacyclo(5,2,1,02,6,03,9,05,8)decan-4-one

别名 十氯代八氢-亚甲基-环丁异[cd]戊搭烯-2-酮

分子式 $C_{10}Cl_{10}O$

CAS 号 143-50-0

铁危编号 61876

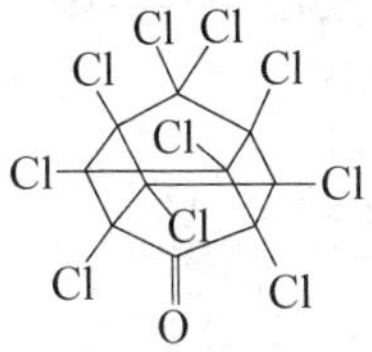

Cl Cl Cl Cl Cl Cl Cl Cl Cl Cl O

危害信息

危险性类别 第 6 类 有毒品

燃烧与爆炸危险性 不燃，受热易分解。

禁忌物 强氧化剂。

毒性 大鼠经口 LD_{50}：91300μg/kg；大鼠经皮 LD_{50}：2000mg/kg；兔经皮 LD_{50}：345mg/kg。

IARC 致癌性评论：G2B，可疑人类致癌物。

欧盟法规 1272/2008/EC 将本品列为第 2 类致癌物——可疑的人类致癌物。

中毒表现 影响神经系统，中毒后出现震颤、肌肉无力、共济失调、言语不清。可出现关节痛和皮疹。

侵入途径 吸入、食入、经皮吸收。

环境危害 对水生生物有极高毒性，可能在水生环境中造成长期不利影响。

理化特性与用途

理化特性 白色至黄褐色结晶。不溶于水，溶于强碱性溶液、酮类、醇类、乙酸，微溶于烃类。熔点 350℃(分解)，升华点 350℃(分解)，相对密度(水=1)1.59~1.63，相对蒸气密度(空气=1)16.94，饱和蒸气压 0.03mPa(25℃)，辛醇/水分配系数 5.41。

主要用途 杀虫剂(已禁用)。

包装与储运

包装标志 有毒品

包装类别 Ⅲ类

安全储运 储存于阴凉、通风的库房。远离火种、热源。防止阳光直射。储存温度不超过 35℃，相对湿度不超过 85%。保持容器密封。应与强氧化剂等分开存放，切忌混储。配备相应品种和数量的消防器材。储区应备有合适的材料收容泄漏物。

紧急处置信息

急救措施

吸入：迅速脱离现场至空气新鲜处。保持呼吸道通畅。如呼吸困难，给输氧。呼吸、心跳停止，立即进行心肺复苏术。就医。

眼睛接触：立即分开眼睑，用流动清水或生理盐水彻底冲洗。就医。

皮肤接触：立即脱去污染的衣着，用流动清水彻底冲洗。就医。

食入：饮适量温水，催吐(仅限于清醒者)。就医。

灭火方法 消防人员须穿全身消防服，佩戴空气呼吸器，在上风向灭火。尽可能将容器从火场移至空旷处。喷水保持火场容器冷却，直至灭火结束。

灭火剂：干粉、二氧化碳。

泄漏应急处置 隔离泄漏污染区，限制出入。建议应急处理人员戴防尘口罩，穿防毒服，戴橡胶手套。穿上适当的防护服前严禁接触破裂的容器和泄漏物。尽可能切断泄漏源。用塑料布覆盖，减少飞散、避免雨淋。用洁净的铲子收集泄漏物，置于干净、干燥、盖子较松的容器中，将容器移离泄漏区。

489. 抗螨唑

标 识

中文名称 抗螨唑

英文名称 Fenazaflor；1-Benzimidazolecarboxylic acid，5,6-dichloro-2-（trifluoromethyl）-，phenyl ester

别名 5,6-二氯代-1-苯氧基羰基-2-三氟甲基苯并咪唑

分子式 $C_{15}H_7Cl_2F_3N_2O_2$

CAS 号 14255-88-0

危害信息

燃烧与爆炸危险性 无特殊燃爆特性。

禁忌物 强氧化剂、强酸。

毒性 大鼠经口 LD_{50}：240mg/kg；小鼠经口 LD_{50}：1600mg/kg；大鼠经皮 LD_{50}：700mg/kg；兔经皮 LD_{50}：>2g/kg。

中毒表现 食入或经皮肤吸收对身体有害。

侵入途径 吸入、食入、经皮吸收。

环境危害 对水生生物有极高毒性，可能在水生环境中造成长期不利影响。

理化特性与用途

理化特性 白色针状结晶或灰黄色结晶粉末。不溶于水，溶于苯、二噁烷、丙酮，微溶于其他有机溶剂。熔点 106℃，相对密度(水=1)1.55，饱和蒸气压 6.92mPa(25℃)，辛

醇/水分配系数 5.6。

主要用途 杀螨剂。用于防治果树、蔬菜、经济作物的螨类。

包装与储运

包装标志 杂类

包装类别 Ⅲ类

安全储运 储存于阴凉、通风的库房。远离火种、热源。应与强氧化剂、强酸等隔离储运。

紧急处置信息

急救措施

吸入：迅速脱离现场至空气新鲜处。保持呼吸道通畅。如呼吸困难，给输氧。呼吸、心跳停止，立即进行心肺复苏术。就医。

眼睛接触：立即分开眼睑，用流动清水或生理盐水彻底冲洗。就医。

皮肤接触：立即脱去污染的衣着，用流动清水彻底冲洗。就医。

食入：饮适量温水，催吐(仅限于清醒者)。就医。

灭火方法 消防人员须穿全身消防服，佩戴空气呼吸器，在上风向灭火。尽可能将容器从火场移至空旷处。喷水保持火场容器冷却，直至灭火结束。

根据着火原因选择适当灭火剂灭火。

泄漏应急处置 隔离泄漏污染区，限制出入。建议应急处理人员戴防尘口罩，穿防毒服，戴防护手套。穿上适当的防护服前严禁接触破裂的容器和泄漏物。尽可能切断泄漏源。用塑料布覆盖泄漏物，减少飞散。勿使水进入包装容器内。用洁净的铲子收集泄漏物，置于干净、干燥、盖子较松的容器中，将容器移离泄漏区。

490. 克杀螨

标　　识

中文名称 克杀螨

英文名称 Thioquinox；1,3-Dithiolo(4,5-b)quinoxaline-2-thione

别名 喹噁啉-2,3-二基三硫代碳酸酯；1,4-二氯萘基-2,3-二基三硫代碳酸酯

分子式 $C_9H_4N_2S_3$

CAS 号 93-75-4

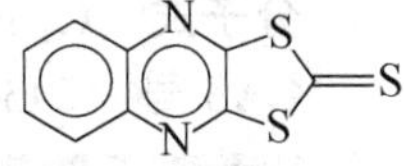

危害信息

燃烧与爆炸危险性 温度超过 200℃易分解。

禁忌物 强氧化剂、强酸。

毒性 大鼠经口 LD_{50}：1800mg/kg；大鼠经皮 LD：>3g/kg。

中毒表现 食入有害。

侵入途径 吸入、食入、经皮吸收。

理化特性与用途

理化特性 淡棕色结晶或淡棕黄色粉末。不溶于水，微溶于丙酮、甲醇、乙醇、石油

醚、煤油，几乎不溶于多数有机溶剂。熔点180℃，饱和蒸气压0.013mPa(20℃)，辛醇/水分配系数1.31。

主要用途　非内吸杀螨剂。用于防治蔬菜、果树、茶树的螨类。

包装与储运

安全储运　储存于阴凉、通风的库房。远离火种、热源。应与强氧化剂、强酸等隔离储运。

紧急处置信息

急救措施

吸入：迅速脱离现场至空气新鲜处。保持呼吸道通畅。如呼吸困难，给输氧。呼吸、心跳停止，立即进行心肺复苏术。就医。

眼睛接触：立即分开眼睑，用流动清水或生理盐水彻底冲洗。就医。

皮肤接触：立即脱去污染的衣着，用肥皂水和清水彻底冲洗。就医。

食入：漱口，饮水。就医。

灭火方法　消防人员须穿全身消防服，佩戴空气呼吸器，在上风向灭火。尽可能将容器从火场移至空旷处。喷水保持火场容器冷却，直至灭火结束。

根据着火原因选择适当灭火剂灭火。

泄漏应急处置　隔离泄漏污染区，限制出入。建议应急处理人员戴防尘口罩，穿防护服，戴防护手套。穿上适当的防护服前严禁接触破裂的容器和泄漏物。尽可能切断泄漏源。用塑料布覆盖泄漏物，减少飞散。勿使水进入包装容器内。用洁净的铲子收集泄漏物，置于干净、干燥、盖子较松的容器中，将容器移离泄漏区。

491. 孔雀绿草酸盐

标　识

中文名称　孔雀绿草酸盐

英文名称　Malachite green oxalate; Bis((4-(4-(dimethylamino)benzhydrylidene)cyclohexa-2,5-dien-1-ylidene)dimethylammonium) oxalate, dioxalate

别名　草酸孔雀石绿;孔雀石绿

分子式　$C_{48}H_{50}N_4O_4 \cdot 2C_2H_2O_4$

CAS 号　2437-29-8

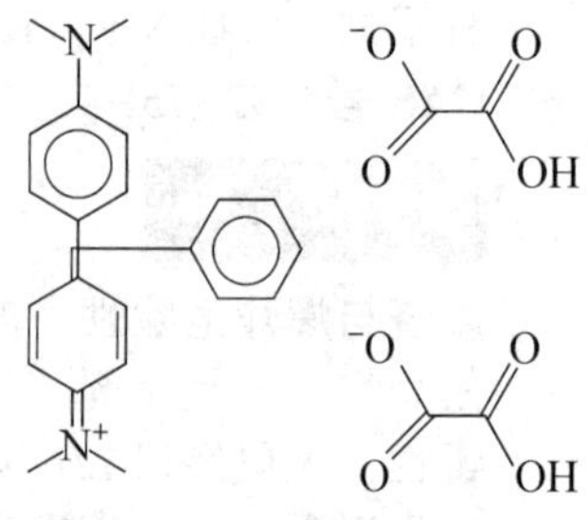

危害信息

燃烧与爆炸危险性　无特殊燃爆特性。

禁忌物　强氧化剂、酸碱。

毒性　大鼠经口 LD_{50}：275mg/kg；大鼠经皮 LD：>2g/kg。

欧盟法规1272/2008/EC将本品列为第2类生殖毒物——可疑的人类生殖毒物。

中毒表现　食入有害。眼接触引起严重损害。

侵入途径　吸入、食入、经皮吸收。

环境危害　对水生生物有极高毒性，可能在水生环境中造成长期不利影响。

理化特性与用途

理化特性 绿色或深绿色结晶粉末。溶于水，溶于乙醇。熔点 164℃(分解)，辛醇/水分配系数-0.17。

主要用途 用作生物染色剂，也用作丝绸、皮革和纸张的染料。

包装与储运

包装标志 杂类

包装类别 Ⅲ类

安全储运 储存于阴凉、通风的库房。远离火种、热源。应与强氧化剂、酸碱等隔离储运。

紧急处置信息

急救措施

吸入：迅速脱离现场至空气新鲜处。保持呼吸道通畅。如呼吸困难，给输氧。呼吸、心跳停止，立即进行心肺复苏术。就医。

眼睛接触：立即分开眼睑，用流动清水或生理盐水彻底冲洗 5~10min。就医。

皮肤接触：立即脱去污染的衣着，用肥皂水和清水彻底冲洗。就医。

食入：漱口，饮水。就医。

灭火方法 消防人员须穿全身消防服，佩戴空气呼吸器，在上风向灭火。尽可能将容器从火场移至空旷处。喷水保持火场容器冷却，直至灭火结束。

根据着火原因选择适当灭火剂灭火。

泄漏应急处置 隔离泄漏污染区，限制出入。建议应急处理人员戴防尘口罩，穿防毒服，戴橡胶手套。穿上适当的防护服前严禁接触破裂的容器和泄漏物。尽可能切断泄漏源。用塑料布覆盖泄漏物，减少飞散。勿使水进入包装容器内。用洁净的铲子收集泄漏物，置于干净、干燥、盖子较松的容器中，将容器移离泄漏区。

492. 孔雀绿盐酸盐

标　识

中文名称 孔雀绿盐酸盐

英文名称 Malachite green hydrochloride;(4-(alpha-(4-(Dimethylamino)phenyl)benzylidene)cyclohexa- 2,5-dien-1-ylidene)dimethylammonium chloride

别名 盐酸孔雀绿

分子式 $C_{23}H_{25}N_2 \cdot Cl$

CAS 号 569-64-2

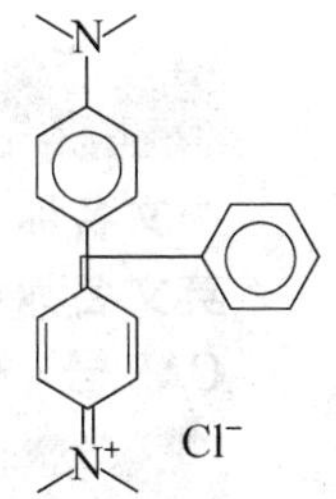

危害信息

燃烧与爆炸危险性 本品不燃，受热易分解放出有毒的腐蚀性和具有氧化性的气体，在高温火场中受热的容器油破裂和爆炸的危险。具有腐蚀性，与金属接触放出易燃氢气。

毒性 小鼠经口 LD_{50}：80mg/kg。

欧盟法规 1272/2008/EC 将本品列为第 2 类生殖毒物——可疑的人类生殖毒物。

中毒表现 食入引起腹痛和腹泻。眼接触引起严重损害。

侵入途径 吸入、食入。

环境危害 对水生生物有极高毒性，可能在水生环境中造成长期不利影响。

理化特性与用途

理化特性 有金属光泽的绿色结晶。微溶于水，溶于甲醇、乙醇、戊醇。pH 值 1.4（1%水溶液），辛醇/水分配系数 0.62。

主要用途 用作生物染色剂，用于医药及丝绸、羊毛、皮革等染色。

包装与储运

包装标志 杂类

包装类别 Ⅲ类

安全储运 储存于阴凉、通风的库房。

紧急处置信息

急救措施

吸入：迅速脱离现场至空气新鲜处。保持呼吸道通畅。如呼吸困难，给输氧。呼吸、心跳停止，立即进行心肺复苏术。就医。

眼睛接触：立即分开眼睑，用流动清水或生理盐水彻底冲洗 5～10min。就医。

皮肤接触：立即脱去污染的衣着，用肥皂水和清水彻底冲洗。就医。

食入：饮适量温水，催吐(仅限于清醒者)。就医。

灭火方法 消防人员须穿全身消防服，佩戴空气呼吸器，在上风向灭火。尽可能将容器从火场移至空旷处。喷水保持火场容器冷却，直至灭火结束。

灭火剂：水、二氧化碳、砂土、干粉。

泄漏应急处置 隔离泄漏污染区，限制出入。建议应急处理人员戴防尘口罩，穿耐腐蚀防毒服，戴耐腐蚀橡胶手套。穿上适当的防护服前严禁接触破裂的容器和泄漏物。尽可能切断泄漏源。用塑料布覆盖，减少飞散、避免雨淋。用洁净的铲子收集泄漏物，置于干净、干燥、盖子较松的容器中，将容器移离泄漏区。

493. 枯草杆菌蛋白酶

标　识

中文名称 枯草杆菌蛋白酶

英文名称 Subtilisins

CAS 号 9014-01-1

危害信息

燃烧与爆炸危险性 无特殊燃爆特性。

禁忌物　强氧化剂。

毒性　大鼠经口 LD_{50}：3700mg/kg。

中毒表现　眼接触引起严重损害。对皮肤和呼吸道有刺激性。对呼吸道有致敏性，引起哮喘。

侵入途径　吸入、食入。

职业接触限值　美国(ACGIH)：TLV-C 0.00006mg/m^3。

理化特性与用途

理化特性　浅褐色冷冻干粉。溶于水。

主要用途　用于生化研究，蛋白质的消化和分解研究；用于蛋白水解酶制剂；用作洗衣粉的原料。

包装与储运

安全储运　储存于阴凉、通风的库房。远离火种、热源。保持容器密闭。应与强氧化剂等隔离储运。

紧急处置信息

急救措施

吸入：迅速脱离现场至空气新鲜处。保持呼吸道通畅。如呼吸困难，给输氧。呼吸、心跳停止，立即进行心肺复苏术。就医。

眼睛接触：立即分开眼睑，用流动清水或生理盐水彻底冲洗 5~10min。就医。

皮肤接触：立即脱去污染的衣着，用肥皂水和清水彻底冲洗。就医。

食入：漱口，饮水。就医。

灭火方法　消防人员须穿全身消防服，佩戴空气呼吸器，在上风向灭火。尽可能将容器从火场移至空旷处。喷水保持火场容器冷却，直至灭火结束。

根据着火原因选择适当灭火剂灭火。

泄漏应急处置　消除所有点火源。隔离泄漏污染区，限制出入。建议应急处理人员戴防尘口罩，穿防护服。禁止接触或跨越泄漏物。尽可能切断泄漏源。用洁净的铲子收集泄漏物，置于干净、干燥、盖子较松的容器中，将容器移离泄漏区。

494. (η-枯烯)-(η-环戊二烯基)铁六氟锑酸盐

标　识

中文名称　(η-枯烯)-(η-环戊二烯基)铁六氟锑酸盐

英文名称　(η-Cumene)-(η-cyclopentadienyl)iron(Ⅱ) hexafluoroantimonate

别名　异丙苯基二茂铁六氟锑酸盐

分子式　$C_{14}H_{17}Fe \cdot F_6Sb$

CAS 号　100011-37-8

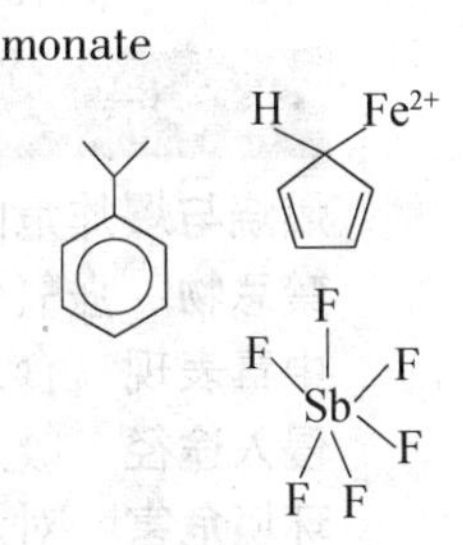

危害信息

燃烧与爆炸危险性　无特殊燃爆特性。

禁忌物　强氧化剂。

中毒表现　食入有害。眼接触引起严重损害。

侵入途径　吸入、食入。

环境危害　对水生生物有害，可能在水生环境中造成长期不利影响。

理化特性与用途

理化特性　黄色粉末。熔点 83~85℃，沸点>250℃。

主要用途　用于印刷电路板制造。

包装与储运

安全储运　储存于阴凉、通风的库房。远离火种、热源。应与强氧化剂等隔离储运。

紧急处置信息

急救措施

吸入：迅速脱离现场至空气新鲜处。保持呼吸道通畅。如呼吸困难，给输氧。呼吸、心跳停止，立即进行心肺复苏术。就医。

眼睛接触：立即分开眼睑，用流动清水或生理盐水彻底冲洗 5~10min。就医。

皮肤接触：立即脱去污染的衣着，用肥皂水和清水彻底冲洗。就医。

食入：漱口，饮水。就医。

灭火方法　消防人员须穿全身消防服，佩戴空气呼吸器，在上风向灭火。尽可能将容器从火场移至空旷处。

根据着火原因选择适当灭火剂灭火。

泄漏应急处置　隔离泄漏污染区，限制出入。建议应急处理人员戴防尘口罩，穿防毒服，戴防护手套。穿上适当的防护服前严禁接触破裂的容器和泄漏物。尽可能切断泄漏源。塑料布覆盖，减少飞散、避免雨淋。用洁净的铲子收集泄漏物，置于干净、干燥、盖子较松的容器中，将容器移离泄漏区。

495. (η-枯烯)-(η-环戊二烯基)铁三氟甲磺酸盐

标　识

中文名称　(η-枯烯)-(η-环戊二烯基)铁三氟甲磺酸盐

英文名称　(η-Cumene)-(η-cyclopentadienyl) iron(Ⅱ) trifluoromethane-sulfonate

分子式　$C_{14}H_{17}Fe \cdot CF_3O_3S$

CAS 号　117549-13-0

危害信息

燃烧与爆炸危险性　无特殊燃爆特性。

禁忌物　强氧化剂。

中毒表现　食入有害。

侵入途径　吸入、食入。

环境危害　对水生生物有害，可能在水生环境中造成长期不利影响。

包装与储运

安全储运　储存于阴凉、通风的库房。远离火种、热源。应与强氧化剂等隔离储运。

紧急处置信息

急救措施

吸入：迅速脱离现场至空气新鲜处。保持呼吸道通畅。如呼吸困难，给输氧。呼吸、心跳停止，立即进行心肺复苏术。就医。

眼睛接触：立即分开眼睑，用流动清水或生理盐水彻底冲洗。就医。

皮肤接触：立即脱去污染的衣着，用肥皂水和清水彻底冲洗。就医。

食入：漱口，饮水。就医。

灭火方法　消防人员须穿全身消防服，佩戴空气呼吸器，在上风向灭火。尽可能将容器从火场移至空旷处。

根据着火原因选择适当灭火剂灭火。

泄漏应急处置　隔离泄漏污染区，限制出入。建议应急处理人员戴防护面罩，穿防护服，戴防护手套。穿上适当的防护服前严禁接触破裂的容器和泄漏物。尽可能切断泄漏源。勿使水进入包装容器内。用洁净的铲子或真空吸除收集泄漏物，置于干净、干燥、盖子较松的容器中，将容器移离泄漏区。

496. 喹禾糠酯

标　识

中文名称　喹禾糠酯

英文名称　Propanoic acid, 2-(4-((6-Chloro-2-quinoxalinyl)oxy)phenoxy)-, (tetrahydro-2-furanyl)methyl ester; Quizalofop-*P*-tefuryl

别名　(*RS*)-2-(4-(6-氯喹喔啉-2-氧基)苯氧基)丙酸-2-四氢呋喃甲基酯

分子式　$C_{22}H_{21}ClN_2O_5$

CAS 号　119738-06-6

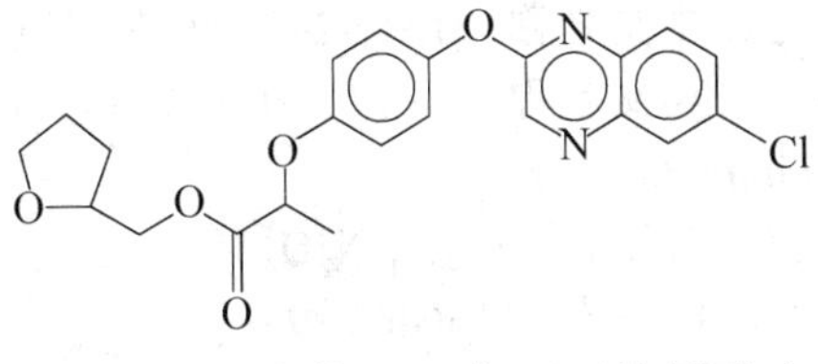

危害信息

燃烧与爆炸危险性　无特殊燃爆特性。

禁忌物　强氧化剂、强酸。

毒性　欧盟法规 1272/2008/EC 将本品列为第 2 类生殖细胞致突变物——由于可能导致人类生殖细胞可遗传突变而引起人们关注的物质；第 1B 类生殖毒物——可能的人类生殖毒物。

中毒表现　食入有害。长期反复接触可能对器官造成损害。

侵入途径　吸入、食入。

环境危害　对水生生物有极高毒性，可能在水生环境中造成长期不利影响。

理化特性与用途

理化特性　黄色至浅褐色结晶粉末。不溶于水，溶于甲苯。熔点 64℃，相对密度(水=1)1.283，饱和蒸气压 0.0079mPa(25℃)，辛醇/水分配系数 4.32。

主要用途 除草剂。用于马铃薯、亚麻、甜菜、豌豆、大豆和棉花等作物田防除禾本科杂草。

包装与储运

包装标志 杂类

包装类别 Ⅲ类

安全储运 储存于阴凉、通风的库房。远离火种、热源。保持容器密闭。应与强氧化剂、强酸等隔离储运。

紧急处置信息

急救措施

吸入: 迅速脱离现场至空气新鲜处。保持呼吸道通畅。如呼吸困难，给输氧。呼吸、心跳停止，立即进行心肺复苏术。就医。

眼睛接触: 立即分开眼睑，用流动清水或生理盐水彻底冲洗。就医。

皮肤接触: 立即脱去污染的衣着，用肥皂水和清水彻底冲洗。就医。

食入: 漱口，饮水。就医。

灭火方法 消防人员须穿全身消防服，佩戴空气呼吸器，在上风向灭火。尽可能将容器从火场移至空旷处。喷水保持火场容器冷却，直至灭火结束。

根据着火原因选择适当灭火剂灭火。

泄漏应急处置 隔离泄漏污染区，限制出入。建议应急处理人员戴防尘口罩，穿防毒服，戴橡胶手套。穿上适当的防护服前严禁接触破裂的容器和泄漏物。尽可能切断泄漏源。用塑料布覆盖泄漏物，减少飞散。勿使水进入包装容器内。用洁净的铲子收集泄漏物，置于干净、干燥、盖子较松的容器中，将容器移离泄漏区。

497. 1-((2-喹啉基-羰基)氧)-2,5-吡咯烷酮

标　识

中文名称 1-((2-喹啉基-羰基)氧)-2,5-吡咯烷酮

英文名称 1-((2-Quinolinyl-carbonyl)oxy)-2,5-pyrrolidinedione; Quinaldic acid succinimide ester

分子式 $C_{14}H_{10}N_2O_4$

CAS 号 136465-99-1

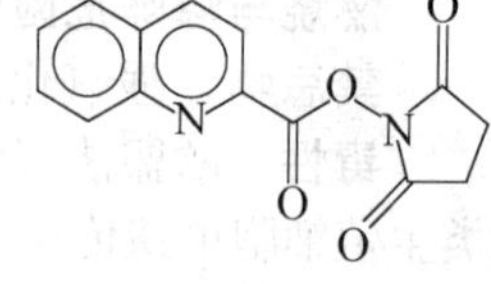

危害信息

燃烧与爆炸危险性 可燃。

禁忌物 强氧化剂、酸碱、醇类。

中毒表现 眼接触引起严重损害。对皮肤有致敏性。

侵入途径 吸入、食入。

理化特性与用途

理化特性 固体。微溶于水。熔点 190~192℃，沸点 453℃，相对密度(水=1)1.46，

饱和蒸气压 0.003mPa(25℃)，辛醇/水分配系数 0.22，闪点 228℃。

主要用途 用作医药原料，用于研究。

包装与储运

安全储运 储存于阴凉、通风的库房。远离火种、热源。保持容器密闭。应与强氧化剂、酸碱、醇类等隔离储运。

紧急处置信息

急救措施

吸入：迅速脱离现场至空气新鲜处。保持呼吸道通畅。如呼吸困难，给输氧。呼吸、心跳停止，立即进行心肺复苏术。就医。

眼睛接触：立即分开眼睑，用流动清水或生理盐水彻底冲洗 5~10min。就医

皮肤接触：立即脱去污染的衣着，用肥皂水和清水彻底冲洗。就医。

食入：漱口，饮水。就医。

灭火方法 消防人员须穿全身耐腐蚀消防服，佩戴空气呼吸器，在上风向灭火。尽可能将容器从火场移至空旷处。

灭火剂：干粉、泡沫、二氧化碳、砂土。

泄漏应急处置 消除所有点火源。隔离泄漏污染区，限制出入。建议应急处理人员戴防尘口罩，穿防护服，戴防护手套。禁止接触或跨越泄漏物。尽可能切断泄漏源。用塑料布覆盖，减少飞散。用洁净的铲子收集泄漏物，置于干净、干燥、盖子较松的容器中，将容器移离泄漏区。

498. 喹硫磷

标 识

中文名称 喹硫磷

英文名称 Quinalphos ; *O*,*O*-Diethyl-*O*-quinoxalin-2-yl phosphorothioate

别名 *O*,*O*-二乙基-*O*-喹噁啉-2-基硫代磷酸酯

分子式 $C_{12}H_{15}N_2O_3PS$

CAS 号 13593-03-8

铁危编号 61874

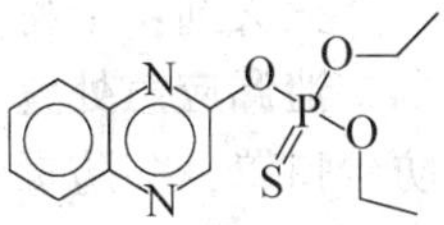

危害信息

危险性类别 第 6 类 有毒品

燃烧与爆炸危险性 可燃，高热易分解。

禁忌物 强氧化剂、强碱。

毒性 大鼠经口 LD_{50}：26mg/kg；小鼠经口 LD_{50}：74500μg/kg；大鼠吸入 LC_{50}：175mg/m^3；大鼠经皮 LD_{50}：300mg/kg。

中毒表现 抑制体内胆碱酯酶活性，造成神经生理功能紊乱。急性中毒症状有头痛、头昏、乏力、食欲不振、恶心、呕吐、腹痛、腹泻、流涎、瞳孔缩小、呼吸道分泌物增多、

多汗、肌束震颤等。重度中毒者出现肺水肿、昏迷、呼吸麻痹、脑水肿。血胆碱酯酶活性降低。

侵入途径　吸入、食入、经皮吸收。

环境危害　对水生生物有极高毒性，可能在水生环境中造成长期不利影响。

理化特性与用途

理化特性　无色或白色结晶。不溶于水，混溶于丙酮、氯仿、乙醚、二甲亚砜、乙醇、二甲苯。熔点 31~32℃，沸点 142℃(40Pa)，相对密度(水=1)1.235，饱和蒸气压 0.35mPa(20℃)，辛醇/水分配系数 4.44，闪点 >100℃。

主要用途　杀虫剂、杀螨剂。用于棉花、水稻、果树、蔬菜等防治鳞翅目、双翅目、鞘翅目、同翅目等多种害虫和螨类。

包装与储运

包装标志　有毒品

包装类别　Ⅲ类

安全储运　储存于阴凉、通风的库房。远离火种、热源。防止阳光直射。储存温度不超过 35℃，相对湿度不超过 85%。保持容器密封。应与强氧化剂、强碱等分开存放，切忌混储。配备相应品种和数量的消防器材。储区应备有合适的材料收容泄漏物。

紧急处置信息

急救措施

吸入：迅速脱离现场至空气新鲜处。保持呼吸道通畅。如呼吸困难，给输氧。呼吸、心跳停止，立即进行心肺复苏术。就医。

眼睛接触：分开眼睑，用流动清水或生理盐水冲洗。就医。

皮肤接触：立即脱去污染的衣着，用肥皂水及流动清水彻底冲洗污染的皮肤、头发、指甲等。就医。

食入：饮足量温水，催吐(仅限于清醒者)。口服活性炭。就医。

解毒剂：阿托品、胆碱酯酶复能剂。

灭火方法　消防人员须穿全身防火防毒服，佩戴空气呼吸器，在上风向灭火。尽可能将容器从火场移至空旷处。喷水保持火场容器冷却，直至灭火结束。

灭火剂：干粉、二氧化碳、砂土。

泄漏应急处置　消除所有点火源。隔离泄漏污染区，限制出入。建议应急处理人员戴防尘口罩，穿防毒服，戴橡胶手套。禁止接触或跨越泄漏物。尽可能切断泄漏源。用塑料布覆盖，减少飞散。用洁净的铲子收集泄漏物，置于干净、干燥、盖子较松的容器中，将容器移离泄漏区。

499. 喹螨醚

标　识

中文名称　喹螨醚

英文名称 4-(2-(4-(1,1-Dimethylethyl)phenyl)-ethoxy)quinazoline；Fenazaquin

别名 4-((4-叔丁基苯基)乙氧基)喹唑啉

分子式 $C_{20}H_{22}N_2O$

CAS 号 120928-09-8

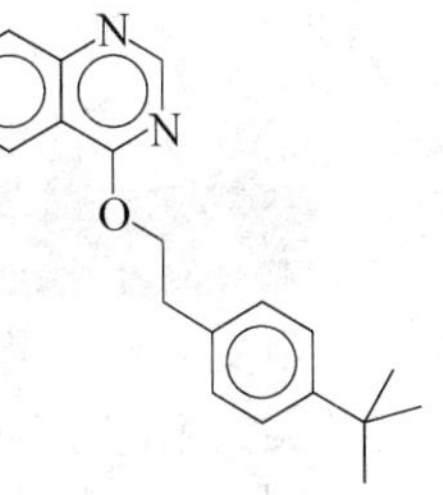

危害信息

危险性类别 第 6 类 有毒品

燃烧与爆炸危险性 无特殊燃爆特性。

禁忌物 强氧化剂、强酸。

毒性 大鼠经口 LD_{50}：136mg/kg；小鼠经口 LD_{50}：1789mg/kg；大鼠吸入 LC_{50}：1900mg/m^3。

侵入途径 吸入、食入、经皮吸收。

环境危害 对水生生物有极高毒性，可能在水生环境中造成长期不利影响。

理化特性与用途

理化特性 无色结晶。不溶于水，易溶于氯仿、甲苯、丙酮，溶于甲醇、异丙醇。熔点 78.5℃，相对密度(水=1)1.16，饱和蒸气压 0.003mPa(25℃)，辛醇/水分配系数 5.51。

主要用途 杀螨剂。用于果树、棉花防治螨类。

包装与储运

包装标志 有毒品

包装类别 Ⅲ类

安全储运 储存于阴凉、通风的库房。远离火种、热源。防止阳光直射。储存温度不超过 35℃，相对湿度不超过 85%。保持容器密封。应与强氧化剂、强酸等分开存放，切忌混储。配备相应品种和数量的消防器材。储区应备有合适的材料收容泄漏物。

紧急处置信息

急救措施

吸入：迅速脱离现场至空气新鲜处。保持呼吸道通畅。如呼吸困难，给输氧。呼吸、心跳停止，立即进行心肺复苏术。就医。

眼睛接触：立即分开眼睑，用流动清水或生理盐水彻底冲洗。就医。

皮肤接触：立即脱去污染的衣着，用流动清水彻底冲洗。就医。

食入：饮适量温水，催吐(仅限于清醒者)。就医。

灭火方法 消防人员须穿全身防火防毒服，佩戴空气呼吸器，在上风向灭火。尽可能将容器从火场移至空旷处。喷水保持火场容器冷却，直至灭火结束。

根据着火原因选择适当灭火剂灭火。

泄漏应急处置 隔离泄漏污染区，限制出入。建议应急处理人员戴防尘口罩，穿防毒服，戴橡胶手套。穿上适当的防护服前严禁接触破裂的容器和泄漏物。尽可能切断泄漏源。用塑料布覆盖泄漏物，减少飞散。勿使水进入包装容器内。用洁净的铲子收集泄漏物，置于干净、干燥、盖子较松的容器中，将容器移离泄漏区。

500. 莨菪胺

标　　识

中文名称　莨菪胺

英文名称　Scopolamine；Hyoscine

别名　9-甲基-3-氧杂-9-氮杂三环(3. 3. 1. 02,4)壬烷-7-醇(-)-α-(羟甲基)苯乙酸酯；东莨菪碱

分子式　$C_{17}H_{21}NO_4$

CAS 号　51-34-3

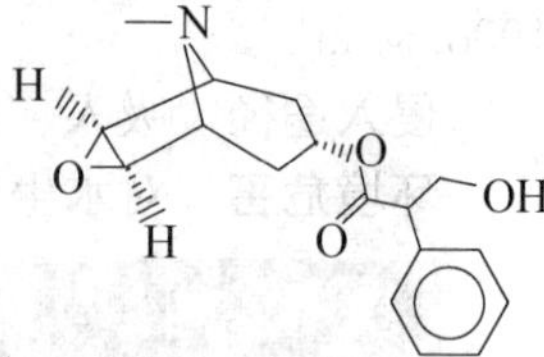

危害信息

危险性类别　第 6 类　有毒品

燃烧与爆炸危险性　无特殊燃爆特性。

禁忌物　强氧化剂、强酸。

毒性　大鼠经口 LD_{50}：2650mg/kg；小鼠经口 LD_{50}：1275mg/kg。

中毒表现　大剂量接触影响中枢神经系统，出现焦虑不安、定向力障碍、易怒、幻觉等。

侵入途径　吸入、食入。

理化特性与用途

理化特性　黏性液体。易溶于热水，易溶于乙醇、乙醚、丙酮、氯仿，微溶于苯、石油醚。熔点 59℃，相对密度(水=1)1. 31，辛醇/水分配系数 0. 98。

主要用途　为镇静药。用于全身麻醉前给药、晕动病、震颤麻痹等。

包装与储运

包装标志　有毒品

包装类别　Ⅰ类

安全储运　储存于阴凉、通风的库房。远离火种、热源。防止阳光直射。储存温度不超过 32℃，相对湿度不超过 85%。保持容器密封。应与强氧化剂、强酸等分开存放，切忌混储。配备相应品种和数量的消防器材。储区应备有合适的材料收容泄漏物。

紧急处置信息

急救措施

吸入：迅速脱离现场至空气新鲜处。保持呼吸道通畅。如呼吸困难，给输氧。呼吸、心跳停止，立即进行心肺复苏术。就医。

眼睛接触：立即分开眼睑，用流动清水或生理盐水彻底冲洗。就医。

皮肤接触：立即脱去污染的衣着，用肥皂水和清水彻底冲洗。就医。

食入：漱口，饮水。就医。

灭火方法　消防人员须穿全身防火防毒服，佩戴空气呼吸器，在上风向灭火。尽可能将容器从火场移至空旷处。喷水保持火场容器冷却，直至灭火结束。处在火场中的容器若

发生异常变化或发出异常声音，须马上撤离。

根据着火原因选择适当灭火剂灭火。

泄漏应急处置 根据液体流动和蒸气扩散的影响区域划定警戒区，无关人员从侧风、上风向撤离至安全区。建议应急处理人员戴正压自给式呼吸器，穿防毒服，戴橡胶手套。穿上适当的防护服前严禁接触破裂的容器和泄漏物。尽可能切断泄漏源。防止泄漏物进入水体、下水道、地下室或有限空间。小量泄漏：用干燥的砂土或其他不燃材料吸收或覆盖，收集于容器中。大量泄漏：构筑围堤或挖坑收容。用泵转移至槽车或专用收集器内。

501. 雷酸汞

标识

中文名称 雷酸汞

英文名称 Mercury difulminate; Mercuric fulminate; Fulminate of mercury

分子式 $Hg(CNO)_2$

CAS 号 628-86-4

铁危编号 11025

UN 号 0135

$$\begin{matrix} ^{-}C\equiv N^{+}—O^{-} \\ ^{-}C\equiv N^{+}—O^{-} \end{matrix} \quad Hg^{2+}$$

危害信息

危险性类别 第 1 类 爆炸品

燃烧与爆炸危险性 易爆，爆炸后生成刺激性、腐蚀性和毒性的气体。在潮湿空气中与金属易发生反应。

活性反应 潮湿空气中与金属易发生反应。

禁忌物 爆炸品、氧化剂、酸类、活性金属粉末。

中毒表现 汞及其化合物主要引起中枢神经系统损害及口腔炎，高浓度引起肾损害。

侵入途径 吸入、食入、经皮吸收。

职业接触限值 美国(ACGIH)：TLV-TWA 0.025mg/m^3[按 Hg 计][皮]。

环境危害 对水生生物有极高毒性，可能在水生环境中造成长期不利影响。

理化特性与用途

理化特性 白色或灰色至暗褐色的晶体或粉末。微溶于冷水，溶于热水，溶于乙醇、氨水等。熔点(爆炸)，相对密度(水=1)4.42，辛醇/水分配系数-4.83，爆燃点 165℃，爆速 5400m/s。

主要用途 用作起爆药。

包装与储运

包装标志 爆炸品

安全储运 储存于阴凉、干燥、通风的爆炸品专用库房。远离火种、热源。储存温度不宜超过 32℃，相对湿度不超过 80%。若以水作稳定剂，储存温度应大于 1℃，相对湿度小于 80%。保持容器密封。应与其他爆炸品、氧化剂、酸类、活性金属粉末等隔离储运。采用防爆型照明、通风设施。禁止使用易产生火花的机械设备和工具。搬运时轻装轻卸，防止容器受损。禁止震动、撞击和摩擦。

紧急处置信息

急救措施

吸入： 迅速脱离现场至空气新鲜处。保持呼吸道通畅。如呼吸困难，给输氧。呼吸、心跳停止，立即进行心肺复苏术。就医。

眼睛接触： 立即分开眼睑，用流动清水或生理盐水彻底冲洗。就医。

皮肤接触： 立即脱去污染的衣着，用流动清水彻底冲洗。就医。

食入： 口服蛋清、牛奶或豆浆。就医。

解毒剂： 二巯基丙磺酸钠、二巯基丁二酸钠、青霉胺。

灭火方法 消防人员须在防爆掩蔽处操作。遇大火切勿轻易接近。在物料附近失火，须用水保持容器冷却。用大量水灭火。禁止用砂土盖压。

泄漏应急处置 消除所有点火源。隔离泄漏污染区，限制出入。建议应急处理人员戴防尘口罩，穿一般作业工作服，戴橡胶手套。作业时使用的所有设备应接地。禁止接触或跨越泄漏物。润湿泄漏物。严禁设法扫除干的泄漏物。在专家指导下清除。

502. 藜芦碱

标　识

中文名称 藜芦碱

英文名称 Veratrine

别名 3,4,12,14,16,17,20-七羟基-4,9-环氧-3-(2-甲基-2-丁烯酸酯(3β(Z),4α,16β)-沙巴达碱；瑟瓦定；西伐丁

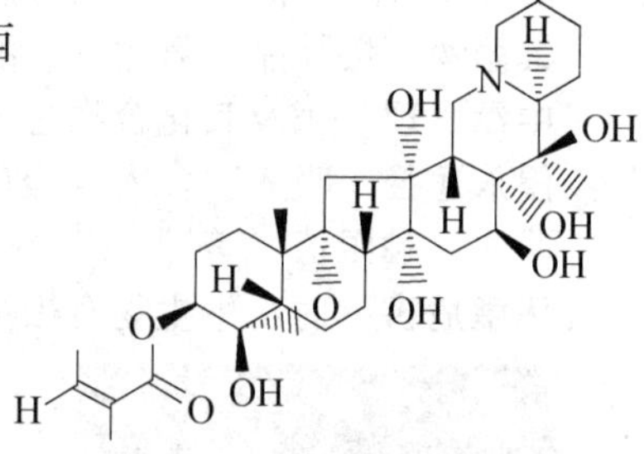

分子式 $C_{32}H_{49}NO_9$

CAS 号 62-59-9

危害信息

燃烧与爆炸危险性 无特殊燃爆特性。

禁忌物 强氧化剂、强酸。

毒性 大鼠经口 LD_{50}：4900μg/kg。

侵入途径 吸入、食入。

理化特性与用途

理化特性 固体。微溶于水，易溶于乙醇、乙醚等有机溶剂。熔点 205℃，213～214.5℃分解，辛醇/水分配系数 0.89。

主要用途 该品能有效防治多种作物蚜虫、茶树茶小绿叶蝉、蔬菜白粉虱等刺吸式害虫及菜青虫、棉铃虫等鳞翅目害虫。

包装与储运

安全储运　储存于阴凉、通风的库房。远离火种、热源。应与强氧化剂、强酸等隔离储运。易光解，应在避光、干燥、通风、低温条件下储存。

紧急处置信息

急救措施

吸入： 迅速脱离现场至空气新鲜处。保持呼吸道通畅。如呼吸困难，给输氧。呼吸、心跳停止，立即进行心肺复苏术。就医。

眼睛接触： 立即分开眼睑，用流动清水或生理盐水彻底冲洗。就医。

皮肤接触： 立即脱去污染的衣着，用肥皂水和清水彻底冲洗。就医。

食入： 漱口，饮水。就医。

灭火方法　消防人员须穿全身消防服，佩戴空气呼吸器，在上风向灭火。尽可能将容器从火场移至空旷处。喷水保持火场容器冷却，直至灭火结束。

根据着火原因选择适当灭火剂灭火。

泄漏应急处置　隔离泄漏污染区，限制出入。建议应急处理人员戴防尘口罩，穿防毒服。禁止接触或跨越泄漏物。尽可能切断泄漏源。用塑料布覆盖，减少飞散。勿使水进入包装容器。用洁净的铲子收集泄漏物，置于干净、干燥、盖子较松的容器中，将容器移离泄漏区。

503. 丽春红 3R

标　识

中文名称　丽春红 3*R*

英文名称　Ponceau 3*R*; Disodium 3-hydroxy-4-((2,4,5-trimethylphenyl) azo) naphthalene-2,7-disulphonate

别名　3 羟基-4-((2,4,5-三甲基苯基)偶氮)-2,7-萘二磺酸二钠

分子式　$C_{19}H_{16}N_2O_7S_2 \cdot 2Na$

CAS 号　3564-09-8

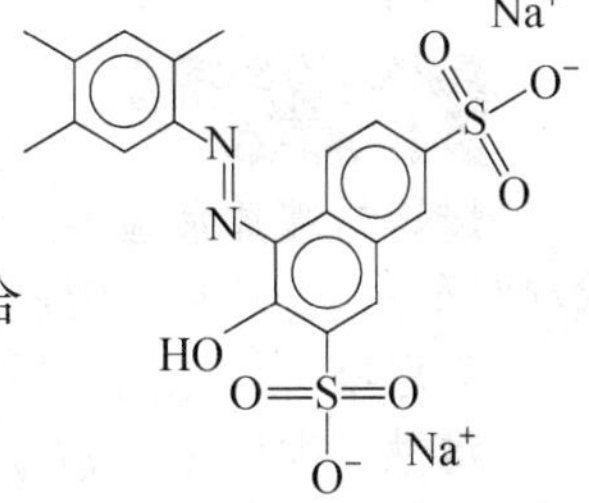

危害信息

燃烧与爆炸危险性　可燃，粉体与空气混合能形成爆炸性混合物，遇明火、高热易燃烧爆炸。

禁忌物　强氧化剂。

毒性　IARC 致癌性评论：G2B，可疑人类致癌物。

侵入途径　吸入、食入。

理化特性与用途

理化特性　深红色结晶或粉末。溶于水，微溶于乙醇，溶于酸，不溶于碱、植物油。辛醇/水分配系数 0.46。

主要用途　用于羊毛染色、涂料，用作生物染色剂。

包装与储运

安全储运 储存于阴凉、通风的库房。远离火种、热源。保持容器密闭。应与强氧化剂等隔离储运。

紧急处置信息

急救措施

吸入：迅速脱离现场至空气新鲜处。保持呼吸道通畅。如呼吸困难，给输氧。呼吸、心跳停止，立即进行心肺复苏术。就医。

眼睛接触：立即分开眼睑，用流动清水或生理盐水彻底冲洗。就医。

皮肤接触：立即脱去污染的衣着，用肥皂水和清水彻底冲洗。就医。

食入：漱口，饮水。就医。

灭火方法 消防人员须穿全身消防服，佩戴空气呼吸器，在上风向灭火。尽可能将容器从火场移至空旷处。喷水保持火场容器冷却，直至灭火结束。

灭火剂：干粉、二氧化碳。

泄漏应急处置 隔离泄漏污染区，限制出入。消除点火源。建议应急处理人员戴防尘口罩，穿防毒服，戴橡胶手套。穿上适当的防护服前严禁接触破裂的容器和泄漏物。尽可能切断泄漏源。用塑料布覆盖泄漏物，减少飞散。勿使水进入包装容器内。用洁净的铲子收集泄漏物，置于干净、干燥、盖子较松的容器中，将容器移离泄漏区。

504. 连苯三酚

标　　识

中文名称 连苯三酚

英文名称 Pyrogallol；1,2,3-Trihydroxybenzene

别名 焦棓酚；1,2,3-苯三酚

分子式 $C_6H_6O_3$

CAS 号 87-66-1

OH
HO OH

危害信息

燃烧与爆炸危险性 可燃，其粉体与空气混合能形成爆炸性混合物，遇明火、高热易燃烧爆炸。受热易分解放出有刺激性和酸性的气体。

禁忌物 氧化剂、强碱。

毒性 大鼠经口 LD_{50}：790mg/kg；小鼠经口 LD_{50}：300mg/kg。

中毒表现 食入、吸入或经皮吸收对身体有害。

侵入途径 吸入、食入、经皮吸收。

环境危害 对水生生物有害，可能在水生环境中造成长期不利影响。

理化特性与用途

理化特性 白色无臭针状或片状晶体。暴露于空气和光变成浅灰色。溶于水，易溶于乙醇、乙醚，微溶于苯、氯仿、二硫化碳。熔点 131~134℃，沸点 309℃，相对密度(水=

1)1.45，相对蒸气密度(空气=1)4.4，饱和蒸气压63.7mPa(25℃)，辛醇/水分配系数0.97，燃烧热-2673kJ/mol。

主要用途 用于制备金属胶状溶液，皮革着色，毛皮、毛发等的染色、蚀刻等；并可用作电影胶片的显影剂、红外线照相热敏剂、苯乙烯及聚苯乙烯阻聚剂、医药及染料的中间体以及分析用试剂等。

包装与储运

安全储运 储存于阴凉、通风的库房。远离火种、热源。应与强氧化剂、强碱等隔离储运。

紧急处置信息

急救措施

吸入： 迅速脱离现场至空气新鲜处。保持呼吸道通畅。如呼吸困难，给输氧。呼吸、心跳停止，立即进行心肺复苏术。就医。

眼睛接触： 立即分开眼睑，用流动清水或生理盐水彻底冲洗。就医。

皮肤接触： 立即脱去污染的衣着，用肥皂水和清水彻底冲洗。就医。

食入： 漱口，饮水。就医。

灭火方法 消防人员须穿全身消防服，在上风向灭火。尽可能将容器从火场移至空旷处。喷水保持火场容器冷却，直至灭火结束。

灭火剂：水、雾状水、干粉、二氧化碳。

泄漏应急处置 消除所有点火源。隔离泄漏污染区，限制出入。建议应急处理人员戴防尘口罩，穿防护服，戴橡胶手套。穿戴适当的防护装备前，禁止接触或跨越泄漏物。尽可能切断泄漏源。用塑料布覆盖，减少飞散。勿使水进入包装容器内。用洁净的铲子收集泄漏物，置于干净、干燥、盖子较松的容器中，将容器移离泄漏区。

505. 1,1′-联苯-2-酚钠盐

标　识

中文名称 1,1′-联苯-2-酚钠盐

英文名称 Sodium 2-biphenylate; 2-Phenylphenol, sodium salt

别名 邻苯基苯酚钠

分子式 $C_{12}H_9O \cdot Na$

CAS 号 132-27-4

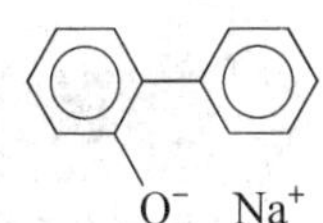

危害信息

燃烧与爆炸危险性 可燃。

禁忌物 强氧化剂。

毒性 大鼠经口 LD_{50}：656mg/kg；小鼠经口 LD_{50}：683mg/kg；大鼠吸入 LC_{50}：>1331mg/m^3。

IARC 致癌性评论：G2B，可疑人类致癌物。

中毒表现 食入有害。眼接触引起严重损害。对皮肤和呼吸道有刺激性。

侵入途径　吸入、食入。

环境危害　对水生生物有极高毒性，可能在水生环境中造成长期不利影响。

理化特性与用途

理化特性　白色至微黄色结晶或粉末。易溶于水，溶于丙酮、甲醇、丙二醇，不溶于石油馏分。pH 值 12.0～13.5(饱和水溶液)，熔点 78℃(4 水合物)，相对密度(水=1) 1.213，辛醇/水分配系数 0.59。

主要用途　用作杀菌剂、防腐剂、防霉剂、合成树脂原料和医药中间体。

包装与储运

包装标志　杂类

包装类别　Ⅲ类

安全储运　储存于阴凉、通风的库房。远离火种、热源。保持容器密闭，注意防潮。应与强氧化剂等隔离储运。

紧急处置信息

急救措施

吸入：迅速脱离现场至空气新鲜处。保持呼吸道通畅。如呼吸困难，给输氧。呼吸、心跳停止，立即进行心肺复苏术。就医。

眼睛接触：立即分开眼睑，用流动清水或生理盐水彻底冲洗 5～10min。就医。

皮肤接触：立即脱去污染的衣着，用流动清水彻底冲洗。就医。

食入：漱口，饮水。就医。

灭火方法　消防人员须穿全身消防服，佩戴空气呼吸器，在上风向灭火。尽可能将容器从火场移至空旷处。

灭火剂：干粉、二氧化碳。

泄漏应急处置　隔离泄漏污染区，限制出入。消除点火源。建议应急处理人员戴防尘口罩，穿防毒服，戴橡胶手套。穿上适当的防护服前严禁接触破裂的容器和泄漏物。尽可能切断泄漏源。用塑料布覆盖泄漏物，减少飞散。勿使水进入包装容器内。用洁净的铲子收集泄漏物，置于干净、干燥、盖子较松的容器中，将容器移离泄漏区。

506. 邻甲基苯乙烯

标　识

中文名称　邻甲基苯乙烯

英文名称　2-Methylstyrene; *o*-Methylstyrene; 2-Vinyltoluene

别名　2-甲基苯乙烯

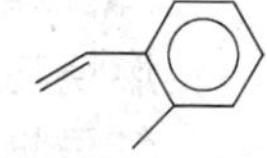

分子式　C_9H_{10}

CAS 号　611-15-4

危害信息

燃烧与爆炸危险性　易燃，其蒸气与空气混合能形成爆炸性混合物，遇明火、高热易燃烧爆炸。

禁忌物 强氧化剂。

中毒表现 对眼、皮肤和呼吸道有刺激性。影响神经系统。长期反复接触引起皮炎。对皮肤有脱脂作用。对肝肾可能有影响。

侵入途径 吸入、食入。

环境危害 对水生生物有毒，可能在水生环境中造成长期不利影响。

理化特性与用途

理化特性 无色或淡黄色透明液体，有特性气味。不溶于水，溶于甲醇、乙醇、乙醚、苯、丙酮。熔点-69℃，沸点170℃，相对密度(水=1)0.91，相对蒸气密度(空气=1)4.1，饱和蒸气压0.25kPa(25℃)，临界温度394℃，临界压力3.28MPa，燃烧热-5093kJ/mol，辛醇/水分配系数3.58，闪点60℃，引燃温度494℃，爆炸下限1.9%，爆炸上限6.1%。

主要用途 用于生产苯乙烯类聚合物。

包装与储运

包装标志 杂类

包装类别 Ⅲ类

安全储运 储存于阴凉、通风的库房。远离火种、热源。应与强氧化剂等隔离储运。搬运时轻装轻卸，防止容器受损。

紧急处置信息

急救措施

吸入：迅速脱离现场至空气新鲜处。保持呼吸道通畅。如呼吸困难，给输氧。呼吸、心跳停止，立即进行心肺复苏术。就医。

眼睛接触：立即分开眼睑，用流动清水或生理盐水彻底冲洗。就医。

皮肤接触：立即脱去污染的衣着，用肥皂水和清水彻底冲洗。就医。

食入：漱口，饮水。就医。

灭火方法 消防人员须穿全身消防服，佩戴空气呼吸器，在上风向灭火。尽可能将容器从火场移至空旷处。喷水保持火场容器冷却，直至灭火结束。处在火场中的容器若发生异常变化或发出异常声音，须马上撤离。

灭火剂：泡沫、二氧化碳、干粉、砂土。

泄漏应急处置 根据液体流动和蒸气扩散的影响区域划定警戒区，无关人员从侧风、上风向撤离至安全区。消除所有点火源。建议应急处理人员戴正压自给式呼吸器，穿防毒、防静电服，戴橡胶手套。作业时使用的所有设备应接地。禁止接触或跨越泄漏物。尽可能切断泄漏源。防止泄漏物进入水体、下水道、地下室或有限空间。小量泄漏：用砂土或其他不燃材料吸收。使用洁净的无火花工具收集吸收材料。大量泄漏：构筑围堤或挖坑收容。用泡沫覆盖，减少蒸发。喷水雾能减少蒸发，但不能降低泄漏物在有限空间内的易燃性。用防爆泵转移至槽车或专用收集器内。

507. 邻氯苯乙烯

标　识

中文名称 邻氯苯乙烯

507. 邻氯苯乙烯

英文名称 2-Chlorostyrene；*o*-Chlorostyrene

别名 2-氯苯乙烯

分子式 C_8H_7Cl

CAS 号 2039-87-4

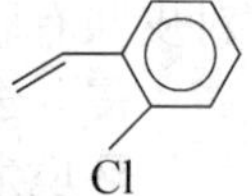

危害信息

危险性类别 第 3 类 易燃液体

燃烧与爆炸危险性 易燃，其蒸气与空气混合能形成爆炸性混合物，遇明火、高热易燃烧爆炸。燃烧产生有毒的刺激性烟雾。蒸气比空气重，能在较低处扩散到相当远的地方，遇火源会着火回燃和爆炸(闪爆)。

禁忌物 氧化剂。

毒性 大鼠经口 LD_{50}：3810μL/kg。

中毒表现 对眼和皮肤有刺激性。

侵入途径 吸入、食入。

职业接触限值 美国(ACGIH)：TLV-TWA 50ppm；TLV-STEL 75ppm。

理化特性与用途

理化特性 无色或淡黄色透明液体。不溶于水，溶于乙醇、乙醚、丙酮、乙酸、四氯化碳、石油醚。熔点-63.1℃，沸点 188.7℃，相对密度(水=1)1.1，相对蒸气密度(空气=1)4.8，饱和蒸气压 0.13kPa(25℃)，辛醇/水分配系数 3.58，闪点 58℃(闭杯)。

主要用途 用作树脂添加剂和有机合成中间体。

包装与储运

包装标志 易燃液体

包装类别 Ⅲ类

安全储运 储存于阴凉、通风的库房。远离火种、热源。库温不宜超过 37℃。保持容器密封。应与氧化剂等分开存放，切忌混储。采用防爆型照明、通风设施。禁止使用易产生火花的机械设备和工具。储区应备有泄漏应急处理设备和合适的收容材料。灌装时注意流速，防止静电积聚。搬运时轻装轻卸，防止容器受损。

紧急处置信息

急救措施

吸入：迅速脱离现场至空气新鲜处。保持呼吸道通畅。如呼吸困难，给输氧。呼吸、心跳停止，立即进行心肺复苏术。就医。

眼睛接触：立即分开眼睑，用流动清水或生理盐水彻底冲洗。就医。

皮肤接触：立即脱去污染的衣着，用肥皂水和清水彻底冲洗。就医。

食入：饮适量温水，催吐(仅限于清醒者)。就医。

灭火方法 消防人员须穿全身消防服，在上风向灭火。尽可能将容器从火场移至空旷处。喷水保持火场容器冷却，直至灭火结束。处在火场中的容器，若发生异常变化或发出异常声音，须马上撤离。

灭火剂：泡沫、干粉、二氧化碳、水。

泄漏应急处置 根据液体流动和蒸气扩散的影响区域划定警戒区，无关人员从侧风、上风向撤离至安全区。消除所有点火源。建议应急处理人员戴正压自给式呼吸器，穿防静电服，戴橡胶耐油手套。作业时使用的所有设备应接地。禁止接触或跨越泄漏物。尽可能切断泄漏源。防止泄漏物进入水体、下水道、地下室或有限空间。小量泄漏：用砂土或其他不燃材料吸收。使用洁净的无火花工具收集吸收材料。大量泄漏：构筑围堤或挖坑收容。用泡沫覆盖，减少蒸发。喷水雾能减少蒸发，但不能降低泄漏物在有限空间内的易燃性。用防爆泵转移至槽车或专用收集器内。

508. 邻乙氧基苯胺

标　识

中文名称　邻乙氧基苯胺

英文名称　*o*-Phenetidine；2-Ethoxybenzenamine

别名　邻氨基苯乙醚；2-氨基苯乙醚

分子式　$C_8H_{11}NO$

CAS 号　94-70-2

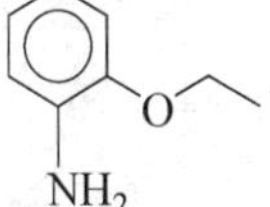

危害信息

危险性类别　第 6 类　有毒品

燃烧与爆炸危险性　可燃。

禁忌物　强氧化剂、酸类。

毒性　小鼠经口 *LDLo*：600mg/kg；兔经口 LD_{50}：600mg/kg。

中毒表现　食入、吸入或经皮肤吸收会引起中毒。长期或反复接触可能对器官造成损害。

侵入途径　吸入、食入、经皮吸收。

理化特性与用途

理化特性　红棕色透明油状液体。不溶于水，溶于乙醇、乙醚、稀酸。熔点-21℃，沸点 232.5℃，相对密度(水=1)1.05，相对蒸气密度(空气=1)4.73，饱和蒸气压 0.13kPa(67℃)，辛醇/水分配系数 1.65，闪点 80℃。

主要用途　用作染料、香料和医药中间体。

包装与储运

包装标志　有毒品

包装类别　Ⅲ类

安全储运　储存于阴凉、通风的库房。远离火种、热源。库温不超过 32℃。相对湿度不超过 85%。包装密封。应与强氧化剂、酸类、食用化学品分开存放，切忌混储。配备相应品种和数量的消防器材。储区应备有合适的材料收容泄漏物。搬运时轻装轻卸，防止容器受损。

紧急处置信息

急救措施

吸入：迅速脱离现场至空气新鲜处。保持呼吸道通畅。如呼吸困难，给输氧。呼吸、心跳停止，立即进行心肺复苏术。就医。

眼睛接触：立即分开眼睑，用流动清水或生理盐水彻底冲洗。就医。

皮肤接触：立即脱去污染的衣着，用肥皂水和清水彻底冲洗。就医。

食入：漱口，饮水。就医。

灭火方法 消防人员须穿全身消防服，佩戴空气呼吸器，在上风向灭火。尽可能将容器从火场移至空旷处。喷水保持火场容器冷却，直至灭火结束。处在火场中的容器若发生异常变化或发出异常声音，须马上撤离。

灭火剂：干粉、二氧化碳、泡沫。

泄漏应急处置 根据液体流动和蒸气扩散的影响区域划定警戒区，无关人员从侧风、上风向撤离至安全区。消除所有点火源。建议应急处理人员戴防毒面具，穿防毒、防静电服，戴橡胶手套。禁止接触或跨越泄漏物。尽可能切断泄漏源。防止泄漏物进入水体、下水道、地下室或有限空间。小量泄漏：用砂土或其他不燃材料吸收。使用洁净的无火花工具收集吸收材料。大量泄漏：构筑围堤或挖坑收容。用泡沫覆盖，减少蒸发。用防爆泵转移至槽车或专用收集器内。

509. 邻仲丁基苯酚

标 识

中文名称 邻仲丁基苯酚

英文名称 2-sec-Butylphenol；*o*-sec-Butylphenol ；2-(1-Methylpropyl)phenol

别名 2-仲丁基苯酚

分子式 $C_{10}H_{14}O$

CAS 号 89-72-5

HO

危害信息

危险性类别 第 8 类 腐蚀品

燃烧与爆炸危险性 可燃，蒸气比空气重，能在较低处扩散到相当远的地方，遇火源会着火回燃和爆炸(闪爆)。

禁忌物 氧化剂、酸类。

毒性 大鼠经口 LD_{50}：320mg/kg；大鼠吸入 LC_{50}：>290ppm(4h)；兔经皮 LD_{50}：5560mg/kg。

中毒表现 本品对眼、皮肤和消化道有腐蚀性。蒸气对呼吸道有刺激性。

侵入途径 吸入、食入、经皮吸收。

职业接触限值 中国：PC-TWA 30mg/m^3[皮]。

美国(ACGIH)：TLV-TWA 5ppm[皮]。

环境危害 对水生生物有毒，可能在水生环境中造成长期不利影响。

理化特性与用途

理化特性 无色至琥珀色液体，有苯酚特有的气味。不溶于水，溶于乙醇、乙醚、碱液。pH 值 6.4，熔点 14℃，沸点 224～237℃，相对密度(水=1)0.98，相对蒸气密度(空气=1)5.2，饱和蒸气压 10Pa(20℃)，辛醇/水分配系数 3.27，闪点 107℃。

主要用途 用作生产树脂、塑料、表面活性剂、杀虫剂、杀螨剂和除草剂等的中间体。

包装与储运

包装标志 腐蚀品

包装类别 Ⅲ类

安全储运 储存于阴凉、通风的库房。远离火种、热源。库温不超过 30℃。相对湿度不超过 80%。包装要求密封，不可与空气接触。应与氧化剂、酸类等分开存放，切忌混储。储区应备有泄漏应急处理设备和合适的收容材料。搬运时轻装轻卸，防止容器受损。

紧急处置信息

急救措施

吸入：迅速脱离现场至空气新鲜处。保持呼吸道通畅。如呼吸困难，给输氧。呼吸、心跳停止，立即进行心肺复苏术。就医。

眼睛接触：立即分开眼睑，用流动清水或生理盐水彻底冲洗 5～10min。就医。

皮肤接触：立即脱去污染的衣着，用大量流动清水彻底冲洗，冲洗时间一般要求 20～30min。就医。

食入：用水漱口，禁止催吐。给饮牛奶或蛋清。就医。

灭火方法 消防人员须穿全身消防服，在上风向灭火。尽可能将容器从火场移至空旷处。喷水保持火场容器冷却，直至灭火结束。处在火场中的容器，若发生异常变化或发出异常声音，须马上撤离。

灭火剂：二氧化碳、泡沫、砂土。

泄漏应急处置 根据液体流动和蒸气扩散的影响区域划定警戒区，无关人员从侧风、上风向撤离至安全区。消除点火源。建议应急处理人员戴正压自给式呼吸器，穿耐腐蚀防护服，戴橡胶耐腐蚀手套。穿上适当的防护服前严禁接触破裂的容器和泄漏物。尽可能切断泄漏源。防止泄漏物进入水体、下水道、地下室或有限空间。严禁用水处理。小量泄漏：用干燥的砂土或其他不燃材料覆盖泄漏物。大量泄漏：构筑围堤或挖坑收容。用耐腐蚀泵转移至槽车或专用收集器内。

510. 磷化钙

标 识

中文名称 磷化钙

英文名称 Calcium phosphide; Tricalcium diphosphide

别名 二磷化三钙

分子式 Ca_3P_2

CAS 号 1305-99-3

Ca^{2+} P^{3-}
Ca^{2+} P^{3-}
Ca^{2+}

危害信息

危险性类别 第 4.3 类 遇湿易燃物品

燃烧与爆炸危险性 遇湿易燃。遇湿放出易燃的磷化氢气体。

禁忌物 氧化剂、酸类、醇类。

中毒表现 对眼、皮肤和呼吸道有刺激性。吸入本品分解产物可引起肺水肿。对胃肠道、中枢神经系统、肝脏、肾脏和心血管系统有影响。重者引起死亡。

侵入途径　吸入、食入。

理化特性与用途

理化特性　红棕色结晶粉末或灰色块状物，有发霉的气味。与水反应，溶于酸，不溶于乙醇、醚和苯。溶点 1600℃，沸点(分解)，相对密度(水=1)2.51。

主要用途　用于制磷化氢、烟火信号、焰火，用作熏蒸剂和灭鼠剂，也用作合成中间体。

包装与储运

包装标志　遇湿易燃物品

包装类别　Ⅰ类

安全储运　储存于阴凉、干燥、通风良好的专用库房内，库温不超过 32℃。相对湿度不超过 75%。远离火种、热源。包装要求密封，不可与空气接触。应与氧化剂、酸类、醇类等分开存放，切忌混储。采用防爆型照明、通风设施。禁止使用易产生火花的机械设备和工具。储区应备有合适的材料收容泄漏物。

紧急处置信息

急救措施

吸入：迅速脱离现场至空气新鲜处。保持呼吸道通畅。如呼吸困难，给输氧。呼吸、心跳停止，立即进行心肺复苏术。就医。

眼睛接触：立即分开眼睑，用流动清水或生理盐水彻底冲洗。就医。

皮肤接触：立即脱去污染的衣着，用流动清水彻底冲洗。就医。

食入：饮适量温水，催吐(仅限于清醒者)。就医。

灭火方法　消防人员须穿全身消防服，佩戴空气呼吸器，在上风向灭火。

灭火剂：二氧化碳、砂土。

泄漏应急处置　严禁用水处理。隔离泄漏污染区，限制出入。消除所有点火源。建议应急处理人员戴防尘口罩，穿防毒、防静电服，戴防护手套。禁止接触或跨越泄漏物。尽可能切断泄漏源。保持泄漏物干燥。小量泄漏：用干燥的砂土或其他不燃材料覆盖泄漏物，然后用塑料布覆盖，减少飞散、避免雨淋。大量泄漏：用塑料布或帆布覆盖泄漏物，减少飞散，保持干燥。在专家指导下清除。

511. 磷酸 2,2-二氯乙烯基 2-乙基亚硫酰基乙基甲酯

标　识

中文名称　磷酸 2,2-二氯乙烯基 2-乙基亚硫酰基乙基甲酯

英文名称　2,2-Dichlorovinyl 2-ethylsulphinylethyl methyl phosphate; Phosphoric acid, 2,2-dichlorovinyl 2-(ethylsulfinyl)ethyl methyl ester

分子式　$C_7H_{13}Cl_2O_5PS$

CAS 号　7076-53-1

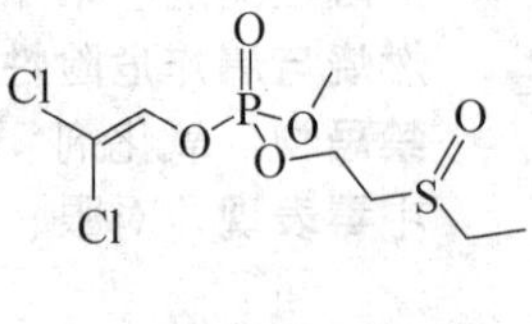

危害信息

危险性类别 第6类 有毒品

燃烧与爆炸危险性 不易燃。

禁忌物 强氧化剂、强酸。

毒性 大鼠经口 LD_{50}：110mg/kg。

侵入途径 吸入、食入、经皮吸收。

理化特性与用途

理化特性 沸点375.9℃，相对密度(水=1)1.46，饱和蒸气压2.17mPa(25℃)，闪点181.1℃。

主要用途 农用化学品。

包装与储运

包装标志 有毒品

包装类别 Ⅲ类

安全储运 储存于阴凉、通风的库房。远离火种、热源。防止阳光直射。储存温度不超过32℃，相对湿度不超过85%。保持容器密封。应与强氧化剂、强酸等分开存放，切忌混储。配备相应品种和数量的消防器材。储区应备有合适的材料收容泄漏物。搬运时轻装轻卸，防止容器受损。

紧急处置信息

急救措施

吸入：迅速脱离现场至空气新鲜处。保持呼吸道通畅。如呼吸困难，给输氧。呼吸、心跳停止，立即进行心肺复苏术。就医。

眼睛接触：立即分开眼睑，用流动清水或生理盐水彻底冲洗。就医。

皮肤接触：立即脱去污染的衣着，用流动清水彻底冲洗。就医。

食入：饮适量温水，催吐(仅限于清醒者)。就医。

灭火方法 消防人员须穿全身防火防毒服，佩戴空气呼吸器，在上风向灭火。尽可能将容器从火场移至空旷处。喷水保持火场容器冷却，直至灭火结束。

根据着火原因选择适当灭火剂灭火。

泄漏应急处置 根据液体流动和蒸气扩散的影响区域划定警戒区，无关人员从侧风、上风向撤离至安全区。消除点火源。应急人员应戴正压自给式呼吸器，穿防毒服，戴橡胶手套。穿戴适当的防护装备前，避免接触泄漏物。尽可能切断泄漏源。防止泄漏物进入水体、下水道、地下室或有限空间。小量泄漏：用砂土等不燃材料吸收，用适当的工具收集于容器中。大量泄漏：构筑围堤或挖坑收容泄漏物，用泵转移至槽车或专用收集器内。

512. 磷酸二正丁基苯基酯

标　识

中文名称 磷酸二正丁基苯基酯

英文名称　Dibutyl phenyl phosphate；Di-*n*-butyl phenyl phosphate

分子式　$C_{14}H_{23}O_4P$

CAS 号　2528-36-1

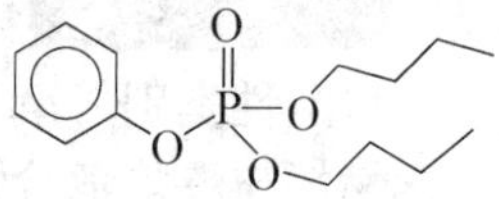

危害信息

燃烧与爆炸危险性　受热易分解，放出有毒的气体。

禁忌物　强氧化剂、强酸。

毒性　大鼠经口 LD_{50}：2140mg/kg；小鼠经口 LD_{50}：1790mg/kg；兔经皮 LD_{50}：>5g/kg；大鼠吸入 LC：>7mg/m³。

中毒表现　对眼、皮肤和呼吸道有刺激性。

侵入途径　吸入、食入、经皮吸收。

职业接触限值　中国：PC-TWA 3.5mg/m³[皮]。

美国(ACGIH)：TLV-TWA 0.3ppm[皮]。

环境危害　对水生生物有极高毒性，可能在水生环境中造成长期不利影响。

理化特性与用途

理化特性　无色至微黄色透明液体，有类似丁醇的气味。不溶于水。沸点 106~108℃(0.05kPa)，相对密度(水=1)1.0691，饱和蒸气压 0.9Pa(25℃)，辛醇/水分配系数 4.27，闪点 129℃(闭杯)、177℃(开杯)。

主要用途　用作飞机发动机液压油和聚氯乙烯增塑剂。

包装与储运

包装标志　杂类

包装类别　Ⅲ类

安全储运　储存于阴凉、通风的库房。远离火种、热源。应与强氧化剂、强酸等隔离储运。搬运时轻装轻卸，防止容器受损。

紧急处置信息

急救措施

吸入：迅速脱离现场至空气新鲜处。保持呼吸道通畅。如呼吸困难，给输氧。呼吸、心跳停止，立即进行心肺复苏术。就医。

眼睛接触：立即分开眼睑，用流动清水或生理盐水彻底冲洗。就医。

皮肤接触：立即脱去污染的衣着，用肥皂水和清水彻底冲洗。就医。

食入：漱口，饮水。就医。

灭火方法　消防人员须穿全身消防服，佩戴空气呼吸器，在上风向灭火。尽可能将容器从火场移至空旷处。喷水保持火场容器冷却，直至灭火结束。处在火场中的容器若发生异常变化或发出异常声音，须马上撤离。

灭火剂：干粉、泡沫、二氧化碳。

泄漏应急处置　根据液体流动和蒸气扩散的影响区域划定警戒区，无关人员从侧风、上风向撤离至安全区。消除所有点火源。应急人员应戴正压自给式呼吸器，穿防护服。尽可能切断泄漏源。防止泄漏物进入水体、下水道、地下室或有限空间。小量泄漏：用砂土或其他不燃材料吸收，用洁净的无火花工具收集，置于适当的容器中。大量泄漏：筑围堤或挖坑收容。用泡沫覆盖泄漏物，减少挥发。用泵将泄漏物转移至槽车或专用收集器内。

513. 磷酸二正丁酯

标　识

中文名称　磷酸二正丁酯

英文名称　Di-*n*-butyl phosphate；Dibutyl hydrogen phosphate

别名　磷酸二丁酯

分子式　$C_8H_{19}O_4P$

CAS 号　107-66-4

危害信息

燃烧与爆炸危险性　易燃，蒸气与空气混合能形成爆炸性混合物，遇明火、高热易燃烧爆炸。受热易分解，放出有毒的腐蚀性烟雾。蒸气比空气重，能在较低处扩散到相当远的地方，遇火源会着火回燃和爆炸(闪爆)。

禁忌物　强氧化剂、强酸。

毒性　大鼠经口 LD_{50}：3200mg/kg。

中毒表现　对眼、皮肤和呼吸道有刺激性。

侵入途径　吸入、食入。

职业接触限值　美国(ACGIH)：TLV-TWA 5mg/m^3[可吸入性颗粒物和蒸气]。

理化特性与用途

理化特性　无色或淡琥珀色液体。微溶于水，溶于四氯化碳、丁醇、乙醚及多种有机溶剂。熔点-13℃，沸点 135~138℃，相对密度(水=1)1.06，相对蒸气密度(空气=1)7.2，饱和蒸气压 0.13kPa(20℃)，辛醇/水分配系数 0.6~1.4，闪点 188℃(开杯)，引燃温度 420℃。

主要用途　用作有机催化剂、消泡剂、增塑剂、液压油、溶剂，用作化工合成原料。

包装与储运

安全储运　储存于阴凉、通风的库房。远离火种、热源。应与强氧化剂、强酸等隔离储运。搬运时轻装轻卸，防止容器受损。

紧急处置信息

急救措施

吸入：迅速脱离现场至空气新鲜处。保持呼吸道通畅。如呼吸困难，给输氧。呼吸、心跳停止，立即进行心肺复苏术。就医。

眼睛接触：立即分开眼睑，用流动清水或生理盐水彻底冲洗。就医。

皮肤接触：立即脱去污染的衣着，用肥皂水和清水彻底冲洗。就医。

食入：漱口，饮水。就医。

灭火方法　消防人员须穿全身消防服，佩戴空气呼吸器，在上风向灭火。尽可能将容器从火场移至空旷处。喷水保持火场容器冷却，直至灭火结束。处在火场中的容器若发生异常变化或发出异常声音，须马上撤离。

灭火剂：泡沫、干粉、二氧化碳。

泄漏应急处置　根据液体流动和蒸气扩散的影响区域划定警戒区，无关人员从侧风、上风向撤离至安全区。消除所有点火源。建议应急处理人员戴防毒面具，穿防护服，戴橡胶手套。禁止接触或跨越泄漏物。尽可能切断泄漏源。防止泄漏物进入水体、下水道、地下室或有限空间。小量泄漏：用砂土或其他不燃材料吸收。使用洁净的无火花工具收集吸收材料。大量泄漏：构筑围堤或挖坑收容。用泡沫覆盖，减少蒸发。用防爆泵转移至槽车或专用收集器内。

514. 磷酸氧钒

标　识

中文名称　磷酸氧钒

英文名称　Vanadium hydroxide oxide phosphate；Divanadyl pyrophosphate

别名　磷酸氢氧化氧钒

分子式　$H_5O_{30}P_5V_6$

CAS 号　65232-89-5

$[O^{2-}]_5$ $[OH^-]_5$ $[V^{5+}]_6$

$[O^- - P(O^-)(=O) - O^-]_5$

危害信息

燃烧与爆炸危险性　无特殊燃爆特性。

毒性　大鼠经口 LD_{50}：848mg/kg；兔经皮 LD_{50}：>5g/kg。

中毒表现　食入有害。眼接触引起严重损害。对皮肤有致敏性。

侵入途径　吸入、食入、经皮吸收。

环境危害　对水生生物有毒，可能在水生环境中造成长期不利影响。

理化特性与用途

理化特性　沸点 158℃

主要用途　用作饮食补充剂、试剂及锶离子高选择性离子交换剂。

包装与储运

包装标志　杂类

包装类别　Ⅲ类

安全储运　储存于阴凉、通风的库房。

紧急处置信息

急救措施

吸入：迅速脱离现场至空气新鲜处。保持呼吸道通畅。如呼吸困难，给输氧。呼吸、心跳停止，立即进行心肺复苏术。就医。

眼睛接触：立即分开眼睑，用流动清水或生理盐水彻底冲洗 5~10min。就医。

皮肤接触：立即脱去污染的衣着，用肥皂水和清水彻底冲洗。就医。

食入：漱口，饮水。就医。

灭火方法　消防人员须穿全身消防服，在上风向灭火。尽可能将容器从火场移至空旷处。喷水保持火场容器冷却直至灭火结束。

根据着火原因选择适当灭火剂灭火。

泄漏应急处置 隔离泄漏污染区，限制出入。建议应急处理人员戴防尘口罩，穿防毒服，戴防护手套。穿上适当的防护服前严禁接触破裂的容器和泄漏物。尽可能切断泄漏源。用塑料布覆盖泄漏物，减少飞散。勿使水进入包装容器内。用洁净的铲子收集泄漏物，置于干净、干燥、盖子较松的容器中，将容器移离泄漏区。

515. 4,4′-硫代二邻甲酚

标　识

中文名称 4,4′-硫代二邻甲酚

英文名称 4,4′-Thiodi-*o*-cresol; Bis(4-hydroxy-3-methylphenyl) sulfide

分子式 $C_{14}H_{14}O_2S$

CAS 号 24197-34-0

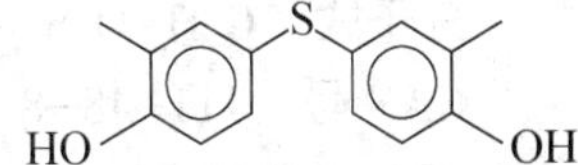

危害信息

燃烧与爆炸危险性 无特殊燃爆特性。

禁忌物 强氧化剂、强酸。

中毒表现 眼接触引起严重损害。

侵入途径 吸入、食入。

环境危害 对水生生物有极高毒性，可能在水生环境中造成长期不利影响。

理化特性与用途

理化特性 白色或微淡黄色结晶或粉末。不溶于水，溶于甲醇。熔点 123℃，相对密度(水=1)1.29，辛醇/水分配系数 4.26。

主要用途 高性能聚合物研究用试剂。

包装与储运

包装标志 杂类

包装类别 Ⅲ类

安全储运 储存于阴凉、通风的库房。远离火种、热源。应与强氧化剂、强酸等隔离储运。

紧急处置信息

急救措施

吸入：迅速脱离现场至空气新鲜处。保持呼吸道通畅。如呼吸困难，给输氧。呼吸、心跳停止，立即进行心肺复苏术。就医。

眼睛接触：立即分开眼睑，用流动清水或生理盐水彻底冲洗 5~10min。就医。

皮肤接触：立即脱去污染的衣着，用肥皂水和清水彻底冲洗。就医。

食入：漱口，饮水。就医。

灭火方法 消防人员须穿全身消防服，佩戴空气呼吸器，在上风向灭火。尽可能将容器从火场移至空旷处。

根据着火原因选择适当灭火剂灭火。

泄漏应急处置　隔离泄漏污染区，限制出入。建议应急处理人员戴防尘口罩，穿防护服，戴防护手套。穿上适当的防护服前严禁接触破裂的容器和泄漏物。尽可能切断泄漏源。用塑料布覆盖泄漏物，减少飞散。勿使水进入包装容器内。用洁净的铲子收集泄漏物，置于干净、干燥、盖子较松的容器中，将容器移离泄漏区。

516. 2,2′-硫代二乙醇

标　识

中文名称　2,2′-硫代二乙醇

英文名称　2,2′-Thiodiethanol; Thiodiglycol

别名　硫二甘醇；二(2-羟乙基)硫醚

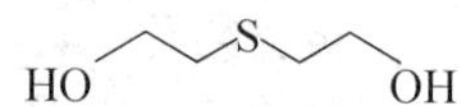

分子式　$C_4H_{10}O_2S$

CAS 号　111-48-8

危害信息

燃烧与爆炸危险性　可燃。其蒸气与空气混合能形成爆炸性混合物，遇明火、高热易燃烧、爆炸。受热易分解，产生有毒的腐蚀性气体。在高温火场中，受热的容器有破裂和爆炸的危险。

禁忌物　强氧化剂、强酸。

毒性　大鼠经口 LD_{50}：6610mg/kg；兔经皮 LD_{50}：20 mL/kg。

中毒表现　对眼和呼吸道有轻度刺激性。

侵入途径　吸入、食入、经皮吸收。

理化特性与用途

理化特性　无色黏性液体，有特性气味。混溶于水，与乙醇、氯仿、乙酸乙酯混溶，溶于乙醚，微溶于苯。熔点-18～-10℃，沸点 282℃，相对密度(水=1)1.18，相对蒸气密度(空气=1)4.22，饱和蒸气压 0.43Pa(25℃)，辛醇/水分配系数-0.63，闪点 160℃，引燃温度 260℃，爆炸下限 1.2%，爆炸上限 5.2%。

主要用途　用作溶剂、织物印染添加剂、中间体，用于生产硫基芥子气。

包装与储运

安全储运　储存于阴凉、通风的库房。远离火种、热源。应与强氧化剂、强酸等隔离储运。搬运时轻装轻卸，防止容器受损。

紧急处置信息

急救措施

吸入：迅速脱离现场至空气新鲜处。保持呼吸道通畅。如呼吸困难，给输氧。呼吸、心跳停止，立即进行心肺复苏术。就医。

眼睛接触：立即分开眼睑，用流动清水或生理盐水彻底冲洗。就医。

皮肤接触：立即脱去污染的衣着，用肥皂水和清水彻底冲洗。就医。

食入：漱口，饮水。就医。

灭火方法　消防人员须穿全身消防服，佩戴空气呼吸器，在上风向灭火。尽可能将容器从火场移至空旷处。喷水保持火场容器冷却，直至灭火结束。处在火场中的容器若发生异常变化或发出异常声音，须马上撤离。

灭火剂：水、泡沫、二氧化碳。

泄漏应急处置　根据液体流动和蒸气扩散的影响区域划定警戒区，无关人员从侧风、上风向撤离至安全区。消除所有点火源。建议应急处理人员戴防毒面具，穿防护服。穿上适当的防护服前严禁接触破裂的容器和泄漏物。尽可能切断泄漏源。防止泄漏物进入水体、下水道、地下室或有限空间。小量泄漏：用干燥的砂土或其他不燃材料吸收或覆盖，收集于容器中。大量泄漏：构筑围堤或挖坑收容。用泵转移至槽车或专用收集器内。

517. 4,4′-硫代双(6-叔丁基-3-甲基苯酚)

标　识

中文名称　4,4′-硫代双(6-叔丁基-3-甲基苯酚)

英文名称　4,4′-Thiobis(3-methyl-6-tert-butylphenol)；4,4′-Thio bis(6-tert-butyl-*m*-cresol)

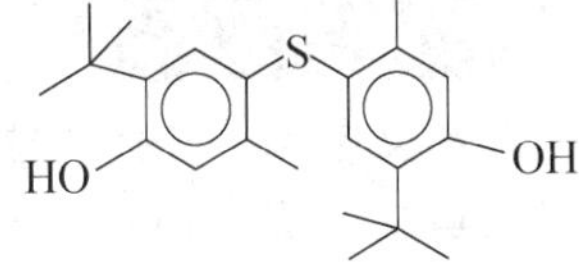

别名　防老剂 300

分子式　$C_{22}H_{30}O_2S$

CAS 号　96-69-5

危害信息

燃烧与爆炸危险性　可燃，粉体与空气混合能形成爆炸性混合物，遇明火、高热易燃烧爆炸。

禁忌物　强氧化剂、强酸。

毒性　大鼠经口 LD_{50}：2345mg/kg；兔经皮 LD_{50}：>5010mg/kg。

中毒表现　食入可能有害。对皮肤有致敏性。

侵入途径　吸入、食入、经皮吸收。

职业接触限值　美国(ACGIH)：TLV-TWA 1mg/m^3[可吸入性颗粒物]。

理化特性与用途

理化特性　白色细结晶或浅灰色至褐色粉末，有轻微芳香气味。极微溶于水，易溶于甲醇，溶于丙酮，微溶于苯。熔点 161～164℃，相对密度(水=1)1.12，饱和蒸气压 0.08mPa(70℃)，辛醇/水分配系数 7.74，闪点 215℃。

主要用途　用作聚烯烃、合成橡胶、乙烯基聚合物的抗氧剂。

包装与储运

安全储运　储存于阴凉、通风的库房。远离火种、热源。保持容器密闭。应与强氧化剂、强酸等隔离储运。

紧急处置信息

急救措施

吸入： 迅速脱离现场至空气新鲜处。保持呼吸道通畅。如呼吸困难，给输氧。呼吸、心跳停止，立即进行心肺复苏术。就医。

眼睛接触： 立即分开眼睑，用流动清水或生理盐水彻底冲洗。就医。

皮肤接触： 立即脱去污染的衣着，用肥皂水和清水彻底冲洗。就医。

食入： 漱口，饮水。就医。

灭火方法 消防人员须穿全身消防服，佩戴空气呼吸器，在上风向灭火。尽可能将容器从火场移至空旷处。喷水保持火场容器冷却，直至灭火结束。

灭火剂：干粉、二氧化碳。

泄漏应急处置 隔离泄漏污染区，限制出入。消除点火源。建议应急处理人员戴防尘口罩，穿防护服，戴防护手套。穿上适当的防护服前严禁接触破裂的容器和泄漏物。尽可能切断泄漏源。用塑料布覆盖泄漏物，减少飞散。勿使水进入包装容器内。用洁净的铲子收集泄漏物，置于干净、干燥、盖子较松的容器中，将容器移离泄漏区。

518. 硫代乙酰胺

标　识

中文名称 硫代乙酰胺

英文名称 Thioacetamide；Ethanethioamide

分子式 C_2H_5NS

CAS 号 62-55-5

S NH$_2$

危害信息

燃烧与爆炸危险性 无特殊燃爆特性。

禁忌物 强还原剂、强酸。

毒性 大鼠经口 LD_{50}：301mg/kg。

IARC 致癌性评论：G2B，可疑人类致癌物。

中毒表现 食入有害。对眼和皮肤有刺激性。长期反复接触引起肝脏损害。

侵入途径 吸入、食入。

环境危害 对水生生物有害，可能在水生环境中造成长期不利影响。

理化特性与用途

理化特性 无色或黄色片状结晶，有轻微硫醇气味。溶于水，混溶于苯、石油醚，溶于乙醇，微溶于乙醚。熔点 113～116℃，相对密度（水=1）1.37，饱和蒸气压 2.02kPa（25℃），辛醇/水分配系数-0.26。

主要用途 用于生产催化剂、稳定剂、阻聚剂、电镀添加剂、照相药品、农药、选矿剂、助染剂，也用作聚合物的硫化剂、交联剂和医药原料。

包装与储运

安全储运 储存于阴凉、干燥通风的库房。远离火种、热源。保持容器密闭。应与强强化剂、强酸等隔离储运。

紧急处置信息

急救措施

吸入：迅速脱离现场至空气新鲜处。保持呼吸道通畅。如呼吸困难，给输氧。呼吸、心跳停止，立即进行心肺复苏术。就医。

眼睛接触：立即分开眼睑，用流动清水或生理盐水彻底冲洗。就医。

皮肤接触：立即脱去污染的衣着，用肥皂水和清水彻底冲洗。就医。

食入：漱口，饮水。就医。

灭火方法 消防人员须穿全身消防服，在上风向灭火。尽可能将容器从火场移至空旷处。喷水保持火场容器冷却直至灭火结束。

根据着火原因选择适当灭火剂灭火。

泄漏应急处置 隔离泄漏污染区，限制出入。建议应急处理人员戴防尘口罩，穿防毒服，戴橡胶手套。穿上适当的防护服前严禁接触破裂的容器和泄漏物。尽可能切断泄漏源。用塑料布覆盖泄漏物，减少飞散。勿使水进入包装容器内。用洁净的铲子收集泄漏物，置于干净、干燥、盖子较松的容器中，将容器移离泄漏区。

519. 硫化钙

标　识

中文名称 硫化钙

英文名称 Calcium sulphide

Ca═S

分子式 CaS

CAS 号 20548-54-3

危害信息

燃烧与爆炸危险性 无特殊燃爆特性。

禁忌物 强还原剂、强酸。

中毒表现 对眼、皮肤和呼吸道有刺激性。

侵入途径 吸入、食入。

环境危害 对水生生物有极高毒性，可能在水生环境中造成长期不利影响。

理化特性与用途

理化特性 黄白色立方晶体或灰白色粉末，有吸湿性。微溶于水，微溶于乙醇。熔点2400℃，相对密度(水=1)2.5。

主要用途 用作分析试剂及荧光粉的基质，也用于制药工业、重金属处理及环保中。

包装与储运

包装标志 杂类

包装类别 Ⅲ类

安全储运 储存于阴凉、通风的库房。远离火种、热源。保持容器密闭。应与强还原剂、强酸等隔离储运。

紧急处置信息

急救措施

吸入：迅速脱离现场至空气新鲜处。保持呼吸道通畅。如呼吸困难，给输氧。呼吸、心跳停止，立即进行心肺复苏术。就医。

眼睛接触：立即分开眼睑，用流动清水或生理盐水彻底冲洗。就医。

皮肤接触：立即脱去污染的衣着，用肥皂水和清水彻底冲洗。就医。

食入：漱口，饮水。就医。

灭火方法 消防人员须穿全身消防服，在上风向灭火。尽可能将容器从火场移至空旷处。喷水保持火场容器冷却直至灭火结束。

根据着火原因选择适当灭火剂灭火。

泄漏应急处置 隔离泄漏污染区，限制出入。建议应急处理人员戴防尘口罩，穿防护服。禁止接触或跨越泄漏物。尽可能切断泄漏源。用塑料布覆盖，减少飞散。用洁净的铲子收集泄漏物，置于干净、干燥、盖子较松的容器中，将容器移离泄漏区。

520. 硫化钴

标　识

中文名称 硫化钴

英文名称 Cobalt sulphide；Cobalt(Ⅱ) sulfide

别名 一硫化钴

Co═S

分子式 CoS

CAS 号 1317-42-6

危害信息

燃烧与爆炸危险性 无特殊燃爆特性。

禁忌物 强还原剂、强酸。

毒性 大鼠经口 LD_{50}：>5g/kg。

IARC 致癌性评论：G2B，可疑人类致癌物。

侵入途径 吸入、食入。

职业接触限值 美国(ACGIH)：TLV-TWA 0.02mg/m^3[按 Co 计]。

环境危害 对水生生物有极高毒性，可能在水生环境中造成长期不利影响。

理化特性与用途

理化特性 黑色无定形粉末，或灰色或微红银色八面体结晶。不溶于水，微溶于酸。熔点>1116℃，相对密度(水=1)5.45。

主要用途 用作加氢或加氢脱硫催化剂。

包装与储运

包装标志 杂类

包装类别 Ⅲ类

安全储运 储存于阴凉、通风的库房。远离火种、热源。保持容器密闭。应与强还原剂、强酸等隔离储运。

紧急处置信息

急救措施

吸入：迅速脱离现场至空气新鲜处。保持呼吸道通畅。如呼吸困难，给输氧。呼吸、心跳停止，立即进行心肺复苏术。就医。

眼睛接触：立即分开眼睑，用流动清水或生理盐水彻底冲洗。就医。

皮肤接触：立即脱去污染的衣着，用肥皂水和清水彻底冲洗。就医。

食入：漱口，饮水。就医。

灭火方法 消防人员须穿全身消防服，在上风向灭火。尽可能将容器从火场移至空旷处。喷水保持火场容器冷却直至灭火结束。

根据着火原因选择适当灭火剂灭火。

泄漏应急处置 隔离泄漏污染区，限制出入。建议应急处理人员戴防尘口罩，穿防毒服，戴橡胶手套。穿上适当的防护服前严禁接触破裂的容器和泄漏物。尽可能切断泄漏源。用塑料布覆盖泄漏物，减少飞散。勿使水进入包装容器内。用洁净的铲子收集泄漏物，置于干净、干燥、盖子较松的容器中，将容器移离泄漏区。

521. 硫化镍

标　识

中文名称 硫化镍

英文名称 Nickel sulphide；Nickel monosulfide

分子式 NiS

Ni＝S

CAS 号 16812-54-7

危害信息

燃烧与爆炸危险性 无特殊燃爆特性。

禁忌物 强还原剂、强酸。

中毒表现 接触者可发生接触性皮炎或过敏性湿疹。吸入本品粉尘，可发生支气管炎或支气管肺炎、过敏性肺炎，并可发生肾上腺皮质功能不全。

侵入途径 吸入、食入。

职业接触限值 中国：PC-TWA 1mg/m^3[按 Ni 计][G1]。

美国(ACGIH)：TLV-TWA 0.2mg/m^3[呼吸性颗粒物][按 Ni 计]。

环境危害 对水生生物有极高毒性，可能在水生环境中造成长期不利影响。

理化特性与用途

理化特性 深黄色粉末。不溶于水。熔点 976℃，沸点(分解，2047℃)，相对密度(水=1)5.5，相对蒸气密度(空气=1)3.13。

主要用途 用作催化剂。

包装与储运

包装标志 杂类

包装类别 Ⅲ类

安全储运 储存于阴凉、通风的库房。远离火种、热源。保持容器密闭。应与强还原剂、强酸等隔离储运。

紧急处置信息

急救措施

吸入：迅速脱离现场至空气新鲜处。保持呼吸道通畅。如呼吸困难，给输氧。呼吸、心跳停止，立即进行心肺复苏术。就医。

眼睛接触：立即分开眼睑，用流动清水或生理盐水彻底冲洗。就医。

皮肤接触：立即脱去污染的衣着，用肥皂水和清水彻底冲洗。就医。

食入：漱口，饮水。就医。

灭火方法 消防人员须穿全身消防服，在上风向灭火。尽可能将容器从火场移至空旷处。喷水保持火场容器冷却直至灭火结束。

根据着火原因选择适当灭火剂灭火。

泄漏应急处置 隔离泄漏污染区，限制出入。建议应急处理人员戴防尘口罩，穿防毒服，戴防护手套。穿上适当的防护服前严禁接触破裂的容器和泄漏物。尽可能切断泄漏源。用塑料布覆盖泄漏物，减少飞散。勿使水进入包装容器内。用洁净的铲子收集泄漏物，置于干净、干燥、盖子较松的容器中，将容器移离泄漏区。

522. 硫菌威

标　识

中文名称 硫菌威

英文名称 *S*-Ethyl *N*-(dimethylaminopropyl)thiocarbamate hydrochloride; Prothiocarb hydrochloride

别名 *S*-乙基 *N*-(二甲基氨基丙基)硫代氨基甲酸酯盐酸盐

分子式 $C_8H_{18}N_2OS \cdot ClH$

CAS 号 19622-19-6

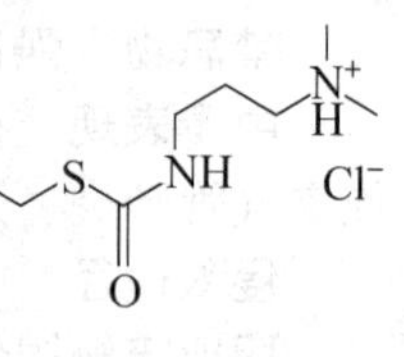

S NH N^+ H Cl^- O

危害信息

燃烧与爆炸危险性 无特殊燃爆特性。

禁忌物 强氧化剂、碱类。

毒性 大鼠经口 LD_{50}：1300mg/kg；小鼠经口 LD_{50}：660mg/kg；大鼠吸入 LC_{50}：3300mg/m^3(4h)。

中毒表现 食入有害。

侵入途径 吸入、食入。

环境危害 对水生生物有毒，可能在水生环境中造成长期不利影响。

理化特性与用途

理化特性　白色结晶，有强吸湿性。溶于水，溶于甲醇、氯仿。熔点 120~121℃，相对密度(水=1)1.36，饱和蒸气压 0.0019mPa(25℃)。

主要用途　内吸杀菌剂。

包装与储运

包装标志　杂类

包装类别　Ⅲ类

安全储运　储存于阴凉、通风的库房。远离火种、热源。保持容器密闭。应与强氧化剂、碱类等隔离储运。搬运时轻装轻卸，防止容器受损。

紧急处置信息

急救措施

吸入：迅速脱离现场至空气新鲜处。保持呼吸道通畅。如呼吸困难，给输氧。呼吸、心跳停止，立即进行心肺复苏术。就医。

眼睛接触：立即分开眼睑，用流动清水或生理盐水彻底冲洗。就医。

皮肤接触：立即脱去污染的衣着，用肥皂水和清水彻底冲洗。就医。

食入：漱口，饮水。就医。

灭火方法　消防人员须穿全身消防服，在上风向灭火。尽可能将容器从火场移至空旷处。喷水保持火场容器冷却直至灭火结束。

根据着火原因选择适当灭火剂灭火。

泄漏应急处置　消除所有点火源。隔离泄漏污染区，限制出入。建议应急处理人员戴防尘口罩，穿防护服。禁止接触或跨越泄漏物。尽可能切断泄漏源。用塑料布覆盖泄漏物，减少飞散。勿使水进入包装容器内。用洁净的铲子收集泄漏物，置于干净、干燥、盖子较松的容器中，将容器移离泄漏区。

523. 硫氰酸 2-(2-丁氧基乙氧基)乙酯

标　识

中文名称　硫氰酸 2-(2-丁氧基乙氧基)乙酯

英文名称　2-(2-Butoxyethoxy)ethyl thiocyanate；Lethane

别名　丁氧硫氰醚

分子式　$C_9H_{17}NO_2S$

CAS 号　112-56-1

N S O O

危害信息

危险性类别　第 6 类　有毒品

燃烧与爆炸危险性　不易燃。

禁忌物　强氧化剂、强酸。

毒性　大鼠经口 LD_{50}：90mg/kg；大鼠经皮 LD_{50}：250mg/kg；兔经皮 LD_{50}：34mg/kg。

中毒表现 食入或经皮肤吸收有毒。

侵入途径 吸入、食入、经皮吸收。

理化特性与用途

理化特性 浅棕色透明油状液体。不溶于水，混溶于烃类，溶于多数有机溶剂。沸点120~125℃(0.03kPa)，相对密度(水=1)0.915~0.93，饱和蒸气压79mPa(25℃)，辛醇/水分配系数1.68，闪点125℃。

主要用途 触杀性杀虫、杀卵剂。

包装与储运

包装标志 有毒品

包装类别 Ⅲ类

安全储运 储存于阴凉、通风的库房。远离火种、热源。防止阳光直射。储存温度不超过35℃，相对湿度不超过85%。保持容器密封。应与强氧化剂、强酸等分开存放，切忌混储。配备相应品种和数量的消防器材。储区应备有合适的材料收容泄漏物。

紧急处置信息

急救措施

吸入：迅速脱离现场至空气新鲜处。保持呼吸道通畅。如呼吸困难，给输氧。呼吸、心跳停止，立即进行心肺复苏术。就医。

眼睛接触：立即分开眼睑，用流动清水或生理盐水彻底冲洗。就医。

皮肤接触：立即脱去污染的衣着，用流动清水彻底冲洗。就医。

食入：饮适量温水，催吐(仅限于清醒者)。就医。

灭火方法 消防人员须穿全身防火防毒服，在上风向灭火。尽可能将容器从火场移至空旷处。喷水保持火场容器冷却直至灭火结束。

灭火剂：干粉、二氧化碳。

泄漏应急处置 根据液体流动和蒸气扩散的影响区域划定警戒区，无关人员从侧风、上风向撤离至安全区。消除所有点火源。建议应急处理人员戴防毒面具，穿防毒服，戴橡胶手套。禁止接触或跨越泄漏物。尽可能切断泄漏源。防止泄漏物进入水体、下水道、地下室或有限空间。小量泄漏：用砂土或其他不燃材料吸收。使用洁净的无火花工具收集吸收材料。大量泄漏：构筑围堤或挖坑收容。用泡沫覆盖，减少蒸发。用泵转移至槽车或专用收集器内。

524. 硫氰酸铊(Ⅰ)

标　识

中文名称 硫氰酸铊(Ⅰ)

英文名称 Thallium thiocyanate；Thallium salt of thiocyanic acid

分子式 TlCNS

CAS 号 3535-84-0

$N \equiv\!-\ S^- \quad Tl^+$

危害信息

燃烧与爆炸危险性 无特殊燃爆特性。

禁忌物 强氧化剂、强酸。

中毒表现 食入或吸入可致死。经皮吸收有害。长期反复接触引起器官损害。

侵入途径 吸入、食入、经皮吸收。

职业接触限值 美国(ACGIH)：TLV-TWA 0.02mg/m^3[按 Tl 计][皮]。

环境危害 对水生生物有毒，可能在水生环境中造成长期不利影响。

理化特性与用途

理化特性 白色结晶。沸点 146℃，相对密度(水=1)4.922。

包装与储运

包装标志 杂类

包装类别 Ⅲ类

安全储运 储存于阴凉、通风的库房。远离火种、热源。保持容器密闭。应与强氧化剂、强酸等隔离储运。

紧急处置信息

急救措施

吸入：迅速脱离现场至空气新鲜处。保持呼吸道通畅。如呼吸困难，给输氧。呼吸、心跳停止，立即进行心肺复苏术。就医。

眼睛接触：立即分开眼睑，用流动清水或生理盐水彻底冲洗。就医。

皮肤接触：立即脱去污染的衣着，用流动清水彻底冲洗。就医。

食入：饮适量温水，催吐(仅限于清醒者)。就医。

铊中毒解毒剂为普鲁士蓝。

灭火方法 消防人员须穿全身消防服，在上风向灭火。尽可能将容器从火场移至空旷处。喷水保持火场容器冷却直至灭火结束。

根据着火原因选择适当灭火剂灭火。

泄漏应急处置 隔离泄漏污染区，限制出入。建议应急处理人员戴防尘口罩，穿防毒服，戴防护手套。穿上适当的防护服前严禁接触破裂的容器和泄漏物。尽可能切断泄漏源。用塑料布覆盖泄漏物，减少飞散。勿使水进入包装容器内。用洁净的铲子收集泄漏物，置于干净、干燥、盖子较松的容器中，将容器移离泄漏区。

525. 硫酸-8-羟基喹啉

标　识

中文名称 硫酸-8-羟基喹啉

英文名称 8-Hydroxyquinoline sulfate ; Bis(8-hydroxyquinolinium) sulphate

别名 8-羟基喹啉；双(8-羟基喹啉)硫酸盐

分子式 $C_{18}H_{14}N_2O_2 \cdot H_2O_4S$

CAS 号 134-31-6

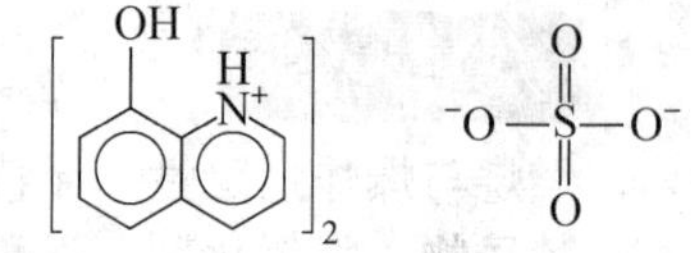

危害信息

燃烧与爆炸危险性 可燃，其粉体与空气混合能形成爆炸性混合物，遇明火、高热易燃烧爆炸。

禁忌物 强氧化剂。

毒性 大鼠经口 LD_{50}：1200mg/kg；小鼠经口 LD_{50}：280mg/kg；大鼠经皮 LD_{50}：>4g/kg。

中毒表现 食入有害。

侵入途径 吸入、食入、经皮吸收。

理化特性与用途

理化特性 淡黄色至黄色结晶粉末，有轻微的番红花气味。溶于水，溶于热乙醇、甘油，微溶于乙醇，不溶于乙醚。熔点 175～178℃。

主要用途 一种强有力的金属螯合剂，能沉淀多种重金属；具有内吸杀菌活性。主要用于林业、医药、化工、化妆品等方面。

包装与储运

安全储运 储存于阴凉、通风的库房。远离火种、热源。应与强氧化剂等隔离储运。

紧急处置信息

急救措施

吸入：迅速脱离现场至空气新鲜处。保持呼吸道通畅。如呼吸困难，给输氧。呼吸、心跳停止，立即进行心肺复苏术。就医。

眼睛接触：立即分开眼睑，用流动清水或生理盐水彻底冲洗。就医。

皮肤接触：立即脱去污染的衣着，用肥皂水和清水彻底冲洗。就医。

食入：漱口，饮水。就医。

灭火方法 消防人员须穿全身防火防毒服，在上风向灭火。尽可能将容器从火场移至空旷处。喷水保持火场容器冷却直至灭火结束。

灭火剂：干粉、二氧化碳。

泄漏应急处置 隔离泄漏污染区，限制出入。消除所有点火源。建议应急处理人员戴防尘口罩，穿防毒服，戴橡胶手套。穿上适当的防护服前严禁接触破裂的容器和泄漏物。尽可能切断泄漏源。用塑料布覆盖泄漏物，减少飞散。勿使水进入包装容器内。用洁净的铲子收集泄漏物，置于干净、干燥、盖子较松的容器中，将容器移离泄漏区。

526. 硫酸二异丙酯

标　识

中文名称 硫酸二异丙酯

英文名称 Diisopropyl sulfate；Sulfuric acid，bis(1-methylethyl) ester

别名 二异丙基硫酸酯

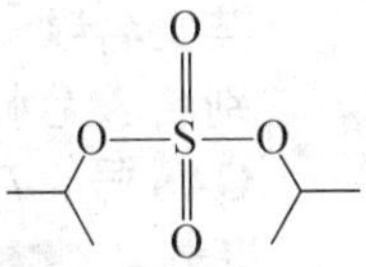

分子式 $C_6H_{14}O_4S$

CAS 号 2973-10-6

危害信息

燃烧与爆炸危险性 无特殊燃爆特性。

禁忌物 强氧化剂、强酸。

毒性 大鼠经口 LD_{50}：1090μL/kg；兔经皮 LD_{50}：1410μL/kg。

IARC 致癌性评论：G2B，可疑人类致癌物。

中毒表现 食入或经皮肤吸收对身体有害。对眼和皮肤有腐蚀性。

侵入途径 吸入、食入、经皮吸收。

理化特性与用途

理化特性 无色油状液体或无色至微淡黄色透明液体。微溶于水。熔点-19℃，沸点94℃(0.93kPa)，相对密度(水=1)1.1，饱和蒸气压8.0Pa(25℃)，辛醇/水分配系数1.98。

主要用途 用于染料、医药、农药、精细化工等行业。

包装与储运

安全储运 储存于阴凉、通风的库房。远离火种、热源。应与强氧化剂、强酸等隔离储运。搬运时轻装轻卸，防止容器受损。

紧急处置信息

急救措施

吸入：迅速脱离现场至空气新鲜处。保持呼吸道通畅。如呼吸困难，给输氧。呼吸、心跳停止，立即进行心肺复苏术。就医。

眼睛接触：立即分开眼睑，用流动清水或生理盐水彻底冲洗5~10min。就医。

皮肤接触：立即脱去污染的衣着，用大量流动清水彻底冲洗，冲洗时间一般要求20~30min。就医。

食入：用水漱口，禁止催吐。给饮牛奶或蛋清。就医。

灭火方法 消防人员须穿全身消防服，佩戴空气呼吸器，在上风向灭火。尽可能将容器从火场移至空旷处。喷水保持火场容器冷却，直至灭火结束。

根据着火原因选择适当灭火剂灭火。

泄漏应急处置 根据液体流动和蒸气扩散的影响区域划定警戒区，无关人员从侧风、上风向撤离至安全区。建议应急处理人员戴防毒面具，穿耐腐蚀、防毒服，戴橡胶手套。穿上适当的防护服前严禁接触破裂的容器和泄漏物。尽可能切断泄漏源。防止泄漏物进入水体、下水道、地下室或有限空间。小量泄漏：用干燥的砂土或其他不燃材料吸收或覆盖，收集于容器中。大量泄漏：构筑围堤或挖坑收容。用耐腐蚀泵转移至槽车或专用收集器内。

527. 硫酸锌

标　识

中文名称 硫酸锌

英文名称　Zinc sulfate; Sulfuric acid, zinc salt

别名　无水硫酸锌；锌矾；皓矾

CAS 号　7733-02-0

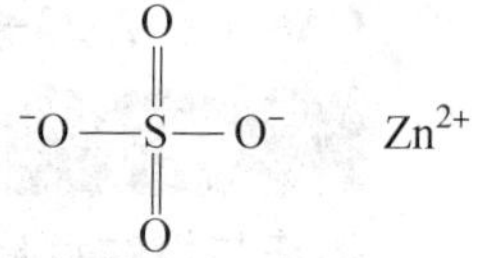

危害信息

燃烧与爆炸危险性　不燃，在高温火场中，受热的容器有破裂和爆炸的危险。

毒性　小鼠经口 LD_{50}：245mg/kg。

中毒表现　眼接触引起严重损害。对皮肤和呼吸道有刺激性。对消化道有刺激性，食入后引起腹疼、恶心、呕吐和腹泻。

侵入途径　吸入、食入。

环境危害　对水生生物有极高毒性，可能在水生环境中造成长期不利影响。

理化特性与用途

理化特性　无色斜方结晶或结晶粉末，有吸湿性。易溶于水。熔点 680℃（分解），相对密度（水=1）3.8，辛醇/水分配系数-0.07。

主要用途　用于制人造纤维、木材防腐、水处理、化妆品，用作分析试剂、除草剂、动物饲料添加剂、防火剂、脱臭剂等。

包装与储运

包装标志　杂类

包装类别　Ⅲ类

安全储运　储存于阴凉、通风的库房。远离火种、热源。保持容器密闭，注意防潮。

紧急处置信息

急救措施

吸入：迅速脱离现场至空气新鲜处。保持呼吸道通畅。如呼吸困难，给输氧。呼吸、心跳停止，立即进行心肺复苏术。就医。

眼睛接触：立即分开眼睑，用流动清水或生理盐水彻底冲洗 5~10min。就医。

皮肤接触：立即脱去污染的衣着，用肥皂水和清水彻底冲洗。就医。

食入：漱口，饮水。就医。

灭火方法　消防人员须穿全身消防服，在上风向灭火。尽可能将容器从火场移至空旷处。喷水保持火场容器冷却直至灭火结束。

灭火剂：干粉、二氧化碳、雾状水、泡沫。

泄漏应急处置　隔离泄漏污染区，限制出入。建议应急处理人员戴防尘口罩，穿防毒服。穿上适当的防护服前严禁接触破裂的容器和泄漏物。尽可能切断泄漏源。用塑料布覆盖泄漏物，减少飞散。勿使水进入包装容器内。用洁净的铲子收集泄漏物，置于干净、干燥、盖子较松的容器中，将容器移离泄漏区。

528. 六氟硅酸铅

标　识

中文名称　六氟硅酸铅

英文名称 Lead hexafluorosilicate; Lead fluorosilicate

别名 六氟硅酸铅二水合物

分子式 $PbSiF_6$

CAS 号 25808-74-6

F⁻ Si⁴⁺ F⁻ F⁻ F⁻ F⁻ F⁻ Pb²⁺

危害信息

燃烧与爆炸危险性 无特殊燃爆特性。

禁忌物 强酸。

毒性 大鼠经口 *LDLo*: 250mg/kg。

IARC 致癌性评论: G2A, 可能人类致癌物。

欧盟法规 1272/2008/EC 将本品列为第 1A 类生殖毒物——已知的人类生殖毒物。

中毒表现 铅及其化合物损害造血、神经、消化系统及肾脏。职业中毒主要为慢性。神经系统主要表现为神经衰弱综合征, 周围神经病, 重者出现铅中毒性脑病。

侵入途径 吸入、食入。

职业接触限值 中国: PC-TWA 0.05mg/m^3[铅尘][按 Pb 计], 0.03mg/m^3[铅烟][按 Pb 计][G2A]。

美国(ACGIH): TLV-TWA 0.05mg/m^3[按 Pb 计]。

环境危害 对水生生物有极高毒性, 可能在水生环境中造成长期不利影响。

理化特性与用途

理化特性 固体。溶于水。

主要用途 用于通过电解法精炼铅。

包装与储运

包装标志 杂类

包装类别 Ⅲ类

安全储运 储存于阴凉、通风的库房。保持容器密闭。应与强酸等隔离储运。

紧急处置信息

急救措施

吸入: 迅速脱离现场至空气新鲜处。保持呼吸道通畅。如呼吸困难, 给输氧。呼吸、心跳停止, 立即进行心肺复苏术。就医。

眼睛接触: 立即分开眼睑, 用流动清水或生理盐水彻底冲洗。就医。

皮肤接触: 立即脱去污染的衣着, 用肥皂水和清水彻底冲洗。就医。

食入: 漱口, 饮水。就医。

解毒剂: 依地酸二钠钙、二巯基丁二酸钠、二巯基丁二酸等。

灭火方法 消防人员须穿全身消防服, 在上风向灭火。尽可能将容器从火场移至空旷处。喷水保持火场容器冷却直至灭火结束。

根据着火原因选择适当灭火剂灭火。

泄漏应急处置 隔离泄漏污染区, 限制出入。建议应急处理人员戴防尘口罩, 穿防毒服, 戴防护手套。禁止接触或跨越泄漏物。尽可能切断泄漏源。用塑料布覆盖, 减少飞散。用洁净的铲子收集泄漏物, 置于干净、干燥、盖子较松的容器中, 将容器移离泄漏区。

529. 六氟锑酸二苯基(4-苯基苯硫基)锍盐

标　识

中文名称　六氟锑酸二苯基(4-苯基苯硫基)锍盐

英文名称　Diphenyl(4-phenylthiophenyl)sulfonium hexafluoroantimonate；Sulfonium，diphenyl(4-(phenylthio)phenyl)-，(OC-6-11)- hexafluoroantimonate(1-)

别名　二苯基-(4-苯基硫)苯基锍六氟锑酸盐；光引发剂 UNI-6976

分子式　$C_{24}H_{19}S_2F_6Sb$

CAS 号　71449-78-0

危害信息

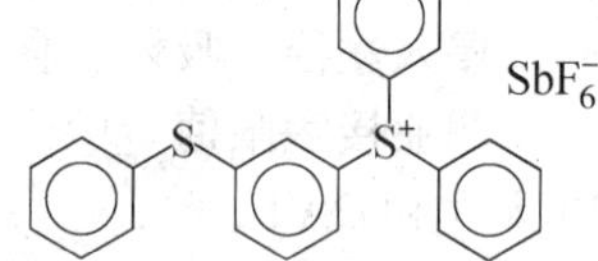

燃烧与爆炸危险性　无特殊燃爆特性。

禁忌物　强氧化剂、强酸。

中毒表现　食入或吸入对身体有害。对皮肤有致敏性。

侵入途径　吸入、食入。

环境危害　对水生生物有极高毒性，可能在水生环境中造成长期不利影响。

理化特性与用途

理化特性　微溶于水。

主要用途　作为阳离子引发剂的成分用于含环氧基团体系的固化。

包装与储运

包装标志　杂类

包装类别　Ⅲ类

安全储运　储存于阴凉、通风的库房。远离火种、热源。保持容器密闭。应与强氧化剂、强酸等隔离储运。

紧急处置信息

急救措施

吸入：迅速脱离现场至空气新鲜处。保持呼吸道通畅。如呼吸困难，给输氧。呼吸、心跳停止，立即进行心肺复苏术。就医。

眼睛接触：立即分开眼睑，用流动清水或生理盐水彻底冲洗。就医。

皮肤接触：立即脱去污染的衣着，用肥皂水和清水彻底冲洗。就医。

食入：漱口，饮水。就医。

灭火方法　消防人员须穿全身消防服，在上风向灭火。尽可能将容器从火场移至空旷处。喷水保持火场容器冷却直至灭火结束。

根据着火原因选择适当灭火剂灭火。

泄漏应急处置　隔离泄漏污染区，限制出入。建议应急处理人员戴防尘口罩，穿防毒服，戴防护手套。穿上适当的防护服前严禁接触破裂的容器和泄漏物。尽可能切断泄漏源。用塑料布覆盖泄漏物，减少飞散。勿使水进入包装容器内。用洁净的铲子收集泄漏物，置于干净、干燥、盖子较松的容器中，将容器移离泄漏区。

530. 六氟锑酸二苄基苯基锍

标　识

中文名称　六氟锑酸二苄基苯基锍

英文名称　Dibenzylphenylsulfonium hexafluoroantimonate

别名　二苯甲基苯基锍的六氟锑酸盐

分子式　$C_{20}H_{19}S \cdot F_6Sb$

CAS 号　134164-24-2

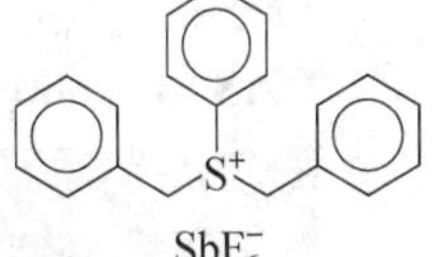

危害信息

燃烧与爆炸危险性　无特殊燃爆特性。

禁忌物　强氧化剂、强酸。

中毒表现　食入有害。

侵入途径　吸入、食入。

环境危害　对水生生物有毒，可能在水生环境中造成长期不利影响。

理化特性与用途

主要用途　在阳离子聚合物的热固化中用作固化剂和固化加速剂。

包装与储运

包装标志　杂类

包装类别　Ⅲ类

安全储运　储存于阴凉、通风的库房。远离火种、热源。保持容器密闭。应与强氧化剂、强酸等隔离储运。

紧急处置信息

急救措施

吸入：迅速脱离现场至空气新鲜处。保持呼吸道通畅。如呼吸困难，给输氧。呼吸、心跳停止，立即进行心肺复苏术。就医。

眼睛接触：立即分开眼睑，用流动清水或生理盐水彻底冲洗。就医。

皮肤接触：立即脱去污染的衣着，用肥皂水和清水彻底冲洗。就医。

食入：漱口，饮水。就医。

灭火方法　消防人员须穿全身消防服，在上风向灭火。尽可能将容器从火场移至空旷处。喷水保持火场容器冷却直至灭火结束。

根据着火原因选择适当灭火剂灭火。

泄漏应急处置　隔离泄漏污染区，限制出入。建议应急处理人员戴防尘口罩，穿防毒服。禁止接触或跨越泄漏物。尽可能切断泄漏源。用塑料布覆盖，减少飞散。用洁净的铲子收集泄漏物，置于干净、干燥、盖子较松的容器中，将容器移离泄漏区。

531. 六甲基磷酰胺

标　识

中文名称　六甲基磷酰胺

英文名称　Hexamethylphosphoric triamide; Hexamethylphosphoramide

别名　六甲基磷酰三胺

分子式　$C_6H_{18}N_3OP$

CAS 号　680-31-9

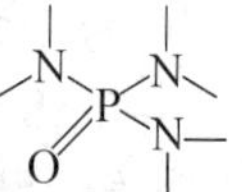

危害信息

燃烧与爆炸危险性　可燃。

禁忌物　强氧化剂。

毒性　大鼠经口 LD_{50}：2650mg/kg；小鼠经口 LD_{50}：2400mg/kg；兔经皮 LD_{50}：2600mg/kg。

IARC 致癌性评论：G2B，可疑人类致癌物。

欧盟法规 1272/2008/EC 将本品列为第 1B 类致癌物——可能对人类有致癌能力；第 1B 类生殖细胞致突变物——应认为可能引起人类生殖细胞可遗传突变的物质。

侵入途径　吸入、食入、经皮吸收。

理化特性与用途

理化特性　无色至淡琥珀色易流动透明液体，有芳香气味。熔点 5~7℃，沸点 232℃，相对密度(水=1)1.03，相对蒸气密度(空气=1)6.18，饱和蒸气压 4Pa(20℃)，辛醇/水分配系数 0.28，闪点 105℃。

主要用途　用作芳香族聚酰胺的溶剂、聚合催化剂、聚合物热稳定剂、聚烯烃树脂添加剂、喷气燃料添加剂、化学灭菌剂等。

包装与储运

安全储运　储存于阴凉、通风的库房。远离火种、热源。保持容器密闭。应与强氧化剂等隔离储运。搬运时轻装轻卸，防止容器受损。

紧急处置信息

急救措施

吸入：迅速脱离现场至空气新鲜处。保持呼吸道通畅。如呼吸困难，给输氧。呼吸、心跳停止，立即进行心肺复苏术。就医。

眼睛接触：立即分开眼睑，用流动清水或生理盐水彻底冲洗。就医。

皮肤接触：立即脱去污染的衣着，用肥皂水和清水彻底冲洗。就医。

食入：漱口，饮水。就医。

灭火方法　消防人员须穿全身消防服，在上风向灭火。尽可能将容器从火场移至空旷处。喷水保持火场容器冷却直至灭火结束。

根据着火原因选择适当灭火剂灭火。

泄漏应急处置 根据液体流动和蒸气扩散的影响区域划定警戒区，无关人员从侧风、上风向撤离至安全区。消除所有点火源。建议应急处理人员戴防毒面具，穿防毒服，戴橡胶手套。穿上适当的防护服前严禁接触破裂的容器和泄漏物。尽可能切断泄漏源。防止泄漏物进入水体、下水道、地下室或有限空间。小量泄漏：用干燥的砂土或其他不燃材料吸收或覆盖，收集于容器中。大量泄漏：构筑围堤或挖坑收容。用泵转移至槽车或专用收集器内。

532. 六氯萘

标　识

中文名称 六氯萘

英文名称 Hexachloronaphthalene ; Halowax 1014

别名 卤蜡 1014

分子式 $C_{10}H_2Cl_6$

CAS 号 1335-87-1

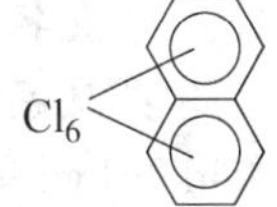

危害信息

燃烧与爆炸危险性 不燃，受热易分解放出有毒的刺激性气体。

禁忌物 强氧化剂。

中毒表现 对眼和皮肤有刺激性。可能引起氯痤疮。长期或反复接触可能影响肝脏，引起肝损害。

侵入途径 吸入、食入、经皮吸收。

职业接触限值 中国：PC-TWA 0.2mg/m^3[皮]。

美国(ACGIH)：TLV-TWA 0.2mg/m^3[皮]。

理化特性与用途

理化特性 白色至黄色固体，有芳香气味。不溶于水，溶于有机溶剂。熔点 137℃，沸点 344～388℃，相对密度(水=1)1.78，相对蒸气密度(空气=1)11.6，饱和蒸气压 0.44mPa(25℃)，辛醇/水分配系数 7.59。

主要用途 用作涂料、织物浸渍树脂的惰性成分，阻燃、防水剂，杀菌、杀虫剂，润滑油添加剂，电器绝缘材料等。

包装与储运

安全储运 储存于阴凉、通风的库房。远离火种、热源。应与强氧化剂等隔离储运。

紧急处置信息

急救措施

吸入：迅速脱离现场至空气新鲜处。保持呼吸道通畅。如呼吸困难，给输氧。呼吸、心跳停止，立即进行心肺复苏术。就医。

眼睛接触：立即分开眼睑，用流动清水或生理盐水彻底冲洗。就医。

皮肤接触：立即脱去污染的衣着，用肥皂水和清水彻底冲洗。就医。

食入：漱口，饮水。就医。

灭火方法　消防人员须穿全身消防服，在上风向灭火。尽可能将容器从火场移至空旷处。喷水保持火场容器冷却，直至灭火结束。

灭火剂：水、泡沫、干粉、二氧化碳。

泄漏应急处置　隔离泄漏污染区，限制出入。建议应急处理人员戴防尘口罩，穿防毒服，戴橡胶手套。穿上适当的防护服前严禁接触破裂的容器和泄漏物。尽可能切断泄漏源。用塑料布覆盖泄漏物，减少飞散。勿使水进入包装容器内。用洁净的铲子收集泄漏物，置于干净、干燥、盖子较松的容器中，将容器移离泄漏区。

533. 六氢-4-甲基邻苯二甲酸酐

标　识

中文名称　六氢-4-甲基邻苯二甲酸酐

英文名称　Hexahydro-4-methylphthalic anhydride ; 4-Methylcyclohexyl-1,6-dicarboxylic acid anhydride

别名　4-甲基六氢苯酐

分子式　$C_9H_{12}O_3$

CAS 号　19438-60-9

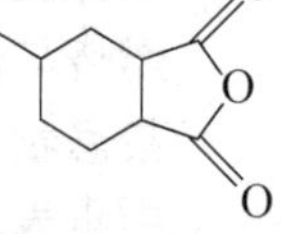

危害信息

燃烧与爆炸危险性　无特殊燃爆特性。

禁忌物　强氧化剂、碱类。

毒性　大鼠经口 LD_{50}：> 2000mg/kg(雌)

中毒表现　对眼有腐蚀性。对皮肤和呼吸道有刺激性。对皮肤和呼吸道有致敏性。

侵入途径　吸入、食入。

理化特性与用途

理化特性　无色至淡黄色油状液体，有吸湿性。微溶于水，溶于苯、丙酮。熔点 -29℃，沸点 119~121℃(0.13kPa)，相对密度(水=1)1.16，饱和蒸气压 0.68kPa(137℃)，辛醇/水分配系数 0.73，闪点 113℃(闭杯)。

主要用途　用作环氧树脂固化剂等。

包装与储运

安全储运　储存于阴凉、通风的库房。远离火种、热源。应与强氧化剂、碱类等隔离储运。搬运时轻装轻卸，防止容器受损。

紧急处置信息

急救措施

吸入：迅速脱离现场至空气新鲜处。保持呼吸道通畅。如呼吸困难，给输氧。呼吸、心跳停止，立即进行心肺复苏术。就医。

眼睛接触：立即分开眼睑，用流动清水或生理盐水彻底冲洗5~10min。就医。

皮肤接触：立即脱去污染的衣着，用肥皂水和清水彻底冲洗。就医。

食入：漱口，饮水。就医。

灭火方法 消防人员须穿全身消防服，佩戴防毒面具，在上风向灭火。尽可能将容器从火场移至空旷处。喷水保持火场容器冷却，直至灭火结束。

根据着火原因选择适当灭火剂灭火。

泄漏应急处置 根据液体流动和蒸气扩散的影响区域划定警戒区，无关人员从侧风、上风向撤离至安全区。应急人员应戴正压自给式呼吸器，穿防护服，戴防护手套。穿上适当的防护服前严禁接触破裂的容器和泄漏物。尽可能切断泄漏源。防止泄漏物进入水体、下水道、地下室或有限空间。小量泄漏：用干燥的砂土或其他不燃材料吸收或覆盖，收集于容器中。大量泄漏：构筑围堤或挖坑收容。用耐腐蚀泵转移至槽车或专用收集器内。

534. 六戊基二锡氧烷

标识

中文名称 六戊基二锡氧烷

英文名称 Hexapentylbistannoxane

分子式 $C_{30}H_{66}OSn_2$

CAS 号 25637-27-8

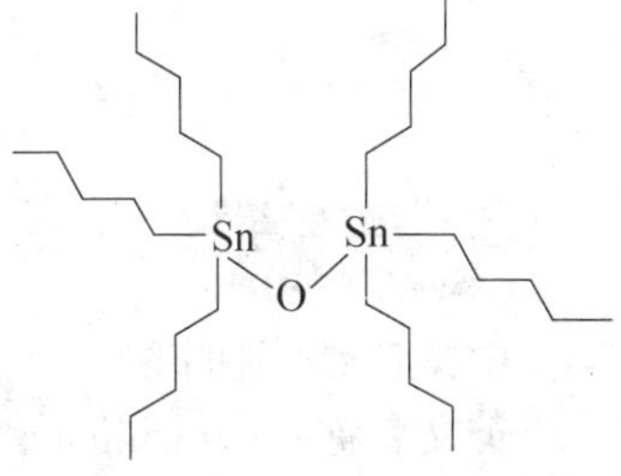

危害信息

燃烧与爆炸危险性 无特殊燃爆特性。

禁忌物 强氧化剂、强酸。

毒性 大鼠经口 LD_{50}：300μL/kg；兔经皮 LD_{50}：200μL/kg。

中毒表现 有机锡中毒的主要临床表现有：眼和鼻黏膜的刺激症状；中毒性神经衰弱综合征；重症出现中毒性脑病。溅入眼内引起结膜炎。可致变应性皮炎。摄入有机锡化合物可致中毒性脑水肿，可产生后遗症，如瘫痪、精神失常和智力障碍。

侵入途径 吸入、食入、经皮吸收。

职业接触限值 美国(ACGIH)：TLV-TWA 0.1mg/m³；TLV-STEL 0.2mg/m³[按Sn计][皮]。

环境危害 对水生生物有极高毒性，可能在水生环境中造成长期不利影响。

理化特性与用途

理化特性 不溶于水。沸点548℃，辛醇/水分配系数8.21，闪点285℃。

包装与储运

包装标志 杂类

包装类别 Ⅲ类

安全储运 储存于阴凉、通风的库房。远离火种、热源。应与强氧化剂、强酸等隔离储运。

紧急处置信息

急救措施

吸入：迅速脱离现场至空气新鲜处。保持呼吸道通畅。如呼吸困难，给输氧。呼吸、心跳停止，立即进行心肺复苏术。就医。

眼睛接触：立即分开眼睑，用流动清水或生理盐水彻底冲洗。就医。

皮肤接触：立即脱去污染的衣着，用流动清水彻底冲洗。就医。

食入：饮适量温水，催吐(仅限于清醒者)。就医。

灭火方法 消防人员须穿全身消防服，佩戴空气呼吸器，在上风向灭火。尽可能将容器从火场移至空旷处。喷水保持火场容器冷却，直至灭火结束。

根据着火原因选择适当灭火剂灭火。

泄漏应急处置 消除所有点火源。根据液体流动和蒸气扩散的影响区域划定警戒区，无关人员从侧风、上风向撤离至安全区。建议应急处理人员戴正压自给式呼吸器，穿防毒服。禁止接触或跨越泄漏物。尽可能切断泄漏源。防止泄漏物进入水体、下水道、地下室或有限空间。小量泄漏：用干燥的砂土或其他不燃材料覆盖泄漏物，用洁净的无火花工具收集泄漏物，置于一盖子较松的塑料容器中，待处置。大量泄漏：构筑围堤或挖坑收容。用泵转移至槽车或专用收集器内。

535. 咯喹酮

标　识

中文名称 咯喹酮

英文名称 Pyroquilon；1,2,5,6-Tetrahydropyrrolo(3,2,1-*ij*)quinolin-4-one

别名 1,2,5,6-四氢吡咯并(3,2,1-*ij*)喹啉-4-酮

分子式 $C_{11}H_{11}NO$

CAS 号 57369-32-1

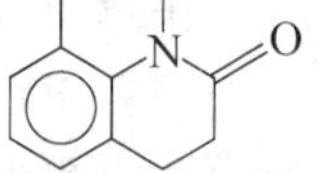

危害信息

燃烧与爆炸危险性 无特殊燃爆特性。

禁忌物 强氧化剂、酸碱、醇类。

毒性 大鼠经口 LD_{50}：321mg/kg；大鼠经皮 LD_{50}：>3100mg/kg。

中毒表现 食入有害。

侵入途径 吸入、食入、经皮吸收。

环境危害 对水生生物有害，可能在水生环境中造成长期不利影响。

理化特性与用途

理化特性 白色结晶固体。微溶于水，溶于丙酮、苯、二氯甲烷、甲醇、异丙醇。熔点 112℃，相对密度(水=1)1.29，饱和蒸气压 0.16mPa(20℃)，辛醇/水分配系数 1.57。

主要用途 内吸性杀菌剂。用于水稻防治稻瘟病。

包装与储运

安全储运 储存于阴凉、通风的库房。远离火种、热源。应与强氧化剂、酸碱、醇类等隔离储运。

紧急处置信息

急救措施

吸入：迅速脱离现场至空气新鲜处。保持呼吸道通畅。如呼吸困难，给输氧。呼吸、心跳停止，立即进行心肺复苏术。就医。

眼睛接触：立即分开眼睑，用流动清水或生理盐水彻底冲洗。就医。

皮肤接触：立即脱去污染的衣着，用肥皂水和清水彻底冲洗。就医。

食入：漱口，饮水。就医。

灭火方法 消防人员须穿全身消防服，在上风向灭火。尽可能将容器从火场移至空旷处。喷水保持火场容器冷却直至灭火结束。

根据着火原因选择适当灭火剂灭火。

泄漏应急处置 消除所有点火源。隔离泄漏污染区，限制出入。建议应急处理人员戴防尘口罩，穿防毒服。禁止接触或跨越泄漏物。尽可能切断泄漏源。勿使水进入包装容器中。用洁净的铲子收集泄漏物，置于干净、干燥、盖子较松的容器中，将容器移离泄漏区。

536. 4-氯-1,2-苯二胺

标　识

中文名称 4-氯-1,2-苯二胺

英文名称 4-Chloro-*o*-phenylenediamine ; 4-Chloro-1,2-phenylenedi amine

别名 4-氯邻苯二胺；1,2-二氨基-4-氯苯

分子式 $C_6H_7ClN_2$

CAS 号 95-83-0

NH_2
H_2N
Cl

危害信息

燃烧与爆炸危险性 可燃。

禁忌物 强氧化剂、酸碱。

毒性 IARC 致癌性评论：G2B，可疑人类致癌物。

中毒表现 对眼、皮肤和呼吸道有刺激性。

侵入途径 吸入、食入。

环境危害 对水生生物有极高毒性，可能在水生环境中造成长期不利影响。

理化特性与用途

理化特性 棕色结晶或粉末。微溶于水，溶于苯，易溶于乙醇、乙醚。熔点 76℃，饱和蒸气压 0.27Pa(25℃)，辛醇/水分配系数 1.28。

主要用途 用作染料中间体、染发剂成分、环氧树脂固化剂、气相色谱分析试剂等。

包装与储运

包装标志 杂类

包装类别 Ⅲ类

安全储运 储存于阴凉、通风的库房。远离火种、热源。应与强氧化剂、酸碱等隔离储运。

紧急处置信息

急救措施

吸入：迅速脱离现场至空气新鲜处。保持呼吸道通畅。如呼吸困难，给输氧。呼吸、心跳停止，立即进行心肺复苏术。就医。

眼睛接触：立即分开眼睑，用流动清水或生理盐水彻底冲洗。就医。

皮肤接触：立即脱去污染的衣着，用肥皂水和清水彻底冲洗。就医。

食入：漱口，饮水。就医。

灭火方法 消防人员须穿全身消防服，佩戴空气呼吸器，在上风向灭火。尽可能将容器从火场移至空旷处。喷水保持火场容器冷却，直至灭火结束。

灭火剂：干粉、二氧化碳。

泄漏应急处置 隔离泄漏污染区，限制出入。消除所有点火源。建议应急处理人员戴防尘口罩，穿防毒服，戴橡胶手套。穿上适当的防护服前严禁接触破裂的容器和泄漏物。尽可能切断泄漏源。用塑料布覆盖泄漏物，减少飞散。勿使水进入包装容器内。用洁净的铲子收集泄漏物，置于干净、干燥、盖子较松的容器中，将容器移离泄漏区。

537. 4-(3-(4-氯苯基)-3-(3,4-二甲氧基苯基)丙烯酰)吗啉

标　识

中文名称 4-(3-(4-氯苯基)-3-(3,4-二甲氧基苯基)丙烯酰)吗啉

英文名称 4-(3-(4-chlorophenyl)-3-(3,4-dimethoxyphenyl)acryloyl)morpholine；Dimethomorph

别名 烯酰吗啉

分子式 $C_{21}H_{22}ClNO_4$

CAS 号 110488-70-5

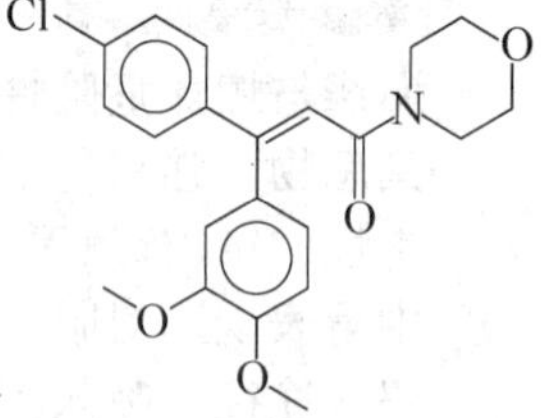

危害信息

燃烧与爆炸危险性 可燃，粉体与空气混合能形成爆炸性混合物，遇明火、高热易燃烧爆炸。

禁忌物 强氧化剂、强酸。

毒性 大鼠经口 LD_{50}：3500mg/kg；小鼠经口 LD_{50}：3699mg/kg；大鼠经皮 LD_{50}：>2mg/kg。

侵入途径 吸入、食入、经皮吸收。

环境危害 对水生生物有毒，可能在水生环境中造成长期不利影响。

理化特性与用途

理化特性 无色结晶。不溶于水。熔点 127～148℃，辛醇/水分配系数 2.68。

主要用途 杀菌剂。用于马铃薯、果树、蔬菜等作物防治霜霉病、疫病等。

包装与储运

包装标志 杂类

包装类别 Ⅲ类

安全储运 储存于阴凉、通风的库房。远离火种、热源。应与强氧化剂、强酸等隔离储运。

紧急处置信息

急救措施

吸入：迅速脱离现场至空气新鲜处。保持呼吸道通畅。如呼吸困难，给输氧。呼吸、心跳停止，立即进行心肺复苏术。就医。

眼睛接触：立即分开眼睑，用流动清水或生理盐水彻底冲洗。就医。

皮肤接触：立即脱去污染的衣着，用肥皂水和清水彻底冲洗。就医。

食入：漱口，饮水。就医。

灭火方法 消防人员须穿全身消防服，佩戴空气呼吸器，在上风向灭火。尽可能将容器从火场移至空旷处。

灭火剂：干粉、二氧化碳、泡沫、水。

泄漏应急处置 隔离泄漏污染区，限制出入。消除所有点火源。建议应急处理人员戴防尘口罩，穿防护服，戴橡胶手套。穿上适当的防护服前严禁接触破裂的容器和泄漏物。尽可能切断泄漏源。用塑料布覆盖泄漏物，减少飞散。勿使水进入包装容器内。用洁净的铲子收集泄漏物，置于干净、干燥、盖子较松的容器中，将容器移离泄漏区。

538. (*E*)-3-(2-氯苯基)-2-(4-氟苯基)丙烯醛

标　识

中文名称 (*E*)-3-(2-氯苯基)-2-(4-氟苯基)丙烯醛

英文名称 (*E*)-3-(2-Chlorophenyl)-2-(4-fluorophenyl) propenal

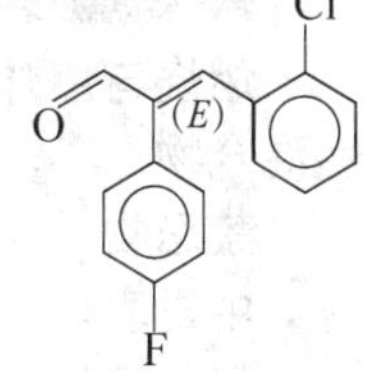

分子式 $C_{15}H_{10}ClFO$

CAS 号 112704-51-5

危害信息

燃烧与爆炸危险性 可燃。

禁忌物 强氧化剂、酸碱、醇类。

中毒表现 对眼有刺激性。对皮肤有致敏性。

侵入途径 吸入、食入。

理化特性与用途

理化特性 不溶于水。沸点 386℃，相对密度（水=1）1.265，饱和蒸气压 0.51mPa

(25℃)，辛醇/水分配系数 4.67，闪点 187℃。

包装与储运

安全储运 储存于阴凉、通风的库房。远离火种、热源。保持容器密闭。应与强氧化剂、酸碱、醇类等隔离储运。搬运时轻装轻卸，防止容器受损。

紧急处置信息

急救措施

吸入：迅速脱离现场至空气新鲜处。保持呼吸道通畅。如呼吸困难，给输氧。呼吸、心跳停止，立即进行心肺复苏术。就医。

眼睛接触：立即分开眼睑，用流动清水或生理盐水彻底冲洗。就医。

皮肤接触：立即脱去污染的衣着，用肥皂水和清水彻底冲洗。就医。

食入：漱口，饮水。就医。

灭火方法 消防人员须穿全身消防服，佩戴空气呼吸器，在上风向灭火。尽可能将容器从火场移至空旷处。

泄漏应急处置 隔离泄漏污染区，限制出入。消除点火源。建议应急处理人员戴防尘口罩，穿防护服，戴防护手套。穿上适当的防护服前严禁接触破裂的容器和泄漏物。尽可能切断泄漏源。用塑料布覆盖泄漏物，减少飞散。勿使水进入包装容器内。用洁净的铲子收集泄漏物，置于干净、干燥、盖子较松的容器中，将容器移离泄漏区。

539. 4-氯苯基(环丙基)酮 *O*-(4-硝基苯甲基)肟

标　识

中文名称 4-氯苯基(环丙基)酮 *O*-(4-硝基苯甲基)肟

英文名称 Methanone，(4-chlorophenyl) cyclopropyl-，*O*-((4-Nitrophenyl) methyl) oxime

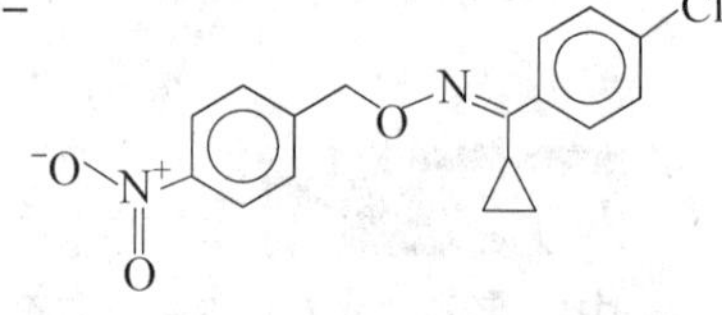

分子式 $C_{17}H_{15}ClN_2O_3$

CAS 号 94097-88-8

危害信息

燃烧与爆炸危险性 可燃，粉体与空气混合能形成爆炸性混合物。

禁忌物 强氧化剂。

中毒表现 对皮肤有致敏性。

侵入途径 吸入、食入。

环境危害 对水生生物有极高毒性，可能在水生环境中造成长期不利影响。

理化特性与用途

理化特性 淡黄色固体。不溶于水。熔点 62~64℃，沸点 483℃，相对密度(水=1) 1.34，辛醇/水分配系数 4.83，闪点 245.8℃。

主要用途 用于实验室研究和作为分析标准。

包装与储运

包装标志 杂类

包装类别 Ⅲ类

安全储运 储存于阴凉、通风的库房。远离火种、热源。保持容器密闭。应与强氧化剂等隔离储运。

紧急处置信息

急救措施

吸入：迅速脱离现场至空气新鲜处。保持呼吸道通畅。如呼吸困难，给输氧。呼吸、心跳停止，立即进行心肺复苏术。就医。

眼睛接触：立即分开眼睑，用流动清水或生理盐水彻底冲洗。就医。

皮肤接触：立即脱去污染的衣着，用肥皂水和清水彻底冲洗。就医。

食入：漱口，饮水。就医。

灭火方法 消防人员须穿全身消防服，佩戴空气呼吸器，在上风向灭火。尽可能将容器从火场移至空旷处。喷水保持火场容器冷却，直至灭火结束。喷水保持火场容器冷却直至灭火结束。

灭火剂：泡沫、干粉、二氧化碳。

泄漏应急处置 消除所有点火源。隔离泄漏污染区，限制出入。建议应急处理人员戴防尘口罩，穿防护服，戴防护手套。禁止接触或跨越泄漏物。尽可能切断泄漏源。用塑料布覆盖，减少飞散。用洁净的铲子收集泄漏物，置于干净、干燥、盖子较松的容器中，将容器移离泄漏区。

540. (3-氯苯基)-(4-甲氧基-3-硝基苯基)-2-甲酮

标　识

中文名称 (3-氯苯基)-(4-甲氧基-3-硝基苯基)-2-甲酮

英文名称 (3-Chlorophenyl)-(4-methoxy-3-nitrophenyl)methanone

分子式 $C_{14}H_{10}ClNO_4$

CAS 号 66938-41-8

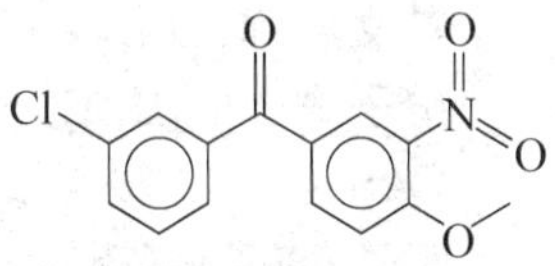

危害信息

燃烧与爆炸危险性 可燃，粉体与空气混合能形成爆炸性混合物，遇明火、高热易燃烧爆炸。

禁忌物 强氧化剂、酸碱、醇类。

毒性 欧盟法规 1272/2008/EC 将本品列为第 2 类生殖细胞致突变物——由于可能导致人类生殖细胞可遗传突变而引起人们关注的物质。

侵入途径 吸入、食入。

环境危害 对水生生物有极高毒性，可能在水生环境中造成长期不利影响。

理化特性与用途

理化特性 淡黄色粉末。不溶于水。熔点 109~114℃，沸点 310℃，闪点 270℃。

包装与储运

包装标志 杂类

包装类别 Ⅲ类

安全储运 储存于阴凉、通风的库房。远离火种、热源。保持容器密闭。应与强氧化剂、酸碱、醇类等隔离储运。

紧急处置信息

急救措施

吸入： 迅速脱离现场至空气新鲜处。保持呼吸道通畅。如呼吸困难，给输氧。呼吸、心跳停止，立即进行心肺复苏术。就医。

眼睛接触： 立即分开眼睑，用流动清水或生理盐水彻底冲洗。就医。

皮肤接触： 立即脱去污染的衣着，用肥皂水和清水彻底冲洗。就医。

食入： 漱口，饮水。就医。

灭火方法 消防人员须穿全身消防服，佩戴空气呼吸器，在上风向灭火。尽可能将容器从火场移至空旷处。

灭火剂：干粉、二氧化碳、泡沫。

泄漏应急处置 隔离泄漏污染区，限制出入。消除所有点火源。建议应急处理人员戴防尘口罩，穿防毒服，戴橡胶手套。穿上适当的防护服前严禁接触破裂的容器和泄漏物。尽可能切断泄漏源。用塑料布覆盖泄漏物，减少飞散。勿使水进入包装容器内。用洁净的铲子收集泄漏物，置于干净、干燥、盖子较松的容器中，将容器移离泄漏区。

541. 5-((4-氯苯基)亚甲基)-2,2-二甲基环戊酮

标　识

中文名称 5-((4-氯苯基)亚甲基)-2,2-二甲基环戊酮

英文名称 (*E*)-5((4-Chlorophenyl)methylene)-2,2-dimethylcyclopentanone

分子式 $C_{14}H_{15}ClO$

CAS 号 131984-21-9

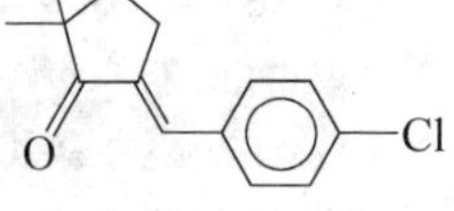

危害信息

燃烧与爆炸危险性 无特殊燃爆特性。

禁忌物 强氧化剂、酸碱、醇类。

侵入途径 吸入、食入。

环境危害 对水生生物有毒，可能在水生环境中造成长期不利影响。

理化特性与用途

主要用途 医药原料。

包装与储运

包装标志 杂类

包装类别 Ⅲ类

安全储运 储存于阴凉、通风的库房。远离火种、热源。应与强氧化剂、酸碱、醇类等隔离储运。

紧急处置信息

急救措施

吸入：脱离接触。如有不适感，就医。

眼睛接触：分开眼睑，用流动清水或生理盐水冲洗。如有不适感，就医。

皮肤接触：脱去污染的衣着，用流动清水冲洗。如有不适感，就医。

食入：漱口，饮水。就医。

灭火方法 消防人员须穿全身消防服，佩戴空气呼吸器，在上风向灭火。尽可能将容器从火场移至空旷处。

根据着火原因选择适当灭火剂灭火。

泄漏应急处置 隔离泄漏污染区，限制出入。建议应急处理人员戴防尘口罩，穿防护服，戴橡胶手套。穿上适当的防护服前严禁接触破裂的容器和泄漏物。尽可能切断泄漏源。用塑料布覆盖泄漏物，减少飞散。勿使水进入包装容器内。用洁净的铲子收集泄漏物，置于干净、干燥、盖子较松的容器中，将容器移离泄漏区。

542. DL-α-(2-(4-氯苯基)乙基)-α-(1，1-二甲基乙基)-1H-1，2，4-三唑-1-乙醇

标　识

中文名称 DL-α-(2-(4-氯苯基)乙基)-α-(1,1-二甲基乙基)-1H-1,2,4-三唑-1-乙醇

英文名称 1-(4-Chlorophenyl)-4，4-dimethyl-3-(1,2,4-triazol-1-ylmethyl)pentan-3-ol；Tebuconazole

别名 戊唑醇

分子式 $C_{16}H_{23}ClN_3O$

CAS 号 107534-96-3

HO Cl N N N

危害信息

燃烧与爆炸危险性 可燃，受热易分解，在高温火场中受热的容器有破裂和爆炸的危险。

禁忌物 强氧化剂、强酸。

毒性 大鼠经口 LD_{50}：3352mg/kg；小鼠经口 LD_{50}：1615mg/kg；大鼠吸入 LC_{50}：371mg/m^3(4h)；大鼠经皮 LD_{50}：>5g/kg。

欧盟法规 1272/2008/EC 将本品列为第 2 类生殖毒物——可疑的人类生殖毒物。

中毒表现 食入有害。

侵入途径　吸入、食入、经皮吸收。

环境危害　对水生生物有毒，可能在水生环境中造成长期不利影响。

理化特性与用途

理化特性　无色结晶，或类白色粉末。溶于二氯甲烷、异丙醇、甲苯。熔点 102～105℃，相对密度(水=1)1.25，辛醇/水分配系数 3.7，闪点>100℃。

主要用途　内吸性杀菌剂。用于麦类、茶树、果树等防治白粉病、锈病、根腐病、黑穗病等。

包装与储运

包装标志　杂类

包装类别　Ⅲ类

安全储运　储存于阴凉、通风的库房。远离火种、热源。应与强氧化剂、强酸等隔离储运。

紧急处置信息

急救措施

吸入：迅速脱离现场至空气新鲜处。保持呼吸道通畅。如呼吸困难，给输氧。呼吸、心跳停止，立即进行心肺复苏术。就医。

眼睛接触：立即分开眼睑，用流动清水或生理盐水彻底冲洗。就医。

皮肤接触：立即脱去污染的衣着，用肥皂水和清水彻底冲洗。就医。

食入：漱口，饮水。就医。

灭火方法　消防人员须穿全身消防服，佩戴空气呼吸器，在上风向灭火。尽可能将容器从火场移至空旷处。喷水保持火场容器冷却直至灭火结束。

灭火剂：干粉、二氧化碳、雾状水、泡沫。

泄漏应急处置　隔离泄漏污染区，限制出入。消除点火源。建议应急处理人员戴防尘口罩，穿防毒服，戴橡胶手套。穿上适当的防护服前严禁接触破裂的容器和泄漏物。尽可能切断泄漏源。用塑料布覆盖泄漏物，减少飞散。勿使水进入包装容器内。用洁净的铲子收集泄漏物，置于干净、干燥、盖子较松的容器中，将容器移离泄漏区。

543. 2-氯苯甲醛

标　识

中文名称　2-氯苯甲醛

英文名称　2-Chlorobenzaldehyde; *o*-Chlorobenzaldehyde

别名　邻氯苯甲醛

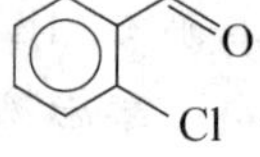

分子式　C_7H_5ClO

CAS 号　89-98-5

危害信息

危险性类别　第 8 类　腐蚀品

燃烧与爆炸危险性 可燃。受热分解放出有毒的腐蚀性气体。

禁忌物 强氧化剂、酸碱、醇类。

毒性 大鼠经口 LD_{50}：2160mg/kg；小鼠经口 LD_{50}：1900mg/kg。

中毒表现 对眼和皮肤有腐蚀性。

侵入途径 吸入、食入。

理化特性与用途

理化特性 无色至淡黄色液体，有刺激性气味。微溶于水，溶于乙醇、乙醚、丙酮、苯。熔点12.4℃，沸点211.9℃，相对密度(水=1)1.25，相对蒸气密度(空气=1)4.8，饱和蒸气压0.04kPa(25℃)，辛醇/水分配系数2.33，闪点90℃(闭杯)，引燃温度385℃。

主要用途 用作有机合成和染料中间体，用于橡胶、制革、造纸、农业等。

包装与储运

包装标志 腐蚀品

包装类别 Ⅱ类

安全储运 储存于阴凉、通风的库房。远离火种、热源。包装要求密封。应与强氧化剂、酸碱、醇类等分开存放，切忌混储。储区应备有泄漏应急处理设备和合适的收容材料。搬运时轻装轻卸，防止容器受损。

紧急处置信息

急救措施

吸入：迅速脱离现场至空气新鲜处。保持呼吸道通畅。如呼吸困难，给输氧。呼吸、心跳停止，立即进行心肺复苏术。就医

眼睛接触：立即分开眼睑，用流动清水或生理盐水彻底冲洗5~10min。就医。

皮肤接触：立即脱去污染的衣着，用大量流动清水彻底冲洗，冲洗时间一般要求20~30min。就医。

食入：用水漱口，禁止催吐。给饮牛奶或蛋清。就医。

灭火方法 消防人员须穿全身消防服，佩戴空气呼吸器，在上风向灭火。尽可能将容器从火场移至空旷处。喷水保持火场容器冷却，直至灭火结束。处在火场中的容器若发生异常变化或发出异常声音，须马上撤离。

灭火剂：干粉、二氧化碳。

泄漏应急处置 根据液体流动和蒸气扩散的影响区域划定警戒区，无关人员从侧风、上风向撤离至安全区。消除点火源。建议应急处理人员戴正压自给式呼吸器，穿耐腐蚀防护服，戴橡胶耐腐蚀手套。穿上适当的防护服前严禁接触破裂的容器和泄漏物。尽可能切断泄漏源。防止泄漏物进入水体、下水道、地下室或有限空间。严禁用水处理。小量泄漏：用干燥的砂土或其他不燃材料覆盖泄漏物，收集于适当的容器中。大量泄漏：构筑围堤或挖坑收容。用耐腐蚀泵转移至槽车或专用收集器内。

544. 4-氯苯甲酸对甲苯酯

标　识

中文名称 4-氯苯甲酸对甲苯酯

英文名称　*p*-Tolyl 4-chlorobenzoate; *p*-Cresyl *p*-chlorobenzoate

分子式　$C_{14}H_{11}ClO_2$

CAS 号　15024-10-9

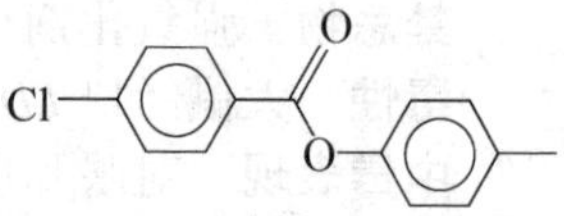

危害信息

燃烧与爆炸危险性　可燃。

禁忌物　强氧化剂、强酸。

中毒表现　对皮肤有致敏性。

侵入途径　吸入、食入。

环境危害　对水生生物有极高毒性，可能在水生环境中造成长期不利影响。

理化特性与用途

理化特性　固体。不溶于水。熔点 96 ~ 96.5℃，沸点 356.6℃，相对密度(水 = 1) 1.226，饱和蒸气压 3.86mPa(25℃)，辛醇/水分配系数 4.81，闪点 182℃。

主要用途　是医药原料。

包装与储运

包装标志　杂类

包装类别　Ⅲ类

安全储运　储存于阴凉、通风的库房。远离火种、热源。应与强氧化剂、强酸等隔离储运。

紧急处置信息

急救措施

吸入：迅速脱离现场至空气新鲜处。保持呼吸道通畅。如呼吸困难，给输氧。呼吸、心跳停止，立即进行心肺复苏术。就医。

眼睛接触：立即分开眼睑，用流动清水或生理盐水彻底冲洗。就医。

皮肤接触：立即脱去污染的衣着，用肥皂水和清水彻底冲洗。就医。

食入：漱口，饮水。就医。

灭火方法　消防人员须穿全身消防服，佩戴空气呼吸器，在上风向灭火。尽可能将容器从火场移至空旷处。喷水保持火场容器冷却，直至灭火结束。

灭火剂：干粉、泡沫、二氧化碳。

泄漏应急处置　隔离泄漏污染区，限制出入。消除点火源。建议应急处理人员戴防尘口罩，穿防护服，戴防护手套。穿上适当的防护服前严禁接触破裂的容器和泄漏物。尽可能切断泄漏源。用塑料布覆盖泄漏物，减少飞散。勿使水进入包装容器内。用洁净的铲子收集泄漏物，置于干净、干燥、盖子较松的容器中，将容器移离泄漏区。

545. 2-氯苯乙酮

标　识

中文名称　2-氯苯乙酮

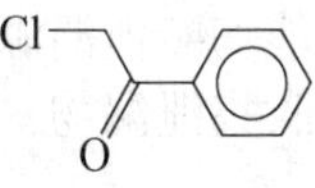

英文名称 2-Chloroacetophenone; alpha-Chloroacetophenone

别名 α-氯乙酰苯

分子式 C_8H_7ClO

CAS 号 532-27-4

铁危编号 61664

UN 号 1697

危害信息

危险性类别 第6类 有毒品

燃烧与爆炸危险性 可燃，燃烧产生有毒的腐蚀性烟雾。在高温火场中，受热的容器有破裂和爆炸的危险。

禁忌物 氧化剂、酸碱。

毒性 大鼠经口 LD_{50}：50mg/kg；小鼠经口 LD_{50}：139mg/kg；小鼠吸入 LC_{50}：59mg/m^3；豚鼠经皮 LD_{50}：>1g/kg。

中毒表现 对眼有强烈刺激性。对皮肤和呼吸道有刺激性。吸入本品蒸气或气溶胶可引起肺水肿，可迟发。对皮肤有致敏性。长期或反复接触引起皮炎。

侵入途径 吸入、食入、经皮吸收。

职业接触限值 美国(ACGIH)：TLV-TWA 0.05 ppm。

理化特性与用途

理化特性 白色结晶，或无色至灰色结晶，有刺激性气味。不溶于水，溶于丙酮、二硫化碳。熔点 54~59℃，沸点 244~245℃，相对密度(水=1)1.32，相对蒸气密度(空气=1)5.2，饱和蒸气压 0.7Pa(20℃)，辛醇/水分配系数 2.08，闪点 118℃(闭杯)。

主要用途 用于制药及有机合成。

包装与储运

包装标志 有毒品

包装类别 Ⅱ类

安全储运 储存于阴凉、干燥、通风良好的库房。远离火种、热源。防止阳光直射。储存温度不超过 35℃，相对湿度不超过 85%。保持容器密封。应与氧化剂、酸碱、食用化学品等分开存放，切忌混储。配备相应品种和数量的消防器材。储区应备有合适的材料收容泄漏物。

紧急处置信息

急救措施

吸入：迅速脱离现场至空气新鲜处。保持呼吸道通畅。如呼吸困难，给输氧。呼吸、心跳停止，立即进行心肺复苏术。就医。

眼睛接触：立即分开眼睑，用流动清水或生理盐水彻底冲洗。就医。

皮肤接触：立即脱去污染的衣着，用流动清水彻底冲洗。就医。

食入：饮适量温水，催吐(仅限于清醒者)。就医。

灭火方法 消防人员须穿全身消防服，佩戴空气呼吸器，在上风向灭火。尽可能将容器从火场移至空旷处。喷水保持火场容器冷却，直至灭火结束。

灭火剂：抗溶性泡沫、二氧化碳、干粉、水。

泄漏应急处置　隔离泄漏污染区，限制出入。消除点火源。建议应急处理人员戴防尘口罩，穿防毒服，戴橡胶手套。穿上适当的防护服前严禁接触破裂的容器和泄漏物。尽可能切断泄漏源。用塑料布覆盖泄漏物，减少飞散。勿使水进入包装容器内。用洁净的铲子收集泄漏物，置于干净、干燥、盖子较松的容器中，将容器移离泄漏区。

546. 2-氯苄叉丙二腈

标　识

中文名称　2-氯苄叉丙二腈

英文名称　((2-Chlorophenyl)methylene)malononitrile；*O*-Chlorobenzylidene malononitrile

别名　邻氯苄叉丙二腈；邻氯苄叉缩丙二腈

分子式　$C_{10}H_5ClN_2$

CAS 号　2698-41-1

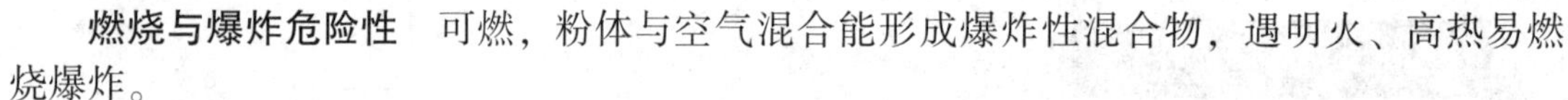

危害信息

危险性类别　第 6 类　有毒品

燃烧与爆炸危险性　可燃，粉体与空气混合能形成爆炸性混合物，遇明火、高热易燃烧爆炸。

禁忌物　氧化剂、强酸。

毒性　大鼠经口 LD_{50}：178mg/kg；小鼠经口 LD_{50}：282mg/kg；大鼠吸入 $LCLo$：1806mg/m^3(45min)。

中毒表现　本品对眼、皮肤和呼吸道有强烈刺激性。吸入影响肺。对皮肤有致敏性。皮肤长期或反复接触引起皮炎。

侵入途径　吸入、食入、经皮吸收。

职业接触限值　中国：MAC 0.4mg/m^3[皮]。

美国(ACGIH)：TLV-C 0.05 ppm[皮]。

环境危害　对水生生物有极高毒性，可能在水生环境中造成长期不利影响。

理化特性与用途

理化特性　白色结晶固体或浅灰色粉末，有胡椒粉气味。微溶于水，溶于丙酮、二噁烷、二氯甲烷、乙酸乙酯、苯等有机溶剂。熔点 93~96℃，沸点 310~315℃，相对蒸气密度(空气=1)6.5，饱和蒸气压 4.5mPa(20℃)，辛醇/水分配系数 2.76。

主要用途　作为催泪剂用于自我防护装备。

包装与储运

包装标志　有毒品

包装类别　Ⅲ类

安全储运　储存于阴凉、干燥、通风良好的库房。远离火种、热源。防止阳光直射。储存温度不超过 35℃，相对湿度不超过 85%。保持容器密封。应与氧化剂、强酸、食用化学品等分开存放，切忌混储。配备相应品种和数量的消防器材。储区应备有合适的材料收容泄漏物。

紧急处置信息

急救措施

吸入：迅速脱离现场至空气新鲜处。保持呼吸道通畅。如呼吸困难，给输氧。呼吸、心跳停止，立即进行心肺复苏术。就医。

眼睛接触：立即分开眼睑，用流动清水或生理盐水彻底冲洗。就医。

皮肤接触：立即脱去污染的衣着，用流动清水彻底冲洗。就医。

食入：饮适量温水，催吐(仅限于清醒者)。就医。

灭火方法 消防人员须穿全身消防服，佩戴空气呼吸器，在上风向灭火。尽可能将容器从火场移至空旷处。喷水保持火场容器冷却，直至灭火结束。

灭火剂：干粉、二氧化碳。

泄漏应急处置 隔离泄漏污染区，限制出入。消除点火源。建议应急处理人员戴防尘口罩，穿防毒服，戴橡胶手套。穿上适当的防护服前严禁接触破裂的容器和泄漏物。尽可能切断泄漏源。用塑料布覆盖泄漏物，减少飞散。勿使水进入包装容器内。用洁净的铲子收集泄漏物，置于干净、干燥、盖子较松的容器中，将容器移离泄漏区。

547. 2-(3-氯丙基)-2,5,5-三甲基-1,3-二噁烷

标　识

中文名称 2-(3-氯丙基)-2,5，5-三甲基-1,3-二噁烷

英文名称 2-(3-Chloropropyl)-2,5,5-trimethyl-1,3-dioxane

分子式 $C_{10}H_{19}ClO_2$

CAS 号 88128-57-8

O
O
Cl

危害信息

燃烧与爆炸危险性 易燃。

禁忌物 强氧化剂。

中毒表现 长期反复接触可能对器官造成损害。

侵入途径 吸入、食入。

环境危害 对水生生物有害，可能在水生环境中造成长期不利影响。

理化特性与用途

理化特性 微溶于水。沸点 248℃，相对密度(水=1)0.98，饱和蒸气压 5.3Pa(25℃)，辛醇/水分配系数 2.52，闪点 67℃。

主要用途 有机合成，医药中间体。

包装与储运

安全储运 储存于阴凉、通风的库房。远离火种、热源。应与强氧化剂等隔离储运。搬运时轻装轻卸，防止容器受损。

紧急处置信息

急救措施

吸入：迅速脱离现场至空气新鲜处。保持呼吸道通畅。如呼吸困难，给输氧。呼吸、心跳停止，立即进行心肺复苏术。就医。

眼睛接触：立即分开眼睑，用流动清水或生理盐水彻底冲洗。就医。

皮肤接触：立即脱去污染的衣着，用肥皂水和清水彻底冲洗。就医。

食入：漱口，饮水。就医。

灭火方法 消防人员须穿全身消防服，佩戴空气呼吸器，在上风向灭火。尽可能将容器从火场移至空旷处。

灭火剂：泡沫、二氧化碳。

泄漏应急处置 隔离泄漏污染区，限制出入。消除所有点火源。建议应急处理人员戴防毒面具，穿防毒服，戴橡胶手套。穿上适当的防护服前严禁接触破裂的容器和泄漏物。尽可能切断泄漏源。用无火花工具铲起或真空吸除泄漏物，置于适当的容器中。

548. 2-氯丙酸异丙酯

标　识

中文名称 2-氯丙酸异丙酯

英文名称 Isopropyl 2-chloropropionate；Propanoic acid, 2-chloro-, 1-methylethyl ester

分子式 $C_6H_{11}ClO_2$

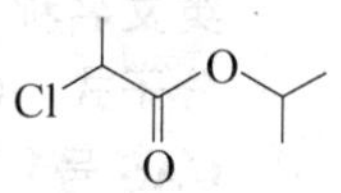

CAS 号 40058-87-5

铁危编号 32104

UN 号 2934

危害信息

危险性类别 第3类 易燃液体

燃烧与爆炸危险性 易燃，其蒸气与空气混合能形成爆炸性混合物，遇明火、高热易燃烧爆炸。蒸气比空气重，沿地面扩散并易积存于低洼处，遇火源会着火回燃。

禁忌物 氧化剂、酸类。

侵入途径 吸入、食入。

理化特性与用途

理化特性 无色液体，有刺激性气味。不溶于水。熔点-74℃，沸点151.5℃，相对密度(水=1)1.0315，辛醇/水分配系数1.95，闪点44.7℃，临界温度331℃，临界压力2.5kPa(20℃)。

包装与储运

包装标志 易燃液体

包装类别 Ⅲ类

安全储运 储存于阴凉、通风的库房。远离火种、热源，避免阳光直射。储存温度不超过 37℃。炎热季节早晚运输，应与氧化剂、酸类等隔离储运。禁止使用易产生火花的机械设备和工具。灌装时注意流速，防止静电积聚。搬运时轻装轻卸，防止容器受损。

紧急处置信息

急救措施

吸入：迅速脱离现场至空气新鲜处。保持呼吸道通畅。如呼吸困难，给输氧。呼吸、心跳停止，立即进行心肺复苏术。就医。

眼睛接触：立即分开眼睑，用流动清水或生理盐水彻底冲洗。就医。

皮肤接触：立即脱去污染的衣着，用肥皂水和清水彻底冲洗。就医。

食入：漱口，饮水。就医。

灭火方法 消防人员须穿全身消防服，佩戴空气呼吸器，在上风向灭火。尽可能将容器从火场移至空旷处。喷水保持火场容器冷却，直至灭火结束。处在火场中的容器若发生异常变化或发出异常声音，须马上撤离。

灭火剂：大量水、二氧化碳、干粉。

泄漏应急处置 根据液体流动和蒸气扩散的影响区域划定警戒区，无关人员从侧风、上风向撤离至安全区。消除所有点火源。建议应急处理人员戴正压自给式呼吸器，穿防静电服，戴橡胶手套。作业时使用的所有设备应接地。穿上适当的防护服前严禁接触破裂的容器和泄漏物。尽可能切断泄漏源。防止泄漏物进入水体、下水道、地下室或有限空间。严禁用水处理。小量泄漏：用干燥的砂土或其他不燃材料覆盖泄漏物，收集于适当的容器中。大量泄漏：构筑围堤或挖坑收容。用泡沫覆盖减少蒸发。用防爆泵转移至槽车或专用收集器内。

549. 氯铂酸铵

标　识

中文名称 氯铂酸铵

英文名称 Diammonium hexachloroplatinate；Ammonium chloroplatinate

分子式 $(NH_4)_2PtCl_6$

CAS 号 16919-58-7

Cl^-, Cl^-, Cl^-, Cl^-, Cl^-, Cl^- — Pt^{4+}；NH_4^+，NH_4^+

危害信息

危险性类别 第 6 类 有毒品

燃烧与爆炸危险性 受热易分解。

毒性 大鼠经口 LD_{50}：195mg/kg。

中毒表现 食入有毒。眼接触引起严重损害。对皮肤有刺激性和致敏性。对呼吸道有致敏性。

侵入途径 吸入、食入。

职业接触限值 美国（ACGIH）：TLV-TWA 0.002mg/m^3［按 Pt 计］。

理化特性与用途

理化特性 橙红色结晶或黄色粉末。微溶于水，不溶于乙醇。熔点(分解，380℃)，相对密度(水=1)3.06。

主要用途 用于反磁性材料或半导体，也用于铂电镀和制海绵铂。

包装与储运

包装标志 有毒品

包装类别 Ⅲ类

安全储运 储存于阴凉、通风的库房。远离火种、热源。防止阳光直射。储存温度不超过35℃，相对湿度不超过85%。保持容器密封。应与食用原料等分开存放，切忌混储。配备相应品种和数量的消防器材。储区应备有合适的材料收容泄漏物。

紧急处置信息

急救措施

吸入：迅速脱离现场至空气新鲜处。保持呼吸道通畅。如呼吸困难，给输氧。呼吸、心跳停止，立即进行心肺复苏术。就医。

眼睛接触：立即分开眼睑，用流动清水或生理盐水彻底冲洗。就医。

皮肤接触：立即脱去污染的衣着，用流动清水彻底冲洗。就医。

食入：饮适量温水，催吐(仅限于清醒者)。就医。

灭火方法 消防人须穿全身防火防毒服，在上风向灭火。尽可能将容器从火场移至空旷处。喷水保持火场容器冷却直至灭火结束。

根据着火原因选择适当灭火剂灭火。

泄漏应急处置 隔离泄漏污染区，限制出入。建议应急处理人员戴防尘口罩，穿防毒服，戴橡胶手套。穿上适当的防护服前严禁接触破裂的容器和泄漏物。尽可能切断泄漏源。用塑料布覆盖泄漏物，减少飞散。勿使水进入包装容器内。用洁净的铲子收集泄漏物，置于干净、干燥、盖子较松的容器中，将容器移离泄漏区。

550. 氯铂酸钾

标　识

中文名称 氯铂酸钾

英文名称 Dipotassium hexachloroplatinate；Potassium hexachloroplatinate(Ⅳ)

别名 六氯铂(Ⅳ)酸钾

分子式 K_2PtCl_6

CAS 号 16921-30-5

Cl^- Cl^- Cl^- Pt^{4+} Cl^- Cl^- Cl^- K^+ K^+

危害信息

危险性类别 第6类 有毒品

燃烧与爆炸危险性 受热易分解。

中毒表现 食入有毒。眼接触引起严重损害。对皮肤有刺激性和致敏性。对呼吸道有致敏性。

侵入途径 吸入、食入。

职业接触限值 美国(ACGIH)：TLV-TWA 0.002mg/m^3[按 Pt 计]。

理化特性与用途

理化特性 橙黄色立方晶体或橙色至黄色结晶粉末。微溶于冷水，溶于热水，不溶于甲醇、乙醇，溶于盐酸溶液。熔点 250℃(分解)，相对密度(水=1)3.5。

主要用途 用于照相、电镀和催化剂制备。

包装与储运

包装标志 有毒品

包装类别 Ⅲ类

安全储运 储存于阴凉、通风的库房。远离火种、热源。防止阳光直射。储存温度不超过 35℃，相对湿度不超过 85%。保持容器密封。应与食用原料等分开存放，切忌混储。配备相应品种和数量的消防器材。储区应备有合适的材料收容泄漏物。

紧急处置信息

急救措施

吸入：迅速脱离现场至空气新鲜处。保持呼吸道通畅。如呼吸困难，给输氧。呼吸、心跳停止，立即进行心肺复苏术。就医。

眼睛接触：立即分开眼睑，用流动清水或生理盐水彻底冲洗 5~10min。就医。

皮肤接触：立即脱去污染的衣着，用肥皂水和清水彻底冲洗。就医。

食入：漱口，饮水。就医。

灭火方法 消防人员须穿全身防火防毒服，在上风向灭火。尽可能将容器从火场移至空旷处。喷水保持火场容器冷却直至灭火结束。

根据着火原因选择适当灭火剂灭火。

泄漏应急处置 隔离泄漏污染区，限制出入。建议应急处理人员戴防尘口罩，穿防毒服，戴橡胶手套。穿上适当的防护服前严禁接触破裂的容器和泄漏物。尽可能切断泄漏源。用塑料布覆盖泄漏物，减少飞散。勿使水进入包装容器内。用洁净的铲子收集泄漏物，置于干净、干燥、盖子较松的容器中，将容器移离泄漏区。

551. 氯铂酸钠

标 识

中文名称 氯铂酸钠

英文名称 Disodium hexachloroplatinate；Sodium hexachloroplatinate

别名 六氯铂酸钠

分子式 $Na_2PtCl_6 \cdot 6H_2O$

CAS 号 16923-58-3

Cl^- Cl^- Cl^- Pt^{4+} Cl^- Cl^- Cl^- Na^+ Na^+

危害信息

危险性类别　第6类　有毒品

燃烧与爆炸危险性　无特殊燃爆特性。

中毒表现　食入有毒。眼接触引起严重损害。对皮肤有刺激性和致敏性。对呼吸道有致敏性。

侵入途径　吸入、食入。

职业接触限值　美国(ACGIH)：TLV-TWA 0.002mg/m^3[按Pt计]。

理化特性与用途

理化特性　橙黄色结晶固体。溶于水。熔点110℃(分解)，相对密度(水=1)2.5。

主要用途　用作制备氯铂酸钾等铂化合物的原料。

包装与储运

包装标志　有毒品

包装类别　Ⅲ类

安全储运　储存于阴凉、通风的库房。远离火种、热源。防止阳光直射。储存温度不超过35℃，相对湿度不超过85%。保持容器密封。应与食用原料等分开存放，切忌混储。配备相应品种和数量的消防器材。储区应备有合适的材料收容泄漏物。

紧急处置信息

急救措施

吸入：迅速脱离现场至空气新鲜处。保持呼吸道通畅。如呼吸困难，给输氧。呼吸、心跳停止，立即进行心肺复苏术。就医。

眼睛接触：立即分开眼睑，用流动清水或生理盐水彻底冲洗5~10min。就医。

皮肤接触：立即脱去污染的衣着，用肥皂水和清水彻底冲洗。就医。

食入：漱口，饮水。就医。

灭火方法　消防人员须穿全身防火防毒服，在上风向灭火。尽可能将容器从火场移至空旷处。喷水保持火场容器冷却直至灭火结束。

根据着火原因选择适当灭火剂灭火。

泄漏应急处置　隔离泄漏污染区，限制出入。建议应急处理人员戴防尘口罩，穿防毒服，戴橡胶手套。穿上适当的防护服前严禁接触破裂的容器和泄漏物。尽可能切断泄漏源。用塑料布覆盖泄漏物，减少飞散。勿使水进入包装容器内。用洁净的铲子收集泄漏物，置于干净、干燥、盖子较松的容器中，将容器移离泄漏区。

552. 氯草敏

标　识

中文名称　氯草敏

英文名称 Chloridazon；5-Amino-4-chloro-2-phenylpyridazine-3-(2H)-one；Pyrazon

别名 5-氨基-4-氯-2-苯基哒嗪-3(2H)-酮

分子式 $C_{10}H_8ClN_3O$

CAS 号 1698-60-8

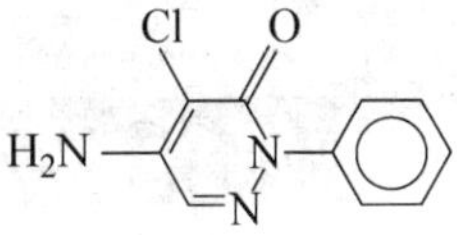

危害信息

燃烧与爆炸危险性 受热易分解。

禁忌物 强氧化剂、强酸、强碱。

毒性 大鼠经口 LD_{50}：647mg/kg；小鼠经口 LD_{50}：598mg/kg；大鼠吸入 LC_{50}：>30800mg/m^3(4h)；大鼠经皮 LD_{50}：>5g/kg。

中毒表现 对皮肤有致敏性。

侵入途径 吸入、食入、经皮吸收。

环境危害 对水生生物有极高毒性，可能在水生环境中造成长期不利影响。

理化特性与用途

理化特性 无色无臭固体或淡黄至褐色固体。不溶于水，微溶于甲醇、丙酮。熔点205℃，分解温度205~207℃，相对密度(水=1)1.54，饱和蒸气压0.06mPa(20℃)，辛醇/水分配系数1.14。

主要用途 芽前苗后除草剂。用于甜菜田防除阔叶杂草。

包装与储运

包装标志 杂类

包装类别 Ⅲ类

安全储运 储存于阴凉、通风的库房。远离火种、热源。应与强氧化剂、强酸、强碱等隔离储运。

紧急处置信息

急救措施

吸入： 迅速脱离现场至空气新鲜处。保持呼吸道通畅。如呼吸困难，给输氧。呼吸、心跳停止，立即进行心肺复苏术。就医。

眼睛接触： 立即分开眼睑，用流动清水或生理盐水彻底冲洗。就医。

皮肤接触： 立即脱去污染的衣着，用肥皂水和清水彻底冲洗。就医。

食入： 漱口，饮水。就医。

灭火方法 消防人员须穿全身消防服，在上风向灭火。尽可能将容器从火场移至空旷处。喷水保持火场容器冷却直至灭火结束。

根据着火原因选择适当灭火剂灭火。

泄漏应急处置 隔离泄漏污染区，限制出入。建议应急处理人员戴防尘口罩，穿防护服，戴橡胶手套。穿上适当的防护服前严禁接触破裂的容器和泄漏物。尽可能切断泄漏源。用塑料布覆盖泄漏物，减少飞散。勿使水进入包装容器内。用洁净的铲子收集泄漏物，置于干净、干燥、盖子较松的容器中，将容器移离泄漏区。

553. 2-氯-对甲苯磺酰氯

标 识

中文名称 2-氯-对甲苯磺酰氯

英文名称 2-Chloro-*p*-toluenesulfochloride; 3-Chloro-4-methylbenzene-1-sulfonyl chloride

别名 3-氯-4-甲基苯-1-磺酰氯

分子式 $C_7H_6Cl_2O_2S$

CAS 号 42413-03-6

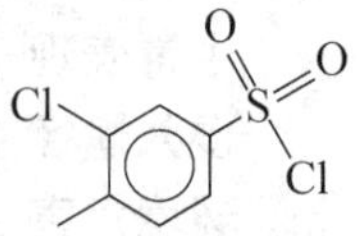

危害信息

危险性类别 第 8 类 腐蚀品

燃烧与爆炸危险性 遇明火、高热可燃。受高热分解放出有毒的气体。

禁忌物 强氧化剂、酸类。

中毒表现 对眼和皮肤有腐蚀性。对皮肤有致敏性。

侵入途径 吸入、食入。

环境危害 对水生生物有害，可能在水生环境中造成长期不利影响。

理化特性与用途

理化特性 无色至淡黄色固体。不溶于水。熔点 34~38℃，沸点 155~156℃(2.5kPa)，相对密度(水=1)1.458，辛醇/水分配系数 3.41，闪点>110℃。

主要用途 用于有机合成。

包装与储运

包装标志 腐蚀品

包装类别 Ⅱ类

安全储运 储存于阴凉、通风的库房。远离火种、热源。避免光照。库温不超过 30℃。相对湿度不超过 75%。包装密封。应与强氧化剂、酸类等分开存放，切忌混储。储区应备有合适的材料收容泄漏物。

紧急处置信息

急救措施

吸入：迅速脱离现场至空气新鲜处。保持呼吸道通畅。如呼吸困难，给输氧。呼吸、心跳停止，立即进行心肺复苏术。就医。

眼睛接触：立即分开眼睑，用流动清水或生理盐水彻底冲洗 5~10min。就医。

皮肤接触：立即脱去污染的衣着，用大量流动清水彻底冲洗，冲洗时间一般要求 20~30min。就医。

食入：用水漱口，禁止催吐。给饮牛奶或蛋清。就医。

灭火方法 消防人员须穿全身消防服，佩戴空气呼吸器，在上风向灭火。尽可能将容器从火场移至空旷处。

灭火剂灭火：干粉、二氧化碳、泡沫。

泄漏应急处置 隔离泄漏污染区，限制出入。建议应急处理人员戴防尘口罩，穿耐腐蚀防护服，戴耐腐蚀防护手套。穿上适当的防护服前严禁接触破裂的容器和泄漏物。尽可能切断泄漏源。用塑料布覆盖泄漏物，减少飞散。勿使水进入包装容器内。用洁净的铲子收集泄漏物，置于干净、干燥、盖子较松的容器中，将容器移离泄漏区。

554. 2-氯-2,2-二苯基乙酸乙酯

标　识

中文名称 2-氯-2,2-二苯基乙酸乙酯

英文名称 Ethyl 2-chloro-2,2-di(phenyl)acetate ; Ethylchloro(diphenyl)acetate

分子式 $C_{16}H_{15}ClO_2$

CAS 号 52460-86-3

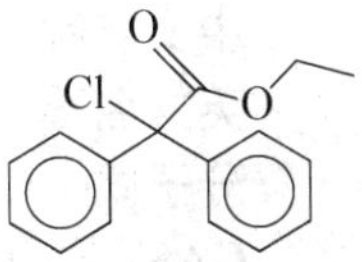

危害信息

危险性类别 第 6 类　有毒品

燃烧与爆炸危险性 可燃。

禁忌物 氧化剂、酸。

中毒表现 对皮肤有刺激性。

侵入途径 吸入、食入。

环境危害 对水生生物有极高毒性，可能在水生环境中造成长期不利影响。

理化特性与用途

理化特性 固体。不溶于水。熔点 43.5℃，沸点 371℃，相对密度(水=1)1.173，饱和蒸气压 1.46mPa(25℃)，辛醇/水分配系数 4.45，闪点 186℃。

主要用途 用于研究。

包装与储运

包装标志 有毒品

包装类别 Ⅲ类

安全储运 储存于阴凉、通风的库房。远离火种、热源。库温不超过 35℃。相对湿度不超过 85%。包装密封。应与氧化剂、酸、食用化学品等分开存放，切忌混储。配备相应品种和数量的消防器材。储区应备有合适的材料收容泄漏物。

紧急处置信息

急救措施

吸入： 迅速脱离现场至空气新鲜处。保持呼吸道通畅。如呼吸困难，给输氧。呼吸、心跳停止，立即进行心肺复苏术。就医。

眼睛接触： 立即分开眼睑，用流动清水或生理盐水彻底冲洗。就医。

皮肤接触： 立即脱去污染的衣着，用肥皂水和清水彻底冲洗。就医。

食入： 漱口，饮水。就医。

灭火方法 消防人员须穿全身消防服，在上风向灭火。尽可能将容器从火场移至空旷处。喷水保持火场容器冷却，直至灭火结束。

灭火剂：泡沫、干粉、砂土、二氧化碳。

泄漏应急处置 隔离泄漏污染区，限制出入。消除点火源。建议应急处理人员戴防尘口罩，穿防毒服，戴防护手套。穿上适当的防护服前严禁接触破裂的容器和泄漏物。尽可能切断泄漏源。用塑料布覆盖泄漏物，减少飞散。勿使水进入包装容器内。用洁净的铲子收集泄漏物，置于干净、干燥、盖子较松的容器中，将容器移离泄漏区。

555. 2-氯-4,5-二氟苯甲酸

标　　识

中文名称 2-氯-4,5-二氟苯甲酸

英文名称 2-Chloro-4,5-difluorobenzoic acid

分子式 $C_7H_3ClF_2O_2$

CAS 号 110877-64-0

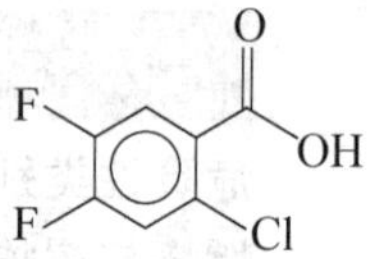

O F OH F Cl

危害信息

燃烧与爆炸危险性 无特殊燃爆特性。

禁忌物 强氧化剂、碱类。

中毒表现 食入或经皮肤吸收对身体有害。眼接触引起严重损害。对皮肤有致敏性。

侵入途径 吸入、食入、经皮吸收。

理化特性与用途

理化特性 乳白色结晶或白色至淡黄色粉末。微溶于水，溶于甲醇。熔点 103~106℃，沸点 257~259 ℃。

主要用途 用作中间体。

包装与储运

安全储运 储存于阴凉、通风的库房。远离火种、热源。应与强氧化剂、碱类等隔离储运。

紧急处置信息

急救措施

吸入： 迅速脱离现场至空气新鲜处。保持呼吸道通畅。如呼吸困难，给输氧。呼吸、心跳停止，立即进行心肺复苏术。就医。

眼睛接触： 立即分开眼睑，用流动清水或生理盐水彻底冲洗 5~10min。就医。

皮肤接触： 立即脱去污染的衣着，用肥皂水和清水彻底冲洗。就医。

食入： 漱口，饮水。就医。

灭火方法 消防人员须穿全身消防服，佩戴空气呼吸器，在上风向灭火。尽可能将容器从火场移至空旷处。

根据着火原因选择适当灭火剂灭火。

泄漏应急处置 隔离泄漏污染区，限制出入。建议应急处理人员戴防尘口罩，穿防护服，戴防护手套。穿上适当的防护服前严禁接触破裂的容器和泄漏物。尽可能切断泄漏源。用塑料布覆盖泄漏物，减少飞散。勿使水进入包装容器内。用洁净的铲子收集泄漏物，置于干净、干燥、盖子较松的容器中，将容器移离泄漏区。

556. 氯二甲酚

标　识

中文名称 氯二甲酚

英文名称 Chloroxylenol；Phenol，chlorodimethyl-；4-Chloro-2,3-dimethylphenol

分子式 C_8H_9ClO

CAS 号 1321-23-9

Cl　OH

危害信息

燃烧与爆炸危险性 可燃。

禁忌物 强氧化剂、酸类。

中毒表现 食入有害。对眼和皮肤有刺激性。对皮肤有致敏性。

侵入途径 吸入、食入。

理化特性与用途

理化特性 白色至乳白色结晶或薄片或粉末。部分溶于水，溶于有机溶剂。熔点 114~115℃，沸点 246℃，相对密度(水=1)1.183，饱和蒸气压 2.35Pa(25℃)，闪点 106℃。

主要用途 杀菌剂。用于制个人护理产品，如洗手剂、肥皂、洗发香波、卫生产品等，也用于印刷、织物和纸浆等。

包装与储运

安全储运 储存于阴凉、通风的库房。远离火种、热源。应与强氧化剂、酸类等隔离储运。

紧急处置信息

急救措施

吸入：迅速脱离现场至空气新鲜处。保持呼吸道通畅。如呼吸困难，给输氧。呼吸、心跳停止，立即进行心肺复苏术。就医。

眼睛接触：立即分开眼睑，用流动清水或生理盐水彻底冲洗。就医。

皮肤接触：立即脱去污染的衣着，用肥皂水和清水彻底冲洗。就医。

食入：漱口，饮水。就医。

灭火方法 消防人员须穿全身消防服，佩戴空气呼吸器，在上风向灭火。尽可能将容器从火场移至空旷处。喷水保持火场容器冷却，直至灭火结束。

根据着火原因选择适当灭火剂灭火。

泄漏应急处置 隔离泄漏污染区，限制出入。消除点火源。建议应急处理人员戴防尘口罩，穿防护服，戴防护手套。穿上适当的防护服前严禁接触破裂的容器和泄漏物。尽可能切断泄漏源。用塑料布覆盖泄漏物，减少飞散。勿使水进入包装容器内。用洁净的铲子收集泄漏物，置于干净、干燥、盖子较松的容器中，将容器移离泄漏区。

557. 4-氯-3,5-二甲酚

标　识

中文名称　4-氯-3,5-二甲酚

英文名称　4-Chloro-3,5-dimethylphenol；4-Chloro-3,5-xylenol

别名　对氯间二甲酚

分子式　C_8H_9ClO

CAS 号　88-04-0

危害信息

燃烧与爆炸危险性　可燃。受热易分解，放出有毒气体。

禁忌物　强氧化剂。

毒性　大鼠经口 LD_{50}：3830mg/kg；小鼠经口 LD_{50}：1g/kg。

中毒表现　食入有害。对眼和皮肤有刺激性。对皮肤有致敏性。

侵入途径　吸入、食入。

理化特性与用途

理化特性　白色至浅米色结晶或结晶性粉末，有苯酚气味。微溶于水，溶于乙醇、乙醚，微溶于苯、石油醚。熔点 114～116℃，沸点 246℃，密度 0.89g/mL(20℃)，饱和蒸气压 1.46Pa(25℃)，辛醇/水分配系数 3.27。

主要用途　用作杀菌剂、防腐剂和化学中间体。

包装与储运

安全储运　储存于阴凉、通风的库房。远离火种、热源。保持容器密闭。应与强氧化剂等隔离储运。

紧急处置信息

急救措施

吸入：迅速脱离现场至空气新鲜处。保持呼吸道通畅。如呼吸困难，给输氧。呼吸、心跳停止，立即进行心肺复苏术。就医。

眼睛接触：立即分开眼睑，用流动清水或生理盐水彻底冲洗。就医。

皮肤接触：立即脱去污染的衣着，用肥皂水和清水彻底冲洗。就医。

食入：漱口，饮水。就医。

灭火方法　消防人员须穿全身消防服，在上风向灭火。尽可能将容器从火场移至空旷处。喷水保持火场容器冷却直至灭火结束。

灭火剂：泡沫、干粉、二氧化碳。

泄漏应急处置　隔离泄漏污染区，限制出入。建议应急处理人员戴防尘口罩，穿防毒服，戴防护手套。穿上适当的防护服前严禁接触破裂的容器和泄漏物。尽可能切断泄漏源。

用塑料布覆盖泄漏物，减少飞散。勿使水进入包装容器内。用洁净的铲子收集泄漏物，置于干净、干燥、盖子较松的容器中，将容器移离泄漏区。

558. 2-氯-1-(2,4-二氯苯基)乙烯基二甲基磷酸酯

标 识

中文名称 2-氯-1-(2,4-二氯苯基)乙烯基二甲基磷酸酯

英文名称 2-Chloro-1-(2,4-dichlorophenyl) vinyl dimethyl phosphate；dimethylvinphos

别名 甲基毒虫畏

分子式 $C_{10}H_{10}Cl_3O_4P$

CAS 号 2274-67-1

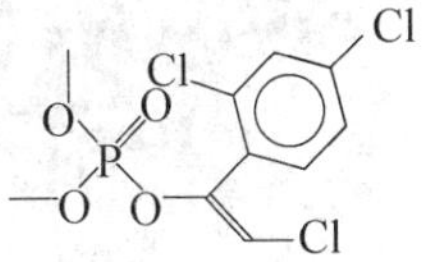

危害信息

危险性类别 第6类 有毒品

燃烧与爆炸危险性 无特殊燃爆特性。

禁忌物 强氧化剂、强碱。

毒性 大鼠经口 LD_{50}：97500μg/kg；小鼠经口 LD_{50}：167mg/kg。

中毒表现 抑制体内胆碱酯酶活性，造成神经生理功能紊乱。急性中毒症状有头痛、头昏、乏力、食欲不振、恶心、呕吐、腹痛、腹泻、流涎、瞳孔缩小、呼吸道分泌物增多、多汗、肌束震颤等。重度中毒者出现肺水肿、昏迷、呼吸麻痹、脑水肿。血胆碱酯酶活性降低。

侵入途径 吸入、食入、经皮吸收。

环境危害 对水生生物有毒。

理化特性与用途

理化特性 灰白色结晶。不溶于水，溶于二甲苯、丙酮、环己酮。熔点 69~70℃，沸点 128℃，相对密度(水=1)1.26，饱和蒸气压 1.3mPa(25℃)，辛醇/水分配系数 3.13。

主要用途 杀虫剂。用于防治蔬菜、玉米、水稻、甘蔗等作物的蛀茎害虫。

包装与储运

包装标志 有毒品

包装类别 Ⅱ类

安全储运 储存于阴凉、通风的库房。远离火种、热源。防止阳光直射。储存温度不超过 35℃，相对湿度不超过 85%。保持容器密封。应与强氧化剂、强碱等分开存放，切忌混储。配备相应品种和数量的消防器材。储区应备有合适的材料收容泄漏物。

紧急处置信息

急救措施

吸入：迅速脱离现场至空气新鲜处。保持呼吸道通畅。如呼吸困难，给输氧。呼吸、心跳停止，立即进行心肺复苏术。就医。

眼睛接触：分开眼睑，用流动清水或生理盐水冲洗。就医。

皮肤接触：立即脱去污染的衣着，用肥皂水及流动清水彻底冲洗污染的皮肤、头发、

指甲等。就医。

食入：饮足量温水，催吐(仅限于清醒者)。口服活性炭。就医。

解毒剂：阿托品、胆碱酯酶复能剂。

灭火方法 消防人员须穿全身消防服，在上风向灭火。尽可能将容器从火场移至空旷处。喷水保持火场容器冷却，直至灭火结束。

根据着火原因选择适当灭火剂灭火。

泄漏应急处置 隔离泄漏污染区，限制出入。建议应急处理人员戴防尘口罩，穿防毒服，戴防化学品手套。穿上适当的防护服前严禁接触破裂的容器和泄漏物。尽可能切断泄漏源。用塑料布覆盖泄漏物，减少飞散。勿使水进入包装容器内。用洁净的铲子收集泄漏物，置于干净、干燥、盖子较松的容器中，将容器移离泄漏区。

559. N-(5-氯-3-(4-(二乙氨基)-2-甲苯基亚氨基)-4-甲基-6-氧代-1,4-环己二烯基)氨基甲酸乙酯

标　　识

中文名称 N-(5-氯-3-(4-(二乙氨基)-2-甲苯基亚氨基)-4-甲基-6-氧代-1,4-环己二烯基)氨基甲酸乙酯

英文名称 Ethyl N-(5-chloro-3-(4-(diethylamino)-2-methylphenylimino)-4-methyl-6-oxo-1,4-cyclohexadienyl) carbamate

分子式 $C_{21}H_{26}ClN_3O_3$

CAS 号 125630-94-6

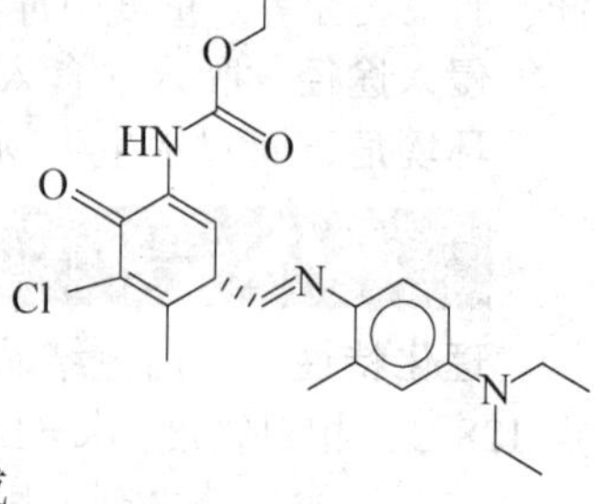

危害信息

燃烧与爆炸危险性 无特殊燃爆特性。

禁忌物 强氧化剂、强酸。

侵入途径 吸入、食入。

环境危害 对水生生物有极高毒性，可能在水生环境中造成长期不利影响。

理化特性与用途

理化特性 沸点 598℃，相对密度(水=1)1.17，闪点 315.4℃。

主要用途 用作医药原料。

包装与储运

包装标志 杂类

包装类别 Ⅲ类

安全储运 储存于阴凉、通风的库房。远离火种、热源。应与强氧化剂、强酸等隔离储运。

紧急处置信息

急救措施

吸入：脱离接触。如有不适感，就医。

眼睛接触：分开眼睑，用流动清水或生理盐水冲洗。如有不适感，就医。

皮肤接触：脱去污染的衣着，用流动清水冲洗。如有不适感，就医。

食入：漱口，饮水。就医。

灭火方法 消防人员须穿全身消防服，在上风向灭火。尽可能将容器从火场移至空旷处。

根据着火原因选择适当灭火剂灭火。

泄漏应急处置 消除所有点火源。隔离泄漏污染区，限制出入。建议应急处理人员戴防尘口罩，穿防毒服。穿戴适当的防护装备前，禁止接触或跨越泄漏物。尽可能切断泄漏源。用塑料布覆盖，减少飞散。勿使水进入包装容器中。用洁净的铲子收集，置于干净、干燥、盖子较松的容器中，将容器移离泄漏区。

560. N-(5-氯-3-((4-(二乙氨基)-2-甲基苯基)亚氨基)-4-甲基-6-氧代-1,4-环己二烯-1-基)乙酰胺

标 识

中文名称 *N*-(5-氯-3-((4-(二乙氨基)-2-甲基苯基)亚氨基)-4-甲基-6-氧代-1,4-环己二烯-1-基)乙酰胺

英文名称 *N*-(5-Chloro-3-(4-(diethylamino)-2-methylphenylimino)-4-methyl-6-oxo-1,4-cyclohexadienyl)acetamide

分子式 $C_{20}H_{24}ClN_3O_2$

CAS 号 102387-48-4

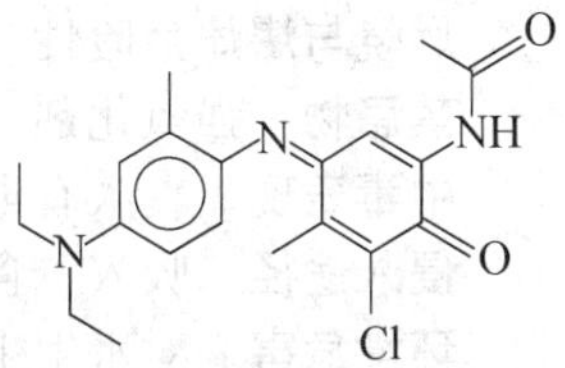

危害信息

燃烧与爆炸危险性 可燃。

禁忌物 强氧化剂、强酸。

侵入途径 吸入、食入。

环境危害 可能在水生环境中造成长期不利影响。

理化特性与用途

理化特性 沸点 474℃，相对密度(水=1)1.17，闪点 240.5℃。

包装与储运

安全储运 储存于阴凉、通风的库房。远离火种、热源。应与强氧化剂、强酸等隔离储运。

紧急处置信息

急救措施

吸入：脱离接触。如有不适感，就医。

眼睛接触：分开眼睑，用流动清水或生理盐水冲洗。如有不适感，就医。

皮肤接触：脱去污染的衣着，用流动清水冲洗。如有不适感，就医。

食入：漱口，饮水。就医。

灭火方法 消防人员须穿全身消防服，在上风向灭火。尽可能将容器从火场移至空旷处。喷水保持火场容器冷却，直至灭火结束。

灭火剂：雾状水、泡沫、二氧化碳。

泄漏应急处置 隔离泄漏污染区，限制出入。消除点火源。建议应急处理人员戴防尘口罩，穿防护服。穿上适当的防护服前严禁接触破裂的容器和泄漏物。尽可能切断泄漏源。用塑料布覆盖泄漏物，减少飞散。勿使水进入包装容器内。用洁净的铲子收集泄漏物，置于干净、干燥、盖子较松的容器中，将容器移离泄漏区。

561. 1-氯-N,N-二乙基-1,1-二苯基-1-(苯基甲基)磷酰胺

标　识

中文名称 1-氯-*N*,*N*-二乙基-1,1-二苯基-1-(苯基甲基)磷酰胺

英文名称 1-Chloro-*N*,*N*-diethyl-1,1-diphenyl-1-(phenylmethyl) phosphoramine

分子式 $C_{23}H_{27}ClNP$

CAS 号 82857-68-9

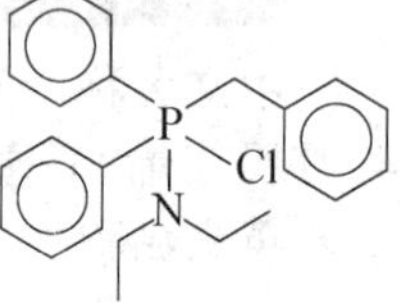

危害信息

危险性类别 第 6 类　有毒品

燃烧与爆炸危险性 无特殊燃爆特性。

禁忌物 强氧化剂、碱类。

中毒表现 食入有毒。眼接触引起严重损害。

侵入途径 吸入、食入。

环境危害 对水生生物有毒，可能在水生环境中造成长期不利影响。

理化特性与用途

理化特性 固体。

主要用途 医药原料。

包装与储运

包装标志 有毒品

包装类别 Ⅲ类

安全储运 储存于阴凉、通风的库房。远离火种、热源。储存温度不超过 35℃，相对湿度不超过 85%。保持容器密封。应与强氧化剂、碱类等隔离储运。配备相应品种和数量的消防器材。储区应备有合适的材料收容泄漏物。

紧急处置信息

急救措施

吸入： 迅速脱离现场至空气新鲜处。保持呼吸道通畅。如呼吸困难，给输氧。呼吸、心跳停止，立即进行心肺复苏术。就医。

眼睛接触： 立即分开眼睑，用流动清水或生理盐水彻底冲洗 5~10min。就医。

皮肤接触：立即脱去污染的衣着，用肥皂水和清水彻底冲洗。就医。

食入：漱口，饮水。就医。

灭火方法 消防人员须穿全身防火防毒服，佩戴空气呼吸器，在上风向灭火。尽可能将容器从火场移至空旷处。

根据着火原因选择适当灭火剂灭火。

泄漏应急处置 隔离泄漏污染区，限制出入。消除点火源。建议应急处理人员戴防尘口罩，穿防毒服，戴橡胶手套。穿上适当的防护服前严禁接触破裂的容器和泄漏物。尽可能切断泄漏源。用塑料布覆盖泄漏物，减少飞散。勿使水进入包装容器内。用洁净的铲子收集泄漏物，置于干净、干燥、盖子较松的容器中，将容器移离泄漏区。

562. 1-((3-(3-氯-4-氟苯)丙基)二甲基甲硅烷基)-4-乙氧基苯

标　识

中文名称 1-((3-(3-氯-4-氟苯)丙基)二甲基甲硅烷基)-4-乙氧基苯

英文名称 1-((3-(3-Chloro-4-fluorophenyl)propyl)dimethylsilanyl)-4-ethoxybenzene

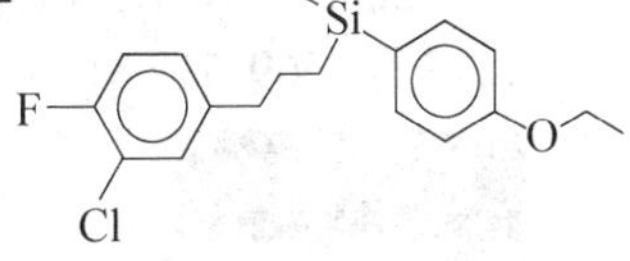

分子式 $C_{19}H_{24}ClFOSi$

CAS 号 121626-74-2

危害信息

燃烧与爆炸危险性 无特殊燃爆特性。

禁忌物 强氧化剂、强酸。

侵入途径 吸入、食入。

环境危害 对水生生物有毒，可能在水生环境中造成长期不利影响。

理化特性与用途

理化特性 不溶于水。沸点 425℃，相对密度(水=1)1.09，饱和蒸气压 0.07mPa(25℃)，辛醇/水分配系数 8.38，闪点 211℃。

包装与储运

包装标志 杂类

包装类别 Ⅲ类

安全储运 储存于阴凉、通风的库房。远离火种、热源。应与强氧化剂、强酸等隔离储运。

紧急处置信息

急救措施

吸入：脱离接触。如有不适感，就医。

眼睛接触：分开眼睑，用流动清水或生理盐水冲洗。如有不适感，就医。

皮肤接触：脱去污染的衣着，用流动清水冲洗。如有不适感，就医。

食入：漱口，饮水。就医。

灭火方法 消防人员须穿全身消防服，佩戴空气呼吸器，在上风向灭火。尽可能将容器从火场移至空旷处。

根据着火原因选择适当灭火剂灭火。

泄漏应急处置 隔离泄漏污染区，限制出入。消除点火源。建议应急处理人员戴防护面罩，穿防护服，戴防护手套。穿上适当的防护服前严禁接触破裂的容器和泄漏物。尽可能切断泄漏源。勿使水进入包装容器内。用洁净的铲子或真空方法收集泄漏物，置于干净、干燥、盖子较松的容器中，将容器移离泄漏区。

563. 氯氟吡氧乙酸

标　识

中文名称 氯氟吡氧乙酸

英文名称 Fluroxypyr；((4-Amino-3,5-dichloro-6-fluoro-2-pyridinyl)oxy)acetic acid

别名 4-氨基-3,5-二氯-6-氟-2-吡啶氧乙酸

分子式 $C_7H_5Cl_2FN_2O_3$

CAS 号 69377-81-7

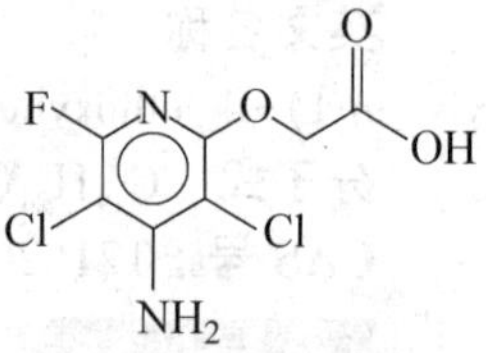

F N O O OH Cl Cl NH_2

危害信息

燃烧与爆炸危险性 无特殊燃爆特性。

禁忌物 强氧化剂、强碱。

毒性 大鼠经口 LD_{50}：2405mg/kg；大鼠经皮 LD_{50}：>2g/kg。

侵入途径 吸入、食入、经皮吸收。

环境危害 对水生生物有害，可能在水生环境中造成长期不利影响。

理化特性与用途

理化特性 白色结晶固体。微溶于水，溶于丙酮、甲醇。熔点 232~233℃，相对密度(水=1)1.09，饱和蒸气压 0.05mPa(25℃)，辛醇/水分配系数 2.2。

主要用途 激素型除草剂。用于小麦、大麦、玉米、葡萄及果园、牧场、林场等地防除阔叶杂草，如猪殃殃、田旋花、荠菜、繁缕、马齿苋等杂草。

包装与储运

安全储运 储存于阴凉、通风的库房。远离火种、热源。应与强氧化剂、强碱等隔离储运。

紧急处置信息

急救措施

吸入：迅速脱离现场至空气新鲜处。保持呼吸道通畅。如呼吸困难，给输氧。呼吸、心跳停止，立即进行心肺复苏术。就医。

眼睛接触：立即分开眼睑，用流动清水或生理盐水彻底冲洗。就医。

皮肤接触：立即脱去污染的衣着，用肥皂水和清水彻底冲洗。就医。

食入：漱口，饮水。就医。

灭火方法 消防人员须穿全身消防服，在上风向灭火。尽可能将容器从火场移至空旷处。喷水保持火场容器冷却，直至灭火结束。

根据着火原因选择适当灭火剂灭火。

泄漏应急处置 隔离泄漏污染区，限制出入。建议应急处理人员戴防尘口罩，穿防护服。穿上适当的防护服前严禁接触破裂的容器和泄漏物。尽可能切断泄漏源。用塑料布覆盖泄漏物，减少飞散。勿使水进入包装容器内。用洁净的铲子收集泄漏物，置于干净、干燥、盖子较松的容器中，将容器移离泄漏区。

564. 氯化钙

标　识

中文名称 氯化钙

英文名称 Calcium chloride；Calcium chloride (anhydrous)

别名 无水氯化钙

分子式 $CaCl_2$

Cl—Ca—Cl

CAS 号 10043-52-4

危害信息

燃烧与爆炸危险性 不易燃，无特殊燃爆特性。

毒性 大鼠经口 LD_{50}：1g/kg；小鼠经口 LD_{50}：1940mg/kg。

中毒表现 对皮肤和呼吸道有刺激性。长期反复接触引起皮炎；刺激鼻黏膜，引起溃疡。

侵入途径 吸入、食入。

理化特性与用途

理化特性 无色立方结晶、颗粒或熔块，有吸湿性。易溶于水，易溶于乙醇，溶于丙酮、乙酸。熔点 772℃，沸点 1670℃，相对密度(水=1)2.15。

主要用途 用作干燥剂、致冷剂、建筑防冻剂、路面集尘剂、消雾剂、织物防火剂、食品防腐剂及用于制造钙盐。

包装与储运

安全储运 储存于阴凉、干燥通风的库房。

紧急处置信息

急救措施

吸入：迅速脱离现场至空气新鲜处。保持呼吸道通畅。如呼吸困难，给输氧。呼吸、心跳停止，立即进行心肺复苏术。就医。

眼睛接触：立即分开眼睑，用流动清水或生理盐水彻底冲洗。就医。

皮肤接触：立即脱去污染的衣着，用肥皂水和清水彻底冲洗。就医。

食入：漱口，饮水。就医。

灭火方法 消防人员须穿全身消防服，在上风向灭火。尽可能将容器从火场移至空旷处。喷水保持火场容器冷却直至灭火结束。

根据着火原因选择适当灭火剂灭火。

泄漏应急处置 隔离泄漏污染区，限制出入。建议应急处理人员戴防尘口罩，穿防护服，戴防护手套。穿上适当的防护服前严禁接触破裂的容器和泄漏物。尽可能切断泄漏源。用塑料布覆盖泄漏物，减少飞散。勿使水进入包装容器内。用洁净的铲子收集泄漏物，置于干净、干燥、盖子较松的容器中，将容器移离泄漏区。

565. 氯化甲氧基乙基汞

标　识

中文名称 氯化甲氧基乙基汞

英文名称 2-Methoxyethylmercury chloride; Methoxyethylmercury chloride ; Neanthine

分子式 C_3H_7ClHgO

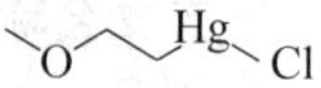

CAS 号 123-88-6

铁危编号 61093

危害信息

危险性类别 第6类 有毒品

燃烧与爆炸危险性 可燃。

禁忌物 强氧化剂、强酸。

毒性 大鼠经口 LD_{50}：22mg/kg；小鼠经口 LD_{50}：47mg/kg。

中毒表现 本品属有机汞。有机汞系亲脂性毒物，主要侵犯神经系统。有机汞中毒的主要表现有：无论经任何途径侵入，均可发生口腔炎，口服引起急性胃肠炎；神经精神症状有神经衰弱综合征、精神障碍、谵妄、昏迷、瘫痪、震颤、共济失调、向心性视野缩小等，可发生肾脏损害；重者可致急性肾功能衰竭，此外尚可致心脏、肝脏损害。可致皮肤损害。

侵入途径 吸入、食入、经皮吸收。

职业接触限值 中国：PC-TWA 0.01mg/m^3；PC-STEL 0.03mg/m^3[按 Hg 计][皮]。

美国(ACGIH)：TLV-TWA 0.01mg/m^3；TLV-STEL 0.03mg/m^3[按 Hg 计][皮]。

环境危害 对水生生物有极高毒性，可能在水生环境中造成长期不利影响。

理化特性与用途

理化特性 白色结晶固体或粉末。溶于水，易溶于丙酮、乙醇。熔点 65℃，饱和蒸气压 0.133Pa(35℃)，辛醇/水分配系数 0.11。

主要用途 用作杀菌剂。用于甘蔗、凤梨、马铃薯种等防治病害。

包装与储运

包装标志 有毒品

包装类别 Ⅱ类

安全储运 储存于阴凉、通风的库房。远离火种、热源。防止阳光直射。储存温度不

超过35℃，相对湿度不超过85%。保持容器密封。应与强氧化剂、强酸等分开存放，切忌混储。配备相应品种和数量的消防器材。储区应备有合适的材料收容泄漏物。

紧急处置信息

急救措施

吸入：迅速脱离现场至空气新鲜处。保持呼吸道通畅。如呼吸困难，给输氧。呼吸、心跳停止，立即进行心肺复苏术。就医。

眼睛接触：立即分开眼睑，用流动清水或生理盐水彻底冲洗。就医。

皮肤接触：立即脱去污染的衣着，用流动清水彻底冲洗。就医。

食入：饮适量温水，催吐(仅限于清醒者)。就医。

解毒剂：二巯基丙磺酸钠、二巯基丁二酸钠、青霉胺。

灭火方法 消防人员须穿全身防火防毒服，在上风向灭火。尽可能将容器从火场移至空旷处。喷水保持火场容器冷却直至灭火结束。

灭火剂：二氧化碳、干粉。

泄漏应急处置 消除所有点火源。隔离泄漏污染区，限制出入。建议应急处理人员戴防尘口罩，穿防毒服，戴防化学品手套。穿戴适当的防护装备前，禁止接触或跨越泄漏物。尽可能切断泄漏源。用塑料布覆盖泄漏物，减少飞散。然后用洁净的铲子收集泄漏物，置于干净、干燥、盖子较松的容器中，将容器移离泄漏区。

566. 氯化亚铜

标　识

中文名称 氯化亚铜

英文名称 Copper chloride; Copper（Ⅰ）chloride; Cuprous chloride

分子式 CuCl

Cu—Cl

CAS号 7758-89-6

危害信息

燃烧与爆炸危险性 无特殊燃爆特性。

禁忌物 强氧化剂。

毒性 大鼠经口 LD_{50}：140mg/kg；小鼠经口 LD_{50}：347mg/kg；小鼠吸入 LC_{50}：1008mg/m^3。

中毒表现 对眼、皮肤和呼吸道有刺激性。遇热产生铜烟尘，吸入引起金属烟雾热。口服引起出血性胃炎及肝、肾、中枢神经系统损害及溶血等，重者死于休克或肾衰。

侵入途径 吸入、食入。

环境危害 对水生生物有极高毒性，可能在水生环境中造成长期不利影响。

理化特性与用途

理化特性 白色立方结晶或灰白色结晶粉末。微溶于水，不溶于乙醇、丙酮，溶于盐酸和氢氧化铵。熔点430℃，沸点1490℃，相对密度(水=1)4.14，饱和蒸气压0.17kPa(546℃)。

主要用途　用作有机机合成催化剂，石油工业脱色剂和脱硫剂，硝化纤维素的脱硝剂，杀虫剂、防腐剂，也用于染料工业。

包装与储运

包装标志　杂类

包装类别　Ⅲ类

安全储运　储存于阴凉、通风的库房。应与强氧化剂等隔离储运。

紧急处置信息

急救措施

吸入：迅速脱离现场至空气新鲜处。保持呼吸道通畅。如呼吸困难，给输氧。呼吸、心跳停止，立即进行心肺复苏术。就医。

眼睛接触：立即分开眼睑，用流动清水或生理盐水彻底冲洗。就医。

皮肤接触：立即脱去污染的衣着，用流动清水彻底冲洗。就医。

食入：饮适量温水，催吐(仅限于清醒者)。就医。

灭火方法　消防人员须穿全身消防服，在上风向灭火。尽可能将容器从火场移至空旷处。喷水保持火场容器冷却直至灭火结束。

根据着火原因选择适当灭火剂灭火。

泄漏应急处置　隔离泄漏污染区，限制出入。建议应急处理人员戴防尘口罩，穿防毒服，戴防护手套。穿上适当的防护服前严禁接触破裂的容器和泄漏物。尽可能切断泄漏源。用塑料布覆盖泄漏物，减少飞散。勿使水进入包装容器内。用洁净的铲子收集泄漏物，置于干净、干燥、盖子较松的容器中，将容器移离泄漏区。

567. 氯化乙基丙氧基铝

标　识

中文名称　氯化乙基丙氧基铝

英文名称　Ethyl propoxy aluminium chloride

别名　乙基丙氧基氯化铝

分子式　$C_5H_{12}AlClO$

CAS 号　13014-29-4

O Al+ Cl−

危害信息

危险性类别　第 4.3 类　遇湿易燃物品

燃烧与爆炸危险性　遇湿易燃。

禁忌物　氧化剂、酸类。

中毒表现　对眼和皮肤有腐蚀性，引起灼伤。

侵入途径　吸入、食入。

包装与储运

包装标志　遇湿易燃物品，腐蚀品

包装类别 Ⅰ类

安全储运 储存于阴凉、干燥、通风良好的专用库房内，远离火种、热源。库温不超过30℃。相对湿度不超过75%。包装必须密封，防止受潮。应与氧化剂、酸类等分开存放，切忌混储。采用防爆型照明、通风设施。禁止使用易产生火花的机械设备和工具。储区应备有泄漏应急处理设备和合适的收容材料。

紧急处置信息

急救措施

吸入：迅速脱离现场至空气新鲜处。保持呼吸道通畅。如呼吸困难，给输氧。呼吸、心跳停止，立即进行心肺复苏术。就医。

眼睛接触：立即分开眼睑，用流动清水或生理盐水彻底冲洗5~10min。就医。

皮肤接触：立即脱去污染的衣着，用大量流动清水彻底冲洗，冲洗时间一般要求20~30min。就医。

食入：用水漱口，禁止催吐。给饮牛奶或蛋清。就医。

灭火方法 消防人员须穿全身消防服，在上风向灭火。尽可能将容器从火场移至空旷处。禁止使用水灭火。

泄漏应急处置 严禁用水处理。隔离泄漏污染区，限制出入。消除所有点火源。建议应急处理人员戴防尘口罩，穿防静电、防腐蚀服，戴橡胶耐腐蚀手套。禁止接触或跨越泄漏物。尽可能切断泄漏源。保持泄漏物干燥。小量泄漏：用干燥的砂土或其他不燃材料覆盖泄漏物，然后用塑料布覆盖，减少飞散。避免雨淋。大量泄漏：用塑料布或帆布覆盖泄漏物，减少飞散，保持干燥。在专家指导下清除。

568. 7-氯-1-环丙基-6-氟-1,4-二氢-4-氧代喹啉-3-羧酸

标　识

中文名称 7-氯-1-环丙基-6-氟-1,4-二氢-4-氧代喹啉-3-羧酸

英文名称 3-Quinolinecarboxylic acid, 1,4-dihydro-7-chloro-1- cyclopropyl-6-fluoro-4-oxo- ;7-Chloro-1-cyclopropyl-6-fluoro-4-oxo-1,4-dihydro-3-quinolinecarboxylic acid; *Q* -acid

别名 7-氯-6-氟-1-环丙基-1,4-二氢-4-氧-3-喹啉羧酸；环丙羧酸

分子式 $C_{13}H_9ClFNO_3$

CAS 号 86393-33-1

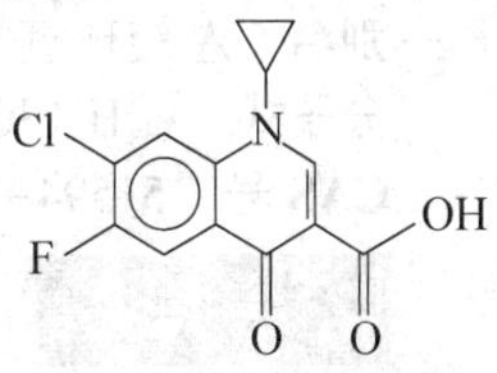

Cl N OH F O O

危害信息

燃烧与爆炸危险性 无特殊燃爆特性。

禁忌物 强氧化剂、碱类。

毒性 大鼠经口 LD_{50}：583mg/kg；大鼠吸入 LC_{50}：>677mg/m^3（4h）；大鼠经皮 LD_{50}：>2g/kg。

中毒表现 食入有害。

侵入途径 吸入、食入、经皮吸收。

环境危害　对水生生物有害，可能在水生环境中造成长期不利影响。

理化特性与用途

理化特性　类白色粉末或浅黄色结晶性粉末。熔点239~244℃，沸点467.3℃，辛醇/水分配系数2.22。

主要用途　新型喹啉类抗菌药物环丙沙星的中间体。

包装与储运

安全储运　储存于阴凉、通风的库房。远离火种、热源。应与强氧化剂、碱类等隔离储运。

紧急处置信息

急救措施

吸入：迅速脱离现场至空气新鲜处。保持呼吸道通畅。如呼吸困难，给输氧。呼吸、心跳停止，立即进行心肺复苏术。就医。

眼睛接触：立即分开眼睑，用流动清水或生理盐水彻底冲洗。就医。

皮肤接触：立即脱去污染的衣着，用肥皂水和清水彻底冲洗。就医。

食入：漱口，饮水。就医。

灭火方法　消防人员须穿全身防火防毒服，佩戴空气呼吸器，在上风向灭火。尽可能将容器从火场移至空旷处。

根据着火原因选择适当灭火剂灭火。

泄漏应急处置　隔离泄漏污染区，限制出入。建议应急处理人员戴防尘口罩，穿防毒服，戴防护手套。穿上适当的防护服前严禁接触破裂的容器和泄漏物。尽可能切断泄漏源。用塑料布覆盖泄漏物，减少飞散。勿使水进入包装容器内。用洁净的铲子收集泄漏物，置于干净、干燥、盖子较松的容器中，将容器移离泄漏区。

569. *R*-1-氯-2,3-环氧丙烷

标　识

中文名称　*R*-1-氯-2,3-环氧丙烷

英文名称　(*R*)-Epichlorohydrin；*R*-1-Chloro-2,3-epoxypropane

别名　左旋环氧氯丙烷；*R*-环氧氯丙烷

分子式　C_3H_5ClO

CAS号　51594-55-9

危害信息

危险性类别　第8类　腐蚀品

燃烧与爆炸危险性　易燃，其蒸气与空气混合能形成爆炸性混合物，遇明火、高热易燃烧爆炸。

禁忌物　酸碱、氧化剂、醇类。

毒性　欧盟法规1272/2008/EC将本品列为第1B类致癌物——可能对人类有致癌能力。

中毒表现 食入、吸入或经皮肤吸收对身体有毒。对眼和皮肤有腐蚀性。对皮肤有致敏性。

侵入途径 吸入、食入、经皮吸收。

理化特性与用途

理化特性 无色至极微黄色液体，有刺激性的大蒜气味。溶于水，混溶于乙醇、乙醚、四氯化碳、苯。熔点-48℃，沸点 115~116℃，相对密度(水=1)1.18，相对蒸气密度(空气=1)3.19，饱和蒸气压 1.7kPa(25℃)，闪点 33℃，引燃温度 411℃，爆炸下限 3.8%，爆炸上限 21%。

主要用途 用于手性中间体及手性药物的合成，用于制造聚合物和树脂等。

包装与储运

包装标志 腐蚀品，易燃液体

包装类别 Ⅱ类

安全储运 储存于阴凉、干燥、通风良好的库房。远离火种、热源。防止阳光直射。储存温度不超过 30℃，相对湿度不超过 75%。保持容器密封。应与酸碱、氧化剂、醇类等分开存放，切忌混储。采用防爆型照明、通风设施。禁止使用易产生火花的机械设备和工具。储区应备有泄漏应急处理设备和合适的收容材料。

紧急处置信息

急救措施

吸入：迅速脱离现场至空气新鲜处。保持呼吸道通畅。如呼吸困难，给输氧。呼吸、心跳停止，立即进行心肺复苏术。就医。

眼睛接触：立即分开眼睑，用流动清水或生理盐水彻底冲洗 5~10min。就医。

皮肤接触：立即脱去污染的衣着，用大量流动清水彻底冲洗，冲洗时间一般要求 20~30min。就医。

食入：用水漱口，禁止催吐。给饮牛奶或蛋清。就医。

灭火方法 消防人员须穿全身消防服，佩戴空气呼吸器，在上风向灭火。尽可能将容器从火场移至空旷处。喷水保持火场容器冷却，直至灭火结束。处在火场中的容器若发生异常变化或发出异常声音，须马上撤离。

灭火剂：泡沫、二氧化碳、干粉、砂土。

泄漏应急处置 消除所有点火源。根据液体流动和蒸气扩散的影响区域划定警戒区，无关人员从侧风、上风向撤离至安全区。建议应急处理人员戴正压自给式呼吸器，穿耐腐蚀、防静电服，戴橡胶耐腐蚀手套。作业时使用的所有设备应接地。禁止接触或跨越泄漏物。尽可能切断泄漏源。防止泄漏物进入水体、下水道、地下室或有限空间。小量泄漏：用砂土或其他不燃材料吸收。使用洁净的无火花工具收集吸收材料。大量泄漏：构筑围堤或挖坑收容。用抗溶性泡沫覆盖，减少蒸发。喷水雾能减少蒸发，但不能降低泄漏物在有限空间内的易燃性。用防爆、耐腐蚀泵转移至槽车或专用收集器内。

570. 氯磺隆

标　识

中文名称 氯磺隆

英文名称　2-Chloro-*N*-(((4-methoxy-6-methyl-1,3,5-triazin-2-yl)amino)carbonyl) benzenesulphonamide; Chlorsulfuron

别名　1-(2-氯苯基磺酰)-3-(4-甲氧基-6-甲基-1,3,5-三嗪-2-基)脲

分子式　$C_{12}H_{12}ClN_5O_4S$

CAS 号　64902-72-3

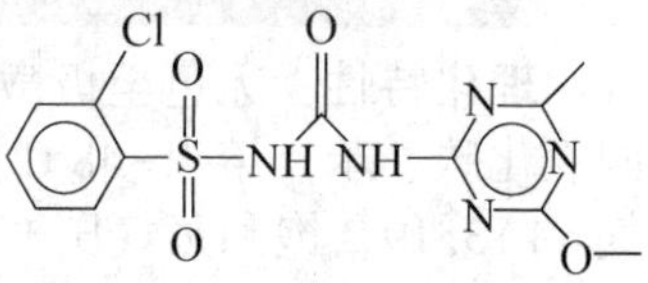

危害信息

燃烧与爆炸危险性　不易燃，在高温火场中受热的容器油破裂和爆炸的危险。

禁忌物　强氧化剂。

毒性　大鼠经口 LD_{50}：5545mg/kg；大鼠吸入 LC_{50}：>5900mg/m^3(4h)；兔经皮 LD_{50}：2500mg/kg。

中毒表现　大剂量口服脲类除草剂可引起急性中毒，出现恶心、呕吐、头痛、头晕、乏力、失眠，严重者可有贫血、肝脾肿大。对眼、皮肤、黏膜有刺激性。

侵入途径　吸入、食入、经皮吸收。

环境危害　对水生生物有极高毒性，可能在水生环境中造成长期不利影响。

理化特性与用途

理化特性　无色或白色结晶固体。不溶于水。熔点 174～178℃，相对密度(水=1) 1.48，辛醇/水分配系数 0.74(pH=5)、-1.34(pH=7)。

主要用途　除草剂。用于防除禾谷类作物田的阔叶杂草及禾本科杂草。

包装与储运

包装标志　杂类

包装类别　Ⅲ类

安全储运　储存于阴凉、通风的库房。远离火种、热源。应与强氧化剂等隔离储运。

紧急处置信息

急救措施

吸入：迅速脱离现场至空气新鲜处。保持呼吸道通畅。如呼吸困难，给输氧。呼吸、心跳停止，立即进行心肺复苏术。就医。

眼睛接触：立即分开眼睑，用流动清水或生理盐水彻底冲洗。就医。

皮肤接触：立即脱去污染的衣着，用肥皂水和清水彻底冲洗。就医。

食入：漱口，饮水。就医。

灭火方法　消防人员须穿全身消防服，在上风向灭火。尽可能将容器从火场移至空旷处。喷水保持火场容器冷却直至灭火结束。

灭火剂：泡沫、雾状水、干粉、二氧化碳。

泄漏应急处置　隔离泄漏污染区，限制出入。建议应急处理人员戴防尘口罩，穿防毒服。穿上适当的防护服前严禁接触破裂的容器和泄漏物。尽可能切断泄漏源。用塑料布覆盖泄漏物，减少飞散。勿使水进入包装容器内。用洁净的铲子收集泄漏物，置于干净、干燥、盖子较松的容器中，将容器移离泄漏区。

571. 2-氯-4-甲磺酰基苯甲酸

标　识

中文名称　2-氯-4-甲磺酰基苯甲酸

英文名称　2-Chloro-4-(methylsulfonyl)benzoic acid

别名　2-氯-4-甲砜基苯甲酸

分子式　$C_8H_7ClO_4S$

CAS 号　53250-83-2

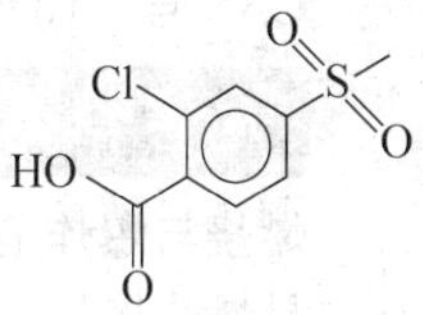

危害信息

燃烧与爆炸危险性　无特殊燃爆特性。

禁忌物　强氧化剂、碱类。

中毒表现　食入有害。眼接触引起严重损害。

侵入途径　吸入、食入。

理化特性与用途

理化特性　白色结晶粉末或白色至淡黄色粉末。易溶于水。熔点 191~196℃，相对密度(水=1)1.507，相对蒸气密度(空气=1)8.1，辛醇/水分配系数 0.85，闪点 228.8℃。

主要用途　用作有机合成中间体，用于合成农药和医药产品。

包装与储运

安全储运　储存于阴凉、通风的库房。远离火种、热源。应与强氧化剂、碱类等隔离储运。

紧急处置信息

急救措施

吸入：迅速脱离现场至空气新鲜处。保持呼吸道通畅。如呼吸困难，给输氧。呼吸、心跳停止，立即进行心肺复苏术。就医。

眼睛接触：立即分开眼睑，用流动清水或生理盐水彻底冲洗 5~10min。就医。

皮肤接触：立即脱去污染的衣着，用肥皂水和清水彻底冲洗。就医。

食入：漱口，饮水。就医。

灭火方法　消防人员须穿全身消防服，佩戴空气呼吸器，在上风向灭火。尽可能将容器从火场移至空旷处。喷水保持火场容器冷却，直至灭火结束。

根据着火原因选择适当灭火剂灭火。

泄漏应急处置　隔离泄漏污染区，限制出入。建议应急处理人员戴防尘口罩，穿防毒服，戴防护手套。穿上适当的防护服前严禁接触破裂的容器和泄漏物。尽可能切断泄漏源。用塑料布覆盖泄漏物，减少飞散。勿使水进入包装容器内。用洁净的铲子收集泄漏物，置于干净、干燥、盖子较松的容器中，将容器移离泄漏区。

572. 2-氯-5-甲基吡啶

标　识

中文名称　2-氯-5-甲基吡啶

英文名称　2-Chloro-5-methyl-pyridine

分子式　C_6H_6ClN

CAS 号　18368-64-4

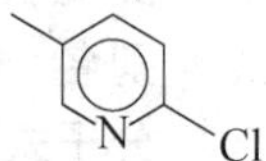

危害信息

燃烧与爆炸危险性　可燃，蒸气与空气混合能形成爆炸性混合物，遇明火、高热易燃烧爆炸。

禁忌物　强氧化剂、强酸。

毒性　大鼠经口 LD_{50}：1g/kg。

中毒表现　食入或经皮肤吸收对身体有害。对眼和皮肤有刺激性。

侵入途径　吸入、食入、经皮吸收。

环境危害　对水生生物有害，可能在水生环境中造成长期不利影响。

理化特性与用途

理化特性　无色至淡黄色透明液体。不溶于水，溶于二氯甲烷等有机溶剂。沸点 97℃（4kPa），相对密度（水=1）1.169，闪点 90℃。

主要用途　是农药中间体。

包装与储运

安全储运　储存于阴凉、通风的库房。远离火种、热源。应与强氧化剂、强酸等隔离储运。

紧急处置信息

急救措施

吸入：迅速脱离现场至空气新鲜处。保持呼吸道通畅。如呼吸困难，给输氧。呼吸、心跳停止，立即进行心肺复苏术。就医。

眼睛接触：立即分开眼睑，用流动清水或生理盐水彻底冲洗。就医。

皮肤接触：立即脱去污染的衣着，用肥皂水和清水彻底冲洗。就医。

食入：漱口，饮水。就医。

灭火方法　消防人员须穿全身消防服，佩戴空气呼吸器，在上风向灭火。尽可能将容器从火场移至空旷处。喷水保持火场容器冷却，直至灭火结束。

灭火剂：泡沫、干粉、二氧化碳。

泄漏应急处置　根据液体流动和蒸气扩散的影响区域划定警戒区，无关人员从侧风、上风向撤离至安全区。消除所有点火源。应急人员应戴防毒面具，穿防护服，戴防护手套。穿戴适当的防护装备前，避免接触破裂的容器和泄漏物。尽可能切断泄漏源，防止泄漏物进入水体、下水道、地下室或有限空间。小量泄漏：用砂土或其他不燃材料吸收。使用洁净的无火花工具收集吸收材料。大量泄漏：构筑围堤或挖坑收容。用泡沫覆盖，减少蒸发。用防爆泵转移至槽车或专用收集器内。

573. N-(2-(6-氯-7-甲基吡唑(1,5-b)-1,2,4-三唑-4-基)丙基)-2-(2,4-二叔戊基苯氧基)辛酰胺

标　识

中文名称　N-(2-(6-氯-7-甲基吡唑(1,5-b)-1,2,4-三唑-4-基)丙基)-2-(2,4-二叔戊基苯氧基)辛酰胺

英文名称　N-(2-(6-Chloro-7-methylpyrazolo(1,5-b)-1,2,4-triazol-4-yl)propyl)-2-(2,4-di-tert-pentylphenoxy)octanamide

危害信息

燃烧与爆炸危险性　无特殊燃爆特性。

禁忌物　强氧化剂、强酸。

环境危害　对水生生物有极高毒性，可能在水生环境中造成长期不利影响。

包装与储运

包装标志　杂类

包装类别　Ⅲ类

安全储运　储存于阴凉、通风的库房。远离火种、热源。保持容器密闭。应与强氧化剂、强酸等隔离储运。

紧急处置信息

灭火方法　消防人员须穿全身消防服，佩戴空气呼吸器，在上风向灭火。尽可能将容器从火场移至空旷处。

根据着火原因选择适当灭火剂灭火。

泄漏应急处置　隔离泄漏污染区，限制出入。建议应急处理人员戴防尘口罩，穿防护服。穿上适当的防护服前严禁接触破裂的容器和泄漏物。尽可能切断泄漏源。用塑料布覆盖泄漏物，减少飞散。勿使水进入包装容器内。用洁净的铲子收集泄漏物，置于干净、干燥、盖子较松的容器中，将容器移离泄漏区。

574. (氯甲基)二(4-氟苯基)甲基硅烷

标　识

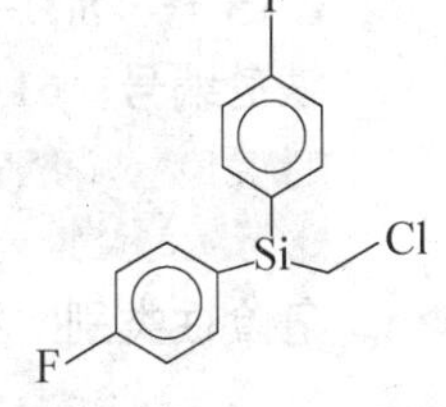

中文名称　(氯甲基)二(4-氟苯基)甲基硅烷

英文名称　(Chloromethyl)bis(4-fluorophenyl)methylsilane

分子式　$C_{14}H_{13}ClF_2Si$

CAS 号　85491-26-5

危害信息

燃烧与爆炸危险性　无特殊燃爆特性。

禁忌物　强氧化剂、强酸。

侵入途径　吸入、食入。

环境危害　对水生生物有毒，可能在水生环境中造成长期不利影响。

包装与储运

包装标志　杂类

包装类别　Ⅲ类

安全储运　储存于阴凉、通风的库房。远离火种、热源。应与强氧化剂、强酸等隔离储运。

紧急处置信息

急救措施

吸入：脱离接触。如有不适感，就医。

眼睛接触：分开眼睑，用流动清水或生理盐水冲洗。如有不适感，就医。

皮肤接触：脱去污染的衣着，用流动清水冲洗。如有不适感，就医。

食入：漱口，饮水。就医。

灭火方法　消防人员须穿全身消防服，佩戴空气呼吸器，在上风向灭火。尽可能将容器从火场移至空旷处。

根据着火原因选择适当灭火剂灭火。

泄漏应急处置　隔离泄漏污染区，限制出入。建议应急处理人员戴防尘口罩，穿防护服。穿上适当的防护服前严禁接触破裂的容器和泄漏物。尽可能切断泄漏源。用塑料布覆盖泄漏物，减少飞散。勿使水进入包装容器内。用洁净的铲子收集泄漏物，置于干净、干燥、盖子较松的容器中，将容器移离泄漏区。

575. 氯硫磷

标　识

中文名称　氯硫磷

英文名称　Chlorthion; *O*-(3-Chloro-4-nitrophenyl) *O*,*O*-dimethyl phosphorothioate

别名　*O*,*O*-二甲基-*O*-(3-氯-4-硝基苯基)硫代磷酸酯

分子式　$C_8H_9ClNO_5PS$

CAS 号　500-28-7

铁危编号　61125

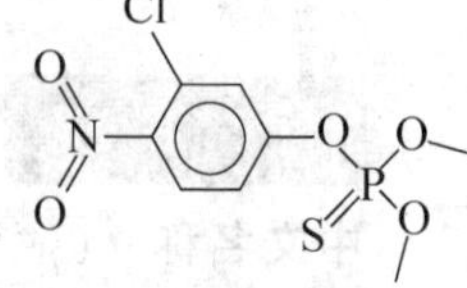

危害信息

危险性类别　第 6 类　有毒品

燃烧与爆炸危险性 本品不燃，受热易分解。在高温火场中，受热的容器易爆炸。

禁忌物 强氧化剂、强碱。

毒性 大鼠经口 LD_{50}：285mg/kg；小鼠经口 LD_{50}：794mg/kg；大鼠经皮 LD_{50}：1500mg/kg。

中毒表现 抑制体内胆碱酯酶活性，造成神经生理功能紊乱。急性中毒症状有头痛、头昏、乏力、食欲不振、恶心、呕吐、腹痛、腹泻、流涎、瞳孔缩小、呼吸道分泌物增多、多汗、肌束震颤等。重度中毒者出现肺水肿、昏迷、呼吸麻痹、脑水肿。血胆碱酯酶活性降低。

侵入途径 吸入、食入、经皮吸收。

环境危害 对水生生物有极高毒性，可能在水生环境中造成长期不利影响。

理化特性与用途

理化特性 纯品为黄色结晶，工业品为黄色油状液体。不溶于水，混溶于乙醇、乙醚、苯、芳烃溶剂。熔点 21℃，沸点 136℃(0.03kPa)，相对密度(水=1)1.437，饱和蒸气压 0.53mPa(20℃)，辛醇/水分配系数 3.45。

主要用途 杀虫剂。用于防治桃蚜和苹果蚜，也可防治家蝇、鸡虱和螨。

包装与储运

包装标志 有毒品

包装类别 Ⅲ类

安全储运 储存于阴凉、通风的库房。远离火种、热源。防止阳光直射。储存温度不超过 35℃，相对湿度不超过 85%。保持容器密封。应与强氧化剂、强碱等分开存放，切忌混储。配备相应品种和数量的消防器材。储区应备有合适的材料收容泄漏物。

紧急处置信息

急救措施

吸入：迅速脱离现场至空气新鲜处。保持呼吸道通畅。如呼吸困难，给输氧。呼吸、心跳停止，立即进行心肺复苏术。就医。

眼睛接触：分开眼睑，用流动清水或生理盐水冲洗。就医。

皮肤接触：立即脱去污染的衣着，用肥皂水及流动清水彻底冲洗污染的皮肤、头发、指甲等。就医。

食入：饮足量温水，催吐(仅限于清醒者)。口服活性炭。就医。

解毒剂：阿托品、胆碱酯酶复能剂。

灭火方法 消防人员须穿全身防火防毒服，在上风向灭火。尽可能将容器从火场移至空旷处。喷水保持火场容器冷却直至灭火结束。

根据着火原因选择适当灭火剂灭火。

泄漏应急处置 隔离泄漏污染区，限制出入。建议应急处理人员戴防尘口罩，穿防毒服，戴橡胶手套。穿上适当的防护服前严禁接触破裂的容器和泄漏物。尽可能切断泄漏源。用塑料布覆盖泄漏物，减少飞散。勿使水进入包装容器内。用洁净的铲子收集泄漏物，置于干净、干燥、盖子较松的容器中，将容器移离泄漏区。

576. 2-氯-5-(4-氯-5-二氟甲氧基-1-甲基吡唑-3-基)-4-氟苯氧基乙酸

标　识

中文名称　2-氯-5-(4-氯-5-二氟甲氧基-1-甲基吡唑-3-基)-4-氟苯氧基乙酸

英文名称　Acetic acid, (2-chloro-5-(4-chloro-5-(difluoromethoxy)-1-methyl-1H-pyrazol-3-yl)-4-fluorophenoxy)-; Pyraflufen

分子式　$C_{13}H_9Cl_2F_3N_2O_4$

CAS 号　129630-17-7

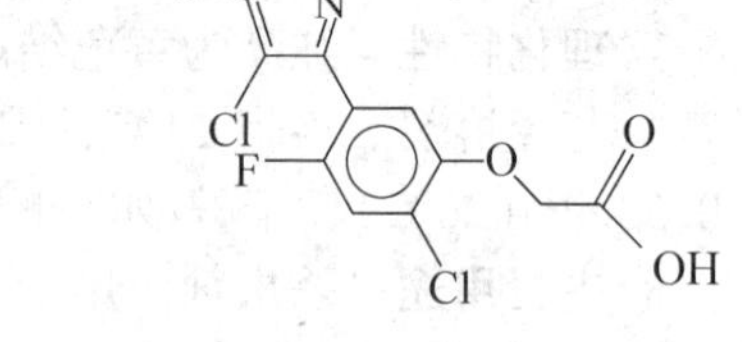

危害信息

燃烧与爆炸危险性　无特殊燃爆特性。

禁忌物　强氧化剂、碱。

侵入途径　吸入、食入。

环境危害　对水生生物有极高毒性，可能在水生环境中造成长期不利影响。

理化特性与用途

理化特性　固体。不溶于水。熔点 126.5℃，饱和蒸气压 4.79mPa(25℃)，辛醇/水分配系数 4.87。

主要用途　用作除草剂。

包装与储运

包装标志　杂类

包装类别　Ⅲ类

安全储运　储存于阴凉、通风的库房。远离火种、热源。应与强氧化剂、碱类等隔离储运。

紧急处置信息

急救措施

吸入：迅速脱离现场至空气新鲜处。保持呼吸道通畅。如呼吸困难，给输氧。呼吸、心跳停止，立即进行心肺复苏术。就医。

眼睛接触：立即分开眼睑，用流动清水或生理盐水彻底冲洗。就医。

皮肤接触：立即脱去污染的衣着，用肥皂水和清水彻底冲洗。就医。

食入：漱口，饮水。就医。

灭火方法　消防人员须穿全身消防服，佩戴空气呼吸器，在上风向灭火。尽可能将容器从火场移至空旷处。喷水保持火场容器冷却，直至灭火结束。

根据着火原因选择适当灭火剂灭火。

泄漏应急处置　隔离泄漏污染区，限制出入。建议应急处理人员戴防尘口罩，穿防护服，戴防护手套。穿上适当的防护服前严禁接触破裂的容器和泄漏物。尽可能切断泄漏源。用塑料布覆盖泄漏物，减少飞散。勿使水进入包装容器内。用洁净的铲子收集泄漏物，置于干净、干燥、盖子较松的容器中，将容器移离泄漏区。

577. 氯(3-(3-氯-4-氟苯基)丙基)二甲基硅烷

标　识

中文名称　氯(3-(3-氯-4-氟苯基)丙基)二甲基硅烷

英文名称　Chloro(3-(3-chloro-4-fluorophenyl)propyl)dimethylsilane

分子式　$C_{11}H_{15}Cl_2FSi$

CAS 号　770722-46-8

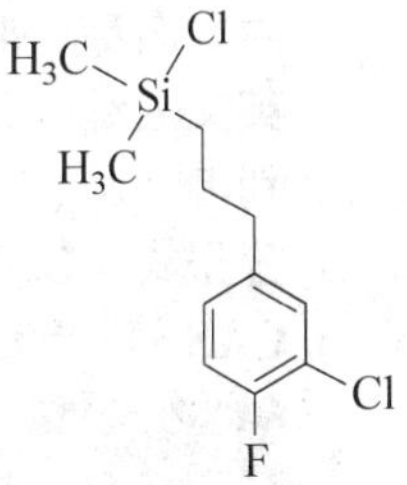

危害信息

危险性类别　第 8 类　腐蚀品

燃烧与爆炸危险性　不易燃。

禁忌物　氧化剂、强碱、强酸。

中毒表现　对眼和皮肤有腐蚀性。

侵入途径　吸入、食入。

理化特性与用途

理化特性　不溶于水。沸点 297℃，相对密度(水 = 1) 1.13，饱和蒸气压 0.27Pa (25℃)，辛醇/水分配系数 5.56，闪点 134℃。

包装与储运

包装标志　腐蚀品

包装类别　Ⅰ类

安全储运　储存于阴凉、干燥、通风良好的库房。远离火种、热源。防止阳光直射。储存温度不超过 30℃，相对湿度不超过 75%。保持容器密封，切勿受潮。应与氧化剂、强碱、强酸等分开存放，切忌混储。配备相应品种和数量的消防器材。储区应备有泄漏应急处理设备和合适的收容材料。

紧急处置信息

急救措施

吸入：迅速脱离现场至空气新鲜处。保持呼吸道通畅。如呼吸困难，给输氧。呼吸、心跳停止，立即进行心肺复苏术。就医。

眼睛接触：立即分开眼睑，用流动清水或生理盐水彻底冲洗 5~10min。就医。

皮肤接触：立即脱去污染的衣着，用大量流动清水彻底冲洗，冲洗时间一般要求 20~30min。就医。

食入：用水漱口，禁止催吐。给饮牛奶或蛋清。就医。

灭火方法　消防人员须穿全身耐酸碱服，在上风向灭火。尽可能将容器从火场移至空旷处。喷水保持火场容器冷却直至灭火结束。

根据着火原因选择适当灭火剂灭火。

泄漏应急处置　隔离泄漏污染区，限制出入。建议应急处理人员戴防护面罩，穿耐腐蚀防护服，戴耐腐蚀防护手套。穿上适当的防护服前严禁接触破裂的容器和泄漏物。尽可能切断泄漏源。勿使水进入包装容器内。用洁净的铲子铲起或真空吸除收集泄漏物，置于干净、干燥、盖子较松的容器中，将容器移离泄漏区。

578. 4-氯-*N*-(2-羟基乙基)-2-硝基苯胺

标　识

中文名称　4-氯-*N*-(2-羟基乙基)-2-硝基苯胺

英文名称　2-((4-Chloro-2-nitrophenyl)amino)ethanol；HC Yellow No. 12

别名　2-((4-氯-2-硝基苯基)氨基)乙醇

分子式　$C_8H_9ClN_2O_3$

CAS 号　59320-13-7

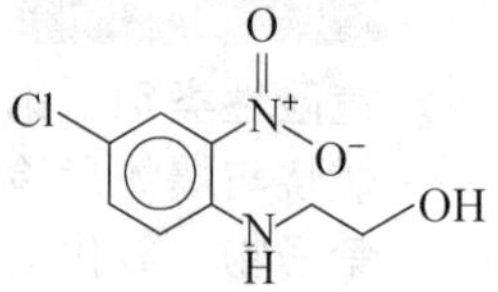

危害信息

燃烧与爆炸危险性　可燃。

禁忌物　强氧化剂、强酸。

中毒表现　食入有害。

侵入途径　吸入、食入。

环境危害　对水生生物有毒，可能在水生环境中造成长期不利影响。

理化特性与用途

理化特性　橙色结晶粉末。微溶于水。熔点 104～108℃，沸点 412℃，相对密度(水=1)1.476，饱和蒸气压 0.02mPa(25℃)，辛醇/水分配系数 2.28，闪点 203℃。

主要用途　用作化学中间体。

包装与储运

包装标志　杂类

包装类别　Ⅲ类

安全储运　储存于阴凉、通风的库房。远离火种、热源。应与强氧化剂、强酸等隔离储运。

紧急处置信息

急救措施

吸入：迅速脱离现场至空气新鲜处。保持呼吸道通畅。如呼吸困难，给输氧。呼吸、心跳停止，立即进行心肺复苏术。就医。

眼睛接触：立即分开眼睑，用流动清水或生理盐水彻底冲洗。就医。

皮肤接触：立即脱去污染的衣着，用肥皂水和清水彻底冲洗。就医。

食入：漱口，饮水。就医。

灭火方法　消防人员须穿全身消防服，在上风向灭火。尽可能将容器从火场移至空旷处。喷水保持火场容器冷却直至灭火结束。

灭火剂：泡沫、干粉、二氧化碳。

泄漏应急处置　消除所有点火源。隔离泄漏污染区，限制出入。建议应急处理人员戴

防尘口罩，穿防护服。穿戴适当的防护装备前，禁止接触或跨越泄漏物。尽可能切断泄漏源。用塑料布覆盖，减少飞散。洁净的铲子收集泄漏物，置于干净、干燥、盖子较松的容器中，将容器移离泄漏区。

579. 2-氯-1,1,2-三氟乙基二氟甲基醚

标　识

中文名称　2-氯-1,1,2-三氟乙基二氟甲基醚

英文名称　2-Chloro-1,1,2-trifluoroethyl difluoromethyl ether; Enflurane

别名　安氟醚；恩氟烷

分子式　$C_3H_2ClF_5O$

CAS 号　13838-16-9

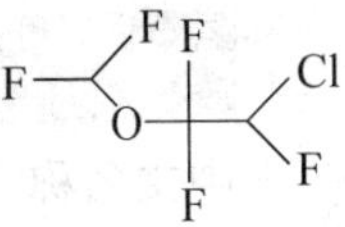

危害信息

燃烧与爆炸危险性　不燃。在高温火场中易放出有毒的刺激性烟雾。蒸气比空气重，能在较低处聚集，造成缺氧。

禁忌物　强氧化剂、强酸。

毒性　大鼠经口 LD_{50}：19500μL/kg；大鼠吸入 LC_{50}：14000 ppm(3h)；小鼠吸入 LC_{50}：8100 ppm(3h)。

中毒表现　对眼、皮肤和呼吸道有刺激性。影响中枢神经和心血管系统。高浓度吸入引起神志丧失。

侵入途径　吸入、食入。

职业接触限值　美国(ACGIH)：TLV-TWA 75ppm。

理化特性与用途

理化特性　无色透明液体，微有芳香气味。微溶于水，溶于含有油脂类的有机溶剂。沸点 56.5℃，相对密度(水=1)1.52，相对蒸气密度(空气=1)1.9，饱和蒸气压 23.3kPa(20℃)，辛醇/水分配系数 2.1。

主要用途　用作麻醉药，也可用作氟化材料的溶剂。

包装与储运

安全储运　储存于阴凉、通风的库房。远离火种、热源。保持容器密闭。应与强氧化剂、强酸等隔离储运。搬运时轻装轻卸，防止容器受损。

紧急处置信息

急救措施

吸入：迅速脱离现场至空气新鲜处。保持呼吸道通畅。如呼吸困难，给输氧。呼吸、心跳停止，立即进行心肺复苏术。就医。

眼睛接触：立即分开眼睑，用流动清水或生理盐水彻底冲洗。就医。

皮肤接触：立即脱去污染的衣着，用肥皂水和清水彻底冲洗。就医。

食入：漱口，饮水。就医。

灭火方法 消防人员须穿全身消防服，佩戴空气呼吸器，在上风向灭火。尽可能将容器从火场移至空旷处。喷水保持火场容器冷却，直至灭火结束。

根据着火原因选择适当灭火剂灭火。

泄漏应急处置 根据液体流动和蒸气扩散的影响区域划定警戒区，无关人员从侧风、上风向撤离至安全区。建议应急处理人员戴防毒面具，穿防护服，戴防护手套。尽可能切断泄漏源。防止泄漏物进入水体、下水道、地下室或有限空间。小量泄漏：用干燥的砂土或其他不燃材料吸收或覆盖，收集于容器中。大量泄漏：构筑围堤或挖坑收容。用泵转移至槽车或专用收集器内。

580. 2-氯-1-(2,4,5-三氯苯基)乙烯基二甲基磷酸酯

标 识

中文名称 2-氯-1-(2,4,5-三氯苯基)乙烯基二甲基磷酸酯

英文名称 2-Chloro-1-(2,4,5-trichlorophenyl) viny dimethyl phosphate; Tetrachlorvinphos

别名 杀虫畏；杀虫威

分子式 $C_{10}H_9Cl_4O_4P$

CAS 号 22248-79-9

铁危编号 61874

Cl Cl O P O O O Cl Cl Cl

危害信息

危险性类别 第6类 有毒品

燃烧与爆炸危险性 受热分解放出有毒磷氧化物和氯化氢烟雾。

禁忌物 强氧化剂、强碱。

毒性 大鼠经口 LD_{50}：480mg/kg；小鼠经口 LD_{50}：1379mg/kg；小鼠吸入 LC：>290mg/m^3(4h)；大鼠经皮 LD_{50}：1500mg/kg；兔经皮 LD_{50}：>2500mg/kg。

中毒表现 抑制体内胆碱酯酶活性，造成神经生理功能紊乱。急性中毒症状有头痛、头昏、乏力、食欲不振、恶心、呕吐、腹痛、腹泻、流涎、瞳孔缩小、呼吸道分泌物增多、多汗、肌束震颤等。重度中毒者出现肺水肿、昏迷、呼吸麻痹、脑水肿。血胆碱酯酶活性降低。

侵入途径 吸入、食入、经皮吸收。

理化特性与用途

理化特性 白色结晶固体或褐色至棕色结晶固体。不溶于水，溶于氯仿、二氯甲烷、丙酮等。熔点97~98℃，辛醇/水分配系数3.53。

主要用途 杀虫剂。用于水稻、玉米、果树、蔬菜等防治鳞翅目和鞘翅目害虫。

包装与储运

包装标志 有毒品

包装类别 Ⅲ类

安全储运 储存于阴凉、通风的库房。远离火种、热源。防止阳光直射。储存温度不超过35℃，相对湿度不超过85%。保持容器密封。应与强氧化剂、强碱等分开存放，切忌

混储。配备相应品种和数量的消防器材。储区应备有合适的材料收容泄漏物。

紧急处置信息

急救措施

吸入：迅速脱离现场至空气新鲜处。保持呼吸道通畅。如呼吸困难，给输氧。呼吸、心跳停止，立即进行心肺复苏术。就医。

眼睛接触：分开眼睑，用流动清水或生理盐水冲洗。就医。

皮肤接触：立即脱去污染的衣着，用肥皂水及流动清水彻底冲洗污染的皮肤、头发、指甲等。就医。

食入：饮足量温水，催吐(仅限于清醒者)。口服活性炭。就医。

解毒剂：阿托品、胆碱酯酶复能剂。

灭火方法　消防人员须穿全身消防服，佩戴空气呼吸器，在上风向灭火。尽可能将容器从火场移至空旷处。喷水保持火场容器冷却，直至灭火结束。

根据着火原因选择适当灭火剂灭火。

泄漏应急处置　隔离泄漏污染区，限制出入。建议应急处理人员戴防尘口罩，穿防毒服，戴橡胶手套。穿上适当的防护服前严禁接触破裂的容器和泄漏物。尽可能切断泄漏源。用塑料布覆盖泄漏物，减少飞散。勿使水进入包装容器内。用洁净的铲子收集泄漏物，置于干净、干燥、盖子较松的容器中，将容器移离泄漏区。

581. 氯酸溶液(浓度≤10%)

标　识

中文名称　氯酸溶液(浓度≤10%)

英文名称　Chloric acid, aqueous solution, with not more than 10% chloric acid; Chloric acid

分子式　$HClO_3$

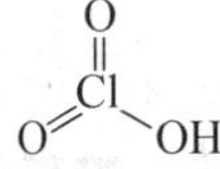

CAS 号　7790-93-4

铁危编号　51028

UN 号　2626

危害信息

危险性类别　第 5.1 类　氧化剂

燃烧与爆炸危险性　具有氧化性，火场中易促进燃烧，受热易爆炸。与铵、易燃物和粉末状物体混合形成爆炸性混合物。对金属具有腐蚀性。

禁忌物　易(可)燃物、还原剂。

中毒表现　对眼有刺激性。

侵入途径　吸入、食入。

理化特性与用途

理化特性　无色液体。溶于水。熔点 -20℃，沸点 40℃，相对密度(水 = 1) 1.0594 (18℃/4℃)。

主要用途 用作氧化剂、化学分析试剂，用于制造其他化学品。

包装与储运

包装标志 氧化剂

包装类别 Ⅱ类

安全储运 储存于阴凉、通风的库房。库温不超过30℃。相对湿度不超过80%。远离火种、热源。包装密封。应与易(可)燃物、还原剂、食用化学品分开存放，切忌混储。储区应备有合适的材料收容泄漏物。

紧急处置信息

急救措施

吸入：迅速脱离现场至空气新鲜处。保持呼吸道通畅。如呼吸困难，给输氧。呼吸、心跳停止，立即进行心肺复苏术。就医。

眼睛接触：立即分开眼睑，用流动清水或生理盐水彻底冲洗。就医。

皮肤接触：立即脱去污染的衣着，用肥皂水和清水彻底冲洗。就医。

食入：漱口，饮水。就医。

灭火方法 消防人员须穿全身消防服，佩戴空气呼吸器，在上风向灭火。尽可能将容器从火场移至空旷处。喷水保持火场容器冷却，直至灭火结束。

灭火剂：水、二氧化碳。禁止使用泡沫和干粉。

泄漏应急处置 根据液体流动和蒸气扩散的影响区域划定警戒区，无关人员从侧风、上风向撤离至安全区。建议应急处理人员戴正压自给式呼吸器，穿耐腐蚀防毒服，戴防腐蚀手套。穿上适当的防护服前严禁接触破裂的容器和泄漏物。尽可能切断泄漏源。防止泄漏物与易(可)燃物、还原剂等接触。喷雾状水抑制蒸气或改变蒸气云流向。防止泄漏物进入水体、下水道、地下室或有限空间。小量泄漏：用干燥的砂土或其他不燃材料覆盖泄漏物。大量泄漏：筑围堤或挖坑收容。在专家指导下清除。

582. 3-氯-4，5，α，α，α-五氟甲苯

标　识

中文名称 3-氯-4,5,α,α,α-五氟甲苯

英文名称 3-Chloro-4,5,α,α,α-pentafluorotoluene；Benzene，1-chloro-2,3-difluoro-5-(trifluoromethyl)-

别名 3-氯-4,5-二氟三氟甲苯

分子式 $C_7H_2ClF_5$

CAS 号 77227-99-7

危害信息

危险性类别 第6类 有毒品

燃烧与爆炸危险性 无特殊燃爆特性。

禁忌物 强氧化剂、强酸。

毒性 大鼠吸入 LC_{50}：261 ppm(4h)。

中毒表现 吸入或食入对身体有害。
侵入途径 吸入、食入。
环境危害 对水生生物有极高毒性。

理化特性与用途

理化特性 液体。不溶于水。沸点 122℃。
主要用途 用作医药中间体。

包装与储运

包装标志 有毒品
包装类别 Ⅲ类
安全储运 储存于阴凉、通风的库房。远离火种、热源。库温不超过 35℃。相对湿度不超过 85%。包装密封。应与强氧化剂、强酸、食用化学品等分开存放，切忌混储。配备相应品种和数量的消防器材。储区应备有合适的材料收容泄漏物。

紧急处置信息

急救措施

吸入：迅速脱离现场至空气新鲜处。保持呼吸道通畅。如呼吸困难，给输氧。呼吸、心跳停止，立即进行心肺复苏术。就医。

眼睛接触：立即分开眼睑，用流动清水或生理盐水彻底冲洗。就医。

皮肤接触：立即脱去污染的衣着，用肥皂水和清水彻底冲洗。就医。

食入：漱口，饮水。就医。

灭火方法 消防人员须穿全身防火防毒服，佩戴空气呼吸器，在上风向灭火。尽可能将容器从火场移至空旷处。

根据着火原因选择适当灭火剂灭火。

泄漏应急处置 根据液体流动和蒸气扩散的影响区域划定警戒区，无关人员从侧风、上风向撤离至安全区。建议应急处理人员戴防毒面具，穿防毒服，戴橡胶手套。禁止接触或跨越泄漏物。尽可能切断泄漏源。防止泄漏物进入水体、下水道、地下室或有限空间。小量泄漏：用砂土或其他不燃材料吸收。使用洁净的工具收集吸收材料。大量泄漏：构筑围堤或挖坑收容。用泡沫覆盖，减少蒸发。用泵转移至槽车或专用收集器内。

583. 氯亚铂酸铵

标 识

中文名称 氯亚铂酸铵
英文名称 Diammonium tetrachloroplatinate; Ammonium tetrachloroplatinate(Ⅱ)
别名 四氯铂酸铵
分子式 $(NH_4)_2PtCl_4$
CAS 号 13820-41-2

Cl^- NH_4^+
Cl^-—Pt^{2+}—Cl^-
Cl^- NH_4^+

危害信息

危险性类别 第6类 有毒品

燃烧与爆炸危险性 无特殊燃爆特性。

禁忌物 强氧化剂、乙醇。

毒性 小鼠腹腔内 LD_{50}：60mg/kg。

中毒表现 食入有毒。眼接触引起严重损害。对皮肤有刺激性和致敏性。对呼吸道有致敏性。

侵入途径 吸入、食入。

职业接触限值 美国(ACGIH)：TLV-TWA 0.002mg/m^3[按 Pt 计]。

理化特性与用途

理化特性 浅棕色至红色结晶固体。易溶于水，不溶于醇、醚和其他有机溶剂。熔点140℃(分解)，相对密度(水=1)2.936。

主要用途 用于照相和用作制备二氯二氨铂的原料。

包装与储运

包装标志 有毒品

包装类别 Ⅲ类

安全储运 储存于阴凉、通风的库房。远离火种、热源。防止阳光直射。储存温度不超过35℃，相对湿度不超过85%。保持容器密封。应与强氧化剂、乙醇等分开存放，切忌混储。配备相应品种和数量的消防器材。储区应备有合适的材料收容泄漏物。

紧急处置信息

急救措施

吸入：迅速脱离现场至空气新鲜处。保持呼吸道通畅。如呼吸困难，给输氧。呼吸、心跳停止，立即进行心肺复苏术。就医。

眼睛接触：立即分开眼睑，用流动清水或生理盐水彻底冲洗5~10min。就医。

皮肤接触：立即脱去污染的衣着，用肥皂水和清水彻底冲洗。就医。

食入：漱口，饮水。就医。

灭火方法 消防人员须穿全身防火防毒服，在上风向灭火。尽可能将容器从火场移至空旷处。喷水保持火场容器冷却直至灭火结束。

根据着火原因选择适当灭火剂灭火。

泄漏应急处置 隔离泄漏污染区，限制出入。建议应急处理人员戴防尘口罩，穿防毒服，戴防护手套。穿上适当的防护服前严禁接触破裂的容器和泄漏物。尽可能切断泄漏源。用塑料布覆盖泄漏物，减少飞散。勿使水进入包装容器内。用洁净的铲子收集泄漏物，置于干净、干燥、盖子较松的容器中，将容器移离泄漏区。

584. 氯亚铂酸钾

标　识

中文名称 氯亚铂酸钾

英文名称　Dipotassium tetrachloroplatinate；Potassium tetrachloroplatinate(Ⅱ)
别名　四氯铂(Ⅱ)酸钾
分子式　K_2PtCl_4
CAS 号　10025-99-7

$$\begin{array}{ccc} & Cl^- & K^+ \\ & | & \\ Cl^- — & Pt^{2+} & — Cl^- \\ & | & K^+ \\ & Cl^- & \end{array}$$

危害信息

危险性类别　第 6 类　有毒品

燃烧与爆炸危险性　受热易分解。

禁忌物　强氧化剂、乙醇。

毒性　小鼠腹腔内 LD_{50}：45mg/kg。

中毒表现　食入有毒。眼接触引起严重损害。对皮肤有刺激性和致敏性。对呼吸道有致敏性。

侵入途径　吸入、食入。

职业接触限值　美国(ACGIH)：TLV-TWA：0.002mg/m^3[按 Pt 计]。

理化特性与用途

理化特性　红褐色 立方结晶或橙红色结晶粉末。溶于水，不溶于乙醇。熔点 250℃，相对密度(水=1)3.38。

主要用途　用作分析试剂，制备其他贵金属化合物和催化剂的重要原料，也用作化学原料药中间体。

包装与储运

包装标志　有毒品

包装类别　Ⅲ类

安全储运　储存于阴凉、通风的库房。远离火种、热源。防止阳光直射。储存温度不超过 35℃，相对湿度不超过 85%。保持容器密封。应与强氧化剂、乙醇等分开存放，切忌混储。配备相应品种和数量的消防器材。储区应备有合适的材料收容泄漏物。

紧急处置信息

急救措施

吸入：迅速脱离现场至空气新鲜处。保持呼吸道通畅。如呼吸困难，给输氧。呼吸、心跳停止，立即进行心肺复苏术。就医。

眼睛接触：立即分开眼睑，用流动清水或生理盐水彻底冲洗 5~10min。就医。

皮肤接触：立即脱去污染的衣着，用肥皂水和清水彻底冲洗。就医。

食入：漱口，饮水。就医。

灭火方法　消防人员须穿全身防火防毒服，在上风向灭火。尽可能将容器从火场移至空旷处。喷水保持火场容器冷却直至灭火结束。

根据着火原因选择适当灭火剂灭火。

泄漏应急处置　隔离泄漏污染区，限制出入。建议应急处理人员戴防尘口罩，穿防毒服，戴防护手套。穿上适当的防护服前严禁接触破裂的容器和泄漏物。尽可能切断泄漏源。用塑料布覆盖泄漏物，减少飞散。勿使水进入包装容器内。用洁净的铲子收集泄漏物，置于干净、干燥、盖子较松的容器中，将容器移离泄漏区。

585. 2-氯-6-乙氨基-4-硝基苯酚

标　识

中文名称　2-氯-6-乙氨基-4-硝基苯酚

英文名称　2-Chloro-6-(ethylamino)-4-nitrophenol；6-Chloro-2-(ethylamino)-4-nitrophenol

别名　6-氯-2-(乙氨基)-4-硝基苯酚

分子式　$C_8H_9ClN_2O_3$

CAS 号　131657-78-8

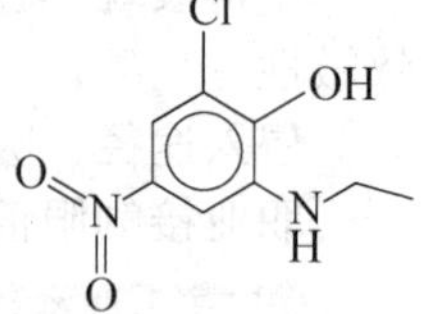

危害信息

燃烧与爆炸危险性　可燃。

禁忌物　强氧化剂。

中毒表现　食入有害。对皮肤有致敏性。

侵入途径　吸入、食入。

环境危害　对水生生物有毒，可能在水生环境中造成长期不利影响。

理化特性与用途

理化特性　不溶于水。沸点 347.7℃，相对密度(水=1)1.467，饱和蒸气压 3.46mPa(25℃)，辛醇/水分配系数 3.595，闪点 164.08℃。

主要用途　用作染发剂成分。

包装与储运

包装标志　杂类

包装类别　Ⅲ类

安全储运　储存于阴凉、通风的库房。远离火种、热源。保持容器密闭。应与强氧化剂等隔离储运。

紧急处置信息

急救措施

吸入：迅速脱离现场至空气新鲜处。保持呼吸道通畅。如呼吸困难，给输氧。呼吸、心跳停止，立即进行心肺复苏术。就医。

眼睛接触：立即分开眼睑，用流动清水或生理盐水彻底冲洗。就医。

皮肤接触：立即脱去污染的衣着，用肥皂水和清水彻底冲洗。就医。

食入：漱口，饮水。就医。

灭火方法　消防人员须穿全身消防服，在上风向灭火。尽可能将容器从火场移至空旷处。喷水保持火场容器冷却直至灭火结束。

灭火剂：干粉、二氧化碳。

泄漏应急处置　隔离泄漏污染区，限制出入。消除所有点火源。建议应急处理人员戴防尘口罩，穿防护服，戴防护手套。穿上适当的防护服前严禁接触破裂的容器和泄漏物。

尽可能切断泄漏源。用塑料布覆盖泄漏物，减少飞散。勿使水进入包装容器内。用洁净的铲子收集泄漏物，置于干净、干燥、盖子较松的容器中，将容器移离泄漏区。

586. 5-(2-氯乙基)-6-氯-1,3-二氢-吲哚-2-(2H)-酮

标　识

中文名称　5-(2-氯乙基)-6-氯-1,3-二氢-吲哚-2-(2H)-酮

英文名称　6-Chloro-5-(2-chloroethyl)-1,3-dihydroindol-2-one

分子式　$C_{10}H_9Cl_2NO$

CAS 号　118289-55-7

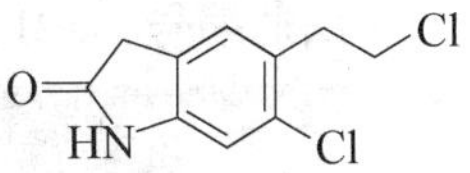

危害信息

燃烧与爆炸危险性　可燃，其粉体与空气混合能形成爆炸性混合物。

禁忌物　强氧化剂、酸碱、醇类。

侵入途径　吸入、食入。

环境危害　对水生生物有极高毒性，可能在水生环境中造成长期不利影响。

理化特性与用途

理化特性　浅褐色粉末。不溶于水。熔点 210～211℃，沸点 394℃，相对密度(水=1)1.376，饱和蒸气压 0.28mPa(25℃)，辛醇/水分配系数 2.82，闪点 192℃。

主要用途　用作医药中间体。

包装与储运

包装标志　杂类

包装类别　Ⅲ类

安全储运　储存于阴凉、通风的库房。远离火种、热源。应与强氧化剂、酸碱、醇类等隔离储运。

紧急处置信息

急救措施

吸入：脱离接触。如有不适感，就医。

眼睛接触：分开眼睑，用流动清水或生理盐水冲洗。如有不适感，就医。

皮肤接触：脱去污染的衣着，用流动清水冲洗。如有不适感，就医。

食入：漱口，饮水。就医。

灭火方法　消防人员须穿全身防腐蚀消防服，在上风向灭火。尽可能将容器从火场移至空旷处。喷水保持火场容器冷却，直至灭火结束。

灭火剂：雾状水、泡沫、二氧化碳。

泄漏应急处置　隔离泄漏污染区，限制出入。消除点火源。建议应急处理人员戴防尘口罩，穿防护服。穿上适当的防护服前严禁接触破裂的容器和泄漏物。尽可能切断泄漏源。

用塑料布覆盖泄漏物，减少飞散。勿使水进入包装容器内。用洁净的铲子收集泄漏物，置于干净、干燥、盖子较松的容器中，将容器移离泄漏区。

587. 氯乙酸异丙酯

标　识

中文名称　氯乙酸异丙酯

英文名称　Isopropyl chloroacetate; Acetic acid, 2-chloro-, 1-methylethyl ester

分子式　$C_5H_9ClO_2$

CAS 号　105-48-6

铁危编号　32103

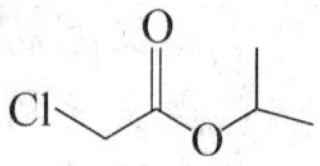

危害信息

危险性类别　第 3 类　易燃液体

燃烧与爆炸危险性　易燃，其蒸气与空气混合能形成爆炸性混合物。遇明火、高热易燃烧或爆炸。在高温火场中，受热的容器或储罐有破裂和爆炸的危险。

禁忌物　氧化剂、强酸、强碱。

中毒表现　食入有毒。对眼、皮肤和呼吸道有刺激性。

侵入途径　吸入、食入。

理化特性与用途

理化特性　无色或极微黄色透明液体。微溶于水。熔点-112℃，沸点 150.5℃，相对密度(水=1)1.085，相对蒸气密度(空气=1)3.45，饱和蒸气压 0.1kPa(20℃)，辛醇/水分配系数 1.54，闪点 56℃(闭杯)，引燃温度 415℃，爆炸下限 1.9%(140℃)，爆炸上限 12.2%(140℃)。

主要用途　用作医药中间体，用于制造其他化学品。

包装与储运

包装标志　易燃液体

包装类别　Ⅲ类

安全储运　储存于阴凉、通风的库房。远离火种、热源。库温不宜超过 37℃。保持容器密封。应与氧化剂、强酸、强碱等分开存放，切忌混储。采用防爆型照明、通风设施。禁止使用易产生火花的机械设备和工具。灌装时注意流速，防止静电积聚。储区应备有泄漏应急处理设备和合适的收容材料。搬运时轻装轻卸，防止容器受损。

紧急处置信息

急救措施

吸入：迅速脱离现场至空气新鲜处。保持呼吸道通畅。如呼吸困难，给输氧。呼吸、心跳停止，立即进行心肺复苏术。就医。

眼睛接触：立即分开眼睑，用流动清水或生理盐水彻底冲洗。就医。

皮肤接触：立即脱去污染的衣着，用肥皂水和清水彻底冲洗。就医。

食入：漱口，饮水。就医。

灭火方法 消防人员须穿全身防火防毒服，佩戴空气呼吸器，在上风向灭火。尽可能将容器从火场移至空旷处。喷水保持火场容器冷却，直至灭火结束。处在火场中的容器若发生异常变化或发出异常声音，须马上撤离。

灭火剂：泡沫、二氧化碳、干粉、砂土。

泄漏应急处置 根据液体流动和蒸气扩散的影响区域划定警戒区，无关人员从侧风、上风向撤离至安全区。消除所有点火源。建议应急处理人员戴正压自给式呼吸器，穿防毒、防静电服，戴橡胶手套。作业时使用的所有设备应接地。穿上适当的防护服前严禁接触破裂的容器和泄漏物。尽可能切断泄漏源。防止泄漏物进入水体、下水道、地下室或有限空间。小量泄漏：用干燥的砂土或其他不燃材料吸收或覆盖，收集于容器中。大量泄漏：构筑围堤或挖坑收容。用泡沫覆盖，减少蒸发。喷水雾能减少蒸发，但不能降低泄漏物在有限空间内的易燃性。用防爆泵转移至槽车或专用收集器内。

588. 3-氯-2-(异丙硫基)苯胺

标　识

中文名称 3-氯-2-(异丙硫基)苯胺

英文名称 3-Chloro-2-(isopropylthio)aniline

分子式 $C_9H_{12}ClNS$

CAS 号 179104-32-6

NH₂ S Cl

危害信息

燃烧与爆炸危险性 可燃。

禁忌物 强氧化剂、强酸。

中毒表现 对皮肤有刺激性。

侵入途径 吸入、食入。

环境危害 对水生生物有毒，可能在水生环境中造成长期不利影响。

理化特性与用途

理化特性 不溶于水。沸点 286℃，相对密度(水 = 1) 1.19，饱和蒸气压 0.36Pa (25℃)，辛醇/水分配系数 3.12，闪点 127℃。

主要用途 用于染料。

包装与储运

包装标志 杂类

包装类别 Ⅲ类

安全储运 储存于阴凉、通风的库房。远离火种、热源。应与强氧化剂、强酸等隔离储运。搬运时轻装轻卸，防止容器受损。

紧急处置信息

急救措施

吸入：迅速脱离现场至空气新鲜处。保持呼吸道通畅。如呼吸困难，给输氧。呼吸、

心跳停止，立即进行心肺复苏术。就医。

眼睛接触： 立即分开眼睑，用流动清水或生理盐水彻底冲洗。就医。

皮肤接触： 立即脱去污染的衣着，用肥皂水和清水彻底冲洗。就医。

食入： 漱口，饮水。就医。

灭火方法　消防人员须穿全身消防服，在上风向灭火。尽可能将容器从火场移至空旷处。喷水保持火场容器冷却直至灭火结束。

灭火剂：泡沫、二氧化碳、干粉。

泄漏应急处置　根据液体流动和蒸气扩散的影响区域划定警戒区，无关人员从侧风、上风向撤离至安全区。消除所有点火源。建议应急处理人员戴防毒面具，穿防护服。穿上适当的防护服前严禁接触破裂的容器和泄漏物。尽可能切断泄漏源。防止泄漏物进入水体、下水道、地下室或有限空间。小量泄漏：用干燥的砂土或其他不燃材料吸收或覆盖，收集于容器中。大量泄漏：构筑围堤或挖坑收容。用泵转移至槽车或专用收集器内。

589. 5-氯吲哚-2-酮

标　识

中文名称　5-氯吲哚-2-酮

英文名称　5-Chloro-1,3-dihydro-2H-indol-2-one

别名　5-氯氧化吲哚

分子式　C_8H_6ClNO

CAS 号　17630-75-0

O　Cl　N　H

危害信息

燃烧与爆炸危险性　无特殊燃爆特性。

禁忌物　强氧化剂、酸碱、醇类。

毒性　欧盟法规 1272/2008/EC 将本品列为第 2 类生殖毒物——可疑的人类生殖毒物。

中毒表现　食入有害。对皮肤有致敏性。

侵入途径　吸入、食入。

环境危害　对水生生物有极高毒性，可能在水生环境中造成长期不利影响。

理化特性与用途

理化特性　淡黄色或浅棕色粉末。微溶于水。熔点 194~197℃，沸点 348℃，相对密度(水=1)1.362，辛醇/水分配系数 2.12。

主要用途　医药及农药中间体。

包装与储运

包装标志　杂类

包装类别　Ⅲ类

安全储运　储存于阴凉、通风的库房。远离火种、热源。保持容器密闭。应与强氧化

剂、酸碱、醇类等隔离储运。

紧急处置信息

急救措施

吸入： 迅速脱离现场至空气新鲜处。保持呼吸道通畅。如呼吸困难，给输氧。呼吸、心跳停止，立即进行心肺复苏术。就医。

眼睛接触： 立即分开眼睑，用流动清水或生理盐水彻底冲洗。就医。

皮肤接触： 立即脱去污染的衣着，用肥皂水和清水彻底冲洗。就医。

食入： 漱口，饮水。就医。

灭火方法 消防人员须穿全身消防服，佩戴空气呼吸器，在上风向灭火。尽可能将容器从火场移至空旷处。

根据着火原因选择适当灭火剂灭火。

泄漏应急处置 隔离泄漏污染区，限制出入。建议应急处理人员戴防尘口罩，穿防毒服，戴橡胶手套。穿上适当的防护服前严禁接触破裂的容器和泄漏物。尽可能切断泄漏源。用塑料布覆盖泄漏物，减少飞散。勿使水进入包装容器内。用洁净的铲子收集泄漏物，置于干净、干燥、盖子较松的容器中，将容器移离泄漏区。

590. 2-氯-5-仲十六烷基氢醌

标 识

中文名称 2-氯-5-仲十六烷基氢醌

英文名称 2-Chloro-5-sec-hexadecylhydroquinone；1,4-Benzenediol，2-chloro-5-sec-hexadecyl-

别名 2-氯-5-仲十六烷基对苯二酚

分子式 $C_{22}H_{37}ClO_2$

CAS 号 137193-60-3

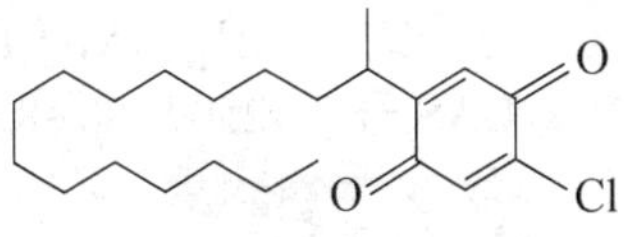

危害信息

燃烧与爆炸危险性 无特殊燃爆特性。

禁忌物 强氧化剂。

中毒表现 对眼和皮肤有刺激性。对皮肤有致敏性。

侵入途径 吸入、食入。

环境危害 对水生生物有害，可能在水生环境中造成长期不利影响。

理化特性与用途

理化特性 黄色或浅棕色油状液体。

包装与储运

安全储运 储存于阴凉、通风的库房。远离火种、热源。保持容器密闭。应与强氧化剂等隔离储运。

紧急处置信息

急救措施

吸入： 迅速脱离现场至空气新鲜处。保持呼吸道通畅。如呼吸困难，给输氧。呼吸、心跳停止，立即进行心肺复苏术。就医。

眼睛接触： 立即分开眼睑，用流动清水或生理盐水彻底冲洗。就医。

皮肤接触： 立即脱去污染的衣着，用肥皂水和清水彻底冲洗。就医。

食入： 漱口，饮水。就医。

灭火方法 消防人员须穿全身消防服，佩戴空气呼吸器，在上风向灭火。尽可能将容器从火场移至空旷处。

根据着火原因选择适当灭火剂灭火。

泄漏应急处置 根据液体流动和蒸气扩散的影响区域划定警戒区，无关人员从侧风、上风向撤离至安全区。应急人员应戴正压自给式呼吸器，穿防护服，戴防护手套。穿戴适当的防护装备前，禁止接触破裂的容器和泄漏物。尽可能切断泄漏源。防止泄漏物进入水体、下水道、地下室和有限空间。小量泄漏：用砂土和其他不燃材料吸收，用洁净的工具收集置于容器中。大量泄漏：构筑围堤或挖坑收容泄漏物。用泵将泄漏物转移至槽车或专用收集器内。

591. 氯唑磷

标　识

中文名称 氯唑磷

英文名称 *O*-(5-Chloro-1-isopropyl-1,2,4-triazol-3-yl) *O*,*O*-diethyl phosphorothioate; Isazofos

别名 *O*-5-氯-1-异丙基-1H-1,2,4-三唑-3-基-*O*,*O*-二乙基硫代磷酸酯

分子式 $C_9H_{17}ClN_3O_3PS$

CAS 号 42509-80-8

危害信息

危险性类别 第6类 有毒品

燃烧与爆炸危险性 在高温火场中受热的容器有破裂和爆炸的危险，分解产生有毒的氮氧化物、磷氧化物和硫氧化物气体。

禁忌物 强氧化剂、强碱。

毒性 大鼠经口 LD_{50}：27mg/kg；大鼠吸入 LC_{50}：103mg/m^3(4h)；大鼠经皮 LD_{50}：118mg/kg；兔经皮 LD_{50}：755mg/kg。

中毒表现 抑制体内胆碱酯酶活性，造成神经生理功能紊乱。急性中毒症状有头痛、头昏、乏力、食欲不振、恶心、呕吐、腹痛、腹泻、流涎、瞳孔缩小、呼吸道分泌物增多、多汗、肌束震颤等。重度中毒者出现肺水肿、昏迷、呼吸麻痹、脑水肿。血胆碱酯酶活性降低。对皮肤有致敏性。

侵入途径 吸入、食入、经皮吸收。

环境危害 对水生生物有极高毒性，可能在水生环境中造成长期不利影响

理化特性与用途

理化特性 黄色或琥珀色液体。不溶于水，混溶于甲醇、氯仿、苯、己烷等有机溶剂。沸点 170℃、100℃(0.13Pa)，相对密度(水=1)1.22，饱和蒸气压 11.6mPa(25℃)，辛醇/水分配系数 3.82。

主要用途 有机磷杀虫剂和杀线虫剂，有触杀、胃毒和内吸作用。用于玉米、棉花、水稻、甜菜、草皮和蔬菜，防治长蝽象、南瓜十二星叶甲、日本丽金龟、线虫、种蝇等害虫。

包装与储运

包装标志 有毒品

包装类别 Ⅱ类

安全储运 储存于阴凉、通风的库房。远离火种、热源。防止阳光直射。储存温度不超过 32℃，相对湿度不超过 85%。保持容器密封。应与强氧化剂、强碱等分开存放，切忌混储。配备相应品种和数量的消防器材。储区应备有合适的材料收容泄漏物。搬运时轻装轻卸，防止容器受损。

紧急处置信息

急救措施

吸入：迅速脱离现场至空气新鲜处。保持呼吸道通畅。如呼吸困难，给输氧。呼吸、心跳停止，立即进行心肺复苏术。就医。

眼睛接触：分开眼睑，用流动清水或生理盐水冲洗。就医。

皮肤接触：立即脱去污染的衣着，用肥皂水及流动清水彻底冲洗污染的皮肤、头发、指甲等。就医。

食入：饮足量温水，催吐(仅限于清醒者)。口服活性炭。就医。

解毒剂：阿托品、胆碱酯酶复能剂。

灭火方法 消防人员须穿全身防火防毒服，在上风向灭火。尽可能将容器从火场移至空旷处。喷水保持火场容器冷却。

灭火剂：雾状水、泡沫、二氧化碳、干粉。

泄漏应急处置 根据液体流动和蒸气扩散的影响区域划定警戒区，无关人员从侧风、上风向撤离至安全区。建议应急处理人员戴防毒面具，穿防毒服，戴橡胶手套。穿上适当的防护服前严禁接触破裂的容器和泄漏物。尽可能切断泄漏源。防止泄漏物进入水体、下水道、地下室或有限空间。小量泄漏：用干燥的砂土或其他不燃材料吸收或覆盖，收集于容器中。大量泄漏：构筑围堤或挖坑收容。用泵转移至槽车或专用收集器内。

592. 17-螺(5,5-二甲基-1,3-二氧杂环己-2-基)雄-1,4-二烯-3-酮

标　识

中文名称 17-螺(5,5-二甲基-1,3-二氧杂环己-2-基)雄-1,4-二烯-3-酮

英文名称 17-spiro(5,5-Dimethyl-1,3-dioxan-2-yl)androsta-1,4-diene-3-one

分子式 $C_{24}H_{34}O_3$

CAS 号 13258-43-0

危害信息

燃烧与爆炸危险性 可燃。

禁忌物 强氧化剂、酸碱、醇类。

侵入途径 吸入、食入。

环境危害 对水生生物有极高毒性，可能在水生环境中造成长期不利影响。

理化特性与用途

理化特性 不溶于水。沸点 489℃，相对密度(水=1)1.13，辛醇/水分配系数 4.82，闪点 242℃。

包装与储运

包装标志 杂类

包装类别 Ⅲ类

安全储运 储存于阴凉、通风的库房。远离火种、热源。应与强氧化剂、酸碱、醇类等隔离储运。

紧急处置信息

急救措施

吸入：脱离接触。如有不适感，就医。

眼睛接触：分开眼睑，用流动清水或生理盐水冲洗。如有不适感，就医。

皮肤接触：脱去污染的衣着，用流动清水冲洗。如有不适感，就医。

食入：漱口，饮水。就医。

灭火方法 消防人员须穿全身消防服，佩戴空气呼吸器，在上风向灭火。尽可能将容器从火场移至空旷处。喷水保持火场容器冷却，直至灭火结束。

灭火剂：二氧化碳、泡沫。

泄漏应急处置 隔离泄漏污染区，限制出入。消除点火源。建议应急处理人员戴防尘口罩，穿防毒服，戴橡胶手套。穿上适当的防护服前严禁接触破裂的容器和泄漏物。尽可能切断泄漏源。用塑料布覆盖泄漏物，减少飞散。勿使水进入包装容器内。用洁净的铲子收集泄漏物，置于干净、干燥、盖子较松的容器中，将容器移离泄漏区。

593. 麻黄碱

标　识

中文名称 麻黄碱

英文名称 Ephedrine; alpha-(1-(Methylamino)ethyl)benzenemethanol

别名 (1*R*,2*S*)-2-甲氨基-苯丙烷-1-醇；左旋麻黄素

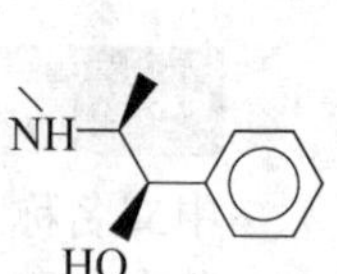

分子式 $C_{10}H_{15}NO$

CAS 号 299-42-3

危害信息

燃烧与爆炸危险性 在高温火场中受热的容器有破裂和爆炸的危险，分解产生有毒的氮氧化物气体。

禁忌物 强氧化剂、强酸、卤素。

毒性 大鼠经口 LD_{50}：600mg/kg；小鼠经口 LD_{50}：689mg/kg。

中毒表现 大量长期使用可引起震颤、焦虑、失眠、头痛、心悸、发热感、出汗等。

侵入途径 吸入、食入。

理化特性与用途

理化特性 蜡状固体、结晶或颗粒。溶于水，溶于乙醇、乙醚、氯仿、苯、油类。熔点 37~39℃，沸点 255℃，相对密度(水=1)1.124，饱和蒸气压 0.11Pa(25℃)，辛醇/水分配系数 1.13，闪点 85℃，pH 值 10.8(水溶液)。

主要用途 属于生物碱类物质，是拟交感神经药，主治支气管哮喘、感冒、过敏反应、鼻黏膜充血、水肿及低血压等疾病。

包装与储运

安全储运 储存于阴凉、通风的库房。远离火种、热源。应与强氧化剂、强酸、卤素等隔离储运。应严格执行易制毒化学品管理制度。

紧急处置信息

急救措施

吸入：迅速脱离现场至空气新鲜处。保持呼吸道通畅。如呼吸困难，给输氧。呼吸、心跳停止，立即进行心肺复苏术。就医。

眼睛接触：立即分开眼睑，用流动清水或生理盐水彻底冲洗。就医。

皮肤接触：立即脱去污染的衣着，用肥皂水和清水彻底冲洗。就医。

食入：漱口，饮水。就医。

灭火方法 消防人员须穿全身防火防毒服，在上风向灭火。尽可能将容器从火场移至空旷处。喷水保持火场容器冷却。

根据着火原因选择适当灭火剂灭火。

泄漏应急处置 隔离泄漏污染区，限制出入。消除点火源。建议应急处理人员戴防尘口罩，穿防毒服。穿上适当的防护服前严禁接触破裂的容器和泄漏物。尽可能切断泄漏源。用塑料布覆盖泄漏物，减少飞散。勿使水进入包装容器内。用洁净的铲子收集泄漏物，置于干净、干燥、盖子较松的容器中，将容器移离泄漏区。

594. 吗草快硫酸盐

标　识

中文名称 吗草快硫酸盐

英文名称 Morfamquat sulfate

别名 伐草快硫酸盐

分子式　$C_{26}H_{36}N_4O_8S$

CAS 号　29873-36-7

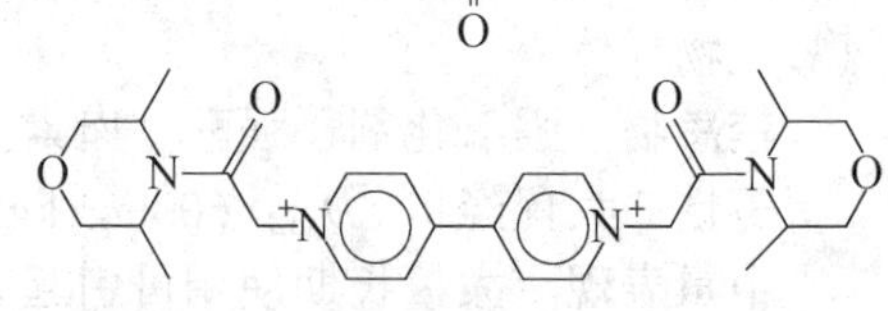

危害信息

燃烧与爆炸危险性　无特殊燃爆特性。

禁忌物　强氧化剂。

侵入途径　吸入、食入。

环境危害　对水生生物有害，可能在水生环境中造成长期不利影响。

理化特性与用途

主要用途　用作除草剂。

包装与储运

安全储运　储存于阴凉、通风的库房。远离火种、热源。应与强氧化剂等隔离储运。

紧急处置信息

急救措施

吸入：迅速脱离现场至空气新鲜处。保持呼吸道通畅。如呼吸困难，给输氧。呼吸、心跳停止，立即进行心肺复苏术。就医。

眼睛接触：立即分开眼睑，用流动清水或生理盐水彻底冲洗。就医。

皮肤接触：立即脱去污染的衣着，用肥皂水和清水彻底冲洗。就医。

食入：漱口，饮水。就医。

灭火方法　消防人员须穿全身消防服，佩戴空气呼吸器，在上风向灭火。尽可能将容器从火场移至空旷处。喷水保持火场容器冷却，直至灭火结束。

根据着火原因选择适当灭火剂灭火。

泄漏应急处置　隔离泄漏污染区，限制出入。建议应急处理人员戴防尘口罩，穿防毒服。穿上适当的防护服前严禁接触破裂的容器和泄漏物。尽可能切断泄漏源。用塑料布覆盖泄漏物，减少飞散。勿使水进入包装容器内。用洁净的铲子收集泄漏物，置于干净、干燥、盖子较松的容器中，将容器移离泄漏区。

595. 1-(4-吗啉基苯基)-1-丁酮

标　识

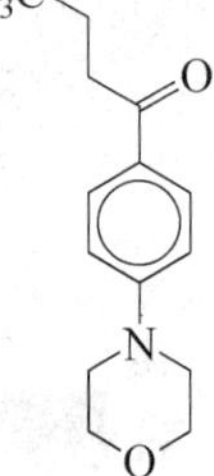

中文名称　1-(4-吗啉基苯基)-1-丁酮

英文名称　1-(4-Morpholinophenyl)butan-1-one

危害信息

燃烧与爆炸危险性　无特殊燃爆特性。

禁忌物　强氧化剂、酸碱、醇类。

侵入途径　吸入、食入。

环境危害　对水生生物有毒，可能在水生环境中造成长期不利影响。

包装与储运

包装标志 杂类

包装类别 Ⅲ类

安全储运 储存于阴凉、通风的库房。远离火种、热源。应与强氧化剂、酸碱、醇类等隔离储运。

紧急处置信息

急救措施

吸入：脱离接触。如有不适感，就医。

眼睛接触：分开眼睑，用流动清水或生理盐水冲洗。如有不适感，就医。

皮肤接触：脱去污染的衣着，用流动清水冲洗。如有不适感，就医。

食入：漱口，饮水。就医。

灭火方法 消防人员须穿全身消防服，佩戴空气呼吸器，在上风向灭火。尽可能将容器从火场移至空旷处。

根据着火原因选择适当灭火剂灭火。

泄漏应急处置 隔离泄漏污染区，限制出入。建议应急处理人员戴防毒面具，穿防毒服。穿上适当的防护服前严禁接触破裂的容器和泄漏物。尽可能切断泄漏源。勿使水进入包装容器内。用洁净的铲子铲起或真空吸除收集泄漏物，置于干净、干燥、盖子较松的容器中，将容器移离泄漏区。

596. 4-吗啉碳酰氯

标　　识

中文名称 4-吗啉碳酰氯

英文名称 4-Morpholinecarbonyl chloride；4-(Chloroformyl)morpholine

别名 4-吗啉甲酰氯

分子式 $C_5H_8ClNO_2$

CAS 号 15159-40-7

危害信息

燃烧与爆炸危险性 易燃，其蒸气与空气混合能形成爆炸性混合物，遇明火、高热易燃烧或爆炸。燃烧产生有毒的氮氧化物气体。在高温火场中，受热的容器或储罐有破裂和爆炸的危险。具有腐蚀性。

活性反应 遇水剧烈反应。

禁忌物 氧化剂、酸碱、醇类、水。

毒性 欧盟法规 1272/2008/EC 将本品列为第 2 类致癌物——可疑的人类致癌物。

中毒表现 对眼和皮肤有刺激性。

侵入途径 吸入、食入。

理化特性与用途

理化特性 无色或淡黄色液体。与水剧烈反应。沸点 137~138℃(4.4kPa)，相对密度

(水=1)1.282，饱和蒸气压0.56Pa(25℃)，辛醇/水分配系数-0.54，闪点113℃(闭杯)。

主要用途 用作摄影用化学品和医药品的中间体。

包装与储运

安全储运 储存于阴凉、干燥通风的库房。远离火种、热源。保持容器密闭。应与氧化剂、酸碱、醇类、水等隔离储运。搬运时轻装轻卸，防止容器受损。

紧急处置信息

急救措施

吸入：迅速脱离现场至空气新鲜处。保持呼吸道通畅。如呼吸困难，给输氧。呼吸、心跳停止，立即进行心肺复苏术。就医。

眼睛接触：立即分开眼睑，用流动清水或生理盐水彻底冲洗。就医。

皮肤接触：立即脱去污染的衣着，用肥皂水和清水彻底冲洗。就医。

食入：漱口，饮水。就医。

灭火方法 消防人员须佩戴空气呼吸器，穿全身耐酸碱消防服在上风向灭火。尽可能将容器从火场移至空旷处。喷水保持火场容器冷却，直至灭火结束。处在火场中的容器若发生异常变化或发出异常声音，须马上撤离。不要用水灭火。

泄漏应急处置 根据液体流动和蒸气扩散的影响区域划定警戒区，无关人员从侧风、上风向撤离至安全区。消除所有点火源。建议应急处理人员戴防毒面具，穿耐腐蚀、防毒服，戴耐腐蚀橡胶手套。穿上适当的防护服前严禁接触破裂的容器和泄漏物。尽可能切断泄漏源。防止泄漏物进入水体、下水道、地下室或有限空间。小量泄漏：用干燥的砂土或其他不燃材料吸收或覆盖，收集于容器中。大量泄漏：构筑围堤或挖坑收容。用耐腐蚀泵转移至槽车或专用收集器内。

597. 麦角钙化(甾)醇

标　识

中文名称 麦角钙化(甾)醇

英文名称 Ergocalciferol; Vitamin D2; 9,10-Seco(5Z,7E,22E)-5,7,10(19),22-ergostatetraen-3-ol

别名 维生素 D_2；α-骨化醇

分子式 $C_{28}H_{44}O$

CAS 号 50-14-6

OH

危害信息

危险性类别 第6类 有毒品

燃烧与爆炸危险性 室温下长时间放置易分解。

禁忌物 强氧化剂、强酸、强碱。

毒性 大鼠经口 LD_{50}：10mg/kg；小鼠经口 LD_{50}：23700μg/kg。

中毒表现 超剂量服用连续数周或数月可发生中毒，症状有厌食、疲乏、无力、恶心、呕吐、腹泻、多尿、大汗淋漓、头痛、口渴。血清和尿中钙磷浓度增高，可致高血压和肾功能衰竭。

侵入途径 吸入、食入。

理化特性与用途

理化特性 无色或白色结晶，或白色至黄白色结晶粉末。不溶于水，溶于乙醇、乙醚、氯仿、脂肪油类。熔点115~118℃，沸点(升华)，辛醇/水分配系数10.44。

主要用途 生化研究；临床药物属脂溶性维生素，促进肠内钙磷吸收，帮助骨骼钙化的作用，临床用于预防和治疗小儿佝偻病及成人骨质软化症。

包装与储运

包装标志 有毒品

包装类别 Ⅱ类

安全储运 储存于阴凉、通风的库房。远离火种、热源。防止阳光直射。储存温度不超过35℃，相对湿度不超过82%。保持容器密封。应与强氧化剂、强酸、强碱等分开存放，切忌混储。配备相应品种和数量的消防器材。储区应备有泄漏应急处理设备和合适的收容材料。

紧急处置信息

急救措施

吸入：迅速脱离现场至空气新鲜处。保持呼吸道通畅。如呼吸困难，给输氧。呼吸、心跳停止，立即进行心肺复苏术。就医。

眼睛接触：立即分开眼睑，用流动清水或生理盐水彻底冲洗。就医。

皮肤接触：立即脱去污染的衣着，用肥皂水和清水彻底冲洗。就医。

食入：漱口，饮水。就医。

灭火方法 消防人员须穿全身防火防毒服，在上风向灭火。尽可能将容器从火场移至空旷处。喷水保持火场容器冷却。

灭火剂：雾状水、泡沫、二氧化碳、干粉、砂土。

泄漏应急处置 隔离泄漏污染区，限制出入。建议应急处理人员戴防尘口罩，穿防毒服，戴防化学品手套。穿上适当的防护服前严禁接触破裂的容器和泄漏物。尽可能切断泄漏源。用塑料布覆盖泄漏物，减少飞散。勿使水进入包装容器内。用洁净的铲子收集泄漏物，置于干净、干燥、盖子较松的容器中，将容器移离泄漏区。

598. 麦穗宁

标　识

中文名称 麦穗宁

英文名称 Fuberidazole；2-(2-Furyl)benzimidazole

别名 2-(2-呋喃基)-苯并咪唑

分子式 $C_{11}H_8N_2O$

CAS号 3878-19-1

危害信息

燃烧与爆炸危险性　受热易分解。

禁忌物　强氧化剂。

毒性　大鼠经口 LD_{50}：500mg/kg；小鼠经口 LD_{50}：825mg/kg；大鼠吸入 LC_{50}：330mg/m^3（4h）；大鼠经皮 LD_{50}：500mg/kg。

欧盟法规 1272/2008/EC 将本品列为第 2 类致癌物——可疑的人类致癌物。

中毒表现　食入有害。对皮肤可能有致敏性。长期或反复接触可能对器官造成损害。

侵入途径　吸入、食入、经皮吸收。

环境危害　对水生生物有极高毒性，可能在水生环境中造成长期不利影响。

理化特性与用途

理化特性　浅棕色无臭结晶粉末。不溶于水。熔点 292℃（分解），辛醇/水分配系数 2.67。

主要用途　种子处理杀菌剂。防治小麦黑穗病、大麦条纹病、白霉病、瓜类蔫萎病，也可用作塑料，橡胶制品的杀菌剂，胶片乳液防霉剂及牛羊驱虫剂。

包装与储运

包装标志　杂类

包装类别　Ⅲ类

安全储运　储存于阴凉、通风的库房。远离火种、热源。应与强氧化剂等隔离储运。

紧急处置信息

急救措施

吸入：迅速脱离现场至空气新鲜处。保持呼吸道通畅。如呼吸困难，给输氧。呼吸、心跳停止，立即进行心肺复苏术。就医。

眼睛接触：立即分开眼睑，用流动清水或生理盐水彻底冲洗。就医。

皮肤接触：立即脱去污染的衣着，用肥皂水和清水彻底冲洗。就医。

食入：漱口，饮水。就医。

灭火方法　消防人员须穿全身消防服，在上风向灭火。尽可能将容器从火场移至空旷处。喷水保持火场容器冷却，直至灭火结束。

根据着火原因选择适当灭火剂灭火。

泄漏应急处置　隔离泄漏污染区，限制出入。建议应急处理人员戴防尘口罩，穿防毒服，戴橡胶手套。穿上适当的防护服前严禁接触破裂的容器和泄漏物。尽可能切断泄漏源。用塑料布覆盖泄漏物，减少飞散。勿使水进入包装容器内。用洁净的铲子收集泄漏物，置于干净、干燥、盖子较松的容器中，将容器移离泄漏区。

599. 毛地黄毒苷

标　识

中文名称　毛地黄毒苷

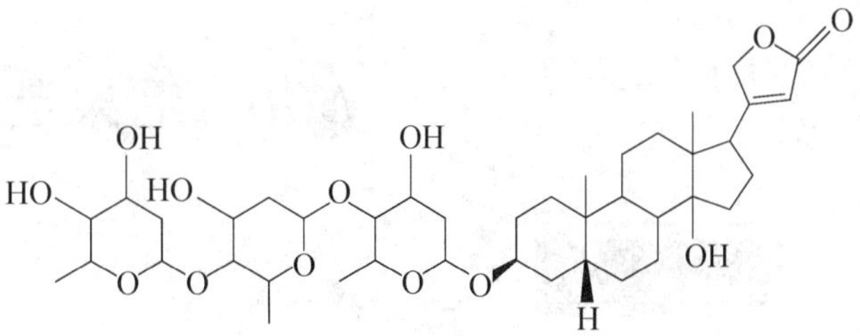

英文名称 Digitoxin

别名 洋地黄毒甙

分子式 $C_{41}H_{64}O_{13}$

CAS 号 71-63-6

危害信息

危险性类别 第 6 类 有毒品

燃烧与爆炸危险性 高温火场中，受热的容器有破裂和爆炸的危险。分解产生酸性和刺激性气体。

禁忌物 强氧化剂。

毒性 大鼠经口 LD_{50}：23750μg/kg；小鼠经口 LD_{50}：4950μg/kg。

中毒表现 中毒初期可见恶心、呕吐、腹泻、头晕、手足感觉异常、全身乏力、黄视、绿视等。病情加重可见情绪变化、不安、定向不能、精神错乱、噩梦、幻觉、视物模糊。重症可见低血压、各种心律失常。

侵入途径 吸入、食入。

理化特性与用途

理化特性 白色至浅黄白色微结晶粉末。不溶水，溶于乙酸酯、吡啶、氯仿、丙酮，不溶于乙醚、石油醚。熔点 256~257℃，辛醇/水分配系数 1.85。

主要用途 用作强心药物和药物中间体。

包装与储运

包装标志 有毒品

包装类别 Ⅲ类

安全储运 储存于阴凉、通风的库房。远离火种、热源。防止阳光直射。储存温度不超过 35℃，相对湿度不超过 85%。保持容器密封。应与强氧化剂等分开存放，切忌混储。配备相应品种和数量的消防器材。储区应备有合适的材料收容泄漏物。

紧急处置信息

急救措施

吸入：迅速脱离现场至空气新鲜处。保持呼吸道通畅。如呼吸困难，给输氧。呼吸、心跳停止，立即进行心肺复苏术。就医。

眼睛接触：立即分开眼睑，用流动清水或生理盐水彻底冲洗。就医。

皮肤接触：立即脱去污染的衣着，用流动清水彻底冲洗。就医。

食入：饮适量温水，催吐(仅限于清醒者)。就医。

灭火方法 消防人员须穿全身防火防毒服，在上风向灭火。尽可能将容器从火场移至空旷处。喷水保持火场容器冷却。

灭火剂：泡沫、二氧化碳、干粉、砂土。

泄漏应急处置 隔离泄漏污染区，限制出入。建议应急处理人员戴防尘口罩，穿防毒服，戴橡胶手套。穿上适当的防护服前严禁接触破裂的容器和泄漏物。尽可能切断泄漏源。用塑料布覆盖泄漏物，减少飞散。勿使水进入包装容器内。用洁净的铲子收集泄漏物，置于干净、干燥、盖子较松的容器中，将容器移离泄漏区。

600. 毛果芸香碱

标　识

中文名称　毛果芸香碱

英文名称　2(3H)-Furanone, 3-ethyldihydro-4-((1-methyl-1H-imidazol-5-yl)methyl)-, (3*S*-cis)-; Pilocarpine

分子式　$C_{11}H_{16}N_2O_2$

CAS 号　92-13-7

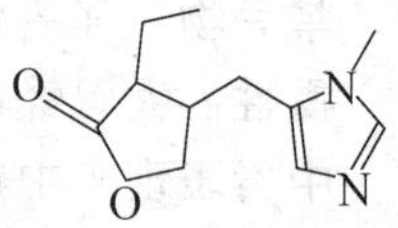

危害信息

危险性类别　第6类　有毒品

燃烧与爆炸危险性　无特殊燃爆特性。

禁忌物　强氧化剂、强碱。

毒性　大鼠经口 LD_{50}：402mg/kg；小鼠经口 LD_{50}：119mg/kg。

中毒表现　直接激活 M 胆碱受体，使瞳孔缩小；尚有收缩平滑肌、发汗和流涎等作用。

侵入途径　吸入、食入。

理化特性与用途

理化特性　白色结晶性粉末或无色透明微黏性液体。溶于水，溶于乙醇、氯仿，微溶于乙醚、苯，不溶于石油醚。熔点 34℃，沸点 260℃（0.67kPa），饱和蒸气压 0.24mPa（25℃），辛醇/水分配系数 0.12。

主要用途　用作医药原料。

包装与储运

包装标志　有毒品

包装类别　Ⅱ类

安全储运　储存于阴凉、通风的库房。远离火种、热源。防止阳光直射。储存温度不超过 35℃，相对湿度不超过 85%。保持容器密封。应与强氧化剂、强碱等分开存放，切忌混储。配备相应品种和数量的消防器材。储区应备有合适的材料收容泄漏物。

紧急处置信息

急救措施

吸入：迅速脱离现场至空气新鲜处。保持呼吸道通畅。如呼吸困难，给输氧。呼吸、心跳停止，立即进行心肺复苏术。就医。

眼睛接触：立即分开眼睑，用流动清水或生理盐水彻底冲洗。就医。

皮肤接触：立即脱去污染的衣着，用肥皂水和清水彻底冲洗。就医。

食入：漱口，饮水。就医。

解毒剂：阿托品

灭火方法　消防人员须穿全身防火防毒服，在上风向灭火。尽可能将容器从火场移至空旷处。喷水保持火场容器冷却。

根据着火原因选择适当灭火剂灭火。

泄漏应急处置 隔离泄漏污染区，限制出入。建议应急处理人员戴防尘口罩，穿防毒服，戴橡胶手套。穿上适当的防护服前严禁接触破裂的容器和泄漏物。尽可能切断泄漏源。用塑料布覆盖泄漏物，减少飞散。勿使水进入包装容器内。用洁净的铲子收集泄漏物，置于干净、干燥、盖子较松的容器中，将容器移离泄漏区。

601. 茂硫磷

标　识

中文名称 茂硫磷

英文名称 Morphothion；*O*,*O*-Dimethyl-*S*-(morpholinocarbonylmethyl)phosphorodithioate

别名 *O*,*O*-二甲基-*S*-(*N*-吗啉基甲酰甲基)二硫代磷酸酯

分子式 $C_8H_{16}NO_4PS_2$

CAS 号 144-41-2

铁危编号 61874

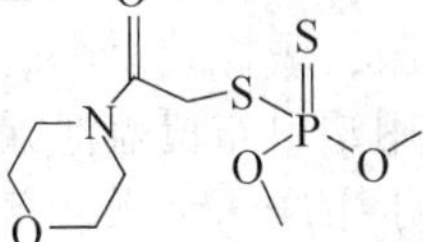

危害信息

危险性类别 第 6 类　有毒品

燃烧与爆炸危险性 无特殊燃爆特性。

禁忌物 强氧化剂、强碱。

毒性 大鼠经口 LD_{50}：190mg/kg；小鼠经口 LD_{50}：130mg/kg；大鼠经皮 LD_{50}：283mg/kg。

中毒表现 抑制体内胆碱酯酶活性，造成神经生理功能紊乱。急性中毒症状有头痛、头昏、乏力、食欲不振、恶心、呕吐、腹痛、腹泻、流涎、瞳孔缩小、呼吸道分泌物增多、多汗、肌束震颤等。重度中毒者出现肺水肿、昏迷、呼吸麻痹、脑水肿。血胆碱酯酶活性降低。

侵入途径 吸入、食入、经皮吸收。

环境危害 对水生生物有极高毒性，可能在水生环境中造成长期不利影响。

理化特性与用途

理化特性 无色或白色结晶，有特性气味。微溶于水，难溶于石蜡油，中度溶于醇类，易溶于丙酮、乙腈、氯仿、甲乙酮、二噁烷等。熔点 63～64℃，沸点 401℃，相对密度(水=1)1.35，饱和蒸气压 0.16mPa(25℃)，辛醇/水分配系数 0.63。

主要用途 内吸性杀虫杀螨剂。用于棉花、蔬菜、小麦，果树等防治各种刺吸性害虫和螨类。

包装与储运

包装标志 有毒品

包装类别 Ⅲ类

安全储运 储存于阴凉、通风的库房。远离火种、热源。防止阳光直射。储存温度不超过 35℃，相对湿度不超过 85%。保持容器密封。应与强氧化剂、强碱等分开存放，切忌混储。配备相应品种和数量的消防器材。储区应备有合适的材料收容泄漏物。

紧急处置信息

急救措施

吸入：迅速脱离现场至空气新鲜处。保持呼吸道通畅。如呼吸困难，给输氧。呼吸、心跳停止，立即进行心肺复苏术。就医。

眼睛接触：分开眼睑，用流动清水或生理盐水冲洗。就医。

皮肤接触：立即脱去污染的衣着，用肥皂水及流动清水彻底冲洗污染的皮肤、头发、指甲等。就医。

食入：饮足量温水，催吐(仅限于清醒者)。口服活性炭。就医。

解毒剂：阿托品、胆碱酯酶复能剂。

灭火方法 消防人员须穿全身防火防毒服，在上风向灭火。尽可能将容器从火场移至空旷处。喷水保持火场容器冷却。

根据着火原因选择适当灭火剂灭火。

泄漏应急处置 隔离泄漏污染区，限制出入。建议应急处理人员戴防尘口罩，穿防毒服，戴橡胶手套。穿上适当的防护服前严禁接触破裂的容器和泄漏物。尽可能切断泄漏源。用塑料布覆盖泄漏物，减少飞散。勿使水进入包装容器内。用洁净的铲子收集泄漏物，置于干净、干燥、盖子较松的容器中，将容器移离泄漏区。

602. 锰

标　　识

中文名称 锰

中文名称 Manganese

别名 金属锰;锰粉

分子式 Mn

CAS 号 7439-96-5

铁危编号 41506

危害信息

危险性类别 第 4.1 类　易燃固体

燃烧与爆炸危险性 易燃，其粉体与空气混合能形成爆炸性混合物，遇明火、高热易燃烧爆炸。燃烧产生有害的氧化锰。遇水放出易燃氢气。

禁忌物 氧化剂。

毒性 大鼠经口 LD_{50}：9000mg/kg；人(男性)吸入 *TCLo*：2. 3mg/m^3。

中毒表现 主要为慢性中毒，损害中枢神经系统尤以锥体外系统突出。

主要表现为头痛、头晕、记忆减退、嗜睡、心动过速、多汗、两腿沉重、走路速度减慢、口吃、易激动等。重者出现“锰性帕金森氏综合征”，特点为面部呆板、无力、情绪冷淡，语言含糊不情、四肢僵直、肌颤，走路前冲，后退极易跌倒，书写困难等。

侵入途径 吸入、食入。

职业接触限值 中国：PC-TWA 0. 15mg/m^3[按 MnO_2计]。

美国(ACGIH)：TLV-TWA 0. 02mg/m^3[呼吸性颗粒物]，0. 1mg/m^3[可吸入性颗粒物]。

环境危害 可能在水生环境中造成长期不利影响。

理化特性与用途

理化特性 钢灰色有光泽的硬而脆的金属或银灰色粉末。不溶于水，易溶于稀无机酸。熔点 1244℃，沸点 1962℃，相对密度(水=1)7.2，饱和蒸气压 1Pa(955℃)。

主要用途 用于炼钢和制铁、铜、铝等合金，用于制软磁铁氧体、瓷釉、颜料、锰盐等。

包装与储运

包装标志 易燃固体

包装类别 Ⅲ类

安全储运 储存于阴凉、通风的库房。远离火种、热源。库温不宜超过 35℃。包装密封。应与氧化剂等分开存放，切忌混储。配备相应品种和数量的消防器材。储区应备有合适的材料收容泄漏物。

紧急处置信息

急救措施

吸入：迅速脱离现场至空气新鲜处。保持呼吸道通畅。如呼吸困难，给输氧。呼吸、心跳停止，立即进行心肺复苏术。就医。

眼睛接触：立即分开眼睑，用流动清水或生理盐水彻底冲洗。就医。

皮肤接触：立即脱去污染的衣着，用肥皂水和清水彻底冲洗。就医。

食入：漱口，饮水。就医。

解毒剂：依地酸二钠钙。

灭火方法 消防人员须穿全身消防服，在上风向灭火。尽可能将容器从火场移至空旷处。禁止用水灭火。

灭火剂：砂土。

泄漏应急处置 隔离泄漏污染区，限制出入。消除所有点火源。建议应急处理人员戴防尘口罩，穿防静电、防毒服，戴防护手套。穿戴适当的防护装备前，禁止接触破裂的容器或泄漏物。用洁净的无火花工具收集泄漏物，置于一盖子较松的塑料容器中，待处置。

603. 咪鲜胺

标 识

中文名称 咪鲜胺

英文名称 *N*-Propyl-*N*-(2-(2,4,6-trichlorophenoxy)ethyl)-1H-imidazole-1-carboxamide; Prochloraz

别名 *N*-丙基-*N*-(2-(2,4,6-三氯苯氧基)乙基)-咪唑-1-甲酰胺

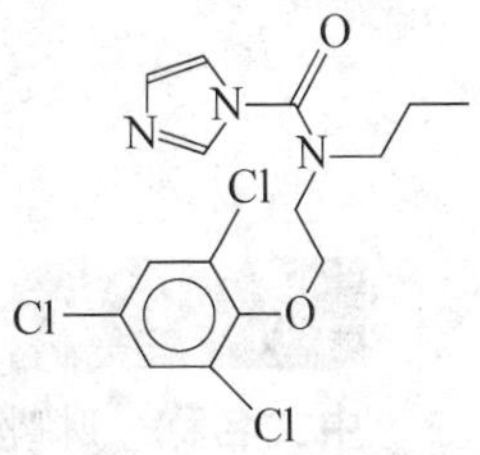

分子式 $C_{15}H_{16}Cl_3N_3O_2$

CAS 号 67747-09-5

铁危编号 61876

危害信息

燃烧与爆炸危险性 可燃，粉体与空气混合能形成爆炸性混合物。

禁忌物 应与强氧化剂、强酸。

毒性 大鼠经口 LD_{50}：1600mg/kg；小鼠经口 LD_{50}：2400mg/kg；大鼠经皮 LD_{50}：>5g/kg；兔经皮 LD_{50}：>3g/kg。

中毒表现 食入有害。

侵入途径 吸入、食入、经皮吸收。

环境危害 对水生生物有极高毒性，可能在水生环境中造成长期不利影响。

理化特性与用途

理化特性 无色无臭结晶或白色至米色结晶粉末。不溶于水，溶于许多有机溶剂。熔点46.5~49.3℃，沸点208~210℃(26.7Pa)，相对密度(水=1)1.42，饱和蒸气压0.15mPa(25℃)，辛醇/水分配系数4.1，闪点160℃。

主要用途 广谱保护性杀菌剂。用于果树、蔬菜、草坪、禾谷类和观赏植物防治子囊菌、半知菌等引起的病害。

包装与储运

包装标志 杂类

包装类别 Ⅲ类

安全储运 储存于阴凉、通风的库房。远离火种、热源。应与强氧化剂、强酸等隔离储运。

紧急处置信息

急救措施

吸入：迅速脱离现场至空气新鲜处。保持呼吸道通畅。如呼吸困难，给输氧。呼吸、心跳停止，立即进行心肺复苏术。就医。

眼睛接触：立即分开眼睑，用流动清水或生理盐水彻底冲洗。就医。

皮肤接触：立即脱去污染的衣着，用肥皂水和清水彻底冲洗。就医。

食入：漱口，饮水。就医。

灭火方法 消防人员须穿全身防火防毒服，在上风向灭火。尽可能将容器从火场移至空旷处。喷水保持火场容器冷却。

灭火剂：雾状水、泡沫、二氧化碳、砂土。

泄漏应急处置 隔离泄漏污染区，限制出入。消除点火源。建议应急处理人员戴防尘口罩，穿防毒服。穿上适当的防护服前严禁接触破裂的容器和泄漏物。尽可能切断泄漏源。用塑料布覆盖泄漏物，减少飞散。勿使水进入包装容器内。用洁净的铲子收集泄漏物，置于干净、干燥、盖子较松的容器中，将容器移离泄漏区。

604. 咪唑菌酮

标　识

中文名称 咪唑菌酮

英文名称 Fenamidone；(*S*)-5-Methyl-2-methylthio-5-phenyl-3-phenylamino-3,5-dihydroimidazol-4-one

别名 (*S*)-5-甲基-2-甲硫基-5-苯基-3-苯胺基-3,5-二氢咪唑-4-酮

分子式 $C_{17}H_{17}N_3OS$

CAS 号 161326-34-7

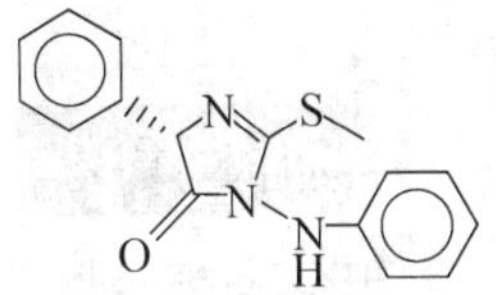

危害信息

燃烧与爆炸危险性 无特殊燃爆特性。

禁忌物 强氧化剂、酸碱、醇类。

毒性 大鼠经口 LD_{50}：>2028mg/kg；大鼠吸入 LC_{50}：>5g/m^3(4h)；大鼠经皮 LD_{50}：>2000mg/kg。

侵入途径 吸入、食入、经皮吸收。

环境危害 对水生生物有极高毒性，可能在水生环境中造成长期不利影响。

理化特性与用途

理化特性 白色粉末状固体。不溶于水。熔点 137℃，相对密度(水=1)1.285，辛醇/水分配系数 2.8。

主要用途 杀菌剂。主要用于番茄、葡萄、马铃薯、烟草、蔬菜、向日葵等防治霜霉病、疫病和梨黑斑病等。

包装与储运

包装标志 杂类

包装类别 Ⅲ类

安全储运 储存于阴凉、通风的库房。远离火种、热源。应与强氧化剂、酸碱、醇类等隔离储运。

紧急处置信息

急救措施

吸入：迅速脱离现场至空气新鲜处。保持呼吸道通畅。如呼吸困难，给输氧。呼吸、心跳停止，立即进行心肺复苏术。就医。

眼睛接触：立即分开眼睑，用流动清水或生理盐水彻底冲洗。就医。

皮肤接触：立即脱去污染的衣着，用肥皂水和清水彻底冲洗。就医。

食入：漱口，饮水。就医。

灭火方法 消防人员须穿全身消防服，在上风向灭火。尽可能将容器从火场移至空旷处。喷水保持火场容器冷却。

根据着火原因选择适当灭火剂灭火。

泄漏应急处置 隔离泄漏污染区，限制出入。建议应急处理人员戴防尘口罩，穿防护服。穿上适当的防护服前严禁接触破裂的容器和泄漏物。尽可能切断泄漏源。用塑料布覆盖泄漏物，减少飞散。勿使水进入包装容器内。用洁净的铲子收集泄漏物，置于干净、干燥、盖子较松的容器中，将容器移离泄漏区。

605. 咪唑烟酸

标　识

中文名称　咪唑烟酸

英文名称　Imazapyr；2-(4,5-Dihydro-4-methyl-4-(1-methylethyl)-5-oxo-1H-imidazol-2-yl)-3-pyridine carboxylate

别名　2-(4-异丙基-4-甲基-5-氧代-2-咪唑啉-2-基)烟酸

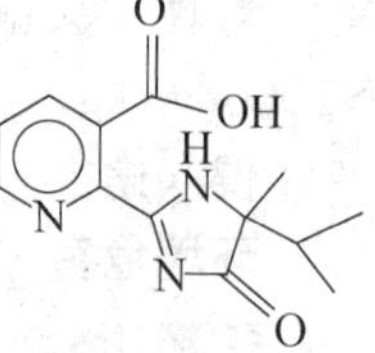

分子式　$C_{13}H_{15}N_3O_3$

CAS 号　81334-34-1

危害信息

燃烧与爆炸危险性　无特殊燃爆特性。对铁、铜和低碳钢具有腐蚀性。

禁忌物　强氧化剂、碱类。

毒性　大鼠经口 LD_{50}：>5g/kg；兔经皮 LD_{50}：>2g/kg。

中毒表现　对眼有刺激性。

侵入途径　吸入、食入、经皮吸收。

环境危害　对水生生物有害，可能在水生环境中造成长期不利影响。

理化特性与用途

理化特性　白色至棕色粉末，稍有乙酸气味。溶于水，溶于二甲亚砜、甲醇、二氯甲烷。熔点 169~173℃，相对密度(水=1)1.38，饱和蒸气压<0.013mPa(60℃)，辛醇/水分配系数 0.22。

主要用途　非选择性广谱内吸除草剂。用于橡胶、油棕、茶树等防除莎草，一年生和多年生单子叶杂草、阔叶杂草及杂木。

包装与储运

安全储运　储存于阴凉、通风的库房。远离火种、热源。应与强氧化剂、碱类等隔离储运。搬运时轻装轻卸，防止容器受损。

紧急处置信息

急救措施

吸入：迅速脱离现场至空气新鲜处。保持呼吸道通畅。如呼吸困难，给输氧。呼吸、心跳停止，立即进行心肺复苏术。就医。

眼睛接触：立即分开眼睑，用流动清水或生理盐水彻底冲洗。就医。

皮肤接触：立即脱去污染的衣着，用肥皂水和清水彻底冲洗。就医。

食入：漱口，饮水。就医

灭火方法　消防人员须穿全身耐酸碱消防服，戴空气呼吸器，在上风向灭火。尽可能将容器从火场移至空旷处。喷水保持火场容器冷却。

灭火剂：雾状水、泡沫、干粉、二氧化碳。

泄漏应急处置 隔离泄漏污染区，限制出入。建议应急处理人员戴防尘口罩，穿防毒服，戴防护手套。穿上适当的防护服前严禁接触破裂的容器和泄漏物。尽可能切断泄漏源。用塑料布覆盖泄漏物，减少飞散。勿使水进入包装容器内。用洁净的铲子收集泄漏物，置于干净、干燥、盖子较松的容器中，将容器移离泄漏区。

606. 醚菌酯

标 识

中文名称 醚菌酯

英文名称 Kresoxim－methyl；Methyl（*E*）－2－methoxyimino－（2－（*o*－tolyloxymethyl）phenyl）acetate

别名 （*E*）－α－（甲氧基亚氨基）－2－（（2－甲苯氧甲基）苯基）乙酸甲酯

分子式 $C_{18}H_{19}NO_4$

CAS 号 143390－89－0

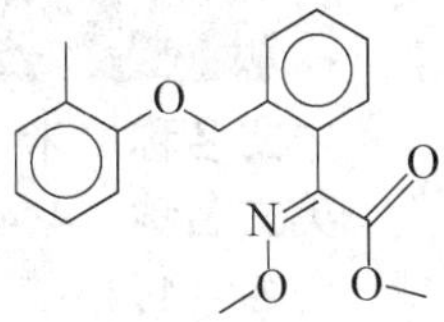

危害信息

燃烧与爆炸危险性 受热易分解。

禁忌物 强氧化剂、酸类。

毒性 大鼠经口 LD_{50}：5000mg/kg；大鼠吸入 LC_{50}：5.6g/m^3（4h）；大鼠经皮 LD_{50}：>2g/kg；大鼠经皮 LD_{50}：2000mg/kg。

中毒表现 对眼和呼吸道有刺激性。

侵入途径 吸入、食入、经皮吸收。

环境危害 对水生生物有极高毒性，可能在水生环境中造成长期不利影响。

理化特性与用途

理化特性 白色结晶固体，稍有芳香气味。不溶于水，溶于二氯甲烷、甲苯、丙酮、乙酸乙酯等。熔点 97.2～101.7℃，分解温度 310℃，密度 1.3g/cm^3（20℃），饱和蒸气压 0.002mPa（20℃），辛醇/水分配系数 3.4。

主要用途 高效、广谱、新型杀菌剂。用于防治草莓白粉病、甜瓜白粉病、黄瓜白粉病、梨黑星病等病害。

包装与储运

包装标志 杂类

包装类别 Ⅲ类

安全储运 储存于阴凉、通风的库房。远离火种、热源。保持容器密闭。应与强氧化剂、酸类等隔离储运。

紧急处置信息

急救措施

吸入：迅速脱离现场至空气新鲜处。保持呼吸道通畅。如呼吸困难，给输氧。呼吸、心跳停止，立即进行心肺复苏术。就医。

眼睛接触：立即分开眼睑，用流动清水或生理盐水彻底冲洗。就医。

皮肤接触：立即脱去污染的衣着，用肥皂水和清水彻底冲洗。就医。

食入：漱口，饮水。就医。

灭火方法　消防人员须穿全身消防服，佩戴空气呼吸器，在上风向灭火。尽可能将容器从火场移至空旷处。喷水保持火场容器冷却，直至灭火结束。

灭火剂：雾状水、泡沫、干粉、二氧化碳、砂土。

泄漏应急处置　隔离泄漏污染区，限制出入。建议应急处理人员戴防尘口罩，穿防护服。穿上适当的防护服前严禁接触破裂的容器和泄漏物。尽可能切断泄漏源。用塑料布覆盖泄漏物，减少飞散。勿使水进入包装容器内。用洁净的铲子收集泄漏物，置于干净、干燥、盖子较松的容器中，将容器移离泄漏区。

607. 米蚩酮

标　识

中文名称　米蚩酮

英文名称　4,4′-Bis(dimethylamino)benzophenone；Michler′s ketone

别名　4,4′-二(*N*,*N*-二甲氨基)二苯甲酮;四甲基米氏酮

分子式　$C_{17}H_{20}N_2O$

CAS 号　90-94-8

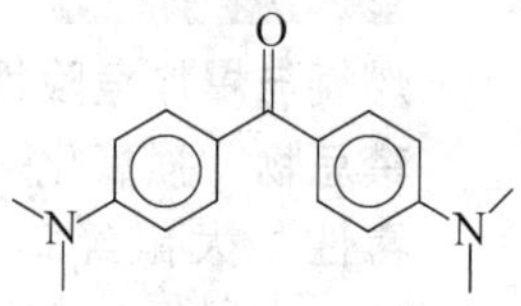

危害信息

燃烧与爆炸危险性　可燃，其粉体与空气混合能形成爆炸性混合物，遇明火、高热易燃烧爆炸。高热易分解。

禁忌物　强氧化剂、酸碱、醇类。

毒性　欧盟法规 1272/2008/EC 将本品列为第 1B 类致癌物——可能对人类有致癌能力；第 2 类生殖细胞致突变物——由于可能导致人类生殖细胞可遗传突变而引起人们关注的物质。

中毒表现　眼接触引起严重损害。

侵入途径　吸入、食入。

理化特性与用途

理化特性　白色至绿色叶状或蓝色粉末。不溶于水，溶于乙醇、热苯，微溶于乙醚。熔点 172℃，沸点>360℃(分解)，饱和蒸气压 0. 14mPa(25℃)，辛醇/水分配系数 3. 87，闪点 184℃。

主要用途　用于合成金胺衍生物，用作合成染料和颜料的中间体。

包装与储运

安全储运　储存于阴凉、通风的库房。远离火种、热源。应与强氧化剂、酸碱、醇类等隔离储运。

紧急处置信息

急救措施

吸入：迅速脱离现场至空气新鲜处。保持呼吸道通畅。如呼吸困难，给输氧。呼吸、

心跳停止，立即进行心肺复苏术。就医。

眼睛接触：立即分开眼睑，用流动清水或生理盐水彻底冲洗 5~10min。就医。

皮肤接触：立即脱去污染的衣着，用肥皂水和清水彻底冲洗。就医。

食入：漱口，饮水。就医。

灭火方法 消防人员须穿全身消防服，空气呼吸器，在上风向灭火。尽可能将容器从火场移至空旷处。喷水保持火场容器冷却，直至灭火结束。

灭火剂：雾状水、泡沫、干粉、二氧化碳、砂土。

泄漏应急处置 隔离泄漏污染区，限制出入。消除点火源。建议应急处理人员戴防尘口罩，穿防毒服，戴橡胶手套。穿上适当的防护服前严禁接触破裂的容器和泄漏物。尽可能切断泄漏源。用塑料布覆盖泄漏物，减少飞散。勿使水进入包装容器内。用洁净的铲子收集泄漏物，置于干净、干燥、盖子较松的容器中，将容器移离泄漏区。

608. 嘧菌醇

标　识

中文名称 嘧菌醇

英文名称 Triarimol; alpha-(2,4-Dichlorophenyl)-alpha-phenyl-5-pyrimidinemethanol

分子式 $C_{17}H_{12}Cl_2N_2O$

CAS 号 26766-27-8

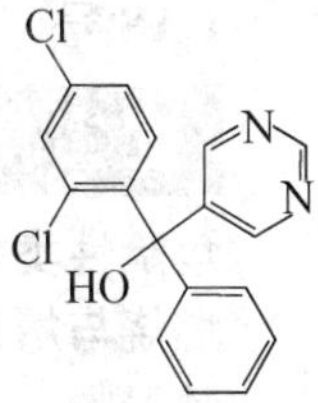

Cl
N
N
Cl
HO

危害信息

燃烧与爆炸危险性 可燃。

禁忌物 强氧化剂、强酸。

中毒表现 食入有害。

侵入途径 吸入、食入。

理化特性与用途

理化特性 白色结晶。微溶于水，溶于大多数有机溶剂(除石油醚、已烷外)。熔点 96~97℃，相对密度(水=1)1.367，辛醇/水分配系数 2.56，闪点 257.2℃。

主要用途 内吸性杀菌剂。

包装与储运

安全储运 储存于阴凉、通风的库房。远离火种、热源。应与强氧化剂、强酸等隔离储运。

紧急处置信息

急救措施

吸入：迅速脱离现场至空气新鲜处。保持呼吸道通畅。如呼吸困难，给输氧。呼吸、心跳停止，立即进行心肺复苏术。就医。

眼睛接触：立即分开眼睑，用流动清水或生理盐水彻底冲洗。就医。

皮肤接触：立即脱去污染的衣着，用肥皂水和清水彻底冲洗。就医。

食入：漱口，饮水。就医。

灭火方法 消防人员须穿全身消防服，空气呼吸器，在上风向灭火。尽可能将容器从火场移至空旷处。喷水保持火场容器冷却，直至灭火结束。

根据着火原因，选择适当灭火剂灭火。

泄漏应急处置 隔离泄漏污染区，限制出入。建议应急处理人员戴防尘口罩，穿防护服。穿上适当的防护服前严禁接触破裂的容器和泄漏物。尽可能切断泄漏源。用塑料布覆盖泄漏物，减少飞散。勿使水进入包装容器内。用洁净的铲子收集泄漏物，置于干净、干燥、盖子较松的容器中，将容器移离泄漏区。

609. 嘧菌酯

标　识

中文名称 嘧菌酯

英文名称 Azoxystrobin; Methyl(*E*)-2-(2-(6-(2-cyanopheoxy)pyrimidin-4-yloxy)phenyl)-3-methoxypropenoate

别名 (*E*)-(2-(6-(2-氰基苯氧基)嘧啶-4-基氧)苯基)-3-甲氧基丙烯酸甲酯

分子式 $C_{22}H_{17}N_3O_5$

CAS 号 131860-33-8

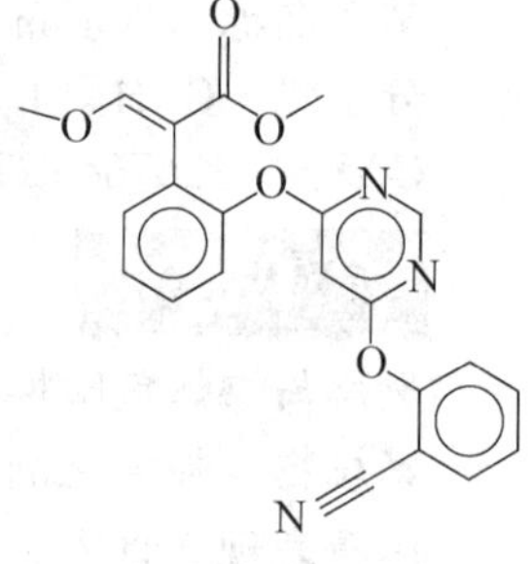

危害信息

危险性类别 第6类 有毒品

燃烧与爆炸危险性 无特殊燃爆特性。

禁忌物 强氧化剂、强酸、强碱。

毒性 大鼠吸入 LC_{50}：960mg/m^3；大鼠经口 *TDLo*：200mg/kg。

侵入途径 吸入、食入。

环境危害 对水生生物有极高毒性，可能在水生环境中造成长期不利影响。

理化特性与用途

理化特性 白色固体或类白色固体粉末。不溶于水，中等溶于甲醇、甲苯、丙酮，易溶于乙酸乙酯、乙腈、二氯甲烷。熔点 116℃，相对密度(水=1)1.34，辛醇/水分配系数2.5。

主要用途 广谱内吸性杀菌剂。用于谷物、水稻、葡萄、马铃薯、蔬菜、果树及其他作物防治白粉病、锈病、颖枯瘸、网斑病、霜霉病、稻瘟病等。

包装与储运

包装标志 有毒品

包装类别 Ⅲ类

安全储运 储存于阴凉、通风的库房。远离火种、热源。防止阳光直射。储存温度不超过35℃，相对湿度不超过82%。保持容器密封。应与强氧化剂、强酸、强碱等分开存放，切忌混储。配备相应品种和数量的消防器材。储区应备有泄漏应急处理设备和合适的收容材料。

紧急处置信息

急救措施

吸入：迅速脱离现场至空气新鲜处。保持呼吸道通畅。如呼吸困难，给输氧。呼吸、心跳停止，立即进行心肺复苏术。就医。

眼睛接触：立即分开眼睑，用流动清水或生理盐水彻底冲洗。就医。

皮肤接触：立即脱去污染的衣着，用肥皂水和清水彻底冲洗。就医。

食入：漱口，饮水。就医。

灭火方法 消防人员须穿全身消防服，佩戴空气呼吸器，在上风向灭火。尽可能将容器从火场移至空旷处。喷水保持火场容器冷却，直至灭火结束。

根据着火原因选择适当灭火剂灭火。

泄漏应急处置 隔离泄漏污染区，限制出入。建议应急处理人员戴防尘口罩，穿防毒服，戴橡胶手套。穿上适当的防护服前严禁接触破裂的容器和泄漏物。尽可能切断泄漏源。用塑料布覆盖泄漏物，减少飞散。勿使水进入包装容器内。用洁净的铲子收集泄漏物，置于干净、干燥、盖子较松的容器中，将容器移离泄漏区。

610. 棉果威

标　识

中文名称 棉果威

英文名称 3-Chloro-6-cyano-bicyclo(2,2,1)heptan-2-one-*O*-(*N*-methylcarbamoyl)oxime；Triamid

分子式 $C_{10}H_{12}ClN_3O_2$

CAS 号 15271-41-7

铁危编号 61133

Cl
N
O
NH
O
N

危害信息

危险性类别 第 6 类　有毒品

燃烧与爆炸危险性 受热易分解，放出有毒的氮氧化物气体。

禁忌物 氧化剂、碱类。

毒性 大鼠经口 LD_{50}：19mg/kg；大鼠经皮 LD_{50}：>2g/kg；兔经皮 LD_{50}：303mg/kg。

中毒表现 氨基甲酸酯类农药抑制胆碱酯酶，出现相应的症状。中毒症状有头痛、恶心、呕吐、腹痛、流涎、出汗、瞳孔缩小、步行困难、语言障碍，重者可发生全身痉挛、昏迷。

侵入途径 吸入、食入、经皮吸收。

环境危害 对水生生物有毒，可能在水生环境中造成长期不利影响。

理化特性与用途

理化特性 固体。熔点 159~160℃，辛醇/水分配系数 1.09。

主要用途 杀虫剂、杀螨剂、杀软体动物剂。用于防治棉铃象、马铃薯甲虫和螨类。

包装与储运

包装标志 有毒品

包装类别 Ⅱ类

安全储运 储存于阴凉、通风的库房。远离火种、热源。防止阳光直射。储存温度不超过35℃，相对湿度不超过85%。应与氧化剂、碱类、食用化学品分开存放，切忌混储。配备相应品种和数量的消防器材。储区应备有合适的材料收容泄漏物。

紧急处置信息

急救措施

吸入：迅速脱离现场至空气新鲜处。保持呼吸道通畅。如呼吸困难，给输氧。呼吸、心跳停止，立即进行心肺复苏术。就医。

眼睛接触：立即分开眼睑，用流动清水或生理盐水彻底冲洗。就医。

皮肤接触：立即脱去污染的衣着，用流动清水彻底冲洗。就医。

食入：饮适量温水，催吐(仅限于清醒者)。就医。

解毒剂：阿托品。

灭火方法 消防人员须穿全身消防服，空气呼吸器，在上风向灭火。尽可能将容器从火场移至空旷处。喷水保持火场容器冷却，直至灭火结束。

灭火剂：泡沫、干粉、砂土、二氧化碳。

泄漏应急处置 隔离泄漏污染区，限制出入。建议应急处理人员戴防尘口罩，穿防毒服，戴防化学品手套。穿上适当的防护服前严禁接触破裂的容器和泄漏物。尽可能切断泄漏源。用塑料布覆盖泄漏物，减少飞散。勿使水进入包装容器内。用洁净的铲子收集泄漏物，置于干净、干燥、盖子较松的容器中，将容器移离泄漏区。

611. 棉隆

标　识

中文名称 棉隆

英文名称 Dazomet；Tetrahydro-3,5-dimethyl-1,3,5-thiadiazine-2-thione

别名 3,5-二甲基-1,3,5-噻二嗪-2-硫酮

分子式 $C_5H_{10}N_2S_2$

CAS 号 533-74-4

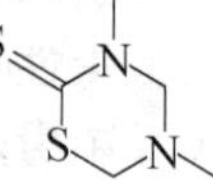

危害信息

燃烧与爆炸危险性 可燃，粉体与空气混合能形成爆炸性混合物，遇明火、高热易燃烧爆炸，产生有毒的氮氧化物和硫氧化物气体。

禁忌物 强氧化剂、强酸。

毒性 大鼠经口 LD_{50}：320mg/kg；小鼠经口 LD_{50}：180mg/kg；大鼠吸入 LC_{50}：8400mg/m³(4h)；大鼠经皮 LD_{50}：2260mg/kg；兔经皮 LD_{50}：7g/kg。

中毒表现 食入有害。对眼有刺激性。对皮肤有致敏性。

侵入途径 吸入、食入、经皮吸收。

环境危害 对水生生物有极高毒性，可能在水生环境中造成长期不利影响。

理化特性与用途

理化特性 白色或无色结晶，或灰白色粉末，有轻微刺激性气味。微溶于水，溶于丙酮、二甲基甲酰胺。熔点104~105℃，相对密度(水=1)1.3，饱和蒸气压0.37mPa(20℃)，辛醇/水分配系数1.4，闪点93℃。

主要用途 杀线虫、杀菌剂。用于防治多种线虫，土壤真菌等。

包装与储运

包装标志 杂类

包装类别 Ⅲ类

安全储运 储存于阴凉、通风的库房。远离火种、热源。保持容器密闭。应与强氧化剂、强酸等隔离储运。

紧急处置信息

急救措施

吸入：迅速脱离现场至空气新鲜处。保持呼吸道通畅。如呼吸困难，给输氧。呼吸、心跳停止，立即进行心肺复苏术。就医。

眼睛接触：立即分开眼睑，用流动清水或生理盐水彻底冲洗。就医。

皮肤接触：立即脱去污染的衣着，用肥皂水和清水彻底冲洗。就医。

食入：漱口，饮水。就医。

灭火方法 消防人员须穿全身消防服，佩戴空气呼吸器，在上风向灭火。尽可能将容器从火场移至空旷处。喷水保持火场容器冷却，直至灭火结束。

灭火剂：水、干粉、泡沫、二氧化碳。

泄漏应急处置 隔离泄漏污染区，限制出入。消除点火源。建议应急处理人员戴防尘口罩，穿防毒服，戴防护手套。穿上适当的防护服前严禁接触破裂的容器和泄漏物。尽可能切断泄漏源。用塑料布覆盖泄漏物，减少飞散。勿使水进入包装容器内。用洁净的铲子收集泄漏物，置于干净、干燥、盖子较松的容器中，将容器移离泄漏区。

612. 灭草敌

标　识

中文名称 灭草敌

英文名称 *S*-Propyl dipropylthiocarbamate; Vernolate

别名 *S*-丙基二丙基硫代氨基甲酸酯

分子式 $C_{10}H_{21}NOS$

CAS号 1929-77-7

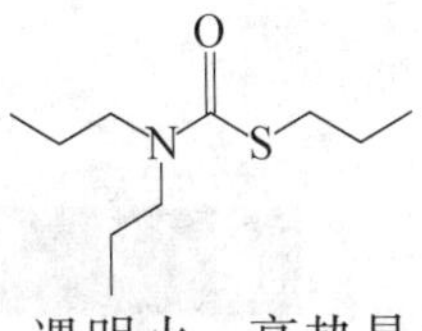

危害信息

燃烧与爆炸危险性 可燃，其蒸气与空气混合能形成爆炸性混合物，遇明火、高热易燃烧爆炸。

禁忌物 强氧化剂、碱。

毒性 大鼠经口 LD_{50}：1200mg/kg；小鼠经口 LD_{50}：1220mg/kg；兔经皮 LD_{50}：>9g/kg。

中毒表现 食入有害。对眼有刺激性。

侵入途径 吸入、食入、经皮吸收。

环境危害 对水生生物有毒，可能在水生环境中造成长期不利影响。

理化特性与用途

理化特性 透明液体，稍有芳香气味（工业品为黄色透明液体）。微溶于水，与常用有机溶剂混溶。沸点 149～150℃（4kPa），相对密度（水＝1）0.952，饱和蒸气压 1.38Pa（25℃），辛醇/水分配系数 3.84，闪点 122℃（开杯）。

主要用途 芽前除草剂。用于花生、大豆防除禾本科和阔叶杂草。

包装与储运

包装标志 杂类

包装类别 Ⅲ类

安全储运 储存于阴凉、通风的库房。远离火种、热源。应与强氧化剂、碱类等隔离储运。搬运时轻装轻卸，防止容器受损。

紧急处置信息

急救措施

吸入：迅速脱离现场至空气新鲜处。保持呼吸道通畅。如呼吸困难，给输氧。呼吸、心跳停止，立即进行心肺复苏术。就医。

眼睛接触：立即分开眼睑，用流动清水或生理盐水彻底冲洗。就医。

皮肤接触：立即脱去污染的衣着，用肥皂水和清水彻底冲洗。就医。

食入：漱口，饮水。就医。

灭火方法 消防人员须穿全身消防服，在上风向灭火。尽可能将容器从火场移至空旷处。喷水保持火场容器冷却，直至灭火结束。处在火场中的容器若发生异常变化或发出异常声音，须马上撤离。

灭火剂：泡沫、二氧化碳、干粉。

泄漏应急处置 根据液体流动和蒸气扩散的影响区域划定警戒区，无关人员从侧风、上风向撤离至安全区。消除所有点火源。建议应急处理人员戴防毒面具，穿防护服，戴橡胶手套。穿上适当的防护服前严禁接触破裂的容器和泄漏物。尽可能切断泄漏源。防止泄漏物进入水体、下水道、地下室或有限空间。小量泄漏：用干燥的砂土或其他不燃材料吸收或覆盖，收集于容器中。大量泄漏：构筑围堤或挖坑收容。用泵转移至槽车或专用收集器内。

613. 灭草灵

标　识

中文名称 灭草灵

英文名称 Methyl 3,4-dichlorophenylcarbanilate；SWEP

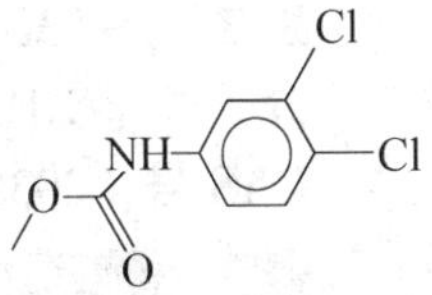

别名 *N*-3,4-二氯苯基氨基甲酸甲酯

分子式 $C_8H_7Cl_2NO_2$

CAS 号 1918-18-9

危害信息

燃烧与爆炸危险性 无特殊燃爆特性。

禁忌物 强氧化剂、碱。

毒性 大鼠经口 LD_{50}：522mg/kg；兔经皮 LD_{50}：2480mg/kg。

中毒表现 食入有害。

侵入途径 吸入、食入、经皮吸收。

环境危害 对水生生物有毒。

理化特性与用途

理化特性 白色结晶。不溶于水，不溶于煤油，溶于丙酮、苯、甲苯、二甲基甲酰胺等。熔点 112~114℃，饱和蒸气压 0.18Pa(25℃)，辛醇/水分配系数 3.32。

主要用途 芽前、苗后除草剂。用于水稻、豆科植物防除一年生杂草。

包装与储运

安全储运 储存于阴凉、通风的库房。远离火种、热源。应与强氧化剂、碱类等隔离储运。搬运时轻装轻卸，防止容器受损。

紧急处置信息

急救措施

吸入：迅速脱离现场至空气新鲜处。保持呼吸道通畅。如呼吸困难，给输氧。呼吸、心跳停止，立即进行心肺复苏术。就医。

眼睛接触：立即分开眼睑，用流动清水或生理盐水彻底冲洗。就医。

皮肤接触：立即脱去污染的衣着，用肥皂水和清水彻底冲洗。就医。

食入：漱口，饮水。就医。

灭火方法 消防人员须穿全身消防服，在上风向灭火。尽可能将容器从火场移至空旷处。喷水保持火场容器冷却，直至灭火结束。

本品不燃，根据着火原因选择适当灭火剂灭火。

泄漏应急处置 隔离泄漏污染区，限制出入。建议应急处理人员戴防尘口罩，穿防毒服，戴橡胶手套。穿上适当的防护服前严禁接触破裂的容器和泄漏物。尽可能切断泄漏源。用塑料布覆盖泄漏物，减少飞散。勿使水进入包装容器内。用洁净的铲子收集泄漏物，置于干净、干燥、盖子较松的容器中，将容器移离泄漏区。

614. 灭草唑

标　识

中文名称 灭草唑

英文名称 2-(3,4-Dichlorophenyl)-4-methyl-1,2,4-oxadiazolidinedione；Methazole

别名 2-(3,4-二氯苯基)-4-甲基-1,2,4-噁二唑啉-3,5-二酮

分子式 $C_9H_6Cl_2N_2O_3$

CAS 号 20354-26-1

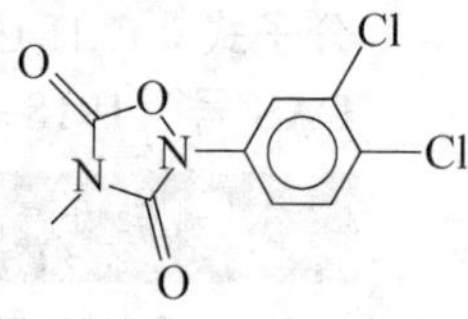

危害信息

燃烧与爆炸危险性 高温易分解，没有腐蚀性。

禁忌物 强氧化剂、强碱。

毒性 大鼠经口 LD_{50}：777mg/kg；大鼠吸入 LC_{50}：>200mg/m^3(4h)；大鼠经皮 LD_{50}：10200mg/kg；兔经皮 LD_{50}：12500mg/kg。

中毒表现 食入或经皮肤吸收对身体有害。对眼和皮肤有刺激性。

侵入途径 吸入、食入、经皮吸收。

环境危害 对水生生物有毒，可能在水生环境中造成长期不利影响。

理化特性与用途

理化特性 无色结晶至浅棕色固体。不溶于水，溶于二甲基甲酰胺、二氯甲烷、环己酮等。熔点 123~124℃，相对密度(水=1)1.24，饱和蒸气压 0.133mPa(25℃)，辛醇/水分配系数 3.22。

主要用途 除草剂。用于大蒜、马铃薯、柑橘、胡桃、茶树、棉花等作物田防除禾本科杂草和阔叶杂草。

包装与储运

包装标志 杂类

包装类别 Ⅲ类

安全储运 储存于阴凉、通风的库房。远离火种、热源。应与强氧化剂、强碱类等隔离储运。

紧急处置信息

急救措施

吸入：迅速脱离现场至空气新鲜处。保持呼吸道通畅。如呼吸困难，给输氧。呼吸、心跳停止，立即进行心肺复苏术。就医。

眼睛接触：立即分开眼睑，用流动清水或生理盐水彻底冲洗。就医。

皮肤接触：立即脱去污染的衣着，用肥皂水和清水彻底冲洗。就医。

食入：漱口，饮水。就医。

灭火方法 消防人员须穿全身消防服，在上风向灭火。尽可能将容器从火场移至空旷处。喷水保持火场容器冷却，直至灭火结束。

根据着火原因选择适当灭火剂灭火。

泄漏应急处置 隔离泄漏污染区，限制出入。建议应急处理人员戴防尘口罩，穿防毒服，戴橡胶手套。穿上适当的防护服前严禁接触破裂的容器和泄漏物。尽可能切断泄漏源。用塑料布覆盖泄漏物，减少飞散。勿使水进入包装容器内。用洁净的铲子收集泄漏物，置于干净、干燥、盖子较松的容器中，将容器移离泄漏区。

615. 灭除威

标　　识

中文名称　灭除威

英文名称　XMC；3,5-Xylyl methylcarbamate

别名　3,5-二甲苯基甲基氨基甲酸酯；二甲威

分子式　$C_{10}H_{13}NO_2$

CAS 号　2655-14-3

铁危编号　61888

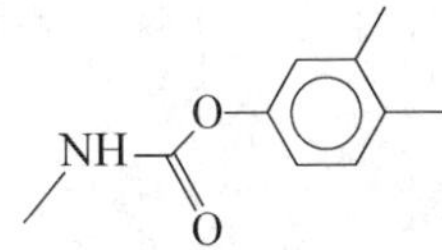

危害信息

危险性类别　第 6 类　有毒品

燃烧与爆炸危险性　无特殊燃爆特性。

禁忌物　氧化剂、碱类。

毒性　大鼠经口 LD_{50}：245mg/kg；小鼠经口 LD_{50}：245mg/kg；大鼠经皮 LD_{50}：>5g/kg。

中毒表现　氨基甲酸酯类农药抑制胆碱酯酶，出现相应的症状。中毒症状有头痛、恶心、呕吐、腹痛、流涎、出汗、瞳孔缩小、步行困难、语言障碍，重者可发生全身痉挛、昏迷。

侵入途径　吸入、食入、经皮吸收。

环境危害　对水生生物有极高毒性，可能在水生环境中造成长期不利影响。

理化特性与用途

理化特性　无色结晶。微溶于水，溶于大多数有机溶剂。熔点 99℃，相对密度(水=1) 0.54，饱和蒸气压 48mPa(25℃)，临界温度 467℃，临界压力 2.9MPa，辛醇/水分配系数 2.23。

主要用途　内吸性氨基甲酸酯类杀虫剂。主要用于防治稻飞虱、棉蚜、棉铃虫、三化螟等多种害虫。

包装与储运

包装标志　有毒品

包装类别　Ⅲ类

安全储运　储存于阴凉、通风的库房。远离火种、热源。防止阳光直射。储存温度不超过 35℃，相对湿度不超过 85%。应与氧化剂、碱类、食用化学品分开存放，切忌混储。配备相应品种和数量的消防器材。储区应备有合适的材料收容泄漏物。

紧急处置信息

急救措施

吸入：迅速脱离现场至空气新鲜处。保持呼吸道通畅。如呼吸困难，给输氧。呼吸、心跳停止，立即进行心肺复苏术。就医。

眼睛接触：立即分开眼睑，用流动清水或生理盐水彻底冲洗。就医。

皮肤接触：立即脱去污染的衣着，用肥皂水和清水彻底冲洗。就医。

食入：漱口，饮水。就医。

解毒剂：阿托品。

灭火方法 消防人员须穿全身消防服，佩戴防毒面具，在上风向灭火。尽可能将容器从火场移至空旷处。喷水保持火场容器冷却，直至灭火结束。

根据着火原因选择适当灭火剂灭火。

泄漏应急处置 隔离泄漏污染区，限制出入。建议应急处理人员戴防尘口罩，穿防毒服，戴橡胶手套。穿上适当的防护服前严禁接触破裂的容器和泄漏物。尽可能切断泄漏源。用塑料布覆盖泄漏物，减少飞散。勿使水进入包装容器内。用洁净的铲子收集泄漏物，置于干净、干燥、盖子较松的容器中，将容器移离泄漏区。

616. 灭害威

标识

中文名称 灭害威

英文名称 Aminocarb；4-Dimethylamino-3-tolyl methylcarbamate

别名 4-二甲氨基间甲苯基甲基氨基甲酸酯

分子式 $C_{11}H_{16}N_2O_2$

CAS 号 2032-59-9

铁危编号 61133

O NH O N

危害信息

危险性类别 第6类 有毒品

燃烧与爆炸危险性 受热易分解，放出有毒气体。

禁忌物 氧化剂、碱类。

毒性 大鼠经口 LD_{50}：30mg/kg；大鼠经皮 LD_{50}：275mg/kg。

中毒表现 氨基甲酸酯类农药抑制胆碱酯酶，出现相应的症状。中毒症状有头痛、恶心、呕吐、腹痛、流涎、出汗、瞳孔缩小、步行困难、语言障碍，重者可发生全身痉挛、昏迷。

侵入途径 吸入、食入、经皮吸收。

环境危害 对水生生物有极高毒性，可能在水生环境中造成长期不利影响

理化特性与用途

理化特性 白色结晶或略带棕色的固体。微溶于水，易溶于极性溶剂，中度溶于芳烃溶剂。熔点 93~94℃，相对蒸气密度(空气=1)7.18，饱和蒸气压 0.25mPa(25℃)，临界温度 491℃，临界压力 2.61MPa，辛醇/水分配系数 1.9。

主要用途 杀虫剂。用于果树、烟草、蔬菜、玉米、油菜、观赏植物防治鳞翅目和同翅目害虫。

包装与储运

包装标志 有毒品

包装类别 Ⅲ类

安全储运 储存于阴凉、通风的库房。远离火种、热源。防止阳光直射。储存温度不超过35℃，相对湿度不超过85%。应与氧化剂、碱类、食用化学品分开存放，切忌混储。配备相应品种和数量的消防器材。储区应备有合适的材料收容泄漏物。

紧急处置信息

急救措施

吸入：迅速脱离现场至空气新鲜处。保持呼吸道通畅。如呼吸困难，给输氧。呼吸、心跳停止，立即进行心肺复苏术。就医。

眼睛接触：立即分开眼睑，用流动清水或生理盐水彻底冲洗。就医。

皮肤接触：立即脱去污染的衣着，用流动清水彻底冲洗。就医。

食入：饮适量温水，催吐(仅限于清醒者)。就医。

解毒剂：阿托品。

灭火方法 消防人员须穿全身消防服，佩戴防毒面具，在上风向灭火。尽可能将容器从火场移至空旷处。喷水保持火场容器冷却，直至灭火结束。

灭火剂：泡沫、干粉、砂土、二氧化碳。

泄漏应急处置 隔离泄漏污染区，限制出入。建议应急处理人员戴防尘口罩，穿防毒服，戴橡胶手套。穿上适当的防护服前严禁接触破裂的容器和泄漏物。尽可能切断泄漏源。用塑料布覆盖泄漏物，减少飞散。勿使水进入包装容器内。用洁净的铲子收集泄漏物，置于干净、干燥、盖子较松的容器中，将容器移离泄漏区。

617. 灭菌磷

标　识

中文名称 灭菌磷

英文名称 *O*,*O*-Diethyl phthalimidophosphonothioate；Ditalimfos

别名 *O*,*O*-二乙基邻苯二甲酰亚氨基硫代磷酸酯

分子式 $C_{12}H_{14}NO_4PS$

CAS号 5131-24-8

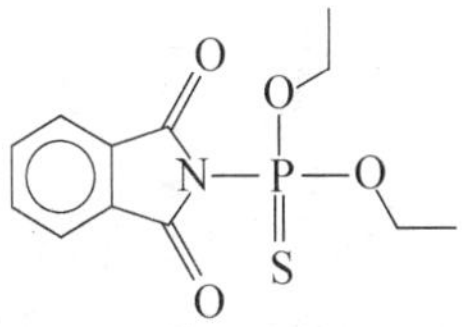

危害信息

燃烧与爆炸危险性 不易燃，其粉体与空气混合能形成爆炸性混合物，燃烧产生有毒的氮氧化物、硫氧化物和磷氧化物气体。

禁忌物 强氧化剂、强碱。

毒性 大鼠经口 LD_{50}：4930mg/kg；兔经皮 LD_{50}：1g/kg。

中毒表现 抑制体内胆碱酯酶活性，造成神经生理功能紊乱。急性中毒症状有头痛、头昏、乏力、食欲不振、恶心、呕吐、腹痛、腹泻、流涎、瞳孔缩小、呼吸道分泌物增多、多汗、肌束震颤等。重度中毒者出现肺水肿、昏迷、呼吸麻痹、脑水肿。血胆碱酯酶活性降低。

侵入途径 吸入、食入、经皮吸收。

环境危害　对水生生物有毒。

理化特性与用途

理化特性　白色扁平结晶体。微溶于水，溶于己烷、环己烷、乙醇，易溶于苯、四氯化碳、乙酸乙酯、二甲苯。熔点 83～84℃，相对密度(水=1)1.38，饱和蒸气压 0.003mPa(25℃)，辛醇/水分配系数 3.48。

主要用途　保护性杀菌剂。用于防治果树黑星病和白粉病。

包装与储运

安全储运　储存于阴凉、通风的库房。远离火种、热源。应与强氧化剂、强碱等隔离储运。

紧急处置信息

急救措施

吸入：迅速脱离现场至空气新鲜处。保持呼吸道通畅。如呼吸困难，给输氧。呼吸、心跳停止，立即进行心肺复苏术。就医。

眼睛接触：分开眼睑，用流动清水或生理盐水冲洗。就医。

皮肤接触：立即脱去污染的衣着，用肥皂水及流动清水彻底冲洗污染的皮肤、头发、指甲等。就医。

食入：饮足量温水，催吐(仅限于清醒者)。口服活性炭。就医。

解毒剂：阿托品、胆碱酯酶复能剂。

灭火方法　消防人员须穿全身消防服，佩戴防毒面具，在上风向灭火。尽可能将容器从火场移至空旷处。喷水保持火场容器冷却，直至灭火结束。

灭火剂：泡沫、干粉、砂土。

泄漏应急处置　隔离泄漏污染区，限制出入。建议应急处理人员戴防尘口罩，穿防毒服，戴橡胶手套。穿上适当的防护服前严禁接触破裂的容器和泄漏物。尽可能切断泄漏源。用塑料布覆盖泄漏物，减少飞散。勿使水进入包装容器内。用洁净的铲子收集泄漏物，置于干净、干燥、盖子较松的容器中，将容器移离泄漏区。

618. 灭螨猛

标　识

中文名称　灭螨猛

英文名称　Quinomethionate；Chinomethionat；6-Methyl-1,3-dithiolo(4,5-b)quinoxalin-2-one

别名　6-甲基-1,3-二硫杂环戊烯并(4,5-b)喹喔啉-2-二酮

分子式　$C_{10}H_6N_2OS_2$

CAS 号　2439-01-2

铁危编号　61894

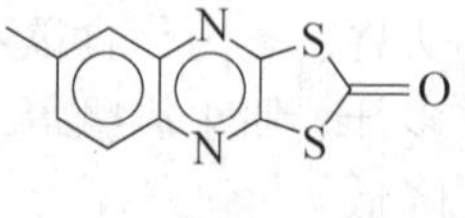

N S O S N

危害信息

危险性类别 第6类 有毒品

燃烧与爆炸危险性 可燃，粉体与空气混合能形成爆炸性混合物，与明火高热易燃烧爆炸。

禁忌物 强氧化剂、强碱。

毒性 大鼠经口 LD_{50}：1100mg/kg；大鼠吸入 LC_{50}：3g/m^3(4h)；大鼠经皮 LD_{50}：500mg/kg；兔经皮 LD_{50}：>2g/kg。

欧盟法规1272/2008/EC将本品列为第2类生殖毒物——可疑的人类生殖毒物。

中毒表现 食入、吸入或经皮吸收对身体有害。长期反复接触可对器官造成损害。对眼有刺激性。对皮肤有致敏性。

侵入途径 吸入、食入、经皮吸收。

环境危害 对水生生物有极高毒性，可能在水生环境中造成长期不利影响。

理化特性与用途

理化特性 黄色结晶。不溶于水。熔点170℃，相对密度(水=1)1.556，饱和蒸气压0.026mPa(20℃)，辛醇/水分配系数3.78。

主要用途 杀菌剂、杀螨剂。用于果树、蔬菜、观赏植物防治白粉病和螨类。

包装与储运

包装标志 有毒品

包装类别 Ⅲ类

安全储运 储存于阴凉、通风的库房。远离火种、热源。防止阳光直射。储存温度不超过35℃，相对湿度不超过85%。保持容器密封。应与强氧化剂、强碱等分开存放，切忌混储。配备相应品种和数量的消防器材。储区应备有合适的材料收容泄漏物。

紧急处置信息

急救措施

吸入：迅速脱离现场至空气新鲜处。保持呼吸道通畅。如呼吸困难，给输氧。呼吸、心跳停止，立即进行心肺复苏术。就医。

眼睛接触：立即分开眼睑，用流动清水或生理盐水彻底冲洗。就医。

皮肤接触：立即脱去污染的衣着，用肥皂水和清水彻底冲洗。就医。

食入：漱口，饮水。就医。

灭火方法 消防人员须穿全身消防服，佩戴防毒面具，在上风向灭火。尽可能将容器从火场移至空旷处。喷水保持火场容器冷却，直至灭火结束。

灭火剂：雾状水、泡沫、二氧化碳、干粉、砂土。

泄漏应急处置 隔离泄漏污染区，限制出入。消除点火源。建议应急处理人员戴防尘口罩，穿防毒服，戴橡胶手套。穿上适当的防护服前严禁接触破裂的容器和泄漏物。尽可能切断泄漏源。用塑料布覆盖泄漏物，减少飞散。勿使水进入包装容器内。用洁净的铲子收集泄漏物，置于干净、干燥、盖子较松的容器中，将容器移离泄漏区。

619. 灭鼠肼

标　识

中文名称　灭鼠肼

英文名称　Promurit；3,4-Dichlorobenzene diazothiocarbamid

别名　3,4-二氯苯基重氮硫脲

分子式　$C_7H_6Cl_2N_4S$

CAS 号　5836-73-7

铁危编号　61135

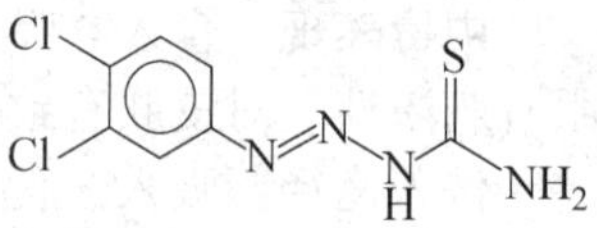

危害信息

危险性类别　第 6 类　有毒品

燃烧与爆炸危险性　无特殊燃爆特性。

禁忌物　强氧化剂、强碱。

毒性　大鼠经口 LD_{50}：1mg/kg；小鼠经口 LD_{50}：1mg/kg。

中毒表现　食入致死。中毒后可出现肺水肿、胸膜腔积液、血糖升高等。

侵入途径　吸入、食入。

理化特性与用途

理化特性　黄色结晶。微溶于水，溶于多数有机溶剂。熔点 129℃，相对密度（水 = 1）1.6。

主要用途　杀鼠剂（已停用）。

包装与储运

包装标志　有毒品

包装类别　Ⅱ类

安全储运　储存于阴凉、通风的库房。远离火种、热源。防止阳光直射。储存温度不超过 35℃，相对湿度不超过 85%。保持容器密封。应与强氧化剂、强碱等分开存放，切忌混储。配备相应品种和数量的消防器材。储区应备有合适的材料收容泄漏物。

紧急处置信息

急救措施

吸入：迅速脱离现场至空气新鲜处。保持呼吸道通畅。如呼吸困难，给输氧。呼吸、心跳停止，立即进行心肺复苏术。就医。

眼睛接触：立即分开眼睑，用流动清水或生理盐水彻底冲洗。就医。

皮肤接触：立即脱去污染的衣着，用流动清水彻底冲洗。就医。

食入：饮适量温水，催吐（仅限于清醒者）。就医。

灭火方法　消防人员须穿全身消防服，佩戴防毒面具，在上风向灭火。尽可能将容器从火场移至空旷处。喷水保持火场容器冷却，直至灭火结束。

根据着火原因选择适当灭火剂灭火。

泄漏应急处置 隔离泄漏污染区，限制出入。建议应急处理人员戴防尘口罩，穿防毒服，戴防化学品手套。穿上适当的防护服前严禁接触破裂的容器和泄漏物。尽可能切断泄漏源。用塑料布覆盖泄漏物，减少飞散。勿使水进入包装容器内。用洁净的铲子收集泄漏物，置于干净、干燥、盖子较松的容器中，将容器移离泄漏区。

620. 灭线磷

标　识

中文名称 灭线磷

英文名称 Ethoprophos；*O*-Ethyl *S*,*S*-dipropyl phosphorodithioate

别名 *O*-乙基 S,S-二丙基二硫代磷酸酯

分子式 $C_8H_{19}O_2PS_2$

CAS 号 13194-48-4

铁危编号 61875

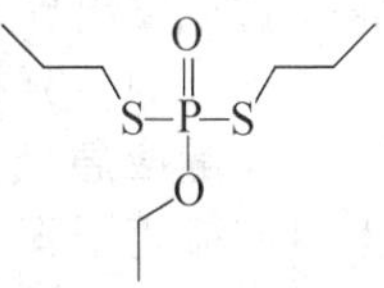

危害信息

危险性类别 第 6 类 有毒品

燃烧与爆炸危险性 可燃，其蒸气与空气混合能形成爆炸性混合物，遇明火、高热易燃烧爆炸。

禁忌物 强氧化剂、强碱。

毒性 大鼠经口 LD_{50}：33mg/kg；大鼠经皮 LD_{50}：60mg/kg；兔经皮 LD_{50}：2.4mg/kg。

中毒表现 抑制体内胆碱酯酶活性，造成神经生理功能紊乱。急性中毒症状有头痛、头昏、乏力、食欲不振、恶心、呕吐、腹痛、腹泻、流涎、瞳孔缩小、呼吸道分泌物增多、多汗、肌束震颤等。重度中毒者出现肺水肿、昏迷、呼吸麻痹、脑水肿。血胆碱酯酶活性降低。

侵入途径 吸入、食入、经皮吸收。

环境危害 对水生生物有极高毒性，可能在水生环境中造成长期不利影响。

理化特性与用途

理化特性 浅黄色液体，有特性气味。微溶于水，易溶于多数有机溶剂。熔点-13℃，沸点 86~91℃(0.03kPa)，相对密度(水=1)1.094，相对蒸气密度(空气=1)8.4，饱和蒸气压 0.05Pa(20~25℃)，辛醇/水分配系数 3.59。

主要用途 广谱杀线虫剂，土壤杀虫剂。用于马铃薯、甜菜、蔬菜等防治线虫及地下害虫。

包装与储运

包装标志 有毒品

包装类别 Ⅲ类

安全储运 储存于阴凉、通风的库房。远离火种、热源。防止阳光直射。储存温度不超过 32℃，相对湿度不超过 85%。保持容器密封。应与强氧化剂、强碱等分开存放，切忌混储。配备相应品种和数量的消防器材。储区应备有合适的材料收容泄漏物。搬运时轻装

轻卸，防止容器受损。

紧急处置信息

急救措施

吸入：迅速脱离现场至空气新鲜处。保持呼吸道通畅。如呼吸困难，给输氧。呼吸、心跳停止，立即进行心肺复苏术。就医。

眼睛接触：分开眼睑，用流动清水或生理盐水冲洗。就医。

皮肤接触：立即脱去污染的衣着，用肥皂水及流动清水彻底冲洗污染的皮肤、头发、指甲等。就医。

食入：饮足量温水，催吐(仅限于清醒者)。口服活性炭。就医。

解毒剂：阿托品、胆碱酯酶复能剂。

灭火方法　消防人员须穿全身消防服，佩戴防毒面具，在上风向灭火。尽可能将容器从火场移至空旷处。喷水保持火场容器冷却，直至灭火结束。处在火场中的容器若发生异常变化或发出异常声音，须马上撤离。

灭火剂：雾状水、泡沫、二氧化碳、干粉、砂土。

泄漏应急处置　根据液体流动和蒸气扩散的影响区域划定警戒区，无关人员从侧风、上风向撤离至安全区。消除所有点火源。建议应急处理人员戴防毒面具，穿防毒服，戴橡胶手套。穿上适当的防护服前严禁接触破裂的容器和泄漏物。尽可能切断泄漏源。防止泄漏物进入水体、下水道、地下室或有限空间。小量泄漏：用干燥的砂土或其他不燃材料吸收或覆盖，收集于容器中。大量泄漏：构筑围堤或挖坑收容。用泵转移至槽车或专用收集器内。

621. 钼

标　识

中文名称　钼

英文名称　Molybdenum

分子式　Mo

CAS 号　7439-98-7

危害信息

燃烧与爆炸危险性　可燃，粉体与空气混合能形成爆炸性混合物，遇明火、高热易燃烧爆炸。在高温火场中，受热的容器有破裂和爆炸的危险。

禁忌物　强氧化剂。

中毒表现　对呼吸道有刺激性。

侵入途径　吸入、食入。

职业接触限值　中国：PC-TWA 6mg/m^3[按 Mo 计]。

美国(ACGIH)：TLV-TWA 3mg/m^3[呼吸性颗粒物]；TLV-TWA 10mg/m^3[可吸入性颗粒物]。

理化特性与用途

理化特性　银白色有光泽的、坚硬的金属或深灰色粉末。不溶于水，溶于硝酸、硫酸，微溶于盐酸，不溶于氢氟酸、氨、稀硫酸、氢氧化钠等。熔点2622℃，沸点4612℃，相对密度(水=1)10.2，饱和蒸气压1Pa(2469℃)。

主要用途 用于制造合金钢，用作催化剂等。

包装与储运

安全储运 储存于阴凉、通风的库房。远离火种、热源。应与强氧化剂等隔离储运。

紧急处置信息

急救措施

吸入：迅速脱离现场至空气新鲜处。保持呼吸道通畅。如呼吸困难，给输氧。呼吸、心跳停止，立即进行心肺复苏术。就医。

眼睛接触：立即分开眼睑，用流动清水或生理盐水彻底冲洗。就医。

皮肤接触：立即脱去污染的衣着，用肥皂水和清水彻底冲洗。就医。

食入：漱口，饮水。就医。

灭火方法 消防人员须穿全身消防服，在上风向灭火。尽可能将容器从火场移至空旷处。灭火剂：干粉、砂土。禁止用水灭火。

泄漏应急处置 隔离泄漏污染区，限制出入。消除点火源。建议应急处理人员戴防尘口罩，穿防护服。穿上适当的防护服前严禁接触破裂的容器和泄漏物。尽可能切断泄漏源。用塑料布覆盖泄漏物，减少飞散。勿使水进入包装容器内。用洁净的铲子收集泄漏物，置于干净、干燥、盖子较松的容器中，将容器移离泄漏区。

622. 内吸磷-*O*

标　识

中文名称 内吸磷-*O*

英文名称 Demeton-*O*(ISO)；*O*,*O*-Diethyl-*O*-2-ethylthioethyl phosphorothioate

别名 *O*,*O*-二乙基*O*-(2-(乙硫基)乙基)硫代磷酸酯

分子式 $C_8H_{19}O_3PS_2$

CAS号 298-03-3

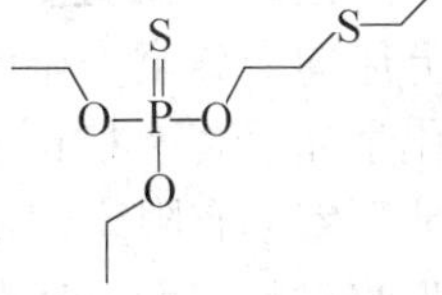

危害信息

危险性类别 第6类 有毒品

燃烧与爆炸危险性 可燃，燃烧产生有毒、刺激性的气体。受热易分解，产生有毒的磷氧化物和硫氧化物气体。在高温火场中受热的容器有破裂和爆炸的危险。

禁忌物 强氧化剂、强碱。

毒性 大鼠经口LD_{50}：7500μg/kg；兔经皮*LDLo*：100mg/kg。

中毒表现 抑制体内胆碱酯酶活性，造成神经生理功能紊乱。急性中毒症状有头痛、头昏、乏力、食欲不振、恶心、呕吐、腹痛、腹泻、流涎、瞳孔缩小、呼吸道分泌物增多、多汗、肌束震颤等。重度中毒者出现肺水肿、昏迷、呼吸麻痹、脑水肿。血胆碱酯酶活性降低。

侵入途径 吸入、食入、经皮吸收。

环境危害 对水生生物有极高毒性。

理化特性与用途

理化特性 无色液体。不溶于水，溶于多数有机溶剂。沸点 123℃(0.13kPa)，相对密度(水=1)1.119，饱和蒸气压 38mPa(20℃)，辛醇/水分配系数 3.21。

主要用途 内吸性杀虫剂、杀螨剂。用于防治各种蚜虫、叶螨、蓟马、粉虱等。

包装与储运

包装标志 有毒品

包装类别 Ⅰ类

安全储运 储存于阴凉、通风的库房。远离火种、热源。防止阳光直射。储存温度不超过 35℃，相对湿度不超过 85%。保持容器密封。应与强氧化剂、强碱等分开存放，切忌混储。配备相应品种和数量的消防器材。储区应备有合适的材料收容泄漏物。搬运时轻装轻卸，防止容器受损。

紧急处置信息

急救措施

吸入：迅速脱离现场至空气新鲜处。保持呼吸道通畅。如呼吸困难，给输氧。呼吸、心跳停止，立即进行心肺复苏术。就医。

眼睛接触：分开眼睑，用流动清水或生理盐水冲洗。就医。

皮肤接触：立即脱去污染的衣着，用肥皂水及流动清水彻底冲洗污染的皮肤、头发、指甲等。就医。

食入：饮足量温水，催吐(仅限于清醒者)。口服活性炭。就医。

解毒剂：阿托品、胆碱酯酶复能剂。

灭火方法 消防人员须穿全身消防服，佩戴防毒面具，在上风向灭火。尽可能将容器从火场移至空旷处。喷水保持火场容器冷却，直至灭火结束。处在火场中的容器若发生异常变化或发出异常声音，须马上撤离。

灭火剂：雾状水、泡沫、二氧化碳、干粉、砂土。

泄漏应急处置 根据液体流动和蒸气扩散的影响区域划定警戒区，无关人员从侧风、上风向撤离至安全区。消除所有点火源。建议应急处理人员戴防毒面具，穿防毒服，戴防化学品手套。禁止接触或跨越泄漏物。尽可能切断泄漏源。防止泄漏物进入水体、下水道、地下室或有限空间。小量泄漏：用砂土或其他不燃材料吸收。使用洁净的无火花工具收集吸收材料。大量泄漏：构筑围堤或挖坑收容。用泵转移至槽车或专用收集器内。

623. 内吸磷-*S*

标　识

中文名称 内吸磷-*S*

英文名称 Demeton-*S*；Diethyl-*S*-2-ethylthioethyl phosphorothioate

别名 *O*,*O*-二乙基 *S*-(2-(乙硫基)乙基)硫代磷酸酯

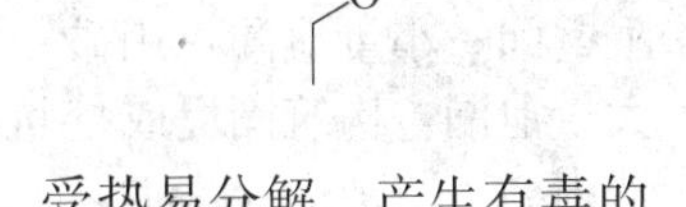

分子式 $C_8H_{19}O_3PS_2$

CAS 号 126-75-0

危害信息

危险性类别 第6类 有毒品

燃烧与爆炸危险性 可燃，燃烧产生有毒、刺激性的气体。受热易分解，产生有毒的磷氧化物和硫氧化物气体。在高温火场中受热的容器有破裂和爆炸的危险。

禁忌物 强氧化剂、强碱。

毒性 大鼠经口 LD_{50}：1500μg/kg；兔经皮 *LDLo*：5mg/kg。

中毒表现 抑制体内胆碱酯酶活性，造成神经生理功能紊乱。急性中毒症状有头痛、头昏、乏力、食欲不振、恶心、呕吐、腹痛、腹泻、流涎、瞳孔缩小、呼吸道分泌物增多、多汗、肌束震颤等。重度中毒者出现肺水肿、昏迷、呼吸麻痹、脑水肿。血胆碱酯酶活性降低。

侵入途径 吸入、食入、经皮吸收。

环境危害 对水生生物有毒。

理化特性与用途

理化特性 无色油状液体。微溶于水，溶于多数有机溶剂。沸点 128℃(0.13kPa)，相对密度(水=1)1.13，相对蒸气密度(空气=1)8.92，饱和蒸气压 35mPa(20℃)，辛醇/水分配系数 2.09。

主要用途 内吸性杀虫剂、杀螨剂。用于防治各种蚜虫、叶螨、蓟马、粉虱等。

包装与储运

包装标志 有毒品

包装类别 Ⅰ类

安全储运 储存于阴凉、通风的库房。远离火种、热源。防止阳光直射。储存温度不超过35℃，相对湿度不超过85%。保持容器密封。应与强氧化剂、强碱等分开存放，切忌混储。配备相应品种和数量的消防器材。储区应备有合适的材料收容泄漏物。搬运时轻装轻卸，防止容器受损。

紧急处置信息

急救措施

吸入：迅速脱离现场至空气新鲜处。保持呼吸道通畅。如呼吸困难，给输氧。呼吸、心跳停止，立即进行心肺复苏术。就医。

眼睛接触：分开眼睑，用流动清水或生理盐水冲洗。就医。

皮肤接触：立即脱去污染的衣着，用肥皂水及流动清水彻底冲洗污染的皮肤、头发、指甲等。就医。

食入：饮足量温水，催吐(仅限于清醒者)。口服活性炭。就医。

解毒剂：阿托品、胆碱酯酶复能剂。

灭火方法 消防人员须穿全身消防服，佩戴防毒面具，在上风向灭火。尽可能将容器从火场移至空旷处。喷水保持火场容器冷却，直至灭火结束。处在火场中的容器若发生异常变化或发出异常声音，须马上撤离。

灭火剂：雾状水、泡沫、二氧化碳、干粉、砂土。

泄漏应急处置 根据液体流动和蒸气扩散的影响区域划定警戒区，无关人员从侧风、上风向撤离至安全区。消除点火源。应急人员应戴防毒面具，穿防毒服，戴防化学品手套。禁止接触或跨越泄漏物。尽可能切断泄漏源。防止泄漏物进入水体、下水道、地下室或有限空间。小量泄漏：用砂土或其他不燃材料吸收。使用洁净的无火花工具收集吸收材料。大量泄漏：构筑围堤或挖坑收容。用泡沫覆盖，减少蒸发。用泵转移至槽车或专用收集器内。

624. 萘草胺一钠盐

标　识

中文名称 萘草胺一钠盐

英文名称 Sodium *N*-1-naphthylphthalamate；Naptalam-sodium

别名 *N*-1-萘基酞氨酸一钠盐

分子式 $C_{18}H_{12}NO_3 \cdot Na$

CAS 号 132-67-2

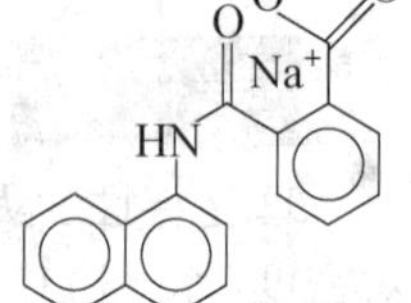

危害信息

燃烧与爆炸危险性 受热易分解，放出有毒的氮氧化物气体。

禁忌物 强氧化剂。

毒性 大鼠经口 LD_{50}：1770mg/kg。

中毒表现 食入有害。眼接触引起不可逆性损害。

侵入途径 吸入、食入。

理化特性与用途

理化特性 溶于水。不溶于已烷，混溶于二甲亚砜。相对密度(水=1)1.386，辛醇/水分配系数-0.39。

主要用途 芽前除草剂。用于大豆、马铃薯、花生等作物田除草。

包装与储运

安全储运 储存于阴凉、通风的库房。远离火种、热源。应与强氧化剂等隔离储运。

紧急处置信息

急救措施

吸入：迅速脱离现场至空气新鲜处。保持呼吸道通畅。如呼吸困难，给输氧。呼吸、心跳停止，立即进行心肺复苏术。就医。

眼睛接触：立即分开眼睑，用流动清水或生理盐水彻底冲洗 5~10min。就医。

皮肤接触：立即脱去污染的衣着，用肥皂水和清水彻底冲洗。就医。

食入：漱口，饮水。就医。

灭火方法 消防人员须穿全身消防服，佩戴空气呼吸器，在上风向灭火。尽可能将容器从火场移至空旷处。喷水保持火场容器冷却，直至灭火结束。

根据着火原因选择适当灭火剂灭火。

泄漏应急处置　隔离泄漏污染区，限制出入。建议应急处理人员戴防尘口罩，穿防护服，戴防护手套。穿上适当的防护服前严禁接触破裂的容器和泄漏物。尽可能切断泄漏源。用塑料布覆盖泄漏物，减少飞散。勿使水进入包装容器内。用洁净的铲子收集泄漏物，置于干净、干燥、盖子较松的容器中，将容器移离泄漏区。

625. 1,5-萘二胺

标　识

中文名称　1,5-萘二胺

英文名称　1,5-Naphthylenediamine；1,5-Naphthalenediamine

别名　1,5-二氨基萘

分子式　$C_{10}H_{10}N_2$

CAS 号　2243-62-1

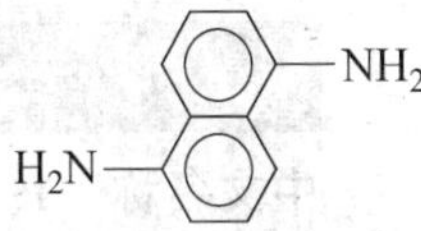

危害信息

燃烧与爆炸危险性　可燃，粉体与空气混合能形成爆炸性混合物，遇明火、高热易燃烧爆炸，产生有毒的刺激性气体。

禁忌物　强氧化剂、酸碱。

毒性　欧盟法规 1272/2008/EC 将本品列为第 2 类致癌物——可疑的人类致癌物。

中毒表现　对皮肤有致敏性。

侵入途径　吸入、食入。

环境危害　对水生生物有极高毒性，可能在水生环境中造成长期不利影响。

理化特性与用途

理化特性　无色至浅紫色结晶或浅紫色粉末。微溶于水，溶于乙醇、乙醚、苯、氯仿。熔点 187~190℃，沸点(升华)，相对密度(水=1)1.4，饱和蒸气压 3.9mPa(25℃)，辛醇/水分配系数 1.48，闪点 226℃，引燃温度 580℃。

主要用途　用于有机合成，用作染料、药物的中间体。

包装与储运

包装标志　杂类

包装类别　Ⅲ类

安全储运　储存于阴凉、通风的库房。远离火种、热源。应与强氧化剂、酸碱等隔离储运。

紧急处置信息

急救措施

吸入：迅速脱离现场至空气新鲜处。保持呼吸道通畅。如呼吸困难，给输氧。呼吸、心跳停止，立即进行心肺复苏术。就医。

眼睛接触：立即分开眼睑，用流动清水或生理盐水彻底冲洗。就医。

皮肤接触：立即脱去污染的衣着，用肥皂水和清水彻底冲洗。就医。

食入：漱口，饮水。就医。

灭火方法　消防人员须穿全身消防服，佩戴空气呼吸器，在上风向灭火。尽可能将容器从火场移至空旷处。喷水保持火场容器冷却，直至灭火结束。

灭火剂：二氧化碳、泡沫、干粉。

泄漏应急处置　隔离泄漏污染区，限制出入。消除点火源。建议应急处理人员戴防尘口罩，穿防毒服，戴橡胶手套。穿上适当的防护服前严禁接触破裂的容器和泄漏物。尽可能切断泄漏源。用塑料布覆盖泄漏物，减少飞散。勿使水进入包装容器内。用洁净的铲子收集泄漏物，置于干净、干燥、盖子较松的容器中，将容器移离泄漏区。

626. 1-(1-萘甲基)喹啉鎓氯化物

标　识

中文名称　1-(1-萘甲基)喹啉鎓氯化物

英文名称　1-(1-Naphthylmethyl)quinolinium chloride；Quinolinium，1-(1-naphthalenylmethyl)-，chloride

分子式　$C_{20}H_{16}N \cdot Cl$

CAS 号　65322-65-8

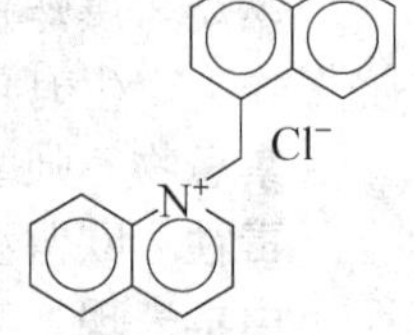

危害信息

燃烧与爆炸危险性　无特殊燃爆特性。

禁忌物　强氧化剂

毒性　欧盟法规 1272/2008/EC 将本品列为第 2 类致癌物——可疑的人类致癌物；第 2 类生殖细胞致突变物——由于可能导致人类生殖细胞可遗传突变而引起人们关注的物质。

中毒表现　食入有害。眼接触引起严重损害。对皮肤有刺激性。

侵入途径　吸入、食入。

环境危害　对水生生物有害，可能在水生环境中造成长期不利影响。

理化特性与用途

主要用途　用于石油天然气工业的压裂产品中。

包装与储运

安全储运　储存于阴凉、通风的库房。远离火种、热源。保持容器密闭。应与强氧化剂等隔离储运。

紧急处置信息

急救措施

吸入：迅速脱离现场至空气新鲜处。保持呼吸道通畅。如呼吸困难，给输氧。呼吸、心跳停止，立即进行心肺复苏术。就医。

眼睛接触：立即分开眼睑，用流动清水或生理盐水彻底冲洗 5~10min。就医

皮肤接触：立即脱去污染的衣着，用肥皂水和清水彻底冲洗。就医。

食入：漱口，饮水。就医。

灭火方法 消防人员须穿全身消防服，佩戴空气呼吸器，在上风向灭火。尽可能将容器从火场移至空旷处。

根据着火原因选择适当灭火剂灭火。

泄漏应急处置 隔离泄漏污染区，限制出入。建议应急处理人员戴防尘口罩，穿防毒服，戴防化学品手套。穿上适当的防护服前严禁接触破裂的容器和泄漏物。尽可能切断泄漏源。用塑料布覆盖泄漏物，减少飞散。勿使水进入包装容器内。用洁净的铲子收集泄漏物，置于干净、干燥、盖子较松的容器中，将容器移离泄漏区。

627. 柠檬醛

标 识

中文名称 柠檬醛

英文名称 Citral；3,7-Dimethyl-trans-2,6-octadienal

别名 3,7-二甲基-2,6-辛二烯醛

分子式 $C_{10}H_{16}O$

CAS 号 5392-40-5

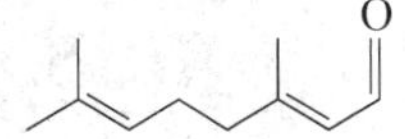

危害信息

燃烧与爆炸危险性 可燃，其蒸气与空气混合能形成爆炸性混合物，遇明火、高热易燃烧爆炸。蒸气比空气重，能在较低处扩散到相当远的地方，遇火源会着火回燃和爆炸(闪爆)。在高温火场中，受热的容器或储罐有破裂和爆炸的危险。

禁忌物 强氧化剂、酸碱、醇类。

毒性 大鼠经口 LD_{50}：3.45g/kg；小鼠经口 LD_{50}：1.67g/kg；兔经皮 LD_{50}：2250mg/kg。

中毒表现 对皮肤有刺激性和致敏性。

侵入途径 吸入、食入、经皮吸收。

职业接触限值 美国(ACGIH)：TLV-TWA 5ppm[可吸入性颗粒物和蒸气]。

理化特性与用途

理化特性 淡黄色至黄色透明易流动液体，有强烈的柠檬样气味。不溶于水，溶于苯甲酸苄酯、苯二甲酸二乙酯、丙二醇、乙醇、矿物油等。熔点<-10℃，沸点 228~229℃，相对密度(水=1)0.891~0.897，相对蒸气密度(空气=1)5.2，饱和蒸气压 12.1Pa(25℃)，辛醇/水分配系数 3.45，闪点 91℃(闭杯)，引燃温度 225℃，爆炸下限 4.3%，爆炸上限 9.9%。

主要用途 用于配制香料和用作医药中间体。

包装与储运

安全储运 储存于阴凉、通风的库房。远离火种、热源。保持容器密闭。应与强氧化剂、酸碱、醇类等隔离储运。搬运时轻装轻卸，防止容器受损。

紧急处置信息

急救措施

吸入：迅速脱离现场至空气新鲜处。保持呼吸道通畅。如呼吸困难，给输氧。呼吸、

心跳停止，立即进行心肺复苏术。就医。

眼睛接触：立即分开眼睑，用流动清水或生理盐水彻底冲洗。就医。

皮肤接触：立即脱去污染的衣着，用肥皂水和清水彻底冲洗。就医。

食入：漱口，饮水。就医。

灭火方法 消防人员须穿全身消防服，佩戴防毒面具，在上风向灭火。尽可能将容器从火场移至空旷处。喷水保持火场容器冷却，直至灭火结束。处在火场中的容器若发生异常变化或发出异常声音，须马上撤离。

灭火剂：雾状水、泡沫、二氧化碳、干粉、砂土。

泄漏应急处置 根据液体流动和蒸气扩散的影响区域划定警戒区，无关人员从侧风、上风向撤离至安全区。消除所有点火源。建议应急处理人员戴正压自给式呼吸器，穿防护服，戴防护手套。穿上适当的防护服前严禁接触破裂的容器和泄漏物。尽可能切断泄漏源。防止泄漏物进入水体、下水道、地下室或有限空间。小量泄漏：用干燥的砂土或其他不燃材料吸收或覆盖，收集于容器中。大量泄漏：构筑围堤或挖坑收容。用泡沫覆盖，减少蒸发。用防爆泵转移至槽车或专用收集器内。

628. 2,2′-偶氮二(2-甲基丙基脒)二盐酸盐

标　识

中文名称 2,2′-偶氮二(2-甲基丙基脒)二盐酸盐

英文名称 2,2′-Azobis(2-methylpropionamidine) dihydrochloride

别名 2,2′-偶氮二异丁基脒二盐酸盐

分子式 $C_8H_{18}N_6 \cdot 2HCl$

CAS 号 2997-92-4

NH H₂N N=N NH₂ HCl HCl NH

危害信息

燃烧与爆炸危险性 无特殊燃爆特性。

禁忌物 强氧化剂。

毒性 大鼠经口 LD_{50}：410mg/kg；大鼠经皮 LD_{50}：>5900mg/kg。

中毒表现 食入有害。对皮肤有致敏性。

侵入途径 吸入、食入、经皮吸收。

理化特性与用途

理化特性 白色至米色结晶粉末或颗粒。溶于水，溶于甲醇、酸性溶液，不溶于甲苯。熔点 160~169℃；密度 0.4g/cm³。

主要用途 用作引发剂。

包装与储运

安全储运 储存于阴凉、通风的库房。远离火种、热源。保持容器密闭。应与强氧化剂等隔离储运。

紧急处置信息

急救措施

吸入：迅速脱离现场至空气新鲜处。保持呼吸道通畅。如呼吸困难，给输氧。呼吸、心跳停止，立即进行心肺复苏术。就医。

眼睛接触：立即分开眼睑，用流动清水或生理盐水彻底冲洗。就医。

皮肤接触：立即脱去污染的衣着，用肥皂水和清水彻底冲洗。就医。

食入：漱口，饮水。就医。

灭火方法 消防人员须穿全身消防服，佩戴空气呼吸器，在上风向灭火。尽可能将容器从火场移至空旷处。

根据着火原因选择适当灭火剂灭火。

泄漏应急处置 隔离泄漏污染区，限制出入。建议应急处理人员戴防尘口罩，穿防护服，戴橡胶手套。禁止接触或跨越泄漏物。穿上适当的防护服前严禁接触破裂的容器和泄漏物。尽可能切断泄漏源。用塑料布覆盖，减少飞散、避免雨淋。用洁净的铲子收集泄漏物，置于干净、干燥、盖子较松的容器中，将容器移离泄漏区。

629. 偶氮磷

标　识

中文名称 偶氮磷

英文名称 Azothoate；*O*-4-(4-Chlorophenylazo)phenyl *O*,*O*-dimethyl phosphorothioate

别名 *O*-(*p*-(*p*-氯苯基偶氮)苯基)*O*,*O*-二甲基硫代磷酸酯

分子式 $C_{14}H_{14}ClN_2O_3PS$

CAS 号 5834-96-8

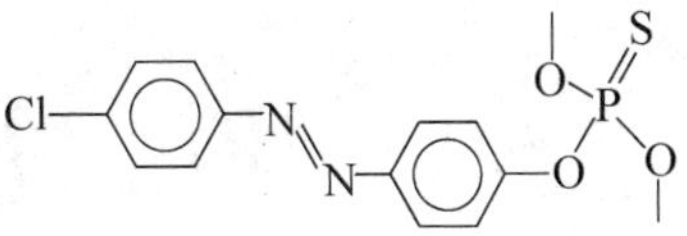

危害信息

燃烧与爆炸危险性 不易燃。

禁忌物 强氧化剂、强碱。

毒性 大鼠经口 LD_{50}：>1500mg/kg；小鼠经口 LD_{50}：>1500mg/kg；大鼠经皮 LD_{50}：>1500mg/kg。

中毒表现 抑制体内胆碱酯酶活性，造成神经生理功能紊乱。急性中毒症状有头痛、头昏、乏力、食欲不振、恶心、呕吐、腹痛、腹泻、流涎、瞳孔缩小、呼吸道分泌物增多、多汗、肌束震颤等。重度中毒者出现肺水肿、昏迷、呼吸麻痹、脑水肿。血胆碱酯酶活性降低。

侵入途径 吸入、食入、经皮吸收。

环境危害 对水生生物有毒。

理化特性与用途

理化特性 液体。不溶于水。沸点 447℃，相对密度(水=1)1.33，饱和蒸气压 0.012mPa(25℃)，闪点 224℃。

主要用途 杀虫剂和杀螨剂。可防治家蝇幼虫。

包装与储运

安全储运　储存于阴凉、通风的库房。远离火种、热源。应与强氧化剂、强碱等隔离储运。搬运时轻装轻卸，防止容器受损。

紧急处置信息

急救措施

吸入：迅速脱离现场至空气新鲜处。保持呼吸道通畅。如呼吸困难，给输氧。呼吸、心跳停止，立即进行心肺复苏术。就医。

眼睛接触：分开眼睑，用流动清水或生理盐水冲洗。就医。

皮肤接触：立即脱去污染的衣着，用肥皂水及流动清水彻底冲洗污染的皮肤、头发、指甲等。就医。

食入：饮足量温水，催吐(仅限于清醒者)。口服活性炭。就医。

解毒剂：阿托品、胆碱酯酶复能剂。

灭火方法　消防人员须穿全身消防服，佩戴防毒面具，在上风向灭火。尽可能将容器从火场移至空旷处。喷水保持火场容器冷却，直至灭火结束。处在火场中的容器若发生异常变化或发出异常声音，须马上撤离。

灭火剂：雾状水、泡沫、二氧化碳、干粉、砂土。

泄漏应急处置　根据液体流动和蒸气扩散的影响区域划定警戒区，无关人员从侧风、上风向撤离至安全区。消除点火源。建议应急处理人员戴正压自给式呼吸器，穿防护服，戴防护手套。穿上适当的防护服前严禁接触破裂的容器和泄漏物。尽可能切断泄漏源。防止泄漏物进入水体、下水道、地下室或有限空间。小量泄漏：用干燥的砂土或其他不燃材料吸收或覆盖，收集于容器中。大量泄漏：构筑围堤或挖坑收容。用耐腐蚀泵转移至槽车或专用收集器内。

630. 哌草丹

标　识

中文名称　哌草丹

英文名称　*S*-(1-Methyl-1-phenylethyl) piperidine-1-carbothioate；Dimepiperate

别名　*S*-(1-甲基-1-苯基乙基)哌啶-1-硫代甲酸酯

分子式　$C_{15}H_{21}NOS$

CAS 号　61432-55-1

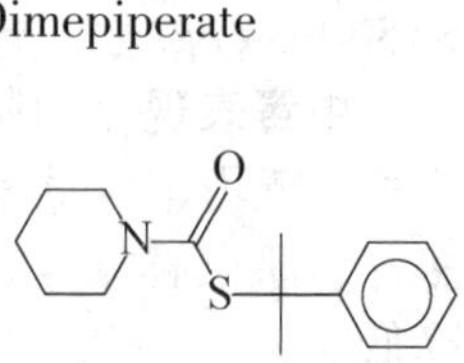

危害信息

燃烧与爆炸危险性　不易燃，无特殊燃爆特性。

禁忌物　强氧化剂、强酸、碱类。

毒性　大鼠经口 LD_{50}：946mg/kg；小鼠经口 LD_{50}：4519mg/kg；大鼠吸入 LC_{50}：>1600mg/m^3(4h)；大鼠经皮 LD_{50}：>5g/kg；兔经皮 LD_{50}：>2mg/kg。

中毒表现　食入有害。对皮肤有刺激性。

侵入途径　吸入、食入、经皮吸收。

环境危害 对水生生物有毒，可能在水生环境中造成长期不利影响。

理化特性与用途

理化特性 蜡状固体。不溶于水，溶于丙酮、氯仿、环己酮、乙醇、己烷。熔点 38.8~39.3℃，沸点 164~168℃(100Pa)，相对密度(水=1)1.08，饱和蒸气压 0.53mPa(30℃)，辛醇/水分配系数 4.02。

主要用途 是水稻和稗草间高选择性除草剂。

包装与储运

包装标志 杂类

包装类别 Ⅲ类

安全储运 储存于阴凉、通风的库房。远离火种、热源。应与强氧化剂、强酸、碱类等隔离储运。

紧急处置信息

急救措施

吸入：迅速脱离现场至空气新鲜处。保持呼吸道通畅。如呼吸困难，给输氧。呼吸、心跳停止，立即进行心肺复苏术。就医。

眼睛接触：立即分开眼睑，用流动清水或生理盐水彻底冲洗。就医。

皮肤接触：立即脱去污染的衣着，用肥皂水和清水彻底冲洗。就医。

食入：漱口，饮水。就医。

灭火方法 消防人员须穿全身消防服，佩戴防毒面具，在上风向灭火。尽可能将容器从火场移至空旷处。喷水保持火场容器冷却，直至灭火结束。

根据着火原因选择适当灭火剂灭火。

泄漏应急处置 隔离泄漏污染区，限制出入。建议应急处理人员戴防尘口罩，穿防护服，戴防护手套。穿上适当的防护服前严禁接触破裂的容器和泄漏物。尽可能切断泄漏源。用塑料布覆盖泄漏物，减少飞散。勿使水进入包装容器内。用洁净的铲子收集泄漏物，置于干净、干燥、盖子较松的容器中，将容器移离泄漏区。

631. 哌草磷

标　识

中文名称 哌草磷

英文名称 Piperophos；*S*-2-Methylpiperidinocarbonylmethyl-*O*,*O*-dipropyl phosphorodithioate

别名 *S*-2-甲基哌啶基羰基甲基 *O*,*O*-二丙基二硫代磷酸酯

分子式 $C_{14}H_{28}NO_3PS_2$

CAS 号 24151-93-7

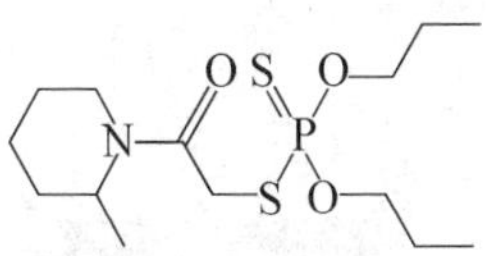

危害信息

燃烧与爆炸危险性 不易燃。

禁忌物 氧化剂、强碱。

毒性 大鼠经口 LD_{50}：324mg/kg；小鼠经口 LD_{50}：330mg/kg；大鼠吸入 LC_{50}：>1960 mg/m^3(1h)；大鼠经皮 LD_{50}：>2150mg/kg。

中毒表现 典型症状有胃肠道腐蚀，如咽痛、吞咽困难及胃肠道出血等。少数病例可发生低血压、肺水肿等。眼被污染后，出现眶周水肿及球结膜水肿。

侵入途径 吸入、食入、经皮吸收。

环境危害 对水生生物有极高毒性，可能在水生环境中造成长期不利影响。

理化特性与用途

理化特性 淡黄色稍有黏性的透明液体。不溶于水，混溶于苯、丙酮、己烷、二氯甲烷、辛醇。熔点<25℃，沸点>250℃，相对密度(水=1)1.13，饱和蒸气压 0.032mPa(20℃)，辛醇/水分配系数 4.3，闪点>100℃。

主要用途 选择性内吸除草剂。用于防除水稻田一年生禾本科和莎草科杂草。

包装与储运

包装标志 杂类

包装类别 Ⅲ类

安全储运 储存于阴凉、通风良好的专用库房内。保持容器密封。应与氧化剂、强碱等分开存放，切忌混储。搬运时轻装轻卸，防止容器受损。

紧急处置信息

急救措施

吸入：迅速脱离现场至空气新鲜处。保持呼吸道通畅。如呼吸困难，给输氧。呼吸、心跳停止，立即进行心肺复苏术。就医。

眼睛接触：立即分开眼睑，用流动清水或生理盐水彻底冲洗 5~10min。就医。

皮肤接触：立即脱去污染的衣着，用大量流动清水彻底冲洗，冲洗时间一般要求 20~30min。就医。

食入：用水漱口，禁止催吐。给饮牛奶或蛋清。就医。

灭火方法 消防人员须穿全身消防服，佩戴防毒面具，在上风向灭火。尽可能将容器从火场移至空旷处。喷水保持火场容器冷却，直至灭火结束。处在火场中的容器若发生异常变化或发出异常声音，须马上撤离。

灭火剂：雾状水、泡沫、二氧化碳、干粉、砂土。

泄漏应急处置 根据液体流动和蒸气扩散的影响区域划定警戒区，无关人员从侧风、上风向撤离至安全区。建议应急处理人员戴正压自给式呼吸器，穿防毒服，戴防护手套。穿上适当的防护服前严禁接触破裂的容器和泄漏物。尽可能切断泄漏源。防止泄漏物进入水体、下水道、地下室或有限空间。小量泄漏：用干燥的砂土或其他不燃材料吸收或覆盖，收集于容器中。大量泄漏：构筑围堤或挖坑收容。用泵转移至槽车或专用收集器内。

632. 哌嗪二盐酸盐

标　识

中文名称 哌嗪二盐酸盐

英文名称 Piperazine dihydrochloride；Piperazine，hydrochloride

别名 盐酸哌嗪

分子式 $C_4H_{10}N_2 \cdot 2HCl$

CAS 号 142-64-3

HN—NH HCl HCl

危害信息

燃烧与爆炸危险性 受热易分解，放出有毒的氮氧化物和氯化氢气体。

禁忌物 强氧化剂。

毒性 大鼠经口 LD_{50}：4900mg/kg。

欧盟法规 1272/2008/EC 将本品列为第 2 类生殖毒物——可疑的人类生殖毒物。

中毒表现 中毒者出现头痛、恶心、呕吐、腹泻、嗜睡、震颤、共济失调、肌无力和视觉模糊等。对皮肤有刺激性和致敏性。对呼吸道有致敏性。

侵入途径 吸入、食入。

职业接触限值 美国(ACGIH)：TLV-TWA 0.03ppm[可吸入性颗粒物和蒸气]。

理化特性与用途

理化特性 白色至乳白色针状结晶或粉末。溶于水，不溶于有机溶剂。熔点 318~320℃，饱和蒸气压 0.54kPa(25℃)，辛醇/水分配系数-1.17。

主要用途 用于制纤维、药物、橡胶产品和杀虫剂等。

包装与储运

安全储运 储存于阴凉、通风的库房。远离火种、热源。应与强氧化剂等隔离储运。

紧急处置信息

急救措施

吸入：迅速脱离现场至空气新鲜处。保持呼吸道通畅。如呼吸困难，给输氧。呼吸、心跳停止，立即进行心肺复苏术。就医。

眼睛接触：立即分开眼睑，用流动清水或生理盐水彻底冲洗。就医。

皮肤接触：立即脱去污染的衣着，用肥皂水和清水彻底冲洗。就医。

食入：漱口，饮水。就医。

灭火方法 消防人员须穿全身消防服，佩戴空气呼吸器，在上风向灭火。尽可能将容器从火场移至空旷处。喷水保持火场容器冷却，直至灭火结束。禁止用水灭火。

灭火剂：泡沫、二氧化碳、干粉。

泄漏应急处置 隔离泄漏污染区，限制出入。建议应急处理人员戴防尘口罩，穿防毒服，戴橡胶手套。穿上适当的防护服前严禁接触破裂的容器和泄漏物。尽可能切断泄漏源。用塑料布覆盖泄漏物，减少飞散。勿使水进入包装容器内。用洁净的铲子收集泄漏物，置于干净、干燥、盖子较松的容器中，将容器移离泄漏区。

633. 七氯环氧

标　　识

中文名称 七氯环氧

英文名称　Heptachlor epoxide；2,3-Epoxy-1,4,5,6,7,8,8-heptachloro-3a,4,7,7a-tetrahydro-4,7-methanoindane

别名　环氧七氯；环氧庚氯烷

分子式　$C_{10}H_5Cl_7O$

CAS 号　1024-57-3

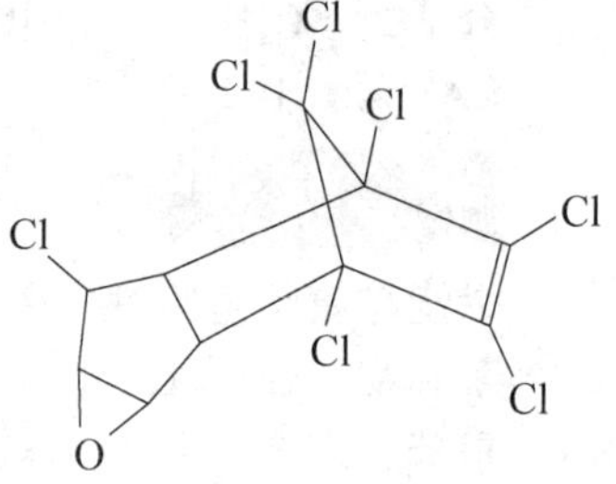

危害信息

危险性类别　第 6 类　有毒品

燃烧与爆炸危险性　不燃，无特殊燃爆特性。

禁忌物　强氧化剂、强酸。

毒性　大鼠经口 LD_{50}：15mg/kg；小鼠经口 LD_{50}：39mg/kg。

IARC 致癌性评论：G2B，可疑人类致癌物。

欧盟法规 1272/2008/EC 将本品列为第 2 类致癌物——可疑的人类致癌物。

中毒表现　食入可致死。长期反复接触可能对器官造成损害。

侵入途径　吸入、食入、经皮吸收。

职业接触限值　美国(ACGIH)：TLV-TWA 0.05mg/m^3[皮]。

环境危害　对水生生物有极高毒性，可能在水生环境中造成长期不利影响。

理化特性与用途

理化特性　固体。不溶于水。熔点 160～161.5℃，相对密度(水=1)1.91，饱和蒸气压 2.6mPa(30℃)，辛醇/水分配系数 4.98。

主要用途　杀虫剂。

包装与储运

包装标志　有毒品

包装类别　Ⅲ类

安全储运　储存于阴凉、通风的库房。远离火种、热源。防止阳光直射。储存温度不超过 35℃，相对湿度不超过 85%。保持容器密封。应与强氧化剂、强酸等分开存放，切忌混储。配备相应品种和数量的消防器材。储区应备有合适的材料收容泄漏物。

紧急处置信息

急救措施

吸入：迅速脱离现场至空气新鲜处。保持呼吸道通畅。如呼吸困难，给输氧。呼吸、心跳停止，立即进行心肺复苏术。就医。

眼睛接触：立即分开眼睑，用流动清水或生理盐水彻底冲洗。就医。

皮肤接触：立即脱去污染的衣着，用流动清水彻底冲洗。就医。

食入：饮适量温水，催吐(仅限于清醒者)。就医。

灭火方法　消防人员须穿全身消防服，佩戴防毒面具，在上风向灭火。尽可能将容器从火场移至空旷处。喷水保持火场容器冷却，直至灭火结束。

本品不燃，根据着火原因选择适当灭火剂灭火。

泄漏应急处置　隔离泄漏污染区，限制出入。建议应急处理人员戴防尘口罩，穿防毒服，戴防化学品手套。穿上适当的防护服前严禁接触破裂的容器和泄漏物。尽可能切断泄漏源。用塑料布覆盖泄漏物，减少飞散。勿使水进入包装容器内。用洁净的铲子收集泄漏物，置于干净、干燥、盖子较松的容器中，将容器移离泄漏区。

634. 汽油

标　识

中文名称　汽油

英文名称　Natural gasoline; Petroleum distillates

CAS 号　8006-61-9

危害信息

危险性类别　第 3 类　易燃液体

燃烧与爆炸危险性　易燃，其蒸气与空气混合能形成爆炸性混合物，遇明火、高热易燃烧爆炸。蒸气比空气重，能在较低处扩散到相当远的地方，遇火源会着火回燃和爆炸(闪爆)。

禁忌物　氧化剂。

毒性　大鼠吸入 LC_{50}：300g/m^3(5min)；小鼠吸入 LC_{50}：300g/m^3(5min)。

欧盟法规 1272/2008/EC 将本品列为第 1B 类致癌物——可能对人类有致癌能力；第 1B 类生殖细胞致突变物——应认为可能引起人类生殖细胞可遗传突变的物质。

中毒表现　液态本品进入呼吸道可引起化学性肺炎。

侵入途径　吸入、食入、经皮吸收。

理化特性与用途

理化特性　无色至琥珀色易流动液体，有石油气味。不溶于水，易溶于乙醇、乙醚、氯仿、苯、二硫化碳等。熔点<-60℃，沸点 20~200℃，相对密度(水=1)0.7~0.8，相对蒸气密度(空气=1)3~4，饱和蒸气压 40.4~91kPa(37.8℃)，辛醇/水分配系数 2~7，闪点<-21℃，引燃温度 250~474℃，爆炸下限 1.3%，爆炸上限 7.1%。

主要用途　用作内燃机燃料、溶剂、精密仪器清洗剂、人造皮革整理剂等。

包装与储运

包装标志　易燃液体

包装类别　Ⅰ类

安全储运　储存于阴凉、通风的库房。远离火种、热源。库温不宜超过 37℃。保持容器密封。应与氧化剂等分开存放，切忌混储。采用防爆型照明、通风设施。禁止使用易产生火花的机械设备和工具。灌装时注意流速，防止静电积聚。配备相应品种和数量的消防器材。储区应备有泄漏应急处理设备和合适的收容材料。搬运时轻装轻卸，防止容器受损。

紧急处置信息

急救措施

吸入：迅速脱离现场至空气新鲜处。保持呼吸道通畅。如呼吸困难，给输氧。呼吸、心跳停止，立即进行心肺复苏术。就医。

眼睛接触：立即分开眼睑，用流动清水或生理盐水彻底冲洗。就医。

皮肤接触：立即脱去污染的衣着，用肥皂水和清水彻底冲洗。就医。

食入：漱口，饮水。禁止催吐。就医。

灭火方法 在泄漏停止前禁止灭火。消防人员须穿全身消防服，佩戴空气呼吸器，在上风向灭火。尽可能将容器从火场移至空旷处。喷水保持火场容器冷却，直至灭火结束。处在火场中的容器若发生异常变化或发出异常声音，须马上撤离。

灭火剂：泡沫、二氧化碳、干粉。

泄漏应急处置 消除所有点火源。根据液体流动和蒸气扩散的影响区域划定警戒区，无关人员从侧风、上风向撤离至安全区。建议应急处理人员戴正压自给式呼吸器，穿防毒、防静电服，戴防化学品手套。作业时使用的所有设备应接地。禁止接触或跨越泄漏物。尽可能切断泄漏源。防止泄漏物进入水体、下水道、地下室或有限空间。小量泄漏：用砂土或其他不燃材料吸收。使用洁净的无火花工具收集吸收材料。大量泄漏：构筑围堤或挖坑收容。用泡沫覆盖，减少蒸发。喷水雾能减少蒸发，但不能降低泄漏物在有限空间内的易燃性。用防爆泵转移至槽车或专用收集器内。

635. 汽油(-18℃≤闪点<23℃)

标　识

中文名称 汽油(-18℃≤闪点<23℃)

英文名称 Gasoline(flash point not less than-18℃ but not more than 23℃)；Gasoline，natural

CAS 号 8006-61-9

铁危编号 31001

UN 号 1203

危害信息

危险性类别 第3类 易燃液体

燃烧与爆炸危险性 易燃，其蒸气与空气混合能形成爆炸性混合物，遇明火、高热易燃烧爆炸。蒸气比空气重，能在较低处扩散到相当远的地方，遇火源会着火回燃和爆炸(闪爆)。在高温火场中，受热的容器或储罐有破裂和爆炸的危险。

禁忌物 氧化剂。

毒性 大鼠吸入 LC_{50}：300g/m^3(5min)；小鼠吸入 LC_{50}：300g/m^3(5min)；人吸入 *TCLo*：900ppm(1h)。

IARC 致癌性评论：G2B，可疑人类致癌物。

欧盟法规 1272/2008/EC 将本品列为第 1B 类致癌物——可能对人类有致癌能力；第 1B 类生殖细胞致突变物——应认为可能引起人类生殖细胞可遗传突变的物质。

中毒表现 汽油为麻醉性毒物，急性汽油中毒主要引起中枢神经系统和呼吸系统损害。

急性中毒 汽油蒸气吸入呼吸道后，轻度中毒出现头痛、头晕、恶心、呕吐、步态不稳、视力模糊、烦躁、哭笑无常、兴奋不安、轻度意识障碍等。重度中毒出现中度或重度意识障碍、化学性肺炎、反射性呼吸停止。汽油液体被吸入呼吸道后引起吸入性肺炎，出现剧烈咳嗽、胸痛、咯血、发热、呼吸困难、紫绀。如汽油液体进入消化道，表现为频繁呕吐、胸骨后灼热感、腹痛、腹泻、肝脏肿大及压痛。皮肤浸泡或浸渍于汽油时间较长后，受浸皮肤出现水疱、表皮破碎脱落，呈浅Ⅱ度灼伤。个别敏感者可发生急性皮炎。

慢性中毒　表现为神经衰弱综合征、植物神经功能紊乱、周围神经病。严重中毒出现中毒性脑病，中毒性精神病，类精神分裂症，中毒性周围神经病所致肢体瘫痪。可引起肾脏损害。长期接触汽油可引起血中白细胞等血细胞的减少，其原因是由于汽油内苯含较高，其临床表现同慢性苯中毒。皮肤损害可见皮肤干燥、皲裂、角化、毛囊炎、慢性湿疹、指甲变厚和凹陷。严重者可引起剥脱性皮炎。

侵入途径　吸入、食入。

职业接触限值　中国：PC-TWA 300mg/m^3[溶剂汽油]。

理化特性与用途

理化特性　无色或淡黄色易挥发液体。不溶于水，易溶于苯、二硫化碳、醇、脂肪。相对密度(水=1)0.7~0.8，相对蒸气密度(空气=1)3.4，辛醇/水分配系数2.1~6，闪点-18~23℃。

主要用途　用作内燃机燃料和用作溶剂。

包装与储运

包装标志　易燃液体

包装类别　Ⅰ类

安全储运　储存于阴凉、通风的库房。远离火种、热源。防止阳光直射。库温不宜超过29℃。保持容器密封。应与氧化剂等分开存放，切忌混储。采用防爆型照明、通风设施。禁止使用易产生火花的机械设备和工具。配备相应品种和数量的消防器材。储区应备有泄漏应急处理设备和合适的收容材料。搬运时轻装轻卸，防止容器受损。

紧急处置信息

急救措施

吸入：迅速脱离现场至空气新鲜处。保持呼吸道通畅。如呼吸困难，给输氧。呼吸、心跳停止，立即进行心肺复苏术。就医。

眼睛接触：立即分开眼睑，用流动清水或生理盐水彻底冲洗。就医。

皮肤接触：立即脱去污染的衣着，用肥皂水和清水彻底冲洗。就医。

食入：漱口，饮水。禁止催吐。就医。

灭火方法　消防人员须穿全身消防服，佩戴防毒面具，在上风向灭火。尽可能将容器从火场移至空旷处。喷水保持火场容器冷却，直至灭火结束。处在火场中的容器若发生异常变化或发出异常声音，须马上撤离。

灭火剂：雾状水、泡沫、二氧化碳、干粉、砂土。

泄漏应急处置　根据液体流动和蒸气扩散的影响区域划定警戒区，无关人员从侧风、上风向撤离至安全区。消除所有点火源。建议应急处理人员戴防毒面具，穿防毒、防静电服，戴橡胶防护手套。穿上适当的防护服前严禁接触破裂的容器和泄漏物。作业时使用的设备应接地。尽可能切断泄漏源。防止泄漏物进入水体、下水道、地下室或有限空间。小量泄漏：用干燥的砂土或其他不燃材料吸收或覆盖，用洁净的无火花工具收集于容器中。大量泄漏：构筑围堤或挖坑收容。用泡沫覆盖，减少蒸发。喷水雾能减少蒸发，但不能降低泄漏物在有限空间内的易燃性。用防爆泵转移至槽车或专用收集器内。

636. 羟(2-(苯磺酰胺基)苯甲酸根合)锌

标　识

中文名称　羟(2-(苯磺酰胺基)苯甲酸根合)锌

英文名称　Hydroxo(2-(benzenesulfonamido)benzoato)zinc(Ⅱ)

分子式　$C_{13}H_{11}NO_5SZn$

CAS 号　113036-91-2

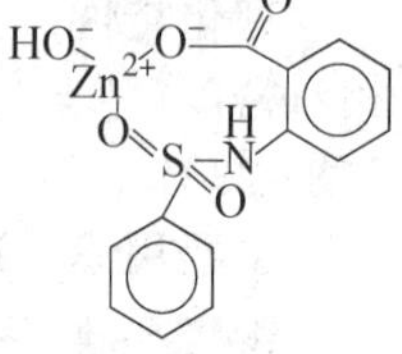

危害信息

燃烧与爆炸危险性　无特殊燃爆特性。

禁忌物　强氧化剂。

中毒表现　吸入有害。

侵入途径　吸入、食入。

环境危害　对水生生物有毒，可能在水生环境中造成长期不利影响。

包装与储运

包装标志　杂类

包装类别　Ⅲ类

安全储运　储存于阴凉、通风的库房。远离火种、热源。应与强氧化剂等隔离储运。

紧急处置信息

急救措施

吸入：迅速脱离现场至空气新鲜处。保持呼吸道通畅。如呼吸困难，给输氧。呼吸、心跳停止，立即进行心肺复苏术。就医。

眼睛接触：立即分开眼睑，用流动清水或生理盐水彻底冲洗。就医。

皮肤接触：立即脱去污染的衣着，用肥皂水和清水彻底冲洗。就医。

食入：漱口，饮水。就医。

灭火方法　消防人员须穿全身消防服，佩戴空气呼吸器，在上风向灭火。尽可能将容器从火场移至空旷处。喷水保持火场容器冷却，直至灭火结束。

根据着火原因选择适当灭火剂灭火。

泄漏应急处置　隔离泄漏污染区，限制出入。建议应急处理人员戴防尘口罩，穿防毒服，戴橡胶手套。穿上适当的防护服前严禁接触破裂的容器和泄漏物。尽可能切断泄漏源。用塑料布覆盖泄漏物，减少飞散。勿使水进入包装容器内。用洁净的铲子收集泄漏物，置于干净、干燥、盖子较松的容器中，将容器移离泄漏区。

637. 羟基胺

标　识

中文名称　羟基胺

英文名称　Hydroxyamine

别名　羟胺

分子式　H_3NO

$H_2N—OH$

CAS 号　7803-49-8

危害信息

危险性类别　第 1 类　爆炸品

燃烧与爆炸危险性　易爆。燃烧产生有毒的刺激性气体。在高温火场中，受热的容器有破裂和爆炸的危险。

禁忌物　爆炸品、氧化剂、还原剂、碱。

毒性　欧盟法规 1272/2008/EC 将本品列为第 2 类致癌物——可疑的人类致癌物。

中毒表现　食入和皮肤接触有害。眼接触引起严重损害。对皮肤有刺激性和致敏性。对呼吸道有刺激性。长期或反复接触可能对器官造成损害。

侵入途径　吸入、食入、经皮吸收。

环境危害　对水生生物有极高毒性。

理化特性与用途

理化特性　无色或白色片状或针状结晶，易吸湿。易溶于水，易溶于液氨、甲醇，微溶于乙醚、苯、二硫化碳、氯仿。熔点 33℃，沸点 58℃(2.93kPa)，分解温度 70℃，相对密度(水=1)1.2，相对蒸气密度(空气=1)1.1，饱和蒸气压 1.3kPa(47℃)，辛醇/水分配系数-1.5，闪点 129℃，引燃温度 265℃。

主要用途　用作医药和农药原料、还原剂、抗氧剂、稳定剂、化学中间体，用于分析化学。

包装与储运

包装标志　爆炸品

安全储运　储存于阴凉、干燥、通风的爆炸品专用库房。远离火种、热源。储存温度不宜超过 32℃，相对湿度不超过 80%。若以水作稳定剂，储存温度应大于 1℃，相对湿度小于 80%。保持容器密封。应与其他爆炸品、氧化剂、还原剂、碱等隔离储运。采用防爆型照明、通风设施。禁止使用易产生火花的机械设备和工具。搬运时轻装轻卸，防止容器受损。禁止震动、撞击和摩擦。

紧急处置信息

急救措施

吸入：迅速脱离现场至空气新鲜处。保持呼吸道通畅。如呼吸困难，给输氧。呼吸、心跳停止，立即进行心肺复苏术。就医。

眼睛接触：立即分开眼睑，用流动清水或生理盐水彻底冲洗 5~10min。就医。

皮肤接触： 立即脱去污染的衣着，用肥皂水和清水彻底冲洗。就医。

食入： 漱口，饮水。就医。

灭火方法　消防人员须穿全身消防服，佩戴空气呼吸器，在上风向灭火。尽可能将容器从火场移至空旷处。喷水保持火场容器冷却，直至灭火结束。

灭火剂：大量水、抗溶性泡沫、干粉。

泄漏应急处置　隔离泄漏污染区，限制出入。消除所有点火源。建议应急处理人员戴防尘口罩，穿防毒、防静电服，戴橡胶手套。作业时使用的所有设备应接地。禁止接触或跨越泄漏物。尽可能切断泄漏源。在专家指导下清除。

638. (羟基(4-苯丁基)氧膦基)乙酸

标　识

中文名称　(羟基(4-苯丁基)氧膦基)乙酸

英文名称　((4-Phenylbutyl)hydroxyphosphoryl)acetic acid

别名　((4-苯丁基)羟基磷酰基)乙酸

分子式　$C_{12}H_{17}O_4P$

CAS 号　83623-61-4

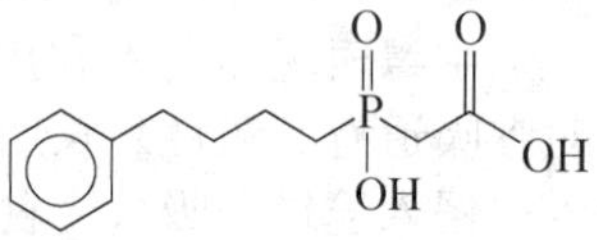

危害信息

燃烧与爆炸危险性　无特殊燃爆特性。

禁忌物　强氧化剂、碱类。

中毒表现　眼接触引起严重损害。对皮肤有致敏性。长期反复接触可能对器官造成损害。

侵入途径　吸入、食入

理化特性与用途

理化特性　白色结晶性粉末。微溶于水。沸点 560℃，相对密度(水=1)1.252，辛醇/水分配系数 2.34。

主要用途　福辛普利钠中间体。

包装与储运

安全储运　储存于阴凉、通风的库房。远离火种、热源。保持容器密闭。应与强氧化剂、碱类等隔离储运。

紧急处置信息

急救措施

吸入： 迅速脱离现场至空气新鲜处。保持呼吸道通畅。如呼吸困难，给输氧。呼吸、心跳停止，立即进行心肺复苏术。就医。

眼睛接触： 立即分开眼睑，用流动清水或生理盐水彻底冲洗 5~10min。就医。

皮肤接触： 立即脱去污染的衣着，用肥皂水和清水彻底冲洗。就医。

食入： 漱口，饮水。就医。

灭火方法　消防人员须穿全身消防服，佩戴空气呼吸器，在上风向灭火。尽可能将容

器从火场移至空旷处。

根据着火原因选择适当灭火剂灭火。

泄漏应急处置 隔离泄漏污染区，限制出入。建议应急处理人员戴防尘口罩，穿防毒服，戴防护手套。穿上适当的防护服前严禁接触破裂的容器和泄漏物。尽可能切断泄漏源。用塑料布覆盖泄漏物，减少飞散。勿使水进入包装容器内。用洁净的铲子收集泄漏物，置于干净、干燥、盖子较松的容器中，将容器移离泄漏区。

639. 3-(羟基苯基氧膦基)丙酸

标 识

中文名称 3-(羟基苯基氧膦基)丙酸

英文名称 3-(Hydroxyphenylphosphinyl) propanoic acid

别名 3-羟基苯基磷酰丙酸;2-羧乙基苯基次膦酸

分子式 $C_9H_{11}O_4P$

CAS 号 14657-64-8

O P OH O OH

危害信息

燃烧与爆炸危险性 可燃。

禁忌物 强氧化剂、碱类。

中毒表现 眼接触引起严重损害。

侵入途径 吸入、食入。

理化特性与用途

理化特性 白色结晶或粉末。易溶于水，易溶于乙二醇。熔点 156~161℃，沸点 527℃，相对密度(水=1)1.35，辛醇/水分配系数-0.33，闪点 272℃。

主要用途 环保型阻燃剂，适用于聚酯的永久阻燃改性。

包装与储运

安全储运 储存于阴凉、通风的库房。远离火种、热源。应与强氧化剂、碱类等隔离储运。

紧急处置信息

急救措施

吸入：迅速脱离现场至空气新鲜处。保持呼吸道通畅。如呼吸困难，给输氧。呼吸、心跳停止，立即进行心肺复苏术。就医。

眼睛接触：立即分开眼睑，用流动清水或生理盐水彻底冲洗 5~10min。就医。

皮肤接触：立即脱去污染的衣着，用肥皂水和清水彻底冲洗。就医。

食入：漱口，饮水。就医。

灭火方法 消防人员须穿全身消防服，在上风向灭火。尽可能将容器从火场移至空旷处。喷水保持火场容器冷却直至灭火结束。

灭火剂：泡沫、二氧化碳、干粉。

泄漏应急处置 隔离泄漏污染区，限制出入。消除点火源。建议应急处理人员戴防尘口罩，穿防护服。穿上适当的防护服前严禁接触破裂的容器和泄漏物。尽可能切断泄漏源。用塑料布覆盖泄漏物，减少飞散。勿使水进入包装容器内。用洁净的铲子收集泄漏物，置于干净、干燥、盖子较松的容器中，将容器移离泄漏区。

640. *R*-2-(4-羟基苯氧基)丙酸

标 识

中文名称 *R*-2-(4-羟基苯氧基)丙酸
英文名称 (*R*)-2-(4-Hydroxyphenoxy)propanoic acid
分子式 $C_9H_{10}O_4$
CAS 号 94050-90-5

HO O O OH

危害信息

燃烧与爆炸危险性 无特殊燃爆特性。
禁忌物 强氧化剂、碱类。
中毒表现 眼接触引起严重损害。
侵入途径 吸入、食入。

理化特性与用途

理化特性 白色至微淡黄色结晶或粉末。微溶于水，溶于甲醇。熔点 145~148℃，沸点 368℃，相对密度(水=1)1.302，饱和蒸气压 0.64kPa(25℃)，辛醇/水分配系数 1.05，闪点 151℃。

主要用途 用作合成苯氧基丙酸类除草剂的重要中间体。

包装与储运

安全储运 储存于阴凉、通风的库房。远离火种、热源。应与强氧化剂、碱类等隔离储运。

紧急处置信息

急救措施

吸入： 迅速脱离现场至空气新鲜处。保持呼吸道通畅。如呼吸困难，给输氧。呼吸、心跳停止，立即进行心肺复苏术。就医。

眼睛接触： 立即分开眼睑，用流动清水或生理盐水彻底冲洗 5~10min。就医。

皮肤接触： 立即脱去污染的衣着，用肥皂水和清水彻底冲洗。就医。

食入： 漱口，饮水。就医。

灭火方法 消防人员须穿全身消防服，佩戴空气呼吸器，在上风向灭火。尽可能将容器从火场移至空旷处。喷水保持火场容器冷却，直至灭火结束。

根据着火原因选择适当灭火剂灭火。

泄漏应急处置 隔离泄漏污染区，限制出入。建议应急处理人员戴防尘口罩，穿防护服。穿上适当的防护服前严禁接触破裂的容器和泄漏物。尽可能切断泄漏源。用塑料布覆盖盖泄漏物，减少飞散。勿使水进入包装容器内。用洁净的铲子收集泄漏物，置于干净、干燥、盖子较松的容器中，将容器移离泄漏区。

641. 2-羟基-4-(N,N-二正丁基)氨基-2′-羧基二苯甲酮

标　识

中文名称　2-羟基-4-(N,N-二正丁基)氨基-2′-羧基二苯甲酮

英文名称　4-(N,N-Dibutylamino)-2-hydroxy-2′-carboxybenzophenone; Benzoic acid, 2-(4-(dibutylamino)-2-hydroxybenzoyl)-

别名　2-(4-二丁基氨基-2--羟基苯甲酰基)苯甲酸;4-二丁氨基酮酸(BBA)

分子式　$C_{22}H_{27}NO_4$

CAS 号　54574-82-2

危害信息

燃烧与爆炸危险性　无特殊燃爆特性。

禁忌物　强氧化剂、酸碱、醇类。

毒性　大鼠经皮 LD_{50}：>2000mg/kg。

侵入途径　吸入、食入、经皮吸收。

环境危害　对水生生物有害，可能在水生环境中造成长期不利影响。

理化特性与用途

理化特性　淡黄色结晶固体。不溶于水。熔点 190~193℃，辛醇/水分配系数 5.11。

主要用途　用作热(压)敏纸成色剂、热敏染料中间体。

包装与储运

安全储运　储存于阴凉、通风的库房。远离火种、热源。应与强氧化剂、酸碱、醇类等隔离储运。搬运时轻装轻卸，防止容器受损。

紧急处置信息

急救措施

吸入：迅速脱离现场至空气新鲜处。保持呼吸道通畅。如呼吸困难，给输氧。呼吸、心跳停止，立即进行心肺复苏术。就医。

眼睛接触：立即分开眼睑，用流动清水或生理盐水彻底冲洗。就医。

皮肤接触：立即脱去污染的衣着，用肥皂水和清水彻底冲洗。就医。

食入：漱口，饮水。就医。

灭火方法　消防人员须穿全身消防服，佩戴空气呼吸器，在上风向灭火。尽可能将容器从火场移至空旷处。

根据着火原因选择适当灭火剂灭火。

泄漏应急处置　隔离泄漏污染区，限制出入。建议应急处理人员戴防尘口罩，穿防护服。穿上适当的防护服前严禁接触破裂的容器和泄漏物。尽可能切断泄漏源。用塑料布覆

盖泄漏物，减少飞散。勿使水进入包装容器内。用洁净的铲子收集泄漏物，置于干净、干燥、盖子较松的容器中，将容器移离泄漏区。

642. α-羟基聚(甲基-(3-(2,2,6,6-四甲基哌啶-4-基氧)丙基)硅氧烷)

标　识

中文名称　α-羟基聚(甲基-(3-(2,2,6,6-四甲基哌啶-4-基氧)丙基)硅氧烷)

英文名称　α-Hydroxypoly(methyl-(3-(2,2,6,6-tetramethylpiperidin-4-yloxy)propyl)siloxane)

别名　四甲基哌啶氧丙基甲基硅氧烷和二甲基硅氧烷的共聚物

CAS 号　182635-99-0

危害信息

危险性类别　第 8 类　腐蚀品

燃烧与爆炸危险性　可燃。

禁忌物　强氧化剂。

中毒表现　食入或经皮肤吸收对身体有害。对眼和皮肤有腐蚀性。

侵入途径　吸入、食入、经皮吸收。

环境危害　对水生生物有毒，可能在水生环境中造成长期不利影响。

理化特性与用途

理化特性　淡黄色液体。微溶于水。熔点-28℃，相对密度(水=1)1.003，饱和蒸气压0.1Pa(25℃)，辛醇/水分配系数1.395，闪点169.5℃(闭杯)，引燃温度405℃。

主要用途　化工合成中间体。

包装与储运

包装标志　腐蚀品

包装类别　Ⅱ类

安全储运　储存于阴凉、通风的库房。远离火种、热源。保持容器密封。应与强氧化剂等隔离储运。搬运时轻装轻卸，防止容器受损。

紧急处置信息

急救措施

吸入：迅速脱离现场至空气新鲜处。保持呼吸道通畅。如呼吸困难，给输氧。呼吸、心跳停止，立即进行心肺复苏术。就医。

眼睛接触：立即分开眼睑，用流动清水或生理盐水彻底冲洗5~10min。就医。

皮肤接触：立即脱去污染的衣着，用大量流动清水彻底冲洗，冲洗时间一般要求20~30min。就医。

食入：用水漱口，禁止催吐。给饮牛奶或蛋清。就医。

灭火方法　消防人员须穿全身消防服，佩戴空气呼吸器，在上风向灭火。尽可能将容器从火场移至空旷处。喷水保持火场容器冷却，直至灭火结束。处在火场中的容器若发生

异常变化或发出异常声音，须马上撤离。

灭火剂：泡沫、二氧化碳、干粉。

泄漏应急处置 根据液体流动和蒸气扩散的影响区域划定警戒区，无关人员从侧风、上风向撤离至安全区。建议应急处理人员戴正压自给式呼吸器，穿耐腐蚀防护服，戴橡胶耐腐蚀手套。穿上适当的防护服前严禁接触破裂的容器和泄漏物。尽可能切断泄漏源。防止泄漏物进入水体、下水道、地下室或有限空间。小量泄漏：用干燥的砂土或其他不燃材料覆盖泄漏物。大量泄漏：构筑围堤或挖坑收容。用耐腐蚀泵转移至槽车或专用收集器内。

643. 2-羟基膦酰基乙酸

标　识

中文名称 2-羟基膦酰基乙酸

英文名称 Hydroxyphosphonoacetic acid；Acetic acid，2-hydroxy-2-phosphono-

别名 膦酰基羟基乙酸

分子式 $C_2H_5O_6P$

CAS 号 23783-26-8

O O
HO P OH
HO OH

危害信息

燃烧与爆炸危险性 无特殊燃爆特性。

禁忌物 强氧化剂、碱类。

毒性 欧盟法规 1272/2008/EC 将本品列为第 2 类生殖毒物——可疑的人类生殖毒物。

中毒表现 食入有害。长期反复接触可能对器官造成损害。对眼和皮肤有腐蚀性。对皮肤有致敏性。

侵入途径 吸入、食入。

理化特性与用途

理化特性 本品通常为 47%～50%的溶液。该溶液的性能：深棕色液体。与水混溶。pH 值 1.0～3.0(1%水溶液)，相对密度(水=1)1.35～1.45。

主要用途 主要用于敞开式冷却水系统作阻垢缓蚀剂。广泛应用于钢铁、石化、电力医药等行业的循环冷却水系统的缓蚀阻垢。

包装与储运

安全储运 储存于阴凉、通风的库房。远离火种、热源。保持容器密闭。应与强氧化剂、碱类等隔离储运。

紧急处置信息

急救措施

吸入：迅速脱离现场至空气新鲜处。保持呼吸道通畅。如呼吸困难，给输氧。呼吸、心跳停止，立即进行心肺复苏术。就医。

眼睛接触：立即分开眼睑，用流动清水或生理盐水彻底冲洗 5～10min。就医。

皮肤接触：立即脱去污染的衣着，用大量流动清水彻底冲洗，冲洗时间一般要求 20～

30min。就医。

食入：用水漱口，禁止催吐。给饮牛奶或蛋清。就医。

灭火方法 消防人员须穿全身消防服，佩戴空气呼吸器，在上风向灭火。尽可能将容器从火场移至空旷处。

根据着火原因选择适当灭火剂灭火。

泄漏应急处置 根据液体流动和蒸气扩散的影响区域划定警戒区，无关人员从侧风、上风向撤离至安全区。建议应急处理人员戴防毒面具，穿耐腐蚀、防毒服，戴耐腐蚀橡胶手套。穿上适当的防护服前严禁接触破裂的容器和泄漏物。尽可能切断泄漏源。防止泄漏物进入水体、下水道、地下室或有限空间。小量泄漏：用干燥的砂土或其他不燃材料覆盖泄漏物。大量泄漏：构筑围堤或挖坑收容。用泵转移至槽车或专用收集器内。

644. 4-羟基萘-1-磺酸苄基三丁基铵

标　识

中文名称 4-羟基萘-1-磺酸苄基三丁基铵

英文名称 Benzyltributylammonium 4-hydroxynaphthalene-1-sulphonate；Benzenemethanaminium，*N*,*N*,*N*-tributyl-，4-hydroxy-1-naphthalenesulfonate

分子式 $C_{29}H_{41}NO_4S$

CAS 号 102561-46-6

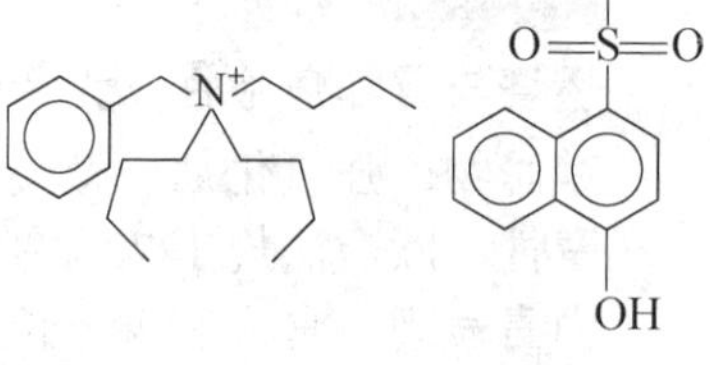

危害信息

燃烧与爆炸危险性 无特殊燃爆特性。

禁忌物 强氧化剂。

中毒表现 吸入有害。

侵入途径 吸入、食入。

环境危害 对水生生物有毒，可能在水生环境中造成长期不利影响。

理化特性与用途

理化特性 无色结晶或粉状固体。部分溶于水。

主要用途 用于电子摄影、配制激光打印机和复印机的炭粉。

包装与储运

包装标志 杂类

包装类别 Ⅲ类

安全储运 储存于阴凉、通风的库房。远离火种、热源。应与强氧化剂等隔离储运。

紧急处置信息

急救措施

吸入：迅速脱离现场至空气新鲜处。保持呼吸道通畅。如呼吸困难，给输氧。呼吸、心跳停止，立即进行心肺复苏术。就医。

眼睛接触：立即分开眼睑，用流动清水或生理盐水彻底冲洗。就医。

皮肤接触：立即脱去污染的衣着，用肥皂水和清水彻底冲洗。就医。

食入：漱口，饮水。就医。

灭火方法 消防人员须穿全身消防服，佩戴空气呼吸器，在上风向灭火。尽可能将容器从火场移至空旷处。

根据着火原因选择适当灭火剂灭火。

泄漏应急处置 隔离泄漏污染区，限制出入。建议应急处理人员戴防尘口罩，穿防护服。穿上适当的防护服前严禁接触破裂的容器和泄漏物。尽可能切断泄漏源。用塑料布覆盖泄漏物，减少飞散。勿使水进入包装容器内。用洁净的铲子收集泄漏物，置于干净、干燥、盖子较松的容器中，将容器移离泄漏区。

645. 3-羟基-5-氧代-3-环己烯-1-羧酸乙酯

标　识

中文名称 3-羟基-5-氧代-3-环己烯-1-羧酸乙酯

英文名称 Ethyl 3-hydroxy-5-oxo-3-cyclohexene-1-carboxylate；3-Hydroxy-5-oxo-3-cyclohexene-1-carboxylic acid ethyl ester

分子式 $C_9H_{12}O_4$

CAS 号 88805-65-6

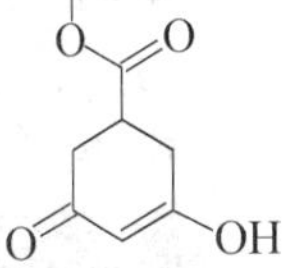

危害信息

燃烧与爆炸危险性 可燃。

禁忌物 强氧化剂、强酸。

中毒表现 眼接触引起严重损害。对皮肤有刺激性和致敏性。

侵入途径 吸入、食入。

理化特性与用途

理化特性 微溶于水。沸点 299℃，相对密度(水=1)1.267，饱和蒸气压 15.96mPa(25℃)，辛醇/水分配系数 0.48，闪点 118℃。

主要用途 用作医药原料。

包装与储运

安全储运 储存于阴凉、通风的库房。远离火种、热源。保持容器密闭。应与强氧化剂、强酸等隔离储运。

紧急处置信息

急救措施

吸入：迅速脱离现场至空气新鲜处。保持呼吸道通畅。如呼吸困难，给输氧。呼吸、心跳停止，立即进行心肺复苏术。就医。

眼睛接触：立即分开眼睑，用流动清水或生理盐水彻底冲洗 5~10min。就医。

皮肤接触：立即脱去污染的衣着，用肥皂水和清水彻底冲洗。就医。

食入：漱口，饮水。就医。

灭火方法 消防人员须穿全身消防服，佩戴空气呼吸器，在上风向灭火。尽可能将容

器从火场移至空旷处。喷水保持火场容器冷却，直至灭火结束。

根据着火原因选择适当灭火剂灭火。

泄漏应急处置 根据液体流动和蒸气扩散的影响区域划定警戒区，无关人员从侧风、上风向撤离至安全区。消除所有点火源。建议应急处理人员戴防毒面具，穿一般作业工作服，戴橡胶手套。尽可能切断泄漏源。防止泄漏物进入水体、下水道、地下室或有限空间。小量泄漏：用干燥的砂土或其他不燃材料吸收或覆盖，收集于容器中。大量泄漏：构筑围堤或挖坑收容。用泵转移至槽车或专用收集器内。

646. 2-(2-(2-羟基乙氧基)乙基)-2-氮杂-二环(2.2.1)庚烷

标　　识

中文名称 2-(2-(2-羟基乙氧基)乙基)-2-氮杂-二环(2.2.1)庚烷

英文名称 2-(2-(2-Hydroxyethoxy)ethyl)-2-aza-bicyclo(2.2.1)heptane；Ethanol，2-(2-(2-azabicyclo(2.2.1)hept-2-yl)ethoxy)-

别名 2-(2-(2-氮杂二环(2.2.1)庚-2-基)乙氧基)乙醇

分子式 $C_{10}H_{19}NO_2$

CAS 号 116230-20-7

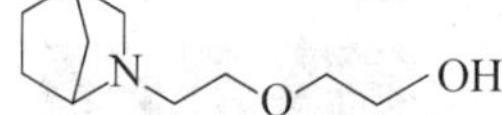

危害信息

燃烧与爆炸危险性 无特殊燃爆特性。

禁忌物 强氧化剂。

中毒表现 食入或经皮肤吸收对身体有害。眼接触引起严重损害。对皮肤有刺激性。长期反复接触可能对身体产生危害。

侵入途径 吸入、食入、经皮吸收。

理化特性与用途

理化特性 液体。溶于水。熔点-69.2℃，沸点104℃(0.05kPa)，饱和蒸气压46Pa(30℃)，辛醇/水分配系数2.0。

包装与储运

安全储运 储存于阴凉、通风的库房。远离火种、热源。应与强氧化剂等隔离储运。搬运时轻装轻卸，防止容器受损。

紧急处置信息

急救措施

吸入：迅速脱离现场至空气新鲜处。保持呼吸道通畅。如呼吸困难，给输氧。呼吸、心跳停止，立即进行心肺复苏术。就医。

眼睛接触：立即分开眼睑，用流动清水或生理盐水彻底冲洗5~10min。就医。

皮肤接触：立即脱去污染的衣着，用肥皂水和清水彻底冲洗。就医。

食入：漱口，饮水。就医。

灭火方法 消防人员须穿全身消防服，佩戴空气呼吸器，在上风向灭火。尽可能将容器从火场移至空旷处。

根据着火原因选择适当灭火剂灭火。

泄漏应急处置 根据液体流动和蒸气扩散的影响区域划定警戒区，无关人员从侧风、上风向撤离至安全区。建议应急处理人员戴防毒面具，穿防毒服，戴防护手套。穿上适当的防护服前严禁接触破裂的容器和泄漏物。尽可能切断泄漏源。防止泄漏物进入水体、下水道、地下室或有限空间。小量泄漏：用干燥的砂土或其他不燃材料吸收或覆盖，收集于容器中。大量泄漏：构筑围堤或挖坑收容。用泵转移至槽车或专用收集器内。

647. 6-羟基吲哚

标　识

中文名称 6-羟基吲哚

英文名称 6-Hydroxyindole

分子式 C_8H_7NO

CAS 号 2380-86-1

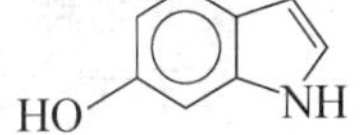

危害信息

燃烧与爆炸危险性 可燃。

禁忌物 强氧化剂、还原剂、强酸。

中毒表现 食入有害。眼接触引起严重损害。对皮肤有致敏性。

侵入途径 吸入、食入。

环境危害 对水生生物有毒，可能在水生环境中造成长期不利影响。

理化特性与用途

理化特性 白色至类白色结晶粉末或淡黄色结晶粉末。微溶于水。熔点 125~129℃，相对密度(水=1) 1.327，饱和蒸气压 4.66mPa(25℃)，辛醇/水分配系数 1.5~2.0，闪点 161℃。

主要用途 用于有机合成，用作医药中间体。

包装与储运

包装标志 杂类

包装类别 Ⅲ类

安全储运 储存于阴凉、通风的库房。远离火种、热源。应与强氧化剂、还原剂、强酸等隔离储运。

紧急处置信息

急救措施

吸入：迅速脱离现场至空气新鲜处。保持呼吸道通畅。如呼吸困难，给输氧。呼吸、心跳停止，立即进行心肺复苏术。就医。

眼睛接触：立即分开眼睑，用流动清水或生理盐水彻底冲洗 5~10min。就医。

皮肤接触：立即脱去污染的衣着，用肥皂水和清水彻底冲洗。就医。

食入：漱口，饮水。就医。

灭火方法 消防人员须穿全身消防服，佩戴空气呼吸器，在上风向灭火。尽可能将容器从火场移至空旷处。喷水保持火场容器冷却，直至灭火结束。

根据着火原因选择适当灭火剂灭火。

泄漏应急处置 隔离泄漏污染区，限制出入。消除点火源。建议应急处理人员戴防尘口罩，穿防护服，戴防护手套。穿上适当的防护服前严禁接触破裂的容器和泄漏物。尽可能切断泄漏源。用塑料布覆盖泄漏物，减少飞散。勿使水进入包装容器内。用洁净的铲子收集泄漏物，置于干净、干燥、盖子较松的容器中，将容器移离泄漏区。

648. 5-羟甲基噻唑

标　识

中文名称 5-羟甲基噻唑

英文名称 5-Hydroxymethylthiazole；5-Thiazolylmethanol

分子式 C_4H_5NOS

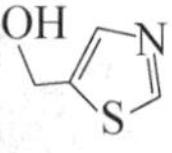

CAS 号 38585-74-9

危害信息

燃烧与爆炸危险性 无特殊燃爆特性。

禁忌物 强氧化剂。

中毒表现 眼接触引起严重损害。

侵入途径 吸入、食入。

环境危害 对水生生物有害，可能在水生环境中造成长期不利影响。

理化特性与用途

理化特性 淡黄色油状液体。沸点 95~96℃(2.7Pa)，相对密度(水=1)1.339，饱和蒸气压 1.73Pa(25℃)，辛醇/水分配系数-0.74。

主要用途 用作医药中间体。

包装与储运

安全储运 储存于阴凉、通风的库房。远离火种、热源。应与强氧化剂等隔离储运。搬运时轻装轻卸，防止容器受损。

紧急处置信息

急救措施

吸入：迅速脱离现场至空气新鲜处。保持呼吸道通畅。如呼吸困难，给输氧。呼吸、心跳停止，立即进行心肺复苏术。就医。

眼睛接触：立即分开眼睑，用流动清水或生理盐水彻底冲洗 5~10min。就医。

皮肤接触：立即脱去污染的衣着，用肥皂水和清水彻底冲洗。就医。

食入：漱口，饮水。就医。

灭火方法 消防人员须穿全身消防服，佩戴空气呼吸器，在上风向灭火。尽可能将容器从火场移至空旷处。

根据着火原因选择适当灭火剂灭火。

泄漏应急处置 根据液体流动和蒸气扩散的影响区域划定警戒区，无关人员从侧风、上风向撤离至安全区。建议应急处理人员戴正压自给式呼吸器，穿防护服，戴橡胶手套。穿上适当的防护服前严禁接触破裂的容器和泄漏物。尽可能切断泄漏源。防止泄漏物进入水体、下水道、地下室或有限空间。严禁用水处理。小量泄漏：用干燥的砂土或其他不燃材料覆盖泄漏物。大量泄漏：构筑围堤或挖坑收容。用泵转移至槽车或专用收集器内。

649. 2-羟乙基苦氨酸

标　识

中文名称 2-羟乙基苦氨酸

英文名称 2-(2-Hydroxy-3,5-dinitroanilino)ethanol

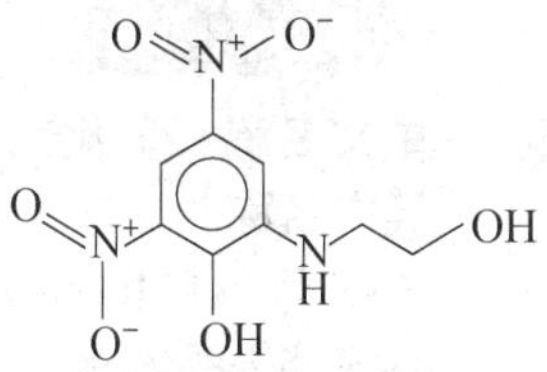

分子式 $C_8H_9N_3O_6$

CAS 号 99610-72-7

O=N⁺-O⁻ / O=N⁺-O⁻ / N H / OH / OH

危害信息

危险性类别 第 4.1 类　易燃固体

燃烧与爆炸危险性 易燃，其粉体与空气混合能形成爆炸性混合物，遇明火、高热易燃烧爆炸。

禁忌物 强氧化剂。

毒性 欧盟法规 1272/2008/EC 将本品列为第 2 类生殖毒物——可疑的人类生殖毒物。

中毒表现 食入有害。

侵入途径 吸入、食入。

理化特性与用途

理化特性 固体。不溶于水。沸点 429℃，相对密度(水=1)1.676，饱和蒸气压 0.0055mPa(25℃)，辛醇/水分配系数 2.03，闪点 213℃。

主要用途 用作染发剂的原料。

包装与储运

包装标志 易燃固体

包装类别 Ⅲ类

安全储运 储存于阴凉、通风的库房。远离火种、热源。储存温度不超过 35℃。保持容器密封。禁止使用易产生火花的机械设备和工具。配备相应品种和数量的消防器材。应与强氧化剂等隔离储运。

紧急处置信息

急救措施

吸入：迅速脱离现场至空气新鲜处。保持呼吸道通畅。如呼吸困难，给输氧。呼吸、

心跳停止，立即进行心肺复苏术。就医。

眼睛接触： 立即分开眼睑，用流动清水或生理盐水彻底冲洗。就医。

皮肤接触： 立即脱去污染的衣着，用肥皂水和清水彻底冲洗。就医。

食入： 漱口，饮水。就医。

灭火方法 消防人员须穿全身消防服，在上风向灭火。尽可能将容器从火场移至空旷处。喷水保持火场容器冷却直至灭火结束。

灭火剂：泡沫、二氧化碳、干粉。

泄漏应急处置 隔离泄漏污染区，限制出入。消除点火源。建议应急处理人员戴防尘口罩，穿防静电、防毒服，戴防护手套。穿戴适当的防护装备前，禁止接触破裂的容器或泄漏物。用洁净的无火花工具收集泄漏物，置于一盖子较松的塑料容器中，待处置。

650. 氢化二聚十二碳烯

标　识

中文名称 氢化二聚十二碳烯

英文名称 1-Dodecene, dimer, hydrogenated; A mixture of isomers of branched tetracosane

CAS 号 151006-61-0

危害信息

燃烧与爆炸危险性 可燃，其蒸气与空气混合能形成爆炸性混合物，遇明火高热易燃。

禁忌物 强氧化剂。

中毒表现 吸入有害。

侵入途径 吸入、食入。

环境危害 可能在水生环境中造成长期不利影响。

理化特性与用途

理化特性 无色黏性液体。不溶于水，溶于烃类溶剂。熔点-52℃，沸点 277℃，相对密度(水=1)0.81，相对蒸气密度(空气=1)10，饱和蒸气压 0.133kPa(150℃)，闪点 186℃(开杯)，引燃温度 324℃。

主要用途 用于液压油、润滑油等。

包装与储运

安全储运 储存于阴凉、通风的库房。远离火种、热源。应与强氧化剂等隔离储运。搬运时轻装轻卸，防止容器受损。

紧急处置信息

急救措施

吸入： 迅速脱离现场至空气新鲜处。保持呼吸道通畅。如呼吸困难，给输氧。呼吸、心跳停止，立即进行心肺复苏术。就医。

眼睛接触： 立即分开眼睑，用流动清水或生理盐水彻底冲洗。就医。

皮肤接触：立即脱去污染的衣着，用肥皂水和清水彻底冲洗。就医。

食入：漱口，饮水。就医。

灭火方法 消防人员须穿全身消防服，佩戴防毒面具，在上风向灭火。尽可能将容器从火场移至空旷处。喷水保持火场容器冷却，直至灭火结束。处在火场中的容器若发生异常变化或发出异常声音，须马上撤离。

灭火剂：雾状水、泡沫、二氧化碳、干粉、砂土。

泄漏应急处置 根据液体流动和蒸气扩散的影响区域划定警戒区，无关人员从侧风、上风向撤离至安全区。消除所有点火源。建议应急处理人员戴防毒面具，穿防护服。穿上适当的防护服前严禁接触破裂的容器和泄漏物。尽可能切断泄漏源。防止泄漏物进入水体、下水道、地下室或有限空间。小量泄漏：用干燥的砂土或其他不燃材料吸收或覆盖，收集于容器中。大量泄漏：构筑围堤或挖坑收容。用泵转移至槽车或专用收集器内。

651. 氢化三聚十二碳烯

标　识

中文名称 氢化三聚十二碳烯

英文名称 1-Dodecene，trimer，hydrogenated；Branched hexatriacontane

CAS 号 151006-62-1

危害信息

燃烧与爆炸危险性 不易燃，无特殊燃爆特性。

禁忌物 强氧化剂。

毒性 大鼠经口 LD_{50}：>5g/kg；大鼠吸入 LC_{50}：>5060mg/m^3(4h)；大鼠经皮 LD_{50}：>2g/kg。

侵入途径 吸入、食入、经皮吸收。

环境危害 可能在水生环境中造成长期不利影响。

理化特性与用途

理化特性 无色液体。不溶于水，溶于烃类溶剂。

主要用途 用于润滑油等。

包装与储运

安全储运 储存于阴凉、通风的库房。远离火种、热源。应与强氧化剂等隔离储运。搬运时轻装轻卸，防止容器受损。

紧急处置信息

急救措施

吸入：迅速脱离现场至空气新鲜处。保持呼吸道通畅。如呼吸困难，给输氧。呼吸、心跳停止，立即进行心肺复苏术。就医。

眼睛接触：立即分开眼睑，用流动清水或生理盐水彻底冲洗。就医。

皮肤接触：立即脱去污染的衣着，用肥皂水和清水彻底冲洗。就医。

食入：漱口，饮水。就医。

灭火方法　消防人员须穿全身消防服，在上风向灭火。尽可能将容器从火场移至空旷处。喷水保持火场容器冷却，直至灭火结束。

本品不燃，根据着火原因选择适当灭火剂灭火。

泄漏应急处置　根据液体流动和蒸气扩散的影响区域划定警戒区，无关人员从侧风、上风向撤离至安全区。建议应急处理人员戴防毒面具，穿防护服。穿上适当的防护服前严禁接触破裂的容器和泄漏物。尽可能切断泄漏源。防止泄漏物进入水体、下水道、地下室或有限空间。小量泄漏：用干燥的砂土或其他不燃材料吸收或覆盖，收集于容器中。大量泄漏：构筑围堤或挖坑收容。用泵转移至槽车或专用收集器内。

652. 氢氧化镉

标　识

中文名称　氢氧化镉

英文名称　Cadmium hydroxide

分子式　$Cd(OH)_2$

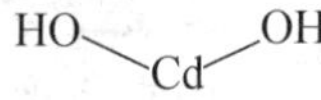

CAS 号　21041-95-2

危害信息

危险性类别　第 6 类　有毒品

燃烧与爆炸危险性　无特殊燃爆特性，在高温火场中，受热的容器有破裂和爆炸的危险。具有腐蚀性。

禁忌物　酸类。

毒性　IARC 致癌性评论：G1，确认人类致癌物。

中毒表现

急性中毒　吸入含镉烟雾后出现呼吸道刺激、寒战、发热等类似金属烟雾热的症状，可发生化学性肺炎、肺水肿；误服后出现急剧的胃肠刺激，有恶心、呕吐、腹泻、腹痛、里急后重、全身乏力、肌肉疼痛和虚脱等。

慢性中毒　慢性镉中毒以肾功能损害(蛋白尿)为主要表现；少数可发生骨骼病变；其次还有缺铁性贫血、嗅觉减退或丧失、肺部损害等。

侵入途径　吸入、食入。

职业接触限值　中国：PC-TWA 0.01mg/m^3；PC-STEL 0.02mg/m^3[按 Cd 计][G1]。

美国(ACGIH)：TLV-TWA 0.002mg/m^3[按 Cd 计][呼吸性颗粒物]。

理化特性与用途

理化特性　白色三角形或六角形结晶或白色粉末。不溶于水，微溶于氢氧化钠溶液，溶于稀酸、氢氧化铵和氯化铵溶液。熔点 130℃(脱水)，200℃完全脱水，分解温度 130℃，相对密度(水=1)4.79。

主要用途　用于制取镍镉电池、镉盐、金属表面处理，用作电子元件材料。

包装与储运

包装标志　有毒品

包装类别 Ⅲ类

安全储运 储存于阴凉、通风的库房。远离火种、热源。防止阳光直射。储存温度不超过35℃，相对湿度不超过85%。保持容器密封。应与酸类等分开存放，切忌混储。配备相应品种和数量的消防器材。储区应备有合适的材料收容泄漏物。

紧急处置信息

急救措施

吸入：迅速脱离现场至空气新鲜处。保持呼吸道通畅。如呼吸困难，给输氧。呼吸、心跳停止，立即进行心肺复苏术。就医。

眼睛接触：立即分开眼睑，用流动清水或生理盐水彻底冲洗。就医。

皮肤接触：立即脱去污染的衣着，用肥皂水和清水彻底冲洗。就医。

食入：漱口，饮水。就医。

灭火方法 消防人员须穿全身消防服，佩戴空气呼吸器，在上风向灭火。尽可能将容器从火场移至空旷处。喷水保持火场容器冷却，直至灭火结束。

根据着火原因选择适当灭火剂灭火。

泄漏应急处置 隔离泄漏污染区，限制出入。建议应急处理人员戴防尘口罩，穿防毒服，戴防化学品手套。穿上适当的防护服前严禁接触破裂的容器和泄漏物。尽可能切断泄漏源。用塑料布覆盖泄漏物，减少飞散。勿使水进入包装容器内。用洁净的铲子收集泄漏物，置于干净、干燥、盖子较松的容器中，将容器移离泄漏区。

653. 氢氧化锂水合物

标　识

中文名称 氢氧化锂水合物

英文名称 Lithium hydroxide monohydrate；Lithium hydroxide

别名 一水氢氧化锂

分子式 $LiOH \cdot H_2O$

Li—OH

H_2O

CAS 号 1310-66-3

铁危编号 82003

UN 号 2680

危害信息

危险性类别 第8类 腐蚀品

燃烧与爆炸危险性 不燃，受热易分解，在高温火场中，受热的容器有破裂和爆炸的危险。具有腐蚀性。

禁忌物 氧化剂、酸类。

中毒表现 对眼、皮肤和消化道有腐蚀性。吸入后可能引起肺水肿。

侵入途径 吸入、食入。

理化特性与用途

理化特性 无色吸湿性结晶。溶于水。熔点450~471℃，沸点920℃(分解)，相对密度(水=1)1.51，相对蒸气密度(空气=1)1.4。

主要用途 用于制蓄电池、锂盐、肥皂、润滑剂、显影剂等，也可用于冶金、石油、玻璃、陶瓷等工业。

包装与储运

包装标志 腐蚀品

包装类别 Ⅱ类

安全储运 储存于阴凉、通风的库房。远离火种、热源。库温不超过30℃。相对湿度不超过80%。包装要求密封，不可与空气接触。应与氧化剂、酸类等分开存放，切忌混储。储区应备有泄漏应急处理设备和合适的收容材料。

紧急处置信息

急救措施

吸入：迅速脱离现场至空气新鲜处。保持呼吸道通畅。如呼吸困难，给输氧。呼吸、心跳停止，立即进行心肺复苏术。就医。

眼睛接触：立即分开眼睑，用流动清水或生理盐水彻底冲洗5~10min。就医。

皮肤接触：立即脱去污染的衣着，用大量流动清水彻底冲洗，冲洗时间一般要求20~30min。就医。

食入：用水漱口，禁止催吐。给饮牛奶或蛋清。就医。

灭火方法 消防人员须穿耐腐蚀性消防服，佩戴空气呼吸器，在上风向灭火。尽可能将容器从火场移至空旷处。喷水保持火场容器冷却，直至灭火结束。

根据着火原因选择适当灭火剂灭火。

泄漏应急处置 隔离泄漏污染区，限制出入。建议应急处理人员戴防尘口罩，穿耐酸碱服，戴耐酸碱手套。穿上适当的防护服前严禁接触破裂的容器和泄漏物。尽可能切断泄漏源。用塑料布覆盖泄漏物，减少飞散。勿使水进入包装容器内。用洁净的铲子收集泄漏物，置于干净、干燥、盖子较松的容器中，将容器移离泄漏区。

654. N-(4-(3-(4-氰苯基)脲基)-3-羟苯基)-2-(2,4-二叔戊基苯氧基)辛酰胺

标　识

中文名称 *N*-(4-(3-(4-氰苯基)脲基)-3-羟苯基)-2-(2,4-二叔戊基苯氧基)辛酰胺

英文名称 *N*-(4-(3-(4-Cyanophenyl)ureido)-3-hydroxyphenyl)-2-(2,4-di-tert-pentylphenoxy)octanamide

分子式 $C_{38}H_{50}N_4O_4$

CAS号 108673-51-4

N HN O HN NH O O OH

危害信息

燃烧与爆炸危险性 无特殊燃爆特性。

禁忌物 强氧化剂、强酸。

中毒表现 对皮肤有致敏性。

侵入途径 吸入、食入。

环境危害 可能在水生环境中造成长期不利影响。

理化特性与用途

理化特性 不溶于水。相对密度(水=1)1.15，辛醇/水分配系数10.37。

主要用途 用作医药原料。

包装与储运

安全储运 储存于阴凉、通风的库房。远离火种、热源。保持容器密闭。应与强氧化剂、强酸等隔离储运。

紧急处置信息

急救措施

吸入：迅速脱离现场至空气新鲜处。保持呼吸道通畅。如呼吸困难，给输氧。呼吸、心跳停止，立即进行心肺复苏术。就医。

眼睛接触：立即分开眼睑，用流动清水或生理盐水彻底冲洗。就医。

皮肤接触：立即脱去污染的衣着，用肥皂水和清水彻底冲洗。就医。

食入：漱口，饮水。就医。

灭火方法 消防人员须穿全身消防服，佩戴空气呼吸器，在上风向灭火。尽可能将容器从火场移至空旷处。

根据着火原因选择适当灭火剂灭火。

泄漏应急处置 隔离泄漏污染区，限制出入。建议应急处理人员戴防尘口罩，穿防护服，戴防护手套。穿上适当的防护服前严禁接触破裂的容器和泄漏物。尽可能切断泄漏源。用塑料布覆盖泄漏物，减少飞散。勿使水进入包装容器内。用洁净的铲子收集泄漏物，置于干净、干燥、盖子较松的容器中，将容器移离泄漏区。

655. 氰化镉

标 识

中文名称 氰化镉

英文名称 Cadmium cyanide；Cadmium dicyanide

分子式 $Cd(CN)_2$

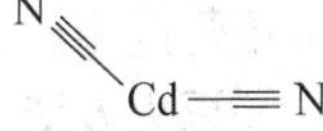

CAS 号 542-83-6

铁危编号 61001

危害信息

危险性类别 第6类 有毒品

燃烧与爆炸危险性 不易燃，无特殊燃爆特性。

禁忌物 强酸。

毒性 大鼠经口 LD_{50}：16mg/kg。

根据《危险化学品目录》的备注，本品属剧毒化学品。

IARC 致癌性评论：G1，确认人类致癌物。

欧盟法规 1272/2008/EC 将本品列为第 2 类致癌物——可疑的人类致癌物。

中毒表现 吸入、误服或经皮吸收可致死。非骤死者，先出现无力、头痛、眩晕、恶心、四肢沉重、呼吸困难，随后出现阵发性和强直性抽搐、昏迷、呼吸停止。

侵入途径 吸入、食入、经皮吸收。

职业接触限值 中国：PC-TWA 0.01mg/m^3；PC-STEL 0.02mg/m^3[按 Cd 计][G1]；PC-MAC 1mg/m^3[按 CN 计][皮]。

美国(ACGIH)：TLV-TWA 0.002mg/m^3[按 Cd 计]。

环境危害 对水生生物有极高毒性，可能在水生环境中造成长期不利影响。

理化特性与用途

理化特性 白色立方结晶或结晶粉末。溶于水，溶于稀酸、氰化钠、氨水，不溶于乙醇。相对密度(水=1)2.226，饱和蒸气压 5.47Pa(25℃)，辛醇/水分配系数-1.91。

主要用途 用于电镀。

包装与储运

包装标志 有毒品

包装类别 Ⅰ类

安全储运 储存于阴凉、通风的库房。远离火种、热源。防止阳光直射。储存温度不超过 35℃，相对湿度不超过 85%。保持容器密封。应与强酸等分开存放，切忌混储。配备相应品种和数量的消防器材。储区应备有合适的材料收容泄漏物。应严格执行剧毒品“双人收发、双人保管”制度。

紧急处置信息

急救措施

吸入：迅速脱离现场至空气新鲜处。保持呼吸道通畅。如呼吸困难，给输氧。呼吸、心跳停止，立即进行心肺复苏术(禁止口对口进行人工呼吸)。就医。

眼睛接触：立即分开眼睑，用大量流动清水或生理盐水彻底冲洗至少 15min。就医。

皮肤接触：立即脱去污染的衣着，用肥皂水和流动清水彻底冲洗 10~15min。就医。

食入：如患者神志清醒，催吐，洗胃。就医。

轻度中毒或有低血压者，可单独使用硫代硫酸钠 10~12.5g；重度中毒者首先吸入亚硝酸异戊酯(2~3 支压碎于纱布、单衣或手帕中)30s，停 15s，然后缓慢静注 3%亚硝酸钠溶液 10mL，随即用同一针头静注 25%硫代硫酸钠溶液 12.5~15g。用药后 30min 症状未缓解者，可重复应用硫代硫酸钠半量或全量。

灭火方法 消防人员须穿全身消防服，佩戴防毒面具，在上风向灭火。尽可能将容器从火场移至空旷处。喷水保持火场容器冷却，直至灭火结束。

本品不燃，根据着火原因选择适当灭火剂灭火。

泄漏应急处置 隔离泄漏污染区，限制出入。建议应急处理人员戴防尘口罩，穿防毒服，戴防化学品手套。穿上适当的防护服前严禁接触破裂的容器和泄漏物。尽可能切断泄漏源。用干燥的砂土或其他不燃材料覆盖泄漏物，然后用塑料布覆盖，减少飞散、避免雨淋。用洁净的铲子收集泄漏物，置于干净、干燥、盖子较松的容器中，将容器移离泄漏区。

656. 2-(1-氰环己基)醋酸乙酯

标　识

中文名称　2-(1-氰环己基)醋酸乙酯

英文名称　Ethyl 2-(1-cyanocyclohexyl) acetate; Cyclohexaneacetic acid, 1-cyano-, ethyl ester

分子式　$C_{11}H_{17}NO_2$

CAS 号　133481-10-4

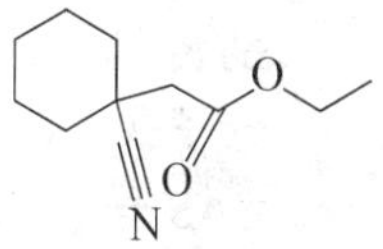

危害信息

燃烧与爆炸危险性　可燃，燃烧产生有毒并具有腐蚀性气体。在高温火场中，受热的容器或储罐有破裂和爆炸的危险。

禁忌物　强氧化剂、酸。

中毒表现　食入有害。长期反复接触可能对器官造成损害。

侵入途径　吸入、食入。

环境危害　对水生生物有害，可能在水生环境中造成长期不利影响。

理化特性与用途

理化特性　微溶于水。沸点 297℃，相对密度(水=1) 1.03，饱和蒸气压 0.19Pa (25℃)，辛醇/水分配系数 2.05，闪点 137℃。

主要用途　化学中间体。

包装与储运

安全储运　储存于阴凉、通风的库房。远离火种、热源。应与强氧化剂、酸类等隔离储运。搬运时轻装轻卸，防止容器受损。

紧急处置信息

急救措施

吸入：迅速脱离现场至空气新鲜处。保持呼吸道通畅。如呼吸困难，给输氧。呼吸、心跳停止，立即进行心肺复苏术。就医。

眼睛接触：立即分开眼睑，用流动清水或生理盐水彻底冲洗。就医。

皮肤接触：立即脱去污染的衣着，用肥皂水和清水彻底冲洗。就医。

食入：漱口，饮水。就医。

灭火方法　消防人员须穿全身消防服，佩戴空气呼吸器，在上风向灭火。尽可能将容器从火场移至空旷处。喷水保持火场容器冷却，直至灭火结束。

灭火剂：泡沫、二氧化碳、干粉、砂土。

泄漏应急处置　隔离泄漏污染区，限制出入。消除点火源。建议应急处理人员戴防毒面具，穿防毒服，戴防护手套。穿上适当的防护服前严禁接触破裂的容器和泄漏物。尽可能切断泄漏源。勿使水进入包装容器内。用洁净的铲子铲起或用真空吸除收集泄漏物，置于干净、干燥、盖子较松的容器中，将容器移离泄漏区。

657. 2-氰基-2-丙烯酸乙酯

标　识

中文名称　2-氰基-2-丙烯酸乙酯

英文名称　Ethyl 2-cyanoacrylate；2-Propenoic acid，2-cyano-，ethyl ester

别名　α-氰基丙烯酸乙酯

分子式　$C_6H_7NO_2$

CAS 号　7085-85-0

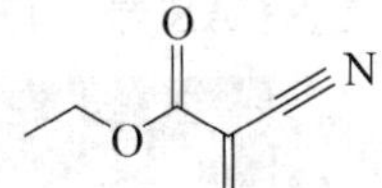

危害信息

燃烧与爆炸危险性　易燃，其蒸气与空气混合能形成爆炸性混合物，遇明火、高热易燃烧或爆炸，燃烧产生有毒的氮氧化物气体。在高温火场中，受热的容器或储罐有破裂和爆炸的危险。

禁忌物　强氧化剂、强酸。

毒性　大鼠经口 LD_{50}：>5000mg/kg；大鼠吸入 LC_{50}：21110mg/m^3(1h)；兔经皮 LD_{50}：>2000mg/kg。

中毒表现　对眼、皮肤和呼吸道有刺激性。

侵入途径　吸入、食入、经皮吸收。

职业接触限值　美国(ACGIH)：TLV-TWA 0.2ppm。

理化特性与用途

理化特性　无色透明液体。微溶于水。熔点-22℃，沸点 54～56℃(0.4kPa)，相对密度(水=1)1.06，饱和蒸气压 0.02kPa(20℃)，辛醇/水分配系数 1.42，闪点 75(闭杯)。

主要用途　瞬间黏合剂，用于粘接各种材料，也用于医药。

包装与储运

安全储运　储存于阴凉、通风的库房。远离火种、热源。应与强氧化剂、强酸等隔离储运。

紧急处置信息

急救措施

吸入：迅速脱离现场至空气新鲜处。保持呼吸道通畅。如呼吸困难，给输氧。呼吸、心跳停止，立即进行心肺复苏术。就医。

眼睛接触：立即分开眼睑，用流动清水或生理盐水彻底冲洗。就医。

皮肤接触：立即脱去污染的衣着，用肥皂水和清水彻底冲洗。就医。

食入：漱口，饮水。就医。

灭火方法　消防人员须穿全身消防服，佩戴空气呼吸器，在上风向灭火。尽可能将容器从火场移至空旷处。喷水保持火场容器冷却，直至灭火结束。处在火场中的容器若发生

异常变化或发出异常声音，须马上撤离。

灭火剂：泡沫、二氧化碳、干粉、砂土。

泄漏应急处置 根据液体流动和蒸气扩散的影响区域划定警戒区，无关人员从侧风、上风向撤离至安全区。消除点火源。建议应急处理人员戴正压自给式呼吸器，穿防静电、防毒服，戴橡胶手套。穿上适当的防护服前严禁接触破裂的容器和泄漏物。尽可能切断泄漏源。防止泄漏物进入水体、下水道、地下室或有限空间。小量泄漏：用干燥的砂土或其他不燃材料吸收或覆盖，收集于容器中。大量泄漏：构筑围堤或挖坑收容。用泡沫覆盖减少蒸发。用防爆泵转移至槽车或专用收集器内。

658. 4-((5-氰基-1,6-二氢-2-羟基-1,4-二甲基-6-氧代-3-吡啶基)偶氮)苯甲酸-2-苯氧基乙基酯

标　识

中文名称 4-((5-氰基-1,6-二氢-2-羟基-1,4-二甲基-6-氧代-3-吡啶基)偶氮)苯甲酸-2-苯氧基乙基酯

英文名称 2-Phenoxyethyl 4-((5-cyano-1,6-dihydro-2-hydroxy-1,4-dimethyl-6-oxo-3-pyridinyl)azo)benzoate

分子式 $C_{23}H_{20}N_4O_5$

CAS 号 88938-37-8

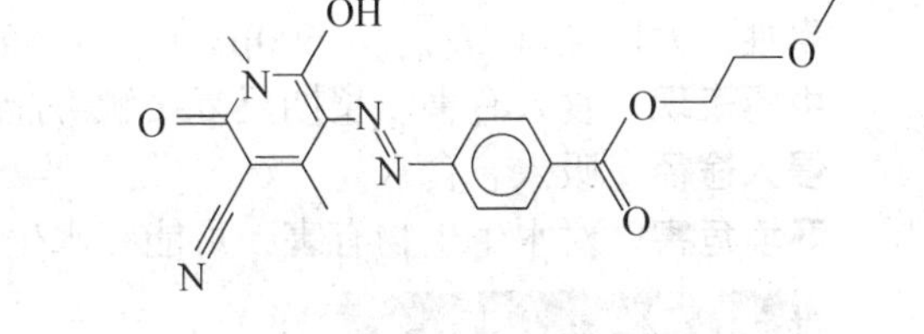

危害信息

燃烧与爆炸危险性 无特殊燃爆特性。

禁忌物 强氧化剂、强酸。

侵入途径 吸入、食入。

环境危害 可能在水生环境中造成长期不利影响。

理化特性与用途

主要用途 用于分散染料。

包装与储运

安全储运 储存于阴凉、通风的库房。远离火种、热源。应与强氧化剂、强酸等隔离储运。

紧急处置信息

急救措施

吸入：脱离接触。如有不适感，就医。

眼睛接触：分开眼睑，用流动清水或生理盐水冲洗。如有不适感，就医。

皮肤接触：脱去污染的衣着，用流动清水冲洗。如有不适感，就医。

食入：漱口，饮水。就医。

灭火方法 消防人员须穿全身消防服，佩戴空气呼吸器，在上风向灭火。尽可能将容

器从火场移至空旷处。喷水保持火场容器冷却，直至灭火结束。

根据着火原因选择适当灭火剂灭火。

泄漏应急处置 隔离泄漏污染区，限制出入。建议应急处理人员戴防尘口罩，穿防护服，戴橡胶手套。穿上适当的防护服前严禁接触破裂的容器和泄漏物。尽可能切断泄漏源。用塑料布覆盖泄漏物，减少飞散。勿使水进入包装容器内。用洁净的铲子收集泄漏物，置于干净、干燥、盖子较松的容器中，将容器移离泄漏区。

659. 3-氰基-3,5,5-三甲基环己酮

标　识

中文名称 3-氰基-3,5,5-三甲基环己酮

英文名称 Cychohexanecarbonitrile, 1,3,3-trimethyl-5-oxo-; 3-Cyano-3,5,5-trimethylcyclohexanone

别名 异氟尔酮腈

分子式 $C_{10}H_{15}NO$

CAS 号 7027-11-4

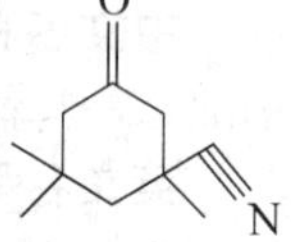

危害信息

燃烧与爆炸危险性 可燃。

禁忌物 氧化剂、酸碱、醇类。

毒性 大鼠经口 LD_{50}：61600μg/kg；兔经皮 LD_{50}：16g/kg。

中毒表现 食入有害。长期反复接触可能对器官造成损害。对皮肤有致敏性。

侵入途径 吸入、食入。

环境危害 对水生生物有害，可能在水生环境中造成长期不利影响。

理化特性与用途

理化特性 沸点 269.7℃，相对密度（水 = 1）0.98，饱和蒸气压 0.95Pa（25℃），闪点 116.9℃。

主要用途 用作特种异氰酸酯中间体和有机合成中间体。

包装与储运

安全储运 储存于阴凉、通风的库房。远离火种、热源。应与强氧化剂、酸碱、醇类等隔离储运。搬运时轻装轻卸，防止容器受损。

紧急处置信息

急救措施

吸入： 迅速脱离现场至空气新鲜处。保持呼吸道通畅。如呼吸困难，给输氧。呼吸、心跳停止，立即进行心肺复苏术。就医。

眼睛接触： 立即分开眼睑，用流动清水或生理盐水彻底冲洗。就医。

皮肤接触： 立即脱去污染的衣着，用肥皂水和清水彻底冲洗。就医。

食入： 漱口，饮水。就医。

灭火方法 消防人员须穿全身消防服，在上风向灭火。尽可能将容器从火场移至空旷处。喷水保持火场容器冷却直至灭火结束。

灭火剂：泡沫、二氧化碳、干粉。

泄漏应急处置 隔离泄漏污染区，限制出入。消除所有点火源。建议应急处理人员戴防尘口罩，穿防毒服，戴防护手套。穿上适当的防护服前严禁接触破裂的容器和泄漏物。尽可能切断泄漏源。用塑料布覆盖泄漏物，减少飞散。勿使水进入包装容器内。用洁净的铲子收集泄漏物，置于干净、干燥、盖子较松的容器中，将容器移离泄漏区。

660. 2–氰基–*N*–((乙胺基)羧基)–2–(甲氧亚胺基)乙酰胺

标识

中文名称 2–氰基–*N*–((乙胺基)羧基)–2–(甲氧亚胺基)乙酰胺

英文名称 2–Cyano–*N*–((ethylamino)carbonyl)–2–(methoxyimino)acetamide；Cymoxanil

别名 霜脲氰

分子式 $C_7H_{10}N_4O_3$

CAS 号 57966–95–7

N NH NH N O O O

危害信息

燃烧与爆炸危险性 不燃，无特殊燃爆特性。

禁忌物 强氧化剂、酸类。

毒性 大鼠经口 LD_{50}：960mg/kg；大鼠吸入 LC_{50}：>5.06g/m^3(4h)；兔经皮 LD_{50}：>2g/kg。

中毒表现 食入有害。对皮肤有致敏性。

侵入途径 吸入、食入、经皮吸收。

环境危害 对水生生物有极高毒性，可能在水生环境中造成长期不利影响。

理化特性与用途

理化特性 无色无臭结晶。微溶于水，溶于丙酮、氯仿、二甲基甲酰胺、乙腈。熔点160~161℃，相对密度(水=1)1.31，饱和蒸气压0.15mPa(25℃)，辛醇/水分配系数0.67。

主要用途 内吸杀菌剂。用于防治马铃薯、番茄、葡萄、黄瓜、白菜等作物的霜霉病和晚疫病。

包装与储运

包装标志 杂类

包装类别 Ⅲ类

安全储运 储存于阴凉、通风的库房。远离火种、热源。应与强氧化剂、酸类等隔离储运。

紧急处置信息

急救措施

吸入：迅速脱离现场至空气新鲜处。保持呼吸道通畅。如呼吸困难，给输氧。呼吸、

心跳停止，立即进行心肺复苏术。就医。

眼睛接触： 立即分开眼睑，用流动清水或生理盐水彻底冲洗。就医。

皮肤接触： 立即脱去污染的衣着，用肥皂水和清水彻底冲洗。就医。

食入： 漱口，饮水。就医。

灭火方法 消防人员须穿全身消防服，佩戴空气呼吸器，在上风向灭火。尽可能将容器从火场移至空旷处。喷水保持火场容器冷却，直至灭火结束。

本品不燃，根据着火原因选择适当灭火剂灭火。

泄漏应急处置 隔离泄漏污染区，限制出入。建议应急处理人员戴防尘口罩，穿防毒服，戴橡胶手套。穿上适当的防护服前严禁接触破裂的容器和泄漏物。尽可能切断泄漏源。用塑料布覆盖泄漏物，减少飞散。勿使水进入包装容器内。用洁净的铲子收集泄漏物，置于干净、干燥、盖子较松的容器中，将容器移离泄漏区。

661. S-氰戊菊酯

标　识

中文名称 S-氰戊菊酯

英文名称 (S)-α-Cyano-3-phenoxybenzyl-(S)-2-(4-chlorophenyl)-3-methylbutyrate; S-fenvalerate

别名 顺式氰戊菊酯

分子式 $C_{25}H_{22}ClNO_3$

CAS 号 66230-04-4

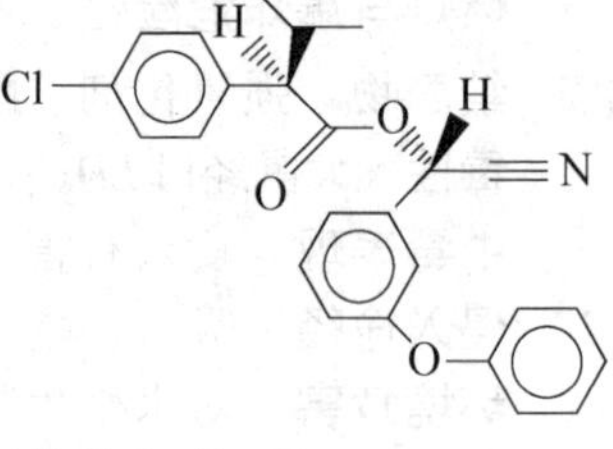

危害信息

危险性类别 第 6 类　有毒品

燃烧与爆炸危险性 可燃，粉体与空气混合能形成爆炸性混合物，遇明火、高热易燃烧爆炸。燃烧产生有毒的氮氧化物和氯化物气体。

禁忌物 强氧化剂、碱类。

毒性 大鼠经口 LD_{50}：325mg/kg；大鼠经皮 LD_{50}：>5g/kg；兔经皮 LD_{50}：>2g/kg。

中毒表现 对皮肤、呼吸道和眼有刺激性。本品影响神经系统。食入后引起腹痛、恶心、流涎、头痛、头晕、震颤、虚弱和惊厥。长期反复接触对皮肤有致敏性。

侵入途径 吸入、食入、经皮吸收。

环境危害 对水生生物有极高毒性，可能在水生环境中造成长期不利影响。

理化特性与用途

理化特性 无色至白色结晶。不溶于水，溶于丙酮、氯仿、乙酸乙酯、乙腈、二甲亚砜、二甲苯等。熔点 59~60℃，沸点 151~167℃，相对密度(水=1)1.2，辛醇/水分配系数 6.22，闪点 256℃。

主要用途 杀虫剂。

包装与储运

包装标志 有毒品

包装类别 Ⅲ类

安全储运 储存于阴凉、通风的库房。远离火种、热源。防止阳光直射。储存温度不超过35℃，相对湿度不超过85%。保持容器密封。应与强氧化剂、碱类等分开存放，切忌混储。配备相应品种和数量的消防器材。储区应备有泄漏应急处理设备和合适的收容材料。

紧急处置信息

急救措施

吸入：迅速脱离现场至空气新鲜处。保持呼吸道通畅。如呼吸困难，给输氧。呼吸、心跳停止，立即进行心肺复苏术。就医。

眼睛接触：立即分开眼睑，用流动清水或生理盐水彻底冲洗。就医。

皮肤接触：立即脱去污染的衣着，用肥皂水和清水彻底冲洗。就医。

食入：漱口，饮水。就医。

灭火方法 消防人员须穿全身消防服，佩戴空气呼吸器，在上风向灭火。尽可能将容器从火场移至空旷处。

灭火剂：干粉、泡沫、砂土。

泄漏应急处置 隔离泄漏污染区，限制出入。消除点火源。建议应急处理人员戴防尘口罩，穿防毒服，戴橡胶手套。穿上适当的防护服前严禁接触破裂的容器和泄漏物。尽可能切断泄漏源。用塑料布覆盖泄漏物，减少飞散。勿使水进入包装容器内。用洁净的铲子收集泄漏物，置于干净、干燥、盖子较松的容器中，将容器移离泄漏区。

662. (4-(((2-氰乙基)硫代)甲基)-2-噻唑基)胍

标　识

中文名称 (4-(((2-氰乙基)硫代)甲基)-2-噻唑基)胍

英文名称 Guanidine，(4-(((2-cyanoethyl)thio)methyl)-2-thiazolyl)-；3-(2-(Diaminomethyleneamino)thiazol-4-ylmethylthio)propionitrile

别名 3-(2-胍基-噻唑-4-基甲硫)-丙腈

分子式 $C_8H_{11}N_5S_2$

CAS号 76823-93-3

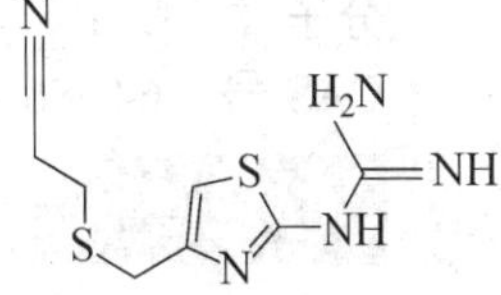

危害信息

燃烧与爆炸危险性 无特殊燃爆特性。

禁忌物 强氧化剂、强酸。

中毒表现 食入有害。对皮肤有致敏性。

侵入途径 吸入、食入。

理化特性与用途

理化特性 淡黄色结晶固体。微溶于水，溶于丙酮、氯仿、二氯甲烷、甲醇。熔点128~132℃，沸点460℃，相对密度(水=1)1.49，辛醇/水分配系数0.1。

主要用途 药物法莫替丁的中间体。

包装与储运

安全储运 储存于阴凉、通风的库房。远离火种、热源。保持容器密闭。应与强氧化剂、强酸等隔离储运。

紧急处置信息

急救措施

吸入：迅速脱离现场至空气新鲜处。保持呼吸道通畅。如呼吸困难，给输氧。呼吸、心跳停止，立即进行心肺复苏术。就医。

眼睛接触：立即分开眼睑，用流动清水或生理盐水彻底冲洗。就医。

皮肤接触：立即脱去污染的衣着，用肥皂水和清水彻底冲洗。就医。

食入：漱口，饮水。就医。

灭火方法 消防人员须穿全身消防服，佩戴空气呼吸器，在上风向灭火。尽可能将容器从火场移至空旷处。

根据着火原因选择适当灭火剂灭火。

泄漏应急处置 隔离泄漏污染区，限制出入。建议应急处理人员戴防尘口罩，穿防护服，戴橡胶手套。穿上适当的防护服前严禁接触破裂的容器和泄漏物。尽可能切断泄漏源。用塑料布覆盖泄漏物，减少飞散。勿使水进入包装容器内。用洁净的铲子收集泄漏物，置于干净、干燥、盖子较松的容器中，将容器移离泄漏区。

663. 秋水仙素

标　识

中文名称 秋水仙素

英文名称 Acetamide, *N*-((7S)-5,6,7,9-tetrahydro-1,2,3,10-tetramethoxy-9-oxobenzo(a)heptalen-7-yl)-; Colchicine

别名 秋水仙碱

分子式 $C_{22}H_{25}NO_6$

CAS 号 64-86-8

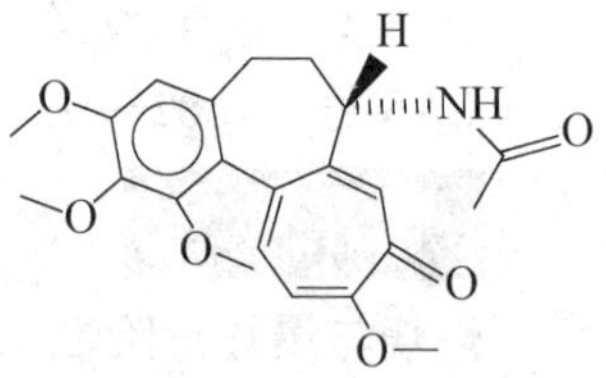

危害信息

危险性类别 第 6 类有毒品

燃烧与爆炸危险性 不易燃，无特殊燃爆特性。具有腐蚀性。

禁忌物 强氧化剂、强酸。

毒性 大鼠经口 LD_{50}：26mg/kg；小鼠经口 LD_{50}：5886μg/kg。

欧盟法规 1272/2008/EC 将本品列为第 1B 类生殖细胞致突变物——应认为可能引起人类生殖细胞可遗传突变的物质。

中毒表现 对消化道有刺激作用，可抑制骨髓造血功能，并对神经、平滑肌有麻痹作用，甚至可引起呼吸中枢麻痹而死亡。可有肝肾损害。

侵入途径 吸入、食入。

理化特性与用途

理化特性 淡黄色针状结晶或鳞片状固体或粉末。溶于水，易溶于乙醇、氯仿，溶于甲醇，微溶于四氯化碳，不溶于石油醚。pH 值 5.9(0.5%溶液)，熔点 142~150℃，相对密度(水=1)1.32，相对蒸气密度(空气=1)14，辛醇/水分配系数 1.03。

主要用途 用于植物遗传学和癌症研究，用作药物。

包装与储运

包装标志 有毒品

包装类别 Ⅱ类

安全储运 储存于阴凉、通风的库房。远离火种、热源。防止阳光直射。储存温度不超过 35℃，相对湿度不超过 85%。保持容器密封。应与强氧化剂、强酸等分开存放，切忌混储。配备相应品种和数量的消防器材。储区应备有合适的材料收容泄漏物。

紧急处置信息

急救措施

吸入：迅速脱离现场至空气新鲜处。保持呼吸道通畅。如呼吸困难，给输氧。呼吸、心跳停止，立即进行心肺复苏术。就医。

眼睛接触：立即分开眼睑，用流动清水或生理盐水彻底冲洗。就医。

皮肤接触：立即脱去污染的衣着，用流动清水彻底冲洗。就医。

食入：饮适量温水，催吐(仅限于清醒者)。就医。

灭火方法 消防人员须穿全身耐酸碱消防服，佩戴防毒面具，在上风向灭火。尽可能将容器从火场移至空旷处。喷水保持火场容器冷却，直至灭火结束。

本品不易燃，根据着火原因选择适当灭火剂灭火。

泄漏应急处置 隔离泄漏污染区，限制出入。建议应急处理人员戴防尘口罩，穿防毒、耐腐蚀服，戴耐腐蚀防护手套。穿上适当的防护服前严禁接触破裂的容器和泄漏物。尽可能切断泄漏源。用塑料布覆盖泄漏物，减少飞散。勿使水进入包装容器内。用洁净的铲子收集泄漏物，置于干净、干燥、盖子较松的容器中，将容器移离泄漏区。

664. 4-巯甲基-3,6-二硫杂-1,8-辛二硫醇

标　识

中文名称 4-巯甲基-3，6-二硫杂-1，8-辛二硫醇

英文名称 2,3-Bis((2-mercaptoethyl)thio)-1-propanethiol；4-(Mercaptomethyl)-3,6-dithia-1，8-octanedithiol

分子式 $C_7H_{16}S_5$

CAS 号 131538-00-6

SH
HS S S SH

危害信息

燃烧与爆炸危险性 可燃。

禁忌物 强氧化剂、强酸。

中毒表现　食入有害。长期反复接触可能造成器官损害。

侵入途径　吸入、食入。

环境危害　对水生生物有极高毒性，可能在水生环境中造成长期不利影响。

理化特性与用途

理化特性　不溶于水。沸点 396℃，相对密度（水 = 1）1.214，饱和蒸气压 0.56mPa（25℃），辛醇/水分配系数 3.64，闪点 193℃。

主要用途　用作医药原料和涂料成分。

包装与储运

包装标志　杂类

包装类别　Ⅲ类

安全储运　储存于阴凉、通风的库房。远离火种、热源。应与强氧化剂、强酸等隔离储运。搬运时轻装轻卸，防止容器受损。

紧急处置信息

急救措施

吸入：迅速脱离现场至空气新鲜处。保持呼吸道通畅。如呼吸困难，给输氧。呼吸、心跳停止，立即进行心肺复苏术。就医。

眼睛接触：立即分开眼睑，用流动清水或生理盐水彻底冲洗。就医。

皮肤接触：立即脱去污染的衣着，用肥皂水和清水彻底冲洗。就医。

食入：漱口，饮水。就医。

灭火方法　消防人员须穿全身消防服，在上风向灭火。尽可能将容器从火场移至空旷处。喷水保持火场容器冷却直至灭火结束。

灭火剂：泡沫、干粉、二氧化碳。

泄漏应急处置　根据液体流动和蒸气扩散的影响区域划定警戒区，无关人员从侧风、上风向撤离至安全区。消除所有点火源。建议应急处理人员戴防毒面具，穿防毒服。穿上适当的防护服前严禁接触破裂的容器和泄漏物。尽可能切断泄漏源。防止泄漏物进入水体、下水道、地下室或有限空间。小量泄漏：用干燥的砂土或其他不燃材料吸收或覆盖，收集于容器中。大量泄漏：构筑围堤或挖坑收容。用泵转移至槽车或专用收集器内。

665. 䓛

标　　识

中文名称　䓛

英文名称　Chrysene; 1,2-Benzphenanthrene

别名　稠二萘;1,2-苯并菲

分子式　$C_{18}H_{12}$

CAS 号　218-01-9

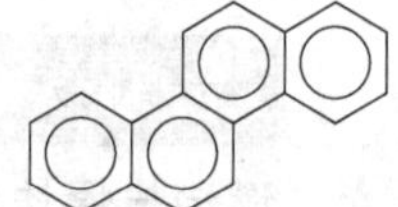

危害信息

燃烧与爆炸危险性 可燃，粉末与空气混合能形成爆炸性混合物，遇火源易燃烧爆炸。

禁忌物 强氧化剂。

毒性 小鼠腹腔内 LD_{50}：320mg/kg。

欧盟法规 1272/2008/EC 将本品列为第 1B 类致癌物——可能对人类有致癌能力；第 2 类生殖细胞致突变物——由于可能导致人类生殖细胞可遗传突变而引起人们关注的物质。

侵入途径 吸入、食入。

环境危害 对水生生物有极高毒性，可能在水生环境中造成长期不利影响。

理化特性与用途

理化特性 有蓝色荧光的无色至淡黄色片状结晶或粉末。不溶于水，微溶于乙醇、乙醚、丙酮等。熔点254~256℃，沸点448℃，相对密度(水=1)1.27，辛醇/水分配系数5.9，燃烧热-8950kJ/mol。

主要用途 用于有机合成，用作非磁性金属表面探伤用荧光剂、化学仪器紫外线过滤剂、光敏剂及照像感光剂，也用于研究。

包装与储运

包装标志 杂类

包装类别 Ⅲ类

安全储运 储存于阴凉、通风的库房。远离火种、热源。应与强氧化剂等隔离储运。

紧急处置信息

急救措施

吸入：迅速脱离现场至空气新鲜处。保持呼吸道通畅。如呼吸困难，给输氧。呼吸、心跳停止，立即进行心肺复苏术。就医。

眼睛接触：立即分开眼睑，用流动清水或生理盐水彻底冲洗。就医。

皮肤接触：立即脱去污染的衣着，用肥皂水和清水彻底冲洗。就医。

食入：漱口，饮水。就医。

灭火方法 消防人员须穿全身消防服，佩戴防毒面具，在上风向灭火。尽可能将容器从火场移至空旷处。喷水保持火场容器冷却，直至灭火结束。

灭火剂：雾状水、泡沫、干粉、砂土。

泄漏应急处置 隔离泄漏污染区，限制出入。建议应急处理人员戴防尘口罩，穿防毒服，戴橡胶手套。穿上适当的防护服前严禁接触破裂的容器和泄漏物。尽可能切断泄漏源。用塑料布覆盖泄漏物，减少飞散。勿使水进入包装容器内。用洁净的铲子收集泄漏物，置于干净、干燥、盖子较松的容器中，将容器移离泄漏区。

666. 乳酸异丁酯

标　识

中文名称 乳酸异丁酯

英文名称 Isobutyl lactate；2-Methylpropyl 2-hydroxypropionate
别名 2-羟基丙酸2-甲基丙酯
分子式 $C_7H_{14}O_3$
CAS号 585-24-0

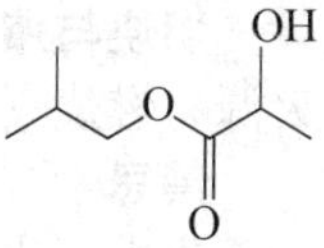

危害信息

燃烧与爆炸危险性 易燃。
禁忌物 强氧化剂、强酸。
中毒表现 对眼有刺激性。
侵入途径 吸入、食入。

理化特性与用途

理化特性 无色至淡黄色透明液体。微溶于水，溶于乙醇。沸点179~182℃、73℃(1.73kPa)，相对密度(水=1)0.971，饱和蒸气压0.068kPa(25℃)，辛醇/水分配系数0.69，闪点65.6℃。

主要用途 是重要的香料和工业溶剂，广泛用于食品、医药、电子和精细化工等部门。

包装与储运

安全储运 储存于阴凉、通风的库房。远离火种、热源。应与强氧化剂、强酸等隔离储运。搬运时轻装轻卸，防止容器受损。

紧急处置信息

急救措施

吸入：迅速脱离现场至空气新鲜处。保持呼吸道通畅。如呼吸困难，给输氧。呼吸、心跳停止，立即进行心肺复苏术。就医。

眼睛接触：立即分开眼睑，用流动清水或生理盐水彻底冲洗。就医。

皮肤接触：立即脱去污染的衣着，用肥皂水和清水彻底冲洗。就医。

食入：漱口，饮水。就医。

灭火方法 消防人员须穿全身消防服，佩戴空气呼吸器，在上风向灭火。尽可能将容器从火场移至空旷处。喷水保持火场容器冷却，直至灭火结束。处在火场中的容器若发生异常变化或发出异常声音，须马上撤离。

灭火剂：二氧化碳、干粉。

泄漏应急处置 根据液体流动和蒸气扩散的影响区域划定警戒区，无关人员从侧风、上风向撤离至安全区。消除所有点火源。建议应急处理人员戴正压自给式呼吸器，穿防静电服，戴橡胶耐油手套。穿上适当的防护服前严禁接触破裂的容器和泄漏物。作业时所有的设备应接地。尽可能切断泄漏源。防止泄漏物进入水体、下水道、地下室或有限空间。小量泄漏：用干燥的砂土或其他不燃材料吸收或覆盖，收集于容器中。大量泄漏：构筑围堤或挖坑收容。用泡沫覆盖减少蒸发。用防爆泵转移至槽车或专用收集器内。

667. 乳酸正丁酯

标　　识

中文名称 乳酸正丁酯

英文名称 *n*-Butyl Lactate；Propanoic acid，2-hydroxy-，butyl ester

别名 α-羟基丙酸丁酯

分子式 $C_7H_{14}O_3$

CAS 号 138-22-7

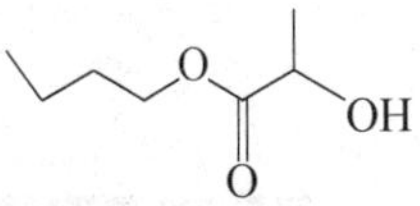

危害信息

燃烧与爆炸危险性 易燃，其蒸气与空气混合能形成爆炸性混合物，遇明火、高热易燃烧爆炸。蒸气比空气重，能在较低处扩散到相当远的地方，遇火源会着火回燃和爆炸(闪爆)。

禁忌物 强氧化剂、强酸。

毒性 大鼠经口 LD_{50}：>2000mg/kg；大鼠吸入 LC_{50}：>5.14g/m^3(4h)；大鼠经皮 LD_{50}：>5000mg/kg；兔经皮 LD_{50}：>5g/kg。

中毒表现 吸入后引起头痛、咽喉炎症、咳嗽，偶有恶心、呕吐。对皮肤有刺激性。

侵入途径 吸入、食入、经皮吸收。

职业接触限值 中国：PC-TWA 25mg/m^3。

美国(ACGIH)：TLV-TWA 5ppm。

理化特性与用途

理化特性 无色透明液体，稍有气味。微溶于水，与烃类、油脂混溶。熔点-42.8℃，沸点187.8℃，相对密度(水=1)0.98，相对蒸气密度(空气=1)5.04，饱和蒸气压0.05kPa(25℃)，辛醇/水分配系数0.8，闪点71℃，引燃温度340℃，爆炸下限1.15%。

主要用途 用作溶剂，用于有机合成。

包装与储运

安全储运 储存于阴凉、通风的库房。远离火种、热源。应与强氧化剂、强酸等隔离储运。

紧急处置信息

急救措施

吸入：迅速脱离现场至空气新鲜处。保持呼吸道通畅。如呼吸困难，给输氧。呼吸、心跳停止，立即进行心肺复苏术。就医。

眼睛接触：立即分开眼睑，用流动清水或生理盐水彻底冲洗。就医。

皮肤接触：立即脱去污染的衣着，用肥皂水和清水彻底冲洗。就医。

食入：漱口，饮水。就医。

灭火方法 消防人员须穿全身消防服，佩戴空气呼吸器，在上风向灭火。尽可能将容器从火场移至空旷处。喷水保持火场容器冷却，直至灭火结束。处在火场中的容器若发生异常变化或发出异常声音，须马上撤离。

灭火剂：干粉、泡沫、二氧化碳。

泄漏应急处置 根据液体流动和蒸气扩散的影响区域划定警戒区，无关人员从侧风、上风向撤离至安全区。消除所有点火源。建议应急处理人员戴正压自给式呼吸器，穿防静电服，戴橡胶耐油手套。穿上适当的防护服前严禁接触破裂的容器和泄漏物。尽可能切断泄漏源。防止泄漏物进入水体、下水道、地下室或有限空间。小量泄漏：用干燥的砂土或其他不燃材料吸收或覆盖，收集于容器中。大量泄漏：构筑围堤或挖坑收容。用防爆泵转移至槽车或专用收集器内。

668. 噻吩磺隆

标　识

中文名称 噻吩磺隆

英文名称 Thifensulfuron-methyl; 2-Thiophenecarboxylic acid, 3-(((((4-methoxy-6-methyl-1,3,5-triazin-2-yl)amino)carbonyl)amino)sulfonyl)-, methyl ester

别名 3-(4-甲氧基-6-甲基-1,3,5-三嗪-2-基)-1-(2-甲氧基甲酰基噻吩-3-基)磺酰脲

分子式 $C_{12}H_{13}N_5O_6S_2$

CAS 号 79277-27-3

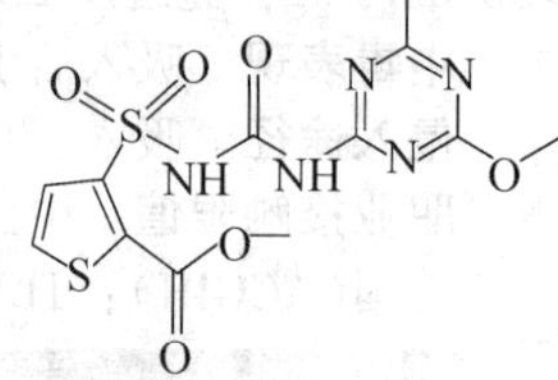

危害信息

燃烧与爆炸危险性 不易燃，无特殊燃爆特性。

禁忌物 强氧化剂、强酸、碱类。

毒性 大鼠经口 LD_{50}：>5000mg/kg；小鼠经口 LD_{50}：>5000mg/kg；大鼠吸入 LC_{50}：>7900mg/m^3(4h)；兔经皮 LD_{50}：>2000mg/kg。

侵入途径 吸入、食入、经皮吸收。

环境危害 对水生生物有极高毒性，可能在水生环境中造成长期不利影响

理化特性与用途

理化特性 白色或类白色结晶固体。微溶于水。熔点 176℃，相对密度(水=1)1.56，辛醇/水分配系数 1.56。

主要用途 是内吸传导型苗后选择性除草剂。主要用于防除禾谷类作物小麦、大麦、燕麦、玉米田间的阔叶杂草。

包装与储运

包装标志 杂类

包装类别 Ⅲ类

安全储运 储存于阴凉、通风的库房。远离火种、热源。应与强氧化剂、强酸、碱类等隔离储运。

紧急处置信息

急救措施

吸入：迅速脱离现场至空气新鲜处。保持呼吸道通畅。如呼吸困难，给输氧。呼吸、心跳停止，立即进行心肺复苏术。就医。

眼睛接触：立即分开眼睑，用流动清水或生理盐水彻底冲洗。就医。

皮肤接触：立即脱去污染的衣着，用肥皂水和清水彻底冲洗。就医。

食入：漱口，饮水。就医。

灭火方法 消防人员须穿全身消防服，佩戴防毒面具，在上风向灭火。尽可能将容器从火场移至空旷处。喷水保持火场容器冷却，直至灭火结束。

本品不易燃，根据着火原因选择适当灭火剂灭火。

泄漏应急处置 隔离泄漏污染区，限制出入。建议应急处理人员戴防尘口罩，穿防护服，戴防护手套。穿上适当的防护服前严禁接触破裂的容器和泄漏物。尽可能切断泄漏源。用塑料布覆盖泄漏物，减少飞散。勿使水进入包装容器内。用洁净的铲子收集泄漏物，置于干净、干燥、盖子较松的容器中，将容器移离泄漏区。

669. (2-噻吩基甲基)丙二酸单乙酯

标　识

中文名称 (2-噻吩基甲基)丙二酸单乙酯

英文名称 Ethyl 2-carboxy-3-(2-thienyl) propionate; (2-Thienylmethyl) propanedioic acid monoethyl ester

别名 2-羧基-3-(2-噻吩基)丙酸乙酯

分子式 $C_{10}H_{12}O_4S$

CAS 号 143468-96-6

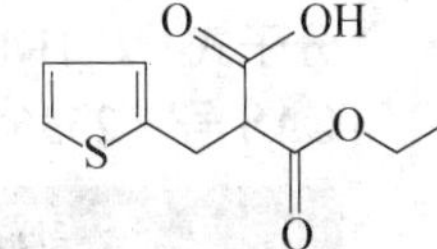

危害信息

燃烧与爆炸危险性 可燃，粉体与空气混合能形成爆炸性混合物，遇明火、高热易燃烧爆炸。

禁忌物 强氧化剂、酸类。

中毒表现 眼接触引起严重损害。对皮肤有刺激性和致敏性。

侵入途径 吸入、食入。

理化特性与用途

理化特性 白色或灰白色结晶粉末。微溶于水。沸点 361.9℃，相对密度(水=1) 1.295，饱和蒸气压 0.96mPa(25℃)，辛醇/水分配系数 2.12，闪点 172.7℃。

主要用途 用于研究和开发，用作依普罗沙坦中间体。

包装与储运

安全储运 储存于阴凉、通风的库房。远离火种、热源。应与强氧化剂、酸类等隔离储运。

紧急处置信息

急救措施

吸入：迅速脱离现场至空气新鲜处。保持呼吸道通畅。如呼吸困难，给输氧。呼吸、心跳停止，立即进行心肺复苏术。就医。

眼睛接触：立即分开眼睑，用流动清水或生理盐水彻底冲洗 5~10min。就医。

皮肤接触：立即脱去污染的衣着，用肥皂水和清水彻底冲洗。就医。

食入：漱口，饮水。就医。

灭火方法 消防人员须穿全身防火服，佩戴空气呼吸器，在上风向灭火。尽可能将容器从火场移至空旷处。喷水保持火场容器冷却，直至灭火结束。

灭火剂：干粉、二氧化碳、砂土。

泄漏应急处置 消除所有点火源。隔离泄漏污染区，限制出入。建议应急处理人员戴防尘口罩，穿防护服。禁止接触或跨越泄漏物。用塑料布覆盖，减少飞散。勿使水进入包装容器内。用洁净的铲子收集泄漏物，置于干净、干燥、盖子较松的容器中，将容器移离泄漏区。

670. 噻氟隆

标　识

中文名称 噻氟隆

英文名称 Thiazfluron；1,3-Dimethyl-1-(5-trifluoromethyl-1,3,4-thiadiazol-2-yl)urea

别名 1,3-二甲基1-(5-三氟甲基-1,3,4-噻二唑-2-基)脲

分子式 $C_6H_7F_3N_4OS$

CAS 号 25366-23-8

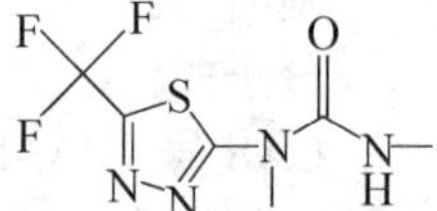

危害信息

燃烧与爆炸危险性 不易燃，无特殊燃爆特性。

禁忌物 强氧化剂。

毒性 大鼠经口 LD_{50}：278mg/kg；小鼠经口 LD_{50}：630mg/kg；大鼠经皮 LD_{50}：>2150mg/kg。

中毒表现 大剂量口服脲类除草剂可引起急性中毒，出现恶心、呕吐、头痛、头晕、乏力、失眠，严重者可有贫血、肝脾肿大。对眼、皮肤、黏膜有刺激性。

侵入途径 吸入、食入、经皮吸收。

环境危害 对水生生物有极高毒性，可能在水生环境中造成长期不利影响。

理化特性与用途

理化特性 无色结晶固体。微溶于水，溶于极性有机溶剂。熔点 136~137℃，相对密度(水=1)1.6，饱和蒸气压 0.27mPa(20℃)，辛醇/水分配系数 2.09。

主要用途 内吸性除草剂。用于防除一年生和多年生的单子叶和双子叶杂草。

包装与储运

包装标志 杂类

包装类别 Ⅲ类

安全储运 储存于阴凉、通风的库房。远离火种、热源。应与强氧化剂等隔离储运。

紧急处置信息

急救措施

吸入：迅速脱离现场至空气新鲜处。保持呼吸道通畅。如呼吸困难，给输氧。呼吸、心跳停止，立即进行心肺复苏术。就医。

眼睛接触：立即分开眼睑，用流动清水或生理盐水彻底冲洗。就医。

皮肤接触：立即脱去污染的衣着，用肥皂水和清水彻底冲洗。就医。

食入：漱口，饮水。就医。

灭火方法 消防人员须穿全身消防服，佩戴防毒面具，在上风向灭火。尽可能将容器从火场移至空旷处。喷水保持火场容器冷却，直至灭火结束。

本品不燃，根据着火原因选择适当灭火剂灭火。

泄漏应急处置 隔离泄漏污染区，限制出入。建议应急处理人员戴防尘口罩，穿防毒服，戴橡胶手套。穿戴适当的防护装备前，禁止接触或跨越泄漏物。用塑料布覆盖，减少飞散。勿使水进入包装容器内。用洁净的铲子收集泄漏物，置于干净、干燥、盖子较松的容器中，将容器移离泄漏区。

671. 噻螨酮

标　识

中文名称 噻螨酮

英文名称 Hexythiazox；trans-5-(4-Chlorophenyl)-*N*-cyclohexyl-4-methyl-2-oxo-3-thiazolidine-carboxamide

别名 (4*RS*,5*RS*)-5-(4-氯苯基)-*N*-环己基-4-甲基-2-氧代-1,3-噻唑烷-3-羧酰胺

分子式 $C_{17}H_{21}ClN_2O_2S$

CAS 号 78587-05-0

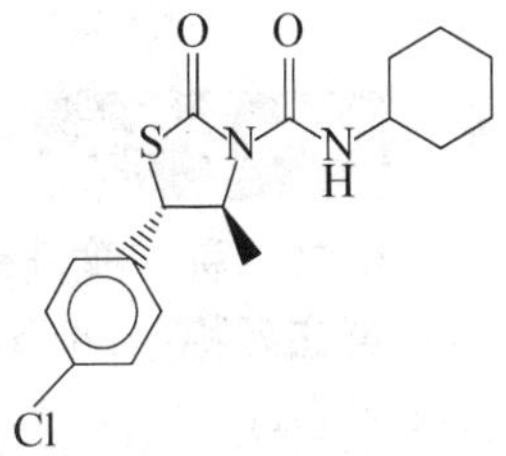

危害信息

燃烧与爆炸危险性 不易燃。

禁忌物 强氧化剂、强酸。

毒性 大鼠经口 LD_{50}：>5g/kg；小鼠经口 LD_{50}：>5g/kg；大鼠经皮 LD_{50}：>5g/kg；>2g/m^3(4h)。

中毒表现 对眼、上呼吸道和皮肤有刺激性。

侵入途径 吸入、食入、经皮吸收。

环境危害 对水生生物有极高毒性，可能在水生环境中造成长期不利影响。

理化特性与用途

理化特性 无色或白色结晶。不溶于水，溶于甲醇、丙酮、二甲苯，易溶于氯仿。熔点 108~108.5℃，相对密度(水=1)1.31，饱和蒸气压 0.003mPa(20℃)，辛醇/水分配系数 5.57。

主要用途 杀螨剂。用于柑橘、棉花、葡萄、茶叶、蔬菜等作物防治多种螨类。

包装与储运

包装标志 杂类

包装类别 Ⅲ类

安全储运 储存于阴凉、通风的库房。远离火种、热源。应与强氧化剂、强酸等隔离储运。

紧急处置信息

急救措施

吸入：迅速脱离现场至空气新鲜处。保持呼吸道通畅。如呼吸困难，给输氧。呼吸、心跳停止，立即进行心肺复苏术。就医。

眼睛接触：立即分开眼睑，用流动清水或生理盐水彻底冲洗。就医。

皮肤接触：立即脱去污染的衣着，用肥皂水和清水彻底冲洗。就医。

食入：漱口，饮水。就医。

灭火方法　消防人员须穿全身消防服，佩戴空气呼吸器，在上风向灭火。尽可能将容器从火场移至空旷处。喷水保持火场容器冷却，直至灭火结束。

灭火剂：雾状水、泡沫、干粉、砂土。

泄漏应急处置　隔离泄漏污染区，限制出入。建议应急处理人员戴防尘口罩，穿防护服，戴防护手套。穿上适当的防护服前严禁接触破裂的容器和泄漏物。尽可能切断泄漏源。用塑料布覆盖泄漏物，减少飞散。勿使水进入包装容器内。用洁净的铲子收集泄漏物，置于干净、干燥、盖子较松的容器中，将容器移离泄漏区。

672. 噻唑磷

标　识

中文名称　噻唑磷

英文名称　Fosthiazate；(*RS*)-*S*-sec-Butyl-*O*-ethyl-2-oxo-1,3-thiazolidin-3-ylphosphonothioate

别名　*O*-乙基-*S*-仲丁基-2-氧代-1,3-噻唑烷-3-基硫代膦酸酯

分子式　$C_9H_{18}NO_3PS_2$

CAS 号　98886-44-3

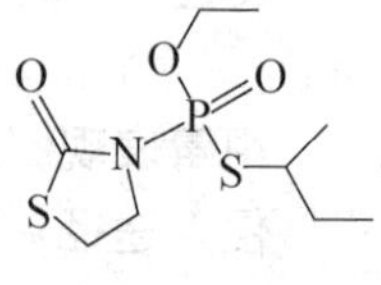

危害信息

危险性类别　第6类　有毒品

燃烧与爆炸危险性　不燃，无特殊燃爆特性。

禁忌物　强氧化剂、强碱。

毒性　大鼠经口 LD_{50}：57mg/kg；小鼠经口 LD_{50}：91mg/kg；大鼠吸入 LC_{50}：558mg/m^3；大鼠经皮 LD_{50}：861mg/kg。

中毒表现　抑制体内胆碱酯酶活性，造成神经生理功能紊乱。急性中毒症状有头痛、头昏、乏力、食欲不振、恶心、呕吐、腹痛、腹泻、流涎、瞳孔缩小、呼吸道分泌物增多、多汗、肌束震颤等。重度中毒者出现肺水肿、昏迷、呼吸麻痹、脑水肿。血胆碱酯酶活性降低。

侵入途径　吸入、食入、经皮吸收。

环境危害　对水生生物有极高毒性，可能在水生环境中造成长期不利影响。

理化特性与用途

理化特性　浅褐色液体，有轻微的气味。微溶于水，微溶于己烷。熔点<25℃，沸点

198℃(66.5Pa)，相对密度(水=1)1.24，饱和蒸气压0.56mPa(25℃)，辛醇/水分配系数1.68。

主要用途 广谱杀虫剂。用于蔬菜、马铃薯、瓜类、水稻等防治各种害虫。

包装与储运

包装标志 有毒品

包装类别 Ⅲ类

安全储运 储存于阴凉、通风的库房。远离火种、热源。防止阳光直射。储存温度不超过32℃，相对湿度不超过85%。保持容器密封。应与强氧化剂、强碱等分开存放，切忌混储。配备相应品种和数量的消防器材。储区应备有合适的材料收容泄漏物。搬运时轻装轻卸，防止容器受损。

紧急处置信息

急救措施

吸入：迅速脱离现场至空气新鲜处。保持呼吸道通畅。如呼吸困难，给输氧。呼吸、心跳停止，立即进行心肺复苏术。就医。

眼睛接触：分开眼睑，用流动清水或生理盐水冲洗。就医。

皮肤接触：立即脱去污染的衣着，用肥皂水及流动清水彻底冲洗污染的皮肤、头发、指甲等。就医。

食入：饮足量温水，催吐(仅限于清醒者)。口服活性炭。就医。

解毒剂：阿托品、胆碱酯酶复能剂。

灭火方法 消防人员须穿全身消防服，佩戴防毒面具，在上风向灭火。尽可能将容器从火场移至空旷处。喷水保持火场容器冷却，直至灭火结束。

本品不燃，根据着火原因选择适当灭火剂灭火。

泄漏应急处置 根据液体流动和蒸气扩散的影响区域划定警戒区，无关人员从侧风、上风向撤离至安全区。建议应急处理人员戴正压自给式呼吸器，穿防毒服，戴橡胶手套。穿上适当的防护服前严禁接触破裂的容器和泄漏物。尽可能切断泄漏源。防止泄漏物进入水体、下水道、地下室或有限空间。小量泄漏：用干燥的砂土或其他不燃材料吸收或覆盖，收集于容器中。大量泄漏：构筑围堤或挖坑收容。用泵转移至槽车或专用收集器内。

673. 赛松

标　识

中文名称 赛松

英文名称 Disul; 2-(2,4-Dichlorophenoxy)ethyl hydrogensulphate; 2,4-DES

分子式 $C_8H_8Cl_2O_5S$

CAS号 149-26-8

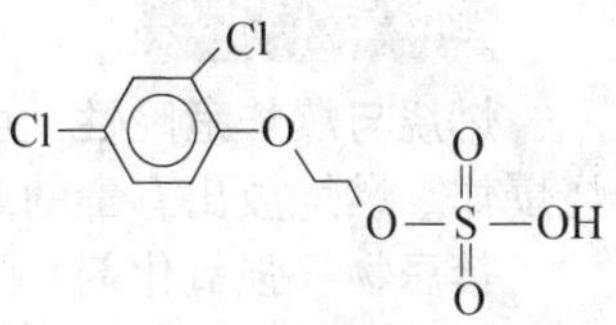

危害信息

燃烧与爆炸危险性 不易燃，无特殊燃爆特性。

禁忌物 强氧化剂、强酸。

中毒表现 食入有害。眼接触引起严重损害。对皮肤有刺激性。

侵入途径 吸入、食入。

理化特性与用途

理化特性 固体。溶于水。熔点 170℃，相对密度(水 = 1) 1.61，辛醇/水分配系数 0.04。

主要用途 除草剂。用于玉米、马铃薯、花生、水稻、苗圃等防除阔叶杂草。

包装与储运

安全储运 储存于阴凉、通风的库房。远离火种、热源。应与强氧化剂、强酸等隔离储运。搬运时轻装轻卸，防止容器受损。

紧急处置信息

急救措施

吸入： 迅速脱离现场至空气新鲜处。保持呼吸道通畅。如呼吸困难，给输氧。呼吸、心跳停止，立即进行心肺复苏术。就医。

眼睛接触： 立即分开眼睑，用流动清水或生理盐水彻底冲洗 5~10min。就医。

皮肤接触： 立即脱去污染的衣着，用肥皂水和清水彻底冲洗。就医。

食入： 漱口，饮水。就医。

灭火方法 消防人员须穿全身消防服，佩戴防毒面具，在上风向灭火。尽可能将容器从火场移至空旷处。喷水保持火场容器冷却，直至灭火结束。

本品不燃，根据着火原因选择适当灭火剂灭火。

泄漏应急处置 隔离泄漏污染区，限制出入。建议应急处理人员戴防尘口罩，穿防毒服，戴防护手套。穿戴适当的防护装备前，禁止接触或跨越泄漏物。尽可能切断泄漏源。用塑料布覆盖，减少飞散。勿使水进入包装容器内。用洁净的铲子收集泄漏物，置于干净、干燥、盖子较松的容器中，将容器移离泄漏区。

674. 三苯胺

标　识

中文名称 三苯胺

英文名称 Triphenylamine；*N*,*N*-Diphenylbenzenamine

分子式 $C_{18}H_{15}N$

CAS 号 603-34-9

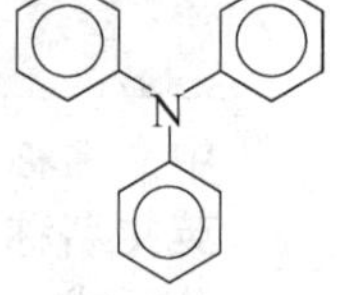

危害信息

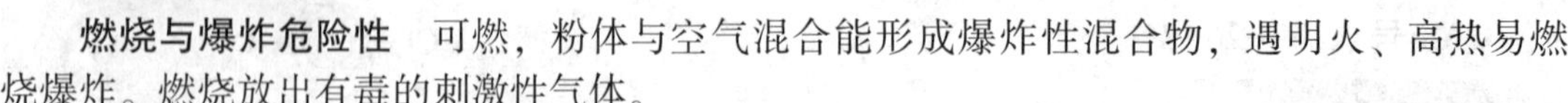

燃烧与爆炸危险性 可燃，粉体与空气混合能形成爆炸性混合物，遇明火、高热易燃烧爆炸。燃烧放出有毒的刺激性气体。

禁忌物 强氧化剂、强酸。

毒性 大鼠经口 LD_{50}：3200mg/kg；小鼠经口 LD_{50}：1600mg/kg。

中毒表现 对眼和皮肤有轻度刺激性。

侵入途径 吸入、食入。

理化特性与用途

理化特性 无色单斜结晶或米色结晶粉末。不溶于水，微溶于乙醇，溶于乙醚、苯。熔点 126.5℃，沸点 365℃，相对密度（水 = 1）0.774（0℃/0℃），饱和蒸气压 0.05Pa（25℃），辛醇/水分配系数 5.74，闪点 180℃。

主要用途 用于新型电致发光材料、特种染料和药物的合成。

包装与储运

安全储运 储存于阴凉、通风的库房。远离火种、热源。应与强氧化剂、强酸等隔离储运。

紧急处置信息

急救措施

吸入：迅速脱离现场至空气新鲜处。保持呼吸道通畅。如呼吸困难，给输氧。呼吸、心跳停止，立即进行心肺复苏术。就医。

眼睛接触：立即分开眼睑，用流动清水或生理盐水彻底冲洗。就医。

皮肤接触：立即脱去污染的衣着，用肥皂水和清水彻底冲洗。就医。

食入：漱口，饮水。就医。

灭火方法 消防人员须穿全身消防服，在上风向灭火。尽可能将容器从火场移至空旷处。喷水保持火场容器冷却，直至灭火结束。

灭火剂：水、干粉、抗溶性泡沫、二氧化碳。

泄漏应急处置 隔离泄漏污染区，限制出入。建议应急处理人员戴防尘口罩，穿防毒服，戴橡胶手套。穿上适当的防护服前严禁接触破裂的容器和泄漏物。尽可能切断泄漏源。用塑料布覆盖泄漏物，减少飞散。勿使水进入包装容器内。用洁净的铲子收集泄漏物，置于干净、干燥、盖子较松的容器中，将容器移离泄漏区。

675. 三苯基甲基氯化膦

标 识

中文名称 三苯基甲基氯化膦

英文名称 Methyltriphenylphosphonium chloride；Triphenylmethylphosphonium chloride

别名 甲基三苯基氯化膦

分子式 $C_{19}H_{18}ClP$

CAS 号 1031-15-8

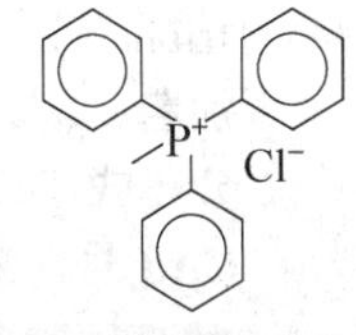

危害信息

燃烧与爆炸危险性 不易燃，在高温火场中，受热的容器有破裂和爆炸的危险。

禁忌物 强氧化剂、强酸、碱类。

中毒表现 食入或经皮吸收有害。眼接触引起严重损害。对皮肤有刺激性。

侵入途径　吸入、食入、经皮吸收。

环境危害　对水生生物有毒，可能在水生环境中造成长期不利影响。

理化特性与用途

理化特性　白色结晶固体。熔点 221℃（分解）。

主要用途　用作医药中间体。

包装与储运

包装标志　杂类

包装类别　Ⅲ类

安全储运　储存于阴凉、通风的库房。远离火种、热源。应与强氧化剂、强酸、碱类等隔离储运。

紧急处置信息

急救措施

吸入：迅速脱离现场至空气新鲜处。保持呼吸道通畅。如呼吸困难，给输氧。呼吸、心跳停止，立即进行心肺复苏术。就医。

眼睛接触：立即分开眼睑，用流动清水或生理盐水彻底冲洗 5~10min。就医。

皮肤接触：立即脱去污染的衣着，用肥皂水和清水彻底冲洗。就医。

食入：漱口，饮水。就医。

灭火方法　消防人员须穿全身消防服，佩戴防毒面具，在上风向灭火。尽可能将容器从火场移至空旷处。喷水保持火场容器冷却，直至灭火结束。

本品不燃，根据着火原因选择适当灭火剂灭火。

泄漏应急处置　隔离泄漏污染区，限制出入。建议应急处理人员戴防尘口罩，穿防毒服，戴防护手套。穿上适当的防护服前严禁接触破裂的容器和泄漏物。尽可能切断泄漏源。用塑料布覆盖泄漏物，减少飞散。勿使水进入包装容器内。用洁净的铲子收集泄漏物，置于干净、干燥、盖子较松的容器中，将容器移离泄漏区。

676. 三苯基磷乙酸叔丁酯

标　　识

中文名称　三苯基磷乙酸叔丁酯

英文名称　tert－Butyl (triphenylphosphoranylidene) acetate；(tert－Butoxycarbonylmethylene) triphenylphosphorane

别名　（叔丁氧羰基亚甲基）三苯基磷烷

分子式　$C_{24}H_{25}O_2P$

CAS 号　35000-38-5

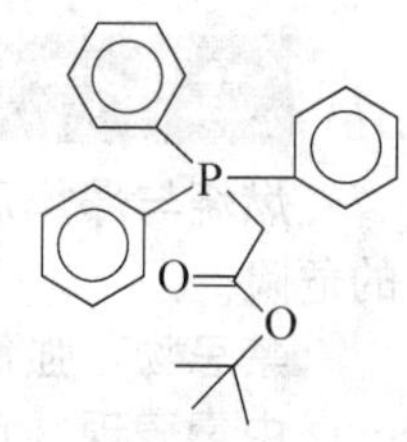

危害信息

危险性类别　第6类　有毒品

燃烧与爆炸危险性　不易燃，无特殊燃爆特性。

禁忌物 强氧化剂、碱类。

中毒表现 食入有毒。长期反复接触对器官可能造成损害。对眼有刺激性。对皮肤有致敏性。

侵入途径 吸入、食入。

环境危害 对水生生物有毒，可能在水生环境中造成长期不利影响。

理化特性与用途

理化特性 白色结晶粉末。熔点152~155℃，相对密度(水=1)1.203，辛醇/水分配系数2.38。

主要用途 用作医药中间体。

包装与储运

包装标志 有毒品

包装类别 Ⅲ类

安全储运 储存于阴凉、通风的库房。远离火种、热源。防止阳光直射。储存温度不超过35℃，相对湿度不超过85%。保持容器密封。应与强氧化剂、碱类等分开存放，切忌混储。配备相应品种和数量的消防器材。储区应备有合适的材料收容泄漏物。

紧急处置信息

急救措施

吸入：迅速脱离现场至空气新鲜处。保持呼吸道通畅。如呼吸困难，给输氧。呼吸、心跳停止，立即进行心肺复苏术。就医。

眼睛接触：立即分开眼睑，用流动清水或生理盐水彻底冲洗。就医。

皮肤接触：立即脱去污染的衣着，用肥皂水和清水彻底冲洗。就医。

食入：漱口，饮水。就医。

灭火方法 消防人员须穿全身消防服，佩戴防毒面具，在上风向灭火。尽可能将容器从火场移至空旷处。喷水保持火场容器冷却，直至灭火结束。

本品不易燃，根据着火原因选择适当灭火剂灭火。

泄漏应急处置 隔离泄漏污染区，限制出入。建议应急处理人员戴防尘口罩，穿防毒服，戴橡胶手套。穿上适当的防护服前严禁接触破裂的容器和泄漏物。尽可能切断泄漏源。用塑料布覆盖泄漏物，减少飞散。勿使水进入包装容器内。用洁净的铲子收集泄漏物，置于干净、干燥、盖子较松的容器中，将容器移离泄漏区。

677. 三丁基十四基鏻四氟硼酸盐

标　识

中文名称 三丁基十四基鏻四氟硼酸盐

英文名称 Tributyltetradecylphosphonium tetrafluoroborate

分子式 $C_{26}H_{56}BF_4P$

CAS 号 125792-14-5

危害信息

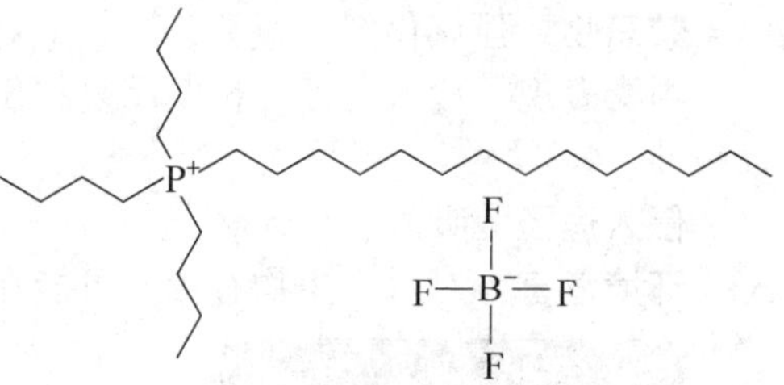

禁忌物 强氧化剂。

侵入途径 吸入、食入。

环境危害 对水生生物有极高毒性，可能在水生环境中造成长期不利影响。

包装与储运

包装标志 杂类

包装类别 Ⅲ类

安全储运 储存于阴凉、通风的库房。远离火种、热源。应与强氧化剂等隔离储运。

紧急处置信息

急救措施

吸入：脱离接触。如有不适感，就医。

眼睛接触：分开眼睑，用流动清水或生理盐水冲洗。如有不适感，就医。

皮肤接触：脱去污染的衣着，用流动清水冲洗。如有不适感，就医。

食入：漱口，饮水。就医。

灭火方法 消防人员穿全身消防服，佩戴防毒面具，在上风向灭火。尽可能将容器从火场移至空旷处。喷水保持容器冷却，直至灭火结束。根据火灾原因选择适当的灭火剂灭火。

泄漏应急处置 消除所有点火源。隔离泄漏污染区，限制出入。建议应急处理人员戴防尘口罩，穿防护服。禁止接触或跨越泄漏物。尽可能切断泄漏源。用洁净的铲子收集泄漏物，置于干净、干燥、盖子较松的容器中，将容器移离泄漏区。

678. 三丁氯苄膦

标　　识

中文名称 三丁氯苄膦

英文名称 Chlorphonium chloride；Tributyl(2,4-dichlorobenzyl)phosphonium chloride

别名 三丁基-2,4-(二氯苄基)氯化膦

分子式 $C_{19}H_{32}Cl_3P$

CAS 号 115-78-6

危害信息

危险性类别 第 6 类 有毒品

燃烧与爆炸危险性 不易燃，无特殊燃爆特性。

禁忌物 氧化剂、强酸、碱类。

毒性 大鼠经口 LD_{50}：178mg/kg；兔经皮 LD_{50}：750mg/kg。

中毒表现 食入或经皮肤吸收可引起中毒。对眼和皮肤有刺激性。

侵入途径 吸入、食入、经皮吸收。

理化特性与用途

理化特性　无色或白色结晶固体，微有芳香气味。溶于水，溶于丙酮、乙醇、异丙醇、热苯，不溶于乙醚、己烷。熔点114~120℃，饱和蒸气压0.09mPa(20℃)，辛醇/水分配系数3.1。

主要用途　用作植物生长调节剂。

包装与储运

包装标志　有毒品

包装类别　Ⅲ类

安全储运　储存于阴凉、通风的库房。远离火种、热源。防止阳光直射。储存温度不超过35℃，相对湿度不超过85%。保持容器密封。应与强氧化剂、强酸、碱类等分开存放，切忌混储。配备相应品种和数量的消防器材。储区应备有合适的材料收容泄漏物。

紧急处置信息

急救措施

吸入：迅速脱离现场至空气新鲜处。保持呼吸道通畅。如呼吸困难，给输氧。呼吸、心跳停止，立即进行心肺复苏术。就医。

眼睛接触：立即分开眼睑，用流动清水或生理盐水彻底冲洗。就医。

皮肤接触：立即脱去污染的衣着，用流动清水彻底冲洗。就医。

食入：饮适量温水，催吐(仅限于清醒者)。就医。

灭火方法　消防人员须穿全身消防服，在上风向灭火。尽可能将容器从火场移至空旷处。喷水保持火场容器冷却，直至灭火结束。

本品不燃，根据着火原因选择适当灭火剂灭火。

泄漏应急处置　隔离泄漏污染区，限制出入。建议应急处理人员戴防尘口罩，穿防毒服，戴橡胶手套。穿上适当的防护服前严禁接触破裂的容器和泄漏物。尽可能切断泄漏源。用塑料布覆盖泄漏物，减少飞散。勿使水进入包装容器内。用洁净的铲子收集泄漏物，置于干净、干燥、盖子较松的容器中，将容器移离泄漏区。

679. 2,4,6-三((二甲氨基)甲基)苯酚

标　　识

中文名称　2,4,6-三((二甲氨基)甲基)苯酚

英文名称　2,4,6-Tris(dimethylaminomethyl)phenol; Mesitol, alpha, alpha′, alpha″-tris(dimethylamino)-

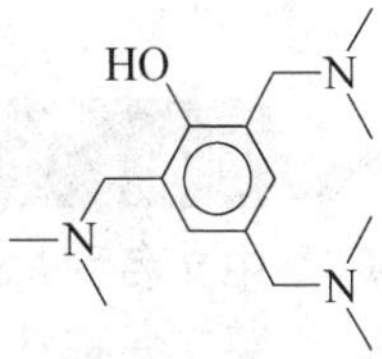

分子式　$C_{15}H_{27}N_3O$

CAS号　90-72-2

HO　N　N　N

危害信息

燃烧与爆炸危险性　可燃，其蒸气与空气混合能形成爆炸性混合物，遇明火、高热易燃烧爆炸。受热易聚合，在高温火场中受热的容器有破裂和爆炸的危险。

禁忌物　强氧化剂。

毒性　大鼠经口 LD_{50}：1200mg/kg；大鼠经皮 LD_{50}：1280mg/kg。

中毒表现　食入有害。对眼和皮肤有刺激性。

侵入途径　吸入、食入、经皮吸收。

理化特性与用途

理化特性　无色至淡黄色透明黏性液体。溶于水，溶于乙醇、丙酮、苯。沸点 130~135℃(0.13kPa)，相对密度(水=1)0.97，相对蒸气密度(空气=1)9.16，饱和蒸气压<1Pa(21℃)，闪点 124℃(闭杯)。

主要用途　主要用作环氧树脂固化剂、防老剂，在聚氨酯生产中可作催化剂，也用于染料制备。

包装与储运

安全储运　储存于阴凉、通风的库房。远离火种、热源。应与强氧化剂等隔离储运。搬运时轻装轻卸，防止容器受损。

紧急处置信息

急救措施

吸入：迅速脱离现场至空气新鲜处。保持呼吸道通畅。如呼吸困难，给输氧。呼吸、心跳停止，立即进行心肺复苏术。就医。

眼睛接触：立即分开眼睑，用流动清水或生理盐水彻底冲洗。就医。

皮肤接触：立即脱去污染的衣着，用肥皂水和清水彻底冲洗。就医。

食入：漱口，饮水。就医。

灭火方法　消防人员须穿全身防火防毒服，佩戴空气呼吸器，在上风向灭火。尽可能将容器从火场移至空旷处。处在火场中的容器若发生异常变化或发出异常声音，须马上撤离。

灭火剂：干粉、二氧化碳。

泄漏应急处置　根据液体流动和蒸气扩散的影响区域划定警戒区，无关人员从侧风、上风向撤离至安全区。消除所有点火源。建议应急处理人员戴防毒面具，穿防护服，戴防护手套。穿上适当的防护服前严禁接触破裂的容器和泄漏物。尽可能切断泄漏源。防止泄漏物进入水体、下水道、地下室或有限空间。小量泄漏：用干燥的砂土或其他不燃材料吸收或覆盖，收集于容器中。大量泄漏：构筑围堤或挖坑收容。用泵转移至槽车或专用收集器内。

680. 2,3,4-三氟苯胺

标　识

中文名称　2,3,4-三氟苯胺

英文名称　Benzenamine，2,3,4-trifluoro-；2,3,4-Trifluoroaniline

分子式　$C_6H_4F_3N$

CAS 号　3862-73-5

H_2N　F　F　F

危害信息

燃烧与爆炸危险性 易燃，其蒸气与空气混合能形成爆炸性混合物，遇明火、高热易燃烧或爆炸，燃烧产生有毒的氮氧化物气体。在高温火场中，受热的容器或储罐有破裂和爆炸的危险。

禁忌物 强氧化剂、强酸。

毒性 大鼠经口 LD_{50}：699mg/kg。

中毒表现 食入或经皮肤吸收对身体有害。长期反复接触可能对器官造成损害。眼接触引起严重损害。对皮肤有刺激性。

侵入途径 吸入、食入。

环境危害 对水生生物有毒，可能在水生环境中造成长期不利影响。

理化特性与用途

理化特性 白色至淡黄色或棕色透明液体。微溶于水。熔点 14～15℃，沸点 92℃(6.4kPa)，相对密度(水=1)1.393，相对蒸气密度(空气=1)5.07，饱和蒸气压 0.17kPa(25℃)，辛醇/水分配系数 1.68，闪点 68℃。

主要用途 喹诺酮类杀菌剂洛美沙星、诺氟沙星的中间体。也用于合成抗菌药氟嗪酸。

包装与储运

包装标志 杂类

包装类别 Ⅲ类

安全储运 储存于阴凉、通风的库房。远离火种、热源。应与强氧化剂、强酸等隔离储运。搬运时轻装轻卸，防止容器受损。

紧急处置信息

急救措施

吸入：迅速脱离现场至空气新鲜处。保持呼吸道通畅。如呼吸困难，给输氧。呼吸、心跳停止，立即进行心肺复苏术。就医。

眼睛接触：立即分开眼睑，用流动清水或生理盐水彻底冲洗 5～10min。就医。

皮肤接触：立即脱去污染的衣着，用肥皂水和清水彻底冲洗。就医。

食入：漱口，饮水。就医。

灭火方法 消防人员须穿全身消防服，佩戴空气呼吸器，在上风向灭火。尽可能将容器从火场移至空旷处。喷水保持火场容器冷却，直至灭火结束。处在火场中的容器若发生异常变化或发出异常声音，须马上撤离。

灭火剂：泡沫、二氧化碳、干粉、砂土。

泄漏应急处置 根据液体流动和蒸气扩散的影响区域划定警戒区，无关人员从侧风、上风向撤离至安全区。消除所有点火源。应急人员应戴正压自给式呼吸器，穿防静电、防毒服，戴防护手套。穿上适当的防护服前严禁接触破裂的容器和泄漏物。尽可能切断泄漏源。防止泄漏物进入水体、下水道、地下室或有限空间。小量泄漏：用干燥的砂土或其他不燃材料吸收或覆盖，收集于容器中。大量泄漏：构筑围堤或挖坑收容。用泡沫覆盖减少蒸发。用泵转移至槽车或专用收集器内。

681. 三氟碘甲烷

标　识

中文名称　三氟碘甲烷

英文名称　Trifluoroiodomethane；Trifluoromethyl iodide；Iodotrifluoromethane

别名　三氟甲基碘

分子式　CF_3I

CAS 号　2314-97-8

危害信息

危险性类别　第 2.2 类　不燃气体

燃烧与爆炸危险性　不易燃，无特殊燃爆特性。

毒性　大鼠吸入 *LCLo*：1pph(4h)。

欧盟法规 1272/2008/EC 将本品列为第 2 类生殖细胞致突变物——由于可能导致人类生殖细胞可遗传突变而引起人们关注的物质。

侵入途径　吸入。

理化特性与用途

理化特性　无色无气味的气体。微溶于水。熔点<-78℃，沸点-22.5℃，相对密度(水=1)2.36，相对蒸气密度(空气=1)6.9，饱和蒸气压 477.5kPa(25℃)，辛醇/水分配系数 2.01。

主要用途　是将三氟甲基引入有机分子中的重要试剂。与含烯键或有机金属化合物反应，可衍生出一系列有用的试剂。用作灭火剂。

包装与储运

包装标志　不燃气体。

安全储运　储存于阴凉、通风的不燃气体专用库房。远离火种、热源。库温不宜超过 30℃。应与易(可)燃物分开存放，切忌混储。储区应备有泄漏应急处理设备。搬运时轻装轻卸，须戴好钢瓶安全帽和防震橡皮圈，防止钢瓶撞击。

紧急处置信息

急救措施

吸入：迅速脱离现场至空气新鲜处。保持呼吸道通畅。如呼吸困难，给输氧。呼吸、心跳停止，立即进行心肺复苏术。就医。

灭火方法　消防人员须穿全身消防服，在上风向灭火。尽可能将容器从火场移至空旷处。喷水保持火场容器冷却，直至灭火结束。

本品不燃，根据着火原因选择适当灭火剂灭火。

泄漏应急处置　根据气体扩散的影响区域划定警戒区，无关人员从侧风、上风向撤离至安全区。建议应急处理人员戴正压自给式呼吸器，穿防毒服，戴防护手套。尽可能切断泄漏源。防止气体通过下水道、通风系统和有限空间扩散。喷雾状水抑制蒸气或改变蒸气云流向，避免水流接触泄漏物。泄漏场所保持通风。隔离泄漏区直至气体散尽。

682. α,α,α-三氟-3′-异丙氧基-邻甲苯甲酰苯胺

标识

中文名称 α,α,α-三氟-3′-异丙氧基-邻甲苯甲酰苯胺

英文名称 α,α,α-Trifluoro-3′-isopropoxy-*o*- toluanilide；Flutolanil

别名 氟酰胺；氟担菌宁

分子式 $C_{17}H_{16}F_3NO_2$

CAS 号 66332-96-5

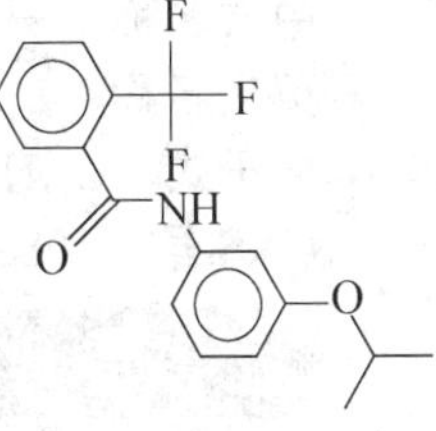

危害信息

燃烧与爆炸危险性 可燃，燃烧产生有毒的具有腐蚀性的烟气，包括氟化氢、氮氧化物和碳氧化物。

禁忌物 强氧化剂、强酸。

毒性 大鼠经口 LD_{50}：10g/kg；小鼠经口 LD_{50}：>10g/kg。

侵入途径 吸入、食入、经皮吸收。

环境危害 对水生生物有毒，可能在水生环境中造成长期不利影响。

理化特性与用途

理化特性 无色至白色结晶。不溶于水，溶于丙酮、甲醇、乙醇、氯仿、苯。熔点 100～107℃，沸点 256℃，相对密度(水=1)1.32，饱和蒸气压 0.007mPa(25℃)，辛醇/水分配系数 3.7。

主要用途 内吸性杀菌剂。用于水稻、果树、蔬菜防治担子菌纲真菌引起的病害。

包装与储运

包装标志 杂类

包装类别 Ⅲ类

安全储运 储存于阴凉、通风的库房。远离火种、热源。应与强氧化剂、强酸等隔离储运。

紧急处置信息

急救措施

吸入：迅速脱离现场至空气新鲜处。保持呼吸道通畅。如呼吸困难，给输氧。呼吸、心跳停止，立即进行心肺复苏术。就医。

眼睛接触：立即分开眼睑，用流动清水或生理盐水彻底冲洗。就医。

皮肤接触：立即脱去污染的衣着，用肥皂水和清水彻底冲洗。就医。

食入：漱口，饮水。就医。

灭火方法 消防人员须穿全身消防服，在上风向灭火。尽可能将容器从火场移至空旷处。喷水保持火场容器冷却，直至灭火结束。

泄漏应急处置 隔离泄漏污染区，限制出入。消除所有点火源。建议应急处理人员戴

防尘口罩，穿防护服，戴防护手套。穿上适当的防护服前严禁接触破裂的容器和泄漏物。尽可能切断泄漏源。用塑料布覆盖泄漏物，减少飞散。勿使水进入包装容器内。用洁净的铲子收集泄漏物，置于干净、干燥、盖子较松的容器中，将容器移离泄漏区。

683. 三甘醇二丙烯酸酯

标　识

中文名称　三甘醇二丙烯酸酯

英文名称　2,2′-(Ethylenedioxy)diethyl diacrylate；Triethylene glycol diacrylate

分子式　$C_{12}H_{18}O_6$

CAS 号　1680-21-3

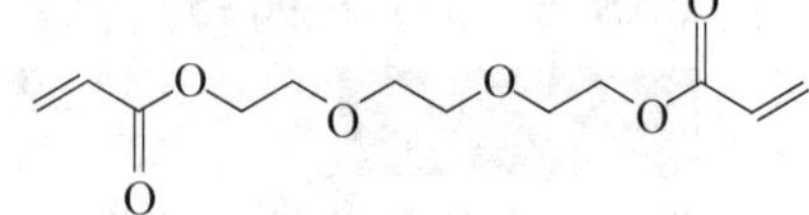

危害信息

燃烧与爆炸危险性　可燃。

禁忌物　强氧化剂、强酸、强碱。

毒性　大鼠经口 LD_{50}：500mg/kg；小鼠经口 LD_{50}：700mg/kg；兔经皮 LD_{50}：1900mg/kg。

中毒表现　对眼和皮肤有刺激性。对皮肤有致敏性。

侵入途径　吸入、食入、经皮吸收。

理化特性与用途

理化特性　无色至淡黄色透明液体。微溶于水，溶于丙酮、乙醇、乙醚。沸点 338.9℃，相对密度(水=1)1.092，饱和蒸气压 12.7mPa(25℃)，辛醇/水分配系数 0.96，闪点 146℃。

主要用途　交联单体，用于 UV 固化涂料等。

包装与储运

安全储运　储存于阴凉、通风的库房。远离火种、热源。保持容器密封。应与强氧化剂、强酸、强碱等隔离储运。搬运时轻装轻卸，防止容器受损。

紧急处置信息

急救措施

吸入：迅速脱离现场至空气新鲜处。保持呼吸道通畅。如呼吸困难，给输氧。呼吸、心跳停止，立即进行心肺复苏术。就医。

眼睛接触：立即分开眼睑，用流动清水或生理盐水彻底冲洗。就医。

皮肤接触：立即脱去污染的衣着，用肥皂水和清水彻底冲洗。就医。

食入：漱口，饮水。就医。

灭火方法　消防人员须穿全身消防服，佩戴空气呼吸器，在上风向灭火。尽可能将容器从火场移至空旷处。喷水保持火场容器冷却，直至灭火结束。

灭火剂：干粉、二氧化碳、泡沫、干粉。

泄漏应急处置　据液体流动和蒸气扩散的影响区域划定警戒区，无关人员从侧风、上风向撤离至安全区。消除所有点火源。建议应急处理人员戴防毒面具，穿一般作业工作服，戴橡胶手套。尽可能切断泄漏源。防止泄漏物进入水体、下水道、地下室或有限空间。小量泄漏：用干燥的砂土或其他不燃材料吸收或覆盖，收集于容器中。大量泄漏：构筑围堤或挖坑收容。用泵转移至槽车或专用收集器内。

684. 三甘醇二甲醚

标　识

中文名称　三甘醇二甲醚

英文名称　1,2-Bis(2-methoxyethoxy)ethane；TEGDME；Triethylene glycol dimethyl ether；Triglyme

别名三乙二醇二甲醚

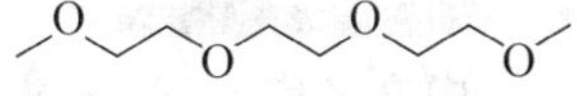

分子式　$C_8H_{18}O_4$

CAS 号　112-49-2

危害信息

燃烧与爆炸危险性　可燃，其蒸气与空气混合能形成爆炸性混合物，遇明火、高热易燃。蒸气比空气重，能在较低处扩散到相当远的地方，遇火源会着火回燃和爆炸(闪爆)。

禁忌物　强氧化剂、强酸。

毒性　欧盟法规 1272/2008/EC 将本品列为第 1B 类生殖毒物——可能的人类生殖毒物。

侵入途径　吸入、食入。

理化特性与用途

理化特性　无色至淡黄色透明液体，有轻微醚的气味。混溶于水，混溶于烃类。熔点 -45℃，沸点 216℃，相对密度(水=1)0.99，相对蒸气密度(空气=1)6.14，饱和蒸气压 0.12kPa(20℃)，辛醇/水分配系数-0.48，闪点 111℃(开杯)，爆炸下限 0.7。

主要用途　用作溶剂。

包装与储运

安全储运　储存于阴凉、通风的库房。远离火种、热源。保持容器密闭。应与强氧化剂、强酸等隔离储运。搬运时轻装轻卸，防止容器受损。

紧急处置信息

急救措施

吸入：迅速脱离现场至空气新鲜处。保持呼吸道通畅。如呼吸困难，给输氧。呼吸、心跳停止，立即进行心肺复苏术。就医。

眼睛接触：立即分开眼睑，用流动清水或生理盐水彻底冲洗。就医。

皮肤接触：立即脱去污染的衣着，用肥皂水和清水彻底冲洗。就医。

食入：漱口，饮水。就医。

灭火方法　消防人员须穿全身消防服，佩戴防毒面具，在上风向灭火。尽可能将容器从火场移至空旷处。喷水保持火场容器冷却，直至灭火结束。处在火场中的容器若发生异常变化或发出异常声音，须马上撤离。

灭火剂：雾状水、泡沫、二氧化碳、干粉、砂土。

泄漏应急处置 根据液体流动和蒸气扩散的影响区域划定警戒区，无关人员从侧风、上风向撤离至安全区。消除所有点火源。建议应急处理人员戴防毒面具，穿防毒服，戴防护手套。穿上适当的防护服前严禁接触破裂的容器和泄漏物。尽可能切断泄漏源。防止泄漏物进入水体、下水道、地下室或有限空间。小量泄漏：用干燥的砂土或其他不燃材料吸收或覆盖，收集于容器中。大量泄漏：构筑围堤或挖坑收容。用泵转移至槽车或专用收集器内。

685. 三环己基氯化锡

标　识

中文名称　三环己基氯化锡

英文名称　Chlorotricyclohexylstannane；Tricyclohexyltin chloride

分子式　$C_{18}H_{33}ClSn$

CAS 号　3091-32-5

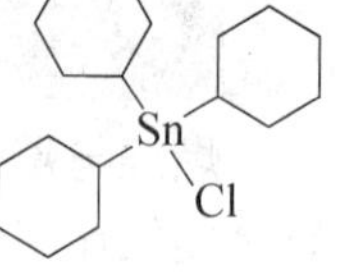

危害信息

燃烧与爆炸危险性　无特殊燃爆特性。

禁忌物　强氧化剂、强酸。

中毒表现　有机锡中毒的主要临床表现有：眼和鼻黏膜的刺激症状；中毒性神经衰弱综合征；重症出现中毒性脑病。溅入眼内引起结膜炎。可致变应性皮炎。摄入有机锡化合物可致中毒性脑水肿，可产生后遗症，如瘫痪、精神失常和智力障碍。

侵入途径　吸入、食入、经皮吸收。

【职业接触限值】

美国(ACGIH)：TLV-TWA 0.1 mg/m^3；TLV-STEL 0.2 mg/m^3[按 Sn 计][皮]。

环境危害　对水生生物有极高毒性，可能在水生环境中造成长期不利影响。

理化特性与用途

理化特性　橙红色结晶或颗粒，无气味。不溶于水，溶于二甲苯。熔点 129.5℃，沸点 409℃，饱和蒸气压 0.21mPa(25℃)，闪点 201℃。

主要用途　是合成杀螨剂三环锡、三唑锡的中间体。

包装与储运

包装标志　杂类

包装类别　Ⅲ类

安全储运　储存于阴凉、通风的库房。远离火种、热源。应与强氧化剂、强酸等隔离储运。

紧急处置信息

急救措施

吸入：迅速脱离现场至空气新鲜处。保持呼吸道通畅。如呼吸困难，给输氧。呼吸、心跳停止，立即进行心肺复苏术。就医。

眼睛接触： 立即分开眼睑，用流动清水或生理盐水彻底冲洗。就医。

皮肤接触： 立即脱去污染的衣着，用肥皂水和清水彻底冲洗。就医。

食入： 漱口，饮水。就医。

灭火方法 消防人员须穿全身消防服，佩戴空气呼吸器，在上风向灭火。尽可能将容器从火场移至空旷处。喷水保持火场容器冷却，直至灭火结束。

根据着火原因选择适当灭火剂灭火。

泄漏应急处置 隔离泄漏污染区，限制出入。消除点火源。建议应急处理人员戴防尘口罩，穿防毒服，戴橡胶手套。穿上适当的防护服前严禁接触破裂的容器和泄漏物。尽可能切断泄漏源。用塑料布覆盖泄漏物，减少飞散。勿使水进入包装容器内。用洁净的铲子收集泄漏物，置于干净、干燥、盖子较松的容器中，将容器移离泄漏区。

686. 三环锡

标　识

中文名称 三环锡

英文名称 Cyhexatin；Tricyclohexylhydroxystannane；Hydroxytricyclohexylstannane；Tri(cyclohexyl)tin hydroxide

别名 三环己基氢氧化锡

分子式 $C_{18}H_{34}OSn$

CAS 号 13121-70-5

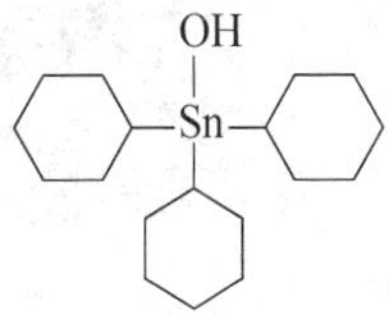

OH
Sn

危害信息

燃烧与爆炸危险性 不易燃，无特殊燃爆特性。

禁忌物 强氧化剂、强酸。

毒性 大鼠经口 LD_{50}：180mg/kg；大鼠吸入 LC_{50}：244mg/m^3；小鼠吸入 LC_{50}：290mg/m^3；兔经皮 LD_{50}：2422mg/kg。

中毒表现 有机锡中毒的主要临床表现有：眼和鼻黏膜的刺激症状；中毒性神经衰弱综合征；重症出现中毒性脑病。溅入眼内引起结膜炎。可致变应性皮炎。摄入有机锡化合物可致中毒性脑水肿，可产生后遗症，如瘫痪、精神失常和智力障碍。

侵入途径 吸入、食入、经皮吸收。

职业接触限值 美国(ACGIH)：TLV-TWA 0.1mg/m^3；TLV-STEL 0.2mg/m^3[按 Sn 计][皮]。

环境危害 对水生生物有极高毒性，可能在水生环境中造成长期不利影响。

理化特性与用途

理化特性 无色结晶或白色结晶粉末。不溶于水，溶于氯仿、二氯甲烷等。熔点 196℃，沸点 228℃(分解)，辛醇/水分配系数 6.63。

主要用途 广谱杀螨剂。用于落叶果树、观赏植物、葡萄、蔬菜等防治螨类。

包装与储运

包装标志 杂类

包装类别 Ⅲ类

安全储运 储存于阴凉、通风的库房。远离火种、热源。应与强氧化剂、强酸等隔离储运。

紧急处置信息

急救措施

吸入：迅速脱离现场至空气新鲜处。保持呼吸道通畅。如呼吸困难，给输氧。呼吸、心跳停止，立即进行心肺复苏术。就医。

眼睛接触：立即分开眼睑，用流动清水或生理盐水彻底冲洗。就医。

皮肤接触：立即脱去污染的衣着，用流动清水彻底冲洗。就医。

食入：饮适量温水，催吐(仅限于清醒者)。就医。

灭火方法 消防人员须穿全身消防服，佩戴空气呼吸器，在上风向灭火。尽可能将容器从火场移至空旷处。喷水保持火场容器冷却，直至灭火结束。

本品不易燃，根据着火原因选择适当灭火剂灭火。

泄漏应急处置 隔离泄漏污染区，限制出入。建议应急处理人员戴防尘口罩，穿防毒服，戴橡胶手套。穿上适当的防护服前严禁接触破裂的容器和泄漏物。尽可能切断泄漏源。用塑料布覆盖泄漏物，减少飞散。勿使水进入包装容器内。用洁净的铲子收集泄漏物，置于干净、干燥、盖子较松的容器中，将容器移离泄漏区。

687.((*N*-(3-三甲氨基丙基)氨磺酰)甲基磺基酞菁)铜钠盐

标　识

中文名称 ((*N*-(3-三甲氨基丙基)氨磺酰)甲基磺基酞菁)铜钠盐

英文名称 Sodium((*N*-(3-trimethylammoniopropyl)sulfamoyl)methylsulfonatophthalocyaninato)copper(Ⅱ)

CAS 号 124719-24-0

危害信息

燃烧与爆炸危险性 无特殊燃爆特性。

禁忌物 强氧化剂。

中毒表现 眼接触引起严重损害。

侵入途径 吸入、食入。

包装与储运

安全储运 储存于阴凉、通风的库房。远离火种、热源。应与强氧化剂等隔离储运。

紧急处置信息

急救措施

吸入：迅速脱离现场至空气新鲜处。保持呼吸道通畅。如呼吸困难，给输氧。呼吸、心跳停止，立即进行心肺复苏术。就医。

眼睛接触：立即分开眼睑，用流动清水或生理盐水彻底冲洗5~10min。就医。

皮肤接触：立即脱去污染的衣着，用肥皂水和清水彻底冲洗。就医。

食入：漱口，饮水。就医。

灭火方法 消防人员须穿全身消防服，佩戴空气呼吸器，在上风向灭火。尽可能将容器从火场移至空旷处。喷水保持火场容器冷却，直至灭火结束。

根据着火原因选择适当灭火剂灭火。

泄漏应急处置 隔离泄漏污染区，限制出入。建议应急处理人员戴防尘口罩，穿防毒服。穿上适当的防护服前严禁接触破裂的容器和泄漏物。尽可能切断泄漏源。用塑料布覆盖泄漏物，减少飞散。勿使水进入包装容器内。用洁净的铲子收集泄漏物，置于干净、干燥、盖子较松的容器中，将容器移离泄漏区。

688. 三甲苯

标 识

中文名称 三甲苯

英文名称 Trimethylbenzene；Benzene，trimethyl-(mixed isomers)

分子式 C_9H_{12}

CAS 号 25551-13-7

危害信息

危险性类别 第3类 易燃液体

燃烧与爆炸危险性 易燃，其蒸气与空气混合能形成爆炸性混合物，遇明火、高热易燃烧爆炸。受热易分解，在高温火场中，受热的容器有破裂和爆炸的危险。

禁忌物 氧化剂。

毒性 大鼠经口 LD_{50}：8970mg/kg。

中毒表现 对眼、皮肤和呼吸道有刺激性。吸入影响中枢神经系统，出现头昏、倦睡、头痛、精神错乱。液态本品直接进入呼吸道引起化学性肺炎。长期或反复接触对皮肤有脱脂作用。

侵入途径 吸入、食入。

职业接触限值 美国(ACGIH)：TLV-TWA 25ppm。

理化特性与用途

理化特性 无色液体，有特性气味。不溶于水，溶于乙醇、乙醚等有机溶剂。熔点-24~45℃，沸点165~176℃，相对密度(水=1)0.86~0.89，相对蒸气密度(空气=1)4.1，饱和蒸气压0.28kPa(25℃)，辛醇/水分配系数3.63，闪点44~53℃(闭杯)，引燃温度470~550℃。

主要用途 用作溶剂，用于制造染料、颜料、医药、抗氧剂等。

包装与储运

包装标志 易燃液体

包装类别 Ⅲ类

安全储运 储存于阴凉、通风的库房。远离火种、热源。库温不宜超过37℃。保持容器密封。应与氧化剂等分开存放，切忌混储。采用防爆型照明、通风设施。禁止使用易产生火花的机械设备和工具。灌装时注意流速，防止静电积聚。储区应备有泄漏应急处理设备和合适的收容材料。搬运时轻装轻卸，防止容器受损。

紧急处置信息

急救措施

吸入：迅速脱离现场至空气新鲜处。保持呼吸道通畅。如呼吸困难，给输氧。呼吸、心跳停止，立即进行心肺复苏术。就医。

眼睛接触：立即分开眼睑，用流动清水或生理盐水彻底冲洗。就医。

皮肤接触：立即脱去污染的衣着，用肥皂水和清水彻底冲洗。就医。

食入：漱口，饮水。禁止催吐。就医。

灭火方法　消防人员须穿全身消防服，佩戴空气呼吸器，在上风向灭火。尽可能将容器从火场移至空旷处。喷水保持火场容器冷却，直至灭火结束。处在火场中的容器若发生异常变化或发出异常声音，须马上撤离。

灭火剂：抗溶性泡沫、二氧化碳、干粉。

泄漏应急处置　消除所有点火源。根据液体流动和蒸气扩散的影响区域划定警戒区，无关人员从侧风、上风向撤离至安全区。建议应急处理人员戴正压自给式呼吸器，穿防静电服，戴橡胶手套。作业时使用的所有设备应接地。禁止接触或跨越泄漏物。尽可能切断泄漏源。防止泄漏物进入水体、下水道、地下室或有限空间。小量泄漏：用砂土或其他不燃材料吸收。使用洁净的无火花工具收集吸收材料。大量泄漏：构筑围堤或挖坑收容。用抗溶性泡沫覆盖，减少蒸发。喷水雾能减少蒸发，但不能降低泄漏物在有限空间内的易燃性。用防爆泵转移至槽车或专用收集器内。

689. 2,4,5-三甲基苯胺

标　　识

中文名称　2,4,5-三甲基苯胺

英文名称　2,4,5-Trimethylaniline；2,4,5-Trimethylbenzenamine

分子式　$C_9H_{13}N$

CAS 号　137-17-7

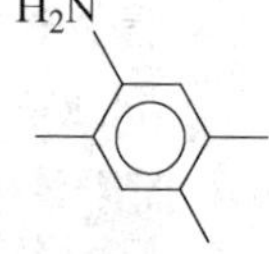

危害信息

危险性类别　第 6 类　有毒品

燃烧与爆炸危险性　可燃。受热易分解放出有毒的氮氧化物气体。

禁忌物　强氧化剂、强酸。

毒性　欧盟法规 1272/2008/EC 将本品列为第 1B 类致癌物——可能对人类有致癌能力。

中毒表现　本品为高铁血红蛋白形成剂。中毒表现为头昏、嗜睡、头痛、恶心、意识障碍，唇、指甲、皮肤紫绀。

侵入途径　吸入、食入、经皮吸收。

环境危害　对水生生物有害，可能在水生环境中造成长期不利影响。

理化特性与用途

理化特性 白色结晶或米色粉末。不溶于水，溶于乙醇、乙醚。熔点68℃，沸点234~235℃，相对密度(水=1)0.957，相对蒸气密度(空气=1)4.66，饱和蒸气压1.3Pa(25℃)，辛醇/水分配系数2.27。

主要用途 用于制染料、颜料、涂料，用于有机合成。

包装与储运

包装标志 有毒品

包装类别 Ⅲ类

安全储运 储存于阴凉、通风的库房。远离火种、热源。防止阳光直射。储存温度不超过35℃，相对湿度不超过85%。保持容器密封。应与强氧化剂、强酸等分开存放，切忌混储。配备相应品种和数量的消防器材。储区应备有合适的材料收容泄漏物。搬运时轻装轻卸，防止容器受损。

紧急处置信息

急救措施

吸入：立即脱离接触。如呼吸困难，给吸氧。如呼吸心跳停止，立即行心肺复苏术。就医。

眼睛接触：分开眼睑，用清水或生理盐水冲洗。就医。

皮肤接触：立即脱去污染衣着，用肥皂水或清水彻底冲洗。就医。

食入：漱口，饮水。就医。

高铁血红蛋白血症，可用美蓝和维生素C治疗。

灭火方法 消防人员须穿全身消防服，佩戴空气呼吸器，在上风向灭火。尽可能将容器从火场移至空旷处。喷水保持火场容器冷却，直至灭火结束。

灭火剂：干粉、二氧化碳。

泄漏应急处置 隔离泄漏污染区，限制出入。建议应急处理人员戴防尘口罩，穿防毒服，戴防化学品手套。穿上适当的防护服前严禁接触破裂的容器和泄漏物。尽可能切断泄漏源。用塑料布覆盖泄漏物，减少飞散。勿使水进入包装容器内。用洁净的铲子收集泄漏物，置于干净、干燥、盖子较松的容器中，将容器移离泄漏区。

690. β,β-3-三甲基苯丙醇

标　　识

中文名称 β,β-3-三甲基苯丙醇

英文名称 Benzenepropanol, beta, beta, 3-trimethyl-; Majantol

别名 甲基铃兰醇;美研醇

分子式 $C_{12}H_{18}O$

CAS号 103694-68-4

OH

危害信息

燃烧与爆炸危险性　可燃，其蒸气与空气混合能形成爆炸性混合物，遇明火、高热易燃烧或爆炸。在高温火场中，受热的容器或储罐有破裂和爆炸的危险。

禁忌物　强氧化剂、强酸。

侵入途径　吸入、食入。

环境危害　对水生生物有害，可能在水生环境中造成长期不利影响。

理化特性与用途

理化特性　无色至淡黄色透明油状液体。不溶于水，溶于乙醇。熔点22℃，沸点275~276℃，相对密度(水=1)0.955~0.965，饱和蒸气压0.3Pa(25℃)，辛醇/水分配系数3.04，闪点112℃。

主要用途　作为一款清新花香原料被广泛应用在在粉衣粉，织物柔顺剂和香皂香精中。

包装与储运

安全储运　储存于阴凉、通风的库房。远离火种、热源。应与强氧化剂、强酸等隔离储运。搬运时轻装轻卸，防止容器受损。

紧急处置信息

急救措施

吸入：脱离接触。如有不适感，就医。

眼睛接触：分开眼睑，用流动清水或生理盐水冲洗。如有不适感，就医。

皮肤接触：脱去污染的衣着，用流动清水冲洗。如有不适感，就医。

食入：漱口，饮水。就医。

灭火方法　消防人员须穿全身消防服，佩戴空气呼吸器，在上风向灭火。尽可能将容器从火场移至空旷处。喷水保持火场容器冷却，直至灭火结束。处在火场中的容器若发生异常变化或发出异常声音，须马上撤离。

灭火剂：泡沫、二氧化碳、干粉、砂土。

泄漏应急处置　消除所有点火源。根据液体流动和蒸气扩散的影响区域划定警戒区，无关人员从侧风、上风向撤离至安全区。建议应急处理人员戴正压自给式呼吸器，穿防静电服，戴橡胶手套。禁止接触或跨越泄漏物。尽可能切断泄漏源。防止泄漏物进入水体、下水道、地下室或有限空间。小量泄漏：用砂土或其他不燃材料吸收。使用洁净的无火花工具收集吸收材料。大量泄漏：构筑围堤或挖坑收容。用抗溶性泡沫覆盖，减少蒸发。用防爆泵转移至槽车或专用收集器内。

691. α,α,γ-三甲基苯丁腈

标　　识

中文名称　α,α,γ-三甲基苯丁腈

英文名称　Benzenebutanenitrile, alpha, alpha, gamma-Trimethyl-; 2,2,4-Trimethyl-4-phenyl-butane-nitrile

别名 2,2,4-三甲基-4-苯基丁腈

分子式 $C_{13}H_{17}N$

CAS 号 75490-39-0

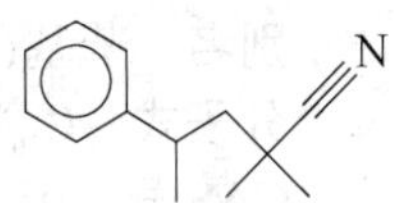

危害信息

燃烧与爆炸危险性 可燃。

禁忌物 强氧化剂、强酸。

中毒表现 食入有害。

侵入途径 吸入、食入。

环境危害 对水生生物有毒，可能在水生环境中造成长期不利影响。

理化特性与用途

理化特性 不溶于水。沸点 294.5℃，相对密度(水=1)0.941，饱和蒸气压 0.22Pa (25℃)，辛醇/水分配系数 3.25，闪点 134.7℃。

主要用途 医药原料。

包装与储运

包装标志 杂类

包装类别 Ⅲ类

安全储运 储存于阴凉、通风的库房。远离火种、热源。应与强氧化剂、强酸等隔离储运。搬运时轻装轻卸，防止容器受损。

紧急处置信息

急救措施

吸入：迅速脱离现场至空气新鲜处。保持呼吸道通畅。如呼吸困难，给输氧。呼吸、心跳停止，立即进行心肺复苏术。就医。

眼睛接触：立即分开眼睑，用流动清水或生理盐水彻底冲洗。就医。

皮肤接触：立即脱去污染的衣着，用肥皂水和清水彻底冲洗。就医。

食入：漱口，饮水。就医。

灭火方法 消防人员须穿全身消防服，佩戴空气呼吸器，在上风向灭火。尽可能将容器从火场移至空旷处。喷水保持火场容器冷却，直至灭火结束。

灭火剂：泡沫、二氧化碳、干粉。

泄漏应急处置 隔离泄漏污染区，限制出入。建议应急处理人员戴防毒面具，穿防护服。穿上适当的防护服前严禁接触破裂的容器和泄漏物。尽可能切断泄漏源。勿使水进入包装容器内。用洁净的铲子铲起或真空吸除收集泄漏物，置于干净、干燥、盖子较松的容器中，将容器移离泄漏区。

692. 2,4,6-三甲基二苯甲酮

标　识

中文名称 2,4,6-三甲基二苯甲酮

英文名称 2,4,6-Trimethylbenzophenone；Methanone，phenyl(2,4,6-trimethylphenyl)-

别名 苯基(2,4,6-三甲基苯基)甲酮

分子式 $C_{16}H_{16}O$

CAS 号 954-16-5

危害信息

燃烧与爆炸危险性 可燃。

禁忌物 强氧化剂、酸碱、醇类。

中毒表现 食入有害。对眼有刺激性。

侵入途径 吸入、食入。

环境危害 对水生生物有极高毒性，可能在水生环境中造成长期不利影响。

理化特性与用途

理化特性 淡黄色透明半固体。不溶于水。熔点 35～36℃，沸点 310℃，相对密度(水=1)1.036，闪点 131.2℃。

主要用途 用作医药中间体，用于有机合成。

包装与储运

包装标志 杂类

包装类别 Ⅲ类

安全储运 储存于阴凉、通风的库房。远离火种、热源。应与强氧化剂、酸碱、醇类等隔离储运。

紧急处置信息

急救措施

吸入：迅速脱离现场至空气新鲜处。保持呼吸道通畅。如呼吸困难，给输氧。呼吸、心跳停止，立即进行心肺复苏术。就医。

眼睛接触：立即分开眼睑，用流动清水或生理盐水彻底冲洗。就医。

皮肤接触：立即脱去污染的衣着，用肥皂水和清水彻底冲洗。就医。

食入：漱口，饮水。就医。

灭火方法 消防人员须穿全身消防服，佩戴空气呼吸器，在上风向灭火。尽可能将容器从火场移至空旷处。喷水保持火场容器冷却，直至灭火结束。

灭火剂：泡沫、干粉、二氧化碳。

泄漏应急处置 隔离泄漏污染区，限制出入。消除所有点火源。建议应急处理人员戴防尘口罩，穿防护服，戴防护手套。禁止接触或跨越泄漏物。尽可能切断泄漏源。勿使水进入包装容器内。用洁净的铲子收集泄漏物，置于干净、干燥、盖子较松的容器中，将容器移离泄漏区。

693. 2,3,5-三甲基氢醌

标　识

中文名称 2,3,5-三甲基氢醌

英文名称 2,3,5-Trimethylhydroquinone；2,3,5-Trimethyl-1,4-benzenediol

别名 三甲基氢醌；2,3,5-三甲基对苯二酚

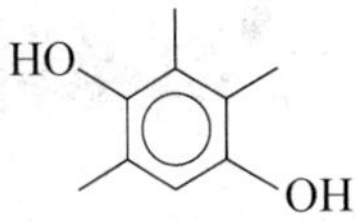

分子式 $C_9H_{12}O_2$

CAS 号 700-13-0

危害信息

燃烧与爆炸危险性 易燃，其粉体与空气混合能形成爆炸性混合物，遇明火高热有引起燃烧爆炸的危险。

禁忌物 强氧化剂、强酸。

毒性 大鼠经口 LD_{50}：3200mg/kg；大鼠吸入 LC_{50}：1500mg/m^3(4h)；兔经皮 LD_{50}：>200mg/kg。

中毒表现 吸入有害。对呼吸道有刺激性。眼接触造成严重损伤。对皮肤有致敏性。

侵入途径 吸入、食入、经皮吸收。

环境危害 对水生生物有极高毒性，可能在水生环境中造成长期不利影响。

理化特性与用途

理化特性 灰白、棕褐色或橙色粉末。微溶于水，溶于甲醇，不溶于石油醚。熔点169~174℃，沸点295，相对密度(水=1)0.45(20℃)，饱和蒸气压1Pa(20℃)，辛醇/水分配系数3.39，闪点191℃(闭杯)。

主要用途 用于合成维生素E。

包装与储运

包装标志 杂类

包装类别 Ⅲ类

安全储运 储存于阴凉、通风的库房。远离火种、热源。应与强氧化剂、强酸等隔离储运。

紧急处置信息

急救措施

吸入：迅速脱离现场至空气新鲜处。保持呼吸道通畅。如呼吸困难，给输氧。呼吸、心跳停止，立即进行心肺复苏术。就医。

眼睛接触：立即分开眼睑，用流动清水或生理盐水彻底冲洗5~10min。就医。

皮肤接触：立即脱去污染的衣着，用肥皂水和清水彻底冲洗。就医。

食入：漱口，饮水。就医。

灭火方法 消防人员须穿全身消防服，在上风向灭火。尽可能将容器从火场移至空旷处。喷水保持火场容器冷却，直至灭火结束。

灭火剂：雾状水、泡沫、二氧化碳、干粉、砂土。

泄漏应急处置 隔离泄漏污染区，限制出入。消除所有点火源。建议应急处理人员戴防尘口罩，穿防护服，戴防护手套。禁止接触或跨越泄漏物。尽可能切断泄漏源。用塑料布或帆布覆盖泄漏物，减少飞散。勿使水进入包装容器内。用洁净的铲子收集泄漏物，置于干净、干燥、盖子较松的容器中，将容器移离泄漏区。

694. 4-(2,4,4-三甲基戊基碳酰氧)苯磺酸钠盐

标　识

中文名称 4-(2,4,4-三甲基戊基碳酰氧)苯磺酸钠盐

英文名称 Sodium 4-(2,4,4-trimethylpentylcarbonyloxy) benzenesulfonate; Sodium 4-((3,5,5-trimethylhexanoyl) oxy) benzenesulfonate

分子式 $C_{15}H_{21}NaO_5S$

CAS 号 94612-91-6

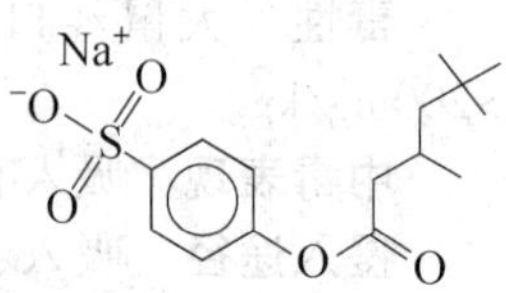

危害信息

危险性类别 第6类 有毒品

燃烧与爆炸危险性 无特殊燃爆特性。

禁忌物 强氧化剂、酸碱。

侵入途径 吸入、食入。

理化特性与用途

主要用途 用于清洗剂，用作医药原料。

包装与储运

包装标志 有毒品

包装类别 Ⅲ类

安全储运 储存于阴凉、通风的库房。远离火种、热源。库温不超过35℃。相对湿度不超过85%。包装密封。应与强氧化剂、酸碱、食用化学品等分开存放，切忌混储。配备相应品种和数量的消防器材。储区应备有合适的材料收容泄漏物。

紧急处置信息

急救措施

吸入：脱离接触。如有不适感，就医。

眼睛接触：分开眼睑，用流动清水或生理盐水冲洗。如有不适感，就医。

皮肤接触：脱去污染的衣着，用流动清水冲洗。如有不适感，就医。

食入：漱口，饮水。就医。

灭火方法 消防人员须穿全身防火防毒服，佩戴空气呼吸器，在上风向灭火。尽可能将容器从火场移至空旷处。

根据着火原因选择适当灭火剂灭火。

泄漏应急处置 隔离泄漏污染区，限制出入。建议应急处理人员戴防尘口罩，穿防毒服，戴橡胶手套。穿上适当的防护服前严禁接触破裂的容器和泄漏物。尽可能切断泄漏源。用塑料布覆盖泄漏物，减少飞散。勿使水进入包装容器内。用洁净的铲子收集泄漏物，置于干净、干燥、盖子较松的容器中，将容器移离泄漏区。

695. 三聚丙烯

标　识

中文名称　三聚丙烯

英文名称　Propylene trimer；1-Propene，trimer；Tripropylene

别名　1-丙烯三聚体

分子式　C_9H_{18}

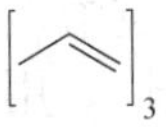

CAS 号　13987-01-4

铁危编号　32011

UN 号　2057

危害信息

危险性类别　第 3 类　易燃液体

燃烧与爆炸危险性　易燃，其蒸气与空气混合能形成爆炸性混合物，遇明火、高热易燃烧爆炸。燃烧产生有毒的一氧化碳气体。蒸气比空气重，能在较低处扩散到相当远的地方，遇火源会着火回燃和爆炸(闪爆)。在高温火场中，受热的容器或储罐有破裂和爆炸的危险。

禁忌物　氧化剂。

侵入途径　吸入、食入。

理化特性与用途

理化特性　无色透明液体。不溶于水。熔点－93. 5℃，沸点 133～142℃，相对密度(水＝1)0. 783，相对蒸气密度(空气＝1)4. 35，饱和蒸气压 6. 3kPa(25℃)，辛醇/水分配系数 4. 61，闪点 24℃，引燃温度 260℃。

主要用途　用作润滑油添加剂，用于制其他化学品。

包装与储运

包装标志　易燃液体

包装类别　Ⅲ类

安全储运　储存于阴凉、通风的库房。库温不宜超过 37℃。远离火种、热源。保持容器密封。应与氧化剂等分开存放，切忌混储。采用防爆型照明、通风设施。禁止使用易产生火花的机械设备和工具。灌装时注意流速，防止静电积聚。储区应备有泄漏应急处理设备和合适的收容材料。搬运时轻装轻卸，防止容器受损。

紧急处置信息

急救措施

吸入：脱离接触。如有不适感，就医。

眼睛接触：分开眼睑，用流动清水或生理盐水冲洗。如有不适感，就医。

皮肤接触：脱去污染的衣着，用流动清水冲洗。如有不适感，就医。

食入：漱口，饮水。就医。

灭火方法 消防人员须穿全身消防服，佩戴防毒面具，在上风向灭火。尽可能将容器从火场移至空旷处。喷水保持火场容器冷却，直至灭火结束。处在火场中的容器若发生异常变化或发出异常声音，须马上撤离。

灭火剂：雾状水、泡沫、二氧化碳、干粉、砂土。

泄漏应急处置 消除所有点火源。根据液体流动和蒸气扩散的影响区域划定警戒区，无关人员从侧风、上风向撤离至安全区。建议应急处理人员戴正压自给式呼吸器，穿防静电服，戴橡胶手套。作业时使用的所有设备应接地。禁止接触或跨越泄漏物。尽可能切断泄漏源。防止泄漏物进入水体、下水道、地下室或有限空间。小量泄漏：用砂土或其他不燃材料吸收。使用洁净的无火花工具收集吸收材料。大量泄漏：构筑围堤或挖坑收容。用抗溶性泡沫覆盖，减少蒸发。喷水雾能减少蒸发，但不能降低泄漏物在有限空间内的易燃性。用防爆泵转移至槽车或专用收集器内。

696. 三聚氰胺甲醛树脂

标　识

中文名称 三聚氰胺甲醛树脂

英文名称 Melamine formaldehyde resin；Melamine，polymer with formaldehyde

别名 1,3,5-三嗪-2,4,6-三胺和甲醛的聚合物；蜜胺甲醛树脂

分子式 $(C_3H_6N_6 \cdot CH_2O)_x$-

CAS 号 9003-08-1

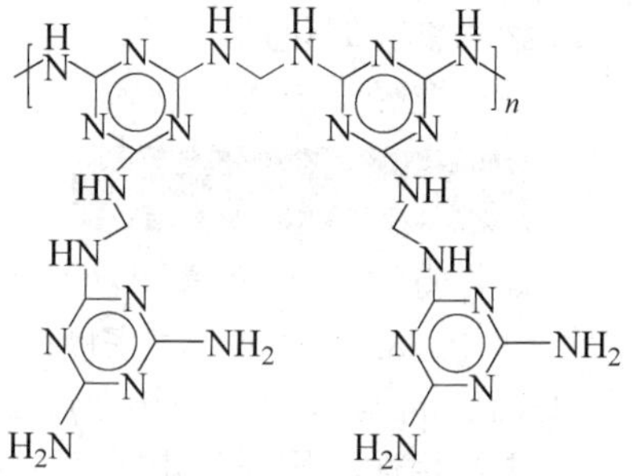

危害信息

燃烧与爆炸危险性 不燃，无特殊燃爆特性。

禁忌物 强氧化剂。

毒性 大鼠经口 LD_{50}：>10g/kg；兔经皮 LD_{50}：>10g/kg。

侵入途径 吸入、食入。

理化特性与用途

理化特性 白色晶体。溶于水和丙酮，不溶于乙醇、乙醚、苯等。

主要用途 用于制涂料、胶黏剂、塑料或鞣料，并用于织物、纸张的防缩防皱处理等。

包装与储运

安全储运 储存于阴凉、通风的库房。远离火种、热源。应与强氧化剂等隔离储运。

紧急处置信息

急救措施

吸入： 迅速脱离现场至空气新鲜处。保持呼吸道通畅。如呼吸困难，给输氧。呼吸、心跳停止，立即进行心肺复苏术。就医。

眼睛接触： 立即分开眼睑，用流动清水或生理盐水彻底冲洗。就医。

皮肤接触： 立即脱去污染的衣着，用肥皂水和清水彻底冲洗。就医。

食入：漱口，饮水。就医。

灭火方法 消防人员须穿全身消防服，佩戴空气呼吸器，在上风向灭火。尽可能将容器从火场移至空旷处。喷水保持火场容器冷却，直至灭火结束。

本品不燃，根据着火原因选择适当灭火剂灭火。

泄漏应急处置 隔离泄漏污染区，限制出入。建议应急处理人员戴防尘口罩，穿一般作业工作服，戴橡胶手套。尽可能切断泄漏源。用塑料布覆盖泄漏物，减少飞散。勿使水进入包装容器内。用洁净的铲子收集泄漏物，置于干净、干燥、盖子较松的容器中，将容器移离泄漏区。

697. 三聚异丁烯

标　识

中文名称 三聚异丁烯

英文名称 1-Propene，2-methyl-，trimer；Triisobutylene

别名 2-甲基-1-丙烯三聚物

分子式 $C_{12}H_{24}$

CAS 号 7756-94-7

铁危编号 32013

UN 号 2324

危害信息

危险性类别 第 3 类 易燃液体

燃烧与爆炸危险性 可燃，其蒸气与空气混合能形成爆炸性混合物遇明火、高热易燃烧爆炸。

禁忌物 氧化剂。

毒性 大鼠经口 LD_{50}：>2000mg/kg；大鼠吸入 LC_{50}：>19171mg/m^3(4h)；大鼠经皮 LD_{50}：>2000mg/kg。

侵入途径 吸入、食入。

理化特性与用途

理化特性 无色透明液体。不溶于水。熔点-76℃，沸点 177℃，相对密度(水=1) 0.77，辛醇/水分配系数 5.85，闪点 50℃。

主要用途 用于制橡胶产品、油品添加剂、发动机燃料等。

包装与储运

包装标志 易燃液体

包装类别 Ⅲ类

安全储运 储存于阴凉、通风的库房。库温不宜超过 37℃。远离火种、热源。保持容器密封。应与氧化剂等分开存放，切忌混储。采用防爆型照明、通风设施。禁止使用易产生火花的机械设备和工具。灌装时注意流速，防止静电积聚。储区应备有泄漏应急处理设备和合适的收容材料。搬运时轻装轻卸，防止容器受损。

紧急处置信息

急救措施

吸入：迅速脱离现场至空气新鲜处。保持呼吸道通畅。如呼吸困难，给输氧。呼吸、心跳停止，立即进行心肺复苏术。就医。

眼睛接触：立即分开眼睑，用流动清水或生理盐水彻底冲洗。就医。

皮肤接触：立即脱去污染的衣着，用肥皂水和清水彻底冲洗。就医。

食入：漱口，饮水。就医。

灭火方法 消防人员须穿全身消防服，佩戴空气呼吸器，在上风向灭火。尽可能将容器从火场移至空旷处。喷水保持火场容器冷却，直至灭火结束。处在火场中的容器若发生异常变化或发出异常声音，须马上撤离。

灭火剂：雾状水、泡沫、二氧化碳、干粉、砂土。

泄漏应急处置 消除所有点火源。根据液体流动和蒸气扩散的影响区域划定警戒区，无关人员从侧风、上风向撤离至安全区。建议应急处理人员戴正压自给式呼吸器，穿防静电服，戴橡胶手套。作业时使用的所有设备应接地。禁止接触或跨越泄漏物。尽可能切断泄漏源。防止泄漏物进入水体、下水道、地下室或有限空间。小量泄漏：用砂土或其他不燃材料吸收。使用洁净的无火花工具收集吸收材料。大量泄漏：构筑围堤或挖坑收容。用抗溶性泡沫覆盖，减少蒸发。喷水雾能减少蒸发，但不能降低泄漏物在有限空间内的易燃性。用防爆泵转移至槽车或专用收集器内。

698. 三联苯

标　识

中文名称 三联苯

英文名称 Terphenyl；Terphenyls

分子式 $C_{18}H_{14}$

CAS 号 26140-60-3

危害信息

燃烧与爆炸危险性 无特殊燃爆特性。

禁忌物 强氧化剂。

毒性 大鼠经口 LD_{50}：1400mg/kg；小鼠经口 LD_{50}：13200mg/kg。

侵入途径 吸入、食入。

职业接触限值 美国（ACGIH）：TLV-C 5mg/m^3。

理化特性与用途

理化特性 无色至淡黄色固体，或白色结晶或粉末。不溶于水，溶于丙酮、苯、甲醇、氯仿。熔点 56~213℃，沸点 364~418℃，相对密度（水=1）1.24，相对蒸气密度（空气=1）7.95，饱和蒸气压 0.16kPa（149℃），辛醇/水分配系数 5.52，闪点 165~207℃。

主要用途 用作热介质、纺织印染载体、润滑剂中间体。

包装与储运

安全储运 储存于阴凉、通风的库房。远离火种、热源。应与强氧化剂等隔离储运。

紧急处置信息

急救措施

吸入：迅速脱离现场至空气新鲜处。保持呼吸道通畅。如呼吸困难，给输氧。呼吸、心跳停止，立即进行心肺复苏术。就医。

眼睛接触：立即分开眼睑，用流动清水或生理盐水彻底冲洗。就医。

皮肤接触：立即脱去污染的衣着，用肥皂水和清水彻底冲洗。就医。

食入：漱口，饮水。就医。

灭火方法 消防人员须穿全身消防服，佩戴空气呼吸器，在上风向灭火。尽可能将容器从火场移至空旷处。喷水保持火场容器冷却，直至灭火结束。

根据着火原因选择适当灭火剂灭火。

泄漏应急处置 隔离泄漏污染区，限制出入。消除所有点火源。建议应急处理人员戴防尘口罩，穿一般作业工作服，戴橡胶手套。尽可能切断泄漏源。用塑料布覆盖泄漏物，减少飞散。勿使水进入包装容器内。用洁净的铲子收集泄漏物，置于干净、干燥、盖子较松的容器中，将容器移离泄漏区。

699. 2,3,5-三氯吡啶

标　识

中文名称 2,3,5-三氯吡啶

英文名称 2,3,5-Trichloropyridine

分子式 $C_5H_2Cl_3N$

CAS 号 16063-70-0

Cl Cl Cl N

危害信息

燃烧与爆炸危险性 无特殊燃爆特性。

禁忌物 强氧化剂、强酸。

毒性 小鼠腹腔内 LD_{50}：430mg/kg。

侵入途径 吸入、食入。

环境危害 对水生生物有害，可能在水生环境中造成长期不利影响。

理化特性与用途

理化特性 白色至淡黄色结晶固体或类白色粉末。微溶于水。熔点 46~50℃，沸点 219℃，相对密度(水=1)0.935，饱和蒸气压 15.03mPa(25℃)，辛醇/水分配系数 3.11，闪点>110℃。

主要用途 重要的农药和医药中间体。

包装与储运

安全储运 储存于阴凉、通风的库房。远离火种、热源。应与强氧化剂、强酸等隔离储运。

紧急处置信息

急救措施

吸入：迅速脱离现场至空气新鲜处。保持呼吸道通畅。如呼吸困难，给输氧。呼吸、心跳停止，立即进行心肺复苏术。就医。

眼睛接触：立即分开眼睑，用流动清水或生理盐水彻底冲洗。就医。

皮肤接触：立即脱去污染的衣着，用肥皂水和清水彻底冲洗。就医。

食入：漱口，饮水。就医。

灭火方法　消防人员须穿全身消防服，佩戴空气呼吸器，在上风向灭火。尽可能将容器从火场移至空旷处。

根据着火原因选择适当灭火剂灭火。

泄漏应急处置　隔离泄漏污染区，限制出入。建议应急处理人员戴防尘口罩，穿防毒服。穿上适当的防护服前严禁接触破裂的容器和泄漏物。尽可能切断泄漏源。用塑料布覆盖泄漏物，减少飞散。勿使水进入包装容器内。用洁净的铲子收集泄漏物，置于干净、干燥、盖子较松的容器中，将容器移离泄漏区。

700. 2,3,4-三氯-1-丁烯

标　识

中文名称　2,3,4-三氯-1-丁烯

英文名称　2,3,4-Trichlorobut-1-ene; 2,3,4-Trichloro-1-butene

分子式　$C_4H_5Cl_3$

CAS 号　2431-50-7

铁危编号　61580

Cl
Cl
Cl

危害信息

危险性类别　第 6 类　有毒品

燃烧与爆炸危险性　可燃，产生有毒的刺激性气体。高温火场中受热的容器有破裂和爆炸的危险。

禁忌物　强氧化剂。

毒性　大鼠经口 LD_{50}：341mg/kg；大鼠吸入 LC_{50}：625mg/m^3；小鼠吸入 LC_{50}：100mg/m^3。

欧盟法规 1272/2008/EC 将本品列为第 2 类致癌物——可疑的人类致癌物。

中毒表现　食入有害。对眼、皮肤和呼吸道有刺激性。

侵入途径　吸入、食入。

环境危害　对水生生物有极高毒性，可能在水生环境中造成长期不利影响。

理化特性与用途

理化特性　无色液体。不溶于水，溶于苯、氯仿。熔点-52℃，沸点 155~162℃，相对密度(水=1)1.34，饱和蒸气压 230Pa(20℃)，辛醇/水分配系数 2.4，闪点 63℃(闭杯)。

主要用途 用作合成氯丁二烯的中间体。

包装与储运

包装标志 有毒品

包装类别 Ⅲ类

安全储运 储存于阴凉、通风的库房。远离火种、热源。储存温度不超过32℃，相对湿度不超过85%。保持容器密封。应与强氧化剂等隔离储运。配备相应品种和数量的消防器材。储区应备有合适的材料收容泄漏物。搬运时轻装轻卸，防止容器受损。

紧急处置信息

急救措施

吸入：迅速脱离现场至空气新鲜处。保持呼吸道通畅。如呼吸困难，给输氧。呼吸、心跳停止，立即进行心肺复苏术。就医。

眼睛接触：立即分开眼睑，用流动清水或生理盐水彻底冲洗。就医。

皮肤接触：立即脱去污染的衣着，用肥皂水和清水彻底冲洗。就医。

食入：漱口，饮水。就医。

灭火方法 消防人员须穿全身防火防毒服，佩戴空气呼吸器，在上风向灭火。尽可能将容器从火场移至空旷处。处在火场中的容器若发生异常变化或发出异常声音，须马上撤离。

灭火剂：干粉、二氧化碳、泡沫、雾状水。

泄漏应急处置 根据液体流动和蒸气扩散的影响区域划定警戒区，无关人员从侧风、上风向撤离至安全区。消除所有点火源。应急人员应戴正压自给式呼吸器，穿防毒、防静电服，戴橡胶手套。作业时使用的设备应接地。尽可能切断泄漏源。防止泄漏物进入水体、下水道、地下室或有限空间。小量泄漏：用干燥的砂土或其他不燃材料吸收或覆盖，用洁净的无火花工具收集于容器中。大量泄漏：构筑围堤或挖坑收容。用防爆泵转移至槽车或专用收集器内。

701. 三氯化铝六水合物

标　识

中文名称 三氯化铝六水合物

英文名称 Aluminum chloride hexahydrate; Aluminum trichloride hexahydrate

别名 六水三氯化铝

分子式 $AlCl_3 \cdot 6H_2O$

CAS号 7784-13-6

H_2O H_2O
Cl—Al—Cl
H_2O | H_2O
H_2O Cl H_2O

危害信息

危险性类别 第8类 腐蚀品

燃烧与爆炸危险性 受热易分解，在高温火场中，受热的容器有破裂和爆炸的危险。

毒性 大鼠经口 LD_{50}：3311mg/kg；小鼠经口 LD_{50}：1990mg/kg。

中毒表现 食入有害。对皮肤有刺激性。

侵入途径 吸入、食入。

环境危害 对水生生物有极高毒性，可能在水生环境中造成长期不利影响。

理化特性与用途

理化特性 白色至淡黄色结晶固体或粉末，有轻微氯化氢气味。溶于水，溶于乙醇、乙醚、甘油、丙二醇等。熔点 100℃，相对密度(水=1)2.4，分解温度 100℃。

主要用途 主要用于精密铸造、造纸、净水、木材防腐、石油化工、羊毛精制等。

包装与储运

包装标志 腐蚀品

包装类别 Ⅲ类

安全储运 储存于阴凉、通风的库房。远离火种、热源。库温不超过 32℃。相对湿度不超过 80%。保持容器密封。储区应备有泄漏应急处理设备和合适的收容材料。

紧急处置信息

急救措施

吸入：迅速脱离现场至空气新鲜处。保持呼吸道通畅。如呼吸困难，给输氧。呼吸、心跳停止，立即进行心肺复苏术。就医。

眼睛接触：立即分开眼睑，用流动清水或生理盐水彻底冲洗。就医。

皮肤接触：立即脱去污染的衣着，用肥皂水和清水彻底冲洗。就医。

食入：漱口，饮水。就医。

灭火方法 消防人员须穿全身消防服，在上风向灭火。尽可能将容器从火场移至空旷处。喷水保持火场容器冷却，直至灭火结束。

根据着火原因选择适当灭火剂灭火。

泄漏应急处置 隔离泄漏污染区，限制出入。建议应急处理人员戴防尘口罩，穿耐腐蚀防护服，戴耐腐蚀橡胶手套。穿上适当的防护服前严禁接触破裂的容器和泄漏物。尽可能切断泄漏源。用塑料布覆盖泄漏物，减少飞散。勿使水进入包装容器内。用洁净的铲子收集泄漏物，置于干净、干燥、盖子较松的容器中，将容器移离泄漏区。

702. 三氯化萘

标　识

中文名称 三氯化萘

英文名称 Trichloronaphthalene; Naphthalene, trichloro-

别名 卤蜡

分子式 $C_{10}H_5Cl_3$

CAS 号 1321-65-9

Cl　Cl　Cl

危害信息

燃烧与爆炸危险性 可燃，受热易分解放出有毒的刺激性气体。在高温火场中，受热的容器有破裂和爆炸的危险。

禁忌物 强氧化剂。

中毒表现 对眼和皮肤有轻度刺激性。食入后引起恶心、呕吐。长期或反复接触可能引起肝损害。

侵入途径 吸入、食入、经皮吸收。

职业接触限值 美国(ACGIH)：TLV-TWA $5mg/m^3$[皮]。

理化特性与用途

理化特性 无色至淡黄色各种形式的固体，有芳香气味。不溶于水。熔点93℃，沸点304~354℃，相对密度(水=1)1.58，相对蒸气密度(空气=1)8，饱和蒸气压<0.1Pa(20℃)，辛醇/水分配系数5.15~5.35，闪点200℃(开杯)。

主要用途 用于润滑剂、电线绝缘、耐火涂料、木材防腐、阻燃剂等。

包装与储运

安全储运 储存于阴凉、通风的库房。远离火种、热源。应与强氧化剂等隔离储运。

紧急处置信息

急救措施

吸入：迅速脱离现场至空气新鲜处。保持呼吸道通畅。如呼吸困难，给输氧。呼吸、心跳停止，立即进行心肺复苏术。就医。

眼睛接触：立即分开眼睑，用流动清水或生理盐水彻底冲洗。就医。

皮肤接触：立即脱去污染的衣着，用肥皂水和清水彻底冲洗。就医。

食入：漱口，饮水。就医。

灭火方法 消防人员须穿全身消防服，佩戴空气呼吸器，在上风向灭火。尽可能将容器从火场移至空旷处。喷水保持火场容器冷却，直至灭火结束。

灭火剂：水、泡沫、二氧化碳、干粉。

泄漏应急处置 隔离泄漏污染区，限制出入。消除点火源。建议应急处理人员戴防尘口罩，穿防毒服。穿上适当的防护服前严禁接触破裂的容器和泄漏物。尽可能切断泄漏源。用塑料布覆盖泄漏物，减少飞散。勿使水进入包装容器内。用洁净的铲子收集泄漏物，置于干净、干燥、盖子较松的容器中，将容器移离泄漏区。

703. 三氯化铁

标　识

中文名称 三氯化铁

英文名称 Ferric chloride; Iron trichloride

别名 氯化铁

分子式 $FeCl_3$

CAS号 7705-08-0

铁危编号 81513

UN号 1773

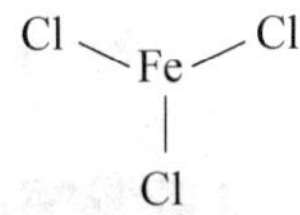

危害信息

危险性类别 第8类 腐蚀品

燃烧与爆炸危险性 不燃。受热易分解，放出有毒的刺激性气体。

毒性 大鼠经口 LD_{50}：316mg/kg；小鼠经口 LD_{50}：200mg/kg。

中毒表现 对眼、皮肤和呼吸道有刺激性。食入腐蚀消化道，出现腹痛、呕吐、腹泻、休克。

侵入途径 吸入、食入。

职业接触限值 美国(ACGIH)：TLV-TWA 1mg/m^3[按 Fe 计]。

理化特性与用途

理化特性 黑棕色六方晶系结晶。在透射光线下呈石榴红色，反射光线下呈金属绿色。易溶于水，易溶于甲醇、乙醇、丙酮和乙醚，微溶于二硫化碳，不溶于甘油、乙酸乙酯。熔点 304℃，沸点约 316℃，相对密度(水=1)2.9，相对蒸气密度(空气=1)5.6，饱和蒸气压 0.13kPa(194℃)。

主要用途 主要用作水处理剂，还用作媒染剂、催化剂、氯化剂，并用于制造其他铁盐等，也用于印刷制板、颜料、染料及药物等。

包装与储运

包装标志 腐蚀品

包装类别 Ⅲ类

安全储运 储存于阴凉、通风的库房。远离火种、热源。保持容器密封。储区应备有泄漏应急处理设备和合适的收容材料。

紧急处置信息

急救措施

吸入：迅速脱离现场至空气新鲜处。保持呼吸道通畅。如呼吸困难，给输氧。呼吸、心跳停止，立即进行心肺复苏术。就医。

眼睛接触：立即分开眼睑，用流动清水或生理盐水彻底冲洗。就医。

皮肤接触：立即脱去污染的衣着，用肥皂水和清水彻底冲洗。就医。

食入：用水漱口，禁止催吐。就医。

灭火方法 消防人员须穿全身消防服，佩戴空气呼吸器，在上风向灭火。尽可能将容器从火场移至空旷处。喷水保持火场容器冷却，直至灭火结束。

根据着火原因选择适当灭火剂灭火。

泄漏应急处置 隔离泄漏污染区，限制出入。建议应急处理人员戴防尘口罩，穿耐腐蚀、防毒服，戴耐腐蚀手套。穿上适当的防护服前严禁接触破裂的容器和泄漏物。尽可能切断泄漏源。用塑料布覆盖泄漏物，减少飞散。勿使水进入包装容器内。用洁净的铲子收集泄漏物，置于干净、干燥、盖子较松的容器中，将容器移离泄漏区。

704. 三氯甲基吡啶

标　识

中文名称 三氯甲基吡啶

英文名称 Nitrapyrin；2-Chloro-6-(trichloromethyl)pyridine

别名 2-氯-6-三氯甲基吡啶

分子式 $C_6H_3Cl_4N$

CAS 号 1929-82-4

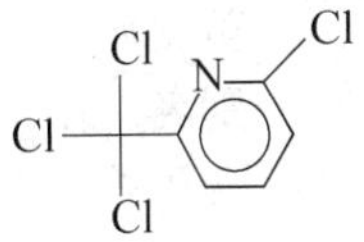

危害信息

燃烧与爆炸危险性 可燃，其粉体与空气混合能形成爆炸性混合物。

禁忌物 强氧化剂、强酸

毒性 大鼠经口 LD_{50}：940mg/kg；小鼠经口 LD_{50}：710mg/kg；兔经皮 LD_{50}：850mg/kg。

侵入途径 吸入、食入、经皮吸收。

职业接触限值 美国(ACGIH)：TLV-TWA 10mg/m^3，TLV-STEL 20mg/m^3。

环境危害 对水生生物有毒，可能在水生环境中造成长期不利影响。

理化特性与用途

理化特性 无色至灰白色结晶。不溶于水，溶于液氨、乙醇。熔点 63℃，沸点 136℃(1.47kPa)，相对密度(水=1)1.579，饱和蒸气压 0.64Pa(25℃)，辛醇/水分配系数 3.4，闪点 110℃(闭杯)。

主要用途 用作杀菌剂和氮硝化抑制剂。

包装与储运

包装标志 杂类

包装类别 Ⅲ类

安全储运 储存于阴凉、通风的库房。远离火种、热源。应与强氧化剂、强酸等隔离储运。

紧急处置信息

急救措施

吸入：迅速脱离现场至空气新鲜处。保持呼吸道通畅。如呼吸困难，给输氧。呼吸、心跳停止，立即进行心肺复苏术。就医。

眼睛接触：立即分开眼睑，用流动清水或生理盐水彻底冲洗。就医。

皮肤接触：立即脱去污染的衣着，用肥皂水和清水彻底冲洗。就医。

食入：漱口，饮水。就医。

灭火方法 消防人员须穿全身消防服，在上风向灭火。尽可能将容器从火场移至空旷处。喷水保持火场容器冷却，直至灭火结束。

灭火剂：雾状水、泡沫、二氧化碳、干粉、砂土。

泄漏应急处置 隔离泄漏污染区，限制出入。消除点火源。建议应急处理人员戴防尘口罩，穿防毒服，戴防护手套。穿上适当的防护服前严禁接触破裂的容器和泄漏物。尽可能切断泄漏源。用塑料布覆盖泄漏物，减少飞散。勿使水进入包装容器内。用洁净的铲子收集泄漏物，置于干净、干燥、盖子较松的容器中，将容器移离泄漏区。

705. 1,1,1-三氯-2,2-双(4-甲氧苯基)乙烷

标 识

中文名称 1,1,1-三氯-2,2-双(4-甲氧苯基)乙烷

英文名称 1,1,1-Trichloro-2,2-bis(4-methoxyphenyl)-ethane；Methoxychlor

别名 甲氧滴滴涕

分子式 $C_{16}H_{15}Cl_3O_2$

CAS 号 72-43-5

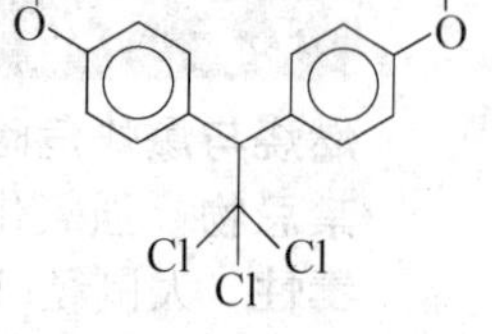

危害信息

燃烧与爆炸危险性 受热易分解，放出有毒的具有腐蚀性的气体。

禁忌物 强氧化剂。

毒性 大鼠经口 LD_{50}：1855mg/kg；小鼠经口 LD_{50}：510mg/kg；兔经皮 LD_{50}：>6g/kg。

中毒表现 食入后引起恶心、呕吐、腹泻和惊厥。动物实验显示本品可能影响人类生殖系统。

侵入途径 吸入、食入、经皮吸收。

职业接触限值 中国：PC-TWA 10mg/m³。

美国(ACGIH)：TLV-TWA 10mg/m³。

环境危害 对水生生物有极高毒性，可能在水生环境中造成长期不利影响。

理化特性与用途

理化特性 无色至淡黄色结晶或白色至灰白色粉末。不溶于水，易溶于乙醚、苯、氯仿、二甲苯，溶于乙醇。熔点 86~88℃，沸点(分解)，相对密度(水=1)1.41，相对蒸气密度(空气=1)12.0，饱和蒸气压 5.6mPa(25℃)，辛醇/水分配系数 5.08。

主要用途 广谱杀虫剂。用于大田作物、果树、蔬菜等作物防治玉米螟、豌豆象、金龟甲、象虫等害虫。

包装与储运

包装标志 杂类

包装类别 Ⅲ类

安全储运 储存于阴凉、通风的库房。远离火种、热源。应与强氧化剂等隔离储运。

紧急处置信息

急救措施

吸入：迅速脱离现场至空气新鲜处。保持呼吸道通畅。如呼吸困难，给输氧。呼吸、心跳停止，立即进行心肺复苏术。就医。

眼睛接触：立即分开眼睑，用流动清水或生理盐水彻底冲洗。就医。

皮肤接触：立即脱去污染的衣着，用肥皂水和清水彻底冲洗。就医。

食入：漱口，饮水。就医。

灭火方法 消防人员须穿全身消防服，佩戴空气呼吸器，在上风向灭火。尽可能将容器从火场移至空旷处。喷水保持火场容器冷却，直至灭火结束。

灭火剂：水、抗溶性泡沫、干粉、二氧化碳。

泄漏应急处置 隔离泄漏污染区，限制出入。建议应急处理人员戴防尘口罩，穿防毒服，戴橡胶手套。穿上适当的防护服前严禁接触破裂的容器和泄漏物。尽可能切断泄漏源。用塑料布覆盖泄漏物，减少飞散。勿使水进入包装容器内。用洁净的铲子收集泄漏物，置于干净、干燥、盖子较松的容器中，将容器移离泄漏区。

706. 三氯乙酸钠

标　识

中文名称　三氯乙酸钠

英文名称　TCA-sodium；Sodium trichloroacetate

别名　三氯醋酸钠

分子式　$C_2HCl_3O_2 \cdot Na$

CAS 号　650-51-1

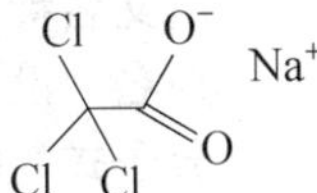

危害信息

燃烧与爆炸危险性　可燃，其粉体与空气混合能形成爆炸性混合物。

禁忌物　强氧化剂。

毒性　大鼠经口 LD_{50}：3320mg/kg；小鼠经口 LD_{50}：3600mg/kg；大鼠吸入 LC_{50}：>365 g/m^3(4h)；大鼠经皮 LD_{50}：>2g/kg。

中毒表现　对眼、皮肤和呼吸道有刺激性。

侵入途径　吸入、食入、经皮吸收。

环境危害　对水生生物有极高毒性，可能在水生环境中造成长期不利影响。

理化特性与用途

理化特性　无色或黄色粉末，有吸湿性。溶于水，溶于甲醇、乙醇。熔点>290℃，分解温度 165~200℃，饱和蒸气压<0.1mPa(25℃)，辛醇/水分配系数 0.002。

主要用途　用作芽前除草剂、乙烯基化合物聚合催化剂、染色助剂等。

包装与储运

包装标志　杂类

包装类别　Ⅲ类

安全储运　储存于阴凉、通风的库房。远离火种、热源。应与强氧化剂等隔离储运。

紧急处置信息

急救措施

吸入：迅速脱离现场至空气新鲜处。保持呼吸道通畅。如呼吸困难，给输氧。呼吸、心跳停止，立即进行心肺复苏术。就医。

眼睛接触：立即分开眼睑，用流动清水或生理盐水彻底冲洗。就医。

皮肤接触：立即脱去污染的衣着，用肥皂水和清水彻底冲洗。就医。

食入：漱口，饮水。就医。

灭火方法　消防人员须穿全身消防服，在上风向灭火。尽可能将容器从火场移至空旷处。喷水保持火场容器冷却，直至灭火结束。

灭火剂：雾状水、泡沫、二氧化碳、干粉、砂土。

泄漏应急处置　隔离泄漏污染区，限制出入。建议应急处理人员戴防尘口罩，穿防护服，戴防护手套。穿上适当的防护服前严禁接触破裂的容器和泄漏物。尽可能切断泄漏源。

用塑料布覆盖泄漏物，减少飞散。勿使水进入包装容器内。用洁净的铲子收集泄漏物，置于干净、干燥、盖子较松的容器中，将容器移离泄漏区。

707. 3,4,5-三羟基苯甲酸十二酯

标　　识

中文名称　3,4,5-三羟基苯甲酸十二酯

英文名称　Benzoic acid, 3,4,5-trihydroxy-, dodecyl ester; Lauryl gallate

别名　没食子酸十二酯;没食子酸月桂酯

分子式　$C_{19}H_{30}O_5$

CAS 号　1166-52-5

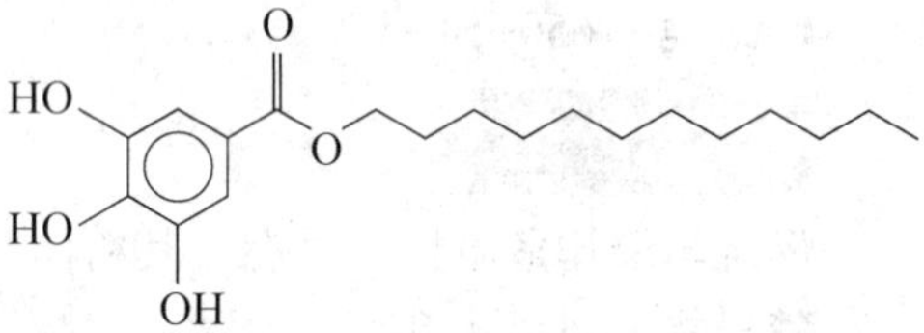

危害信息

燃烧与爆炸危险性　可燃，其粉体与空气混合能形成爆炸性混合物，遇明火高热有引起燃烧爆炸的危险。

禁忌物　强氧化剂、强酸、强碱。

毒性　大鼠经口 LD_{50}：5g/kg。

中毒表现　对皮肤有致敏性。

侵入途径　吸入、食入。

理化特性与用途

理化特性　白色至乳白色结晶或粉末。不溶于水，易溶于乙醇、乙醚、丙醇、丙酮，微溶于氯仿、苯。熔点 96℃，沸点 521～522℃，辛醇/水分配系数 7.38，闪点 180℃（闭杯）。

主要用途　食品添加剂，香料用抗氧剂和防腐剂。

包装与储运

安全储运　储存于阴凉、通风的库房。远离火种、热源。应与强氧化剂、强酸、强碱等隔离储运。

紧急处置信息

急救措施

吸入：脱离接触。如有不适感，就医。

眼睛接触：分开眼睑，用流动清水或生理盐水冲洗。如有不适感，就医。

皮肤接触：脱去污染的衣着，用流动清水冲洗。如有不适感，就医。

食入：漱口，饮水。就医。

灭火方法　消防人员须穿全身消防服，在上风向灭火。尽可能将容器从火场移至空旷处。喷水保持火场容器冷却，直至灭火结束。

灭火剂：雾状水、泡沫、二氧化碳、干粉、砂土。

泄漏应急处置　消除所有点火源。隔离泄漏污染区，限制出入。建议应急处理人员戴防尘口罩，穿防护服。禁止接触或跨越泄漏物。尽可能切断泄漏源。用塑料布覆盖，减少

飞散。用洁净的铲子收集泄漏物，置于干净、干燥、盖子较松的容器中，将容器移离泄漏区。

708. 3,4,5-三羟基苯甲酸辛酯

标　识

中文名称　3,4,5-三羟基苯甲酸辛酯

英文名称　Octyl 3,4,5-Trihydroxybenzoate；Octyl gallate

别名　没食子酸辛酯

分子式　$C_{15}H_{22}O_5$

CAS 号　1034-01-1

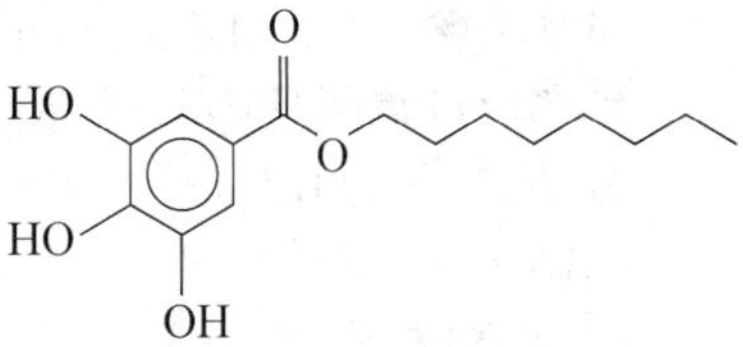

危害信息

燃烧与爆炸危险性　可燃，其粉体与空气混合能形成爆炸性混合物，遇明火高热有引起燃烧爆炸的危险。

禁忌物　强氧化剂、强酸。

毒性　大鼠经口 LD_{50}：1960mg/kg。

中毒表现　食入有害。对皮肤有致敏性。

侵入途径　吸入、食入。

理化特性与用途

理化特性　白色结晶或白色至乳白色粉末。不溶于水，易溶于甲醇、乙醇、乙醚、丙酮、丙二醇。熔点 101～104℃，沸点 482.9℃，相对密度(水=1)1.185，辛醇/水分配系数 3.66，闪点 177.1℃。

主要用途　用于油类食品作抗氧化添加剂，也用于药物制备。

包装与储运

安全储运　储存于阴凉、通风的库房。远离火种、热源。保持容器密闭。应与强氧化剂、强酸等隔离储运。

紧急处置信息

急救措施

吸入：迅速脱离现场至空气新鲜处。保持呼吸道通畅。如呼吸困难，给输氧。呼吸、心跳停止，立即进行心肺复苏术。就医。

眼睛接触：立即分开眼睑，用流动清水或生理盐水彻底冲洗。就医。

皮肤接触：立即脱去污染的衣着，用肥皂水和清水彻底冲洗。就医。

食入：漱口，饮水。就医。

灭火方法　消防人员须穿全身消防服，在上风向灭火。尽可能将容器从火场移至空旷处。喷水保持火场容器冷却，直至灭火结束。

灭火剂：雾状水、泡沫、二氧化碳、干粉、砂土。

泄漏应急处置　消除所有点火源。隔离泄漏污染区，限制出入。建议应急处理人员戴

防尘口罩，穿防毒服。禁止接触或跨越泄漏物。尽可能切断泄漏源。用塑料布覆盖，减少飞散。用洁净的铲子收集泄漏物，置于干净、干燥、盖子较松的容器中，将容器移离泄漏区。

709. 3,4,5-三羟基苯甲酸正丙酯

标　识

中文名称　3,4,5-三羟基苯甲酸正丙酯

英文名称　Propyl 3,4,5-trihydroxybenzoate；Propyl gallate

别名　没食子酸丙酯

分子式　$C_{10}H_{12}O_5$

CAS 号　121-79-9

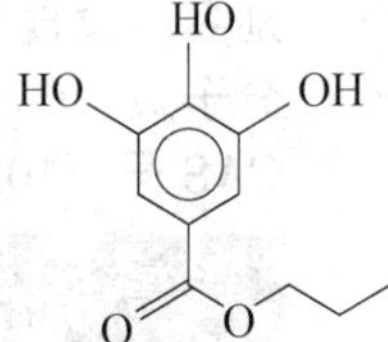

危害信息

燃烧与爆炸危险性　易燃，其粉体与空气混合能形成爆炸性混合物，遇明火高热有引起燃烧爆炸的危险。

禁忌物　强氧化剂、强酸。

毒性　大鼠经口 LD_{50}：2100mg/kg；小鼠经口 LD_{50}：1700mg/kg。

中毒表现　食入有害。对皮肤有致敏性。

侵入途径　吸入、食入。

理化特性与用途

理化特性　白色至乳白色结晶性粉末或乳白色针状结晶。难溶于冷水，易溶于乙醇、丙二醇、甘油等。熔点 148~150℃，分解温度 330℃，相对密度(水=1)1.21，相对蒸气密度(空气=1)7.5，辛醇/水分配系数 1.8，闪点 86.1(闭杯)，引燃温度 438℃。

主要用途　作为脂溶性抗氧化剂，适宜在植物油脂中使用。

包装与储运

安全储运　储存于阴凉、通风的库房。远离火种、热源。保持容器密闭。应与强氧化剂、强酸等隔离储运。

紧急处置信息

急救措施

吸入：迅速脱离现场至空气新鲜处。保持呼吸道通畅。如呼吸困难，给输氧。呼吸、心跳停止，立即进行心肺复苏术。就医。

眼睛接触：立即分开眼睑，用流动清水或生理盐水彻底冲洗。就医。

皮肤接触：立即脱去污染的衣着，用肥皂水和清水彻底冲洗。就医。

食入：漱口，饮水。就医。

灭火方法　消防人员须穿全身消防服，在上风向灭火。尽可能将容器从火场移至空旷处。喷水保持火场容器冷却，直至灭火结束。

灭火剂：雾状水、抗溶性泡沫、二氧化碳、干粉、砂土。

泄漏应急处置 隔离泄漏污染区，限制出入。消除所有点火源。建议应急处理人员戴防尘口罩，穿防护服，戴橡胶手套。穿上适当的防护服前严禁接触破裂的容器和泄漏物。尽可能切断泄漏源。用塑料布覆盖泄漏物，减少飞散。勿使水进入包装容器内。用洁净的铲子收集泄漏物，置于干净、干燥、盖子较松的容器中，将容器移离泄漏区。

710. 1,3,5-三(2-羟乙基)-S-六氢三嗪

标　识

中文名称 1,3,5-三(2-羟乙基)-S-六氢三嗪

英文名称 2,2′,2″-1,3,5-Triazine-1,3,5(2H，4H，6H)-triethanol；1,3,5-Tris(hydroxy-ethyl)s-hexahydrotriazine；Triazinetriethanol

别名 羟乙基六氢均三嗪

分子式 $C_9H_{21}N_3O_3$

CAS 号 4719-04-4

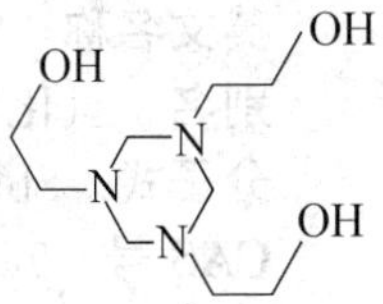

危害信息

燃烧与爆炸危险性 可燃。

禁忌物 强氧化剂。

毒性 大鼠经口 LD_{50}：763mg/kg；小鼠经口 LD_{50}：1990μg/kg；大鼠经皮 LD_{50}：>2g/kg。

中毒表现 食入有害。对皮肤有致敏性。

侵入途径 吸入、食入、经皮吸收。

理化特性与用途

理化特性 无色至黄色黏性液体。溶于水，溶于乙二醇、丙酮、低级醇，不溶于多数烃类。熔点-24℃，沸点 113~115℃(0.27kPa)，相对密度(水=1)1.16，相对蒸气密度(空气=1)5.9，辛醇/水分配系数 0.0713，闪点>93℃。

主要用途 用于清洗剂、杀虫剂、杀菌剂、润滑油和切削油及其他有机化学品制造。

包装与储运

安全储运 储存于阴凉、通风的库房。远离火种、热源。保持容器密闭。应与强氧化剂等隔离储运。搬运时轻装轻卸，防止容器受损。

紧急处置信息

急救措施

吸入：迅速脱离现场至空气新鲜处。保持呼吸道通畅。如呼吸困难，给输氧。呼吸、心跳停止，立即进行心肺复苏术。就医。

眼睛接触：立即分开眼睑，用流动清水或生理盐水彻底冲洗。就医。

皮肤接触：立即脱去污染的衣着，用肥皂水和清水彻底冲洗。就医。

食入：漱口，饮水。就医。

灭火方法 消防人员须穿全身消防服，佩戴空气呼吸器，在上风向灭火。尽可能将容器从火场移至空旷处。喷水保持火场容器冷却，直至灭火结束。

灭火剂：干粉、二氧化碳。

泄漏应急处置 根据液体流动和蒸气扩散的影响区域划定警戒区，无关人员从侧风、上风向撤离至安全区。消除点火源。应急人员应戴正压自给式呼吸器，穿防毒服，戴防护手套。尽可能切断泄漏源。防止泄漏物进入水体、下水道、地下室或有限空间。小量泄漏：用砂土或其他不燃材料吸收，用洁净的铲子收集置于容器中。大量泄漏：构筑围堤或挖坑收容泄漏物。用泡沫覆盖泄漏物，减少挥发。用泵将泄漏物转移至槽车或专用收集器内。

711. 三氢化锑

标　识

中文名称 三氢化锑

英文名称 Stibine；Antimony trihydride

别名 氢化锑

分子式 SbH_3

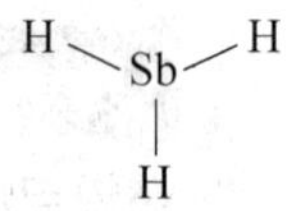

CAS 号 7803-52-3

铁危编号 23008

UN 号 2676

危害信息

危险性类别 第 2.3 类 有毒气体

燃烧与爆炸危险性 易燃，燃烧产生有毒气体。比空气重，沿地面扩散并易积存于低洼处，遇火源会着火回燃。

禁忌物 氧化剂、酸类、碱类。

毒性 小鼠吸入 *LCLo*：100ppm(1h)。

中毒表现 对呼吸道有强烈刺激性，吸入后引起咳嗽、头痛、虚弱、呼吸困难、恶心和心律不齐等。破坏血细胞，引起急性溶血，出现血红蛋白尿，甚至造成急性肾衰竭。高浓度吸入可致死。接触液态本品可引起皮肤冻伤。

侵入途径 吸入。

职业接触限值 美国(ACGIH)：TLV-TWA 0.1ppm。

理化特性与用途

理化特性 无色气体，有刺激性气味。微溶于水，溶于醇、二硫化碳、多数有机溶剂。熔点-88℃，沸点-18℃，相对密度(水=1)2.26(-25℃)，相对蒸气密度(空气=1)4.4。

主要用途 用于制半导体材料，用作熏剂。

包装与储运

包装标志 有毒气体，易燃气体

安全储运 储存于阴凉、通风的有毒气体专用库房。库温不宜超过 30℃。远离火种、热源。包装要求密封，不可与空气接触。应与氧化剂、酸类、碱类、食用化学品分开存放，切忌混储。采用防爆型照明、通风设施。禁止使用易产生火花的机械设备和工具。储区应备有泄漏应急处理设备。搬运时轻装轻卸，须戴好钢瓶安全帽和防震橡皮圈，防止钢瓶撞击。

紧急处置信息

急救措施

吸入：迅速脱离现场至空气新鲜处。保持呼吸道通畅。如呼吸困难，给输氧。呼吸、心跳停止，立即进行心肺复苏术。就医。

皮肤接触：如发生冻伤，用温水(38～42℃)复温，忌用热水或辐射热，不要揉搓。就医。

灭火方法 消防人员须穿全身消防服，佩戴防毒面具，在上风向灭火。尽可能将容器从火场移至空旷处，喷水保持火场容器冷却直至灭火结束。

灭火剂：水。

泄漏应急处置 根据气体扩散的影响区域划定警戒区，无关人员从侧风、上风向撤离至安全区。消除所有点火源。建议应急处理人员穿内置正压自给式呼吸器的全封闭防化服。禁止接触或跨越泄漏物。尽可能切断泄漏源。防止气体通过下水道、通风系统和有限空间扩散。喷雾状水抑制蒸气或改变蒸气云流向，避免水流接触泄漏物。禁止用水直接冲击泄漏物或泄漏源。隔离泄漏区直至气体散尽。

712. 三烷基硼烷

标　识

中文名称 三烷基硼烷

英文名称 Trialkylboranes

危害信息

危险性类别 第4.2类 自燃物品

燃烧与爆炸危险性 接触空气易自燃。

禁忌物 氧化剂。

中毒表现 眼和皮肤接触引起灼伤。

侵入途径 吸入、食入。

理化特性与用途

理化特性 无色气体或液体。

主要用途 主要用途是进行硼氢化-氧化反应，将烯烃转化为醇。

包装与储运

包装标志 自燃物品，腐蚀品

包装类别 Ⅰ类

安全储运 储存于阴凉、通风良好的专用库房内。远离火种、热源。库温不宜超过30℃，相对湿度不超过80%。包装必须密封，切勿受潮。应与氧化剂、食用化学品分开存放，切忌混储。采用防爆型照明、通风设施。禁止使用易产生火花的机械设备和工具。储区应备有泄漏应急处理设备和合适的收容材料。搬运时轻装轻卸，防止容器受损。

紧急处置信息

急救措施

吸入：迅速脱离现场至空气新鲜处。保持呼吸道通畅。如呼吸困难，给输氧。呼吸、心跳停止，立即进行心肺复苏术。就医。

眼睛接触：立即分开眼睑，用流动清水或生理盐水彻底冲洗 5~10min。就医。

皮肤接触：立即脱去污染的衣着，用大量流动清水彻底冲洗，冲洗时间一般要求 20~30min。就医。

食入：用水漱口，禁止催吐。给饮牛奶或蛋清。就医。

灭火方法 消防人员须穿全身消防服，佩戴防毒面具，在上风向灭火。尽可能将容器从火场移至空旷处。喷水保持火场容器冷却，直至灭火结束。

灭火剂：泡沫、二氧化碳、干粉、砂土。

泄漏应急处置 根据液体流动和蒸气扩散的影响区域划定警戒区，无关人员从侧风、上风向撤离至安全区。消除点火源。应急人员应戴正压自给式呼吸器，穿耐腐蚀、防静电、防毒服，戴橡胶手套。禁止接触或跨越泄漏物。尽可能切断泄漏源。防止泄漏物进入水体、下水道、地下室或有限空间。小量泄漏：用干燥的砂土或其他不燃材料覆盖泄漏物，用洁净的无火花工具收集泄漏物，置于一盖子较松的塑料容器中，待处置。大量泄漏：构筑围堤或挖坑收容。用防爆泵转移至槽车或专用收集器内。

713. 2,4,6-三硝基间二甲苯

标　识

中文名称 2,4,6-三硝基间二甲苯

英文名称 2,4,6-Trinitro-m-xylene；2,4-Dimethyl-1,3,5-trinitrobenzene

别名 2,4,6-三硝基二甲苯

分子式 $C_8H_7N_3O_6$

CAS 号 632-92-8

铁危编号 11055

$^{-}O-N^{+}=O$ / $O=N^{+}$ / $N^{+}=O$ / O^{-} / O^{-}

危害信息

危险性类别 第 1 类 爆炸品

燃烧与爆炸危险性 易爆。

禁忌物 爆炸品、氧化剂、还原剂、活性金属粉末。

中毒表现 食入、吸入或经皮肤吸收对身体有害。长期反复接触可能对器官造成损害。

侵入途径 吸入、食入、经皮吸收。

理化特性与用途

理化特性 白色或淡黄色针状结晶。不溶于水，微溶于乙醇。熔点 182℃，相对密度(水=1)1.604，相对蒸气密度(空气=1)7.3，辛醇/水分配系数 2.54，爆燃点 330℃，爆热 4711kJ/kg，爆速 6600m/s。

主要用途 用于制炸药。

包装与储运

包装标志 爆炸品

安全储运 储存于阴凉、干燥、通风的爆炸品专用库房。远离火种、热源。储存温度不宜超过32℃，相对湿度不超过80%。若以水作稳定剂，储存温度应大于1℃，相对湿度小于80%。保持容器密封。应与其他爆炸品、氧化剂、还原剂、活性金属粉末等隔离储运。采用防爆型照明、通风设施。禁止使用易产生火花的机械设备和工具。搬运时轻装轻卸，防止容器受损。禁止震动、撞击和摩擦。

紧急处置信息

急救措施

吸入：迅速脱离现场至空气新鲜处。保持呼吸道通畅。如呼吸困难，给输氧。呼吸、心跳停止，立即进行心肺复苏术。就医。

眼睛接触：立即分开眼睑，用流动清水或生理盐水彻底冲洗。就医。

皮肤接触：立即脱去污染的衣着，用肥皂水和清水彻底冲洗。就医。

食入：漱口，饮水。就医。

灭火方法 消防人员须在防爆掩蔽处操作。遇大火切勿轻易接近。在物料附近失火，须用水保持容器冷却。用大量水灭火。禁止用砂土盖压。

泄漏应急处置 消除所有点火源。隔离泄漏污染区，限制出入。建议应急处理人员戴防尘口罩，穿一般作业工作服，戴橡胶手套。作业时使用的所有设备应接地。禁止接触或跨越泄漏物。润湿泄物。严禁设法扫除干的泄漏物。在专家指导下清除。

714. 三辛基锡烷

标 识

中文名称 三辛基锡烷

英文名称 Trioctylstannane; Stannane, trioctyl-

别名 三辛基氢化锡

分子式 $C_{24}H_{52}Sn$

CAS 号 869-59-0

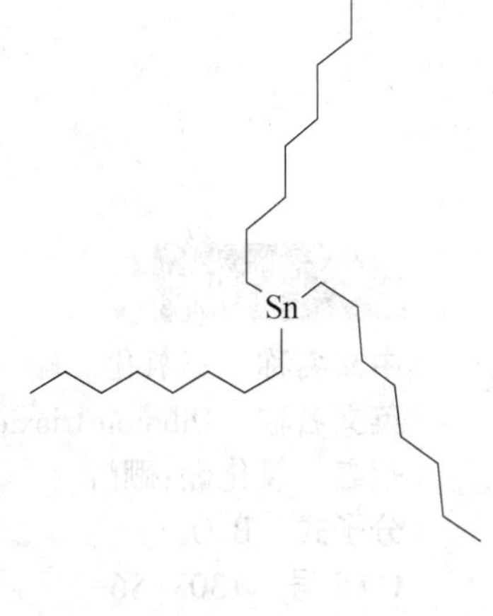

危害信息

燃烧与爆炸危险性 不易燃，无特殊燃爆特性。

禁忌物 强氧化剂、强酸。

中毒表现 有机锡中毒的主要临床表现有：眼和鼻黏膜的刺激症状；中毒性神经衰弱综合征；重症出现中毒性脑病。溅入眼内引起结膜炎。可致变应性皮炎。摄入有机锡化合物可致中毒性脑水肿，可产生后遗症，如瘫痪、精神失常和智力障碍。

侵入途径 吸入、食入、经皮吸收。

职业接触限值 美国(ACGIH)：TLV-TWA 0.1mg/m^3；TLV-STEL 0.2mg/m^3[按Sn计][皮]。

环境危害 可能在水生环境中造成长期不利影响。

理化特性与用途

理化特性 无色透明液体。溶于乙醚、氯仿，难溶于乙醇。沸点463℃，相对密度(水=1)0.99，闪点193℃。

主要用途 用作还原剂和化学中间体。

包装与储运

安全储运 储存于阴凉、通风的库房。远离火种、热源。应与强氧化剂、强酸等隔离储运。搬运时轻装轻卸，防止容器受损。

紧急处置信息

急救措施

吸入：迅速脱离现场至空气新鲜处。保持呼吸道通畅。如呼吸困难，给输氧。呼吸、心跳停止，立即进行心肺复苏术。就医。

眼睛接触：立即分开眼睑，用流动清水或生理盐水彻底冲洗。就医。

皮肤接触：立即脱去污染的衣着，用肥皂水和清水彻底冲洗。就医。

食入：漱口，饮水。就医。

灭火方法 消防人员须穿全身消防服，佩戴空气呼吸器，在上风向灭火。尽可能将容器从火场移至空旷处。喷水保持火场容器冷却，直至灭火结束。处在火场中的容器若发生异常变化或发出异常声音，须马上撤离。

灭火剂：雾状水、泡沫、二氧化碳、干粉、砂土。

泄漏应急处置 根据液体流动和蒸气扩散的影响区域划定警戒区，无关人员从侧风、上风向撤离至安全区。建议应急处理人员戴防毒面具，穿防毒服，戴橡胶手套。禁止接触或跨越泄漏物。尽可能切断泄漏源。防止泄漏物进入水体、下水道、地下室或有限空间。小量泄漏：用干燥的砂土或其他不燃材料覆盖泄漏物，用洁净的工具收集泄漏物，置于一盖子较松的塑料容器中，待处置。大量泄漏：构筑围堤或挖坑收容。用泵转移至槽车或专用收集器内。

715. 三氧化二硼

标　识

中文名称 三氧化二硼

英文名称 Diboron trioxide；Boric oxide；Boric anhydride

别名 氧化硼;硼酐

分子式 B_2O_3

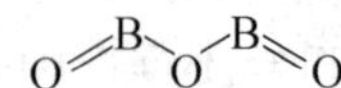

CAS号 1303-86-2

危害信息

燃烧与爆炸危险性 不燃。

毒性 大鼠经口 LD_{50}：3150mg/kg；小鼠经口 LD_{50}：3163mg/kg；大鼠吸入 $LCLo$：150mg/m^3(2h)。

欧盟法规 1272/2008/EC 将本品列为第 2 类生殖毒物——可疑的人类生殖毒物。

中毒表现 对眼、皮肤和呼吸道有刺激性。

侵入途径 吸入、食入。

职业接触限值 美国(ACGIH)：TLV-TWA 10mg/m^3。

理化特性与用途

理化特性 无色无气味的吸湿性玻璃状固体或硬的白色结晶粉末，有轻微苦味。溶于水，溶于乙醇和甘油。熔点 450℃，沸点 1860℃，相对密度(水=1)1.8(无定形)、2.46(结晶)。

主要用途 用于制取元素硼和精细硼化合物，制造硼玻璃、光学玻璃、耐热玻璃及玻璃纤维等，还用作油漆阻燃剂和干燥剂。用作硅酸盐分解时的助熔剂，半导体材料的掺杂剂，耐热玻璃器皿和油漆耐火添加剂。在冶金工业上用于合金钢的生产。可用作有机合成的催化剂，高温用润滑剂的添加剂以及化学试剂等。

包装与储运

安全储运 储存于阴凉、通风的库房。远离火种、热源。保持容器密闭，注意防潮。

紧急处置信息

急救措施

吸入：迅速脱离现场至空气新鲜处。保持呼吸道通畅。如呼吸困难，给输氧。呼吸、心跳停止，立即进行心肺复苏术。就医。

眼睛接触：立即分开眼睑，用流动清水或生理盐水彻底冲洗。就医。

皮肤接触：立即脱去污染的衣着，用肥皂水和清水彻底冲洗。就医。

食入：漱口，饮水。就医。

灭火方法 消防人员须穿全身消防服，佩戴空气呼吸器，在上风向灭火。尽可能将容器从火场移至空旷处。喷水保持火场容器冷却，直至灭火结束。

根据着火原因选择适当灭火剂灭火。

泄漏应急处置 隔离泄漏污染区，限制出入。建议应急处理人员戴防尘口罩，穿防毒服，戴橡胶手套。穿上适当的防护服前严禁接触破裂的容器和泄漏物。尽可能切断泄漏源。用塑料布覆盖泄漏物，减少飞散。勿使水进入包装容器内。用洁净的铲子收集泄漏物，置于干净、干燥、盖子较松的容器中，将容器移离泄漏区。

716. 3-三乙氧基甲硅烷基-1-丙胺

标　识

中文名称 3-三乙氧基甲硅烷基-1-丙胺

716. 3-三乙氧基甲硅烷基-1-丙胺

英文名称 1-Propanamine, 3-(triethoxysilyl)-; 3-Aminopropyltriethoxysilane

别名 3-氨基丙基三乙氧基硅烷

分子式 $C_9H_{23}NO_3Si$

CAS 号 919-30-2

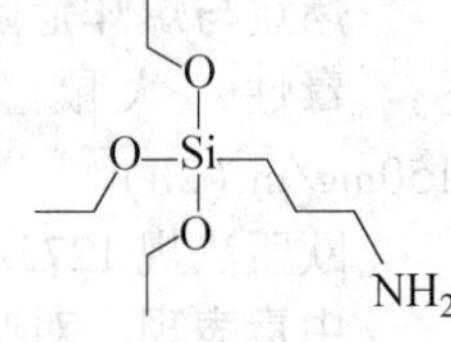

危害信息

危险性类别 第 8 类 腐蚀品

燃烧与爆炸危险性 易燃，其蒸气与空气混合能形成爆炸性混合物，遇明火、高热易燃烧或爆炸。在高温火场中，受热的容器或储罐有破裂和爆炸的危险。燃烧产生具有腐蚀性的氮氧化物气体。

禁忌物 强氧化剂、强酸。

毒性 大鼠经口 LD_{50}：1780mg/kg；小鼠经口 LD_{50}：4000mg/kg；兔经皮 LD_{50}：4.29g/kg。

中毒表现 食入有害。对眼和皮肤有腐蚀性，可引起灼伤。

侵入途径 吸入、食入、经皮吸收。

理化特性与用途

理化特性 无色透明液体。易溶于水(分解)。熔点-70℃，沸点 217℃，相对密度(水=1)0.94，相对蒸气密度(空气=1)7.7，饱和蒸气压 2Pa(20℃)，辛醇/水分配系数 0.31，闪点 98℃(闭杯)，引燃温度 300℃，爆炸下限 0.8%，爆炸上限 4.5%。

主要用途 在玻璃纤维、黏结剂、密封剂、铸造用树脂和涂料预处理中用作偶联剂和黏合促进剂。

包装与储运

包装标志 腐蚀品

包装类别 Ⅱ类

安全储运 储存于阴凉、通风的库房。远离火种、热源。库温不超过 30℃。相对湿度不超过 80%。包装要求密封，不可与空气接触。应与强氧化剂、强酸等分开存放，切忌混储。储区应备有泄漏应急处理设备和合适的收容材料。搬运时轻装轻卸，防止容器受损。

紧急处置信息

急救措施

吸入：迅速脱离现场至空气新鲜处。保持呼吸道通畅。如呼吸困难，给输氧。呼吸、心跳停止，立即进行心肺复苏术。就医。

眼睛接触：立即分开眼睑，用流动清水或生理盐水彻底冲洗 5~10min。就医。

皮肤接触：立即脱去污染的衣着，用大量流动清水彻底冲洗，冲洗时间一般要求 20~30min。就医。

食入：用水漱口，禁止催吐。给饮牛奶或蛋清。就医。

灭火方法 消防人员须穿全身消防服，佩戴空气呼吸器，在上风向灭火。尽可能将容器从火场移至空旷处。喷水保持火场容器冷却，直至灭火结束。处在火场中的容器若发生异常变化或发出异常声音，须马上撤离。

灭火剂：泡沫、二氧化碳、干粉、砂土。禁止用水灭火。

泄漏应急处置 根据液体流动和蒸气扩散的影响区域划定警戒区，无关人员从侧风、上风向撤离至安全区。消除所有点火源。建议应急处理人员戴正压自给式呼吸器，穿耐腐蚀防护服，戴橡胶耐腐蚀手套。穿上适当的防护服前严禁接触破裂的容器和泄漏物。尽可能切断泄漏源。防止泄漏物进入水体、下水道、地下室或有限空间。严禁用水处理。小量泄漏：用干燥的砂土或其他不燃材料覆盖泄漏物。大量泄漏：构筑围堤或挖坑收容。用耐腐蚀泵转移至槽车或专用收集器内。

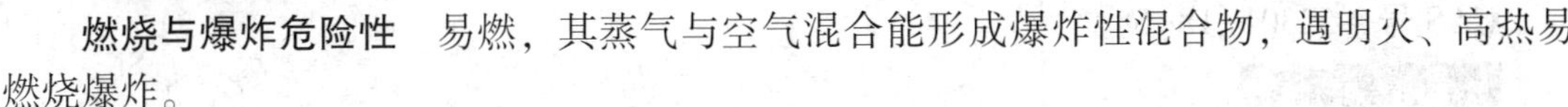

717. 三乙氧基异丁基硅烷

标　识

中文名称　三乙氧基异丁基硅烷

英文名称　Silane，triethoxy(2-methylpropyl)-；Triethoxyisobutylsilane

别名　异丁基三乙氧基硅烷

分子式　$C_{10}H_{24}O_3Si$

CAS 号　17980-47-1

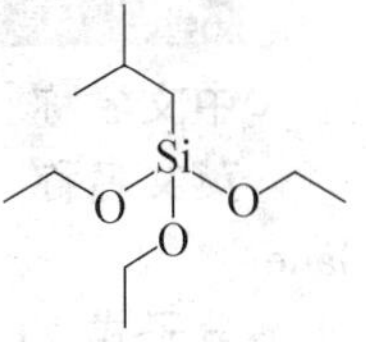

危害信息

燃烧与爆炸危险性　易燃，其蒸气与空气混合能形成爆炸性混合物，遇明火、高热易燃烧爆炸。

禁忌物　强氧化剂。

中毒表现　对皮肤有刺激性。

侵入途径　吸入、食入。

理化特性与用途

理化特性　无色或微黄色透明液体。溶于丙酮、苯、乙醚、四氯化碳等多数有机溶剂。沸点 190~191℃、165℃(53.3kPa)，相对密度(水=1)0.88，闪点 59℃。

主要用途　作为混凝土防腐硅烷浸渍剂广泛应用于各类钢筋混凝土结构中，特别适用于在恶劣环境中使用的高标号混凝土结构。

包装与储运

安全储运　储存于阴凉、通风的库房。远离火种、热源。应与强氧化剂等隔离储运。搬运时轻装轻卸，防止容器受损。

紧急处置信息

急救措施

吸入： 迅速脱离现场至空气新鲜处。保持呼吸道通畅。如呼吸困难，给输氧。呼吸、心跳停止，立即进行心肺复苏术。就医。

眼睛接触： 立即分开眼睑，用流动清水或生理盐水彻底冲洗。就医。

皮肤接触： 立即脱去污染的衣着，用肥皂水和清水彻底冲洗。就医。

食入： 漱口，饮水。就医。

灭火方法　消防人员须穿全身消防服，佩戴空气呼吸器，在上风向灭火。尽可能将容器从火场移至空旷处。喷水保持火场容器冷却，直至灭火结束。处在火场中的容器若发生异常变化或发出异常声音，须马上撤离。

灭火剂：雾状水、泡沫、二氧化碳、干粉、砂土。

泄漏应急处置 根据液体流动和蒸气扩散的影响区域划定警戒区，无关人员从侧风、上风向撤离至安全区。消除所有点火源。应急人员应戴正压自给式呼吸器，穿防静电服。作业时使用的所有设备应接地。穿上适当的防护服前严禁接触破裂的容器和泄漏物。尽可能切断泄漏源。防止泄漏物进入水体、下水道、地下室或有限空间。小量泄漏：用干燥的砂土或其他不燃材料覆盖泄漏物。大量泄漏：构筑围堤或挖坑收容。用防爆泵转移至槽车或专用收集器内。

718. 三(异丙烯氧)基苯基硅烷

标　　识

中文名称 三(异丙烯氧)基苯基硅烷

英文名称 Silane, tris((1-methylethenyl)oxy)phenyl-; Tris(isopropenyloxy)phenyl silane

分子式 $C_{15}H_{20}O_3Si$

CAS 号 52301-18-5

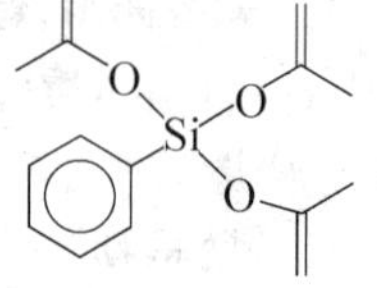

危害信息

燃烧与爆炸危险性 可燃。

禁忌物 强氧化剂。

侵入途径 吸入、食入。

环境危害 对水生生物有极高毒性，可能在水生环境中造成长期不利影响。

理化特性与用途

理化特性 无色或微黄色透明液体。沸点 298.5℃，相对密度(水=1)0.99，闪点 135.2℃。

主要用途 有机硅功能中间体。

包装与储运

包装标志 杂类

包装类别 Ⅲ类

安全储运 储存于阴凉、通风的库房。远离火种、热源。应与强氧化剂等隔离储运。搬运时轻装轻卸，防止容器受损。

紧急处置信息

急救措施

吸入：脱离接触。如有不适感，就医。

眼睛接触：分开眼睑，用流动清水或生理盐水冲洗。如有不适感，就医。

皮肤接触：脱去污染的衣着，用流动清水冲洗。如有不适感，就医。

食入：漱口，饮水。就医。

灭火方法 消防人员须穿全身消防服，佩戴防毒面具，在上风向灭火。尽可能将容器从火场移至空旷处。喷水保持火场容器冷却，直至灭火结束。

灭火剂：干粉、砂土、雾状水。

泄漏应急处置 根据液体流动和蒸气扩散的影响区域划定警戒区，无关人员从侧风、上风向撤离至安全区。消除点火源。应急人员应戴正压自给式呼吸器，穿防护服。避免接触泄漏物。尽可能切断泄漏源。防止泄漏物进入水体、下水道、地下室或有限空间。小量泄漏：用砂土或其他不燃材料吸收，用适当的工具收集于容器中。大量泄漏：筑围堤或挖坑收容。用用泵转移至槽车或专用收集器内。

719. *O*,*O*,*O*-三(2(或 4)-(壬烷~癸烷)-异烷基苯基)硫代磷酸酯

标　识

中文名称 *O*,*O*,*O*-三(2(或 4)-(壬烷~癸烷)-异烷基苯基)硫代磷酸酯

英文名称 Phenol, 2(or4)-C9~10-branched alkyl derivs, phosphorothioates(3∶1)；*O*,*O*,*O*-Tris(2(or4)-C9~10-isoalkylphenyl)phosphorothioate

CAS 号 126019-82-7

危害信息

燃烧与爆炸危险性 无特殊燃爆特性。

禁忌物 强氧化剂、强碱。

侵入途径 吸入、食入。

环境危害 对水生生物有害，可能在水生环境中造成长期不利影响。

理化特性与用途

主要用途 用作润滑油的极压耐磨添加剂。

包装与储运

安全储运 储存于阴凉、通风的库房。远离火种、热源。应与强氧化剂、强碱等隔离储运。

紧急处置信息

急救措施

吸入：脱离接触。如有不适感，就医。

眼睛接触：分开眼睑，用流动清水或生理盐水冲洗。如有不适感，就医。

皮肤接触：脱去污染的衣着，用流动清水冲洗。如有不适感，就医。

食入：漱口，饮水。就医。

灭火方法 消防人员须穿全身消防服，佩戴空气呼吸器，在上风向灭火。尽可能将容器从火场移至空旷处。

根据着火原因选择适当灭火剂灭火。

泄漏应急处置 根据液体流动和蒸气扩散的影响区域划定警戒区，无关人员从侧风、上风向撤离至安全区。应急人员应戴正压自给式呼吸器，穿防护服。避免接触泄漏物。尽可能切断泄漏源。防止泄漏物进入水体、下水道、地下室或有限空间。小量泄漏：用砂土

或其他不燃材料吸收，用适当的工具收集于容器中。大量泄漏：筑围堤或挖坑收容。用泵转移至槽车或专用收集器内。

720. 1,2,4-三唑

标　识

中文名称　1,2,4-三唑

英文名称　1,2,4-Triazole；*s*-Triazole

别名　1,2,4-三氮唑

分子式　$C_2H_3N_3$

CAS 号　288-88-0

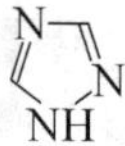

危害信息

燃烧与爆炸危险性　可燃，粉体与空气混合能形成爆炸性混合物，遇明火、高热易燃烧爆炸。受热易分解，放出有毒的氮氧化物气体。在高温火场中，受热的容器有破裂和爆炸的危险。

禁忌物　强氧化剂、强酸。

毒性　大鼠经口 LD_{50}：1750mg/kg；小鼠经口 LD_{50}：1350mg/kg；大鼠经皮 LD_{50}：3129mg/kg。

欧盟法规 1272/2008/EC 将本品列为第 2 类生殖毒物——可疑的人类生殖毒物。

中毒表现　食入有害。对眼有刺激性。

侵入途径　吸入、食入、经皮吸收。

理化特性与用途

理化特性　白色至淡黄色针状结晶，或棕色固体，有吸湿性。溶于水，溶于乙醇、乙酸乙酯，微溶于二甲苯、氯仿，难溶于乙醚、苯。熔点 120~121℃，沸点 260℃，饱和蒸气压 0.2Pa(20℃)，辛醇/水分配系数-0.58，闪点 170℃(闭杯)，引燃温度 490℃。

主要用途　用于生产农药、医药、染料、橡胶助剂等。

包装与储运

安全储运　储存于阴凉、通风的库房。远离火种、热源。保持容器密闭，注意防潮。应与强氧化剂、强酸等隔离储运。

紧急处置信息

急救措施

吸入：迅速脱离现场至空气新鲜处。保持呼吸道通畅。如呼吸困难，给输氧。呼吸、心跳停止，立即进行心肺复苏术。就医。

眼睛接触：立即分开眼睑，用流动清水或生理盐水彻底冲洗。就医。

皮肤接触：立即脱去污染的衣着，用肥皂水和清水彻底冲洗。就医。

食入：漱口，饮水。就医。

灭火方法　消防人员须穿全身消防服，佩戴空气呼吸器，在上风向灭火。尽可能将容

器从火场移至空旷处。喷水保持火场容器冷却，直至灭火结束。

灭火剂：干粉、水、泡沫、二氧化碳。

泄漏应急处置 隔离泄漏污染区，限制出入。消除点火源。建议应急处理人员戴防尘口罩，穿防毒服，戴防护手套。穿上适当的防护服前严禁接触破裂的容器和泄漏物。尽可能切断泄漏源。用塑料布覆盖泄漏物，减少飞散。勿使水进入包装容器内。用洁净的铲子收集泄漏物，置于干净、干燥、盖子较松的容器中，将容器移离泄漏区。

721. 杀虫磺

标　识

中文名称 杀虫磺

英文名称 Bensultap; Benzenesulfonothioic acid, *S*,*S*′-(2-(dimethylamino)-1,3-propanediyl) ester

别名 *S*,*S*′-(2-(二甲基氨基)-1,3-丙二基)二苯硫代磺酸酯

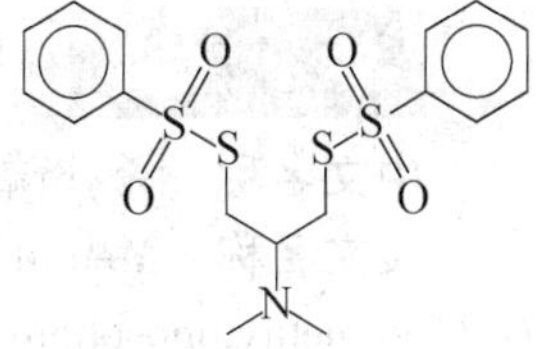

分子式 $C_{17}H_{21}NO_4S_4$

CAS 号 17606-31-4

危害信息

燃烧与爆炸危险性 不易燃，其粉体与空气混合能形成爆炸性混合物。

禁忌物 强氧化剂、强酸、强碱。

毒性 大鼠经口 LD_{50}：1105mg/kg；小鼠经口 LD_{50}：415mg/kg；大鼠吸入 LC_{50}：>700 mg/m^3；兔经皮 LD_{50}：>2g/kg。

侵入途径 吸入、食入、经皮吸收。

环境危害 对水生生物有极高毒性，可能在水生环境中造成长期不利影响。

理化特性与用途

理化特性 白色结晶固体或淡黄色结晶粉末，有特殊气味。不溶于水，溶于二甲苯，易溶于丙酮、乙腈、二甲基甲酰胺、氯仿。熔点 83～84℃，沸点 591℃，分解温度 150℃，相对密度（水 = 1）1.353，饱和蒸气压 0.21mPa（22℃），辛醇/水分配系数 3.36，闪点 311℃。

主要用途 杀虫剂。用于水稻、蔬菜、马铃薯、葡萄等作物防治鳞翅目和鞘翅目害虫。

包装与储运

包装标志 杂类

包装类别 Ⅲ类

安全储运 储存于阴凉、通风的库房。远离火种、热源。避光保存。应与强氧化剂、强酸、强碱等隔离储运。

紧急处置信息

急救措施

吸入： 迅速脱离现场至空气新鲜处。保持呼吸道通畅。如呼吸困难，给输氧。呼吸、

心跳停止，立即进行心肺复苏术。就医。

眼睛接触：立即分开眼睑，用流动清水或生理盐水彻底冲洗。就医。

皮肤接触：立即脱去污染的衣着，用肥皂水和清水彻底冲洗。就医。

食入：漱口，饮水。就医。

灭火方法　消防人员须穿全身消防服，在上风向灭火。尽可能将容器从火场移至空旷处。喷水保持火场容器冷却，直至灭火结束。

灭火剂：雾状水、泡沫、二氧化碳、干粉、砂土。

泄漏应急处置　隔离泄漏污染区，限制出入。建议应急处理人员戴防尘口罩，穿防毒服。穿上适当的防护服前严禁接触破裂的容器和泄漏物。尽可能切断泄漏源。用塑料布覆盖泄漏物，减少飞散。勿使水进入包装容器内。用洁净的铲子收集泄漏物，置于干净、干燥、盖子较松的容器中，将容器移离泄漏区。

722. 杀扑磷

标　识

中文名称　杀扑磷

英文名称　Methidathion；2,3-Dihydro-5-methoxy-2-oxo-1,3,4-thiadiazol-3-ylmethyl-*O*,*O*-dimethylphosphorodithioate

别名 *S*-2,3-二氢-5-甲氧基-2-氧代-1,3,4-硫二氮茂-3-基甲基-*O*,*O*-二甲基二硫代磷酸酯

分子式　$C_6H_{11}N_2O_4PS_3$

CAS 号　950-37-8

铁危编号　61125

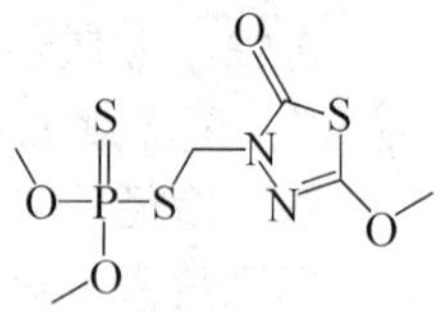

危害信息

危险性类别　第 6 类　有毒品

燃烧与爆炸危险性　不易燃，无特殊燃爆特性。在碱性环境下易水解。

禁忌物　强氧化剂、强碱。

毒性　大鼠经口 LD_{50}：20mg/kg；小鼠经口 LD_{50}：25mg/kg；大鼠吸入 LC_{50}：50mg/m^3(4h)；兔经皮 LD_{50}：196mg/kg。

中毒表现　抑制体内胆碱酯酶活性，造成神经生理功能紊乱。急性中毒症状有头痛、头昏、乏力、食欲不振、恶心、呕吐、腹痛、腹泻、流涎、瞳孔缩小、呼吸道分泌物增多、多汗、肌束震颤等。重度中毒者出现肺水肿、昏迷、呼吸麻痹、脑水肿。血胆碱酯酶活性降低。

侵入途径　吸入、食入、经皮吸收。

环境危害　对水生生物有极高毒性，可能在水生环境中造成长期不利影响。

理化特性与用途

理化特性　无色至白色结晶。不溶于水，溶于甲醇、乙醇、丙酮、苯、二甲苯。熔点 39~40℃，相对密度(水=1)1.51，饱和蒸气压 0.45mPa(25℃)，辛醇/水分配系数 2.2。

主要用途　杀虫剂。用于果树、棉花、茶树、蔬菜防治各种害虫和螨类。

包装与储运

包装标志 有毒品

包装类别 Ⅱ类

安全储运 储存于阴凉、通风的库房。远离火种、热源。防止阳光直射。储存温度不超过35℃，相对湿度不超过85%。保持容器密封。应与强氧化剂、强碱等分开存放，切忌混储。配备相应品种和数量的消防器材。储区应备有合适的材料收容泄漏物。

紧急处置信息

急救措施

吸入：迅速脱离现场至空气新鲜处。保持呼吸道通畅。如呼吸困难，给输氧。呼吸、心跳停止，立即进行心肺复苏术。就医。

眼睛接触：分开眼睑，用流动清水或生理盐水冲洗。就医。

皮肤接触：立即脱去污染的衣着，用肥皂水及流动清水彻底冲洗污染的皮肤、头发、指甲等。就医。

食入：饮足量温水，催吐(仅限于清醒者)。口服活性炭。就医。

解毒剂：阿托品、胆碱酯酶复能剂。

灭火方法 消防人员须穿全身消防服，佩戴空气呼吸器，在上风向灭火。尽可能将容器从火场移至空旷处。喷水保持火场容器冷却，直至灭火结束。

本品不燃，根据着火原因选择适当灭火剂灭火。

泄漏应急处置 隔离泄漏污染区，限制出入。建议应急处理人员戴防尘口罩，穿防毒服，戴橡胶手套。穿上适当的防护服前严禁接触破裂的容器和泄漏物。尽可能切断泄漏源。用塑料布覆盖泄漏物，减少飞散。勿使水进入包装容器内。用洁净的铲子收集泄漏物，置于干净、干燥、盖子较松的容器中，将容器移离泄漏区。

723. 山嵛酸酰胺基丙基-二甲基-(二羟丙基)氯化铵

标　识

中文名称 山嵛酸酰胺基丙基-二甲基-(二羟丙基)氯化铵

英文名称 Behenamidopropyl-dimethyl-(dihydroxypropyl) ammonium chloride

别名 2,3-二羟基-*N*,*N*-二甲基-*N*-(3-((1-氧代二十二烷基)氨基)丙基)-1-丙铵氯化物

分子式 $C_{30}H_{63}ClN_2O_3$

CAS 号 136920-10-0

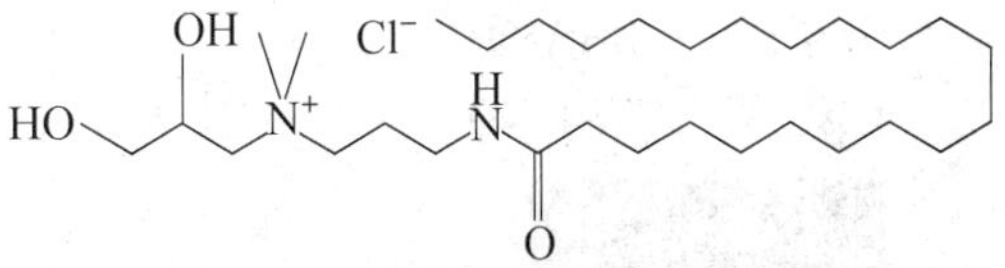

OH Cl⁻ HO N⁺ H N O

危害信息

燃烧与爆炸危险性 不易燃，无特殊燃爆特性。

禁忌物 强氧化剂、强碱。

中毒表现 眼接触引起严重损害。对皮肤有致敏性。

侵入途径 吸入、食入。

环境危害 对水生生物有极高毒性，可能在水生环境中造成长期不利影响。

理化特性与用途

理化特性 淡黄色膏体。溶于水。

主要用途 用作医药中间体以及清洗剂和个人护理用品的成分。

包装与储运

包装标志 杂类

包装类别 Ⅲ类

安全储运 储存于阴凉、通风的库房。远离火种、热源。避光保存。应与强氧化剂、强碱等隔离储运。

紧急处置信息

急救措施

吸入：迅速脱离现场至空气新鲜处。保持呼吸道通畅。如呼吸困难，给输氧。呼吸、心跳停止，立即进行心肺复苏术。就医。

眼睛接触：立即分开眼睑，用流动清水或生理盐水彻底冲洗 5~10min。就医。

皮肤接触：立即脱去污染的衣着，用肥皂水和清水彻底冲洗。就医。

食入：漱口，饮水。就医。

灭火方法 消防人员须穿全身消防服，佩戴空气呼吸器，在上风向灭火。尽可能将容器从火场移至空旷处。喷水保持火场容器冷却，直至灭火结束。

本品不燃，根据着火原因选择适当灭火剂灭火。

泄漏应急处置 隔离泄漏污染区，限制出入。建议应急处理人员戴防尘口罩，穿防毒服，戴防护手套。穿上适当的防护服前严禁接触破裂的容器和泄漏物。尽可能切断泄漏源。勿使水进入包装容器内。用洁净的铲子收集泄漏物，置于干净、干燥、盖子较松的容器中，将容器移离泄漏区。

724. 砷酸氢铅

标　识

中文名称 砷酸氢铅

英文名称 Lead hydrogen arsenate；Lead(Ⅱ)arsenate

分子式 $PbHAsO_4$

CAS 号 7784-40-9

$$\mathrm{HO{-}As({=}O)(O^-){-}O^-}\quad \mathrm{Pb^{2+}}$$

危害信息

危险性类别 第 6 类 有毒品

燃烧与爆炸危险性 不易燃，无特殊燃爆特性。

禁忌物 强氧化剂、强碱。

毒性 大鼠经口 LD_{50}：100mg/kg；小鼠经口 LD_{50}：1526mg/kg；大鼠经皮 LD_{50}：>2400 mg/kg。

砷及其化合物所致肺癌、皮肤癌已列入《职业病分类和目录》，属职业性肿瘤。

IARC 致癌性评论：G1，确认人类致癌物。

欧盟法规 1272/2008/EC 将本品列为第 1A 类致癌物——已知对人类有致癌能力；第 1A 类生殖毒物——已知的人类生殖毒物。

中毒表现 急性中毒对胃肠道和神经系统产生影响。对眼、皮肤和呼吸道有刺激性

长期反复接触影响胃肠道、神经系统、肝脏、肾脏和血液系统。

侵入途径 吸入、食入、经皮吸收。

职业接触限值 中国：PC-TWA 0.01mg/m^3［按 As 计］［G1］；PC-STEL 0.02mg/m^3［按 As 计］［G1］；PC-TWA 0.05mg/m^3［铅尘］［按 Pb 计］，0.03mg/m^3［铅烟］［按 Pb 计］［G2A］。

美国(ACGIH)：TLV-TWA 0.01mg/m^3［按 As 计］；TLV-TWA 0.05mg/m^3［按 Pb 计］。

环境危害 对水生生物有极高毒性，可能在水生环境中造成长期不利影响。

理化特性与用途

理化特性 白色重质粉末。不溶于水，溶于硝酸、苛性碱。熔点 280℃(分解)，相对密度(水=1)5.79。

主要用途 用于杀昆虫、啮齿类动物。

包装与储运

包装标志 有毒品

包装类别 Ⅲ类

安全储运 储存于阴凉、通风的库房。远离火种、热源。库温不超过 35℃。相对湿度不超过 85%。包装密封。应与强氧化剂、强碱等分开存放，切忌混储。配备相应品种和数量的消防器材。储区应备有合适的材料收容泄漏物。

紧急处置信息

急救措施

吸入：迅速脱离现场至空气新鲜处。保持呼吸道通畅。如呼吸困难，给输氧。呼吸、心跳停止，立即进行心肺复苏术。就医。

眼睛接触：立即分开眼睑，用流动清水或生理盐水彻底冲洗。就医。

皮肤接触：立即脱去污染的衣着，用肥皂水和清水彻底冲洗。就医。

食入：催吐、彻底洗胃，洗胃后服活性炭 30~50g(用水调成浆状)，而后再服用硫酸镁或硫酸钠导泻。就医。

解毒剂：二巯基丙磺酸钠、二巯基丁二酸钠等。

灭火方法 消防人员须穿全身消防服，佩戴空气呼吸器，在上风向灭火。尽可能将容器从火场移至空旷处。喷水保持火场容器冷却，直至灭火结束。

本品不燃，根据着火原因选择适当灭火剂灭火。

泄漏应急处置 隔离泄漏污染区，限制出入。建议应急处理人员戴防尘口罩，穿防毒服，戴防化学品手套。穿上适当的防护服前严禁接触破裂的容器和泄漏物。尽可能切断泄漏源。用塑料布覆盖泄漏物，减少飞散。勿使水进入包装容器内。用洁净的铲子收集泄漏物，置于干净、干燥、盖子较松的容器中，将容器移离泄漏区。

725. 砷酸三乙酯

标　识

中文名称　砷酸三乙酯

英文名称　Triethyl arsenate；Ethyl arsenate；Triethoxyarsine oxide

分子式　$C_6H_{15}AsO_4$

CAS 号　15606-95-8

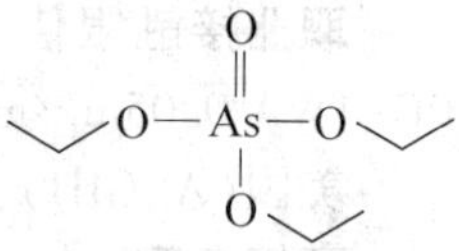

危害信息

危险性类别　第 6 类　有毒品

燃烧与爆炸危险性　不易燃，其蒸气与空气混合能形成爆炸性混合物。

禁忌物　强氧化剂、强酸、强碱。

毒性　欧盟法规 1272/2008/EC 将本品列为第 1A 类致癌物——已知对人类有致癌能力。

中毒表现　食入或吸入能引起中毒。

侵入途径　吸入、食入、经皮吸收。

环境危害　对水生生物有极高毒性，可能在水生环境中造成长期不利影响。

理化特性与用途

理化特性　液体。微溶于水。沸点 236. 5℃，相对密度(水=1)1. 3021，辛醇/水分配系数 0. 02，闪点 96℃。

主要用途　用于制造半导体。

包装与储运

包装标志　有毒品

包装类别　Ⅲ类

安全储运　储存于阴凉、通风的库房。远离火种、热源。库温不超过 32℃。相对湿度不超过 85%。包装密封。应与强氧化剂、强酸、强碱等分开存放，切忌混储。配备相应品种和数量的消防器材。储区应备有合适的材料收容泄漏物。搬运时轻装轻卸，防止容器受损。

紧急处置信息

急救措施

吸入：迅速脱离现场至空气新鲜处。保持呼吸道通畅。如呼吸困难，给输氧。呼吸、心跳停止，立即进行心肺复苏术。就医。

眼睛接触：立即分开眼睑，用流动清水或生理盐水彻底冲洗。就医。

皮肤接触：立即脱去污染的衣着，用肥皂水和清水彻底冲洗。就医。

食入：漱口，饮水。就医。

灭火方法　消防人员须穿全身消防服，佩戴防毒面具，在上风向灭火。尽可能将容器从火场移至空旷处。喷水保持火场容器冷却，直至灭火结束。处在火场中的容器若发生异常变化或发出异常声音，须马上撤离。

灭火剂：雾状水、泡沫、二氧化碳、干粉、砂土。

泄漏应急处置 根据液体流动和蒸气扩散的影响区域划定警戒区，无关人员从侧风、上风向撤离至安全区。消除点火源。应急人员应戴正压自给式呼吸器，穿防毒服，戴防化学品手套。穿上适当的防护服前严禁接触破裂的容器和泄漏物。尽可能切断泄漏源。防止泄漏物进入水体、下水道、地下室或有限空间。小量泄漏：用干燥的砂土或其他不燃材料吸收或覆盖，收集于容器中。大量泄漏：构筑围堤或挖坑收容。用泵转移至槽车或专用收集器内。

726. 生物苄呋菊酯

标　识

中文名称 生物苄呋菊酯

英文名称 Bioresmethrin；(5-Bezylfur-3-yl)methyl(1*R*)-trans-2,2-dimethyl-3-(2-methylpropenyl)cyclopropanecarboylate

别名 5-苄基-3-呋喃基甲基-(1*R*,反)-菊酸酯

分子式 $C_{22}H_{26}O_3$

CAS 号 28434-01-7

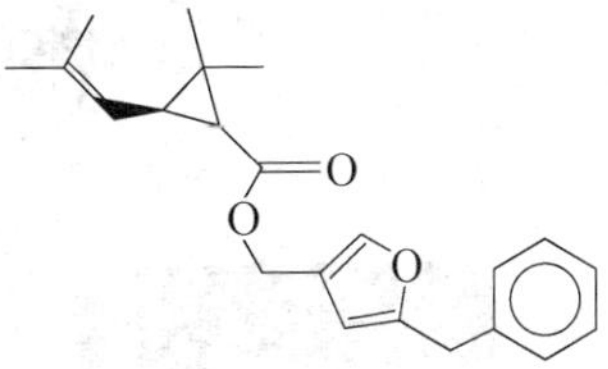

危害信息

燃烧与爆炸危险性 可燃，遇空气和水易分解。

禁忌物 强氧化剂、碱类。

毒性 大鼠经口 LD_{50}：1244mg/kg；小鼠经口 LD_{50}：590mg/kg；大鼠吸入 LC_{50}：5200mg/m^3(4h)；大鼠经皮 LD_{50}：10g/kg。

中毒表现 本品属拟除虫菊酯类杀虫剂，该类杀虫剂为神经毒物。吸入引起上呼吸道刺激、头痛、头晕和面部感觉异常。食入引起恶心、呕吐和腹痛。重者出现出现阵发性抽搐、意识障碍、肺水肿，可致死。对眼有刺激性。对皮肤有致敏性。

侵入途径 吸入、食入、经皮吸收。

环境危害 对水生生物有极高毒性，可能在水生环境中造成长期不利影响。

理化特性与用途

理化特性 纯品为白色固体，工业品为淡黄至棕色黏性液体。不溶于水，溶于乙醇、丙酮、氯仿、二氯甲烷、乙酸乙酯、甲苯等。熔点 30~35℃，沸点 174℃(0.11Pa)，相对密度(水=1)1.05，饱和蒸气压 18.6mPa(25℃)，辛醇/水分配系数 4.79，闪点 92℃(闭杯)。

主要用途 杀虫剂。用于防治蚊、蝇等卫生害虫，赤拟谷盗等储粮害虫和粉虱、潜蛾等果树害虫。

包装与储运

包装标志 杂类

包装类别 Ⅲ类

安全储运 储存于阴凉、通风的库房。远离火种、热源。防止阳光直射。应与强氧化

剂、碱类等隔离储运。

紧急处置信息

急救措施

吸入：迅速脱离现场至空气新鲜处。保持呼吸道通畅。如呼吸困难，给输氧。呼吸、心跳停止，立即进行心肺复苏术。就医。

眼睛接触：立即分开眼睑，用流动清水或生理盐水彻底冲洗。就医。

皮肤接触：立即脱去污染的衣着，用肥皂水和清水彻底冲洗。就医。

食入：漱口，饮水。就医。

灭火方法　消防人员须穿全身消防服，在上风向灭火。尽可能将容器从火场移至空旷处。喷水保持火场容器冷却，直至灭火结束。

灭火剂：泡沫、二氧化碳、干粉、砂土。

泄漏应急处置　隔离泄漏污染区，限制出入。消除点火源。建议应急处理人员戴防尘口罩，穿防毒服，戴防护手套。穿上适当的防护服前严禁接触破裂的容器和泄漏物。尽可能切断泄漏源。用塑料布覆盖泄漏物，减少飞散。勿使水进入包装容器内。用洁净的铲子收集泄漏物，置于干净、干燥、盖子较松的容器中，将容器移离泄漏区。

727. 十八烷基二甲苯磺酸钙

标　识

中文名称　十八烷基二甲苯磺酸钙

英文名称　Calcium octadecylxylenesulphonate

危害信息

危险性类别　第 8 类　腐蚀品

禁忌物　强氧化剂。

中毒表现　对眼和皮肤有腐蚀性。

侵入途径　吸入、食入。

环境危害　对水生生物有毒，可能在水生环境中造成长期不利影响。

包装与储运

包装标志　腐蚀品

包装类别　Ⅱ类

安全储运　储存于阴凉、通风的库房。远离火种、热源。储存温度不超过 30℃。保持容器密封。应与强氧化剂等隔离储运。

紧急处置信息

急救措施

吸入：迅速脱离现场至空气新鲜处。保持呼吸道通畅。如呼吸困难，给输氧。呼吸、心跳停止，立即进行心肺复苏术。就医。

眼睛接触：立即分开眼睑，用流动清水或生理盐水彻底冲洗 5~10min。就医。

皮肤接触： 立即脱去污染的衣着，用大量流动清水彻底冲洗，冲洗时间一般要求20~30min。就医。

食入： 用水漱口，禁止催吐。给饮牛奶或蛋清。就医。

灭火方法 消防人员穿全身消防服，在上风向灭火。尽可能将容器从火场移至空旷处。

泄漏应急处置 隔离泄漏污染区，限制出入。建议应急处理人员戴防尘口罩，穿耐腐蚀防护服，戴耐腐蚀手套。穿上适当的防护服前严禁接触破裂的容器和泄漏物。尽可能切断泄漏源。用塑料布覆盖泄漏物，减少飞散。勿使水进入包装容器内。用洁净的铲子收集泄漏物，置于干净、干燥、盖子较松的容器中，将容器移离泄漏区。

728. 十二环吗啉

标　　识

中文名称 十二环吗啉

英文名称 Dodemorph；4-Cyclododecyl-2,6-dimethylmorpholine

分子式 $C_{18}H_{35}NO$

CAS 号 1593-77-7

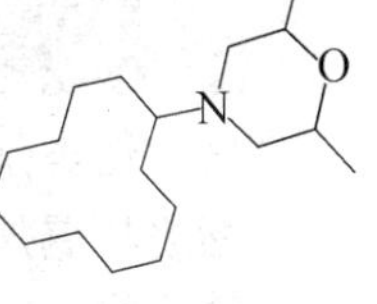

危害信息

燃烧与爆炸危险性 不燃，无特殊燃爆特性。

禁忌物 强氧化剂。

毒性 大鼠经口 LD_{50}：2645mg/kg；大鼠吸入 LC_{50}：5g/m^3(4h)；大鼠经皮 LD_{50}：>2g/kg。

中毒表现 对眼、皮肤和呼吸道有刺激性。

侵入途径 吸入、食入、经皮吸收。

理化特性与用途

理化特性 固体。不溶于水，易溶于氯仿，溶于乙醇、乙酸乙酯、丙酮。熔点71℃，沸点190℃(0.13kPa)，饱和蒸气压0.48mPa(20℃)，闪点110℃。

主要用途 内吸性杀菌剂。用于防治花卉、蔬菜等的白粉病。

包装与储运

安全储运 储存于阴凉、通风的库房。远离火种、热源。应与强氧化剂等隔离储运。

紧急处置信息

急救措施

吸入： 迅速脱离现场至空气新鲜处。保持呼吸道通畅。如呼吸困难，给输氧。呼吸、心跳停止，立即进行心肺复苏术。就医。

眼睛接触： 立即分开眼睑，用流动清水或生理盐水彻底冲洗。就医。

皮肤接触： 立即脱去污染的衣着，用肥皂水和清水彻底冲洗。就医。

食入： 漱口，饮水。就医。

灭火方法 消防人员须穿全身消防服，在上风向灭火。尽可能将容器从火场移至空旷处。喷水保持火场容器冷却，直至灭火结束。

本品不燃，根据着火原因选择适当灭火剂灭火。

泄漏应急处置 隔离泄漏污染区，限制出入。建议应急处理人员戴防尘口罩，穿防护服，戴防护手套。穿上适当的防护服前严禁接触破裂的容器和泄漏物。尽可能切断泄漏源。用塑料布覆盖泄漏物，减少飞散。勿使水进入包装容器内。用洁净的铲子收集泄漏物，置于干净、干燥、盖子较松的容器中，将容器移离泄漏区。

729. 1-十二烷基-2-吡咯烷酮

标　识

中文名称 1-十二烷基-2-吡咯烷酮

英文名称 1-Dodecyl-2-pyrrolidone；*N*-Lauryl-2-pyrrolidone

别名 *N*-月桂基-2-吡咯烷酮

分子式 $C_{16}H_{31}NO$

CAS 号 2687-96-9

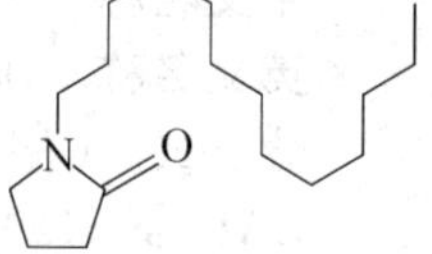

危害信息

危险性类别 第 8 类 腐蚀品

燃烧与爆炸危险性 可燃。

禁忌物 氧化剂、酸碱、醇类。

毒性 大鼠经口 *LDLo*：5g/kg。

中毒表现 对眼和皮肤有腐蚀性。对皮肤有致敏性。

侵入途径 吸入、食入。

环境危害 对水生生物有极高毒性，可能在水生环境中造成长期不利影响。

理化特性与用途

理化特性 无色至淡黄色黏性液体。不溶于水，溶于多数有机溶剂。熔点<4℃，沸点202~205℃(1.46kPa)，相对密度(水=1)0.89，饱和蒸气压 0.71mPa(25℃)，辛醇/水分配系数 4.2，闪点 113℃(闭杯)。

主要用途 用作溶剂、表面活性剂等。

包装与储运

包装标志 腐蚀品

包装类别 Ⅲ类

安全储运 储存于阴凉、干燥、通风良好的库房。远离火种、热源。防止阳光直射。保持容器密封。应与氧化剂、酸碱、醇类等分开存放，切忌混储。配备相应品种和数量的消防器材。储区应备有合适的材料收容泄漏物。搬运时轻装轻卸，防止容器受损。

紧急处置信息

急救措施

吸入：迅速脱离现场至空气新鲜处。保持呼吸道通畅。如呼吸困难，给输氧。呼吸、心跳停止，立即进行心肺复苏术。就医。

眼睛接触：立即分开眼睑，用流动清水或生理盐水彻底冲洗 5~10min。就医。

皮肤接触：立即脱去污染的衣着，用大量流动清水彻底冲洗，冲洗时间一般要求 20~30min。就医。

食入：用水漱口，禁止催吐。给饮牛奶或蛋清。就医。

灭火方法 消防人员须穿全身消防服，佩戴空气呼吸器，在上风向灭火。尽可能将容器从火场移至空旷处。喷水保持火场容器冷却，直至灭火结束。处在火场中的容器若发生异常变化或发出异常声音，须马上撤离。

灭火剂：二氧化碳、泡沫。

泄漏应急处置 根据液体流动和蒸气扩散的影响区域划定警戒区，无关人员从侧风、上风向撤离至安全区。消除点火源。应急人员应戴正压自给式呼吸器，穿耐腐蚀防护服，戴耐腐蚀手套。穿上适当的防护服前严禁接触破裂的容器和泄漏物。尽可能切断泄漏源。防止泄漏物进入水体、下水道、地下室或有限空间。小量泄漏：用干燥的砂土或其他不燃材料吸收或覆盖，收集于容器中。大量泄漏：构筑围堤或挖坑收容。用耐腐蚀泵转移至槽车或专用收集器内。

730. N-十六烷基(或十八烷基)-N-十六烷基(或十八烷基)苯甲酰胺

标　识

中文名称 N-十六烷基(或十八烷基)-N-十六烷基(或十八烷基)苯甲酰胺

英文名称 N-Hexadecyl(or octadecyl)-N-hexadecyl(or octadecyl)benzamide

危害信息

燃烧与爆炸危险性 无特殊燃爆特性。

禁忌物 强氧化剂、强酸。

中毒表现 对皮肤有刺激性和致敏性。

侵入途径 吸入、食入。

包装与储运

安全储运 储存于阴凉、通风的库房。远离火种、热源。保持容器密闭。应与强氧化剂、强酸等隔离储运。

紧急处置信息

急救措施

吸入：迅速脱离现场至空气新鲜处。保持呼吸道通畅。如呼吸困难，给输氧。呼吸、心跳停止，立即进行心肺复苏术。就医。

眼睛接触：立即分开眼睑，用流动清水或生理盐水彻底冲洗。就医。

皮肤接触：立即脱去污染的衣着，用肥皂水和清水彻底冲洗。就医。

食入：漱口，饮水。就医。

灭火方法 消防人员须穿全身消防服，佩戴空气呼吸器，在上风向灭火。尽可能将容器从火场移至空旷处。

根据着火原因选择适当灭火剂灭火。

泄漏应急处置　隔离泄漏污染区，限制出入。建议应急处理人员戴防尘口罩，穿防护服，戴橡胶手套。穿上适当的防护服前严禁接触破裂的容器和泄漏物。尽可能切断泄漏源。用塑料布覆盖泄漏物，减少飞散。勿使水进入包装容器内。用洁净的铲子收集泄漏物，置于干净、干燥、盖子较松的容器中，将容器移离泄漏区。

731. 十烷基苯磺酸钠

标　识

中文名称　十烷基苯磺酸钠

英文名称　Sodium decyl benzene sulfonate; Benzenesulfonic acid, decyl-, sodium salt

别名　癸基苯磺酸钠

分子式　$C_{16}H_{25}NaO_3S$

CAS 号　1322-98-1

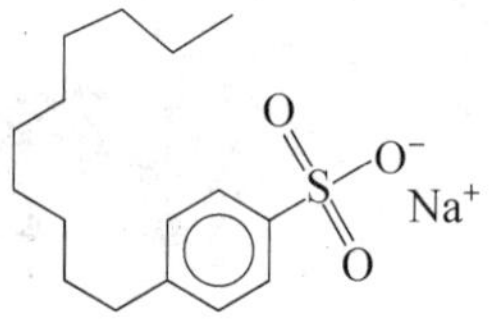

危害信息

燃烧与爆炸危险性　无特殊燃爆特性。

禁忌物　强氧化剂。

毒性　小鼠经口 LD_{50}：2g/kg。

中毒表现　食入有害。对皮肤有刺激性和致敏性。

侵入途径　吸入、食入。

环境危害　对水生生物有毒。

理化特性与用途

理化特性　液体或固体。不溶于水。辛醇/水分配系数 2.02。

主要用途　用作表面活性剂。

包装与储运

安全储运　储存于阴凉、通风的库房。远离火种、热源。保持容器密闭。应与强氧化剂等隔离储运。

紧急处置信息

急救措施

吸入：迅速脱离现场至空气新鲜处。保持呼吸道通畅。如呼吸困难，给输氧。呼吸、心跳停止，立即进行心肺复苏术。就医。

眼睛接触：立即分开眼睑，用流动清水或生理盐水彻底冲洗。就医。

皮肤接触：立即脱去污染的衣着，用肥皂水和清水彻底冲洗。就医。

食入：漱口，饮水。就医。

灭火方法　消防人员须穿全身消防服，佩戴空气呼吸器，在上风向灭火。尽可能将容器从火场移至空旷处。喷水保持火场容器冷却，直至灭火结束。

根据着火原因选择适当灭火剂灭火。

泄漏应急处置 根据液体流动和蒸气扩散的影响区域划定警戒区，无关人员从侧风、上风向撤离至安全区。建议应急处理人员戴防毒面具，穿防护服，戴防护手套。穿上适当的防护服前严禁接触破裂的容器和泄漏物。尽可能切断泄漏源。防止泄漏物进入水体、下水道、地下室或有限空间。小量泄漏：用干燥的砂土或其他不燃材料吸收或覆盖，收集于容器中。大量泄漏：构筑围堤或挖坑收容。用泵转移至槽车或专用收集器内。

732. 十五代氟辛酸铵

标　识

中文名称　十五代氟辛酸铵

英文名称　Ammonium perfluorooctanoate；Ammonium pentadecafluorooctanoate

别名　全氟辛酸铵

分子式　$C_8HF_{15}O_2 \cdot NH_3$

CAS 号　3825-26-1

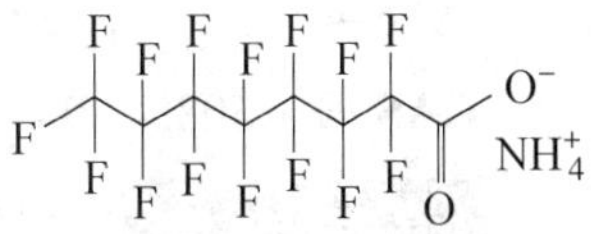

危害信息

燃烧与爆炸危险性　受热易分解，在高温火场中受热的容器有破裂和爆炸的危险。

禁忌物　强氧化剂。

毒性　大鼠经口 LD_{50}：430mg/kg；小鼠经口 LD_{50}：457mg/kg；大鼠吸入 LC_{50}：980mg/m^3(4h)；大鼠经皮 LD_{50}：7g/kg；兔经皮 LD_{50}：4300mg/kg。

中毒表现　吸入或食入有害。眼接触引起严重损害。长期反复接触可引起肝脏损害。

侵入途径　吸入、食入、经皮吸收。

职业接触限值　美国(ACGIH)：TLV-TWA 0.01mg/m^3[皮]。

理化特性与用途

理化特性　白色结晶粉末。溶于水，溶于丙酮。pH 值 5(0.5%水溶液)，熔点 163~165℃(分解)，相对密度(水=1)1.0~1.2。

主要用途　用作乳液聚合法合成 PVC 的分散剂，聚合物加工添加剂。

包装与储运

安全储运　储存于阴凉、通风的库房。远离火种、热源。保持容器密闭。应与强氧化剂等隔离储运。

紧急处置信息

急救措施

吸入：迅速脱离现场至空气新鲜处。保持呼吸道通畅。如呼吸困难，给输氧。呼吸、心跳停止，立即进行心肺复苏术。就医。

眼睛接触：立即分开眼睑，用流动清水或生理盐水彻底冲洗 5~10min。就医。

皮肤接触：立即脱去污染的衣着，用肥皂水和清水彻底冲洗。就医。

食入：漱口，饮水。就医。

灭火方法　消防人员须穿全身消防服，在上风向灭火。尽可能将容器从火场移至空旷

处。喷水保持火场容器冷却，直至灭火结束。

根据着火原因选择适当灭火剂灭火。

泄漏应急处置　隔离泄漏污染区，限制出入。建议应急处理人员戴防尘口罩，穿防毒服，戴橡胶手套。穿上适当的防护服前严禁接触破裂的容器和泄漏物。尽可能切断泄漏源。用塑料布覆盖泄漏物，减少飞散。勿使水进入包装容器内。用洁净的铲子收集泄漏物，置于干净、干燥、盖子较松的容器中，将容器移离泄漏区。

733. 十一烷基苯磺酸

标　识

中文名称　十一烷基苯磺酸

英文名称　Undecyl benzene sulfonic acid

分子式　$C_{17}H_{28}O_3S$

CAS 号　50854-94-9

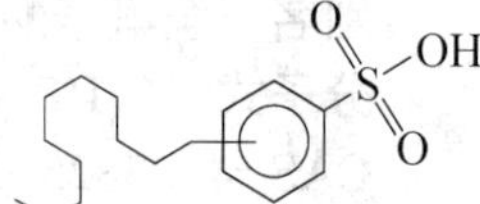

危害信息

燃烧与爆炸危险性　无特殊燃爆特性。

禁忌物　强氧化剂。

中毒表现　食入有害。对眼和皮肤有刺激性。对皮肤有致敏性。

侵入途径　吸入、食入。

环境危害　对水生生物有毒。

理化特性与用途

理化特性　液体或固体。不溶于水。相对密度(水=1)1.064，辛醇/水分配系数2.51。

主要用途　用于粉状洗涤剂。

包装与储运

安全储运　储存于阴凉、通风的库房。远离火种、热源。保持容器密闭。应与强氧化剂等隔离储运。

紧急处置信息

急救措施

吸入：迅速脱离现场至空气新鲜处。保持呼吸道通畅。如呼吸困难，给输氧。呼吸、心跳停止，立即进行心肺复苏术。就医。

眼睛接触：立即分开眼睑，用流动清水或生理盐水彻底冲洗。就医。

皮肤接触：立即脱去污染的衣着，用肥皂水和清水彻底冲洗。就医。

食入：漱口，饮水。就医。

灭火方法　消防人员须穿全身消防服，佩戴空气呼吸器，在上风向灭火。尽可能将容器从火场移至空旷处。喷水保持火场容器冷却，直至灭火结束。

根据着火原因选择适当灭火剂灭火。

泄漏应急处置　根据液体流动和蒸气扩散的影响区域划定警戒区，无关人员从侧风、上风向撤离至安全区。消除所有点火源。建议应急处理人员戴防毒面具，穿一般作业工作服，戴橡胶手套。尽可能切断泄漏源。防止泄漏物进入水体、下水道、地下室或有限空间。小量泄漏：用干燥的砂土或其他不燃材料吸收或覆盖，收集于容器中。大量泄漏：构筑围堤或挖坑收容。用泵转移至槽车或专用收集器内。

734. 十一烷基苯磺酸铵

标　识

中文名称　十一烷基苯磺酸铵

英文名称　Ammonium undecyl benzene sulfonate; Benzenesulfonic acid, undecyl-, ammonium salt

分子式　$C_{17}H_{28}O_3S \cdot H_3N$

CAS 号　61931-75-7

O, O⁻, S, O, NH_4^+

危害信息

燃烧与爆炸危险性　无特殊燃爆特性。

禁忌物　强氧化剂。

中毒表现　食入有害。对眼有刺激性。对皮肤有刺激性和致敏性。

侵入途径　吸入、食入。

理化特性与用途

理化特性　固体。沸点 499.9℃，闪点 256.1℃。

主要用途　表面活性剂，用于配制粉状洗涤剂。

包装与储运

安全储运　储存于阴凉、通风的库房。远离火种、热源。保持容器密闭。应与强氧化剂等隔离储运。

紧急处置信息

急救措施

吸入：迅速脱离现场至空气新鲜处。保持呼吸道通畅。如呼吸困难，给输氧。呼吸、心跳停止，立即进行心肺复苏术。就医。

眼睛接触：立即分开眼睑，用流动清水或生理盐水彻底冲洗。就医。

皮肤接触：立即脱去污染的衣着，用肥皂水和清水彻底冲洗。就医。

食入：漱口，饮水。就医。

灭火方法　消防人员须穿全身消防服，佩戴空气呼吸器，在上风向灭火。尽可能将容器从火场移至空旷处。喷水保持火场容器冷却，直至灭火结束。

根据着火原因选择适当灭火剂灭火。

泄漏应急处置　隔离泄漏污染区，限制出入。建议应急处理人员戴防尘口罩，穿防护服，戴防护手套。穿上适当的防护服前严禁接触破裂的容器和泄漏物。尽可能切断泄漏源。用塑料布覆盖泄漏物，减少飞散。勿使水进入包装容器内。用洁净的铲子收集泄漏物，置于干净、干燥、盖子较松的容器中，将容器移离泄漏区。

735. 石脑油

标　识

中文名称　石脑油

英文名称　Petroleum naphtha；Naphtha；Naphtha，petroleum

别名　低沸点石脑油

CAS 号　8030-30-6

危害信息

危险性类别　第 3 类　易燃液体

燃烧与爆炸危险性　易燃，其蒸气与空气混合能形成爆炸性混合物，遇明火、高热易燃烧爆炸。蒸气比空气重，能在较低处扩散到相当远的地方，遇火源会着火回燃和爆炸(闪爆)。

禁忌物　氧化剂

毒性　大鼠经口 LD_{50}：>5g/kg；大鼠吸入 $LCLo$：1600ppm(6h)；兔经皮 LD_{50}：>3g/kg。

欧盟法规 1272/2008/EC 将本品列为第 1B 类致癌物——可能对人类有致癌能力；第 1B 类生殖细胞致突变物——应认为可能引起人类生殖细胞可遗传突变的物质。

中毒表现　石脑油蒸气可引起眼及上呼吸道刺激症状，对中枢神经系统有抑制作用。高浓度接触出现头痛、头晕、恶心、气短、紫绀等。液态本品吸入呼吸道可引起吸入性肺炎。皮肤接触蒸气或液体可引起皮炎。

侵入途径　吸入、食入、经皮吸收。

理化特性与用途

理化特性　无色或浅黄色液体。不溶于水，溶于多数有机溶剂。沸点 20~160℃，相对密度(水=1)0.78~0.97，相对蒸气密度(空气=1)2.5，饱和蒸气压 0.67kPa(20℃)，辛醇/水分配系数 2.1~6，闪点 -13~42℃，引燃温度 288~350℃，爆炸下限 1.1%，爆炸上限 8.7%。

主要用途　用作化工原料，用作涂料、油漆、橡胶、黏合剂等的溶剂等。

包装与储运

包装标志　易燃液体

包装类别　Ⅰ类

安全储运　储存于阴凉、通风的库房。远离火种、热源。库温不宜超过 37℃。保持容器密封。应与氧化剂等分开存放，切忌混储。采用防爆型照明、通风设施。禁止使用易产生火花的机械设备和工具。灌装时注意流速，防止静电积聚。储区应备有泄漏应急处理设备和合适的收容材料。搬运时轻装轻卸，防止容器受损。

紧急处置信息

急救措施

吸入：迅速脱离现场至空气新鲜处。保持呼吸道通畅。如呼吸困难，给输氧。呼吸、

心跳停止，立即进行心肺复苏术。就医。

眼睛接触：立即分开眼睑，用流动清水或生理盐水彻底冲洗。就医。

皮肤接触：立即脱去污染的衣着，用肥皂水和清水彻底冲洗。就医。

食入：漱口，饮水。禁止催吐。就医。

灭火方法 消防人员须穿全身消防服，佩戴空气呼吸器，在上风向灭火。尽可能将容器从火场移至空旷处。喷水保持火场容器冷却，直至灭火结束。处在火场中的容器若发生异常变化或发出异常声音，须马上撤离。

灭火剂：泡沫、二氧化碳、干粉。

泄漏应急处置 消除所有点火源。根据液体流动和蒸气扩散的影响区域划定警戒区，无关人员从侧风、上风向撤离至安全区。建议应急处理人员戴正压自给式呼吸器，穿防毒、防静电服，戴防化学品手套。作业时使用的所有设备应接地。禁止接触或跨越泄漏物。尽可能切断泄漏源。防止泄漏物进入水体、下水道、地下室或有限空间。小量泄漏：用砂土或其他不燃材料吸收。使用洁净的无火花工具收集吸收材料。大量泄漏：构筑围堤或挖坑收容。用泡沫覆盖，减少蒸发。喷水雾能减少蒸发，但不能降低泄漏物在有限空间内的易燃性。用防爆泵转移至槽车或专用收集器内。

736. *N*-叔丁基-*N*-(2-苯并噻唑磺基)-2-苯并噻唑次磺酰亚胺

标 识

中文名称 *N*-叔丁基-*N*-(2-苯并噻唑磺基)-2-苯并噻唑次磺酰亚胺

英文名称 *N*-(1,1-Dimethylethyl)bis(2-benzothiazolesulfen)amide

别名 *N*-叔丁基-双(2-苯并噻唑)次磺酰亚胺；橡胶促进剂 TBSI

分子式 $C_{18}H_{17}N_3S_4$

CAS 号 3741-80-8

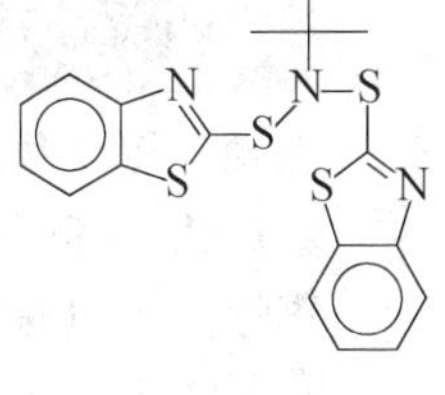

危害信息

燃烧与爆炸危险性 可燃。

禁忌物 强氧化剂、强酸。

侵入途径 吸入、食入。

环境危害 对水生生物有极高毒性，可能在水生环境中造成长期不利影响。

理化特性与用途

理化特性 白色至淡黄色粉末。溶于甲醇、乙醇。沸点 545.8℃，密度 1.42g/cm^3，闪点 283.9℃。

主要用途 天然胶，合成胶用延性促进剂。

包装与储运

包装标志 杂类

包装类别 Ⅲ类

安全储运 储存于阴凉、通风的库房。远离火种、热源。应与强氧化剂、强酸等隔离储运。

紧急处置信息

急救措施

吸入： 脱离接触。如有不适感，就医。

眼睛接触： 分开眼睑，用流动清水或生理盐水冲洗。如有不适感，就医。

皮肤接触： 脱去污染的衣着，用流动清水冲洗。如有不适感，就医。

食入： 漱口，饮水。就医。

灭火方法　消防人员须穿全身消防服，在上风向灭火。尽可能将容器从火场移至空旷处。喷水保持火场容器冷却，直至灭火结束。

灭火剂：雾状水、泡沫、二氧化碳。

泄漏应急处置　隔离泄漏污染区，限制出入。消除点火源。建议应急处理人员戴防尘口罩，穿防护服。穿上适当的防护服前严禁接触破裂的容器和泄漏物。尽可能切断泄漏源。用塑料布覆盖泄漏物，减少飞散。勿使水进入包装容器内。用洁净的铲子收集泄漏物，置于干净、干燥、盖子较松的容器中，将容器移离泄漏区。

737. 2-(4-叔丁基苯基)乙醇

标　　识

中文名称　2-(4-叔丁基苯基)乙醇

英文名称　2-(4-tert-Butylphenyl)ethanol；*p*-tert-Butylphenethyl alcohol

别名　4-叔丁基苯乙醇

分子式　$C_{12}H_{18}O$

CAS 号　5406-86-0

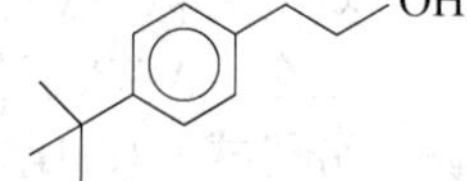

危害信息

燃烧与爆炸危险性　无特殊燃爆特性。

禁忌物　强氧化剂、强酸。

毒性　小鼠腹腔内 *LDLo*：62500μg/kg。

欧盟法规 1272/2008/EC 将本品列为第 2 类生殖毒物——可疑的人类生殖毒物。

中毒表现　眼接触引起严重损害。长期反复接触可能对器官造成损害。

侵入途径　吸入、食入。

环境危害　对水生生物有毒，可能在水生环境中造成长期不利影响。

理化特性与用途

理化特性　无色液体或固体。不溶于水，溶于丙酮、四氢呋喃、苯等有机溶剂。熔点 32~35℃，沸点 141~143℃(2kPa)，相对密度(水=1)0.975。

主要用途　用作农药中间体。

包装与储运

包装标志　杂类

包装类别　Ⅲ类

安全储运 储存于阴凉、通风的库房。远离火种、热源。保持容器密闭。应与强氧化剂、强酸等隔离储运。搬运时轻装轻卸，防止容器受损。

紧急处置信息

急救措施

吸入：迅速脱离现场至空气新鲜处。保持呼吸道通畅。如呼吸困难，给输氧。呼吸、心跳停止，立即进行心肺复苏术。就医。

眼睛接触：立即分开眼睑，用流动清水或生理盐水彻底冲洗 5~10min。就医。

皮肤接触：立即脱去污染的衣着，用肥皂水和清水彻底冲洗。就医。

食入：漱口，饮水。就医。

灭火方法 消防人员须穿全身消防服，佩戴空气呼吸器，在上风向灭火。尽可能将容器从火场移至空旷处。

根据着火原因选择适当灭火剂灭火。

泄漏应急处置 根据液体流动和蒸气扩散的影响区域划定警戒区，无关人员从侧风、上风向撤离至安全区。建议应急处理人员戴防毒面具，穿防毒服，戴橡胶手套。禁止接触或跨越泄漏物。尽可能切断泄漏源。防止泄漏物进入水体、下水道、地下室或有限空间。小量泄漏：用砂土或其他不燃材料吸收。使用洁净的无火花工具收集吸收材料。大量泄漏：构筑围堤或挖坑收容。用泡沫覆盖，减少蒸发。用泵转移至槽车或专用收集器内。

738. 叔丁基过氧化氢

标　识

中文名称 叔丁基过氧化氢

英文名称 Hydroperoxide, 1,1-dimethylethyl; tert-Butyl hydroperoxide

分子式 $C_4H_{10}O_2$

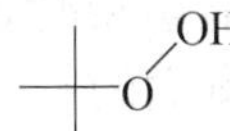

CAS 号 75-91-2

铁危编号 52017

危害信息

危险性类别 第 5.2 类 有机过氧化物

燃烧与爆炸危险性 易燃，其蒸气与空气混合能形成爆炸性混合物，遇明火、高热易燃烧爆炸。在高温火场中，受热的容器有爆炸的危险。蒸气比空气中，能在较低处扩散到相当远的地方，遇火源会着火回燃和爆炸(闪爆)。

禁忌物 氧化剂、还原剂、酸类、碱类。

毒性 大鼠经口 LD_{50}：370mg/kg；小鼠经口 LD_{50}：320mg/kg；大鼠经皮 LD_{50}：790mg/kg；兔经皮 LD_{50}：460μL/kg；大鼠吸入 LC_{50}：500ppm(4h)；小鼠吸入 LC_{50}：350ppm(4h)。

中毒表现 本品对眼、皮肤和呼吸道有腐蚀性。

侵入途径 吸入、食入、经皮吸收。

理化特性与用途

理化特性 无色透明液体，有刺激性气味。溶于水，溶于乙醇、乙醚、四氯化碳等。

熔点-8℃，沸点 35℃(2.67kPa)，相对密度(水=1)0.896，相对蒸气密度(空气=1)2.07，饱和蒸气压 0.73kPa(25℃)，辛醇/水分配系数-1.3，闪点<27℃(闭杯)，引燃温度 238℃，爆炸下限 5%(70%水溶液)，爆炸上限 10%(70%水溶液)。

主要用途 用作聚合反应的催化剂，有机合成中间体。

包装与储运

包装标志 有机过氧化物。

安全储运 储存于阴凉、通风的库房。远离火种、热源。库温不超过 30℃。相对湿度不超过 80%。保持容器密封。应与氧化剂、还原剂、酸类、碱类、食用化学品分开存放，切忌混储。采用防爆型照明、通风设施。禁止使用易产生火花的机械设备和工具。储区应备有合适的材料收容泄漏物。禁止震动、撞击和摩擦。

紧急处置信息

急救措施

吸入：迅速脱离现场至空气新鲜处。保持呼吸道通畅。如呼吸困难，给输氧。呼吸、心跳停止，立即进行心肺复苏术。就医。

眼睛接触：立即分开眼睑，用流动清水或生理盐水彻底冲洗 5~10min。就医。

皮肤接触：立即脱去污染的衣着，用大量流动清水彻底冲洗，冲洗时间一般要求 20~30min。就医。

食入：用水漱口，禁止催吐。给饮牛奶或蛋清。就医。

灭火方法 消防人员须穿全身消防服，在上风向灭火。尽可能将容器从火场移至空旷处。处在火场中的容器，若发生异常变化或发出异常声音，须马上撤离。

灭火剂：干粉、二氧化碳、泡沫。

泄漏应急处置 根据液体流动和蒸气扩散的影响区域划定警戒区，无关人员从侧风、上风向撤离至安全区。消除所有点火源。建议应急处理人员戴正压自给式呼吸器，穿耐腐蚀、防毒服，戴橡胶耐腐蚀手套。勿使泄漏物与可燃物质(如木材、纸、油等)接触。尽可能切断泄漏源。防止泄漏物进入水体、下水道、地下室或有限空间。小量泄漏：用惰性、湿润的不燃材料吸收泄漏物，用洁净的无火花工具收集于一盖子较松的塑料容器中，待处理。大量泄漏：构筑围堤或挖坑收容。在专家指导下清除。

739. 3-(3-叔丁基-4-羟苯基)丙酸

标　识

中文名称 3-(3-叔丁基-4-羟苯基)丙酸

英文名称 3-(3-tert-Butyl-4-hydroxyphenyl)propionic acid;

别名 3-叔丁基-4-羟基苯丙酸

分子式 $C_{13}H_{18}O_3$

CAS 号 107551-67-7

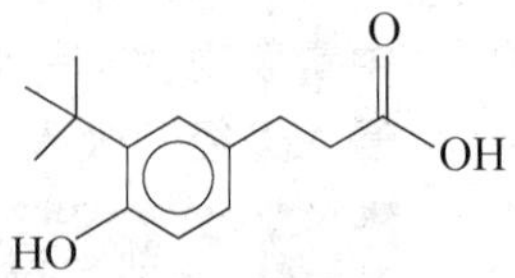

O
OH
HO

危害信息

燃烧与爆炸危险性 可燃。

禁忌物 强氧化剂、碱类。

中毒表现 食入有害。对眼有刺激性。

侵入途径 吸入、食入。

理化特性与用途

理化特性 白色结晶粉末。微溶于水。沸点356℃，相对密度(水=1)1.119，饱和蒸气压1.46mPa(25℃)，辛醇/水分配系数2.79，闪点184℃。

主要用途 用作中间体。

包装与储运

安全储运 储存于阴凉、通风的库房。远离火种、热源。应与强氧化剂、碱类等隔离储运。

紧急处置信息

急救措施

吸入： 迅速脱离现场至空气新鲜处。保持呼吸道通畅。如呼吸困难，给输氧。呼吸、心跳停止，立即进行心肺复苏术。就医。

眼睛接触： 立即分开眼睑，用流动清水或生理盐水彻底冲洗。就医。

皮肤接触： 立即脱去污染的衣着，用肥皂水和清水彻底冲洗。就医。

食入： 漱口，饮水。就医。

灭火方法 消防人员须穿全身消防服，佩戴空气呼吸器，在上风向灭火。尽可能将容器从火场移至空旷处。喷水保持火场容器冷却，直至灭火结束。

根据着火原因选择适当灭火剂灭火。

泄漏应急处置 隔离泄漏污染区，限制出入。消除所有点火源。建议应急处理人员戴防尘口罩，穿防护服，戴橡胶手套。尽可能切断泄漏源。用塑料布覆盖泄漏物，减少飞散。勿使水进入包装容器内。用洁净的铲子收集泄漏物，置于干净、干燥、盖子较松的容器中，将容器移离泄漏区。

740. 叔丁基胂

标 识

中文名称 叔丁基胂

英文名称 Arsine，(1,1-dimethylethyl)-；tert-Butylarsine

分子式 $C_4H_{11}As$

CAS 号 4262-43-5

H_2As

危害信息

危险性类别 第4.2类 自燃物品

燃烧与爆炸危险性 在空气中能够自燃。

禁忌物 氧化剂。

毒性 大鼠吸入 LC_{50}：73500ppb(4h)。

中毒表现　吸入可致死。

侵入途径　吸入、食入。

环境危害　对水生生物有极高毒性，可能在水生环境中造成长期不利影响。

理化特性与用途

理化特性　无色液体。熔点-1℃，沸点65~67℃，相对密度(水=1)1.08，相对蒸气密度(空气=1)4.63。

主要用途　用作硅半导体掺杂剂和用于电气工业。

包装与储运

包装标志　自燃物品，有毒品

包装类别　Ⅰ类

安全储运　储存于阴凉、通风良好的专用库房内。远离火种、热源。库温不宜超过30℃，相对湿度不超过80%。保持容器密闭。应与氧化剂、食用化学品分开存放，切忌混储。采用防爆型照明、通风设施。禁止使用易产生火花的机械设备和工具。储区应备有泄漏应急处理设备和合适的收容材料。

紧急处置信息

急救措施

吸入：迅速脱离现场至空气新鲜处。保持呼吸道通畅。如呼吸困难，给输氧。呼吸、心跳停止，立即进行心肺复苏术。就医。

眼睛接触：立即分开眼睑，用流动清水或生理盐水彻底冲洗。就医。

皮肤接触：立即脱去污染的衣着，用流动清水彻底冲洗。就医。

食入：饮适量温水，催吐(仅限于清醒者)。就医。

灭火方法　消防人员须佩戴空气呼吸器，穿全身消防服，在上风向灭火。

灭火剂：干粉、干砂。

泄漏应急处置　根据液体流动和蒸气扩散的影响区域划定警戒区，无关人员从侧风、上风向撤离至安全区。消除所有点火源。建议应急处理人员戴正压自给式呼吸器，穿防毒、防静电服，戴橡胶手套。禁止接触或跨越泄漏物。尽可能切断泄漏源。防止泄漏物进入水体、下水道、地下室或有限空间。小量泄漏：用干燥的砂土或其他不燃材料覆盖泄漏物，用洁净的无火花工具收集泄漏物，置于一盖子较松的塑料容器中，待处置。大量泄漏：构筑围堤或挖坑收容。用防爆泵转移至槽车或专用收集器内。

741. 1-叔丁氧基-2-丙醇

标　识

中文名称　1-叔丁氧基-2-丙醇

英文名称　Propanol, tert-butoxy-; 1-tert-Butoxypropan-2-ol; Propylene glycol mono-*t*-butyl ether

别名　丙二醇单叔丁基醚

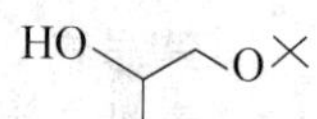

分子式　$C_7H_{16}O_2$

CAS 号　57018-52-7

危害信息

危险性类别　第 3 类　易燃液体

燃烧与爆炸危险性　易燃，其蒸气与空气混合能形成爆炸性混合物，遇明火、高热易燃烧爆炸。

禁忌物　氧化剂、强酸。

中毒表现　眼接触引起严重损害。对皮肤有轻度刺激性。

侵入途径　吸入、食入

理化特性与用途

理化特性　无色透明液体，有醚的气味。溶于水。沸点 151℃，相对密度(水=1)0.87，相对蒸气密度(空气=1)4.6，饱和蒸气压 0.64kPa(20℃)，辛醇/水分配系数 0.87，闪点 44℃(开杯)，引燃温度 373℃，爆炸下限 1.8%，爆炸上限 6.8%。

主要用途　用作溶剂，用于工业清洗剂、油墨、黏合剂、指甲油、乳液涂料等。

包装与储运

包装标志　易燃液体

包装类别　Ⅲ类

安全储运　储存于阴凉、通风的库房。远离火种、热源，避免阳光直射。储存温度不超过 37℃。保持容器密闭。炎热季节早晚运输，应与氧化剂、强酸等隔离储运。禁止使用易产生火花的机械设备和工具。灌装时注意流速，防止静电积聚。搬运时轻装轻卸，防止容器受损。

紧急处置信息

急救措施

吸入：迅速脱离现场至空气新鲜处。保持呼吸道通畅。如呼吸困难，给输氧。呼吸、心跳停止，立即进行心肺复苏术。就医。

眼睛接触：立即分开眼睑，用流动清水或生理盐水彻底冲洗 5~10min。就医。

皮肤接触：立即脱去污染的衣着，用肥皂水和清水彻底冲洗。就医。

食入：漱口，饮水。就医。

灭火方法　消防人员须穿全身消防服，佩戴空气呼吸器，在上风向灭火。尽可能将容器从火场移至空旷处。喷水保持火场容器冷却，直至灭火结束。处在火场中的容器若发生异常变化或发出异常声音，须马上撤离。

灭火剂：泡沫、二氧化碳。

泄漏应急处置　根据液体流动和蒸气扩散的影响区域划定警戒区，无关人员从侧风、上风向撤离至安全区。消除所有点火源。建议应急处理人员戴正压自给式呼吸器，穿防静电服，戴橡胶手套。穿上适当的防护服前严禁接触破裂的容器和泄漏物。尽可能切断泄漏源。防止泄漏物进入水体、下水道、地下室或有限空间。小量泄漏：用干燥的砂土或其他不燃材料吸收或覆盖，收集于容器中。大量泄漏：构筑围堤或挖坑收容。用抗溶性泡沫覆盖，减少蒸发。喷水雾能减少蒸发，但不能降低泄漏物在有限空间内的易燃性。用防爆泵转移至槽车或专用收集器内。

742. N-叔戊基-2-苯并噻唑亚磺酰胺

标　识

中文名称　N-叔戊基-2-苯并噻唑亚磺酰胺

英文名称　N-tert-Pentyl-2-benzothiazolesulfenamide

分子式　$C_{12}H_{16}N_2S_2$

CAS 号　110799-28-5

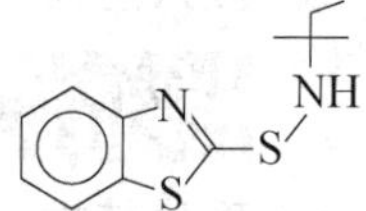

危害信息

燃烧与爆炸危险性　可燃。

禁忌物　强氧化剂、强酸。

毒性　大鼠经口 LD_{50}：>5g/kg；大鼠经皮 LD_{50}：>2g/kg。

中毒表现　对皮肤有致敏性。

侵入途径　吸入、食入、经皮吸收。

环境危害　对水生生物有害，可能在水生环境中造成长期不利影响。

理化特性与用途

理化特性　沸点 358.35℃，相对密度(水=1)1.195，闪点 170.5℃。

包装与储运

安全储运　储存于阴凉、通风的库房。远离火种、热源。保持容器密闭。应与强氧化剂、强酸等隔离储运。

紧急处置信息

急救措施

吸入：迅速脱离现场至空气新鲜处。保持呼吸道通畅。如呼吸困难，给输氧。呼吸、心跳停止，立即进行心肺复苏术。就医。

眼睛接触：立即分开眼睑，用流动清水或生理盐水彻底冲洗。就医。

皮肤接触：立即脱去污染的衣着，用肥皂水和清水彻底冲洗。就医。

食入：漱口，饮水。就医。

灭火方法　消防人员须穿全身消防服，在上风向灭火。尽可能将容器从火场移至空旷处。喷水保持火场容器冷却，直至灭火结束。

灭火剂：雾状水、泡沫、二氧化碳。

泄漏应急处置　隔离泄漏污染区，限制出入。建议应急处理人员戴防尘口罩，穿防护服。穿上适当的防护服前严禁接触破裂的容器和泄漏物。尽可能切断泄漏源。用塑料布覆盖泄漏物，减少飞散。勿使水进入包装容器内。用洁净的铲子收集泄漏物，置于干净、干燥、盖子较松的容器中，将容器移离泄漏区。

743. 蔬果磷

标　识

中文名称　蔬果磷

英文名称　2-Methoxy-4H-1,3,2-benzodioxaphosphorin 2-sulphide; Dioxabenzofos

别名　2-甲氧基4(H)-1,3,2-苯并二氧杂磷-2-硫化物

分子式　$C_8H_9O_3PS$

CAS 号　3811-49-2

铁危编号　61874

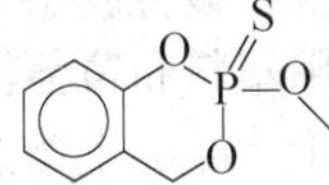

危害信息

危险性类别　第6类　有毒品

燃烧与爆炸危险性　受热分解生成有毒的氧化磷、氧化硫气体。

禁忌物　强氧化剂、强碱。

毒性　大鼠经口 LD_{50}：102mg/kg；小鼠经口 LD_{50}：88mg/kg；大鼠经皮 LD_{50}：400mg/kg。

中毒表现　抑制体内胆碱酯酶活性，造成神经生理功能紊乱。急性中毒症状有头痛、头昏、乏力、食欲不振、恶心、呕吐、腹痛、腹泻、流涎、瞳孔缩小、呼吸道分泌物增多、多汗、肌束震颤等。重度中毒者出现肺水肿、昏迷、呼吸麻痹、脑水肿。血胆碱酯酶活性降低。

侵入途径　吸入、食入、经皮吸收。

环境危害　对水生生物有害，可能在水生环境中造成长期不利影响。

理化特性与用途

理化特性　白色针状结晶或黄色粉末。不溶于水，溶于乙腈、环己酮、二甲苯等。熔点 51~53℃，饱和蒸气压 0.3Pa(25℃)，辛醇/水分配系数 2.67。

主要用途　广谱杀虫剂。用于果树、蔬菜、水稻、棉花、茶树、烟草等防治多种鳞翅目害虫、蚜虫、飞虱、叶蝉等害虫。

包装与储运

包装标志　有毒品

包装类别　Ⅲ类

安全储运　储存于阴凉、通风的库房。远离火种、热源。库温不超过 35℃。相对湿度不超过 85%。包装密封。应与强氧化剂、强碱等分开存放，切忌混储。配备相应品种和数量的消防器材。储区应备有合适的材料收容泄漏物。

紧急处置信息

急救措施

吸入：迅速脱离现场至空气新鲜处。保持呼吸道通畅。如呼吸困难，给输氧。呼吸、心跳停止，立即进行心肺复苏术。就医。

眼睛接触：分开眼睑，用流动清水或生理盐水冲洗。就医。

皮肤接触：立即脱去污染的衣着，用肥皂水及流动清水彻底冲洗污染的皮肤、头发、指甲等。就医。

食入：饮足量温水，催吐(仅限于清醒者)。口服活性炭。就医。

解毒剂：阿托品、胆碱酯酶复能剂。

灭火方法 消防人员须穿全身消防服，佩戴防毒面具，在上风向灭火。尽可能将容器从火场移至空旷处。喷水保持火场容器冷却，直至灭火结束。

灭火剂：泡沫、砂土、干粉。

泄漏应急处置 隔离泄漏污染区，限制出入。建议应急处理人员戴防尘口罩，穿防毒服，戴橡胶手套。穿上适当的防护服前严禁接触破裂的容器和泄漏物。尽可能切断泄漏源。用塑料布覆盖泄漏物，减少飞散。勿使水进入包装容器内。用洁净的铲子收集泄漏物，置于干净、干燥、盖子较松的容器中，将容器移离泄漏区。

744. 鼠立死

标　识

中文名称 鼠立死

英文名称 Crimidine；2-Chloro-6-methylpyrimidin-4-yldimethylamine

别名 2-氯-*N*,*N*,6-三甲基嘧啶-4-胺

分子式 $C_7H_{10}ClN_3$

CAS 号 535-89-7

铁危编号 61135

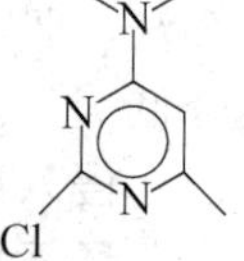

危害信息

危险性类别 第 6 类 有毒品

燃烧与爆炸危险性 不易燃，无特殊燃爆特性。对金属有腐蚀性。

禁忌物 强氧化剂、强碱、强酸。

毒性 大鼠经口 LD_{50}：1250μg/kg；小鼠经口 LD_{50}：1200μg/kg；大鼠经皮 LD_{50}：>1g/kg。

中毒表现 急性中毒临床表现有兴奋不安、阵发性抽搐、强直性痉挛，反复发作。

侵入途径 吸入、食入、经皮吸收。

理化特性与用途

理化特性 无色结晶或棕黄色蜡状物。微溶于水，易溶于乙醇、二氯甲烷、异丙醇、甲苯等。熔点 87℃，沸点 140~147℃(0.53kPa)，饱和蒸气压 3.06Pa(25℃)，辛醇/水分配系数 1.31。

主要用途 用作杀鼠剂。

包装与储运

包装标志 有毒品

包装类别 Ⅱ类

安全储运 储存于阴凉、通风的库房。远离火种、热源。库温不超过35℃。相对湿度不超过85%。包装密封。应与强氧化剂、强碱、强酸等分开存放，切忌混储。配备相应品种和数量的消防器材。储区应备有合适的材料收容泄漏物。

紧急处置信息

急救措施

吸入：迅速脱离现场至空气新鲜处。保持呼吸道通畅。如呼吸困难，给输氧。呼吸、心跳停止，立即进行心肺复苏术。就医。

眼睛接触：立即分开眼睑，用流动清水或生理盐水彻底冲洗。就医。

皮肤接触：立即脱去污染的衣着，用流动清水彻底冲洗。就医。

食入：饮适量温水，催吐(仅限于清醒者)。就医。

解毒剂：维生素B_6。

灭火方法 消防人员须穿全身消防服，佩戴空气呼吸器，在上风向灭火。尽可能将容器从火场移至空旷处。喷水保持火场容器冷却，直至灭火结束。

本品不燃，根据着火原因选择适当灭火剂灭火。

泄漏应急处置 隔离泄漏污染区，限制出入。建议应急处理人员戴防尘口罩，穿防毒服，戴橡胶手套。穿上适当的防护服前严禁接触破裂的容器和泄漏物。尽可能切断泄漏源。用塑料布覆盖泄漏物，减少飞散。勿使水进入包装容器内。用洁净的铲子收集泄漏物，置于干净、干燥、盖子较松的容器中，将容器移离泄漏区。

745. 双(2-二甲氨基乙基)二硫化物二盐酸盐

标　识

中文名称 双(2-二甲氨基乙基)二硫化物二盐酸盐

英文名称 Ethylamine, 2,2′-Dithiobis *N*,*N*-dimethyl-, dihydrochloride; *N*,*N*,*N*′,*N*′-Tetramethyldithiobis(ethylene)diamine dihydrochloride

分子式 $C_8H_{20}N_2S_2 \cdot 2HCl$

CAS 号 17339-60-5

HCl N S S N HCl

危害信息

燃烧与爆炸危险性 无特殊燃爆特性。

禁忌物 强氧化剂、强酸。

毒性 小鼠腹腔内LD_{50}：310mg/kg。

中毒表现 食入有害。对眼有刺激性。对皮肤有致敏性。

侵入途径 吸入、食入。

环境危害 对水生生物有极高毒性，可能在水生环境中造成长期不利影响。

理化特性与用途

理化特性 白色至淡黄色结晶粉末。相对密度(水=1)1.026。

主要用途 摄影用化学品。

包装与储运

包装标志 杂类

包装类别 Ⅲ类

安全储运 储存于阴凉、通风的库房。远离火种、热源。保持容器密闭。应与强氧化剂、强酸等隔离储运。

紧急处置信息

急救措施

吸入：迅速脱离现场至空气新鲜处。保持呼吸道通畅。如呼吸困难，给输氧。呼吸、心跳停止，立即进行心肺复苏术。就医。

眼睛接触：立即分开眼睑，用流动清水或生理盐水彻底冲洗。就医。

皮肤接触：立即脱去污染的衣着，用肥皂水和清水彻底冲洗。就医。

食入：漱口，饮水。就医。

灭火方法 消防人员须穿全身消防服，佩戴空气呼吸器，在上风向灭火。尽可能将容器从火场移至空旷处。

根据着火原因选择适当灭火剂灭火。

泄漏应急处置 隔离泄漏污染区，限制出入。建议应急处理人员戴防尘口罩，穿防护服，戴防护手套。穿上适当的防护服前严禁接触破裂的容器和泄漏物。尽可能切断泄漏源。用塑料布覆盖泄漏物，减少飞散。勿使水进入包装容器内。用洁净的铲子收集泄漏物，置于干净、干燥、盖子较松的容器中，将容器移离泄漏区。

746. 双(2-二甲基氨基乙基)醚

标　识

中文名称 双(2-二甲基氨基乙基)醚

英文名称 *N*, *N*, *N*′, *N*′ - Tetramethyl - 2, 2′ - oxybis (ethylamine); Bis (2 - dimethylaminoethyl) ether

别名 二(2-(*N*,*N*-二甲氨基乙基))醚;JSPC-1 催化剂

分子式 $C_8H_{20}N_2O$

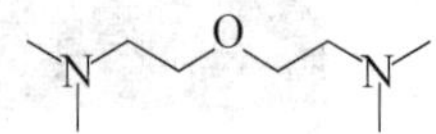

CAS 号 3033-62-3

危害信息

危险性类别 第 6 类 有毒品

燃烧与爆炸危险性 易燃，蒸气与空气混合能形成爆炸性混合物，遇明火、高热易燃烧爆炸。受热易分解放出有毒的氮氧化物气体。蒸气比空气重，能在较低处扩散到相当远的地方，遇火源会着火回燃和爆炸(闪爆)。

禁忌物 强氧化剂、强酸。

毒性 大鼠经口 LD_{50}：571mg/kg；大鼠吸入 LC_{50}：166ppm (6h)；兔经皮 LD_{50}：348mg/kg(4h)。

中毒表现 对眼和皮肤有刺激性。蒸气可引起一过性视力障碍(角膜暂时水肿)，脱离接触后恢复，无后遗损害。

侵入途径 吸入、食入、经皮吸收。

职业接触限值 美国(ACGIH)：TLV-TWA 0.05ppm；TLV-STEL 0.15[皮]。

理化特性与用途

理化特性 无色至淡黄色透明液体，有胺的气味。溶于水，溶于醇类、醚类等。pH 值 11.8(100g/L，25℃)，熔点-80℃，沸点 188～189℃，相对密度(水=1)0.85，相对蒸气密度(空气=1)5.6，饱和蒸气压 37Pa(20℃)，辛醇/水分配系数-0.54，闪点 56℃，爆炸下限 1%，爆炸上限 5.1%。

主要用途 作为高效叔胺催化剂，几乎适用于所有泡沫塑料制品的生产。

包装与储运

包装标志 有毒品，腐蚀品

包装类别 Ⅲ类

安全储运 储存于阴凉、干燥、通风良好的库房。远离火种、热源。防止阳光直射。储存温度不超过 32℃，相对湿度不超过 85%。保持容器密封。应与强氧化剂、强酸、食用化学品等分开存放，切忌混储。禁止使用易产生火花的机械设备和工具。配备相应品种和数量的消防器材。储区应备有合适的材料收容泄漏物。搬运时轻装轻卸，防止容器受损。

紧急处置信息

急救措施

吸入：迅速脱离现场至空气新鲜处。保持呼吸道通畅。如呼吸困难，给输氧。呼吸、心跳停止，立即进行心肺复苏术。就医。

眼睛接触：立即分开眼睑，用流动清水或生理盐水彻底冲洗。就医。

皮肤接触：立即脱去污染的衣着，用肥皂水和清水彻底冲洗。就医。

食入：漱口，饮水。就医。

灭火方法 消防人员须穿全身消防服，佩戴空气呼吸器，在上风向灭火。尽可能将容器从火场移至空旷处。喷水保持火场容器冷却，直至灭火结束。处在火场中的容器若发生异常变化或发出异常声音，须马上撤离。

灭火剂：抗溶性泡沫、干粉、二氧化碳。

泄漏应急处置 根据液体流动和蒸气扩散的影响区域划定警戒区，无关人员从侧风、上风向撤离至安全区。消除所有点火源。应急人员应戴正压自给式呼吸器，穿耐腐蚀、防静电、防毒服，戴耐腐蚀橡胶手套。作业时使用的所有设备应接地。禁止接触或跨越泄漏物。尽可能切断泄漏源。防止泄漏物进入水体、下水道、地下室或有限空间。小量泄漏：用砂土或其他不燃材料吸收。使用洁净的无火花工具收集吸收材料。大量泄漏：构筑围堤或挖坑收容。用泡沫覆盖，减少蒸发。用防爆泵转移至槽车或专用收集器内。

747. 3,5-双((3,5-二叔丁基-4-羟基)苄基)-2,4,6-三甲基苯酚

标　识

中文名称 3,5-双((3,5-二叔丁基-4-羟基)苄基)-2,4,6-三甲基苯酚

英文名称 3,5-Bis((3,5-di-tert-butyl-4-hydroxy)benzyl)-2,4,6-trimethylphenol

别名 3,5-双((3,5-二叔丁基-4-羟基)苯甲基)-2,4,6-三甲基苯酚

分子式 $C_{39}H_{56}O_3$

CAS 号 87113-78-8

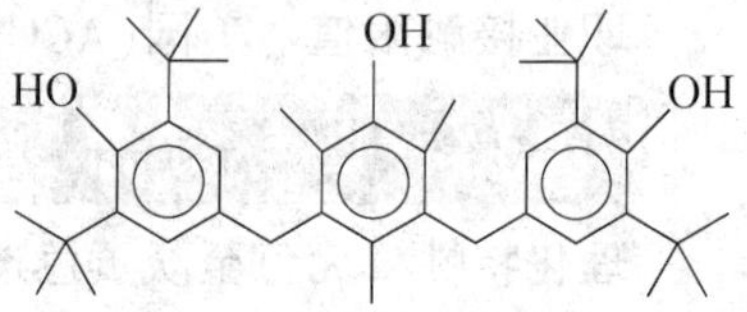

危害信息

燃烧与爆炸危险性 可燃。

禁忌物 强氧化剂。

侵入途径 吸入、食入。

环境危害 对水生生物有害，可能在水生环境中造成长期不利影响。

理化特性与用途

理化特性 不溶于水。沸点 616℃，相对密度(水=1)1.024，辛醇/水分配系数 12.12，闪点 230℃。

包装与储运

安全储运 储存于阴凉、通风的库房。远离火种、热源。应与强氧化剂等隔离储运。

紧急处置信息

急救措施

吸入: 脱离接触。如有不适感，就医。

眼睛接触: 分开眼睑，用流动清水或生理盐水冲洗。如有不适感，就医。

皮肤接触: 脱去污染的衣着，用流动清水冲洗。如有不适感，就医。

食入: 漱口，饮水。就医。

灭火方法 消防人员须穿全身消防服，在上风向灭火。尽可能将容器从火场移至空旷处。喷水保持火场容器冷却直至灭火结束。

灭火剂：泡沫、二氧化碳、干粉。

泄漏应急处置 隔离泄漏污染区，限制出入。消除点火源。建议应急处理人员戴防尘口罩，穿防护服。穿上适当的防护服前严禁接触破裂的容器和泄漏物。尽可能切断泄漏源。用塑料布覆盖泄漏物，减少飞散。勿使水进入包装容器内。用洁净的铲子收集泄漏物，置于干净、干燥、盖子较松的容器中，将容器移离泄漏区。

748. 4-(双(4-(二乙氨基)苯基)甲基)苯-1,2-二甲磺酸

标 识

中文名称 4-(双(4-(二乙氨基)苯基)甲基)苯-1,2-二甲磺酸

英文名称 4-(Bis(4-(diethylamino)phenyl)methyl)benzene-1,2-dimethanesulfonic acid

分子式 $C_{29}H_{38}N_2O_6S_2$

CAS 号 71297-11-5

危害信息

燃烧与爆炸危险性 无特殊燃爆特性。

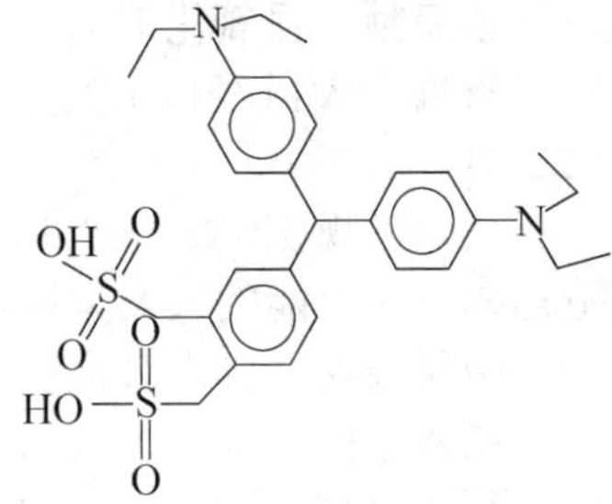

禁忌物 强氧化剂、碱类。

侵入途径 吸入、食入。

环境危害 对水生生物有害，可能在水生环境中造成长期不利影响。

理化特性与用途

理化特性 白色或淡绿色块状物。不溶于水。相对密度(水=1)1.293，辛醇/水分配系数3.54。

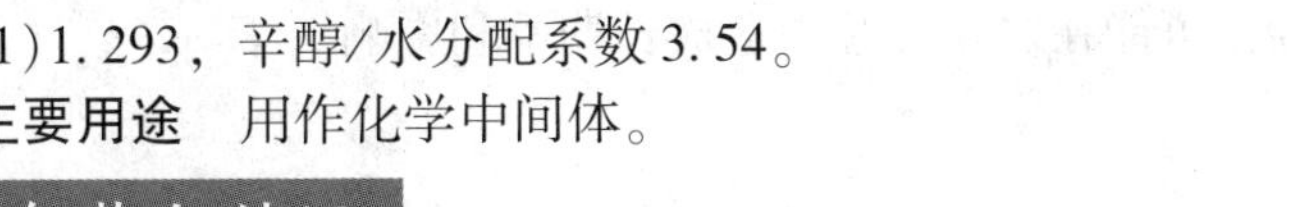

主要用途 用作化学中间体。

包装与储运

安全储运 储存于阴凉、通风的库房。远离火种、热源。应与强氧化剂、碱类等隔离储运。

紧急处置信息

急救措施

吸入：脱离接触。如有不适感，就医。

眼睛接触：分开眼睑，用流动清水或生理盐水冲洗。如有不适感，就医。

皮肤接触：脱去污染的衣着，用流动清水冲洗。如有不适感，就医。

食入：漱口，饮水。就医。

灭火方法 消防人员须穿全身消防服，佩戴空气呼吸器，在上风向灭火。尽可能将容器从火场移至空旷处。

根据着火原因选择适当灭火剂灭火。

泄漏应急处置 隔离泄漏污染区，限制出入。建议应急处理人员戴防尘口罩，穿防护服，戴橡胶手套。穿上适当的防护服前严禁接触破裂的容器和泄漏物。尽可能切断泄漏源。用塑料布覆盖泄漏物，减少飞散。勿使水进入包装容器内。用洁净的铲子收集泄漏物，置于干净、干燥、盖子较松的容器中，将容器移离泄漏区。

749. 双(4-氟苯基)-甲基-(1,2,4-三唑-4-基甲基)硅烷

标　识

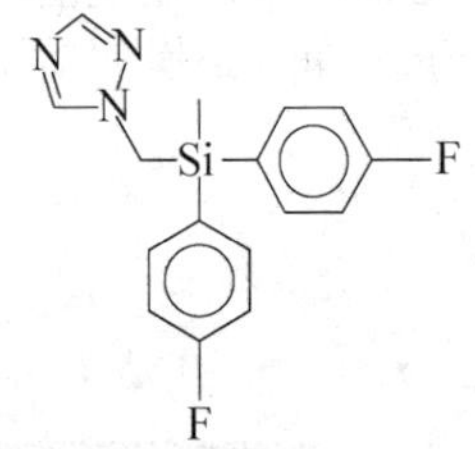

中文名称 双(4-氟苯基)-甲基-(1,2,4-三唑-4-基甲基)硅烷

英文名称 Bis(4-fluorophenyl)-methyl-(1,2,4-triazol-4-ylmethyl)silane; Flusilazole

别名 氟硅唑

分子式 $C_{16}H_{15}F_2N_3Si$

CAS 号 85509-19-9

危害信息

燃烧与爆炸危险性 不易燃，粉体与空气混合能形成爆炸性混合物。

禁忌物 强氧化剂。

毒性 大鼠经口 LD_{50}：674mg/kg；大鼠吸入 LC_{50}：2400mg/m^3(4h)；大鼠经皮 LD_{50}：>2g/kg。

欧盟法规 1272/2008/EC 将本品列为第 2 类致癌物——可疑的人类致癌物；第 1B 类生殖毒物——可能的人类生殖毒物。

中毒表现 食入有害。

侵入途径 吸入、食入、经皮吸收。

环境危害 对水生生物有毒，可能在水生环境中造成长期不利影响。

理化特性与用途

理化特性 白色无臭结晶。不溶于水，溶于多数有机溶剂。熔点 53～55℃，相对密度(水=1)1.3，饱和蒸气压 0.04mPa(25℃)，辛醇/水分配系数 3.7，闪点 191℃。

主要用途 内吸性杀菌剂。可有效用于防治子囊菌纲，担子菌纲和半知菌类真菌，如苹果黑星菌、白粉病菌，禾谷类的麦类核腔菌、壳针孢属菌、钩丝壳菌等，球座菌及甜菜上的各种病原菌，花生叶斑病。

包装与储运

包装标志 杂类

包装类别 Ⅲ类

安全储运 储存于阴凉、通风的库房。远离火种、热源。保持容器密闭。应与强氧化剂等隔离储运。

紧急处置信息

急救措施

吸入：迅速脱离现场至空气新鲜处。保持呼吸道通畅。如呼吸困难，给输氧。呼吸、心跳停止，立即进行心肺复苏术。就医。

眼睛接触：立即分开眼睑，用流动清水或生理盐水彻底冲洗。就医。

皮肤接触：立即脱去污染的衣着，用肥皂水和清水彻底冲洗。就医。

食入：漱口，饮水。就医。

灭火方法 消防人员须穿全身消防服，佩戴空气呼吸器，在上风向灭火。尽可能将容器从火场移至空旷处。喷水保持火场容器冷却，直至灭火结束。

本品不易燃，根据着火原因选择适当灭火剂灭火。

泄漏应急处置 隔离泄漏污染区，限制出入。建议应急处理人员戴防尘口罩，穿防毒服，戴橡胶手套。穿上适当的防护服前严禁接触破裂的容器和泄漏物。尽可能切断泄漏源。用塑料布覆盖泄漏物，减少飞散。勿使水进入包装容器内。用洁净的铲子收集泄漏物，置于干净、干燥、盖子较松的容器中，将容器移离泄漏区。

750. 双氟磺草胺

标　　识

中文名称 双氟磺草胺

英文名称 Florasulam；*N*-(2,6-Difluorophenyl)-5-methoxy-8-fluoro-(1,2,4)-triazolo-

(1,5c)-pyrimidine-2\r\n-sulfonamide

别名 2′,6′-二氟-5-甲氧基-8-氟(1,2,4)三唑(1,5-c)嘧啶-2-磺酰苯胺

分子式 $C_{12}H_8F_3N_5O_3S$

CAS 号 145701-23-1

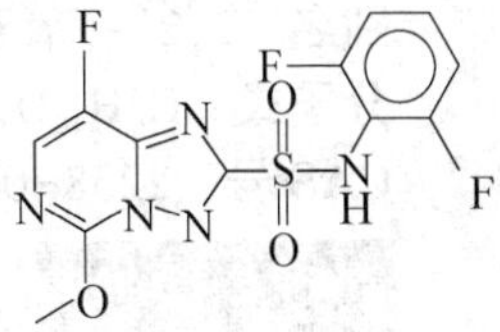

危害信息

燃烧与爆炸危险性 无特殊燃爆特性。

禁忌物 强氧化剂、强酸。

侵入途径 吸入、食入。

环境危害 对水生生物有极高毒性，可能在水生环境中造成长期不利影响。

理化特性与用途

理化特性 白色至米色粉末。微溶于水，溶于多数有机溶剂。熔点 193.5~230.5℃(分解)，相对密度(水=1)1.75，饱和蒸气压 0.01mPa(25℃)，辛醇/水分配系数-1.22。

主要用途 苗后除草剂。主要用于苗后防除冬小麦、玉米田阔叶杂草如猪殃殃、繁缕、蓼属杂草、菊科杂草等。

包装与储运

包装标志 杂类

包装类别 Ⅲ类

安全储运 储存于阴凉、通风的库房。远离火种、热源。应与强氧化剂、强酸等隔离储运。

紧急处置信息

急救措施

吸入：脱离接触。如有不适感，就医。

眼睛接触：分开眼睑，用流动清水或生理盐水冲洗。如有不适感，就医。

皮肤接触：脱去污染的衣着，用流动清水冲洗。如有不适感，就医。

食入：漱口，饮水。就医。

灭火方法 消防人员须穿全身消防服，佩戴空气呼吸器，在上风向灭火。尽可能将容器从火场移至空旷处。

根据着火原因选择适当灭火剂灭火。

泄漏应急处置 隔离泄漏污染区，限制出入。建议应急处理人员戴防尘口罩，穿防护服，戴橡胶手套。穿上适当的防护服前严禁接触破裂的容器和泄漏物。尽可能切断泄漏源。用塑料布覆盖泄漏物，减少飞散。勿使水进入包装容器内。用洁净的铲子收集泄漏物，置于干净、干燥、盖子较松的容器中，将容器移离泄漏区。

751. 双(2,3-环氧丙基)醚

标　识

中文名称 双(2,3-环氧丙基)醚

英文名称　2, 2′ -(Oxybis(methylene)) bisoxirane; Diglycidyl ether; Bis(2, 3 - epoxpropyl) ether

别名　2,2′-(氧双(亚甲基))双环氧乙烷；二缩水甘油醚

分子式　$C_6H_{10}O_3$

CAS 号　2238-07-5

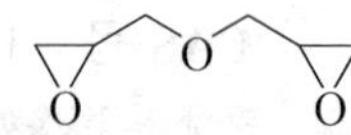

危害信息

危险性类别　第6类　有毒品

燃烧与爆炸危险性　易燃，其蒸气与空气混合能形成爆炸性混合物，遇明火、高热易燃烧爆炸。在高温火场中，受热的容器有破裂和爆炸的危险。蒸气比空气重，能在较低处扩散到相当远的地方，遇火源会着火回燃和爆炸(闪爆)。

禁忌物　强氧化剂、强酸。

毒性　大鼠经口 LD_{50}：450mg/kg；小鼠经口 LD_{50}：170mg/kg；大鼠吸入 LC_{50}：200ppm(4h)；大鼠经皮 LD_{50}：1g/kg。

中毒表现　对眼、皮肤和呼吸道有强烈刺激性。吸入蒸气可引起肺水肿。接触后可致意识降低。本品对血液、肝脏、肾脏和睾丸有影响。长期反复接触可引起皮炎。对皮肤有致敏性。

侵入途径　吸入、食入、经皮吸收。

职业接触限值　中国：PC-TWA 0.5mg/m^3。

美国(ACGIH)：TLV-TWA 0.01ppm。

理化特性与用途

理化特性　无色液体，有强烈刺激性气味。溶于水，溶于丙酮、苯等。沸点 260℃，相对密度(水=1)1.26，相对蒸气密度(空气=1)3.78，饱和蒸气压 12Pa(25℃)，辛醇/水分配系数-0.85，闪点 64℃。

主要用途　用作环氧树脂活性稀释剂、有机氯化物的稳定剂、织物处理剂和化学中间体。

包装与储运

包装标志　有毒品

包装类别　Ⅲ类

安全储运　储存于阴凉、干燥、通风良好的库房。远离火种、热源。防止阳光直射。储存温度不超过 32℃，相对湿度不超过 85%。保持容器密封。应与强氧化剂、强酸、食用化学品等分开存放，切忌混储。配备相应品种和数量的消防器材。储区应备有合适的材料收容泄漏物。搬运时轻装轻卸，防止容器受损。

紧急处置信息

急救措施

吸入：迅速脱离现场至空气新鲜处。保持呼吸道通畅。如呼吸困难，给输氧。呼吸、心跳停止，立即进行心肺复苏术。就医。

眼睛接触：立即分开眼睑，用流动清水或生理盐水彻底冲洗。就医。

皮肤接触：立即脱去污染的衣着，用肥皂水和清水彻底冲洗。就医。

食入：漱口，饮水。就医。

灭火方法　消防人员须穿全身消防服，佩戴空气呼吸器，在上风向灭火。尽可能将容

器从火场移至空旷处。喷水保持火场容器冷却，直至灭火结束。处在火场中的容器若发生异常变化或发出异常声音，须马上撤离。

灭火剂：干粉、二氧化碳、砂土、泡沫、雾状水。

泄漏应急处置 根据液体流动和蒸气扩散的影响区域划定警戒区，无关人员从侧风、上风向撤离至安全区。消除所有点火源。建议应急处理人员戴防毒面具，穿防毒、防静电服，戴橡胶手套。作业时使用的所有设备应接地。禁止接触或跨越泄漏物。尽可能切断泄漏源。防止泄漏物进入水体、下水道、地下室或有限空间。小量泄漏：用砂土或其他不燃材料吸收。使用洁净的无火花工具收集吸收材料。大量泄漏：构筑围堤或挖坑收容。用泡沫覆盖，减少蒸发。喷水雾能减少蒸发，但不能降低泄漏物在有限空间内的易燃性。用防爆泵转移至槽车或专用收集器内。

752. 1,2-双(3-甲基苯氧基)乙烷

标　识

中文名称 1,2-双(3-甲基苯氧基)乙烷

英文名称 Benzene, 1,1′-(1,2-ethanediylbis(oxy))bis 3-methyl-; 1,2-Bis(3-methylphenoxy)ethane

别名 1,2-二间甲苯氧基乙烷

分子式 $C_{16}H_{18}O_2$

CAS 号 54914-85-1

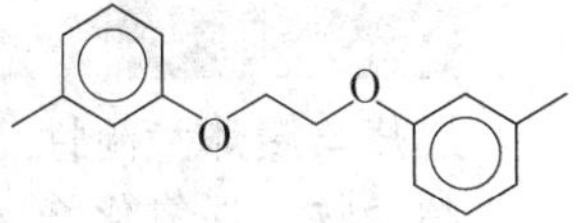

危害信息

燃烧与爆炸危险性 无特殊燃爆特性。

禁忌物 强氧化剂、强酸。

侵入途径 吸入、食入。

环境危害 对水生生物有极高毒性，可能在水生环境中造成长期不利影响。

理化特性与用途

理化特性 白色结晶粉末。不溶于水，微溶于乙醇，溶于丙酮。熔点 100~103℃。

主要用途 热敏纸用增感剂。

包装与储运

包装标志 杂类

包装类别 Ⅲ类

安全储运 储存于阴凉、通风的库房。远离火种、热源。保持容器密闭。应与强氧化剂、强酸等隔离储运。

紧急处置信息

急救措施

吸入：脱离接触。如有不适感，就医。

眼睛接触：分开眼睑，用流动清水或生理盐水冲洗。如有不适感，就医。

皮肤接触：脱去污染的衣着，用流动清水冲洗。如有不适感，就医。

食入：漱口，饮水。就医。

灭火方法 消防人员须穿全身消防服，佩戴空气呼吸器，在上风向灭火。尽可能将容器从火场移至空旷处。

根据着火原因选择适当灭火剂灭火。

泄漏应急处置 隔离泄漏污染区，限制出入。建议应急处理人员戴防尘口罩，穿防护服，戴橡胶手套。穿上适当的防护服前严禁接触破裂的容器和泄漏物。尽可能切断泄漏源。用塑料布覆盖泄漏物，减少飞散。勿使水进入包装容器内。用洁净的铲子收集泄漏物，置于干净、干燥、盖子较松的容器中，将容器移离泄漏区。

753. 双甲脒

标　识

中文名称 双甲脒

英文名称 Amitraz；*N*,*N*-Bis(2,4-xylyliminomethyl)methylamine

分子式 $C_{19}H_{23}N_3$

CAS 号 33089-61-1

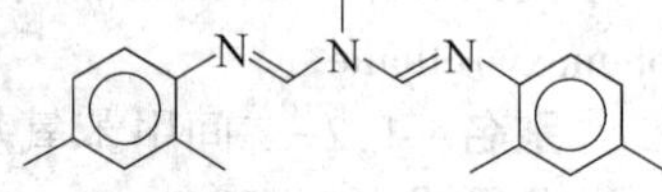

危害信息

燃烧与爆炸危险性 无特殊燃爆特性。

禁忌物 强氧化剂。

毒性 大鼠经口 LD_{50}：400mg/kg；小鼠经口 LD_{50}：1085mg/kg；大鼠吸入 LC_{50}：65g/m^3(6h)；大鼠经皮 LD_{50}：>1600mg/kg；兔经皮 LD_{50}：>200mg/kg。

中毒表现 本品影响中枢和心血管系统。食入后出现心率减慢、低血压和体温降低。长期或反复接触可能引起器官损害。对皮肤有致敏性。

侵入途径 吸入、食入、经皮吸收。

环境危害 对水生生物有极高毒性，可能在水生环境中造成长期不利影响。

理化特性与用途

理化特性 无色或白色单斜结晶，有轻微的胺气味。不溶于水，溶于多数有机溶剂。熔点 86～87℃，相对密度(水＝1)1.128，饱和蒸气压 0.27mPa(25℃)，辛醇/水分配系数 5.5。

主要用途 杀虫杀螨剂，用于治疗狗的毛囊虫疥癣。

包装与储运

包装标志 杂类

包装类别 Ⅲ类

安全储运 储存于阴凉、通风的库房。远离火种、热源。保持容器密闭。应与强氧化剂等隔离储运。

紧急处置信息

急救措施

吸入： 迅速脱离现场至空气新鲜处。保持呼吸道通畅。如呼吸困难，给输氧。呼吸、心跳停止，立即进行心肺复苏术。就医。

眼睛接触： 立即分开眼睑，用流动清水或生理盐水彻底冲洗。就医。

皮肤接触： 立即脱去污染的衣着，用肥皂水和清水彻底冲洗。就医。

食入： 漱口，饮水。就医。

灭火方法 消防人员须穿全身消防服，佩戴空气呼吸器，在上风向灭火。尽可能将容器从火场移至空旷处。喷水保持火场容器冷却，直至灭火结束。

根据着火原因选择适当灭火剂灭火。

泄漏应急处置 隔离泄漏污染区，限制出入。建议应急处理人员戴防尘口罩，穿防毒服，戴防护手套。穿上适当的防护服前严禁接触破裂的容器和泄漏物。尽可能切断泄漏源。用塑料布覆盖泄漏物，减少飞散。勿使水进入包装容器内。用洁净的铲子收集泄漏物，置于干净、干燥、盖子较松的容器中，将容器移离泄漏区。

754. 2,2-双(羟甲基)丁酸

标　识

中文名称 2,2-双(羟甲基)丁酸

英文名称 Butanoic acid, 2,2-bis(hydroxymethyl)-; 2,2-Dimethylolbutyric acid

别名 二羟甲基丁酸

分子式 $C_6H_{12}O_4$

CAS 号 10097-02-6

HO　O　OH　OH

危害信息

燃烧与爆炸危险性 易燃，其粉体与空气混合能形成爆炸性混合物，遇明火高热有引起燃烧爆炸的危险。燃烧产生腐蚀性气体。

禁忌物 强氧化剂、碱类。

中毒表现 眼接触引起严重损害。

侵入途径 吸入、食入。

环境危害 对水生生物有害，可能在水生环境中造成长期不利影响。

理化特性与用途

理化特性 白色结晶。溶于水，溶于甲醇、丙酮。熔点 108~115℃。

主要用途 用作合成水性高分子体系，可广泛用于水溶性聚氨酸、聚酯、环氧树脂等方面。

包装与储运

安全储运 储存于阴凉、通风的库房。远离火种、热源。应与强氧化剂、碱类等隔离储运。

紧急处置信息

急救措施

吸入：迅速脱离现场至空气新鲜处。保持呼吸道通畅。如呼吸困难，给输氧。呼吸、心跳停止，立即进行心肺复苏术。就医。

眼睛接触：立即分开眼睑，用流动清水或生理盐水彻底冲洗 5～10min。就医。

皮肤接触：立即脱去污染的衣着，用肥皂水和清水彻底冲洗。就医。

食入：漱口，饮水。就医。

灭火方法　消防人员须穿全身消防服，在上风向灭火。尽可能将容器从火场移至空旷处。喷水保持火场容器冷却，直至灭火结束。

灭火剂：雾状水、抗溶性泡沫、二氧化碳、干粉、砂土。

泄漏应急处置　消除所有点火源。隔离泄漏污染区，限制出入。建议应急处理人员戴防尘口罩，穿防护服。穿戴适当的防护装备前，禁止接触或跨越泄漏物。用塑料布覆盖，减少飞散。用洁净的铲子收集泄漏物，置于干净、干燥、盖子较松的容器中，将容器移离泄漏区。

755. 1,1-双(4-氰氧苯基)乙烷

标　　识

中文名称　1,1-双(4-氰氧苯基)乙烷

英文名称　Cyanic acid, ethylidenedi-4,1-phenylene ester; 4,4′-Ethylidenediphenyl dicyanate

别名　乙烷-1,1-双(4-苯基氰酸酯);双酚 E 氰酸酯

分子式　$C_{16}H_{12}N_2O_2$

CAS 号　47073-92-7

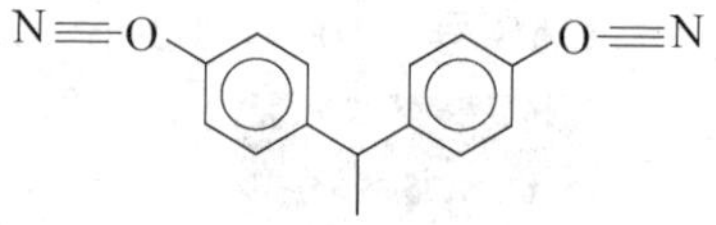

N≡O　　O≡N

危害信息

燃烧与爆炸危险性　可燃。

禁忌物　强氧化剂、强酸。

中毒表现　食入或吸入对身体有害。眼接触引起严重损害。长期反复接触可能对器官造成损害。

侵入途径　吸入、食入。

环境危害　对水生生物有极高毒性，可能在水生环境中造成长期不利影响。

理化特性与用途

理化特性　琥珀色液体。沸点 383℃，相对密度(水=1)1. 196，闪点 149℃。

主要用途　用于生产高性能热固性树脂。

包装与储运

包装标志　杂类

包装类别　Ⅲ类

安全储运 储存于阴凉、通风的库房。远离火种、热源。应与强氧化剂、强酸等隔离储运。

紧急处置信息

急救措施

吸入：迅速脱离现场至空气新鲜处。保持呼吸道通畅。如呼吸困难，给输氧。呼吸、心跳停止，立即进行心肺复苏术。就医。

眼睛接触：立即分开眼睑，用流动清水或生理盐水彻底冲洗5~10min。就医。

皮肤接触：立即脱去污染的衣着，用肥皂水和清水彻底冲洗。就医。

食入：漱口，饮水。就医。

灭火方法 消防人员须穿全身消防服，佩戴空气呼吸器，在上风向灭火。尽可能将容器从火场移至空旷处。

灭火剂：二氧化碳、泡沫、砂土。

泄漏应急处置 根据液体流动和蒸气扩散的影响区域划定警戒区，无关人员从侧风、上风向撤离至安全区。消除所有点火源。建议应急处理人员戴防毒面具，穿一般防护服，戴橡胶手套。尽可能切断泄漏源。防止泄漏物进入水体、下水道、地下室或有限空间。小量泄漏：用干燥的砂土或其他不燃材料吸收或覆盖，收集于容器中。大量泄漏：构筑围堤或挖坑收容。用泵转移至槽车或专用收集器内。

756. 双(4-十二基苯基)碘鎓(*OC*-6-11)-六氟锑酸盐

标　识

中文名称 双(4-十二基苯基)碘鎓(*OC*-6-11)-六氟锑酸盐

英文名称 Iodonium, bis(4-dodecylphenyl)-, (*OC*-6-11)-hexafluoroantimonate(1-); Bis(4-dodecylphenyl)iodonium hexafluoroantimonate

别名 双(4-十二烷基苯)碘鎓六氟锑酸盐

分子式 $C_{36}H_{58}I \cdot F_6Sb$

CAS 号 71786-70-4

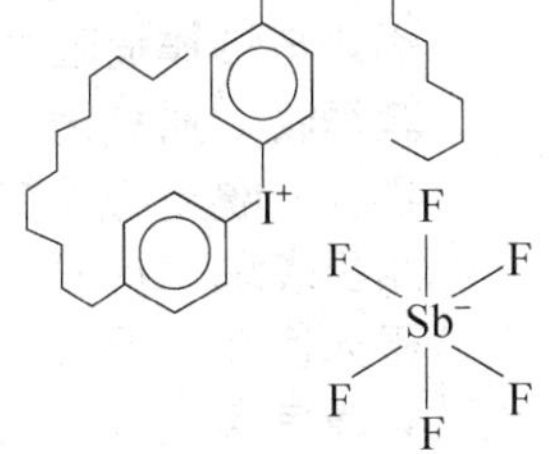

危害信息

燃烧与爆炸危险性 不燃，无特殊燃爆特性。

禁忌物 强氧化剂、酸类。

中毒表现 对皮肤有致敏性。

侵入途径 吸入、食入。

环境危害 对水生生物有害，可能在水生环境中造成长期不利影响。

理化特性与用途

主要用途 用作阳离子光引发剂。

包装与储运

安全储运　储存于阴凉、通风的库房。远离火种、热源。保持容器密闭。应与强氧化剂、酸类等隔离储运。

紧急处置信息

急救措施

吸入：迅速脱离现场至空气新鲜处。保持呼吸道通畅。如呼吸困难，给输氧。呼吸、心跳停止，立即进行心肺复苏术。就医。

眼睛接触：立即分开眼睑，用流动清水或生理盐水彻底冲洗。就医。

皮肤接触：立即脱去污染的衣着，用肥皂水和清水彻底冲洗。就医。

食入：漱口，饮水。就医。

灭火方法　消防人员须穿全身消防服，佩戴空气呼吸器，在上风向灭火。尽可能将容器从火场移至空旷处。喷水保持火场容器冷却，直至灭火结束。

本品不燃，根据着火原因选择适当灭火剂灭火。

泄漏应急处置　隔离泄漏污染区，限制出入。建议应急处理人员戴防尘口罩，穿防护服，戴防护手套。穿上适当的防护服前严禁接触破裂的容器和泄漏物。尽可能切断泄漏源。用塑料布覆盖泄漏物，减少飞散。勿使水进入包装容器内。用洁净的铲子收集泄漏物，置于干净、干燥、盖子较松的容器中，将容器移离泄漏区。

757. 双(3-羧基-4-羟基苯磺酸)肼

标　识

中文名称　双(3-羧基-4-羟基苯磺酸)肼

英文名称　Hydrazine bis(3-carboxy-4-hydroxybenzensulfonate)

CAS 号　148434-03-1

危害信息

燃烧与爆炸危险性　不燃，无特殊燃爆特性。

禁忌物　强氧化剂、酸类。

毒性　欧盟法规 1272/2008/EC 将本品列为第 1B 类致癌物——可能对人类有致癌能力。

中毒表现　食入有害。对皮肤和眼睛有腐蚀性。对皮肤有致敏性。

侵入途径　吸入、食入。

环境危害　对水生生物有害，可能在水生环境中造成长期不利影响。

包装与储运

安全储运　储存于阴凉、通风的库房。远离火种、热源。保持容器密闭。应与强氧化剂、酸类等隔离储运。

紧急处置信息

急救措施

吸入：迅速脱离现场至空气新鲜处。保持呼吸道通畅。如呼吸困难，给输氧。呼吸、

心跳停止，立即进行心肺复苏术。就医。

眼睛接触： 立即分开眼睑，用流动清水或生理盐水彻底冲洗5~10min。就医。

皮肤接触： 立即脱去污染的衣着，用大量流动清水彻底冲洗，冲洗时间一般要求20~30min。就医。

食入： 用水漱口，禁止催吐。给饮牛奶或蛋清。就医。

灭火方法 消防人员须穿全身消防服，佩戴空气呼吸器，在上风向灭火。尽可能将容器从火场移至空旷处。喷水保持火场容器冷却，直至灭火结束。

本品不燃，根据着火原因选择适当灭火剂灭火。

泄漏应急处置 隔离泄漏污染区，限制出入。建议应急处理人员戴防尘口罩，穿防毒服，戴防橡胶手套。穿上适当的防护服前严禁接触破裂的容器和泄漏物。尽可能切断泄漏源。用塑料布覆盖泄漏物，减少飞散。勿使水进入包装容器内。用洁净的铲子收集泄漏物，置于干净、干燥、盖子较松的容器中，将容器移离泄漏区。

758. *N*,*N*-(双(羧甲基)-3-氨基)-2-羟基丙酸三钠盐

标　识

中文名称 *N*,*N*-(双(羧甲基)-3-氨基)-2-羟基丙酸三钠盐

英文名称 Trisodium *N*,*N*-bis(carboxymethyl)-3-amino-2-hydroxypropionate; Isoserine-*N*,*N*-diacetic acid trisodium salt

分子式 $C_7H_{11}NO_7 \cdot 3Na$

CAS号 119710-96-2

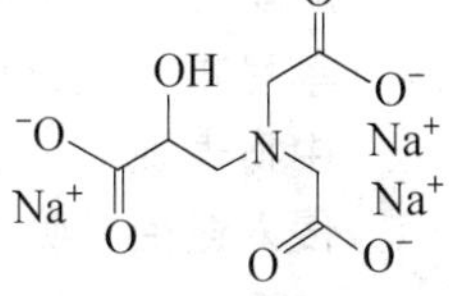

危害信息

燃烧与爆炸危险性 不燃，无特殊燃爆特性。

禁忌物 强氧化剂、强酸。

中毒表现 食入有害。

侵入途径 吸入、食入。

理化特性与用途

主要用途 用作医药原料。

包装与储运

安全储运 储存于阴凉、通风的库房。远离火种、热源。应与强氧化剂、强酸等隔离储运。

紧急处置信息

急救措施

吸入： 迅速脱离现场至空气新鲜处。保持呼吸道通畅。如呼吸困难，给输氧。呼吸、心跳停止，立即进行心肺复苏术。就医。

眼睛接触： 立即分开眼睑，用流动清水或生理盐水彻底冲洗。就医。

皮肤接触： 立即脱去污染的衣着，用肥皂水和清水彻底冲洗。就医。

食入： 漱口，饮水。就医。

灭火方法 消防人员须穿全身消防服，佩戴空气呼吸器，在上风向灭火。尽可能将容器从火场移至空旷处。喷水保持火场容器冷却，直至灭火结束。

本品不燃，根据着火原因选择适当灭火剂灭火。

泄漏应急处置 隔离泄漏污染区，限制出入。建议应急处理人员戴防尘口罩，穿防护服。穿上适当的防护服前严禁接触破裂的容器和泄漏物。尽可能切断泄漏源。用塑料布覆盖泄漏物，减少飞散。勿使水进入包装容器内。用洁净的铲子收集泄漏物，置于干净、干燥、盖子较松的容器中，将容器移离泄漏区。

759. 3,4-双乙酸基-1-丁烯

标　识

中文名称 3,4-双乙酸基-1-丁烯

英文名称 1,2-Diacetoxybut-3-ene

别名 3,4-二醋酸基-1-丁烯

分子式 $C_8H_{12}O_4$

CAS 号 18085-02-4

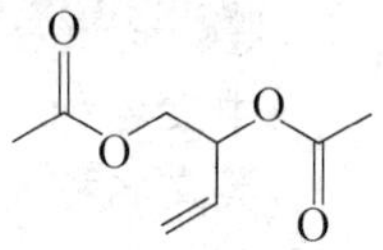

危害信息

燃烧与爆炸危险性 可燃。

禁忌物 强氧化剂。

中毒表现 食入有害。

侵入途径 吸入、食入。

理化特性与用途

理化特性 无色至淡黄色透明液体。微溶于水，溶于二氯甲烷、乙酸乙酯。沸点 95～96℃(1.3kPa)，相对密度(水=1)1.059，闪点 91℃。

主要用途 用作共聚单体，用于制共聚乙烯醇。

包装与储运

安全储运 储存于阴凉、通风的库房。远离火种、热源。应与强氧化剂等隔离储运。搬运时轻装轻卸，防止容器受损。

紧急处置信息

急救措施

吸入： 迅速脱离现场至空气新鲜处。保持呼吸道通畅。如呼吸困难，给输氧。呼吸、心跳停止，立即进行心肺复苏术。就医。

眼睛接触： 立即分开眼睑，用流动清水或生理盐水彻底冲洗。就医。

皮肤接触： 立即脱去污染的衣着，用肥皂水和清水彻底冲洗。就医。

食入： 漱口，饮水。就医。

灭火方法 消防人员须穿全身消防服，在上风向灭火。尽可能将容器从火场移至空旷处。喷水保持火场容器冷却直至灭火结束。

灭火剂：泡沫、二氧化碳、干粉。

泄漏应急处置 根据液体流动和蒸气扩散的影响区域划定警戒区，无关人员从侧风、上风向撤离至安全区。消除所有点火源。建议应急处理人员戴防毒面具，穿防护服。穿上适当的防护服前严禁接触破裂的容器和泄漏物。尽可能切断泄漏源。防止泄漏物进入水体、下水道、地下室或有限空间。小量泄漏：用干燥的砂土或其他不燃材料吸收或覆盖，收集于容器中。大量泄漏：构筑围堤或挖坑收容。用泵转移至槽车或专用收集器内。

760. 1,4-双(2-(乙烯氧基)乙氧基)苯

标　识

中文名称 1,4-双(2-(乙烯氧基)乙氧基)苯

英文名称 Benzene, 1,4-bis(2-(ethenyloxy)ethoxy)-; 1,4-Bis(2-(vinyloxy)ethoxy)benzene

分子式 $C_{14}H_{18}O_4$

CAS 号 84563-49-5

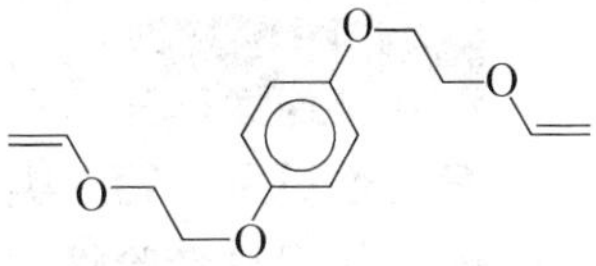

危害信息

燃烧与爆炸危险性 可燃。

禁忌物 强氧化剂。

侵入途径 吸入、食入。

环境危害 对水生生物有极高毒性，可能在水生环境中造成长期不利影响。

理化特性与用途

理化特性 沸点 364℃，相对密度(水=1) 1.045，饱和蒸气压 4.8mPa(25℃)，闪点 127.3℃。

主要用途 用于聚合反应。

包装与储运

包装标志 杂类

包装类别 Ⅲ类

安全储运 储存于阴凉、通风的库房。远离火种、热源。应与强氧化剂等隔离储运。

紧急处置信息

急救措施

吸入： 脱离接触。如有不适感，就医。

眼睛接触： 分开眼睑，用流动清水或生理盐水冲洗。如有不适感，就医。

皮肤接触： 脱去污染的衣着，用流动清水冲洗。如有不适感，就医。

食入： 漱口，饮水。就医。

灭火方法 消防人员须穿全身消防服，佩戴空气呼吸器，在上风向灭火。尽可能将容

器从火场移至空旷处。喷水保持火场容器冷却，直至灭火结束。

灭火剂：二氧化碳、泡沫、干粉。

泄漏应急处置　根据液体流动和蒸气扩散的影响区域划定警戒区，无关人员从侧风、上风向撤离至安全区。消除点火源。应急人员应戴正压自给式呼吸器，穿防护服。尽可能切断泄漏源。防止泄漏物进入水体、下水道、地下室或有限空间。小量泄漏：用干燥的砂土或其他不燃材料吸收或覆盖，收集于容器中。大量泄漏：构筑围堤或挖坑收容。用泵转移至槽车或专用收集器内。

761. 2,5-双-异氰酸根甲基-二环(2.2.1)庚烷

标　识

中文名称　2,5-双-异氰酸根甲基-二环(2.2.1)庚烷

英文名称　2,5-Bis-isocyanatomethyl-bicyclo(2.2.1)heptane

分子式　$C_{11}H_{14}N_2O_2$

CAS 号　74091-64-8

O=C=N　N=C=O

危害信息

危险性类别　第6类　有毒品

燃烧与爆炸危险性　不易燃。

侵入途径　吸入、食入。

中毒表现　吸入可致死。食入有害。眼和皮肤接触引起灼伤。对皮肤有致敏性。对呼吸道有致敏性，引起哮喘。

环境危害　对水生生物有害，可能在水生环境中造成长期不利影响。

理化特性与用途

理化特性　熔点小于-73.5℃，分解温度为208~220℃，沸腾之前已经分解，相对密度(水=1)1.14，闪点179℃，自燃温度440℃，易溶于水和有机溶剂。

主要用途　用作聚合单体。

包装与储运

包装标志　有毒品

包装类别　Ⅱ类

安全储运　储存于阴凉、干燥、通风良好的库房。远离火种、热源。防止阳光直射。保持容器密封。配备相应品种和数量的消防器材。储区应备有合适的材料收容泄漏物。

紧急处置信息

急救措施

吸入：迅速脱离现场至空气新鲜处。保持呼吸道通畅。如呼吸困难，给输氧。呼吸、心跳停止，立即进行心肺复苏术。就医。

眼睛接触：立即分开眼睑，用流动清水或生理盐水彻底冲洗5~10min。就医。

皮肤接触：立即脱去污染的衣着，用大量流动清水彻底冲洗，冲洗时间一般要求20~

30min。就医。

食入：用水漱口，禁止催吐。给饮牛奶或蛋清。就医。

灭火方法 消防人员须穿全身消防服，佩戴空气呼吸器，在上风向灭火。尽可能将容器从火场移至空旷处。喷水保持火场容器冷却，直至灭火结束。

本品不燃，根据着火原因选择适当灭火剂灭火。禁止使用柱状水灭火。

泄漏应急处置 根据液体流动和蒸气扩散的影响区域划定警戒区，无关人员从侧风、上风向撤离至安全区。消除所有点火源。建议应急处理人员戴防毒面具，穿防毒服，戴橡胶手套。穿上适当的防护服前严禁接触破裂的容器和泄漏物。尽可能切断泄漏源。防止泄漏物进入水体、下水道、地下室或有限空间。小量泄漏：用干燥的砂土或其他不燃材料吸收或覆盖，收集于容器中。大量泄漏：构筑围堤或挖坑收容。用泵转移至槽车或专用收集器内。

762. 水合氯醛

标 识

中文名称 水合氯醛

英文名称 Chloral hydrate；2,2,2-Trichloroethane-1,1-diol

别名 三氯乙醛水合物;2,2,2-三氯-1,1-乙二醇

分子式 $C_2H_3Cl_3O_2$

CAS 号 302-17-0

Cl
Cl OH
Cl
OH

危害信息

危险性类别 第 6 类 有毒品

燃烧与爆炸危险性 不燃，无特殊燃爆特性。

禁忌物 强氧化剂、酸类。

毒性 大鼠经口 LD_{50}：479mg/kg；小鼠经口 LD_{50}：1100mg/kg；大鼠经皮 LD_{50}：3030mg/kg。

中毒表现 服用后可有恶心、呕吐和胃肠不适。急性中毒表现有意识浑浊、嗜睡、共济失调、瞳孔针样大小、昏迷、呼吸抑制、血压下降、心动过速、心律失常等。对眼、皮肤和呼吸道有刺激性。

长期应用可产生耐受性、依赖性和成瘾性，突然停药是出现谵妄、震颤、失眠等表现。

侵入途径 吸入、食入、经皮吸收。

理化特性与用途

理化特性 无色透明结晶或白色结晶固体，有特殊气味。易溶于水，溶于丙酮、甲乙酮、乙醇、乙醚、苯。熔点 57℃，沸点 97℃（分解），相对密度（水=1）1.91，相对蒸气密度（空气=1）5.1，饱和蒸气压 2.0kPa（25℃），辛醇/水分配系数 0.99，pH 值 3.5～4.4（10%水溶液）。

主要用途 用作胶化剂、镇静剂，用于制 DDT 和有机合成。

包装与储运

包装标志 有毒品

包装类别 Ⅲ类

安全储运 储存于阴凉、通风的库房。远离火种、热源。库温不超过35℃。相对湿度不超过85%。包装密封。应与强氧化剂、强酸等分开存放，切忌混储。配备相应品种和数量的消防器材。储区应备有合适的材料收容泄漏物。

紧急处置信息

急救措施

吸入：迅速脱离现场至空气新鲜处。保持呼吸道通畅。如呼吸困难，给输氧。呼吸、心跳停止，立即进行心肺复苏术。就医。

眼睛接触：立即分开眼睑，用流动清水或生理盐水彻底冲洗。就医。

皮肤接触：立即脱去污染的衣着，用肥皂水和清水彻底冲洗。就医。

食入：漱口，饮水。就医。

灭火方法 消防人员须穿全身消防服，佩戴防毒面具，在上风向灭火。尽可能将容器从火场移至空旷处。喷水保持火场容器冷却，直至灭火结束。

本品不燃，根据着火原因选择适当灭火剂灭火。

泄漏应急处置 隔离泄漏污染区，限制出入。建议应急处理人员戴防尘口罩，穿防毒服，戴橡胶手套。穿上适当的防护服前严禁接触破裂的容器和泄漏物。尽可能切断泄漏源。用塑料布覆盖泄漏物，减少飞散。勿使水进入包装容器内。用洁净的铲子收集泄漏物，置于干净、干燥、盖子较松的容器中，将容器移离泄漏区。

763. 顺式-1-苯甲酰-4-((4-甲磺酰基)氧)-L-脯氨酸

标　识

中文名称 顺式-1-苯甲酰-4-((4-甲磺酰基)氧)-L-脯氨酸

英文名称 *cis*-1-Benzoyl-4-((4-methylsulfonyl)oxy)-L-proline

分子式 $C_{13}H_{15}NO_6S$

CAS号 120807-02-5

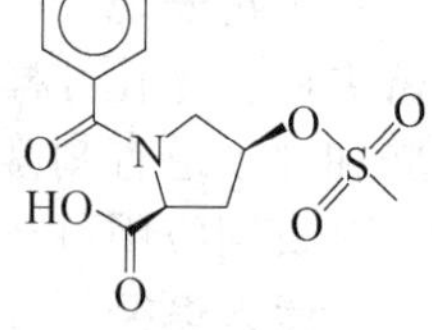

危害信息

燃烧与爆炸危险性 不燃，无特殊燃爆特性。

禁忌物 强氧化剂、碱类。

侵入途径 吸入、食入。

环境危害 对水生生物有害，可能在水生环境中造成长期不利影响。

理化特性与用途

理化特性 固体。微溶于水。熔点172～173℃，相对密度(水=1)1.48，辛醇/水分配系数-1.18。

包装与储运

安全储运 储存于阴凉、通风的库房。远离火种、热源。应与强氧化剂、碱类等隔离储运。

紧急处置信息

急救措施

吸入：脱离接触。如有不适感，就医。

眼睛接触：分开眼睑，用流动清水或生理盐水冲洗。如有不适感，就医。

皮肤接触：脱去污染的衣着，用流动清水冲洗。如有不适感，就医。

食入：漱口，饮水。就医。

灭火方法 消防人员须穿全身消防服，在上风向灭火。尽可能将容器从火场移至空旷处。喷水保持火场容器冷却，直至灭火结束。

本品不燃，根据着火原因选择适当灭火剂灭火。

泄漏应急处置 隔离泄漏污染区，限制出入。建议应急处理人员戴防尘口罩，穿防护服。穿戴适当的防护装备前，禁止接触或跨越泄漏物。尽可能切断泄漏源。用塑料布覆盖，减少飞散。用洁净的铲子收集泄漏物，置于干净、干燥、盖子较松的容器中，将容器移离泄漏区。

764. 顺式-1-(3-氯丙基)-2,6-二甲基哌啶盐酸盐

标　识

中文名称 顺式-1-(3-氯丙基)-2,6-二甲基哌啶盐酸盐

英文名称 *cis*-1-(3-Chloropropyl)-2,6-dimethyl-piperidin hydrochloride

分子式 $C_{10}H_{21}Cl_2N$

CAS 号 63645-17-0

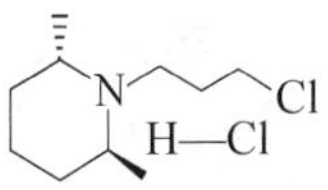

N Cl H—Cl

危害信息

危险性类别 第6类 有毒品

燃烧与爆炸危险性 不燃，无特殊燃爆特性。

禁忌物 强氧化剂、酸类。

中毒表现 食入有毒。长期反复接触可引起器官损害。对皮肤有致敏性。

侵入途径 吸入、食入。

环境危害 对水生生物有毒，可能在水生环境中造成长期不利影响。

理化特性与用途

理化特性 固体。熔点 173~174℃。

包装与储运

包装标志 有毒品

包装类别 Ⅲ类

安全储运 储存于阴凉、通风的库房。远离火种、热源。库温不超过35℃。相对湿度不超过85%。包装密封。应与强氧化剂、酸类等分开存放，切忌混储。配备相应品种和数量的消防器材。储区应备有合适的材料收容泄漏物。

紧急处置信息

急救措施

吸入：迅速脱离现场至空气新鲜处。保持呼吸道通畅。如呼吸困难，给输氧。呼吸、心跳停止，立即进行心肺复苏术。就医。

眼睛接触：立即分开眼睑，用流动清水或生理盐水彻底冲洗。就医。

皮肤接触：立即脱去污染的衣着，用肥皂水和清水彻底冲洗。就医。

食入：漱口，饮水。就医。

灭火方法　消防人员须穿全身消防服，佩戴防毒面具，在上风向灭火。尽可能将容器从火场移至空旷处。喷水保持火场容器冷却，直至灭火结束。

本品不燃，根据着火原因选择适当灭火剂灭火。

泄漏应急处置　隔离泄漏污染区，限制出入。建议应急处理人员戴防尘口罩，穿防毒服，戴橡胶手套。穿上适当的防护服前严禁接触破裂的容器和泄漏物。尽可能切断泄漏源。用塑料布覆盖泄漏物，减少飞散。勿使水进入包装容器内。用洁净的铲子收集泄漏物，置于干净、干燥、盖子较松的容器中，将容器移离泄漏区。

765. 顺式氯氰菊酯

标　识

中文名称　顺式氯氰菊酯

英文名称　α-Cypermethrin；(*SR*)-α-Cyano-3-phenoxybenzyl(1*RS*，3*RS*)-3-(2,2-dichlorovinyl)-2,2-dimethylcyclopropanecarboxylate

分子式　$C_{22}H_{19}Cl_2NO_3$

CAS 号　67375-30-8

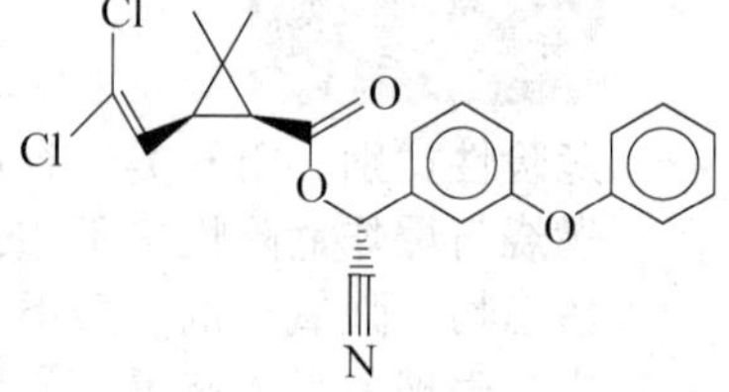

危害信息

危险性类别　第 6 类　有毒品

燃烧与爆炸危险性　无特殊燃爆特性。

禁忌物　强氧化剂、碱类。

毒性　大鼠经口 LD_{50}：79mg/kg；大鼠吸入 LC_{50}：>1900mg/m^3(4h)；大鼠经皮 LD_{50}：500mg/kg；兔经皮 LD_{50}：>2g/kg。

中毒表现　本品属拟除虫菊酯类杀虫剂，该类杀虫剂为神经毒物。吸入引起上呼吸道刺激、头痛、头晕和面部感觉异常。食入引起恶心、呕吐和腹痛。重者出现出现阵发性抽搐、意识障碍、肺水肿，可致死。对眼有刺激性。对皮肤有致敏性。

侵入途径　吸入、食入、经皮吸收。

环境危害　对水生生物有极高毒性，可能在水生环境中造成长期不利影响。

理化特性与用途

理化特性　无色结晶或白色粉末。不溶于水，溶于氯仿、二氯甲烷、甲苯、氯苯等，微溶于乙醇、石油醚。熔点 78～81℃，沸点 200℃(9.3Pa)，相对密度(水=1)1.28，饱和蒸气压 0.02mPa(25℃)，辛醇/水分配系数 6.94。

主要用途 杀虫剂。用于玉米、水稻、棉花、烟草、甜菜、大豆等防治多种害虫。

包装与储运

包装标志 有毒品

包装类别 Ⅲ类

安全储运 储存于阴凉、通风的库房。远离火种、热源。防止阳光直射。储存温度不超过35℃，相对湿度不超过82%。保持容器密封。应与强氧化剂、碱类等分开存放，切忌混储。配备相应品种和数量的消防器材。储区应备有泄漏应急处理设备和合适的收容材料。

紧急处置信息

急救措施

吸入：迅速脱离现场至空气新鲜处。保持呼吸道通畅。如呼吸困难，给输氧。呼吸、心跳停止，立即进行心肺复苏术。就医。

眼睛接触：立即分开眼睑，用流动清水或生理盐水彻底冲洗。就医。

皮肤接触：立即脱去污染的衣着，用流动清水彻底冲洗。就医。

食入：饮适量温水，催吐(仅限于清醒者)。就医。

灭火方法 消防人员须穿全身消防服，佩戴空气呼吸器，在上风向灭火。尽可能将容器从火场移至空旷处。喷水保持火场容器冷却，直至灭火结束。

灭火剂：二氧化碳、泡沫、干粉。

泄漏应急处置 隔离泄漏污染区，限制出入。建议应急处理人员戴防尘口罩，穿防毒服，戴橡胶手套。穿上适当的防护服前严禁接触破裂的容器和泄漏物。尽可能切断泄漏源。用塑料布覆盖泄漏物，减少飞散。勿使水进入包装容器内。用洁净的铲子收集泄漏物，置于干净、干燥、盖子较松的容器中，将容器移离泄漏区。

766. 1,4,5,8-四氨基蒽醌

标　　识

中文名称 1,4,5,8-四氨基蒽醌

英文名称 1,4,5,8-Tetraaminoanthraquinone；C. I. Disperse Blue 1

别名 C. I. 分散蓝 1

分子式 $C_{14}H_{12}N_4O_2$

CAS 号 2475-45-8

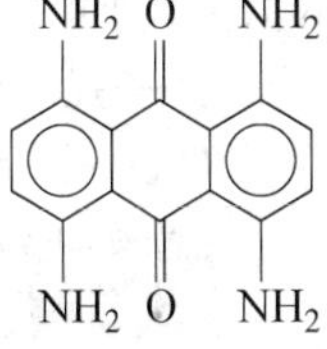

危害信息

燃烧与爆炸危险性 可燃，受热易分解放出有毒的氮氧化物气体。

禁忌物 强氧化剂。

毒性 大鼠经口 *LD*：>3g/kg；小鼠经口 *LD*：>2g/kg。

IARC 致癌性评论：G2B，可疑人类致癌物。

欧盟法规 1272/2008/EC 将本品列为第 1B 类致癌物——可能对人类有致癌能力。

中毒表现 眼接触引起严重损害。对皮肤有刺激性和致敏性。

侵入途径 吸入、食入。

理化特性与用途

理化特性　蓝黑色微晶粉末。不溶于水，溶于丙酮、乙醇、溶纤剂，微溶于苯，亚麻籽油。熔点 332℃，饱和蒸气压 0.002mPa(25℃)，辛醇/水分配系数 2.98。

主要用途　用于毛皮、热塑性树脂、醋酸纤维、尼龙及其他纤维的染色。

包装与储运

安全储运　储存于阴凉、通风的库房。远离火种、热源。保持容器密闭。应与强氧化剂等隔离储运。

紧急处置信息

急救措施

吸入：迅速脱离现场至空气新鲜处。保持呼吸道通畅。如呼吸困难，给输氧。呼吸、心跳停止，立即进行心肺复苏术。就医。

眼睛接触：立即分开眼睑，用流动清水或生理盐水彻底冲洗 5~10min。就医。

皮肤接触：立即脱去污染的衣着，用肥皂水和清水彻底冲洗。就医。

食入：漱口，饮水。就医。

灭火方法　消防人员须穿全身消防服，佩戴空气呼吸器，在上风向灭火。尽可能将容器从火场移至空旷处。喷水保持火场容器冷却，直至灭火结束。

灭火剂：干粉、二氧化碳。

泄漏应急处置　隔离泄漏污染区，限制出入。消除所有点火源。建议应急处理人员戴防尘口罩，穿防毒服，戴橡胶手套。穿上适当的防护服前严禁接触破裂的容器和泄漏物。尽可能切断泄漏源。用塑料布覆盖泄漏物，减少飞散。勿使水进入包装容器内。用洁净的铲子收集泄漏物，置于干净、干燥、盖子较松的容器中，将容器移离泄漏区。

767. 1,1,3,3-四丁基-1,3-二锡氧基二辛酸酯

标　识

中文名称　1,1,3,3-四丁基-1,3-二锡氧基二辛酸酯

英文名称　1,1,3,3-Tetrabutyl-1, 3-ditinoxydicaprylate; Octanoic acid, 1,1,3,3-tetra-butyl-1,3-distannoxanediyl ester

分子式　$C_{32}H_{66}O_5Sn_2$

CAS 号　56533-00-7

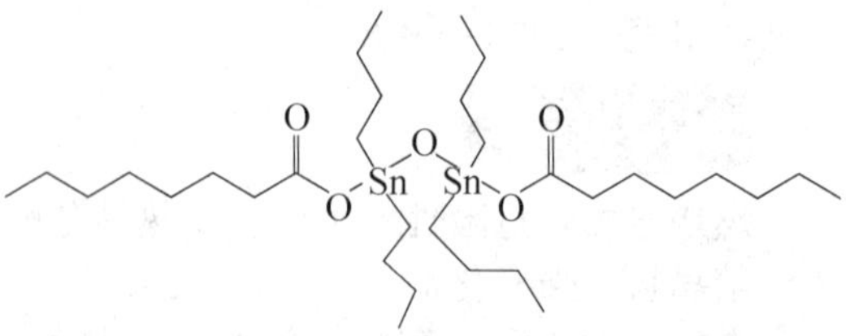

危害信息

燃烧与爆炸危险性　可燃。

禁忌物　氧化剂、强酸。

中毒表现　食入或经皮肤吸收对身体有害。对眼和皮肤有腐蚀性。长期反复接触可能对器官造成损害。

侵入途径　吸入、食入、经皮吸收。

环境危害　对水生生物有极高毒性，可能在水生环境中造成长期不利影响。

理化特性与用途

理化特性 不溶于水。沸点 239.3℃，饱和蒸气压 2.9Pa(25℃)，闪点 107.4℃。

包装与储运

包装标志 杂类

包装类别 Ⅲ类

安全储运 储存于阴凉、通风的库房。远离火种、热源。应与强氧化剂、强酸等隔离储运。

紧急处置信息

急救措施

吸入：迅速脱离现场至空气新鲜处。保持呼吸道通畅。如呼吸困难，给输氧。呼吸、心跳停止，立即进行心肺复苏术。就医。

眼睛接触：立即分开眼睑，用流动清水或生理盐水彻底冲洗 5~10min。就医。

皮肤接触：立即脱去污染的衣着，用大量流动清水彻底冲洗，冲洗时间一般要求 20~30min。就医。

食入：用水漱口，禁止催吐。给饮牛奶或蛋清。就医。

灭火方法 消防人员须穿全身消防服，佩戴空气呼吸器，在上风向灭火。尽可能将容器从火场移至空旷处。

灭火剂：泡沫、二氧化碳。

泄漏应急处置 隔离泄漏污染区，限制出入。消除所有点火源。建议应急处理人员戴防尘口罩，穿耐腐蚀、防毒服，戴耐腐蚀防护手套。穿上适当的防护服前严禁接触破裂的容器和泄漏物。尽可能切断泄漏源。用塑料布覆盖泄漏物，减少飞散。勿使水进入包装容器内。用洁净的铲子收集泄漏物，置于干净、干燥、盖子较松的容器中，将容器移离泄漏区。

768. 1,4,7,10-四(对甲苯磺酰基)-1,4,7,10-四氮杂环十二烷

标　识

中文名称 1,4,7,10-四(对甲苯磺酰基)-1,4,7,10-四氮杂环十二烷

英文名称 1,4,7,10-Tetrakis(p-toluensulfonyl)-1,4,7,10-tetraazacyclododecane

分子式 $C_{36}H_{44}N_4O_8S_4$

CAS 号 52667-88-6

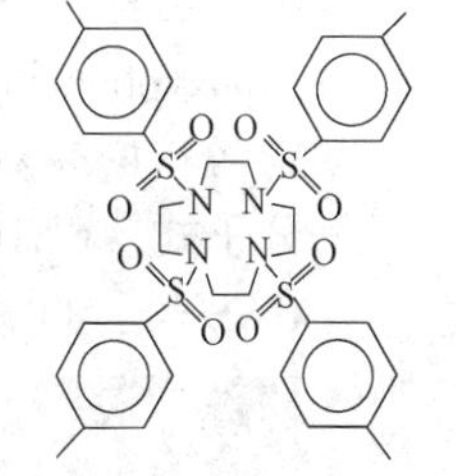

危害信息

燃烧与爆炸危险性 无特殊燃爆特性。

禁忌物 强氧化剂。

中毒表现 对皮肤有致敏性。

侵入途径 吸入、食入。

环境危害 对水生生物有极高毒性，可能在水生环境中造成长期不利影响。

理化特性与用途

理化特性 白色至灰色结晶或粉末，或浅棕色固体。不溶于水。熔点 290~291℃、275~279℃(工业品)。

主要用途 用作化妆品原料、清洗剂的原料和口腔护理用化学品，也用于研究。

包装与储运

包装标志 杂类

包装类别 Ⅲ类

安全储运 储存于阴凉、通风的库房。远离火种、热源。保持容器密闭。应与强氧化剂等隔离储运。

紧急处置信息

急救措施

吸入：迅速脱离现场至空气新鲜处。保持呼吸道通畅。如呼吸困难，给输氧。呼吸、心跳停止，立即进行心肺复苏术。就医。

眼睛接触：立即分开眼睑，用流动清水或生理盐水彻底冲洗。就医。

皮肤接触：立即脱去污染的衣着，用肥皂水和清水彻底冲洗。就医。

食入：漱口，饮水。就医。

灭火方法 消防人员须穿全身消防服，佩戴空气呼吸器，在上风向灭火。尽可能将容器从火场移至空旷处。

根据着火原因选择适当灭火剂灭火。

泄漏应急处置 隔离泄漏污染区，限制出入。建议应急处理人员戴防尘口罩，穿防护服，戴防护手套。穿上适当的防护服前严禁接触破裂的容器和泄漏物。尽可能切断泄漏源。用塑料布覆盖泄漏物，减少飞散。勿使水进入包装容器内。用洁净的铲子收集泄漏物，置于干净、干燥、盖子较松的容器中，将容器移离泄漏区。

769. P,P,P',P'-四-(o-甲氧基苯基)丙烷-1,3-二膦

标 识

中文名称 P,P,P',P'-四-(o-甲氧基苯基)丙烷-1,3-二膦

英文名称 Phosphine, 1,3-propanediylbis bis(2-methoxyphenyl)-; P,P,P',P'-Tetrakis-(o-methoxyphenyl)propane-1,3-diphosphine

别名 1,3-双(二(2-甲氧基苯基)膦)丙烷

分子式 $C_{31}H_{34}O_4P_2$

CAS 号 116163-96-3

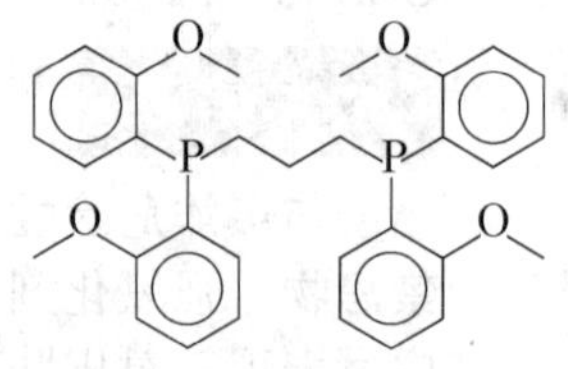

危害信息

燃烧与爆炸危险性 可燃，粉体与空气混合能形成爆炸性混合物。

禁忌物 强氧化剂、酸类。

侵入途径 吸入、食入。

环境危害 对水生生物有极高毒性，可能在水生环境中造成长期不利影响。

理化特性与用途

理化特性 固体。不溶于水。熔点 220℃，沸点 647℃，辛醇/水分配系数 8.61，闪点 436℃。

主要用途 用作化学中间体。

包装与储运

包装标志 杂类

包装类别 Ⅲ类

安全储运 储存于阴凉、通风的库房。远离火种、热源。应与强氧化剂、酸类等隔离储运。

紧急处置信息

急救措施

吸入： 脱离接触。如有不适感，就医。

眼睛接触： 分开眼睑，用流动清水或生理盐水冲洗。如有不适感，就医。

皮肤接触： 脱去污染的衣着，用流动清水冲洗。如有不适感，就医。

食入： 漱口，饮水。就医。

灭火方法 消防人员须穿全身消防服，在上风向灭火。尽可能将容器从火场移至空旷处。喷水保持火场容器冷却，直至灭火结束。

灭火剂：雾状水、泡沫、二氧化碳。

泄漏应急处置 隔离泄漏污染区，限制出入。消除点火源。建议应急处理人员戴防尘口罩，穿防护服。穿上适当的防护服前严禁接触破裂的容器和泄漏物。尽可能切断泄漏源。用塑料布覆盖泄漏物，减少飞散。勿使水进入包装容器内。用洁净的铲子收集泄漏物，置于干净、干燥、盖子较松的容器中，将容器移离泄漏区。

770. 四环己基锡

标　识

中文名称 四环己基锡

英文名称 Tetracyclohexylstannane；Tetracyclohexyltin

分子式 $C_{24}H_{44}Sn$

CAS 号 1449-55-4

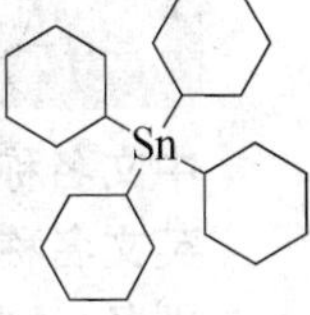

危害信息

燃烧与爆炸危险性 不燃，无特殊燃爆特性。

禁忌物 强氧化剂、强酸。

中毒表现 有机锡中毒的主要临床表现有：眼和鼻黏膜的刺激症状；中毒性神经衰弱综合征；重症出现中毒性脑病。溅入眼内引起结膜炎。可致变应性皮炎。摄入有机锡化合物可致中毒性脑水肿，可产生后遗症，如瘫痪、精神失常和智力障碍。

侵入途径 吸入、食入、经皮吸收。

职业接触限值 美国(ACGIH)：TLV-TWA 0.1mg/m^3；TLV-STEL 0.2mg/m^3[按Sn计][皮]。

环境危害 对水生生物有极高毒性，可能在水生环境中造成长期不利影响。

理化特性与用途

理化特性 白色粉末。不溶于水。熔点241~250℃。

主要用途 在水杨酸酯膜传感器制作中用作阴离子载体。

包装与储运

包装标志 杂类

包装类别 Ⅲ类

安全储运 储存于阴凉、通风的库房。远离火种、热源。应与强氧化剂、强酸等隔离储运。

紧急处置信息

急救措施

吸入：迅速脱离现场至空气新鲜处。保持呼吸道通畅。如呼吸困难，给输氧。呼吸、心跳停止，立即进行心肺复苏术。就医。

眼睛接触：立即分开眼睑，用流动清水或生理盐水彻底冲洗。就医。

皮肤接触：立即脱去污染的衣着，用肥皂水和清水彻底冲洗。就医。

食入：漱口，饮水。就医。

灭火方法 消防人员须穿全身消防服，在上风向灭火。尽可能将容器从火场移至空旷处。喷水保持火场容器冷却，直至灭火结束。

本品不燃，根据着火原因选择适当灭火剂灭火。

泄漏应急处置 隔离泄漏污染区，限制出入。建议应急处理人员戴防尘口罩，穿防毒服，戴橡胶手套。穿上适当的防护服前严禁接触破裂的容器和泄漏物。尽可能切断泄漏源。用塑料布覆盖泄漏物，减少飞散。勿使水进入包装容器内。用洁净的铲子收集泄漏物，置于干净、干燥、盖子较松的容器中，将容器移离泄漏区。

771. 四甲基丁二腈

标　识

中文名称 四甲基丁二腈

英文名称 Tetramethyl succinonitrile；Tetramethylbutanedinitrile

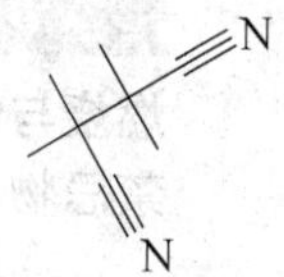

别名 四甲基琥珀腈

分子式 $C_8H_{12}N_2$

CAS 号 3333-52-6

危害信息

危险性类别 第 6 类 有毒品

燃烧与爆炸危险性 可燃。受热易分解，放出有毒的腐蚀性气体。

禁忌物 强氧化剂、强酸。

毒性 大鼠经口 LD_{50}：27mg/kg；大鼠吸入 *LCLo*：60ppm（2h）；兔经皮 *LDLo*：79400μg/kg。

中毒表现 腈类物质可抑制细胞呼吸，造成组织缺氧。腈类中毒出现恶心、呕吐、腹痛、腹泻、胸闷、乏力等症状，重者出现呼吸抑制、血压下降、昏迷、抽搐等。

侵入途径 吸入、食入、经皮吸收。

职业接触限值 美国(ACGIH)：TLV-TWA 0.5ppm[皮]。

理化特性与用途

理化特性 白色结晶或无色无味固体。不溶于水，溶于乙醇、甲醇。熔点 170.5℃，沸点(升华)，相对密度(水=1)1.07，饱和蒸气压 0.15Pa(25℃)，辛醇/水分配系数 1.1。

主要用途 用于生产乙烯基泡沫。

包装与储运

包装标志 有毒品

包装类别 Ⅱ类

安全储运 储存于阴凉、通风的库房。远离火种、热源。库温不超过 35℃。相对湿度不超过 85%。包装密封。应与强氧化剂、强酸、食用化学品等分开存放，切忌混储。储区应备有合适的材料收容泄漏物。

紧急处置信息

急救措施

吸入：迅速脱离现场至空气新鲜处。保持呼吸道通畅。如呼吸困难，给输氧。呼吸、心跳停止，立即进行心肺复苏术。就医。

眼睛接触：立即分开眼睑，用流动清水或生理盐水彻底冲洗。就医。

皮肤接触：立即脱去污染的衣着，用肥皂水和清水彻底冲洗。就医。

食入：催吐(仅限于清醒着)，给服活性炭悬液。就医。

如出现腈类物质中毒症状，使用亚硝酸钠、硫代硫酸钠、4-二甲基氨基苯酚等解毒剂。

灭火方法 消防人员须穿全身消防服，佩戴空气呼吸器，在上风向灭火。尽可能将容器从火场移至空旷处。喷水保持火场容器冷却，直至灭火结束。

灭火剂：水、干粉、泡沫、二氧化碳。

泄漏应急处置 隔离泄漏污染区，限制出入。消除点火源。建议应急处理人员戴防尘口罩，穿防毒服，戴防化学品手套。穿上适当的防护服前严禁接触破裂的容器和泄漏物。尽可能切断泄漏源。用塑料布覆盖泄漏物，减少飞散。勿使水进入包装容器内。用洁净的铲子收集泄漏物，置于干净、干燥、盖子较松的容器中，将容器移离泄漏区。

772. 2,2′-((3,3′,5,5′-四甲基(1,1′-联苯基)-4,4′-二基)-二(氧亚甲基))联(二)环氧乙烷

标　识

中文名称　2,2′-((3,3′5,5′-四甲基(1,1′-联苯基)-4,4′-二基)-二(氧亚甲基))联(二)环氧乙烷

英文名称　2,2′-((3,3′, 5,5′-Tetramethyl-(1,1′-biphenyl)-4,4′-diyl)-bis(oxymethylene))-bis-oxirane

别名　3,3′,5,5′-四甲基联苯双酚二缩水甘油醚

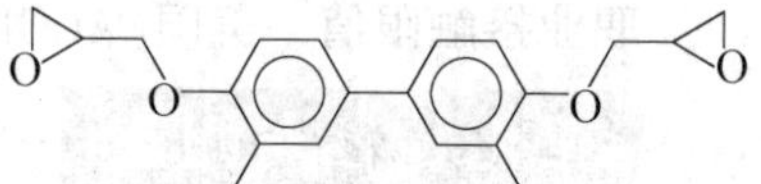

分子式　$C_{22}H_{26}O_4$

CAS 号　85954-11-6

危害信息

燃烧与爆炸危险性　可燃。

禁忌物　强氧化剂、强酸。

毒性　欧盟法规 1272/2008/EC 将本品列为第 2 类致癌物——可疑的人类致癌物。

中毒表现　对皮肤有致敏性。

侵入途径　吸入、食入。

理化特性与用途

理化特性　白色粉末。不溶于水。熔点 105℃，沸点 473℃，相对密度(水=1)1.149，饱和蒸气压 0.001mPa(25℃)，辛醇/水分配系数 4.66，闪点 132℃。

主要用途　用作化工原料和医药中间体。

包装与储运

安全储运　储存于阴凉、通风的库房。远离火种、热源。保持容器密闭。应与强氧化剂、强酸等隔离储运。

紧急处置信息

急救措施

吸入：迅速脱离现场至空气新鲜处。保持呼吸道通畅。如呼吸困难，给输氧。呼吸、心跳停止，立即进行心肺复苏术。就医。

眼睛接触：立即分开眼睑，用流动清水或生理盐水彻底冲洗。就医。

皮肤接触：立即脱去污染的衣着，用肥皂水和清水彻底冲洗。就医。

食入：漱口，饮水。就医。

灭火方法　消防人员须穿全身消防服，佩戴空气呼吸器，在上风向灭火。尽可能将容器从火场移至空旷处。

根据着火原因选择适当灭火剂灭火。

泄漏应急处置　隔离泄漏污染区，限制出入。建议应急处理人员戴防尘口罩，穿防毒服，戴橡胶手套。穿上适当的防护服前严禁接触破裂的容器和泄漏物。尽可能切断泄漏源。

用塑料布覆盖泄漏物，减少飞散。勿使水进入包装容器内。用洁净的铲子收集泄漏物，置于干净、干燥、盖子较松的容器中，将容器移离泄漏区。

773. *N*,*N*,*N*′,*N*′-四甲基-4,4′-双氨基双环己基甲烷

标　识

中文名称　*N*,*N*,*N*′,*N*′-四甲基-4,4′-双氨基双环己基甲烷

英文名称　*N*, *N*, *N*′, *N*′ - Tetramethyl - 4, 4′ - diaminodicyclohexylmethane；4, 4′ - Methylenebis(*N*,*N*′-dimethylcyclohexanamine

分子式　$C_{17}H_{34}N_2$

CAS 号　13474-64-1

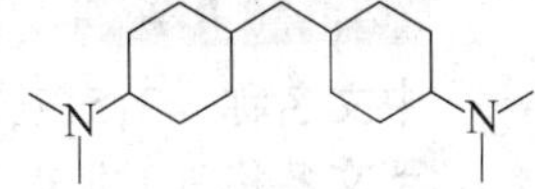

危害信息

危险性类别　第 8 类　腐蚀品

燃烧与爆炸危险性　可燃。

禁忌物　强氧化剂、酸类。

中毒表现　食入有害。可致眼和皮肤灼伤。长期或反复接触可能对器官造成损害。

侵入途径　吸入、食入。

环境危害　对水生生物有害，可能在水生环境中造成长期不利影响。

理化特性与用途

理化特性　微溶于水。沸点 321℃，相对密度(水 = 1)0.92，辛醇/水分配系数 3.94，闪点 133℃。

主要用途　用于交联催化剂、促进剂等。

包装与储运

包装标志　腐蚀品

包装类别　Ⅱ类

安全储运　储存于阴凉、通风的库房。远离火种、热源。库温不超过 30℃。相对湿度不超过 80%。包装要求密封，不可与空气接触。应与强氧化剂、酸类等分开存放，切忌混储。储区应备有泄漏应急处理设备和合适的收容材料。搬运时轻装轻卸，防止容器受损。

紧急处置信息

急救措施

吸入：迅速脱离现场至空气新鲜处。保持呼吸道通畅。如呼吸困难，给输氧。呼吸、心跳停止，立即进行心肺复苏术。就医。

眼睛接触：立即分开眼睑，用流动清水或生理盐水彻底冲洗 5~10min。就医。

皮肤接触：立即脱去污染的衣着，用大量流动清水彻底冲洗，冲洗时间一般要求 20~30min。就医。

食入：用水漱口，禁止催吐。给饮牛奶或蛋清。就医。

灭火方法　消防人员须穿全身消防服，佩戴空气呼吸器，在上风向灭火。尽可能将容

器从火场移至空旷处。喷水保持火场容器冷却，直至灭火结束。

灭火剂：干粉、泡沫、二氧化碳。

泄漏应急处置　隔离泄漏污染区，限制出入。消除点火源。建议应急处理人员戴防尘口罩，穿耐腐蚀、防毒服，戴耐腐蚀橡胶手套。穿上适当的防护服前严禁接触破裂的容器和泄漏物。尽可能切断泄漏源。用塑料布覆盖泄漏物，减少飞散。勿使水进入包装容器内。用洁净的铲子收集泄漏物，置于干净、干燥、盖子较松的容器中，将容器移离泄漏区。

774. 2,5,7,7-四甲基辛醛

标　识

中文名称　2,5,7,7-四甲基辛醛

英文名称　2,5,7,7-Tetramethyloctanal；Lyrisal

分子式　$C_{12}H_{24}O$

CAS 号　114119-97-0

危害信息

燃烧与爆炸危险性　易燃，其蒸气与空气混合能形成爆炸性混合物，遇明火、高热易燃烧爆炸。

禁忌物　强氧化剂、酸碱、醇类。

中毒表现　对皮肤有刺激性和致敏性。

侵入途径　吸入、食入。

环境危害　对水生生物有毒，可能在水生环境中造成长期不利影响。

理化特性与用途

理化特性　无色液体。不溶于水。沸点 68℃（0.02kPa），相对密度（水＝1）0.828，饱和蒸气压 0.1kPa（50℃），闪点 95℃，引燃温度 198℃，爆炸下限 1.1%，爆炸上限 3.3%。

主要用途　用作医药原料等。

包装与储运

包装标志　杂类

包装类别　Ⅲ类

安全储运　储存于阴凉、通风的库房。远离火种、热源。保持容器密闭。应与强氧化剂、酸碱、醇类等隔离储运。搬运时轻装轻卸，防止容器受损。

紧急处置信息

急救措施

吸入：迅速脱离现场至空气新鲜处。保持呼吸道通畅。如呼吸困难，给输氧。呼吸、心跳停止，立即进行心肺复苏术。就医。

眼睛接触：立即分开眼睑，用流动清水或生理盐水彻底冲洗。就医。

皮肤接触：立即脱去污染的衣着，用肥皂水和清水彻底冲洗。就医。

食入：漱口，饮水。就医。

灭火方法 消防人员须穿全身消防服，在上风向灭火。尽可能将容器从火场移至空旷处。喷水保持火场容器冷却，直至灭火结束。

灭火剂：二氧化碳、泡沫、干粉。

泄漏应急处置 根据液体流动和蒸气扩散的影响区域划定警戒区，无关人员从侧风、上风向撤离至安全区。消除所有点火源。建议应急处理人员戴正压自给式呼吸器，穿防护服，戴橡胶手套。穿上适当的防护服前严禁接触破裂的容器和泄漏物。尽可能切断泄漏源。防止泄漏物进入水体、下水道、地下室或有限空间。小量泄漏：用干燥的砂土或其他不燃材料吸收或覆盖，用洁净的无火花工具收集于容器中。大量泄漏：构筑围堤或挖坑收容。用防爆泵转移至槽车或专用收集器内。

775. 2,4,4,7-四甲基-6-辛烯-3-酮

标　识

中文名称 2,4,4,7-四甲基-6-辛烯-3-酮

英文名称 2,4,4,7-Tetramethyl-6-octen-3-one；Claritone

别名 卡瑞酮

分子式 $C_{12}H_{22}O$

CAS 号 74338-72-0

O

危害信息

燃烧与爆炸危险性 可燃。

禁忌物 强氧化剂、酸碱、醇类。

中毒表现 对皮肤有刺激性。

侵入途径 吸入、食入。

环境危害 对水生生物有毒，可能在水生环境中造成长期不利影响。

理化特性与用途

理化特性 无色透明液体。不溶于水。熔点-52～-46℃，沸点 184，相对密度(水=1) 0.85，相对蒸气密度(空气=1)6.3，饱和蒸气压 22Pa(25℃)，辛醇/水分配系数 3.84，闪点 79℃，引燃温度 255℃。

主要用途 用作香水原料。

包装与储运

包装标志 杂类

包装类别 Ⅲ类

安全储运 储存于阴凉、通风的库房。远离火种、热源。应与强氧化剂、酸碱、醇类等隔离储运。搬运时轻装轻卸，防止容器受损。

紧急处置信息

急救措施

吸入： 迅速脱离现场至空气新鲜处。保持呼吸道通畅。如呼吸困难，给输氧。呼吸、

心跳停止，立即进行心肺复苏术。就医。

眼睛接触：立即分开眼睑，用流动清水或生理盐水彻底冲洗。就医。

皮肤接触：立即脱去污染的衣着，用肥皂水和清水彻底冲洗。就医。

食入：漱口，饮水。就医。

灭火方法 消防人员须穿全身消防服，佩戴空气呼吸器，在上风向灭火。尽可能将容器从火场移至空旷处。

根据着火原因选择适当灭火剂灭火。

泄漏应急处置 根据液体流动和蒸气扩散的影响区域划定警戒区，无关人员从侧风、上风向撤离至安全区。消除所有点火源。建议应急处理人员戴正压自给式呼吸器，穿防护服。穿上适当的防护服前严禁接触破裂的容器和泄漏物。尽可能切断泄漏源。防止泄漏物进入水体、下水道、地下室或有限空间。小量泄漏：用干燥的砂土或其他不燃材料吸收或覆盖，用洁净的无火花工具收集于容器中。大量泄漏：构筑围堤或挖坑收容。用泵转移至槽车或专用收集器内。

776. 四聚丙烯

标　识

中文名称 四聚丙烯

英文名称 1-Propene，tetramer；Propylene，tetramer

分子式 $(C_3H_6)_4$

CAS 号 6842-15-5

铁危编号 32012

危害信息

危险性类别 第 3 类 易燃液体

燃烧与爆炸危险性 易燃，其蒸气与空气混合能形成爆炸性混合物，遇明火、高热易燃烧爆炸。

禁忌物 氧化剂。

毒性 大鼠经口 LD_{50}：>5g/kg；大鼠吸入 LC_{50}：>5060mg/m^3(4h)；大鼠经皮 LD_{50}：>2g/kg。

侵入途径 吸入、食入、经皮吸收。

理化特性与用途

理化特性 无色至微黄色透明液体，有石油醚的气味。不溶于水，溶于植物油等。熔点-30℃，沸点 180~205℃，相对密度(水=1)0.76，相对蒸气密度(空气=1)5.81，饱和蒸气压 0.13kPa(47.2℃)，辛醇/水分配系数 1.81，闪点 64℃，引燃温度 255℃。

主要用途 用于制造其他化学品和生产表面活性剂、洗涤剂、润滑油添加剂、增塑剂及石油添加剂。

包装与储运

包装标志 易燃液体

包装类别 Ⅲ类

安全储运 储存于阴凉、通风的库房。库温不宜超过37℃。远离火种、热源。保持容器密封。应与氧化剂等分开存放，切忌混储。采用防爆型照明、通风设施。禁止使用易产生火花的机械设备和工具。灌装时注意流速，防止静电积聚。储区应备有泄漏应急处理设备和合适的收容材料。搬运时轻装轻卸，防止容器受损。

紧急处置信息

急救措施

吸入：迅速脱离现场至空气新鲜处。保持呼吸道通畅。如呼吸困难，给输氧。呼吸、心跳停止，立即进行心肺复苏术。就医。

眼睛接触：立即分开眼睑，用流动清水或生理盐水彻底冲洗。就医。

皮肤接触：立即脱去污染的衣着，用肥皂水和清水彻底冲洗。就医。

食入：漱口，饮水。就医。

灭火方法 消防人员须穿全身消防服，佩戴防毒面具，在上风向灭火。尽可能将容器从火场移至空旷处。喷水保持火场容器冷却，直至灭火结束。处在火场中的容器若发生异常变化或发出异常声音，须马上撤离。

灭火剂：雾状水、泡沫、二氧化碳、干粉、砂土。

泄漏应急处置 根据液体流动和蒸气扩散的影响区域划定警戒区，无关人员从侧风、上风向撤离至安全区。消除所有点火源。应急人员应戴正压自给式呼吸器，穿防静电服，戴橡胶手套。作业时使用的设备应接地。尽可能切断泄漏源，防止泄漏物进入水体、下水道、地下室或有限空间。小量泄漏：用砂土或其他不燃材料吸收，用洁净的无火花工具收集于容器中。大量泄漏：筑围堤或挖坑收容。用泡沫覆盖泄漏物，减少挥发。喷雾状水能减少蒸发，但不能降低泄漏物在有限空间内的易燃性。泄漏物用防爆泵转移至槽车或专用收集器内。

777. 四氯苯醌

标　识

中文名称 四氯苯醌

英文名称 Tetrachloro-*p*-benzoquinone；Chloranil

别名 四氯对醌

分子式 $C_6Cl_4O_2$

CAS号 118-75-2

危害信息

燃烧与爆炸危险性 不易燃，无特殊燃爆特性。

禁忌物 还原剂、强酸。

毒性 大鼠经口 LD_{50}：4g/kg；大鼠吸入 LC_{50}：2485mg/m^3(4h)。

中毒表现 对眼、皮肤和呼吸道有刺激性。影响中枢神经系统。高浓度接触引起神志不清。

侵入途径 吸入、食入。

理化特性与用途

理化特性 黄色叶状结晶或粉末。不溶于水，不溶于石油醚，微溶于热乙醇，溶于乙醚。熔点 290℃，沸点(升华)，相对密度(水=1)1.97，相对蒸气密度(空气=1)8.5，饱和蒸气压 0.1kPa(71℃)，辛醇/水分配系数 3~4.9，闪点>100℃。

主要用途 杀菌剂，用于蔬菜种子处理；用作染料、医药及农药中间体。

包装与储运

安全储运 储存于阴凉、通风的库房。远离火种、热源。应与还原剂、强酸等隔离储运。

紧急处置信息

急救措施

吸入：迅速脱离现场至空气新鲜处。保持呼吸道通畅。如呼吸困难，给输氧。呼吸、心跳停止，立即进行心肺复苏术。就医。

眼睛接触：立即分开眼睑，用流动清水或生理盐水彻底冲洗。就医。

皮肤接触：立即脱去污染的衣着，用肥皂水和清水彻底冲洗。就医。

食入：漱口，饮水。就医。

灭火方法 消防人员须穿全身消防服，在上风向灭火。尽可能将容器从火场移至空旷处。喷水保持火场容器冷却，直至灭火结束。

本品不易燃，根据着火原因选择适当灭火剂灭火。

泄漏应急处置 隔离泄漏污染区，限制出入。消除点火源。建议应急处理人员戴防尘口罩，穿防毒服。穿上适当的防护服前严禁接触破裂的容器和泄漏物。尽可能切断泄漏源。用塑料布覆盖泄漏物，减少飞散。勿使水进入包装容器内。用洁净的铲子收集泄漏物，置于干净、干燥、盖子较松的容器中，将容器移离泄漏区。

778. 四氯对苯二腈

标　识

中文名称 四氯对苯二腈

英文名称 *p*-Phthalodinitrile，tetrachloro-；*p*-Tetrachlorophthalodinitrile

别名 四氯对苯二甲腈

分子式 $C_8Cl_4N_2$

CAS 号 1897-41-2

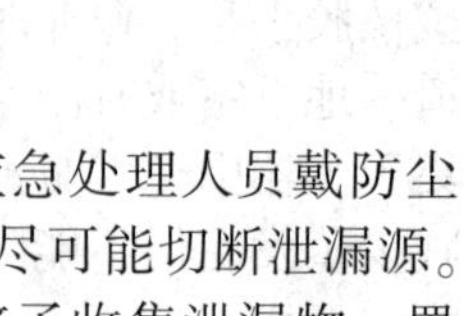

危害信息

燃烧与爆炸危险性 无特殊燃爆特性。

禁忌物 强氧化剂、强酸。

毒性 小鼠经口 LD_{50}：>300mg/kg。

中毒表现 对皮肤有致敏性。

侵入途径 吸入、食入。

环境危害 对水生生物有极高毒性，可能在水生环境中造成长期不利影响。

理化特性与用途

理化特性 白色至淡黄色结晶或粉末。熔点 308~312℃。

主要用途 是重要的有机中间体，广泛用于医药、染料和农药等领域。

包装与储运

包装标志 杂类

包装类别 Ⅲ类

安全储运 储存于阴凉、通风的库房。远离火种、热源。保持容器密闭。应与强氧化剂、强酸等隔离储运。

紧急处置信息

急救措施

吸入：迅速脱离现场至空气新鲜处。保持呼吸道通畅。如呼吸困难，给输氧。呼吸、心跳停止，立即进行心肺复苏术。就医。

眼睛接触：立即分开眼睑，用流动清水或生理盐水彻底冲洗。就医。

皮肤接触：立即脱去污染的衣着，用肥皂水和清水彻底冲洗。就医。

食入：漱口，饮水。就医。

灭火方法 消防人员须穿全身消防服，佩戴空气呼吸器，在上风向灭火。尽可能将容器从火场移至空旷处。

根据着火原因选择适当灭火剂灭火。

泄漏应急处置 隔离泄漏污染区，限制出入。建议应急处理人员戴防尘口罩，穿防毒服，戴防护手套。穿上适当的防护服前严禁接触破裂的容器和泄漏物。尽可能切断泄漏源。用塑料布覆盖泄漏物，减少飞散。勿使水进入包装容器内。用洁净的铲子收集泄漏物，置于干净、干燥、盖子较松的容器中，将容器移离泄漏区。

779. 2,3,7,8-四氯二苯并对二噁英

标　识

中文名称 2,3,7,8-四氯二苯并对二噁英

英文名称 2,3,7,8-Tetrachlorodibenzo-1,4-dioxin；2,3,7,8-Tetrachlorodibenzo-*p*-dioxin

别名 二噁英

分子式 $C_{12}H_4Cl_4O_2$

CAS 号 1746-01-6

Cl O Cl Cl O Cl

危害信息

危险性类别 第 6 类 有毒品

燃烧与爆炸危险性 不燃，受热易分解放出有毒的刺激性气体。在高温火场中受热的容器有破裂和爆炸的危险。

毒性 小鼠经口 LD_{50}：114μg/kg；豚鼠经口 LD_{50}：500ng/kg；兔经皮 LD_{50}：275μg/kg。

根据《危险化学品目录》的备注，本品属剧毒化学品。

IARC 致癌性评论：G1，确认人类致癌物。

中毒表现　对眼、皮肤和呼吸道有刺激性。影响心血管系统、胃肠道、肝脏、神经系统、内分泌系统和免疫系统。长期或反复皮肤接触引起皮炎、氯痤疮。确认人类致癌物。动物实验显示本品可能对人类有生殖和发育毒性。

侵入途径　吸入、食入、经皮吸收。

环境危害　对水生生物有极高毒性，可能在水生环境中造成长期不利影响。

理化特性与用途

理化特性　无色至白色结晶或浅棕色结晶性粉末。不溶于水，微溶于苯、氯苯、氯仿。熔点 305~306℃，分解温度 700℃，相对密度(水=1)1.8，饱和蒸气压 0.027mPa(25℃)，辛醇/水分配系数 6.8~7.02。

主要用途　供研究用。

包装与储运

包装标志　有毒品

包装类别　Ⅰ类

安全储运　储存于阴凉、通风的库房。远离火种、热源。库温不超过 35℃。相对湿度不超过 85%。包装密封。应与食用化学品等分开存放，切忌混储。储区应备有合适的材料收容泄漏物。应严格执行剧毒品“双人收发、双人保管”制度。

紧急处置信息

急救措施

吸入：迅速脱离现场至空气新鲜处。保持呼吸道通畅。如呼吸困难，给输氧。呼吸、心跳停止，立即进行心肺复苏术。就医。

眼睛接触：立即分开眼睑，用流动清水或生理盐水彻底冲洗。就医。

皮肤接触：立即脱去污染的衣着，用肥皂水和清水彻底冲洗。就医。

食入：漱口，饮水。就医。

灭火方法　消防人员须穿全身消防服，佩戴空气呼吸器，在上风向灭火。尽可能将容器从火场移至空旷处。喷水保持火场容器冷却，直至灭火结束。

根据着火原因选择适当灭火剂灭火。

泄漏应急处置　隔离泄漏污染区，限制出入。建议应急处理人员戴防尘口罩，穿防毒服，戴防化学品手套。穿上适当的防护服前严禁接触破裂的容器和泄漏物。尽可能切断泄漏源。用塑料布覆盖泄漏物，减少飞散。勿使水进入包装容器内。用洁净的铲子收集泄漏物，置于干净、干燥、盖子较松的容器中，将容器移离泄漏区。

780. 4,4,5,5-四氯-1,3-二氧戊环-2-酮

标　识

中文名称　4,4,5,5-四氯-1,3-二氧戊环-2-酮

英文名称　1,3-Dioxolan-2-one, 4,4,5,5-tetrachloro-; 4,4,5,5-Tetrachloro-1,3-dioxolan-2-one；Tetrachloroethylene carbonate

别名 碳酸四氯乙烯酯

分子式 $C_3Cl_4O_3$

CAS 号 22432-68-4

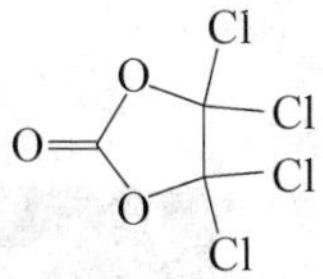

危害信息

危险性类别 第 6 类 有毒品

燃烧与爆炸危险性 可燃。

禁忌物 氧化剂、酸碱、醇类。

中毒表现 吸入致死。食入有害。对眼和皮肤有腐蚀性。

侵入途径 吸入、食入。

理化特性与用途

理化特性 琥珀色透明液体。不溶于水。熔点-17℃，沸点 223℃，相对密度(水=1) 1.71，饱和蒸气压 2Pa(20℃)，辛醇/水分配系数 2.9，闪点 99℃，引燃温度>835℃。

主要用途 用于制羧酸的氯化物等。

包装与储运

包装标志 有毒品，腐蚀品

包装类别 Ⅱ类

安全储运 储存于阴凉、干燥、通风良好的库房。远离火种、热源。防止阳光直射。储存温度不超过 30℃，相对湿度不超过 75%。保持容器密封。应与氧化剂、酸碱、醇类、食用化学品等分开存放，切忌混储。配备相应品种和数量的消防器材。储区应备有合适的材料收容泄漏物。搬运时轻装轻卸，防止容器受损。

紧急处置信息

急救措施

吸入：迅速脱离现场至空气新鲜处。保持呼吸道通畅。如呼吸困难，给输氧。呼吸、心跳停止，立即进行心肺复苏术。就医。

眼睛接触：立即分开眼睑，用流动清水或生理盐水彻底冲洗 5~10min。就医。

皮肤接触：立即脱去污染的衣着，用大量流动清水彻底冲洗，冲洗时间一般要求 20~30min。就医。

食入：用水漱口，禁止催吐。给饮牛奶或蛋清。就医。

灭火方法 消防人员须穿全身防火防毒服，在上风向灭火。尽可能将容器从火场移至空旷处。喷水保持火场容器冷却直至灭火结束。

灭火剂：泡沫、二氧化碳、干粉。

泄漏应急处置 根据液体流动和蒸气扩散的影响区域划定警戒区，无关人员从侧风、上风向撤离至安全区。消除所有点火源。建议应急处理人员戴防毒面具，穿耐腐蚀、防毒服，戴耐腐蚀橡胶手套。禁止接触或跨越泄漏物。尽可能切断泄漏源。防止泄漏物进入水体、下水道、地下室或有限空间。小量泄漏：用砂土或其他不燃材料吸收。使用洁净的无火花工具收集吸收材料。大量泄漏：构筑围堤或挖坑收容。用泡沫覆盖，减少蒸发。用泵转移至槽车或专用收集器内。

781. 四氯化铂酸二钠

标　识

中文名称　四氯化铂酸二钠

英文名称　Disodium tetrachloroplatinate; Platinate(2-), tetrachloro-, disodium

别名　四氯铂(Ⅱ)酸钠;四氯铂酸钠水合物

分子式　Na_2PtCl_4

CAS 号　10026-00-3

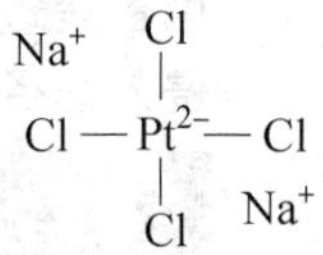

危害信息

危险性类别　第 6 类　有毒品

燃烧与爆炸危险性　不燃，无特殊燃爆特性。

禁忌物　强氧化剂。

中毒表现　食入可引起中毒。对皮肤有刺激性和致敏性。对呼吸道有致敏性。眼接触可引起严重损害。

侵入途径　吸入、食入。

理化特性与用途

理化特性　深红色结晶或浅红棕色粉末。易溶于水。熔点 100℃。

主要用途　用于催化剂制备。

包装与储运

包装标志　有毒品

包装类别　Ⅲ类

安全储运　储存于阴凉、通风的库房。远离火种、热源。库温不超过 35℃。相对湿度不超过 85%。包装密封。应与强氧化剂等分开存放，切忌混储。配备相应品种和数量的消防器材。储区应备有合适的材料收容泄漏物。

紧急处置信息

急救措施

吸入：迅速脱离现场至空气新鲜处。保持呼吸道通畅。如呼吸困难，给输氧。呼吸、心跳停止，立即进行心肺复苏术。就医。

眼睛接触：立即分开眼睑，用流动清水或生理盐水彻底冲洗 5~10min。就医。

皮肤接触：立即脱去污染的衣着，用肥皂水和清水彻底冲洗。就医。

食入：漱口，饮水。就医。

灭火方法　消防人员须穿全身消防服，佩戴防毒面具，在上风向灭火。尽可能将容器从火场移至空旷处。喷水保持火场容器冷却，直至灭火结束。

本品不燃，根据着火原因选择适当灭火剂灭火。

泄漏应急处置　隔离泄漏污染区，限制出入。建议应急处理人员戴防尘口罩，穿防毒服，戴橡胶手套。穿上适当的防护服前严禁接触破裂的容器和泄漏物。尽可能切断泄漏源。

用干燥的砂土或其他不燃材料覆盖泄漏物，然后用塑料布覆盖，减少飞散、避免雨淋。用洁净的铲子收集泄漏物，置于干净、干燥、盖子较松的容器中，将容器移离泄漏区。

782. 四氯化萘

标　识

中文名称　四氯化萘

英文名称　Naphthalene，tetrachloro-；Tetrachloronaphthalene

分子式　$C_{10}H_4Cl_4$

CAS 号　1335-88-2

铁危编号　61827

危害信息

燃烧与爆炸危险性　可燃，粉体与空气混合能形成爆炸性混合物，遇明火、高热易燃烧爆炸。受热易分解，放出有毒的刺激性气体。在高温火场中，受热的容器有破裂和爆炸的危险。

禁忌物　强氧化剂。

中毒表现　对眼和皮肤有刺激性。可引起皮炎。长期或反复接触可能引起肝损伤。

侵入途径　吸入、食入、经皮吸收。

职业接触限值　美国(ACGIH)：TLV-TWA 2mg/m^3。

理化特性与用途

理化特性　无色至淡黄色固体，有芳香气味。不溶于水，溶于有机溶剂。熔点 182℃，沸点 311.5~360℃，相对密度(水=1)1.59~1.65，相对蒸气密度(空气=1)9.2，饱和蒸气压 0.13mPa(25℃)，辛醇/水分配系数 5.86，闪点 210℃(开杯)。

主要用途　用作浸渍纤维制品、木材、纸的涂料树脂的成分，切削油添加剂以及电气绝缘材料等。

包装与储运

安全储运　储存于阴凉、通风的库房。远离火种、热源。应与强氧化剂等隔离储运。

紧急处置信息

急救措施

吸入：迅速脱离现场至空气新鲜处。保持呼吸道通畅。如呼吸困难，给输氧。呼吸、心跳停止，立即进行心肺复苏术。就医。

眼睛接触：立即分开眼睑，用流动清水或生理盐水彻底冲洗。就医。

皮肤接触：立即脱去污染的衣着，用肥皂水和清水彻底冲洗。就医。

食入：漱口，饮水。就医。

灭火方法　消防人员须穿全身消防服，佩戴空气呼吸器，在上风向灭火。尽可能将容器从火场移至空旷处。喷水保持火场容器冷却，直至灭火结束。

灭火剂：水、泡沫、干粉、二氧化碳。

泄漏应急处置　隔离泄漏污染区，限制出入。消除点火源。建议应急处理人员戴防尘口罩，穿防护服，戴护手套。穿上适当的防护服前严禁接触破裂的容器和泄漏物。尽可能切断泄漏源。用塑料布覆盖，减少飞散、避免雨淋。用洁净的铲子收集泄漏物，置于干净、干燥、盖子较松的容器中，将容器移离。

783. α,α,α,4-四氯甲苯

标　识

中文名称　α,α,α, 4-四氯甲苯

英文名称　α,α,α,4-Tetrachlorotoluene; p-Chlorobenzotrichloride; 1-Chloro-4-(trichloromethyl)benzene

别名　4-氯(三氯甲基)苯;对氯三氯甲苯

分子式　$C_7H_4Cl_4$

CAS 号　5216-25-1

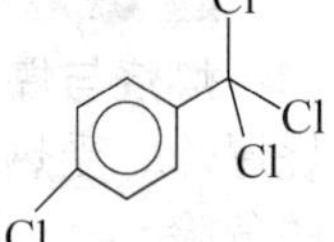

危害信息

燃烧与爆炸危险性　可燃，其蒸气与空气混合能形成爆炸性混合物，遇明火、高热易燃烧爆炸。

禁忌物　强氧化剂。

毒性　大鼠经口 LD_{50}：820mg/kg；小鼠经口 LD_{50}：700mg/kg；大鼠吸入 LC_{50}：125mg/m^3；小鼠吸入 LC_{50}：125mg/m^3；兔经皮 LD_{50}：>2g/kg。

欧盟法规 1272/2008/EC 将本品列为第 1B 类致癌物——可能对人类有致癌能力；第 2 类生殖毒物——可疑的人类生殖毒物。

中毒表现　食入或经皮肤吸收对身体有害。对皮肤和呼吸道有刺激性。长期反复接触对器官可能造成损害。

侵入途径　吸入、食入、经皮吸收。

理化特性与用途

理化特性　无色透明液体，工业品为淡黄色透明液体。不溶于水，溶于苯、甲苯，易溶于丙酮、乙醚。熔点 5.8℃，沸点 245℃，相对密度(水=1)1.48，相对蒸气密度(空气=1)7.93，饱和蒸气压 5.1Pa(25℃)，辛醇/水分配系数 4.54，闪点 109℃，引燃温度 505℃。

主要用途　是除草剂氟乐灵、乙氧氟草醚、三氟羧草醚、氟磺胺草醚、乙羧氟草醚、乳氟禾草灵等的中间体。

包装与储运

安全储运　储存于阴凉、通风的库房。远离火种、热源。应与强氧化剂等隔离储运。搬运时轻装轻卸，防止容器受损。

紧急处置信息

急救措施

吸入：迅速脱离现场至空气新鲜处。保持呼吸道通畅。如呼吸困难，给输氧。呼吸、

心跳停止，立即进行心肺复苏术。就医。

眼睛接触：立即分开眼睑，用流动清水或生理盐水彻底冲洗。就医。

皮肤接触：立即脱去污染的衣着，用肥皂水和清水彻底冲洗。就医。

食入：漱口，饮水。就医。

灭火方法 消防人员须穿全身消防服，佩戴空气呼吸器，在上风向灭火。尽可能将容器从火场移至空旷处。喷水保持火场容器冷却，直至灭火结束。处在火场中的容器若发生异常变化或发出异常声音，须马上撤离。

灭火剂：泡沫、二氧化碳、干粉、砂土。

泄漏应急处置 根据液体流动和蒸气扩散的影响区域划定警戒区，无关人员从侧风、上风向撤离至安全区。消除所有点火源。建议应急处理人员戴防毒面具，穿防毒服，戴橡胶手套。禁止接触或跨越泄漏物。尽可能切断泄漏源。防止泄漏物进入水体、下水道、地下室或有限空间。小量泄漏：用砂土或其他不燃材料吸收。使用洁净的无火花工具收集吸收材料。大量泄漏：构筑围堤或挖坑收容。用泡沫覆盖，减少蒸发。用泵转移至槽车或专用收集器内。

784. 2,3,5,6-四氯-4-(甲磺酰)吡啶

标　识

中文名称 2,3,5,6-四氯-4-(甲磺酰)吡啶

英文名称 2,3,5,6-Tetrachloro-4-(methylsulphonyl)pyridine；2,3,5,6-Tetrachloro-4-(methylsulfonyl)pyridine

别名 四氯吡啶磺酸甲酯

分子式 $C_6H_3Cl_4NO_2S$

CAS 号 13108-52-6

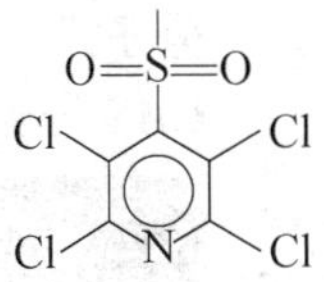

O=S=O
Cl Cl
Cl N Cl

危害信息

燃烧与爆炸危险性 可燃。

禁忌物 强氧化剂、强酸。

毒性 大鼠经口 LD_{50}：770mg/kg。

中毒表现 食入或经皮吸收对身体有害。对眼有刺激性。对皮肤有致敏性。

侵入途径 吸入、食入、经皮吸收。

理化特性与用途

理化特性 白色粉末。微溶于水。沸点 451，相对密度(水=1)1.71，饱和蒸气压 0.009mPa(25℃)，辛醇/水分配系数 2.46，闪点 226℃。

主要用途 用作杀真菌剂和杀虫剂。

包装与储运

安全储运 储存于阴凉、通风的库房。远离火种、热源。保持容器密闭。应与强氧化剂、强酸等隔离储运。

紧急处置信息

急救措施

吸入：迅速脱离现场至空气新鲜处。保持呼吸道通畅。如呼吸困难，给输氧。呼吸、心跳停止，立即进行心肺复苏术。就医。

眼睛接触：立即分开眼睑，用流动清水或生理盐水彻底冲洗。就医。

皮肤接触：立即脱去污染的衣着，用肥皂水和清水彻底冲洗。就医。

食入：漱口，饮水。就医。

灭火方法 消防人员须穿全身防火防毒服，佩戴空气呼吸器，在上风向灭火。尽可能将容器从火场移至空旷处。喷水保持火场容器冷却，直至灭火结束。

根据着火原因选择适当灭火剂灭火。

泄漏应急处置 隔离泄漏污染区，限制出入。建议应急处理人员戴防尘口罩，穿防毒服，戴防护手套。穿上适当的防护服前严禁接触破裂的容器和泄漏物。尽可能切断泄漏源。用塑料布覆盖泄漏物，减少飞散。勿使水进入包装容器内。用洁净的铲子收集泄漏物，置于干净、干燥、盖子较松的容器中，将容器移离泄漏区。

785. 四氯邻苯二甲酸酐

标 识

中文名称 四氯邻苯二甲酸酐

英文名称 Tetrachlorophthalic anhydride；4,5,6,7-Tetrachloro-1,3-isobenzofurandione

别名 四氯苯酐

分子式 $C_8Cl_4O_3$

CAS 号 117-08-8

Cl Cl Cl Cl O O O

危害信息

燃烧与爆炸危险性 可燃，粉体与空气混合能形成爆炸性混合物，遇明火、高热易燃烧爆炸。燃烧产生有毒的具有刺激性的气体。

禁忌物 强氧化剂、还原剂、强碱。

毒性 大鼠经口 LD_{50}：>15800mg/kg；大鼠吸入 LC：>3600mg/m^3(4h)；兔经皮 LD_{50}：>5g/kg。

中毒表现 对眼、皮肤和呼吸道有刺激性。对呼吸道有致敏性，可引起哮喘。

侵入途径 吸入、食入、经皮吸收。

环境危害 对水生生物有极高毒性，可能在水生环境中造成长期不利影响。

理化特性与用途

理化特性 无气味针状结晶或白色粉末。不溶于水。熔点 255~256.5℃，沸点 371℃，相对密度(水=1)1.49(275℃)，饱和蒸气压 0.07mPa(25℃)，辛醇/水分配系数 4.65，闪点 362℃(闭杯)。

主要用途 在不饱和聚酯、聚氨酯泡沫、表面涂料中用作阻燃剂，也是颜料、药物和增塑剂的中间体。

包装与储运

包装标志 杂类

包装类别 Ⅲ类

安全储运 储存于阴凉、通风的库房。远离火种、热源。应与强氧化剂、还原剂、强碱等隔离储运。

紧急处置信息

急救措施

吸入：迅速脱离现场至空气新鲜处。保持呼吸道通畅。如呼吸困难，给输氧。呼吸、心跳停止，立即进行心肺复苏术。就医。

眼睛接触：立即分开眼睑，用流动清水或生理盐水彻底冲洗。就医。

皮肤接触：立即脱去污染的衣着，用肥皂水和清水彻底冲洗。就医。

食入：漱口，饮水。就医。

灭火方法 消防人员须穿全身消防服，佩戴空气呼吸器，在上风向灭火。尽可能将容器从火场移至空旷处。喷水保持火场容器冷却，直至灭火结束。

灭火剂：水、干粉。

泄漏应急处置 隔离泄漏污染区，限制出入。消除点火源。建议应急处理人员戴防尘口罩，穿防护服，戴防护手套。穿上适当的防护服前严禁接触破裂的容器和泄漏物。尽可能切断泄漏源。用塑料布覆盖，减少飞散、避免雨淋。用洁净的铲子收集泄漏物，置于干净、干燥、盖子较松的容器中，将容器移离泄漏区。

786. 1,1,2,2-四氯乙烷

标　识

中文名称 1,1,2,2-四氯乙烷

英文名称 1,1,2,2-Tetrachloroethane；Tetrachloroethane

别名 对称四氯乙烷

分子式 $C_2H_2Cl_4$

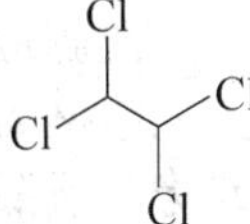

CAS 号 79-34-5

铁危编号 61556

UN 号 1702

危害信息

危险性类别 第6类 有毒品

燃烧与爆炸危险性 在火场易生成氯化氢气体。

禁忌物 强氧化剂。

毒性 大鼠经口 LD_{50}：200mg/kg；大鼠吸入 LC_{50}：8600mg/m^3(4h)；兔经皮 LD_{50}：3990mg/kg。

中毒表现 对中枢神经系统有麻醉作用和抑制作用，可引起肝、肾和心肌损害。短期吸入主要为黏膜刺激症状。急性及亚急性中毒主要为消化道和神经系统症状。可

有食欲减退、呕吐、腹痛、黄疸、肝大、腹水。长期吸入可引起无力、头痛、失眠、便秘或腹泻、肝功损害和多发性神经炎。

侵入途径 吸入、食入、经皮吸收。

职业接触限值 美国(ACGIH)：TLV-TWA 1ppm[皮]。

环境危害 对水生生物有毒，可能在水生环境中造成长期不利影响。

理化特性与用途

理化特性 无色至淡黄色液体，有氯仿样气味。微溶于水，溶于丙酮，混溶于乙醇、乙醚、甲醇、苯、氯仿、四氯化碳、二硫化碳等。熔点-44℃，沸点 146℃，相对密度(水=1)1.59，相对蒸气密度(空气=1)5.8，饱和蒸气压 0.647kPa(20℃)，临界温度 388℃，临界压力 3.99MPa，辛醇/水分配系数 2.39。

主要用途 用作溶剂，用于有机合成。

包装与储运

包装标志 有毒品

包装类别 Ⅱ类

安全储运 储存于阴凉、通风的库房。远离火种、热源。储存温度不超过 32℃，相对湿度不超过 85%。保持容器密封。应与强氧化剂等分开存放，切忌混储。配备相应品种和数量的消防器材。储区应备有合适的材料收容泄漏物。搬运时轻装轻卸，防止容器受损。

紧急处置信息

急救措施

吸入：迅速脱离现场至空气新鲜处。保持呼吸道通畅。如呼吸困难，给输氧。呼吸、心跳停止，立即进行心肺复苏术。就医。

眼睛接触：立即分开眼睑，用流动清水或生理盐水彻底冲洗。就医。

皮肤接触：立即脱去污染的衣着，用肥皂水和清水彻底冲洗。就医。

食入：漱口，饮水。就医。

灭火方法 消防人员须穿全身消防服，佩戴空气呼吸器，在上风向灭火。尽可能将容器从火场移至空旷处。喷水保持火场容器冷却，直至灭火结束。处在火场中的容器若发生异常变化或发出异常声音，须马上撤离。

灭火剂：干粉、二氧化碳、水。

泄漏应急处置 根据液体流动和蒸气扩散的影响区域划定警戒区，无关人员从侧风、上风向撤离至安全区。建议应急处理人员戴防毒面具，穿防毒服，戴橡胶手套。禁止接触或跨越泄漏物。尽可能切断泄漏源。防止泄漏物进入水体、下水道、地下室或有限空间。小量泄漏：用砂土或其他不燃材料吸收。使用洁净的无火花工具收集吸收材料。大量泄漏：构筑围堤或挖坑收容。用泡沫覆盖，减少蒸发。用泵转移至槽车或专用收集器内。

787. (*S*)-(-)-1,2,3,4-四氢-3-异喹啉甲酸苄酯对甲苯磺酸盐

标　识

中文名称 (*S*)-(-)-1,2,3,4-四氢-3-异喹啉甲酸苄酯对甲苯磺酸盐

英文名称　(*S*)-3-Benzyloxycarbonyl-1,2,3,4-tetrahydro-isoquinolinium 4-methylbenzenesulfonate

分子式　$C_{24}H_{25}NO_5S$

CAS 号　77497-97-3

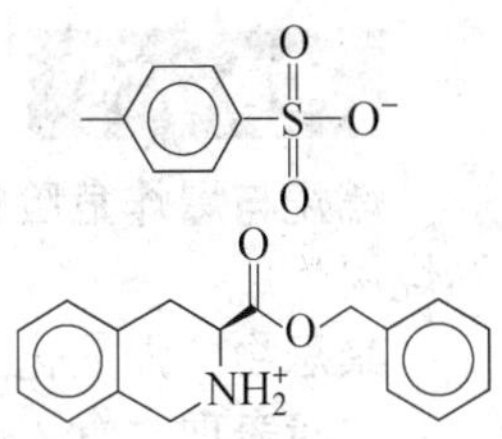

危害信息

燃烧与爆炸危险性　无特殊燃爆特性。

禁忌物　强氧化剂。

侵入途径　吸入、食入。

环境危害　对水生生物有毒，可能在水生环境中造成长期不利影响。

理化特性与用途

理化特性　白色结晶或白色或类白色粉末。熔点 145~150℃，辛醇/水分配系数 2.808。

主要用途　用于制新型抗真菌剂，用作医药中间体。

包装与储运

包装标志　杂类

包装类别　Ⅲ类

安全储运　储存于阴凉、通风的库房。远离火种、热源。应与强氧化剂等隔离储运。

紧急处置信息

急救措施

吸入：脱离接触。如有不适感，就医。

眼睛接触：分开眼睑，用流动清水或生理盐水冲洗。如有不适感，就医。

皮肤接触：脱去污染的衣着，用流动清水冲洗。如有不适感，就医。

食入：漱口，饮水。就医。

灭火方法　消防人员须穿全身消防服，佩戴空气呼吸器，在上风向灭火。尽可能将容器从火场移至空旷处。

根据着火原因选择适当灭火剂灭火。

泄漏应急处置　隔离泄漏污染区，限制出入。建议应急处理人员戴防尘口罩，穿防护服。穿上适当的防护服前严禁接触破裂的容器和泄漏物。尽可能切断泄漏源。用塑料布覆盖泄漏物，减少飞散。勿使水进入包装容器内。用洁净的铲子收集泄漏物，置于干净、干燥、盖子较松的容器中，将容器移离泄漏区。

788. 1,2,3,4-四氢-6-硝基喹喔啉

标　识

中文名称　1,2,3,4-四氢-6-硝基喹喔啉

英文名称　1,2,3,4-Tetrahydro-6-nitroquinoxaline；6-Nitro-1,2,3,4-tetrahydroquinoxaline

别名　四氢-6-硝基喹喔啉

分子式 $C_8H_9N_3O_2$

CAS 号 41959-35-7

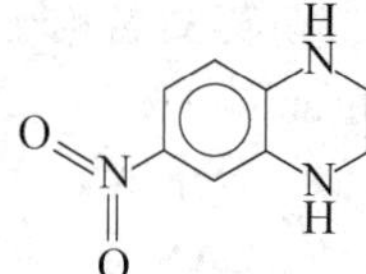

危害信息

燃烧与爆炸危险性 可燃，其粉体与空气混合能形成爆炸性混合物，遇明火、高热易燃烧爆炸。

禁忌物 强氧化剂。

中毒表现 食入有害。

侵入途径 吸入、食入。

环境危害 对水生生物有毒，可能在水生环境中造成长期不利影响。

理化特性与用途

理化特性 深红色结晶粉末。微溶于水。熔点 115℃，沸点 360℃，相对密度(水=1) 1.278，饱和蒸气压 2.93mPa(25℃)，辛醇/水分配系数 2.16，闪点 172℃。

主要用途 医药原料。

包装与储运

包装标志 杂类

包装类别 Ⅲ类

安全储运 储存于阴凉、通风的库房。远离火种、热源。应与强氧化剂等隔离储运。

紧急处置信息

急救措施

吸入：迅速脱离现场至空气新鲜处。保持呼吸道通畅。如呼吸困难，给输氧。呼吸、心跳停止，立即进行心肺复苏术。就医。

眼睛接触：立即分开眼睑，用流动清水或生理盐水彻底冲洗。就医。

皮肤接触：立即脱去污染的衣着，用肥皂水和清水彻底冲洗。就医。

食入：漱口，饮水。就医。

灭火方法 消防人员须穿全身消防服，佩戴空气呼吸器，在上风向灭火。尽可能将容器从火场移至空旷处。喷水保持火场容器冷却，直至灭火结束。

灭火剂：泡沫、干粉、二氧化碳。

泄漏应急处置 隔离泄漏污染区，限制出入。消除点火源。建议应急处理人员戴防尘口罩，穿防护服。穿上适当的防护服前严禁接触破裂的容器和泄漏物。尽可能切断泄漏源。用塑料布覆盖泄漏物，减少飞散。勿使水进入包装容器内。用洁净的铲子收集泄漏物，置于干净、干燥、盖子较松的容器中，将容器移离泄漏区。

789. 2,5-四氢呋喃二甲醇

标　识

中文名称 2,5-四氢呋喃二甲醇

英文名称 Tetrahydrofuran-2,5-diyldimethanol

别名 2,5-二羟甲基四氢呋喃

分子式 $C_6H_{12}O_3$

CAS 号 104-80-3

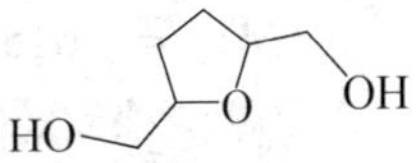

危害信息

燃烧与爆炸危险性 可燃。

禁忌物 强氧化剂、强酸。

中毒表现 对眼、皮肤和呼吸道有刺激性。

侵入途径 吸入、食入。

理化特性与用途

理化特性 淡黄色液体。易溶于水，溶于氯仿、乙酸乙酯、甲醇。熔点-50℃，沸点265℃，相对密度(水=1)1.13，饱和蒸气压0.27Pa(25℃)，辛醇/水分配系数-0.75，闪点112℃。

主要用途 用作医药中间体，用于有机合成。

包装与储运

安全储运 储存于阴凉、通风的库房。远离火种、热源。应与强氧化剂、强酸等隔离储运。搬运时轻装轻卸，防止容器受损。

紧急处置信息

急救措施

吸入：迅速脱离现场至空气新鲜处。保持呼吸道通畅。如呼吸困难，给输氧。呼吸、心跳停止，立即进行心肺复苏术。就医。

眼睛接触：立即分开眼睑，用流动清水或生理盐水彻底冲洗。就医。

皮肤接触：立即脱去污染的衣着，用肥皂水和清水彻底冲洗。就医。

食入：漱口，饮水。就医。

灭火方法 消防人员须穿全身消防服，佩戴空气呼吸器，在上风向灭火。尽可能将容器从火场移至空旷处。

灭火剂：干粉、二氧化碳。

泄漏应急处置 根据液体流动和蒸气扩散的影响区域划定警戒区，无关人员从侧风、上风向撤离至安全区。建议应急处理人员戴正压自给式呼吸器，穿防护服，戴橡胶手套。穿上适当的防护服前严禁接触破裂的容器和泄漏物。尽可能切断泄漏源。防止泄漏物进入水体、下水道、地下室或有限空间。小量泄漏：用干燥的砂土或其他不燃材料吸收或覆盖，收集于容器中。大量泄漏：构筑围堤或挖坑收容。用泵转移至槽车或专用收集器内。

790. 四氢化噻喃-3-甲醛

标　识

中文名称 四氢化噻喃-3-甲醛

英文名称 Tetrahydrothiopyran-3-carboxaldehyde

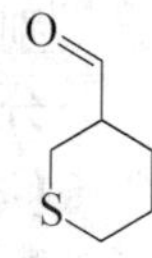

分子式 $C_6H_{10}OS$
CAS 号 61571-06-0

危害信息

燃烧与爆炸危险性 可燃。

禁忌物 强氧化剂、酸碱、醇类。

毒性 欧盟法规 1272/2008/EC 将本品列为第 1B 类生殖毒物——可能的人类生殖毒物。

中毒表现 眼睛接触引起严重损害。

侵入途径 吸入、食入。

环境危害 对水生生物有害，可能在水生环境中造成长期不利影响。

理化特性与用途

理化特性 微溶于水。沸点 217℃，相对密度(水=1)1.157，饱和蒸气压 18Pa(25℃)，辛醇/水分配系数 0.97，闪点 97℃。

包装与储运

安全储运 储存于阴凉、通风的库房。远离火种、热源。应与强氧化剂、酸碱、醇类等隔离储运。搬运时轻装轻卸，防止容器受损。

紧急处置信息

急救措施

吸入：迅速脱离现场至空气新鲜处。保持呼吸道通畅。如呼吸困难，给输氧。呼吸、心跳停止，立即进行心肺复苏术。就医。

眼睛接触：立即分开眼睑，用流动清水或生理盐水彻底冲洗 5~10min。就医。

皮肤接触：立即脱去污染的衣着，用肥皂水和清水彻底冲洗。就医。

食入：漱口，饮水。就医。

灭火方法 消防人员须穿全身消防服，在上风向灭火。尽可能将容器从火场移至空旷处。喷水保持火场容器冷却，直至灭火结束。

根据着火原因选择适当灭火剂灭火。

泄漏应急处置 根据液体流动和蒸气扩散的影响区域划定警戒区，无关人员从侧风、上风向撤离至安全区。建议应急处理人员戴防毒面具，穿防毒服，戴橡胶手套。穿上适当的防护服前严禁接触破裂的容器和泄漏物。尽可能切断泄漏源。防止泄漏物进入水体、下水道、地下室或有限空间。小量泄漏：用干燥的砂土或其他不燃材料吸收或覆盖，收集于容器中。大量泄漏：构筑围堤或挖坑收容。用泵转移至槽车或专用收集器内。

791. *R*-四氢罂粟碱盐酸盐

标　识

中文名称 *R*-四氢罂粟碱盐酸盐

英文名称 (*R*)-1,2,3,4-Tetrahydro-6,7-dimethoxy-1-veratrylisoquinoline hydrochloride

别名 1-(3,4-二甲氧基苄基)-6,7-二甲氧基-1,2,3,4-四氢异喹啉盐酸盐

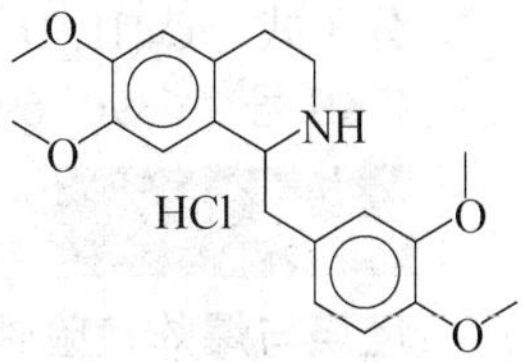

分子式　$C_{20}H_{25}NO_4 \cdot HCl$
CAS 号　54417-53-7

危害信息

燃烧与爆炸危险性　可燃，粉体与空气混合能形成爆炸性混合物。

禁忌物　强氧化剂。

中毒表现　食入对身体有害。

侵入途径　吸入、食入。

环境危害　对水生生物有害，可能在水生环境中造成长期不利影响。

理化特性与用途

理化特性　白色或类白色结晶粉末。沸点 475.8℃，相对密度（水 = 1）1.12，闪点 202.7℃。

主要用途　用作医药中间体。

包装与储运

安全储运　储存于阴凉、通风的库房。远离火种、热源。应与强氧化剂等隔离储运。

紧急处置信息

急救措施

吸入：迅速脱离现场至空气新鲜处。保持呼吸道通畅。如呼吸困难，给输氧。呼吸、心跳停止，立即进行心肺复苏术。就医。

眼睛接触：立即分开眼睑，用流动清水或生理盐水彻底冲洗。就医。

皮肤接触：立即脱去污染的衣着，用肥皂水和清水彻底冲洗。就医。

食入：漱口，饮水。就医。

灭火方法　消防人员须穿全身消防服，在上风向灭火。尽可能将容器从火场移至空旷处。喷水保持火场容器冷却，直至灭火结束。

灭火剂：雾状水、泡沫、二氧化碳。

泄漏应急处置　消除所有点火源。隔离泄漏污染区，限制出入。建议应急处理人员戴防尘口罩，穿防护服。穿戴适当的防护装备前，禁止接触或跨越泄漏物。尽可能切断泄漏源。用塑料布覆盖，减少飞散。用洁净的铲子收集泄漏物，置于干净、干燥、盖子较松的容器中，将容器移离泄漏区。

792. 3,3′,5,5′-四叔丁基联苯-2,2′-二酚

标　识

中文名称　3,3′,5,5′-四叔丁基联苯-2,2′-二酚

英文名称　(1,1′-Biphenyl)-2,2′-diol, 3,3′,5,5′-tetrakis(1,1-dimethylethyl)-; 3,3′,5,5′-Tetra-tert-butylbiphenyl-2,2′-diol

别名　2,2′-二羟基-3,3′,5,5′-四叔丁基联苯

分子式 $C_{28}H_{42}O_2$

CAS 号 6390-69-8

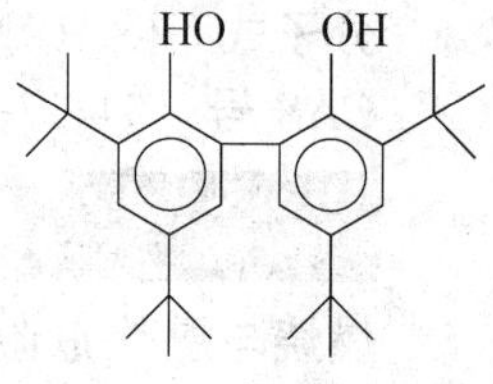

危害信息

燃烧与爆炸危险性 无特殊燃爆特性。

禁忌物 强氧化剂。

侵入途径 吸入、食入。

环境危害 可能在水生环境中造成长期不利影响。

理化特性与用途

理化特性 白色粉末。熔点 190~195℃。

主要用途 用于有机合成。

包装与储运

安全储运 储存于阴凉、通风的库房。远离火种、热源。应与强氧化剂等隔离储运。

紧急处置信息

急救措施

吸入：脱离接触。如有不适感，就医。

眼睛接触：分开眼睑，用流动清水或生理盐水冲洗。如有不适感，就医。

皮肤接触：脱去污染的衣着，用流动清水冲洗。如有不适感，就医。

食入：漱口，饮水。就医。

灭火方法 消防人员须穿全身消防服，佩戴空气呼吸器，在上风向灭火。尽可能将容器从火场移至空旷处。

根据着火原因选择适当灭火剂灭火。

泄漏应急处置 隔离泄漏污染区，限制出入。建议应急处理人员戴防尘口罩，穿防护服，戴防护手套。禁止接触或跨越泄漏物。尽可能切断泄漏源。用塑料布覆盖，减少飞散、避免雨淋。用洁净的铲子收集泄漏物，置于干净、干燥、盖子较松的容器中，将容器移离泄漏区。

793. 1,2,3,4-四硝基咔唑

标　识

中文名称 1,2,3,4-四硝基咔唑

英文名称 1,2,3,4-Tetranitrocarbazole

分子式 $C_{12}H_5N_5O_8$

CAS 号 6202-15-9

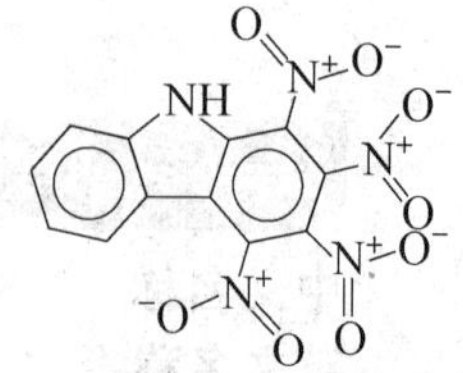

危害信息

危险性类别 第 1 类 爆炸品

燃烧与爆炸危险性 易爆。

禁忌物　爆炸品、氧化剂、还原剂。

中毒表现　食入、吸入或经皮肤吸收对身体有害。

侵入途径　吸入、食入、经皮吸收

理化特性与用途

理化特性　不溶于水。相对密度(水=1)1.893，辛醇/水分配系数2.68。

主要用途　用作杀虫剂，用于照明弹。

包装与储运

包装标志　爆炸品

安全储运　储存于阴凉、干燥、通风的爆炸品专用库房。远离火种、热源。储存温度不宜超过32℃，相对湿度不超过80%。若以水作稳定剂，储存温度应大于1℃，相对湿度小于80%。保持容器密封。应与其他爆炸品、氧化剂、还原剂等隔离储运。采用防爆型照明、通风设施。禁止使用易产生火花的机械设备和工具。搬运时轻装轻卸，防止容器受损。禁止震动、撞击和摩擦。

紧急处置信息

急救措施

吸入：迅速脱离现场至空气新鲜处。保持呼吸道通畅。如呼吸困难，给输氧。呼吸、心跳停止，立即进行心肺复苏术。就医。

眼睛接触：立即分开眼睑，用流动清水或生理盐水彻底冲洗。就医。

皮肤接触：立即脱去污染的衣着，用肥皂水和清水彻底冲洗。就医。

食入：漱口，饮水。就医。

灭火方法　消防人员须在防爆掩蔽处操作。遇大火切勿轻易接近。在物料附近失火，须用水保持容器冷却。用大量水灭火。禁止用砂土盖压。

泄漏应急处置　消除所有点火源。隔离泄漏污染区，限制出入。建议应急处理人员戴防尘口罩，穿防护服，戴橡胶手套。作业时使用的所有设备应接地。禁止接触或跨越泄漏物。润湿泄漏物。严禁设法扫除干的泄漏物。在专家指导下清除。

794. 2,2,6,6-四(溴甲基)-4-氧杂-1,7-庚二醇

标　识

中文名称　2,2,6,6-四(溴甲基)-4-氧杂-1,7-庚二醇

英文名称　1-Propanol, 3,3′-oxybis 2,2-bis(bromomethyl)-; 2,2,6,6-Tetrakis(bromomethyl)-4-oxaheptane-1,7-diol

分子式　$C_{10}H_{18}Br_4O_3$

CAS 号　109678-33-3

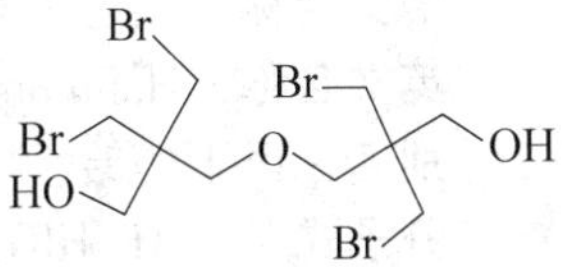

Br　Br　Br　HO　O　OH　Br

危害信息

燃烧与爆炸危险性　不易燃。无特殊燃爆特性。

禁忌物　强氧化剂、强酸。

中毒表现 对皮肤有致敏性。

侵入途径 吸入、食入。

环境危害 对水生生物有毒，可能在水生环境中造成长期不利影响。

理化特性与用途

理化特性 微溶于水。沸点 503℃，相对密度(水=1)2.041，辛醇/水分配系数 3.14，闪点 258℃。

主要用途 用作医药原料。

包装与储运

包装标志 杂类

包装类别 Ⅲ类

安全储运 储存于阴凉、通风的库房。远离火种、热源。保持容器密闭。应与强氧化剂、强酸等隔离储运。

紧急处置信息

急救措施

吸入：迅速脱离现场至空气新鲜处。保持呼吸道通畅。如呼吸困难，给输氧。呼吸、心跳停止，立即进行心肺复苏术。就医。

眼睛接触：立即分开眼睑，用流动清水或生理盐水彻底冲洗。就医。

皮肤接触：立即脱去污染的衣着，用肥皂水和清水彻底冲洗。就医。

食入：漱口，饮水。就医。

灭火方法 消防人员须穿全身消防服，佩戴空气呼吸器，在上风向灭火。尽可能将容器从火场移至空旷处。

根据着火原因选择适当灭火剂灭火。

泄漏应急处置 根据液体流动和蒸气扩散的影响区域划定警戒区，无关人员从侧风、上风向撤离至安全区。建议应急处理人员戴防毒面具，穿防护服，戴防护手套。穿上适当的防护服前严禁接触破裂的容器和泄漏物。尽可能切断泄漏源。防止泄漏物进入水体、下水道、地下室或有限空间。小量泄漏：用干燥的砂土或其他不燃材料吸收或覆盖，收集于容器中。大量泄漏：构筑围堤或挖坑收容。用泵转移至槽车或专用收集器内。

795. 四正丁氧基铪

标　识

中文名称 四正丁氧基铪

英文名称 Hafnium tetra-*n*-butoxide；Tetrabutoxyhafnium

别名 正丁醇铪

分子式 $C_{16}H_{36}HfO_4$

CAS 号 22411-22-9

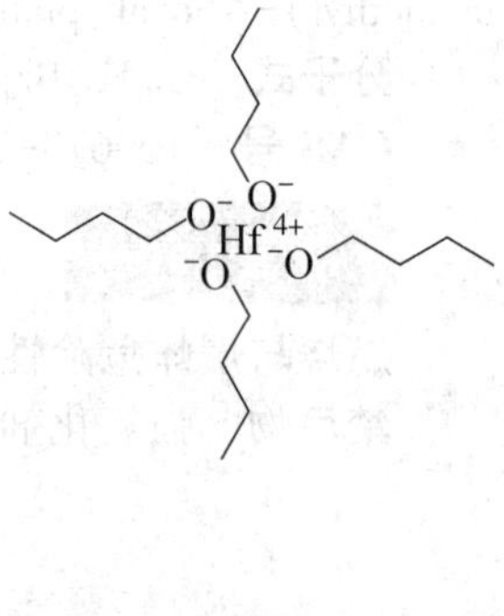

O^- O^- Hf^{4+} ^-O ^-O

危害信息

燃烧与爆炸危险性 不燃，遇水发生放热反应，高温易分解。

禁忌物 强氧化剂。

中毒表现 眼睛接触引起严重损害。对皮肤有致敏性。

侵入途径 吸入、食入

理化特性与用途

理化特性 淡黄色透明液体。与水反应放热，溶于烃类，与其它醇类、酮类、酯类反应。沸点(分解)。

主要用途 用作化学中间体，用于研究。

包装与储运

安全储运 储存于阴凉、通风的库房。远离火种、热源。应与强氧化剂等隔离储运。搬运时轻装轻卸，防止容器受损。

紧急处置信息

急救措施

吸入：迅速脱离现场至空气新鲜处。保持呼吸道通畅。如呼吸困难，给输氧。呼吸、心跳停止，立即进行心肺复苏术。就医。

眼睛接触：立即分开眼睑，用流动清水或生理盐水彻底冲洗5~10min。就医。

皮肤接触：立即脱去污染的衣着，用肥皂水和清水彻底冲洗。就医。

食入：漱口，饮水。就医。

灭火方法 消防人员须穿全身消防服，在上风向灭火。尽可能将容器从火场移至空旷处。喷水保持火场容器冷却，直至灭火结束。

本品不燃，根据着火原因选择适当灭火剂灭火。

泄漏应急处置 根据液体流动和蒸气扩散的影响区域划定警戒区，无关人员从侧风、上风向撤离至安全区。建议应急处理人员戴防毒面具，穿防护服，戴防护手套。穿上适当的防护服前严禁接触破裂的容器和泄漏物。尽可能切断泄漏源。防止泄漏物进入水体、下水道、地下室或有限空间。小量泄漏：用干燥的砂土或其他不燃材料吸收或覆盖，收集于容器中。大量泄漏：构筑围堤或挖坑收容。用泵转移至槽车或专用收集器内。

796. 四唑嘧磺隆

标　识

中文名称 四唑嘧磺隆

英文名称 Azimsulfuron；1-(4,6-Dimethoxypyrimidin-2-yl)-3-(1-methyl-4-(2-methyl-2H-tetrazol-5-yl)pyrazol-5-ylsulfonyl)urea

别名 3-(4,6-二甲氧基嘧啶-2-基)-1-(1-甲基-4-(2-甲基-2H-四唑-5-基)吡唑-5-基)磺酰脲

分子式 $C_{13}H_{16}N_{10}O_5S$

CAS 号 120162-55-2

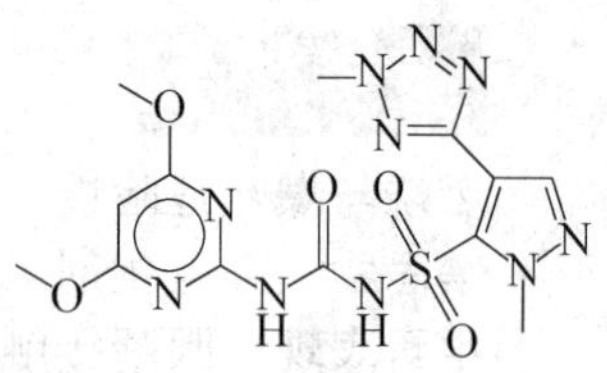

危害信息

燃烧与爆炸危险性 不燃，无特殊燃爆特性。

禁忌物 氧化剂。

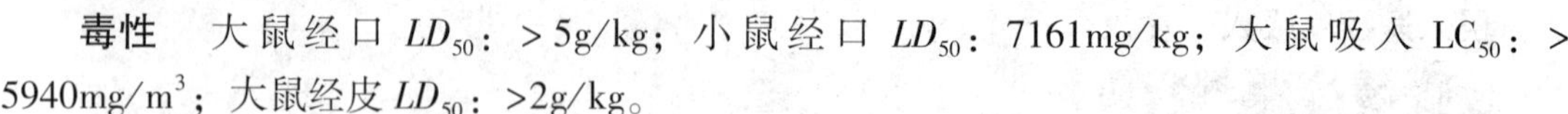

毒性 大鼠经口 LD_{50}：>5g/kg；小鼠经口 LD_{50}：7161mg/kg；大鼠吸入 LC_{50}：>5940mg/m^3；大鼠经皮 LD_{50}：>2g/kg。

侵入途径 吸入、食入、经皮吸收。

环境危害 对水生生物有极高毒性，可能在水生环境中造成长期不利影响。

理化特性与用途

理化特性 白色固体。微溶于水。熔点 170℃，相对密度(水=1)1.41，辛醇/水分配系数 0.646(pH 值 5)。

主要用途 除草剂。主要用于水稻防除莎草、稗草、阔叶杂草。

包装与储运

包装标志 杂类

包装类别 Ⅲ类

安全储运 储存于阴凉、通风的库房。远离火种、热源。应与强氧化剂等隔离储运。

紧急处置信息

急救措施

吸入：迅速脱离现场至空气新鲜处。保持呼吸道通畅。如呼吸困难，给输氧。呼吸、心跳停止，立即进行心肺复苏术。就医。

眼睛接触：立即分开眼睑，用流动清水或生理盐水彻底冲洗。就医。

皮肤接触：立即脱去污染的衣着，用肥皂水和清水彻底冲洗。就医。

食入：漱口，饮水。就医。

灭火方法 消防人员须穿全身消防服，在上风向灭火。尽可能将容器从火场移至空旷处。喷水保持火场容器冷却，直至灭火结束。

本品不燃，根据着火原因选择适当灭火剂灭火。

泄漏应急处置 隔离泄漏污染区，限制出入。建议应急处理人员戴防尘口罩，穿防护服。穿上适当的防护服前严禁接触破裂的容器和泄漏物。尽可能切断泄漏源。用塑料布覆盖泄漏物，减少飞散。勿使水进入包装容器内。用洁净的铲子收集泄漏物，置于干净、干燥、盖子较松的容器中，将容器移离泄漏区。

797. 松节油混合萜

标　　识

中文名称 松节油混合萜

英文名称 Terebene

别名 芸香烯；单萜烯混合物

CAS 号 1335-76-8

铁危编号 32138

危害信息

危险性类别 第3类 易燃液体

燃烧与爆炸危险性 易燃，其蒸气与空气混合能形成爆炸性混合物，遇明火、高热易燃烧爆炸。

禁忌物 氧化剂。

侵入途径 吸入、食入。

理化特性与用途

理化特性 无色液体，有芳香气味。不溶于水，混溶于氯仿、乙醇、乙醚。沸点160~172℃，相对密度(水=1)0.86~0.865。

主要用途 用于医药。

包装与储运

包装标志 易燃液体

包装类别 Ⅲ类

安全储运 储存于阴凉、通风的库房。库温不宜超过37℃。远离火种、热源。保持容器密封。应与氧化剂等分开存放，切忌混储。采用防爆型照明、通风设施。禁止使用易产生火花的机械设备和工具。灌装时注意流速，防止静电积聚。配备相应品种和数量的消防器材。储区应备有泄漏应急处理设备和合适的收容材料。搬运时轻装轻卸，防止容器受损。

紧急处置信息

急救措施

吸入： 脱离接触。如有不适感，就医。

眼睛接触： 分开眼睑，用流动清水或生理盐水冲洗。如有不适感，就医。

皮肤接触： 脱去污染的衣着，用流动清水冲洗。如有不适感，就医。

食入： 漱口，饮水。就医。

灭火方法 消防人员须穿全身消防服，佩戴防毒面具，在上风向灭火。尽可能将容器从火场移至空旷处。喷水保持火场容器冷却，直至灭火结束。处在火场中的容器若发生异常变化或发出异常声音，须马上撤离。

灭火剂：雾状水、泡沫、二氧化碳、干粉、砂土。

泄漏应急处置 根据液体流动和蒸气扩散的影响区域划定警戒区，无关人员从侧风、上风向撤离至安全区。消除所有点火源。建议应急处理人员戴正压自给式呼吸器，穿防静电服，戴橡胶手套。作业时使用的所有设备应接地。禁止接触或跨越泄漏物。尽可能切断泄漏源。防止泄漏物进入水体、下水道、地下室或有限空间。小量泄漏：用砂土或其他不燃材料吸收。使用洁净的无火花工具收集吸收材料。大量泄漏：构筑围堤或挖坑收容。用泡沫覆盖，减少蒸发。喷水雾能减少蒸发，但不能降低泄漏物在有限空间内的易燃性。用防爆泵转移至槽车或专用收集器内。

798. 松油

标　识

中文名称　松油

英文名称　Pine oil；Pine tar oil

别名　松醇油；松脂

CAS 号　8002-09-3

铁危编号　32138

危害信息

危险性类别　第 3 类　易燃液体

燃烧与爆炸危险性　易燃，其蒸气与空气混合能形成爆炸性混合物，遇明火、高热易燃烧爆炸。

禁忌物　氧化剂。

毒性　大鼠经口 LD_{50}：2. 1g/kg；大鼠吸入 LC_{50}：>3790mg/m^3(4h)；兔经皮 LD_{50}：5g/kg。

中毒表现　小剂量食入引起黏膜刺激、胃肠道刺激、轻度呼吸抑制、中枢神经系统抑制和肾毒性。大量口服引起呼吸窘迫、循环衰竭和严重中枢神经系统抑制。重度中毒可发生肾功能衰竭和肌红蛋白尿。曾有小量口服引起吸入性肺炎的报道。

侵入途径　吸入、食入、经皮吸收。

理化特性与用途

理化特性　无色至淡黄色或浅琥珀色透明液体。不溶于水，溶于有机溶剂。熔点<10℃，沸点 200~220℃，相对密度(水=1)0. 927~0. 94，相对蒸气密度(空气=1)5. 3，闪点<60. 6℃。

主要用途　用作选矿剂、纺织工业脱脂剂、印染助剂、杀菌剂等。

包装与储运

包装标志　易燃液体

包装类别　Ⅲ类

安全储运　储存于阴凉、通风的库房。库温不宜超过 37℃。远离火种、热源。保持容器密封。应与氧化剂等分开存放，切忌混储。采用防爆型照明、通风设施。禁止使用易产生火花的机械设备和工具。灌装时注意流速，防止静电积聚。配备相应品种和数量的消防器材。储区应备有泄漏应急处理设备和合适的收容材料。搬运时轻装轻卸，防止容器受损。

紧急处置信息

急救措施

吸入：迅速脱离现场至空气新鲜处。保持呼吸道通畅。如呼吸困难，给输氧。呼吸、心跳停止，立即进行心肺复苏术。就医。

眼睛接触：立即分开眼睑，用流动清水或生理盐水彻底冲洗。就医。

皮肤接触： 立即脱去污染的衣着，用肥皂水和清水彻底冲洗。就医。

食入： 漱口，饮水。禁止催吐。就医。

灭火方法 消防人员须穿全身消防服，佩戴防毒面具，在上风向灭火。尽可能将容器从火场移至空旷处。喷水保持火场容器冷却，直至灭火结束。处在火场中的容器若发生异常变化或发出异常声音，须马上撤离。

灭火剂：雾状水、泡沫、二氧化碳、干粉、砂土。

泄漏应急处置 根据液体流动和蒸气扩散的影响区域划定警戒区，无关人员从侧风、上风向撤离至安全区。消除所有点火源。建议应急处理人员戴正压自给式呼吸器，穿防静电服，戴橡胶手套。作业时使用的所有设备应接地。禁止接触或跨越泄漏物。尽可能切断泄漏源。防止泄漏物进入水体、下水道、地下室或有限空间。小量泄漏：用砂土或其他不燃材料吸收。使用洁净的无火花工具收集吸收材料。大量泄漏：构筑围堤或挖坑收容。用泡沫覆盖，减少蒸发。喷水雾能减少蒸发，但不能降低泄漏物在有限空间内的易燃性。用防爆泵转移至槽车或专用收集器内。

799. (*R*)-缩水甘油

标　　识

中文名称 (*R*)-缩水甘油

英文名称 (*R*)-Glycidol; Oxiranemethanol, (*R*)-; *R*-2,3-Epoxy-1-propanol

别名 (R)-(+)-环氧丙醇

分子式 $C_3H_6O_2$

CAS 号 57044-25-4

O◁ ⋯⋯ OH

危害信息

危险性类别 第6类　有毒品

燃烧与爆炸危险性 可燃，其蒸气与空气混合能形成爆炸性混合物，遇明火、高热易燃烧爆炸。蒸气比空气重，沿地面扩散并易积存于低洼处，遇火源会着火回燃。

禁忌物 强氧化剂、强酸。

毒性 欧盟法规 1272/2008/EC 将本品列为第 1B 类致癌物——可能对人类有致癌能力；第 2 类生殖细胞致突变物——由于可能导致人类生殖细胞可遗传突变而引起人们关注的物质；第 1B 类生殖毒物——可能的人类生殖毒物。

中毒表现 食入或经皮肤吸收对身体有害。吸入引起中毒。对眼和皮肤有腐蚀性。

侵入途径 吸入、食入、经皮吸收。

理化特性与用途

理化特性 无色至淡黄色液体。与水混溶。沸点 56~57℃(1.46kPa)，相对密度(水=1) 1.12，相对蒸气密度(空气=1)2.56，饱和蒸气压 0.1kPa(20℃)，闪点 72℃，引燃温度 416℃。

主要用途 是有机合成的中间体。

包装与储运

包装标志 有毒品

包装类别　Ⅲ类

安全储运　储存于阴凉、通风的库房。远离火种、热源。防止阳光直射。储存温度不超过35℃，相对湿度不超过85%。保持容器密封。应与强氧化剂、强酸等分开存放，切忌混储。配备相应品种和数量的消防器材。储区应备有泄漏应急处理设备和合适的收容材料。搬运时轻装轻卸，防止容器受损。

紧急处置信息

急救措施

吸入：迅速脱离现场至空气新鲜处。保持呼吸道通畅。如呼吸困难，给输氧。呼吸、心跳停止，立即进行心肺复苏术。就医。

眼睛接触：立即分开眼睑，用流动清水或生理盐水彻底冲洗5~10min。就医。

皮肤接触：立即脱去污染的衣着，用大量流动清水彻底冲洗，冲洗时间一般要求20~30min。就医。

食入：用水漱口，禁止催吐。给饮牛奶或蛋清。就医。

灭火方法　消防人员须穿全身消防服，佩戴空气呼吸器，在上风向灭火。尽可能将容器从火场移至空旷处。

灭火剂：干粉、二氧化碳、泡沫。

泄漏应急处置　根据液体流动和蒸气扩散的影响区域划定警戒区，无关人员从侧风、上风向撤离至安全区。消除所有点火源。建议应急处理人员戴防毒面具，穿防毒服，戴橡胶手套。穿上适当的防护服前严禁接触破裂的容器和泄漏物。尽可能切断泄漏源。防止泄漏物进入水体、下水道、地下室或有限空间。小量泄漏：用干燥的砂土或其他不燃材料吸收或覆盖，收集于容器中。大量泄漏：构筑围堤或挖坑收容。用泡沫覆盖，减少蒸发。用防爆泵转移至槽车或专用收集器内。

800. 钽

标　识

中文名称　钽

英文名称　Tantalum

别名　钽金属

分子式　Ta

CAS号　7440-25-7

危害信息

燃烧与爆炸危险性　易燃，粉尘与空气混合能形成爆炸性混合物，遇明火、高热易燃烧爆炸。在空气中易自燃。

禁忌物　强氧化剂。

毒性　小鼠经口LD_{50}：595mg/kg。

中毒表现　对眼和呼吸道有刺激性。

侵入途径　吸入、食入。

职业接触限值　中国：PC-TWA：$5mg/m^3$。

理化特性与用途

理化特性 钢蓝色至灰色固体或黑色粉末。不溶于水，不溶于除氢氟酸和发烟硫酸以外的酸类，溶于熔化的碱。熔点 2996℃，沸点 5425℃，相对密度(水=1)14.5(粉末)、16.6(金属)，饱和蒸气压 1kPa(3024℃)，闪点>250℃。

主要用途 用于生产合金、化工耐酸设备、合成丁二烯的催化剂、电子管的电极、整流器、电解电容。也用于制医疗器械等。

包装与储运

安全储运 储存于阴凉、通风的库房。远离火种、热源。应与强氧化剂等隔离储运。

紧急处置信息

急救措施

吸入：迅速脱离现场至空气新鲜处。保持呼吸道通畅。如呼吸困难，给输氧。呼吸、心跳停止，立即进行心肺复苏术。就医。

眼睛接触：立即分开眼睑，用流动清水或生理盐水彻底冲洗。就医。

皮肤接触：立即脱去污染的衣着，用肥皂水和清水彻底冲洗。就医。

食入：漱口，饮水。就医。

灭火方法 消防人员须穿全身消防服，佩戴空气呼吸器，在上风向灭火。尽可能将容器从火场移至空旷处。喷水保持火场容器冷却，直至灭火结束。禁止用二氧化碳、泡沫、水灭火。

灭火剂：干粉、砂土。

泄漏应急处置 隔离泄漏污染区，限制出入。消除所有点火源。建议应急处理人员戴防尘口罩，穿防护服，戴防护手套。穿上适当的防护服前严禁接触破裂的容器和泄漏物。尽可能切断泄漏源。用塑料布覆盖泄漏物，减少飞散。勿使水进入包装容器内。用洁净的铲子收集泄漏物，置于干净、干燥、盖子较松的容器中，将容器移离泄漏区。

801. 炭黑

标　识

中文名称 炭黑

英文名称 Carbon black；Lampblack

分子式 C

CAS 号 1333-86-4

危害信息

燃烧与爆炸危险性 易燃，粉体与空气混合能形成爆炸性混合物，遇明火、高热易燃烧爆炸。

禁忌物 强氧化剂

毒性 大鼠经口 LD_{50}：>15400mg/kg；兔经皮 LD_{50}：>3g/kg。

IARC 致癌性评论：G2B，可疑人类致癌物。

中毒表现 具有机械性刺激作用。长期或反复接触引起尘肺。

侵入途径 吸入、食入。

职业接触限值 中国：PC-TWA 4mg/m^3[总尘][G2B]。

美国(ACGIH)：TLV-TWA 3mg/m^3[可吸入性颗粒物]。

理化特性与用途

理化特性 黑色小颗粒或极细的粉末，无气味。不溶于水，不溶于所有溶剂。熔点3550℃，沸点4200℃，相对密度(水=1)1.8~2.1，引燃温度>500℃。

主要用途 主要用作橡胶的补强剂和填料，也用作油墨、涂料和塑料的着色剂以及塑料制品的紫外光屏蔽剂。还在电极、干电池、电阻器、炸药、化妆品及抛光膏中用作助剂。

包装与储运

安全储运 储存于阴凉、通风的库房。远离火种、热源。应与强氧化剂等隔离储运。

紧急处置信息

急救措施

吸入： 脱离接触。如有不适感，就医。

眼睛接触： 分开眼睑，用流动清水或生理盐水冲洗。如有不适感，就医。

皮肤接触： 脱去污染的衣着，用流动清水冲洗。如有不适感，就医。

食入： 漱口，饮水。就医。

灭火方法 消防人员须穿全身消防服，在上风向灭火。尽可能将容器从火场移至空旷处。喷水保持火场容器冷却，直至灭火结束。

灭火剂：干粉、水、泡沫、二氧化碳。

泄漏应急处置 隔离泄漏污染区，限制出入。消除点火源。建议应急处理人员戴防尘口罩，穿防毒服，戴防护手套。穿上适当的防护服前严禁接触破裂的容器和泄漏物。尽可能切断泄漏源。用塑料布覆盖泄漏物，减少飞散。勿使水进入包装容器内。用洁净的铲子收集泄漏物，置于干净、干燥、盖子较松的容器中，将容器移离泄漏区。

802. 碳酸甲基-4-环辛烯-1-基酯

标 识

中文名称 碳酸甲基4-环辛烯-1-基酯

英文名称 Carbonic acid, 4-cycloocten-1-yl methyl ester; Cyclooct-4-en-1-yl methyl carbonate

分子式 $C_{10}H_{16}O_3$

CAS 号 87731-18-8

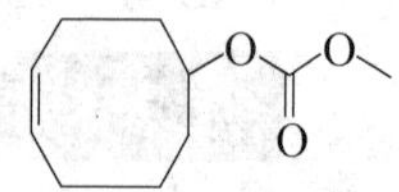

危害信息

燃烧与爆炸危险性 可燃。

禁忌物 强氧化剂、强酸、强碱。

中毒表现 对皮肤有致敏性。

侵入途径 吸入、食入。

理化特性与用途

理化特性 无色至淡黄色液体。不溶于水，溶于乙醇。相对密度(水=1)1.056~1.064，饱和蒸气压0.53Pa(25℃)，辛醇/水分配系数2.9，闪点>100℃(闭杯)。

主要用途 用于调制花香型香料。

包装与储运

安全储运 储存于阴凉、通风的库房。远离火种、热源。应与强氧化剂、强酸、强碱等隔离储运。搬运时轻装轻卸，防止容器受损。

紧急处置信息

急救措施

吸入：迅速脱离现场至空气新鲜处。保持呼吸道通畅。如呼吸困难，给输氧。呼吸、心跳停止，立即进行心肺复苏术。就医。

眼睛接触：立即分开眼睑，用流动清水或生理盐水彻底冲洗。就医。

皮肤接触：立即脱去污染的衣着，用肥皂水和清水彻底冲洗。就医。

食入：漱口，饮水。就医。

灭火方法 消防人员须穿全身消防服，在上风向灭火。尽可能将容器从火场移至空旷处。喷水保持火场容器冷却，直至灭火结束。

根据着火原因选择适当灭火剂灭火。

泄漏应急处置 根据液体流动和蒸气扩散的影响区域划定警戒区，无关人员从侧风、上风向撤离至安全区。消除点火源。建议应急处理人员戴正压自给式呼吸器，穿防护服，戴防护手套。穿上适当的防护服前严禁接触破裂的容器和泄漏物。尽可能切断泄漏源。防止泄漏物进入水体、下水道、地下室或有限空间。小量泄漏：用干燥的砂土或其他不燃材料吸收或覆盖，收集于容器中。大量泄漏：构筑围堤或挖坑收容。用泵转移至槽车或专用收集器内。

803. 特丁硫磷

标　识

中文名称 特丁硫磷

英文名称 *S*-tert-Butylthiomethyl *O*,*O*-diethylphosphorodithioate；terbufos

别名 *O*,*O*-二乙基-*S*-叔丁基硫甲基二硫代磷酸酯

分子式 $C_9H_{21}O_2PS_3$

CAS 号 13071-79-9

铁危编号 61126

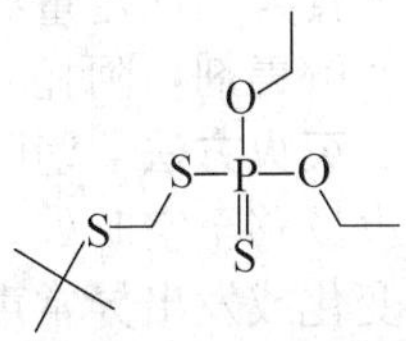

危害信息

危险性类别 第6类 有毒品

燃烧与爆炸危险性 可燃，其蒸气与空气混合能形成爆炸性混合物。燃烧产生有毒的二氧化硫气体。

禁忌物 强氧化剂、强碱。

毒性 大鼠经口 LD_{50}：1.6mg；小鼠经口 LD_{50}：3500μg；大鼠经皮 LD_{50}：7.4mg；兔经皮 LD_{50}：1.0mg。

根据《危险化学品目录》的备注，本品属剧毒化学品。

中毒表现 抑制体内胆碱酯酶活性，造成神经生理功能紊乱。急性中毒症状有头痛、头昏、乏力、食欲不振、恶心、呕吐、腹痛、腹泻、流涎、瞳孔缩小、呼吸道分泌物增多、多汗、肌束震颤等。重度中毒者出现肺水肿、昏迷、呼吸麻痹、脑水肿。血胆碱酯酶活性降低。

侵入途径 吸入、食入、经皮吸收。

职业接触限值 美国(ACGIH)：TLV-TWA 0.01mg/m^3[可吸入性颗粒物和蒸气]。

环境危害 对水生生物有极高毒性，可能在水生环境中造成长期不利影响。

理化特性与用途

理化特性 无色或淡黄色透明液体，有类似硫醇的气味。不溶于水，溶于多数有机溶剂。熔点-29℃，沸点 69℃(1.33Pa)，相对密度(水=1)1.105，饱和蒸气压 42.5mPa(25℃)，辛醇/水分配系数4.48，闪点88℃(开杯)。

主要用途 内吸性、广谱性杀虫剂。用于玉米、高粱、甜菜、棉花、水稻等作物防治叶甲、蝇类、蚜虫、螨类、蓟马等害虫。

包装与储运

包装标志 有毒品

包装类别 Ⅰ类

安全储运 储存于阴凉、通风的库房。远离火种、热源。防止阳光直射。储存温度不超过35℃，相对湿度不超过85%。保持容器密封。应与强氧化剂、强碱等分开存放，切忌混储。配备相应品种和数量的消防器材。储区应备有合适的材料收容泄漏物。应严格执行剧毒品“双人收发、双人保管”制度。搬运时轻装轻卸，防止容器受损。

紧急处置信息

急救措施

吸入：迅速脱离现场至空气新鲜处。保持呼吸道通畅。如呼吸困难，给输氧。呼吸、心跳停止，立即进行心肺复苏术。就医。

眼睛接触：分开眼睑，用流动清水或生理盐水冲洗。就医。

皮肤接触：立即脱去污染的衣着，用肥皂水及流动清水彻底冲洗污染的皮肤、头发、指甲等。就医。

食入：饮足量温水，催吐(仅限于清醒者)。口服活性炭。就医。

解毒剂：阿托品、胆碱酯酶复能剂。

灭火方法 消防人员须穿全身消防服，佩戴防毒面具，在上风向灭火。尽可能将容器从火场移至空旷处。喷水保持火场容器冷却，直至灭火结束。处在火场中的容器若发生异常变化或发出异常声音，须马上撤离。

灭火剂：雾状水、泡沫、二氧化碳、干粉、砂土。

泄漏应急处置 消除所有点火源。根据液体流动和蒸气扩散的影响区域划定警戒区，无关人员从侧风、上风向撤离至安全区。建议应急处理人员戴正压自给式呼吸器，穿防毒服，戴防化学品手套。禁止接触或跨越泄漏物。尽可能切断泄漏源。防止泄漏物进入水体、下水道、地下室或有限空间。小量泄漏：用干燥的砂土或其他不燃材料覆盖泄漏物，用洁净的无火花工具收集泄漏物，置于一盖子较松的塑料容器中，待处置。大量泄漏：构筑围堤或挖坑收容。用防爆泵转移至槽车或专用收集器内。

804. 特丁通

标　识

中文名称　特丁通

英文名称　Terbumeton；*s*-Triazine，2-tert-Butylamino-4-ethylamino-6-methoxy-

分子式　$C_{10}H_{19}N_5O$

CAS 号　33693-04-8

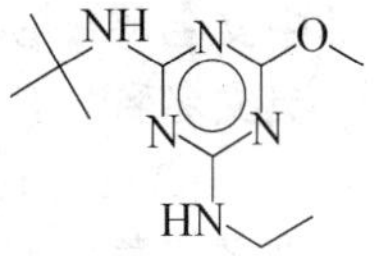

危害信息

燃烧与爆炸危险性　无特殊燃爆特性。

禁忌物　强氧化剂。

毒性　大鼠经口 LD_{50}：433mg/kg；大鼠吸入 LC_{50}：>10g/m^3(4h)；大鼠经皮 LD_{50}：>3170mg/kg。

中毒表现　食入有害。

侵入途径　吸入、食入、经皮吸收。

环境危害　对水生生物有极高毒性，可能在水生环境中造成长期不利影响。

理化特性与用途

理化特性　无色结晶。不溶于水，溶于丙酮、甲苯、甲醇、二氯乙烷等有机溶剂。熔点 123~124℃，相对密度(水=1)1.08，饱和蒸气压 0.27mPa(25℃)，辛醇/水分配系数 3.1。

主要用途　苗后选择性除草剂。用于果树、林木等作物田防除一年生、多年生禾本科及阔叶杂草。

包装与储运

包装标志　杂类

包装类别　Ⅲ类

安全储运　储存于阴凉、通风的库房。远离火种、热源。应与强氧化剂等隔离储运。

紧急处置信息

急救措施

吸入：迅速脱离现场至空气新鲜处。保持呼吸道通畅。如呼吸困难，给输氧。呼吸、心跳停止，立即进行心肺复苏术。就医。

眼睛接触：立即分开眼睑，用流动清水或生理盐水彻底冲洗。就医。

皮肤接触：立即脱去污染的衣着，用肥皂水和清水彻底冲洗。就医。

食入：漱口，饮水。就医。

灭火方法　消防人员须穿全身消防服，佩戴空气呼吸器，在上风向灭火。尽可能将容器从火场移至空旷处。喷水保持火场容器冷却，直至灭火结束。

根据着火原因选择适当灭火剂灭火。

泄漏应急处置 隔离泄漏污染区，限制出入。消除所有点火源。建议应急处理人员戴防尘口罩，穿防毒服，戴防护手套。尽可能切断泄漏源。用塑料布覆盖泄漏物，减少飞散。勿使水进入包装容器内。用洁净的铲子收集泄漏物，置于干净、干燥、盖子较松的容器中，将容器移离泄漏区。

805. L-天仙子胺

标　识

中文名称 L-天仙子胺

英文名称 L-Hyoscyamine; Benzeneacetic acid, alpha-(hydroxymethyl)-,8-methyl-8-azabicyclo(3.2.1)oct-3-yl ester, (3(*S*)-endo)-

别名 莨菪碱;(8-甲基-8-氮杂双环(3.2.1)辛-3-基)(2*S*)-3-羟基-2-苯基丙酸酯

分子式 $C_{17}H_{23}NO_3$

CAS 号 101-31-5

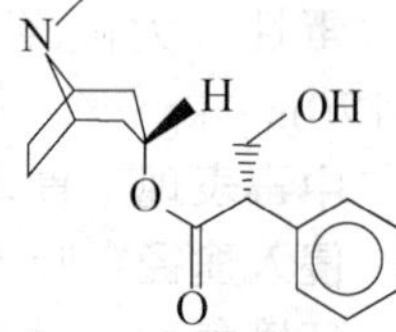

危害信息

危险性类别 第 6 类 有毒品

燃烧与爆炸危险性 无特殊燃爆特性。

禁忌物 氧化剂、酸碱。

毒性 小鼠 *TDLo*：200mg/kg。

中毒表现 急性中毒出现极度口渴、瞳孔扩大、皮肤干燥而发红、发绀、黏膜出血、鼻出血、出血性胃炎、尿潴留等。重者出现心律失常、高热、言语障碍、惊厥、谵妄、痉挛、血压下降、昏迷，直至呼吸衰竭。

侵入途径 吸入、食入。

理化特性与用途

理化特性 白色结晶粉末。微溶于水，易溶于乙醇、稀酸，微溶于乙醚。熔点 108.5℃，辛醇/水分配系数 1.91。

主要用途 用作药物，用于生化研究。

包装与储运

包装标志 有毒品

包装类别 Ⅱ类

安全储运 储存于阴凉、通风的库房。远离火种、热源。库温不超过 35℃。相对湿度不超过 85%。包装密封。应与氧化剂、酸碱、食用化学品等分开存放，切忌混储。配备相应品种和数量的消防器材。储区应备有合适的材料收容泄漏物。

紧急处置信息

急救措施

吸入：迅速脱离现场至空气新鲜处。保持呼吸道通畅。如呼吸困难，给输氧。呼吸、

心跳停止，立即进行心肺复苏术。就医。

眼睛接触：立即分开眼睑，用流动清水或生理盐水彻底冲洗。就医。

皮肤接触：立即脱去污染的衣着，用流动清水彻底冲洗。就医。

食入：饮适量温水，催吐(仅限于清醒者)。就医。

解毒剂：毛果芸香碱、新斯的明。

灭火方法 消防人员须穿全身消防服，佩戴空气呼吸器，在上风向灭火。尽可能将容器从火场移至空旷处。

根据着火原因选择适当灭火剂灭火。

泄漏应急处置 隔离泄漏污染区，限制出入。建议应急处理人员戴防尘口罩，穿防毒服，戴橡胶防毒手套。尽可能切断泄漏源。用塑料布覆盖泄漏物，减少飞散。勿使水进入包装容器内。用洁净的铲子收集泄漏物，置于干净、干燥、盖子较松的容器中，将容器移离泄漏区。

806. 田乐磷-O

标 识

中文名称 田乐磷-*O*

英文名称 Demephion-*O*；*O*,*O*-Dimethyl *O*-2-methylthioethyl phosphorothioate

分子式 $C_5H_{13}O_3PS_2$

CAS 号 682-80-4

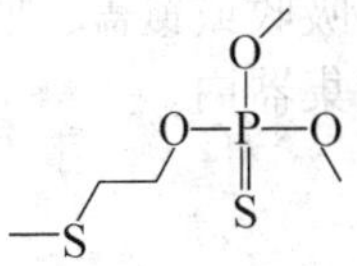

危害信息

危险性类别 第6类 有毒品

燃烧与爆炸危险性 可燃。

禁忌物 强氧化剂、强碱。

中毒表现 抑制体内胆碱酯酶活性，造成神经生理功能紊乱。急性中毒症状有头痛、头昏、乏力、食欲不振、恶心、呕吐、腹痛、腹泻、流涎、瞳孔缩小、呼吸道分泌物增多、多汗、肌束震颤等。重度中毒者出现肺水肿、昏迷、呼吸麻痹、脑水肿。血胆碱酯酶活性降低。

侵入途径 吸入、食入、经皮吸收。

环境危害 对水生生物有毒。

理化特性与用途

理化特性 稻草色液体。不溶于水，溶于芳烃溶剂、氯苯等。沸点 107℃(13.3Pa)，相对密度(水=1)1.198，饱和蒸气压 6.65Pa(25℃)，辛醇/水分配系数 1.06，闪点 101℃。

主要用途 内吸性杀虫剂、杀螨剂。用于蔬菜、果树等作物防治蚜虫、螨类和叶蝉等。

包装与储运

包装标志 有毒品

包装类别 Ⅱ类

安全储运 储存于阴凉、通风的库房。远离火种、热源。防止阳光直射。储存温度不

超过35℃，相对湿度不超过85%。保持容器密封。应与强氧化剂、强碱等分开存放，切忌混储。配备相应品种和数量的消防器材。储区应备有合适的材料收容泄漏物。搬运时轻装轻卸，防止容器受损。

紧急处置信息

急救措施

吸入： 迅速脱离现场至空气新鲜处。保持呼吸道通畅。如呼吸困难，给输氧。呼吸、心跳停止，立即进行心肺复苏术。就医。

眼睛接触： 分开眼睑，用流动清水或生理盐水冲洗。就医。

皮肤接触： 立即脱去污染的衣着，用肥皂水及流动清水彻底冲洗污染的皮肤、头发、指甲等。就医。

食入： 饮足量温水，催吐(仅限于清醒者)。口服活性炭。就医。

解毒剂：阿托品、胆碱酯酶复能剂。

灭火方法 消防人员须穿全身消防服，佩戴防毒面具，在上风向灭火。尽可能将容器从火场移至空旷处。喷水保持火场容器冷却，直至灭火结束。

根据着火原因选择适当灭火剂灭火。

泄漏应急处置 根据液体流动和蒸气扩散的影响区域划定警戒区，无关人员从侧风、上风向撤离至安全区。消除点火源。建议应急处理人员戴正压自给式呼吸器，穿防毒服，戴橡胶手套。穿上适当的防护服前严禁接触破裂的容器和泄漏物。尽可能切断泄漏源。防止泄漏物进入水体、下水道、地下室或有限空间。小量泄漏：用干燥的砂土或其他不燃材料吸收或覆盖，收集于容器中。大量泄漏：构筑围堤或挖坑收容。用泵转移至槽车或专用收集器内。

807. 田乐磷-*S*

标　识

中文名称 田乐磷-*S*

英文名称 Demephion-*S*；*O*,*O*-Dimethyl *S*-2-methylthioethyl phosphorothioate

分子式 $C_5H_{13}O_3PS_2$

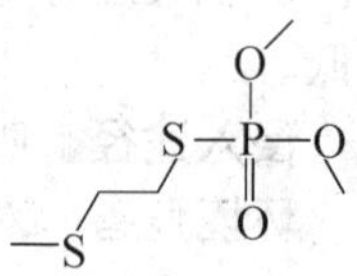

CAS 号 2587-90-8

铁危编号 61126

危害信息

危险性类别 第6类 有毒品

燃烧与爆炸危险性 可燃。

禁忌物 强氧化剂、强碱。

毒性 大鼠经口 LD_{50}：20mg/kg；小鼠经口 LD_{50}：23mg/kg；大鼠经皮 LD_{50}：68mg/kg。

中毒表现 抑制体内胆碱酯酶活性，造成神经生理功能紊乱。急性中毒症状有头痛、头昏、乏力、食欲不振、恶心、呕吐、腹痛、腹泻、流涎、瞳孔缩小、呼吸道分泌物增多、多汗、肌束震颤等。重度中毒者出现肺水肿、昏迷、呼吸麻痹、脑水肿。血胆碱酯酶活性降低。

侵入途径 吸入、食入、经皮吸收。

环境危害 对水生生物有毒。

理化特性与用途

理化特性 稻草色液体。微溶于水，与芳烃溶剂、氯苯、酮等混溶。沸点 65℃(13.3Pa)，相对密度(水=1)1.218，饱和蒸气压 0.31Pa(25℃)，辛醇/水分配系数 0.62，闪点 117℃。

主要用途 内吸性杀虫剂、杀螨剂。用于蔬菜、果树等作物防治蚜虫、螨类和叶蝉等。

包装与储运

包装标志 有毒品

包装类别 Ⅱ类

安全储运 储存于阴凉、通风的库房。远离火种、热源。防止阳光直射。储存温度不超过 35℃，相对湿度不超过 85%。保持容器密封。应与强氧化剂、强碱等分开存放，切忌混储。配备相应品种和数量的消防器材。储区应备有合适的材料收容泄漏物。搬运时轻装轻卸，防止容器受损。

紧急处置信息

急救措施

吸入： 迅速脱离现场至空气新鲜处。保持呼吸道通畅。如呼吸困难，给输氧。呼吸、心跳停止，立即进行心肺复苏术。就医。

眼睛接触： 分开眼睑，用流动清水或生理盐水冲洗。就医。

皮肤接触： 立即脱去污染的衣着，用肥皂水及流动清水彻底冲洗污染的皮肤、头发、指甲等。就医。

食入： 饮足量温水，催吐(仅限于清醒者)。口服活性炭。就医。

解毒剂：阿托品、胆碱酯酶复能剂。

灭火方法 消防人员须穿全身消防服，佩戴防毒面具，在上风向灭火。尽可能将容器从火场移至空旷处。喷水保持火场容器冷却，直至灭火结束。

根据着火原因选择适当灭火剂灭火。

泄漏应急处置 根据液体流动和蒸气扩散的影响区域划定警戒区，无关人员从侧风、上风向撤离至安全区。消除点火源。建议应急处理人员戴正压自给式呼吸器，穿防毒服，戴橡胶手套。穿上适当的防护服前严禁接触破裂的容器和泄漏物。尽可能切断泄漏源。防止泄漏物进入水体、下水道、地下室或有限空间。小量泄漏：用干燥的砂土或其他不燃材料吸收或覆盖，收集于容器中。大量泄漏：构筑围堤或挖坑收容。用泵转移至槽车或专用收集器内。

808. 铜

标　识

中文名称 铜

英文名称 Copper；Copper metal powder

808. 铜

分子式 Cu

CAS 号 7440-50-8

危害信息

燃烧与爆炸危险性 可燃，粉体与空气混合能形成爆炸性混合物，遇明火、高热易燃烧爆炸。

禁忌物 强氧化剂、强酸。

毒性 小鼠经口 LD_{50}：413mg/kg。

中毒表现 对眼、呼吸道和皮肤有刺激性。吸入其烟雾可引起金属烟雾热，出现呼吸道刺激、寒战、发热等症状。食入后引起腹痛、恶心和呕吐。

侵入途径 吸入、食入。

职业接触限值 中国：PC-TWA 0.2mg/m^3[铜烟]，1mg/m^3[铜尘][按 Cu 计]。

美国(ACGIH)：TLV-TWA 0.2mg/m^3[铜烟]，1mg/m^3[铜尘和雾][按 Cu 计]。

环境危害 可能在水生环境中造成长期不利影响。

理化特性与用途

理化特性 紫红色光泽的金属或红色粉末。熔点 1083℃，沸点 2595℃，相对密度(水=1)8.94，饱和蒸气压 0.13kPa(1628℃)。

主要用途 无机工业用于制造其他铜盐；有机工业用作合成香料和染料中间体的催化剂；涂料工业用作生产船底防污漆的杀菌剂；电镀工业用作全光亮酸性镀铜主盐和铜离子添加剂；印染工业用作媒染剂和精染布的助氧剂；农业上作为杀菌剂；染料和颜料工业用于制造染料。

包装与储运

安全储运 储存于阴凉、通风的库房。远离火种、热源。保持容器密闭。应与强氧化剂、强酸等隔离储运。

紧急处置信息

急救措施

吸入：迅速脱离现场至空气新鲜处。保持呼吸道通畅。如呼吸困难，给输氧。呼吸、心跳停止，立即进行心肺复苏术。就医。

眼睛接触：立即分开眼睑，用流动清水或生理盐水彻底冲洗。就医。

皮肤接触：立即脱去污染的衣着，用肥皂水和清水彻底冲洗。就医。

食入：漱口，饮水。就医。

灭火方法 消防人员须穿全身消防服，佩戴空气呼吸器，在上风向灭火。尽可能将容器从火场移至空旷处。喷水保持火场容器冷却，直至灭火结束。

灭火剂：干粉、砂土。

泄漏应急处置 隔离泄漏污染区，限制出入。建议应急处理人员戴防尘口罩，穿防护服，戴橡胶手套。穿上适当的防护服前严禁接触破裂的容器和泄漏物。尽可能切断泄漏源。用塑料布覆盖泄漏物，减少飞散。勿使水进入包装容器内。用洁净的铲子收集泄漏物，置于干净、干燥、盖子较松的容器中，将容器移离泄漏区。

809. 头孢普罗侧链

标　识

中文名称 头孢普罗侧链

英文名称 3-(cis-1-Propenyl)-7-amino-8-oxo-5-thia-1-azabicyclo(4.2.0)oct-2-ene-2-carboxylic acid

分子式 $C_{10}H_{12}N_2O_3S$

CAS 号 106447-44-3

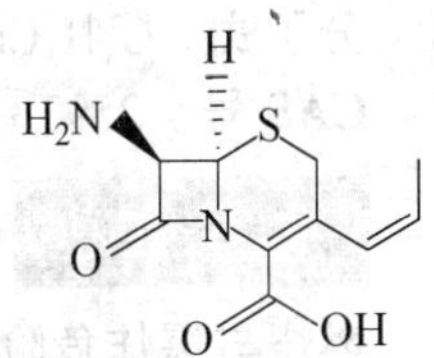

危害信息

燃烧与爆炸危险性 不易燃，无特殊燃爆特性。

禁忌物 强氧化剂、强酸、强碱。

中毒表现 对皮肤有致敏性。

侵入途径 吸入、食入。

理化特性与用途

理化特性 白色的结晶。几乎不溶于水，不溶于乙酸乙酯和丙酮。沸点 539℃，相对密度(水=1)1.5，辛醇/水分配系数-0.1，闪点 280℃。

主要用途 主要用于合成头孢丙烯。

包装与储运

安全储运 储存于阴凉、通风的库房。远离火种、热源。防止阳光直射。保持容器密封。应与强氧化剂、强酸、强碱等隔离储运。

紧急处置信息

急救措施

吸入：脱离接触。如有不适感，就医。

眼睛接触：分开眼睑，用流动清水或生理盐水冲洗。如有不适感，就医。

皮肤接触：脱去污染的衣着，用流动清水冲洗。如有不适感，就医。

食入：漱口，饮水。就医。

灭火方法 消防人员须穿全身消防服，佩戴防毒面具，在上风向灭火。尽可能将容器从火场移至空旷处。喷水保持火场容器冷却，直至灭火结束。

本品不易燃，根据着火原因选择适当灭火剂灭火。

泄漏应急处置 隔离泄漏污染区，限制出入。建议应急处理人员戴防尘口罩，穿防护服，戴防护手套。穿上适当的防护服前严禁接触破裂的容器和泄漏物。尽可能切断泄漏源。用塑料布覆盖泄漏物，减少飞散。勿使水进入包装容器内。用洁净的铲子收集泄漏物，置于干净、干燥、盖子较松的容器中，将容器移离泄漏区。

810. 土菌灵

标　　识

中文名称　土菌灵

英文名称　5-Ethoxy-3-trichloromethyl-1,2,4-thiadiazole; Etridiazole

别名　5-乙氧基-3-三氯甲基-1,2,4-噻二唑

分子式　$C_5H_5Cl_3N_2OS$

CAS 号　2593-15-9

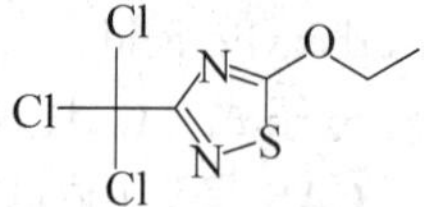

危害信息

燃烧与爆炸危险性　可燃。

禁忌物　强氧化剂、强酸、强碱。

毒性　大鼠经口 LD_{50}：1077mg/kg；小鼠经口 LD_{50}：2g/kg；兔经皮 LD_{50}：1700mg/kg。欧盟法规 1272/2008/EC 将本品列为第 2 类致癌物——可疑的人类致癌物。

中毒表现　吸入、食入或经皮肤吸收对身体有害。对眼和皮肤有刺激性。

侵入途径　吸入、食入、经皮吸收。

环境危害　对水生生物有极高毒性，可能在水生环境中造成长期不利影响。

理化特性与用途

理化特性　淡黄或红棕色液体。不溶于水，溶于许多有机溶剂。熔点 19.9℃，沸点 95℃(0.13kPa)，相对密度(水=1)1.503，饱和蒸气压 13mPa(25℃)，辛醇/水分配系数 3.37，闪点 154.5℃(开杯)。

主要用途　杀菌剂。用于棉花、果树、观赏植物、草坪等防治疫霉属和腐霉属真菌引起的病害。

包装与储运

包装标志　杂类

包装类别　Ⅲ类

安全储运　储存于阴凉、通风的库房。远离火种、热源。应与强氧化剂、强酸、强碱等隔离储运。搬运时轻装轻卸，防止容器受损。

紧急处置信息

急救措施

吸入：迅速脱离现场至空气新鲜处。保持呼吸道通畅。如呼吸困难，给输氧。呼吸、心跳停止，立即进行心肺复苏术。就医。

眼睛接触：立即分开眼睑，用流动清水或生理盐水彻底冲洗。就医。

皮肤接触：立即脱去污染的衣着，用肥皂水和清水彻底冲洗。就医。

食入：漱口，饮水。就医。

灭火方法　消防人员须穿全身消防服，佩戴防毒面具，在上风向灭火。尽可能将容器从火场移至空旷处。喷水保持火场容器冷却，直至灭火结束。

根据着火原因选择适当灭火剂灭火。

泄漏应急处置 根据液体流动和蒸气扩散的影响区域划定警戒区，无关人员从侧风、上风向撤离至安全区。消除点火源。建议应急处理人员戴正压自给式呼吸器，穿防毒服，戴橡胶手套。穿上适当的防护服前严禁接触破裂的容器和泄漏物。尽可能切断泄漏源。防止泄漏物进入水体、下水道、地下室或有限空间。小量泄漏：用干燥的砂土或其他不燃材料吸收或覆盖，收集于容器中。大量泄漏：构筑围堤或挖坑收容。用泵转移至槽车或专用收集器内。

811. 烷基铝

标　识

中文名称 烷基铝

英文名称 Aluminium alkyls

别名 三烷基铝

危害信息

危险性类别 第 4.2 类 自燃物品

燃烧与爆炸危险性 暴露在空气或二氧化碳中会自燃。燃烧时能产生剧毒气体。一般保存在 $C_5 \sim C_7$(如环己烷)的溶剂中，溶剂蒸气与空气能形成爆炸性混合物，遇明火、高热发生燃烧爆炸。具有强腐蚀性。

活性反应 遇空气或二氧化碳发生自燃，产生剧毒气体。

禁忌物 氧化剂、酸类、醇类。

中毒表现 对眼和皮肤有腐蚀性。

侵入途径 吸入、食入。

理化特性与用途

理化特性 无色透明液体。高反应性化合物。与饱和脂肪烃、芳烃混溶。

主要用途 是有效的烷基化剂、烯烃聚合反应催化剂，也是合成医药和精细化工产品的原料。

包装与储运

包装标志 自燃物品，遇湿易燃物品

包装类别 Ⅰ类

安全储运 储存于阴凉、干燥、通风良好的库房。远离火种、热源。防止阳光直射。储存温度不超过 32℃，相对湿度不超过 75%。保持容器密封，不可与空气接触。应与氧化剂、酸类、醇类等隔离储运。采用防爆型照明、通风设施。禁止使用易产生火花的机械设备和工具。储区应备有泄漏应急处理设备和合适的收容材料。配备相应品种和数量的消防器材。搬运时轻装轻卸，防止容器受损。搬运时轻装轻卸，防止容器受损。

紧急处置信息

急救措施

吸入：迅速脱离现场至空气新鲜处。保持呼吸道通畅。如呼吸困难，给输氧。呼吸、

心跳停止，立即进行心肺复苏术。就医。

眼睛接触：立即分开眼睑，用流动清水或生理盐水彻底冲洗 5~10min。就医。

皮肤接触：立即脱去污染的衣着，用大量流动清水彻底冲洗，冲洗时间一般要求 20~30min。就医。

食入：用水漱口，禁止催吐。给饮牛奶或蛋清。就医。

灭火方法　消防人员必须佩戴空气呼吸器，穿全身防火防毒服，在上风向灭火。尽可能将容器从火场移至空旷处。处在火场中的容器若发生异常变化或发出异常声音，必须马上撤离。用干粉、干砂灭火。禁止用水、泡沫、酸碱灭火剂灭火。

泄漏应急处置　根据液体流动和蒸气扩散的影响区域划定警戒区，无关人员从侧风、上风向撤离至安全区。消除所有点火源。禁止用水处理。避免接触湿气。建议应急处理人员戴正压自给式呼吸器，穿耐腐蚀、防毒、防静电服，戴耐腐蚀橡胶手套。禁止接触或跨越泄漏物。尽可能切断泄漏源。防止泄漏物进入水体、下水道、地下室或有限空间。小量泄漏：用干燥的砂土或其他不燃材料覆盖泄漏物，用洁净的无火花工具收集泄漏物，置于一盖子较松的塑料容器中，待处置。大量泄漏：构筑围堤或挖坑收容。用防爆泵转移至槽车或专用收集器内。

812. 烷基镁

标　识

中文名称　烷基镁

英文名称　Magnesium alkyls

危害信息

危险性类别　第 4.2 类　自燃物品

燃烧与爆炸危险性　自燃，接触潮湿的空气或二氧化碳能自燃。

禁忌物　氧化剂、酸类、醇类。

中毒表现　对眼和皮肤有腐蚀性。

侵入途径　吸入、食入。

理化特性与用途

理化特性　固体或烃溶液。接触潮湿的空气或二氧化碳能自燃。

主要用途　用作生产聚烯烃、橡胶的共催化剂，烷基化剂，医药合成中的去质子化剂，也用于制其他化学品。

包装与储运

包装标志　自燃物品，遇湿易燃物品

包装类别　Ⅰ类

安全储运　储存于阴凉、干燥、通风良好的库房。远离火种、热源。防止阳光直射。储存温度不超过 32℃，相对湿度不超过 75%。保持容器密封，不可与空气接触。应与氧化剂、酸类、醇类等隔离储运。采用防爆型照明、通风设施。禁止使用易产生火花的机械设备和工具。配备相应品种和数量的消防器材。储区应备有泄漏应急处理设备和合适的收容

材料。搬运时轻装轻卸，防止容器受损。

紧急处置信息

急救措施

吸入：迅速脱离现场至空气新鲜处。保持呼吸道通畅。如呼吸困难，给输氧。呼吸、心跳停止，立即进行心肺复苏术。就医。

眼睛接触：立即分开眼睑，用流动清水或生理盐水彻底冲洗5~10min。就医。

皮肤接触：立即脱去污染的衣着，用大量流动清水彻底冲洗，冲洗时间一般要求20~30min。就医。

食入：用水漱口，禁止催吐。给饮牛奶或蛋清。就医。

灭火方法　消防人员必须佩戴空气呼吸器，穿全身防火防毒服，在上风向灭火。尽可能将容器从火场移至空旷处。处在火场中的容器若发生异常变化或发出异常声音，必须马上撤离。

灭火剂：干粉、砂土。

泄漏应急处置　根据液体流动和蒸气扩散的影响区域划定警戒区，无关人员从侧风、上风向撤离至安全区。消除所有点火源。禁止用水处理。避免接触湿气。建议应急处理人员戴正压自给式呼吸器，穿耐腐蚀、防毒、防静电服，戴耐腐蚀橡胶手套。禁止接触或跨越泄漏物。尽可能切断泄漏源。防止泄漏物进入水体、下水道、地下室或有限空间。小量泄漏：用干燥的砂土或其他不燃材料覆盖泄漏物，用洁净的无火花工具收集泄漏物，置于一盖子较松的塑料容器中，待处置。大量泄漏：构筑围堤或挖坑收容。用防爆泵转移至槽车或专用收集器内。

813. 烷基铅

标　识

中文名称　烷基铅

英文名称　Lead alkyls

危害信息

危险性类别　第6类　有毒品

燃烧与爆炸危险性　可燃。燃烧时能产生剧毒气体。溶剂蒸气与空气能形成爆炸性混合物，遇明火、高热发生燃烧爆炸。

禁忌物　氧化剂。

毒性　欧盟法规1272/2008/EC将本品列为第1A类生殖毒物——已知的人类生殖毒物。

中毒表现　吸入、食入或经皮肤吸收可引起中毒死亡。长期反复接触对器官造成损害。

侵入途径　吸入、食入、经皮吸收。

环境危害　对水生生物有极高毒性，可能在水生环境中造成长期不利影响。

理化特性与用途

理化特性　油状液体，有水果香味。沸点>93℃，相对密度（水=1）1.5~1.7，闪点31.7~129℃。

主要用途 烷基铅用于内燃机汽油的防震剂和有机合成。

包装与储运

包装标志 有毒品

包装类别 Ⅱ类

安全储运 储存于阴凉、通风的库房。远离火种、热源。防止阳光直射。储存温度不超过32℃，相对湿度不超过85%。炎热季节早晚运输，应与氧化剂等分开存放，切忌混储。配备相应品种和数量的消防器材。储区应备有合适的材料收容泄漏物。禁止使用易产生火花的机械设备和工具。灌装时注意流速，防止静电积聚。搬运时轻装轻卸，防止容器受损。

紧急处置信息

急救措施

吸入：迅速脱离现场至空气新鲜处。保持呼吸道通畅。如呼吸困难，给输氧。呼吸、心跳停止，立即进行心肺复苏术。就医。

眼睛接触：立即分开眼睑，用流动清水或生理盐水彻底冲洗。就医。

皮肤接触：立即脱去污染的衣着，用肥皂水和清水彻底冲洗。就医。

食入：漱口，饮水。就医。

灭火方法 消防人员必须佩戴空气呼吸器，穿全身防火防毒服，在上风向灭火。尽可能将容器从火场移至空旷处。处在火场中的容器若发生异常变化或发出异常声音，必须马上撤离。

灭火剂：干粉、砂土。

泄漏应急处置 根据液体流动和蒸气扩散的影响区域划定警戒区，无关人员从侧风、上风向撤离至安全区。消除所有点火源。禁止用水处理。避免接触湿气。建议应急处理人员戴正压自给式呼吸器，穿防毒、防静电服，戴防化学品手套。穿上适当的防护服前严禁接触破裂的容器和泄漏物。尽可能切断泄漏源。防止泄漏物进入水体、下水道、地下室或有限空间。小量泄漏：用干燥的砂土或其他不燃材料吸收或覆盖，收集于容器中。大量泄漏：构筑围堤或挖坑收容。用防爆泵转移至槽车或专用收集器内。

814. 维生素 D_3

标　识

中文名称 维生素 D_3

英文名称 Colecalciferol；Vitamin D_3；9，10-Seco(5*Z*,7*E*)-5,7,10(19)-cholestatrien-3-ol

别名 烟碱酸胺；胆骨化醇

分子式 $C_{27}H_{44}O$

CAS 号 67-97-0

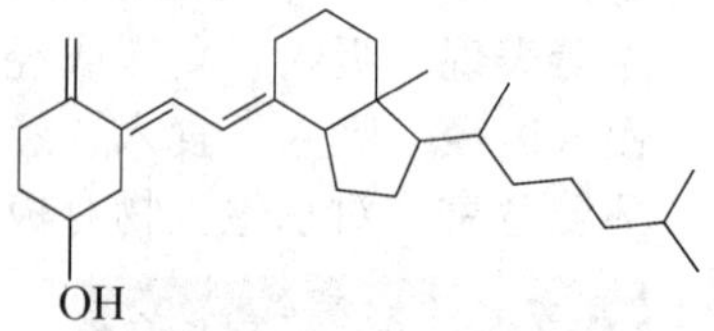

OH

危害信息

危险性类别 第6类 有毒品

燃烧与爆炸危险性 不燃，无特殊燃爆特性。

禁忌物 强氧化剂、强酸、强碱。

毒性 大鼠经口 LD_{50}：42mg/kg；小鼠经口 LD_{50}：42500μg/kg。

中毒表现 超剂量服用连续数周或数月可发生中毒，症状有厌食、疲乏、无力、恶心、呕吐、腹泻、多尿、大汗淋漓、头痛、口渴。血清和尿中钙磷浓度增高，可致高血压和肾功能衰竭。

侵入途径 吸入、食入。

理化特性与用途

理化特性 白色至类白色结晶或结晶性粉末。不溶于水，溶于乙醚、氯仿、乙醇，微溶于植物油。熔点 84~85℃，辛醇/水分配系数 10.24。

主要用途 用于防治佝偻病、骨软化症及婴儿手足搐搦症等。

包装与储运

包装标志 有毒品

包装类别 Ⅲ类

安全储运 储存于阴凉、通风的库房。远离火种、热源。防止阳光直射。储存温度不超过35℃，相对湿度不超过82%。保持容器密封。应与强氧化剂、强酸、强碱等分开存放，切忌混储。配备相应品种和数量的消防器材。储区应备有泄漏应急处理设备和合适的收容材料。

紧急处置信息

急救措施

吸入：迅速脱离现场至空气新鲜处。保持呼吸道通畅。如呼吸困难，给输氧。呼吸、心跳停止，立即进行心肺复苏术。就医。

眼睛接触：立即分开眼睑，用流动清水或生理盐水彻底冲洗。就医。

皮肤接触：立即脱去污染的衣着，用肥皂水和清水彻底冲洗。就医。

食入：漱口，饮水。就医。

灭火方法 消防人员须穿全身消防服，佩戴防毒面具，在上风向灭火。尽可能将容器从火场移至空旷处。喷水保持火场容器冷却，直至灭火结束。

本品不燃，根据着火原因选择适当灭火剂灭火。

泄漏应急处置 隔离泄漏污染区，限制出入。建议应急处理人员戴防尘口罩，穿防毒服，戴橡胶手套。穿上适当的防护服前严禁接触破裂的容器和泄漏物。尽可能切断泄漏源。用塑料布覆盖泄漏物，减少飞散。勿使水进入包装容器内。用洁净的铲子收集泄漏物，置于干净、干燥、盖子较松的容器中，将容器移离泄漏区。

815. 肟菌酯

标　识

中文名称 肟菌酯

英文名称 Trifloxystrobin; Methyl methoxyimino(α-(1-(α,α,α-trifluoro-3-tolyl)ethylideneaminooxy)-2-tolyl)acetate

别名 (2*Z*)-2-甲氧基亚氨基-2-(2-((1-(3-(三氟甲基)苯基)亚乙基氨基)氧甲基)

苯基)乙酸甲酯

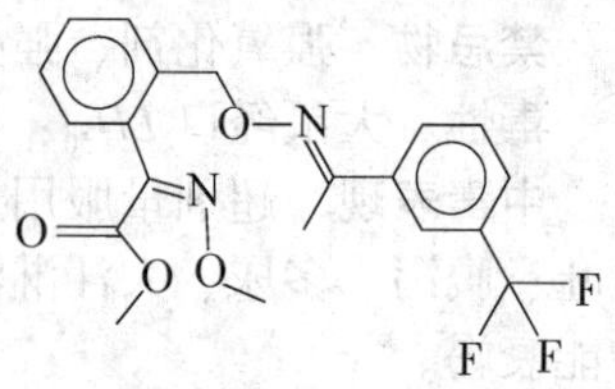

分子式 $C_{20}H_{19}F_3N_2O_4$

CAS 号 141517-21-7

危害信息

燃烧与爆炸危险性 高热易分解。

禁忌物 强氧化剂、酸类。

毒性 大鼠经口 LD_{50}：>5000mg/kg；大鼠经皮 LD_{50}：>2000mg/kg。

中毒表现 对眼有刺激性。对皮肤有致敏性。

侵入途径 吸入、食入、经皮吸收。

环境危害 对水生生物有极高毒性，可能在水生环境中造成长期不利影响。

理化特性与用途

理化特性 无臭白色粉末。不溶于水。熔点 72.9℃，沸点 312℃，相对密度(水=1) 1.36，辛醇/水分配系数 4.5。

主要用途 广谱杀菌剂。用于葡萄、苹果树、小米、花生、香蕉、蔬菜等防治白粉病、叶斑病、霜霉病、立枯病等病害。

包装与储运

包装标志 杂类

包装类别 Ⅲ类

安全储运 储存于阴凉、通风的库房。远离火种、热源。应与强氧化剂、酸类等隔离储运。

紧急处置信息

急救措施

吸入：迅速脱离现场至空气新鲜处。保持呼吸道通畅。如呼吸困难，给输氧。呼吸、心跳停止，立即进行心肺复苏术。就医。

眼睛接触：立即分开眼睑，用流动清水或生理盐水彻底冲洗。就医。

皮肤接触：立即脱去污染的衣着，用肥皂水和清水彻底冲洗。就医。

食入：漱口，饮水。就医。

灭火方法 消防人员须穿全身消防服，佩戴空气呼吸器，在上风向灭火。尽可能将容器从火场移至空旷处。喷水保持火场容器冷却，直至灭火结束。

灭火剂：干粉、二氧化碳、砂土、泡沫。

泄漏应急处置 隔离泄漏污染区，限制出入。建议应急处理人员戴防尘口罩，穿防护服。穿上适当的防护服前严禁接触破裂的容器和泄漏物。尽可能切断泄漏源。用塑料布覆盖泄漏物，减少飞散。勿使水进入包装容器内。用洁净的铲子收集泄漏物，置于干净、干燥、盖子较松的容器中，将容器移离泄漏区。

816. 乌头碱

标　识

中文名称 乌头碱

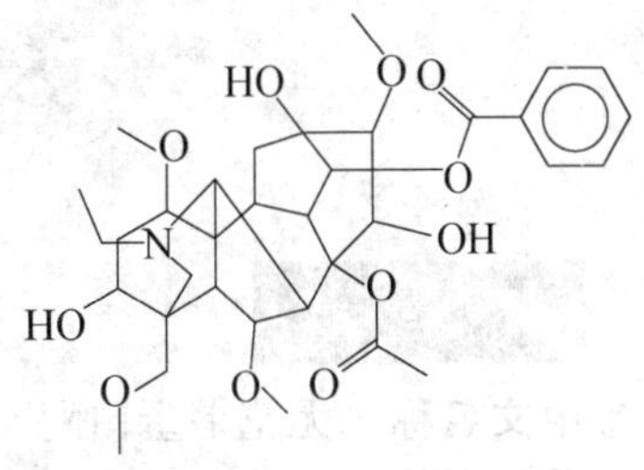

英文名称 Aconitine；Acetylbenzoylaconine

别名 附子精

分子式 $C_{34}H_{47}NO_{11}$

CAS 号 302-27-2

危害信息

危险性类别 第6类 有毒品

燃烧与爆炸危险性 不燃，无特殊燃爆特性。

禁忌物 强氧化剂、强酸、强碱。

毒性 人经口 *LDLo*：0.029mg/kg；小鼠经口 LD_{50}：1mg/kg。

根据《危险化学品目录》的备注，本品属剧毒化学品。

中毒表现 中毒的主要临床表现有：神经系统有面部、口周和四肢感觉异常，四肢无力，头昏，精神错乱；心血管系统有低血压、心悸、胸痛、心动过缓、窦性心动过速、室性心律失常、结性心律等；消化道症状有恶心、呕吐、腹痛、腹泻等；此外尚可出现换气过度、出汗、呼吸困难、头痛、流泪等。

侵入途径 吸入、食入。

理化特性与用途

理化特性 白色至淡黄色结晶或白色粉末。微溶于水，溶于氯仿、乙酸乙酯。熔点203~204℃，辛醇/水分配系数0.13。

主要用途 神经毒素。具有镇痛作用，临床上用于缓解癌痛。

包装与储运

包装标志 有毒品

包装类别 Ⅱ类

安全储运 储存于阴凉、通风的库房。远离火种、热源。防止阳光直射。储存温度不超过35℃，相对湿度不超过82%。保持容器密封。应与强氧化剂、强酸、强碱等分开存放，切忌混储。配备相应品种和数量的消防器材。储区应备有泄漏应急处理设备和合适的收容材料。应严格执行剧毒品“双人收发、双人保管”制度。

紧急处置信息

急救措施

吸入：迅速脱离现场至空气新鲜处。保持呼吸道通畅。如呼吸困难，给输氧。呼吸、心跳停止，立即进行心肺复苏术。就医。

眼睛接触：立即分开眼睑，用流动清水或生理盐水彻底冲洗。就医。

皮肤接触：立即脱去污染的衣着，用流动清水彻底冲洗。就医。

食入：饮适量温水，催吐(仅限于清醒者)。就医。

灭火方法 消防人员须穿全身消防服，佩戴防毒面具，在上风向灭火。尽可能将容器从火场移至空旷处。喷水保持火场容器冷却，直至灭火结束。

本品不燃，根据着火原因选择适当灭火剂灭火。

泄漏应急处置 隔离泄漏污染区，限制出入。建议应急处理人员戴防尘口罩，穿防毒服，戴防化学品手套。穿上适当的防护服前严禁接触破裂的容器和泄漏物。尽可能切断泄漏源。用塑料布覆盖泄漏物，减少飞散。勿使水进入包装容器内。用洁净的铲子收集泄漏物，置于干净、干燥、盖子较松的容器中，将容器移离泄漏区。

817. 无花果蛋白酶

标　识

中文名称　无花果蛋白酶

英文名称　Ficin；Ficus proteinase

别名　无花果朊酶；无花果酶

CAS 号　9001-33-6

危害信息

燃烧与爆炸危险性　无特殊燃爆特性。

禁忌物　强氧化剂。

毒性　大鼠经口 LD_{50}：10g/kg；小鼠经口 LD_{50}：10g/kg；小鼠吸入 *LCLo*：290mg/m^3（10min）。

中毒表现　对眼、皮肤和呼吸道有刺激性。对呼吸道有致敏性。

侵入途径　吸入、食入。

理化特性与用途

理化特性　白色至淡黄或奶油色的粉末，有辛辣气味。溶于水，不溶于一般有机溶剂。pH 值 4.1（2%水溶液）。

主要用途　酶制剂。主要用于啤酒抗寒、肉类软化以及焙烤时的面团调节剂、干酪制造时的乳液凝固剂等。

包装与储运

安全储运　储存于阴凉、通风的库房。远离火种、热源。保持容器密闭。应与强氧化剂等隔离储运。

紧急处置信息

急救措施

吸入：迅速脱离现场至空气新鲜处。保持呼吸道通畅。如呼吸困难，给输氧。呼吸、心跳停止，立即进行心肺复苏术。就医。

眼睛接触：立即分开眼睑，用流动清水或生理盐水彻底冲洗。就医。

皮肤接触：立即脱去污染的衣着，用肥皂水和清水彻底冲洗。就医。

食入：漱口，饮水。就医。

灭火方法　消防人员须穿全身消防服，佩戴空气呼吸器，在上风向灭火。尽可能将容器从火场移至空旷处。

根据着火原因选择适当灭火剂灭火。

泄漏应急处置　隔离泄漏污染区，限制出入。建议应急处理人员戴防尘口罩，穿防护服。穿上适当的防护服前严禁接触破裂的容器和泄漏物。尽可能切断泄漏源。用塑料布覆盖泄漏物，减少飞散。勿使水进入包装容器内。用洁净的铲子收集泄漏物，置于干净、干燥、盖子较松的容器中，将容器移离泄漏区。

818. 无水氯化铜(Ⅱ)

标　识

中文名称　无水氯化铜(Ⅱ)

英文名称　Cupper(Ⅱ)chloride；Cupric chloride anhydrous

分子式　$CuCl_2$

Cu^{2+}

Cl^-　Cl^-

CAS 号　7447-39-4

铁危编号　83503

UN 号　2802

危害信息

危险性类别　第 8 类　腐蚀品

燃烧与爆炸危险性　不燃，在高温火场中易生成氯化氢气体，具有腐蚀性。

毒性　大鼠经口 LD_{50}：140mg/kg；小鼠经口 LD_{50}：233mg/kg。

中毒表现　小量食入引起恶心、呕吐。大量食入引起恶心、呕吐、腹疼、腹泻。对胃肠道的强烈刺激可导致出血、黑便和休克。严重中毒可发生肾衰竭、溶血、肝损害、昏迷、惊厥、横纹肌溶解和心律不齐等。对肺有刺激性。对皮肤有刺激性，可引起皮炎。对眼有刺激性，当结膜囊内存留有本品时，可引起角膜坏死和浑浊。

侵入途径　吸入、食入。

环境危害　对水生生物有极高毒性，可能在水生环境中造成长期不利影响。

理化特性与用途

理化特性　黄色至棕色单斜结晶，有吸湿性。溶于水，溶于丙酮、甲醇、乙醇、热硫酸等。pH 值 3(50g/L 水溶液，20℃)，熔点 630℃，沸点 993℃(分解)，相对密度(水=1)3. 39。

主要用途　主要用于催化剂和媒染剂。

包装与储运

包装标志　腐蚀品

包装类别　Ⅲ类

安全储运　储存于阴凉、通风的库房。远离火种、热源。保持容器密封。储区应备有泄漏应急处理设备和合适的收容材料。

紧急处置信息

急救措施

吸入：迅速脱离现场至空气新鲜处。保持呼吸道通畅。如呼吸困难，给输氧。呼吸、心跳停止，立即进行心肺复苏术。就医。

眼睛接触：立即分开眼睑，用流动清水或生理盐水彻底冲洗 5~10min。就医。

皮肤接触：立即脱去污染的衣着，用流动清水彻底冲洗。就医。

食入：用水漱口，禁止催吐。给饮牛奶或蛋清。就医。

灭火方法　消防人员须穿全身消防服，佩戴空气呼吸器，在上风向灭火。尽可能将容器从火场移至空旷处。喷水保持火场容器冷却，直至灭火结束。

灭火剂：干粉、二氧化碳、水。

泄漏应急处置　隔离泄漏污染区，限制出入。建议应急处理人员戴防尘口罩，穿耐腐蚀、防毒服，戴耐腐蚀橡胶手套。禁止接触或跨越泄漏物。尽可能切断泄漏源。用用塑料布覆盖，减少飞散。用洁净的铲子收集泄漏物，置于干净、干燥、盖子较松的容器中，将容器移离泄漏区。

819. 五甲基庚烷

标　识

中文名称　五甲基庚烷

英文名称　Pentamethyl heptane

分子式　$C_{12}H_{26}$

CAS 号　30586-18-6

铁危编号　32107

危害信息

危险性类别　第 3 类　易燃液体

燃烧与爆炸危险性　可燃，其蒸气与空气混合能形成爆炸性混合物，遇明火、高热易燃烧爆炸。

禁忌物　氧化剂、酸类。

侵入途径　吸入、食入。

理化特性与用途

理化特性　无色液体。不溶于水。沸点 203℃，相对密度（水 = 1）0. 751，饱和蒸气压 53. 7Pa（25℃），闪点<60℃。

主要用途　用作溶剂。

包装与储运

包装标志　易燃液体

包装类别　Ⅲ类

安全储运　储存于阴凉、通风的库房。库温不宜超过 37℃。远离火种、热源。保持容器密封。应与氧化剂、酸类分开存放，切忌混储。采用防爆型照明、通风设施。禁止使用易产生火花的机械设备和工具。灌装时注意流速，防止静电积聚。配备相应品种和数量的消防器材。储区应备有泄漏应急处理设备和合适的收容材料。搬运时轻装轻卸，防止容器受损。

紧急处置信息

急救措施

吸入：脱离接触。如有不适感，就医。

眼睛接触：分开眼睑，用流动清水或生理盐水冲洗。如有不适感，就医。

皮肤接触：脱去污染的衣着，用流动清水冲洗。如有不适感，就医。

食入：漱口，饮水。就医。

灭火方法 消防人员须穿全身消防服，佩戴空气呼吸器，在上风向灭火。尽可能将容器从火场移至空旷处。喷水保持火场容器冷却，直至灭火结束。处在火场中的容器若发生异常变化或发出异常声音，须马上撤离。

灭火剂：雾状水、泡沫、二氧化碳、干粉、砂土。

泄漏应急处置 消除所有点火源。根据液体流动和蒸气扩散的影响区域划定警戒区，无关人员从侧风、上风向撤离至安全区。建议应急处理人员戴正压自给式呼吸器，穿防静电服，戴橡胶手套。作业时使用的所有设备应接地。禁止接触或跨越泄漏物。尽可能切断泄漏源。防止泄漏物进入水体、下水道、地下室或有限空间。小量泄漏：用砂土或其他不燃材料吸收。使用洁净的无火花工具收集吸收材料。大量泄漏：构筑围堤或挖坑收容。用抗溶性泡沫覆盖，减少蒸发。喷水雾能减少蒸发，但不能降低泄漏物在有限空间内的易燃性。用防爆泵转移至槽车或专用收集器内。

820. 五氯苯

标　识

中文名称 五氯苯

英文名称 Pentachlorobenzene；1,2,3,4,5-Pentachlorobenzene

分子式 C_6HCl_5

CAS 号 608-93-5

危害信息

危险性类别 第 4.1 类 易燃固体

燃烧与爆炸危险性 易燃，其粉体与空气混合能形成爆炸性混合物。

禁忌物 氧化剂、还原剂、卤化物。

毒性 大鼠经口 LD_{50}：940mg/kg；小鼠经口 LD_{50}：1175mg/kg；大鼠经皮 LD_{50}：>2500mg/kg。

中毒表现 长期反复接触有可能引起肝损伤。

侵入途径 吸入、食入、经皮吸收。

环境危害 对水生生物有极高毒性，可能在水生环境中造成长期不利影响。

理化特性与用途

理化特性 无色或白色结晶，有芳香气味。不溶于水，不溶于乙醇，微溶于乙醚、苯。熔点 86℃，沸点 275~277℃，相对密度(水=1)1.8，相对蒸气密度(空气=1)8.6，饱和蒸气压 2Pa(25℃)，辛醇/水分配系数 5.18。

主要用途 是杀虫剂特别是杀菌剂五氯硝基苯的中间体。

包装与储运

包装标志 易燃固体

包装类别 Ⅱ类

安全储运　储存于阴凉、通风的库房。远离火种、热源。库温不宜超过35℃。包装密封。应与氧化剂、还原剂、卤化物等分开存放，切忌混储。配备相应品种和数量的消防器材。储区应备有合适的材料收容泄漏物。

紧急处置信息

急救措施

吸入：迅速脱离现场至空气新鲜处。保持呼吸道通畅。如呼吸困难，给输氧。呼吸、心跳停止，立即进行心肺复苏术。就医。

眼睛接触：立即分开眼睑，用流动清水或生理盐水彻底冲洗。就医。

皮肤接触：立即脱去污染的衣着，用肥皂水和清水彻底冲洗。就医。

食入：漱口，饮水。就医。

灭火方法　消防人员须穿全身消防服，佩戴空气呼吸器，在上风向灭火。尽可能将容器从火场移至空旷处。喷水保持火场容器冷却，直至灭火结束。

根据着火原因选择适当灭火剂灭火。

泄漏应急处置　隔离泄漏污染区，限制出入。消除所有点火源。建议应急处理人员戴防尘口罩，穿防毒、防静电服，戴橡胶手套。禁止接触或跨越泄漏物。小量泄漏：用洁净的铲子收集泄漏物，置于干净、干燥、带盖子的容器中，将容器移离泄漏区。大量泄漏：用水润湿，并筑堤收容。防止泄漏物进入水体、下水道、地下室或有限空间。

821. 五氯萘

标　识

中文名称　五氯萘

英文名称　Penthachloronaphthalene

别名　光蜡1013；五氯化萘

分子式　$C_{10}H_3Cl_5$

CAS号　1321-64-8

危害信息

燃烧与爆炸危险性　不燃，无特殊燃爆特性。

禁忌物　强氧化剂、强酸。

中毒表现　吸入或经皮吸收对身体有害。对眼和皮肤有刺激性。可引起氯痤疮。长期接触有可能引起肝损伤。

侵入途径　吸入、食入、经皮吸收。

职业接触限值　美国(ACGIH)：TLV-TWA 0.5mg/m^3[皮]。

环境危害　对水生生物有极高毒性，可能在水生环境中造成长期不利影响。

理化特性与用途

理化特性　淡黄色至白色固体或粉末，有芳香气味。不溶于水，溶于有机溶剂。熔点120℃，沸点327~371℃，相对密度(水=1)1.7，相对蒸气密度(空气=1)10.4，饱和蒸气压2mPa(25℃)，辛醇/水分配系数8.73~9.13。

主要用途 用于电绝缘材料、电容、电池、润滑剂、防腐涂料等，也用于有机合成。

包装与储运

包装标志 杂类

包装类别 Ⅲ类

安全储运 储存于阴凉、通风的库房。远离火种、热源。应与强氧化剂、强酸等隔离储运。

紧急处置信息

急救措施

吸入：迅速脱离现场至空气新鲜处。保持呼吸道通畅。如呼吸困难，给输氧。呼吸、心跳停止，立即进行心肺复苏术。就医。

眼睛接触：立即分开眼睑，用流动清水或生理盐水彻底冲洗。就医。

皮肤接触：立即脱去污染的衣着，用肥皂水和清水彻底冲洗。就医。

食入：漱口，饮水。就医。

灭火方法 消防人员须穿全身消防服，佩戴空气呼吸器，在上风向灭火。尽可能将容器从火场移至空旷处。喷水保持火场容器冷却，直至灭火结束。

本品不燃，根据着火原因选择适当灭火剂灭火。

泄漏应急处置 隔离泄漏污染区，限制出入。建议应急处理人员戴防尘口罩，穿防毒服，戴防护手套。穿上适当的防护服前严禁接触破裂的容器和泄漏物。尽可能切断泄漏源。用塑料布覆盖泄漏物，减少飞散。勿使水进入包装容器内。用洁净的铲子收集泄漏物，置于干净、干燥、盖子较松的容器中，将容器移离泄漏区。

822. 五溴二苯醚

标　识

中文名称 五溴二苯醚

英文名称 Diphenyl ether，pentabromo derivative；Pentabromodiphenyl oxide

分子式 $C_{12}H_5Br_5O$

CAS 号 32534-81-9

O
Br_m Br_n
$m+n=5$

危害信息

燃烧与爆炸危险性 不燃，高温火场中易分解。

毒性 大鼠经口 LD_{50}：5g/kg；大鼠吸入 LC_{50}：200g/m^3（1h）；兔经皮 LD_{50}：2g/kg（24h）。

中毒表现 长期接触影响肝脏。可通过母乳对幼儿产生影响。

侵入途径 吸入、食入、经皮吸收。

环境危害 对水生生物有极高毒性，可能在水生环境中造成长期不利影响。

理化特性与用途

理化特性 琥珀色黏性液体。不溶于水，微溶于甲醇，混溶于二氯甲烷、甲苯、甲乙酮、苯乙烯等。熔点-7~-3℃，沸点200~300℃(分解)，相对密度(水=1)2.25~2.28，饱和蒸气压0.03~0.07mPa(25℃)，辛醇/水分配系数6.64~6.97。

主要用途 用作阻燃添加剂。

包装与储运

包装标志 杂类

包装类别 Ⅲ类

安全储运 储存于阴凉、通风的库房。远离火种、热源。保持容器密闭。

紧急处置信息

急救措施

吸入：迅速脱离现场至空气新鲜处。保持呼吸道通畅。如呼吸困难，给输氧。呼吸、心跳停止，立即进行心肺复苏术。就医。

眼睛接触：立即分开眼睑，用流动清水或生理盐水彻底冲洗。就医。

皮肤接触：立即脱去污染的衣着，用肥皂水和清水彻底冲洗。就医。

食入：漱口，饮水。就医。

灭火方法 消防人员须穿全身消防服，佩戴防毒面具，在上风向灭火。尽可能将容器从火场移至空旷处。喷水保持火场容器冷却，直至灭火结束。

本品不燃，根据着火原因选择适当灭火剂灭火。

泄漏应急处置 根据液体流动和蒸气扩散的影响区域划定警戒区，无关人员从侧风、上风向撤离至安全区。应急人员应戴正压自给式呼吸器，穿防护服，戴防护手套。穿戴适当的防护装备前，禁止接触破裂的容器或泄漏物，尽可能切断泄漏源。防止泄漏物进入水体、下水道、地下室或有限空间。小量泄漏：用砂土等不燃材料吸收，用洁净的铲子收集于容器中。大量泄漏：筑围堤或挖坑收容。用泡沫覆盖泄漏物，减少挥发。用泵转移至槽车或专用收集器内。

823. 戊硝酚

标　　识

中文名称 戊硝酚

英文名称 Dinosam; 2-(1-Methylbutyl)-4,6-dinitrophenol

别名 2-(1-甲基丁基)-4,6-二硝基苯酚

分子式 $C_{11}H_{14}N_2O_5$

CAS号 4097-36-3

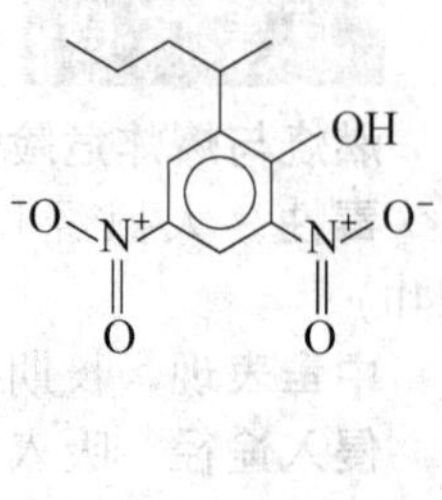

OH
^-O-N^+ N^+-O^-
O O

危害信息

危险性类别 第6类 有毒品

燃烧与爆炸危险性 不燃，无特殊燃爆特性。

禁忌物 强氧化剂、强酸。

毒性 小鼠腹腔内 *LDLo*：3800μg/kg。

侵入途径 吸入、食入。

环境危害 对水生生物有极高毒性，可能在水生环境中造成长期不利影响。

理化特性与用途

理化特性 固体。溶于水。熔点 124~125℃，饱和蒸气压 0.04mPa(25℃)，辛醇/水分配系数 4.16。

主要用途 触杀性芽前苗后除草剂。用于小麦、大麦防除一年生阔叶杂草及禾本科杂草。

包装与储运

包装标志 有毒品

包装类别 Ⅲ类

安全储运 储存于阴凉、通风的库房。远离火种、热源。防止阳光直射。储存温度不超过 35℃，相对湿度不超过 85%。保持容器密封。应与强氧化剂、强酸等分开存放，切忌混储。配备相应品种和数量的消防器材。储区应备有合适的材料收容泄漏物。

紧急处置信息

急救措施

吸入：迅速脱离现场至空气新鲜处。保持呼吸道通畅。如呼吸困难，给输氧。呼吸、心跳停止，立即进行心肺复苏术。就医。

眼睛接触：立即分开眼睑，用流动清水或生理盐水彻底冲洗。就医。

皮肤接触：立即脱去污染的衣着，用肥皂水和清水彻底冲洗。就医。

食入：漱口，饮水。就医。

灭火方法 消防人员须穿全身消防服，佩戴空气呼吸器，在上风向灭火。尽可能将容器从火场移至空旷处。喷水保持火场容器冷却，直至灭火结束。

本品不燃，根据着火原因选择适当灭火剂灭火。

泄漏应急处置 隔离泄漏污染区，限制出入。建议应急处理人员戴防尘口罩，穿防毒服，戴橡胶手套。穿上适当的防护服前严禁接触破裂的容器和泄漏物。尽可能切断泄漏源。用塑料布覆盖泄漏物，减少飞散。勿使水进入包装容器内。用洁净的铲子收集泄漏物，置于干净、干燥、盖子较松的容器中，将容器移离泄漏区。

824. 西草净

标 识

中文名称 西草净

英文名称 Simetryn；*s*-Triazine，2,4-Bis(ethylamino)-6-(methylthio)-

别名 2-甲硫基-4,6-二乙胺基-1,3,5-三嗪

分子式 $C_8H_{15}N_5S$

CAS 号 1014-70-6

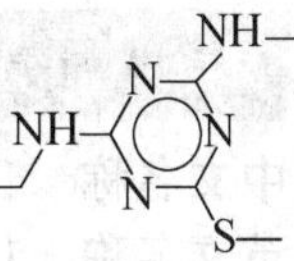

危害信息

燃烧与爆炸危险性 无特殊燃爆特性。

禁忌物 强氧化剂、强酸。

毒性 大鼠经口 LD_{50}：750mg/kg；小鼠经口 LD_{50}：1600mg/kg；大鼠吸入 LC_{50}：>4880mg/m^3(4h)；大鼠经皮 LD_{50}：>3100mg/kg。

中毒表现 食入有害。

侵入途径 吸入、食入、经皮吸收。

环境危害 对水生生物有极高毒性，可能在水生环境中造成长期不利影响。

理化特性与用途

理化特性 白色结晶。不溶于水，溶于甲醇、丙酮、甲苯、正辛醇等。熔点 82~83℃，相对密度(水=1)1.02，饱和蒸气压 0.094mPa(25℃)，辛醇/水分配系数 2.8。

主要用途 选择性内吸传导型除草剂，主要用于水稻，也可用于玉米、大豆、小麦、花生、棉花等。

包装与储运

包装标志 杂类

包装类别 Ⅲ类

安全储运 储存于阴凉、通风的库房。远离火种、热源。应与强氧化剂、强酸等隔离储运。

紧急处置信息

急救措施

吸入： 迅速脱离现场至空气新鲜处。保持呼吸道通畅。如呼吸困难，给输氧。呼吸、心跳停止，立即进行心肺复苏术。就医。

眼睛接触： 立即分开眼睑，用流动清水或生理盐水彻底冲洗。就医。

皮肤接触： 立即脱去污染的衣着，用肥皂水和清水彻底冲洗。就医。

食入： 漱口，饮水。就医。

灭火方法 消防人员须穿全身消防服，佩戴空气呼吸器，在上风向灭火。尽可能将容器从火场移至空旷处。喷水保持火场容器冷却，直至灭火结束。

根据着火原因选择适当灭火剂灭火。

泄漏应急处置 隔离泄漏污染区，限制出入。建议应急处理人员戴防尘口罩，穿防毒服。穿上适当的防护服前严禁接触破裂的容器和泄漏物。尽可能切断泄漏源。用塑料布覆盖泄漏物，减少飞散。勿使水进入包装容器内。用洁净的铲子收集泄漏物，置于干净、干燥、盖子较松的容器中，将容器移离泄漏区。

825. 1-烯丙基-3-氯-4-氟苯

标　识

中文名称 1-烯丙基-3-氯-4-氟苯

英文名称 1-Allyl-3-chloro-4-fluorobenzene；3-(3-Chloro-4-fluorophenyl)propene

分子式 C_9H_8ClF

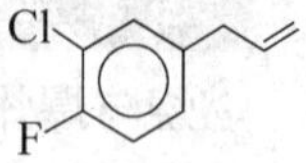

CAS 号 121626-73-1

Cl

F

危害信息

燃烧与爆炸危险性 可燃，粉体与空气混合能形成爆炸性混合物，遇明火、高热易燃烧爆炸。

禁忌物 强氧化剂。

中毒表现 对皮肤有刺激性。

侵入途径 吸入、食入。

环境危害 对水生生物有毒，可能在水生环境中造成长期不利影响。

理化特性与用途

理化特性 固体。沸点 202.5℃，相对密度(水=1)1.137，闪点 86.1℃。

主要用途 用于研究和开发。

包装与储运

包装标志 杂类

包装类别 Ⅲ类

安全储运 储存于阴凉、通风的库房。远离火种、热源。应与强氧化剂等隔离储运。

紧急处置信息

急救措施

吸入：迅速脱离现场至空气新鲜处。保持呼吸道通畅。如呼吸困难，给输氧。呼吸、心跳停止，立即进行心肺复苏术。就医。

眼睛接触：立即分开眼睑，用流动清水或生理盐水彻底冲洗。就医。

皮肤接触：立即脱去污染的衣着，用肥皂水和清水彻底冲洗。就医。

食入：漱口，饮水。就医。

灭火方法 消防人员须穿全身消防服，佩戴空气呼吸器，在上风向灭火。尽可能将容器从火场移至空旷处。

灭火剂：二氧化碳、干粉、泡沫。

泄漏应急处置 隔离泄漏污染区，限制出入。消除点火源。建议应急处理人员戴防尘口罩，穿防护服，戴防护手套。穿上适当的防护服前严禁接触破裂的容器和泄漏物。尽可能切断泄漏源。用塑料布覆盖泄漏物，减少飞散。勿使水进入包装容器内。用洁净的铲子收集泄漏物，置于干净、干燥、盖子较松的容器中，将容器移离泄漏区。

826. 烯丙基-正丙基二硫醚

标 识

中文名称 烯丙基-正丙基二硫醚

英文名称 Disulfide, 2-propenyl propyl; Allyl propyl disulfide

别名 二硫化丙基丙烯

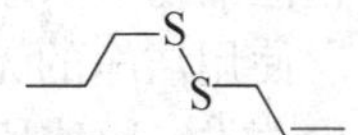

分子式 $C_6H_{12}S_2$

CAS 号 2179-59-1

危害信息

危险性类别 第 3 类 易燃液体

燃烧与爆炸危险性 易燃，其蒸气与空气混合能形成爆炸性混合物，遇明火、高热易燃烧爆炸。受热易分解，放出有毒的硫氧化物气体。

禁忌物 氧化剂、强酸。

中毒表现 对眼、皮肤和呼吸道有刺激性。对皮肤有致敏性。

侵入途径 吸入、食入。

职业接触限值 美国(ACGIH)：TLV-TWA 0.5ppm[敏]。

理化特性与用途

理化特性 淡黄色透明油状液体，有刺激性气味。不溶于水，溶于乙醇、乙醚、氯仿、二硫化碳等。熔点-15℃，沸点 66～69℃(2.1kPa)，相对密度(水=1)0.9，相对蒸气密度(空气=1)5.1，饱和蒸气压 50Pa(20℃)，辛醇/水分配系数 3.7，闪点 56℃。

主要用途 用于合成香料，用作食品添加剂。

包装与储运

包装标志 易燃液体

包装类别 Ⅲ类

安全储运 储存于阴凉、通风的库房。库温不宜超过 37℃。远离火种、热源。保持容器密封。应与氧化剂、强酸等分开存放，切忌混储。采用防爆型照明、通风设施。禁止使用易产生火花的机械设备和工具。灌装时注意流速，防止静电积聚。配备相应品种和数量的消防器材。储区应备有泄漏应急处理设备和合适的收容材料。搬运时轻装轻卸，防止容器受损。

紧急处置信息

急救措施

吸入：迅速脱离现场至空气新鲜处。保持呼吸道通畅。如呼吸困难，给输氧。呼吸、心跳停止，立即进行心肺复苏术。就医。

眼睛接触：立即分开眼睑，用流动清水或生理盐水彻底冲洗。就医。

皮肤接触：立即脱去污染的衣着，用肥皂水和清水彻底冲洗。就医。

食入：漱口，饮水。就医。

灭火方法 消防人员须穿全身消防服，在上风向灭火。尽可能将容器从火场移至空旷处。喷水保持火场容器冷却，直至灭火结束。处在火场中的容器，若发生异常变化或发出异常声音，须马上撤离。

灭火剂：泡沫、干粉、二氧化碳。

泄漏应急处置 根据液体流动和蒸气扩散的影响区域划定警戒区，无关人员从侧风、上风向撤离至安全区。消除所有点火源。建议应急处理人员戴防毒面具，穿防静电服，戴橡胶手套。作业时使用的所有设备应接地。禁止接触或跨越泄漏物。尽可能切断泄漏源。防止泄漏物进入水体、下水道、地下室或有限空间。小量泄漏：用砂土或其他不燃材料吸收。使用洁净的无火花工具收集吸收材料。大量泄漏：构筑围堤或挖坑收容。用泡沫覆盖，减少蒸发。喷水雾能减少蒸发，但不能降低泄漏物在有限空间内的易燃性。用防爆泵转移至槽车或专用收集器内。

827. 烯丙菊酯

标　识

中文名称　烯丙菊酯

英文名称　Allethrin；(*RS*)-3-Allyl-2-methyl-4-oxocyclopent-2-enyl(1*R*,3*R*)-2,2-dimethyl-3-(2-methylprop-1-enyl)cyclopropanecarboxylate

别名　(*RS*)-3-烯丙基-2-甲基-4-氧代环戊-2 烯基(*RS*)顺,反-2,2-二甲基-3-(2-甲基-1-丙烯基)环丙烷羧酸酯

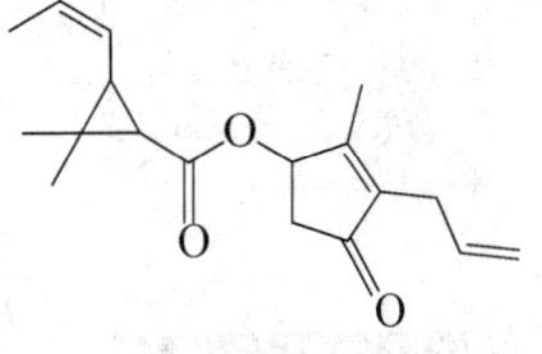

分子式　$C_{19}H_{26}O_3$

CAS 号　584-79-2

危害信息

燃烧与爆炸危险性　不燃，受热易分解，在高温火场中受热的容器有破裂和爆炸的危险。

禁忌物　强氧化剂、碱类。

毒性　大鼠经口 LD_{50}：685mg/kg；小鼠经口 LD_{50}：370mg/kg；小鼠吸入 LC_{50}：>2g/m³；大鼠经皮 LD_{50}：2500mg/kg；兔经皮 LD_{50}：11332mg/kg。

中毒表现　本品属拟除虫菊酯类杀虫剂，该类杀虫剂为神经毒物。吸入引起上呼吸道刺激、头痛、头晕和面部感觉异常。食入引起恶心、呕吐和腹痛。重者出现出现阵发性抽搐、意识障碍、肺水肿，可致死。对眼有刺激性。对皮肤有致敏性。

侵入途径　吸入、食入、经皮吸收。

环境危害　对水生生物有极高毒性，可能在水生环境中造成长期不利影响。

理化特性与用途

理化特性　淡黄至琥珀色透明黏性液体。不溶于水，溶于甲醇、四氯化碳、煤油。熔点 4℃，沸点 140℃(0.013kPa)，相对密度(水=1)1.01，饱和蒸气压 0.16mPa(21℃)，辛醇/水分配系数 4.78。

主要用途　卫生杀虫剂。用于防治家蝇、蚊子、臭虫、虱子等。

包装与储运

包装标志　杂类

包装类别　Ⅲ类

安全储运　储存于阴凉、通风的库房。远离火种、热源。防止阳光直射。应与强氧化剂、碱类等隔离储运。搬运时轻装轻卸，防止容器受损。

紧急处置信息

急救措施

吸入：迅速脱离现场至空气新鲜处。保持呼吸道通畅。如呼吸困难，给输氧。呼吸、心跳停止，立即进行心肺复苏术。就医。

眼睛接触：立即分开眼睑，用流动清水或生理盐水彻底冲洗。就医。

皮肤接触：立即脱去污染的衣着，用肥皂水和清水彻底冲洗。就医。

食入：漱口，饮水。就医。

灭火方法 消防人员须穿全身消防服，佩戴空气呼吸器，在上风向灭火。尽可能将容器从火场移至空旷处。喷水保持火场容器冷却，直至灭火结束。

灭火剂：干粉、二氧化碳、雾状水。禁止使用柱状水。

泄漏应急处置 根据液体流动和蒸气扩散的影响区域划定警戒区，无关人员从侧风、上风向撤离至安全区。建议应急处理人员戴防毒面具，穿防毒服。穿上适当的防护服前严禁接触破裂的容器和泄漏物。尽可能切断泄漏源。防止泄漏物进入水体、下水道、地下室或有限空间。小量泄漏：用干燥的砂土或其他不燃材料吸收或覆盖，收集于容器中。大量泄漏：构筑围堤或挖坑收容。用泵转移至槽车或专用收集器内。

828. 烯唑醇

标 识

中文名称 烯唑醇

英文名称 Diniconazole；(*E*)-*β*-((2,4-Dichlorophenyl)methylene)-*α*-(1, 1-dimethylethyl)-1H-1,2,4-triazol-1-ethanol；(*E*)-(*RS*)-1-(2,4-Dichlorophenyl)-4,4-dimethyl-2-(1H-1,2,4-triazol-1-yl)pent-1-en-3-ol

别名 (*E*)-1-(2,4-二氯苯基)-4,4-二甲基-2-(1,2,4-三氮唑-1-基)戊-1-烯-3-醇

分子式 $C_{15}H_{17}Cl_2N_3O$

CAS 号 76714-88-0；83657-24-3

Cl Cl N N N OH

危害信息

燃烧与爆炸危险性 不燃，无特殊燃爆特性。

禁忌物 强氧化剂。

毒性 大鼠经口 LD_{50}：474mg/kg。

侵入途径 吸入、食入。

环境危害 对水生生物有极高毒性，可能在水生环境中造成长期不利影响。

理化特性与用途

理化特性 白色结晶固体。不溶于水。熔点 134~156℃，相对密度(水=1)1.32，饱和蒸气压 2.93mPa(20℃)。

主要用途 三唑类杀菌剂。用于葡萄、谷物和水果上可防治白粉病和黑星病。

包装与储运

包装标志 杂类

包装类别 Ⅲ类

安全储运 储存于阴凉、通风的库房。远离火种、热源。应与强氧化剂等隔离储运。

紧急处置信息

急救措施

吸入：迅速脱离现场至空气新鲜处。保持呼吸道通畅。如呼吸困难，给输氧。呼吸、心跳停止，立即进行心肺复苏术。就医。

眼睛接触：立即分开眼睑，用流动清水或生理盐水彻底冲洗。就医。

皮肤接触：立即脱去污染的衣着，用肥皂水和清水彻底冲洗。就医。

食入：漱口，饮水。就医。

灭火方法 消防人员须穿全身消防服，佩戴空气呼吸器，在上风向灭火。尽可能将容器从火场移至空旷处。喷水保持火场容器冷却，直至灭火结束。

本品不燃，根据着火原因选择适当灭火剂灭火。

泄漏应急处置 隔离泄漏污染区，限制出入。建议应急处理人员戴防尘口罩，穿防毒服。穿上适当的防护服前严禁接触破裂的容器和泄漏物。尽可能切断泄漏源。用塑料布覆盖泄漏物，减少飞散。勿使水进入包装容器内。用洁净的铲子收集泄漏物，置于干净、干燥、盖子较松的容器中，将容器移离泄漏区。

829. 纤维素酶

标 识

中文名称 纤维素酶

英文名称 1,4-(1,3; 1,4)-beta-*D*-Glucan-4-glucanohydrolase; Cellulase

CAS 号 9012-54-8

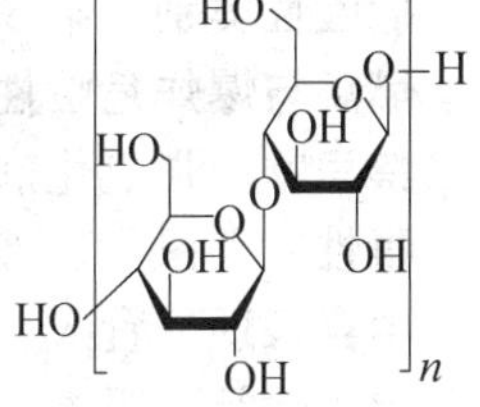

危害信息

燃烧与爆炸危险性 无特殊燃爆特性。

禁忌物 强氧化剂。

中毒表现 对呼吸道有致敏性。

侵入途径 吸入、食入。

理化特性与用途

理化特性 白色至淡黄棕色结晶粉末。溶于水，几乎不溶于乙醇、氯仿和乙醚。

主要用途 用作食品和饲料添加剂。用于生化研究、植物细胞杂交研究等。

包装与储运

安全储运 储存于阴凉、通风的库房。远离火种、热源。保持容器密闭。应与强氧化剂等隔离储运。

紧急处置信息

急救措施

吸入：迅速脱离现场至空气新鲜处。保持呼吸道通畅。如呼吸困难，给输氧。呼吸、

心跳停止，立即进行心肺复苏术。就医。

眼睛接触： 立即分开眼睑，用流动清水或生理盐水彻底冲洗。就医。

皮肤接触： 立即脱去污染的衣着，用肥皂水和清水彻底冲洗。就医。

食入： 漱口，饮水。就医。

灭火方法 消防人员须穿全身消防服，佩戴空气呼吸器，在上风向灭火。尽可能将容器从火场移至空旷处。

根据着火原因选择适当灭火剂灭火。

泄漏应急处置 隔离泄漏污染区，限制出入。建议应急处理人员戴防尘口罩，穿防护服，戴防护手套。禁止接触或跨越泄漏物。尽可能切断泄漏源。用塑料布覆盖，减少飞散、避免雨淋。用洁净的铲子收集泄漏物，置于干净、干燥、盖子较松的容器中，将容器移离泄漏区。

830. 消螨酚

标　识

中文名称 消螨酚

英文名称 Dinex；2-Cyclohexyl-4,6-dinitrophenol

分子式 $C_{12}H_{14}N_2O_5$

CAS 号 131-89-5

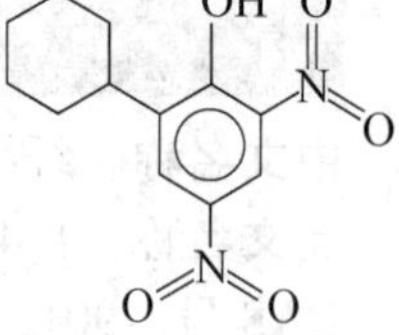

危害信息

危险性类别 第6类 有毒品

燃烧与爆炸危险性 不燃，无特殊燃爆特性。

禁忌物 强氧化剂、强酸。

毒性 大鼠经口 LD_{50}：65mg/kg；小鼠经口 LD_{50}：50mg/kg；豚鼠经皮 *LDLo*：1g/kg。

中毒表现 食入、吸入或经皮吸收引起中毒。

侵入途径 吸入、食入、经皮吸收。

环境危害 对水生生物有极高毒性，可能在水生环境中造成长期不利影响。

理化特性与用途

理化特性 浅黄色结晶固体。几乎不溶于水，溶于有机溶剂。熔点 106.5～107.5℃，饱和蒸气压 0.005mPa(25℃)，辛醇/水分配系数 4.12。

主要用途 杀虫、杀螨剂。用于果园、林木防治叶螨、介壳虫、蚜虫、木虱等。

包装与储运

包装标志 有毒品

包装类别 Ⅲ类

安全储运 储存于阴凉、通风的库房。远离火种、热源。防止阳光直射。储存温度不超过 35℃，相对湿度不超过 85%。保持容器密封。应与强氧化剂、强酸等分开存放，切忌混储。配备相应品种和数量的消防器材。储区应备有合适的材料收容泄漏物。

紧急处置信息

急救措施

吸入：迅速脱离现场至空气新鲜处。保持呼吸道通畅。如呼吸困难，给输氧。呼吸、心跳停止，立即进行心肺复苏术。就医。

眼睛接触：立即分开眼睑，用流动清水或生理盐水彻底冲洗。就医。

皮肤接触：立即脱去污染的衣着，用流动清水彻底冲洗。就医。

食入：饮适量温水，催吐(仅限于清醒者)。就医。

灭火方法 消防人员须穿全身消防服，佩戴防毒面具，在上风向灭火。尽可能将容器从火场移至空旷处。喷水保持火场容器冷却，直至灭火结束。

本品不燃，根据着火原因选择适当灭火剂灭火。

泄漏应急处置 隔离泄漏污染区，限制出入。建议应急处理人员戴防尘口罩，穿防毒服，戴橡胶手套。穿上适当的防护服前严禁接触破裂的容器和泄漏物。尽可能切断泄漏源。用塑料布覆盖泄漏物，减少飞散。勿使水进入包装容器内。用洁净的铲子收集泄漏物，置于干净、干燥、盖子较松的容器中，将容器移离泄漏区。

831. 5-((2-硝基-4-((苯氨基)磺酰基)苯基)氨基)-2-(苯氨基)苯磺酸钠

标　识

中文名称 5-((2-硝基-4-((苯氨基)磺酰基)苯基)氨基)-2-(苯氨基)苯磺酸钠

英文名称 Sodium 2-anilino-5-(2-nitro-4-(*N*-phenylsulfamoyl))anilinobenzenesulfonate

别名 6-苯胺基-*N*-(2-硝基-4-(磺酰苯基)苯基)间氨基苯酸钠盐

分子式 $C_{24}H_{20}N_4O_7S_2 \cdot Na$

CAS 号 31361-99-6

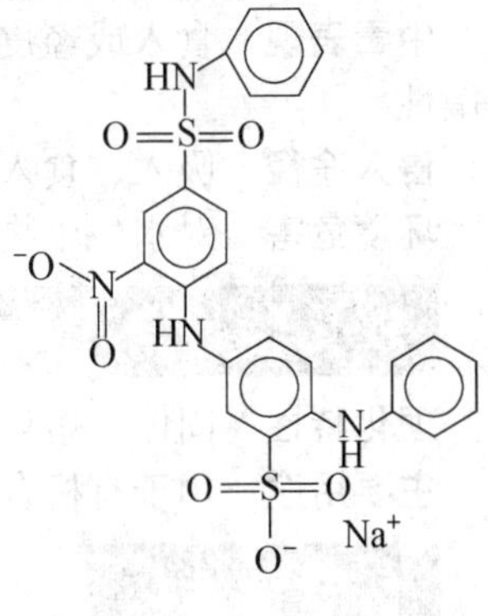

危害信息

燃烧与爆炸危险性 无特殊燃爆特性。

禁忌物 强氧化剂。

中毒表现 眼接触引起严重损害。

侵入途径 吸入、食入。

环境危害 对水生生物有害，可能在水生环境中造成长期不利影响。

包装与储运

安全储运 储存于阴凉、通风的库房。远离火种、热源。应与强氧化剂等隔离储运。

紧急处置信息

急救措施

吸入：迅速脱离现场至空气新鲜处。保持呼吸道通畅。如呼吸困难，给输氧。呼吸、心跳停止，立即进行心肺复苏术。就医。

眼睛接触：立即分开眼睑，用流动清水或生理盐水彻底冲洗5~10min。就医。

皮肤接触：立即脱去污染的衣着，用肥皂水和清水彻底冲洗。就医。

食入：漱口，饮水。就医。

灭火方法 消防人员须穿全身消防服，佩戴空气呼吸器，在上风向灭火。尽可能将容器从火场移至空旷处。

根据着火原因选择适当灭火剂灭火。

泄漏应急处置 隔离泄漏污染区，限制出入。建议应急处理人员戴防尘口罩，穿防护服，戴防护手套。禁止接触或跨越泄漏物。尽可能切断泄漏源。用塑料布覆盖，减少飞散、避免雨淋。用洁净的铲子收集泄漏物，置于干净、干燥、盖子较松的容器中，将容器移离泄漏区。

832. 2-硝基-2-苯基-1,3-丙二醇

标 识

中文名称 2-硝基-2-苯基-1，3-丙二醇

英文名称 2-Nitro-2-phenyl-1,3-propanediol

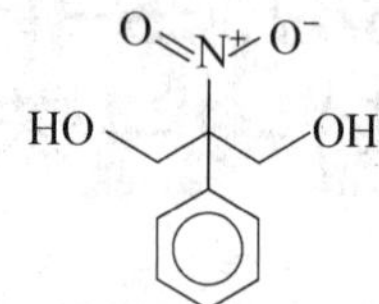

别名 2-硝基-2-苯丙烷-1,3-二醇

分子式 $C_9H_{11}NO_4$

CAS号 5428-02-4

危害信息

燃烧与爆炸危险性 无特殊燃爆特性。

禁忌物 强氧化剂、强酸。

中毒表现 食入或经皮肤吸收对身体有害。长期反复接触对身体造成危害。对皮肤有致敏性。

侵入途径 吸入、食入、经皮吸收。

环境危害 对水生生物有毒，可能在水生环境中造成长期不利影响。

理化特性与用途

理化特性 固体。熔点100~102℃，辛醇/水分配系数-0.22。

主要用途 用于有机合成。

包装与储运

包装标志 杂类

包装类别 Ⅲ类

安全储运 储存于阴凉、通风的库房。远离火种、热源。保持容器密闭。应与强氧化剂、强酸等隔离储运。

紧急处置信息

急救措施

吸入：迅速脱离现场至空气新鲜处。保持呼吸道通畅。如呼吸困难，给输氧。呼吸、心跳停止，立即进行心肺复苏术。就医。

眼睛接触：立即分开眼睑，用流动清水或生理盐水彻底冲洗。就医。

皮肤接触：立即脱去污染的衣着，用肥皂水和清水彻底冲洗。就医。

食入：漱口，饮水。就医。

灭火方法 消防人员须穿全身消防服，佩戴空气呼吸器，在上风向灭火。尽可能将容器从火场移至空旷处。

根据着火原因选择适当灭火剂灭火。

泄漏应急处置 隔离泄漏污染区，限制出入。建议应急处理人员戴防尘口罩，穿防护服，戴橡胶手套。禁止接触或跨越泄漏物。尽可能切断泄漏源。用塑料布覆盖，减少飞散、避免雨淋。用洁净的铲子收集泄漏物，置于干净、干燥、盖子较松的容器中，将容器移离泄漏区。

833. 4-(4-硝基苯偶氮基)-2,6-二仲丁基苯酚

标　识

中文名称 4-(4-硝基苯偶氮基)-2，6-二仲丁基苯酚

英文名称 4-(4-Nitrophenylazo)-2,6-di-sec-butyl-phenol

分子式 $C_{20}H_{25}N_3O_3$

CAS 号 111850-24-9

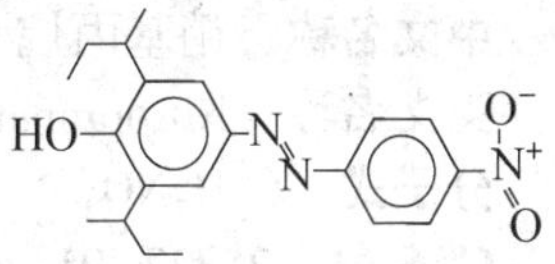

危害信息

燃烧与爆炸危险性 可燃。

禁忌物 强氧化剂、碱类。

中毒表现 对眼有刺激性。对皮肤有刺激性和致敏性。长期反复接触可能对器官造成损害。

侵入途径 吸入、食入。

环境危害 对水生生物有极高毒性，可能在水生环境中造成长期不利影响。

理化特性与用途

理化特性 不溶于水。沸点 517℃，相对密度(水=1) 1.16，辛醇/水分配系数 7.36，闪点 266℃。

主要用途 用于标记产品。

包装与储运

包装标志 杂类

包装类别 Ⅲ类

安全储运 储存于阴凉、通风的库房。远离火种、热源。保持容器密闭。应与强氧化剂、碱类等隔离储运。

紧急处置信息

急救措施

吸入：迅速脱离现场至空气新鲜处。保持呼吸道通畅。如呼吸困难，给输氧。呼吸、

心跳停止，立即进行心肺复苏术。就医。

眼睛接触：立即分开眼睑，用流动清水或生理盐水彻底冲洗。就医。

皮肤接触：立即脱去污染的衣着，用肥皂水和清水彻底冲洗。就医。

食入：漱口，饮水。就医。

灭火方法 消防人员须穿全身消防服，在上风向灭火。尽可能将容器从火场移至空旷处。喷水保持火场容器冷却直至灭火结束。

灭火剂：泡沫、二氧化碳、干粉。

泄漏应急处置 隔离泄漏污染区，限制出入。消除点火源。建议应急处理人员戴防尘口罩，穿防护服，戴防护手套。禁止接触或跨越泄漏物。尽可能切断泄漏源。用塑料布覆盖，减少飞散、避免雨淋。用洁净的铲子收集泄漏物，置于干净、干燥、盖子较松的容器中，将容器移离泄漏区。

834. 硝基丙烷

标　识

中文名称 硝基丙烷

英文名称 Nitropropane

分子式 $C_3H_7NO_2$

CAS 号 25322-01-4

危害信息

危险性类别 第 3 类 易燃液体

燃烧与爆炸危险性 易燃，其蒸气与空气混合能形成爆炸性混合物，遇明火、高热易燃烧爆炸。蒸气比空气重，能在较低处扩散到相当远的地方，遇火源会着火回燃和爆炸(闪爆)。

禁忌物 氧化剂。

毒性 哺乳动物经口 LD_{50}：800mg/kg。

侵入途径 吸入、食入。

理化特性与用途

理化特性 无色透明液体，有不愉快的气味。熔点-108~-93℃，沸点 131.6℃，相对密度(水=1)0.98~1.0，相对蒸气密度(空气=1)3.06，饱和蒸气压 1.7kPa(20℃)，闪点 36℃，引燃温度 421℃，爆炸下限 2.2%。

主要用途 广泛用于有机合成、火箭燃料、树脂涂料等方面，也常用作溶剂。

包装与储运

包装标志 易燃液体

包装类别 Ⅲ类

安全储运 储存于阴凉、通风的库房。远离火种、热源。库温不宜超过 37℃。保持容器密封。应与氧化剂等分开存放，切忌混储。采用防爆型照明、通风设施。禁止使用易产生火花的机械设备和工具。灌装时注意流速，防止静电积聚。配备相应品种和数量的消防器材。储区应备有泄漏应急处理设备和合适的收容材料。搬运时轻装轻卸，防止容器受损。

紧急处置信息

急救措施

吸入：迅速脱离现场至空气新鲜处。保持呼吸道通畅。如呼吸困难，给输氧。呼吸、心跳停止，立即进行心肺复苏术。就医。

眼睛接触：立即分开眼睑，用流动清水或生理盐水彻底冲洗。就医。

皮肤接触：立即脱去污染的衣着，用肥皂水和清水彻底冲洗。就医。

食入：漱口，饮水。就医。

灭火方法 消防人员须穿全身消防服，佩戴空气呼吸器，在上风向灭火。尽可能将容器从火场移至空旷处。喷水保持火场容器冷却，直至灭火结束。处在火场中的容器若发生异常变化或发出异常声音，须马上撤离。

灭火剂：干粉、泡沫、二氧化碳。

泄漏应急处置 消除所有点火源。根据液体流动和蒸气扩散的影响区域划定警戒区，无关人员从侧风、上风向撤离至安全区。建议应急处理人员戴正压自给式呼吸器，穿防静电服，戴橡胶手套。作业时使用的所有设备应接地。禁止接触或跨越泄漏物。尽可能切断泄漏源。防止泄漏物进入水体、下水道、地下室或有限空间。小量泄漏：用砂土或其他不燃材料吸收。使用洁净的无火花工具收集吸收材料。大量泄漏：构筑围堤或挖坑收容。用抗溶性泡沫覆盖，减少蒸发。喷水雾能减少蒸发，但不能降低泄漏物在有限空间内的易燃性。用防爆泵转移至槽车或专用收集器内。

835. 2-硝基丁烷

标 识

中文名称 2-硝基丁烷

英文名称 2-Nitrobutane

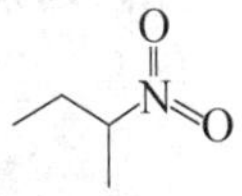

分子式 $C_4H_9NO_2$

CAS 号 600-24-8

铁危编号 32024

危害信息

危险性类别 第 3 类 易燃液体

燃烧与爆炸危险性 易燃，其蒸气与空气混合能形成爆炸性混合物，遇明火、高热易燃烧爆炸。

禁忌物 氧化剂。

毒性 兔经口 *LDLo*：500mg/kg。

侵入途径 吸入、食入。

理化特性与用途

理化特性 黄色液体。不溶于水，溶于乙醇、乙醚。熔点-132.15℃，沸点 139.75℃，相对密度(水=1)0.957，饱和蒸气压 1.04kPa(25℃)，临界温度 341.85℃，临界压力

3.6MPa，辛醇/水分配系数 1.2，闪点 38.1℃。

主要用途　用作溶剂和有机合成中间体。

包装与储运

包装标志　易燃液体

包装类别　Ⅲ类

安全储运　储存于阴凉、通风的库房。远离火种、热源，避免阳光直射。储存温度不超过 37℃。炎热季节早晚运输，应与氧化剂等隔离储运。禁止使用易产生火花的机械设备和工具。灌装时注意流速，防止静电积聚。配备相应品种和数量的消防器材。储区应备有泄漏应急处理设备和合适的收容材料。搬运时轻装轻卸，防止容器受损。

紧急处置信息

急救措施

吸入：迅速脱离现场至空气新鲜处。保持呼吸道通畅。如呼吸困难，给输氧。呼吸、心跳停止，立即进行心肺复苏术。就医。

眼睛接触：立即分开眼睑，用流动清水或生理盐水彻底冲洗。就医。

皮肤接触：立即脱去污染的衣着，用肥皂水和清水彻底冲洗。就医。

食入：漱口，饮水。就医。

灭火方法　消防人员须穿全身消防服，在上风向灭火。尽可能将容器从火场移至空旷处。喷水保持火场容器冷却直至灭火结束。处在火场中的容器，若发生异常变化或发出异常声音，须马上撤离。

灭火剂：泡沫、二氧化碳、干粉。

泄漏应急处置　消除所有点火源。根据液体流动和蒸气扩散的影响区域划定警戒区，无关人员从侧风、上风向撤离至安全区。建议应急处理人员戴正压自给式呼吸器，穿防静电服，戴橡胶手套。作业时使用的所有设备应接地。禁止接触或跨越泄漏物。尽可能切断泄漏源。防止泄漏物进入水体、下水道、地下室或有限空间。小量泄漏：用砂土或其他不燃材料吸收。使用洁净的无火花工具收集吸收材料。大量泄漏：构筑围堤或挖坑收容。用抗溶性泡沫覆盖，减少蒸发。喷水雾能减少蒸发，但不能降低泄漏物在有限空间内的易燃性。用防爆泵转移至槽车或专用收集器内。

836. 2-硝基-4,5-二(苄氧基)苯乙腈

标　识

中文名称　2-硝基-4,5-二(苄氧基)苯乙腈

英文名称　2-Nitro-4,5-bis(benzyloxy)phenylacetonitrile

分子式　$C_{22}H_{18}N_2O_4$

CAS 号　117568-27-1

N O N⁺ O⁻ O O

危害信息

燃烧与爆炸危险性　可燃。

禁忌物　强氧化剂。

侵入途径　吸入、食入。

环境危害　可能在水生环境中造成长期不利影响。

理化特性与用途

理化特性 淡黄色结晶粉末。微溶于水。熔点 122℃，沸点 582℃，相对密度(水=1) 1.261，辛醇/水分配系数 4.7，闪点 306℃。

主要用途 用于染发剂。

包装与储运

安全储运 储存于阴凉、通风的库房。远离火种、热源。应与强氧化剂等隔离储运。

紧急处置信息

急救措施

吸入：脱离接触。如有不适感，就医。

眼睛接触：分开眼睑，用流动清水或生理盐水冲洗。如有不适感，就医。

皮肤接触：脱去污染的衣着，用流动清水冲洗。如有不适感，就医。

食入：漱口，饮水。就医。

灭火方法 消防人员须穿全身消防服，佩戴空气呼吸器，在上风向灭火。尽可能将容器从火场移至空旷处。喷水保持火场容器冷却，直至灭火结束。

灭火剂：二氧化碳、砂土、干粉、泡沫。

泄漏应急处置 消除所有点火源。隔离泄漏污染区，限制出入。建议应急处理人员戴防尘口罩，穿防护服。穿上适当的防护服前严禁接触破裂的容器和泄漏物。尽可能切断泄漏源。用塑料布覆盖泄漏物，减少飞散。勿使水进入包装容器内。用洁净的铲子收集泄漏物，置于干净、干燥、盖子较松的容器中，将容器移离泄漏区。

837. 5-硝基邻甲苯胺

标　识

中文名称 5-硝基邻甲苯胺

英文名称 5-Nitro-*o*-toluidine；2-Methyl-5-nitroaniline

别名 2-氨基-4-硝基甲苯；大红色基 G

分子式 $C_7H_8N_2O_2$

CAS 号 99-55-8

危害信息

燃烧与爆炸危险性 易燃，其粉体与空气混合能形成爆炸性混合物，遇明火高热有引起燃烧爆炸的危险。燃烧产生有毒的氮氧化物气体。

禁忌物 强氧化剂、强酸。

毒性 大鼠经口 LD_{50}：574mg/kg。

中毒表现 本品可引起本品为高铁血红蛋白形成剂。中毒表现为头昏、嗜睡、头痛、恶心、意识障碍，唇、指甲、皮肤紫绀。

侵入途径 吸入、食入、经皮吸收。

职业接触限值 美国(ACGIH)：TLV-TWA 1mg/m^3[可吸入性颗粒物]。

环境危害　对水生生物有害，可能在水生环境中造成长期不利影响。

理化特性与用途

理化特性　黄色结晶或粉末。微溶于水，溶于甲醇、乙醇、乙醚、丙酮、苯、氯仿。熔点107℃，沸点329.4℃，相对密度(水=1)1.365，饱和蒸气压0.13Pa(25℃)，辛醇/水分配系数1.96，分解温度150℃。

主要用途　该品是坚固大红等染料的中间体。主要用作棉织物的染色和印花的显色剂(最主要用于染大红色布，即旗红布)，也可用于丝绸和锦纶织物的染色。还可作有机颜料的中间体。

包装与储运

安全储运　储存于阴凉、通风的库房。远离火种、热源。应与强氧化剂、强酸等隔离储运。

紧急处置信息

急救措施

吸入：立即脱离接触。如呼吸困难，给吸氧。如呼吸心跳停止，立即行心肺复苏术。就医。

眼睛接触：分开眼睑，用清水或生理盐水冲洗。就医。

皮肤接触：立即脱去污染衣着，用肥皂水或清水彻底冲洗。就医。

食入：漱口，饮水。就医。

高铁血红蛋白血症，可用美蓝和维生素C治疗。

灭火方法　消防人员须穿全身消防服，在上风向灭火。尽可能将容器从火场移至空旷处。喷水保持火场容器冷却，直至灭火结束。

灭火剂：雾状水、泡沫、二氧化碳、干粉、砂土。

泄漏应急处置　隔离泄漏污染区，限制出入。建议应急处理人员戴防尘口罩，穿防毒服，戴橡胶手套。穿上适当的防护服前严禁接触破裂的容器和泄漏物。尽可能切断泄漏源。用塑料布覆盖泄漏物，减少飞散。勿使水进入包装容器内。用洁净的铲子收集泄漏物，置于干净、干燥、盖子较松的容器中，将容器移离泄漏区。

838. 3-((2-硝基-4-(三氟甲基)苯基)氨基)-1,2-丙二醇

标　识

中文名称　3-((2-硝基-4-(三氟甲基)苯基)氨基)-1,2-丙二醇

英文名称　3-((2-Nitro-4-(trifluoromethyl)phenyl)amino)propane-1,2-diol; *N*-(2,3-Dihydroxypropyl)-2-nitro-4-(trifluoromethyl)aniline; HC Yellow 6

别名　HC黄No.6

分子式　$C_{10}H_{11}F_3N_2O_4$

CAS号　104333-00-8

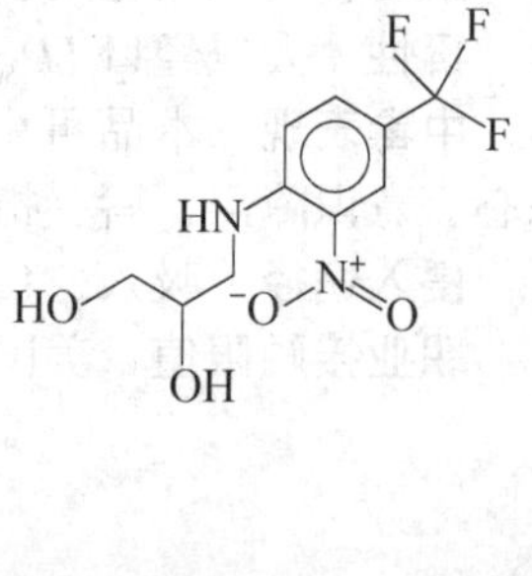

F F F HN HO $^{-}O-N^{+}=O$ OH

危害信息

燃烧与爆炸危险性　可燃。

禁忌物 强氧化剂、强酸。

中毒表现 食入有害。

侵入途径 吸入、食入。

环境危害 对水生生物有害，可能在水生环境中造成长期不利影响。

理化特性与用途

理化特性 微溶于水。沸点459℃，相对密度(水=1)1.534，辛醇/水分配系数1.28，闪点231℃。

主要用途 用作染发产品的原料。

包装与储运

安全储运 储存于阴凉、通风的库房。远离火种、热源。应与强氧化剂、强酸等隔离储运。

紧急处置信息

急救措施

吸入：脱离接触。如有不适感，就医。

眼睛接触：分开眼睑，用流动清水或生理盐水冲洗。如有不适感，就医。

皮肤接触：脱去污染的衣着，用流动清水冲洗。如有不适感，就医。

食入：漱口，饮水。就医。

灭火方法 消防人员须穿全身消防服，在上风向灭火。尽可能将容器从火场移至空旷处。喷水保持火场容器冷却直至灭火结束。

灭火剂：泡沫、二氧化碳、干粉。

泄漏应急处置 隔离泄漏污染区，限制出入。消除点火源。建议应急处理人员戴防尘口罩，穿防护服。穿上适当的防护服前严禁接触破裂的容器和泄漏物。尽可能切断泄漏源。用塑料布覆盖泄漏物，减少飞散。勿使水进入包装容器内。用洁净的铲子收集泄漏物，置于干净、干燥、盖子较松的容器中，将容器移离泄漏区。

839. 2-(3-硝基亚苄基)乙酰乙酸乙酯

标 识

中文名称 2-(3-硝基亚苄基)乙酰乙酸乙酯

英文名称 Ethyl 2-(3-nitrobenzylidene) acetoacetate; Ethyl 2-(3-nitrobenzylidene)-3-oxobutanoate

别名 2-((3-硝基苯基)亚甲基)-3-氧代丁酸乙酯

分子式 $C_{13}H_{13}NO_5$

CAS号 39562-16-8

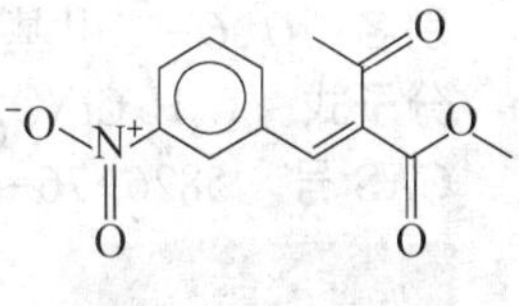

危害信息

燃烧与爆炸危险性 不易燃，其粉末与空气混合能形成爆炸性混合物。

禁忌物 强氧化剂、强酸、碱类。

毒性 大鼠吸入 LC_{50}：>4857mg/m^3(4h)；大鼠经皮 LD_{50}：>2g/kg；大鼠经口 $LDLo$：2g/kg。

中毒表现 眼接触引起严重损害。对皮肤有致敏性。

侵入途径 吸入、食入、经皮吸收。

理化特性与用途

理化特性 白色结晶粉末。熔点 104~108℃，沸点 399.2℃，相对密度(水=1)1.26，饱和蒸气压 0.19mPa(25℃)，闪点 171.3℃。

主要用途 尼群地平的中间体。

包装与储运

安全储运 储存于阴凉、通风的库房。远离火种、热源。保持容器密闭。应与强氧化剂、强酸、碱类等隔离储运。

紧急处置信息

急救措施

吸入：迅速脱离现场至空气新鲜处。保持呼吸道通畅。如呼吸困难，给输氧。呼吸、心跳停止，立即进行心肺复苏术。就医。

眼睛接触：立即分开眼睑，用流动清水或生理盐水彻底冲洗 5~10min。就医。

皮肤接触：立即脱去污染的衣着，用肥皂水和清水彻底冲洗。就医。

食入：漱口，饮水。就医。

灭火方法 消防人员须穿全身消防服，佩戴防毒面具，在上风向灭火。尽可能将容器从火场移至空旷处。喷水保持火场容器冷却，直至灭火结束。

灭火剂：雾状水、泡沫、干粉、砂土。

泄漏应急处置 消除所有点火源。隔离泄漏污染区，限制出入。建议应急处理人员戴防尘口罩，穿防护服。禁止接触或跨越泄漏物。尽可能切断泄漏源。用塑料布覆盖。减少飞散。用洁净的铲子收集泄漏物，置于干净、干燥、盖子较松的容器中，将容器移离泄漏区。

840. 硝氯磷

标　识

中文名称 硝氯磷

英文名称 Phosnichlor；*O*-4-Chloro-3-nitrophenyl *O*,*O*-dimethyl phosphorothioate

别名 *O*,*O*-二甲基-*O*-(4-氯-3-硝基苯基)硫代磷酸酯

分子式 $C_8H_9ClNO_5PS$

CAS 号 5826-76-6

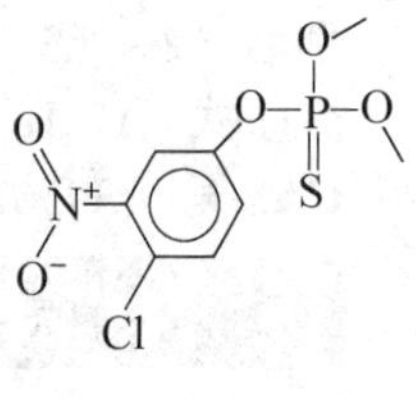

危害信息

燃烧与爆炸危险性 不燃，无特殊燃爆特性。

禁忌物 强氧化剂、强碱。

毒性 大鼠经口 LD_{50}：500mg/kg。

中毒表现 抑制体内胆碱酯酶活性，造成神经生理功能紊乱。急性中毒症状有头痛、头昏、乏力、食欲不振、恶心、呕吐、腹痛、腹泻、流涎、瞳孔缩小、呼吸道分泌物增多、多汗、肌束震颤等。重度中毒者出现肺水肿、昏迷、呼吸麻痹、脑水肿。血胆碱酯酶活性降低。

侵入途径 吸入、食入、经皮吸收。

环境危害 对水生生物有毒。

理化特性与用途

理化特性 工业品为黄色黏稠油状物。不溶于水，溶于常用有机溶剂。沸点 350.5℃，相对密度(水=1)1.499，闪点 165.8℃。

主要用途 杀虫、杀螨剂。主要用于防治棉花蚜虫、叶螨、夜蛾等害虫。

包装与储运

安全储运 储存于阴凉、通风的库房。远离火种、热源。应与强氧化剂、强碱等隔离储运。搬运时轻装轻卸，防止容器受损。

紧急处置信息

急救措施

吸入：迅速脱离现场至空气新鲜处。保持呼吸道通畅。如呼吸困难，给输氧。呼吸、心跳停止，立即进行心肺复苏术。就医。

眼睛接触：分开眼睑，用流动清水或生理盐水冲洗。就医。

皮肤接触：立即脱去污染的衣着，用肥皂水及流动清水彻底冲洗污染的皮肤、头发、指甲等。就医。

食入：饮足量温水，催吐(仅限于清醒者)。口服活性炭。就医。

解毒剂：阿托品、胆碱酯酶复能剂。

灭火方法 消防人员须穿全身消防服，佩戴防毒面具，在上风向灭火。尽可能将容器从火场移至空旷处。喷水保持火场容器冷却，直至灭火结束。

本品不燃，根据着火原因选择适当灭火剂灭火。

泄漏应急处置 根据液体流动和蒸气扩散的影响区域划定警戒区，无关人员从侧风、上风向撤离至安全区。建议应急处理人员戴正压自给式呼吸器，穿防毒服，戴防护手套。禁止接触或跨越泄漏物。尽可能切断泄漏源。防止泄漏物进入水体、下水道、地下室或有限空间。小量泄漏：用砂土或其他不燃材料吸收。使用洁净的无火花工具收集吸收材料。大量泄漏：构筑围堤或挖坑收容。用泵转移至槽车或专用收集器内。

841. 硝酸镉四水合物

标 识

中文名称 硝酸镉四水合物

英文名称 Cadmium nitrate tetrahydrate; Nitric acid, cadmium salt, tetrahydrate

$^{-}O-\overset{O}{\overset{\|}{N^{+}}}-O^{-}$ Cd^{2+} $^{-}O-\overset{O}{\overset{\|}{N^{+}}}-O^{-}$ $4H_2O$

分子式 $Cd(NO_2)_2 \cdot 4H_2O$

CAS 号　10022-68-1

铁危编号　51522

危害信息

危险性类别　第 5.1 类　氧化剂

燃烧与爆炸危险性　无特殊燃爆特性。具有腐蚀性。

禁忌物　还原剂。

毒性　大鼠经口 LD_{50}：300mg/kg。

IARC 致癌性评论：G1，确认人类致癌物。

中毒表现　**急性中毒**　吸入含镉烟雾后出现呼吸道刺激、寒战、发热等类似金属烟雾热的症状，可发生化学性肺炎、肺水肿；误服后出现急剧的胃肠刺激，有恶心、呕吐、腹泻、腹痛、里急后重、全身乏力、肌肉疼痛和虚脱等。

慢性中毒　慢性镉中毒以肾功能损害(蛋白尿)为主要表现；少数可发生骨骼病变；其次还有缺铁性贫血、嗅觉减退或丧失、肺部损害等。

侵入途径　吸入、食入。

职业接触限值　中国：PC-TWA 0.01mg/m^3；PC-STEL 0.02mg/m^3[按 Cd 计]。

美国(ACGIH)：TLV-TWA 0.002mg/m^3[按 Cd 计][呼吸性颗粒物]。

环境危害　对水生生物有极高毒性，可能在水生环境中造成长期不利影响。

理化特性与用途

理化特性　无色或白色结晶或白色结晶粉末。易溶于水，溶于乙醇、液氨、丙酮等。pH 值 3.9(50g/L 水溶液)，熔点 59.5℃，沸点 132℃，相对密度(水=1)2.45。

主要用途　用于玻璃、陶瓷着色，电池，制造其他镉化合物、催化剂等。

包装与储运

包装标志　氧化剂

包装类别　Ⅲ类

安全储运　储存于阴凉、干燥、通风良好的库房。远离火种、热源。库温不超过 30℃。相对湿度不超过 80%。包装必须密封，切勿受潮。应与易(可)燃物、还原剂等分开存放，切忌混储。储区应备有合适的材料收容泄漏物。

紧急处置信息

急救措施

吸入：迅速脱离现场至空气新鲜处。保持呼吸道通畅。如呼吸困难，给输氧。呼吸、心跳停止，立即进行心肺复苏术。就医。

眼睛接触：立即分开眼睑，用流动清水或生理盐水彻底冲洗。就医。

皮肤接触：立即脱去污染的衣着，用肥皂水和清水彻底冲洗。就医。

食入：漱口，饮水。就医。

灭火方法　消防人员须穿全身消防服，佩戴空气呼吸器，在上风向灭火。尽可能将容器从火场移至空旷处。喷水保持火场容器冷却，直至灭火结束。

根据着火原因选择适当灭火剂灭火。

泄漏应急处置　隔离泄漏污染区，限制出入。建议应急处理人员戴防尘口罩，穿耐腐蚀防毒服，戴耐腐防化学品手套。穿上适当的防护服前严禁接触破裂的容器和泄漏物。尽可能切断泄漏源。避免与易燃、可燃物接触。避免产生粉尘。勿使水进入包装容器内。用洁净的铲子收集泄漏物，置于干净、干燥、盖子较松的容器中，将容器移离泄漏区。

842. 2-辛醇

标　识

中文名称　2-辛醇

英文名称　2-Octanol；*s*-Octyl alcohol

别名　仲辛醇；2-羟基辛烷

分子式　$C_8H_{18}O$

CAS 号　123-96-6

OH

危害信息

危险性类别　第 3 类　易燃液体

燃烧与爆炸危险性　易燃，其蒸气与空气混合能形成爆炸性混合物，遇明火、高热易燃烧爆炸。

禁忌物　氧化剂、强酸。

毒性　大鼠经口 LD_{50}：200mg/kg；小鼠经口 LD_{50}：300mg/kg。

中毒表现　对眼、皮肤和呼吸道有刺激性。液态本品直接进入呼吸道可引起化学性肺炎。长期或反复接触对皮肤有脱脂作用。

侵入途径　吸入、食入。

环境危害　对水生生物有害。

理化特性与用途

理化特性　无色油状液体，有芳香气味。不溶于水，溶于多数有机溶剂。熔点 -38.6℃，沸点 178.5℃，相对密度(水=1)0.82，相对蒸气密度(空气=1)4.5，饱和蒸气压 32Pa(25℃)，辛醇/水分配系数 2.72，闪点 71℃(闭杯)。

主要用途　用于制香料、杀菌皂，用作泡沫控制剂、溶剂、有机合成中间体等。

包装与储运

包装标志　易燃液体

包装类别　Ⅲ类

安全储运　储存于阴凉、通风的库房。远离火种、热源。库温不宜超过 37℃。保持容器密封。应与氧化剂、强酸等分开存放，切忌混储。采用防爆型照明、通风设施。禁止使用易产生火花的机械设备和工具。配备相应品种和数量的消防器材。储区应备有泄漏应急处理设备和合适的收容材料。搬运时轻装轻卸，防止容器受损。

紧急处置信息

急救措施

吸入：迅速脱离现场至空气新鲜处。保持呼吸道通畅。如呼吸困难，给输氧。呼吸、心跳停止，立即进行心肺复苏术。就医。

眼睛接触：立即分开眼睑，用流动清水或生理盐水彻底冲洗。就医。

皮肤接触：立即脱去污染的衣着，用肥皂水和清水彻底冲洗。就医。

食入：漱口，饮水。禁止催吐。就医。

灭火方法　消防人员须穿全身消防服，在上风向灭火。尽可能将容器从火场移至空旷处。喷水保持火场容器冷却，直至灭火结束。处在火场中的容器，若发生异常变化或发出异常声音，须马上撤离。

灭火剂：抗溶性泡沫、干粉、二氧化碳、水。

泄漏应急处置　根据液体流动和蒸气扩散的影响区域划定警戒区，无关人员从侧风、上风向撤离至安全区。消除所有点火源。建议应急处理人员戴正压自给式呼吸器，穿防静电、防毒服，戴橡胶耐油手套。穿上适当的防护服前严禁接触破裂的容器和泄漏物。尽可能切断泄漏源。防止泄漏物进入水体、下水道、地下室或有限空间。小量泄漏：用干燥的砂土或其他不燃材料吸收或覆盖，收集于容器中。大量泄漏：构筑围堤或挖坑收容。用泡沫覆盖，减少蒸发。喷水雾能减少蒸发，但不能降低泄漏物在有限空间内的易燃性。用防爆泵转移至槽车或专用收集器内。

843. 1-辛基-2-吡咯烷酮

标　识

中文名称　1-辛基-2-吡咯烷酮

英文名称　1-Octyl-2-pyrrolidone；*N*-(*n*-Octyl)-2-pyrrolidone

别名　*N*-辛基吡咯烷酮

分子式　$C_{12}H_{23}NO$

CAS 号　2687-94-7

危害信息

危险性类别　第 8 类　腐蚀品

燃烧与爆炸危险性　可燃。

禁忌物　氧化剂、酸碱、醇类。

毒性　大鼠经口 LD_{50}：2050mg/kg；兔经皮 LD_{50}：>2g/kg。

中毒表现　对眼和皮肤有腐蚀性。

侵入途径　吸入、食入、经皮吸收。

理化特性与用途

理化特性　无色至黄色黏性液体，有似胺的气味。微溶于水，溶于有机溶剂。pH 值 9.1(100g/L)，熔点-25℃，沸点 306~307℃、170~172℃(2kPa)，相对密度(水=1)0.92，饱和蒸气压 0.08Pa(20℃)，辛醇/水分配系数 4.15，闪点 142℃(闭杯)，引燃温度 225℃。

主要用途　用作生产农用化学品、工业化学品、和化学合成中间体，用作溶剂。

包装与储运

包装标志　腐蚀品

包装类别　Ⅱ类

安全储运　储存于阴凉、干燥、通风良好的库房。远离火种、热源。防止阳光直射。

保持容器密封。应与氧化剂、酸碱、醇类等分开存放，切忌混储。配备相应品种和数量的消防器材。储区应备有合适的材料收容泄漏物。搬运时轻装轻卸，防止容器受损。

紧急处置信息

急救措施

吸入：迅速脱离现场至空气新鲜处。保持呼吸道通畅。如呼吸困难，给输氧。呼吸、心跳停止，立即进行心肺复苏术。就医。

眼睛接触：立即分开眼睑，用流动清水或生理盐水彻底冲洗 5~10min。就医。

皮肤接触：立即脱去污染的衣着，用大量流动清水彻底冲洗，冲洗时间一般要求 20~30min。就医。

食入：用水漱口，禁止催吐。给饮牛奶或蛋清。就医。

灭火方法 消防人员须穿全身消防服，佩戴空气呼吸器，在上风向灭火。尽可能将容器从火场移至空旷处。喷水保持火场容器冷却，直至灭火结束。处在火场中的容器若发生异常变化或发出异常声音，须马上撤离。

灭火剂：二氧化碳、泡沫。

泄漏应急处置 根据液体流动和蒸气扩散的影响区域划定警戒区，无关人员从侧风、上风向撤离至安全区。消除点火源。建议应急处理人员戴正压自给式呼吸器，穿防腐蚀、防毒服，戴橡胶耐腐蚀手套。穿上适当的防护服前严禁接触破裂的容器和泄漏物。尽可能切断泄漏源。防止泄漏物进入水体、下水道、地下室或有限空间。小量泄漏：用干燥的砂土或其他不燃材料吸收或覆盖，收集于容器中。大量泄漏：构筑围堤或挖坑收容。用耐腐蚀泵转移至槽车或专用收集器内。

844. *N*-辛基己内酰胺

标 识

中文名称 *N*-辛基己内酰胺

英文名称 1-Octylazepin-2-one；*N*-Octylcaprolactam

分子式 $C_{14}H_{27}NO$

CAS 号 59227-88-2

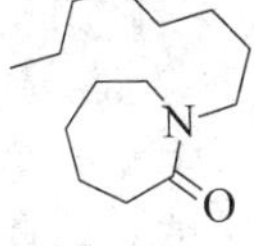

危害信息

危险性类别 第 8 类 腐蚀品

燃烧与爆炸危险性 可燃，粉体与空气混合能形成爆炸性混合物。

禁忌物 强氧化剂、酸类。

中毒表现 对眼和皮肤有腐蚀性。对皮肤有致敏性。

侵入途径 吸入、食入。

环境危害 对水生生物有害，可能在水生环境中造成长期不利影响。

理化特性与用途

理化特性 淡米黄色结晶粉末。微溶于水。沸点 346.2℃，相对密度(水=1)0.907，饱和蒸气压 7.7mPa(25℃)，辛醇/水分配系数 4.45，闪点 142.6℃。

主要用途　用作农药中间体。

包装与储运

包装标志　腐蚀品

包装类别　Ⅱ类

安全储运　储存于阴凉、通风的库房。远离火种、热源。库温不超过30℃。相对湿度不超过80%。包装要求密封。应与强氧化剂、酸类等分开存放，切忌混储。储区应备有泄漏应急处理设备和合适的收容材料。

紧急处置信息

急救措施

吸入：迅速脱离现场至空气新鲜处。保持呼吸道通畅。如呼吸困难，给输氧。呼吸、心跳停止，立即进行心肺复苏术。就医。

眼睛接触：立即分开眼睑，用流动清水或生理盐水彻底冲洗5～10min。就医。

皮肤接触：立即脱去污染的衣着，用大量流动清水彻底冲洗，冲洗时间一般要求20～30min。就医。

食入：用水漱口，禁止催吐。给饮牛奶或蛋清。就医。

灭火方法　消防人员须穿全身防腐蚀消防服，在上风向灭火。尽可能将容器从火场移至空旷处。喷水保持火场容器冷却，直至灭火结束。

灭火剂：雾状水、泡沫、二氧化碳。

泄漏应急处置　隔离泄漏污染区，限制出入。消除点火源。建议应急处理人员戴防尘口罩，穿耐腐蚀服，戴耐腐蚀手套。穿上适当的防护服前严禁接触破裂的容器和泄漏物。尽可能切断泄漏源。用塑料布覆盖泄漏物，减少飞散。勿使水进入包装容器内。用洁净的铲子收集泄漏物，置于干净、干燥、盖子较松的容器中，将容器移离泄漏区。

845. *n*–辛基膦酸二(2–乙基己基)酯

标　识

中文名称　*n*–辛基膦酸二(2–乙基己基)酯

英文名称　Bis(2–ethylhexyl)octylphosphonate

分子式　$C_{24}H_{51}O_3P$

CAS号　52894–02–7

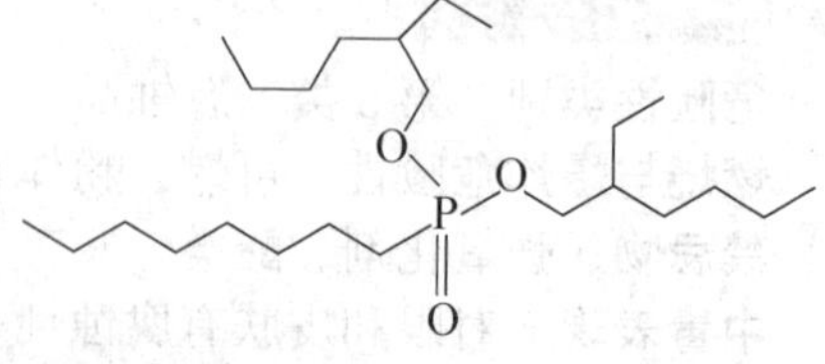

危害信息

燃烧与爆炸危险性　可燃。

禁忌物　强氧化剂、酸。

侵入途径　吸入、食入。

环境危害　对水生生物有极高毒性，可能在水生环境中造成长期不利影响。

理化特性与用途

理化特性　不溶于水。沸点482.6℃，相对密度(水＝1)0.905，饱和蒸气压0.07mPa

(25℃)，闪点 258.8℃。

主要用途 用作润滑油的成分和杀虫剂活性增强剂。

包装与储运

包装标志 杂类

包装类别 Ⅲ类

安全储运 储存于阴凉、通风的库房。远离火种、热源。应与强氧化剂、酸类等隔离储运。搬运时轻装轻卸，防止容器受损。

紧急处置信息

急救措施

吸入：脱离接触。如有不适感，就医。

眼睛接触：分开眼睑，用流动清水或生理盐水冲洗。如有不适感，就医。

皮肤接触：脱去污染的衣着，用流动清水冲洗。如有不适感，就医。

食入：漱口，饮水。就医。

灭火方法 消防人员须穿全身消防服，佩戴空气呼吸器，在上风向灭火。尽可能将容器从火场移至空旷处。喷水保持火场容器冷却直至灭火结束。

灭火剂：泡沫、二氧化碳、干粉。

泄漏应急处置 根据液体流动和蒸气扩散的影响区域划定警戒区，无关人员从侧风、上风向撤离至安全区。消除点火源。应急人员应戴正压自给式呼吸器，穿防护服，戴防护手套。避免接触破裂的容器和泄漏物。尽可能切断泄漏源。防止泄漏物进入水体、下水道、地下室或有限空间。小量泄漏：用砂土或其他不燃材料吸收，用洁净的工具收集于容器中。大量泄漏：构筑围堤或挖坑收容泄漏物。用泵转移至槽车或专用收集器内。

846. 2-辛基-3(2H)-异噻唑酮

标　识

中文名称 2-辛基-3(2H)-异噻唑酮

英文名称 2-Octyl-2H-isothiazol-3-one；2-Octyl-3-isothiazolone；Octhilinone

别名 辛噻酮；*N*-辛基异噻唑酮

分子式 $C_{11}H_{19}NOS$

CAS 号 26530-20-1

S N O

危害信息

危险性类别 第6类 有毒品

燃烧与爆炸危险性 可燃。

禁忌物 氧化剂、酸碱。

毒性 大鼠经口 LD_{50}：550mg/kg；兔经皮 LD_{50}：690mg/kg。

中毒表现 食入、吸入或经皮肤吸收对身体有害。对眼和皮肤有腐蚀性。对皮肤有致敏性。

侵入途径 吸入、食入、经皮吸收。

理化特性与用途

理化特性　淡黄至琥珀色透明液体。微溶于水，溶于有机溶剂。熔点<25℃，沸点120℃(1.3Pa)，相对密度(水=1)1.04，饱和蒸气压4.9mPa(25℃)，辛醇/水分配系数2.45。

主要用途　用作杀菌剂，涂料、树脂乳液、照相化学品、皮革等的防腐剂等，也用作有机合成中间体。

包装与储运

包装标志　有毒品

包装类别　Ⅲ类

安全储运　储存于阴凉、干燥、通风良好的库房。远离火种、热源。防止阳光直射。储存温度不超过32℃，相对湿度不超过85%。保持容器密封。应与氧化剂、酸碱、食用化学品等分开存放，切忌混储。配备相应品种和数量的消防器材。储区应备有合适的材料收容泄漏物。搬运时轻装轻卸，防止容器受损。

紧急处置信息

急救措施

吸入：迅速脱离现场至空气新鲜处。保持呼吸道通畅。如呼吸困难，给输氧。呼吸、心跳停止，立即进行心肺复苏术。就医。

眼睛接触：立即分开眼睑，用流动清水或生理盐水彻底冲洗5~10min。就医。

皮肤接触：立即脱去污染的衣着，用大量流动清水彻底冲洗，冲洗时间一般要求20~30min。就医。

食入：用水漱口，禁止催吐。给饮牛奶或蛋清。就医。

灭火方法　消防人员须穿全身消防服，在上风向灭火。尽可能将容器从火场移至空旷处。喷水保持火场容器冷却直至灭火结束。

灭火剂：干粉、二氧化碳。

泄漏应急处置　根据液体流动和蒸气扩散的影响区域划定警戒区，无关人员从侧风、上风向撤离至安全区。消除所有点火源。建议应急处理人员戴防毒面具，穿耐腐蚀防毒服，戴耐腐蚀橡胶手套。禁止接触或跨越泄漏物。尽可能切断泄漏源。防止泄漏物进入水体、下水道、地下室或有限空间。小量泄漏：用砂土或其他不燃材料吸收。使用洁净的无火花工具收集吸收材料。大量泄漏：构筑围堤或挖坑收容。用泵转移至槽车或专用收集器内。

847. 2-(辛硫基)乙醇

标　识

中文名称　2-(辛硫基)乙醇

英文名称　2-(Octylthio)ethanol；2-Hydroxyethyl octyl sulphide

别名　避虫醇

分子式　$C_{10}H_{22}OS$

CAS号　3547-33-9

S OH

危害信息

燃烧与爆炸危险性 易燃。

禁忌物 强氧化剂、强酸。

毒性 大鼠经口 LD_{50}：8530mg/kg；兔经皮 LD_{50}：13590mg/kg。

中毒表现 眼接触引起严重损害。

侵入途径 吸入、食入、经皮吸收。

理化特性与用途

理化特性 无色至淡琥珀色透明液体，有硫醇气味。熔点 0℃，沸点 98℃(13.3Pa)，相对密度(水=1)0.925~0.935，饱和蒸气压 0.08Pa(25℃)，辛醇/水分配系数 3.64，闪点 77℃。

主要用途 杀虫剂。用于防蟑螂等。

包装与储运

安全储运 储存于阴凉、通风的库房。远离火种、热源。应与强氧化剂、强酸等隔离储运。搬运时轻装轻卸，防止容器受损。

紧急处置信息

急救措施

吸入：迅速脱离现场至空气新鲜处。保持呼吸道通畅。如呼吸困难，给输氧。呼吸、心跳停止，立即进行心肺复苏术。就医。

眼睛接触：立即分开眼睑，用流动清水或生理盐水彻底冲洗 5~10min。就医。

皮肤接触：立即脱去污染的衣着，用肥皂水和清水彻底冲洗。就医。

食入：漱口，饮水。就医。

灭火方法 消防人员须穿全身消防服，佩戴空气呼吸器，在上风向灭火。尽可能将容器从火场移至空旷处。喷水保持火场容器冷却，直至灭火结束。处在火场中的容器若发生异常变化或发出异常声音，须马上撤离。

灭火剂：泡沫、二氧化碳。

泄漏应急处置 根据液体流动和蒸气扩散的影响区域划定警戒区，无关人员从侧风、上风向撤离至安全区。消除所有点火源。建议应急处理人员戴防毒面具，穿防静电服，戴橡胶手套。禁止接触或跨越泄漏物。尽可能切断泄漏源。防止泄漏物进入水体、下水道、地下室或有限空间。小量泄漏：用砂土或其他不燃材料吸收。使用洁净的无火花工具收集吸收材料。大量泄漏：构筑围堤或挖坑收容。用防爆泵转移至槽车或专用收集器内。

848. 3-辛酮

标　识

中文名称 3-辛酮

英文名称 3-Octanone；Ethyl amyl ketone

别名 乙基戊基(甲)酮

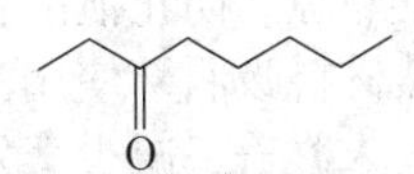

分子式 $C_8H_{16}O$

CAS 号 106-68-3

铁危编号 32084

UN 号 2271

危害信息

危险性类别 第 3 类 易燃液体

燃烧与爆炸危险性 易燃，其蒸气与空气混合能形成爆炸性混合物，遇明火、高热易燃烧爆炸。

禁忌物 氧化剂、酸碱、醇类。

毒性 小鼠腹腔 LD_{50}：406mg/kg。

中毒表现 对眼、皮肤和呼吸道有刺激性。

侵入途径 吸入、食入。

理化特性与用途

理化特性 无色至淡黄色透明液体，有轻微芳香气味。不溶于水，混溶于乙醇、乙醚等。熔点-23℃，沸点 167.5℃，相对密度(水=1)0.822，相对蒸气密度(空气=1)4.4，饱和蒸气压 0.27kPa(25℃)，辛醇/水分配系数 2.22，闪点 46℃(Tag 闭杯)，引燃温度 330℃。

主要用途 用于制香料，用作溶剂。

包装与储运

包装标志 易燃液体

包装类别 Ⅲ类

安全储运 储存于阴凉、通风的库房。远离火种、热源。库温不宜超过 37℃。保持容器密封。应与氧化剂、酸碱、醇类等分开存放，切忌混储。采用防爆型照明、通风设施。禁止使用易产生火花的机械设备和工具。灌装时注意流速，防止静电积聚。配备相应品种和数量的消防器材。储区应备有泄漏应急处理设备和合适的收容材料。搬运时轻装轻卸，防止容器受损。

紧急处置信息

急救措施

吸入：迅速脱离现场至空气新鲜处。保持呼吸道通畅。如呼吸困难，给输氧。呼吸、心跳停止，立即进行心肺复苏术。就医。

眼睛接触：立即分开眼睑，用流动清水或生理盐水彻底冲洗。就医。

皮肤接触：立即脱去污染的衣着，用肥皂水和清水彻底冲洗。就医。

食入：漱口，饮水。就医。

灭火方法 消防人员须穿全身消防服，在上风向灭火。尽可能将容器从火场移至空旷处。喷水保持火场容器冷却直至灭火结束。处在火场中的容器若发生异常变化，须马上撤离。

灭火剂：泡沫、二氧化碳、干粉。

泄漏应急处置 根据液体流动和蒸气扩散的影响区域划定警戒区，无关人员从侧风、上风向撤离至安全区。消除所有点火源。建议应急处理人员戴正压自给式呼吸器，穿防静电服，戴橡胶手套。作业时使用的所有设备应接地。禁止接触或跨越泄漏物。尽可能切断泄漏源。防止泄漏物进入水体、下水道、地下室或有限空间。小量泄漏：用砂土或其他不燃材料吸收。使用洁净的无火花工具收集吸收材料。大量泄漏：构筑围堤或挖坑收容。用泡沫覆盖，减少蒸发。喷水雾能减少蒸发，但不能降低泄漏物在有限空间内的易燃性。用防爆泵转移至槽车或专用收集器内。

849. 辛酰碘苯腈

标　识

中文名称　辛酰碘苯腈

英文名称　4-Cyano-2,6-diiodophenyl octanoate；Ioxynil octanoate

别名　3,5-二碘-4-辛酰氧基苄腈；4-氰基-2,6-二碘苯基辛酸酯

分子式　$C_{15}H_{17}I_2NO_2$

CAS 号　3861-47-0

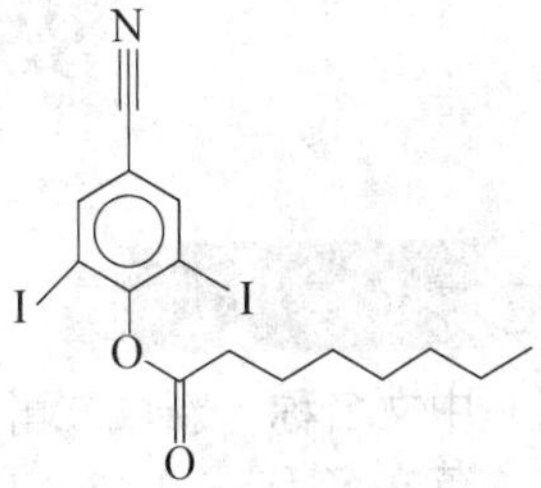

危害信息

危险性类别　第 6 类　有毒品

燃烧与爆炸危险性　无特殊燃爆特性。

禁忌物　强氧化剂、酸类。

毒性　大鼠经口 LD_{50}：190mg/kg；小鼠经口 LD_{50}：205mg/kg；大鼠吸入 LC_{50}：>2400mg/m^3；小鼠经皮 LD_{50}：1240mg/kg。

欧盟法规 1272/2008/EC 将本品列为第 2 类生殖毒物——可疑的人类生殖毒物。

中毒表现　食入有毒。对眼有刺激性。对皮肤有致敏性。

侵入途径　吸入、食入、经皮吸收。

环境危害　对水生生物有极高毒性，可能在水生环境中造成长期不利影响。

理化特性与用途

理化特性　无色固体或蜡状固体。不溶于水。溶于甲醇、丙酮、二甲苯等。熔点 59～60℃，饱和蒸气压 0.03mPa(25℃)，辛醇/水分配系数 6.42。

主要用途　除草剂。用于马铃薯、洋葱、菜豆、苹果园等作物田防除一年生阔叶杂草。

包装与储运

包装标志　有毒品

包装类别　Ⅲ类

安全储运　储存于阴凉、通风的库房。远离火种、热源。库温不超过 35℃。相对湿度不超过 85%。包装密封。应与强氧化剂、酸类、食用化学品等分开存放，切忌混储。配备相应品种和数量的消防器材。储区应备有合适的材料收容泄漏物。

紧急处置信息

急救措施

吸入：迅速脱离现场至空气新鲜处。保持呼吸道通畅。如呼吸困难，给输氧。呼吸、心跳停止，立即进行心肺复苏术。就医。

眼睛接触：立即分开眼睑，用流动清水或生理盐水彻底冲洗。就医。

皮肤接触：立即脱去污染的衣着，用肥皂水和清水彻底冲洗。就医。

食入： 漱口，饮水。就医。

灭火方法　消防人员须穿全身消防服，佩戴空气呼吸器，在上风向灭火。尽可能将容器从火场移至空旷处。喷水保持火场容器冷却，直至灭火结束。

根据着火原因选择适当灭火剂灭火。

泄漏应急处置　隔离泄漏污染区，限制出入。建议应急处理人员戴防尘口罩，穿防毒服，戴橡胶手套。穿上适当的防护服前严禁接触破裂的容器和泄漏物。尽可能切断泄漏源。用塑料布覆盖泄漏物，减少飞散。勿使水进入包装容器内。用洁净的铲子收集泄漏物，置于干净、干燥、盖子较松的容器中，将容器移离泄漏区。

850. 新戊二醇二缩水甘油醚

标　识

中文名称　新戊二醇二缩水甘油醚

英文名称　1,3 - Bis(2,3 - epoxypropoxy) - 2,2 - dimethylpropane；Neopentyl glycol diglycidyl ether

分子式　$C_{11}H_{20}O_4$

CAS 号　17557-23-2

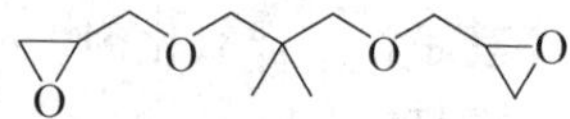

危害信息

燃烧与爆炸危险性　可燃，其蒸气与空气混合能形成爆炸性混合物。蒸气比空气重，沿地面扩散并易积存于低洼处，遇火源会着火回燃。

禁忌物　强氧化剂、强酸。

毒性　大鼠经口 LD_{50}：4500mg/kg。

中毒表现　对眼和皮肤有刺激性。对皮肤有致敏性。

侵入途径　吸入、食入。

理化特性与用途

理化特性　无色或淡黄色透明液体。微溶于水，与多数有机溶剂混溶。沸点 103～107℃(0.13kPa)，相对密度(水 = 1)1.05，相对蒸气密度(空气 = 1)7.5，饱和蒸气压 1.77Pa(25℃)，辛醇/水分配系数 0.23，闪点 88℃(开杯)。

主要用途　用作合成环氧树脂中间体、聚合物的原料和合成树脂改性剂。

包装与储运

安全储运　储存于阴凉、通风的库房。远离火种、热源。保持容器密闭。应与强氧化剂、强酸等隔离储运。搬运时轻装轻卸，防止容器受损。

紧急处置信息

急救措施

吸入： 迅速脱离现场至空气新鲜处。保持呼吸道通畅。如呼吸困难，给输氧。呼吸、心跳停止，立即进行心肺复苏术。就医。

眼睛接触： 立即分开眼睑，用流动清水或生理盐水彻底冲洗。就医。

皮肤接触：立即脱去污染的衣着，用肥皂水和清水彻底冲洗。就医。

食入：漱口，饮水。就医。

灭火方法 消防人员须穿全身消防服，佩戴空气呼吸器，在上风向灭火。尽可能将容器从火场移至空旷处。喷水保持火场容器冷却，直至灭火结束。处在火场中的容器若发生异常变化或发出异常声音，须马上撤离。

灭火剂：雾状水、泡沫、二氧化碳、干粉、砂土。

泄漏应急处置 根据液体流动和蒸气扩散的影响区域划定警戒区，无关人员从侧风、上风向撤离至安全区。消除所有点火源。建议应急处理人员戴防毒面具，穿一般作业工作服，戴橡胶手套。尽可能切断泄漏源。防止泄漏物进入水体、下水道、地下室或有限空间。小量泄漏：用干燥的砂土或其他不燃材料吸收或覆盖，收集于容器中。大量泄漏：构筑围堤或挖坑收容。用泵转移至槽车或专用收集器内。

851. 溴苯腈庚酸酯

标 识

中文名称 溴苯腈庚酸酯

英文名称 2,6-Dibromo-4-cyanophenyl heptanoate；Bromoxynil heptanoate

别名 2,6-二溴-4-氰基苯基庚酸酯

分子式 $C_{14}H_{15}Br_2NO_2$

CAS 号 56634-95-8

N Br O O Br

危害信息

燃烧与爆炸危险性 在高温火场中受热的容器有破裂和爆炸的危险。

禁忌物 强氧化剂、强酸。

毒性 欧盟法规 1272/2008/EC 将本品列为第 2 类生殖毒物——可疑的人类生殖毒物。

中毒表现 食入或吸入对身体有害。对皮肤有致敏性。

侵入途径 吸入、食入。

环境危害 对水生生物有极高毒性，可能在水生环境中造成长期不利影响。

理化特性与用途

理化特性 无色固体或白色细粉末。不溶于水。熔点 44.1℃，沸点(分解)，分解温度 180℃，辛醇/水分配系数 5.4。

主要用途 选择性除草剂。适用于小麦、大麦、黑麦、玉米等防除一年生阔叶杂草。

包装与储运

包装标志 杂类

包装类别 Ⅲ类

安全储运 储存于阴凉、通风的库房。远离火种、热源。保持容器密闭。应与强氧化剂、强酸等隔离储运。

紧急处置信息

急救措施

吸入：迅速脱离现场至空气新鲜处。保持呼吸道通畅。如呼吸困难，给输氧。呼吸、心跳停止，立即进行心肺复苏术。就医。

眼睛接触：立即分开眼睑，用流动清水或生理盐水彻底冲洗。就医。

皮肤接触：立即脱去污染的衣着，用肥皂水和清水彻底冲洗。就医。

食入：漱口，饮水。就医。

灭火方法　消防人员须穿全身防火防毒服，在上风向灭火。尽可能将容器从火场移至空旷处。喷水保持火场容器冷却。

根据着火原因选择适当灭火剂灭火。

泄漏应急处置　隔离泄漏污染区，限制出入。消除所有点火源。建议应急处理人员戴防尘口罩，穿防毒服，戴橡胶手套。穿上适当的防护服前严禁接触破裂的容器和泄漏物。尽可能切断泄漏源。用塑料布覆盖泄漏物，减少飞散。勿使水进入包装容器内。用洁净的铲子收集泄漏物，置于干净、干燥、盖子较松的容器中，将容器移离泄漏区。

852. 溴苯腈辛酸酯

标　识

中文名称　溴苯腈辛酸酯

英文名称　2,6-Dibromo-4-cyanophenyl octanoate；Bromoxynil octanoate

别名　辛酰溴苯腈；3,5-二溴-4-辛酰氧基苄腈

分子式　$C_{15}H_{17}Br_2NO_2$

CAS 号　1689-99-2

N　Br　O　O　Br

危害信息

危险性类别　第 6 类　有毒品

燃烧与爆炸危险性　不燃，受热易分解放出有毒、具有腐蚀性气体。在高温火场中，受热的容器有破裂和爆炸的危险。

禁忌物　强氧化剂、强酸。

毒性　大鼠经口 LD_{50}：250mg/kg；小鼠经口 LD_{50}：245mg/kg；大鼠经皮 LD_{50}：>2g/kg；兔经皮 LD_{50}：1675mg/kg；大鼠吸入 LC_{50}：0. 72mg/L(雌)。

欧盟法规 1272/2008/EC 将本品列为第 2 类生殖毒物——可疑的人类生殖毒物。

中毒表现　食入有害。吸入引起中毒。对皮肤有致敏性。

侵入途径　吸入、食入、经皮吸收。

环境危害　对水生生物有极高毒性，可能在水生环境中造成长期不利影响。

理化特性与用途

理化特性　乳白色至琥珀色蜡状固体或白色细粉末。不溶于水，溶于氯仿、二甲苯、二甲基甲酰胺、乙酸乙酯、环已酮、四氯化碳等。熔点 45~46℃，沸点(分解)，分解温度 185℃，饱和蒸气压 0. 64mPa(25℃)，辛醇/水分配系数 5. 4。

主要用途 除草剂。适用于禾谷类作物防除一年生阔叶杂草。

包装与储运

包装标志 有毒品

包装类别 Ⅲ类

安全储运 储存于阴凉、通风的库房。远离火种、热源。防止阳光直射。储存温度不超过35℃，相对湿度不超过85%。保持容器密封。应与强氧化剂、强酸等分开存放，切忌混储。配备相应品种和数量的消防器材。储区应备有泄漏应急处理设备和合适的收容材料。

紧急处置信息

急救措施

吸入：迅速脱离现场至空气新鲜处。保持呼吸道通畅。如呼吸困难，给输氧。呼吸、心跳停止，立即进行心肺复苏术。就医。

眼睛接触：立即分开眼睑，用流动清水或生理盐水彻底冲洗。就医。

皮肤接触：立即脱去污染的衣着，用肥皂水和清水彻底冲洗。就医。

食入：漱口，饮水。就医。

灭火方法 消防人员须穿全身消防服，佩戴空气呼吸器，在上风向灭火。尽可能将容器从火场移至空旷处。

灭火剂：干粉、二氧化碳、水。

泄漏应急处置 隔离泄漏污染区，限制出入。建议应急处理人员戴防尘口罩，穿防毒服，戴橡胶手套。禁止接触或跨越泄漏物。尽可能切断泄漏源。用塑料布覆盖，减少飞散。用洁净的铲子收集泄漏物，置于干净、干燥、盖子较松的容器中，将容器移离泄漏区。

853. 3-溴丙烯

标　识

中文名称 3-溴丙烯

英文名称 3-Bromo-1-propene；3-Bromopropene；Allyl bromide

别名 烯丙基溴

Br

分子式 C_3H_5Br

CAS 号 106-95-6

铁危编号 31145

UN 号 1099

危害信息

危险性类别 第3类 易燃液体

燃烧与爆炸危险性 易燃，其蒸气与空气混合能形成爆炸性混合物，遇明火、高热易燃烧爆炸。蒸气比空气中，能在较低处扩散到相当远的地方，遇火源会着火回燃和爆炸(闪爆)。

禁忌物 氧化剂、酸类。

毒性 大鼠经口 LD_{50}：120mg/kg；大鼠吸入 LC_{50}：10000mg/m^3(2h)；小鼠吸入 LC_{50}：4110mg/m^3(2h)。

中毒表现　吸入、食入或经皮肤吸收对身体有害。眼和皮肤接触引起灼伤。

侵入途径　吸入、食入、经皮吸收。

职业接触限值　美国(ACGIH)：TLV-TWA 0.1ppm；TLV-STEL 0.2ppm。

理化特性与用途

理化特性　无色至淡黄色液体，有刺激性气味。微溶于水，与乙醇、乙醚、氯仿、二硫化碳、四氯化碳等混溶。熔点-119℃，沸点 70~71℃，相对密度(水=1)1.398，相对蒸气密度(空气=1)4.2，饱和蒸气压 18kPa(25℃)，辛醇/水分配系数 1.79，闪点-1℃，引燃温度 295℃，爆炸下限 4.4%，爆炸上限 7.3%。

主要用途　用作杀虫剂，用于制树脂、其他烯丙基化合物。

包装与储运

包装标志　易燃液体，有毒品

包装类别　Ⅰ类

安全储运　储存于阴凉、通风的库房。远离火种、热源。储存温度不超过 35℃，相对湿度不超过 80%。保持容器密封。应与氧化剂、酸类分开存放，切忌混储。不宜久存，以免变质。采用防爆型照明、通风设施。禁止使用易产生火花的机械设备和工具。配备相应品种和数量的消防器材。储区应备有泄漏应急处理设备和合适的收容材料。搬运时轻装轻卸，防止容器受损。

紧急处置信息

急救措施

吸入：迅速脱离现场至空气新鲜处。保持呼吸道通畅。如呼吸困难，给输氧。呼吸、心跳停止，立即进行心肺复苏术。就医。

眼睛接触：立即分开眼睑，用流动清水或生理盐水彻底冲洗 5~10min。就医。

皮肤接触：立即脱去污染的衣着，用大量流动清水彻底冲洗，冲洗时间一般要求 20~30min。就医。

食入：用水漱口，禁止催吐。给饮牛奶或蛋清。就医。

灭火方法　消防人员须穿全身消防服，在上风向灭火。尽可能将容器从火场移至空旷处。处在火场中的容器，若发生异常变化或发出异常声音，须马上撤离。

灭火剂：干粉、二氧化碳、水、抗溶性泡沫。

泄漏应急处置　消除所有点火源。根据液体流动和蒸气扩散的影响区域划定警戒区，无关人员从侧风、上风向撤离至安全区。建议应急处理人员戴正压自给式呼吸器，穿防静电、防毒服，戴橡胶防毒手套。作业时使用的所有设备应接地。禁止接触或跨越泄漏物。尽可能切断泄漏源。防止泄漏物进入水体、下水道、地下室或有限空间。小量泄漏：用砂土或其他不燃材料吸收。使用洁净的无火花工具收集吸收材料。大量泄漏：构筑围堤或挖坑收容。用泡沫覆盖，减少蒸发。喷水雾能减少蒸发，但不能降低泄漏物在有限空间内的易燃性。用防爆泵转移至槽车或专用收集器内。

854. 1-溴-3,5-二氟苯

标　识

中文名称　1-溴-3,5-二氟苯

英文名称　1-Bromo-3,5-difluorobenzene

别名　3,5-二氟溴苯

分子式　$C_6H_3BrF_2$

CAS 号　461-96-1

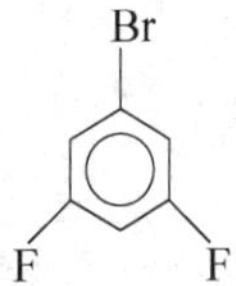

危害信息

危险性类别　第3类　易燃液体

燃烧与爆炸危险性　易燃，其蒸气与空气混合能形成爆炸性混合物，遇明火、高热易燃烧爆炸。

禁忌物　氧化剂。

中毒表现　食入有害。对皮肤有刺激性和致敏性。长期反复接触可能对器官造成损害。

侵入途径　吸入、食入。

环境危害　对水生生物有极高毒性，可能在水生环境中造成长期不利影响。

理化特性与用途

理化特性　无色至淡黄色透明液体。不溶于水，熔点-27℃，沸点140℃，相对密度(水=1)1.676，闪点44℃(闭杯)。

主要用途　用作医药或液晶材料中间体。

包装与储运

包装标志　易燃液体

包装类别　Ⅲ类

安全储运　储存于阴凉、通风的库房。远离火种、热源，避免阳光直射。储存温度不超过37℃。炎热季节早晚运输，应与氧化剂等隔离储运。禁止使用易产生火花的机械设备和工具。灌装时注意流速，防止静电积聚。配备相应品种和数量的消防器材。储区应备有应急处理设备和合适的收容材料。搬运时轻装轻卸，防止容器受损。

紧急处置信息

急救措施

吸入：迅速脱离现场至空气新鲜处。保持呼吸道通畅。如呼吸困难，给输氧。呼吸、心跳停止，立即进行心肺复苏术。就医。

眼睛接触：立即分开眼睑，用流动清水或生理盐水彻底冲洗。就医。

皮肤接触：立即脱去污染的衣着，用肥皂水和清水彻底冲洗。就医。

食入：漱口，饮水。就医。

灭火方法　消防人员须穿全身消防服，佩戴空气呼吸器，在上风向灭火。尽可能将容器从火场移至空旷处。喷水保持火场容器冷却，直至灭火结束。处在火场中的容器若发生异常变化或发出异常声音，须马上撤离。

灭火剂：泡沫、二氧化碳。

泄漏应急处置　消除所有点火源。根据液体流动和蒸气扩散的影响区域划定警戒区，无关人员从侧风、上风向撤离至安全区。建议应急处理人员戴正压自给式呼吸器，穿防静电服，戴橡胶手套。作业时使用的所有设备应接地。禁止接触或跨越泄漏物。尽可能切断泄漏源。防止泄漏物进入水体、下水道、地下室或有限空间。小量泄漏：用砂土或其他不燃材料吸收。使用洁净的无火花工具收集吸收材料。大量泄漏：构筑围堤或挖坑收容。用泡沫覆盖，减少蒸发。喷水雾能减少蒸发，但不能降低泄漏物在有限空间内的易燃性。用防爆泵转移至槽车或专用收集器内。

855. 溴酚肟

标 识

中文名称 溴酚肟

英文名称 Bromofenoxim; 3,5-Dibromo-4-hydroxybenzaldehyde-*O*-(2,4-dinitrophenyl)-oxime

分子式 $C_{13}H_7Br_2N_3O_6$

CAS 号 13181-17-4

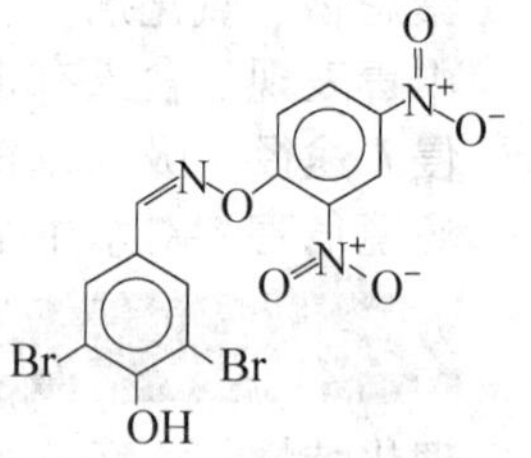

危害信息

燃烧与爆炸危险性 不易燃，无特殊燃爆特性。

禁忌物 强氧化剂、强还原剂。

毒性 大鼠经口 LD_{50}：1100mg/kg；大鼠吸入 LC_{50}：>242mg/m^3(6h)；大鼠经皮 LD_{50}：>3g/kg；兔经皮 LD_{50}：>500mg/kg。

侵入途径 吸入、食入、经皮吸收。

环境危害 对水生生物有极高毒性，可能在水生环境中造成长期不利影响。

理化特性与用途

理化特性 乳白色结晶。不溶于水。熔点 196~197℃，相对密度(水=1)2.15，辛醇/水分配系数 3.3。

主要用途 选择性触杀性除草剂。叶面施用，防除一年生阔叶杂草。

包装与储运

包装标志 杂类

包装类别 Ⅲ类

安全储运 储存于阴凉、通风的库房。远离火种、热源。应与强氧化剂、强还原剂等隔离储运。

紧急处置信息

急救措施

吸入：迅速脱离现场至空气新鲜处。保持呼吸道通畅。如呼吸困难，给输氧。呼吸、心跳停止，立即进行心肺复苏术。就医。

眼睛接触：立即分开眼睑，用流动清水或生理盐水彻底冲洗。就医。

皮肤接触：立即脱去污染的衣着，用肥皂水和清水彻底冲洗。就医。

食入：漱口，饮水。就医。

灭火方法 消防人员须穿全身消防服，佩戴空气呼吸器，在上风向灭火。尽可能将容器从火场移至空旷处。喷水保持火场容器冷却，直至灭火结束。

本品不燃，根据着火原因选择适当灭火剂灭火。

泄漏应急处置 隔离泄漏污染区，限制出入。建议应急处理人员戴防尘口罩，穿防毒服，戴防护手套。穿上适当的防护服前严禁接触破裂的容器和泄漏物。尽可能切断泄漏源。

用塑料布覆盖泄漏物，减少飞散。勿使水进入包装容器内。用洁净的铲子收集泄漏物，置于干净、干燥、盖子较松的容器中，将容器移离泄漏区。

856. 溴化1-乙基-1-甲基吡咯烷鎓(盐)

标　识

中文名称　溴化1-乙基-1-甲基吡咯烷鎓(盐)

英文名称　Pyrrolidinium, 1-ethyl-1-methyl-, bromide; 1-Methyl-1-ethylpyrrolidinium bromide

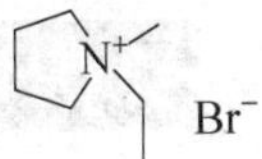

别名　1-乙基-1-甲基溴化吡咯烷

分子式　$C_7H_{16}N \cdot Br$

CAS号　69227-51-6

危害信息

燃烧与爆炸危险性　无特殊燃爆特性。

禁忌物　强氧化剂、强酸。

毒性　欧盟法规1272/2008/EC将本品列为第2类生殖细胞致突变物——由于可能导致人类生殖细胞可遗传突变而引起人们关注的物质。

侵入途径　吸入、食入。

理化特性与用途

理化特性　浅棕色结晶细粉末。辛醇/水分配系数-2.11。

主要用途　用作有机合成中间体，在溴化锌电池中用作吸收剂。

包装与储运

安全储运　储存于阴凉、通风的库房。远离火种、热源。保持容器密闭。应与强氧化剂、强酸等隔离储运。

紧急处置信息

急救措施

吸入：迅速脱离现场至空气新鲜处。保持呼吸道通畅。如呼吸困难，给输氧。呼吸、心跳停止，立即进行心肺复苏术。就医。

眼睛接触：立即分开眼睑，用流动清水或生理盐水彻底冲洗。就医。

皮肤接触：立即脱去污染的衣着，用肥皂水和清水彻底冲洗。就医。

食入：漱口，饮水。禁止催吐。就医。

灭火方法　消防人员须穿全身消防服，佩戴空气呼吸器，在上风向灭火。尽可能将容器从火场移至空旷处。喷水保持火场容器冷却，直至灭火结束。

根据着火原因选择适当灭火剂灭火。

泄漏应急处置　隔离泄漏污染区，限制出入。建议应急处理人员戴防尘口罩，穿防毒服，戴橡胶手套。禁止接触或跨越泄漏物。尽可能切断泄漏源。用塑料布覆盖，减少飞散。用洁净的铲子收集泄漏物，置于干净、干燥、盖子较松的容器中，将容器移离泄漏区。

857. (R)-5-溴-3-(1-甲基-2-吡咯烷基甲基)-1H-吲哚

标　识

中文名称　(R)-5-溴-3-(1-甲基-2-吡咯烷基甲基)-1H-吲哚

英文名称　(R)-5-Bromo-3-(1-methyl-2-pyrrolidinyl methyl)-1H-indole

分子式　$C_{14}H_{17}BrN_2$

CAS 号　143322-57-0

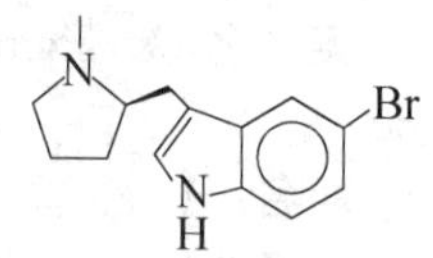

危害信息

燃烧与爆炸危险性　可燃。

禁忌物　强氧化剂、强酸。

毒性　欧盟法规 1272/2008/EC 将本品列为第 2 类生殖毒物——可疑的人类生殖毒物。

中毒表现　食入或吸入对身体有害。对皮肤有致敏性。长期反复接触对器官造成损害。

侵入途径　吸入、食入。

环境危害　对水生生物有极高毒性，可能在水生环境中造成长期不利影响。

理化特性与用途

理化特性　白色至淡黄色固体或白色结晶粉末。不溶于水，溶于甲醇、二氯甲醇、乙酸乙酯。沸点 413℃，相对密度(水=1)1.418，饱和蒸气压 0.07mPa(25℃)，辛醇/水分配系数 3.58，闪点 204℃。

主要用途　是化学和医药中间体。

包装与储运

包装标志　杂类

包装类别　Ⅲ类

安全储运　储存于阴凉、通风的库房。远离火种、热源。保持容器密闭。应与强氧化剂、强酸等隔离储运。

紧急处置信息

急救措施

吸入：迅速脱离现场至空气新鲜处。保持呼吸道通畅。如呼吸困难，给输氧。呼吸、心跳停止，立即进行心肺复苏术。就医。

眼睛接触：立即分开眼睑，用流动清水或生理盐水彻底冲洗。就医。

皮肤接触：立即脱去污染的衣着，用肥皂水和清水彻底冲洗。就医。

食入：漱口，饮水。就医。

灭火方法　消防人员须穿全身消防服，佩戴空气呼吸器，在上风向灭火。尽可能将容器从火场移至空旷处。

灭火剂：干粉、泡沫、二氧化碳、砂土。

泄漏应急处置　隔离泄漏污染区，限制出入。消除点火源。建议应急处理人员戴防尘

口罩，穿防毒服，戴橡胶手套。穿上适当的防护服前严禁接触破裂的容器和泄漏物。尽可能切断泄漏源。用塑料布覆盖泄漏物，减少飞散。勿使水进入包装容器内。用洁净的铲子收集泄漏物，置于干净、干燥、盖子较松的容器中，将容器移离泄漏区。

858. 4-溴甲基-3-甲氧基苯甲酸甲酯

标　识

中文名称　4-溴甲基-3-甲氧基苯甲酸甲酯

英文名称　Methyl 4-bromomethyl-3-methoxybenzoate；3-Methoxy-4-(bromomethyl) benzoic acid methyl ester

别名　3-甲氧基-4-溴甲基苯甲酸甲酯

分子式　$C_{10}H_{11}BrO_3$

CAS 号　70264-94-7

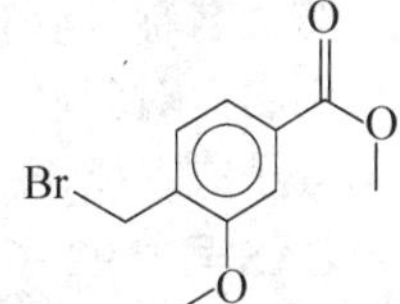

危害信息

燃烧与爆炸危险性　无特殊燃爆特性。

禁忌物　强氧化剂、强酸。

中毒表现　眼接触引起严重眼损害。对皮肤有刺激性和致敏性。

侵入途径　吸入、食入。

环境危害　对水生生物有极高毒性，可能在水生环境中造成长期不利影响。

理化特性与用途

理化特性　固体。熔点 92~96℃，沸点 324.2℃，相对密度(水=1)1.432，饱和蒸气压 33.1mPa(25℃)，辛醇/水分配系数 2.545，闪点 149.9℃。

主要用途　有机合成中间体，也是扎夫司特中间体。

包装与储运

包装标志　杂类

包装类别　Ⅲ类

安全储运　储存于阴凉、通风的库房。远离火种、热源。应与强氧化剂、强酸等隔离储运。

紧急处置信息

急救措施

吸入：迅速脱离现场至空气新鲜处。保持呼吸道通畅。如呼吸困难，给输氧。呼吸、心跳停止，立即进行心肺复苏术。就医。

眼睛接触：立即分开眼睑，用流动清水或生理盐水彻底冲洗 5~10min。就医。

皮肤接触：立即脱去污染的衣着，用肥皂水和清水彻底冲洗。就医。

食入：漱口，饮水。就医。

灭火方法　消防人员须穿全身消防服，佩戴空气呼吸器，在上风向灭火。尽可能将容器从火场移至空旷处。喷水保持火场容器冷却，直至灭火结束。

根据着火原因选择适当灭火剂灭火。

泄漏应急处置　隔离泄漏污染区，限制出入。消除点火源。建议应急处理人员戴防尘口罩，穿防护服。穿上适当的防护服前严禁接触破裂的容器和泄漏物。尽可能切断泄漏源。用塑料布覆盖泄漏物，减少飞散。勿使水进入包装容器内。用洁净的铲子收集泄漏物，置于干净、干燥、盖子较松的容器中，将容器移离泄漏区。

859. 4-溴联苯

标　识

中文名称　4-溴联苯

英文名称　4-Bromobiphenyl；*p*-Bromodiphenyl

别名　对溴联苯

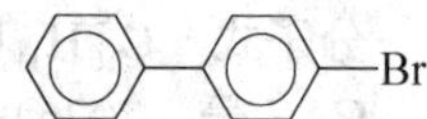

分子式　$C_{12}H_9Br$

CAS 号　92-66-0

危害信息

燃烧与爆炸危险性　可燃，粉体与空气混合能形成爆炸性混合物，遇明火、高热易燃烧爆炸。

禁忌物　强氧化剂。

中毒表现　食入或经皮肤吸收对身体有害。对眼、皮肤和呼吸道有刺激性。

侵入途径　吸入、食入、经皮吸收。

理化特性与用途

理化特性　无色片状结晶或白色粉末。不溶于水，溶于醇、醚、二硫化碳、苯、四氯化碳和丙酮。熔点 89~92℃，沸点 310℃，相对密度(水=1)0.9327，相对蒸气密度(空气=1)8.0，饱和蒸气压 0.15mPa(25℃)，辛醇/水分配系数 4.96，闪点 143℃。

主要用途　用作液晶原料及有机合成中间体。

包装与储运

安全储运　储存于阴凉、通风的库房。远离火种、热源。保持容器密闭。应与强氧化剂等隔离储运。

紧急处置信息

急救措施

吸入：迅速脱离现场至空气新鲜处。保持呼吸道通畅。如呼吸困难，给输氧。呼吸、心跳停止，立即进行心肺复苏术。就医。

眼睛接触：立即分开眼睑，用流动清水或生理盐水彻底冲洗。就医。

皮肤接触：立即脱去污染的衣着，用肥皂水和清水彻底冲洗。就医。

食入：漱口，饮水。就医。

灭火方法　消防人员须穿全身消防服，佩戴空气呼吸器，在上风向灭火。尽可能将容器从火场移至空旷处。喷水保持火场容器冷却，直至灭火结束。

灭火剂：干粉、二氧化碳。

泄漏应急处置 隔离泄漏污染区，限制出入。消除点火源。建议应急处理人员戴防尘口罩，穿防护服。穿上适当的防护服前严禁接触破裂的容器和泄漏物。尽可能切断泄漏源。用塑料布覆盖泄漏物，减少飞散。勿使水进入包装容器内。用洁净的铲子收集泄漏物，置于干净、干燥、盖子较松的容器中，将容器移离泄漏区。

860. 4-溴-2-氯氟苯

标 识

中文名称 4-溴-2-氯氟苯

英文名称 4-Bromo-2-chlorofluorobenzene；4-Bromo-2-chloro-1-fluorobenzene

别名 3-氯-4-氟溴苯

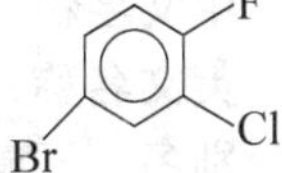

分子式 C_6H_3BrClF

CAS 号 60811-21-4

危害信息

燃烧与爆炸危险性 可燃。

禁忌物 强氧化剂、强酸。

中毒表现 食入有害。对皮肤有刺激性。

侵入途径 吸入、食入。

环境危害 对水生生物有极高毒性，可能在水生环境中造成长期不利影响。

理化特性与用途

理化特性 无色至淡黄色透明液体，有芳香气味。沸点 194℃，相对密度(水＝1)1.727，闪点 88℃。

主要用途 用作农药中间体、有机合成中间体。

包装与储运

包装标志 杂类

包装类别 Ⅲ类

安全储运 储存于阴凉、通风的库房。远离火种、热源。应与强氧化剂、强酸等隔离储运。搬运时轻装轻卸，防止容器受损。

紧急处置信息

急救措施

吸入： 迅速脱离现场至空气新鲜处。保持呼吸道通畅。如呼吸困难，给输氧。呼吸、心跳停止，立即进行心肺复苏术。就医。

眼睛接触： 立即分开眼睑，用流动清水或生理盐水彻底冲洗。就医。

皮肤接触： 立即脱去污染的衣着，用肥皂水和清水彻底冲洗。就医。

食入： 漱口，饮水。就医。

灭火方法 消防人员须穿全身消防服，在上风向灭火。尽可能将容器从火场移至空旷

处。喷水保持火场容器冷却直至灭火结束。

灭火剂：泡沫、干粉、二氧化碳。

泄漏应急处置　根据液体流动和蒸气扩散的影响区域划定警戒区，无关人员从侧风、上风向撤离至安全区。消除所有点火源。建议应急处理人员戴防毒面具，穿防护服，戴橡胶手套。穿上适当的防护服前严禁接触破裂的容器和泄漏物。尽可能切断泄漏源。防止泄漏物进入水体、下水道、地下室或有限空间。小量泄漏：用干燥的砂土或其他不燃材料吸收或覆盖，收集于容器中。大量泄漏：构筑围堤或挖坑收容。用泵转移至槽车或专用收集器内。

861. 2-溴-2-氯-1,1,1-三氟乙烷

标　识

中文名称　2-溴-2-氯-1,1,1-三氟乙烷

英文名称　2-Bromo-2-chloro-1,1,1-trifluoroethane；Halothane

别名　三氟溴氯乙烷；氟烷

分子式　$C_2HBrClF_3$

CAS 号　151-67-7

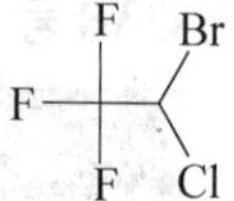

危害信息

燃烧与爆炸危险性　不燃，受热易分解放出有毒的腐蚀性气体。

禁忌物　强氧化剂、强酸。

毒性　大鼠经口 LD_{50}：5680mg/kg；大鼠吸入 LC_{50}：120000mg/m^3(4h)；小鼠吸入 LC_{50}：93600mg/m^3(2h)。

中毒表现　对眼有刺激性。影响中枢神经和心血管系统。高浓度吸入引起精神错乱、头昏、嗜睡、恶心、神志丧失。长期或反复接触对皮肤有脱脂性；影响肝脏，可引起肝损害。

侵入途径　吸入、食入。

职业接触限值　美国(ACGIH)：TLV-TWA 50ppm。

理化特性与用途

理化特性　无色透明挥发性液体，稍有类似氯仿的气味。微溶于水，溶于有机溶剂。熔点-118℃，沸点 50.2℃，相对密度(水=1)1.87，相对蒸气密度(空气=1)6.8，饱和蒸气压 32.4kPa(20℃)，辛醇/水分配系数 2.30。

主要用途　用作全身吸入麻醉药。

包装与储运

安全储运　储存于阴凉、通风的库房。远离火种、热源。应与强氧化剂、强酸等隔离储运。

紧急处置信息

急救措施

吸入：迅速脱离现场至空气新鲜处。保持呼吸道通畅。如呼吸困难，给输氧。呼吸、

心跳停止，立即进行心肺复苏术。就医。

眼睛接触：立即分开眼睑，用流动清水或生理盐水彻底冲洗。就医。

皮肤接触：立即脱去污染的衣着，用肥皂水和清水彻底冲洗。就医。

食入：漱口，饮水。禁止催吐。就医。

灭火方法 消防人员须穿全身消防服，在上风向灭火。尽可能将容器从火场移至空旷处。喷水保持火场容器冷却，直至灭火结束。

根据着火原因选择适当灭火剂灭火。

泄漏应急处置 根据液体流动和蒸气扩散的影响区域划定警戒区，无关人员从侧风、上风向撤离至安全区。建议应急处理人员戴防毒面具，穿防毒服，戴橡胶手套。穿上适当的防护服前严禁接触破裂的容器和泄漏物。尽可能切断泄漏源。防止泄漏物进入水体、下水道、地下室或有限空间。小量泄漏：用干燥的砂土或其他不燃材料吸收或覆盖，收集于容器中。大量泄漏：构筑围堤或挖坑收容。用泵转移至槽车或专用收集器内。

862. 1-溴-3,4,5-三氟苯

标　识

中文名称 1-溴-3,4,5-三氟苯

英文名称 1-Bromo-3,4,5-trifluorobenzene；5-Bromo-1,2,3-trifluorobenzene

别名 3,4,5-三氟溴苯

分子式 $C_6H_2BrF_3$

CAS 号 138526-69-9

Br F F F

危害信息

危险性类别 第 3 类 易燃液体

燃烧与爆炸危险性 易燃，其蒸气与空气混合能形成爆炸性混合物，遇明火、高热易燃烧爆炸。

禁忌物 氧化剂。

毒性 欧盟法规 1272/2008/EC 将本品列为第 2 类致癌物——可疑的人类致癌物。

中毒表现 眼接触引起严重损害。对皮肤有刺激性。

侵入途径 吸入、食入。

环境危害 对水生生物有毒，可能在水生环境中造成长期不利影响。

理化特性与用途

理化特性 无色至微淡黄色透明液体。不溶于水。熔点-20℃，沸点 47~49℃(8kPa)，相对密度(水=1)1.767，饱和蒸气压 0.61kPa(25℃)，辛醇/水分配系数 2.92，闪点 45℃，引燃温度 635℃。

主要用途 用作液晶材料和医药中间体。

包装与储运

包装标志 易燃液体

包装类别 Ⅲ类

安全储运 储存于阴凉、通风的库房。远离火种、热源，避免阳光直射。储存温度不超过37℃。炎热季节早晚运输，应与氧化剂等隔离储运。禁止使用易产生火花的机械设备和工具。灌装时注意流速，防止静电积聚。配备相应品种和数量的消防器材。储区应备有合适的材料收容泄漏物。搬运时轻装轻卸，防止容器受损。

紧急处置信息

急救措施

吸入：迅速脱离现场至空气新鲜处。保持呼吸道通畅。如呼吸困难，给输氧。呼吸、心跳停止，立即进行心肺复苏术。就医。

眼睛接触：立即分开眼睑，用流动清水或生理盐水彻底冲洗5~10min。就医。

皮肤接触：立即脱去污染的衣着，用肥皂水和清水彻底冲洗。就医。

食入：漱口，饮水。就医。

灭火方法 消防人员须穿全身消防服，佩戴空气呼吸器，在上风向灭火。尽可能将容器从火场移至空旷处。喷水保持火场容器冷却，直至灭火结束。处在火场中的容器若发生异常变化或发出异常声音，须马上撤离。

灭火剂：泡沫、二氧化碳。

泄漏应急处置 根据液体流动和蒸气扩散的影响区域划定警戒区，无关人员从侧风、上风向撤离至安全区。消除所有点火源。建议应急处理人员戴防毒面具，穿防毒、防静电服，戴橡胶手套。作业时使用的所有设备应接地。禁止接触或跨越泄漏物。尽可能切断泄漏源。防止泄漏物进入水体、下水道、地下室或有限空间。小量泄漏：用砂土或其他不燃材料吸收。使用洁净的无火花工具收集吸收材料。大量泄漏：构筑围堤或挖坑收容。用泡沫覆盖，减少蒸发。喷水雾能减少蒸发，但不能降低泄漏物在有限空间内的易燃性。用防爆泵转移至槽车或专用收集器内。

863. 1-溴-9-(4,4,5,5,5-五氟戊硫基)壬烷

标 识

中文名称 1-溴-9-(4,4,5,5,5-五氟戊硫基)壬烷

英文名称 1-Bromo-9-(4,4,5,5,5-pentafluoropentylthio)nonane; 9-Bromononyl 4,4,5,5,5-pentafluoropentyl sulfide

别名 9-溴壬基4,4,5,5,5-五氟戊基硫醚

分子式 $C_{14}H_{24}BrF_5S$

CAS号 148757-89-5

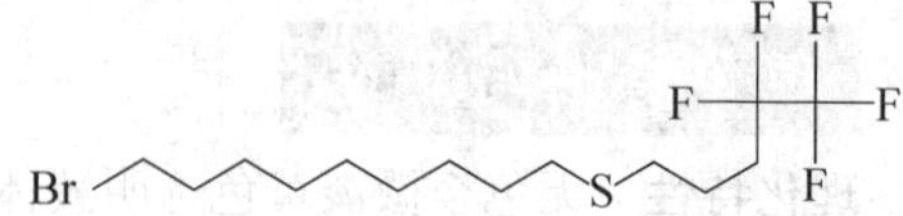

危害信息

燃烧与爆炸危险性 可燃。

禁忌物 强氧化剂、强酸。

中毒表现 对皮肤有致敏性。

侵入途径 吸入、食入。

环境危害 对水生生物有极高毒性，可能在水生环境中造成长期不利影响。

理化特性与用途

理化特性 不溶于水。沸点 349℃，相对密度(水=1)1.271，饱和蒸气压 13.3mPa (25℃)，辛醇/水分配系数 6.59，闪点 165℃。

主要用途 药物中间体。

包装与储运

包装标志 杂类

包装类别 Ⅲ类

安全储运 储存于阴凉、通风的库房。远离火种、热源。应与强氧化剂、强酸等隔离储运。

紧急处置信息

急救措施

吸入：迅速脱离现场至空气新鲜处。保持呼吸道通畅。如呼吸困难，给输氧。呼吸、心跳停止，立即进行心肺复苏术。就医。

眼睛接触：立即分开眼睑，用流动清水或生理盐水彻底冲洗。就医。

皮肤接触：立即脱去污染的衣着，用肥皂水和清水彻底冲洗。就医。

食入：漱口，饮水。就医。

灭火方法 消防人员须穿全身消防服，佩戴空气呼吸器，在上风向灭火。尽可能将容器从火场移至空旷处。

根据着火原因选择适当灭火剂灭火。

泄漏应急处置 隔离泄漏污染区，限制出入。建议应急处理人员戴防尘口罩，穿防护服。穿上适当的防护服前严禁接触破裂的容器和泄漏物。尽可能切断泄漏源。用塑料布覆盖泄漏物，减少飞散。勿使水进入包装容器内。用洁净的铲子收集泄漏物，置于干净、干燥、盖子较松的容器中，将容器移离泄漏区。

864. 溴硝醇

标　识

中文名称 溴硝醇

英文名称 Bromopol; 2-Bromo-2-nitropropane-1,3-diol

别名 2-溴-2-硝基-1,3-丙二醇

分子式 $C_3H_6BrNO_4$

CAS 号 52-51-7

HO Br O
N
HO O

危害信息

燃烧与爆炸危险性 可燃，粉体与空气混合能形成爆炸性混合物。

禁忌物 强氧化剂、强还原剂。

毒性 大鼠经口 LD_{50}：180mg/kg；小鼠经口 LD_{50}：270mg/kg；大鼠吸入 LC_{50}：800mg/m^3(4h)；大鼠经皮 LD_{50}：64mg/kg；兔经皮 LD_{50}：>2000mg/kg。

中毒表现 对眼、皮肤和呼吸道有刺激性。对皮肤有致敏性。

侵入途径 吸入、食入、经皮吸收。

环境危害 对水生生物有极高毒性。

理化特性与用途

理化特性 白色至淡黄色结晶或结晶性粉末。溶于水，溶于乙醇、乙酸乙酯，微溶于氯仿、丙酮、苯、乙醚。熔点 122～132℃，相对密度(水=1)1.1，饱和蒸气压 1.68mPa(20℃)，辛醇/水分配系数 0.18，闪点 167℃。

主要用途 用作杀菌剂、化妆品防腐剂、种子处理剂等。

包装与储运

包装标志 杂类

包装类别 Ⅲ类

安全储运 储存于阴凉、通风的库房。远离火种、热源。应与强氧化剂、强还原剂等隔离储运。搬运时轻装轻卸，防止容器受损。

紧急处置信息

急救措施

吸入：迅速脱离现场至空气新鲜处。保持呼吸道通畅。如呼吸困难，给输氧。呼吸、心跳停止，立即进行心肺复苏术。就医。

眼睛接触：立即分开眼睑，用流动清水或生理盐水彻底冲洗。就医。

皮肤接触：立即脱去污染的衣着，用肥皂水和清水彻底冲洗。就医。

食入：漱口，饮水。就医。

灭火方法 消防人员须穿全身消防服，佩戴空气呼吸器，在上风向灭火。尽可能将容器从火场移至空旷处。喷水保持火场容器冷却，直至灭火结束。

根据着火原因选择适当灭火剂灭火。

泄漏应急处置 隔离泄漏污染区，限制出入。消除点火源。建议应急处理人员戴防尘口罩，穿防毒服。穿上适当的防护服前严禁接触破裂的容器和泄漏物。尽可能切断泄漏源。用塑料布覆盖泄漏物，减少飞散。勿使水进入包装容器内。用洁净的铲子收集泄漏物，置于干净、干燥、盖子较松的容器中，将容器移离泄漏区。

865. 2-溴-2-硝基丙醇

标　识

中文名称 2-溴-2-硝基丙醇

英文名称 (-)-2-Bromo-2-nitro-1-propanol；Debropol；2-Bromo-2-nitropropanol

分子式 $C_3H_6BrNO_3$

CAS 号 24403-04-1

Br OH
N^+
O O^-

危害信息

危险性类别 第 6 类　有毒品

燃烧与爆炸危险性 可燃。

禁忌物 氧化剂、强酸。

中毒表现 食入或经皮肤吸收对身体有害。长期反复接触可能对器官造成损害。对眼和皮肤有腐蚀性。对皮肤有致敏性。

侵入途径 吸入、食入、经皮吸收。

环境危害 对水生生物有极高毒性，可能在水生环境中造成长期不利影响。

理化特性与用途

理化特性 微溶于水。沸点 234.9℃，相对密度(水=1)1.811，饱和蒸气压 1.2Pa(25℃)，辛醇/水分配系数 1.3，闪点 95.9℃。

主要用途 用作医药原料、杀菌、防腐剂。

包装与储运

包装标志 有毒品

包装类别 Ⅲ类

安全储运 储存于阴凉、干燥、通风良好的库房。远离火种、热源。防止阳光直射。储存温度不超过 32℃，相对湿度不超过 85%。保持容器密封。应与氧化剂、强酸、食用化学品等分开存放，切忌混储。配备相应品种和数量的消防器材。储区应备有合适的材料收容泄漏物。搬运时轻装轻卸，防止容器受损。

紧急处置信息

急救措施

吸入：迅速脱离现场至空气新鲜处。保持呼吸道通畅。如呼吸困难，给输氧。呼吸、心跳停止，立即进行心肺复苏术。就医。

眼睛接触：立即分开眼睑，用流动清水或生理盐水彻底冲洗 5~10min。就医。

皮肤接触：立即脱去污染的衣着，用大量流动清水彻底冲洗，冲洗时间一般要求 20~30min。就医。

食入：用水漱口，禁止催吐。给饮牛奶或蛋清。就医。

灭火方法 消防人员须穿全身防火防毒服，在上风向灭火。尽可能将容器从火场移至空旷处。喷水保持火场容器冷却直至灭火结束。

灭火剂：泡沫、二氧化碳、干粉。

泄漏应急处置 隔离泄漏污染区，限制出入。消除所有点火源。建议应急处理人员戴防尘口罩，穿防毒服，戴橡胶手套。穿上适当的防护服前严禁接触破裂的容器和泄漏物。尽可能切断泄漏源。用塑料布覆盖泄漏物，减少飞散。勿使水进入包装容器内。用洁净的铲子收集泄漏物，置于干净、干燥、盖子较松的容器中，将容器移离泄漏区。

866. 2-(2-溴乙氧基)茴香醚

标　识

中文名称 2-(2-溴乙氧基)茴香醚

英文名称 2-(2-Bromoethoxy)anisole；1-(2-Bromoethoxy)-2-methoxybenzene

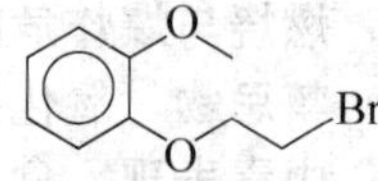

别名 2-(2-甲氧基苯氧基)溴乙烷

分子式 $C_9H_{11}BrO_2$

CAS 号 4463-59-6

危害信息

燃烧与爆炸危险性 可燃，粉体与空气混合能形成爆炸性混合物，遇明火、高热易燃烧爆炸。

禁忌物 强氧化剂、强酸。

中毒表现 食入有害。

侵入途径 吸入、食入。

环境危害 对水生生物有害，可能在水生环境中造成长期不利影响。

理化特性与用途

理化特性 无色至微黄色固体。微溶于水。熔点 43~45℃，沸点 270.3℃，相对密度(水=1)1.382，饱和蒸气压 1.6Pa(25℃)，辛醇/水分配系数 2.72，闪点 114℃。

主要用途 是医药中间体。

包装与储运

安全储运 储存于阴凉、通风的库房。远离火种、热源。保持容器密闭。应与强氧化剂、强酸等隔离储运。

紧急处置信息

急救措施

吸入：迅速脱离现场至空气新鲜处。保持呼吸道通畅。如呼吸困难，给输氧。呼吸、心跳停止，立即进行心肺复苏术。就医。

眼睛接触：立即分开眼睑，用流动清水或生理盐水彻底冲洗。就医。

皮肤接触：立即脱去污染的衣着，用肥皂水和清水彻底冲洗。就医。

食入：漱口，饮水。就医。

灭火方法 消防人员须穿全身消防服，佩戴空气呼吸器，在上风向灭火。尽可能将容器从火场移至空旷处。

灭火剂：干粉、二氧化碳、泡沫。

泄漏应急处置 消除所有点火源。隔离泄漏污染区，限制出入。建议应急处理人员戴防尘口罩，穿防毒服。禁止接触或跨越泄漏物。尽可能切断泄漏源。用塑料布覆盖，减少飞散。用洁净的铲子收集泄漏物，置于干净、干燥、盖子较松的容器中，将容器移离泄漏区。

867. 畜虫磷

标　识

中文名称 畜虫磷

英文名称　Coumithoate; *O*, *O*-Diethyl *O*-7,8,9,10-tetrahydro-6-oxo-benzo(c)chromen-3-yl phosphorothioate

别名　*O*,*O*-二乙基 *O*-(7,8,9,10-四氢-6-氧代-苯并(c)苯并吡喃-3-基)硫代磷酸酯

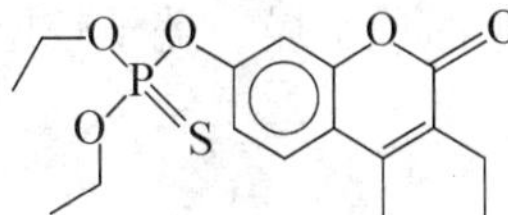

分子式　$C_{17}H_{21}O_5PS$

CAS 号　572-48-5

危害信息

危险性类别　第6类　有毒品

燃烧与爆炸危险性　不燃，无特殊燃爆特性。

禁忌物　强氧化剂、强碱。

毒性　大鼠经口 LD_{50}：67mg/kg；小鼠经口 LD_{50}：3800mg/kg；大鼠经皮 LD_{50}：>200mg/kg。

中毒表现　抑制体内胆碱酯酶活性，造成神经生理功能紊乱。急性中毒症状有头痛、头昏、乏力、食欲不振、恶心、呕吐、腹痛、腹泻、流涎、瞳孔缩小、呼吸道分泌物增多、多汗、肌束震颤等。重度中毒者出现肺水肿、昏迷、呼吸麻痹、脑水肿。血胆碱酯酶活性降低。

侵入途径　吸入、食入、经皮吸收。

环境危害　对水生生物有毒。

理化特性与用途

理化特性　结晶。不溶于水，易溶于有机溶剂。熔点 88.25℃，辛醇/水分配系数 5.4。

主要用途　家畜寄生虫驱虫剂、杀螨剂。用于家畜防治体外寄生虫。

包装与储运

包装标志　有毒品

包装类别　Ⅲ类

安全储运　储存于阴凉、通风的库房。远离火种、热源。防止阳光直射。储存温度不超过35℃，相对湿度不超过85%。保持容器密封。应与强氧化剂、强碱等分开存放，切忌混储。配备相应品种和数量的消防器材。储区应备有合适的材料收容泄漏物。

紧急处置信息

急救措施

吸入：迅速脱离现场至空气新鲜处。保持呼吸道通畅。如呼吸困难，给输氧。呼吸、心跳停止，立即进行心肺复苏术。就医。

眼睛接触：分开眼睑，用流动清水或生理盐水冲洗。就医。

皮肤接触：立即脱去污染的衣着，用肥皂水及流动清水彻底冲洗污染的皮肤、头发、指甲等。就医。

食入：饮足量温水，催吐(仅限于清醒者)。口服活性炭。就医。

解毒剂：阿托品、胆碱酯酶复能剂。

灭火方法　消防人员须穿全身消防服，佩戴空气呼吸器，在上风向灭火。尽可能将容器从火场移至空旷处。喷水保持火场容器冷却，直至灭火结束。

本品不燃，根据着火原因选择适当灭火剂灭火。

泄漏应急处置　隔离泄漏污染区，限制出入。建议应急处理人员戴防尘口罩，穿防毒

服，戴橡胶手套。穿上适当的防护服前严禁接触破裂的容器和泄漏物。尽可能切断泄漏源。用塑料布覆盖泄漏物，减少飞散。勿使水进入包装容器内。用洁净的铲子收集泄漏物，置于干净、干燥、盖子较松的容器中，将容器移离泄漏区。

868. 蚜灭磷

标　识

中文名称　蚜灭磷

英文名称　Vamidothion；*O*,*O*-Dimethyl *S*-2-(1-methylcarbamoylethylthio)ethyl phosphorothioate

别名　*O*,*O*-二甲基-*S*-(2-(1-甲基-2-甲胺基-2-氧代乙硫)乙基)硫代磷酸酯

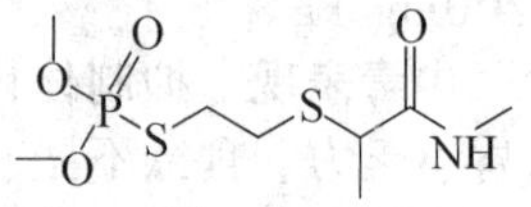

分子式　$C_8H_{18}NO_4PS_2$

CAS 号　2275-23-2

铁危编号　61874

危害信息

危险性类别　第 6 类　有毒品

燃烧与爆炸危险性　不燃，无特殊燃爆特性。

禁忌物　强氧化剂、强碱。

毒性　大鼠经口 LD_{50}：64mg/kg；小鼠经口 LD_{50}：40mg/kg；大鼠吸入 LC_{50}：1730mg/m^3(4h)；小鼠经皮 LD_{50}：1460mg/kg；兔经皮 LD_{50}：1160mg/kg。

中毒表现　抑制体内胆碱酯酶活性，造成神经生理功能紊乱。急性中毒症状有头痛、头昏、乏力、食欲不振、恶心、呕吐、腹痛、腹泻、流涎、瞳孔缩小、呼吸道分泌物增多、多汗、肌束震颤等。重度中毒者出现肺水肿、昏迷、呼吸麻痹、脑水肿。血胆碱酯酶活性降低。

侵入途径　吸入、食入、经皮吸收。

环境危害　对水生生物有极高毒性，可能在水生环境中造成长期不利影响。

理化特性与用途

理化特性　无色针状结晶。易溶于水，易溶于多数有机溶剂。熔点 46～48℃，饱和蒸气压 0.18mPa(25℃)，辛醇/水分配系数 0.16。

主要用途　内吸性杀虫、杀螨剂。用于防治棉花、啤酒花、果树上的棉蚜虫及其他刺吸式同翅目害虫。

包装与储运

包装标志　有毒品

包装类别　Ⅲ类

安全储运　储存于阴凉、通风的库房。远离火种、热源。防止阳光直射。储存温度不超过 35℃，相对湿度不超过 85%。保持容器密封。应与强氧化剂、强碱等分开存放，切忌混储。配备相应品种和数量的消防器材。储区应备有合适的材料收容泄漏物。

紧急处置信息

急救措施

吸入：迅速脱离现场至空气新鲜处。保持呼吸道通畅。如呼吸困难，给输氧。呼吸、心跳停止，立即进行心肺复苏术。就医。

眼睛接触：分开眼睑，用流动清水或生理盐水冲洗。就医。

皮肤接触：立即脱去污染的衣着，用肥皂水及流动清水彻底冲洗污染的皮肤、头发、指甲等。就医。

食入：饮足量温水，催吐(仅限于清醒者)。口服活性炭。就医。

解毒剂：阿托品、胆碱酯酶复能剂。

灭火方法　消防人员须穿全身消防服，佩戴防毒面具，在上风向灭火。尽可能将容器从火场移至空旷处。喷水保持火场容器冷却，直至灭火结束。

本品不燃，根据着火原因选择适当灭火剂灭火。

泄漏应急处置　隔离泄漏污染区，限制出入。建议应急处理人员戴防尘口罩，穿防毒服，戴橡胶手套。穿上适当的防护服前严禁接触破裂的容器和泄漏物。尽可能切断泄漏源。用塑料布覆盖泄漏物，减少飞散。勿使水进入包装容器内。用洁净的铲子收集泄漏物，置于干净、干燥、盖子较松的容器中，将容器移离泄漏区。

869. 1,1′-(1,3-亚苯基二氧)二(3-(2-(2-丙烯基)苯氧基)2-丙醇)

标　　识

中文名称　1,1′-(1,3-亚苯基二氧)二(3-(2-(2-丙烯基)苯氧基)2-丙醇)

英文名称　1,1′-(1,3-Phenylenedioxy)bis(3-(2-(prop-2-enyl)phenoxy)propan-2-ol)

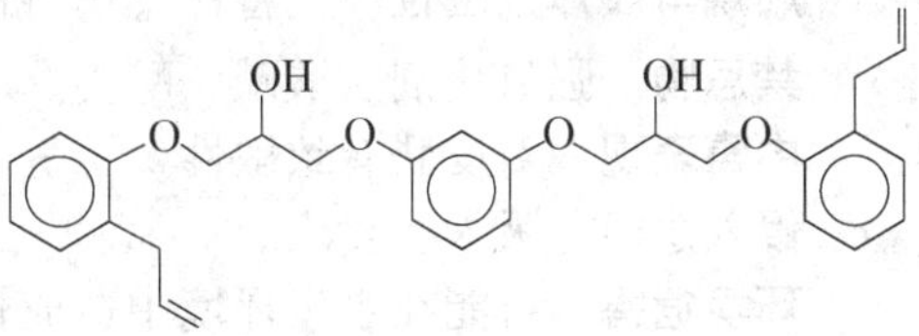

危害信息

燃烧与爆炸危险性　无特殊燃爆特性。

禁忌物　强氧化剂、强酸。

中毒表现　对皮肤有致敏性。

侵入途径　吸入、食入。

环境危害　对水生生物有极高毒性，可能在水生环境中造成长期不利影响。

包装与储运

包装标志　杂类

包装类别　Ⅲ类

安全储运　储存于阴凉、通风的库房。远离火种、热源。保持容器密闭。应与强氧化剂、强酸等隔离储运。

紧急处置信息

急救措施

吸入：迅速脱离现场至空气新鲜处。保持呼吸道通畅。如呼吸困难，给输氧。呼吸、

心跳停止，立即进行心肺复苏术。就医。

眼睛接触：立即分开眼睑，用流动清水或生理盐水彻底冲洗。就医。

皮肤接触：立即脱去污染的衣着，用肥皂水和清水彻底冲洗。就医。

食入：漱口，饮水。就医。

灭火方法 消防人员须穿全身消防服，佩戴空气呼吸器，在上风向灭火。尽可能将容器从火场移至空旷处。

根据着火原因选择适当灭火剂灭火。

泄漏应急处置 隔离泄漏污染区，限制出入。建议应急处理人员戴防尘口罩，穿防毒服。穿上适当的防护服前严禁接触破裂的容器和泄漏物。尽可能切断泄漏源。用塑料布覆盖泄漏物，减少飞散。勿使水进入包装容器内。用洁净的铲子收集泄漏物，置于干净、干燥、盖子较松的容器中，将容器移离泄漏区。

870. 2,2′-(1,4-亚苯基)双-4H-3,1-苯并噁嗪-4-酮

标　识

中文名称 2,2′-(1,4-亚苯基)双-4H-3，1-苯并噁嗪-4-酮

英文名称 2,2-(1,4-Phenylene)bis(4H-3,1-benzoxazine-4-one)；UV-3638

别名 紫外线吸收剂3638

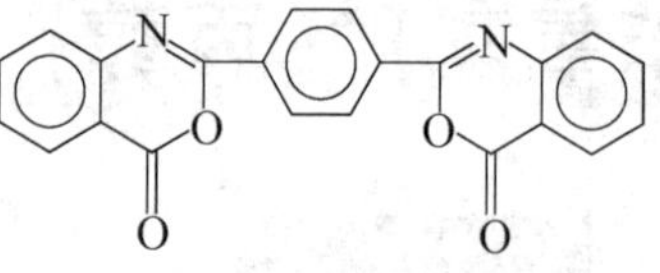

分子式 $C_{22}H_{12}N_2O_4$

CAS号 18600-59-4

危害信息

燃烧与爆炸危险性 无特殊燃爆特性。

禁忌物 强氧化剂、酸碱、醇类。

中毒表现 对皮肤有致敏性。

侵入途径 吸入、食入。

环境危害 可能在水生环境中造成长期不利影响。

理化特性与用途

理化特性 白色至米色结晶粉末或米色至淡黄色粉末。熔点310~315℃。

主要用途 用作工程塑料特别是PET、PBT的紫外线吸收剂。

包装与储运

安全储运 储存于阴凉、通风的库房。远离火种、热源。保持容器密闭。应与强氧化剂、酸碱、醇类等隔离储运。

紧急处置信息

急救措施

吸入：迅速脱离现场至空气新鲜处。保持呼吸道通畅。如呼吸困难，给输氧。呼吸、心跳停止，立即进行心肺复苏术。就医。

眼睛接触：立即分开眼睑，用流动清水或生理盐水彻底冲洗。就医。

皮肤接触：立即脱去污染的衣着，用肥皂水和清水彻底冲洗。就医。

食入：漱口，饮水。就医。

灭火方法 消防人员须穿全身消防服，佩戴空气呼吸器，在上风向灭火。尽可能将容器从火场移至空旷处。

根据着火原因选择适当灭火剂灭火。

泄漏应急处置 隔离泄漏污染区，限制出入。建议应急处理人员戴防尘口罩，穿防护服，戴防护手套。穿上适当的防护服前严禁接触破裂的容器和泄漏物。尽可能切断泄漏源。用塑料布覆盖泄漏物，减少飞散。勿使水进入包装容器内。用洁净的铲子收集泄漏物，置于干净、干燥、盖子较松的容器中，将容器移离泄漏区。

871. N,N′-1,3-亚丙基二(2-(乙烯基磺酰基))乙酰胺

标　识

中文名称 N,N′-1,3-亚丙基二(2-(乙烯基磺酰基))乙酰胺

英文名称 N,N′-Ethylenebis(vinylsulfonylacetamide)；1,2-Bis(vinylsulfonylacetamido)ethane

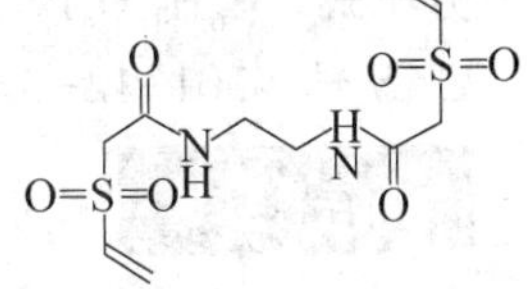

分子式 $C_{10}H_{16}N_2O_6S_2$

CAS 号 66710-66-5

危害信息

燃烧与爆炸危险性 无特殊燃爆特性。

禁忌物 强氧化剂、强酸。

中毒表现 眼接触引起严重损害。对皮肤有致敏性。

侵入途径 吸入、食入。

理化特性与用途

理化特性 白色固体。溶于水。熔点 106~164℃，相对密度(水=1)1.364，辛醇/水分配系数-2.51。

主要用途 用作照相固化剂，用于照相、复印机，用作中间体。

包装与储运

安全储运 储存于阴凉、通风的库房。远离火种、热源。保持容器密闭。应与强氧化剂、强酸等隔离储运。

紧急处置信息

急救措施

吸入：迅速脱离现场至空气新鲜处。保持呼吸道通畅。如呼吸困难，给输氧。呼吸、心跳停止，立即进行心肺复苏术。就医。

眼睛接触：立即分开眼睑，用流动清水或生理盐水彻底冲洗 5~10min。就医。

皮肤接触：立即脱去污染的衣着，用肥皂水和清水彻底冲洗。就医。

食入：漱口，饮水。就医。

灭火方法 消防人员须穿全身消防服，佩戴空气呼吸器，在上风向灭火。尽可能将容器从火场移至空旷处。

根据着火原因选择适当灭火剂灭火。

泄漏应急处置 隔离泄漏污染区，限制出入。建议应急处理人员戴防尘口罩，穿防护服，戴防护手套。穿上适当的防护服前严禁接触破裂的容器和泄漏物。尽可能切断泄漏源。用塑料布覆盖泄漏物，减少飞散。勿使水进入包装容器内。用洁净的铲子收集泄漏物，置于干净、干燥、盖子较松的容器中，将容器移离泄漏区。

872. 亚砜磷

标　识

中文名称 亚砜磷

英文名称 Oxydemeton-methyl；*S*-2-(Ethylsulphinyl)ethyl *O*,*O*-dimethyl phosphorothioate

分子式 $C_6H_{15}O_4PS_2$

CAS 号 301-12-2

危害信息

危险性类别 第 6 类　有毒品

燃烧与爆炸危险性 可燃。

禁忌物 氧化剂、强酸、强碱。

毒性 大鼠经口 LD_{50}：30mg/kg；小鼠经口 LD_{50}：10mg/kg；大鼠吸入 LC_{50}：1500mg/m^3(1h)；大鼠经皮 LD_{50}：100mg/kg。

中毒表现 抑制体内胆碱酯酶活性，造成神经生理功能紊乱。急性中毒症状有头痛、头昏、乏力、食欲不振、恶心、呕吐、腹痛、腹泻、流涎、瞳孔缩小、呼吸道分泌物增多、多汗、肌束震颤等。重度中毒者出现肺水肿、昏迷、呼吸麻痹、脑水肿。血胆碱酯酶活性降低。

侵入途径 吸入、食入、经皮吸收。

环境危害 对水生生物有极高毒性。

理化特性与用途

理化特性 无色或琥珀色透明液体。与水混溶，溶于除石油醚以外的常用有机溶剂。熔点<-20℃，沸点 106℃(1.33Pa)，相对密度(水=1)1.289，饱和蒸气压 3.8mPa(20℃)，辛醇/水分配系数-0.74，闪点 113℃。

主要用途 杀虫、杀螨剂。用于果树、蔬菜、谷物和园林植物防治蚜虫、叶蝉等害虫。

包装与储运

包装标志 有毒品

包装类别 Ⅲ类

安全储运 储存于阴凉、通风的库房。远离火种、热源。防止阳光直射。储存温度不超过 35℃，相对湿度不超过 85%。应与氧化剂、强酸、强碱等分开存放，切忌混储。配备相应品种和数量的消防器材。储区应备有合适的材料收容泄漏物。搬运时轻装轻卸，防止容器受损。

紧急处置信息

急救措施

吸入：迅速脱离现场至空气新鲜处。保持呼吸道通畅。如呼吸困难，给输氧。呼吸、心跳停止，立即进行心肺复苏术。就医。

眼睛接触：分开眼睑，用流动清水或生理盐水冲洗。就医。

皮肤接触：立即脱去污染的衣着，用肥皂水及流动清水彻底冲洗污染的皮肤、头发、指甲等。就医。

食入：饮足量温水，催吐(仅限于清醒者)。口服活性炭。就医

解毒剂：阿托品、胆碱酯酶复能剂。

灭火方法 消防人员须穿全身消防服，佩戴防毒面具，在上风向灭火。尽可能将容器从火场移至空旷处。喷水保持火场容器冷却，直至灭火结束。

根据着火原因选择适当灭火剂灭火。

泄漏应急处置 根据液体流动和蒸气扩散的影响区域划定警戒区，无关人员从侧风、上风向撤离至安全区。消除点火源。应急人员应戴正压自给式呼吸器，穿防毒服，戴橡胶手套。穿戴适当的防护装备前，禁止接触破裂的容器和泄漏物。尽可能切断泄漏源。防止泄漏物进入水体、下水道、地下室或有限空间。小量泄漏：用砂土或其他不燃材料吸收，用洁净的工具收集于容器中。大量泄漏：筑围堤或挖坑收容。用泡沫覆盖泄漏物，减少挥发。用泵转移至槽车或专用收集器内。

873. 1,6-亚己基二异氰酸酯

标　　识

中文名称 1,6-亚己基二异氰酸酯

英文名称 Hexamethylenediisocyanate；1,6-Diisocyanatohexane

别名 异氰酸六亚甲酯

分子式 $C_8H_{12}N_2O_2$

CAS 号 822-06-0

铁危编号 61111

UN 号 2281

O=C=N~~~~~~N=C=O

危害信息

危险性类别 第 6 类 有毒品

燃烧与爆炸危险性 易燃，其蒸气与空气混合能形成爆炸性混合物，遇明火、高热易燃烧爆炸。蒸气比空气重，沿地面扩散并易积存于低洼处，遇火源会着火回燃。在高温火场中，受热的容器有破裂和爆炸的危险。

禁忌物 强氧化剂、酸类。

毒性 大鼠经口 LD_{50}：710μL/kg；小鼠经口 LD_{50}：350mg/kg；大鼠吸入 LC_{50}：124mg/m^3(4h)；兔经皮 LD_{50}：570μL/kg。

中毒表现 对眼、皮肤和呼吸道有刺激性。对皮肤有致敏性。对呼吸道有致敏性，吸入可引起职业性哮喘。

侵入途径 吸入、食入、经皮吸收。

职业接触限值 中国：PC-TWA 0.03mg/m^3。

美国(ACGIH)：TLV-TWA 0.005ppm。

理化特性与用途

理化特性 无色至淡黄色透明液体，有刺激性气味。与水反应。熔点-67℃，沸点255℃，相对密度(水=1)1.05，相对蒸气密度(空气=1)5.8，饱和蒸气压7Pa(25℃)，辛醇/水分配系数1.08，闪点140℃(开杯)，引燃温度454℃，爆炸下限0.9%，爆炸上限9.5%。

主要用途 用作化学中间体；用于聚氨酯弹性体、涂料、黏合剂，牙科材料，隐形眼镜、医药等方面。

包装与储运

包装标志 有毒品

包装类别 Ⅱ类

安全储运 储存于阴凉、通风的库房。远离火种、热源。储存温度不超过32℃，相对湿度不超过85%。保持容器密封。应与强氧化剂、酸类等分开存放，切忌混储。配备相应品种和数量的消防器材。储区应备有合适的材料收容泄漏物。搬运时轻装轻卸，防止容器受损。

紧急处置信息

急救措施

吸入：迅速脱离现场至空气新鲜处。保持呼吸道通畅。如呼吸困难，给输氧。呼吸、心跳停止，立即进行心肺复苏术。就医。

眼睛接触：立即分开眼睑，用流动清水或生理盐水彻底冲洗。就医。

皮肤接触：立即脱去污染的衣着，用肥皂水和清水彻底冲洗。就医。

食入：漱口，饮水。就医。

灭火方法 消防人员须穿全身防火防毒服，佩戴空气呼吸器，在上风向灭火。尽可能将容器从火场移至空旷处。喷水保持火场容器冷却，直至灭火结束。处在火场中的容器若发生异常变化或发出异常声音，须马上撤离。

灭火剂：二氧化碳、干粉。

泄漏应急处置 根据液体流动和蒸气扩散的影响区域划定警戒区，无关人员从侧风、上风向撤离至安全区。消除所有点火源。建议应急处理人员戴正压自给式呼吸器，穿防毒服，戴橡胶手套。穿上适当的防护服前严禁接触破裂的容器和泄漏物。尽可能切断泄漏源。防止泄漏物进入水体、下水道、地下室或有限空间。小量泄漏：用干燥的砂土或其他不燃材料吸收或覆盖，收集于容器中。大量泄漏：构筑围堤或挖坑收容。用防爆泵转移至槽车或专用收集器内。

874. 4,4′-亚甲基二(氧亚乙基硫代)二苯酚

标　识

中文名称 4,4′-亚甲基二(氧亚乙基硫代)二苯酚

英文名称 4-4′-Methylenebis(oxyethylenethio)diphenol；1,7-Bis(4-hydroxyphenylthio)-3,5-dioxaheptane

分子式 $C_{17}H_{20}O_4S_2$

CAS 号 93589-69-6

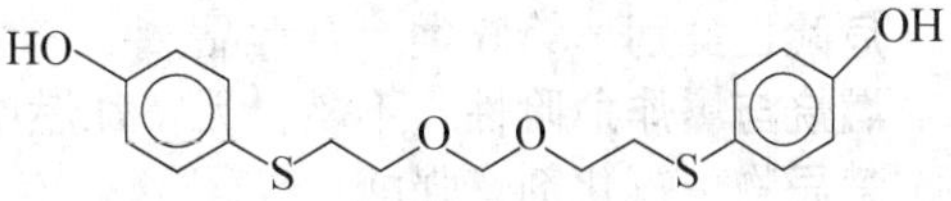

危害信息

燃烧与爆炸危险性 可燃。

禁忌物 强氧化剂。

侵入途径 吸入、食入。

环境危害 对水生生物有毒，可能在水生环境中造成长期不利影响。

理化特性与用途

理化特性 沸点 547.8℃，相对密度(水=1)1.32，闪点 285.1℃。

包装与储运

包装标志 杂类

包装类别 Ⅲ类

安全储运 储存于阴凉、通风的库房。远离火种、热源。应与强氧化剂等隔离储运。搬运时轻装轻卸，防止容器受损。

紧急处置信息

急救措施

吸入：脱离接触。如有不适感，就医。

眼睛接触：分开眼睑，用流动清水或生理盐水冲洗。如有不适感，就医。

皮肤接触：脱去污染的衣着，用流动清水冲洗。如有不适感，就医。

食入：漱口，饮水。就医。

灭火方法 消防人员须穿全身消防服，在上风向灭火。尽可能将容器从火场移至空旷处。喷水保持火场容器冷却直至灭火结束。

灭火剂：泡沫、干粉、二氧化碳

泄漏应急处置 隔离泄漏污染区，限制出入。消除点火源。建议应急处理人员戴防尘口罩，穿防毒服，戴橡胶手套。穿上适当的防护服前严禁接触破裂的容器和泄漏物。尽可能切断泄漏源。用塑料布覆盖泄漏物，减少飞散。勿使水进入包装容器内。用洁净的铲子收集泄漏物，置于干净、干燥、盖子较松的容器中，将容器移离泄漏区。

875. 亚甲基双硫氰酸酯

标　识

中文名称 亚甲基双硫氰酸酯

英文名称 Methylene dithiocyanate；Methylene bis(thiocyanate)

别名 二硫氰基甲烷

分子式 $C_3H_2N_2S_2$

CAS 号 6317-18-6

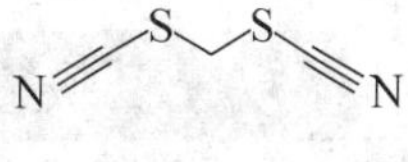

危害信息

危险性类别 第6类 有毒品

燃烧与爆炸危险性 不燃，无特殊燃爆特性。

禁忌物 氧化剂、强酸。

毒性 大鼠经口 LD_{50}：55mg/kg；兔经皮 LD_{50}：398mg/kg。

中毒表现 对眼和皮肤有刺激性。对皮肤有致敏性。

侵入途径 吸入、食入、经皮吸收。

环境危害 对水生生物有极高毒性。

理化特性与用途

理化特性 白色至浅黄色结晶粉末或黄色至浅橙色固体。微溶于水，易溶于甲醇。熔点105~107℃，饱和蒸气压0.26Pa(25℃)，辛醇/水分配系数0.62。

主要用途 用于稻、麦种子处理，可防治种传细菌、真菌和线虫病害，也是一种高效、广谱的杀菌灭藻剂。

包装与储运

包装标志 有毒品

包装类别 Ⅱ类

安全储运 储存于阴凉、通风的库房。远离火种、热源。防止阳光直射。储存温度不超过35℃，相对湿度不超过85%。应与氧化剂、强酸等分开存放，切忌混储。配备相应品种和数量的消防器材。储区应备有合适的材料收容泄漏物。

紧急处置信息

急救措施

吸入：迅速脱离现场至空气新鲜处。保持呼吸道通畅。如呼吸困难，给输氧。呼吸、心跳停止，立即进行心肺复苏术。就医。

眼睛接触：立即分开眼睑，用流动清水或生理盐水彻底冲洗。就医。

皮肤接触：立即脱去污染的衣着，用流动清水彻底冲洗。就医。

食入：饮适量温水，催吐(仅限于清醒者)。就医。

灭火方法 消防人员须穿全身消防服，佩戴防毒面具，在上风向灭火。尽可能将容器从火场移至空旷处。喷水保持火场容器冷却，直至灭火结束。

本品不燃，根据着火原因选择适当灭火剂灭火

泄漏应急处置 隔离泄漏污染区，限制出入。建议应急处理人员戴防尘口罩，穿防毒服，戴橡胶手套。穿上适当的防护服前严禁接触破裂的容器和泄漏物。尽可能切断泄漏源。用塑料布覆盖泄漏物，减少飞散。勿使水进入包装容器内。用洁净的铲子收集泄漏物，置于干净、干燥、盖子较松的容器中，将容器移离泄漏区。

876. 亚甲基双(4-亚苯基)二异氰酸酯

标　识

中文名称 亚甲基双(4-亚苯基)二异氰酸酯

英文名称 4,4′-Methylenediphenyl diisocyanate；Methylenebis(4-phenylene isocyanate)；Diphenylmethane-4,4′-diisocyanate

别名 二苯基甲烷-4,4′-二异氰酸酯

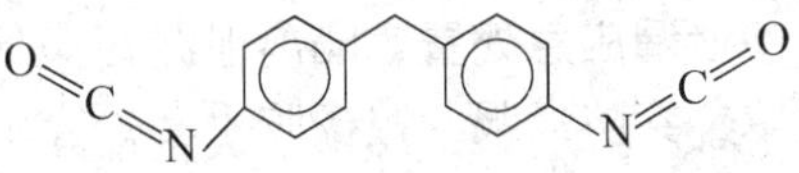

分子式 $C_{15}H_{10}N_2O_2$

CAS 号 101-68-8

铁危编号 61654

危害信息

危险性类别 第 6 类 有毒品

燃烧与爆炸危险性 可燃，受热易放出有毒气体。

禁忌物 强氧化剂、酸类。

毒性 大鼠经口 LD_{50}：9200mg/kg；小鼠经口 LD_{50}：2200mg/kg；大鼠吸入 LC_{50}：178mg/m^3。

欧盟法规 1272/2008/EC 将本品列为第 2 类致癌物——可疑的人类致癌物。

中毒表现 吸入有害。对眼、皮肤和呼吸道有刺激性。对皮肤和呼吸道有致敏性。长期或反复接触可能对器官造成损害。

侵入途径 吸入、食入。

职业接触限值 中国：PC-TWA 0.05mg/m^3；PC-STEL 0.1mg/m^3。

美国(ACGIH)：TLV-TWA 0.005ppm。

理化特性与用途

理化特性 白色至浅黄色结晶或薄片。不溶于水，溶于苯、甲苯、氯苯、硝基苯、丙酮、乙醚、乙酸乙酯、二噁烷等。熔点 37℃，沸点 196℃(0.67kPa)、314℃(100kPa)，相对密度(水=1)1.2，相对蒸气密度(空气=1)8.6，饱和蒸气压 0.67mPa(25℃)，辛醇/水分配系数 5.22，闪点 202℃(开杯)、196℃(闭杯)，引燃温度 240℃。

主要用途 广泛用于制聚氨酯泡沫塑料、聚氨酯弹性纤维、聚氨酯涂料、黏合剂等，还用于防水材料、密封材料、陶器材料等。

包装与储运

包装标志 有毒品

包装类别 Ⅲ类

安全储运 储存于阴凉、通风的库房。远离火种、热源。防止阳光直射。储存温度不超过 35℃，相对湿度不超过 85%。保持容器密封。应与强氧化剂、酸类等分开存放，切忌混储。配备相应品种和数量的消防器材。储区应备有合适的材料收容泄漏物。

紧急处置信息

急救措施

吸入：迅速脱离现场至空气新鲜处。保持呼吸道通畅。如呼吸困难，给输氧。呼吸、心跳停止，立即进行心肺复苏术。就医。

眼睛接触：立即分开眼睑，用流动清水或生理盐水彻底冲洗。就医。

皮肤接触：立即脱去污染的衣着，用肥皂水和清水彻底冲洗。就医。

食入：漱口，饮水。就医。

灭火方法 消防人员须穿全身消防服，在上风向灭火。尽可能将容器从火场移至空旷

处。喷水保持火场容器冷却直至灭火结束。

灭火剂：干粉、二氧化碳、砂土。

泄漏应急处置　隔离泄漏污染区，限制出入。消除点火源。建议应急处理人员戴防尘口罩，穿防毒服，戴橡胶手套。穿上适当的防护服前严禁接触破裂的容器和泄漏物。尽可能切断泄漏源。用塑料布覆盖泄漏物，减少飞散。勿使水进入包装容器内。用洁净的铲子收集泄漏物，置于干净、干燥、盖子较松的容器中，将容器移离泄漏区。

877. 4,4′-亚甲基双(2-异丙基-6-甲基苯胺)

标　识

中文名称　4,4′-亚甲基双(2-异丙基-6-甲基苯胺)

英文名称　4,4′-Methylenebis(2-methyl-6-isopropylaniline)

分子式　$C_{21}H_{30}N_2$

CAS 号　16298-38-7

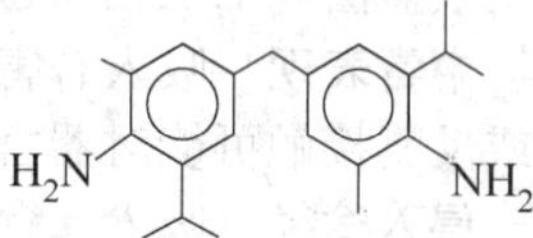

危害信息

燃烧与爆炸危险性　易燃，其粉体与空气混合能形成爆炸性混合物，遇明火高热有引起燃烧爆炸的危险，燃烧产生有毒的氮氧化物气体。

禁忌物　强氧化剂、强酸。

中毒表现　长期或反复接触可能对器官造成损害。

侵入途径　吸入、食入。

环境危害　对水生生物有毒，可能在水生环境中造成长期不利影响。

理化特性与用途

理化特性　深棕色固体或液体。沸点 419.5～423℃、180～182℃(26.6Pa)，相对密度(水=1)0.99。

主要用途　用作有机合成中间体。

包装与储运

包装标志　杂类

包装类别　Ⅲ类

安全储运　储存于阴凉、通风的库房。远离火种、热源。应与强氧化剂、强酸等隔离储运。

紧急处置信息

急救措施

吸入：迅速脱离现场至空气新鲜处。保持呼吸道通畅。如呼吸困难，给输氧。呼吸、心跳停止，立即进行心肺复苏术。就医。

眼睛接触：立即分开眼睑，用流动清水或生理盐水彻底冲洗。就医。

皮肤接触：立即脱去污染的衣着，用肥皂水和清水彻底冲洗。就医。

食入：漱口，饮水。就医。

灭火方法 消防人员须穿全身消防服，在上风向灭火。尽可能将容器从火场移至空旷处。喷水保持火场容器冷却，直至灭火结束。

灭火剂：雾状水、泡沫、二氧化碳、干粉、砂土。

泄漏应急处置 隔离泄漏污染区，限制出入。消除点火源。建议应急处理人员戴防尘口罩，穿防毒服。穿上适当的防护服前严禁接触破裂的容器和泄漏物。尽可能切断泄漏源。用塑料布覆盖泄漏物，减少飞散。勿使水进入包装容器内。用洁净的铲子收集泄漏物，置于干净、干燥、盖子较松的容器中，将容器移离泄漏区。

878. 4,4′-亚甲双(2,6-二甲基苯基氰酸酯)

标 识

中文名称 4,4′-亚甲双(2,6-二甲基苯基氰酸酯)

英文名称 4,4′-Methylenebis(2,6-dimethylphenyl cyanate); Cyanic acid, methylenebis(2,6-dimethyl-4,1-phenylene)ester

别名 四甲基双酚F氰酸酯

分子式 $C_{19}H_{18}N_2O_2$

CAS号 101657-77-6

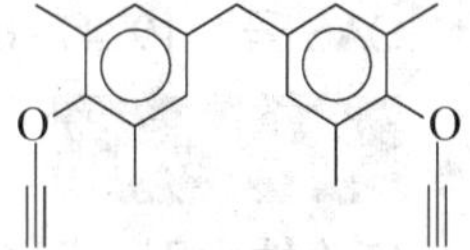

危害信息

燃烧与爆炸危险性 可燃。

禁忌物 强氧化剂、强酸。

中毒表现 对皮肤有致敏性。

侵入途径 吸入、食入。

环境危害 对水生生物有害，可能在水生环境中造成长期不利影响。

理化特性与用途

理化特性 白色结晶粉末。溶于甲乙酮、丙酮等。熔点105℃，沸点433℃，相对密度(水=1)1.14，闪点162℃。

主要用途 用于制造树脂、泡沫和其他材料。

包装与储运

安全储运 储存于阴凉、通风的库房。远离火种、热源。保持容器密闭。应与强氧化剂、强酸等隔离储运。

紧急处置信息

急救措施

吸入：迅速脱离现场至空气新鲜处。保持呼吸道通畅。如呼吸困难，给输氧。呼吸、心跳停止，立即进行心肺复苏术。就医。

眼睛接触：立即分开眼睑，用流动清水或生理盐水彻底冲洗。就医。

皮肤接触：立即脱去污染的衣着，用肥皂水和清水彻底冲洗。就医。

食入：漱口，饮水。就医。

灭火方法 消防人员须穿全身消防服，在上风向灭火。尽可能将容器从火场移至空旷处。喷水保持火场容器冷却直至灭火结束。

灭火剂：泡沫、二氧化碳、干粉。

泄漏应急处置 隔离泄漏污染区，限制出入。消除点火源。建议应急处理人员戴防尘口罩，穿防护服，戴橡胶手套。穿上适当的防护服前严禁接触破裂的容器和泄漏物。尽可能切断泄漏源。用塑料布覆盖泄漏物，减少飞散。勿使水进入包装容器内。用洁净的铲子收集泄漏物，置于干净、干燥、盖子较松的容器中，将容器移离泄漏区。

879. 2,2′-亚肼基双乙酸

标　识

中文名称 2,2′-亚肼基双乙酸

英文名称 Acetic acid, 2,2′-Hydrazinylidenebis-; *N*,*N*-Hydrazinodiacetic acid

分子式 $C_4H_8N_2O_4$

CAS 号 19247-05-3

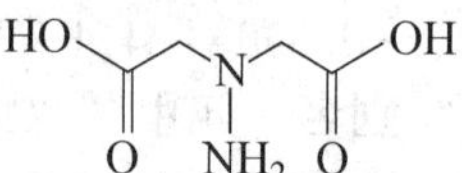

危害信息

危险性类别 第 6 类　有毒品

燃烧与爆炸危险性 可燃。受热易分解。

禁忌物 氧化剂、碱类。

中毒表现 食入有毒。对皮肤有致敏性。长期反复接触可能引起器官损害。

侵入途径 吸入、食入。

环境危害 对水生生物有害，可能在水生环境中造成长期不利影响。

理化特性与用途

理化特性 固体。微溶于水。分解温度 171～172℃，相对密度(水=1)1.563，饱和蒸气压 4.7mPa(25℃)，辛醇/水分配系数-2.61，闪点 224.9℃。

主要用途 用于摄影感光材料。

包装与储运

包装标志 有毒品

包装类别 Ⅲ类

安全储运 储存于阴凉、通风的库房。远离火种、热源。库温不超过 35℃。相对湿度不超过 85%。包装密封。应与氧化剂、碱类、食用化学品分开存放，切忌混储。配备相应品种和数量的消防器材。储区应备有合适的材料收容泄漏物。

紧急处置信息

急救措施

吸入：迅速脱离现场至空气新鲜处。保持呼吸道通畅。如呼吸困难，给输氧。呼吸、心跳停止，立即进行心肺复苏术。就医。

眼睛接触：立即分开眼睑，用流动清水或生理盐水彻底冲洗。就医。

皮肤接触：立即脱去污染的衣着，用肥皂水和清水彻底冲洗。就医。

食入：漱口，饮水。就医。

灭火方法　消防人员须穿全身消防服，佩戴空气呼吸器，在上风向灭火。尽可能将容器从火场移至空旷处。喷水保持火场容器冷却，直至灭火结束。

根据着火原因选择适当灭火剂灭火。

泄漏应急处置　隔离泄漏污染区，限制出入。建议应急处理人员戴防尘口罩，穿防毒服，戴橡胶手套。穿上适当的防护服前严禁接触破裂的容器和泄漏物。尽可能切断泄漏源。用塑料布覆盖泄漏物，减少飞散。勿使水进入包装容器内。用洁净的铲子收集泄漏物，置于干净、干燥、盖子较松的容器中，将容器移离泄漏区。

880. 4,4′-(9H-9-亚芴基)二(2-氯苯胺)

标　识

中文名称　4,4′-(9H-9-亚芴基)二(2-氯苯胺)

英文名称　4,4′-(9H-Fluoren-9-ylidene)bis(2-chloroaniline)；9,9-Bis(4-amino-3-chlorophenyl)fluorene

别名　9,9-双(4-氨基-3-氯苯)芴

分子式　$C_{25}H_{18}Cl_2N_2$

CAS 号　107934-68-9

Cl　Cl　H_2N　NH_2

危害信息

燃烧与爆炸危险性　无特殊燃爆特性。

禁忌物　强氧化剂、强酸。

侵入途径　吸入、食入、经皮吸收。

环境危害　对水生生物有毒，可能在水生环境中造成长期不利影响。

理化特性与用途

理化特性　白色至微淡黄红色结晶粉末。不溶于水，微溶于甲醇、氯仿、乙酸乙酯，溶于四氢呋喃。熔点200℃，相对密度(水=1)1.374，辛醇/水分配系数11.04。

主要用途　用作试剂。

包装与储运

包装标志　杂类

包装类别　Ⅲ类

安全储运　储存于阴凉、通风的库房。远离火种、热源。保持容器密封。应与强氧化剂、强酸等隔离储运。

紧急处置信息

急救措施

吸入：迅速脱离现场至空气新鲜处。保持呼吸道通畅。如呼吸困难，给输氧。呼吸、

心跳停止，立即进行心肺复苏术。就医。

眼睛接触： 立即分开眼睑，用流动清水或生理盐水彻底冲洗。就医。

皮肤接触： 立即脱去污染的衣着，用肥皂水和清水彻底冲洗。就医。

食入： 漱口，饮水。就医。

灭火方法　消防人员须穿全身消防服，佩戴空气呼吸器，在上风向灭火。尽可能将容器从火场移至空旷处。

根据着火原因选择适当灭火剂灭火。

泄漏应急处置　隔离泄漏污染区，限制出入。建议应急处理人员戴防尘口罩，穿防护服，戴橡胶手套。穿上适当的防护服前严禁接触破裂的容器和泄漏物。尽可能切断泄漏源。用塑料布覆盖泄漏物，减少飞散。勿使水进入包装容器内。用洁净的铲子收集泄漏物，置于干净、干燥、盖子较松的容器中，将容器移离泄漏区。

881. 4,4′-(9H-亚芴-9-基)双酚

标　识

中文名称　4,4′-(9H-亚芴-9-基)双酚

英文名称　Phenol，4,4′-(9H-fluoren-9-ylidene)bis-；9,9-Bis(4-hydroxyphenyl)fluorene

别名　双酚芴

分子式　$C_{25}H_{18}O_2$

CAS 号　3236-71-3

HO　OH

危害信息

燃烧与爆炸危险性　可燃。

禁忌物　强氧化剂。

中毒表现　对眼和皮肤有刺激性。

侵入途径　吸入、食入。

环境危害　对水生生物有极高毒性，可能在水生环境中造成长期不利影响。

理化特性与用途

理化特性　白色至米色结晶粉末。不溶于水，溶于甲醇、氯仿、乙酸乙酯等。pH 值 6.5~7.5(1%水悬浮液)，熔点 224~226℃，引燃温度 360℃。

主要用途　用于新型功能材料合成，用作塑料、橡胶添加剂。

包装与储运

包装标志　杂类

包装类别　Ⅲ类

安全储运　储存于阴凉、通风的库房。远离火种、热源。应与强氧化剂等隔离储运。

紧急处置信息

急救措施

吸入： 迅速脱离现场至空气新鲜处。保持呼吸道通畅。如呼吸困难，给输氧。呼吸、

心跳停止，立即进行心肺复苏术。就医。

眼睛接触：立即分开眼睑，用流动清水或生理盐水彻底冲洗。就医。

皮肤接触：立即脱去污染的衣着，用肥皂水和清水彻底冲洗。就医。

食入：漱口，饮水。就医。

灭火方法 消防人员须穿全身消防服，在上风向灭火。尽可能将容器从火场移至空旷处。喷水保持火场容器冷却直至灭火结束。

灭火剂：泡沫、二氧化碳、干粉。

泄漏应急处置 隔离泄漏污染区，限制出入。消除点火源。建议应急处理人员戴防尘口罩，穿防护服。穿上适当的防护服前严禁接触破裂的容器和泄漏物。尽可能切断泄漏源。用塑料布覆盖泄漏物，减少飞散。勿使水进入包装容器内。用洁净的铲子收集泄漏物，置于干净、干燥、盖子较松的容器中，将容器移离泄漏区。

882. *N*-亚硝基甲基氨基甲酸乙酯

标　识

中文名称 *N*-亚硝基甲基氨基甲酸乙酯

英文名称 *N*-Methyl-*N*-nitroso-urethane；Ethyl methylnitrosocarbamate

别名 *N*-亚硝基-*N*-甲基尿烷

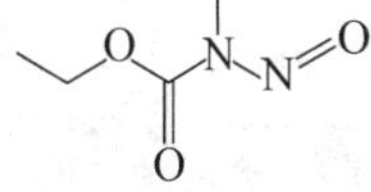

分子式 $C_4H_8N_2O_3$

CAS 号 615-53-2

危害信息

危险性类别 第 6 类 有毒品

燃烧与爆炸危险性 可燃，受热易分解放出有毒的氮氧化物气体。在高温火场中，受热的容器有破裂和爆炸的危险。

禁忌物 强氧化剂、强酸。

毒性 大鼠经口 LD_{50}：180mg/kg；小鼠吸入 *LCLo*：600mg/m³(10min)。

IARC 致癌性评论：G2B，可疑人类致癌物。

中毒表现 食入引起中毒。对眼、皮肤和呼吸道有刺激性。

侵入途径 吸入、食入。

理化特性与用途

理化特性 黄色至粉红色油状液体，有芳香气味。微溶于水，溶于多数普通有机溶剂。沸点 62~64℃(1.6kPa)，相对密度(水=1)1.133，饱和蒸气压 0.16kPa(25℃)，辛醇/水分配系数 1.22。

主要用途 用作试剂，用于研究。

包装与储运

包装标志 有毒品

包装类别 Ⅲ类

安全储运 储存于阴凉、通风的库房。远离火种、热源。库温不超过 35℃。相对湿度不超过85%。包装密封。应与强氧化剂、强酸、食用化学品分开存放，切忌混储。储区应备有合适的材料收容泄漏物。搬运时轻装轻卸，防止容器受损。

紧急处置信息

急救措施

吸入：迅速脱离现场至空气新鲜处。保持呼吸道通畅。如呼吸困难，给输氧。呼吸、心跳停止，立即进行心肺复苏术。就医。

眼睛接触：立即分开眼睑，用流动清水或生理盐水彻底冲洗。就医。

皮肤接触：立即脱去污染的衣着，用流动清水彻底冲洗。就医。

食入：饮适量温水，催吐(仅限于清醒者)。就医。

灭火方法　消防人员须穿全身消防服，佩戴空气呼吸器，在上风向灭火。尽可能将容器从火场移至空旷处。喷水保持火场容器冷却，直至灭火结束。

灭火剂：干粉、二氧化碳、砂土。

泄漏应急处置　根据液体流动和蒸气扩散的影响区域划定警戒区，无关人员从侧风、上风向撤离至安全区。消除所有点火源。建议应急处理人员戴防毒面具，穿防毒服，戴橡胶手套。穿上适当的防护服前严禁接触破裂的容器和泄漏物。尽可能切断泄漏源。防止泄漏物进入水体、下水道、地下室或有限空间。小量泄漏：用干燥的砂土或其他不燃材料吸收或覆盖，收集于容器中。大量泄漏：构筑围堤或挖坑收容。用泵转移至槽车或专用收集器内。

883. *N*-亚硝基吗啉

标　识

中文名称　*N*-亚硝基吗啉

英文名称　Morpholine，4-nitroso-；*N*-Nitrosomorpholine

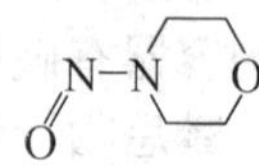

分子式　$C_4H_8N_2O_2$

CAS号　59-89-2

危害信息

燃烧与爆炸危险性　可燃，受热易分解放出有毒的氮氧化物气体。

禁忌物　强氧化剂、强酸。

毒性　大鼠经口 LD_{50}：282mg/kg；小鼠吸入 *LCLo*：1000mg/m^3(10min)。

IARC致癌性评论：G2B，可疑人类致癌物。

侵入途径　吸入、食入。

理化特性与用途

理化特性　淡黄色结晶或金色液体。混溶于水，溶于有机溶剂。熔点29℃，沸点224～224.5℃(99.4kPa)，相对密度(水=1)1.104，饱和蒸气压4.0kPa(20℃)，辛醇/水分配系数-0.44，燃烧热-2581kJ/mol。

主要用途　用作聚丙烯腈的溶剂和合成*N*-氨基吗啉的化学中间体。

包装与储运

安全储运 储存于阴凉、通风的库房。远离火种、热源。保持容器密闭。应与强氧化剂、强酸等隔离储运。

紧急处置信息

急救措施

吸入：迅速脱离现场至空气新鲜处。保持呼吸道通畅。如呼吸困难，给输氧。呼吸、心跳停止，立即进行心肺复苏术。就医。

眼睛接触：立即分开眼睑，用流动清水或生理盐水彻底冲洗。就医。

皮肤接触：立即脱去污染的衣着，用肥皂水和清水彻底冲洗。就医。

食入：漱口，饮水。就医。

灭火方法 消防人员须穿全身消防服，佩戴空气呼吸器，在上风向灭火。尽可能将容器从火场移至空旷处。喷水保持火场容器冷却，直至灭火结束。

灭火剂：干粉、二氧化碳。

泄漏应急处置 隔离泄漏污染区，限制出入。消除点火源建议应急处理人员戴防尘口罩，穿防毒服，戴橡胶手套。穿上适当的防护服前严禁接触破裂的容器和泄漏物。尽可能切断泄漏源。用塑料布覆盖泄漏物，减少飞散。勿使水进入包装容器内。用洁净的铲子收集泄漏物，置于干净、干燥、盖子较松的容器中，将容器移离泄漏区。

884. 亚硝酸仲丁酯

标　　识

中文名称 亚硝酸仲丁酯

英文名称 sec-Butyl nitrite；Nitrous acid，1-methylpropyl ester

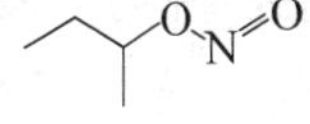

分子式 $C_4H_9NO_2$

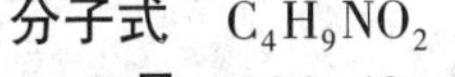

CAS 号 924-43-6

危害信息

危险性类别 第 3 类 易燃液体

燃烧与爆炸危险性 易燃，其蒸气与空气混合能形成爆炸性混合物，遇明火、高热易燃烧或爆炸。

禁忌物 氧化剂、酸碱。

毒性 大鼠经口 LD_{50}：423mg/kg；小鼠吸入 LC_{50}：1753ppm(1h)。

侵入途径 吸入、食入。

理化特性与用途

理化特性 液体。微溶于水。沸点 68.5℃，相对密度(水 = 1) 0.99，饱和蒸气压 18.6kPa(25℃)，辛醇/水分配系数 2.28。

主要用途 用于火箭燃料。

包装与储运

包装标志　易燃液体

包装类别　Ⅱ类

安全储运　储存于阴凉、通风的库房。远离火种、热源，避免阳光直射。储存温度不超过37℃。炎热季节早晚运输，应与氧化剂、酸碱等隔离储运。禁止使用易产生火花的机械设备和工具。灌装时注意流速，防止静电积聚。配备相应品种和数量的消防器材。储区应备有合适的材料收容泄漏物。搬运时轻装轻卸，防止容器受损。

紧急处置信息

急救措施

吸入：迅速脱离现场至空气新鲜处。保持呼吸道通畅。如呼吸困难，给输氧。呼吸、心跳停止，立即进行心肺复苏术。就医。

眼睛接触：立即分开眼睑，用流动清水或生理盐水彻底冲洗。就医。

皮肤接触：立即脱去污染的衣着，用肥皂水和清水彻底冲洗。就医。

食入：漱口，饮水。就医。

灭火方法　消防人员须穿全身消防服，佩戴空气呼吸器，在上风向灭火。尽可能将容器从火场移至空旷处。喷水保持火场容器冷却，直至灭火结束。处在火场中的容器若发生异常变化或发出异常声音，须马上撤离。

灭火剂：雾状水、泡沫、二氧化碳、干粉、砂土。

泄漏应急处置　消除所有点火源。根据液体流动和蒸气扩散的影响区域划定警戒区，无关人员从侧风、上风向撤离至安全区。建议应急处理人员戴正压自给式呼吸器，穿防毒、防静电服，戴橡胶手套。作业时使用的所有设备应接地。禁止接触或跨越泄漏物。尽可能切断泄漏源。防止泄漏物进入水体、下水道、地下室或有限空间。小量泄漏：用砂土或其他不燃材料吸收。使用洁净的无火花工具收集吸收材料。大量泄漏：构筑围堤或挖坑收容。用抗溶性泡沫覆盖，减少蒸发。喷水雾能减少蒸发，但不能降低泄漏物在有限空间内的易燃性。用防爆泵转移至槽车或专用收集器内。

885. 5-亚乙基降冰片烯-2

标　　识

中文名称　5-亚乙基降冰片烯-2

英文名称　Ethylidenenorbornene；5-Ethylidene-2-norbornene；5-Ethylidene-8,9,10-trinorborn-2-ene

别名　亚乙基降冰片烯；5-亚乙基二环(2.2.1)庚-2-烯

分子式　C_9H_{12}

CAS号　16219-75-3

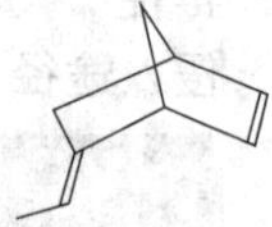

危害信息

危险性类别　第3类　易燃液体

燃烧与爆炸危险性　易燃，其蒸气与空气混合能形成爆炸性混合物，遇明火、高热易燃烧爆炸。蒸气比空气重，能在较低处扩散到相当远的地方，遇火源会着火回燃和爆炸(闪爆)。

禁忌物　氧化剂。

毒性　大鼠经口 LD_{50}：2830μL/kg；大鼠吸入 LC_{50}：1246ppm（4h）；兔经皮 LD_{50}：5.66mL/kg。

中毒表现　对眼、皮肤和呼吸道有刺激性。液态本品进入肺部可引起化学性肺炎。

侵入途径　吸入、食入、经皮吸收。

职业接触限值　美国（ACGIH）：TLV-C 5ppm。

环境危害　对水生生物有毒，可能在水生环境中造成长期不利影响。

理化特性与用途

理化特性　无色至白色液体，有松节油气味。不溶于水。熔点-80℃，沸点144~148℃，相对密度（水=1）0.8958，相对蒸气密度（空气=1）4.1，饱和蒸气压0.56kPa（20℃），辛醇/水分配系数3.82，闪点38℃（开杯）、29℃（闭杯），引燃温度272℃，爆炸下限0.9%，爆炸上限6.4%，燃烧热-5250kJ/mol。

主要用途　用作橡胶改性剂，作为第三单体与乙烯、丙烯共聚可得三元乙丙橡胶；也用于生产涂料、黏合剂等。

包装与储运

包装标志　易燃液体

包装类别　Ⅲ类

安全储运　储存于阴凉、通风的库房。远离火种、热源。库温不宜超过37℃。保持容器密封。应与氧化剂等分开存放，切忌混储。采用防爆型照明、通风设施。禁止使用易产生火花的机械设备和工具。灌装时注意流速，防止静电积聚。配备相应品种和数量的消防器材。储区应备有泄漏应急处理设备和合适的收容材料。搬运时轻装轻卸，防止容器受损。

紧急处置信息

急救措施

吸入：迅速脱离现场至空气新鲜处。保持呼吸道通畅。如呼吸困难，给输氧。呼吸、心跳停止，立即进行心肺复苏术。就医。

眼睛接触：立即分开眼睑，用流动清水或生理盐水彻底冲洗。就医。

皮肤接触：立即脱去污染的衣着，用肥皂水和清水彻底冲洗。就医。

食入：漱口，饮水。禁止催吐。就医。

灭火方法　消防人员须穿全身消防服，在上风向灭火。尽可能将容器从火场移至空旷处。喷水保持火场容器冷却，直至灭火结束。处在火场中的容器，若发生异常变化或发出异常声音，须马上撤离。禁止使用水灭火。

灭火剂：二氧化碳、干粉、泡沫。

泄漏应急处置　消除所有点火源。根据液体流动和蒸气扩散的影响区域划定警戒区，无关人员从侧风、上风向撤离至安全区。建议应急处理人员戴正压自给式呼吸器，穿防静电服，戴橡胶手套。作业时使用的所有设备应接地。禁止接触或跨越泄漏物。尽可能切断泄漏源。防止泄漏物进入水体、下水道、地下室或有限空间。小量泄漏：用砂土或其他不燃材料吸收。使用洁净的无火花工具收集吸收材料。大量泄漏：构筑围堤或挖坑收容。用抗溶性泡沫覆盖，减少蒸发。喷水雾能减少蒸发，但不能降低泄漏物在有限空间内的易燃性。用防爆泵转移至槽车或专用收集器内。

886. 亚乙基硫脲

标　识

中文名称　亚乙基硫脲

英文名称　Ethylenethiourea；2-Imidazolidinethione

别名　乙烯硫脲；橡胶硫化促进剂 ETU

分子式　$C_3H_6N_2S$

CAS 号　96-45-7

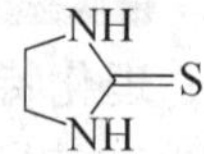

危害信息

燃烧与爆炸危险性　可燃，粉体与空气混合能形成爆炸性混合物，遇明火、高热易燃烧爆炸，放出有毒的刺激性烟雾。受热易分解，在高温火场中，受热的容器有破裂和爆炸的危险。

禁忌物　强氧化剂、强酸。

毒性　大鼠经口 LD_{50}：1832mg/kg；小鼠经口 LD_{50}：3g/kg。

欧盟法规 1272/2008/EC 将本品列为第 1B 类生殖毒物——可能的人类生殖毒物。

中毒表现　食入有害。对呼吸道有刺激性，高浓度吸入可引起肺水肿。对眼和皮肤有刺激性，可能引起眼灼伤。

侵入途径　吸入、食入。

理化特性与用途

理化特性　白色至淡绿色结晶，或灰白色固体，稍有氨气味。微溶于水，溶于乙醇，微溶于二甲亚砜，不溶于乙醚、苯、氯仿。熔点 203～204℃，沸点 347.18℃，饱和蒸气压 0.27mPa(25℃)，辛醇/水分配系数-0.66，闪点 252℃。

主要用途　用作氯丁橡胶、聚丙烯酸橡胶硫化促进剂，用作聚醚硫化剂等。

包装与储运

安全储运　储存于阴凉、通风的库房。远离火种、热源。保持容器密闭。应与强氧化剂、强酸等隔离储运。

紧急处置信息

急救措施

吸入：迅速脱离现场至空气新鲜处。保持呼吸道通畅。如呼吸困难，给输氧。呼吸、心跳停止，立即进行心肺复苏术。就医。

眼睛接触：立即分开眼睑，用流动清水或生理盐水彻底冲洗 5～10min。就医。

皮肤接触：立即脱去污染的衣着，用肥皂水和清水彻底冲洗。就医。

食入：漱口，饮水。就医。

灭火方法　消防人员须穿全身消防服，佩戴空气呼吸器，在上风向灭火。尽可能将容器从火场移至空旷处。喷水保持火场容器冷却，直至灭火结束。

灭火剂：水、泡沫、二氧化碳、干粉。

泄漏应急处置 隔离泄漏污染区，限制出入。消除点火源。建议应急处理人员戴防尘口罩，穿防毒服，戴橡胶手套。穿上适当的防护服前严禁接触破裂的容器和泄漏物。尽可能切断泄漏源。用塑料布覆盖泄漏物，减少飞散。勿使水进入包装容器内。用洁净的铲子收集泄漏物，置于干净、干燥、盖子较松的容器中，将容器移离泄漏区。

887. 2,2′-亚乙烯基双(5-(4-吗啉基-6-苯胺基-1,3,5-三嗪-2-基氨基)苯磺酸)二钠盐

标 识

中文名称 2,2′-亚乙烯基双(5-(4-吗啉基-6-苯胺基-1,3,5-三嗪-2-基氨基)苯磺酸)二钠盐

英文名称 C. I. Fluorescent Brightener 260；Disodium 2,2′-vinylenebis(5-(4-morpholino-6-anilino-1,3,5-triazine-2-ylamino)benzenesulfonate)；Tinopal DMS

别名 荧光增白剂 71

分子式 $C_{40}H_{38}N_{12}O_8S_2 \cdot 2Na$

CAS 号 16090-02-1

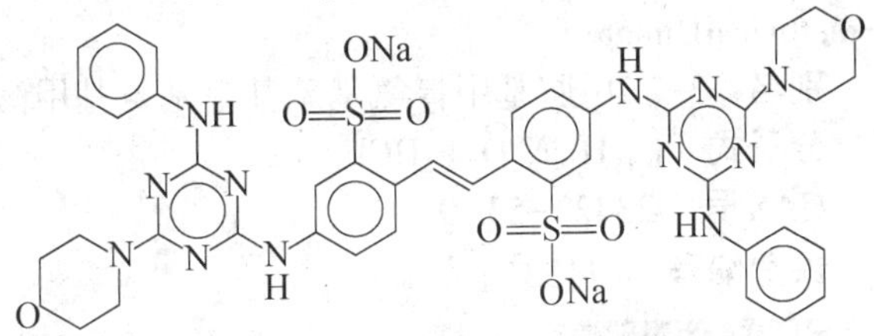

危害信息

燃烧与爆炸危险性 不易燃，在高温火场中易分解放出有毒的刺激性氮氧化物和硫氧化物气体，受热的容器有破裂和爆炸的危险。

禁忌物 强氧化剂。

毒性 大鼠经口 LD_{50}：7000mg/kg；大鼠经皮 LD_{50}：>2000mg/kg。

中毒表现 对眼有轻度刺激性。

侵入途径 吸入、食入、经皮吸收。

理化特性与用途

理化特性 白色至淡黄色粉末或颗粒。不溶于水。熔点>270℃，分解温度>300℃(1016Pa)，相对密度(水=1)1.54，辛醇/水分配系数-1.58(25℃，pH 值 6.6)，引燃温度>500℃。

主要用途 染料和荧光增白剂。适用于棉、涤棉混纺织物的增白以及其他棉混纺织物的增白。

包装与储运

安全储运 储存于阴凉、通风的库房。远离火种、热源。应与强氧化剂等隔离储运。

紧急处置信息

急救措施

吸入：迅速脱离现场至空气新鲜处。保持呼吸道通畅。如呼吸困难，给输氧。呼吸、心跳停止，立即进行心肺复苏术。就医。

眼睛接触：立即分开眼睑，用流动清水或生理盐水彻底冲洗。就医。

皮肤接触：立即脱去污染的衣着，用肥皂水和清水彻底冲洗。就医。

食入：漱口，饮水。就医。

灭火方法　消防人员须穿全身消防服，佩戴空气呼吸器，在上风向灭火。尽可能将容器从火场移至空旷处。喷水保持火场容器冷却，直至灭火结束。

根据着火原因选择适当灭火剂灭火。

泄漏应急处置　隔离泄漏污染区，限制出入。建议应急处理人员戴防尘口罩，穿防护服。禁止接触或跨越泄漏物。尽可能切断泄漏源。用塑料布覆盖，减少飞散。用洁净的铲子收集泄漏物，置于干净、干燥、盖子较松的容器中，将容器移离泄漏区。

888. 盐酸杀螨脒

标　识

中文名称　盐酸杀螨脒

英文名称　Formetanate hydrochloride；3-(*N*, *N*-Dimethylaminomethyleneamino) phenyl *N*-methylcarbamate

别名　3-二甲胺基甲撑氨基苯基甲基氨基甲酸酯盐酸盐

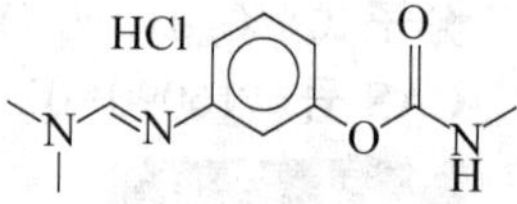

分子式　$C_{11}H_{15}N_3O_2$ · HCl

CAS 号　23422-53-9

铁危编号　61133

危害信息

危险性类别　第 6 类　有毒品

燃烧与爆炸危险性　受热易分解，在高温火场中，受热的容器有破裂和爆炸的危险。pH 值低于 4 时易水解。

禁忌物　氧化剂、碱类。

毒性　大鼠经口 LD_{50}：15mg/kg；小鼠经口 LD_{50}：13mg/kg；大鼠吸入 LC_{50}：290mg/m^3；大鼠经皮 LD_{50}：>5600mg/kg；兔经皮 LD_{50}：10200mg/kg。

中毒表现　食入或吸入可致死。对皮肤有致敏性。

侵入途径　吸入、食入、经皮吸收。

环境危害　对水生生物有极高毒性，可能在水生环境中造成长期不利影响。

理化特性与用途

理化特性　无色结晶或白色粉末，稍有气味。溶于水，溶于甲醇，微溶于有机溶剂。熔点 200~202℃(分解)，饱和蒸气压 0.002mPa(25℃)。

主要用途　用作杀虫剂、杀螨剂。

包装与储运

包装标志　有毒品

包装类别　Ⅱ类

安全储运　储存于阴凉、通风的库房。远离火种、热源。防止阳光直射。储存温度不超过 35℃，相对湿度不超过 85%。应与氧化剂、碱类、食用化学品分开存放，切忌混储。配备相应品种和数量的消防器材。储区应备有合适的材料收容泄漏物。

紧急处置信息

急救措施

吸入：迅速脱离现场至空气新鲜处。保持呼吸道通畅。如呼吸困难，给输氧。呼吸、心跳停止，立即进行心肺复苏术。就医。

眼睛接触：立即分开眼睑，用流动清水或生理盐水彻底冲洗。就医。

皮肤接触：立即脱去污染的衣着，用流动清水彻底冲洗。就医。

食入：饮适量温水，催吐(仅限于清醒者)。就医。

灭火方法 消防人员须穿全身防火防毒服，佩戴空气呼吸器，在上风向灭火。尽可能将容器从火场移至空旷处。喷水保持火场容器冷却，直至灭火结束。

灭火剂：二氧化碳、干粉。

泄漏应急处置 隔离泄漏污染区，限制出入。建议应急处理人员戴防尘口罩，穿防毒服，戴橡胶手套。禁止接触或跨越泄漏物。尽可能切断泄漏源。用塑料布覆盖，减少飞散。用洁净的铲子收集泄漏物，置于干净、干燥、盖子较松的容器中，将容器移离泄漏区。

889. 3-氧代-2-(苯基亚甲基)丁酸甲酯

标　识

中文名称 3-氧代-2-(苯基亚甲基)丁酸甲酯

英文名称 Methyl 2-benzylidene-3-oxobutyrate; Butanoic acid, 3-oxo-2-(phenylmethylene)-, methyl ester

分子式 $C_{12}H_{12}O_3$

CAS 号 15768-07-7

危害信息

燃烧与爆炸危险性 可燃。

禁忌物 强氧化剂、酸类。

中毒表现 对眼和皮肤有刺激性。

侵入途径 吸入、食入。

环境危害 对水生生物有毒，可能在水生环境中造成长期不利影响。

理化特性与用途

理化特性 微溶于水。沸点 252℃，相对密度(水 = 1) 1.132，饱和蒸气压 2.7Pa (25℃)，闪点 103℃。

包装与储运

包装标志 杂类

包装类别 Ⅲ类

安全储运 储存于阴凉、通风的库房。远离火种、热源。应与强氧化剂、酸类等隔离储运。搬运时轻装轻卸，防止容器受损。

紧急处置信息

急救措施

吸入: 迅速脱离现场至空气新鲜处。保持呼吸道通畅。如呼吸困难，给输氧。呼吸、心跳停止，立即进行心肺复苏术。就医。

眼睛接触: 立即分开眼睑，用流动清水或生理盐水彻底冲洗。就医。

皮肤接触: 立即脱去污染的衣着，用肥皂水和清水彻底冲洗。就医。

食入: 漱口，饮水。就医。

灭火方法 消防人员须穿全身消防服，在上风向灭火。尽可能将容器从火场移至空旷处。喷水保持火场容器冷却直至灭火结束。

灭火剂：泡沫、二氧化碳、干粉。

泄漏应急处置 根据液体流动和蒸气扩散的影响区域划定警戒区，无关人员从侧风、上风向撤离至安全区。消除所有点火源。建议应急处理人员戴防毒面具，穿防护服，戴橡胶手套。穿上适当的防护服前严禁接触破裂的容器和泄漏物。尽可能切断泄漏源。防止泄漏物进入水体、下水道、地下室或有限空间。小量泄漏：用干燥的砂土或其他不燃材料吸收或覆盖，收集于容器中。大量泄漏：构筑围堤或挖坑收容。用泵转移至槽车或专用收集器内。

890. 4-(1-氧代-2-丙烯基)吗啡啉

标　识

中文名称 4-(1-氧代-2-丙烯基)吗啡啉

英文名称 4-(1-Oxo-2-propenyl)-morpholine; 2-Propen-1-one, 1-(4-morpholinyl)-

别名 *N*-丙烯酰吗啉

分子式 $C_7H_{11}NO_2$

CAS 号 5117-12-4

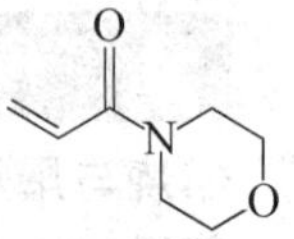

危害信息

燃烧与爆炸危险性 可燃。

禁忌物 强氧化剂、碱类。

中毒表现 食入有害。长期反复接触可能对器官造成损害。眼接触造成严重损害。对皮肤有致敏性。

侵入途径 吸入、食入。

理化特性与用途

理化特性 无色或淡黄色透明液体。溶于水，溶于其他常见的有机溶剂，不溶于正己烷。熔点-35℃，沸点158℃(6.7kPa)，相对密度(水=1)1.12，闪点113℃(闭杯)。

主要用途 用于涂料、石油回收聚合物、UV固化树脂的反应性稀释剂，用作医药中间体。

包装与储运

安全储运 储存于阴凉、通风的库房。远离火种、热源。保持容器密闭。应与强氧化

剂、碱类等隔离储运。搬运时轻装轻卸，防止容器受损。

紧急处置信息

急救措施

吸入：迅速脱离现场至空气新鲜处。保持呼吸道通畅。如呼吸困难，给输氧。呼吸、心跳停止，立即进行心肺复苏术。就医。

眼睛接触：立即分开眼睑，用流动清水或生理盐水彻底冲洗5~10min。就医。

皮肤接触：立即脱去污染的衣着，用肥皂水和清水彻底冲洗。就医。

食入：漱口，饮水。就医。

灭火方法 消防人员须穿全身消防服，在上风向灭火。尽可能将容器从火场移至空旷处。喷水保持火场容器冷却直至灭火结束。

灭火剂：泡沫、二氧化碳、干粉。

泄漏应急处置 根据液体流动和蒸气扩散的影响区域划定警戒区，无关人员从侧风、上风向撤离至安全区。消除所有点火源。建议应急处理人员戴防毒面具，穿防护服，戴橡胶手套。穿上适当的防护服前严禁接触破裂的容器和泄漏物。尽可能切断泄漏源。防止泄漏物进入水体、下水道、地下室或有限空间。小量泄漏：用干燥的砂土或其他不燃材料吸收或覆盖，收集于容器中。大量泄漏：构筑围堤或挖坑收容。用泵转移至槽车或专用收集器内。

891. 4,4′-氧代双苯磺酰肼

标 识

中文名称 4,4′-氧代双苯磺酰肼

英文名称 4,4′-Oxybis(benzene sulfonyl hydrazide); *p*,*p*′-Oxybis(benzenesulfonyl hydrazide)

分子式 $C_{12}H_{14}N_4O_5S_2$

CAS号 80-51-3

铁危编号 41038

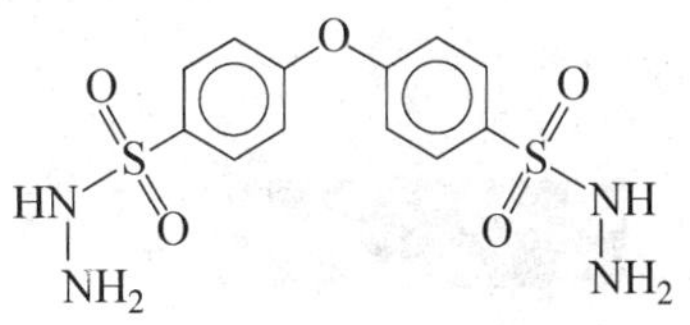

危害信息

危险性类别 第4.1类 易燃固体

燃烧与爆炸危险性 可燃，其粉体与空气混合能形成爆炸性混合物，遇明火、高热易燃烧爆炸。

禁忌物 氧化剂、强酸。

毒性 大鼠经口LD_{50}：2300mg/kg；兔经皮LD：>200mg/kg。

侵入途径 吸入、食入、经皮吸收。

职业接触限值 美国(ACGIH)：TLV-TWA 0.1mg/m^3[可吸入性颗粒物]。

环境危害 对水生生物有毒，可能在水生环境中造成长期不利影响。

理化特性与用途

理化特性 白色结晶细粉末。不溶于水，溶于丙酮，中度溶于乙醇、丙二醇，不溶于

汽油。熔点 130℃，分解温度 140~160℃，相对密度(水=1)1.52，辛醇/水分配系数 0.08。

主要用途　海绵橡胶和泡沫塑料用发泡剂。

包装与储运

包装标志　易燃固体

包装类别　Ⅰ类

安全储运　储存于阴凉、通风的库房。远离火种、热源。库温不宜超过 35℃。包装密封。应与氧化剂、强酸等分开存放，切忌混储。配备相应品种和数量的消防器材。储区应备有合适的材料收容泄漏物。

紧急处置信息

急救措施

吸入：迅速脱离现场至空气新鲜处。保持呼吸道通畅。如呼吸困难，给输氧。呼吸、心跳停止，立即进行心肺复苏术。就医。

眼睛接触：立即分开眼睑，用流动清水或生理盐水彻底冲洗。就医。

皮肤接触：立即脱去污染的衣着，用肥皂水和清水彻底冲洗。就医。

食入：漱口，饮水。就医。

灭火方法　消防人员须穿全身消防服，佩戴空气呼吸器，在上风向灭火。尽可能将容器从火场移至空旷处。喷水保持火场容器冷却，直至灭火结束。

灭火剂：泡沫、干粉、二氧化碳、水。

泄漏应急处置　消除所有点火源。隔离泄漏污染区，限制出入。建议应急处理人员戴防尘口罩，穿防静电防护服，戴防护手套。禁止接触或跨越泄漏物。尽可能切断泄漏源。避免产生粉尘。用洁净的无火花工具收集泄漏物，置于干净、干燥、盖子较松的容器中，将容器移离泄漏区。

892. 氧化氯二苯

标　识

中文名称　氧化氯二苯

英文名称　Chlorinated Diphenyl Oxide; Phenyl ether, hexachloro deriv

别名　氯化苯醚

分子式　$C_{12}H_4Cl_6O$

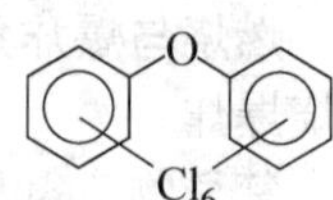

CAS 号　31242-93-0

危害信息

燃烧与爆炸危险性　可燃，在高温火场中，受热的容器有破裂和爆炸的危险。

禁忌物　强氧化剂、强酸。

毒性　大鼠经口 *LD*：>500mg/kg。

中毒表现　长期或反复接触可能对肝脏造成损害。长期、反复、过量与皮肤接触，在接触部位发生痤疮样变，而且很痒。

侵入途径 吸入、食入。

职业接触限值 美国(ACGIH)：TLV-TWA 0.5mg/m^3。

理化特性与用途

理化特性 白色或淡黄色蜡状固体或液体。微溶于水，溶于甲醇，混溶于乙醚、芳烃。沸点230~260℃(1.1kPa)，相对密度(水=1)1.6，相对蒸气密度(空气=1)13，饱和蒸气压8mPa(20℃)，引燃温度620℃。

主要用途 用作化工生产的中间体，用于制造阻燃剂、腐蚀抑制剂、清洗剂、杀虫剂等。

包装与储运

安全储运 储存于阴凉、通风的库房。远离火种、热源。应与强氧化剂、强酸等隔离储运。

紧急处置信息

急救措施

吸入：迅速脱离现场至空气新鲜处。保持呼吸道通畅。如呼吸困难，给输氧。呼吸、心跳停止，立即进行心肺复苏术。就医。

眼睛接触：立即分开眼睑，用流动清水或生理盐水彻底冲洗。就医。

皮肤接触：立即脱去污染的衣着，用肥皂水和清水彻底冲洗。就医。

食入：漱口，饮水。就医。

灭火方法 消防人员须穿全身消防服，佩戴空气呼吸器，在上风向灭火。尽可能将容器从火场移至空旷处。喷水保持火场容器冷却，直至灭火结束。

灭火剂：泡沫、干粉、二氧化碳、水。

泄漏应急处置 隔离泄漏污染区，限制出入。消除点火源。建议应急处理人员戴防尘口罩，穿防毒服，戴防护手套。穿上适当的防护服前严禁接触破裂的容器和泄漏物。尽可能切断泄漏源。用塑料布覆盖泄漏物，减少飞散。勿使水进入包装容器内。用洁净的铲子收集泄漏物，置于干净、干燥、盖子较松的容器中，将容器移离泄漏区。

893. 氧化偶氮苯

标　识

中文名称 氧化偶氮苯

英文名称 Azoxybenzene；Diazene，diphenyl-，1-oxide

别名 1-氧化二苯基二氮烯

分子式 $C_{12}H_{10}N_2O$

CAS号 495-48-7

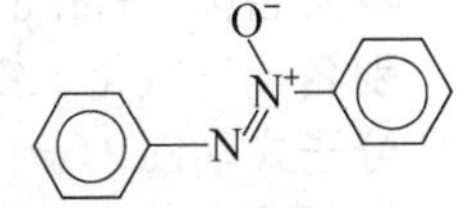

危害信息

燃烧与爆炸危险性 可燃，粉体与空气混合能形成爆炸性混合物，遇明火、高热易燃烧爆炸。受热易分解，放出有毒气体。

禁忌物 强氧化剂、碱类。

毒性 大鼠经口 LD_{50}：620mg/kg；小鼠经口 LD_{50}：515mg/kg；兔经皮 LD_{50}：1350mg/kg。

中毒表现 食入和吸入有害。

侵入途径 吸入、食入、经皮吸收。

理化特性与用途

理化特性 浅黄色针状晶体或淡黄褐色固体。不溶于水，溶于乙醇、乙醚、石油醚。熔点 36℃，沸点 130℃(0.12kPa)，相对密度(水=1)1.16，辛醇/水分配系数 3.11。

主要用途 有机合成中间体。

包装与储运

安全储运 储存于阴凉、通风的库房。远离火种、热源。应与强氧化剂、碱类等隔离储运。

紧急处置信息

急救措施

吸入： 迅速脱离现场至空气新鲜处。保持呼吸道通畅。如呼吸困难，给输氧。呼吸、心跳停止，立即进行心肺复苏术。就医。

眼睛接触： 立即分开眼睑，用流动清水或生理盐水彻底冲洗。就医。

皮肤接触： 立即脱去污染的衣着，用肥皂水和清水彻底冲洗。就医。

食入： 漱口，饮水。就医。

灭火方法 消防人员须穿全身消防服，佩戴空气呼吸器，在上风向灭火。尽可能将容器从火场移至空旷处。喷水保持火场容器冷却，直至灭火结束。

灭火剂：干粉、二氧化碳。

泄漏应急处置 隔离泄漏污染区，限制出入。消除点火源。建议应急处理人员戴防尘口罩，穿防毒服，戴防护手套。穿上适当的防护服前严禁接触破裂的容器和泄漏物。尽可能切断泄漏源。用塑料布覆盖泄漏物，减少飞散。勿使水进入包装容器内。用洁净的铲子收集泄漏物，置于干净、干燥、盖子较松的容器中，将容器移离泄漏区。

894. 氧化铁

标　识

中文名称 氧化铁

英文名称 Ferric oxide；Diiron trioxide

别名 三氧化二铁；磁性氧化铁红；铁丹

分子式 Fe_2O_3

CAS 号 1309-37-1

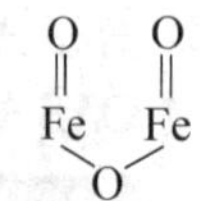

危害信息

燃烧与爆炸危险性 不燃。与一氧化碳反应剧烈，发生爆炸。

活性反应 与一氧化碳反应剧烈，能发生爆炸。

中毒表现 对眼、皮肤和呼吸道有刺激性。长期或反复吸入本品的粉尘颗粒，可导致肺铁末沉着病。

侵入途径 吸入、食入。

职业接触限值 美国(ACGIH)：TLV-TWA 5mg/m^3[呼吸性颗粒物]。

理化特性与用途

理化特性 浅黄棕色至黑色三角形结晶或红色细粉。不溶于水，溶于盐酸、硫酸，微溶于硝酸。熔点1565℃，相对密度(水=1)5.24。

主要用途 用作颜料，用于制铁氧体等。

包装与储运

安全储运 储存于阴凉、通风的库房。远离火种、热源。

紧急处置信息

急救措施

吸入：迅速脱离现场至空气新鲜处。保持呼吸道通畅。如呼吸困难，给输氧。呼吸、心跳停止，立即进行心肺复苏术。就医。

眼睛接触：立即分开眼睑，用流动清水或生理盐水彻底冲洗。就医。

皮肤接触：立即脱去污染的衣着，用肥皂水和清水彻底冲洗。就医。

食入：漱口，饮水。就医。

灭火方法 消防人员须穿全身消防服，佩戴空气呼吸器，在上风向灭火。尽可能将容器从火场移至空旷处。喷水保持火场容器冷却，直至灭火结束。

根据着火原因选择适当灭火剂灭火。

泄漏应急处置 隔离泄漏污染区，限制出入。建议应急处理人员戴防尘口罩，穿防毒服，戴防护手套。穿上适当的防护服前严禁接触破裂的容器和泄漏物。尽可能切断泄漏源。用塑料布覆盖泄漏物，减少飞散。勿使水进入包装容器内。用洁净的铲子收集泄漏物，置于干净、干燥、盖子较松的容器中，将容器移离泄漏区。

895. 氧化萎锈灵

标　识

中文名称 氧化萎锈灵

英文名称 Oxycarboxin；2,3-Dihydro-6-methyl-5-(*N*-phenylcarbamoyl)-1,4-oxathiine 4,4-dioxide

别名 2,3-二氢-6-甲基-5-苯基氨基甲酰-1,4-氧硫杂芑-4,4-二氧化物

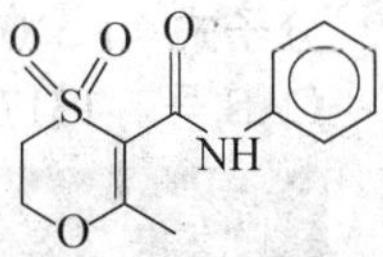

分子式 $C_{12}H_{13}NO_4S$

CAS 号 5259-88-1

危害信息

燃烧与爆炸危险性 不燃，无特殊燃爆特性。

禁忌物　强氧化剂。

毒性　大鼠经口 LD_{50}：1632mg/kg；兔经皮 LD_{50}：>16g/kg。

中毒表现　食入有害。

侵入途径　吸入、食入、经皮吸收。

环境危害　对水生生物有害，可能在水生环境中造成长期不利影响。

理化特性与用途

理化特性　白色至灰白色结晶。微溶于水，溶于丙酮、二甲亚砜，不溶于己烷。熔点119.5~121.5℃，相对密度(水=1)1.41，辛醇/水分配系数0.772。

主要用途　内吸性杀菌剂。用于谷物、蔬菜防治锈病。

包装与储运

安全储运　储存于阴凉、通风的库房。远离火种、热源。应与强氧化剂等隔离储运。

紧急处置信息

急救措施

吸入：迅速脱离现场至空气新鲜处。保持呼吸道通畅。如呼吸困难，给输氧。呼吸、心跳停止，立即进行心肺复苏术。就医。

眼睛接触：立即分开眼睑，用流动清水或生理盐水彻底冲洗。就医。

皮肤接触：立即脱去污染的衣着，用肥皂水和清水彻底冲洗。就医。

食入：漱口，饮水。就医。

灭火方法　消防人员须穿全身消防服，佩戴空气呼吸器，在上风向灭火。尽可能将容器从火场移至空旷处。喷水保持火场容器冷却，直至灭火结束。

本品不燃，根据着火原因选择适当灭火剂灭火。

泄漏应急处置　隔离泄漏污染区，限制出入。建议应急处理人员戴防尘口罩，穿防护服。穿上适当的防护服前严禁接触破裂的容器和泄漏物。尽可能切断泄漏源。用塑料布覆盖泄漏物，减少飞散。勿使水进入包装容器内。用洁净的铲子收集泄漏物，置于干净、干燥、盖子较松的容器中，将容器移离泄漏区。

896. 氧化亚铜

标　识

中文名称　氧化亚铜

英文名称　Dicopper oxide；Copper(Ⅰ)oxide

分子式　Cu_2O

CAS 号　1317-39-1

Cu–O–Cu

危害信息

燃烧与爆炸危险性　不燃，高温易分解。

禁忌物　强氧化剂。

毒性　大鼠经口 LD_{50}：470mg/kg。

中毒表现 氧化铜烟雾可引起金属烟雾热，患者有寒战、体温升高，伴有呼吸道刺激。

侵入途径 吸入、食入。

理化特性与用途

理化特性 黄色、红色或棕色结晶粉末。不溶于水，溶于氢氧化铵、稀无机酸，不溶于有机溶剂。熔点1232℃，沸点1800℃(分解)，相对密度(水=1)6.0。

主要用途 用于制船底防污漆，用作杀菌剂，陶瓷、搪瓷的着色剂，红色玻璃染色剂。还用于制造各种铜盐、分析试剂及用于电器工业中的整流电镀、农作物的杀菌剂和整流器的的材料等。

包装与储运

安全储运 储存于阴凉、通风的库房。远离火种、热源。应与强氧化剂等隔离储运。

紧急处置信息

急救措施

吸入：迅速脱离现场至空气新鲜处。保持呼吸道通畅。如呼吸困难，给输氧。呼吸、心跳停止，立即进行心肺复苏术。就医。

眼睛接触：立即分开眼睑，用流动清水或生理盐水彻底冲洗。就医。

皮肤接触：立即脱去污染的衣着，用肥皂水和清水彻底冲洗。就医。

食入：漱口，饮水。就医。

灭火方法 消防人员须穿全身消防服，在上风向灭火。尽可能将容器从火场移至空旷处。喷水保持火场容器冷却，直至灭火结束。

本品不燃，根据着火原因选择适当灭火剂灭火。

泄漏应急处置 隔离泄漏污染区，限制出入。建议应急处理人员戴防尘口罩，穿防护服。穿上适当的防护服前严禁接触破裂的容器和泄漏物。尽可能切断泄漏源。用塑料布覆盖泄漏物，减少飞散。勿使水进入包装容器内。用洁净的铲子收集泄漏物，置于干净、干燥、盖子较松的容器中，将容器移离泄漏区。

897. 氧化铟锡

标　识

中文名称 氧化铟锡

英文名称 Indium tin oxide(In1.69Sn0.15O2.85)；Indium tin oxide

分子式 In.O.Sn

CAS 号 71243-84-0

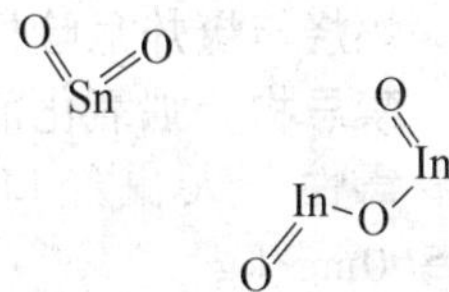

危害信息

燃烧与爆炸危险性 无特殊燃爆特性。

禁忌物 强酸。

侵入途径 吸入、食入。

理化特性与用途

主要用途 灰黄色粉末。不溶于水。熔点 1900~1920℃，相对密度(水=1)7.16。

主要用途 用于制纯平显示器等。

包装与储运

安全储运 储存于阴凉、通风的库房。远离火种、热源。应与强酸等隔离储运。

紧急处置信息

急救措施

吸入：脱离接触。如有不适感，就医。

眼睛接触：分开眼睑，用流动清水或生理盐水冲洗。如有不适感，就医。

皮肤接触：脱去污染的衣着，用流动清水冲洗。如有不适感，就医。

食入：漱口，饮水。就医。

灭火方法 消防人员须穿全身消防服，佩戴空气呼吸器，在上风向灭火。尽可能将容器从火场移至空旷处。喷水保持火场容器冷却，直至灭火结束。

根据着火原因选择适当灭火剂灭火。

泄漏应急处置 隔离泄漏污染区，限制出入。建议应急处理人员戴防尘口罩，穿防护服，戴防护手套。穿上适当的防护服前严禁接触破裂的容器和泄漏物。尽可能切断泄漏源。用塑料布覆盖泄漏物，减少飞散。勿使水进入包装容器内。用洁净的铲子收集泄漏物，置于干净、干燥、盖子较松的容器中，将容器移离泄漏区。

898. 氧环唑

标　识

中文名称 氧环唑

英文名称 1H-1,2,4-Triazole, 1-((2-(2,4-dichlorophenyl)-1,3-dioxolan-2-yl)methyl)-; Azaconazole

别名 1-((2-(2,4-二氯苯基)-1,3-二氧环戊-2-基)甲基)-1,2,4-三唑

分子式 $C_{12}H_{11}Cl_2N_3O_2$

CAS 号 60207-31-0

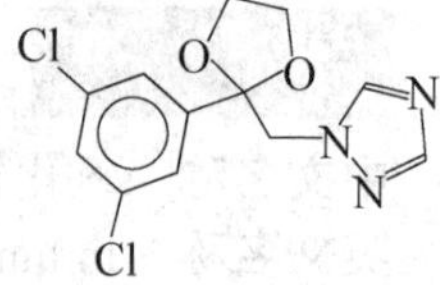

危害信息

燃烧与爆炸危险性 无特殊燃爆特性。

禁忌物 强氧化剂、强酸。

毒性 大鼠经口 LD_{50}：308mg/kg；小鼠经口 LD_{50}：1123mg/kg；大鼠经皮 LD_{50}：>2560mg/kg。

中毒表现 食入有害。

侵入途径 吸入、食入、经皮吸收。

理化特性与用途

理化特性 米黄色至棕色粉末。不溶于水，溶于丙酮、甲醇、甲苯，微溶于己烷。熔点112.6℃，相对密度（水=1）1.511，饱和蒸气压0.0086mPa（20℃），辛醇/水分配系数2.32。

主要用途 内吸性杀菌剂。用于木材防腐，也用于水果、蔬菜储存时杀菌。

包装与储运

安全储运 储存于阴凉、通风的库房。远离火种、热源。应与强氧化剂、强酸等隔离储运。

紧急处置信息

急救措施

吸入：迅速脱离现场至空气新鲜处。保持呼吸道通畅。如呼吸困难，给输氧。呼吸、心跳停止，立即进行心肺复苏术。就医。

眼睛接触：立即分开眼睑，用流动清水或生理盐水彻底冲洗。就医。

皮肤接触：立即脱去污染的衣着，用肥皂水和清水彻底冲洗。就医。

食入：漱口，饮水。禁止催吐。就医。

灭火方法 消防人员须穿全身消防服，佩戴空气呼吸器，在上风向灭火。尽可能将容器从火场移至空旷处。喷水保持火场容器冷却，直至灭火结束。

根据着火原因选择适当灭火剂灭火。

泄漏应急处置 隔离泄漏污染区，限制出入。建议应急处理人员戴防尘口罩，穿防护服，戴防护手套。穿上适当的防护服前严禁接触破裂的容器和泄漏物。尽可能切断泄漏源。用塑料布覆盖泄漏物，减少飞散。勿使水进入包装容器内。用洁净的铲子收集泄漏物，置于干净、干燥、盖子较松的容器中，将容器移离泄漏区。

899. 氧氯化锆

标　识

中文名称 氧氯化锆

英文名称 Zirconium oxychloride；Zirconium dichloride oxide

别名 二氯氧化锆

分子式 $ZrOCl_2$

CAS 号 7699-43-6

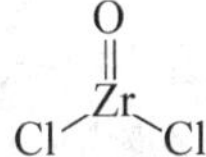

危害信息

燃烧与爆炸危险性 不燃，受热易分解放出有毒具有腐蚀性的烟雾。在高温火场中，受热的容器有破裂和爆炸的危险。

禁忌物 强氧化剂。

毒性 大鼠经口 LD_{50}：2950mg/kg；小鼠经口 LD_{50}：1227mg/kg。

中毒表现 食入后引起急性中毒，出现口腔和咽喉烧灼感、恶心、呕吐、里急后重、腹泻、水样或血样便、溶血、血尿、无尿、肝损害(伴有黄疸)、惊厥、低血压、虚脱。本品通过其水解产物氢氯酸对呼吸道和其他体表接触部位产生刺激作用。

侵入途径　吸入、食入。

职业接触限值　中国：PC-TWA 5mg/m^3；PC-STEL 10mg/m^3[按Zr计]。

美国(ACGIH)：TLV-TWA 5mg/m^3；TLV-STEL 10mg/m^3[按Zr计]。

环境危害　对水生生物有害，可能在水生环境中造成长期不利影响。

理化特性与用途

理化特性　白色结晶，稍有氯化氢气味。溶于冷水，在热水中分解。溶于乙醇、乙醚。熔点150℃(八水物)，沸点210℃(八水物)，相对密度(水=1)1.91，分解温度250℃。

主要用途　用于制造锆化合物、沉淀酸性染料、颜料调色剂、人体除臭剂和防汗剂，用于织物、化妆品、油脂添加剂，油田酸化剂，及涂料干燥剂、橡胶添加剂等。此外，亦可以做耐火材料、陶瓷釉料和润滑剂。

包装与储运

安全储运　储存于阴凉、通风的库房。远离火种、热源。保持容器密闭。应与强氧化剂等隔离储运。

紧急处置信息

急救措施

吸入：迅速脱离现场至空气新鲜处。保持呼吸道通畅。如呼吸困难，给输氧。呼吸、心跳停止，立即进行心肺复苏术。就医。

眼睛接触：立即分开眼睑，用流动清水或生理盐水彻底冲洗。就医。

皮肤接触：立即脱去污染的衣着，用肥皂水和清水彻底冲洗。就医。

食入：漱口，饮水。就医。

灭火方法　消防人员须穿全身消防服，佩戴空气呼吸器，在上风向灭火。尽可能将容器从火场移至空旷处。喷水保持火场容器冷却，直至灭火结束。

灭火剂：干粉、二氧化碳、水。

泄漏应急处置　隔离泄漏污染区，限制出入。建议应急处理人员戴防尘口罩，穿防毒服。穿上适当的防护服前严禁接触破裂的容器和泄漏物。尽可能切断泄漏源。用塑料布覆盖泄漏物，减少飞散。勿使水进入包装容器内。用洁净的铲子收集泄漏物，置于干净、干燥、盖子较松的容器中，将容器移离泄漏区。

900. 4,4′-氧双邻苯二甲酸酐

标　识

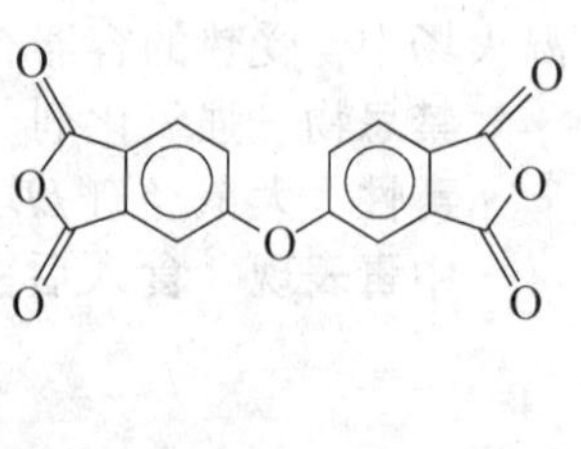

中文名称　4,4′-氧双邻苯二甲酸酐

英文名称　1,3-Isobenzofurandione, 5,5′-oxybis-; 4,4′-Oxydiphthalic dianhydride

别名　4,4′-联苯醚二酐；4,4′-氧代双苯酐

分子式 $C_{16}H_6O_7$

CAS 号 1823-59-2

危害信息

燃烧与爆炸危险性 易燃，其粉体与空气混合能形成爆炸性混合物，遇明火高热有引起燃烧爆炸的危险，燃烧产生具有腐蚀性的烟雾。

禁忌物 强氧化剂、碱类。

侵入途径 吸入、食入。

环境危害 对水生生物有害，可能在水生环境中造成长期不利影响。

理化特性与用途

理化特性 微棕褐色结晶或灰白色至白色粉末。溶于乙腈。熔点 225～229℃，沸点 577.7℃，相对密度(水=1)1.59，闪点 260.7℃。

主要用途 用于制造聚酰亚胺树脂等。

包装与储运

安全储运 储存于阴凉、通风的库房。远离火种、热源。应与强氧化剂、碱类等隔离储运。

紧急处置信息

急救措施

吸入：脱离接触。如有不适感，就医。

眼睛接触：分开眼睑，用流动清水或生理盐水冲洗。如有不适感，就医。

皮肤接触：脱去污染的衣着，用流动清水冲洗。如有不适感，就医。

食入：漱口，饮水。就医。

灭火方法 消防人员须穿全身消防服，在上风向灭火。尽可能将容器从火场移至空旷处。喷水保持火场容器冷却，直至灭火结束。

灭火剂：雾状水、泡沫、二氧化碳、干粉、砂土。

泄漏应急处置 隔离泄漏污染区，限制出入。消除点火源。建议应急处理人员戴防尘口罩，穿防护服。穿上适当的防护服前严禁接触破裂的容器和泄漏物。尽可能切断泄漏源。用塑料布覆盖泄漏物，减少飞散。勿使水进入包装容器内。用洁净的铲子收集泄漏物，置于干净、干燥、盖子较松的容器中，将容器移离泄漏区。

901. 4,4′-氧双(亚乙基硫代)二酚

标　识

中文名称 4,4′-氧双(亚乙基硫代)二酚

英文名称 Phenol, 4,4′-(oxybis(2,1-ethanediylthio))bis-; 4,4′-Oxybis(ethylenethio)diphenol

分子式 $C_{16}H_{18}O_3S_2$

CAS 号 90884-29-0

HO OH S O S

危害信息

燃烧与爆炸危险性 可燃。

禁忌物 强氧化剂。

中毒表现 对皮肤有致敏性。

侵入途径 吸入、食入。

环境危害 对水生生物有毒，可能在水生环境中造成长期不利影响。

理化特性与用途

理化特性 沸点522.3℃，相对密度(水=1)1.327，闪点269.7℃。

包装与储运

包装标志 杂类

包装类别 Ⅲ类

安全储运 储存于阴凉、通风的库房。远离火种、热源。保持容器密闭。应与强氧化剂等隔离储运。搬运时轻装轻卸，防止容器受损。

紧急处置信息

急救措施

吸入：迅速脱离现场至空气新鲜处。保持呼吸道通畅。如呼吸困难，给输氧。呼吸、心跳停止，立即进行心肺复苏术。就医。

眼睛接触：立即分开眼睑，用流动清水或生理盐水彻底冲洗。就医。

皮肤接触：立即脱去污染的衣着，用肥皂水和清水彻底冲洗。就医。

食入：漱口，饮水。就医。

灭火方法 消防人员须穿全身消防服，在上风向灭火。尽可能将容器从火场移至空旷处。喷水保持火场容器冷却直至灭火结束。

灭火剂：泡沫、干粉、二氧化碳。

泄漏应急处置 隔离泄漏污染区，限制出入。消除点火源。建议应急处理人员戴防尘口罩，穿防护服，戴防护手套。穿上适当的防护服前严禁接触破裂的容器和泄漏物。尽可能切断泄漏源。用塑料布覆盖泄漏物，减少飞散。勿使水进入包装容器内。用洁净的铲子收集泄漏物，置于干净、干燥、盖子较松的容器中，将容器移离泄漏区。

902. 野燕枯

标 识

中文名称 野燕枯

英文名称 1,2-Dimethyl-3,5-diphenylpyrazolium methylsulphate; Difenzoquat methyl sulfate

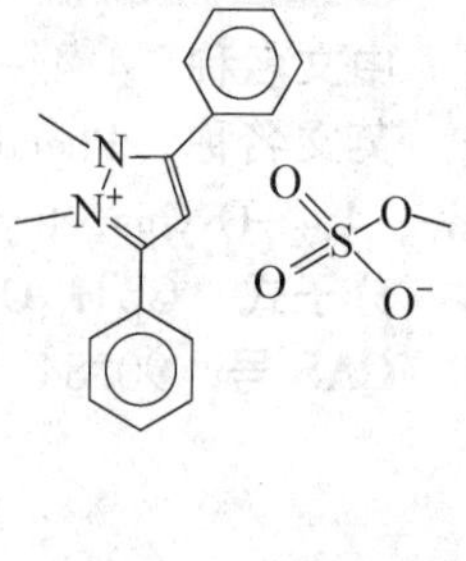

别名 1,2-二甲基-3,5-二苯基-1H-吡唑硫酸甲酯

分子式 $C_{16}H_{17}N_2 \cdot CH_3O_4S$

CAS 号 43222-48-6

危害信息

危险性类别 第 6 类 有毒品

燃烧与爆炸危险性 无特殊燃爆特性。

禁忌物 氧化剂、碱类。

毒性 大鼠经口 LD_{50}：206mg/kg；兔经皮 LD_{50}：470mg/kg。

侵入途径 吸入、食入、经皮吸收。

理化特性与用途

理化特性 无色结晶，有吸湿性。溶于水，溶于二氯甲烷、氯仿、甲醇，微溶于乙醇，不溶于乙醚。熔点 150~160℃，相对密度(水=1)0.8。

主要用途 苗后除草剂。用于防除小麦、大麦、黑麦玉米等作物田的野燕麦。

包装与储运

包装标志 有毒品

包装类别 Ⅲ类

安全储运 储存于阴凉、通风的库房。远离火种、热源。库温不超过 35℃。相对湿度不超过 80%。包装密封。应与氧化剂、碱类、食用化学品分开存放，切忌混储。配备相应品种和数量的消防器材。储区应备有合适的材料收容泄漏物。

紧急处置信息

急救措施

吸入：迅速脱离现场至空气新鲜处。保持呼吸道通畅。如呼吸困难，给输氧。呼吸、心跳停止，立即进行心肺复苏术。就医。

眼睛接触：立即分开眼睑，用流动清水或生理盐水彻底冲洗。就医。

皮肤接触：立即脱去污染的衣着，用流动清水彻底冲洗。就医。

食入：饮适量温水，催吐(仅限于清醒者)。就医。

灭火方法 消防人员须穿全身消防服，佩戴空气呼吸器，在上风向灭火。尽可能将容器从火场移至空旷处。喷水保持火场容器冷却，直至灭火结束。

根据着火原因选择适当灭火剂灭火。

泄漏应急处置 隔离泄漏污染区，限制出入。建议应急处理人员戴防尘口罩，穿防毒服，戴防护手套。穿上适当的防护服前严禁接触破裂的容器和泄漏物。尽可能切断泄漏源。用塑料布覆盖泄漏物，减少飞散。勿使水进入包装容器内。用洁净的铲子收集泄漏物，置于干净、干燥、盖子较松的容器中，将容器移离泄漏区。

903. 页岩油

标 识

中文名称 页岩油

英文名称 Shale oil；Shale oils，crude

CAS 号 68308-34-9

危害信息

危险性类别　第 3 类　易燃液体

燃烧与爆炸危险性　易燃，蒸气与空气混合能形成爆炸性混合物，遇明火、高热易燃烧爆炸。燃烧放出有毒的刺激性气体。

禁忌物　氧化剂。

毒性　大鼠经口 LD_{50}：8g/kg；小鼠经口 LD_{50}：6240mg/kg；兔经皮 LD_{50}：5g/kg。

IARC 致癌性评论：G1，确认人类致癌物。

侵入途径　吸入、食入、经皮吸收。

理化特性与用途

理化特性　油页岩干馏时有机质受热分解生成的一种褐色、有特殊刺激气味的黏稠状液体产物。富含烷烃和芳烃，但含有较多的烯烃组分。不溶于水。凝固点 33℃。

主要用途　用作燃料和化工原料。

包装与储运

包装标志　易燃液体

包装类别　Ⅲ类

安全储运　储存于阴凉、通风的库房。远离火种、热源。库温不宜超过 37℃。保持容器密封。应与氧化剂分开存放，切忌混储。采用防爆型照明、通风设施。禁止使用易产生火花的机械设备和工具。灌装时注意流速，防止静电积聚。配备相应品种和数量的消防器材。储区应备有泄漏应急处理设备和合适的收容材料。搬运时轻装轻卸，防止容器受损。

紧急处置信息

急救措施

吸入：迅速脱离现场至空气新鲜处。保持呼吸道通畅。如呼吸困难，给输氧。呼吸、心跳停止，立即进行心肺复苏术。就医。

眼睛接触：立即分开眼睑，用流动清水或生理盐水彻底冲洗。就医。

皮肤接触：立即脱去污染的衣着，用肥皂水和清水彻底冲洗。就医。

食入：漱口，饮水。就医。

灭火方法　消防人员须穿全身消防服，佩戴空气呼吸器，在上风向灭火。尽可能将容器从火场移至空旷处。喷水保持火场容器冷却，直至灭火结束。处在火场中的容器若发生异常变化或发出异常声音，须马上撤离。

灭火剂：二氧化碳、干粉。

泄漏应急处置　消除所有点火源。根据液体流动和蒸气扩散的影响区域划定警戒区，无关人员从侧风、上风向撤离至安全区。建议应急处理人员戴正压自给式呼吸器，穿防静电、防毒服，戴橡胶防化学品手套。作业时使用的所有设备应接地。禁止接触或跨越泄漏物。尽可能切断泄漏源。防止泄漏物进入水体、下水道、地下室或有限空间。小量泄漏：用砂土或其他不燃材料吸收。使用洁净的无火花工具收集吸收材料。大量泄漏：构筑围堤或挖坑收容。用泡沫覆盖，减少蒸发。喷水雾能减少蒸发，但不能降低泄漏物在有限空间内的易燃性。用防爆泵转移至槽车或专用收集器内。

904. 一氯二硝基苯

标　识

中文名称　一氯二硝基苯

英文名称　Chlorodinitrobenzene；Chlorodinitrobenzene，all isomers

别名　二硝基氯苯

分子式　$C_6H_3ClN_2O_4$

CAS 号　25567-67-3

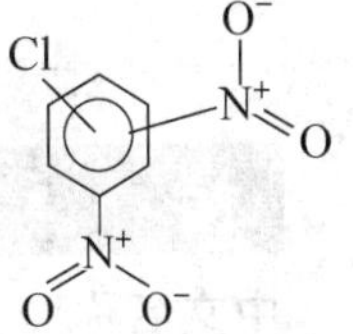

危害信息

危险性类别　第6类　有毒品

燃烧与爆炸危险性　不易燃。

禁忌物　氧化剂、强碱。

毒性　大鼠经口 LD_{50}：300mg/kg。

中毒表现　高铁血红蛋白形成剂。对皮肤和呼吸道有致敏作用。

侵入途径　吸入、食入、经皮吸收。

职业接触限值　中国：PC-TWA 0.6mg/m^3[皮]。

环境危害　对水生生物有极高毒性，可能在水生环境中造成长期不利影响。

理化特性与用途

理化特性　无色至淡黄色结晶固体，有杏仁样气味。不溶于水。

主要用途　主要用作染料、农药、医药等的原料。

包装与储运

包装标志　有毒品

包装类别　Ⅲ类

安全储运　储存于阴凉、通风的库房。远离火种、热源。防止阳光直射。储存温度不超过35℃，相对湿度不超过85%。应与氧化剂、强碱等分开存放，切忌混储。配备相应品种和数量的消防器材。储区应备有合适的材料收容泄漏物。

紧急处置信息

急救措施

吸入：立即脱离接触。如呼吸困难，给吸氧。如呼吸心跳停止，立即行心肺复苏术。就医。

眼睛接触：分开眼睑，用清水或生理盐水冲洗。就医。

皮肤接触：立即脱去污染衣着，用肥皂水或清水彻底冲洗。就医。

食入：漱口，饮水。就医。

高铁血红蛋白血症，可用美蓝和维生素C治疗。

灭火方法　消防人员须穿全身消防服，佩戴空气呼吸器，在上风向灭火。尽可能将容器从火场移至空旷处。喷水保持火场容器冷却，直至灭火结束。处在火场中的容器若发生

异常变化或发出异常声音，须马上撤离。

本品不燃，根据着火原因选择适当灭火剂灭火。

泄漏应急处置 隔离泄漏污染区，限制出入。建议应急处理人员戴防尘口罩，穿防毒服，戴橡胶手套。穿上适当的防护服前严禁接触破裂的容器和泄漏物。尽可能切断泄漏源。用塑料布覆盖泄漏物，减少飞散。勿使水进入包装容器内。用洁净的铲子收集泄漏物，置于干净、干燥、盖子较松的容器中，将容器移离泄漏区。

905. 一水合硫酸锰

标　识

中文名称 一水合硫酸锰

英文名称 Manganese sulfate monohydrate；Manganese，monosulfate，monohydrate

别名 一水硫酸锰

分子式 $MnSO_4 \cdot H_2O$

CAS 号 10034-96-5

Mn^{2+} O^- $O{=}S{-}O^-$ O H_2O

危害信息

燃烧与爆炸危险性 不燃，受热易分解放出有毒的硫氧化物气体。

中毒表现 吸入后引起咳嗽、呼吸困难、咽喉疼痛。对眼有刺激性。长期或反复接触可能影响中枢神经系统。

侵入途径 吸入、食入。

职业接触限值 中国：PC-TWA 0.15mg/m^3[按 MnO_2 计]。

美国(ACGIH)：TLV-TWA 0.02mg/m^3[按 Mn 计][呼吸性颗粒物]；TLV-TWA 0.1mg/m^3[按 Mn 计][可吸入性颗粒物]。

理化特性与用途

理化特性 粉红色结晶或淡粉色粉末，有吸湿性。易溶于水，不溶于醇。pH 值 3.7(5%的溶液)，400~450℃失去水，相对密度(水=1)2.95。

主要用途 用于肥料、医药、油漆、造纸、陶瓷、印染、饲料、选矿等工业。

包装与储运

安全储运 储存于阴凉、通风的库房。远离火种、热源。保持容器密闭，注意防潮。

紧急处置信息

急救措施

吸入：迅速脱离现场至空气新鲜处。保持呼吸道通畅。如呼吸困难，给输氧。呼吸、心跳停止，立即进行心肺复苏术。就医。

眼睛接触：立即分开眼睑，用流动清水或生理盐水彻底冲洗。就医。

皮肤接触：立即脱去污染的衣着，用肥皂水和清水彻底冲洗。就医。

食入：漱口，饮水。就医。

灭火方法 消防人员须穿全身消防服，佩戴空气呼吸器，在上风向灭火。尽可能将容

器从火场移至空旷处。喷水保持火场容器冷却，直至灭火结束。

根据着火原因选择适当灭火剂灭火。

泄漏应急处置 隔离泄漏污染区，限制出入。建议应急处理人员戴防尘口罩，穿防护服，戴防护手套。穿上适当的防护服前严禁接触破裂的容器和泄漏物。尽可能切断泄漏源。用塑料布覆盖泄漏物，减少飞散。勿使水进入包装容器内。用洁净的铲子收集泄漏物，置于干净、干燥、盖子较松的容器中，将容器移离泄漏区。

906. 一水合偏钨酸钠

标　识

中文名称 一水合偏钨酸钠

英文名称 Hexasodium dihydrogen-dodecawolframate；Sodium metatungstate hydrate

别名 聚钨酸钠

分子式 $Na_6O_{39}W_{12} \cdot H_2O$

CAS 号 12141-67-2

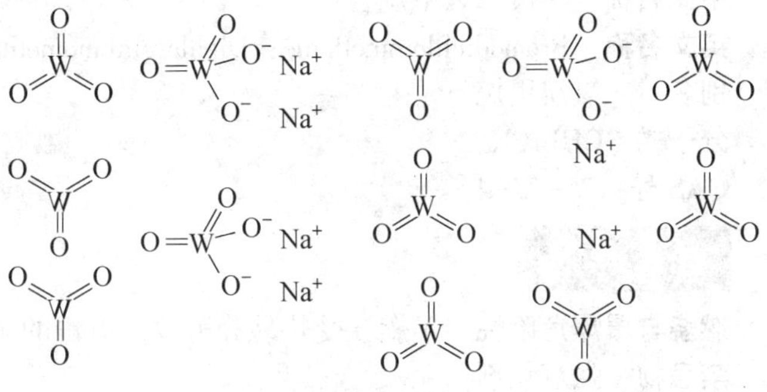

危害信息

燃烧与爆炸危险性 不燃，无特殊燃爆特性。

禁忌物 强氧化剂。

中毒表现 食入有害，对眼有腐蚀性。

侵入途径 吸入、食入。

职业接触限值 美国(ACGIH)：TLV-TWA 5mg/m^3；TLV-STEL 10mg/m^3[按 W 计]。

环境危害 对水生生物有害，可能在水生环境中造成长期不利影响。

理化特性与用途

理化特性 米色至浅灰色粉末。溶于水。pH 值 3(4000g/L 水溶液，20℃)，相对密度(水=1)3.1，辛醇/水分配系数<-5.2(20℃)。

主要用途 用于矿物分离。

包装与储运

安全储运 储存于阴凉、通风的库房。远离火种、热源。应与强氧化剂等隔离储运。

紧急处置信息

急救措施

吸入：迅速脱离现场至空气新鲜处。保持呼吸道通畅。如呼吸困难，给输氧。呼吸、心跳停止，立即进行心肺复苏术。就医。

眼睛接触：立即分开眼睑，用流动清水或生理盐水彻底冲洗 5~10min。就医。

皮肤接触：立即脱去污染的衣着，用肥皂水和清水彻底冲洗。就医。

食入：漱口，饮水。就医。

灭火方法　消防人员须穿全身消防服，佩戴空气呼吸器，在上风向灭火。尽可能将容器从火场移至空旷处。喷水保持火场容器冷却，直至灭火结束。

本品不易燃，根据着火原因选择适当灭火剂灭火。

泄漏应急处置　隔离泄漏污染区，限制出入。建议应急处理人员戴防尘口罩，穿耐腐蚀、防毒服，戴橡胶耐腐蚀手套。穿上适当的防护服前严禁接触破裂的容器和泄漏物。尽可能切断泄漏源。用塑料布覆盖泄漏物，减少飞散。勿使水进入包装容器内。用洁净的铲子收集泄漏物，置于干净、干燥、盖子较松的容器中，将容器移离泄漏区。

907. 一溴二氯甲烷

标　识

中文名称　一溴二氯甲烷

英文名称　Bromodichloromethane；Dichlorobromomethane

别名　二氯溴甲烷

分子式　$CHBrCl_2$

CAS 号　75-27-4

Br　Cl
H
Cl

危害信息

燃烧与爆炸危险性　不燃，受热易分解放出有毒的刺激性气体。

禁忌物　强氧化剂

毒性　大鼠经口 LD_{50}：430mg/kg；小鼠经口 LD_{50}：450mg/kg；小鼠吸入 $LCLo$：450mg/m^3。

IARC 致癌性评论：G2B，可疑人类致癌物。

中毒表现　对眼、皮肤和呼吸道有刺激性。食入可能引起呼吸困难、头昏、定向力障碍、言语模糊，震颤和神志丧失，可致死。吸入可因喉、支气管的痉挛、炎症、水肿，化学性肺炎、肺水肿，而致死。可引起肝肾损害和中枢神经系统抑制。反复或长期皮肤接触可引起皮炎。

侵入途径　吸入、食入。

环境危害　对水生生物有害，可能在水生环境中造成长期不利影响。

理化特性与用途

理化特性　无色透明液体。微溶于水，易溶于有机溶剂。熔点-57℃，沸点 90℃，相对密度(水=1)1.98，相对蒸气密度(空气=1)5.6，饱和蒸气压 6.6kPa(20℃)，辛醇/水分配系数 2.0。

主要用途　用作溶剂、化学试剂、有机合成中间体和灭火剂的成分。

包装与储运

安全储运　储存于阴凉、通风的库房。远离火种、热源。应与强氧化剂等隔离储运。搬运时轻装轻卸，防止容器受损。

紧急处置信息

急救措施

吸入：迅速脱离现场至空气新鲜处。保持呼吸道通畅。如呼吸困难，给输氧。呼吸、心跳停止，立即进行心肺复苏术。就医。

眼睛接触：立即分开眼睑，用流动清水或生理盐水彻底冲洗。就医。

皮肤接触：立即脱去污染的衣着，用肥皂水和清水彻底冲洗。就医。

食入：漱口，饮水。就医。

灭火方法 消防人员须穿全身消防服，在上风向灭火。尽可能将容器从火场移至空旷处。喷水保持火场容器冷却，直至灭火结束。

根据着火原因选择适当灭火剂灭火。

泄漏应急处置 根据液体流动和蒸气扩散的影响区域划定警戒区，无关人员从侧风、上风向撤离至安全区。建议应急处理人员戴正压自给式呼吸器，穿防毒服，戴橡胶手套。穿上适当的防护服前严禁接触破裂的容器和泄漏物。尽可能切断泄漏源。防止泄漏物进入水体、下水道、地下室或有限空间。小量泄漏：用干燥的砂土或其他不燃材料吸收或覆盖，收集于容器中。大量泄漏：构筑围堤或挖坑收容。用泵转移至槽车或专用收集器内。

908. 胰凝乳朊酶

标　识

中文名称 胰凝乳朊酶

英文名称 Chymotrypsin

别名 糜蛋白酶

CAS 号 9004-07-3

危害信息

燃烧与爆炸危险性 无特殊燃爆特性。

禁忌物 强氧化剂。

毒性 大鼠经口 LD_{50}：>4g/kg；小鼠经口 LD_{50}：>6g/kg。

中毒表现 对眼、皮肤和呼吸道有刺激性。对呼吸道有致敏性。

侵入途径 吸入、食入。

理化特性与用途

理化特性 白色至淡黄白色结晶或无定形粉末，无气味。易溶于水。熔点 127℃。

主要用途 是消化酶和药物。

包装与储运

安全储运 储存于阴凉、通风的库房。远离火种、热源。保持容器密闭。应与强氧化剂等隔离储运。

紧急处置信息

急救措施

吸入：迅速脱离现场至空气新鲜处。保持呼吸道通畅。如呼吸困难，给输氧。呼吸、

心跳停止，立即进行心肺复苏术。就医。

眼睛接触： 立即分开眼睑，用流动清水或生理盐水彻底冲洗。就医。

皮肤接触： 立即脱去污染的衣着，用肥皂水和清水彻底冲洗。就医。

食入： 漱口，饮水。就医。

灭火方法 消防人员须穿全身消防服，佩戴空气呼吸器，在上风向灭火。尽可能将容器从火场移至空旷处。

根据着火原因选择适当灭火剂灭火。

泄漏应急处置 隔离泄漏污染区，限制出入。建议应急处理人员戴防尘口罩，穿防护服。穿上适当的防护服前严禁接触破裂的容器和泄漏物。尽可能切断泄漏源。用塑料布覆盖泄漏物，减少飞散。勿使水进入包装容器内。用洁净的铲子收集泄漏物，置于干净、干燥、盖子较松的容器中，将容器移离泄漏区。

909. 4-乙氨基-3-硝基苯甲酸

标　识

中文名称 4-乙氨基-3-硝基苯甲酸

英文名称 4-Ethylamino-3-nitrobenzoic acid

分子式 $C_9H_{10}N_2O_4$

CAS 号 2788-74-1

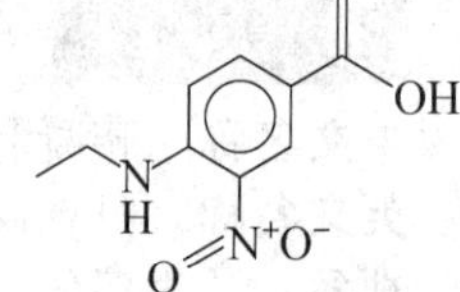

危害信息

燃烧与爆炸危险性 可燃。

禁忌物 强氧化剂、碱类。

中毒表现 食入有害。对皮肤有致敏性。

侵入途径 吸入、食入。

环境危害 对水生生物有害，可能在水生环境中造成长期不利影响。

理化特性与用途

理化特性 固体。微溶于水。熔点 240℃，沸点 399℃，相对密度(水=1)1.403，饱和蒸气压 0.06mPa(25℃)，辛醇/水分配系数 3.02，闪点 195℃。

主要用途 用于制染发剂和 UV 吸收剂。

包装与储运

安全储运 储存于阴凉、通风的库房。远离火种、热源。应与强氧化剂、碱类等隔离储运。

紧急处置信息

急救措施

吸入： 迅速脱离现场至空气新鲜处。保持呼吸道通畅。如呼吸困难，给输氧。呼吸、心跳停止，立即进行心肺复苏术。就医。

眼睛接触： 立即分开眼睑，用流动清水或生理盐水彻底冲洗。就医。

皮肤接触： 立即脱去污染的衣着，用肥皂水和清水彻底冲洗。就医。

食入： 漱口，饮水。就医。

灭火方法 消防人员须穿全身消防服，佩戴空气呼吸器，在上风向灭火。尽可能将容器从火场移至空旷处。喷水保持火场容器冷却，直至灭火结束。

灭火剂：干粉、二氧化碳、砂土。

泄漏应急处置 隔离泄漏污染区，限制出入。消除点火源。建议应急处理人员戴防尘口罩，穿防护服，戴橡胶手套。穿上适当的防护服前严禁接触破裂的容器和泄漏物。尽可能切断泄漏源。用塑料布覆盖泄漏物，减少飞散。勿使水进入包装容器内。用洁净的铲子收集泄漏物，置于干净、干燥、盖子较松的容器中，将容器移离泄漏区。

910. 乙醇钾

标　识

中文名称 乙醇钾

英文名称 Potassium ethanolate; Potassium ethoxide

分子式 $C_2H_5O \cdot K$

O^- K^+

CAS 号 917-58-8

危害信息

危险性类别 第 8 类 腐蚀品

燃烧与爆炸危险性 自燃，遇水反应猛烈。粉尘与空气混合能形成爆炸性混合物。

活性反应 遇水反应激烈。

禁忌物 氧化剂、酸类、醇类。

中毒表现 对眼和皮肤有腐蚀性。

侵入途径 吸入、食入。

理化特性与用途

理化特性 淡黄至黄褐色粉末。熔点 290℃。

主要用途 用作医药原料和农药原料。

包装与储运

包装标志 自燃物品，腐蚀品

包装类别 Ⅱ类

安全储运 储存于阴凉、干燥、通风良好的库房。远离火种、热源。防止阳光直射。储存温度不超过 30℃，相对湿度不超过 80%。保持容器密封。应与氧化剂、酸类、醇类等分开存放，切忌混储。采用防爆型照明、通风设施。禁止使用易产生火花的机械设备和工具。配备相应品种和数量的消防器材。储区应备有合适的材料收容泄漏物。

紧急处置信息

急救措施

吸入： 迅速脱离现场至空气新鲜处。保持呼吸道通畅。如呼吸困难，给输氧。呼吸、

心跳停止，立即进行心肺复苏术。就医。

眼睛接触：立即分开眼睑，用流动清水或生理盐水彻底冲洗5~10min。就医。

皮肤接触：立即脱去污染的衣着，用大量流动清水彻底冲洗，冲洗时间一般要求20~30min。就医。

食入：用水漱口，禁止催吐。给饮牛奶或蛋清。就医。

灭火方法　消防人员须佩戴空气呼吸器，穿全身耐酸碱消防服在上风向灭火。尽可能将容器从火场移至空旷处。喷水保持火场容器冷却，直至灭火结束。

灭火剂：泡沫、干粉、二氧化碳、砂土。

泄漏应急处置　隔离泄漏污染区，限制出入。消除所有点火源。建议应急处理人员戴防尘口罩，穿防静电、耐腐蚀服，戴耐腐蚀手套。作业时使用的所有设备应接地。穿上适当的防护服前严禁接触破裂的容器和泄漏物。尽可能切断泄漏源。严禁用水处理。用干燥的砂土或其他不燃材料覆盖泄漏物，然后用塑料布覆盖，减少飞散、避免雨淋。用洁净的无火花工具收集泄漏物，置于一盖子较松的塑料容器中，待处置。

911. 乙二醇(三氯乙酸酯)

标　识

中文名称　乙二醇(三氯乙酸酯)

英文名称　Ethylene bis (trichloroacetate); Ethylene glycol, bis (trichloroacetate); TCA-ethadyl

别名　敌草特

分子式　$C_6H_4Cl_6O_4$

CAS号　2514-53-6

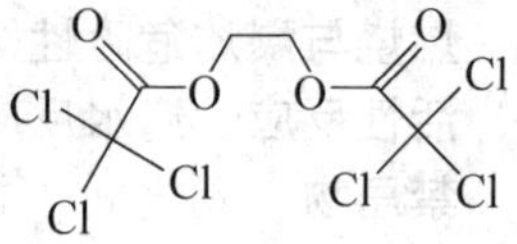

危害信息

燃烧与爆炸危险性　可燃，粉尘与空气混合易形成爆炸性混合物。

禁忌物　强氧化剂、酸类。

毒性　大鼠经口 LD_{50}：7g/kg。

中毒表现　对眼和皮肤有刺激性。

侵入途径　吸入、食入。

理化特性与用途

理化特性　固体。不溶于水。熔点40℃，沸点337℃，相对密度(水=1)1.738，饱和蒸气压14.4mPa(25℃)，辛醇/水分配系数3.12，闪点132.5℃。

主要用途　用作除草剂。

包装与储运

安全储运　储存于阴凉、通风的库房。远离火种、热源。应与强氧化剂、酸类等隔离储运。

紧急处置信息

急救措施

吸入：迅速脱离现场至空气新鲜处。保持呼吸道通畅。如呼吸困难，给输氧。呼吸、心跳停止，立即进行心肺复苏术。就医。

眼睛接触：立即分开眼睑，用流动清水或生理盐水彻底冲洗。就医。

皮肤接触：立即脱去污染的衣着，用肥皂水和清水彻底冲洗。就医。

食入：漱口，饮水。就医。

灭火方法 消防人员须穿全身消防服，佩戴空气呼吸器，在上风向灭火。尽可能将容器从火场移至空旷处。喷水保持火场容器冷却，直至灭火结束。

本品不燃，根据着火原因选择适当灭火剂灭火。

泄漏应急处置 隔离泄漏污染区，限制出入。消除点火源。建议应急处理人员戴防尘口罩，穿防护服，戴防护手套。穿上适当的防护服前严禁接触破裂的容器和泄漏物。尽可能切断泄漏源。用塑料布覆盖泄漏物，减少飞散。勿使水进入包装容器内。用洁净的铲子收集泄漏物，置于干净、干燥、盖子较松的容器中，将容器移离泄漏区。

912. 乙二腈

标　识

中文名称 乙二腈

英文名称 Ethanedinitrile；Cyanogen

别名 氰

N≡—≡N

分子式 C_2N_2

CAS 号 460-19-5

铁危编号 23028

UN 号 1026

危害信息

危险性类别 第 2.3 类 有毒气体

燃烧与爆炸危险性 易燃，与空气混合能形成爆炸性混合物，遇明火、高热易燃烧爆炸。

禁忌物 氧化剂、酸类。

毒性 大鼠吸入 LC_{50}：350ppm(1h)。

中毒表现 抑制细胞呼吸，造成组织缺氧。中毒出现恶心、呕吐、腹痛、腹泻、胸闷、乏力等症状，重者出现呼吸抑制、血压下降、昏迷、抽搐等。高浓度引起死亡。接触液态本品可引起冻伤。

侵入途径 吸入。

职业接触限值 美国(ACGIH)：TLV-TWA 10ppm。

理化特性与用途

理化特性 无色气体，有杏仁气味。溶于水，溶于乙醇、乙醚。熔点-27.9℃，沸点-21.1℃，相对密度(水=1)0.95(-21℃)，相对蒸气密度(空气=1)1.8，饱和蒸气压572kPa(25℃)，燃烧热-1099kJ/mol，爆炸下限6.6%，爆炸上限42.6%。

主要用途 用于有机合成，用作焊接和切割耐热金属的燃料、火箭和导弹的推进剂，也用作熏剂。

包装与储运

包装标志 有毒气体，易燃气体

安全储运 储存于阴凉、通风的有毒气体专用库房。库温不宜超过30℃。远离火种、热源。保持容器密闭。应与氧化剂、酸类、食用化学品等分开存放，切忌混储。采用防爆型照明、通风设施。禁止使用易产生火花的机械设备和工具。配备相应品种和数量的消防器材。储区应备有泄漏应急处理设备。搬运时轻装轻卸，须戴好钢瓶安全帽和防震橡皮圈，防止钢瓶撞击。

紧急处置信息

急救措施

吸入：迅速脱离现场至空气新鲜处。保持呼吸道通畅。如呼吸困难，给输氧。呼吸、心跳停止，立即进行心肺复苏术(禁止口对口进行人工呼吸)。就医。

皮肤接触：如发生冻伤，用温水(38~42℃)复温，忌用热水或辐射热，不要揉搓。就医。

如出现腈类物质中毒症状，使用亚硝酸钠、硫代硫酸钠、4-二甲基氨基苯酚等解毒剂。

灭火方法 消防人员须穿全身消防服，佩戴空气呼吸器，在上风向灭火。尽可能将容器从火场移至空旷处。

灭火剂：干粉、二氧化碳。

泄漏应急处置 根据气体扩散的影响区域划定警戒区，无关人员从侧风、上风向撤离至安全区。消除所有点火源。建议应急处理人员穿内置正压自给式呼吸器的全封闭防化服。禁止接触或跨越泄漏物。尽可能切断泄漏源。喷雾状水抑制蒸气或改变蒸气云流向，避免水流接触泄漏物。禁止用水直接冲击泄漏物或泄漏源。防止气体通过下水道、通风系统和有限空间扩散。隔离泄漏区直至气体散尽。

913. 2-乙基-1-(2-(1,3-二氧杂环己基)乙基)-溴化吡啶鎓

标 识

中文名称 2-乙基-1-(2-(1,3-二氧杂环己基)乙基)-溴化吡啶鎓

英文名称 2-Ethyl-1-(2-(1,3-dioxanyl)ethyl)-pyridinium bromide

分子式 $C_{13}H_{20}BrNO_2$

CAS 号 287933-44-2

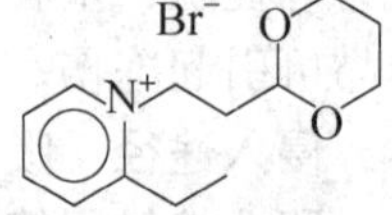

危害信息

燃烧与爆炸危险性 无特殊燃爆特性。

禁忌物 强氧化剂。

侵入途径 吸入、食入。

环境危害 对水生生物有害，可能在水生环境中造成长期不利影响。

包装与储运

安全储运 储存于阴凉、通风的库房。远离火种、热源。应与强氧化剂等隔离储运。

紧急处置信息

急救措施

吸入：脱离接触。如有不适感，就医。

眼睛接触：分开眼睑，用流动清水或生理盐水冲洗。如有不适感，就医。

皮肤接触：脱去污染的衣着，用流动清水冲洗。如有不适感，就医。

食入：漱口，饮水。就医。

灭火方法 消防人员须穿全身消防服，佩戴空气呼吸器，在上风向灭火。尽可能将容器从火场移至空旷处。

根据着火原因选择适当灭火剂灭火。

泄漏应急处置 隔离泄漏污染区，限制出入。建议应急处理人员戴防尘口罩，穿防护服，戴防护手套。穿上适当的防护服前严禁接触破裂的容器和泄漏物。尽可能切断泄漏源。用塑料布覆盖泄漏物，减少飞散。勿使水进入包装容器内。用洁净的铲子收集泄漏物，置于干净、干燥、盖子较松的容器中，将容器移离泄漏区。

914. 6-乙基-5-氟-4(3H)-嘧啶酮

标　识

中文名称 6-乙基-5-氟-4(3H)-嘧啶酮

英文名称 6-Ethyl-5-fluoro-4(3H)-pyrimidone; 4-Ethyl-5-fluoro-6-hydroxypyrimidine

别名 4-乙基-5-氟-6-羟基嘧啶

分子式 $C_6H_7FN_2O$

CAS 号 137234-87-8

N
F
N
OH

危害信息

燃烧与爆炸危险性 可燃，其粉体与空气混合能形成爆炸性混合物。

禁忌物 强氧化剂。

中毒表现 食入有害。

侵入途径 吸入、食入。

环境危害 对水生生物有极高毒性，可能在水生环境中造成长期不利影响。

理化特性与用途

理化特性 白色或灰白色固体或灰白色至淡黄色微晶粉末。溶于水。熔点 105~106℃，沸点 181℃，相对密度(水=1)1.3，饱和蒸气压 0.12kPa(25℃)，辛醇/水分配系数-0.33，闪点 63℃。

主要用途　用于广谱杀真菌剂，用作医药中间体。

包装与储运

包装标志　杂类

包装类别　Ⅲ类

安全储运　储存于阴凉、通风的库房。远离火种、热源。应与强氧化剂等隔离储运。

紧急处置信息

急救措施

吸入：迅速脱离现场至空气新鲜处。保持呼吸道通畅。如呼吸困难，给输氧。呼吸、心跳停止，立即进行心肺复苏术。就医。

眼睛接触：立即分开眼睑，用流动清水或生理盐水彻底冲洗。就医。

皮肤接触：立即脱去污染的衣着，用肥皂水和清水彻底冲洗。就医。

食入：漱口，饮水。就医。

灭火方法　消防人员须穿全身防腐蚀消防服，在上风向灭火。尽可能将容器从火场移至空旷处。喷水保持火场容器冷却，直至灭火结束。

灭火剂：雾状水、泡沫、二氧化碳。

泄漏应急处置　隔离泄漏污染区，限制出入。消除点火源。建议应急处理人员戴防尘口罩，穿防护服，戴防护手套。穿上适当的防护服前严禁接触破裂的容器和泄漏物。尽可能切断泄漏源。用塑料布覆盖泄漏物，减少飞散。勿使水进入包装容器内。用洁净的铲子收集泄漏物，置于干净、干燥、盖子较松的容器中，将容器移离泄漏区。

915. 2-乙基己醇钠

标　识

中文名称　2-乙基己醇钠

英文名称　Sodium 2-ethylhexanolate；2-Ethylhexanol sodium salt

分子式　$C_8H_{17}NaO$

CAS 号　38411-13-1

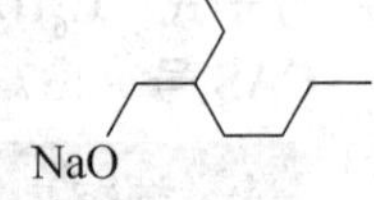

危害信息

危险性类别　第 4.1 类　易燃固体

燃烧与爆炸危险性　易燃，粉体与空气混合能形成爆炸性混合物，遇明火、高热易燃烧爆炸。

禁忌物　氧化剂。

中毒表现　对眼和皮肤有腐蚀性。

侵入途径　吸入、食入。

环境危害　对水生生物有害，可能在水生环境中造成长期不利影响。

理化特性与用途

理化特性　沸点 184.6℃，饱和蒸气压 27.6Pa（25℃），闪点 77.2℃。

主要用途 用于阴离子聚合引发体系。

包装与储运

包装标志 易燃固体，腐蚀品

包装类别 Ⅱ类

安全储运 储存于阴凉、通风的库房。远离火种、热源。库温不宜超过35℃。包装密封。应与氧化剂等分开存放，切忌混储。禁止使用易产生火花的机械设备和工具。配备相应品种和数量的消防器材。储区应备有合适的材料收容泄漏物。

紧急处置信息

急救措施

吸入：迅速脱离现场至空气新鲜处。保持呼吸道通畅。如呼吸困难，给输氧。呼吸、心跳停止，立即进行心肺复苏术。就医。

眼睛接触：立即分开眼睑，用流动清水或生理盐水彻底冲洗5~10min。就医。

皮肤接触：立即脱去污染的衣着，用大量流动清水彻底冲洗，冲洗时间一般要求20~30min。就医。

食入：用水漱口，禁止催吐。给饮牛奶或蛋清。就医。

灭火方法 消防人员须穿全身消防服，在上风向灭火。尽可能将容器从火场移至空旷处。喷水保持火场容器冷却直至灭火结束。

灭火剂：泡沫、二氧化碳、干粉。

泄漏应急处置 隔离泄漏污染区，限制出入。消除所有点火源。建议应急处理人员戴防尘口罩，穿耐腐蚀、防静电服，戴耐腐蚀防护手套。尽可能切断泄漏源。避免产生粉尘。用洁净的无火花工具收集泄漏物，置于一盖子较松的塑料容器中，待处置。

916. 3-((2-乙基己基)氧)-1,2-丙二醇

标　识

中文名称 3-((2-乙基己基)氧)-1,2-丙二醇

英文名称 3-(2-Ethylhexyloxy)propane-1,2-diol；Ethylhexylglycerin；Sensiva SC 50

别名 甘油单异辛基醚；辛氧基甘油

分子式 $C_{11}H_{24}O_3$

CAS号 70445-33-9

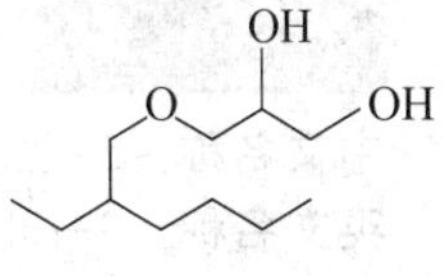

OH O OH

危害信息

燃烧与爆炸危险性 可燃。

禁忌物 强氧化剂、强酸。

中毒表现 眼接触引起严重损害。

侵入途径 吸入、食入。

环境危害 对水生生物有极高毒性，可能在水生环境中造成长期不利影响。

理化特性与用途

理化特性 无色至淡黄色油状液体，稍有气味。不溶于水，溶于乙醇、乙二醇、乙二

醇醚，混溶于石蜡油、脂肪。凝固点<-76℃，沸点325℃，相对密度(水=1)0.962，饱和蒸气压0.3Pa(20℃)，辛醇/水分配系数2.53，闪点152℃(闭杯)。

主要用途 用于除臭产品和护肤产品。

包装与储运

包装标志 杂类

包装类别 Ⅲ类

安全储运 储存于阴凉、通风的库房。远离火种、热源。应与强氧化剂、强酸等隔离储运。搬运时轻装轻卸，防止容器受损。

紧急处置信息

急救措施

吸入：迅速脱离现场至空气新鲜处。保持呼吸道通畅。如呼吸困难，给输氧。呼吸、心跳停止，立即进行心肺复苏术。就医。

眼睛接触：立即分开眼睑，用流动清水或生理盐水彻底冲洗5~10min。就医。

皮肤接触：立即脱去污染的衣着，用肥皂水和清水彻底冲洗。就医。

食入：漱口，饮水。就医。

灭火方法 消防人员须穿全身消防服，在上风向灭火。尽可能将容器从火场移至空旷处。喷水保持火场容器冷却直至灭火结束。

灭火剂：泡沫、二氧化碳、干粉。

泄漏应急处置 根据液体流动和蒸气扩散的影响区域划定警戒区，无关人员从侧风、上风向撤离至安全区。消除所有点火源。建议应急处理人员戴防毒面具，穿防护服，戴橡胶耐油手套。穿上适当的防护服前严禁接触破裂的容器和泄漏物。尽可能切断泄漏源。防止泄漏物进入水体、下水道、地下室或有限空间。小量泄漏：用干燥的砂土或其他不燃材料吸收或覆盖，收集于容器中。大量泄漏：构筑围堤或挖坑收容。用泵转移至槽车或专用收集器内。

917. 3-乙基-2-甲基-2-(3-甲基丁基)-1,3-氧氮杂环戊烷

标　识

中文名称 3-乙基-2-甲基-2-(3-甲基丁基)-1,3-氧氮杂环戊烷

英文名称 3-Ethyl-2-methyl-2-(3-methylbutyl)-1, 3-oxazolidine

别名 3-乙基-2-甲基-2-(3-甲基丁基)噁唑烷

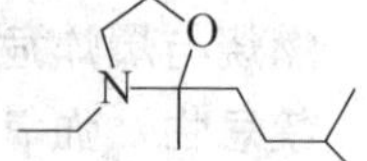

分子式 $C_{11}H_{23}NO$

CAS 号 143860-04-2

危害信息

危险性类别 第8类 腐蚀品

燃烧与爆炸危险性 可燃，其蒸气与空气混合能形成爆炸性混合物，遇明火、高热易燃烧爆炸。

禁忌物 强氧化剂。

毒性 欧盟法规 1272/2008/EC 将本品列为第 1B 类生殖毒物——可能的人类生殖毒物。

中毒表现 对眼和皮肤有腐蚀性。

侵入途径 吸入、食入。

环境危害 对水生生物有极高毒性，可能在水生环境中造成长期不利影响。

理化特性与用途

理化特性 淡黄至黄色透明液体。溶于多数有机溶剂。熔点-35℃，沸点 209，相对密度(水=1)0.872，饱和蒸气压 60Pa(20℃)，辛醇/水分配系数 3.22，闪点 69.5℃，引燃温度 196℃。

主要用途 除湿剂。是一种反应迅速、低黏度的湿气净化剂，它主要用于聚氨酯涂料、密封剂和弹性体。

包装与储运

包装标志 腐蚀品

包装类别 Ⅱ类

安全储运 储存于阴凉、通风的库房。远离火种、热源。包装要求密封。应与强氧化剂等分开存放，切忌混储。配备相应品种和数量的消防器材。储区应备有泄漏应急处理设备和合适的收容材料。搬运时轻装轻卸，防止容器受损。

紧急处置信息

急救措施

吸入：迅速脱离现场至空气新鲜处。保持呼吸道通畅。如呼吸困难，给输氧。呼吸、心跳停止，立即进行心肺复苏术。就医。

眼睛接触：立即分开眼睑，用流动清水或生理盐水彻底冲洗 5~10min。就医。

皮肤接触：立即脱去污染的衣着，用大量流动清水彻底冲洗，冲洗时间一般要求 20~30min。就医。

食入：用水漱口，禁止催吐。给饮牛奶或蛋清。就医。

灭火方法 消防人员须穿全身消防服，在上风向灭火。尽可能将容器从火场移至空旷处。喷水保持火场容器冷却直至灭火结束。

灭火剂：泡沫、二氧化碳、干粉。

泄漏应急处置 根据液体流动和蒸气扩散的影响区域划定警戒区，无关人员从侧风、上风向撤离至安全区。消除所有点火源。建议应急处理人员戴正压自给式呼吸器，穿耐腐蚀、防毒服，戴耐腐蚀手套。穿上适当的防护服前严禁接触破裂的容器和泄漏物。尽可能切断泄漏源。防止泄漏物进入水体、下水道、地下室或有限空间。小量泄漏：用干燥的砂土或其他不燃材料吸收或覆盖，收集于容器中。大量泄漏：构筑围堤或挖坑收容。用耐腐蚀泵转移至槽车或专用收集器内。

918. *N*-乙基-*N*-甲基哌啶鎓碘化物

标　识

中文名称 *N*-乙基-*N*-甲基哌啶鎓碘化物

英文名称　Piperidinium, 1-ethyl-1-methyl-, iodide; *N*-Ethyl-*N*-methylpiperidinium iodide

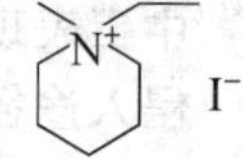

别名　1-乙基-1-甲基哌啶鎓碘化物

分子式　$C_8H_{18}N \cdot I$

CAS 号　4186-71-4

危害信息

燃烧与爆炸危险性　无特殊燃爆特性。

禁忌物　强氧化剂。

中毒表现　食入有害。

侵入途径　吸入、食入。

环境危害　对水生生物有害，可能在水生环境中造成长期不利影响。

包装与储运

安全储运　储存于阴凉、通风的库房。远离火种、热源。应与强氧化剂等隔离储运。

紧急处置信息

急救措施

吸入：迅速脱离现场至空气新鲜处。保持呼吸道通畅。如呼吸困难，给输氧。呼吸、心跳停止，立即进行心肺复苏术。就医。

眼睛接触：立即分开眼睑，用流动清水或生理盐水彻底冲洗。就医。

皮肤接触：立即脱去污染的衣着，用肥皂水和清水彻底冲洗。就医。

食入：漱口，饮水。就医。

灭火方法　消防人员须穿全身消防服，佩戴空气呼吸器，在上风向灭火。尽可能将容器从火场移至空旷处。

根据着火原因选择适当灭火剂灭火。

泄漏应急处置　隔离泄漏污染区，限制出入。消除所有点火源。建议应急处理人员戴防尘口罩，穿防护服，戴橡胶手套。穿上适当的防护服前严禁接触破裂的容器和泄漏物。尽可能切断泄漏源。用塑料布覆盖泄漏物，减少飞散。勿使水进入包装容器内。用洁净的铲子收集泄漏物，置于干净、干燥、盖子较松的容器中，将容器移离泄漏区。

919. 2,2-乙基甲基噻唑烷

标　识

中文名称　2,2-乙基甲基噻唑烷

英文名称　2,2-Ethylmethylthiazolidine; 2-Methyl-2-ethylthiazolidine

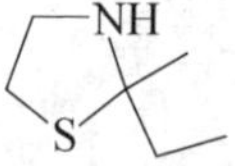

分子式　$C_6H_{13}NS$

CAS 号　694-64-4

危害信息

燃烧与爆炸危险性　可燃。

禁忌物 强氧化剂。

中毒表现 食入有害。眼接触引起严重损害。对皮肤有致敏性。

侵入途径 吸入、食入。

环境危害 对水生生物有毒，可能在水生环境中造成长期不利影响。

理化特性与用途

理化特性 无色液体。微溶于水。沸点 191.3℃，相对密度(水=1)0.935，饱和蒸气压 0.07kPa(25℃)，辛醇/水分配系数 1.44，闪点 69.5℃。

主要用途 用作农用化学品和医药中间体。

包装与储运

包装标志 杂类

包装类别 Ⅲ类

安全储运 储存于阴凉、通风的库房。远离火种、热源。保持容器密闭。应与强氧化剂等隔离储运。搬运时轻装轻卸，防止容器受损。

紧急处置信息

急救措施

吸入：迅速脱离现场至空气新鲜处。保持呼吸道通畅。如呼吸困难，给输氧。呼吸、心跳停止，立即进行心肺复苏术。就医。

眼睛接触：立即分开眼睑，用流动清水或生理盐水彻底冲洗 5~10min。就医。

皮肤接触：立即脱去污染的衣着，用肥皂水和清水彻底冲洗。就医。

食入：漱口，饮水。就医。

灭火方法 消防人员须穿全身消防服，佩戴空气呼吸器，在上风向灭火。尽可能将容器从火场移至空旷处。

灭火剂：干粉、二氧化碳。

泄漏应急处置 根据液体流动和蒸气扩散的影响区域划定警戒区，无关人员从侧风、上风向撤离至安全区。消除所有点火源。建议应急处理人员戴防毒面具，穿防毒服，戴防护手套。穿上适当的防护服前严禁接触破裂的容器和泄漏物。尽可能切断泄漏源。防止泄漏物进入水体、下水道、地下室或有限空间。小量泄漏：用干燥的砂土或其他不燃材料吸收或覆盖，收集于容器中。大量泄漏：构筑围堤或挖坑收容。用泵转移至槽车或专用收集器内。

920. 4-乙基-2-甲基-2-异戊基-1,3-噁唑烷

标　识

中文名称 4-乙基-2-甲基-2-异戊基-1,3-噁唑烷

英文名称 4-Ethyl-2-methyl-2-isopentyl-1,3-oxazolidine

分子式 $C_{11}H_{23}NO$

CAS 号 137796-06-6

H N O

危害信息

危险性类别 第 8 类 腐蚀品

燃烧与爆炸危险性 可燃。

禁忌物 强氧化剂。

中毒表现 对眼和皮肤有腐蚀性。对皮肤有致敏性。

侵入途径 吸入、食入。

理化特性与用途

理化特性 液体。沸点 194℃，相对密度(水=1)0.877，饱和蒸气压 5.96Pa(25℃)，闪点 83℃。

主要用途 化学合成。

包装与储运

包装标志 腐蚀品

包装类别 Ⅱ类

安全储运 储存于阴凉、通风的库房。远离火种、热源。包装要求密封。应与强氧化剂等分开存放，切忌混储。储区应备有泄漏应急处理设备和合适的收容材料。搬运时轻装轻卸，防止容器受损。

紧急处置信息

急救措施

吸入： 迅速脱离现场至空气新鲜处。保持呼吸道通畅。如呼吸困难，给输氧。呼吸、心跳停止，立即进行心肺复苏术。就医。

眼睛接触： 立即分开眼睑，用流动清水或生理盐水彻底冲洗 5~10min。就医。

皮肤接触： 立即脱去污染的衣着，用大量流动清水彻底冲洗，冲洗时间一般要求 20~30min。就医。

食入： 用水漱口，禁止催吐。给饮牛奶或蛋清。就医。

灭火方法 消防人员须穿全身消防服，在上风向灭火。尽可能将容器从火场移至空旷处。喷水保持火场容器冷却直至灭火结束。

灭火剂：泡沫、干粉、二氧化碳。

泄漏应急处置 根据液体流动和蒸气扩散的影响区域划定警戒区，无关人员从侧风、上风向撤离至安全区。消除点火源。建议应急处理人员戴正压自给式呼吸器，穿防腐蚀服，戴橡胶耐腐蚀手套。穿上适当的防护服前严禁接触破裂的容器和泄漏物。尽可能切断泄漏源。防止泄漏物进入水体、下水道、地下室或有限空间。小量泄漏：用干燥的砂土或其他不燃材料吸收或覆盖，收集于容器中。大量泄漏：构筑围堤或挖坑收容。用耐腐蚀泵转移至槽车或专用收集器内。

921. *O*-乙基羟胺

标　　识

中文名称 *O*-乙基羟胺

英文名称 Hydroxylamine，*O*-ethyl-；*O*-Ethylhydroxylamine；Ethoxyamine

别名 乙氧基胺

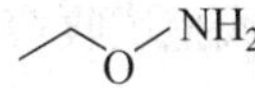

分子式 C_2H_7NO

CAS号 624-86-2

危害信息

危险性类别 第3类 易燃液体

燃烧与爆炸危险性 易燃，其蒸气与空气混合能形成爆炸性混合物，遇明火、高热易燃烧爆炸。

禁忌物 氧化剂、酸类。

中毒表现 食入、吸入或经皮肤吸收对身体有毒。对眼有刺激性。对皮肤有致敏性。长期反复接触对器官可能造成损害。

侵入途径 吸入、食入、经皮吸收。

环境危害 对水生生物有极高毒性。

理化特性与用途

理化特性 溶于水。沸点75.8℃，相对密度（水=1）0.853，饱和蒸气压13.8kPa（25℃），辛醇/水分配系数0.3，闪点6℃。

主要用途 医药、农药中间体等。

包装与储运

包装标志 易燃液体，有毒品

包装类别 Ⅱ类

安全储运 储存于阴凉、通风的库房。远离火种、热源。库温不宜超过32℃，相对湿度不超过85%。保持容器密封。应与氧化剂、酸类、食用化学品等分开存放，切忌混储。采用防爆型照明、通风设施。禁止使用易产生火花的机械设备和工具。配备相应品种和数量的消防器材。储区应备有泄漏应急处理设备和合适的收容材料。搬运时轻装轻卸，防止容器受损。

紧急处置信息

急救措施

吸入：迅速脱离现场至空气新鲜处。保持呼吸道通畅。如呼吸困难，给输氧。呼吸、心跳停止，立即进行心肺复苏术。就医。

眼睛接触：立即分开眼睑，用流动清水或生理盐水彻底冲洗。就医。

皮肤接触：立即脱去污染的衣着，用肥皂水和清水彻底冲洗。就医。

食入：漱口，饮水。就医。

灭火方法 消防人员须穿全身消防服，佩戴空气呼吸器，在上风向灭火。尽可能将容器从火场移至空旷处。喷水保持火场容器冷却，直至灭火结束。处在火场中的容器若发生异常变化或发出异常声音，须马上撤离。

灭火剂：泡沫、二氧化碳、干粉、砂土。

泄漏应急处置 根据液体流动和蒸气扩散的影响区域划定警戒区，无关人员从侧风、上风向撤离至安全区。消除所有点火源。建议应急处理人员戴正压自给式呼吸器，穿防静电、防毒服，戴橡胶手套。作业时使用的设备应接地。穿上适当的防护服前严禁接触破裂的容器和泄漏物。尽可能切断泄漏源。防止泄漏物进入水体、下水道、地下室或有限空间。

小量泄漏：用干燥的砂土或其他不燃材料吸收或覆盖，收集于容器中。大量泄漏：构筑围堤或挖坑收容。用泡沫覆盖减少蒸发。用防爆泵转移至槽车或专用收集器内。

922. 7-乙基-3-(2-羟乙基)吲哚

标　识

中文名称　7-乙基-3-(2-羟乙基)吲哚

英文名称　7-Ethyl-3-(2-hydroxyethyl)indole；2-(7-Ethyl-1H-indol-3-yl)ethanol；7-Ethyl tryptophol

别名　7-乙基色氨醇；7-乙基色醇

分子式　$C_{12}H_{15}NO$

CAS 号　41340-36-7

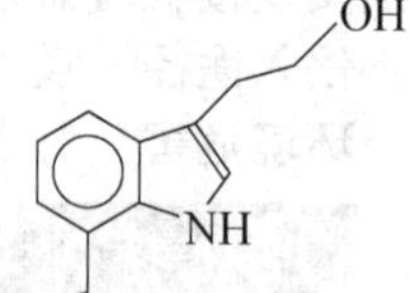

危害信息

燃烧与爆炸危险性　无特殊燃爆特性。

禁忌物　强氧化剂、强酸。

毒性　小鼠腹腔内 LD_{50}：391mg/kg。

中毒表现　食入有害。长期反复接触可能对身体器官造成损害。

侵入途径　吸入、食入。

环境危害　对水生生物有毒，可能在水生环境中造成长期不利影响。

理化特性与用途

理化特性　白色至微黄色结晶粉末。不溶于水。熔点 50℃。

主要用途　用作药物依托度酸的中间体。

包装与储运

包装标志　杂类

包装类别　Ⅲ类

安全储运　储存于阴凉、通风的库房。远离火种、热源。应与强氧化剂、强酸等隔离储运。

紧急处置信息

急救措施

吸入：迅速脱离现场至空气新鲜处。保持呼吸道通畅。如呼吸困难，给输氧。呼吸、心跳停止，立即进行心肺复苏术。就医。

眼睛接触：立即分开眼睑，用流动清水或生理盐水彻底冲洗。就医。

皮肤接触：立即脱去污染的衣着，用肥皂水和清水彻底冲洗。就医。

食入：漱口，饮水。就医。

灭火方法　消防人员须穿全身消防服，佩戴空气呼吸器，在上风向灭火。尽可能将容器从火场移至空旷处。

根据着火原因选择适当灭火剂灭火。

泄漏应急处置　隔离泄漏污染区，限制出入。建议应急处理人员戴防尘口罩，穿防毒

服。禁止接触或跨越泄漏物。尽可能切断泄漏源。用塑料布覆盖，减少飞散。用洁净的铲子收集泄漏物，置于干净、干燥、盖子较松的容器中，将容器移离泄漏区。

923. 乙菌利

标　识

中文名称 乙菌利

英文名称 Ethyl(*RS*)-3-(3,5-dichlorophenyl)-5-methyl-2,4-dioxooxazolidine-5-carboxylate; Chlozolinate

别名 (*RS*)-3-(3,5-二氯苯基)-5-甲基-2,4-二氧代-噁唑烷-5-羧酸乙酯

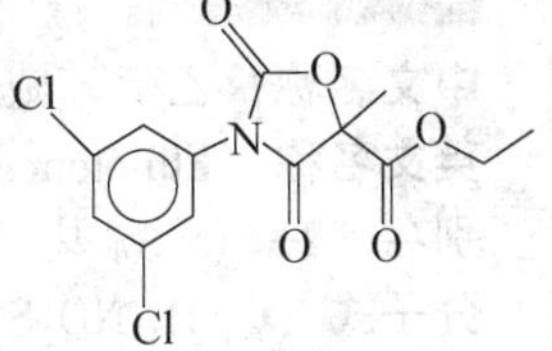

分子式 $C_{13}H_{11}Cl_2NO_5$

CAS 号 84332-86-5

危害信息

燃烧与爆炸危险性 不易燃，无特殊燃爆特性。

禁忌物 强氧化剂、碱类、醇类。

毒性 大鼠经口 LD_{50}：4500mg/kg。

欧盟法规 1272/2008/EC 将本品列为第 2 类致癌物——可疑的人类致癌物。

侵入途径 吸入、食入。

理化特性与用途

理化特性 无色、几乎无气味的固体。不溶于水，溶于丙酮、乙酸乙酯、二氯乙烷等。熔点 112.6℃，相对密度(水=1)1.44，饱和蒸气压 0.013mPa(25℃)，辛醇/水分配系数 3.15。

主要用途 杀菌剂。用于防治灰葡萄孢和核盘菌属菌及观赏植物的某些病害，如桃褐腐病、蔬菜菌核病；还可防治禾谷类叶部病害及种传病害，如小麦腥黑穗病，大麦、燕麦的散黑穗病等。

包装与储运

安全储运 储存于阴凉、通风的库房。远离火种、热源。避光保存。应与强氧化剂、碱类、醇类等隔离储运。

紧急处置信息

急救措施

吸入：迅速脱离现场至空气新鲜处。保持呼吸道通畅。如呼吸困难，给输氧。呼吸、心跳停止，立即进行心肺复苏术。就医。

眼睛接触：立即分开眼睑，用流动清水或生理盐水彻底冲洗。就医。

皮肤接触：立即脱去污染的衣着，用肥皂水和清水彻底冲洗。就医。

食入：漱口，饮水。就医。

灭火方法 消防人员须穿全身消防服，佩戴空气呼吸器，在上风向灭火。尽可能将容

器从火场移至空旷处。喷水保持火场容器冷却，直至灭火结束。

本品不燃，根据着火原因选择适当灭火剂灭火。

泄漏应急处置　隔离泄漏污染区，限制出入。建议应急处理人员戴防尘口罩，穿防毒服，戴橡胶手套。穿上适当的防护服前严禁接触破裂的容器和泄漏物。尽可能切断泄漏源。用塑料布覆盖泄漏物，减少飞散。勿使水进入包装容器内。用洁净的铲子收集泄漏物，置于干净、干燥、盖子较松的容器中，将容器移离泄漏区。

924. 乙硫苯威

标　识

中文名称　乙硫苯威

英文名称　Ethiofencarb；2-(Ethylthiomethyl)phenyl *N*-methylcarbamate

别名　2-((乙硫基)甲基)苯基甲基氨基甲酸酯

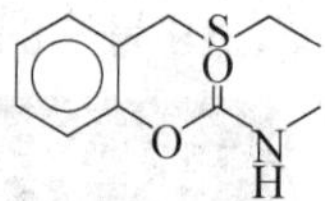

分子式　$C_{11}H_{15}NO_2S$

CAS 号　29973-13-5

铁危编号　61888

危害信息

危险性类别　第 6 类　有毒品

燃烧与爆炸危险性　可燃。

禁忌物　氧化剂、碱类。

毒性　大鼠经口 LD_{50}：200mg/kg；小鼠经口 LD_{50}：71mg/kg；大鼠吸入 $LCLo$：97mg/m^3；大鼠经皮 LD_{50}：>1150mg/kg；兔经皮 LD_{50}：2500mg/kg。

中毒表现　氨基甲酸酯类农药抑制胆碱酯酶，出现相应的症状。中毒症状有头痛、恶心、呕吐、腹痛、流涎、出汗、瞳孔缩小、步行困难、语言障碍，重者可发生全身痉挛、昏迷。

侵入途径　吸入、食入、经皮吸收。

环境危害　对水生生物有极高毒性，可能在水生环境中造成长期不利影响。

理化特性与用途

理化特性　无色结晶或黄色固体，有硫醇气味。熔点 33.4℃，相对密度(水=1)1.23，饱和蒸气压 0.45mPa(20℃)，辛醇/水分配系数 2.04，闪点 123℃。

主要用途　内吸性杀虫剂。用于防治果树、蔬菜、马铃薯、甜菜、烟草等作物上的各中蚜虫。

包装与储运

包装标志　有毒品

包装类别　Ⅲ类

安全储运　储存于阴凉、通风的库房。远离火种、热源。防止阳光直射。储存温度不超过 35℃，相对湿度不超过 85%。应与氧化剂、碱类、食用化学品分开存放，切忌混储。配备相应品种和数量的消防器材。储区应备有合适的材料收容泄漏物。

紧急处置信息

急救措施

吸入：迅速脱离现场至空气新鲜处。保持呼吸道通畅。如呼吸困难，给输氧。呼吸、心跳停止，立即进行心肺复苏术。就医。

眼睛接触：立即分开眼睑，用流动清水或生理盐水彻底冲洗。就医。

皮肤接触：立即脱去污染的衣着，用流动清水彻底冲洗。就医。

食入：饮适量温水，催吐(仅限于清醒者)。就医。

解毒剂：阿托品。

灭火方法 消防人员须穿全身消防服，佩戴防毒面具，在上风向灭火。尽可能将容器从火场移至空旷处。喷水保持火场容器冷却，直至灭火结束。

根据着火原因选择适当灭火剂灭火。

泄漏应急处置 隔离泄漏污染区，限制出入。消除点火源。建议应急处理人员戴防尘口罩，穿防毒服，戴防护手套。穿上适当的防护服前严禁接触破裂的容器和泄漏物。尽可能切断泄漏源。用塑料布覆盖泄漏物，减少飞散。勿使水进入包装容器内。用洁净的铲子收集泄漏物，置于干净、干燥、盖子较松的容器中，将容器移离泄漏区。

925. 乙螨唑

标　识

中文名称 乙螨唑

英文名称 Etoxazol; 2-(2,6-Difluorophenyl)-4-(4-(1,1-dimethylethyl)-2-ethoxyphenyl)-4,5-dihydrooxazole

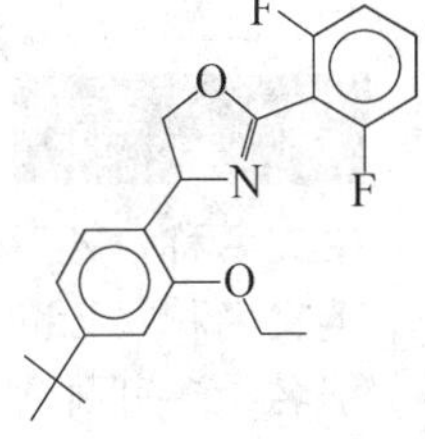

分子式 $C_{21}H_{23}F_2NO_2$

CAS 号 153233-91-1

危害信息

燃烧与爆炸危险性 无特殊燃爆特性。

禁忌物 强氧化剂。

毒性 大鼠经口 LD_{50}：>5000mg/kg；大鼠吸入 LC_{50}：>1.09g/m^3(4h)；大鼠经皮 LD_{50}：>2000mg/kg。

侵入途径 吸入、食入、经皮吸收。

环境危害 对水生生物有极高毒性，可能在水生环境中造成长期不利影响。

理化特性与用途

理化特性 白色结晶粉末。不溶于水，溶于丙酮、甲醇、乙醇、乙酸乙酯、环己酮、四氢呋喃、二甲苯等。熔点 101~102℃，相对密度(水=1)1.24，饱和蒸气压 0.002mPa(25℃)，辛醇/水分配系数 5.59。

主要用途 触杀性杀螨剂。用于果树、蔬菜、茶树等防治多种叶螨的卵、若螨等。

包装与储运

包装标志 杂类

包装类别 Ⅲ类

安全储运 储存于阴凉、通风的库房。远离火种、热源。应与强氧化剂等隔离储运。

紧急处置信息

急救措施

吸入：迅速脱离现场至空气新鲜处。保持呼吸道通畅。如呼吸困难，给输氧。呼吸、心跳停止，立即进行心肺复苏术。就医。

眼睛接触：立即分开眼睑，用流动清水或生理盐水彻底冲洗。就医。

皮肤接触：立即脱去污染的衣着，用肥皂水和清水彻底冲洗。就医。

食入：漱口，饮水。就医。

灭火方法 消防人员须穿全身消防服，在上风向灭火。尽可能将容器从火场移至空旷处。喷水保持火场容器冷却，直至灭火结束。

根据着火原因选择适当灭火剂灭火。

泄漏应急处置 隔离泄漏污染区，限制出入。建议应急处理人员戴防尘口罩，穿防护服。穿上适当的防护服前严禁接触破裂的容器和泄漏物。尽可能切断泄漏源。用塑料布覆盖泄漏物，减少飞散。勿使水进入包装容器内。用洁净的铲子收集泄漏物，置于干净、干燥、盖子较松的容器中，将容器移离泄漏区。

926. 乙嘧酚

标　　识

中文名称 乙嘧酚

英文名称 Ethirimol；5-Butyl-2-ethylamino-6-methylpyrimidin-4-ol

别名 5-正丁基-2-乙胺基-6-甲基-4-嘧啶醇

分子式 $C_{11}H_{19}N_3O$

CAS 号 23947-60-6

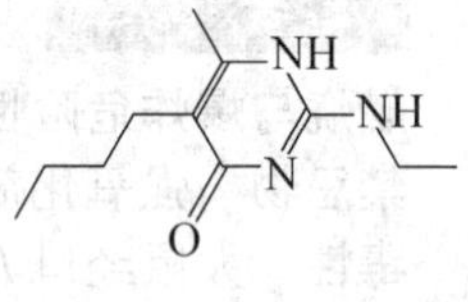

危害信息

燃烧与爆炸危险性 不易燃，无特殊燃爆特性。

禁忌物 强氧化剂。

毒性 大鼠经口 LD_{50}：4g/kg；小鼠经口 LD_{50}：4g/kg；大鼠经皮 LD_{50}：>1g/kg。

侵入途径 吸入、食入、经皮吸收。

理化特性与用途

理化特性 无色结晶或白色粉末。不溶于水，几乎不溶于丙酮，微溶于乙醇，溶于氯仿、三氯乙烯等。熔点 159~160℃，相对密度(水=1)1.21，饱和蒸气压 0.27mPa(25℃)，辛醇/水分配系数 2.22。

主要用途 内吸性杀菌剂。用于谷类和其他大田作物防治白粉病，也可用于拌种处理。

包装与储运

安全储运 储存于阴凉、通风的库房。远离火种、热源。应与强氧化剂等隔离储运。

紧急处置信息

急救措施

吸入： 迅速脱离现场至空气新鲜处。保持呼吸道通畅。如呼吸困难，给输氧。呼吸、心跳停止，立即进行心肺复苏术。就医。

眼睛接触： 立即分开眼睑，用流动清水或生理盐水彻底冲洗。就医。

皮肤接触： 立即脱去污染的衣着，用肥皂水和清水彻底冲洗。就医。

食入： 漱口，饮水。就医。

灭火方法 消防人员须穿全身消防服，在上风向灭火。尽可能将容器从火场移至空旷处。喷水保持火场容器冷却，直至灭火结束。

本品不燃，根据着火原因选择适当灭火剂灭火。

泄漏应急处置 隔离泄漏污染区，限制出入。建议应急处理人员戴防尘口罩，穿防护服。穿上适当的防护服前严禁接触破裂的容器和泄漏物。尽可能切断泄漏源。用塑料布覆盖泄漏物，减少飞散。勿使水进入包装容器内。用洁净的铲子收集泄漏物，置于干净、干燥、盖子较松的容器中，将容器移离泄漏区。

927. 乙嘧硫磷

标　　识

中文名称 乙嘧硫磷

英文名称 *O*-6-Ethoxy-2-ethylpyrimidin-4-yl *O*,*O*-Dimethylphosphorothioate；Etrimfos

别名 *O*,*O*-二甲基-*O*-(6-乙氧基-2-乙基-4-嘧啶基)硫代磷酸酯

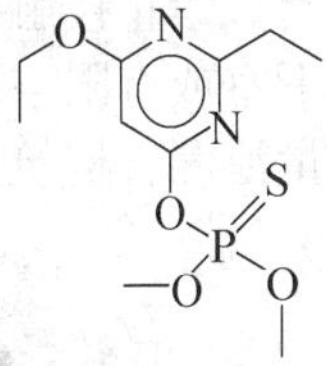

分子式 $C_{10}H_{17}N_2O_4PS$

CAS 号 38260-54-7

危害信息

燃烧与爆炸危险性 不易燃，高温可燃。

禁忌物 强氧化剂、强碱。

毒性 大鼠经口 LD_{50}：1800mg/kg；小鼠经口 LD_{50}：437mg/kg。

中毒表现 抑制体内胆碱酯酶活性，造成神经生理功能紊乱。急性中毒症状有头痛、头昏、乏力、食欲不振、恶心、呕吐、腹痛、腹泻、流涎、瞳孔缩小、呼吸道分泌物增多、多汗、肌束震颤等。重度中毒者出现肺水肿、昏迷、呼吸麻痹、脑水肿。血胆碱酯酶活性降低。

侵入途径 吸入、食入、经皮吸收。

环境危害 对水生生物有极高毒性，可能在水生环境中造成长期不利影响。

理化特性与用途

理化特性 无色油状液。不溶于水，与丙酮、乙腈、氯仿、甲醇、乙醇、乙醚、二甲

基亚砜、二甲苯、甲苯、乙酸乙酯等互溶。熔点-3.35℃，相对密度(水=1)1.195，饱和蒸气压10.6mPa(25℃)，辛醇/水分配系数2.94，闪点>100℃。

主要用途 广谱、内吸性杀虫剂。用于果树、蔬菜、稻田、马铃薯、玉米、橄榄和苜蓿上防治鞘翅目、鳞翅目、半翅目、啮虫目害虫。

包装与储运

包装标志 杂类

包装类别 Ⅲ类

安全储运 储存于阴凉、通风的库房。远离火种、热源。应与强氧化剂、强碱等隔离储运。搬运时轻装轻卸，防止容器受损。

紧急处置信息

急救措施

吸入：迅速脱离现场至空气新鲜处。保持呼吸道通畅。如呼吸困难，给输氧。呼吸、心跳停止，立即进行心肺复苏术。就医。

眼睛接触：分开眼睑，用流动清水或生理盐水冲洗。就医。

皮肤接触：立即脱去污染的衣着，用肥皂水及流动清水彻底冲洗污染的皮肤、头发、指甲等。就医。

食入：饮足量温水，催吐(仅限于清醒者)。口服活性炭。就医。

解毒剂：阿托品、胆碱酯酶复能剂。

灭火方法 消防人员须穿全身消防服，佩戴防毒面具，在上风向灭火。尽可能将容器从火场移至空旷处。喷水保持火场容器冷却，直至灭火结束。处在火场中的容器若发生异常变化或发出异常声音，须马上撤离。

本品不易燃，根据着火原因选择适当灭火剂灭火。

泄漏应急处置 根据液体流动和蒸气扩散的影响区域划定警戒区，无关人员从侧风、上风向撤离至安全区。消除点火源。应急人员应戴正压自给式呼吸器，穿防毒服，戴橡胶手套。禁止接触破裂的容器和泄漏物。尽可能切断泄漏源，防止泄漏物进入水体、下水道、地下室或有限空间。小量泄漏：用砂土或其他不燃材料吸收，用洁净的工具收集于容器中。大量泄漏：构筑围堤或挖坑收容泄漏物。用泵转移至槽车或专用收集器内。

928. 乙酸(甲基-*ONN*-氧化偶氮基)甲酯

标　识

中文名称 乙酸(甲基-*ONN*-氧化偶氮基)甲酯

英文名称 Methyl-*ONN*-azoxymethyl acetate；Methyl azoxy methyl acetate

别名 甲基氧化偶氮甲基醋酸酯

分子式 $C_4H_8N_2O_3$

CAS号 592-62-1

危害信息

燃烧与爆炸危险性 可燃。蒸气比空气重，沿地面扩散并易积存于低洼处，遇火源会着火回燃。

禁忌物　强氧化剂。

毒性　小鼠经口 *LDLo*：35mg/kg。

IARC 致癌性评论：G2B，可疑人类致癌物。

欧盟法规 1272/2008/EC 将本品列为第 1B 类致癌物——可能对人类有致癌能力；第 1B 类生殖毒物——可能的人类生殖毒物。

侵入途径　吸入、食入。

理化特性与用途

理化特性　无色透明液体。溶于水。沸点 191℃，相对密度(水=1)1.172，相对蒸气密度(空气=1)4.55，闪点 98℃。

主要用途　用于研究和用作合成中间体。

包装与储运

安全储运　储存于阴凉、通风的库房。远离火种、热源。保持容器密封。应与强氧化剂等隔离储运。搬运时轻装轻卸，防止容器受损。

紧急处置信息

急救措施

吸入：迅速脱离现场至空气新鲜处。保持呼吸道通畅。如呼吸困难，给输氧。呼吸、心跳停止，立即进行心肺复苏术。就医。

眼睛接触：立即分开眼睑，用流动清水或生理盐水彻底冲洗。就医。

皮肤接触：立即脱去污染的衣着，用肥皂水和清水彻底冲洗。就医。

食入：漱口，饮水。就医。

灭火方法　消防人员须穿全身消防服，佩戴防毒面具，在上风向灭火。尽可能将容器从火场移至空旷处。喷水保持火场容器冷却，直至灭火结束。处在火场中的容器若发生异常变化或发出异常声音，须马上撤离。

根据着火原因选择适当灭火剂灭火。

泄漏应急处置　根据液体流动和蒸气扩散的影响区域划定警戒区，无关人员从侧风、上风向撤离至安全区。消除点火源。应急人员应戴正压自给式呼吸器，穿防毒服，戴橡胶手套。禁止接触破裂的容器和泄漏物。尽可能切断泄漏源，防止泄漏物进入水体、下水道、地下室或有限空间。小量泄漏：用砂土或其他不燃材料吸收，用洁净的工具收集于容器中。大量泄漏：构筑围堤或挖坑收容泄漏物。用泵转移至槽车或专用收集器内。

929. 乙酸铅(Ⅱ)

标　识

中文名称　乙酸铅(Ⅱ)

英文名称　Lead(Ⅱ)acetate；Lead diacetate

别名　醋酸铅

分子式　$C_4H_6O_4 \cdot Pb$

O　Pb^{2+}　O
O^-　O^-

929. 乙酸铅(Ⅱ)

CAS 号 301-04-2

铁危编号 61853

UN 号 1616

危害信息

危险性类别 第 6 类 有毒品

燃烧与爆炸危险性 不燃，在高温火场中放出刺激性的烟雾。高温火场中受热的容器有破裂和爆炸的危险。

禁忌物 强氧化剂。

中毒表现 铅及其化合物损害造血、神经、消化系统及肾脏。职业中毒主要为慢性。神经系统主要表现为神经衰弱综合征、周围神经病(以运动功能受累较明显)，重者出现铅中毒性脑病。消化系统表现有齿龈铅线、食欲不振、恶心、腹胀、腹泻或便秘；腹绞痛见于中度及重度中毒病例。造血系统损害出现卟啉代谢障碍、贫血等。短时大量接触可发生急性或亚急性中毒，表现类似重症慢性铅中毒。对肾脏损害多见于急性、亚急性中毒或较重慢性病例。

侵入途径 吸入、食入。

职业接触限值 美国(ACGIH)：TLV-TWA 0.05mg/m^3[按 Pb 计]。

环境危害 对水生生物有极高毒性，可能在水生环境中造成长期不利影响。

理化特性与用途

理化特性 无色或白色至灰白色结晶或白色粉末，稍有醋酸气味。溶于水，溶于乙醇。pH 值 5.5~6.5(5%水溶液，25℃)，熔点 280℃，沸点(分解)，相对密度(水=1)3.25，辛醇/水分配系数-0.08。

主要用途 用作油漆催干剂、颜料、染发剂、分析试剂，用于制杀虫剂、铅化合物、防污漆等。

包装与储运

包装标志 有毒品

包装类别 Ⅲ类

安全储运 储存于阴凉、通风的库房。远离火种、热源。库温不超过 35℃。相对湿度不超过 85%。包装密封。应与强氧化剂、食用化学品分开存放，切忌混储。配备相应品种和数量的消防器材。储区应备有合适的材料收容泄漏物。

紧急处置信息

急救措施

吸入：迅速脱离现场至空气新鲜处。保持呼吸道通畅。如呼吸困难，给输氧。呼吸、心跳停止，立即进行心肺复苏术。就医。

眼睛接触：立即分开眼睑，用流动清水或生理盐水彻底冲洗。就医。

皮肤接触：立即脱去污染的衣着，用肥皂水和清水彻底冲洗。就医。

食入：漱口，饮水。就医。

解毒剂：依地酸二钠钙、二巯基丁二酸钠、二巯基丁二酸等。

灭火方法 消防人员须穿全身消防服，在上风向灭火。尽可能将容器从火场移至空旷处。喷水保持火场容器冷却，直至灭火结束。

根据着火原因选择适当灭火剂灭火。

泄漏应急处置 隔离泄漏污染区，限制出入。建议应急处理人员戴防尘口罩，穿防毒服，戴橡胶手套。穿上适当的防护服前严禁接触破裂的容器和泄漏物。尽可能切断泄漏源。用塑料布覆盖泄漏物，减少飞散。勿使水进入包装容器内。用洁净的铲子收集泄漏物，置于干净、干燥、盖子较松的容器中，将容器移离泄漏区。

930. 乙酸铅(Ⅱ)三水合物

标识

中文名称 乙酸铅(Ⅱ)三水合物

英文名称 Lead(Ⅱ)acetate trihydrate; Lead acetate trihydrate

别名 醋酸铅三水合物

分子式 $C_4H_6O_4 \cdot Pb \cdot 3H_2O$

CAS 号 6080-56-4

铁危编号 61853

UN 号 1616

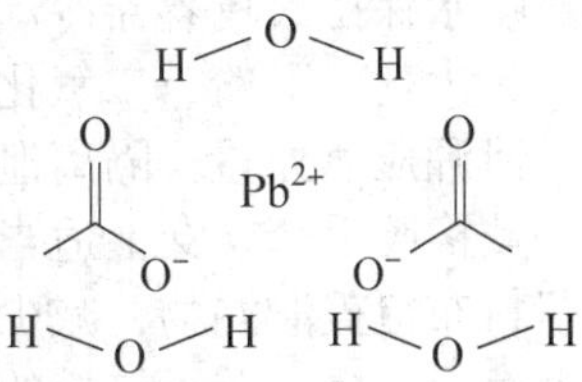

危害信息

危险性类别 第 6 类 有毒品

燃烧与爆炸危险性 无特殊燃爆特性。

禁忌物 强氧化剂

中毒表现 铅及其化合物损害造血、神经、消化系统及肾脏。职业中毒主要为慢性。神经系统主要表现为神经衰弱综合征、周围神经病(以运动功能受累较明显)，重者出现铅中毒性脑病。消化系统表现有齿龈铅线、食欲不振、恶心、腹胀、腹泻或便秘；腹绞痛见于中度及重度中毒病例。造血系统损害出现卟啉代谢障碍、贫血等。短时大量接触可发生急性或亚急性中毒，表现类似重症慢性铅中毒。对肾脏损害多见于急性、亚急性中毒或较重慢性病例。

侵入途径 吸入、食入。

职业接触限值 美国(ACGIH)：TLV-TWA 0.05mg/m^3[按 Pb 计]。

环境危害 对水生生物有极高毒性，可能在水生环境中造成长期不利影响。

理化特性与用途

理化特性 白色结晶或粉末，工业品常常是褐色或灰色的大块，稍有醋酸气味。易溶于水，微溶于乙醇，易溶于甘油。pH 值 5.5~6.5(5%水溶液，25℃)，熔点 75℃，分解温度 200℃，相对密度(水=1)2.55，相对蒸气密度(空气=1)13.1。

主要用途 用作颜料、稳定剂及催化剂；制取铅盐、铅颜料；也用于生物染色、有机合成和制药工业。

包装与储运

包装标志 有毒品

包装类别 Ⅲ类

安全储运 储存于阴凉、通风的库房。远离火种、热源。库温不超过 35℃。相对湿度不超过85%。包装密封。应与强氧化剂、食用化学品分开存放，切忌混储。配备相应品种和数量的消防器材。储区应备有合适的材料收容泄漏物。

紧急处置信息

急救措施

吸入：迅速脱离现场至空气新鲜处。保持呼吸道通畅。如呼吸困难，给输氧。呼吸、心跳停止，立即进行心肺复苏术。就医。

眼睛接触：立即分开眼睑，用流动清水或生理盐水彻底冲洗。就医。

皮肤接触：立即脱去污染的衣着，用肥皂水和清水彻底冲洗。就医。

食入：漱口，饮水。就医。

解毒剂：依地酸二钠钙、二巯基丁二酸钠、二巯基丁二酸等。

灭火方法 消防人员须穿全身消防服，在上风向灭火。尽可能将容器从火场移至空旷处。喷水保持火场容器冷却，直至灭火结束。

灭火剂：干粉、二氧化碳、水。

泄漏应急处置 隔离泄漏污染区，限制出入。建议应急处理人员戴防尘口罩，穿防毒服，戴橡胶手套。穿上适当的防护服前严禁接触破裂的容器和泄漏物。尽可能切断泄漏源。用塑料布覆盖泄漏物，减少飞散。勿使水进入包装容器内。用洁净的铲子收集泄漏物，置于干净、干燥、盖子较松的容器中，将容器移离泄漏区。

931. 乙酸锌(二水合物)

标　识

中文名称 乙酸锌(二水合物)

英文名称 Zinc acetate dihydrate；Zinc(Ⅱ)acetate dihydrate

别名 二水合醋酸锌

分子式 $C_4H_6O_4 \cdot Zn \cdot 2H_2O$

CAS号 5970-45-6

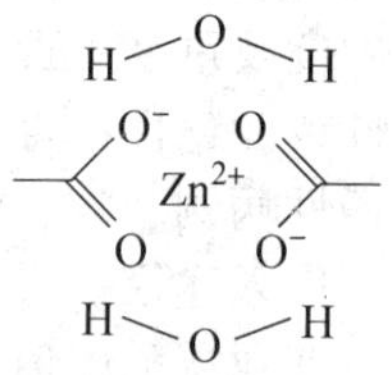

危害信息

燃烧与爆炸危险性 无特殊燃爆特性。具有腐蚀性。

毒性 大鼠经口 LD_{50}：794mg/kg；小鼠经口 LD_{50}：287mg/kg。

中毒表现 食入有害。对皮肤有轻度刺激性。

侵入途径 吸入、食入。

理化特性与用途

理化特性 白色单斜片状晶体或白色粉末，微带醋酸味。溶于水，溶于乙醇，不溶于碱类，溶于稀无机酸。pH值6.0～8.0(50g/L水溶液，25℃)，熔点237℃，失水温度100℃，沸点(分解)，相对密度(水=1)1.84，相对蒸气密度(空气=1)6.3。

主要用途 用作醋酸乙烯、聚乙烯醇生产催化剂，印染媒染剂，医药收敛剂，木材防腐剂，瓷器釉料等。

包装与储运

安全储运 储存于阴凉、通风的库房。远离火种、热源。

紧急处置信息

急救措施

吸入：迅速脱离现场至空气新鲜处。保持呼吸道通畅。如呼吸困难，给输氧。呼吸、心跳停止，立即进行心肺复苏术。就医。

眼睛接触：立即分开眼睑，用流动清水或生理盐水彻底冲洗。就医。

皮肤接触：立即脱去污染的衣着，用肥皂水和清水彻底冲洗。就医。

食入：漱口，饮水。就医。

灭火方法 消防人员须穿全身消防服，佩戴空气呼吸器，在上风向灭火。尽可能将容器从火场移至空旷处。喷水保持火场容器冷却，直至灭火结束。

根据着火原因选择适当灭火剂灭火。

泄漏应急处置 隔离泄漏污染区，限制出入。建议应急处理人员戴防尘口罩，穿耐腐蚀、防毒服，戴防护手套。穿上适当的防护服前严禁接触破裂的容器和泄漏物。尽可能切断泄漏源。用塑料布覆盖泄漏物，减少飞散。勿使水进入包装容器内。用洁净的铲子收集泄漏物，置于干净、干燥、盖子较松的容器中，将容器移离泄漏区。

932. 乙酸乙基丁酯

标　识

中文名称 乙酸乙基丁酯

英文名称 2-Ethylbutyl acetate；Acetic acid，2-ethylbutyl ester

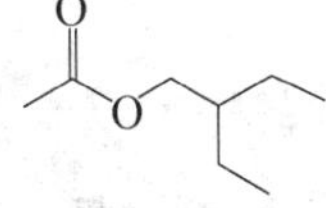

分子式 $C_8H_{16}O_2$

CAS 号 10031-87-5

铁危编号 32096

危害信息

危险性类别 第 3 类 易燃液体

燃烧与爆炸危险性 可燃，其蒸气与空气混合能形成爆炸性混合物。遇明火、高热易燃烧或爆炸。在高温火场中，受热的容器或储罐有破裂和爆炸的危险。

禁忌物 氧化剂、酸碱。

侵入途径 吸入、食入。

理化特性与用途

理化特性 无色至黄色透明液体。不溶于水，溶于乙醇。熔点 -100℃，沸点 161~163℃，相对密度(水=1)0.876，饱和蒸气压 0.29kPa(25℃)，辛醇/水分配系数 2.76，闪点 53℃(闭杯)。

主要用途 用于合成用于饮料、糖果、冰淇淋的水果香料。

包装与储运

包装标志 易燃液体

包装类别 Ⅲ类

安全储运 储存于阴凉、通风的库房。远离火种、热源，避免阳光直射。储存温度不超过37℃。炎热季节早晚运输，应与氧化剂、酸碱等隔离储运。禁止使用易产生火花的机械设备和工具。灌装时注意流速，防止静电积聚。配备相应品种和数量的消防器材。储区应备有泄漏应急处理设备和合适的收容材料。搬运时轻装轻卸，防止容器受损。

紧急处置信息

急救措施

吸入：脱离接触。如有不适感，就医。

眼睛接触：分开眼睑，用流动清水或生理盐水冲洗。如有不适感，就医。

皮肤接触：脱去污染的衣着，用流动清水冲洗。如有不适感，就医。

食入：漱口，饮水。就医。

灭火方法 消防人员须穿全身消防服，佩戴防毒面具，在上风向灭火。尽可能将容器从火场移至空旷处。喷水保持火场容器冷却，直至灭火结束。处在火场中的容器若发生异常变化或发出异常声音，须马上撤离。

灭火剂：雾状水、泡沫、二氧化碳、干粉、砂土。

泄漏应急处置 消除所有点火源。根据液体流动和蒸气扩散的影响区域划定警戒区，无关人员从侧风、上风向撤离至安全区。建议应急处理人员戴正压自给式呼吸器，穿防静电服，戴橡胶手套。作业时使用的所有设备应接地。禁止接触或跨越泄漏物。尽可能切断泄漏源。防止泄漏物进入水体、下水道、地下室或有限空间。小量泄漏：用砂土或其他不燃材料吸收。使用洁净的无火花工具收集吸收材料。大量泄漏：构筑围堤或挖坑收容。用泡沫覆盖，减少蒸发。喷水雾能减少蒸发，但不能降低泄漏物在有限空间内的易燃性。用防爆泵转移至槽车或专用收集器内。

933. 2,2′-(1,2-乙烯二基双((3-磺基-4,1-亚苯基)亚氨基(6-(2-氰乙基)(2-羟基丙基)氨基)-1,3,5-三嗪-4,2-二基)亚氨基)双-1,4-苯二磺酸六钠盐

标　识

中文名称 2,2′-(1,2-乙烯二基双((3-磺基-4,1-亚苯基)亚氨基(6-(2-氰乙基)(2-羟基丙基)氨基)-1,3,5-三嗪-4,2-二基)亚氨基)双-1,4-苯二磺酸六钠盐

英文名称 Hexasodium 2,2′-vinylenebis((3-sulfonato-4,1-phenylene)imino(6-(*N*-cyanoethyl-*N*-(2-hydroxypropyl) amino) - 1, 3, 5 - triazine-4, 2-diyl) imino) dibenzene-1,4-disulfonate

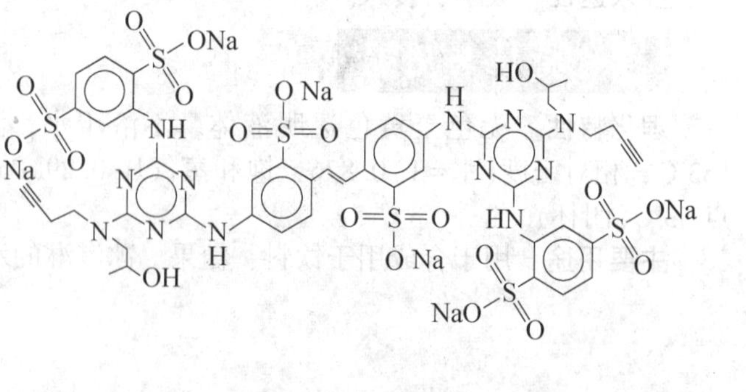

分子式 $C_{44}H_{40}N_{14}Na_6O_{20}S_6$

CAS 号 76508-02-6

危害信息

燃烧与爆炸危险性 无特殊燃爆特性。

禁忌物 强氧化剂。

中毒表现 对眼有刺激性。

侵入途径 吸入、食入。

包装与储运

安全储运 储存于阴凉、通风的库房。远离火种、热源。应与强氧化剂等隔离储运。

紧急处置信息

急救措施

吸入：迅速脱离现场至空气新鲜处。保持呼吸道通畅。如呼吸困难，给输氧。呼吸、心跳停止，立即进行心肺复苏术。就医。

眼睛接触：立即分开眼睑，用流动清水或生理盐水彻底冲洗。就医。

皮肤接触：立即脱去污染的衣着，用肥皂水和清水彻底冲洗。就医。

食入：漱口，饮水。就医。

灭火方法 消防人员须穿全身消防服，佩戴空气呼吸器，在上风向灭火。尽可能将容器从火场移至空旷处。

根据着火原因选择适当灭火剂灭火。

泄漏应急处置 隔离泄漏污染区，限制出入。建议应急处理人员戴防尘口罩，穿防毒服，戴橡胶手套。穿上适当的防护服前严禁接触破裂的容器和泄漏物。尽可能切断泄漏源。用塑料布覆盖泄漏物，减少飞散。勿使水进入包装容器内。用洁净的铲子收集泄漏物，置于干净、干燥、盖子较松的容器中，将容器移离泄漏区。

934. 乙烯硅

标 识

中文名称 乙烯硅

英文名称 6-(2-Chloroethyl)-6-(2-methoxyethoxy)-2,5,7,10-tetraoxa-6-silaundecane；Etacelasil

别名 2-氯乙基-三(2-甲氧基乙氧基)硅烷

分子式 $C_{11}H_{25}ClO_6Si$

CAS 号 37894-46-5

O
O
Cl
—O O—Si
O O

危害信息

燃烧与爆炸危险性 可燃。

禁忌物 强氧化剂。

毒性 大鼠经口 LD_{50}：878mg/kg；大鼠吸入 LC_{50}：>3700mg/m^3(4h)；大鼠经皮 LD_{50}：>3100mg/kg。

欧盟法规 1272/2008/EC 将本品列为第 1B 类生殖毒物——可能的人类生殖毒物。

中毒表现 食入有害。

侵入途径 吸入、食入、经皮吸收。

理化特性与用途

理化特性 无色液体。微溶于水，与苯、二氯甲烷、甲醇、正辛醇混溶。沸点 85℃(1.33Pa)、316.3℃，相对密度(水=1)1.07，饱和蒸气压 27mPa(20℃)，辛醇/水分配系数 -0.75，闪点 121℃。

主要用途 植物生长调节剂。主要用于油橄榄促使落果。

包装与储运

安全储运 储存于阴凉、通风的库房。远离火种、热源。应与强氧化剂等隔离储运。搬运时轻装轻卸，防止容器受损。

紧急处置信息

急救措施

吸入：迅速脱离现场至空气新鲜处。保持呼吸道通畅。如呼吸困难，给输氧。呼吸、心跳停止，立即进行心肺复苏术。就医。

眼睛接触：立即分开眼睑，用流动清水或生理盐水彻底冲洗。就医。

皮肤接触：立即脱去污染的衣着，用肥皂水和清水彻底冲洗。就医。

食入：漱口，饮水。就医。

灭火方法 消防人员须穿全身消防服，佩戴防毒面具，在上风向灭火。尽可能将容器从火场移至空旷处。喷水保持火场容器冷却，直至灭火结束。

根据着火原因选择适当灭火剂灭火。

泄漏应急处置 根据液体流动和蒸气扩散的影响区域划定警戒区，无关人员从侧风、上风向撤离至安全区。消除点火源。应急人员应戴正压自给式呼吸器，穿防毒服，戴橡胶手套。穿上适当的防护服前严禁接触破裂的容器和泄漏物。勿使水进入包装容器内。尽可能切断泄漏源。防止泄漏物进入水体、下水道、地下室或有限空间。小量泄漏：用干燥的砂土或其他不燃材料覆盖泄漏物。大量泄漏：构筑围堤或挖坑收容，用泵转移到槽车或专用收集器内。

935. 1-乙烯基-2-吡咯烷酮

标　识

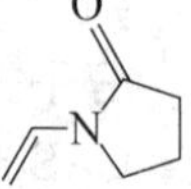

中文名称 1-乙烯基-2-吡咯烷酮

英文名称 1-Vinyl-2-pyrrolidone；1-Ethenyl-2-pyrrolidinone

别名 *N*-乙烯基吡咯烷酮

分子式 C_6H_9NO

CAS 号 88-12-0

危害信息

燃烧与爆炸危险性 易燃，其蒸气与空气混合能形成爆炸性混合物，遇明火、高热易

燃烧爆炸。

禁忌物 强氧化剂。

毒性 大鼠经口 LD_{50}：1470mg/kg；大鼠吸入 LC_{50}：3200mg/m^3(4h)；兔经皮 LD_{50}：560mg/kg。

欧盟法规 1272/2008/EC 将本品列为第 2 类致癌物——可疑的人类致癌物。

中毒表现 食入、吸入或经皮肤吸收对身体有害。眼接触引起严重损害。对呼吸道有刺激性。长期反复接触可能对身体造成危害。

侵入途径 吸入、食入、经皮吸收。

职业接触限值 美国(ACGIH)：TLV-TWA 0.05ppm。

理化特性与用途

理化特性 无色至黄色透明液体。溶于水，溶于许多有机溶剂。熔点 13℃，沸点 90~93℃(1.3kPa)，相对密度(水=1)1.04，相对蒸气密度(空气=1)3.83，饱和蒸气压 12Pa(20℃)，辛醇/水分配系数 0.37，闪点 100.5℃(开杯)、95℃(闭杯)，引燃温度 240℃，爆炸下限 1.4%，爆炸上限 10.0%。

主要用途 用作树脂溶剂、共聚单体，用于化妆品和医药工业。

包装与储运

安全储运 储存于阴凉、通风的库房。远离火种、热源。保持容器密闭。应与强氧化剂、酸碱、醇类等隔离储运。搬运时轻装轻卸，防止容器受损。

紧急处置信息

急救措施

吸入：迅速脱离现场至空气新鲜处。保持呼吸道通畅。如呼吸困难，给输氧。呼吸、心跳停止，立即进行心肺复苏术。就医。

眼睛接触：立即分开眼睑，用流动清水或生理盐水彻底冲洗 5~10min。就医。

皮肤接触：立即脱去污染的衣着，用肥皂水和清水彻底冲洗。就医。

食入：漱口，饮水。就医。

灭火方法 消防人员须穿全身消防服，佩戴空气呼吸器，在上风向灭火。尽可能将容器从火场移至空旷处。喷水保持火场容器冷却，直至灭火结束。处在火场中的容器若发生异常变化或发出异常声音，须马上撤离。

灭火剂：泡沫、二氧化碳。

泄漏应急处置 根据液体流动和蒸气扩散的影响区域划定警戒区，无关人员从侧风、上风向撤离至安全区。消除所有点火源。建议应急处理人员戴防毒面具，穿防毒服，戴橡胶手套。穿上适当的防护服前严禁接触破裂的容器和泄漏物。尽可能切断泄漏源。防止泄漏物进入水体、下水道、地下室或有限空间。小量泄漏：用干燥的砂土或其他不燃材料吸收或覆盖，收集于容器中。大量泄漏：构筑围堤或挖坑收容。用泵转移至槽车或专用收集器内。

936. 乙烯基甲苯

标　识

中文名称 乙烯基甲苯

936. 乙烯基甲苯

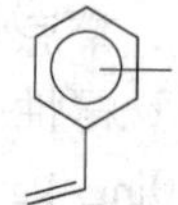

英文名称 Styrene，methyl-；Vinyl toluene

分子式 C_9H_{10}

CAS 号 25013-15-4

铁危编号 32043

UN 号 2618

危害信息

危险性类别 第 3 类 易燃液体

燃烧与爆炸危险性 易燃，其蒸气与空气混合能形成爆炸性混合物，遇明火、高热易燃烧爆炸。在高温火场中，受热的容器有破裂和爆炸的危险。蒸气比空气重，能在较低处扩散到相当远的地方，遇火源会着火回燃和爆炸(闪爆)。

禁忌物 氧化剂。

毒性 大鼠经口 LD_{50}：2255mg/kg；小鼠经口 LD_{50}：3160mg/kg；小鼠吸入 LC_{50}：3020mg/m^3(4h)；大鼠经皮 *LDLo*：4500mg/kg。

中毒表现 对眼、皮肤和呼吸道有刺激性。影响中枢神经系统，吸入后出现头痛、头晕、嗜睡等症状。食入引起腹痛、恶心和呕吐。长期或反复皮肤接触引起皮炎；对肝脏有影响，引起脂肪变性。

侵入途径 吸入、食入、经皮吸收。

职业接触限值 美国(ACGIH)：TLV-TWA 50ppm；TLV-STEL 100ppm。

理化特性与用途

理化特性 无色透明液体，有强烈的令人讨厌的气味。不溶于水，溶于甲醇、乙醇、乙醚、丙酮、四氯化碳、苯、庚烷等。熔点-77℃，沸点 170~173℃，相对密度(水=1) 0.9~0.92，相对蒸气密度(空气=1)4.08，饱和蒸气压 0.15kPa(20℃)，临界温度 382℃，临界压力 4.19MPa，燃烧热-4816.54kJ/mol，辛醇/水分配系数 3.58，闪点 45~53℃(闭杯)，引燃温度 489~515℃，爆炸下限 0.8%，爆炸上限 11%。

主要用途 用作共聚单体制塑料、涂料，用作不饱和聚酯反应稀释剂、化学中间体等。

包装与储运

包装标志 易燃液体

包装类别 Ⅲ类

安全储运 储存于阴凉、通风的库房。远离火种、热源。库温不宜超过 37℃。保持容器密封。应与氧化剂等分开存放，切忌混储。采用防爆型照明、通风设施。禁止使用易产生火花的机械设备和工具。灌装时注意流速，防止静电积聚。配备相应品种和数量的消防器材。储区应备有泄漏应急处理设备和合适的收容材料。搬运时轻装轻卸，防止容器受损。

紧急处置信息

急救措施

吸入： 迅速脱离现场至空气新鲜处。保持呼吸道通畅。如呼吸困难，给输氧。呼吸、心跳停止，立即进行心肺复苏术。就医。

眼睛接触： 立即分开眼睑，用流动清水或生理盐水彻底冲洗。就医。

皮肤接触： 立即脱去污染的衣着，用肥皂水和清水彻底冲洗。就医。

食入： 漱口，饮水。就医。

灭火方法 消防人员须穿全身消防服，佩戴空气呼吸器，在上风向灭火。尽可能将容器从火场移至空旷处。喷水保持火场容器冷却，直至灭火结束。处在火场中的容器若发生异常变化或发出异常声音，须马上撤离。

灭火剂：干粉、泡沫、二氧化碳。

泄漏应急处置 消除所有点火源。根据液体流动和蒸气扩散的影响区域划定警戒区，无关人员从侧风、上风向撤离至安全区。建议应急处理人员戴正压自给式呼吸器，穿防静电、防毒服，戴橡胶耐油手套。作业时使用的所有设备应接地。禁止接触或跨越泄漏物。尽可能切断泄漏源。防止泄漏物进入水体、下水道、地下室或有限空间。小量泄漏：用砂土或其他不燃材料吸收。使用洁净的无火花工具收集吸收材料。大量泄漏：构筑围堤或挖坑收容。用泡沫覆盖，减少蒸发。喷水雾能减少蒸发，但不能降低泄漏物在有限空间内的易燃性。用防爆泵转移至槽车或专用收集器内。

937. *O,O′*-(乙烯基甲基亚甲硅基)二((4-甲基戊-2-酮)肟)

标　识

中文名称 *O,O′*-(乙烯基甲基亚甲硅基)二((4-甲基戊-2-酮)肟)

英文名称 *O,O′*-(Ethenylmethylsilylene)di((4-methylpentan-2-one)oxime)

分子式 $C_{15}H_{30}N_2O_2Si$

CAS 号 156145-66-3

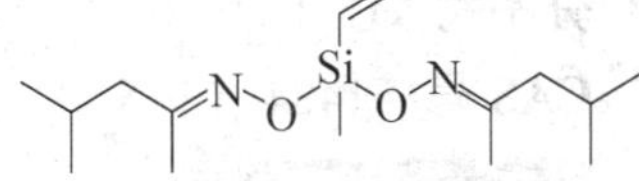

危害信息

燃烧与爆炸危险性 可燃。

禁忌物 强氧化剂。

毒性 欧盟法规 1272/2008/EC 将本品列为第 2 类生殖毒物——可疑的人类生殖毒物。

中毒表现 食入有害。长期反复接触对身体器官可能造成损害。

侵入途径 吸入、食入。

理化特性与用途

理化特性 不溶于水。沸点 324℃，相对密度(水=1)0.9，饱和蒸气压 0.06Pa(25℃)，辛醇/水分配系数 5.9，闪点 150℃。

主要用途 用作制造密封剂的成分。

包装与储运

安全储运 储存于阴凉、通风的库房。远离火种、热源。应与强氧化剂等隔离储运。搬运时轻装轻卸，防止容器受损。

紧急处置信息

急救措施

吸入： 迅速脱离现场至空气新鲜处。保持呼吸道通畅。如呼吸困难，给输氧。呼吸、心跳停止，立即进行心肺复苏术。就医。

眼睛接触：立即分开眼睑，用流动清水或生理盐水彻底冲洗。就医。

皮肤接触：立即脱去污染的衣着，用肥皂水和清水彻底冲洗。就医。

食入：漱口，饮水。就医。

灭火方法　消防人员须穿全身消防服，佩戴空气呼吸器，在上风向灭火。尽可能将容器从火场移至空旷处。喷水保持火场容器冷却，直至灭火结束。

灭火剂：泡沫、二氧化碳、干粉。

泄漏应急处置　根据液体流动和蒸气扩散的影响区域划定警戒区，无关人员从侧风、上风向撤离至安全区。消除点火源。应急人员应戴正压自给式呼吸器，穿防毒服，带橡胶手套。禁止接触或跨越泄漏物。尽可能切断泄漏源。防止泄漏物进入水体、下水道、地下室或有限空间。小量泄漏：用砂土或其他不燃材料吸收。使用洁净的无火花工具收集吸收材料。大量泄漏：构筑围堤或挖坑收容。用泵转移至槽车或专用收集器内。

938. N-乙烯基咔唑

标　识

中文名称　*N*-乙烯基咔唑

英文名称　9H-Carbazole，9-ethenyl-；9-vinylcarbazole

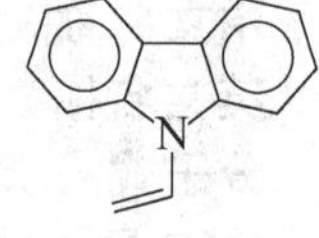

别名　9-乙烯基咔唑

分子式　$C_{14}H_{11}N$

CAS 号　1484-13-5

危害信息

危险性类别　第 6 类　有毒品

燃烧与爆炸危险性　可燃，粉体与空气混合能形成爆炸性混合物，遇明火、高热易燃烧爆炸。

禁忌物　氧化剂。

毒性　大鼠经口 LD_{50}：50mg/kg。

欧盟法规 1272/2008/EC 将本品列为第 2 类生殖细胞致突变物——由于可能导致人类生殖细胞可遗传突变而引起人们关注的物质。

中毒表现　食入或经皮肤吸收。对皮肤有刺激性和致敏性。

侵入途径　吸入、食入、经皮吸收。

环境危害　对水生生物有极高毒性，可能在水生环境中造成长期不利影响。

理化特性与用途

理化特性　白色至淡黄色结晶固体。不溶于水，溶于甲苯。熔点 60～65℃，沸点 154～155℃(0.4kPa)，相对密度(水=1)1.05，饱和蒸气压 0.03Pa(25℃)，辛醇/水分配系数 4.61，闪点 152℃。

主要用途　用于生产塑料，用作有机合成中间体。

包装与储运

包装标志　有毒品

包装类别 Ⅲ类

安全储运 储存于阴凉、通风的库房。远离火种、热源。库温不超过35℃。相对湿度不超过85%。保持容器密封。应与氧化剂等分开存放，切忌混储。配备相应品种和数量的消防器材。储区应备有泄漏应急处理设备和合适的收容材料。

紧急处置信息

急救措施

吸入：迅速脱离现场至空气新鲜处。保持呼吸道通畅。如呼吸困难，给输氧。呼吸、心跳停止，立即进行心肺复苏术。就医。

眼睛接触：立即分开眼睑，用流动清水或生理盐水彻底冲洗。就医。

皮肤接触：立即脱去污染的衣着，用肥皂水和清水彻底冲洗。就医。

食入：漱口，饮水。就医。

灭火方法 消防人员须穿全身消防服，在上风向灭火。尽可能将容器从火场移至空旷处。喷水保持火场容器冷却，直至灭火结束。

灭火剂：雾状水、泡沫、二氧化碳。

泄漏应急处置 消除所有点火源。隔离泄漏污染区，限制出入。建议应急处理人员戴防尘口罩，穿防毒服，戴橡胶手套。禁止接触或跨越泄漏物。尽可能切断泄漏源。用塑料布覆盖，减少飞散。用洁净的铲子收集泄漏物，置于干净、干燥、盖子较松的容器中，将容器移离泄漏区。

939. 乙烯基乙酸异丁酯

标　识

中文名称 乙烯基乙酸异丁酯

英文名称 Isobutyl but-3-enoate；Isobutyl vinylacetate

别名 3-丁烯酸异丁酯

分子式 $C_8H_{14}O_2$

CAS 号 24342-03-8

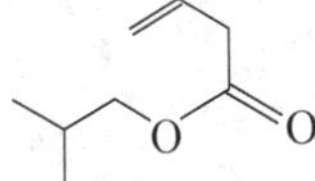

危害信息

危险性类别 第3类 易燃液体

燃烧与爆炸危险性 可燃，其蒸气与空气混合能形成爆炸性混合物。遇明火、高热易燃烧或爆炸。在高温火场中，受热的容器或储罐有破裂和爆炸的危险。

禁忌物 氧化剂、酸碱。

侵入途径 吸入、食入。

理化特性与用途

理化特性 无色或淡黄色透明液体，略带芳香气味。不溶于水，可溶于醇、醚等有机溶剂。沸点50～51℃（2kPa），相对密度（水=1）0.89，饱和蒸气压0.32kPa（25℃），闪点47℃。

主要用途 用作医药和农药中间体。

包装与储运

包装标志　易燃液体

包装类别　Ⅲ类

安全储运　储存于阴凉、通风的库房。远离火种、热源，避免阳光直射。储存温度不超过37℃。炎热季节早晚运输，应与氧化剂、酸碱等隔离储运。禁止使用易产生火花的机械设备和工具。灌装时注意流速，防止静电积聚。配备相应品种和数量的消防器材。储区应备有泄漏应急处理设备和合适的收容材料。搬运时轻装轻卸，防止容器受损。

紧急处置信息

急救措施

吸入：脱离接触。如有不适感，就医。

眼睛接触：分开眼睑，用流动清水或生理盐水冲洗。如有不适感，就医。

皮肤接触：脱去污染的衣着，用流动清水冲洗。如有不适感，就医。

食入：漱口，饮水。就医。

灭火方法　消防人员须穿全身消防服，佩戴防毒面具，在上风向灭火。尽可能将容器从火场移至空旷处。喷水保持火场容器冷却，直至灭火结束。处在火场中的容器若发生异常变化或发出异常声音，须马上撤离。

灭火剂：雾状水、泡沫、二氧化碳、干粉、砂土。

泄漏应急处置　消除所有点火源。根据液体流动和蒸气扩散的影响区域划定警戒区，无关人员从侧风、上风向撤离至安全区。建议应急处理人员戴正压自给式呼吸器，穿防静电服，戴橡胶手套。作业时使用的所有设备应接地。禁止接触或跨越泄漏物。尽可能切断泄漏源。防止泄漏物进入水体、下水道、地下室或有限空间。小量泄漏：用砂土或其他不燃材料吸收。使用洁净的无火花工具收集吸收材料。大量泄漏：构筑围堤或挖坑收容。用泡沫覆盖，减少蒸发。喷水雾能减少蒸发，但不能降低泄漏物在有限空间内的易燃性。用防爆泵转移至槽车或专用收集器内。

940. 乙烯酮

标　识

中文名称　乙烯酮

英文名称　Ketene；Ethenone

分子式　C_2H_2O

O═C═

CAS 号　463-51-4

危害信息

危险性类别　第2.3类　有毒气体

燃烧与爆炸危险性　易燃，与空气混合能形成爆炸性混合物，遇明火、高热易燃烧爆炸。比空气重，能在较低处扩散到相当远的地方，遇火源会着火回燃和爆炸(闪爆)。

禁忌物　氧化剂、酸碱。

毒性　小鼠吸入 *LCLo*：23ppm(30min)；豚鼠吸入 *LCLo*：53ppm(2h)；兔吸入 *LCLo*：53ppm(2h)。

中毒表现 对眼、皮肤和呼吸道有刺激性。吸入引起肺水肿。长期或反复吸入可引起肺气肿和肺纤维化。

侵入途径 吸入。

职业接触限值 中国：PC-TWA 0.8mg/m^3；PC-STEL 2.5mg/m^3。

美国(ACGIH)：TLV-TWA 0.5ppm；TLV-STEL 1.5ppm。

环境危害 对水生生物有害。

理化特性与用途

理化特性 无色气体，有特性气味。与水反应，溶于丙酮，微溶于乙醚。熔点-150℃，沸点-56℃，相对密度(水=1)0.65(-60℃)，相对蒸气密度(空气=1)1.45，饱和蒸气压19.7kPa(-71℃)，燃烧热-1025.4kJ/mol，辛醇/水分配系数-0.52，爆炸下限5.5%，爆炸上限18%。

主要用途 是有机合成的原料。主要用于制造乙酐及作乙酰化试剂。

包装与储运

包装标志 有毒气体，易燃气体

安全储运 储存于阴凉、通风的有毒气体专用库房。须在低温下保存。远离火种、热源。包装要求密封，不可与空气接触。应与氧化剂、酸碱、食用化学品等分开存放，切忌混储。采用防爆型照明、通风设施。禁止使用易产生火花的机械设备和工具。储区应备有泄漏应急处理设备。搬运时轻装轻卸，须戴好钢瓶安全帽和防震橡皮圈，防止钢瓶撞击。

紧急处置信息

急救措施

吸入：迅速脱离现场至空气新鲜处。保持呼吸道通畅。如呼吸困难，给输氧。呼吸、心跳停止，立即进行心肺复苏术。就医。

眼睛接触：立即分开眼睑，用流动清水或生理盐水彻底冲洗。就医。

皮肤接触：立即脱去污染的衣着，用肥皂水和清水彻底冲洗。就医。

灭火方法 消防人员须穿全身消防服，佩戴空气呼吸器，在上风向灭火。尽可能将容器从火场移至空旷处。喷水保持火场容器冷却，直至灭火结束。处在火场中的容器若发生异常变化或发出异常声音，须马上撤离。禁止用水灭火。

灭火剂：干粉、二氧化碳。

泄漏应急处置 根据气体扩散的影响区域划定警戒区，无关人员从侧风、上风向撤离至安全区。消除所有点火源。建议应急处理人员穿内置正压自给式呼吸器的全封闭防化服。禁止接触或跨越泄漏物。尽可能切断泄漏源。防止气体通过下水道、通风系统和有限空间扩散。喷雾状水抑制蒸气或改变蒸气云流向，避免水流接触泄漏物。禁止用水直接冲击泄漏物或泄漏源。隔离泄漏区直至气体散尽。

941. 3-乙酰基-1-苯基吡咯烷-2,4-二酮

标　识

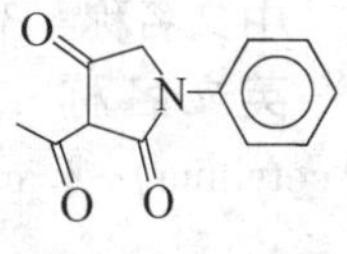

中文名称 3-乙酰基-1-苯基吡咯烷-2,4-二酮

英文名称 3-Acetyl-1-phenyl-pyrrolidine-2，4-dione

分子式　$C_{12}H_{11}NO_3$

CAS 号　719-86-8

危害信息

燃烧与爆炸危险性　可燃。

禁忌物　强氧化剂、酸碱、醇类。

中毒表现　长期反复接触可能对器官造成损害。

侵入途径　吸入、食入。

环境危害　对水生生物有毒，可能在水生环境中造成长期不利影响。

理化特性与用途

理化特性　固体。微溶于水。熔点 145～146℃，沸点 483℃，相对密度(水=1)1.291，辛醇/水分配系数 0.42，闪点 248℃。

包装与储运

包装标志　杂类

包装类别　Ⅲ类

安全储运　储存于阴凉、通风的库房。远离火种、热源。应与强氧化剂、酸碱、醇类等隔离储运。

紧急处置信息

急救措施

吸入：迅速脱离现场至空气新鲜处。保持呼吸道通畅。如呼吸困难，给输氧。呼吸、心跳停止，立即进行心肺复苏术。就医。

眼睛接触：立即分开眼睑，用流动清水或生理盐水彻底冲洗。就医。

皮肤接触：立即脱去污染的衣着，用肥皂水和清水彻底冲洗。就医。

食入：漱口，饮水。就医。

灭火方法　消防人员须穿全身消防服，在上风向灭火。尽可能将容器从火场移至空旷处。喷水保持火场容器冷却直至灭火结束。

灭火剂：泡沫、二氧化碳、干粉。

泄漏应急处置　隔离泄漏污染区，限制出入。消除点火源。建议应急处理人员戴防尘口罩，穿防护服。穿上适当的防护服前严禁接触破裂的容器和泄漏物。尽可能切断泄漏源。用塑料布覆盖泄漏物，减少飞散。勿使水进入包装容器内。用洁净的铲子收集泄漏物，置于干净、干燥、盖子较松的容器中，将容器移离泄漏区。

942. 3-(乙酰硫)-2-甲基丙酸甲酯

标　识

中文名称　3-(乙酰硫)-2-甲基丙酸甲酯

英文名称　Methyl 3-(acetylthio)-2-methyl-propanoate; 3-(Acetylthio)-2-methylpropanoic acid methyl ester

O　O
S　O

分子式 $C_7H_{12}O_3S$

CAS 号 97101-46-7

危害信息

燃烧与爆炸危险性 可燃。

禁忌物 强氧化剂、酸类。

中毒表现 食入有害。对皮肤有致敏性。

侵入途径 吸入、食入。

环境危害 对水生生物有极高毒性，可能在水生环境中造成长期不利影响。

理化特性与用途

理化特性 微溶于水。沸点 232℃，相对密度(水=1)1.108，饱和蒸气压 8Pa(25℃)，辛醇/水分配系数 1.34，闪点 98℃。

包装与储运

包装标志 杂类

包装类别 Ⅲ类

安全储运 储存于阴凉、通风的库房。远离火种、热源。保持容器密闭。应与强氧化剂、酸类等隔离储运。

紧急处置信息

急救措施

吸入： 迅速脱离现场至空气新鲜处。保持呼吸道通畅。如呼吸困难，给输氧。呼吸、心跳停止，立即进行心肺复苏术。就医。

眼睛接触： 立即分开眼睑，用流动清水或生理盐水彻底冲洗。就医。

皮肤接触： 立即脱去污染的衣着，用肥皂水和清水彻底冲洗。就医。

食入： 漱口，饮水。就医。

灭火方法 消防人员须穿全身消防服，佩戴空气呼吸器，在上风向灭火。尽可能将容器从火场移至空旷处。喷水保持火场容器冷却，直至灭火结束。

灭火剂：二氧化碳、泡沫。

泄漏应急处置 根据液体流动和蒸气扩散的影响区域划定警戒区，无关人员从侧风、上风向撤离至安全区。消除所有点火源。建议应急处理人员戴防毒面具，穿防护服，戴橡胶手套。禁止接触或跨越泄漏物。尽可能切断泄漏源。防止泄漏物进入水体、下水道、地下室或有限空间。小量泄漏：用砂土或其他不燃材料吸收。使用洁净的无火花工具收集吸收材料。大量泄漏：构筑围堤或挖坑收容。用泡沫覆盖，减少蒸发。用泵转移至槽车或专用收集器内。

943. 乙酰水杨酸

标　识

中文名称 乙酰水杨酸

英文名称 Aspirin；Acetyl salicylic acid

别名　阿司匹林

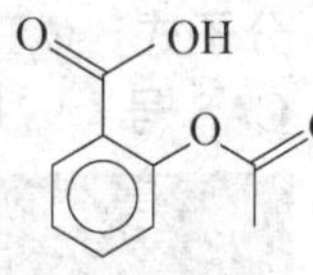

分子式　$C_9H_8O_4$

CAS 号　50-78-2

危害信息

燃烧与爆炸危险性　可燃，粉体与空气混合能形成爆炸性混合物，遇明火、高热易燃烧爆炸。受热易分解，在高温火场中，受热的容器有破裂和爆炸的危险。

禁忌物　强氧化剂、碱类。

毒性　大鼠经口 LD_{50}：950mg/kg；小鼠经口 LD_{50}：250mg/kg。

中毒表现　对眼、皮肤和呼吸道有刺激性。大量食入影响血液和中枢神经系统。

职业接触限值　中国：PC-TWA 5mg/m^3。

理化特性与用途

理化特性　无色至白色结晶或结晶粉末。微溶于水，熔点 135℃，分解温度 140℃，相对密度(水=1)1.4，饱和蒸气压 4mPa(25℃)，辛醇/水分配系数 1.19，闪点 250℃，引燃温度 490℃。

主要用途　药物。用于解热止痛。

包装与储运

安全储运　储存于阴凉、通风的库房。远离火种、热源。保持容器密闭。应与强氧化剂、碱类等隔离储运。

紧急处置信息

急救措施

吸入：迅速脱离现场至空气新鲜处。保持呼吸道通畅。如呼吸困难，给输氧。呼吸、心跳停止，立即进行心肺复苏术。就医。

眼睛接触：立即分开眼睑，用流动清水或生理盐水彻底冲洗。就医。

皮肤接触：立即脱去污染的衣着，用肥皂水和清水彻底冲洗。就医。

食入：漱口，饮水。就医。

灭火方法　消防人员须穿全身消防服，在上风向灭火。尽可能将容器从火场移至空旷处。灭火剂：干粉、二氧化碳。

泄漏应急处置　隔离泄漏污染区，限制出入。消除点火源。建议应急处理人员戴防尘口罩，穿防毒服，戴橡胶手套。穿上适当的防护服前严禁接触破裂的容器和泄漏物。尽可能切断泄漏源。用塑料布覆盖泄漏物，减少飞散。勿使水进入包装容器内。用洁净的铲子收集泄漏物，置于干净、干燥、盖子较松的容器中，将容器移离泄漏区。

944. (3β,5α,6β)-3-(乙酰氧)-5-溴-6-羟基-雄-17-酮

标　识

中文名称　(3β，5α，6β)-3-(乙酰氧)-5-溴-6-羟基-雄-17-酮

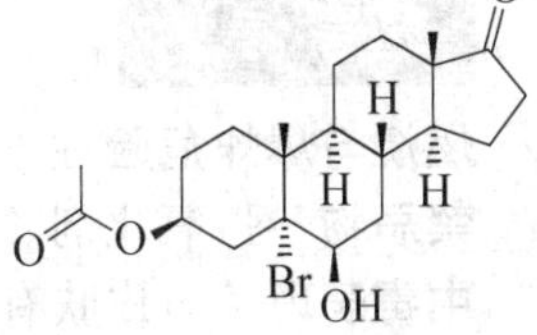

英文名称　(3β, 5α, 6β)-3-(Acetyloxy)-5-bromo-6-hydroxy-androstan-17-one

分子式　$C_{21}H_{31}BrO_4$

CAS 号　4229-69-0

危害信息

燃烧与爆炸危险性　可燃。

禁忌物　强氧化剂、酸碱、醇类。

中毒表现　对皮肤有致敏性。

侵入途径　吸入、食入。

环境危害　对水生生物有害，可能在水生环境中造成长期不利影响。

理化特性与用途

理化特性　固体。不溶于水。熔点183~184℃，沸点497.3℃，相对密度(水=1)1.36，辛醇/水分配系数3.11，闪点255℃。

包装与储运

安全储运　储存于阴凉、通风的库房。远离火种、热源。保持容器密闭。应与强氧化剂、酸碱、醇类等隔离储运。

紧急处置信息

急救措施

吸入：迅速脱离现场至空气新鲜处。保持呼吸道通畅。如呼吸困难，给输氧。呼吸、心跳停止，立即进行心肺复苏术。就医。

眼睛接触：立即分开眼睑，用流动清水或生理盐水彻底冲洗。就医。

皮肤接触：立即脱去污染的衣着，用肥皂水和清水彻底冲洗。就医。

食入：漱口，饮水。就医。

灭火方法　消防人员须穿全身消防服，佩戴空气呼吸器，在上风向灭火。尽可能将容器从火场移至空旷处。

根据着火原因选择适当灭火剂灭火。

泄漏应急处置　隔离泄漏污染区，限制出入。消除点火源。建议应急处理人员戴防尘口罩，穿防护服，戴防护手套。穿上适当的防护服前严禁接触破裂的容器和泄漏物。尽可能切断泄漏源。用塑料布覆盖泄漏物，减少飞散。勿使水进入包装容器内。用洁净的铲子收集泄漏物，置于干净、干燥、盖子较松的容器中，将容器移离泄漏区。

945. 3-乙酰乙酰胺基-4-甲氧基苯磺酸三(2-(2-羟基乙氧基)乙基)铵盐

标　识

中文名称　3-乙酰乙酰胺基-4-甲氧基苯磺酸三(2-(2-羟基乙氧基)乙基)铵盐

英文名称　Tris(2-(2-hydroxyethoxy)ethyl)ammonium 3-acetoacetamido-4-methoxybenzenesulfonate

CAS 号　68030-79-5

危害信息

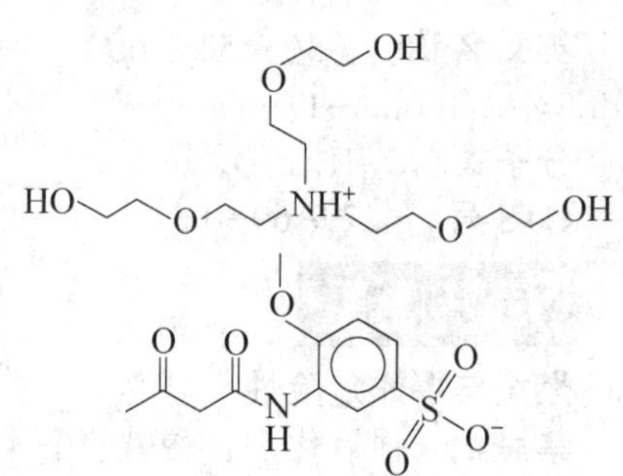

燃烧与爆炸危险性　无特殊燃爆特性。

禁忌物　强氧化剂。

中毒表现　对皮肤有致敏性。

侵入途径　吸入、食入。

包装与储运

安全储运　储存于阴凉、通风的库房。远离火种、热源。应与强氧化剂等隔离储运。

紧急处置信息

急救措施

吸入：迅速脱离现场至空气新鲜处。保持呼吸道通畅。如呼吸困难，给输氧。呼吸、心跳停止，立即进行心肺复苏术。就医。

眼睛接触：立即分开眼睑，用流动清水或生理盐水彻底冲洗。就医。

皮肤接触：立即脱去污染的衣着，用肥皂水和清水彻底冲洗。就医。

食入：漱口，饮水。就医。

灭火方法　消防人员须穿全身消防服，佩戴空气呼吸器，在上风向灭火。尽可能将容器从火场移至空旷处。

根据着火原因选择适当灭火剂灭火。

泄漏应急处置　隔离泄漏污染区，限制出入。建议应急处理人员戴防尘口罩，穿防护服，戴防护手套。穿上适当的防护服前严禁接触破裂的容器和泄漏物。尽可能切断泄漏源。用塑料布覆盖泄漏物，减少飞散。勿使水进入包装容器内。用洁净的铲子收集泄漏物，置于干净、干燥、盖子较松的容器中，将容器移离泄漏区。

946. 2-(4-乙氧基苯基)-2-甲基丙基-3-苯氧基-苄基醚

标　识

中文名称　2-(4-乙氧基苯基)-2-甲基丙基-3-苯氧基-苄基醚

英文名称　2-(4-Ethylphenyl)-2-methylpropyl-3-phenoxy benzyl ether；Etofenprox

别名　醚菊酯

分子式　$C_{25}H_{28}O_3$

CAS 号　80844-07-1

危害信息

燃烧与爆炸危险性　无特殊燃爆特性。

禁忌物　强氧化剂、强酸。

毒性　大鼠经口 LD_{50}：>42800mg/kg；小鼠经口 LD_{50}：>107g/kg；大鼠吸入 LC_{50}：>5900mg/m^3(4h)；大鼠经皮 LD_{50}：>2000mg/kg。

中毒表现　本品属拟除虫菊酯类杀虫剂，该类杀虫剂为神经毒物。吸入引起上呼吸道刺激、头痛、头晕和面部感觉异常。食入引起恶心、呕吐和腹痛。重者出现出现阵发性抽搐、意识障碍、肺水肿，可致死。对眼有刺激性。对皮肤有致敏性。

侵入途径　吸入、食入、经皮吸收。

环境危害　对水生生物有极高毒性，可能在水生环境中造成长期不利影响。

理化特性与用途

理化特性　白色结晶。不溶于水，易溶于丙酮、氯仿、乙酸乙酯。熔点36~38℃，沸点200℃（24Pa），相对密度（水=1）1.157（20℃）、1.067（40℃），饱和蒸气压32mPa（100℃），辛醇/水分配系数7.05。

主要用途　内吸性杀虫剂，对鳞翅目、半翅目、鞘翅目、双翅目等多种害虫有高效。

包装与储运

包装标志　杂类

包装类别　Ⅲ类

安全储运　储存于阴凉、通风的库房。远离火种、热源。保持容器密闭。应与强氧化剂、强酸等隔离储运。

紧急处置信息

急救措施

吸入：迅速脱离现场至空气新鲜处。保持呼吸道通畅。如呼吸困难，给输氧。呼吸、心跳停止，立即进行心肺复苏术。就医。

眼睛接触：立即分开眼睑，用流动清水或生理盐水彻底冲洗。就医。

皮肤接触：立即脱去污染的衣着，用肥皂水和清水彻底冲洗。就医。

食入：漱口，饮水。就医。

灭火方法　消防人员须穿全身消防服，佩戴空气呼吸器，在上风向灭火。尽可能将容器从火场移至空旷处。喷水保持火场容器冷却，直至灭火结束。

根据着火原因选择适当灭火剂灭火。

泄漏应急处置　隔离泄漏污染区，限制出入。建议应急处理人员戴防尘口罩，穿防毒服，戴防护手套。穿上适当的防护服前严禁接触破裂的容器和泄漏物。尽可能切断泄漏源。用塑料布覆盖泄漏物，减少飞散。勿使水进入包装容器内。用洁净的铲子收集泄漏物，置于干净、干燥、盖子较松的容器中，将容器移离泄漏区。

947. 2-乙氧基-2,2′-二甲基乙烷

标　识

中文名称　2-乙氧基-2,2′-二甲基乙烷

英文名称　2-Ethoxy-2-methylpropane；Ethyl t-butyl ether；tert-Butyl Ethyl Ether

别名　乙基叔丁基醚

分子式　$C_6H_{14}O$

CAS号　637-92-3

危害信息

危险性类别　第3类　易燃液体

燃烧与爆炸危险性　易燃，其蒸气与空气混合能形成爆炸性混合物，遇明火、高热易燃烧爆炸。蒸气比空气重，能在较低处扩散到相当远的地方，遇火源会着火回燃和爆炸(闪爆)。

禁忌物　氧化剂、强酸。

毒性　大鼠经口 LD_{50}：7150mg/kg；小鼠经口 LD_{50}：6710mg/kg；大鼠吸入 LC_{50}：36200mg/m^3(4h)；小鼠吸入 LC_{50}：24950mg/m^3(2h)；兔经皮 LD_{50}：>2g/kg。

中毒表现　对眼、皮肤和呼吸道有刺激性。对中枢神经系统有抑制作用，引起头昏、神志丧失。液态本品直接进入呼吸道引起化学性肺炎。长期或反复接触可引起皮炎。

侵入途径　吸入、食入、经皮吸收。

职业接触限值　美国(ACGIH)：TLV-TWA 25ppm。

理化特性与用途

理化特性　无色至淡黄色透明液体。微溶于水。熔点-94℃，沸点73.1℃，相对密度(水=1)0.75，饱和蒸气压16.5kPa(25℃)，临界温度236℃，临界压力2.94MPa，辛醇/水分配系数1.82，闪点-19℃，引燃温度375℃，爆炸下限1.23%，爆炸上限7.7%。

主要用途　用作汽油添加剂。

包装与储运

包装标志　易燃液体

包装类别　Ⅱ类

安全储运　储存于阴凉、通风的库房。远离火种、热源。库温不宜超过37℃。保持容器密封。应与氧化剂、强酸等分开存放，切忌混储。采用防爆型照明、通风设施。禁止使用易产生火花的机械设备和工具。灌装时注意流速，防止静电积聚。配备相应品种和数量的消防器材。储区应备有泄漏应急处理设备和合适的收容材料。搬运时轻装轻卸，防止容器受损。

紧急处置信息

急救措施

吸入：迅速脱离现场至空气新鲜处。保持呼吸道通畅。如呼吸困难，给输氧。呼吸、心跳停止，立即进行心肺复苏术。就医。

眼睛接触：立即分开眼睑，用流动清水或生理盐水彻底冲洗。就医。

皮肤接触：立即脱去污染的衣着，用肥皂水和清水彻底冲洗。就医。

食入：漱口，饮水。禁止催吐。就医。

灭火方法　消防人员须穿全身消防服，在上风向灭火。尽可能将容器从火场移至空旷处。喷水保持火场容器冷却，直至灭火结束。处在火场中的容器，若发生异常变化或发出异常声音，须马上撤离。

灭火剂：抗溶性泡沫、干粉、二氧化碳、水。

泄漏应急处置　消除所有点火源。根据液体流动和蒸气扩散的影响区域划定警戒区，无关人员从侧风、上风向撤离至安全区。建议应急处理人员戴正压自给式呼吸器，穿防静电服，戴橡胶手套。作业时使用的所有设备应接地。禁止接触或跨越泄漏物。尽可能切断泄漏源。防止泄漏物进入水体、下水道、地下室或有限空间。小量泄漏：用砂土或其他不燃材料吸收。使用洁净的无火花工具收集吸收材料。大量泄漏：构筑围堤或挖坑收容。用泡沫覆盖，减少蒸发。喷水雾能减少蒸发，但不能降低泄漏物在有限空间内的易燃性。用防爆泵转移至槽车或专用收集器内。

948. 乙氧喹啉

标 识

中文名称 乙氧喹啉

英文名称 Ethoxyquin；Quinoline，6-ethoxy-1,2-dihydro-2,2,4-trimethyl-

别名 6-乙氧基-2,2,4-三甲基-1,2-二氢喹啉

分子式 $C_{14}H_{19}NO$

CAS 号 91-53-2

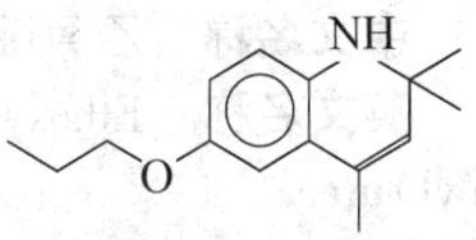

危害信息

燃烧与爆炸危险性 可燃，其蒸气与空气混合能形成爆炸性混合物。受热易分解，放出有毒气体。

禁忌物 强氧化剂。

毒性 大鼠经口 LD_{50}：800mg/kg；小鼠经口 LD_{50}：1584mg/kg。

侵入途径 吸入、食入。

理化特性与用途

理化特性 淡黄色至深棕色透明黏性液体，有硫醇气味。不溶于水，易溶于甲醇、乙醇、丙酮、氯仿、甲苯、己烷等。熔点约0℃，沸点123~125℃(0.27kPa)，相对密度(水=1)1.029~1.031，相对蒸气密度(空气=1)7.48，饱和蒸气压1.76Pa(25℃)，辛醇/水分配系数3.87，闪点137℃。

主要用途 用作饲料添加剂、食品抗氧化剂、水果保鲜剂、橡胶防老剂、杀菌剂等。

包装与储运

安全储运 储存于阴凉、通风的库房。远离火种、热源。应与强氧化剂等隔离储运。搬运时轻装轻卸，防止容器受损。

紧急处置信息

急救措施

吸入：迅速脱离现场至空气新鲜处。保持呼吸道通畅。如呼吸困难，给输氧。呼吸、心跳停止，立即进行心肺复苏术。就医。

眼睛接触：立即分开眼睑，用流动清水或生理盐水彻底冲洗。就医。

皮肤接触：立即脱去污染的衣着，用肥皂水和清水彻底冲洗。就医。

食入：漱口，饮水。就医。

灭火方法 消防人员须穿全身消防服，佩戴空气呼吸器，在上风向灭火。尽可能将容器从火场移至空旷处。喷水保持火场容器冷却，直至灭火结束。处在火场中的容器若发生异常变化或发出异常声音，须马上撤离。

灭火剂：泡沫、二氧化碳、干粉、砂土。

泄漏应急处置 消除所有点火源。根据液体流动和蒸气扩散的影响区域划定警戒区，无关人员从侧风、上风向撤离至安全区。建议应急处理人员戴正压自给式呼吸器，穿防护服，戴橡胶手套。禁止接触或跨越泄漏物。尽可能切断泄漏源。防止泄漏物进入水体、下水道、地下室或有限空间。小量泄漏：用砂土或其他不燃材料吸收。使用洁净的无火花工具收集吸收材料。大量泄漏：构筑围堤或挖坑收容。用泵转移至槽车或专用收集器内。

949. 乙氧嘧磺隆

标　识

中文名称 乙氧嘧磺隆

英文名称 Ethoxysulfuron；1-(4,6-Dimethoxypyrimidin-2-yl)-3-(2-ethoxyphenoxysulfonyl)urea

别名 1-(4,6-二甲氧基嘧啶-2-基)-3-(2-乙氧基苯氧磺酰基)脲

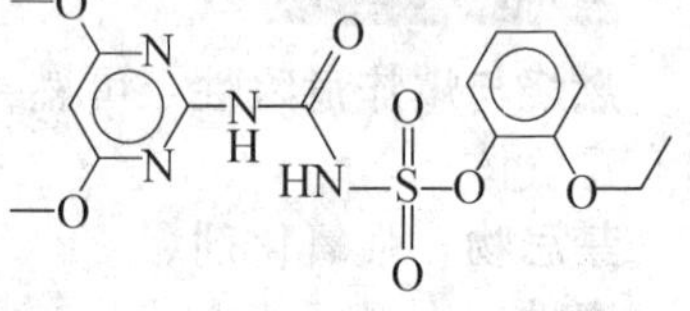

分子式 $C_{15}H_{18}N_4O_7S$

CAS 号 126801-58-9

危害信息

燃烧与爆炸危险性 可燃。

禁忌物 强氧化剂。

毒性 大鼠经口 LD_{50}：2669mg/kg；大鼠吸入 LC_{50}：>3600ppm(4h)；大鼠经皮 LD_{50}：>4000mg/kg。

侵入途径 吸入、食入、经皮吸收。

环境危害 对水生生物有极高毒性，可能在水生环境中造成长期不利影响。

理化特性与用途

理化特性 白色至褐色粉末。不溶于水。熔点 144~147℃，相对密度(水=1)1.48，饱和蒸气压 0.06mPa(20℃)，辛醇/水分配系数 2.89，引燃温度 385℃。

主要用途 除草剂。主要用于防除阔叶杂草和莎草科杂草。

包装与储运

包装标志 杂类

包装类别 Ⅲ类

安全储运 储存于阴凉、通风的库房。远离火种、热源。保持容器密封，注意防潮。应与强氧化剂等隔离储运。

紧急处置信息

急救措施

吸入：迅速脱离现场至空气新鲜处。保持呼吸道通畅。如呼吸困难，给输氧。呼吸、心跳停止，立即进行心肺复苏术。就医。

眼睛接触：立即分开眼睑，用流动清水或生理盐水彻底冲洗。就医。

皮肤接触：立即脱去污染的衣着，用肥皂水和清水彻底冲洗。就医。

食入：漱口，饮水。就医。

灭火方法 消防人员须穿全身消防服，佩戴防毒面具，在上风向灭火。尽可能将容器从火场移至空旷处。喷水保持火场容器冷却，直至灭火结束。

根据着火原因选择适当灭火剂灭火。

泄漏应急处置 隔离泄漏污染区，限制出入。消除点火源。建议应急处理人员戴防尘口罩，穿防护服。穿上适当的防护服前严禁接触破裂的容器和泄漏物。尽可能切断泄漏源。用塑料布覆盖泄漏物，减少飞散。勿使水进入包装容器内。用洁净的铲子收集泄漏物，置于干净、干燥、盖子较松的容器中，将容器移离泄漏区。

950. 钇

标　　识

中文名称 钇

英文名称 Yttrium；Yttrium，elemental

分子式 Y

CAS 号 7440-65-5

危害信息

燃烧与爆炸危险性 可燃，粉体与空气混合能形成爆炸性混合物，遇明火、高热易燃烧爆炸。

禁忌物 强氧化剂。

侵入途径 吸入、食入。

职业接触限值 中国：PC-TWA $1mg/m^3$。

美国(ACGIH)：TLV-TWA $1mg/m^3$

理化特性与用途

理化特性 铁灰色金属粉末，见光变黑。溶于稀酸、氢氧化钾溶液。熔点 1522℃，沸点 2927℃，相对密度(水=1)4.47。

主要用途 特种钢材和特种合金添加剂、电子等工业领域的功能材料(作钇磷光体使电视屏幕产生红色彩，还用于 X 射线滤波器)，也用于科学试验等。

包装与储运

安全储运 储存于阴凉、通风的库房。远离火种、热源。应与强氧化剂等隔离储运。

紧急处置信息

急救措施

吸入：脱离接触。如有不适感，就医。

眼睛接触：分开眼睑，用流动清水或生理盐水冲洗。如有不适感，就医。

皮肤接触：脱去污染的衣着，用流动清水冲洗。如有不适感，就医。

食入：漱口，饮水。就医。

灭火方法 消防人员须佩戴空气呼吸器，穿全身耐酸碱消防服在上风向灭火。尽可能将容器从火场移至空旷处。喷水保持火场容器冷却，直至灭火结束。

灭火剂：泡沫、干粉、二氧化碳、砂土。

泄漏应急处置 隔离泄漏污染区，限制出入。消除点火源。建议应急处理人员戴防尘口罩，穿防护服。穿上适当的防护服前严禁接触破裂的容器和泄漏物。尽可能切断泄漏源。用塑料布覆盖泄漏物，减少飞散。用洁净的铲子收集泄漏物，置于干净、干燥、盖子较松的容器中，将容器移离泄漏区。

951. 异艾氏剂

标　识

中文名称 异艾氏剂

英文名称 (1α，4α，4αβ，5β，8β，8aβ)-1,2,3,4,10,10-Hexachloro-1,4,4a,5,8,8a-hexahydro-1,4：5,8-dimethanonaphthalene；Isodrin

别名 (1*R*,4*S*,5*R*,8*S*)-1,2,3,4,10,10-六氯-1,4,4a,5,8,8a-六氢-1,4,5,8-二亚甲基萘

分子式 $C_{12}H_8Cl_6$

CAS 号 465-73-6

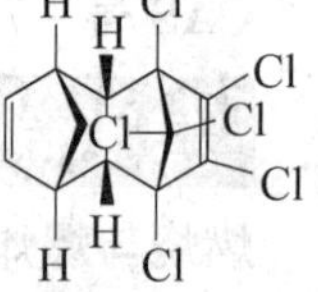

危害信息

危险性类别 第 6 类 有毒品

燃烧与爆炸危险性 无特殊燃爆特性。

禁忌物 强氧化剂。

毒性 大鼠经口 LD_{50}：7mg/kg；小鼠经口 LD_{50}：8800μg/kg；大鼠经皮 LD_{50}：23mg/kg。

根据《危险化学品目录》的备注，本品属剧毒化学品。

中毒表现 口服引起中毒，表现有不适、头痛、头晕、恶心、呕吐和震颤，阵发性或强直性痉挛(可无先兆症状)，严重中枢神经系统抑制，昏迷期间可因呼吸停止导致死亡。

侵入途径 吸入、食入、经皮吸收。

环境危害 对水生生物有极高毒性，可能在水生环境中造成长期不利影响。

理化特性与用途

理化特性 白色结晶固体。不溶于水，溶于有机溶剂。熔点 240～242℃，饱和蒸气压 5.85mPa(25℃)，辛醇/水分配系数 6.75。

主要用途 杀虫剂。用于防治菜粉蝶、甘蓝夜蛾、鳞翅目昆虫等。

包装与储运

包装标志 有毒品

包装类别 Ⅰ类

安全储运 储存于阴凉、通风的库房。远离火种、热源。防止阳光直射。储存温度不

超过35℃，相对湿度不超过85%。保持容器密封。应与强氧化剂分开存放，切忌混储。配备相应品种和数量的消防器材。储区应备有合适的材料收容泄漏物。应严格执行剧毒品“双人收发、双人保管”制度。搬运时轻装轻卸，防止容器受损。

紧急处置信息

急救措施

吸入：迅速脱离现场至空气新鲜处。保持呼吸道通畅。如呼吸困难，给输氧。呼吸、心跳停止，立即进行心肺复苏术。就医。

眼睛接触：立即分开眼睑，用流动清水或生理盐水彻底冲洗。就医。

皮肤接触：立即脱去污染的衣着，用流动清水彻底冲洗。就医。

食入：饮适量温水，禁止催吐。就医。

灭火方法 消防人员须穿全身消防服，佩戴防毒面具，在上风向灭火。尽可能将容器从火场移至空旷处。喷水保持火场容器冷却，直至灭火结束。

根据着火原因选择适当灭火剂灭火。

泄漏应急处置 隔离泄漏污染区，限制出入。建议应急处理人员戴防尘口罩，穿防毒服，戴防化学品手套。穿上适当的防护服前严禁接触破裂的容器和泄漏物。尽可能切断泄漏源。用塑料布覆盖泄漏物，减少飞散。勿使水进入包装容器内。用洁净的铲子收集泄漏物，置于干净、干燥、盖子较松的容器中，将容器移离泄漏区。

952. 异拌磷

标 识

中文名称 异拌磷

英文名称 *S*-2-Isopropylthioethyl *O*,*O*-dimethyl phosphorodithioate；Isothioate

别名 *O*,*O*-二甲基-*S*-(异丙基硫基)乙基二硫代磷酸酯

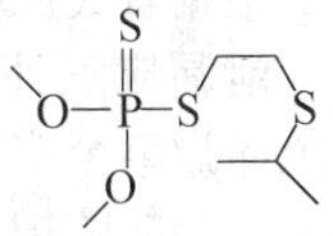

分子式 $C_7H_{17}O_2PS_3$

CAS号 36614-38-7

危害信息

危险性类别 第6类 有毒品

燃烧与爆炸危险性 无特殊燃爆特性。

禁忌物 强氧化剂、强碱。

毒性 大鼠经口 LD_{50}：150mg/kg；小鼠经口 LD_{50}：44mg/kg；大鼠经皮 LD_{50}：270mg/kg。

中毒表现 抑制体内胆碱酯酶活性，造成神经生理功能紊乱。急性中毒症状有头痛、头昏、乏力、食欲不振、恶心、呕吐、腹痛、腹泻、流涎、瞳孔缩小、呼吸道分泌物增多、多汗、肌束震颤等。重度中毒者出现肺水肿、昏迷、呼吸麻痹、脑水肿。血胆碱酯酶活性降低。

侵入途径 吸入、食入、经皮吸收。

环境危害 对水生生物有毒。

理化特性与用途

理化特性 淡黄色液体，有芳香气味。不溶于水，溶于丙酮、乙醚等有机溶剂。沸点53~56℃(13.3Pa)，相对密度(水=1)1.18，饱和蒸气压0.15Pa(25℃)，辛醇/水分配系数3.29。

主要用途 内吸性杀虫剂，兼有薰蒸作用，能有效地防治蚜虫。

包装与储运

包装标志 有毒品

包装类别 Ⅲ类

安全储运 储存于阴凉、通风的库房。远离火种、热源。防止阳光直射。储存温度不超过35℃，相对湿度不超过85%。保持容器密封。应与强氧化剂、强碱等分开存放，切忌混储。配备相应品种和数量的消防器材。储区应备有合适的材料收容泄漏物。搬运时轻装轻卸，防止容器受损。

紧急处置信息

急救措施

吸入：迅速脱离现场至空气新鲜处。保持呼吸道通畅。如呼吸困难，给输氧。呼吸、心跳停止，立即进行心肺复苏术。就医。

眼睛接触：分开眼睑，用流动清水或生理盐水冲洗。就医。

皮肤接触：立即脱去污染的衣着，用肥皂水及流动清水彻底冲洗污染的皮肤、头发、指甲等。就医。

食入：饮足量温水，催吐(仅限于清醒者)。口服活性炭。就医。

解毒剂：阿托品、胆碱酯酶复能剂。

灭火方法 消防人员须穿全身消防服，佩戴防毒面具，在上风向灭火。尽可能将容器从火场移至空旷处。喷水保持火场容器冷却，直至灭火结束。

根据着火原因选择适当灭火剂灭火。

泄漏应急处置 根据液体流动和蒸气扩散的影响区域划定警戒区，无关人员从侧风、上风向撤离至安全区。建议应急处理人员戴正压自给式呼吸器，穿防毒服，戴橡胶手套。穿上适当的防护服前严禁接触破裂的容器和泄漏物。尽可能切断泄漏源。防止泄漏物进入水体、下水道、地下室或有限空间。小量泄漏：用干燥的砂土或其他不燃材料吸收或覆盖，收集于容器中。大量泄漏：构筑围堤或挖坑收容。用泵转移至槽车或专用收集器内。

953. 异丙醇铝

标　识

中文名称 异丙醇铝

英文名称 Aluminium triisopropanolate；Aluminiumtriisopropoxide

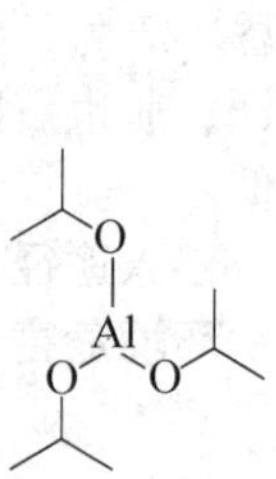

别名 三异丙氧基铝

分子式 $C_9H_{21}O_3 \cdot Al$

CAS 号 555-31-7

危害信息

危险性类别 第 4.1 类 易燃固体

燃烧与爆炸危险性 易燃，其粉体与空气混合能形成爆炸性混合物。

禁忌物 强氧化剂。

毒性 大鼠经口 LD_{50}：11300mg/kg。

中毒表现 对眼和呼吸道有轻度刺激性。

侵入途径 吸入、食入。

理化特性与用途

理化特性 白色结晶固体，有吸湿性。与水反应。溶于乙醇、异丙醇、苯、甲苯、氯仿、四氯化碳、石油烃、己烷等。熔点 119～142℃，沸点 135℃(1.3kPa)，相对密度(水=1)1.035，辛醇/水分配系数 0.93。

主要用途 用作医药、农药中间体、脱水剂，用于制催化剂、高级烷氧基化物、螯合剂、酰化物等。

包装与储运

包装标志 易燃固体

包装类别 Ⅱ类

安全储运 储存于阴凉、通风的库房。远离火种、热源。储存温度不超过 35℃。保持容器密封，注意防潮。禁止使用易产生火花的机械设备和工具。应与强氧化剂等隔离储运。

紧急处置信息

急救措施

吸入：迅速脱离现场至空气新鲜处。保持呼吸道通畅。如呼吸困难，给输氧。呼吸、心跳停止，立即进行心肺复苏术。就医。

眼睛接触：立即分开眼睑，用流动清水或生理盐水彻底冲洗。就医。

皮肤接触：立即脱去污染的衣着，用肥皂水和清水彻底冲洗。就医。

食入：漱口，饮水。就医。

灭火方法 消防人员须穿全身消防服，在上风向灭火。尽可能将容器从火场移至空旷处。喷水保持火场容器冷却，直至灭火结束。

灭火剂：雾状水、泡沫、干粉、砂土。

泄漏应急处置 消除所有点火源。隔离泄漏污染区，限制出入。建议应急处理人员戴防尘口罩，穿防静电服，戴防护手套。禁止接触或跨越泄漏物。尽可能切断泄漏源。用洁净的铲子收集泄漏物，置于干净、干燥、盖子较松的容器中，将容器移离泄漏区。

954. *N*-异丙基苯胺

标　　识

中文名称 *N*-异丙基苯胺

英文名称 *N*-Isopropylaniline；*N*-Phenylisopropylamine

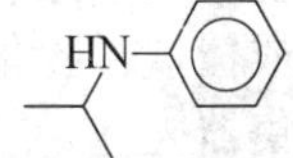

954. *N*-异丙基苯胺

分子式 $C_9H_{13}N$

CAS 号 768-52-5

危害信息

燃烧与爆炸危险性 可燃，蒸气与空气混合能形成爆炸性混合物，遇明火、高热易燃烧爆炸。受热易分解放出有毒的氮氧化物气体，在高温火场中，受热的容器有破裂和爆炸的危险。蒸气比空气重，正在较低处扩散到相当远的地方，遇火源会着火回燃和爆炸(闪爆)。

禁忌物 强氧化剂、强酸。

毒性 大鼠经口 LD_{50}：560mg/kg；大鼠吸入 LC_{50}：1100mg/m^3(4h)；兔经皮 LD_{50}：3550mg/kg。

中毒表现 本品为高铁血红蛋白形成剂。中毒表现为头昏、嗜睡、头痛、恶心、意识障碍，唇、指甲、皮肤紫绀。

侵入途径 吸入、食入、经皮吸收。

职业接触限值 中国：PC-TWA 10mg/m^3[皮]。

美国(ACGIH)：TLV-TWA 2ppm[皮]。

理化特性与用途

理化特性 淡黄色至棕色透明液体，有芳香气味。微溶于水，溶于乙醇、乙醚、丙酮、苯。熔点-10℃，沸点 203℃，相对密度(水=1)0.933，相对蒸气密度(空气=1)4.66，饱和蒸气压 58Pa(25℃)，辛醇/水分配系数 2.53，闪点 87.8℃。

主要用途 用作合成中间体，用于丙烯酸纤维染色。

包装与储运

安全储运 储存于阴凉、通风的库房。远离火种、热源。应与强氧化剂、强酸等隔离储运。搬运时轻装轻卸，防止容器受损。

紧急处置信息

急救措施

吸入：立即脱离接触。如呼吸困难，给吸氧。如呼吸心跳停止，立即行心肺复苏术。就医。

眼睛接触：分开眼睑，用清水或生理盐水冲洗。就医。

皮肤接触：立即脱去污染衣着，用肥皂水或清水彻底冲洗。就医。

食入：漱口，饮水。就医。

高铁血红蛋白血症，可用美蓝和维生素 C 治疗。

灭火方法 消防人员须穿全身消防服，在上风向灭火。尽可能将容器从火场移至空旷处。喷水保持火场容器冷却，直至灭火结束。处在火场中的容器，若发生异常变化或发出异常声音，须马上撤离。

灭火剂：二氧化碳、干粉。

泄漏应急处置 根据液体流动和蒸气扩散的影响区域划定警戒区，无关人员从侧风、上风向撤离至安全区。消除所有点火源。建议应急处理人员戴防毒面具，穿防毒服，戴橡胶手套。穿上适当的防护服前严禁接触破裂的容器和泄漏物。尽可能切断泄漏源。防止泄漏物进入水体、下水道、地下室或有限空间。小量泄漏：用干燥的砂土或其他不燃材料吸收或覆盖，收集于容器中。大量泄漏：构筑围堤或挖坑收容。用防爆泵转移至槽车或专用收集器内。

955. 异丙基黄原酸钠

标 识

中文名称 异丙基黄原酸钠

英文名称 Proxan-sodium; Sodium *O*-isopropyldithiocarbonate

别名 异丙黄药

分子式 $C_4H_8OS_2 \cdot Na$

CAS 号 140-93-2

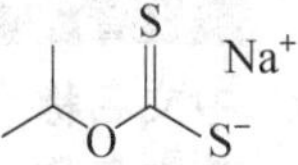

危害信息

燃烧与爆炸危险性 高温下易分解。

禁忌物 强氧化剂。

中毒表现 口服有害。对眼和皮肤有刺激性。人的可能口服致死剂量为50~500mg/kg。

侵入途径 吸入、食入。

环境危害 对水生生物有毒，可能在水生环境中造成长期不利影响。

理化特性与用途

理化特性 淡黄色结晶或白色至淡黄色粉末或块，稍有令人不愉快的气味，易潮解。易溶于水。熔点124℃，分解温度150℃，相对密度(水=1)1.263，辛醇/水分配系数-1.82。

主要用途 主要用于各种有色金属硫化矿浮选的捕收剂，还可用作湿法冶金的沉淀剂，也用作橡胶硫化促进剂、除草剂和脱叶剂。

包装与储运

包装标志 杂类

包装类别 Ⅲ类

安全储运 储存于阴凉、通风的库房。远离火种、热源。保持容器密封，注意防潮。应与强氧化剂等隔离储运。

紧急处置信息

急救措施

吸入： 迅速脱离现场至空气新鲜处。保持呼吸道通畅。如呼吸困难，给输氧。呼吸、心跳停止，立即进行心肺复苏术。就医。

眼睛接触： 立即分开眼睑，用流动清水或生理盐水彻底冲洗。就医。

皮肤接触： 立即脱去污染的衣着，用流动清水彻底冲洗。就医。

食入： 饮适量温水，催吐(仅限于清醒者)。就医。

灭火方法 消防人员须穿全身消防服，佩戴防毒面具，在上风向灭火。尽可能将容器从火场移至空旷处。喷水保持火场容器冷却，直至灭火结束。

根据着火原因选择适当灭火剂灭火。

泄漏应急处置 隔离泄漏污染区，限制出入。建议应急处理人员戴防尘口罩，穿防毒

服，戴防护手套。穿上适当的防护服前严禁接触破裂的容器和泄漏物。尽可能切断泄漏源。用塑料布覆盖泄漏物，减少飞散。勿使水进入包装容器内。用洁净的铲子收集泄漏物，置于干净、干燥、盖子较松的容器中，将容器移离泄漏区。

956. 2-异丙基-2-(1-甲基丁基)-1,3-二甲氧基丙烷

标　识

中文名称　2-异丙基-2-(1-甲基丁基)-1,3-二甲氧基丙烷

英文名称　2-Isopropyl-2-(1-methylbutyl)-1,3-dimethoxypropane; 1,3-Dimethoxy-2-isopentyl-2-isopropylpropane

分子式　$C_{13}H_{28}O_2$

CAS 号　129228-11-1

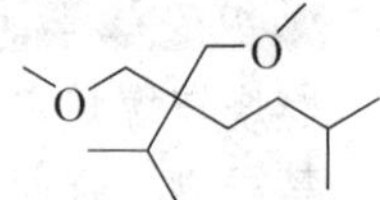

危害信息

燃烧与爆炸危险性　易燃。

禁忌物　强氧化剂。

中毒表现　对皮肤有刺激性。

侵入途径　吸入、食入。

环境危害　对水生生物有毒，可能在水生环境中造成长期不利影响。

理化特性与用途

理化特性　微溶于水。沸点 205℃，相对密度（水＝1）0.843，饱和蒸气压 47.9Pa（25℃），辛醇/水分配系数 3.66，闪点 38℃。

主要用途　实验室用试剂。

包装与储运

包装标志　杂类

包装类别　Ⅲ类

安全储运　储存于阴凉、通风的库房。远离火种、热源。应与强氧化剂等隔离储运。

紧急处置信息

急救措施

吸入：迅速脱离现场至空气新鲜处。保持呼吸道通畅。如呼吸困难，给输氧。呼吸、心跳停止，立即进行心肺复苏术。就医。

眼睛接触：立即分开眼睑，用流动清水或生理盐水彻底冲洗。就医。

皮肤接触：立即脱去污染的衣着，用肥皂水和清水彻底冲洗。就医。

食入：漱口，饮水。就医。

灭火方法　消防人员须穿全身消防服，在上风向灭火。尽可能将容器从火场移至空旷处。喷水保持火场容器冷却直至灭火结束。

灭火剂：泡沫、二氧化碳、干粉。

泄漏应急处置　消除所有点火源。根据液体流动和蒸气扩散的影响区域划定警戒区，

无关人员从侧风、上风向撤离至安全区。建议应急处理人员戴正压自给式呼吸器，穿防静电服，戴橡胶手套。作业时使用的所有设备应接地。禁止接触或跨越泄漏物。尽可能切断泄漏源。防止泄漏物进入水体、下水道、地下室或有限空间。小量泄漏：用砂土或其他不燃材料吸收。使用洁净的无火花工具收集吸收材料。大量泄漏：构筑围堤或挖坑收容。用防爆泵转移至槽车或专用收集器内。

957. 异丙隆

标　识

中文名称　异丙隆

英文名称　Isoproturon；3-(4-Isopropylphenyl)-1,1-dimethylurea

别名　*N*-4-异丙基苯基-*N′*,*N′*-二甲基脲

分子式　$C_{12}H_{18}N_2O$

CAS 号　34123-59-6

危害信息

燃烧与爆炸危险性　无特殊燃爆特性。

禁忌物　强氧化剂。

毒性　大鼠经口 LD_{50}：1826mg/kg；小鼠经口 LD_{50}：3350mg/kg；大鼠吸入 LC_{50}：>670mg/m^3(4h)；大鼠经皮 LD_{50}：>2g/kg。

欧盟法规 1272/2008/EC 将本品列为第 2 类致癌物——可疑的人类致癌物。

中毒表现　大剂量口服脲类除草剂可引起急性中毒，出现恶心、呕吐、头痛、头晕、乏力、失眠，严重者可有贫血、肝脾肿大。对眼、皮肤、黏膜有刺激性。

侵入途径　吸入、食入、经皮吸收。

环境危害　对水生生物有极高毒性，可能在水生环境中造成长期不利影响。

理化特性与用途

理化特性　无色结晶。不溶于水，溶于多数有机溶剂。熔点 158℃，相对密度(水=1) 1.2，饱和蒸气压 0.0024mPa(20℃)，辛醇/水分配系数 2.87。

主要用途　芽前苗后选择性除草剂。用于大麦、黑麦、小麦田防除一年生禾本科杂草。

包装与储运

包装标志　杂类

包装类别　Ⅲ类

安全储运　储存于阴凉、通风的库房。远离火种、热源。应与强氧化剂等隔离储运。

紧急处置信息

急救措施

吸入：迅速脱离现场至空气新鲜处。保持呼吸道通畅。如呼吸困难，给输氧。呼吸、心跳停止，立即进行心肺复苏术。就医。

眼睛接触：立即分开眼睑，用流动清水或生理盐水彻底冲洗。就医。

皮肤接触：立即脱去污染的衣着，用肥皂水和清水彻底冲洗。就医。

食入：漱口，饮水。就医。

灭火方法　消防人员须穿全身消防服，佩戴防毒面具，在上风向灭火。尽可能将容器从火场移至空旷处。喷水保持火场容器冷却，直至灭火结束。

根据着火原因选择适当灭火剂灭火。

泄漏应急处置　隔离泄漏污染区，限制出入。建议应急处理人员戴防尘口罩，穿防毒服，戴橡胶手套。穿上适当的防护服前严禁接触破裂的容器和泄漏物。尽可能切断泄漏源。用塑料布覆盖泄漏物，减少飞散。勿使水进入包装容器内。用洁净的铲子收集泄漏物，置于干净、干燥、盖子较松的容器中，将容器移离泄漏区。

958. 异丙威

标　识

中文名称　异丙威

英文名称　Isoprocarb；2-Isopropylphenyl *N*-methylcarbamate

别名　2-异丙基苯基 *N*-甲基氨基甲酸酯

分子式　$C_{11}H_{15}NO_2$

CAS 号　2631-40-5

铁危编号　61127

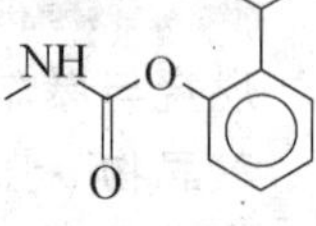

危害信息

危险性类别　第 6 类　有毒品

燃烧与爆炸危险性　无特殊燃爆特性。

禁忌物　氧化剂、碱类。

毒性　大鼠经口 LD_{50}：450mg/kg；小鼠经口 LD_{50}：94mg/kg；大鼠吸入 LC_{50}：>500mg/m^3(4h)；大鼠经皮 LD_{50}：>500mg/kg；兔经皮 LD_{50}：10250mg/kg。

中毒表现　氨基甲酸酯类农药抑制胆碱酯酶，出现相应的症状。中毒症状有头痛、恶心、呕吐、腹痛、流涎、出汗、瞳孔缩小、步行困难、语言障碍，重者可发生全身痉挛、昏迷。

侵入途径　吸入、食入、经皮吸收。

环境危害　对水生生物有极高毒性，可能在水生环境中造成长期不利影响。

理化特性与用途

理化特性　无色结晶粉末或浅棕色粉末。溶于甲醇、乙醇、异丙醇，易溶于丙酮、二甲基甲酰胺、二甲基亚砜、环己烷。熔点 93~96℃，沸点 128~129℃(2.67kPa)，饱和蒸气压 2.8mPa(20℃)，辛醇/水分配系数 2.31。

主要用途　触杀性杀虫剂。主要用于防治水稻叶蝉、飞虱类，可兼治蓟马和蚂蟥。

包装与储运

包装标志　有毒品

包装类别　Ⅲ类

安全储运 储存于阴凉、通风的库房。远离火种、热源。防止阳光直射。储存温度不超过 35℃，相对湿度不超过 85%。应与氧化剂、碱类、食用化学品分开存放，切忌混储。配备相应品种和数量的消防器材。储区应备有合适的材料收容泄漏物。

紧急处置信息

急救措施

吸入：迅速脱离现场至空气新鲜处。保持呼吸道通畅。如呼吸困难，给输氧。呼吸、心跳停止，立即进行心肺复苏术。就医。

眼睛接触：立即分开眼睑，用流动清水或生理盐水彻底冲洗。就医。

皮肤接触：立即脱去污染的衣着，用肥皂水和清水彻底冲洗。就医。

食入：漱口，饮水。就医。

解毒剂：阿托品。

灭火方法 消防人员须穿全身消防服，佩戴防毒面具，在上风向灭火。尽可能将容器从火场移至空旷处。喷水保持火场容器冷却，直至灭火结束。

根据着火原因选择适当灭火剂灭火。

泄漏应急处置 隔离泄漏污染区，限制出入。建议应急处理人员戴防尘口罩，穿防毒服，戴橡胶手套。穿上适当的防护服前严禁接触破裂的容器和泄漏物。尽可能切断泄漏源。用塑料布覆盖泄漏物，减少飞散。勿使水进入包装容器内。用洁净的铲子收集泄漏物，置于干净、干燥、盖子较松的容器中，将容器移离泄漏区。

959. 异丁(基)苯

标　识

中文名称 异丁(基)苯

英文名称 Benzene, (2-methylpropyl)-; Isobutylbenzene

别名 2-甲基丙基苯；2-甲基-1-苯基丙烷

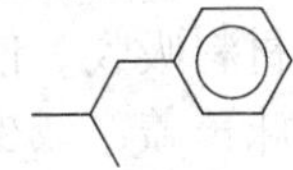

分子式 $C_{10}H_{14}$

CAS 号 538-93-2

铁危编号 32040

危害信息

危险性类别 第 3 类 易燃液体

燃烧与爆炸危险性 可燃，其蒸气与空气混合能形成爆炸性混合物。遇明火、高热易燃烧或爆炸。在高温火场中，受热的容器或储罐有破裂和爆炸的危险。蒸气比空气重，能在较低处扩散到相当远的地方，遇火源会着火回燃和爆炸(闪爆)。

禁忌物 氧化剂。

毒性 大鼠经口 *LDLo*：5g/kg。

侵入途径 吸入、食入。

理化特性与用途

理化特性 无色透明液体。不溶于水，溶于乙醇等多数有机溶剂。熔点-51℃，沸点

173℃，相对密度(水 = 1)0.853，相对蒸气密度(空气 = 1)4.6，饱和蒸气压 0.26kPa(25℃)，辛醇/水分配系数4.68，闪点52℃(闭杯)，引燃温度427℃，爆炸下限0.8%。

主要用途 用作涂料和有机合成溶剂、增塑剂、表面活性剂，用作气相色谱对比样品。

包装与储运

包装标志 易燃液体

包装类别 Ⅲ类

安全储运 储存于阴凉、通风的库房。远离火种、热源。库温不宜超过37℃。保持容器密封。应与氧化剂等分开存放，切忌混储。采用防爆型照明、通风设施。禁止使用易产生火花的机械设备和工具。灌装时注意流速，防止静电积聚。配备相应品种和数量的消防器材。储区应备有泄漏应急处理设备和合适的收容材料。搬运时轻装轻卸，防止容器受损。

紧急处置信息

急救措施

吸入：迅速脱离现场至空气新鲜处。保持呼吸道通畅。如呼吸困难，给输氧。呼吸、心跳停止，立即进行心肺复苏术。就医。

眼睛接触：立即分开眼睑，用流动清水或生理盐水彻底冲洗。就医。

皮肤接触：立即脱去污染的衣着，用肥皂水和清水彻底冲洗。就医。

食入：漱口，饮水。就医。

灭火方法 消防人员须穿全身消防服，佩戴防毒面具，在上风向灭火。尽可能将容器从火场移至空旷处。喷水保持火场容器冷却，直至灭火结束。处在火场中的容器若发生异常变化或发出异常声音，须马上撤离。

灭火剂：雾状水、泡沫、二氧化碳、干粉、砂土。

泄漏应急处置 根据液体流动和蒸气扩散的影响区域划定警戒区，无关人员从侧风、上风向撤离至安全区。消除所有点火源。建议应急处理人员戴正压自给式呼吸器，穿防静电服，戴橡胶手套。作业时使用的所有设备应接地。禁止接触或跨越泄漏物。尽可能切断泄漏源。防止泄漏物进入水体、下水道、地下室或有限空间。小量泄漏：用砂土或其他不燃材料吸收。使用洁净的无火花工具收集吸收材料。大量泄漏：构筑围堤或挖坑收容。用泡沫覆盖，减少蒸发。喷水雾能减少蒸发，但不能降低泄漏物在有限空间内的易燃性。用防爆泵转移至槽车或专用收集器内。

960. 异丁基环戊烷

标　识

中文名称 异丁基环戊烷

英文名称 Isobutyl cyclopentane；2-Methylpropylcyclopentane

别名 2-甲基丙基环戊烷

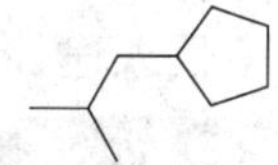

分子式 C_9H_{18}

CAS 号 3788-32-7

铁危编号 32009

危害信息

危险性类别 第 3 类 易燃液体

燃烧与爆炸危险性 可燃，其蒸气与空气混合能形成爆炸性混合物。遇明火、高热易燃烧或爆炸。在高温火场中，受热的容器或储罐有破裂和爆炸的危险。

禁忌物 氧化剂。

侵入途径 吸入、食入。

理化特性与用途

理化特性 液体。不溶于水。熔点-115.1℃，沸点 148℃，相对密度(水=1)0.79，饱和蒸气压 0.66kPa(25℃)，辛醇/水分配系数 4.5，闪点 31.5℃。

包装与储运

包装标志 易燃液体

包装类别 Ⅱ类

安全储运 储存于阴凉、通风的库房。远离火种、热源。库温不宜超过 37℃。保持容器密封。应与氧化剂等分开存放，切忌混储。采用防爆型照明、通风设施。禁止使用易产生火花的机械设备和工具。灌装时注意流速，防止静电积聚。配备相应品种和数量的消防器材。储区应备有泄漏应急处理设备和合适的收容材料。搬运时轻装轻卸，防止容器受损。

紧急处置信息

急救措施

吸入：脱离接触。如有不适感，就医。

眼睛接触：分开眼睑，用流动清水或生理盐水冲洗。如有不适感，就医。

皮肤接触：脱去污染的衣着，用流动清水冲洗。如有不适感，就医。

食入：漱口，饮水。就医。

灭火方法 消防人员须穿全身防火防毒服，佩戴空气呼吸器，在上风向灭火。尽可能将容器从火场移至空旷处。喷水保持火场容器冷却，直至灭火结束。处在火场中的容器若发生异常变化或发出异常声音，须马上撤离。

灭火剂：泡沫、二氧化碳、干粉、砂土。

泄漏应急处置 根据液体流动和蒸气扩散的影响区域划定警戒区，无关人员从侧风、上风向撤离至安全区。消除所有点火源。建议应急处理人员戴正压自给式呼吸器，穿防静电服，戴橡胶手套。作业时使用的所有设备应接地。禁止接触或跨越泄漏物。尽可能切断泄漏源。防止泄漏物进入水体、下水道、地下室或有限空间。小量泄漏：用砂土或其他不燃材料吸收。使用洁净的无火花工具收集吸收材料。大量泄漏：构筑围堤或挖坑收容。用泡沫覆盖，减少蒸发。喷水雾能减少蒸发，但不能降低泄漏物在有限空间内的易燃性。用防爆泵转移至槽车或专用收集器内。

961. 4,4′-异丁基亚乙基联苯酚

标　识

中文名称 4,4′-异丁基亚乙基联苯酚

英文名称 Phenol, 4,4′-(1,3-dimethylbutylidene) bis-; 4,4-Isobutylethylidenediphenol

别名 2,2-双(4-羟基苯基)-4-甲基戊烷；双酚 P

分子式 $C_{18}H_{22}O_2$

CAS 号 6807-17-6

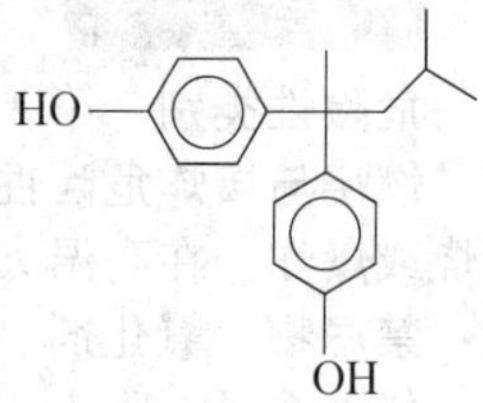

HO OH

危害信息

燃烧与爆炸危险性 无特殊燃爆特性。

禁忌物 强氧化剂。

毒性 欧盟法规 1272/2008/EC 将本品列为第 1B 类生殖毒物——可能的人类生殖毒物。

中毒表现 对眼有刺激性。

侵入途径 吸入、食入。

环境危害 对水生生物有极高毒性，可能在水生环境中造成长期不利影响。

理化特性与用途

理化特性 白色至淡黄色结晶粉末。不溶于水，溶于甲醇。熔点 153℃，沸点 430℃，相对密度(水=1) 1.083，辛醇/水分配系数 4.84。

主要用途 有机合成中间体。

包装与储运

包装标志 杂类

包装类别 Ⅲ类

安全储运 储存于阴凉、通风的库房。远离火种、热源。保持容器密闭。应与强氧化剂等隔离储运。

紧急处置信息

急救措施

吸入：迅速脱离现场至空气新鲜处。保持呼吸道通畅。如呼吸困难，给输氧。呼吸、心跳停止，立即进行心肺复苏术。就医。

眼睛接触：立即分开眼睑，用流动清水或生理盐水彻底冲洗。就医。

皮肤接触：立即脱去污染的衣着，用肥皂水和清水彻底冲洗。就医。

食入：漱口，饮水。就医。

灭火方法 消防人员须穿全身消防服，佩戴空气呼吸器，在上风向灭火。尽可能将容器从火场移至空旷处。

根据着火原因选择适当灭火剂灭火。

泄漏应急处置 隔离泄漏污染区，限制出入。建议应急处理人员戴防尘口罩，穿防毒服，戴橡胶手套。穿上适当的防护服前严禁接触破裂的容器和泄漏物。尽可能切断泄漏源。用塑料布覆盖泄漏物，减少飞散。勿使水进入包装容器内。用洁净的铲子收集泄漏物，置于干净、干燥、盖子较松的容器中，将容器移离泄漏区。

962. 异丁基异丙基二甲氧基硅烷

标 识

中文名称 异丁基异丙基二甲氧基硅烷

英文名称 Silane, dimethoxy(1-methylethyl)(2-methylpropyl)-; Isobutylisopropyldimethoxysilane

分子式 $C_9H_{22}O_2Si$

CAS 号 111439-76-0

危害信息

危险性类别 第3类 易燃液体

燃烧与爆炸危险性 可燃，其蒸气与空气混合能形成爆炸性混合物。遇明火、高热易燃烧或爆炸。在高温火场中，受热的容器或储罐有破裂和爆炸的危险。

禁忌物 氧化剂、强酸。

中毒表现 吸入有害。对眼和皮肤有刺激性。

侵入途径 吸入、食入。

理化特性与用途

理化特性 无色透明液体。沸点187℃、105℃(10.67kPa)，相对密度(水=1)0.871，闪点50℃。

主要用途 用作硅烷偶联剂、助粘剂、疏水剂、分散剂、交联剂、除湿剂、固化剂等。

包装与储运

包装标志 易燃液体

包装类别 Ⅲ类

安全储运 储存于阴凉、通风的库房。远离火种、热源。库温不宜超过37℃。保持容器密封。应与氧化剂、强酸等分开存放，切忌混储。采用防爆型照明、通风设施。禁止使用易产生火花的机械设备和工具。灌装时注意流速，防止静电积聚。配备相应品种和数量的消防器材。储区应备有泄漏应急处理设备和合适的收容材料。搬运时轻装轻卸，防止容器受损。

紧急处置信息

急救措施

吸入：迅速脱离现场至空气新鲜处。保持呼吸道通畅。如呼吸困难，给输氧。呼吸、心跳停止，立即进行心肺复苏术。就医。

眼睛接触：立即分开眼睑，用流动清水或生理盐水彻底冲洗。就医。

皮肤接触：立即脱去污染的衣着，用肥皂水和清水彻底冲洗。就医。

食入：漱口，饮水。就医。

灭火方法 消防人员须穿全身防火防毒服，佩戴空气呼吸器，在上风向灭火。尽可能将容器从火场移至空旷处。喷水保持火场容器冷却，直至灭火结束。处在火场中的容器若发生异常变化或发出异常声音，须马上撤离。

灭火剂：泡沫、二氧化碳、干粉、砂土。

泄漏应急处置 根据液体流动和蒸气扩散的影响区域划定警戒区，无关人员从侧风、上风向撤离至安全区。消除所有点火源。建议应急处理人员戴正压自给式呼吸器，穿防静电服，戴橡胶手套。作业时使用的所有设备应接地。禁止接触或跨越泄漏物。尽可能切断泄漏源。防止泄漏物进入水体、下水道、地下室或有限空间。小量泄漏：用砂土或其他不燃材料吸收。使用洁净的无火花工具收集吸收材料。大量泄漏：构筑围堤或挖坑收容。用泡沫覆盖，减少蒸发。喷水雾能减少蒸发，但不能降低泄漏物在有限空间内的易燃性。用防爆泵转移至槽车或专用收集器内。

963. 异噁唑草酮

标　识

中文名称　异噁唑草酮

英文名称　Isoxaflutole；5-Cyclopropyl-1,2-oxazol-4-yl α,α,α-trifluoro-2-mesyl-*p*-tolyl ketone

分子式　$C_{15}H_{12}F_3NO_4S$

CAS 号　141112-29-0

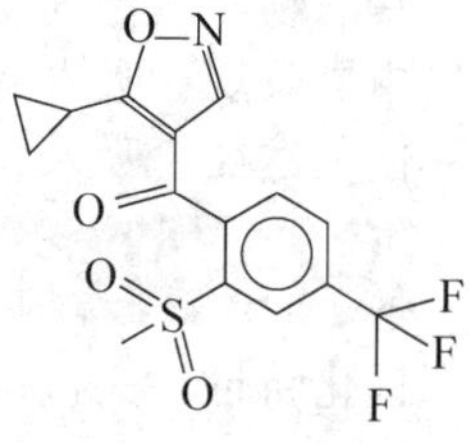

危害信息

燃烧与爆炸危险性　无特殊燃爆特性。

禁忌物　强氧化剂、酸碱、醇类。

毒性　大鼠经口 LD_{50}：>5000mg/kg；大鼠吸入 LC_{50}：>5.23mg/L(4h)；兔经皮 LD_{50}：>2000mg/kg。

侵入途径　吸入、食入、经皮吸收。

环境危害　对水生生物有极高毒性，可能在水生环境中造成长期不利影响。

理化特性与用途

理化特性　灰白色至淡黄色固体或白色粉末，有轻微醋酸气味。不溶于水。熔点140℃，相对密度(水=1)1.59，辛醇/水分配系数2.32，闪点>130℃。

主要用途　除草剂。用于玉米和甜菜田防除一年生禾本科和阔叶杂草。

包装与储运

包装标志　杂类

包装类别　Ⅲ类

安全储运　储存于阴凉、通风的库房。远离火种、热源。应与强氧化剂、酸碱、醇类等隔离储运。

紧急处置信息

急救措施

吸入：迅速脱离现场至空气新鲜处。保持呼吸道通畅。如呼吸困难，给输氧。呼吸、心跳停止，立即进行心肺复苏术。就医。

眼睛接触：立即分开眼睑，用流动清水或生理盐水彻底冲洗。就医。

皮肤接触：立即脱去污染的衣着，用肥皂水和清水彻底冲洗。就医。

食入：漱口，饮水。就医。

灭火方法　消防人员须穿全身消防服，佩戴防毒面具，在上风向灭火。尽可能将容器从火场移至空旷处。喷水保持火场容器冷却，直至灭火结束。

根据着火原因选择适当灭火剂灭火。

泄漏应急处置　隔离泄漏污染区，限制出入。消除点火源。建议应急处理人员戴防尘口罩，穿防护服。穿上适当的防护服前严禁接触破裂的容器和泄漏物。尽可能切断泄漏源。

用塑料布覆盖泄漏物，减少飞散。勿使水进入包装容器内。用洁净的铲子收集泄漏物，置于干净、干燥、盖子较松的容器中，将容器移离泄漏区。

964. 异佛尔酮二胺

标　识

中文名称　异佛尔酮二胺

英文名称　Isophoronediamine；3-Aminomethyl-3,5,5-trimethylcyclohexylamine

别名　5-氨基-1,3,3-三甲基环己甲胺

分子式　$C_{10}H_{22}N_2$

CAS 号　2855-13-2

铁危编号　82516

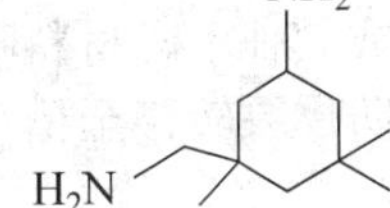

危害信息

危险性类别　第 8 类　腐蚀品

燃烧与爆炸危险性　可燃。其蒸气与空气混合能形成爆炸性混合物。高温火场中受热的容器有破裂和爆炸的危险。

禁忌物　氧化剂、酸碱。

中毒表现　对眼、皮肤、呼吸道和消化道有腐蚀性。蒸气吸入可引起肺水肿，肺水肿可迟发。对皮肤有致敏性。

侵入途径　吸入、食入。

理化特性与用途

理化特性　无色至淡黄色液体，有氨样气味。溶于水。pH 值 11.6(9g/L 水溶液，20℃)，熔点 10℃，沸点 247℃，相对密度(水=1)0.92，相对蒸气密度(空气=1)5.87，饱和蒸气压 2Pa(20℃)，辛醇/水分配系数 1.56，闪点 117℃(闭杯)，引燃温度 380℃，爆炸下限 1.2%。

主要用途　用于生产聚脲、聚氨酯和油田化学品；用作环氧树脂固化剂。

包装与储运

包装标志　腐蚀品，有毒品

包装类别　Ⅲ类

安全储运　储存于阴凉、通风良好的专用库房内。远离火种、热源。库温不超过 30℃。相对湿度不超过 80%。保持容器密封。应与氧化剂、酸碱等分开存放，切忌混储。配备相应品种和数量的消防器材。储区应备有泄漏应急处理设备和合适的收容材料。搬运时轻装轻卸，防止容器受损。

紧急处置信息

急救措施

吸入：迅速脱离现场至空气新鲜处。保持呼吸道通畅。如呼吸困难，给输氧。呼吸、心跳停止，立即进行心肺复苏术。就医。

眼睛接触：立即分开眼睑，用流动清水或生理盐水彻底冲洗 5~10min。就医。

皮肤接触：立即脱去污染的衣着，用大量流动清水彻底冲洗，冲洗时间一般要求20~30min。就医。

食入：用水漱口，禁止催吐。给饮牛奶或蛋清。就医。

灭火方法　消防人员须佩戴防毒面具，穿全身耐酸碱消防服在上风向灭火。尽可能将容器从火场移至空旷处。喷水保持火场容器冷却，直至灭火结束。处在火场中的容器若发生异常变化或发出异常声音，须马上撤离。

根据着火原因选择适当灭火剂灭火。

泄漏应急处置　根据液体流动和蒸气扩散的影响区域划定警戒区，无关人员从侧风、上风向撤离至安全区。消除点火源。建议应急处理人员戴正压自给式呼吸器，穿防腐蚀、防毒服，戴橡胶耐腐蚀手套。穿上适当的防护服前严禁接触破裂的容器和泄漏物。尽可能切断泄漏源。防止泄漏物进入水体、下水道、地下室或有限空间。小量泄漏：用干燥的砂土或其他不燃材料吸收或覆盖，收集于容器中。大量泄漏：构筑围堤或挖坑收容。用耐腐蚀防爆泵转移至槽车或专用收集器内。

965. 异柳磷

标　识

中文名称　异柳磷

英文名称　Isofenphos；*O*-Ethyl *O*-2-isopropoxycarbonylphenyl-isopropylphosphoramidothioate

别名　*N*-异丙基-*O*-乙基-*O*-((2-异丙氧基羰基)苯基)硫代磷酰胺

分子式　$C_{15}H_{24}NO_4PS$

CAS 号　25311-71-1

铁危编号　61126

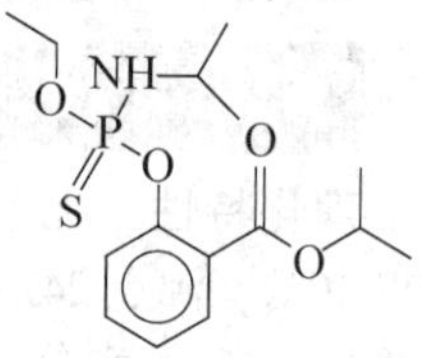

危害信息

危险性类别　第6类　有毒品

燃烧与爆炸危险性　无特殊燃爆特性。

禁忌物　氧化剂、碱类。

毒性　大鼠经口 LD_{50}：21100μg/kg；小鼠经口 LD_{50}：91300μg/kg；大鼠吸入 LC_{50}：144mg/m^3(4h)；大鼠经皮 LD_{50}：188mg/kg；兔经皮 LD_{50}：162mg/kg。

中毒表现　抑制体内胆碱酯酶活性，造成神经生理功能紊乱。急性中毒症状有头痛、头昏、乏力、食欲不振、恶心、呕吐、腹痛、腹泻、流涎、瞳孔缩小、呼吸道分泌物增多、多汗、肌束震颤等。重度中毒者出现肺水肿、昏迷、呼吸麻痹、脑水肿。血胆碱酯酶活性降低。

侵入途径　吸入、食入、经皮吸收。

环境危害　对水生生物有极高毒性，可能在水生环境中造成长期不利影响。

理化特性与用途

理化特性　无色至淡黄色油状液体，有特性气味。不溶于水，易溶于正己烷、二氯甲烷、2-丙醇、甲苯等。熔点<-12℃，沸点120℃(1.3Pa)，相对密度(水=1)1.13，饱和蒸

气压0.4mPa(25℃)，辛醇/水分配系数4.12，闪点>115℃。

主要用途 广谱杀虫剂。用于玉米、油菜、牧草等防治地下害虫，也可叶面喷洒防治蓟马、叶甲、木虱等害虫。

包装与储运

包装标志 有毒品

包装类别 Ⅱ类

安全储运 储存于阴凉、通风良好的专用库房内。远离火种、热源。库温不超过32℃。相对湿度不超过85%。保持容器密封。应与氧化剂、碱类分开存放，切忌混储。配备相应品种和数量的消防器材。储区应备有泄漏应急处理设备和合适的收容材料。搬运时轻装轻卸，防止容器受损。

紧急处置信息

急救措施

吸入：迅速脱离现场至空气新鲜处。保持呼吸道通畅。如呼吸困难，给输氧。呼吸、心跳停止，立即进行心肺复苏术。就医。

眼睛接触：分开眼睑，用流动清水或生理盐水冲洗。就医。

皮肤接触：立即脱去污染的衣着，用肥皂水及流动清水彻底冲洗污染的皮肤、头发、指甲等。就医。

食入：饮足量温水，催吐(仅限于清醒者)。口服活性炭。就医。

解毒剂：阿托品、胆碱酯酶复能剂。

灭火方法 消防人员须穿全身消防服，佩戴防毒面具，在上风向灭火。尽可能将容器从火场移至空旷处。喷水保持火场容器冷却，直至灭火结束。

根据着火原因选择适当灭火剂灭火。

泄漏应急处置 根据液体流动和蒸气扩散的影响区域划定警戒区，无关人员从侧风、上风向撤离至安全区。消除点火源。建议应急处理人员戴正压自给式呼吸器，穿防毒服，戴橡胶手套。穿上适当的防护服前严禁接触破裂的容器和泄漏物。尽可能切断泄漏源。防止泄漏物进入水体、下水道、地下室或有限空间。小量泄漏：用干燥的砂土或其他不燃材料吸收或覆盖，收集于容器中。大量泄漏：构筑围堤或挖坑收容。用泵转移至槽车或专用收集器内。

966. 异氰尿酸三缩水甘油酯

标　识

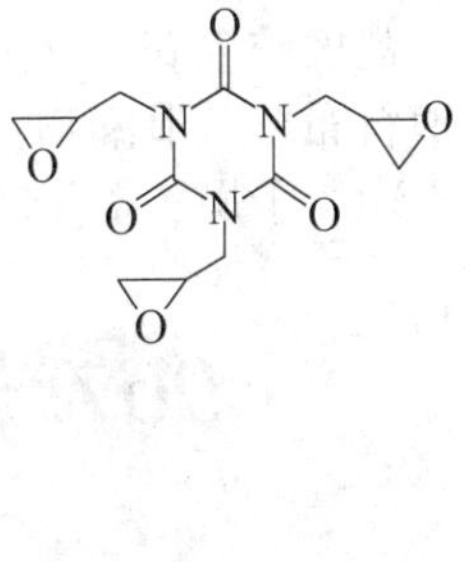

中文名称 异氰尿酸三缩水甘油酯

英文名称 1,3,5-Tris(oxiranylmethyl)-1,3,5-triazine-2,4,6(1H, 3H, 5H)-trione；TGIC

CAS号 2451-62-9

危害信息

危险性类别 第6类 有毒品

燃烧与爆炸危险性 可燃。

禁忌物　强氧化剂。

毒性　大鼠经口 LD_{50}：188mg/kg；大鼠吸入 LC_{50}：650mg/m^3(4h)；小鼠吸入 LC_{50}：2000mg/m^3(4h)；大鼠经皮 LD_{50}：>2000mg/kg；兔经皮 LD_{50}：>200mg/kg。

欧盟法规 1272/2008/EC 将本品列为第 1B 类生殖细胞致突变物——应认为可能引起人类生殖细胞可遗传突变的物质。

中毒表现　本品影响中枢神经系统、肾脏、肝脏、肺和消化道。对眼有强烈刺激性。对皮肤有致敏性。

侵入途径　吸入、食入、经皮吸收。

职业接触限值　美国(ACGIH)：TLV-TWA 0.05mg/m^{3}mg/m^3。

环境危害　对水生生物有害，可能在水生环境中造成长期不利影响。

理化特性与用途

理化特性　白色粉末或颗粒。微溶于水。熔点 95℃，相对密度(水=1)1.5，辛醇/水分配系数-0.8，闪点>170℃，引燃温度>200℃。

主要用途　在聚酯粉末涂料中用作交联剂或固化剂，也用于印刷电路板工业。

包装与储运

包装标志　有毒品

包装类别　Ⅲ类

安全储运　储存于阴凉、通风良好的专用库房内。远离火种、热源。库温不超过 35℃。相对湿度不超过 85%。保持容器密封。应与强氧化剂分开存放，切忌混储。配备相应品种和数量的消防器材。储区应备有泄漏应急处理设备和合适的收容材料。

紧急处置信息

急救措施

吸入：迅速脱离现场至空气新鲜处。保持呼吸道通畅。如呼吸困难，给输氧。呼吸、心跳停止，立即进行心肺复苏术。就医。

眼睛接触：立即分开眼睑，用流动清水或生理盐水彻底冲洗。就医。

皮肤接触：立即脱去污染的衣着，用流动清水彻底冲洗。就医。

食入：饮适量温水，催吐(仅限于清醒者)。就医。

灭火方法　消防人员须穿全身消防服，佩戴防毒面具，在上风向灭火。尽可能将容器从火场移至空旷处。喷水保持火场容器冷却，直至灭火结束。

根据着火原因选择适当灭火剂灭火。

泄漏应急处置　隔离泄漏污染区，限制出入。建议应急处理人员戴防尘口罩，穿防毒服，戴橡胶手套。穿上适当的防护服前严禁接触破裂的容器和泄漏物。尽可能切断泄漏源。用塑料布覆盖泄漏物，减少飞散。勿使水进入包装容器内。用洁净的铲子收集泄漏物，置于干净、干燥、盖子较松的容器中，将容器移离泄漏区。

967. 2-(异氰酸根合磺酰)苯甲酸乙酯

标　识

中文名称　2-(异氰酸根合磺酰)苯甲酸乙酯

英文名称 Ethyl 2-(isocyanatosulfonyl) benzoate; 2-(Isocyanatosulfonyl) benzoic acid ethyl ester

分子式 $C_{10}H_9NO_5S$

CAS 号 77375-79-2

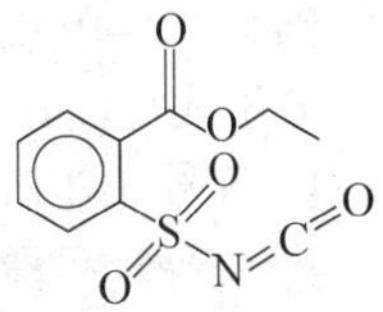

危害信息

燃烧与爆炸危险性 可燃。

禁忌物 强氧化剂、酸类。

中毒表现 食入有害。眼接触引起严重损害。对皮肤和呼吸道有致敏性。长期反复接触可能对器官造成损害。

侵入途径 吸入、食入。

理化特性与用途

理化特性 微溶于水。沸点 374℃，相对密度（水=1）1.34，饱和蒸气压 1.2mPa（25℃），辛醇/水分配系数 2.49，闪点 180℃。

主要用途 农药中间体。

包装与储运

安全储运 储存于阴凉、通风的库房。远离火种、热源。保持容器密闭，避免与水接触。应与强氧化剂、酸类等隔离储运。搬运时轻装轻卸，防止容器受损。

紧急处置信息

急救措施

吸入：迅速脱离现场至空气新鲜处。保持呼吸道通畅。如呼吸困难，给输氧。呼吸、心跳停止，立即进行心肺复苏术。就医。

眼睛接触：立即分开眼睑，用流动清水或生理盐水彻底冲洗 5~10min。就医。

皮肤接触：立即脱去污染的衣着，用肥皂水和清水彻底冲洗。就医。

食入：漱口，饮水。就医。

灭火方法 消防人员须穿全身消防服，佩戴空气呼吸器，在上风向灭火。尽可能将容器从火场移至空旷处。

根据着火原因选择适当灭火剂灭火。

泄漏应急处置 根据液体流动和蒸气扩散的影响区域划定警戒区，无关人员从侧风、上风向撤离至安全区。消除所有点火源。建议应急处理人员戴防毒面具，穿防毒服，戴防护手套。穿上适当的防护服前严禁接触破裂的容器和泄漏物。尽可能切断泄漏源。防止泄漏物进入水体、下水道、地下室或有限空间。小量泄漏：用干燥的砂土或其他不燃材料吸收或覆盖，收集于容器中。大量泄漏：构筑围堤或挖坑收容。用泵转移至槽车或专用收集器内。

968. 3-异氰酸根合磺酰基-2-噻吩-羧酸甲酯

标　识

中文名称 3-异氰酸根合磺酰基-2-噻吩-羧酸甲酯

英文名称　2-Thiophenecarboxylic acid, 3-(isocyanatosulfonyl)-, methyl ester; Methyl 3-isocyanatosulfonyl-2-thiophene-carboxylate

别名　2-甲氧基羰基噻吩-3-磺酰基异氰酸酯

分子式　$C_7H_5NO_5S_2$

CAS 号　79277-18-2

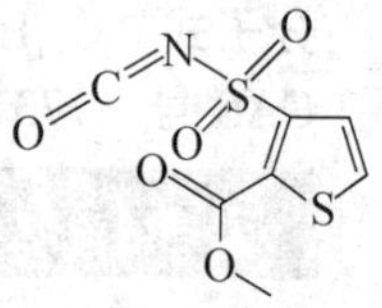

危害信息

燃烧与爆炸危险性　可燃。

禁忌物　强氧化剂、酸类。

毒性　大鼠吸入 *LCLo*：1200mg/m^3(1h)。

中毒表现　对皮肤和呼吸道有致敏性。长期反复接触可能对器官造成损害。

侵入途径　吸入、食入。

理化特性与用途

理化特性　无色油状液体，遇水分解。溶于乙醇、二甲苯等。沸点 381.2℃，相对密度(水=1)1.57，饱和蒸气压 0.69mPa(25℃)，辛醇/水分配系数 1.56，闪点 184.3℃。

主要用途　除草剂噻吩磺隆的中间体。

包装与储运

安全储运　储存于阴凉、通风的库房。远离火种、热源。保持容器密闭。应与强氧化剂、酸类等隔离储运。搬运时轻装轻卸，防止容器受损。

紧急处置信息

急救措施

吸入：迅速脱离现场至空气新鲜处。保持呼吸道通畅。如呼吸困难，给输氧。呼吸、心跳停止，立即进行心肺复苏术。就医。

眼睛接触：立即分开眼睑，用流动清水或生理盐水彻底冲洗。就医。

皮肤接触：立即脱去污染的衣着，用肥皂水和清水彻底冲洗。就医。

食入：漱口，饮水。就医。

灭火方法　消防人员须穿全身消防服，佩戴空气呼吸器，在上风向灭火。尽可能将容器从火场移至空旷处。喷水保持容器冷却直至灭火结束。

灭火剂：泡沫、二氧化碳、干粉。

泄漏应急处置　根据液体流动和蒸气扩散的影响区域划定警戒区，无关人员从侧风、上风向撤离至安全区。消除所有点火源。建议应急处理人员戴防毒面具，穿防毒服，戴防护手套。穿上适当的防护服前严禁接触破裂的容器和泄漏物。尽可能切断泄漏源。防止泄漏物进入水体、下水道、地下室或有限空间。小量泄漏：用干燥的砂土或其他不燃材料吸收或覆盖，收集于容器中。大量泄漏：构筑围堤或挖坑收容。用泵转移至槽车或专用收集器内。

969. 2-(异氰酸根合磺酰甲基)苯甲酸甲酯

标　识

中文名称　2-(异氰酸根合磺酰甲基)苯甲酸甲酯

英文名称 Benzoic acid, 2-((isocyanatosulfonyl)methyl)-, methyl ester; 2-(Isocyanatosulfonylmethyl)benzoic acid methyl ester

别名 邻甲氧基羰基苄基磺酰基异氰酸酯

CAS 号 83056-32-0

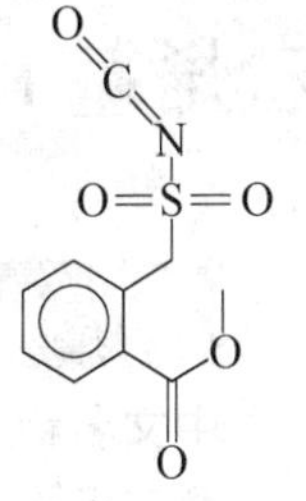

危害信息

危险性类别 第 3 类 易燃液体

燃烧与爆炸危险性 易燃。

禁忌物 氧化剂、酸类。

毒性 大鼠吸入 LC：>1600mg/m^3(1h)。

欧盟法规 1272/2008/EC 将本品列为第 2 类生殖细胞致突变物——由于可能导致人类生殖细胞可遗传突变而引起人们关注的物质。

中毒表现 吸入有害。眼接触引起严重损害。对呼吸道有致敏性。长期反复接触可能对器官造成损害。

侵入途径 吸入、食入。

理化特性与用途

理化特性 油状液体。溶于二甲苯、乙腈。沸点 427.2℃，相对密度(水=1)1.34，饱和蒸气压 0.02mPa(25℃)，闪点 212.1℃。欧盟法规 1272/2008/EC 将本品列为易燃液体，类别 3。

主要用途 除草剂苄嘧磺隆的中间体。

包装与储运

包装标志 易燃液体

包装类别 Ⅲ类

安全储运 储存于阴凉、通风的库房。远离火种、热源，避免阳光直射。储存温度不超过 37℃。炎热季节早晚运输，应与氧化剂、酸类等隔离储运。禁止使用易产生火花的机械设备和工具。搬运时轻装轻卸，防止容器受损。

紧急处置信息

急救措施

吸入：迅速脱离现场至空气新鲜处。保持呼吸道通畅。如呼吸困难，给输氧。呼吸、心跳停止，立即进行心肺复苏术。就医。

眼睛接触：立即分开眼睑，用流动清水或生理盐水彻底冲洗 5~10min。就医。

皮肤接触：立即脱去污染的衣着，用肥皂水和清水彻底冲洗。就医。

食入：漱口，饮水。就医。

灭火方法 消防人员须穿全身消防服，佩戴空气呼吸器，在上风向灭火。尽可能将容器从火场移至空旷处。喷水保持火场容器冷却，直至灭火结束。处在火场中的容器若发生异常变化或发出异常声音，须马上撤离。

灭火剂：泡沫、二氧化碳。

泄漏应急处置 根据液体流动和蒸气扩散的影响区域划定警戒区，无关人员从侧风、上风向撤离至安全区。消除所有点火源。建议应急处理人员戴防毒面具，穿防毒服，戴橡胶手套。禁止接触或跨越泄漏物。尽可能切断泄漏源。防止泄漏物进入水体、下水道、地下室或有限空间。小量泄漏：用砂土或其他不燃材料吸收。使用洁净的无火花工具收集吸收材料。大量泄漏：构筑围堤或挖坑收容。用泵转移至槽车或专用收集器内。

970. 1-(1-异氰酸根合-1-甲基乙基)-3-(1-甲基乙烯基)苯

标识

中文名称 1-(1-异氰酸根合-1-甲基乙基)-3-(1-甲基乙烯基)苯

英文名称 2-(3-(Prop-1-en-2-yl)phenyl)prop-2-yl isocyanate

别名 3-异丙烯基-α,α-二甲基苯基异氰酸酯

分子式 $C_{13}H_{15}NO$

CAS 号 2094-99-7

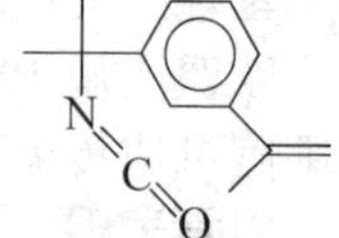

危害信息

危险性类别 第6类 有毒品

燃烧与爆炸危险性 可燃。

禁忌物 强氧化剂、酸类。

毒性 大鼠经口 LD_{50}：3100mg/kg；豚鼠吸入 LC_{50}：750mg/m^3(1h)；兔经皮 LD：>2g/kg。

中毒表现 吸入致死。对眼和皮肤有腐蚀性。对呼吸道和皮肤有致敏性。长期反复接触可能造成器官损害。

侵入途径 吸入、食入、经皮吸收。

环境危害 对水生生物有极高毒性，可能在水生环境中造成长期不利影响。

理化特性与用途

理化特性 无色至淡黄色透明液体。沸点 269.5℃、85℃(0.1kPa)，相对密度(水=1) 1.02，饱和蒸气压 0.03mPa(25℃)，辛醇/水分配系数 4.64，闪点>113℃(闭杯)，引燃温度 448℃。

主要用途 化学中间体。

包装与储运

包装标志 有毒品

包装类别 Ⅱ类

安全储运 储存于阴凉、通风的库房。远离火种、热源。储存温度不超过 32℃，相对湿度不超过 85%。保持容器密封。应与强氧化剂、酸类等分开存放，切忌混储。配备相应品种和数量的消防器材。储区应备有合适的材料收容泄漏物。搬运时轻装轻卸，防止容器受损。

紧急处置信息

急救措施

吸入：迅速脱离现场至空气新鲜处。保持呼吸道通畅。如呼吸困难，给输氧。呼吸、心跳停止，立即进行心肺复苏术。就医。

眼睛接触：立即分开眼睑，用流动清水或生理盐水彻底冲洗 5~10min。就医。

皮肤接触：立即脱去污染的衣着，用大量流动清水彻底冲洗，冲洗时间一般要求 20~30min。就医。

食入：用水漱口，禁止催吐。给饮牛奶或蛋清。就医。

灭火方法 消防人员须穿全身消防服，佩戴空气呼吸器，在上风向灭火。尽可能将容器从火场移至空旷处。

灭火剂：干粉、二氧化碳、水。

泄漏应急处置 根据液体流动和蒸气扩散的影响区域划定警戒区，无关人员从侧风、上风向撤离至安全区。消除点火源。建议应急处理人员戴正压自给式呼吸器，穿耐腐蚀、防毒服，戴耐腐蚀橡胶手套。穿上适当的防护服前严禁接触破裂的容器和泄漏物。尽可能切断泄漏源。防止泄漏物进入水体、下水道、地下室或有限空间。小量泄漏：用干燥的砂土或其他不燃材料吸收或覆盖，收集于容器中。大量泄漏：构筑围堤或挖坑收容。用泵转移至槽车或专用收集器内。

971. 异索威

标 识

中文名称 异索威

英文名称 1-Isopropyl-3-methylpyrazol-5-yl dimethylcarbamate；Isolan

别名 1-异丙基-3-甲基-5-吡唑基-*N*,*N*-二甲基氨基甲酸酯

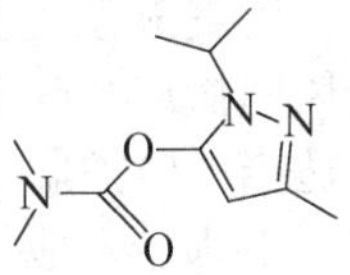

分子式 $C_{10}H_{17}N_3O_2$

CAS 号 119-38-0

铁危编号 61134

危害信息

危险性类别 第 6 类 有毒品

燃烧与爆炸危险性 无特殊燃爆特性。

禁忌物 氧化剂、碱类。

毒性 大鼠经口 LD_{50}：10800μg/kg；小鼠经口 LD_{50}：9800μg/kg；大鼠经皮 LD_{50}：5600μg/kg。

根据《危险化学品目录》的备注，本品属剧毒化学品。

中毒表现 氨基甲酸酯类农药抑制胆碱酯酶，出现相应的症状。中毒症状有头痛、恶心、呕吐、腹痛、流涎、出汗、瞳孔缩小、步行困难、语言障碍，重者可发生全身痉挛、昏迷。

侵入途径 吸入、食入、经皮吸收。

环境危害 对水生生物有极高毒性，可能在水生环境中造成长期不利影响。

理化特性与用途

理化特性 无色液体。混溶于水，混溶于多数有机溶剂。沸点 103℃(93Pa)，相对密度(水=1)1.07，饱和蒸气压 0.17Pa(25℃)，辛醇/水分配系数 1.65。

主要用途 内吸性杀虫剂。用于防治谷物、棉花、饲料作物等的蚜虫及刺吸性害虫。

包装与储运

包装标志　有毒品

包装类别　Ⅰ类

安全储运　储存于阴凉、通风良好的专用库房内。远离火种、热源。库温不超过 35℃。相对湿度不超过 85%。保持容器密封。应与氧化剂、碱类分开存放，切忌混储。配备相应品种和数量的消防器材。储区应备有泄漏应急处理设备和合适的收容材料。应严格执行剧毒品"双人收发、双人保管"制度。搬运时轻装轻卸，防止容器受损。

紧急处置信息

急救措施

吸入：迅速脱离现场至空气新鲜处。保持呼吸道通畅。如呼吸困难，给输氧。呼吸、心跳停止，立即进行心肺复苏术。就医。

眼睛接触：分开眼睑，用流动清水或生理盐水冲洗。就医。

皮肤接触：立即脱去污染的衣着，用肥皂水及流动清水彻底冲洗污染的皮肤、头发、指甲等。就医。

食入：饮足量温水，催吐(仅限于清醒者)。口服活性炭。就医。解毒剂：阿托品。

灭火方法　消防人员须穿全身消防服，佩戴防毒面具，在上风向灭火。尽可能将容器从火场移至空旷处。喷水保持火场容器冷却，直至灭火结束。

根据着火原因选择适当灭火剂灭火。

泄漏应急处置　根据液体流动和蒸气扩散的影响区域划定警戒区，无关人员从侧风、上风向撤离至安全区。应急人员应戴正压自给式呼吸器，穿防毒服，戴防化学品手套。穿上适当的防护服前严禁接触破裂的容器和泄漏物。尽可能切断泄漏源。防止泄漏物进入水体、下水道、地下室或有限空间。小量泄漏：用干燥的砂土或其他不燃材料吸收或覆盖，收集于容器中。大量泄漏：构筑围堤或挖坑收容。用泵转移至槽车或专用收集器内。

972. 抑霉唑

标　　识

中文名称　抑霉唑

英文名称　Imazalil(ISO)；1-(2-(Allyloxy)-2-(2,4-dichlorophenyl)ethyl)-1H-imidazole

别名　1-(2-烯丙氧基)-2-(2,4-二氯苯乙基)咪唑

分子式　$C_{14}H_{14}Cl_2N_2O$

CAS 号　35554-44-0

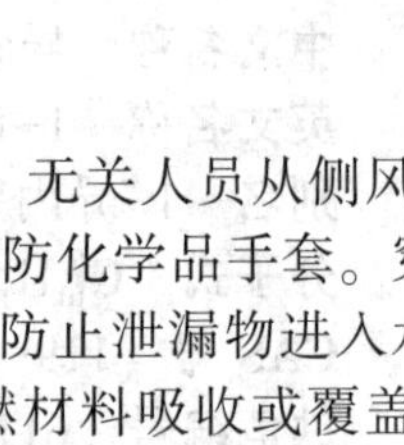

Cl　Cl　O　N　N

危害信息

燃烧与爆炸危险性　可燃，受热易分解放出有毒的具有刺激性的气体。

禁忌物　强氧化剂、酸碱。

毒性　大鼠经口 LD_{50}：227mg/kg；大鼠吸入 LC_{50}：16g/m^3(4h)；大鼠经皮 LD_{50}：4200mg/kg；兔经皮 LD_{50}：4200mg/kg。

中毒表现 食入或吸入对身体有害。眼接触引起严重损害。长期或反复接触引起肝损害。

侵入途径 吸入、食入、经皮吸收。

环境危害 对水生生物有极高毒性，可能在水生环境中造成长期不利影响。

理化特性与用途

理化特性 淡黄色至棕色结晶。微溶于水，溶于丙酮、二氯甲烷、乙醇、甲醇、异丙醇、苯、甲苯、二甲苯等。熔点 52.7℃，沸点 319~347℃，相对密度(水=1)1.348，饱和蒸气压 0.158mPa(20℃)，辛醇/水分配系数 3.82，闪点 192℃。

主要用途 内吸性杀菌剂。用于谷物、水果、蔬菜、观赏植物防治真菌病害。

包装与储运

包装标志 杂类

包装类别 Ⅲ类

安全储运 储存于阴凉、通风的库房。远离火种、热源。应与强氧化剂、酸碱等隔离储运。

紧急处置信息

急救措施

吸入：迅速脱离现场至空气新鲜处。保持呼吸道通畅。如呼吸困难，给输氧。呼吸、心跳停止，立即进行心肺复苏术。就医。

眼睛接触：立即分开眼睑，用流动清水或生理盐水彻底冲洗 5~10min。就医。

皮肤接触：立即脱去污染的衣着，用肥皂水和清水彻底冲洗。就医。

食入：漱口，饮水。就医。

灭火方法 消防人员须穿全身消防服，佩戴空气呼吸器，在上风向灭火。尽可能将容器从火场移至空旷处。喷水保持火场容器冷却，直至灭火结束。

灭火剂：水、泡沫、干粉、二氧化碳。

泄漏应急处置 隔离泄漏污染区，限制出入。消除点火源。建议应急处理人员戴防尘口罩，穿防毒服，戴防护手套。穿上适当的防护服前严禁接触破裂的容器和泄漏物。尽可能切断泄漏源。用塑料布覆盖泄漏物，减少飞散。勿使水进入包装容器内。用洁净的铲子收集泄漏物，置于干净、干燥、盖子较松的容器中，将容器移离泄漏区。

973. 抑霉唑硫酸盐，水溶液

标　识

中文名称 抑霉唑硫酸盐，水溶液

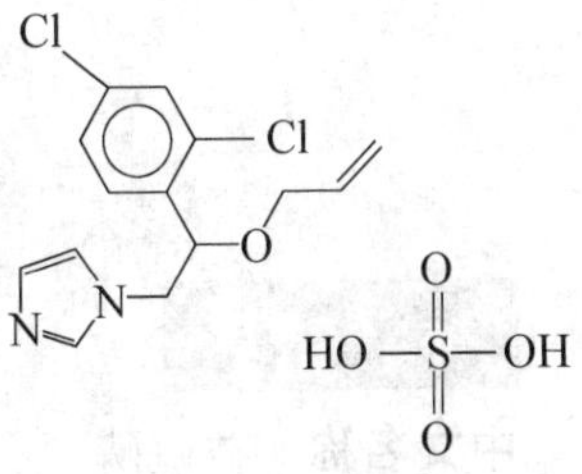

英文名称 Imazalil sulphate, aqueous solution; 1-(2-(Allyloxy)ethyl-2-(2,4-dichlorophenyl))-1H-imidazolium hydrogen sulphate; (±)-1-(2-(Allyloxy)ethyl-2-(2,4-dichlorophenyl))-1H-imidazolium hydrogen sulphate

别名 1-(2-(烯丙氧基)乙基-2-(2,4-二氯苯基))-1H-咪唑硫酸盐，水溶液

Cl Cl O N N HO—S—OH O O

分子式 $C_{14}H_{14}Cl_2N_2O \cdot H_2SO_4$
CAS 号 58594-72-2

危害信息

燃烧与爆炸危险性 无特殊燃爆特性。
禁忌物 氧化剂。
中毒表现 食入有害。对皮肤有致敏性。
侵入途径 吸入、食入。
环境危害 对水生生物有极高毒性，可能在水生环境中造成长期不利影响。

理化特性与用途

理化特性 抑霉唑硫酸盐为白色至浅褐色粉末，易溶于水，易溶于乙醇，微溶于非极性有机溶剂。熔点 124~128℃。其水溶液为淡黄色透明液体。

主要用途 内吸性杀菌剂，对侵袭水果、蔬菜的许多真菌病害均有良好的防治效果。对长蠕孢属、镰孢属、壳针孢属真菌具有高活性。

包装与储运

包装标志 杂类
包装类别 Ⅲ类
安全储运 储存于阴凉、通风良好的专用库房内。保持容器密封。应与氧化剂分开存放，切忌混储。搬运时轻装轻卸，防止容器受损。

紧急处置信息

急救措施

吸入： 迅速脱离现场至空气新鲜处。保持呼吸道通畅。如呼吸困难，给输氧。呼吸、心跳停止，立即进行心肺复苏术。就医。

眼睛接触： 立即分开眼睑，用流动清水或生理盐水彻底冲洗。就医。

皮肤接触： 立即脱去污染的衣着，用肥皂水和清水彻底冲洗。就医。

食入： 漱口，饮水。就医。

灭火方法 消防人员须穿全身消防服，佩戴防毒面具，在上风向灭火。尽可能将容器从火场移至空旷处。喷水保持火场容器冷却，直至灭火结束。

根据着火原因选择适当灭火剂灭火。

泄漏应急处置 根据液体流动和蒸气扩散的影响区域划定警戒区，无关人员从侧风、上风向撤离至安全区。建议应急处理人员戴正压自给式呼吸器，穿防护服，戴橡胶手套。穿上适当的防护服前严禁接触破裂的容器和泄漏物。尽可能切断泄漏源。防止泄漏物进入水体、下水道、地下室或有限空间。小量泄漏：用干燥的砂土或其他不燃材料吸收或覆盖，收集于容器中。大量泄漏：构筑围堤或挖坑收容。用泵转移至槽车或专用收集器内。

974. 益硫磷

标　识

中文名称 益硫磷

英文名称 Ethoate-methyl; Ethylcarbamoylmethyl *O*,*O*-dimethyl phosphorodithioate

别名 *O*,*O*-二甲基-*S*-(*M*-乙基氨基甲酰甲基)二硫代磷酸酯

分子式 $C_6H_{14}NO_3PS_2$

CAS 号 116-01-8

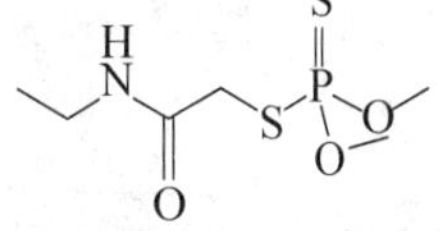

危害信息

燃烧与爆炸危险性 无特殊燃爆特性。

禁忌物 强氧化剂、强碱

毒性 大鼠经口 LD_{50}：125mg/kg；小鼠经口 LD_{50}：350mg/kg；大鼠经皮 LD_{50}：2g/kg。

中毒表现 抑制体内胆碱酯酶活性，造成神经生理功能紊乱。急性中毒症状有头痛、头昏、乏力、食欲不振、恶心、呕吐、腹痛、腹泻、流涎、瞳孔缩小、呼吸道分泌物增多、多汗、肌束震颤等。重度中毒者出现肺水肿、昏迷、呼吸麻痹、脑水肿。血胆碱酯酶活性降低。

侵入途径 吸入、食入、经皮吸收。

环境危害 对水生生物有毒。

理化特性与用途

理化特性 白色结晶固体，微有芳香气味。微溶于水，易溶于丙酮、乙醇、氯仿等。熔点 65. 5~66. 7℃，相对密度(水=1)1. 164，饱和蒸气压 1. 23mPa(25℃)，辛醇/水分配系数 0. 77。

主要用途 内吸性杀虫剂和杀螨剂。用于防治果树、蔬菜等的蝇类、粉蚧、蚜虫和叶螨。

包装与储运

安全储运 储存于阴凉、通风良好的专用库房内。保持容器密封。应与强氧化剂、强碱等分开存放，切忌混储。

紧急处置信息

急救措施

吸入：迅速脱离现场至空气新鲜处。保持呼吸道通畅。如呼吸困难，给输氧。呼吸、心跳停止，立即进行心肺复苏术。就医。

眼睛接触：分开眼睑，用流动清水或生理盐水冲洗。就医。

皮肤接触：立即脱去污染的衣着，用肥皂水及流动清水彻底冲洗污染的皮肤、头发、指甲等。就医。

食入：饮足量温水，催吐(仅限于清醒者)。口服活性炭。就医。

解毒剂：阿托品、胆碱酯酶复能剂。

灭火方法 消防人员须穿全身消防服，佩戴防毒面具，在上风向灭火。尽可能将容器从火场移至空旷处。喷水保持火场容器冷却，直至灭火结束。

根据着火原因选择适当灭火剂灭火。

泄漏应急处置 隔离泄漏污染区，限制出入。建议应急处理人员戴防尘口罩，穿防毒服。穿上适当的防护服前严禁接触破裂的容器和泄漏物。尽可能切断泄漏源。用塑料布覆盖泄漏物，减少飞散。勿使水进入包装容器内。用洁净的铲子收集泄漏物，置于干净、干燥、盖子较松的容器中，将容器移离泄漏区。

975. 因毒磷

标　　识

中文名称　因毒磷

英文名称　Endothion；*S*-5-Methoxy-4-oxopyran-2-ylmethyl dimethyl phosphorothioate

别名　*S*-(5-甲氧基-4-氧代-4H-吡喃-2-基甲基)-*O*,*O*-二甲基硫代磷酸酯

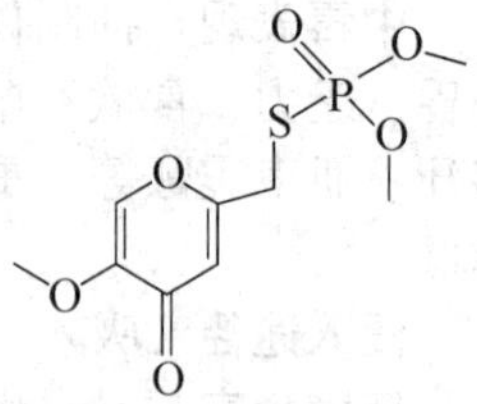

分子式　$C_9H_{13}O_6PS$

CAS 号　2778-04-3

危害信息

危险性类别　第 6 类　有毒品

燃烧与爆炸危险性　无特殊燃爆特性。

禁忌物　氧化剂、碱类。

毒性　大鼠经口 LD_{50}：23mg/kg；小鼠经口 LD_{50}：17mg/kg；大鼠经皮 LD_{50}：130mg/kg。

中毒表现　抑制体内胆碱酯酶活性，造成神经生理功能紊乱。急性中毒症状有头痛、头昏、乏力、食欲不振、恶心、呕吐、腹痛、腹泻、流涎、瞳孔缩小、呼吸道分泌物增多、多汗、肌束震颤等。重度中毒者出现肺水肿、昏迷、呼吸麻痹、脑水肿。血胆碱酯酶活性降低。

侵入途径　吸入、食入、经皮吸收。

理化特性与用途

理化特性　白色结晶，稍有气味。混溶于水，溶于乙醇、氯仿、丙酮、苯、橄榄油，不溶于乙醚、环己烷、石蜡油等。熔点 90~96℃，饱和蒸气压 0.76mPa(25℃)，辛醇/水分配系数-0.31。

主要用途　内吸性杀虫剂。用于园艺、经济作物等防治蚜虫、叶螨。

包装与储运

包装标志　有毒品

包装类别　Ⅲ类

安全储运　储存于阴凉、通风良好的专用库房内。远离火种、热源。库温不超过 35℃。相对湿度不超过 85%。保持容器密封。应与氧化剂、碱类分开存放，切忌混储。配备相应品种和数量的消防器材。储区应备有泄漏应急处理设备和合适的收容材料。

紧急处置信息

急救措施

吸入：迅速脱离现场至空气新鲜处。保持呼吸道通畅。如呼吸困难，给输氧。呼吸、心跳停止，立即进行心肺复苏术。就医。

眼睛接触：分开眼睑，用流动清水或生理盐水冲洗。就医。

皮肤接触: 立即脱去污染的衣着，用肥皂水及流动清水彻底冲洗污染的皮肤、头发、指甲等。就医。

食入: 饮足量温水，催吐(仅限于清醒者)。口服活性炭。就医。

解毒剂: 阿托品、胆碱酯酶复能剂。

灭火方法　消防人员须穿全身消防服，佩戴防毒面具，在上风向灭火。尽可能将容器从火场移至空旷处。喷水保持火场容器冷却，直至灭火结束。

根据着火原因选择适当灭火剂灭火。

泄漏应急处置　隔离泄漏污染区，限制出入。建议应急处理人员戴防尘口罩，穿防毒服，戴橡胶手套。穿上适当的防护服前严禁接触破裂的容器和泄漏物。尽可能切断泄漏源。用塑料布覆盖泄漏物，减少飞散。勿使水进入包装容器内。用洁净的铲子收集泄漏物，置于干净、干燥、盖子较松的容器中，将容器移离泄漏区。

976. (*S*)-吲哚啉-2-羧酸

标　识

中文名称　(*S*)-吲哚啉-2-羧酸

英文名称　(*S*)-(-)-Indoline-2-carboxylic acid; (*S*)-2,3-Dihydro-1H-indole-2-carboxylic acid

分子式　$C_9H_9NO_2$

CAS 号　79815-20-6

OH
N
H
O

危害信息

燃烧与爆炸危险性　受热易分解产生有毒的氮氧化物气体。

禁忌物　强氧化剂、碱类。

毒性　欧盟法规 1272/2008/EC 将本品列为第 2 类生殖毒物——可疑的人类生殖毒物。

中毒表现　长期反复接触可能引起器官损害。对皮肤有致敏性。

侵入途径　吸入、食入。

理化特性与用途

理化特性　白色至淡黄色结晶粉末。易溶于水。熔点 177℃(分解)，辛醇/水分配系数 0.93。

主要用途　用于医药、香料和染料等有机合成的中间体。是治疗心脑血管疾病的新药普力的中间体。

包装与储运

安全储运　储存于阴凉、通风的库房。远离火种、热源。应与强氧化剂、碱类等隔离储运。

紧急处置信息

急救措施

吸入: 迅速脱离现场至空气新鲜处。保持呼吸道通畅。如呼吸困难，给输氧。呼吸、心跳停止，立即进行心肺复苏术。就医。

眼睛接触：立即分开眼睑，用流动清水或生理盐水彻底冲洗。就医。

皮肤接触：立即脱去污染的衣着，用肥皂水和清水彻底冲洗。就医。

食入：漱口，饮水。就医。

灭火方法　消防人员须穿全身消防服，佩戴空气呼吸器，在上风向灭火。尽可能将容器从火场移至空旷处。喷水保持火场容器冷却，直至灭火结束。

根据着火原因选择适当灭火剂灭火。

泄漏应急处置　隔离泄漏污染区，限制出入。建议应急处理人员戴防尘口罩，穿防毒服，戴防护手套。穿上适当的防护服前严禁接触破裂的容器和泄漏物。尽可能切断泄漏源。用塑料布覆盖泄漏物，减少飞散。勿使水进入包装容器内。用洁净的铲子收集泄漏物，置于干净、干燥、盖子较松的容器中，将容器移离泄漏区。

977. 茚

标　识

中文名称　茚

英文名称　Indene；1H-Indene

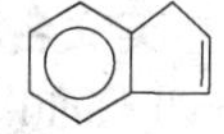

分子式　C_9H_8

CAS 号　95-13-6

危害信息

燃烧与爆炸危险性　易燃，其蒸气与空气混合能形成爆炸性混合物，遇明火、高热易燃烧爆炸。在高温火场中，受热的容器有破裂和爆炸的危险。蒸气比空气重，能在较低处扩散到相当远的地方，遇火源会着火回燃和爆炸(闪爆)。

禁忌物　强氧化剂。

毒性　哺乳动物经口 LD_{50}：>5g/kg；大鼠吸入 LC_{50}：14000mg/m^3(4h)。

中毒表现　对眼、皮肤和呼吸道有刺激性。对皮肤有致敏性。吸入对肝、肾和脾造成损害。

侵入途径　吸入、食入。

职业接触限值　中国：PC-TWA 50mg/m^3。

美国(ACGIH)：TLV-TWA 5ppm。

理化特性与用途

理化特性　无色至淡黄色液体，有芳香气味。不溶于水，混溶于多数有机溶剂。熔点-2℃，沸点 182℃，相对密度(水=1)0.997，饱和蒸气压 0.15kPa(25℃)，辛醇/水分配系数 2.92，闪点 58℃(闭杯)，爆炸下限 1%，爆炸上限 7.2%，燃烧热-4829kJ/mol。

主要用途　用作香豆酮、石油芳烃树脂共聚单体，用于生产茚满及衍生物。

包装与储运

安全储运　储存于阴凉、通风的库房。远离火种、热源。保持容器密闭。应与强氧化剂等隔离储运。禁止使用易产生火花的机械设备和工具。配备相应品种和数量的消防器材。储区应备有泄漏应急处理设备和合适的收容材料。搬运时轻装轻卸，防止容器受损。

紧急处置信息

急救措施

吸入：迅速脱离现场至空气新鲜处。保持呼吸道通畅。如呼吸困难，给输氧。呼吸、心跳停止，立即进行心肺复苏术。就医。

眼睛接触：立即分开眼睑，用流动清水或生理盐水彻底冲洗。就医。

皮肤接触：立即脱去污染的衣着，用肥皂水和清水彻底冲洗。就医。

食入：漱口，饮水。就医。

灭火方法　消防人员须穿全身消防服，在上风向灭火。尽可能将容器从火场移至空旷处。喷水保持火场容器冷却，直至灭火结束。处在火场中的容器，若发生异常变化或发出异常声音，须马上撤离。

灭火剂：雾状水、二氧化碳、干粉、泡沫。

泄漏应急处置　根据液体流动和蒸气扩散的影响区域划定警戒区，无关人员从侧风、上风向撤离至安全区。消除所有点火源。应急人员应戴正压自给式呼吸器，穿防静电服，戴橡胶手套。作业时使用的所有设备应接地。禁止接触或跨越泄漏物。尽可能切断泄漏源。防止泄漏物进入水体、下水道、地下室或有限空间。小量泄漏：用砂土或其他不燃材料吸收。使用洁净的无火花工具收集吸收材料。大量泄漏：构筑围堤或挖坑收容。用抗溶性泡沫覆盖，减少蒸发。用防爆泵转移至槽车或专用收集器内。

978. 罂粟碱

标　识

中文名称　罂粟碱

英文名称　Isoquinoline，1-((3,4-dimethoxyphenyl)methyl)-6,7-dimethoxy-；Papaverine

别名　1-(3,4-二甲氧基苄基)-6,7-二甲氧基异喹啉

分子式　$C_{20}H_{21}NO_4$

CAS 号　58-74-2

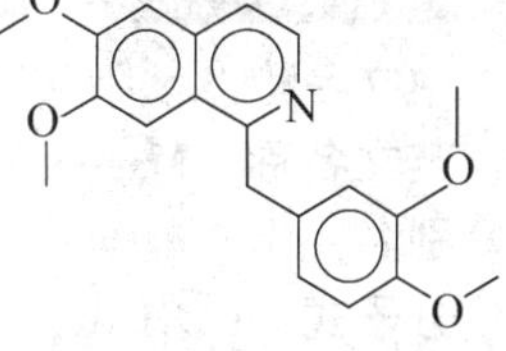

危害信息

燃烧与爆炸危险性　无特殊燃爆特性。

禁忌物　强氧化剂。

毒性　大鼠经口 LD_{50}：325mg/kg；小鼠经口 LD_{50}：162mg/kg。

中毒表现　中毒表现有：血压微升、呼吸深度增加、阵发性心动过速、视力模糊、房室传导阻滞、心律不齐、复视、眼球震颤、软弱、嗜睡、昏迷、呼吸抑制等。长期或大量服用可出现肝损害。长期应用可产生依赖性。

侵入途径　吸入、食入。

理化特性与用途

理化特性　结晶固体。不溶于水，溶于二甲基甲酰胺、二甲亚砜、乙醇等。熔点 146～147℃，相对密度(水=1)1.308，辛醇/水分配系数 2.95。

主要用途　用作药物。

包装与储运

安全储运　储存于阴凉、通风的库房。远离火种、热源。应与强氧化剂等隔离储运。搬运时轻装轻卸，防止容器受损。应该严格遵守《麻醉药品和精神药品管理条例》的要求进行储运。

紧急处置信息

急救措施

吸入：迅速脱离现场至空气新鲜处。保持呼吸道通畅。如呼吸困难，给输氧。呼吸、心跳停止，立即进行心肺复苏术。就医。

眼睛接触：立即分开眼睑，用流动清水或生理盐水彻底冲洗。就医。

皮肤接触：立即脱去污染的衣着，用流动清水彻底冲洗。就医。

食入：饮适量温水，催吐(仅限于清醒者)。就医。

解毒剂：纳洛酮。

灭火方法　消防人员须穿全身消防服，在上风向灭火。尽可能将容器从火场移至空旷处。喷水保持火场容器冷却，直至灭火结束。

根据着火原因选择适当灭火剂灭火。

泄漏应急处置　隔离泄漏污染区，限制出入。建议应急处理人员戴防尘口罩，穿防毒服。穿上适当的防护服前严禁接触破裂的容器和泄漏物。尽可能切断泄漏源。用塑料布覆盖泄漏物，减少飞散。勿使水进入包装容器内。用洁净的铲子收集泄漏物，置于干净、干燥、盖子较松的容器中，将容器移离泄漏区。

979. 硬脂酸镁

标　识

中文名称　硬脂酸镁

英文名称　Magnesium stearate；Octadecanoic acid，magnesium salt

别名　十八酸镁

分子式　$C_{36}H_{70}O_4 \cdot Mg$

CAS 号　557-04-0

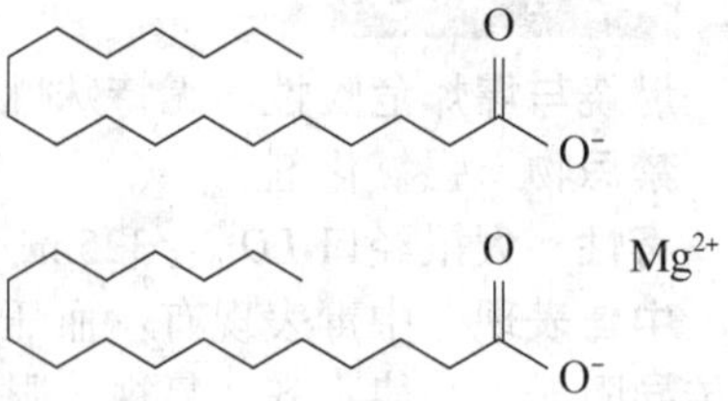

危害信息

燃烧与爆炸危险性　可燃，粉体与空气混合能形成爆炸性混合物，遇明火、高热易燃烧爆炸。受热易分解。

禁忌物　强氧化剂。

毒性　大鼠经口 LD_{50}：>10000mg/kg。

中毒表现　对呼吸道有刺激性。食入后引起呕吐。

侵入途径　吸入、食入。

职业接触限值　美国(ACGIH)：TLV-TWA 10mg/m^3。

理化特性与用途

理化特性 白色松散粉末，无臭无味。不溶于水、乙醇和乙醚，溶于热乙醇。熔点88~90℃(纯品)、130~140℃(工业品)，相对密度(水=1)1.02，辛醇/水分配系数14.35，分解温度390℃。

主要用途 用作聚氯乙烯热稳定剂，ABS、氨基树脂、酚醛树脂和脲醛树脂的润滑剂，油漆添加剂；用于制香粉、化妆品；也用作油漆和假漆的催干剂、抗结剂、脱模剂、乳化剂等。

包装与储运

安全储运 储存于阴凉、通风的库房。远离火种、热源。应与强氧化剂等隔离储运。

紧急处置信息

急救措施

吸入：迅速脱离现场至空气新鲜处。保持呼吸道通畅。如呼吸困难，给输氧。呼吸、心跳停止，立即进行心肺复苏术。就医。

眼睛接触：立即分开眼睑，用流动清水或生理盐水彻底冲洗。就医。

皮肤接触：立即脱去污染的衣着，用肥皂水和清水彻底冲洗。就医。

食入：漱口，饮水。就医。

灭火方法 消防人员须穿全身消防服，佩戴空气呼吸器，在上风向灭火。尽可能将容器从火场移至空旷处。喷水保持火场容器冷却，直至灭火结束。

根据着火原因选择适当灭火剂灭火。

泄漏应急处置 隔离泄漏污染区，限制出入。消除点火源。建议应急处理人员戴防尘口罩，穿防护服，戴防护手套。穿上适当的防护服前严禁接触破裂的容器和泄漏物。尽可能切断泄漏源。用塑料布覆盖泄漏物，减少飞散。勿使水进入包装容器内。用洁净的铲子收集泄漏物，置于干净、干燥、盖子较松的容器中，将容器移离泄漏区。

980. 硬脂酸钠

标 识

中文名称 硬脂酸钠

英文名称 Sodium stearate；Octadecanoic acid，sodium salt

别名 十八酸钠

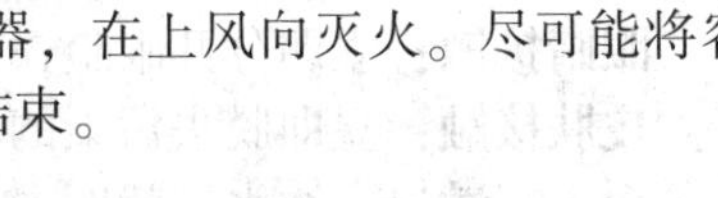

分子式 $C_{18}H_{36}O_2 \cdot Na$

CAS 号 822-16-2

O
O^-Na^+

危害信息

燃烧与爆炸危险性 无特殊燃爆特性。

禁忌物 强氧化剂。

中毒表现 对眼有刺激性。

侵入途径 吸入、食入。

职业接触限值　美国(ACGIH)：TLV-TWA $10mg/m^3$。

环境危害　对水生生物有毒，可能在水生环境中造成长期不利影响。

理化特性与用途

理化特性　白色粉末，具有脂肪气味。溶于热水，溶于热溶剂。熔点245~255℃，相对密度(水=1)1.103，辛醇/水分配系数4.13。

主要用途　广泛用于食品、医药、化妆品、塑料、金属加工、金属切削等，也用于丙烯酸酯橡胶皂/硫磺并用硫化体系。主要作乳化剂、分散剂、润滑剂、表面处理剂、腐蚀抑制剂等。

包装与储运

包装标志　杂类

包装类别　Ⅲ类

安全储运　储存于阴凉、通风的库房。远离火种、热源。应与强氧化剂等隔离储运。

紧急处置信息

急救措施

吸入：迅速脱离现场至空气新鲜处。保持呼吸道通畅。如呼吸困难，给输氧。呼吸、心跳停止，立即进行心肺复苏术。就医。

眼睛接触：立即分开眼睑，用流动清水或生理盐水彻底冲洗。就医。

皮肤接触：立即脱去污染的衣着，用肥皂水和清水彻底冲洗。就医。

食入：漱口，饮水。就医。

灭火方法　消防人员须穿全身消防服，佩戴空气呼吸器，在上风向灭火。尽可能将容器从火场移至空旷处。喷水保持火场容器冷却，直至灭火结束。

根据着火原因选择适当灭火剂灭火。

泄漏应急处置　隔离泄漏污染区，限制出入。建议应急处理人员戴防尘口罩，穿防护服。穿上适当的防护服前严禁接触破裂的容器和泄漏物。尽可能切断泄漏源。用塑料布覆盖泄漏物，减少飞散。勿使水进入包装容器内。用洁净的铲子收集泄漏物，置于干净、干燥、盖子较松的容器中，将容器移离泄漏区。

981. 铀

标　识

中文名称　铀

英文名称　Uranium；Uranium，elemental

分子式　U

CAS号　7440-61-1

危害信息

危险性类别　第7类　放射性物品

燃烧与爆炸危险性　无特殊燃爆特性。

中毒表现 急性铀中毒是以肾损伤为主的全身性损伤。引起中毒性肾病。有辐射损伤效用。

侵入途径 吸入、食入。

职业接触限值 美国(ACGIH)：TLV-TWA 0.2mg/m^3；TLV-STEL 0.6mg/m^3。

理化特性与用途

理化特性 银白色有光泽的放射性金属。不溶于水，不溶于碱、醇，溶于酸类。熔点1135℃，沸点3818℃，相对密度(水=1)19.1，饱和蒸气压1Pa(2052℃)引燃温度20℃(粉尘云)、100℃(粉尘层)。

主要用途 用于制原子弹，原子反应堆。

包装与储运

包装标志 放射性物品

安全储运 储存于阴凉、通风的放射性物质专用仓库。远离火种、热源。防止阳光直射。包装密封。储区应备有合适的材料收容泄漏物。根据放射量确定运输方式，运输必须满足《放射性物质安全运输管理条例》的规定。

紧急处置信息

急救措施

吸入：迅速脱离现场至空气新鲜处。保持呼吸道通畅。如呼吸困难，给输氧。呼吸、心跳停止，立即进行心肺复苏术。就医。

眼睛接触：立即分开眼睑，用流动清水或生理盐水彻底冲洗。就医。

皮肤接触：立即脱去污染的衣着，用流动清水彻底冲洗。就医。

食入：饮适量温水，催吐(仅限于清醒者)。就医。

灭火方法 消防人员须穿全身防辐射消防服，佩戴防毒面具，在上风向灭火。尽可能将容器从火场移至空旷处。喷水保持火场容器冷却，直至灭火结束。

根据着火原因选择适当灭火剂灭火。

泄漏应急处置 隔离泄漏污染区，限制出入。泄漏区周围设警告标志。建议应急处理人员戴防毒面具，穿防毒、防辐射服。穿上适当的防护服前严禁接触破裂的容器和泄漏物。采取一切可能的防辐射措施。在有关安全专家的指导下处置。

982. 莠灭净

标　识

中文名称 莠灭净

英文名称 Ametryn；2-Ethylamino-4-isopropylamino-6-methylthio-1,3,5-triazine

别名 2-甲硫基-4-乙氨基-6-异丙氨基-1,3,5-三嗪

分子式 $C_9H_{17}N_5S$

CAS 号 834-12-8

危害信息

燃烧与爆炸危险性 无特殊燃爆特性。

禁忌物　强氧化剂、强酸。

毒性　大鼠经口 LD_{50}：508mg/kg；小鼠经口 LD_{50}：965mg/kg；大鼠吸入 LC_{50}：>2200mg/m^3(4h)；兔经皮 LD_{50}：8160mg/kg。

中毒表现　食入有害。

侵入途径　吸入、食入、经皮吸收。

环境危害　对水生生物有极高毒性，可能在水生环境中造成长期不利影响。

理化特性与用途

理化特性　白色结晶或粉末。不溶于水，易溶于有机溶剂。熔点 88～89℃，沸点 345℃，相对密度(水=1)1.18，饱和蒸气压 0.36mPa(25℃)，辛醇/水分配系数 2.98。

主要用途　选择性芽前、苗后除草剂。用于防除香蕉、柑橘、咖啡、甘蔗、茶树和非耕地中阔叶和禾本科杂草。

包装与储运

包装标志　杂类

包装类别　Ⅲ类

安全储运　储存于阴凉、通风的库房。远离火种、热源。应与强氧化剂、强酸等隔离储运。

紧急处置信息

急救措施

吸入：迅速脱离现场至空气新鲜处。保持呼吸道通畅。如呼吸困难，给输氧。呼吸、心跳停止，立即进行心肺复苏术。就医。

眼睛接触：立即分开眼睑，用流动清水或生理盐水彻底冲洗。就医。

皮肤接触：立即脱去污染的衣着，用肥皂水和清水彻底冲洗。就医。

食入：漱口，饮水。就医。

灭火方法　消防人员须穿全身消防服，佩戴空气呼吸器，在上风向灭火。尽可能将容器从火场移至空旷处。喷水保持火场容器冷却，直至灭火结束。

灭火剂：抗溶性泡沫、干粉、二氧化碳。

泄漏应急处置　隔离泄漏污染区，限制出入。建议应急处理人员戴防尘口罩，穿防毒服，戴防护手套。穿上适当的防护服前严禁接触破裂的容器和泄漏物。尽可能切断泄漏源。用塑料布覆盖泄漏物，减少飞散。勿使水进入包装容器内。用洁净的铲子收集泄漏物，置于干净、干燥、盖子较松的容器中，将容器移离泄漏区。

983. 鱼尼汀

标　识

中文名称　鱼尼汀

英文名称　Ryania；Ryanodol, 3-(1H-pyrrole-2-carboxylate)

分子式　$C_{25}H_{35}NO_9$

CAS 号　15662-33-6

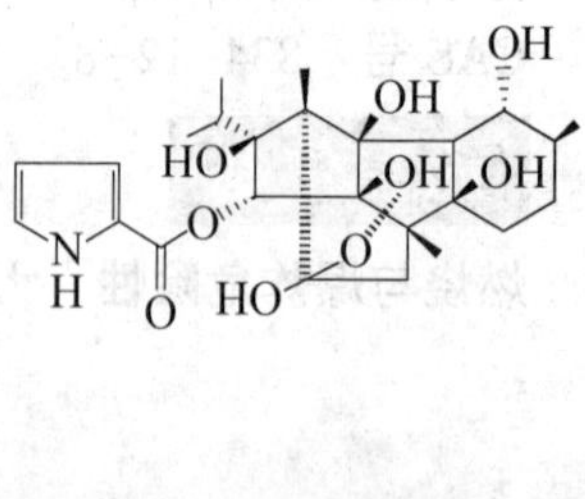

危害信息

燃烧与爆炸危险性 无特殊燃爆特性。

禁忌物 强氧化剂、强酸。

毒性 大鼠经口 LD_{50}：750mg/kg；小鼠经口 LD_{50}：650mg/kg；兔经皮 LD_{50}：>4g/kg。

中毒表现 食入或经皮肤吸收对身体有害。

侵入途径 吸入、食入、经皮吸收。

环境危害 对水生生物有极高毒性，可能在水生环境中造成长期不利影响。

理化特性与用途

理化特性 白色至灰白色固体。微溶于热水，溶于甲醇、乙醇、二甲亚砜，不溶于苯、石油醚。熔点 219~220℃，辛醇/水分配系数 1.75。

主要用途 选择性杀虫剂。用于果树、玉米、甘蔗等作物防治苹果卷叶蛾、甘蔗螟虫及蓟马、玉米螟等害虫。

包装与储运

包装标志 杂类

包装类别 Ⅲ类

安全储运 储存于阴凉、通风的库房。远离火种、热源。应与强氧化剂、强酸等隔离储运。

紧急处置信息

急救措施

吸入：迅速脱离现场至空气新鲜处。保持呼吸道通畅。如呼吸困难，给输氧。呼吸、心跳停止，立即进行心肺复苏术。就医。

眼睛接触：立即分开眼睑，用流动清水或生理盐水彻底冲洗。就医。

皮肤接触：立即脱去污染的衣着，用肥皂水和清水彻底冲洗。就医。

食入：漱口，饮水。就医。

灭火方法 消防人员须穿全身消防服，佩戴空气呼吸器，在上风向灭火。尽可能将容器从火场移至空旷处。喷水保持火场容器冷却，直至灭火结束。

根据着火原因选择适当灭火剂灭火。

泄漏应急处置 隔离泄漏污染区，限制出入。建议应急处理人员戴防尘口罩，穿防护服，戴防护手套。穿上适当的防护服前严禁接触破裂的容器和泄漏物。尽可能切断泄漏源。用塑料布覆盖泄漏物，减少飞散。勿使水进入包装容器内。用洁净的铲子收集泄漏物，置于干净、干燥、盖子较松的容器中，将容器移离泄漏区。

984. 育畜磷

标 识

中文名称 育畜磷

英文名称 Crufomate；4-tert-Butyl-2-chlorophenyl methyl methylphosphoramidate

984. 育畜磷

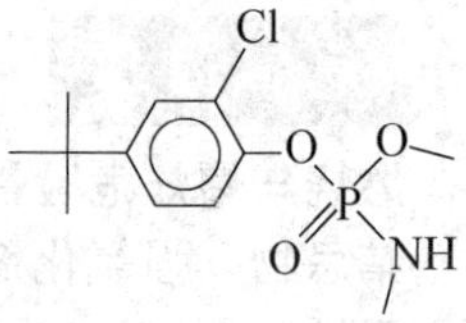

别名 *O′*-(4 特丁基-2-氯苯基)*O*-甲基-*N*-甲基磷酰胺酯

分子式 $C_{12}H_{19}ClNO_3P$

CAS 号 299-86-5

铁危编号 61874

危害信息

危险性类别 第 6 类 有毒品

燃烧与爆炸危险性 可燃，液体制剂含有易燃的有机溶剂。

禁忌物 氧化剂、碱类。

毒性 大鼠经口 LD_{50}：460mg/kg；兔经皮 LD_{50}：2g/kg。

中毒表现 抑制体内胆碱酯酶活性，造成神经生理功能紊乱。急性中毒症状有头痛、头昏、乏力、食欲不振、恶心、呕吐、腹痛、腹泻、流涎、瞳孔缩小、呼吸道分泌物增多、多汗、肌束震颤等。重度中毒者出现肺水肿、昏迷、呼吸麻痹、脑水肿。血胆碱酯酶活性降低。

侵入途径 吸入、食入、经皮吸收。

职业接触限值 美国(ACGIH)：TLV-TWA 5mg/m^3。

环境危害 对水生生物有极高毒性，可能在水生环境中造成长期不利影响。

理化特性与用途

理化特性 无色或白色结晶，工业品为黄色黏稠状油。不溶于水，溶于丙酮、苯、四氯化碳、乙腈和甲醇等。熔点 60～65℃，沸点 117～118℃(1.33Pa)，相对密度(水=1)1.16，饱和蒸气压 0.106Pa(25℃)，辛醇/水分配系数 3.42。

主要用途 内吸性杀虫剂和畜用驱虫药。

包装与储运

包装标志 有毒品

包装类别 Ⅲ类

安全储运 储存于阴凉、通风良好的专用库房内。远离火种、热源。库温不超过 35℃。相对湿度不超过 85%。保持容器密封。应与氧化剂、碱类分开存放，切忌混储。配备相应品种和数量的消防器材。储区应备有泄漏应急处理设备和合适的收容材料。

紧急处置信息

急救措施

吸入：迅速脱离现场至空气新鲜处。保持呼吸道通畅。如呼吸困难，给输氧。呼吸、心跳停止，立即进行心肺复苏术。就医。

眼睛接触：分开眼睑，用流动清水或生理盐水冲洗。就医。

皮肤接触：立即脱去污染的衣着，用肥皂水及流动清水彻底冲洗污染的皮肤、头发、指甲等。就医。

食入：饮足量温水，催吐(仅限于清醒者)。口服活性炭。就医。

解毒剂：阿托品、胆碱酯酶复能剂。

灭火方法 消防人员须穿全身消防服，佩戴防毒面具，在上风向灭火。尽可能将容器从火场移至空旷处。喷水保持火场容器冷却，直至灭火结束。

灭火剂：柱状水、二氧化碳、干粉、砂土。

泄漏应急处置　隔离泄漏污染区，限制出入。消除点火源。建议应急处理人员戴防尘口罩，穿防毒服，戴橡胶手套。穿上适当的防护服前严禁接触破裂的容器和泄漏物。尽可能切断泄漏源。用塑料布覆盖泄漏物，减少飞散。勿使水进入包装容器内。用洁净的铲子收集泄漏物，置于干净、干燥、盖子较松的容器中，将容器移离泄漏区。

985. 孕-5-烯-3,20-二酮双(乙二醇缩酮)

标　识

中文名称　孕-5-烯-3,20-二酮双(乙二醇缩酮)

英文名称　Pregn-5-ene-3,20-dione bis(ethylene ketal)

分子式　$C_{25}H_{38}O_4$

CAS 号　7093-55-2

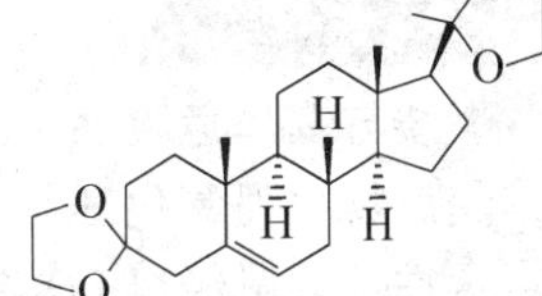

危害信息

燃烧与爆炸危险性　可燃。

禁忌物　强氧化剂、酸类。

侵入途径　吸入、食入。

环境危害　可能在水生环境中造成长期不利影响。

理化特性与用途

理化特性　固体。不溶于水。熔点 180～183℃，沸点 496℃，相对密度(水=1)1.15，辛醇/水分配系数 5.13，闪点 113℃。

包装与储运

安全储运　储存于阴凉、通风的库房。远离火种、热源。应与强氧化剂、酸类等隔离储运。

紧急处置信息

急救措施

吸入：脱离接触。如有不适感，就医。

眼睛接触：分开眼睑，用流动清水或生理盐水冲洗。如有不适感，就医。

皮肤接触：脱去污染的衣着，用流动清水冲洗。如有不适感，就医。

食入：漱口，饮水。就医。

灭火方法　防人员须穿全身消防服，佩戴防毒面具，在上风向灭火。尽可能将容器从火场移至空旷处。喷水保持火场容器冷却，直至灭火结束。

根据着火原因选择适当灭火剂灭火。

泄漏应急处置　隔离泄漏污染区，限制出入。消除点火源。建议应急处理人员戴防尘口罩，穿一般防护服。尽可能切断泄漏源。用塑料布覆盖泄漏物，减少飞散。勿使水进入包装容器内。用洁净的铲子收集泄漏物，置于干净、干燥、盖子较松的容器中，将容器移离泄漏区。

986. 增效散

标　识

中文名称　增效散

英文名称　Sesamex；1,3-Benzodioxole，5-(1-(2-(2-ethoxyethoxy) ethoxy) ethoxy)-

别名　2-(1,3-苯并二噁茂-5-基氧基)-3,6,9-三氧杂十一碳烷

分子式　$C_{15}H_{22}O_6$

CAS 号　51-14-9

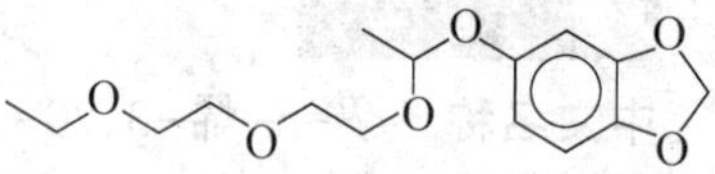

危害信息

燃烧与爆炸危险性　无特殊燃爆特性。

禁忌物　强氧化剂。

毒性　大鼠经口 LD_{50}：2g/kg；兔经皮 LD_{50}：>11g/kg。

侵入途径　吸入、食入、经皮吸收。

理化特性与用途

理化特性　稻草色液体，稍有气味。不溶于水，易溶于煤油和一般有机溶剂。沸点 137~141℃(10.6Pa)，相对密度(水=1) 1.149，饱和蒸气压 0.75mPa(25℃)，辛醇/水分配系数 2.23。

主要用途　作为除虫菊酯类杀虫剂和甲氧滴滴涕的增效剂。

包装与储运

安全储运　储存于阴凉、通风的库房。远离火种、热源。应与强氧化剂等隔离储运。搬运时轻装轻卸，防止容器受损。

紧急处置信息

急救措施

吸入：迅速脱离现场至空气新鲜处。保持呼吸道通畅。如呼吸困难，给输氧。呼吸、心跳停止，立即进行心肺复苏术。就医。

眼睛接触：立即分开眼睑，用流动清水或生理盐水彻底冲洗。就医。

皮肤接触：立即脱去污染的衣着，用肥皂水和清水彻底冲洗。就医。

食入：漱口，饮水。就医。

灭火方法　消防人员须穿全身消防服，佩戴空气呼吸器，在上风向灭火。尽可能将容器从火场移至空旷处。喷水保持火场容器冷却，直至灭火结束。

根据着火原因选择适当灭火剂灭火。

泄漏应急处置　根据液体流动和蒸气扩散的影响区域划定警戒区，无关人员从侧风、上风向撤离至安全区。建议应急处理人员戴正压自给式呼吸器，穿防护服，戴防护手套。穿上适当的防护服前严禁接触破裂的容器和泄漏物。尽可能切断泄漏源。防止泄漏物进入水体、下水道、地下室或有限空间。小量泄漏：用干燥的砂土或其他不燃材料吸收或覆盖，收集于容器中。大量泄漏：构筑围堤或挖坑收容。用泵转移至槽车或专用收集器内。

987. 樟脑油

标　识

中文名称　樟脑油
英文名称　Camphor oil；Oils，camphor
别名　樟脑白油；樟木油
CAS 号　8008-51-3
铁危编号　32136

危害信息

危险性类别　第 3 类　易燃液体

燃烧与爆炸危险性　易燃，其蒸气与空气混合能形成爆炸性混合物，遇明火、高热极易燃烧或爆炸，燃烧产生有毒的一氧化碳气体。在高温火场中，受热的容器或储罐有破裂和爆炸的危险。

禁忌物　氧化剂。

毒性　大鼠经口 LD_{50}：3730mg/kg；兔经皮 LD_{50}：>5g/kg。

侵入途径　吸入、食入、经皮吸收。

理化特性与用途

理化特性　无色至淡黄色透明液体，有特性气味。不溶于水，溶于乙醇、煤油、石蜡油等。沸点 171℃，相对密度(水=1)0.87~0.92，相对蒸气密度(空气=1)5.24，饱和蒸气压 0.53kPa(25℃)，闪点 43.33℃(闭杯)。

主要用途　用于医药及配制皂用香精、防腐剂、除臭剂、皮肤调理剂、肌肉松弛剂等。

包装与储运

包装标志　易燃液体
包装类别　Ⅲ类

安全储运　储存于阴凉、通风的库房。远离火种、热源。库温不宜超过 37℃。保持容器密封。应与氧化剂分开存放，切忌混储。采用防爆型照明、通风设施。禁止使用易产生火花的机械设备和工具。灌装时注意流速，防止静电积聚。配备相应品种和数量的消防器材。储区应备有泄漏应急处理设备和合适的收容材料。搬运时轻装轻卸，防止容器受损。

紧急处置信息

急救措施

吸入：迅速脱离现场至空气新鲜处。保持呼吸道通畅。如呼吸困难，给输氧。呼吸、心跳停止，立即进行心肺复苏术。就医。

眼睛接触：立即分开眼睑，用流动清水或生理盐水彻底冲洗。就医。

皮肤接触：立即脱去污染的衣着，用肥皂水和清水彻底冲洗。就医。

食入：漱口，饮水。就医。

灭火方法　消防人员须穿全身防火防毒服，佩戴空气呼吸器，在上风向灭火。尽可能将容器从火场移至空旷处。喷水保持火场容器冷却，直至灭火结束。处在火场中的容器若发生异常变化或发出异常声音，须马上撤离。

灭火剂：抗溶性泡沫、二氧化碳、干粉、砂土。

泄漏应急处置　根据液体流动和蒸气扩散的影响区域划定警戒区，无关人员从侧风、上风向撤离至安全区。消除所有点火源。建议应急处理人员戴正压自给式呼吸器，穿防静电服，戴橡胶手套。作业时使用的所有设备应接地。禁止接触或跨越泄漏物。尽可能切断泄漏源。防止泄漏物进入水体、下水道、地下室或有限空间。小量泄漏：用砂土或其他不燃材料吸收。使用洁净的无火花工具收集吸收材料。大量泄漏：构筑围堤或挖坑收容。用抗溶性泡沫覆盖，减少蒸发。喷水雾能减少蒸发，但不能降低泄漏物在有限空间内的易燃性。用防爆泵转移至槽车或专用收集器内。

988. 锗烷

标　识

中文名称　锗烷

英文名称　Germane；Germanium tetrahydride

别名　四氢化锗

分子式　GeH_4

CAS 号　7782-65-2

铁危编号　23043

UN 号　2192

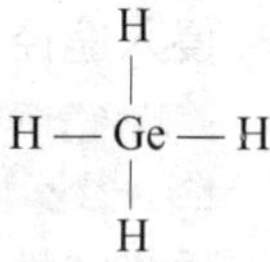

危害信息

危险性类别　第 2.3 类　有毒气体

燃烧与爆炸危险性　易燃，与空气混合能形成爆炸性混合物，遇明火、高热易燃烧爆炸。在高温火场中，受热的容器有破裂和爆炸的危险。比空气重，能在较低处扩散到相当远的地方，遇火源会着火回燃和爆炸(闪爆)。

禁忌物　氧化剂。

毒性　大鼠经口 LD_{50}：1250mg/kg；大鼠吸入 LC_{50}：1380mg/m^3。

中毒表现　本品影响血液系统，破坏红细胞，引起溶血和肾脏损害。损害可延迟发生。高浓度吸入可致死。

长期或反复接触可引起贫血。

侵入途径　吸入。

职业接触限值　中国：PC-TWA 0.6mg/m^3。

美国(ACGIH)：TLV-TWA 0.2ppm(0.6mg/m^3)。

理化特性与用途

理化特性　无色气体，有刺激性气味。不溶于水。熔点-165℃，沸点-88.5℃，相对密度(水=1)1.52，相对蒸气密度(空气=1)2.65，饱和蒸气压 9.4kPa(-125℃)。

主要用途　用于半导体和电子工业。

包装与储运

包装标志　有毒气体，易燃气体。

安全储运　储存于阴凉、通风的有毒气体专用库房。远离火种、热源。库温不宜超过30℃。应与氧化剂、食用化学品分开存放，切忌混储。采用防爆型照明、通风设施。禁止使用易产生火花的机械设备和工具。配备相应品种和数量的消防器材。储区应备有泄漏应急处理设备。搬运时轻装轻卸，须戴好钢瓶安全帽和防震橡皮圈，防止钢瓶撞击。

紧急处置信息

急救措施

吸入：迅速脱离现场至空气新鲜处。保持呼吸道通畅。如呼吸困难，给输氧。呼吸、心跳停止，立即进行心肺复苏术。就医。

灭火方法　切断气源。若不能切断气源，则不允许熄灭泄漏处的火焰。消防人员必须佩戴空气呼吸器、穿全身防火防毒服，在上风向灭火。尽可能将容器从火场移至空旷处。喷水保持火场容器冷却，直至灭火结束。

灭火剂：二氧化碳、干粉。

泄漏应急处置　根据气体扩散的影响区域划定警戒区，无关人员从侧风、上风向撤离至安全区。消除所有点火源。建议应急处理人员穿内置正压自给式呼吸器的全封闭防化服。禁止接触或跨越泄漏物。尽可能切断泄漏源。防止气体通过下水道、通风系统和有限空间扩散。喷雾状水抑制蒸气或改变蒸气云流向，避免水流接触泄漏物。禁止用水直接冲击泄漏物或泄漏源。隔离泄漏区直至气体散尽。

989. 2-正丁基-苯并(*d*)异噻唑-3-酮

标　识

中文名称　2-正丁基-苯并(*d*)异噻唑-3-酮

英文名称　2-*n*-Butyl-benzo(*d*)isothiazol-3-one；2-Butyl-1，2-benzisothiazolin-3-one

别名　2-丁基-1,2-苯并异噻唑啉-3-酮

分子式　$C_{11}H_{13}NOS$

CAS 号　4299-07-4

危害信息

危险性类别　第 8 类　腐蚀品

燃烧与爆炸危险性　可燃，受热易分解。在高温火场中，受热的容器有破裂和爆炸的危险。

禁忌物　氧化剂、酸碱、醇类。

中毒表现　对眼和皮肤有腐蚀性。对皮肤有致敏性。

侵入途径　吸入、食入。

环境危害　对水生生物有极高毒性，可能在水生环境中造成长期不利影响。

理化特性与用途

理化特性　淡黄色至棕色液体。不溶于水。分解温度低于沸点，相对密度(水=1)1.15~

1.18，饱和蒸气压 0.015Pa(25℃)，pH 值 2.5~3.5，闪点大于 178℃(闭杯)。

主要用途　本品能有效杀灭真菌、细菌、酵母菌及部分藻类，可以用于弹性体，防水材料、人造革、胶黏剂等，譬如鞋底、胶棍、人造革、地板革、汽车内饰件、建筑密封胶、墙纸等。

包装与储运

包装标志　腐蚀品

包装类别　Ⅱ类

安全储运　储存于阴凉、干燥、通风良好的库房。远离火种、热源。防止阳光直射。保持容器密封。应与氧化剂、酸碱、醇类等分开存放，切忌混储。配备相应品种和数量的消防器材。储区应备有合适的材料收容泄漏物。搬运时轻装轻卸，防止容器受损。

紧急处置信息

急救措施

吸入：迅速脱离现场至空气新鲜处。保持呼吸道通畅。如呼吸困难，给输氧。呼吸、心跳停止，立即进行心肺复苏术。就医。

眼睛接触：立即分开眼睑，用流动清水或生理盐水彻底冲洗 5~10min。就医。

皮肤接触：立即脱去污染的衣着，用大量流动清水彻底冲洗，冲洗时间一般要求 20~30min。就医。

食入：用水漱口，禁止催吐。给饮牛奶或蛋清。就医。

灭火方法　消防人员须穿全身消防服，在上风向灭火。尽可能将容器从火场移至空旷处。喷水保持火场容器冷却直至灭火结束。

灭火剂：泡沫、二氧化碳、干粉。

泄漏应急处置　根据液体流动和蒸气扩散的影响区域划定警戒区，无关人员从侧风、上风向撤离至安全区。消除点火源。建议应急处理人员戴正压自给式呼吸器，穿耐腐蚀防护服，戴橡胶耐腐蚀手套。穿上适当的防护服前严禁接触破裂的容器和泄漏物。尽可能切断泄漏源。防止泄漏物进入水体、下水道、地下室或有限空间。小量泄漏：用干燥的砂土或其他不燃材料覆盖泄漏物，使用洁净的无火花工具收集吸收材料。大量泄漏：构筑围堤或挖坑收容。用耐腐蚀泵转移至槽车或专用收集器内。

990. 正己基锂

标　识

中文名称　正己基锂

英文名称　*n*-Hexyllithium

分子式　$C_6H_{13}Li$

CAS 号　21369-64-2

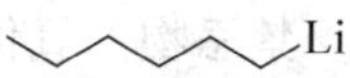

危害信息

危险性类别　第 4.2 类　自燃物品

燃烧与爆炸危险性　接触空气易自燃。

禁忌物　氧化剂、酸类、醇类。

中毒表现 对眼和皮肤有强烈腐蚀性。

侵入途径 吸入、食入。

理化特性与用途

理化特性 本品通常为33%的己烷溶液，其理化特性如下：无色至深黄色透明溶液。沸点69℃，相对密度(水=1)0.708，闪点-10℃。

主要用途 用于有机催化反应。

包装与储运

包装标志 自燃物品，遇湿易燃物品

包装类别 Ⅰ类

安全储运 储存于阴凉、干燥、通风良好的库房。远离火种、热源。防止阳光直射。储存温度不超过32℃，相对湿度不超过75%。保持容器密封，不可与空气接触。应与氧化剂、酸类、醇类、食用化学品等隔离储运。采用防爆型照明、通风设施。禁止使用易产生火花的机械设备和工具。配备相应品种和数量的消防器材。储区应备有泄漏应急处理设备和合适的收容材料。搬运时轻装轻卸，防止容器受损。

紧急处置信息

急救措施

吸入：迅速脱离现场至空气新鲜处。保持呼吸道通畅。如呼吸困难，给输氧。呼吸、心跳停止，立即进行心肺复苏术。就医。

眼睛接触：立即分开眼睑，用流动清水或生理盐水彻底冲洗5~10min。就医。

皮肤接触：立即脱去污染的衣着，用大量流动清水彻底冲洗，冲洗时间一般要求20~30min。就医。

食入：用水漱口，禁止催吐。给饮牛奶或蛋清。就医。

灭火方法 消防人员须穿全身消防服，佩戴防毒面具，在上风向灭火。尽可能将容器从火场移至空旷处。喷水保持火场容器冷却，直至灭火结束。

灭火剂：泡沫、二氧化碳、干粉、砂土。

泄漏应急处置 消除所有点火源。根据液体流动和蒸气扩散的影响区域划定警戒区，无关人员从侧风、上风向撤离至安全区。建议应急处理人员戴正压自给式呼吸器，穿耐腐蚀、防静电服，戴耐腐蚀橡胶手套。作业时使用的设备应接地。禁止接触或跨越泄漏物。尽可能切断泄漏源。防止泄漏物进入水体、下水道、地下室或有限空间。小量泄漏：用干燥的砂土或其他不燃材料覆盖泄漏物，用洁净的无火花工具收集泄漏物，置于一盖子较松的塑料容器中，待处置。大量泄漏：构筑围堤或挖坑收容。用防爆、耐腐蚀泵转移至槽车或专用收集器内。

991. 正己烷

标 识

中文名称 正己烷

英文名称 *n*-Hexane；Hexane

分子式　C_6H_{14}
CAS 号　110-54-3
铁危编号　31005
UN 号　1208

危害信息

危险性类别　第 3 类　易燃液体

燃烧与爆炸危险性　易燃，其蒸气与空气混合能形成爆炸性混合物，遇明火、高热极易燃烧或爆炸，燃烧产生有毒的一氧化碳气体。蒸气比空气重，能在较低处扩散到相当远的地方，遇火源会着火回燃和爆炸(闪爆)。在高温火场中，受热的容器或储罐有破裂和爆炸的危险。

禁忌物　氧化剂。

毒性　大鼠经口 LD_{50}：15840mg/kg；大鼠吸入 LC_{50}：48000ppm(4h)。

欧盟法规 1272/2008/EC 将本品列为第 2 类生殖毒物——可疑的人类生殖毒物。

中毒表现

急性中毒　吸入高浓度本品出现头痛、头晕、恶心、共济失调等，重者引起神志丧失甚至死亡。成人口服正己烷 50mL 可致急性中毒死亡。液态本品直接吸入肺部，可引起吸入性肺炎。对眼和上呼吸道有刺激性。

慢性中毒　长期接触出现头痛、头晕、乏力、胃纳减退；其后四肢远端逐渐发展成感觉异常，麻木，触、痛、震动和位置等感觉减退，尤以下肢为甚，上肢较少受累。进一步发展为下肢无力，肌肉疼痛，肌肉萎缩及运动障碍。神经-肌电图检查示感觉神经及运动神经传导速度减慢。

侵入途径　吸入、食入、经皮吸收。

职业接触限值　中国：PC-TWA 100mg/m^3；PC-STEL 180mg/m^3[皮]。

美国(ACGIH)：TLV-TWA 50ppm[皮]。

环境危害　对水生生物有毒，可能在水生环境中造成长期不利影响。

理化特性与用途

理化特性　无色透明挥发性液体，有汽油样气味。不溶于水，混溶于乙醇、乙醚、氯仿等。熔点-95℃，沸点 69℃，相对密度(水=1)0.659，相对蒸气密度(空气=1)2.97，饱和蒸气压 17kPa(20℃)，临界温度 234℃，临界压力 3.01MPa，燃烧热-4198kJ/mol，辛醇/水分配系数 3.9，闪点-22℃，引燃温度 225℃，爆炸下限 1.1%，爆炸上限 7.5%。

主要用途　用于溶剂、萃取、有机合成，如用于电子行业清洗，制药行业中作萃取剂，食用植物油的提取剂等。

包装与储运

包装标志　易燃液体

包装类别　Ⅱ类

安全储运　储存于阴凉、通风的库房。远离火种、热源。库温不宜超过 37℃。保持容器密封。应与氧化剂分开存放，切忌混储。采用防爆型照明、通风设施。禁止使用易产生火花的机械设备和工具。灌装时注意流速，防止静电积聚。配备相应品种和数量的消防器材。储区应备有泄漏应急处理设备和合适的收容材料。搬运时轻装轻卸，防止容器受损。

紧急处置信息

急救措施

吸入：迅速脱离现场至空气新鲜处。保持呼吸道通畅。如呼吸困难，给输氧。呼吸、

心跳停止，立即进行心肺复苏术。就医。

眼睛接触： 立即分开眼睑，用流动清水或生理盐水彻底冲洗。就医。

皮肤接触： 立即脱去污染的衣着，用肥皂水和清水彻底冲洗。就医。

食入： 漱口，尽量饮水，不要催吐。就医。

灭火方法 消防人员须穿全身防火防毒服，佩戴空气呼吸器，在上风向灭火。尽可能将容器从火场移至空旷处。喷水保持火场容器冷却，直至灭火结束。处在火场中的容器若发生异常变化或发出异常声音，须马上撤离。

灭火剂：泡沫、二氧化碳、干粉、砂土。

泄漏应急处置 消除所有点火源。根据液体流动和蒸气扩散的影响区域划定警戒区，无关人员从侧风、上风向撤离至安全区。建议应急处理人员戴正压自给式呼吸器，穿防毒、防静电服，戴橡胶耐油手套。作业时使用的所有设备应接地。禁止接触或跨越泄漏物。尽可能切断泄漏源。防止泄漏物进入水体、下水道、地下室或有限空间。小量泄漏：用砂土或其他不燃材料吸收。使用洁净的无火花工具收集吸收材料。大量泄漏：构筑围堤或挖坑收容。用泡沫覆盖，减少蒸发。喷水雾能减少蒸发，但不能降低泄漏物在有限空间内的易燃性。用防爆泵转移至槽车或专用收集器内。

992. 2-正十六烷基对苯二酚

标　识

中文名称 2-正十六烷基对苯二酚

英文名称 2-*n*-Hexadecylhydroquinone

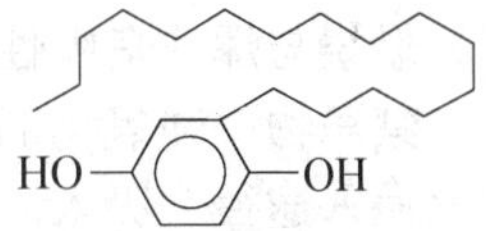

危害信息

燃烧与爆炸危险性 无特殊燃爆特性。

禁忌物 强氧化剂。

中毒表现 对皮肤有刺激性和致敏性。长期或反复接触可能对器官造成伤害。

侵入途径 吸入、食入。

环境危害 可能在水生环境中造成长期不利影响。

理化特性与用途

主要用途 摄影用光敏材料。

包装与储运

安全储运 储存于阴凉、通风的库房。远离火种、热源。保持容器密闭。应与强氧化剂等隔离储运。

紧急处置信息

急救措施

吸入： 迅速脱离现场至空气新鲜处。保持呼吸道通畅。如呼吸困难，给输氧。呼吸、心跳停止，立即进行心肺复苏术。就医。

眼睛接触： 立即分开眼睑，用流动清水或生理盐水彻底冲洗。就医。

皮肤接触： 立即脱去污染的衣着，用肥皂水和清水彻底冲洗。就医。

食入： 漱口，饮水。就医。

灭火方法 消防人员须穿全身消防服，佩戴空气呼吸器，在上风向灭火。尽可能将容器从火场移至空旷处。

根据着火原因选择适当灭火剂灭火。

泄漏应急处置 隔离泄漏污染区，限制出入。建议应急处理人员戴防尘口罩，穿防护服，戴橡胶手套。穿上适当的防护服前严禁接触破裂的容器和泄漏物。尽可能切断泄漏源。用塑料布覆盖泄漏物，减少飞散。勿使水进入包装容器内。用洁净的铲子收集泄漏物，置于干净、干燥、盖子较松的容器中，将容器移离泄漏区。

993. 4-正戊基环己基酮

标　识

中文名称 4-正戊基环己基酮

英文名称 4-Pentylcyclohexanone；4-Amylcyclohexanone

别名 对戊基环己酮

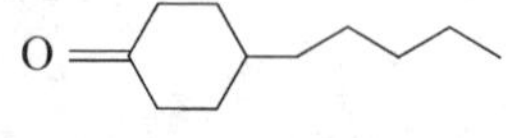

分子式 $C_{11}H_{20}O$

CAS 号 61203-83-6

危害信息

燃烧与爆炸危险性 可燃。

禁忌物 强氧化剂、酸碱、醇类。

侵入途径 吸入、食入。

环境危害 对水生生物有毒，可能在水生环境中造成长期不利影响。

理化特性与用途

理化特性 无色透明液体。微溶于水。沸点 237℃，相对密度(水=1) 0.89，闪点 90℃。

主要用途 用作液晶中间体，用于医药合成等。

包装与储运

包装标志 杂类

包装类别 Ⅲ类

安全储运 储存于阴凉、通风的库房。远离火种、热源。应与强氧化剂、酸碱、醇类等隔离储运。搬运时轻装轻卸，防止容器受损。

紧急处置信息

急救措施

吸入： 脱离接触。如有不适感，就医。

眼睛接触： 分开眼睑，用流动清水或生理盐水冲洗。如有不适感，就医。

皮肤接触： 脱去污染的衣着，用流动清水冲洗。如有不适感，就医。

食入：漱口，饮水。就医。

灭火方法 消防人员须穿全身消防服，在上风向灭火。尽可能将容器从火场移至空旷处。喷水保持火场容器冷却直至灭火结束。

灭火剂：泡沫、干粉、二氧化碳。

泄漏应急处置 根据液体流动和蒸气扩散的影响区域划定警戒区，无关人员从侧风、上风向撤离至安全区。消除点火源。应急人员应戴正压自给式呼吸器，穿防护服，戴橡胶手套。禁止接触或跨越泄漏物。尽可能切断泄漏源。防止泄漏物进入水体、下水道、地下室或有限空间。小量泄漏：用干燥的砂土或其他不燃材料覆盖泄漏物，用洁净的无火花工具收集泄漏物，置于一盖子较松的塑料容器中，待处置。大量泄漏：构筑围堤或挖坑收容。用泵转移至槽车或专用收集器内。

994. 酯菌胺

标识

中文名称 酯菌胺

英文名称 *N*-(3-Chlorophenyl)-*N*-(tetrahydro-2-oxo-3-furyl)cyclopropanecarboxamide；Cyprofuram

别名 2-(*N*-(3-氯苯基)环丙基甲酰胺)-γ-丁内酯

分子式 $C_{14}H_{14}ClNO_3$

CAS 号 69581-33-5

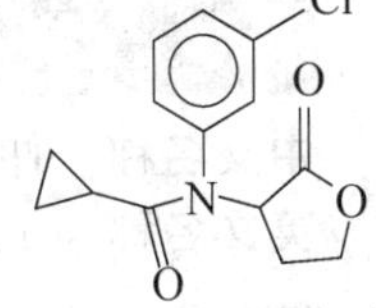

危害信息

危险性类别 第6类 有毒品

燃烧与爆炸危险性 无特殊燃爆特性。

禁忌物 氧化剂、酸类。

毒性 大鼠经口 LD_{50}：174mg/kg；小鼠经口 LD_{50}：296mg/kg；兔经皮 LD_{50}：1g/kg。

侵入途径 吸入、食入、经皮吸收。

环境危害 对水生生物有极高毒性，可能在水生环境中造成长期不利影响。

理化特性与用途

理化特性 无色结晶固体。不溶于水，溶于丙酮、二氯甲烷、环己酮等。熔点 95~96℃，饱和蒸气压 0.0066mPa(25℃)，辛醇/水分配系数 1.16。

主要用途 作种子处理用杀菌剂。可防治土壤中的腐霉菌。对致病疫霉和霜霉菌也有效。

包装与储运

包装标志 有毒品

包装类别 Ⅲ类

安全储运 储存于阴凉、通风的库房。远离火种、热源。防止阳光直射。储存温度不超过 35℃，相对湿度不超过 85%。应与氧化剂、酸类、食用化学品分开存放，切忌混储。配备相应品种和数量的消防器材。储区应备有合适的材料收容泄漏物。

紧急处置信息

急救措施

吸入：迅速脱离现场至空气新鲜处。保持呼吸道通畅。如呼吸困难，给输氧。呼吸、心跳停止，立即进行心肺复苏术。就医。

眼睛接触：立即分开眼睑，用流动清水或生理盐水彻底冲洗。就医。

皮肤接触：立即脱去污染的衣着，用流动清水彻底冲洗。就医。

食入：饮适量温水，催吐(仅限于清醒者)。就医。

灭火方法 消防人员须穿全身防火防毒服，佩戴空气呼吸器在上风向灭火。尽可能将容器从火场移至空旷处。

根据着火原因选择适当灭火剂灭火。

泄漏应急处置 隔离泄漏污染区，限制出入。建议应急处理人员戴防尘口罩，穿防毒服，戴橡胶手套。穿上适当的防护服前严禁接触破裂的容器和泄漏物。尽可能切断泄漏源。用塑料布覆盖泄漏物，减少飞散。勿使水进入包装容器内。用洁净的铲子收集泄漏物，置于干净、干燥、盖子较松的容器中，将容器移离泄漏区。

995. 仲丁通

标　　识

中文名称 仲丁通

英文名称 1,3,5-Triazine-2,4-diamine, *N*-ethyl-6-methoxy-*N'*-(1-methylpropyl)-; Secbumeton

分子式 $C_{10}H_{19}N_5O$

CAS 号 26259-45-0

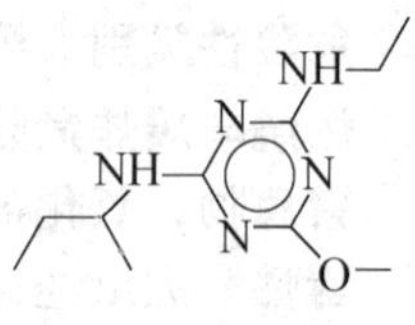

危害信息

燃烧与爆炸危险性 无特殊燃爆特性。

禁忌物 强氧化剂、强酸。

毒性 大鼠经口 LD_{50}：1g/kg；兔经皮 LD_{50}：1910mg/kg。

中毒表现 食入有害。对眼有刺激性。

侵入途径 吸入、食入、经皮吸收。

环境危害 对水生生物有极高毒性，可能在水生环境中造成长期不利影响。

理化特性与用途

理化特性 白色结晶粉末。不溶于水，易溶于有机溶剂。熔点 86～88℃，相对密度(水=1)1.105，饱和蒸气压 0.97mPa(20℃)，辛醇/水分配系数 3.64。

主要用途 除草剂。用于防除一年生和多年生单子叶和双子叶杂草。

包装与储运

包装标志 杂类

包装类别 Ⅲ类

安全储运　储存于阴凉、通风的库房。远离火种、热源。应与强氧化剂、强酸等隔离储运。

紧急处置信息

急救措施

吸入：迅速脱离现场至空气新鲜处。保持呼吸道通畅。如呼吸困难，给输氧。呼吸、心跳停止，立即进行心肺复苏术。就医。

眼睛接触：立即分开眼睑，用流动清水或生理盐水彻底冲洗。就医。

皮肤接触：立即脱去污染的衣着，用肥皂水和清水彻底冲洗。就医。

食入：漱口，饮水。就医。

灭火方法　消防人员须穿全身消防服，在上风向灭火。尽可能将容器从火场移至空旷处。

根据着火原因选择适当灭火剂灭火。

泄漏应急处置　隔离泄漏污染区，限制出入。建议应急处理人员戴防尘口罩，穿防护服，戴防护手套。穿上适当的防护服前严禁接触破裂的容器和泄漏物。尽可能切断泄漏源。用塑料布覆盖泄漏物，减少飞散。勿使水进入包装容器内。用洁净的铲子收集泄漏物，置于干净、干燥、盖子较松的容器中，将容器移离泄漏区。

996. 仲丁威

标　识

中文名称　仲丁威

英文名称　2-Butylphenyl methylcarbamate；Fenobucarb

别名　邻仲丁基苯基甲基氨基甲酸酯

分子式　$C_{12}H_{17}NO_2$

CAS 号　3766-81-2

铁危编号　61888

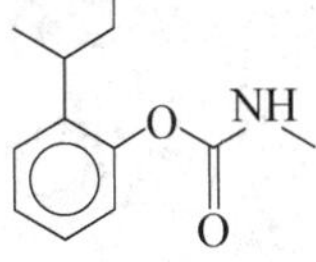

危害信息

危险性类别　第6类　有毒品

燃烧与爆炸危险性　无特殊燃爆特性。

禁忌物　氧化剂、碱类。

毒性　大鼠经口 LD_{50}：350mg/kg；小鼠经口 LD_{50}：173mg/kg；大鼠经皮 LD_{50}：>5g/kg；小鼠经皮 LD_{50}：340mg/kg。

中毒表现　氨基甲酸酯类农药抑制胆碱酯酶，出现相应的症状。中毒症状有头痛、恶心、呕吐、腹痛、流涎、出汗、瞳孔缩小、步行困难、语言障碍，重者可发生全身痉挛、昏迷。

侵入途径　吸入、食入、经皮吸收。

环境危害　对水生生物有极高毒性，可能在水生环境中造成长期不利影响。

理化特性与用途

理化特性　无色固体(工业品为黄棕色液体或固体)。不溶于水，易溶于丙酮、苯、甲醇等。熔点 31 ~ 32℃，沸点 115 ~ 116℃ (2. 67Pa)，相对密度(水 = 1) 1. 035，饱和蒸气压 19mPa(25℃)，辛醇/水分配系数 2. 78，闪点>100℃。

主要用途　杀虫剂。用于防治稻飞虱和黑尾叶蝉及稻蟓象，亦可防治棉蚜和棉铃虫。

包装与储运

包装标志　有毒品

包装类别　Ⅲ类

安全储运　储存于阴凉、通风的库房。远离火种、热源。防止阳光直射。储存温度不超过 35℃，相对湿度不超过 85%。应与氧化剂、碱类、食用化学品分开存放，切忌混储。配备相应品种和数量的消防器材。储区应备有合适的材料收容泄漏物。

紧急处置信息

急救措施

吸入：迅速脱离现场至空气新鲜处。保持呼吸道通畅。如呼吸困难，给输氧。呼吸、心跳停止，立即进行心肺复苏术。就医。

眼睛接触：立即分开眼睑，用流动清水或生理盐水彻底冲洗。就医。

皮肤接触：立即脱去污染的衣着，用流动清水彻底冲洗。就医。

食入：饮适量温水，催吐(仅限于清醒者)。就医。

解毒剂：阿托品。

灭火方法　消防人员须穿全身防火防毒服，佩戴空气呼吸器在上风向灭火。尽可能将容器从火场移至空旷处。

根据着火原因选择适当灭火剂灭火。

泄漏应急处置　隔离泄漏污染区，限制出入。建议应急处理人员戴防尘口罩，穿防毒服，戴橡胶手套。穿上适当的防护服前严禁接触破裂的容器和泄漏物。尽可能切断泄漏源。用塑料布覆盖泄漏物，减少飞散。勿使水进入包装容器内。用洁净的铲子收集泄漏物，置于干净、干燥、盖子较松的容器中，将容器移离泄漏区。

997. 重铬酸钠(二水合物)

标　识

中文名称　重铬酸钠(二水合物)

英文名称　Sodium dichromate, dihydrate; Dichromic acid, disodium salt, dihydrate

别名　红矾钠

分子式　$Na_2Cr_2O_7 \cdot 2H_2O$

CAS 号　7789-12-0

铁危编号　51520

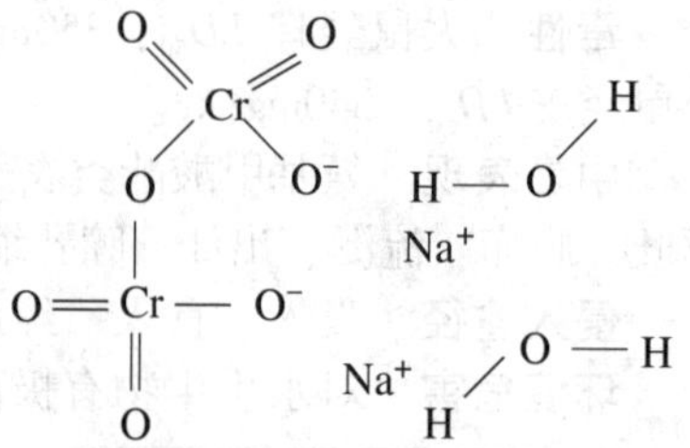

危害信息

危险性类别　第 5.1 类　氧化剂

燃烧与爆炸危险性　强氧化剂，受热分解放出氧化硫和氧气，与可燃物混合可能引起燃烧或爆炸。

毒性 六价铬化合物所致肺癌已列入《职业病分类和目录》，属职业性肿瘤。

IARC 致癌性评论：G1，确认人类致癌物。

欧盟法规 1272/2008/EC 将本品列为第 1B 类致癌物——可能对人类有致癌能力；第 1B 类生殖细胞致突变物——应认为可能引起人类生殖细胞可遗传突变的物质；第 1B 类生殖毒物——可能的人类生殖毒物

中毒表现

急性中毒 吸入后可引起急性呼吸道刺激症状、鼻出血、声音嘶哑、鼻黏膜萎缩，有时出现哮喘和紫绀。重者可发生化学性肺炎。口服可刺激和腐蚀消化道，引起恶心、呕吐、腹痛和血便等；重者出现呼吸困难、紫绀、休克、肝损害及急性肾功能衰竭等。对眼和皮肤有腐蚀性。对呼吸道和皮肤有致敏性。

慢性影响 有接触性皮炎、铬溃疡、鼻炎、鼻中隔穿孔及呼吸道炎症等。六价铬为对人的确认致癌物。

侵入途径 吸入、食入、经皮吸收。

职业接触限值 中国：PC-TWA 0.05mg/m^3[按 Cr 计][G1]。

美国(ACGIH)：TLV-TWA 0.05mg/m^3[按 Cr 计]。

环境危害 对水生生物有极高毒性，可能在水生环境中造成长期不利影响。

理化特性与用途

理化特性 橙色至橙红色结晶或粉末，易潮解。易溶于水。熔点 91℃，沸点 400℃，相对密度(水=1)2.35。

主要用途 用于制造铬盐、颜料、染料、香料、医药，也用于鞣革、电镀等工业。

包装与储运

包装标志 氧化剂

包装类别 Ⅱ类

安全储运 储存于阴凉、通风的库房。库温不超过 30℃。相对湿度不超过 80%。远离火种、热源。包装密封。应与易(可)燃物、还原剂等分开存放，切忌混储。储区应备有合适的材料收容泄漏物。

紧急处置信息

急救措施

吸入：迅速脱离现场至空气新鲜处。保持呼吸道通畅。如呼吸困难，给输氧。呼吸、心跳停止，立即进行心肺复苏术。就医。

眼睛接触：分开眼睑，用流动清水或生理盐水冲洗。就医。

皮肤接触：脱去污染的衣着，用肥皂水和清水彻底冲洗皮肤。就医。

食入：饮足量温水，催吐。用清水或 1%硫代硫酸钠溶液洗胃。给饮牛奶或蛋清。就医。

解毒剂：二巯丙磺钠、二巯丁二钠。

灭火方法 消防人员须穿全身防火防毒服，佩戴空气呼吸器在上风向灭火。尽可能将容器从火场移至空旷处。

根据着火原因选择适当灭火剂灭火。

泄漏应急处置 隔离泄漏污染区，限制出入。建议应急处理人员戴防尘口罩，穿防毒服，戴防化学品手套。勿使泄漏物与可燃物质(如木材、纸、油等)接触。穿上适当的防护服前严禁接触破裂的容器和泄漏物。尽可能切断泄漏源。勿使水进入包装容器内。避免产生粉尘。

用洁净的铲子收集泄漏物，置于干净、干燥、盖子较松的容器中，将容器移离泄漏区。

998. 兹克威

标　识

中文名称　兹克威

英文名称　Mexacarbate；3,5-Dimethyl-4-dimethylaminophenyl *N*-methylcarbamate

别名　4-二甲氨基-3,5 二甲苯基-甲基氨基甲酸酯

分子式　$C_{12}H_{18}N_2O_2$

CAS 号　315-18-4

铁危编号　61133

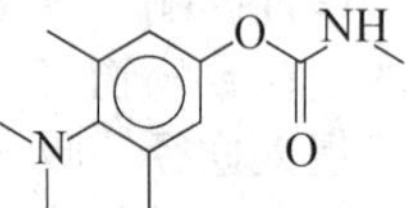

危害信息

危险性类别　第 6 类　有毒品

燃烧与爆炸危险性　受热分解放出有毒气体。

禁忌物　氧化剂、碱类。

毒性　大鼠经口 LD_{50}：8.5mg/kg；小鼠经口 LD_{50}：12mg/kg；大鼠经皮 LD_{50}：>1500mg/kg；兔经皮 LD_{50}：>500mg/kg。

中毒表现　氨基甲酸酯类农药抑制胆碱酯酶，出现相应的症状。中毒症状有头痛、恶心、呕吐、腹痛、流涎、出汗、瞳孔缩小、步行困难、语言障碍，重者可发生全身痉挛、昏迷。

侵入途径　吸入、食入、经皮吸收。

环境危害　对水生生物有极高毒性，可能在水生环境中造成长期不利影响。

理化特性与用途

理化特性　白色无臭结晶固体。不溶于水，溶于多数有机溶剂。熔点 85℃，饱和蒸气压 35.9mPa(25℃)，辛醇/水分配系数 2.56。

主要用途　是有效的杀虫剂、杀螨剂、杀软体动物剂。

包装与储运

包装标志　有毒品

包装类别　Ⅱ类

安全储运　储存于阴凉、通风的库房。远离火种、热源。防止阳光直射。储存温度不超过 35℃，相对湿度不超过 85%。应与氧化剂、碱类、食用化学品分开存放，切忌混储。配备相应品种和数量的消防器材。储区应备有合适的材料收容泄漏物。

紧急处置信息

急救措施

吸入：迅速脱离现场至空气新鲜处。保持呼吸道通畅。如呼吸困难，给输氧。呼吸、心跳停止，立即进行心肺复苏术。就医。

眼睛接触：立即分开眼睑，用流动清水或生理盐水彻底冲洗。就医。

皮肤接触：立即脱去污染的衣着，用流动清水彻底冲洗。就医。

食入：饮适量温水，催吐(仅限于清醒者)。就医。

解毒剂：阿托品。

灭火方法 消防人员须穿全身防火防毒服，佩戴空气呼吸器在上风向灭火。尽可能将容器从火场移至空旷处。

根据着火原因选择适当灭火剂灭火。

泄漏应急处置 隔离泄漏污染区，限制出入。建议应急处理人员戴防尘口罩，穿防毒服，戴橡胶手套。穿上适当的防护服前严禁接触破裂的容器和泄漏物。尽可能切断泄漏源。用塑料布覆盖泄漏物，减少飞散。勿使水进入包装容器内。用洁净的铲子收集泄漏物，置于干净、干燥、盖子较松的容器中，将容器移离泄漏区。

999. 唑草酯

标 识

中文名称 唑草酯

英文名称 Carfentrazone-ethyl; Ethyl 2-chloro-3-(2-chloro-4-fluoro-5-(4-(difluoromethyl)-4,5-dihydro-3-methyl-5-oxo-1H-1,2,4-triazol-1-yl)phenyl)propanoate

别名 2-氯-3-(2-氯-5-(4-(二氟甲基)-3-甲基-5-氧代-1,2,4-三唑-1-基)-4-氟苯基)丙酸乙酯

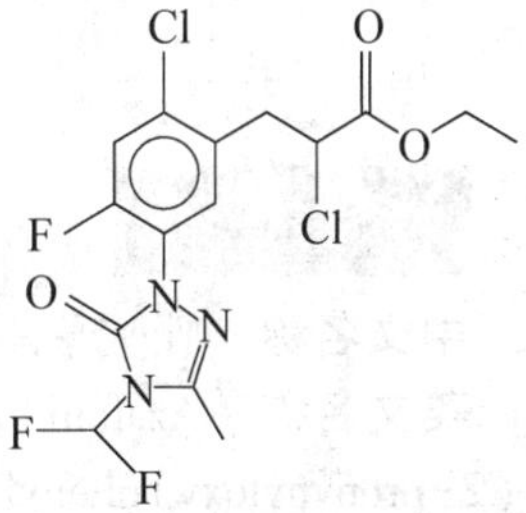

分子式 $C_{15}H_{14}Cl_2F_3N_3O_3$

CAS 号 128639-02-1

危害信息

燃烧与爆炸危险性 不易燃，无特殊燃爆特性。

禁忌物 强氧化剂、强酸。

毒性 大鼠经口 LD_{50}：>5000mg/kg；大鼠吸入 LC_{50}：>5.09g/m^3；大鼠经皮 LD_{50}：>4000mg/kg。

侵入途径 吸入、食入、经皮吸收。

环境危害 对水生生物有极高毒性，可能在水生环境中造成长期不利影响。

理化特性与用途

理化特性 黄色黏性液体，微有石油气味。不溶于水，与丙酮、乙醇、乙酸乙酯、二氯甲烷等混溶。熔点-22.1℃，沸点 350~355℃，相对密度(水=1)1.457，饱和蒸气压 0.016mPa(25℃)，辛醇/水分配系数 3.36，pH 值 5.8(1%水溶液)，闪点>110℃。

主要用途 选择性苗后除草剂。用于小麦、大豆、水稻、玉米等作物田防除多种阔叶杂草。

包装与储运

包装标志 杂类

包装类别 Ⅲ类

安全储运 储存于阴凉、通风的库房。远离火种、热源。应与强氧化剂、强酸等隔离储运。

紧急处置信息

急救措施

吸入：迅速脱离现场至空气新鲜处。保持呼吸道通畅。如呼吸困难，给输氧。呼吸、心跳停止，立即进行心肺复苏术。就医。

眼睛接触：立即分开眼睑，用流动清水或生理盐水彻底冲洗。就医。

皮肤接触：立即脱去污染的衣着，用肥皂水和清水彻底冲洗。就医。

食入：漱口，饮水。就医。

灭火方法　消防人员须穿全身消防服，在上风向灭火。尽可能将容器从火场移至空旷处。喷水保持火场容器冷却，直至灭火结束。

根据着火原因选择适当灭火剂灭火。

泄漏应急处置　根据液体流动和蒸气扩散的影响区域划定警戒区，无关人员从侧风、上风向撤离至安全区。建议应急处理人员戴防毒面具，穿防护服。穿上适当的防护服前严禁接触破裂的容器和泄漏物。尽可能切断泄漏源。防止泄漏物进入水体、下水道、地下室或有限空间。小量泄漏：用干燥的砂土或其他不燃材料吸收或覆盖，收集于容器中。大量泄漏：构筑围堤或挖坑收容。用泵转移至槽车或专用收集器内。

1000. 唑啶草酮

标　识

中文名称　唑啶草酮

英文名称　Azafenidin；1,2,4-Triazolo(4,3-a)pyridin-3(2H)-one，2-(2,4-dichloro-5-(2-propynyloxy)phenyl)-5,6,7,8-tetrahydro-

别名　2-(2,4-二氯-5-丙炔-2-氧基苯基)-5,6,7,8-四氢-1,2,4-三唑并(4,3-a)吡啶-3(2H)-酮

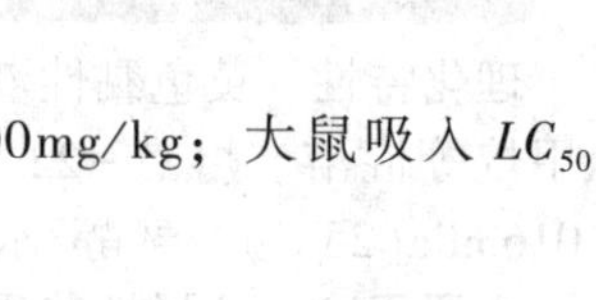

分子式　$C_{15}H_{13}Cl_2N_3O_2$

CAS 号　68049-83-2

危害信息

燃烧与爆炸危险性　无特殊燃爆特性。

禁忌物　强氧化剂、酸碱、醇类。

毒性　大鼠经口 LD_{50}：>5000mg/kg；兔经皮 LD_{50}：>2000mg/kg；大鼠吸入 LC_{50}：>5. 3mg/L。

中毒表现　食入后可能引起肝损害和贫血。

侵入途径　吸入、食入、经皮吸收。

环境危害　对水生生物有极高毒性，可能在水生环境中造成长期不利影响。

理化特性与用途

理化特性　白色粉末状固体(工业品为具强烈气味的铁锈色固体)。不溶于水。熔点 168~168. 5℃，相对密度(水=1)1. 4，辛醇/水分配系数 2. 52。

主要用途　除草剂。用于橄榄、柑橘、林木及非耕地防除多种禾本科和阔叶杂草。

包装与储运

包装标志 杂类

包装类别 Ⅲ类

安全储运 储存于阴凉、通风的库房。远离火种、热源。应与强氧化剂、酸碱、醇类等隔离储运。

紧急处置信息

急救措施

吸入：迅速脱离现场至空气新鲜处。保持呼吸道通畅。如呼吸困难，给输氧。呼吸、心跳停止，立即进行心肺复苏术。就医。

眼睛接触：立即分开眼睑，用流动清水或生理盐水彻底冲洗。就医。

皮肤接触：立即脱去污染的衣着，用肥皂水和清水彻底冲洗。就医。

食入：漱口，饮水。就医。

灭火方法 消防人员穿全身消防服，在上风向灭火。尽可能将容器从火场移至空旷处。根据着火原因选择适当灭火剂灭火。

泄漏应急处置 隔离泄漏污染区，限制出入。建议应急处理人员戴防尘口罩，穿防毒服。穿上适当的防护服前严禁接触破裂的容器和泄漏物。尽可能切断泄漏源。用塑料布覆盖泄漏物，减少飞散。勿使水进入包装容器内。用洁净的铲子收集泄漏物，置于干净、干燥、盖子较松的容器中，将容器移离泄漏区。

卷 索 引

中文名称	卷序
二乙二醇乙醚	Ⅲ
N-(3-(4-(二乙基氨基)-2-甲基苯基)亚氨基)-6-氧代-1,4-环已二烯-1-基-乙酰胺	Ⅳ
二乙基氨基甲酰氯	Ⅴ
二乙基氨腈	Ⅱ
1,2-二乙基苯	Ⅱ
1,3-二乙基苯	Ⅱ
N,N-二乙基苯胺	Ⅱ
2,6-二乙基苯胺	Ⅴ
N-(2,6-二乙基苯基)-N-甲氧基甲基-氯乙酰胺	Ⅰ
O,O-二乙基-O-(1-苯基-1,2,4-三唑-3-基)硫代磷酸酯	Ⅲ
O,O-二乙基-O-吡嗪-2-基-硫代磷酸酯	Ⅱ
二乙基-S-苄基-硫代磷酸酯	Ⅳ
N,N-二乙基-1,3-丙二胺	Ⅱ
2,2-二乙基丙烷	Ⅰ
N,N-二乙基对苯二胺	Ⅴ
二乙基对苯二胺硫酸盐	Ⅲ
N,N-二乙基对苯二胺盐酸盐	Ⅲ
N,N-二乙基对甲基苯胺	Ⅱ
O,O-二乙基-O-(对(甲基亚磺酰基)苯基)硫代磷酸酯	Ⅱ
N,N-二乙基-1,3-二氨基丙烷	Ⅱ
N,N-二乙基-N′,N′-二甲基-1,3-丙二胺	Ⅴ
N,N-二乙基二硫代氨基甲酸-2-氯烯丙酯	Ⅱ
二乙基二硫代氨基甲酸钠	Ⅲ
二乙基二硫代氨基甲酸锌	Ⅲ
二乙基二氯硅烷	Ⅱ
二乙基二氯化锡	Ⅲ
O,O-二乙基-S-(3,4-二氢-4-氧代苯并(d)-(1,2,3)-三氮苯-3-基甲基)二硫代磷酸酯	Ⅲ
二乙基汞	Ⅱ
二(2-乙基己基)胺	Ⅲ
二(2-乙基己基)磷酸酯	Ⅱ
二(2-乙基己基)醚	Ⅲ
N,N-二(2-乙基己基)-((1,2,4-三唑-1-基)甲基)胺	Ⅴ
N,N-二乙基-2-甲基苯胺	Ⅲ
N,N-二乙基-3-甲基-1,4-苯二胺盐酸盐	Ⅳ
O,O-二乙基-O-(4-甲基香豆素基-7)硫代磷酸酯	Ⅲ
二乙基甲酮	Ⅰ
二乙基甲酰胺	Ⅲ
N,N-二乙基甲酰胺	Ⅲ
N,N-二乙基间甲苯酰胺	Ⅳ
二乙基肼	Ⅳ
1,2-二乙基肼	Ⅴ
N,N-二乙基邻甲苯胺	Ⅲ
二乙基硫	Ⅲ
O,O′-二乙基硫代磷酰氯	Ⅱ
1,3-二乙基硫脲	Ⅲ
二乙基氯化铝	Ⅰ
O,O-二乙基-O-(3-氯-4-甲基香豆素-7-基)硫代磷酸酯	Ⅳ
O,O-二乙基-S-2-氯-1-酞酰亚胺基乙基二硫代磷酸酯	Ⅱ
二乙基镁	Ⅱ
D,L-(N,N-二乙基-2-羟基-2-苯乙酰胺)	Ⅳ
O,O-二乙基-O-((α-氰基亚苄氨基)氧)硫代磷酸酯	Ⅲ
二乙基溶纤剂	Ⅰ
N,N-二乙基-3-(2,4,6-三甲基苯基磺酰基)-1H-1,2,4-三唑-1-甲酰胺	Ⅳ
O,O-二乙基-O-3,5,6-三氯-2-吡啶基硫代磷酸酯	Ⅱ
O,O-二乙基-S-叔丁基硫甲基二硫代磷酸酯	Ⅴ
二乙基四硫	Ⅰ
二乙基四硫化物	Ⅰ
二乙(基)酮	Ⅰ
N,N-二乙基-1,4-戊二胺	Ⅱ
二乙基硒	Ⅳ
O,O-二乙基-O-(4-硝基苯基)硫代磷酸酯	Ⅰ
二乙基锌	Ⅱ
N-二乙基亚硝胺	Ⅲ
N,N-二乙基-4-亚硝基苯胺	Ⅱ
N,N-二乙基乙胺	Ⅲ

R

参 考 文 献

[1]《化学化工大词典》编委会. 化学化工大词典. 北京：化学工业出版社，2003.

[2]《化工百科全书》编委会. 化工百科全书. 北京：化学工业出版社，1998.

[3] 化学工业出版社. 中国化工产品大全. 北京：化学工业出版社，2005.

[4] 危险化学品目录[2015 年版，国家安全生产监督管理局公告(2015)第 5 号].

[5] 全国危险化学品管理标准化技术委员会秘书处. 常用危险化学品包装储运手册. 北京：化学工业出版社，2004.

[6] 中华人民共和国铁道部. 铁路危险货物运输规则[铁运(2008)174 号]. 北京：中国铁道出版社.

[7] 中华人民共和国铁道部. 铁路危险货物品名表(2009 版). 北京：中国铁道出版社，2009.

[8] 中华人民共和国交通部. 各类危险货物引言和明细表. 北京：人民交通出版社，1997.

[9] GB 12268—2012 危险货物品名表.

[10] GB/T 16483—2008 化学品安全技术说明书 内容和项目顺序.

[11] GB 15603—1995 常用化学危险品贮存通则.

[12] GBZ 2. 1—2007 工作场所有害因素职业接触限值 第 1 部分：化学有害因素.

[13] GB 17914—2013 易燃易爆性商品储藏养护技术条件.

[14] GB 17915—2013 腐蚀性商品储藏养护技术条件.

[15] GB 17916—2013 毒害性商品储藏养护技术条件.

[16]《新编危险物品安全手册》编委会. 新编危险物品安全手册. 北京：化学工业出版社，2001.

[17] 国家经贸委安全生产局. 作业场所化学品安全管理. 北京：中国石化出版社，2000.

[18] 中华人民共和国公安部消防局，国家化学品登记注册中心. 危险化学品应急处置速查手册. 北京：中国人事出版社，2002.

[19]《化学危险品消防与急救手册》编委会. 化学危险品消防与急救手册. 北京：化学工业出版社，1994.

[20] 张荣主. 危险化学品安全技术. 北京：化学工业出版社，2005.

[21] 郑端文. 危险品防火. 北京：化学工业出版社，2003.

[22] 中国石油化工总公司安全监督局. 石油化工安全技术(中级本). 北京：中国石化出版社，1998.

[23] 张德义，张海峰. 石油化工危险化学品实用手册. 北京：中国石化出版社，2006.

[24] Rechard P. Pohanish Stanley A. Greene. 有害化学品安全手册. 中国石化青岛安全工程研究院，译. 北京：中国石化出版社，2003.

[25] 周国泰，佘启元. 中国劳动防护用品实用全书. 北京：中国劳动出版社，1997.

[26] 祖因希. 液化石油气操作技术与安全管理. 北京：化学工业出版社，2004.

[27] 郑端文. 生产工艺防火. 北京：化学工业出版社，1998.

[28] 李正，周振. 油气田消防. 北京：中国石化出版社，2000.

[29] 赵庆贤，邵辉. 危险化学品安全管理. 北京：中国石化出版社，2005.

[30] 赵庆平. 消防特勤手册. 杭州：浙江人民出版社，2000.

[31] 郑端文，刘海辰. 消防安全技术. 北京：化学工业出版社，2004.

[32] 冀和平，崔慧峰. 防火防爆技术. 北京：化学工业出版社，2004.

[33] 王广生，张海峰，窦苏娅，等. 石油化工原料与产品安全手册. 北京：中国石化出版社，1996.

[34] 张维凡，张海峰. 常用化学危险物品安全手册. 第一、二卷. 北京：中国医药科技出版社，1992.

[35] 张维凡，张海峰. 常用化学危险物品安全手册. 第三、四卷. 北京：化学工业出版社，1994.

[36] 张维凡，张海峰. 常用化学危险物品安全手册. 第五、六卷. 北京：中国石化出版社，1998.

[37] 张海峰. 危险化学品安全技术全书. 第 2 版. 北京：化学工业出版社，2008.

[38] 王道，程水源. 环境有害化学品实用手册. 北京：中国环境科学出版社，2007.

[39] 董华模. 化学物的毒性及其环境保护参数手册. 北京：人民卫生出版社，1988.

[40] 汪晶，和德科，汪尧衢，编译. 环境评价数据手册：有毒物质鉴定值. 北京：化学工业出版社，1988.

[41] 国家化学品登记注册中心. 危险化学品安全管理法规与标准汇编. 修订版. 北京：中国人事出版社，2003.

[42] 中国安全生产科学研究院. 危险化学品安全丛书——危险化学品法规选. 北京：化学工业出版社，2005.
[43] 国家环境保护局有毒化学品管理办公室，化工部北京化工研究院环境保护研究所. 化学品毒性、法规、环境数据手册. 北京：中国环境科学出版社，1992.
[44] 何凤生. 中华职业医学. 北京：人民卫生出版社，1999.
[45] 任引津，等. 实用急性中毒全书. 北京：人民卫生出版社，2003.
[46] 夏元洵. 化学物质毒性全书. 上海：上海科学技术文献出版社，1991.
[47] 任引津，张寿林. 急性化学物中毒救援手册. 上海：上海医科大学出版社，1994.
[48] 江泉观，纪云晶，常元勋. 环境化学毒物防治手册. 北京：化学工业出版社，2004.
[49] 王莹，顾祖维，张胜年，等. 现代职业医学. 北京：人民卫生出版社，1996.
[50] 王世俊. 金属中毒. 第2版. 北京：人民卫生出版社，1988.
[51] 岳茂兴. 危险化学品安全丛书——危险化学品事故急救. 北京：化学工业出版社，2005.
[52] 马良，杨守生. 危险化学品安全丛书——危险化学品消防. 北京：化学工业出版社，2005.
[53] 张少岩. 危险化学品安全丛书——危险化学品包装. 北京：化学工业出版社，2005.
[54] 李立明主译. 最新危险化学品应急救援指南. 北京：中国协和医科大学出版社，2003.
[55] 王心如. 毒理学基础. 第4版. 北京：人民卫生出版社，2003.
[56] 金泰廙. 职业卫生与职业医学. 第5版. 北京：人民卫生出版社，2003.
[57] 孟紫强. 环境毒理学. 北京：中国环境科学出版社，2000.
[58] 中国疾病预防控制中心职业卫生与中毒控制所，全国职业卫生标准委员会. 高毒物品作业职业病危害防护实用指南. 北京：化学工业出版社，2004.
[59] International Programme on Chemical Safety(IPCS) and the Commission of the European Union (EC). International Chemical Safety Cards (ICSC).
[60] L. Bretherick. Bretherick's Handbook of Reactive Chemical Hazards, 7th Edition. London: Butterworths, 2006.
[61] Robert E. Lega. The Sigma-Aldrich Library Chemical Safety Data. 2nd ed. Sigma-Aldrich Corporation, 1988.
[62] European Chemicals Bureau(ECB). European Chemical Substances Information System(ESIS), 2006.
[63] EPA/NOAA. Computer-Aided Management of Emergency Operations(CAMEO), 2006.
[64] United States National Library of Medicine(NLM). Hazardous Substances Data Bank(HSDB), 2006.
[65] National Institute of Occupational Safety and Health (NIOSH). Registry of Toxic Effects of Chemical Substances(RTECS), 2006.
[66] WHO/International Agency for Research on Cancer (IARC). Complete List of Agents evaluated and their classification, 2006.
[67] Canadian Centre for Occupational Health and Safety. CHEMINFO Database, 2006.
[68] National Institute of Technology and Evaluation(NITE). Chemical Risk Information Platform(CHRIP), 2005.
[69] ChemWatch Database & Management System, 2006.